Electronic System Reliability
Engineering Technology

电子系统可靠性
工程技术

王 宏 著

南京大学出版社

内 容 提 要

本书结合作者多年工程实践经验,全面系统地涵盖了电子系统可靠性论证、可靠性管理、可靠性设计与分析、可靠性试验与评价、使用可靠性评估与改进等各方面的内容,融合了作者在复杂系统可靠性建模与通用质量特性数字化协同设计、可靠性仿真、可靠性强化和加速增长试验与定量评价、高加速应力筛选、加速寿命试验、大型系统多源数据融合可靠性综合评价、基于数字孪生电子系统健康管理等方面的研究成果。可供可靠性工程技术和管理人员使用,也可作为高等院校可靠性工程技术与管理、电子信息类等相关专业本科生和研究生的学习资料。

图书在版编目(CIP)数据

电子系统可靠性工程技术 / 王宏著. — 南京:南京大学出版社,2021.12
ISBN 978-7-305-25058-3

Ⅰ.①电… Ⅱ.①王… Ⅲ.①电子系统-系统可靠性 Ⅳ.①TN103

中国版本图书馆 CIP 数据核字(2021)第 202984 号

出版发行　南京大学出版社
社　　址　南京市汉口路 22 号　　　　邮　编　210093
出 版 人　金鑫荣

书　　名　**电子系统可靠性工程技术**
著　　者　王　宏
责任编辑　王南雁　　　　　　编辑热线　025-83595840

照　　排　南京南琳图文制作有限公司
印　　刷　南京人民印刷厂有限责任公司
开　　本　787×1092　1/16　印张 60　字数 1498 千
版　　次　2021 年 12 月第 1 版　2021 年 12 月第 1 次印刷
ISBN 978-7-305-25058-3
定　　价　158.00 元

网址:http://www.njupco.com
官方微博:http://weibo.com/njupco
官方微信号:njupress
销售咨询热线:(025) 83594756

序

王宏高工撰写的《电子系统可靠性工程技术》,将由南京大学出版社出版,这是一件非常好的事情。王宏高工长期从事电子系统可靠性工程技术和管理领域的研究工作,在多个国家重点电子系统的研发工程实践和课题研究基础上,取得了一系列的成果。本书系统总结了他的工程实践和研究成果,对国内相关领域的科研及应用有着重要的价值。

可靠性既是通用质量特性的中心部分,又是系统工程科学的重要组成。电子系统可靠性研究不仅仅密切关系到国民经济建设产品的完好性与任务成功性,也与日常生活息息相关。因此,具有很强的理论价值和显著的社会经济效益。对于科学和工程技术人员而言,该学科领域主要研究可靠性理论、可靠性设计分析和试验评价,可靠性管理等,为提升系统可靠性水平,降低故障发生概率提供科学理论依据;而普通居民更会关注与日常生活息息相关的如家用电器、手机、计算机、汽车电子系统、交通控制等等电子信息设备的可靠性,日常电子信息设备的高可靠将会极大地提升普通居民的幸福感和获得感。此书的出版,不仅能够更好地向科技界介绍新的研究和应用成果,而且能够让更多人关注这个领域,看到这个领域的研究对国家和社会的重大意义。

虽然近年来国内外涌现了众多有关可靠性技术和试验方面的先进理论和成果,但是全面系统地涵盖了可靠性工程技术和管理各个方面的专著却较少。此次王宏高工在相关理论和实践之上,对电子系统可靠性论证、可靠性管理、可靠性设计与分析、可靠性试验与评价、使用可靠性评估与改进等方面进行了全面的梳理和总结,结合自身长期从事电子系统可靠性技术的研究和工程实践,向读者系统地介绍了这一领域的理论知识和最新成果,是一本非常全面系统的学术著作。

中国工程院院士

2020 年 9 月 4 日

前　言

　　电子系统的可靠性密切关系到产品的完好性和任务成功性,在国民经济建设和军事领域中影响重大,大到国家建设设备,小到日常家电如通信手机、电脑等,人们对电子系统的可靠性要求越来越高。可靠性作为质量特性的首要指标,是提高产品质量的重要途径。有效提高产品可靠性,合理开展可靠性综合设计,必须深入认识故障机理,利用先进的可靠性试验技术充分暴露产品潜在缺陷,综合运用电子、环境防护、软件、工艺、元器件、统计数学、人工智能等多学科技术实施设计改进,大幅降低系统故障率。可靠性既是通用质量特性的中心部分,又是系统工程科学的重要组成。电子系统可靠性工程技术与电路设计、热设计、振动与电磁兼容等环境防护设计、软件设计、工艺与结构设计、元器件、故障物理学、大数据与统计数学理论、数字化样机协同设计、人工智能等学科领域密不可分;可靠性管理与质量工程和管理密不可分,因此,可靠性工程是一门技术和管理相结合的多学科交叉前沿学科。

　　本书以我国可靠性工作的有关标准为依据,结合作者长期从事大型电子系统研发工程实践,全面系统地论述了电子系统可靠性论证、可靠性管理、可靠性设计与分析、可靠性试验与综合评价、使用可靠性评估与改进,以及以可靠性为中心的通用质量特性数字化协同设计和基于数字孪生电子系统健康管理等方面的内容,涵盖了系统可靠性工程技术和管理的各个方面,内容全面、系统和翔实。并融合了作者在复杂系统可靠性建模、可靠性仿真分析、可靠性强化和加速增长试验与定量评价、高加速应力筛选、加速寿命试验、系统多源数据融合可靠性综合评价、系统通用质量特性数字化协同设计和系统健康管理等方面的研究成果,融入了国内外先进的可靠性技术。

　　本书内容包括可靠性及其工作项目要求确定、可靠性管理、可靠性建模、可靠性分配和预计、故障模式与影响及危害性分析、故障树分析、潜在通路分析、电路容差分析、降额设计、冗余和容错与防差错设计、瞬态过应力防护设计、电子设备热设计、三防和振动与电磁兼容等环境防护设计、软件可靠性设计、工艺和机械结构可靠性设计、制定可靠性设计准则、元器件选用控制、可靠性关键产品确定、基于故障物理可靠性仿真分析、环境应力筛选、可靠性研制和增长试验、可靠性验证试验和评价、寿命试验和加速寿命试验、多源数据融合可靠性综合评估、使用可靠性信息收集与评估和改进、通用质量特性数字化协同设计和电子系统健康管理。供可靠性技术和管理人员使用,也可作为高等院校可靠性工程、电子信息类等专业本科生和研究生的学习资料。

王　宏

2020 年 9 月完成于中国电科第十四研究所

目　录

第一章　可靠性及其工作项目要求确定

确定可靠性要求是为了获得可靠且易保障的产品,以实现规定的系统战备完好性和任务成功性的要求。

确定可靠性工作项目是为了通过实施最少且最有效的工作项目,实现规定的可靠性要求。

确定可靠性及其工作项目要求是订购方主导的两项重要的可靠性工作,是其他各项可靠性工作的前提,这两项工作的结果决定了产品的可靠性水平和可靠性工作项目的费用效益。

为获得满足系统战备完好性,任务成功性需求及全寿命周期费用要求,实现规定的能力要求,承制方协助订购方对产品的可靠性要求进行分析,确保订购方提出的可靠性要求的科学性、合理性与可实现性。

确定可靠性及其工作项目要求的目的、实施要点及注意事项如表1-1。

表1-1　确定可靠性及其工作项目要求

	工作项目
目的	确定可靠性要求:协调确定可靠性定量定性要求,以满足系统战备完好性和任务成功性要求。 确定可靠性工作项目要求:选择并确定可靠性工作项目,以可接受的寿命周期费用,实现规定的可靠性要求。
实施要点	确定可靠性要求: 1. 订购方应根据产品的任务需求和使用要求提出产品的基本可靠性和任务可靠性要求,包括定量要求和定性要求。 2. 产品的可靠性要求应与维修性、保障系统及其资源等要求协调确定,以合理的费用满足系统战备完好性和任务成功性要求。 3. 可靠性要求论证工作应按 GJB 1909 规定的要求进行。 4. 确定可靠性要求,必须明确产品的寿命剖面、任务剖面、初始保障方案、故障判据、验证时机和方法等约束条件。 5. 在论证过程中,应对可靠性要求进行中间和最终评审。可靠性要求的评审应有产品论证、设计、试验、使用和保障等各方面的代表参加。同时应将评审尽可能纳入通用质量特性要求专项评审中进行。 6. 可靠性要求论证的结果应按照对应的阶段,分别纳入产品研制总要求、鉴定定型试验总案、研制合同或相关文件。 7. 应建立可靠性要求的跟踪机制,对研制过程可靠性要求的满足程度进行验证和记录,确保要求的可追溯性;对要求(需求)的变更应进行评审并按照管理权限审批。 确定可靠性工作项目要求: 1. 订购方应优先选择经济有效的可靠性工作项目。 2. 可靠性工作项目的选择取决于具体产品的情况,考虑的主要输入因素有: 　　a) 产品要求的可靠性水平; 　　b) 产品的类型和特点;

（续表）

工作项目

c）产品的复杂程度和关键性；
   d）产品新技术含量；
   e）费用、进度及所处阶段等。
3. 可靠性工作项目应与相关工程的工作项目相协调，综合安排，相互利用信息，以减少重复的工作。
4. 应明确对可靠性工作项目要求的细节，以确保可靠性工作项目的实施效果。
5. 应对选择的可靠性工作项目进行评审，尽可能选择最少可靠性工作项目，以实现规定的可靠性要求。

注意
事项
	确定可靠性要求：
	   a）可靠性要求的确定应符合产品的类型和使用特点；
	   b）可靠性要求论证工作的安排应纳入可靠性计划；
	   c）要求承制方参与或承担的论证工作应用合同明确。
	确定可靠性工作项目要求：
	   a）可靠性工作项目选择确定工作应纳入可靠性计划；
	   b）对承制方的可靠性工作项目要求应纳入合同或相关文件；
	   c）在可靠性计划规定的工作项目基础上，根据承制方产品在研制系统中的位置、产品层次和产品自身特点，以合理的进度和费用实现产品规定的可靠性要求为目的，确定可靠性工作计划中的可靠性工作项目。

术语如下：

a）寿命剖面：产品从交付到寿命终结或退役这段时间内所经历的全部事件和环境的时序描述。它包括一个或几个任务剖面。

b）任务剖面：产品在完成规定任务这段时间内所经历的事件和环境的时序描述，其中包括任务成功或致命故障的判断准则。

c）环境剖面：产品寿命周期内经受的环境和环境组（综）合及其时序描述构成的剖面。

d）可靠性：产品在规定的条件下和规定的时间内，完成规定功能的能力。可靠性的概率度量称为可靠度。

e）基本可靠性：产品在规定的条件下，规定的时间内，无故障工作的能力。

基本可靠性反映产品对维修人力的要求。确定基本可靠性参数时应统计产品的所有寿命单位和所有的故障。

f）任务可靠性：产品在规定的任务剖面中完成规定功能的能力（概率）。

g）使用可靠性：产品在实际使用条件下所表现出的可靠性。它反映了产品设计、制造、安装、使用、维修、环境等因素的综合影响，一般用可靠性使用参数及其量值描述。

h）固有可靠性：通过设计和制造赋予产品的，并在理想的使用和保障条件下所呈现的可靠性。

i）可靠性使用参数：直接与战备完好性、任务成功性、维修人力费用和保障资源费用有关的一种可靠性度量，其度量值被称为使用值（目标值与门限值）。

j）可靠性合同参数：在合同中表达订购方对可靠性要求的并且是承制方在研制和生产过程中可以控制的参数，其度量值被称为合同值（规定值与最低可接受值）。

k）严重故障判据：在任务剖面内，必须停机修理的故障，以及严重影响产品性能的故障。

1) 典型故障率曲线(浴盆曲线):大多数产品的故障率随时间的变化曲线形似浴盆,称之为浴盆曲线。由于产品故障机理的不同,产品的故障率随时间的变化大致可以分为早期故障、偶然故障、耗损故障三个阶段。

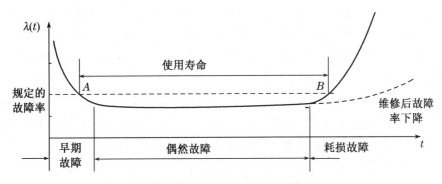

图 1-1 典型故障率曲线(浴盆曲线)

1.1 可靠性要求

提出和确定可靠性定量定性要求是获得可靠产品的第一步,只有提出和确定了可靠性要求才有可能获得可靠的产品,才有可能实现将可靠性与性能、费用同等对待。因此,订购方经协调确定的可靠性要求必须纳入新研或改型产品的研制总要求,在研制合同中必须有明确的可靠性定量定性要求。

为科学合理地确定可靠性要求,必须明确产品的寿命剖面、任务剖面、故障判据、验证时机和方法、初始保障方案等约束条件。

订购方应以最清晰的表述和最恰当的术语规定可靠性定量定性要求,而不能模糊不清或易使人误解,或自相矛盾,承制方应正确理解合同中规定的可靠性定量定性要求。为此,需要加强订购方和承制方之间的沟通。

可靠性要求的确定要经历从初定到确定,由使用要求转化为合同要求的过程。一般过程是:

a) 在立项综合论证过程中,应提出初步的可靠性使用要求;

b) 在研制总要求的综合论证过程中,应权衡、协调和调整可靠性、维修性和保障系统及其资源要求,以合理的寿命周期费用满足系统战备完好性和任务成功性要求;

c) 在方案阶段结束前,应确定可靠性使用要求的目标值和门限值,并将其转换为合同中的规定值和最低可接收值。

可靠性定量要求包括任务可靠性要求和基本可靠性要求。任务可靠性要求由影响任务成功性的可信度(D)导出,任务可靠性与可信度的关系如下:

$$D = R_M + (1 - R_M)M_0 \tag{1-1}$$

式中:R_M—给定任务剖面下的任务可靠度;M_0—给定任务剖面下的修复概率。

当任务期间不能维修时,$D = R_M$,可信度等于任务可靠度。一般情况下可根据任务需求直接提出任务可靠性要求,任务可靠性要求应与任务剖面相适应。

产品的基本可靠性要求由系统战备完好性要求导出,首先应根据任务需求确定系统战备完好性要求,例如使用可用度(A_o)、能执行任务率(MCR)、出动架次率(SGR)等,然后导出产品的基本可靠性、维修性和保障系统及其资源的要求。

在工程实践中,由系统战备完好性要求准确导出产品的基本可靠性要求是很困难的,因为影响战备完好性的因素很多,它不但受到诸多与保障有关的设计因素,如可靠性、维修性、测试性等影响,还受到各保障资源引起的以及管理造成的延误的影响,因此确定基本可靠性要求就需要一个反复分析和迭代的过程。

工程中的一般做法是:根据类似产品的可靠性、维修性水平,考虑新产品由于采用新技术产生的影响,估计其可能达到的新水平,并同时估计保障系统及其保障资源造成的延误,通过建立仿真模型,分析实现系统战备完好性要求的可能性,经过反复的分析、调整和协调,才能确定产品的基本可靠性,产品的基本可靠性应与产品的寿命剖面相适应。

由系统战备完好性要求和任务成功性要求导出的是使用可靠性要求,使用可靠性要求用可靠性使用参数和使用值描述,如平均维修间隔时间(MTBM)、平均严重故障间隔时间(MTBCF)等。使用可靠性要求需要转换为承制方在研制过程中可以控制的合同要求,合同要求用可靠性合同参数和合同值描述,可靠性合同参数一般采用可靠性设计参数,如平均故障间隔时间(MTBF)、任务可靠度 $R(t)$、故障率(λ)等。可靠性使用参数示例和指标如表1-2~表1-5所示,在选择参数时,应结合产品的使用特点和物理特征等慎重地选择适用的参数。

表1-2 可靠性使用参数示例

使用特性		与使用特性或要求相关的可靠性参数
战备完好性	A_0(平时)	平均不能工作事件间隔时间(MTBDE)
	SGR(战时)	
任务成功性		平均严重故障间隔时间(MTBCF)
维修人力和保障资源费用		平均维修间隔时间(MTBM) 平均拆卸间隔时间(MTBR)

表1-3 可靠性设计参数示例

产品层次	产品使用特征		
	连续或间歇工作 (可修复)	连续或间歇工作 (不可修复)	一次性使用
产品	$R(t)$ 或 MTBF	$R(t)$ 或 MTTF	$P(S)$ 或 $P(F)$
分系统设备	$R(t)$ 或 MTBF	$R(t)$ 或 λ	$P(S)$ 或 $P(F)$
组件零件	λ	λ	$P(F)$

注:$R(t)$:可靠度;$P(S)$:成功概率;$P(F)$:故障概率;λ:故障率;MTBF:平均故障间隔时间;MTTF:平均故障前时间。

表 1-4 可靠性参数指标

使用指标		合同指标	
目标值	门限值	规定值	最低可接受值
期望系统达到的使用指标,它既能满足系统使用需求,又可使产品达到最佳的效费比,是确定规定值的依据	系统必须达到的最低使用指标,它能满足系统的使用需求,是确定最低可接受值的依据	合同和研制任务书中规定的期望系统达到的合同指标,它是承制方进行可靠性设计的依据	合同和研制任务书中规定的、系统必须达到的合同指标,它是进行考核或验证的依据

表 1-5 典型的可靠性参数

参数类别	参数名称	类型		定义
		使用参数	合同参数	
基本可靠性	1. 平均故障间隔时间(MTBF)	✓	✓	在规定的条件下和规定的时间内,产品的寿命单位总数与故障总次数之比
	2. 故障率 $\lambda(t)$	✓	✓	在规定的条件下和规定的时间内,产品故障总数与寿命单位总数之比,有时亦称失效率,当产品寿命服从指数分布时 λ 等于常数
	3. 无维修工作时间(MFOP)	✓		产品能完成所有规定功能而无需任何维修活动的一段工作时间,在此期间也不会因系统故障或性能降级导致对用户的使用限制
任务可靠性	1. 任务可靠度 $R_m(t_m)$	✓	✓	产品在规定的任务剖面内完成规定功能的概率
	2. 平均严重故障间隔时间(MTBCF)	✓	✓	规定的一系列任务剖面中,产品任务总时间与严重故障总数之比
寿命	1. 首次大修期(TTFO)	✓	✓	在规定的条件下,产品从开始使用到首次大修的寿命单位数(工作时间和/或日历持续时间)
	2. 贮存寿命(STL)	✓		产品在规定的贮存条件下能满足规定要求的贮存期限

　　将合同中要求的任务可靠性、基本可靠性的规定值分配到较低层次的产品,作为产品的可靠性设计的初始依据。完成初步的可靠性分配后,应利用低层次产品的可靠性数据,通过可靠性预计,初步预计能够达到的可靠性水平,并与要求值进行比较。在方案和工程研制的早期,由于不具备设计的细节,尽管不能获得准确的预计值,但对于方案比较和确定合理的分配模型是有意义的。应重复进行上述的分配和预计,直到获得合理的分配值为止。

　　可靠性定性要求是为获得可靠的产品,对产品设计、工艺、软件等方面提出的非量化要求。采用成熟技术、简化设计、模块化、规范化等要求是通用的可靠性定性要求。可靠性定性要求的具体内容往往与产品的使用特点和结构特征密切相关,例如:对飞行操纵系统采用并行冗余和备用冗余的具体要求和说明;航天航空产品采用元器件的质量等级和降额等级的要求;车辆的操纵杆应动作准确、力度适当、手感好等。可靠性定性要求应针对现役产品存在的主要问题,吸取类似产品在研制过程中的经验教训。

可靠性数据是可靠性要求论证的基础,要充分重视基础数据库的建设和信息技术的研究,广泛收集国内、外相关产品、系统、设备的质量与可靠性信息,以及不同阶段、不同试验类别的信息,注重数据的积累和使用。确定可靠性要求还应充分考虑以下方面:

a) 现役产品和相似产品的可靠性现状和水平以及存在的主要问题;

b) 产品的任务剖面、寿命剖面及贮存、运输、使用和维修保障等方面的约束条件;

c) 竞争对手产品的可靠性水平;

d) 国内、外产品的可靠性发展趋势;

e) 国内产品的发展规划;

f) 经费与进度等约束条件。

常用的可靠性定量指标如表 1-6 所示。

表 1-6　电子系统可靠性定量指标

指标类型	指标名称	指标类别	指标适用范围	指标说明
基本可靠性	基本可靠性 MTBF (h)	使用指标、合同指标	电子系统、分系统、设备、组件	平均故障间隔时间,可修复产品的一种基本可靠性参数。在规定的条件下和规定的期间内,产品的寿命单位总数与故障总次数之比
	故障率 λ(1/h)	使用指标、合同指标	组件、元器件	产品可靠性的一种基本参数,亦称失效率。在规定的条件下和规定的期间内,产品的故障总数与寿命单位总数之比
	平均维修间隔时间 MTBM(h)	使用指标	电子系统、分系统、设备、组件	考虑维修策略的一种可靠性参数。在规定的条件下和规定的期间内,产品的寿命单位总数与该产品的计划维修和非计划维修事件总数之比
	平均需求间隔时间 MTBD(h)	使用指标	电子系统、分系统、设备、组件	与保障资源有关的一种可靠性参数。在规定的条件下和规定的期间内,产品的寿命单位总数与对产品的组成部分需求总次数之比。需求的产品组成部分如现场可更换单元、车间可更换单元等
任务可靠性	任务可靠性 MTBCF (h)	使用指标、合同指标	电子系统、分系统、设备	平均严重故障间隔时间,与任务有关的一种可靠性参数。在规定的一系列任务剖面中,产品的任务总时间与严重故障总数之比
	任务可靠度 R_m	使用指标、合同指标	电子系统、分系统、设备	任务可靠性的概率度量。一般以产品完成一个任务剖面的可靠度表示
耐久性	使用寿命(年)	使用指标	电子系统、分系统、设备、组件	产品使用到无论从技术还是经济上考虑都不宜再使用,而必须大修或报废的寿命单位数

（续表）

指标类型	指标名称	指标类别	指标适用范围	指标说明
	贮存寿命(年)	使用指标	电子系统、分系统、设备、组件	产品在规定的贮存条件下能够满足规定要求的贮存期限
	首翻期(年)	使用指标、合同指标	电子系统	首翻期为在规定的条件下,产品从开始使用到首次大修的寿命单位数,也称首次翻修期。一般用于可修产品

当产品寿命服从指数分布时,各可靠性参数之间有如下关系:

$$\lambda(t) = \lambda \tag{1-2}$$

$$T_{BF} = 1/\lambda \tag{1-3}$$

$$R(t) = e^{-\lambda t} = e^{-t/T_{BF}} \tag{1-4}$$

$$R_m(t_m) = \exp(-t_m/T_{BCF}) \tag{1-5}$$

$$T_{BM} = K \times (T_{BF})^{\alpha} \tag{1-6}$$

$$K = \frac{T_{BF}}{T_{BR}} \tag{1-7}$$

式中: $R(t)$ —可靠度; $\lambda(t)$ —故障率(1/h); T_{BF} —平均故障间隔时间 MTBF(h); T_{BCF} —平均严重故障间隔时间 MTBCF(h); T_{BM} —平均维修间隔时间 MTBM(h); T_{BR} —为平均拆卸间隔时间 MTBR(h); $R_m(t_m)$ —任务可靠度; t_m —产品的任务时间(h)。

对于电子设备,在工程中一般可靠性指标关系如下:

MTBF 门限值→MTBF 最低可接收值 θ_{MAV} →检验下限 θ_1 →检验上限 θ_0 →MTBF 规定值→MTBF 预计值 θ_p 。

其中, θ_{MAV} /MTBF 门限值为运行比(一般取 1.25); θ_1/θ_{MAV} 为经验因子(一般取 1~1.25); θ_0/θ_1 为鉴别比 d ; $\theta_p/$ MTBF 规定值为设计余量(一般为 1.25)。一般可取 θ_0 = MTBF 规定值。

可靠性定性要求是在产品研制过程中应采取的可靠性设计技术措施,以保证和提高产品的可靠性。这些要求一般都是概要性的设计措施,在具体实施时,需根据产品的实际情况细化。

可靠性定性要求一般包括:

a) 成熟设计;

b) 简化设计;

c) 余度和冗余设计;

d) 降额设计;

e) 容差设计;

f) 防瞬态过应力防护设计;

g）防差错设计；

h）环境防护设计；

i）热设计；

j）制定可靠性设计准则；

k）确定产品关键件和重要件；

l）包装、运输和储存设计；

m）元器件选用；

n）软件可靠性设计；

o）工艺可靠性设计等。

论证和方案中首先应明确寿命剖面、任务剖面,确定系统寿命、任务事件和预期的使用环境。其次将使用参数转换为电子系统可靠性设计指标:规定值和最低可接受值,具体如图1-2所示。

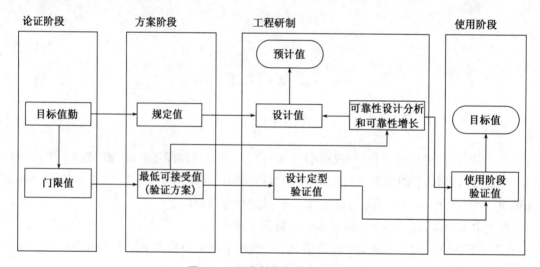

图1-2　可靠性指标转换及验证

1.2　可靠性工作项目

实施可靠性工作的目的是为了实现规定的可靠性要求,可靠性工作项目的选取取决于产品要求的可靠性水平、产品的复杂程度和关键性、产品的新技术含量、产品类型和特点、所处阶段以及费用、进度等因素。对一个具体的产品,必须根据上述因素选择若干适用的可靠性工作项目,订购方应将要求的工作项目纳入合同文件,并在合同的"工作说明"中明确对每个工作项目要求的细节。

在确保实现规定的可靠性要求的前提下,应尽可能选择最少且有效的工作项目,即通过实施尽可能少的工作项目实现规定的可靠性要求。

工作项目的费用效益是选择工作项目的基本依据,一般应该选择那些经济而有效的工作项目。为了选择适用的工作项目,应对工作项目的适用性进行分析,可采用如表1-7所示的"工作项目重要性系数分析矩阵"的方法,得出各工作项目的重要性系数,重要性系数相对高的工作项目就是可选择的适用的项目。

表1-7中需要考虑的因素可根据具体情况确定,如产品的复杂程度、关键性、新技术含量、费用、进度等。每一因素的加权系数通过打分确定(取值为1~5),一般对复杂的产品,大多数可靠性工作项目的加权系数取值为4~5,不太复杂的产品可取1~3。例如对航天航空的关键产品,FRACAS、FMECA、SCA、元器件零部件原材料选择与控制、ESS、可靠性鉴定试验等工作项目加权系数一般取5;对机械类的关键产品,FRACAS、FMECA、FEA、耐久性分析等工作项目加权系数一般取5。确定了考虑因素并选取了加权值后,将每一个工作项目的加权值连乘,然后按表中的方法计算每一工作项目的重要性系数。

考虑的因素和加权系数的取值,与参与打分的专家水平和经验有关,虽然得到的重要性系数带有一定的人为性,但表示了一种相对的,且经过权衡的结果。利用表1-7得到的工作项目重要性系数为订购方提出工作项目要求提供了依据。

表1-7 可靠性工作项目重要性系数分析矩阵

工作项目	加权系数(1~5)							乘积	重要性系数
	复杂程度	关键性	产品类型及特点	新技术含量	使用环境	所处阶段	……		
确定可靠性要求									
确定可靠性工作项目要求									
…									

a. 乘积 = 各因素加权系数的连乘
b. 重要性系数:假设乘积值最大的工作项目重要性系数为10(或20、30),其他工作项目的重要性系数 = $\dfrac{该工作项目乘积}{最大乘积} \times 10(或20、30)$

最大限度地减少重复性的工作,并为相关的工作提供必须的数据。例如工作项目"故障模式、影响及危害性分析"与GJB 368规定的维修性工作项目204"故障模式及影响分析 - 维修性信息",应协调要求,综合安排,避免重复。又如在工作项目"故障模式、影响及危害性分析"应明确的事项中,需要说明该项目应为"保障性分析"提供信息。

可靠性工程就是为保证系统可靠性要求的实现而策划并系统实施的一系列可靠性工作项目。可靠性工作项目如图1-3所示。

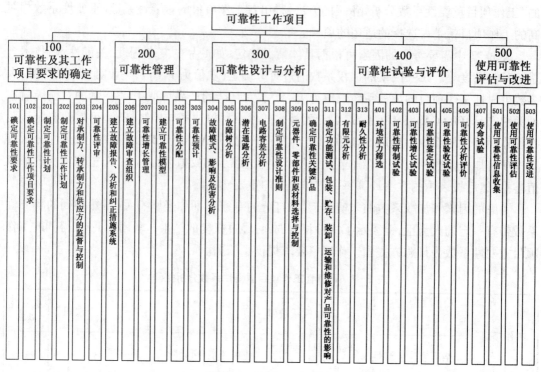

图 1-3　可靠性工作项目

　　第二章中的表 2-1 说明了各工作项目的适用阶段,为初步选择工作项目提供了一般性的指导。

第二章　　可靠性管理

可靠性管理包括如下工作项目：

a）制订可靠性计划；

b）制订可靠性工作计划；

c）对承制方、转承制方和供应方的监督和控制；

d）可靠性评审；

e）建立故障报告、分析和纠正措施系统；

f）建立故障审查组织；

g）可靠性增长管理。

可靠性工作涉及产品寿命周期各阶段和产品各层次，包括要求确定、监督与控制、设计与分析、试验与评价以及使用阶段的评估与改进等各项可靠性活动。可靠性管理是从系统的观点出发，对产品寿命周期中各项可靠性活动进行规划、组织、协调与监督，以全面贯彻可靠性工作的基本原则，实现既定的可靠性目标。

订购方在立项论证阶段制定可靠性计划，对产品寿命周期的可靠性工作作出全面安排，规定各阶段应做好的工作，明确工作要求。对承制方工作的要求纳入合同。承制方根据合同和可靠性计划制定详细的可靠性工作计划，作为开展可靠性工作的依据。可靠性工作计划经订购方认可，随着研制工作的进展不断补充完善。

可靠性工作项目应用矩阵如表 2-1。

表 2-1　可靠性工作项目应用矩阵表

工作项目名称	论证阶段	方案阶段	工程研制与定型阶段	生产与使用阶段
确定可靠性要求	√	√	×	×
确定可靠性工作项目要求	√	√	×	×
制定可靠性计划	√	√	√	√
制定可靠性工作计划	△	√	√	√
对承制方、转承制方和供应方的监督和控制	△	√	√	√
可靠性评审	√	√	√	√
建立故障报告、分析和纠正措施系统	×	△	√	√
建立故障审查组织	×	△	√	√
可靠性增长管理	×	√	√	○

(续表)

工作项目名称	论证 阶段	方案 阶段	工程研制与 定型阶段	生产与使用 阶段
建立可靠性模型	△	√	√	○
可靠性分配	△	√	√	○
可靠性预计	△	√	√	○
故障模式、影响及危害性分析	△	√	√	△
故障树分析	×	△	√	△
潜在通路分析	×	×	√	○
电路容差分析	×	×	√	○
制定可靠性设计准则	△	√	√	○
元器件、零部件和原材料的选择与控制	×	△	√	√
确定可靠性关键产品	×	×	√	○
确定功能测试、包装、贮存、装卸、运输 和维修对产品的可靠性影响	×	△	√	○
有限元分析	×	△	√	○
耐久性分析	×	△	√	○
环境应力筛选	×	△	√	√
可靠性研制试验	×	△	√	○
可靠性增长试验	×	△	√	○
可靠性鉴定试验	×	×	√	○
可靠性验收试验	×	×	△	√
可靠性分析评价	×	×	√	√
寿命试验	×	×	√	△
使用可靠性信息收集	×	×	×	√
使用可靠性评估	×	×	×	√
使用可靠性改进	×	×	×	√

开展可靠性工作需要有相应的职能部门及明确的职责,确定职能部门及其职责是落实各项可靠性工作,实施有效可靠性管理的重要环节。对可靠性工作进行监督与控制、实施可靠性评审、建立 FRACAS 和故障审查组织等是实施有效管理,确保实现规定可靠性要求的重要手段。这些管理项目所需的人力、经费和资源最少,一般应选用。

可靠性工程是系统工程的一部分。采用伴随产品研制过程的系统工程方法,开展综合协同设计,突出设计与验证工作相辅相成的设计思想,在设计过程中,通过综合权衡、反复迭代,不断对可靠性设计结果进行优化。具体如图 2-1 所示。

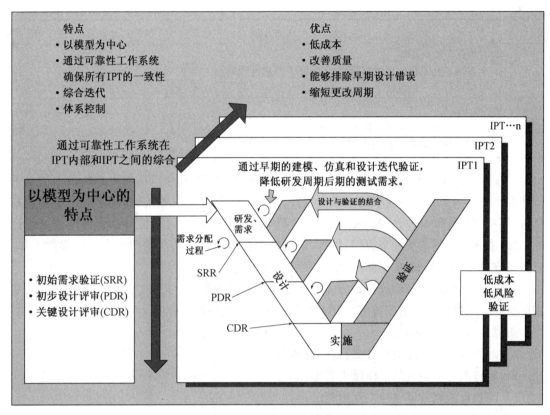

图 2 - 1 可靠性工作系统工程方法

可靠性增长管理是一项复杂的技术管理工作。可靠性研制试验、可靠性增长试验和可靠性增长管理的目的都是为使产品的可靠性得到增长,并最终达到规定的可靠性要求,因此根据实际情况,权衡上述三项工作项目的效益和费用,选择最有效的途径实现可靠性增长。

2.1 可靠性计划

制定可靠性计划的目的,实施要点及注意事项如表 2 - 2。

表 2 - 2 制订可靠性计划

	工作项目
目的	全面规划产品寿命周期的可靠性工作,制订并实施可靠性计划,以保证可靠性工作顺利进行。
实施要点	1. 订购方在立项综合论证开始时制订可靠性计划,其主要内容包括: a) 产品可靠性工作的总体要求和安排; b) 可靠性工作的管理和实施机构及其职责; c) 可靠性及其工作项目要求论证工作的安排; d) 可靠性信息工作的要求与安排; e) 对承制方监督与控制工作的安排; f) 可靠性评审工作的要求与安排; g) 使用可靠性评估与改进工作的要求与安排; h) 工作进度等;

（续表）

工作项目

	工作项目
	i）工作经费预算等。 2. 随着可靠性工作的进展，订购方不断完善可靠性计划。 3. 可靠性计划应通过评审。
注意 事项	主要包括： 　a）要求承制方承担的工作在合同中明确； 　b）可靠性计划应与其他计划如综合保障计划等相协调。

可靠性计划是订购方进行可靠性工作的基本文件。该计划除包括的可靠性要求的论证工作和对可靠性工作项目要求的论证工作外，还包括可靠性信息收集、对承制方的监督与控制、使用可靠性评估与改进等一系列工作的安排与要求。制定可靠性计划是订购方必须做的工作，通过该计划的实施来组织、指挥、协调控制与监督产品寿命周期中全部可靠性工作。随着可靠性工作的开展，应不断补充、完善可靠性计划。

在可靠性计划中，应明确订购方完成的工作项目及其要求、主要工作内容、进度安排、实施单位和可靠性专项经费安排等。要求承制方做的工作应纳入合同文件中。

可靠性计划的作用是：

a）对可靠性工作提出总要求、做出总体安排；

b）对订购方应完成的工作做出安排；

c）明确对承制方可靠性工作的要求；

d）协调可靠性工作中订购方和承制方以及订购方内部的关系。

2.2　可靠性工作计划

可靠性工作计划是承制方开展可靠性工作的基本文件。承制方按计划来组织、指挥、协调、检查和控制全部可靠性工作，以实现合同中规定的可靠性要求。

可靠性工作计划需明确为实现可靠性目标应完成的工作项目（做什么），每项工作进度安排（何时做），哪个单位或部门来完成（谁去做）以及实施的方法与要求（如何做）。

可靠性工作计划的作用是：

a）有利于从组织、人员与经费等资源，以及进度安排等方面保证可靠性要求的落实和管理；

b）反映承制方对可靠性要求的保证能力和对可靠性工作的重视程度；

c）便于评价承制方实施和控制可靠性工作的组织、资源分配、进度安排和程序是否合适。

制订可靠性工作计划应考虑以下方面的内容：

a）产品研制工作进度；

b）可靠性计划和上一级可靠性工作计划；

c）订购方对产品的可靠性要求；

d）可靠性指标的初步分配结果；

e）可靠性工作系统组织机构；

f) 可靠性相关专项经费安排。

制定可靠性工作计划的目的、实施要点及注意事项如表 2‑3。

表 2‑3 制订可靠性工作计划

	工作项目
目的	制订并实施可靠性工作计划,以确保产品满足合同规定的可靠性要求。
实施要点	1. 承制方根据研制总要求或合同要求制定可靠性工作计划,其主要内容包括: a) 产品的可靠性要求和可靠性工作项目要求,计划中应进一步明确和细化合同中规定的可靠性定量和定性要求,应包含合同规定的全部可靠性工作项目; b) 明确各项可靠性工作项目的实施细则,如工作项目的目的、内容、范围、实施程序、完成形式和对完成结果检查评价的方式,实施各项工作项目之间的相互关系; c) 可靠性工作的管理和实施机构及其职责,以及保证计划得以实施所需的组织、人员和经费等资源的配备; d) 可靠性工作与产品研制计划中其他工作协调的说明; e) 实施计划所需数据资料的获取途径或传递方式与程序; f) 可靠性评审安排; g) 关键问题及它对实现要求的影响,解决这些问题的方法或途径; h) 工作进度等。 2. 可靠性工作计划随着研制的进展不断完善。当订购方的要求变更时,计划应做相应的更改。 3. 可靠性工作计划应经评审和订购方认可。 4. 依据可靠性工作计划形成年度工作计划。
注意事项	订购方在合同文件说明中应明确: a) 可靠性工作项目要求; b) 可靠性评审的要求; c) 需提交的资料项目。 其中 a)是必须明确的。 针对产品的层次和特点,应明确对可靠性工作项目开展的剪裁和说明。

为了有效控制产品的可靠性,首要任务是制订有效、具体的可靠性工作计划。

可靠性工作计划应作为产品研制计划中的一个组成部分,应根据研制计划和进度,确定可靠性工作节点,使可靠性工作与产品研制工作计划相协调,保证各项可靠性工作按规定要求有序地进行。

制订可靠性工作计划应满足以下要求:

a) 工作计划应体现技术协议中规定的定性和定量的可靠性要求以及工作项目的要求,明确工作项目内容、进度和检查评审点;

b) 可靠性工作计划应经过产品管理、设计人员的充分讨论,确保各项工作之间的协调和工作结果的相互利用,使可靠性设计分析结果能够真正起到帮助改进产品设计的目的;

c) 明确承担具体可靠性工作的人员及其职责;

d) 根据产品的计划变更情况对可靠性工作计划进行合理调整。

按产品技术协议制订可靠性工作计划前,应收集产品研制各种信息,包括:

a) 产品研制的阶段划分,研制工作进度、设计方案等;

b) 产品的可靠性定性、定量要求以及工作项目要求;

c) 产品研制计划经费安排;

　　d）可靠性工作系统组织结构。

　　在方案阶段，按技术协议要求完成产品的可靠性工作计划策划，提交工作计划。

　　产品可靠性工作计划应明确在产品研制生产的各个阶段中，要做哪些可靠性工作，怎样做（实施的方法与要求），由谁做（由哪个单位或部门完成），何时做（工作进度安排）以及需要哪些保障资源等。可靠性工作计划的主要内容包括：

　　a）产品的可靠性要求和可靠性工作项目的要求；

　　b）各项可靠性工作项目的实施细则，如工作项目的目的、内容、范围、实施程序、完成形式和对完成结果检查评价的方式；

　　c）可靠性工作管理和实施机构及其职责以及为保证计划得以实施所需的资源的配备；

　　d）可靠性工作与产品研制计划中其他工作协调的说明；

　　e）实施计划所需的数据资料的获取途径或传递方式与程序；

　　f）可靠性评审安排；

　　g）工作进度等。

　　研制各阶段可靠性工作计划示例如表 2-4 所示。

表 2-4　可靠性工作计划表

进度节点	工作内容	工作输出
论证阶段	论证可靠性要求，协助订购方确定可靠性要求	协助订购方确定可靠性定量定性要求
	论证分析可靠性工作项目，协助订购方确定可靠性工作项目要求	协助订购方确定可靠性工作项目要求
	协助订购方制订可靠性计划	协助订购方确定可靠性计划
	拟制可靠性工作计划初稿	对可靠性工作作出初步计划
	论证初步可靠性建模及可靠性指标初步分配和预计	初步可靠性建模及可靠性指标初步分配和预计
	初步制订可靠性设计准则	编制可靠性设计准则初稿
	功能 FME（C）A 初步分析	功能 FME（C）A 初步分析报告
	可靠性评审	可靠性评审结论
方案阶段	制订可靠性工作计划	明确工作项目及进度安排
	可靠性建模及可靠性指标进一步分配和预计	可靠性建模及可靠性指标进一步分配和预计
	对转承制方进行监督和控制	设备可靠性要求
	修订可靠性设计准则初稿	可靠性设计准则初稿修订
	功能 FME（C）A 分析	功能 FME（C）A 分析报告
	初步 FTA 分析	FTA 初步分析报告
	可靠性评审	可靠性评审意见
	建立 FRACAS 系统和故障审查组织	FRACAS 系统和故障审查组织

（续表）

进度节点		工作内容	工作输出
工程研制阶段	初样阶段	建立可靠性模型	可靠性模型
		可靠性指标分配	应用可靠性模型实施可靠性指标分配，对方案阶段的可靠性指标初步分配结果进行分析和调整
		可靠性指标初步预计	完成可靠性指标预计工作，并对可靠性预计结果进行分析，指出薄弱环节及改进建议，对不满足要求的设计方案提出改进或指标调整的建议
		可靠性设计准则	编制可靠性设计准则
		FME(C)A 分析	进行 FME(C)A 分析，找出设计存在的薄弱环节，对Ⅰ、Ⅱ类故障模式确定相应的技术措施，对设备进行 FME(C)A 分析，提供故障清单
		FTA 分析	FTA 分析报告。FTA 作为 FMECA 的补充，主要是针对影响安全和任务的严重故障模式。
		电路容差分析	电路容差分析报告
		耐久性分析	耐久性分析报告和工作计划
		元器件原材料选择与控制	编制元器件选用要求、元器件优选目录
		确定可靠性关键件与重要件	进行关键与重要特性分析，确定关键与重要件清单
		对转承制方进行监督和控制	设备可靠性设计报告；有关评审结论
		可靠性研制试验	开展可靠性仿真试验，充分暴露设计缺陷，采取纠正措施
		环境应力筛选	编制环境应力筛选试验方案，进行环境应力筛选试验
		可靠性工作评审	对可靠性工作项目及计划节点进行检查与评审，并决策能否转入正样研制阶段
	正样阶段	完善和修改可靠性模型	利用不断增加的信息资源对可靠性指标分配及预计模型进行修改和完善
		可靠性指标预计与调整	对可靠性指标进行详细的预计，不满足要求的设备进行改进设计或对指标进行局部调整
		进一步 FME(C)A 分析	随着设计的深入细化，反复进行 FME(C)A 分析工作并将分析结果随时纳入系统设计中去
		进一步电路容差分析	随着设计的深入细化，反复进行电路容差分析工作并将分析结果随时纳入系统设计中去
		进一步耐久性分析	随着设计的深入细化，反复迭代进行
		落实可靠性设计要求	对生产图纸、设计文件进行会签和检查
		解决可靠性遗留问题	解决初样研制阶段的可靠性遗留问题
		运行故障报告、分析及纠正措施系统	收集工程研制、地面联试、机上地面试验中出现的故障，并进行处理

（续表）

进度节点	工作内容	工作输出
工程研制阶段	环境应力筛选	编制完善环境应力筛选试验大纲,组织实施环境应力筛选工作,并编制试验报告
	可靠性研制试验	结合研制开展可靠性仿真、强化和摸底等可靠性研制试验,充分暴露设计、工艺、元器件、软件等方面存在的潜在缺陷,及早采取纠正措施,并将可靠性设计改进措施贯彻落实
	对转承制方进行监督和控制	检查电子元器件的使用情况、可靠性预计及FME（C）A报告、软件测试报告及有关可靠性试验报告
	可靠性工作评审	对可靠性工作进行评审与检查,并决策能否转入设计定型阶段
定型（鉴定）阶段	环境应力筛选试验	设计定型样机应完成各个层次的环境应力筛选
	可靠性鉴定试验	利用经使用方批准的试验方案,对设备进行可靠性鉴定试验,验证其可靠性指标是否达到了规定的要求
	运行故障报告、分析及纠正措施系统	利用FRACAS系统,收集故障信息,并采取改进措施,实现可靠性增长
生产与使用阶段	可靠性验收试验	可靠性验收试验报告
	收集使用可靠性信息	使用可靠性信息
	对使用可靠性进行评估	配合用户进行使用可靠性评估
	进行使用可靠性改进	完成使用可靠性改进

2.3 供方控制

主要工作要求:

a）产品研制单位应对配套单位和供应方的可靠性工作进行监督和控制,必要时采取及时的管理措施,以确保配套单位和供应方交付的配套成品符合规定的可靠性要求。

b）对配套研制单位和供应方可靠性工作进行监督和控制应贯穿产品研制和生产全过程;

c）研制单位应与配套单位和供应方签订技术协议或订货合同,其中应提出相应的可靠性定性、定量及设计分析要求以及对可靠性工作进行审查和评价的条款;

d）评审配套单位的可靠性工作计划,以便保证同研制单位的工作计划和全部要求相协调;

e）通过参加设计评审、技术协调会、可靠性评审、试验（状态与结果）评审等工作,保证对配套单位的可靠性工作的监督和控制;

f）应通过各种现实可行的方式评价配套单位和供应方提供的产品满足规定的可靠性

要求。

监控方式：

a）产品承制方主要通过评审、核查以及过程跟踪的方法，利用已建立的设计师系统和质量师系统对配套单位实施有效的监控。

b）产品承制方应深入到配套单位现场进行工作检查和对形成的报告进行评审，实施监控。对配套单位研制过程进行持续跟踪和监督，参与配套单位的重要活动，将配套单位的FRACAS纳入产品承制方的FRACAS中，及时了解配套单位产品研制和生产过程中发生的重大故障、故障原因、纠正措施的有效性，并在必要时采取有效的管理措施。

c）对供应产品主要是通过审查产品的合格证明材料进行监控，如有必要可到现场进行检查。

监控程序，对配套单位和供应方可靠性监控的实施步骤为：

a）对配套单位和供应方，提供可靠性方面的建议；

b）提出配套单位产品的可靠性要求和可靠性工作项目要求；

c）确定配套单位产品的技术经济合同和供应产品订货合同的可靠性要求；

d）对配套单位和供应方的可靠性工作进行监督和控制。

对承制方、转承制方和供应方的监督和控制的目的、实施要点及注意事项如表2-5。

表2-5 对承制方、转承制方和供应方的监督和控制

	工作项目
目的	订购方对承制方、承制方对转承制方和供应方的可靠性工作应进行监督与控制，必要时采取相应的措施，以确保承制方、转承制方和供应方交付的产品符合规定的可靠性要求。
实施要点	1. 订购方应对承制方的可靠性工作实施有效的监督与控制，督促承制方全面落实可靠性工作计划，以实现合同规定的各项要求。 2. 承制方在选择转承制方和供应方时，应考虑其产品可靠性保证能力。 3. 承制方应明确对转承制产品和供应品的可靠性要求，并与产品的可靠性要求协调一致。 4. 承制方应明确对转承制方和供应方的可靠性工作要求和监控方式。应根据转承制产品或供应品的重要度以及转承制方和供应方的可靠性保证能力，提出不同级别的可靠性工作要求和监控要求。 5. 承制方对转承制方和供应方的要求均应纳入有关合同（技术协议），应确保所传递的可靠性要求清晰、适宜和完善，并让转承制方和供应方正确地理解，主要包括以下内容： a）可靠性定量与定性要求及验证方法； b）对转承制方可靠性工作项目的要求； c）对转承制方可靠性工作实施监督和检查的安排； d）转承制方执行FRACAS的要求，对提供的可靠性相关信息的准确性和完整性负责； e）承制方参加转承制方产品设计评审、可靠性试验的规定； f）转承制方或供应方提供产品规范、图样、可靠性数据资料和其他技术文件等信息要求。
注意事项	订购方在合同文件说明中应明确： a）对承制方的监督与控制要求及内容； b）对参加转承制方或供应方可靠性评审的要求； c）转承制产品或供应品是否进行可靠性鉴定和验收试验，以及试验与监督的负责单位。

如表2-5所示，对承制方、转承制方和供应方的监督和控制一般要求：

a）对承制方的可靠性工作实施监督与控制是订购重要的管理工作。在研制与生产过

程中,订购方应通过评审等手段监控承制方可靠性工作计划进展情况和各项可靠性工作项目的实施效果,以便尽早发现问题并采取必要的措施。

b）承制方对转承制方、供应方的可靠性工作的监督控制,主要包括:确定转承制产品项目和供应品项目清单,选择转承制方和供应方,提出转承制产品项目的可靠性要求和可靠性工作要求,签订技术经济合同,对转承制产品项目的可靠性工作进行监督和控制方式,对转承制产品和供应品的可靠性工作进行验收等。

c）为保证转承制产品和供应品的可靠性符合产品或分系统的要求,承制方在签订转承制和供应合同时应根据产品可靠性定性,定量要求的高低、产品的复杂程度等提出对转承制方和供应方监控的措施。

d）承制方在拟定对转承制方的监控要求时应考虑对转承制方研制过程的持续跟踪和监督,以便在需要时及时采取适当的控制措施。在合同中应有承制方参与转承制方的重要活动(如设计评审、可靠性试验等)的条款,参与这些活动能为承制方提供重要信息,为采取必要的监控措施提供决策依据。

e）在转承制合同中提出有关转承制方参加承制方 FRACAS 的条款是承制方保持对转承制产品研制过程监控的重要手段。承制方及时了解转承制产品研制及生产过程出现的严重故障的原因分析是否准确、纠正措施是否有效,才能对转承制产品最终是否能保证符合可靠性要求做到心中有数,并在必要时采取适当措施。

f）订购方对转承制产品和供应品的直接监控要求对方应在相关的合同中予以明确,例如订购方要参加的转承制产品的评审等。

对转承制方和供方监督和控制:

1）为保证转承制产品和供应品的可靠性符合产品和分系统的要求,承制方与转承制方和供应方签订合同时应根据产品可靠性定性和定量要求的高低、产品的复杂程度等提出对转承制方和供方监控的措施。承制方对采购和外包产品的质量控制活动要延伸到供方。承制方应对供方满足合同要求的能力,包括对质量保证能力进行评价,选择合格供方,以确保采购和外包产品能满足要求,减少采购风险。对供方的评价,承制方可根据采购产品的重要程度采用不同的评价方法,如:对供方的生产能力、人员和质量体系状况进行现场评价;对产品样品进行评价;对比类似产品的历史情况、试验结果;利用第三方试验机构的评价结果等。

2）承制方在拟定对转承制方的监控要求时应考虑对转承制方研制过程的持续跟踪和监督,以便在需要时及时采取适当的控制措施。在合同中应有承制方参与转承制方的重要活动(如设计评审、可靠性试验等)的条款。参与这些活动能为承制方提供重要信息,为采取必要的监控措施提供决策依据。

3）在转承制合同中提出有关转承制方参加承制方 FRACAS 的条款是承制方保持对转承制产品研制过程监控的重要手段。承制方及时了解转承制产品研制和生产过程出现严重故障的原因分析是否准确、纠正措施是否有效,才能对转承制产品最终是否符合可靠性要求做到心中有数,并在必要时采取适当措施。

4）正确选用和合理使用外购产品和外包产品是保证产品可靠性的重要环节,承制方所选的外购产品和外包产品必须符合系统、分系统和设备的可靠性要求,外包方和供方必须有相应的可靠性保证体系和措施,并对自己产品的可靠性负责。

5)承制方应根据产品要求编制外购产品和外包产品的采购规范,要对转承制方和供方保证产品质量的能力和维持产品一定可靠性的能力进行考察认证,通过评定建立合格供方名单。建立供方档案作为今后选用和采购的依据。承制方应保存合格供方的质量记录,作为追溯采购产品质量和评定供方质量保证能力的重要证明材料。以元器件的采购规范为例,至少应包括如下内容:元器件名称、型号;电气和机械参数;筛选及允许不合格品率(PDA)要求;质量一致性检验(QCI)或批验收试验(LAT)要求;特殊试验要求(适用时);验收或到货检验的要求(对适用的元器件应包括 PDA 要求);防护、包装和运输要求;文件、数据和资料的要求。

6)对转承制方、供方的监督工作主要有:

a)审查与评价可靠性工作计划落实情况;

b)参加设计评审活动与审查评审结论;

c)参加可靠性试验活动,审查可靠性鉴定和验收试验方案;

d)审查产品技术状态更改;

e)审查采购方案与关键项目清单;

f)审查故障分析和纠正措施的正确性等。

7)对转承制方提供的新研产品,可通过可靠性分析与评价的方式进行验收,对定型产品通过可靠性验收试验方法进行验收。承制方应根据采购产品和外包产品的重要性、复杂性、可检查性、标准化程度,以及供方的质量保证能力及提供产品的质量业绩等因素,通过合同确定对转承制方和供方的控制类型和程度,可以以下列几种方式进行:

a)派驻质量可靠性代表;

b)定期或不定期到供方进行监督检查或审核;

c)设监督点对关键工序或特殊过程进行监督检查;

d)可以由承制方和订购方一起到供方实施联合最终检验;

e)要求转承制方或供方进行产品质量审核、过程控制记录或提供产品履历书及质量保证大纲;

f)要求转承制方或供方及时报告设计变更及生产条件的重大变更情况。

8)外购产品和外包产品在研制、生产、试验过程中产生的故障数据对产品的质量和可靠性分析评价意义重大,因此,承制方要求转承制方、供方要按照规定格式、内容及时提供信息报告。

9)建立外购产品和外包产品使用信息库,分析外购产品和外包产品的使用情况,并定期反馈给转承制方或供方;

10)承制方应建立有转承制方和供方参加的信息交换网,通过信息的收集、分析,及时掌握外购产品和外包产品的可靠性情况;

11)承制方、供方以整机产品为对象,建立厂际质量保证体系,以保证和提高产品质量、满足使用需要为目的,按照科研、生产协作的客观要求,运用系统工程的观点,由承制方和供方组织横向质量保证体系以便形成有机整体;

12)承制方、供方之间处理问题坚持以满足产品要求为主,密切配合,相互支援,共求发展。

对承制方、供方监督和控制的主要内容：

1）合同中规定的可靠性要求及其落实情况；

2）可靠性工作计划的进展情况和各项可靠性工作的成果，并确保符合订购方可靠性计划的要求；

3）初步设计评审和详细设计评审；

4）关键元器件、零部件和原材料的选择与控制；

5）可靠性关键产品的鉴别、控制方法和试验要求；

6）单点故障、重大故障、故障发展趋势、纠正措施的执行情况和有效性；

7）可靠性鉴定与验收试验及试验结果的有效性；

8）执行有关可靠性标准的情况。

对转承制方和供方监督和控制的主要内容：

1）转承制和供应合同中规定的可靠性要求及其落实情况；

2）转承制方和供方的可靠性工作计划的进展情况和各项可靠性工作的成果，并确保与承制方的可靠性计划是协调一致的；

3）转承制方和供方执行 FRACAS 的规定，对单点故障、重大故障纠正措施的执行情况和有效性；

4）关键元器件、零部件和原材料的选择与控制；

5）初步设计评审和详细设计评审；

6）可靠性关键产品的鉴别、控制方法和试验要求；

7）可靠性鉴定与验收试验及试验结果的有效性；

8）执行有关可靠性标准的情况。

软件承制方对软件分承制方监督和控制：

1）转承制软件定性和定量的可靠性要求；

2）对转承制方的软件可靠性工作计划的要求；

3）对转承制软件的可靠性测试、验收与交付要求；

4）与转承制软件一起交付的文档、数据要求；

5）对转承制方的监控措施：

a）审查、评价分承制软件的可靠性工作计划及其落实情况；

b）参加关键性的设计评审活动，审查设计评审结论；

c）审查转承制软件的可靠性验收测试计划；

d）审查转承制软件的配置管理的执行情况；

e）如果转承制方使用外购软件，审查其采购及可靠性保证方案，并参加对外购软件的可靠性验收；

f）审查转承制软件的故障分析、缺陷纠正措施的正确性。

6）对转承制软件的可靠性信息的收集与处理要求。

2.4　可靠性评审

开展可靠性评审,是实现新产品可靠性要求的重要环节,也是及时发现问题,解决问题,防患于未然,降低研制风险的重要手段。严格地进行研制过程中的评审活动是必要的。可靠性设计分析以及相关要求应作为评审的一个重要内容,并作为判定产品能否转入下一阶段的重要条件之一。

可靠性评审可以有多种方式和多种层次,可以是技术交流会形式的非正式评审,也可以是有计划、规范的正式评审。

可靠性评审的目的、实施要点及注意事项如表2－6。

表2－6　可靠性评审

	工作项目说明
目的	要求按计划进行可靠性要求和可靠性工作评审,以实现规定的可靠性要求。
实施要点	1. 订购方应安排并进行可靠性要求和可靠性工作项目要求的评审,并主持或参与合同要求的可靠性评审。 2. 承制方制订的可靠性评审计划需经订购方认可。计划内容主要包括评审点设置、评审内容、评审类型、评审方式及评审要求等。 3. 提前通知参加评审的各方代表,并提供有关评审的文件和资料。 4. 可靠性评审尽可能与产品性能、安全性、维修性、综合保障等评审结合进行,必要时也可单独进行。 5. 可靠性评审的结果应形成文件,主要包括评审的结论、存在的问题、解决措施及完成日期。 6. 对评审中发现的问题,应制订针对性解决措施,并跟踪其实施情况。 7. 可靠性评审按 GJB/Z 72 和 GJB 3273 的有关要求进行。
注意事项	订购方在合同说明中应明确: a）对承制方可靠性评审的要求; b）需提交的资料项目。 订购方安排的可靠性评审及其要求应纳入可靠性计划。

可靠性评审工作要求包括:

1）在研制阶段应安排正式的可靠性评审,并列入研制计划中;

2）阶段可靠性评审一般应与产品设计评审、维修性和综合保障评审结合进行,可靠性专题评审可根据评审的内容和需要尽可能与维修性和综合保障评审结合进行;可靠性评审前应按产品技术协议的要求完成各阶段的可靠性报告,并作为被审查资料重点审查;

3）可靠性评审组由可靠性专业人员、设计人员等组成,评审组的人员应熟练掌握有关专业技术,对评审意见和结论负责;

4）在正式的转阶段设计评审中应安排可靠性评审,并有足够的时间保证得到充分的审查,订购方或其代表应有可靠性人员参加评审;

5）可靠性评审前,应事前将有关评审资料提供给评委,以便有足够的时间进行审查;

6）可靠性评审结论应客观、公正,所做出的决策和采取的措施应形成正式报告并提供给设计师系统;

7）所有的评审应根据评审的类型、阶段性等确定相应的评审要求,制订评审提纲;

8）阶段评审时,重点应关注存在的或潜在的可靠性问题或风险以及化解风险需要采取的措施;

9）评审的意见和结论应形成书面资料,对存在的问题应明确采取纠正措施的时间及责任单位;

10）未进行可靠性评审或评审未通过的产品必须重做有关工作,否则研制工作不能转入下一阶段。

非正式评审是非计划的,根据可靠性工作开展的实际情况灵活组织安排,召集相关人员进行研讨,是相互沟通、集思广益的过程,也是各专业相互协调的过程。非正式评审(亦即技术交流)贯穿于整个成品的研制过程,会议记录资料形成的文件中应包括介绍的材料、提出的问题、解决的答案、达成的共识以及没有解决的问题。可靠性非正式评审的目标包括:

1）为不同阶段的正式评审活动提供铺垫和基础;

2）评审和评估可靠性管理、设计分析、权衡研究、试验和应用经验的相关内容;

3）商讨各项工作接口问题,包括物理或功能接口、自主保障、安全性和人素工程等。

正式评审应是有计划的,按可靠性工作计划中规定的评审要求和节点开展评审工作。正式的可靠性评审被安排在产品研制的各个重大节点。

可靠性正式评审的目标包括:

1）对前一阶段开展的可靠性工作进展情况进行评审;

2）对阶段结束时应完成的各类可靠性管理、设计分析和总结报告进行评审;

3）发现可靠性设计中存在的问题并提出改进措施;

4）审查可靠性定性要求的落实和指标的实现情况,发现无法实现的指标应及时调整方案。

可靠性评审内容如下:

1）可靠性评审主要包括订购方内部的可靠性评审和按合同要求对承制方、转承制方进行的可靠性评审,另外还应包括承制方和转承制方进行的内部可靠性评审。应根据研制程序、产品的特点和产品层次,确定产品论证和研制过程中的可靠性评审类型和评审点的设置。

2）可靠性定量、定性要求和可靠性工作项目要求是订购方内部可靠性评审的重要内容。可靠性定量、定性要求评审应与相关特性的要求评审结合进行,并尽可能与系统要求审查(GJB 3273)结合进行。评审可采用专家(包括邀请承制方专家)评审的方式进行。

3）承制方应对合同要求的可靠性评审和内部进行的可靠性评审做出安排,制订详细的评审计划。计划应包括评审点的设置、评审内容、评审类型、评审方式及评审要求等。该计划应经订购方认可。

4）无论是订购方进行的可靠性评审,还是承制方安排的可靠性评审,或是转承制方进行的可靠性评审,均应将评审的结果形成文件,以备查阅。

5）对评审意见要逐条落实,积极采取改进措施,闭环归零。

6）尽早做出可靠性评审的日程安排并提前通知参加评审的各方代表,并提供评审材料,以保证所有的评审组成员能做好准备参加会议。在会议前除看到评审材料外,还能查阅到有关的设计资料,以提高评审的有效性。

在研制转阶段前,须对可靠性工作进行评审。可靠性评审可与设计评审结合进行,新研产品的可靠性关键项目应组织可靠性专题评审。评审工作应邀请可靠性各相关专业有实践经验的专家参加,按有关标准、规范的规定对设计、分析、试验的技术资料和数据进行审查。凡未进行可靠性评审或评审中发现可靠性不满足规定要求的,须补充有关工作,方可转入下一个研制阶段。

1)论证阶段可靠性评审

评审可靠性定性、定量要求及工作项目要求的合理性和可行性。评审结论为立项论证报告和是否转入方案阶段的重要依据。

论证阶段可靠性评审主要内容:

a)可靠性要求的依据;

b)约束条件;

c)可靠性初步方案。

2)方案阶段可靠性评审

评审可靠性研制方案与技术途径的正确性、可行性、经济性。

方案阶段可靠性评审的关键:主要评审产品可靠性研制方案、可靠性工作计划的完整性与可行性,相应的保证措施。

3)初步设计可靠性评审

检查初步设计满足研制任务书可靠性要求的情况,检查可靠性工作计划实施情况,找出可靠性薄弱环节,提出改进建议。评审结论为是否转入详细设计提供重要依据。

初步设计可靠性评审的关键:主要评审在工程研制初样阶段各项可靠性工作是否满足可靠性工作计划的要求。

4)详细设计可靠性评审

检查详细设计是否满足合同规定可靠性要求;检查可靠性工作计划实施情况;检查可靠性薄弱环节是否得到改进或彻底解决;评价经可靠性研制试验或可靠性增长试验后产品可靠性水平。评审结论为是否转入设计定型阶段提供重要依据。

详细设计可靠性评审的关键:主要评审可靠性工作实施情况、可靠性遗留问题解决情况及可靠性已达到的水平。

5)定型阶段可靠性评审

评审可靠性验证结果与研制总要求、研制合同要求的符合性;评审验证中暴露的问题和故障分析处理情况。评审结论为能否通过设计定型提供重要依据。

定型阶段可靠性评审要点:

a)可靠性工作计划执行情况;

b)故障报告、分析与纠正措施系统运行情况;

c)元器件、原材料选用与控制;

d)可靠性关键件、重要件控制情况;

e)软件质量与可靠性控制情况

f)可靠性研制试验或可靠性增长试验、可靠性鉴定试验报告,产品达到的可靠性水平,软件测试报告;试验和测试中发现的问题及其解决情况。

定型阶段可靠性评审的关键：主要评审产品可靠性是否满足研制总要求、研制合同要求。

6）使用阶段可靠性评审

评价产品初始使用阶段可靠性是否达到研制总要求规定的门限值；在后续使用阶段，经过可靠性改进，评价其可靠性是否达到研制总要求、研制合同规定的成熟期目标值；审查使用过程中出现的重大问题和故障是否归零。评审结论为产品的使用和新产品的研制提供重要依据。

2.5　故障报告、分析和纠正措施系统

尽早找出故障原因，对可靠性增长并达到规定的可靠性要求有重要的作用，故障原因发现得越早就越容易采取有效的纠正措施。因此，要求尽早建立 FRACAS 是非常重要的。FRACAS 的运行应尽可能利用现有的信息系统。

FRACAS 的效果取决于准确的输入信息（即记录的故障以及故障的原因分析），因此，要求进行故障核实，必要时，要故障复现。输入信息应包括与故障有关的所有信息，以便正确地确定故障的原因，故障原因分析可采用试验、分解、实验室失效分析等方法进行。FRACAS 确定的故障原因还可证明 FMECA 的正确性。

做好有关故障报告、故障分析及纠正措施的记录，并按产品的类别加以归纳，经归纳的信息可为类似产品的故障原因分析和纠正措施提供借鉴的信息。

从最低层次的元件以及以上各层次，直至最终产品（含硬件和软件），在试验、测试、检验、调试及使用过程中出现的硬件故障、异常和软件失效、缺陷等均应纳入 FRACAS 闭环管理。采取的纠正措施应能证明其有效并防止类似故障重复出现。对所有的故障件应作明显标记以便于识别和控制，确保按要求进行处置。

订购方在合同中规定对承制方 FRACAS 的要求，同时还应明确承制方提供信息的内容、格式及时机等。

建立故障报告、分析和纠正措施系统的目的、实施要点及注意事项如表 2-7。

表 2-7　建立故障报告、分析和纠正措施系统

	工作项目
目的	建立故障报告、分析和纠正措施系统（FRACAS），确立并执行故障记录、分析和纠正程序，防止故障的重复出现，从而使产品的可靠性得到增长。
实施要点	1. 建立 FRACAS 并保证其贯彻实施，FRACAS 适用于产品各产品层次。 2. FRACAS 的工作程序包括故障报告、故障原因分析、纠正措施的确定和验证，以及反馈到设计、生产中的程序。 3. 故障纠正的基本要求是定位准确、机理清楚、问题够复现、措施有效，同时应尽可能举一反三，对可能存在类似问题隐患的产品采取预防措施。 4. 将故障报告和分析的记录、纠正措施的实施效果及故障审查组织的审查结论归档，使其具有可追溯性。 5. 建立订购方和承制方信息共享制度，对产品 FRACAS 信息实施统一管理。 6. 承制单位将 FRACAS 的信息及时纳入单位的质量信息系统，不断充实单位的质量问题数据库，形成支撑产品可靠性工作的数据资源。

（续表）

工作项目
注意事项	订购方在合同说明中应明确： a）承制方 FRACAS 和订购方信息系统协调的内容和范围； b）承制方向订购方报告故障的产品层次及提交与 FRACAS 有关的资料的要求。 其中"b)"是必须确定的事项。

术语如下：

故障报告、分析、纠正措施系统（FRACAS）：通过及时报告产品发生的故障，分析故障原因，并采取有效的纠正措施，以防止故障再现，实现可靠性增长的一种管理系统。

纠正：为消除已发现的不合格所采取的措施。

纠正措施：为消除已发现的不合格或其他不期望情况的原因所采取的措施。

2.5.1 FRACAS 运行

FRACAS 运行分为故障发现及报告、故障分析及定位、确定纠正及纠正措施、实施纠正及纠正措施、纠正措施有效性验证、故障闭环等工作阶段。FRACAS 工作流程如图 2 - 2 所示。

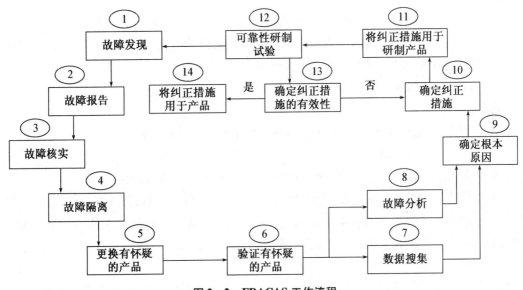

图 2 - 2　FRACAS 工作流程

1）故障报告

产品在调试、联试、试验和使用过程中出现故障（含失效）时，由故障发现者于 24 小时内发起 FRACAS。

2）故障核实

根据报告的故障情况，产品质量师进行故障核实，外场发生的故障由专人核实后报告质量师，必要时将故障信息通报用户，用户或其代表在用户栏中确认。

3）故障审理

故障审理组织主要由产品设计师系统或不合格产品审理组织成员组成。在上述人员无法得出审理结论时,由产品质量师负责报首席专家参加审理。

故障审理要求如下:

1）故障审理组织成员根据故障识别、定位情况,对故障进行必要的分析,确定故障原因,提出纠正、纠正措施建议,关键件、重要件发生故障及影响最终产品质量的故障,产品总(副总)设计师参加审理,分析确定故障原因,提出纠正措施建议。

2）对在FRACAS运行过程中发现的非偶发的重复故障,应实施质量问题归零。

3）采取纠正和纠正措施

采取纠正和纠正措施要求如下:

a）根据故障原因,确定是否存在或可能发生类似的故障,评价是否需要采取纠正措施,避免其再次发生或者在其他场合发生。需要采取纠正措施时,故障审理组织成员提出纠正和纠正措施建议及要求;

b）责任单位根据纠正和纠正措施建议和要求,制订具体纠正方法或纠正措施并实施;

c）对于批次性的采购、外包产品问题,审理人员要明确批次处理意见。

4）审理会签

纠正或纠正措施实施后,审理人员填写审理组织最终审理意见,签署完成后交有关设计、调试、制造、工艺和质量等有关人员对纠正和纠正措施的有效性进行会签评审;涉及软件故障时,需要交软件总体和产品 SQA 人员进行会签评审。

5）纠正和纠正措施有效性验证

要求如下:

a）在纠正、纠正措施实施过程中,产品质量师或指定人员跟踪监督;

b）偶然发生的、轻微的故障实施纠正后,责任单位通知产品质量师或检验员进行验证;验证满足要求后,质量师或检验员在 FRACAS 表检验验证环节进行确认;

c）其他故障纠正措施实施后,责任单位通知产品质量师,产品质量师根据纠正措施实施情况,确定故障审理组织中的有关验证人员;责任单位根据确定的验证人员,将 FRACAS 表提交相应验证人员;验证人员负责验证,明确验证效果及遗留问题结论并在 FRACAS 表验证环节进行确认;

d）故障纠正、纠正措施经验证有效的,纠正措施予以闭环。验证无效或存有遗留问题的,责任单位负责继续组织实施纠正措施,验证环节确认后 FRACAS 流程提交产品质量师进行确认。

6）通报用户

FRACAS 表应向用户通报后闭环。

7）故障信息收集存档

要求如下:

a）纠正措施实施过程中,各责任部门须形成纠正措施结果记录,并负责收集存档;

b）纠正措施实施验证结束后,产品质量师按产品收集归档 FRACAS 表。

2.5.2 FRACAS 示例

FRACAS 运行示例如表 2-8 所示。

表 2-8 FRACAS 表运行示例

编 号		故障发生时机			提交日期			
产品名称				故障属性		□硬件 □软件		
故障件所属系统或设备				损失估算(元)				
故障件/CSCI 名称		图 号/版本号			编号			
		物资编码			数量/代码行数			
故障环境条件	(填写故障发生时的环境条件)							
故障现象	(故障现象的填写应明确问题发生的时间、地点、设备故障时的工作状态、环境条件等信息,对发生的故障现象描述应完整清晰)							
故障模式	□损坏 □短路 □饱和 □绝缘电阻下降 □击穿 □自激 □接触不良 □堵塞 □失控 □开路 □不密封 □软件设计缺陷 □软件代码错误							
故障报告人				故障核实		顾客		
故障原因	(由故障审理人员填写,内容包括:故障的定位和机理分析;故障定位时,应从人、机、料、法、环、测等方面全面分析问题产生的可能原因,从而对问题进行定位;机理分析时,应尽量从故障现场信息和历史数据入手,弄清问题发生的根本原因;机理分析时应考虑设计、制造、工艺、器材、软件、设备、环境、使用等各种因素,分析得出的原因应与问题现象、相关数据符合和对应。) 拟制人: 年 月 日			故障审查组织审签	设 计		年 月 日	
					总 体		年 月 日	
					软 件		年 月 日	
流出因	(填写为何问题到本阶段才得以暴露流出的原因)				调 试		年 月 日	
					制 造		年 月 日	
故障分类	□关联故障 □责任故障 □非关联故障 □非责任故障				工 艺		年 月 日	
					质 量		年 月 日	
纠正	(填写针对故障现象采取的现场措施,这些措施用以消除故障现象) 拟制人: 年 月 日			故障审查组织审签	设 计		年 月 日	
					总 体		年 月 日	
					软 件		年 月 日	
					调 试		年 月 日	
					制 造		年 月 日	
					工 艺		年 月 日	
纠正检验结论				检验人员签章				
需要采取纠正措施吗?			□是 □否					

（续表）

纠正措施	（填写针对故障和不期望出现现象的原因采取的措施,这些措施用以消除原因所采取的措施,主要针对人、机、料、法、环、测,涉及设计更改、工艺改进等） 拟制人：　　　　　日期：	故障审查组织审签	设　计	年　月　日
			总　体	年　月　日
			软　件	年　月　日
			调　试	年　月　日
			工　艺	年　月　日
			质　量	年　月　日
			首席专家	年　月　日
纠正措施验证	效果及遗留问题： （如果有纠正措施,此项必须填写,主要是纠正措施落实后的效果,如果有遗留工作,需要拉条挂账管理,必须能闭环。由指派的验证人员填写结论） 拟制人：　　　　　日期：	故障审查组织审签	设　计	年　月　日
			总　体	年　月　日
			软　件	年　月　日
			调　试	年　月　日
			工　艺	年　月　日
			软　测	年　月　日
			质　量	年　月　日
用户意见				

2.5.3　元器件偶然失效判别方法

FRACAS 审理中元器件失效如判为偶然失效一般只需采取纠正即可,如判为非偶然失效则必须采取预防性纠正措施,以避免故障的重复发生。因此,偶然失效的判别在 FRACAS 运行和审理中就很重要。

进行偶然失效判断时,一般有两种思路:(1) 直接分析:分析出由某种偶然因素引起失效;(2) 间接分析:遍历所有失效机理(可借助 FMEA),可排除由非偶然因素引起,只可能由偶然因素引起失效。

不同阶段执行不同的判据。考虑到元器件数量、失效率、使用时间、使用环境等变化,针对过程产品、分机或整机和交付后保证期内、保证期外这三个阶段,执行不同的判断方法。

周期性回头看时,应重新审核偶然失效的判断是否准确。

1）元器件偶然失效判别方法如下:

a）过程产品

过程产品装配、调试过程中如果发生元器件失效,初步判断失效是否可能由偶然因素引起,统计该批次过程产品的同种元器件失效数,如失效数不超过 3 个,一般判断该元器件为偶然失效,运行元器件失效单,应在"产生原因"一栏给出判断为偶然失效的理由。

b）分机或整机和交付后保证期内

整机或分机如果发生元器件失效,根据失效模式和失效机理的分析(必要时送第三方机构进行元器件失效分析),初步判断失效是否可能由偶然因素引起。统计产品所用该种元器件失效数,用偶然失效计算方法计算判别该元器件是否为偶然失效。

c）保证期外

如果产品交付已经过了保证期,可根据元器件故障分布概率与实际工作情况适当进行偶然失效的判断。

d）周期性回头看

每单位时间（如每月）统计 FRACAS 中每个型号产品的偶然失效情况。关注同一领域中不同型号同种元器件的偶然失效情况。对于短期内较大量失效的元器件要重新判断是否为偶然失效。

2）偶然失效计算方法如下:

通过 GJB 299、外购厂家提供或其他方法得到的故障件失效率 λ,可以计算故障件的理论失效个数。故障件累计故障分布函数为:

$$F(t) = P(\xi \leqslant t) = 1 - R(t) \tag{2-1}$$

如产品总数为 N,故障件理论失效数 $r_{理论}$ 为:

$$r_{理论} = N \cdot F(t) \tag{2-2}$$

式中,当服从指数分布时（即 $R(t) = \mathrm{e}^{-\lambda t}$,$F(t) = 1 - \mathrm{e}^{-\lambda t}$）,理论失效数为:

$$r_{理论} = N \cdot (1 - \mathrm{e}^{-\lambda t}) \tag{2-3}$$

如果实际失效数 $r_{实际} \leqslant r_{理论}$,则可判别失效数在偶然失效范围内。

[例 2-1]　某元器件有 2 000 只,失效率为 $1.0 \times 10^{-6}/\mathrm{h}$,实际失效了 4 只。其服从指数分布,可以计算 1 000 h 工作时间内的理论失效数为:$r_{理论} = N \cdot (1 - \mathrm{e}^{-\lambda t}) = 2\,000 \times (1 - \mathrm{e}^{-1.0 \times 10^{-6} \times 1\,000}) = 1.999 \approx 2$,$r_{实际} > r_{理论}$,因此,该元器件不能判别为偶然失效。

2.6　故障审查

对于新研和改型产品,必须建立或指定负责故障审查的组织,以便对重大故障、故障发展趋势和改进措施进行严格有效地管理,并将其纳入 FRACAS。

该组织的组成和工作应与质量保证的相关组织和工作协调或结合,以免不必要的重复。

订购方应派代表参加故障审查组织,并应在合同中明确在故障审查组织中的权限。

承制方参加故障审查组织的应包括设计、可靠性、维修性、综合保障、安全性、质量管理、元器件、试验、制造等方面的代表。

建立故障审查组织的目的、实施要点及注意事项如表 2-9。

表 2-9　建立故障审查组织

	工作项目
目的	设立故障审查组织,负责审查重大故障、故障发展趋势、纠正措施的执行情况和有效性。
实施要点	1. 成立专门的故障审查组织,或指定现有的某个机构负责故障审查工作。故障审查组织至少应包括设计、制造和使用单位等各方面的代表。该组织的主要职责是: 　　a）审查故障原因分析的正确性; 　　b）审查纠正措施的执行情况和有效性;

(续表)

	工作项目
	c）批准故障处理结案。 2. 故障审查组织定期召开会议,遇到重大故障时,及时进行审查。 3. 故障审查组织的全部活动和资料均应归档。

注意事项	订购方在合同说明中应明确:
	    a）故障审查组织的职责范围和权限;
	    b）订购方在故障审查组织中的权限;
	    c）需提交的资料项目。
	其中a）、b）是必须确定的。

术语如下:

质量问题:指质量特性未满足要求而产生或潜在产生的影响或可能造成一定损失的事件,如产品故障、事故、缺陷和不合格等。

重复性质量问题:已采取纠正措施的,在新产品、新活动中发生的同原因的质量问题。

质量问题归零:对在研制和交付使用中出现的质量问题,进行立项予以从技术上、管理上分析问题产生的原因、机理,并采取纠正措施、预防措施,以避免问题重复发生的活动。

技术归零:针对发生的质量问题,从技术上按"定位准确、机理清楚、问题复现、措施有效、举一反三"的五条标准逐项落实,并形成技术归零报告等文件的活动。

管理归零:针对已发生的质量问题,从管理上按:"过程清楚、责任明确、措施落实、处理到位、完善规章"的五条标准逐项落实,并形成管理归零报告等文件的活动。

2.6.1 故障审查组织

建立健全职责明确、运转协调的故障审查组织,制订管理办法和工作程序,对研制生产中发现的故障和质量问题,严格按照"定位准确、机理清楚、问题复现、措施有效、举一反三"的原则,做好故障和质量问题归零工作。严重故障或事故症候的故障归零结果,必须经过专门评审。故障审查组织由设计、工艺、制造、试验、质量可靠性、元器件采购部门、归零专家等人员组成,总体或首席专家担任负责人,用户代表参加故障审查活动。

故障审查组织职责如下:

1）定期审查产品研制及生产中出现的故障,包括供方和订购方反馈的故障信息,分析与评审有关产品的故障趋势和纠正措施的实施效果;

2）对严重及以上故障、重复发生的故障、可靠性关重件出现的故障及时组织分析归零,提出纠正及纠正措施意见;

3）要求供方对所承制的产品进行故障调查和分析,并评审其纠正措施;

4）对悬而未决的问题进行讨论,并提出其处理意见,必要时向有关领导部门报告;

5）审查故障原因分析及纠正措施的正确性;

6）审查纠正措施执行情况及其有效性;

7）审查归零的举一反三工作;

8）批准故障处理结论。

故障处理方式如下：

1）故障和质量问题处理按问题的性质、发生的阶段、后果的严重程度、产品的级别、管理的层次不同采用不同形式的归零形式；

2）质量问题归零形式分为立项归零和常规归零。立项归零应按技术归零、管理归零标准实施归零，常规归零采用不合格品审理、运行 FRACAS 等形式实施归零闭环；

3）严重、重大和重复发生的质量问题，须按照立项归零的程序完成归零报告和归零评审，形成闭环控制；对于其他的一般质量问题，可采取不合格品审理、运行 FRACAS 等常规归零形式，在问题机理分析清晰明确、处理措施有效后，即可完成问题归零闭环；

4）质量问题处理过程中，随着对故障机理认识的不断深入，质量问题性质可能会发生变化，须根据实际情况调整质量问题归零形式和要求。

归零原则和要求如下：

1）技术归零工作应满足"定位准确、机理清楚、问题复现、措施有效、举一反三"五条标准的要求，归零负责人负责完成技术归零报告；管理归零工作应满足"过程清楚、责任明确、措施落实、处理到位、完善规章"五条标准的要求，责任部门领导或指定专人负责完成管理归零报告；

2）对既有技术方面的原因，又有管理方面的原因造成的质量问题，应进行技术、管理双归零；

3）正职领导对本单位质量归零工作全面负责。设计师系统负责组织本型号的质量问题归零工作；

4）归零专家由产品总（副总）设计师、技术质量专家和部门科技委成员担任；

5）各部门在发现质量问题时，应将详细情况通报质量部门；

6）归零责任单位应制订具体的归零工作计划，相关职能部门应给予资源保证；

7）由于举一反三的相关要求未落实而造成同类质量问题的发生，应追究有关单位的责任；

8）关键件、重要件及与最终产品质量有关的质量问题归零，应邀请用户参加归零验证活动，请用户会签归零报告或将归零结果向用户通报；

9）质量问题归零的具体工作由归零责任单位负责。一时难以分清归零责任单位的质量问题，应按下列原则开展归零工作。

a）难以分清总体和分系统责任时，由总体负责归零；

b）生产性产品难以分清设计和生产责任时，由设计部门负责归零；

c）难以分清设计和调试责任时，由设计部门负责归零；

d）确属外购、外协产品自身的质量问题，由物资部门负责监督供方归零；

e）当管理归零问题涉及多个部门，难以确定主要归零责任单位时，由职责范围内的管理归零牵头部门负责组织管理归零，汇总相关单位的管理归零材料，拟制管理归零报告。

10）质量部门应在以下关键节点组织对产品归零工作进行检查。

a）研制过程转阶段前；

b）整机检验前；

c）重大试验前等。

11）对归零过程产生的所有质量信息应进行分级管理,各部门应将本部门质量问题归零信息整理保存,并做好信息传递工作;

12）质量部门负责收集、整理和汇总归零信息,建立和保存质量问题归零信息台账。

质量问题归零确认采用归零评审方式进行。

每年组织归零牵头部门开展归零复查,由牵头单位对职责范围内已完成的归零项目实施成效进行复查,对发现的问题组织责任单位进行整改,对仍需要继续落实归零的项目,应再次组织启动归零工作。

2.6.2　技术归零

下列问题应进行技术归零:

a）分系统、整机运行中出现的非偶发的故障;

b）产品交付后发现的或用户反映的影响使用的共性质量问题;

c）生产过程中出现的批次质量问题、重复性质量问题;

d）造成或可能造成设备损坏、人身安全和重大经济损失的质量问题;

e）对产品研制计划造成或可能造成很大影响的质量问题和久拖未决的质量问题;

f）环境鉴定试验、可靠性鉴定试验、功能性能试验、电磁兼容性试验、用户试验等重要试验过程中发生的故障;

g）上级部门、用户等确定需实施技术归零的质量问题。

针对发生的质量问题,从技术上按"定位准确、机理清楚、问题复现、措施有效、举一反三"的五条标准逐项落实,并形成技术归零报告等文件。要求如下:

a）定位准确

通过分析和验证准确确定质量问题发生的部位的过程。

b）机理清楚

通过理论分析、检测或试验等手段,确定质量问题发生的根本原因的过程。

c）问题复现

通过试验或分析,再现或确认质量问题发生的现象,验证定位准确性和机理分析正确性的过程。

d）措施有效

针对质量问题发生原因,制订纠正措施和实施计划,并经过验证,证实质量问题得到解决的过程。

e）举一反三

已发生的质量问题得到纠正,并落实了纠正措施和预防措施。同时,检查其他具有相同属性的产品,分析有无发生类似问题的可能,并采取纠正措施或预防措施的过程。

2.6.2.1　技术归零程序

1. 进行定位和机理分析

按下列要求进行:

a）质量问题发生后,在不影响设备和人员安全的情况下,应保护好现场,并做好现场记录；

b) 组织有关方面的技术人员根据实际情况,明确问题发生的时间、地点、时机、环境条件等信息,分析问题产生的影响和危害,确认质量问题的现象和部位;

c) 质量问题定位时,应通过 FME(C)A、FTA 和因果图等分析工具,分析问题影响及危害度,从人、机、料、法、环、测等方面全面分析问题产生的可能原因;

d) 机理分析时,应尽量从故障现场信息和历史数据入手,利用六西格玛图形分析工具(如排列图、矩阵图、因果图等)和量化分析工具(方差分析、回归分析等),弄清问题发生的根本原因;

e) 机理分析时应考虑设计、制造、工艺、器材、软件、设备、环境、使用等各种因素,分析得出的原因应与问题现象、相关数据符合和对应;

f) 对重大问题或危害度较大的质量问题应进行风险分析,确定后续工作计划。对短期内不能完成归零的质量问题由责任单位牵头拟制归零方案,明确后续工作内容及计划。必要时,应组织对归零方案进行评审确认。

2. 应急处置

对客观原因导致归零时间较长的问题、涉及人身及设备安全的问题或可能导致产品研制计划严重延期问题,归零责任单位应通过风险分析、论证计算、试验验证等手段制订应急处置措施,确保采取应急处置措施后不影响产品后续研制工作,并形成应急处置报告(含问题概述、问题定位、机理分析、问题影响分析、应急处置措施、风险分析和归零计划)经评审后,实施对产品采取应急处置措施。

3. 复现试验

为确保定位准确和机理清楚,原则上都应通过试验、模拟试验、仿真、原理性复现及其他方法,对质量问题发生的现象进行复现试验,复现试验的条件应与故障发生条件一致。对复现条件不一致、确实无法或无需进行复现试验时,在归零报告中应加以分析说明。

复现试验的一般工作程序:

a) 编写试验大纲或方法;

b) 按要求进行试验并做好试验记录;

c) 编写试验结果分析报告。

4. 流出因和管理因分析

在分析问题产生的技术原因的基础上,应进一步对问题为何到本阶段才得以暴露的流出原因和问题发生的管理因素进行认真分析。

5. 制订并落实纠正措施

按下列要求进行:

a) 应根据机理分析、流出因和管理因分析的结果逐条制订针对性的纠正措施和预防措施;

b) 纠正措施制订时应分析是否会引起派生故障,并进行关联性分析,考虑应对措施及验证和实施方法;

c) 纠正措施实施前必须通过试验或实物验证,验证时应考虑极限条件。必要时,归零责任单位应组织评审确认措施的有效性;

d) 经认可的纠正措施和预防措施应落实到设计、工艺或试验文件中;

e) 应将关重件及与最终产品质量有关的问题的纠正措施向用户通报。

6. 举一反三

按下列要求进行:

a) 举一反三范围应按照下述原则进行界定:针对本问题涉及的在研、在产、在役产品进行;针对同原理、同结构、同设计、同工艺产品进行;针对本单位其他产品进行。

b) 根据质量问题的原因分类,按下述原则开展具体举一反三范围界定工作,实行举一反三工作责任制,举一反三范围及处置措施由相关单位领导在归零报告签署时审核,报首席专家确认。

c) 产品内的举一反三工作由本产品设计师系统组织落实。跨产品和跨部门的举一反三工作,由质量部门根据各部门明确的举一反三范围,组织相关部门明确处置措施,形成举一反三工作要求和计划,并纳入月度质量工作计划。

d) 科研管理部门负责组织对未交付产品实施举一反三工作;市场部门负责组织对已交付产品实施举一反三工作;物资部门负责组织对采购产品实施举一反三工作;有关组织部门应及时向质量部门反馈工作进展和闭环情况。

e) 质量部门定期跟踪举一反三工作的闭环情况,采用拉条挂账、跟踪销号的模式,确保举一反三工作闭环。

f) 归零责任单位负责组织估算举一反三所需的归零经费。

g) 归零责任单位应根据发生的质量问题信息,形成相关负面清单,提炼梳理完善设计、工艺、制造、试验、检验等规范或准则。

7. 完成技术归零报告

按下列要求进行:

a) 技术归零报告由归零责任单位编写。

b) 产品技术归零报告由归零责任单位领导审核,由技术归零牵头单位人员或产品总(副总)设计师、上级设计师、产品质量师会签,由首席专家批准。

c) 无法在短期完成全部归零工作时,归零责任单位须在归零报告中详细说明原因和后续归零工作计划,报质量部门备案。待归零工作全部完成后,归零责任单位负责提交相关证明材料方可确认问题归零。

2.6.2.2 技术归零报告编制方法

1. 问题现象概述

应有下述相关内容的描述:

a) 写明故障发生的时间、地点、故障发生时机[调试、试验(环境、可靠性、电磁兼容、供电兼容,要描述到具体试验项目)、内场或外场联试、用户使用等]、故障设备累计工作时间、故障设备的平台信息等。目的是为后续故障排查和分析定位提供切入点,根据上述准确的信息所提供故障点的环境状态、控制状态、接口状态、机电热等要素,进行深入分析。

b) 写明问题发生的部位,原始故障现象,发生的频次,造成的影响及后果(指对产品性能、使用及安全性等通用质量特性造成的影响和危害)。目的是作为后续故障分析定位的顶事件,通过 X 次故障现象为分析单次故障和 X 次故障的原因提供信息。

c）写明故障设备的名称、型号或图号、批次号和设备编号。目的是针对故障设备开展故障排查、分析定位和追溯,通过对故障件的生产过程及维修次数回溯,提供分析信息。通过批次信息为举一反三提供依据。

d）写明故障发生时所处的环境条件、任务状态。目的是后续故障分析定位、机理分析和措施验证、故障复现必须在同样的环境条件、任务状态和应力下进行。

e）写明在研制、生产、使用等过程中是否发生过同类问题。目的是为后续判别是否共性问题,举一反三追溯提供依据。

2. 问题定位

描述问题排查定位过程,需从故障现象出发,描述故障树建立过程,制订排查方案,通过对故障现象分析和每个分支故障的测试分析排查,定位故障的原因。要素如下。

a）工作原理分析:针对顶事件故障的相关链路进行工作原理分析,画出工作原理框图或软件流程图,标注信号流程和定义,框图中与顶事件故障相关部分链路均必须画出,应自顶向下逐层级画出工作原理框图或软件流程图。目的是充分证明所建立的故障树完整、准确、全面覆盖无遗漏,说明故障树的建立过程;

b）建立故障树:以报出的原始故障现象作为顶事件,以 FTA 分析为工具,自顶向下逐层级建立故障树。故障树示例如图 2－3 所示:

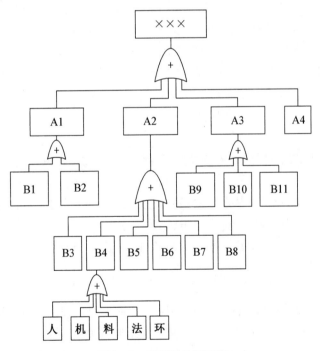

图 2－3　故障树分析示例

故障树一般从系统至分系统或单元、分系统或单元至组件或模块、组件或模块至元器件。硬件分支分析应覆盖自身各原理组成和对外接口涉及的硬件,软件分支分析应覆盖自身的流程和对外接口涉及的软件。故障树要求覆盖全面无遗漏,所有可能引起顶事件发生的原因事件均必须逐级列出。

1) 问题定位分析:根据故障树,结合故障现象(如系统 bit、系统日志、工作状态等)分析、检测、试验等,采用排除法逐个排除,每一个可能事件的排除,必须要有证据证明,证据可以是理论计算分析、检测数据、试验结论。问题应分析定位至最底层如具体元器件、焊点、零件等;

2) 最低层(如元器件级)原因分析:最低层按人、机、料、法、环因素(考虑设计、制造、原材料、元器件、工艺、装配装调、试验与验收、使用、维护、售后等各种因素)列出故障树,采用排除法进行分析定位,准确找出问题原因,每一个因素排除,必须要求有证据证明。

最低层证据排查一般按如下方面进行。

a) 人因素:对故障部位涉及的人员因素进行分析。如装配、制造、调试、检验、试验等人员是否持证上岗,装配、调试、使用等人员是否按要求操作,设计(电讯、结构、工艺、软件等)有无缺陷。

b) 机因素:对故障部位涉及的工具、设备、仪器仪表进行分析。如装配、制造、调试、检验、试验等工具、设备、仪器仪表运行状态与运行环境是否满足要求,工艺是否细化,工具、设备、仪器仪表是否检定合格(列出检定日期)。

c) 料因素:对故障部位涉及的元器件、原材料进行分析。如元器件、原材料是否失效,如有失效应进行元器件、原材料的失效分析(失效分析报告应由具备国家资质机构出具)。如元器件、原材料失效为共性或批次问题,选用部门必须提供元器件、原材料选用和问题定位分析材料,要求元器件、原材料厂家做进一步归零,并作为附件支撑。

d) 法因素:对故障部位涉及的全过程所用方法进行分析。如工艺方法是否细化合理;详细规范、使用说明书、产品手册(如按推荐的典型电路设计应用)对元器件的装配、调试、使用方法的要求是否细化合理;调试、检验、试验方法是否细化合理。

e) 环因素:对故障部位所处环境进行分析。如是否有超机、电、热应力和环境应力的使用。

f) 问题定位分析结论:根据分析结果直接写明最终的故障定位点。

3. 机理分析

描述问题机理分析过程,需从定位的最底层故障原因出发(对于定位的问题发生原因均应进行分析,并对主因和次因分别进行分析、描述),根据理论分析(FME(C)A 分析、计算、仿真)和(或)试验(仪器、工具、设备等进行检测、化验、试验等)确定定位的问题发生原因与故障现象和故障模式的因果关系。

分析要素如下:

a) 故障机理分析:从最低层故障原因入手,自下而上通过理论分析计算、检测测试、试验或化验等方法,推导证明与顶事件故障具有必然因果逻辑关系,能够导致顶事件故障的发生。

b) 写明问题是否有重复(几次),分析利用该问题的历史故障数据,结合故障定位的分析,判别是否个例或是共性问题,共性问题需分析产生的原因。

c) 说明出现故障的故障模式是否在 FMECA 报告中,若无是否说明了原因,若有是否说明了为何会发生(在 FMECA 报告中采取的措施是否落实、有效)。

4. 问题复现

描述问题复现过程,需从机理分析出发,通过试验、模拟试验、仿真、原理性复现等方法复现故障现象,验证定位的准确性和机理分析的正确性。

故障复现一般分以下三种情况,在报告中需对故障复现方案的选择进行分析,工作状态与环境条件等应与故障发生时的条件一致。

a) 能够现场复现故障:详细描述现场故障复现过程,最终原因与故障顶事件现象应当因果相应。

b) 通过试验复现故障:对不能现场复现故障的,根据故障定位和故障机理分析结果,设计复现故障试验,故障复现试验结果应能证明最终原因能够导致故障顶事件现象的发生。

c) 无法复现的故障,或复现会危及安全的故障应说明无法复现的原因,同时通过理论分析或是仿真的方法,证明能够导致故障顶事件现象发生。

5. 流出因和管理因分析

描述流出因和管理因,主要从以下两方面进行描述:

a) 流出因分析:分析问题为何到本阶段才得以发现和暴露,对没能在前序阶段及时发现,导致产品带问题流出的原因进行分析和反思,并给出防范措施。

b) 管理因分析:查找分析该技术问题发生前后是否存在管理缺失和漏洞,给出管理上的改进建议。如无章可循、制度不完善、培训不到位、执行不到位、有章不循、供应商选择不当、要求传达不到位、过程监控不到位、验收把关不严。

6. 采取措施及验证

描述采取的措施及验证过程,根据故障定位、机理分析的结果,分析并制订纠正措施,对纠正措施进行关联性分析和影响分析,制订验证方案,并进行措施有效性验证。描述要素如下。

a) 采取的纠正措施:必须根据故障的定位和故障机理分析结果针对性地提出纠正措施,注意因果呼应,有的放矢。

b) 影响及关联性分析:利用理论和仿真分析,或是测试、试验数据,分析说明采取的措施是否会引起其他派生故障或牵连设计更改。

c) 措施验证及其有效性:根据故障原因和影响及关联性分析,制订纠正措施验证方案,措施验证一般分现场验证、试验验证和分析验证等。注意措施验证时必须要与顶事件故障发生时的环境条件和任务状态相一致并应考虑极限条件。

d) 措施落实证据:故障件或现场的纠正证明记录,如返工工艺、调试记录(含各级批次号)等。描述措施已落实到设计、工艺、规范、标准、指导书、说明书和其他相关文件中的证明材料,如设计更改单、工艺更改单、软件变更单和软件测试报告等。

e) 纠正措施如未落实是否有落实计划,列出详细落实计划。如果涉及用户关注、人身及设备安全的问题必须写出未落实前的应急处置措施。

f) 针对该故障的解决,提炼出的设计准则。

7. 举一反三情况

描述要素如下。

a) 故障件在本产品的举一反三:梳理出本问题涉及的在役、在产产品,分别给出处置建议、处置计划及完成情况。

b）故障件在其他产品的举一反三：梳理出本问题涉及的在役、在产产品，分别给出处置建议、处置计划及完成情况。

c）其他举一反三：梳理出同原理、同结构、同属性类似产品的范围，给出处置建议、处置计划及完成情况。

d）针对新的故障模式补充完善 FMECA 报告。

8. 归零结论

明确写明故障发生的根本原因，给出该问题定位准确，机理清楚，故障复现，纠正措施经验证有效，并进行了举一反三的技术归零结论，并说明有无遗留问题。

9. 技术归零的证明资料清单

证明资料一般应包括：

a）试验报告（包括测试数据）；

b）双归零问题的管理归零报告；

c）验证旁证材料；

d）落实性文件（包括更改单、归档号、试验大纲等）；

e）归零评审报告；

f）其他证明材料。

2.6.2.3　技术归零评审

技术归零评审包括以下方面：

a）质量问题的现象描述是否清楚；

b）质量问题的定位是否准确，是否具有唯一性；

c）产生问题的机理是否明确，FTA 或 FME（C）A 分析是否到位，分析工具应用是否恰当，是否含有不确定因素；

d）问题是否复现，复现试验的条件与发生问题时是否一致；

e）是否进行了流出因和管理因分析，是否制订和落实了相关纠正措施；

f）纠正措施是否经过有效验证，是否已落实到产品设计、工艺或试验文件中，具体落实到哪些文件中；

g）在相同属性产品中举一反三的结果，纠正措施和预防措施是否得到落实；

h）对需要实施技术和管理双归零的问题，应对管理归零的内容同时进行审查；

i）归零报告的内容是否符合规定的要求。

2.6.3　管理归零

下列问题应进行管理归零：

a）重复性发生的质量问题；

b）人为责任导致的重大质量问题；

c）无章可循、规章制度不健全造成的质量问题；

d）技术状态管理、行政管理造成的质量问题；

e）已出厂产品在参加重要试验中和在用户使用过程中暴露出的主要质量问题；

f）上级部门、顾客等确定需实施管理归零的质量问题；

g）同属技术归零和管理归零范畴的质量问题应进行双归零。

针对已发生的质量问题，从管理上按"过程清楚、责任明确、措施落实、处理到位、完善规章"的五条标准逐项落实，并形成管理归零报告等文件。

a）过程清楚

针对已发生的质量问题，查明质量问题的发生过程，从中找出管理上的漏洞或薄弱环节的过程。

b）责任明确

针对已发生的质量问题，根据质量职责分清造成质量问题的责任单位和责任人的过程。

c）措施落实

针对已发生的质量问题，对管理上暴露出的漏洞或薄弱环节，制订并落实有效的纠正措施和预防措施的过程。

d）处理到位

针对已发生的质量问题，严肃处理相关责任单位和责任人，从中吸取教训并改进管理的过程。对重复性和人为责任质量问题，应根据情节和后果，对责任单位和责任人给予处罚。

e）完善规章

针对已发生的质量问题，对暴露出的管理漏洞或薄弱环节，健全和完善规章制度并加以落实，从规章制度上避免质量问题发生的过程。

2.6.3.1 管理归零程序

1. 查明问题发生过程和责任

按下列要求进行：

a）归零单位领导应及时组织有关人员查明问题产生的过程，说明问题发生的时间、地点、时机、现象、环境条件、涉及批次、问题影响和严重程度、涉及工作过程和环节等信息，以及在研制、生产、使用过程中是否发生过同类问题。

b）查明问题发生和发展的全过程，从人、机、料、法、环、测等方面的执行情况进行调查和取证。

c）分析问题产生的原因（含流出因），查找管理上的漏洞或薄弱环节，并确定责任单位和责任人；

d）多个单位共同完成的产品，管理归零工作由最终提供产品的单位负责牵头，并组织分解到有关单位共同做好归零工作。

2. 采取措施和完善规章

按下列要求进行：

a）说明针对发生的问题在产品上制订的纠正措施及落实情况。

b）针对质量问题反映出的管理上的漏洞或薄弱环节，归零单位应采取纠正措施和预防措施，明确落实计划。

c）对其他相关过程或类似过程进行复查和整改。

d）凡属规章制度不健全的问题,归零单位应制订或完善相关的规章制度,并组织宣贯、评审或审批和落实。

3. 处理到位

按下列要求进行:

a）对造成质量问题的管理上的原因应严肃处理,从中吸取教训特别应加强人员的思想教育和制度的落实、宣贯与培训。

b）对属重复性质量问题和人为责任质量问题的责任单位和责任人以及弄虚作假、隐瞒不报的有关责任人,应按照责任和影响的大小,按有关规定给予行政和（或）经济处罚。

4. 完成管理归零报告

按下列要求进行:

a）管理归零报告由归零责任单位组织编写。

b）管理归零报告须由归零责任单位主管领导审核,涉及的相关管理部门、管理归零牵头单位和质量部会签,首席专家批准。

c）属同一类的管理问题,可编写一份管理归零报告,但须在报告中说明发生在哪些产品上。

2.6.3.2　管理归零报告编制方法

1. 过程概述

本节要素如下:

a）说明问题发生的时间、地点、时机、现象、环境条件、涉及批次、问题影响和严重程度、涉及工作过程和环节等信息,以及在研制、生产、使用过程中是否发生过同类问题。

b）对重复发生的问题,应说明历次发生时间、地点、时机、问题现象和分析处理情况。

c）对问题发生的薄弱环节和漏洞的描述是否准确地说明了在何时、何地、哪些管理环节、哪些部门和人员、何原因导致问题发生及有哪些证据。

d）应查明问题发生和发展的全过程。

e）如有技术归零,应简要说明技术归零结论。

f）尽量图文并茂的体现问题发生过程、结果。

2. 明确责任

本节要素如下:

a）查明问题发生和发展的全过程,从人、机、料、法、环、测等方面的执行情况进行调查和取证,并列出证据;

b）按管理环节和职责,说明在何时、何地、哪些管理环节上存在问题,分析管理上的原因（含流出因）,确定相关单位、责任领导和责任人;

c）对型号研制中涉及的管理问题需对研制系统明确责任;

d）列出按质量责任追究实施细则的规定进行责任追究的情况;

e）原因分析结果需和问题产生的根本原因相互对应;

f）若为重复发生的问题,说明重复发生的原因;

g）如果有的话,需明确相关及主要次要责任单位和责任人。

3．措施及落实情况

本节要素如下：

a）说明针对发生的问题在产品上制订的纠正措施及落实情况；

b）针对质量问题反映出的管理上的漏洞或薄弱环节，归零单位应采取纠正措施和预防措施，明确落实计划；

c）凡属规章制度不健全的问题，应制订或完善相关的规章制度，并对宣贯、评审或审批和落实情况进行描述；

d）需描述对其他相关过程或类似过程所进行的复查和整改。

4．处理情况

对责任单位和责任人进行教育、处罚、通报等方式处理的结果，应有文字记录和相关证据。

5．完善规章

对需进一步完善或健全的规章制度的建立或修订进行审批、宣贯和落实，并说明其证据。

6．归零结论

管理上是否归零的结论意见，遗留问题及建议。

7．管理归零证明资料清单

证明资料一般应包括：

a）双归零问题的技术归零报告；

b）修订或建立的规章制度及材料；

c）奖惩文件；

d）归零评审报告；

e）其他证明材料。

2.6.3.3　管理归零评审

管理归零评审包括以下方面：

a）质量问题的发生过程是否清楚；

b）发生问题的主要原因和问题性质是否明确；

c）主要责任单位和责任人是否明确，相关单位是否认可应承担的责任并采取了改进措施；

d）是否结合出现的质量问题对人员进行了教育，教育形式是否与应承担的责任相适应；需要对责任单位和责任人进行处罚的是否进行了处罚，处罚是否妥当，是否有文字记录或通报；

e）属无章可循或规章制订不健全的问题是否已完善了规章，完善了哪些规章；

f）归零报告的内容是否符合规定的要求。

2.7　可靠性增长管理

可靠性增长管理应尽可能利用产品研制过程中各项试验的资源与信息，将有关试验与可靠性试验均纳入以可靠性增长为目的的综合管理之下，促使产品经济且有效地达到预期的可靠性目标。对于新研的关键分系统或设备应实施可靠性增长管理。

拟定可靠性增长目标、增长模型和增长计划是可靠性增长管理的基本内容。可靠性增长目标、模型和计划应根据工程需要与现实可能性,经过对产品的可靠性预计值与同类产品可靠性状况的分析比较,产品计划进行的可靠性试验与其他试验对可靠性增长的影响(贡献)做分析后加以确定。

影响可靠性增长的因素大致分为两类,一类是影响产品固有可靠性增长潜力的因素,如产品的复杂程度、研制进度要求、技术能力、技术成熟度、研制经费投入等;另一类是在具有增长潜力的前提下影响可靠性增长的保障因素,如部署使用频度、FRACAS 系统运行的有效性、部署使用改进经费投入等。根据产品自身特点综合地考虑两类影响选取相关影响因素,并对其进行相应的分析。重点考虑对固有可靠性增长潜力的影响因素。

对可靠性增长过程进行跟踪与控制是保证产品可靠性按计划增长的重要手段。为了对增长过程实现有效控制,必须强调及时掌握产品的故障信息和严格实施 FRACAS,保证故障原因分析准确、纠正措施有效,并绘制出可靠性增长的跟踪曲线。

可靠性增长管理目的、实施要点及注意事项如表 2 - 10。

表 2 - 10　可靠性增长管理

	工作项目
目的	应在研制早期制订并实施可靠性增长管理计划,以实现可靠性按计划增长。
实施要点	1. 承制方应从研制早期开始对关键的分系统或设备实施可靠性增长管理。 2. 按 GJB/Z 77 的规定确定可靠性增长目标,制订可靠性增长计划。 3. 将产品研制的各项有关试验纳入试验、分析与改进(TAAF)的可靠性增长管理轨道,对产品可靠性增长过程进行跟踪与控制,经济、高效地实现预订的可靠性目标。
注意事项	订购方在合同说明中应明确: a)实施可靠性增长管理的关键分系统和设备; b)可靠性增长目标及时限; c)需提交的资料项目。

工程研制中针对功能性能设计的"试验—纠正—再试验"方式,会使产品的可靠性得到改善。但这种增长往往是盲目的,既没有从可靠性出发进行再设计,又没有与产品可靠性预定目标发生联系。有时,设计更改后在功能性能得到改进的同时,其可靠性反而下降。所以,依赖这种增长不能保证产品可靠性达到预定目标。

实践表明,对产品进行可靠性增长试验,是提高产品可靠性的重要途径。不过,单纯依靠增长试验,对于某些复杂或高可靠性要求的产品,往往需要耗费大量资源;可靠性增长试验通常是在工程研制阶段的后期进行的,重大的设计变更可能会造成生产工艺有较大的变更,因而其效费比比较低;可靠性增长试验的时间仅占研制过程中全部试验时间的一小部分,即用试验手段对产品的可靠性增长实施管理和控制的时间较少,这就是说,当增长过程中需要重大变化和决策时,能调用的资源较少,所以在增长试验中有时会追加资源和延长研制周期。

可靠性增长试验有别于一般性可靠性增长,它们是两种可靠性增长途径,对照比较见表

2 - 11 所示。

表 2 - 11　可靠性增长试验与一般性可靠性增长对比

项目	一般性可靠性增长	可靠性增长试验
可靠性增长目标	未明确定量的可靠性增长目标	有明确的定量的可靠性增长目标
增长模型	无	有
管理计划性	无严格要求	有严格控制的分阶段实施计划
总试验时间	无明确规定	通常为 MTBF 目标值的 5 ~ 25 倍
故障纠正方式	集中纠正	及时纠正、延缓纠正、部分及时部分延缓纠正
可靠性评估	等待可靠性验证试验评估	试验结束时进行评估
适用范围	一般新研产品、非关键件、改进型产品	复杂产品、关键件

对于这两种途径都应实施可靠性增长管理。此外,可靠性增长管理就是要尽可能地利用产品研制过程中各项试验的资源与信息,把非可靠性试验(工程设计试验、性能试验、部分环境试验、安全试验、训练与运行试验等)与可靠性试验(可靠性测定试验、可靠性增长试验)结合起来,都纳入以可靠性增长为目的的综合管理之下,经济地、高效地促进产品达到预定的可靠性目标。

可靠性增长实施要求:

a) 通过运行 FRACAS 系统,将产品各项试验(如环境试验、功能性能试验、可靠性试验)及用户使用过程中的故障信息进行收集、分析,完成故障的归零管理;

b) 详细记录各研制阶段的可靠性指标值,如产品设计阶段的可靠性预计值、鉴定或定型阶段的可靠性评估值、批产阶段的使用评估值;

c) 在产品设计定型阶段及使用阶段,若产品的可靠性指标未满足考核要求,应分析具体原因,制订专项的可靠性增长计划,必要时开展可靠性增长试验,以提高可靠性水平。

术语如下:

可靠性增长管理:通过拟订可靠性增长目标,制订可靠性增长计划和对产品可靠性增长过程进行跟踪与控制,把有关试验和可靠性试验均纳入"试验、分析、改进"过程的综合管理之下,以经济有效地实现预定的可靠性目标。

2.7.1　可靠性增长管理

可靠性增长管理的基本内容有:确定可靠性增长目标、增长模型和制订可靠性增长计划以及对可靠性增长过程进行跟踪与控制。此外,还必须在可靠性增长试验前后进行评审。

1) 可靠性增长过程

可靠性增长就是通过不断地消除产品设计或制造中的薄弱环节,使产品的可靠性随时间逐步提高的过程。可靠性增长是保证复杂系统投入使用后具有所要求的可靠性的一种有效途径,贯穿于系统寿命周期的各个阶段。不同的寿命阶段,可以通过不同的方法来实现可靠性的增长。

可靠性增长过程主要有四个阶段,如图 2 - 4 所示。

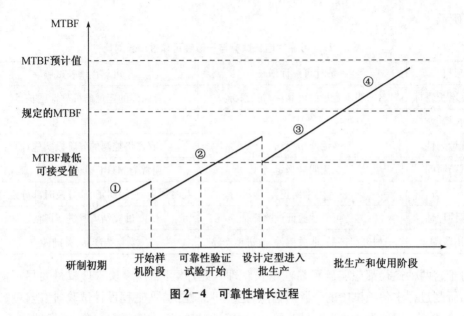

图2-4　可靠性增长过程

a）研制过程中的可靠性增长：通过性能试验、环境试验、增长试验，以及相应的分析、改进工作，产品的可靠性可不断增长；

b）试生产过程中的可靠性增长：继续纠正样机阶段的薄弱环节，使可靠性得到增长；

c）批生产过程中的可靠性增长：通过"筛选"与"老炼"，改进生产工艺或制造工艺，使可靠性得到增长并达到规定的 MTBF 值；

d）使用过程中的可靠性增长：反馈外场使用信息，改进设计和制造工艺，并通过使用和维护熟练程度的提高，使产品可靠性进一步增长并在理想条件下达到产品的 MTBF 预计值。

综上所述，可靠性增长的过程，是一个反复试验、反复改进的过程，即"试验—分析—改进—再试验—再分析—再改进"（TAAF）。

2）可靠性增长管理

为了达到预定的可靠性指标，对时间和经费等资源进行系统的安排，并在估计值与计划值比较的基础上依靠重新分配资源对增长率进行控制。

《AMSAA Reliability Growth Guide，September 2000》中对可靠性增长管理的定义为"将可靠性指标看作时间和其他资源的函数进行系统的规划，并在计划值与估计值比较的基础上依靠重新分配资源对当前的增长率进行控制"。

在产品研制周期的各个阶段，合理地、有计划地实施可靠性增长管理，意义重大，具体体现在：

a）发现不可预料的缺陷。无论是含有许多高新技术的新研复杂系统、在已有产品基础上集成的新系统，还是成熟的系统应用于新的领域时，都不可避免地会遇到一些无法预料的问题，这些问题的发现和解决，一定程度上依赖于可靠性增长试验。

b）通过发现问题，来改进设计。有些问题可能可以预料，但其严重性却很难预料，原型机阶段的开发测试可以发现许多问题，针对问题改进设计，从而提高产品的性能和可靠性水平，最终达到可靠性目标值也是可靠性增长管理的内容。

c）降低最后验证的风险。实践证明，多数情况下，仅仅依赖最终的验证，产品的可靠性往往达不到设计要求的目标值。通过定量的可靠性增长使产品初期的可靠性接近最终验证的目标,可以大幅度提高验证时通过的概率,甚至可以取代最终的验证。

d)增加达到成熟期目标值的可能性。在可靠性试验过程中,制订阶段增长目标,并通过资源的整合来逐步达到目标值,是研发过程中可靠性增长管理的综合处理方法。

大量工程实践证明,可靠性增长试验是提高产品可靠性的重要途径。但是单纯依靠可靠性增长试验,对于某些复杂或高可靠性的产品往往是不现实的。原因为:

a)试验时间长(一般5~25倍MTBF最低可接受值);

b)耗费大量资源;

c)可靠性增长试验通常安排在研制阶段后期,此时重大的设计更改可能会带来更多的资金需求和研制周期的延长。

考虑到在产品研制过程中,不可避免地要进行诸如工程设计试验、性能试验、部分环境试验等许多试验,这些非可靠性试验本身往往含有大量的故障信息,这些信息在可靠性增长过程中是可以利用的。可靠性增长管理的目的就是充分利用研制过程中的这些资源与信息,将可靠性试验和非可靠性试验全部纳入到以提高产品可靠性为目的的综合管理下,实施科学的可靠性增长管理,在节约经费、缩短研制周期的前提下,尽可能快地使产品达到可靠性目标值。

综合来看,可靠性增长管理的内容包括:

a)提出增长规划,确定增长目标。可靠性增长目标,要根据工程需求以及产品的可靠性增长潜力来确定,无需盲目追求高的增长目标;不同的阶段,增长目标也不相同,特别是对于可靠性要求高的产品,要分阶段增长。另外,还应考虑同类产品的情况以及产品当前的可靠性预计值等进行综合确定。

b)制订增长计划,细化增长要求。

c)实施增长试验,进行增长评估。

d)控制增长过程,促进增长实现,其本质就是增长过程的计划、评价和控制。

2.7.1.1 确定可靠性增长目标

产品的可靠性增长目标,应根据工程需要与现实的可能性,经过全面权衡来确定。一般情况下,可由研制总要求、研制合同中的可靠性规定值来确定产品可靠性目标。确定可靠性增长目标时,还需要考虑同类产品的国内外水平,产品的固有可靠性、产品的增长潜力以及产品的可靠性预计值等各种因素。

2.7.1.2 制订可靠性增长计划

可靠性增长计划,是实施可靠性增长管理的依据。为了制订可靠性增长计划,通常需要根据产品的特性,选择合适的增长模型。制订可靠性增长计划,一般需进行如下工作:

a)分析以往同类产品的可靠性状况及可靠性增长情况,掌握它们的可靠性水平、主要故障及其原因和发生频度、可靠性增长规律以及增长率等信息;

b)分析本产品的研制大纲和可靠性工作计划,了解有多少项研制试验,掌握各项试验的环境条件、工作条件及预计试验时间等信息;

c)选择切合实际的增长模型,制订可靠性增长计划并绘制增长的理想曲线及计划曲线。

2.7.1.3　可靠性增长过程跟踪与控制

有了可靠性增长目标和可靠性增长计划后,需要对实际增长过程进行控制,以保证增长过程按增长计划进行。如有较大的偏差,则要在分析这些偏差原因和影响因素的基础上作出相应对策,使产品的可靠性能在预定的时间期限内增长到预定的目标。为了对可靠性增长过程实施有效控制,在增长过程中应及时掌握产品的故障信息,及时进行可靠性评估并绘制可靠性增长的跟踪曲线,跟踪曲线与计划曲线的对比为可靠性增长控制提供依据。

可靠性增长过程的控制是通过计划增长曲线与跟踪曲线的对比分析来实现的。当实际增长率低于计划增长率时,可通过提高纠正比、提高纠正有效性系数等来提高增长率。

试验的监控方法主要有图分析法和统计分析法两种:

a) 图分析法

用杜安模型(Duane)将观测的累积 MTBF 点估计值画在双对数坐标纸上,作出拟合曲线并与试验计划曲线相比较。只要实际达到的可靠性增长曲线与试验计划曲线之间呈现出下列特性之一时,就可以认为可靠性增长试验是有效的。

① 画出的观测的 MTBF 值处于试验计划曲线上或上方;

② 最佳拟合曲线与试验计划曲线吻合或在试验计划曲线的上方;

③ 最佳拟合曲线前段低于试验计划曲线,但最佳拟合曲线从试验计划曲线与要求的 MTBF 水平线的交点左侧穿过要求的 MTBF 水平线。

否则,认为试验不可能达到计划的可靠性增长,应制订改正措施方案,可参阅 GJB 140707 附录 A。

b) 统计分析法

在试验过程中或试验结束时,可利用 AMSAA 模型对增长趋势进行统计分析,对试验中的 MTBF 进行估计,统计分析法分为定时截尾和定数截尾两种情况,可参阅 GJB 1407 附录 B。

2.7.1.4　可靠性增长试验评审

可靠性增长试验前评审包括如下内容。

a) 可靠性增长试验方案;

b) 可靠性增长试验程序;

c) 可靠性预计和分析结果;

d) 产品 FMECA 报告;

e) 此前有关试验的结果,尤其是环境试验和功能测试结果;

f) 已发现问题和故障情况汇总报告;

g) FRACAS 准备情况;

h) 专用测试设备和试验设备的测试结果和状态报告;

i) 需要时,产品的热测定和振动测定报告;

j) 产品技术状态说明;

k) 为保证试验顺利进行的质量保证措施等。

可靠性增长试验中评审包括如下内容。

　　a）根据试验结果对当前可靠性增长的估计及预测；

　　b）对发生的问题和故障的研究及工程分析的结果；

　　c）对预防及纠正措施的建议以及由此引出的潜在的设计问题；

　　d）运行日志及测试项目的记录情况；

　　e）试验前指定工作项目的执行情况；

　　f）根据审查结果指定的工作项目。

可靠性增长试验后评审包括：

　　a）试验日志、试验设备测试记录、受试设备测试记录以及故障总报告和分析报告、纠正措施报告、可靠性增长试验报告的完整性和真实性；

　　b）当前杜安模型的评估值和 AMSAA 模型的区间估计值与计划值的符合性；

　　c）试验过程中故障的处理方式和故障诊断是否正确，采取的纠正措施是否有效；

　　d）试验结果分析的合理性，如果是提前结束试验，其依据是否充分；

　　e）尚未解决的问题和故障情况以及预计的改进措施；

　　f）根据前期评审结果指定的工作项目的完成情况；

　　g）FRACAS 运行情况。

2.7.2　可靠性增长控制

可靠性增长控制有如下两种基本模式，二者相辅相成，互相补充。

2.7.2.1　工程监督

该模式在可靠性增长活动的早期或难于选择适当的增长模型时用，主要内容如下：

　　a）评审可靠性增长计划的执行情况，侧重在设计或再设计方面。如可靠性预计进展情况，发现的薄弱环节是否得到改进；FMEA 进展情况，发现的设计、生产中的薄弱环节是否得到改进；

　　b）可靠性增长管理中的各项试验中所规定的要求是否得到执行；

　　c）检查产品的各组装等级的试验或筛选的执行情况；

　　d）评审各试验段起点产品的可靠性水平；

　　e）审查 FRACAS 的运行情况，各环节能否及时完成；

　　f）检查在增长过程中因重大设计改正而需要重新进行可靠性预计和 FMECA 的执行情况。

2.7.2.2　定量控制

在可靠性增长活动过程中，一旦取得足够的试验信息，就应根据已测得的数据，选择适当的统计模型，对产品的可靠性增长特性进行评估，绘出跟踪曲线，通过跟踪值与计划值的对比分析，找出差距，分析原因，做出管理决策，以此实现可靠性增长率的定量控制。

2.7.3　可靠性增长计划

可靠性增长管理是科学合理地安排可靠性增长计划，系统地安排所具有的时间与资金，依据已得的数据信息对产品进行可靠性增长评估，在分析比较理论值与观察值的基础上预测潜在的可靠性水平,依靠重新分配资金来控制增长率。即可靠性增长管理的重点是以定量分析为手段,为管理者在工作进度、费用及计划方面及时做出决策。

可靠性增长管理的主要程序如下:

1. 准备阶段:包括制订可靠性增长计划,让工作人员熟悉受试产品,进行必要的培训,建立 FRACAS,在试验人员之间建立信息联络网等。

2. 试验分析与纠正阶段:包括制订试验计划,确定试品数量与试验应力,对元器件可以适当增加试品数量,应采取规范所允许的最严酷的环境和强化使用条件,使之能暴露出潜在的薄弱环节,但不得引入使用中不典型的故障模式。进行系统性故障分析,找到原因后,随即采取改进措施。

3. 报告阶段:应有可靠性增长报告,并应包括:日常记录、故障报告、故障分析报告及阶段报告等。

可靠性增长计划是进行可靠性增长管理的依据,可靠性增长计划曲线是可靠性增长计划的主要部分。绘制计划增长曲线需要考虑可靠性增长模型、可靠性增长理想曲线以及阶段划分等问题。

2.7.3.1 可靠性增长模型

可靠性增长过程中,产品的可靠性是在不断变动的。产品在各个时刻的故障数据,不是来源于同一母体,因此需要应用变动统计学的原理来建立产品的可靠性增长模型。产品的可靠性增长模型反映了产品可靠性在变动中的增长规律。利用可靠性增长模型可以及时评定产品在变动中任意时刻的可靠性状态。可靠性增长模型的另一重要用途是制订可靠性增长理想曲线。可靠性增长是一项有计划、有目标的工作项目,其中极其重要的是确定试验时间,它直接影响可靠性增长所需的资源。任何可靠性模型都含有未知参数。当为了制订增长计划选用模型,而不是仅仅为了对变动可靠性做出评估时,模型的参数应当含有工程意义,即能根据产品硬件的特性、试验条件和承制方管理水平,比较准确地选择这些参数值。否则增长计划曲线远离实际增长规律,可靠性增长过程的控制不仅失去意义,而且会使组织工作引入歧途。

在可靠性增长管理中,最常用的模型是杜安模型及 AMSAA 模型。

a) 杜安模型及 AMSAA 模型

杜安模型:在产品的研制过程中如果不断地纠正故障,则产品的累积故障数 $N(t)$ 除以累积试验时间 t 的商,相对于累积试验时间,在双对数纸上趋近于一条直线,其数学表达式为:

$$\ln \frac{N(t)}{t} = \ln a - m\ln t \qquad (2-4)$$

$$或\ N(t) = at^{1-m} \qquad (2-5)$$

AMSAA 模型指出:产品在区间 $(0,t)$ 内的累积故障数 $n(t)$ 的数学期望为

$$E[\,n(t)\,] = at^{1-m} = at^{b} \qquad (2-6)$$

实际上把式(2-5)中的累积故障数 $N(t)$ 换成随机变量 $n(t)$ 的数学期望就成了 AMSAA 模型的式(2-6)。在这两个模型中,a 称为尺度参数,b 称为形状参数,m 称为增长率。

在制订可靠性增长计划时,可直接使用杜安模型,而当需要对实际增长过程进行精确地统计分析和评估时,则需要用 AMSAA 模型。

b) 累积故障率与瞬时故障率

累积故障率 $\lambda_{\Sigma}(t)$ 是指产品试验到 t 时刻的累积故障数 $N(t)$ 除以累积试验时间 t,即 $\lambda_{\Sigma}(t) = N(t)/t$。

累积故障率是可靠性增长中特有的技术术语,它不是产品在 t 时刻的故障率,但包含产品增长过程的信息和产品在 t 时刻故障率的信息。对于杜安模型,其累积故障率为:

$$\lambda_{\Sigma}(t) = N(t)/t = at^{-m} \tag{2-7}$$

瞬时故障率 $\lambda(t)$ 是指试验到 t 时刻时的瞬时变化率,即 $\lambda(t) = \mathrm{d}N(t)/\mathrm{d}t$。

瞬时故障率是产品增长过程中在 t 时刻可靠性水平的真实度量。如果产品试验到 t 时刻之后不再纳入纠正措施,即可靠性不再增长,那么在杜安模型假设条件下,产品今后所具有的可靠性水平将是不再变化的瞬时故障率 $\lambda = \lambda(t)$。在杜安模型情况下,其瞬时故障率表达为:

$$\lambda(t) = \frac{\mathrm{d}N(t)}{\mathrm{d}t} = a(1-m)t^{-m} \tag{2-8}$$

$$或\ \lambda(t) = (1-m)\lambda_{\Sigma}(t) \tag{2-9}$$

对于 AMSAA 模型,其瞬时故障率为:

$$\lambda(t) = \frac{\mathrm{d}N(t)}{\mathrm{d}t} = ab\,t^{b-1} \tag{2-10}$$

$1 > b > 0$ 时,呈现正增长趋势;$b > 1$ 时,呈现负增长趋势;$b = 1$ 时,无增长现象。b 与杜安模型中的 m 之和等于 1,即 $b + m = 1$。

杜安模型通常采用图解的方法分析可靠性增长规律。根据杜安模型绘制的可靠性参数曲线图,可以反映可靠性水平的变化,并得到相应的可靠性点估计值。杜安模型适用于不断提高可靠性的试验过程。如图 2-5 所示,$1/a$ 是杜安模型累积 MTBF 曲线在双对数坐标纸纵轴上的截距,反映了产品进入可靠性增长试验的初始 MTBF 水平;m 是杜安曲线的斜率(增长率),它是累积 MTBF 曲线和瞬时 MTBF 曲线的斜率,表征产品 MTBF 随试验时间逐渐增长的速度。在双对数坐标纸上,瞬时 MTBF 曲线是一条直线,平行于累积 MTBF 曲线,向上平移 $-\ln(1-m)$。

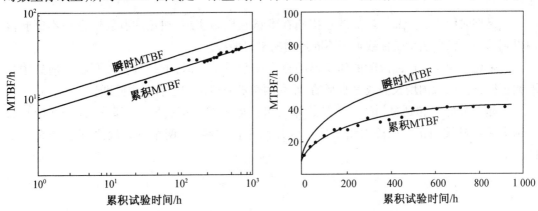

图 2-5　双对数坐标和线性坐标上的杜安曲线

2.7.3.2 理想增长曲线

a）理想增长曲线

理想增长曲线是描述可靠性增长过程的总轮廓线,它是根据所选增长模型结合可能获得的有关信息而绘制出来的。计划增长曲线的绘制,计划曲线中各阶段目标值的建立,是以理想增长曲线为基准的。

b）理想增长曲线公式

由于产品 MTBF 为故障率的倒数,则有累积 MTBF 为 $\theta_\Sigma(t)=1/\lambda_\Sigma(t)$,瞬时 MTBF 为 $\theta(t)=1/\lambda(t)$。杜安模型可表达为:

$$\ln\theta(t)=m\ln t-\ln a-\ln(1-m) \text{ 及 } \ln\theta_\Sigma(t)=m\ln t-\ln a \tag{2-11}$$

$$\text{或 } \theta(t)=t^m/[a(1-m)] \text{ 及 } \theta_\Sigma(t)=t^m/a \tag{2-12}$$

设第一试验段的 MTBF 为 θ_I,试验时间为 t_I,则由 $a=t_I^m/\theta_I$ 有:

$$\theta(t)=\theta_I\left(\frac{t}{t_I}\right)^m\frac{1}{1-m},\theta_\Sigma(t)=\theta_I\left(\frac{t}{t_I}\right)^m \tag{2-13}$$

将第一试验段 $(0,t_I]$ 纳入公式后,杜安模型可表示为:

$$\theta(t)=\begin{cases}\theta_I, & (0<t\le t_I)\\ \theta_I\left(\dfrac{t}{t_I}\right)^m\dfrac{1}{1-m}, & (t\ge t_I)\end{cases} \tag{2-14}$$

$$\theta_\Sigma(t)=\begin{cases}\theta_I, & (0<t\le t_I)\\ \theta_I\left(\dfrac{t}{t_I}\right)^m, & (t\ge t_I)\end{cases} \tag{2-15}$$

此为杜安模型的理想曲线公式,式(2-14)用瞬时 MTBF 表示,通常用于制定可靠性增长计划;式(2-15)用累积 MTBF 表示,通常用于连续增长试验段的增长过程的定量控制。

2.7.3.3 三种纠正方式

可靠性增长的跟踪和控制按计划曲线所制订的阶段,分阶段实施。不同的试验段可以根据产品的特点与试验特点采取不同的纠正方式,一般有以下三种纠正方式,如图 2-6 所示:

一是即时纠正。产品故障的纠正措施在本试验段内实施,纠正的有效性也在本试验段内得到验证。该段内增长曲线近似不断递增的平滑曲线。

二是延缓纠正。产品故障的纠正措施在本试验段结束后,下一试验段开始之前集中采取纠正措施。该段内增长曲线是水平的,而在两个试验段之间会有一个阶跃。

三是部分即时和延缓纠正。产品故障的纠正措施在本试验段,一部分采取即时纠正,一部分采取延缓纠正。该段内增长曲线为递增平滑曲线,在两个试验段之间也会有一个阶跃。

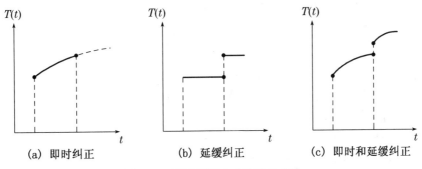

图 2 - 6　不同纠正方式的增长曲线

增长过程对产品进行跟踪评估与各试验段的纠正方式有关。

a）即时纠正的试验段跟踪评估

即时纠正方式试验段的跟踪评估分为试验段内跟踪评估和试验段结束时的跟踪评估。试验段内的跟踪常用图估计法进行评估,试验段结束时的跟踪评估既可用图估计法也可用统计分析法,如符合 AMSAA 模型,可用 AMSAA 统计分析评估。

b）延缓纠正试验段的跟踪评估

这种纠正方式是产品在试验段内出现故障时,只记录故障,暂不纠正,因此产品的可靠性维持在同一水平上,只有当试验结束时采取了有效纠正措施后,可靠性才会有一个阶跃,评估可采用延缓纠正预测值估计式(2 - 23)。

c）含延缓纠正试验段的跟踪评估

这种纠正方式的评估分两部分进行,在试验段结束前可用即时纠正方式中的方法进行评估,而试验段结束时,对延缓纠正的故障进行纠正,使产品可靠性产生阶跃,这时可再采用延缓纠正方式中的方法进行评估。跟踪评估方法可参见 GJB/Z 77《可靠性增长管理手册》。

2.7.3.4　制订增长计划

计划增长曲线是根据理想增长曲线的总体轮廓线绘制的。计划曲线中各阶段目标值以理想曲线上的对应值为基准,根据工程经验做必要的修改而得出。

根据受试硬件的特点和试验的特点,为每个试验段选定纠正方式,由于各种不同的试验段可以有不同的纠正方式,因此计划曲线的形状可以是三种不同纠正方式曲线的组合。根据每一试验段的纠正方式和理想曲线相应段的可靠性水平来确定进入点和结束点的可靠性水平。这些可靠性值可以根据工程经验做必要修正。经过上述计划工作后,计划曲线在各试验段上可能会与理想增长曲线有较大的差别,但其总的趋势应与理想增长曲线一致,即允许在理想增长曲线的上下波动,而不能偏离过大。当然,计划曲线应当达到或超过最终增长目标。

可靠性增长计划的编制说明中,至少应包括如下内容:

a）同类产品的历史资料和国内外水平;

b）产品研制计划和可靠性计划中有关部分及其进度表;

c）纳入可靠性增长管理的各项试验的有关信息;

d）所选用的增长模型及其依据;

e）理想增长曲线的确定或选择其参数的依据；制订计划增长曲线时考虑过的主要问题，如：试验段的划分，纠正方式的选取，阶段目标值，各试验段进入点和结束点可靠性目标值的修正等。

可靠性增长计划除了资源计算，除了一些重要活动和准备工作（如：可靠性设计、FMEA、FRACAS、重要的评审点等）需列详细规定外，其主要内容都体现在可靠性增长计划曲线中。

计划增长曲线含有 5 个参数：

a）可靠性增长的总目标 M_{obj}；

b）达到总目标的总累积试验时间 T；

c）可靠性增长的初始水平 M_I；

d）起始试验时间 t_I；

e）可靠性增长率 m。

绘制增长曲线的关键是要确定以上五个参数。只要确定了其中任意四个参数，就可以推导出另外一个参数，计算公式如下：

$$M_{obj} = \frac{M_I}{1-m}\left(\frac{T}{t_I}\right)^m \tag{2-16}$$

$$M_I = (1-m)\left(\frac{t_I}{T}\right)^m M_{obj} \tag{2-17}$$

$$t_I = T\left[\frac{M_I}{(1-m)M_{obj}}\right]^{1/m} \tag{2-18}$$

$$m \approx -1 - \ln(\frac{T}{t_I}) + \left\{\left[1+\ln(\frac{T}{t_I})\right]^2 + 2\ln\left(\frac{M_{obj}}{M_I}\right)\right\}^{1/2} \tag{2-19}$$

$$T = t_I\left[\frac{(1-m)M_{obj}}{M_I}\right]^{1/m} \tag{2-20}$$

1）确定增长目标

通常，增长目标 M_{obj} 是由合同或研制任务书规定的。为了能够高概率地通过可靠性试验，可靠性增长的目标值 M_{obj} 应稍高于合同或研制任务书中的规定值 M_0，即 $M_{obj} > M_0$。

如果合同或研制任务书中没有具体规定，可综合考虑国内外同类产品的可靠性水平、产品的可靠性预计值以及产品的增长潜力等各种因素来确定增长目标。

2）确定起始点 (t_I, M_I)

通常采取下述办法来确定试验计划曲线的起始点：

a）根据以往类似产品试验信息确定起始点的纵坐标 M_I；

b）为满足规定的要求，必须达到的最低可靠性水平为起始点的纵坐标 M_I；

c）对设计和以往研制试验的数据进行工程上的估计定出起始点的纵坐标 M_I；

d）尽量利用与起始点有关的信息，若实际信息不足以确定起始点时，可参照以下方法确定：

$$\begin{cases} M_{obj} > 200\ h & t_I = 0.5M_{obj}, \quad M_I = 0.1M_{obj} \\ M_{obj} \leq 200\ h & t_I = 100\ h, \quad\quad M_I = 0.1M_{obj} \end{cases} \tag{2-21}$$

根据设备的可靠性水平和工程经验,纵坐标 M_I 也可放宽到 $0.2M_{obj}$。

3)确定增长率 m

增长率 m 应综合考虑研制计划、经费与技术水平等因素来确定。增长率的范围一般为 $0.3 \sim 0.6$。增长率在 $0.1 \sim 0.3$ 之间,表明改正措施不太有力;增长率在 $0.6 \sim 0.7$ 之间表明在实施增长试验过程中,采取了强有力的故障分析和纠正措施。

4)确定总试验时间

工程实践经验表明,总试验时间 T 一般为增长目标值 M_{obj} 的 $5 \sim 25$ 倍。借助较高的增长率,有助于适当减少总试验时间。但是,总试验时间太少,将会增大可靠性增长试验达不到预期增长目标的风险。

5)绘制计划增长曲线

可靠性增长试验前,应先选定增长模型,根据增长模型绘制计划增长曲线,作为监控试验的依据。计划增长曲线的绘制可按照以下步骤进行:

a)在对数坐标纸上,以累积试验时间为横坐标,以 MTBF 为纵坐标,将要求的 MTBF 值 M_{obj} 画成一条水平线;

b)绘出计划增长曲线的起始点 (t_I, M_I);

c)从起始点 (t_I, M_I) 开始,按所选的增长率 m,画出累积 MTBF 曲线;以累积 MTBF 曲线作为基准线,向上平移 $-\ln(1-m)$ 绘制出瞬时 MTBF 曲线;

d)瞬时 MTBF 曲线与要求 MTBF 线交点的横坐标,代表要求的总试验时间 T 的近似值。(试验计划曲线绘制可参阅 GJB 14707 中 5.6.3 条。)

2.7.3.5 制订增长计划时应考虑的几个问题

a)累积试验时间与日历时间

累积试验时间是指纳入增长管理下各项试验的时间总和。累积试验时间可以用小时、公里、开关次数或循环次数来表示。

可靠性增长计划应当与产品研制计划的日历时间相呼应。计算可靠性增长计划的日历时间除了要将各试验段的试验时间折合为日历时间外,还必须考虑情况分析、故障纠正、行政管理(如:零件加工、器材申请、零配件供应、试验设备与测试仪器仪表的监测维修与其他等待时间等)、反馈、评审、批准等各种工作所需日历时间。

b)资源计算

可靠性增长计划中应计算可靠性增长管理中所需全部资源,如果可靠性增长计划中包含专门的可靠性增长试验、可靠性测定试验,则试验所需资源应列入资源计算中。纳入可靠性增长的非可靠性试验费用原则上不列入资源计算,但为了实现可靠性增长而增加的内容,如故障检测、故障分析与纠正等所需资源应当计算在内。另外,因可靠性增长管理而需加强的工作项目,如可靠性预计、FMECA、FRACAS 等,其所需增加的资源应列入资源计算。可靠性增长过程比较复杂,有许多因素难以预测,因而在增长控制过程中常常会有一些重大决策,如延长某项试验的试验时间、追加一些试验项目,所以在资源计算中要留有备用资源。

c)专门可靠性增长试验

已纳入可靠性增长管理的其他研制试验的环境工作条件与专门可靠性增长试验的条件

并不一致,专门可靠性增长试验一般模拟实际使用环境条件,因此,环境工作条件造成的评估上的差异难以消除,所以,可在可靠性增长管理下,在增长计划的后期安排进行一段专门可靠性增长试验。由于已进行了一定试验时间的可靠性增长,所以,专门可靠性增长试验的进入点可靠性水平较高,所需试验时间会比没有可靠性增长管理的单一的专门可靠性增长试验的试验时间少。

2.7.3.6 延缓纠正增长预测模型

影响可靠性评估的故障数据是责任故障,应先将责任故障进行分类,具体如下。

a)系统性故障,由某一固有因素引起的,以特定形式出现的故障。它只能通过修改产品设计、工艺、生产过程设计、操作程序或其他关联因素来消除。系统性故障可以通过模拟故障原因来诱发。无改进措施的修复性维修通常不能消除系统性故障的故障原因。系统性故障如不进行纠正,在试验过程中和产品使用过程中会重复出现。

b)残余性故障:除系统性故障外,由于某些偶然因素而随机出现的故障。残余性故障也称偶然性故障一般难以重复出现。因其不具备普遍性也无法纠正。

c)A类故障:由于经费、时间、技术条件被限制或其他原因,由管理者决定不进行纠正的系统性故障以及所有的残余性故障。

d)B类故障:在试验过程中必须进行纠正的系统性故障。

纠正比是指B类故障率与产品初始故障率之比,记初始故障率 $\lambda_I = \lambda_A + \lambda_B$,则纠正比 $K_\lambda = \lambda_B/\lambda_I$,对于采取了纠正措施的B类故障,应考虑降低这些故障对评估结果的影响,因此引入纠正有效性。纠正有效性系数指某个或某类故障在纠正后其故障率被减小的部分与纠正前的故障率之比,它表征纠正措施的有效程度。记B类故障纠正前的故障率 λ_B,纠正后的故障率 λ_B',则纠正有效性系数为 $d = (a_B - a_B')/\lambda_B$。假设产品共有 K 种B类故障 $B_i(i=1, 2,\cdots,K)$,若纠正前 B_i 的故障率为 λ_i,纠正后 B_i 的故障率为 $(1-d_i)\lambda_i$,则称 d_i 为 B_i 的纠正有效性系数。当故障 B_i 被彻底纠正时,$d_i=1$。但是,或受当前技术水平的限制,或因设计中相互矛盾的因素制约,并非所有的B类故障都被彻底纠正。对于B类故障总体而言,若纠正前的故障率为 λ_B,纠正后的故障率为 $(1-d)\lambda_B$,则称 d 为B类故障的总体平均纠正有效性系数,它是B类故障的单个纠正有效性系数 d_i 的加权平均值 $d = (\sum_{i=1}^{k} d_i\lambda_i)/\lambda_B$。一般来说,要逐个地对 B_i 的纠正系数 d_i 进行估计是比较困难的,但对于产品的整个B类故障而言,估计总体纠正有效性系数 d 却是可能的。d 的取值范围一般为 0.55~0.85(在没有历史数据的情况下可选用经验数据的平均值0.7)。

为了估计纠正有效性系数,需有相邻两个试验段。前一阶段含延缓纠正,后一阶段采用延缓纠正,具备这两个试验段数据后,按下式估计:

$$\hat{d} = (\bar{\lambda}_{1A} + \bar{\lambda}_{1B} - N_2/T_2)/(\bar{\lambda}_{1B} - M\bar{b}\bar{b}/T_1) \tag{2-22}$$

式中,$\bar{\lambda}_{1A}$、$\bar{\lambda}_{1B}$—前一阶段的A、B类故障率;M—前一阶段B类故障的种类数;N_2—后一阶段中的累积关联故障数;T_1、T_2—分别是前后阶段的试验时间。

采取纠正措施后,若B类故障的单个纠正有效性系数为 d_i,总体纠正有效性系数为 d,则其延缓纠正可靠性纠正预测值可按如下公式估计：

$$\theta_{PD}(T^*) = T^* / [K_A + K_B(1-d) + M\bar{b}d] \qquad (2-23)$$

延缓纠正试验段内的可靠性验证值为：

$$\theta_D(T^*) = T^* / [K_A + K_B] \qquad (2-24)$$

式中，$T^* = T$（时间截尾）或 $T^* = t_n$（故障截尾）；K_A——试验段内观测到的 A 类故障次数；K_B——观测到的 B 类故障的总次数。M 为 B 类故障的种类数；$\bar{b}$ 为 M 种 B 类故障首次故障时间按 AMSAA 模型进行参数估计后，其形状参数 b 的估计值。形状参数 b 的估计如下：

a）时间截尾

$$\bar{b} = (n-1) \Big/ \sum_{i=1}^{n} \ln \frac{T}{t_i}, n > 1 \qquad (2-25)$$

当 $n = 1$，可用极大似然估计：

$$\hat{b} = n \Big/ \sum_{i=1}^{n} \ln \frac{T}{t_1} \qquad (2-26)$$

b）故障截尾

$$\bar{b} = (n-2) \Big/ \sum_{i=1}^{n-1} \ln \frac{t_n}{t_i}, n > 2 \qquad (2-27)$$

当 $n = 2$，可用极大似然估计：

$$\hat{b} = n \Big/ \sum_{i=1}^{n-1} \ln \frac{t_n}{t_i} \qquad (2-28)$$

第三章　可靠性建模

　　建立可靠性模型是产品一项可靠性工作项目。电子系统可靠性建模预计结果与可靠性指标论证、分配、产品方案论证及可靠性设计评审等活动密切结合,建模的准确性直接决定了结果的可信性。准确的建模结果可以检验产品可靠性水平是否满足设计指标要求,暴露设备可靠性薄弱环节,通过在设计阶段加以控制和改进,实现设备的可靠性增长;另一方面,用于确定可指导工程实际的最佳维修策略,以维持系统可靠性水平,减少维修费用和其他附加费用。可靠性模型包括可靠性框图和相应的数学模型,建立可靠性模型的基本信息来自功能框图。功能框图表示产品各单元之间的功能关系,可靠性框图表示产品各单元的故障如何导致产品故障的逻辑关系,建立可靠性模型应明确产品的范围。一个复杂的产品往往有多种功能,但其基本可靠性模型是唯一的,即由产品的所有单元(包括冗余单元)组成的串联模型。任务可靠性模型则因任务不同而不同,既可以建立包括所有功能的任务可靠性模型,也可以根据不同的任务剖面(包括任务成功或致命故障的判断准则)建立相应的模型,任务可靠性模型一般是较复杂的串-并联或其他模型。

　　可靠性模型包括可靠性框图和相应的数学模型,可靠性模型分为基本可靠性模型和任务可靠性模型。基本可靠性模型一般是串联模型,构成系统的所有单元都应包括在模型内;任务可靠性模型可能是一个复杂的串联、并联、表决、旁联、桥联等多种模型的组合,应包含在对应任务剖面中工作的所有单元。

　　建立产品的可靠性模型,用于可靠性定量要求的分配、预计和评估。建立可靠性模型的主要工作要求为:

　　a)尽早建立可靠性模型,它是可靠性分配、预计的工作基础;

　　b)随着研制工作的进展,产品的技术状态会不断变化,可靠性模型也应随之改变,它应与当时产品的技术状态一致;

　　c)注意产品可靠性框图与其原理图的区别,前者是表示产品中各单元之间的故障逻辑关系,而后者是表示产品各单元的物理关系;

　　d)任务剖面应对该项任务的持续时间和有关的所属单元、工作条件进行描述;

　　e)由于完成不同任务时系统的构型会有所不同,完成任务的时间、条件也不同,因此要根据不同的任务剖面建立不同的任务可靠性模型;

　　f)建模前要明确产品的功能,相同部件组成的产品,其功能不同,所建的任务可靠性模型亦不同;

　　g)建立任务可靠性数学模型时,产品各任务剖面的任务时间要用占空因子加以修正,占空因子是单元的工作时间与系统的总工作时间之比。

　　建立产品可靠性模型的输入为:

a）产品工作原理及组成产品各单元之间的功能关系；

b）产品的基本可靠性和任务可靠性要求；

c）产品的任务剖面、任务时间及任务故障的判据。

输出为：基本可靠性框图和任务可靠性框图以及相应的数学模型。

建立可靠性模型的基本程序如下：

a）系统定义，若建立基本可靠性模型，则需定义构成产品的所有单元（包括冗余单元和代替工作的单元），明确产品及所属单元的工作环境条件；若建立任务可靠性模型，则除了需定义产品构成和环境条件外，还需明确产品的功能、原理、技术状态、任务阶段、任务时间、工作模式（是否有代替的工作模式）等；

b）确定基本规则和假设，包括建立可靠性框图需要采用的有关假设、确定采用的建模方法、分析最低单元层次、产品各层次的故障判据等；

c）建立可靠性框图，一般可靠性框图中的每个方框都对应一个功能单元，对于导线、连接器、导管等，也应在可靠性框图中用功能单元表示，所有连接方框的线没有可靠性值；

d）根据已建立的可靠性框图，建立可靠性数学模型。

建立可靠性模型的目的、实施要点和注意事项如表3－1表示：

表3－1 建立可靠性模型

	工作项目
目的	建立产品的可靠性模型，用于可靠性要求的分配、预计和评价产品的可靠性。
实施要点	1）建立以产品功能为基础的可靠性模型，可靠性模型应包括可靠性框图和相应的数学模型。可靠性框图应以产品功能框图、原理图、工程图为依据且相互协调。 2）对具有动态功能重构特征的（如综合化电子系统），鉴于其物理硬件和功能相分离，目前的可靠性框图（BRD）建模方法不太适用这类情形，建议采用订购方认可的方法（如Petri网建模）建立其任务可靠性模型。 3）可靠性模型应随着可靠性和其他相关试验获得的信息，以及产品结构、使用要求和使用约束条件等方面的更改而修改。 4）应根据需要分别建立产品的基本可靠性模型和任务可靠性模型。
注意事项	在合同说明中应明确： 　a）确认供选择的建模方法； 　b）可靠性参数和约束条件（包括故障判据等）； 　c）保障性分析所需的信息； 　d）需提交的资料项目。 其中"b）"是必须确定的事项。

表中术语如下：

a）基本可靠性：产品在规定的条件下，无故障的持续时间或概率。基本可靠性反映产品对维修人力的要求。确定基本可靠性参数时应统计产品的所有寿命单位和所有的故障。

b）任务可靠性：产品在规定的任务剖面中完成规定功能的能力（概率）。

可靠性建模流程如下：

根据产品的功能特点建立可靠性模型，用于定量分配、预计和评价产品的可靠性。可靠性模型一般分为基本可靠性模型和任务可靠性模型。基本可靠性反映产品维修资源的要求,所以基本可靠性模型是个串联模型(即非储备模型)。而任务可靠性反映产品完成任务的能力,任务可靠性预计所采用的可靠性模型取决于产品功能原理、可靠性结构及产品各单元在执行任务过程中的不同作用,因此,建立任务可靠性模型的结构相对比较复杂。

建立系统可靠性模型流程如图3-1所示,具体程序包括确定产品定义、确定产品寿命剖面、确定故障判据、绘制可靠性逻辑关系图和建立可靠性数学模型。

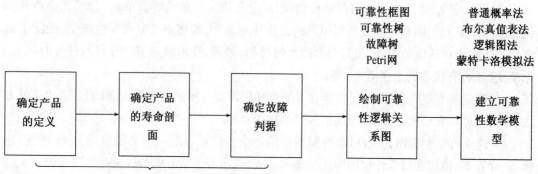

图3-1　可靠性建模流程

基本可靠性模型为串联模型。为正确建立系统任务可靠性模型,必须对系统的构成、原理、功能、接口等各方面有深入的理解。一般地,建立系统任务可靠性模型的程序如表3-2所示。

表3-2　建立任务可靠性模型的程序

建模步骤			说明
产品定义及系统功能分析	功能分析	1. 确定任务和功能	具体设备可以用于完成一种以上的任务,例如雷达系统中搜索和跟踪等任务。如果用不同的设备分别完成这些任务,就可用每一任务单独的可靠性模型来描述这些任务;如果用同一产品完成所有这些任务,就必须按功能描述这些任务或建立一个能够包括所有功能的可靠性模型。对每一项任务也可能有不同的可靠性要求和可靠性模型。
		2. 确定工作模式	确定特定任务或功能下产品的工作模式以及是否存在替代工作模式。例如,通常超高频发射机可以用于替代甚高频发射机发射信息,是一种替代工作模式。如果某项任务需要甚高频与超高频发射机同时工作,则不存在替代工作模式。
	故障定义	3. 规定性能参数及范围	为了建立设备的故障判据,应规定设备的性能参数及容许极限。如输出功率、信道容量的上下限等。
		4. 确定物理界限与功能接口	设备的结构极限包括最大尺寸、最大重量、任务因素、极限安全规定及材料能力等。当某产品依赖于另一个产品时各产品之间的兼容性必须协调一致,即规定各产品功能之间的接口,如人机接口与控制单元、电源等之间的接口。

（续表）

建模步骤		说明
故障定义	5. 确定故障判据	设备故障或失效指的是产品不能在规定条件下完成规定任务或功能的状态，利用上述各步骤确定并列出造成产品故障的条件，即拟定产品故障判据。例如，雷达完成任务的一个条件是其发射机功率必须大于或等于规定值，因此导致发射机功率输出小于规定值的单一或组合的硬件或软件故障，必定使雷达不能完成任务。在某些情况下虽然存在故障状态但产品仍能完成任务，这样的故障在计算任务可靠性时就不应作为相关故障计算。
时间及环境条件分析	6. 确定寿命剖面及任务剖面	寿命剖面指的是对设备从出厂（交付用户）到寿命终结或退出使用的整个过程所经历的各种有关事件及状态的全面时序描述。它说明产品在其整个寿命期内所经历的每一重大时间，如装卸、运输、储存、试验和检查、备用及待命状态、使用部署、任务剖面以及其他可能的事件。寿命剖面描述每一事件的持续时间、环境条件和工作方式等。
建立可靠性模型框图	7. 明确建模任务并确定限制条件	包括产品标识、建模任务说明及有关限制条件。
	8. 建立系统可靠性模型	依照产品定义，采用可视化模型图的方式建立，对仅需要描述在执行任务时所有单元之间的相互依赖关系时，可建立可靠性框图模型。在建立方框图时，应明确每个方框的顺序并标识方框。每个方框只代表一个功能单元。对于需要描述系统状态变化时，可利用马尔科夫模型对系统建模，如系统可修时可利用马尔科夫模型建立系统转换的模型。
	9. 确定未列入模型的单元	给出没有包含在模型中的所有硬件和功能清单，并予说明。
确定数学模型	10. 系统可靠性数学模型	对已建好的可靠性模型建立相应的数学模型，以表示出产品逻辑和状态变化的数学关系。

准确建立任务可靠性模型的前提是深入分析系统的构成、原理、功能和接口，上述信息一般可从产品研制任务书中分析得到。在获取上述信息的基础上，根据产品的任务要求、工作方式和寿命（任务）剖面等绘制出表示系统与各构成单元之间的可靠性逻辑关系图，据此建立可靠性数学模型进行可靠性量化分析。

3.1 可靠性框图建模

可靠性模型是对系统及其组成单元之间的可靠性或故障逻辑关系的描述。可靠性模型包括可靠性框图及其相应的数学模型。可靠性框图是由代表产品或功能的方框和连线组成，表示各组成部分的故障或者它们的组合如何导致产品故障的逻辑图。数学模型用于表达可靠性框图中各方框的可靠性与系统可靠性之间的函数关系。

a）基本可靠性模型

基本可靠性模型是用来反映产品及其组成单元故障所引起的维修及保障要求，可以作为度量维修保障人力与费用的一种模型。基本可靠性模型是一个串联模型,包括冗余或代替工作模式的单元都按照串联处理,冗余单元越多,产品的基本可靠性越低。基本可靠性模型的详细程度应该达到产品规定的分析层次,以获得可以利用的信息,而且失效率数据对该层次产品设计来说能够作为考虑维修和后勤保障要求的依据。

b)任务可靠性模型

任务可靠性模型是用以估计产品在执行任务过程中完成规定功能的程度。任务可靠性模型应该能够描述在完成任务过程中产品各单元的预定用途,可能是一个复杂的串联、并联、表决、旁联、桥联等多种模型的组合,结构比较复杂,用以估计产品在执行任务过程中完成规定功能的概率。任务可靠性模型根据产品的任务剖面及任务故障判据建立,不同的任务剖面应该建立各自的任务可靠性模型;必要时,在一个任务剖面的各阶段,也可能需要分别建立各自的任务可靠性模型。

可靠性框图模型建模时将系统的各元件或子系统按框图形式表示,简洁直观地表现系统的内部逻辑关系,建模快速,定量计算简单。常用的 RBD 模型包括串联模型、并联模型、表决模型、桥联模型和旁联模型。这些模型又可以划分为工作贮备模型(并联模型、表决模型)、非工作贮备模型(旁连模型)和非贮备模型等三类,如图 3-2 所示。

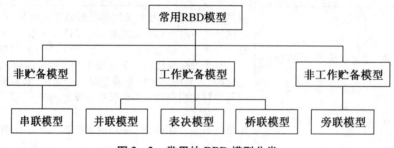

图 3-2　常用的 **RBD** 模型分类

系统进行可靠性建模时典型的可靠性系统可能包括串联系统、并联系统、表决系统、冷/温储备系统(考虑检测装置和转换开关的可靠度)、多任务系统、定时检修系统、在线维修系统等等。

a)串联模型

系统所有组成单元中的任一单元的故障都会导致整个系统的故障(或者说所有的单元都必须正常运行,整个系统才可以正常运行),称为串联模型。串联模型是最常用和最简单的模型之一,既可用于基本可靠性建模,也可用于任务可靠性建模。串联模型可靠性框图如图 3-3 所示。

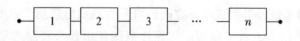

图 3-3　串联模型可靠性框图

该可靠性框图对应的数学模型为：

$$R_s(t) = \prod_{i=1}^{n} R_i(t) \tag{3-1}$$

式中：$R_s(t)$—系统的可靠度；$R_i(t)$—第 i 个单元的可靠度；n—组成系统的单元数。

假设每个单元工作时间均与系统工作时间相同，当各单元的寿命分布均为指数分布时，系统的寿命也服从指数分布。即：

$$R_s(t) = \prod_{i=1}^{n} R_i(t) = \prod_{i=1}^{n} \mathrm{e}^{-\lambda_i t} = \mathrm{e}^{-\sum_{i=1}^{n} \lambda_i t} = \mathrm{e}^{-\lambda_s t} \tag{3-2}$$

式中：λ_i—单元的故障率；λ_s—系统的故障率。

此时，系统的故障率 λ_s 为单元的故障率 λ_i 之和：

$$\lambda_s = \sum_{i=1}^{n} \lambda_i \tag{3-3}$$

系统平均故障间隔时间为：

$$T_{\mathrm{BF}_S} = \frac{1}{\lambda_s} = \frac{1}{\sum\limits_{i=1}^{n} \lambda_i} \tag{3-4}$$

式中：T_{BF_S}—系统的平均故障间隔时间（h）。

可见，串联系统的可靠度是各单元可靠度的乘积，单元越多，系统可靠度越小。从设计方面考虑，为提高串联系统的可靠度，可从下列三方面考虑：

1）尽可能减少串联单元数目，即进行简化设计；

2）提高单元的可靠性，降低其故障率 λ_i；

3）缩短工作时间 t。

b）并联模型

组成系统的所有单元都发生故障时，系统才发生故障，称为并联模型。并联模型是最简单的工作贮备模型，用于任务可靠性建模。并联模型的可靠性框图如图 3－4 所示。

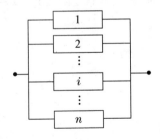

图 3－4 并联模型可靠性框图

该可靠性框图对应的数学模型为：

$$R_s(t) = 1 - \prod_{i=1}^{n} [1 - R_i(t)] \tag{3-5}$$

式中:$R_s(t)$—系统的可靠度;$R_i(t)$—第 i 个单元的可靠度;n—组成系统的单元数。

并联模型中,当系统各单元的寿命分布为指数分布时。对于最常用的两单元并联系统,有:

$$R_s(t) = e^{-\lambda_1 t} + e^{-\lambda_2 t} - e^{-(\lambda_1 + \lambda_2)t} \qquad (3-6)$$

$$\lambda_s(t) = \frac{\lambda_1 e^{-\lambda_1 t} + \lambda_2 e^{-\lambda_2 t} - (\lambda_1 + \lambda_2) e^{-(\lambda_1 + \lambda_2)t}}{e^{-\lambda_1 t} + e^{-\lambda_2 t} - e^{-(\lambda_1 + \lambda_2)t}} \qquad (3-7)$$

系统平均严重故障间隔时间为:

$$T_{BCF_s} = \int_0^\infty R_s(t)\,dt = \frac{1}{\lambda_1} + \frac{1}{\lambda_2} - \frac{1}{\lambda_1 + \lambda_2} \qquad (3-8)$$

式中:T_{BCF_s}—系统平均严重故障间隔时间(h)。

可见,尽管单元故障率 λ_1,λ_2 都是常数,但并联系统的故障率 $\lambda_s(t)$ 不再是常数(如图 3-5 所示)。

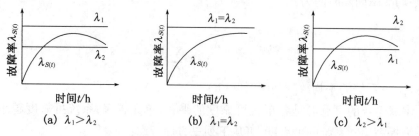

图 3-5 并联模型故障率曲线

当系统各单元寿命分布为指数分布时,对于 n 个相同单元并联系统,有:

$$R_s(t) = 1 - (1 - e^{-\lambda t})^n \qquad (3-9)$$

$$T_{BCF_s} = \int_0^\infty R_s(t)\,dt = \frac{1}{\lambda}\left(1 + \frac{1}{2} + \cdots + \frac{1}{n}\right) \qquad (3-10)$$

当并联系统各单元相同时,并联系统可靠度函数与并联单元数的关系如图 3-6 所示。

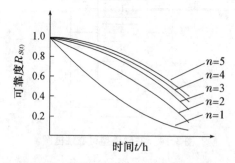

图 3-6 并联单元数与系统可靠度关系

由图可见,多个单元与无贮备的单个单元相比,并联系统可靠度有明显提高,尤其 $n = 2$ 时,可靠度的提高更显著。当并联单元过多时,可靠度提高速度大为减慢。

c) 旁联模型

组成系统的 n 个单元只有一个单元工作,当工作单元故障时,通过监测与转换装置转接到另一个单元继续工作,直到所有单元都有故障时系统才有故障,这种模型被称为非工作贮备模型或旁联模型。旁联模型的可靠性框图如图 3-7 所示:

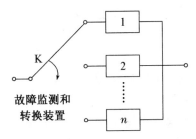

图 3-7　旁联模型的可靠性框图

1) 假设转换装置可靠度为 1,则系统 T_{BCF_s} 等于各单元 T_{BCF_i} 之和:

$$T_{\mathrm{BCF}_S} = \sum_{i=1}^{n} T_{\mathrm{BCF}_i} \tag{3-11}$$

式中:T_{BCF_s}—系统平均严重故障间隔时间(h);T_{BCF_i}—单元平均严重故障间隔时间(h);n—组成系统的单元数。

当系统各单元的寿命服从指数分布时:

$$T_{\mathrm{BCF}_s} = \sum_{i=1}^{n} \frac{1}{\lambda_i} \tag{3-12}$$

式中:λ_i—单元的任务故障率($1/h$);n—组成系统的单元数。

系统各单元都相同时:

$$T_{\mathrm{BCF}_s} = \frac{n}{\lambda} \tag{3-13}$$

$$R_s(t) = \mathrm{e}^{-\lambda t}\left[1 + \lambda t + \frac{(\lambda t)^2}{2!} + \cdots + \frac{(\lambda t)^{n-1}}{(n-1)!}\right] \tag{3-14}$$

对于常用的两个不同单元(寿命服从指数分布)组成的非工作贮备系统:

$$R_s(t) = \frac{\lambda_2}{\lambda_2 - \lambda_1}\mathrm{e}^{-\lambda_1 t} + \frac{\lambda_1}{\lambda_1 - \lambda_2}\mathrm{e}^{-\lambda_2 t} \tag{3-15}$$

$$T_{\mathrm{BCF}_s} = \frac{1}{\lambda_1} + \frac{1}{\lambda_2} \tag{3-16}$$

2) 假设监测与转换装置的可靠度为常数 R_D,两个单元相同且寿命服从指数分布,系统可靠度:

$$R_s(t) = \mathrm{e}^{-\lambda t}(1 + R_D \lambda t) \tag{3-17}$$

对于两个不相同单元,假定其任务故障率分别为 λ_1 和 λ_2:

$$R_s(t) = \mathrm{e}^{-\lambda_1 t} + R_D \frac{\lambda_1}{\lambda_1 - \lambda_2}(\mathrm{e}^{-\lambda_2 t} - \mathrm{e}^{-\lambda_1 t}) \qquad (3-18)$$

$$T_{\mathrm{BCF}_s} = \frac{1}{\lambda_1} + R_D \frac{1}{\lambda_2} \qquad (3-19)$$

旁联模型的优点是能大大提高系统可靠度,缺点是由于增加了故障监测与转换装置而加大了系统的复杂度,要求故障监测与转换装置的可靠度非常高,否则贮备带来的好处会被严重削弱。

温储备的储备单元处于轻载工作状态,并非是完全不工作状态。例如,如果电子管的储备单元处于不工作状态,一旦要求立即投入工作时,由于电子管灯丝需要预热,会使系统在一段时间内中断工作。为了避免这种情况,通常应加上灯丝电压,有时还需加上低于正常工作的阳极电压和假负载,一旦要求投入工作,系统就不会出现工作中断。另外,当设备处于比较恶劣的环境时,一般不工作储备单元的故障率要比轻载工作的故障率更大,这也要求储备单元应处于轻载工作状态。例如,处于潮湿环境中的电子设备,通电工作的故障率要比长期储存(不工作)的失效率低。设单元 A 的工作故障率为 λ_A,储备单元 B 的工作故障率为 λ_B,轻载储备故障率为 λ'_B,温贮备系统的可靠性数学表达式如表 3-4 中所示。

在指数分布情形下,串联系统、并联系统和贮备系统的可靠性数学表达式如表 3-3 和表 3-4 所示。

表 3-3　串并联系统可靠性模型

系统类别	可靠性框图	可靠度	MTBCF
n 单元串联系统	—☐1☐—☐2☐—‑‑‑—☐n☐—	$R_s = \mathrm{e}^{-\sum \lambda_i t} = \mathrm{e}^{-\lambda_s t}$	$\frac{1}{M_s} = \sum\limits_{i=1}^{n} \frac{1}{m_i}$ m_i—单元 MTBF 值
2 单元并联系统		$R_s = \mathrm{e}^{-\lambda_1 t} + \mathrm{e}^{-\lambda_2 t} - \mathrm{e}^{-(\lambda_1 + \lambda_2)t}$	$M_s = m_1 + m_2 - \frac{m_1 m_2}{m_1 + m_2}$
		$R_s = 2\mathrm{e}^{-\lambda t} - \mathrm{e}^{-2\lambda t}$	$M_s = \frac{3}{2}m = 1.5m$
n 单元并联系统		$R_s = 1 - \prod\limits_{i=1}^{n}(1 - \mathrm{e}^{-\lambda_i t})$	$M_s = \int_0^{\infty} R_s \mathrm{d}t$
		$R_s = 1 - (1 - \mathrm{e}^{-\lambda t})^n$	$M_s = m\left(1 + \frac{1}{2} + \cdots + \frac{1}{n}\right)$
		$R_s = 3\mathrm{e}^{-\lambda t} - 3\mathrm{e}^{-2\lambda t} + \mathrm{e}^{-3\lambda t}$	$M_s = \frac{11}{6}m \approx 1.83m$
串并组合系统		$R_s = (2\mathrm{e}^{-\lambda_1 t} - \mathrm{e}^{-2\lambda_1 t}) \cdot \mathrm{e}^{-(\lambda_2 + \lambda_3)t}$	$M_s = \frac{1}{\lambda_s}$

表 3－4　贮备系统可靠性模型

系统类别			可靠性框图	可靠度	MTBCF
单元相同的冷贮备系统	检测及开关装置完全可靠	2 单元		$R_s = e^{-\lambda t}(1 + \lambda t)$	$M_s = \dfrac{2}{\lambda} = 2m$
		3 单元		$R_s = e^{-\lambda t}\left(1 + \lambda t + \dfrac{(\lambda t)^2}{2}\right)$	$M_s = \dfrac{3}{\lambda} = 3m$
		n 单元		$R_s = e^{-\lambda t}\left[1 + \lambda t + \dfrac{(\lambda t)^2}{2!} + \cdots + \dfrac{(\lambda t)^{n-1}}{(n-1)!}\right]$	$M_s = \dfrac{n}{\lambda} = nm$
	检测及开关可靠度 R_{sd}	2 单元		$R_s = e^{-\lambda t}(1 + R_{sd}\lambda t)$	$M_s = \dfrac{1}{\lambda} + \dfrac{R_{sd}}{\lambda}$
		3 单元		$R_s = e^{-\lambda t}\left(1 + R_{sd}\lambda t + R_{sd}\dfrac{(\lambda t)^2}{2}\right)$	$M_s = \dfrac{1}{\lambda} + \dfrac{2R_{sd}}{\lambda}$ $= m + 2R_{sd}m$
单元不同的冷贮备系统	检测及开关装置完全可靠	2 单元		$R_s = \dfrac{\lambda_2}{\lambda_2 - \lambda_1}e^{-\lambda_1 t} + \dfrac{\lambda_1}{\lambda_1 - \lambda_2}e^{-\lambda_2 t}$	$M_s = \dfrac{1}{\lambda_1} + \dfrac{1}{\lambda_2} = m_1 + m_2$
		3 单元		$R_s = \dfrac{\lambda_2\lambda_3}{(\lambda_2 - \lambda_1)(\lambda_3 - \lambda_1)}e^{-\lambda_1 t}$ $+ \dfrac{\lambda_1\lambda_3}{(\lambda_1 - \lambda_2)(\lambda_3 - \lambda_2)}e^{-\lambda_2 t}$ $+ \dfrac{\lambda_1\lambda_2}{(\lambda_1 - \lambda_3)(\lambda_2 - \lambda_3)}e^{-\lambda_3 t}$	$M_s = \dfrac{1}{\lambda_1} + \dfrac{1}{\lambda_2} + \dfrac{1}{\lambda_3}$ $= m_1 + m_2 + m_3$
	检测及开关可靠度 R_{sd}	2 单元		$R_s = e^{-\lambda_1 t} + R_{sd}\dfrac{\lambda_1}{\lambda_1 - \lambda_2}(e^{-\lambda_2 t} - e^{-\lambda_1 t})$	$M_s = \dfrac{1}{\lambda_1} + \dfrac{R_{sd}}{\lambda_2}$ $= m_1 + R_{sd}m_2$

（续表）

系统类别		可靠性框图	可靠度	MTBCF
单元相同的温贮备系统	检测和转换装置完全可靠 2单元		$R_{SW}(t) = e^{-\lambda t} + \dfrac{\lambda}{\lambda'}[e^{\lambda t} - e^{-(\lambda+\lambda')t}]$	$\text{MTBCF} = \dfrac{1}{\lambda} + \dfrac{1}{\lambda+\lambda'}$
	检测和转换装置完全可靠 $n-1$个单元		$R_{SW}(t) = $ $\sum_{i=0}^{n-1}(\prod_{j=0,j\neq i}^{n-1}\dfrac{\lambda+j\lambda'}{(j-i)\lambda'})e^{-(\lambda+i\lambda')t}$	$\text{MTBCF} = \sum_{i=0}^{n-1}\dfrac{1}{\lambda+i\lambda'}$
	检测和转换装置故障率不为零 2单元	A λ_A B λ_B和λ_B'	$R_{SW}(t) = $ $e^{-\lambda t} + \dfrac{\lambda}{\lambda'+\lambda_K}[e^{\lambda t} - e^{-(\lambda+\lambda'+\lambda_K)t}]$	$MTBF = $ $\dfrac{1}{\lambda} + \dfrac{1}{\lambda+\lambda'+\lambda_K}$
单元不同的温贮备系统	检测和转换装置完全可靠 2单元		$R_{SW}(t) = e^{-\lambda_A t} + \dfrac{\lambda_A}{\lambda_A-\lambda_B+\lambda_B}[e^{\lambda Bt} - e^{-(\lambda_A+\lambda'_B)t}]$	

d）表决模型

n 个单元及一个表决器组成的系统被称为表决系统。当表决器正常时，其中任意 $r(1\leqslant r \leqslant n)$ 个正常工作时系统就能正常工作，称为 n 中取 r 系统[或 $r/n(G)$ 模型]，它是工作贮备模型的一种形式。$r/n(G)$ 表决模型用于任务可靠性建模。

$r/n(G)$ 模型的可靠性框图如图 3-8 所示：

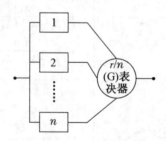

图3-8 $r/n(G)$ 模型可靠性框图

n 取 r 表决冗余的可靠性数学模型如下：

$$R_s(t) = R_m \sum_{i=r}^{n} C_n^i R(t)^i [1 - R(t)]^{n-i} \tag{3-20}$$

式中：$C_n^i = \dfrac{n!}{i!\,(n-i)!}$。

当各单元的可靠度是时间的函数，且寿命均服从故障率为 λ 的指数分布时，$r/n(\mathrm{G})$ 系统可靠度为：

$$R_s(t) = R_m \sum_{i=r}^{n} C_n^i \mathrm{e}^{-i\lambda t} (1 - \mathrm{e}^{-\lambda t})^{n-i} \tag{3-21}$$

当表决器的可靠度为 1 时，系统的平均严重故障间隔时间 T_{BCF_s} 为：

$$T_{\mathrm{BCF}_s} = \int_0^{\infty} R_s(t)\,\mathrm{d}t = \frac{1}{\lambda} \sum_{i=r}^{n} \frac{1}{i} \tag{3-22}$$

在 $r/n(\mathrm{G})$ 模型中，当 n 必须为奇数（令 $n = 2k+1$），且系统的正常单元数必须大于等于 $k+1$ 时系统才正常，这样的系统称为多数表决系统。多数表决系统是 $r/n(\mathrm{G})$ 模型的一种特例。3 取 2 系统是常用的多数表决系统，可靠性框图如图 3-9 所示。

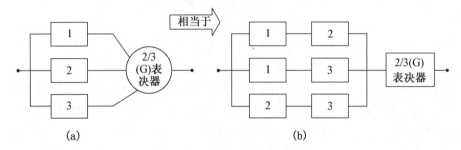

图 3-9　2/3(G) 系统可靠性框图

当表决器可靠度为 1，组成单元的故障率均为常值 λ 时，其数学模型为：

$$R_s(t) = 3\mathrm{e}^{-2\lambda t} - 2\mathrm{e}^{-3\lambda t} \tag{3-23}$$

$$T_{BCF_s} = \frac{5}{6\lambda} \tag{3-24}$$

当表决器可靠度为 1 时，若 $r = 1$，$r/n(\mathrm{G})$ 模型即为并联模型；若 $r = n$，$r/n(\mathrm{G})$ 模型即为串联模型。

e）桥联模型

以桥式结构描述的可靠性逻辑关系模型称为桥联模型，桥联模型用于任务可靠性建模。可靠性框图如图 3-10 所示。

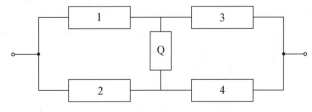

图 3-10　桥连模型可靠性框图

桥联模型的数学模型较为复杂,不能对桥联模型建立通用表达式。利用相容事件的概率公式建立如图 3 – 10 的可靠性数学模型为:

$$R_s(t) = P(\bigcup_{i=1}^{m} A_i) = \sum_{i=1}^{m} P(A_i) - \sum_{i<j=2}^{m} P(A_i \cap A_j) +$$

$$\sum_{i<j<\kappa=3}^{m} P(A_i \cap A_j \cap A_k) + \cdots + (-1)^{m-1} P(\bigcap_{i=1}^{m} A_i) \qquad (3-25)$$

$$= R_1(t)R_3(t) + R_2(t)R_4(t) + R_1(t)R_Q(t)R_4(t) + R_2(t)R_Q(t)R_3(t) -$$

$$R_1(t)R_3(t)R_2(t)R_4(t) - R_2(t)R_4(t)R_1(t)R_Q(t) - R_1(t)R_3(t)R_2(t)R_Q(t) -$$

$$R_2(t)R_4(t)R_3(t)R_Q(t) - R_1(t)R_3(t)R_4(t)R_Q(t) + 2R_1(t)R_3(t)R_2(t)R_4(t)R_Q(t)$$

式中:R_s 为系统的可靠度;P 为成功概率函数;m 为系统最小路集数;A_i 为系统 S 的第 i 个最小路集。

可靠性框图(RBD)模型由于其建模快速和计算简单的优点被广泛应用于小型简单系统的可靠性分析或复杂系统的初步可靠性评估。

3.2 故障树分析建模

故障树分析(Fault Tree Analysis,简称 FTA),是一种基于静态逻辑和静态故障机理的可靠性分析方法。波音公司将故障树分析法确定为系统安全分析工具。

故障树分析模型是一种通过树形结构表示系统故障与各个组成部分故障间逻辑关系的可靠性模型。故障树模型一般由顶事件、中间事件以及底事件组成,通过树形模型可以尽可能地找出所有导致顶事件(一般为"系统故障或失效")发生的底事件(一般表示最底层元器件或其他组成部分的故障或失效)。故障树分析模型由事件和逻辑门结构组成,分析方式自上而下,既可以用于定性分析,又可以用于定量计算。故障树常用符号如表 3 – 5 所示。

表 3 – 5 故障树常用符号

事件符号				逻辑门符号			
序号	名称	使用符号	意义	序号	名称	使用符号	输入输出关系
1	基本事件(又称圆形事件)		不能进一步分解的事件	1	或门		任何一个输出存在,则输出发生
2	菱形事件		未展开的事件	2	与门		当全部输入发生则输出发生
3	房形事件		开关事件	3	禁门		条件存在时输入产生输出

（续表）

	事件符号				逻辑门符号		
4	椭圆事件		条件事件	4	异或门		输入中的一个发生而另一个不发生则输出发生
5	矩形事件		结果事件	5	转移符号		转出转入

图 3-11 为某开关磁阻电机故障树分析示意图，主要包括与门逻辑结构和或门逻辑结构。图中 X_1，X_2，…，X_6 等为底事件，顶事件用字母 T 表示。或门表示下层任意一种故障的发生都会导致顶事件发生，与门表示需下层所有事件同时发生，顶事件才会发生，顶事件发生的概率可表示为：

$$P(T) = P(X_1 \cup (X_2 \cap X_3 \cap X_4) \cup X_5 \cup X_6) \tag{3-26}$$

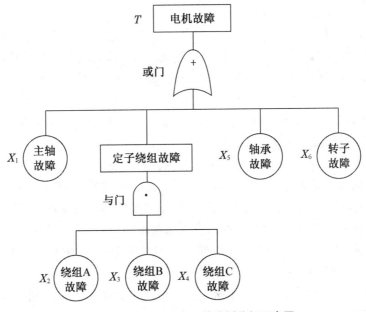

图 3-11 开关磁阻电机故障树分析示意图

故障树分析模型计算得出的概率等价于可靠性指标中的失效率，其后续定量评估方法与可靠性框图模型计算一致，通过可靠性指标计算公式得到可靠度与 MTBF 等可靠性指标。故障树分析模型可以直观地表示出系统故障与各部分器件故障之间的逻辑关系，还可以定量计算出系统的故障概率，具有结构清晰、求解简单的优点。

以故障树分析方法为基础,发展研究出了众多可靠性模型,包括多态系统可靠性模型、二元决策图法以及动态故障树法等。

a）多态系统可靠性模型

一般传统的故障树均假设各个元件、单元及系统只有正常和失效两种状态。在实际工程中,许多元件、单元及系统并不局限于这两种状态,可能有三种甚至多种状态,而故障树并不能很好地描述这种多状态系统,为此,Wood 通过对多态系统进行深入研究,提出了多态系统可靠性框图和故障树模型。

b）二元决策图法

近年来,学者对基于二元决策图（Binary Decision Diagrams,简称 BDD）和多元决策图（Multiple Decision Diagrams,简称 MDD）的故障树分析方法开展了一些研究。

二元决策图法是一种简化布尔表达式的有效方法,它的理论基础是香农分解法,二元决策图法具有功能强大和高效的特点。二元决策图法最早被应用于数字电路测试方面,为了提高故障树的计算效率以及计算精度,二元决策图法作为一种工具被引入到故障树分析方法中,如 Prescott 在综合已有的研究成果的基础上,提出了一种基于二元决策图法的故障树分析方法,并将其应用到非单调关联系统可靠性分析的研究中。王畏寒等针对传统故障树分析方法在求解大型故障树时出现的计算量大且精度低的缺陷,将二元决策图法应用于MG 400/920型电牵引采煤机液压调高系统的故障树分析中。通过将故障树转换为二元决策图,得到故障树顶事件发生概率及底事件概率重要度值。

c）动态故障树法

故障树分析方法是一种基于静态可靠性技术分析理论的系统可靠性分析方法,其各种逻辑、故障机理及用底事件的组合来表征的顶事件故障模式均具有静态的特性。但是,在实际电气自动化控制系统中,系统失效往往是具有动态特性的。比如像容错系统、可修复冗余系统等,其故障的发生不仅跟底事件的状态有关,而且与底事件故障发生的顺序有关,是具有动态随机性故障和相关性的系统,这种系统具有动态性,已不再适合采用传统的基于静态故障树的可靠性分析方法。

为了解决动态特性问题,Dugan 等将静态故障树扩展成动态故障树,提出了一些新的动态门,用于描述动态系统的可靠性逻辑结构。动态故障树是指至少包含一个动态逻辑门的故障树。它是在传统故障树基础上进行扩展,保留原有的静态逻辑门,添加了功能相关门、优先与门、顺序相关门、(冷、温、热)备件门等动态逻辑门,用于表示系统部件之间的动态关系,具有顺序相关、共因失效、可修复以及冷、热备份等特性。常用模块化的方法,先将整个动态故障树分解为动态和静态的若干独立子树,其中动态子树使用 Markov 链的方法分析,静态子树采用 BDD 方法分析,最后综合求解得到顶事件的故障概率即系统的不可靠度。

动态故障树新增加的逻辑符号如下:

a. 优先与门:存在两个输入事件,输出事件只有在两个输入事件按照固定的顺序发生时才能发生,如图 3 – 12(a)所示。

b. 顺序门:事件从左到右发生且输入不能少于三个,如图 3 – 12(b)所示。

c. 功能触发门:功能触发门的结构组成有若干个相关的基本事件、一个触发输入和一个不相关的输出。相关事件发生的条件是触发事件的功能与基本事件相关并且触发事件发生。相关事件发生后对系统无影响,则可以不考虑故障树的因素。图3-12(c)表示两个相关事件的功能触发门。

d. 冷贮备门:贮备门由一个主输入事件,若干个贮备输入事件组成。且认定贮备元器件在贮备期间的故障率为零,如图3-12(d)所示。

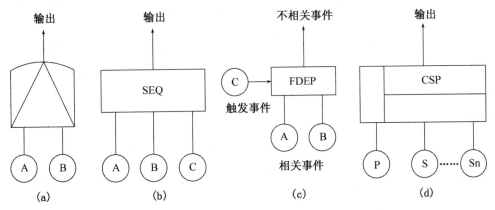

图3-12 动态故障树的逻辑符号

建模方法如下:

a) 定义顶事件(系统失效)。

b) 通过识别可能导致顶事件的子事件来分解顶事件。

c) 分别用动态逻辑门(主要包括优先与门(PAND)、功能相关门(FDEP)、顺序相关门(SEQ)、冷备件门(CSP)、温备件门(WSP)、热备件门(HSP))和静态逻辑门表示系统部件之间的动态和静态关系,其中动态特性不用能简单的底事件的组合来表示,而必须考虑各底事件发生的顺序以及各部件之间的依赖关系。

d) 参照传统故障树的方法分析至所有子事件,完成对DFT模型的建立。

计算方法如下:

a) 对整个动态故障树进行模块分解,区分静态逻辑门和动态逻辑门,识别出相互独立的静态子树和动态子树(即模块),并将其作为新动态故障树(模块动态故障树)的底事件。

b) 分别对静态子树和动态子树采用BDD和马尔科夫链进行分析,求得各个子树(模块)的顶事件发生概率。

动态子树的求解过程是将动态子树转换为马尔科夫状态转移图,然后求解该状态转移图。如图3-13所示。

静态子树通过BDD方法求解,首先将静态子树树转化为以底事件为节点的二元策图,利用BDD图对应的布尔函数表达式进行定性和定量分析,得到静态子树的割集。如图3-14所示。

设用BDD方法求解静态子树得到k个不交化最小割集,记为$MCS_i(i=1,2,\cdots,k)$,故障树的结构函数表示为$\varphi(x)=\cup_{i=1}^{k}MCS_i$,且最小割集不相交,则静态子树顶事件发生概率为:

$$P_r(T) = P_r(\varphi(x)) = P_r(\cup_{i=1}^{k}MCS_i) = \sum_{i=1}^{k}P_r(\text{MCS}_i) \tag{3-27}$$

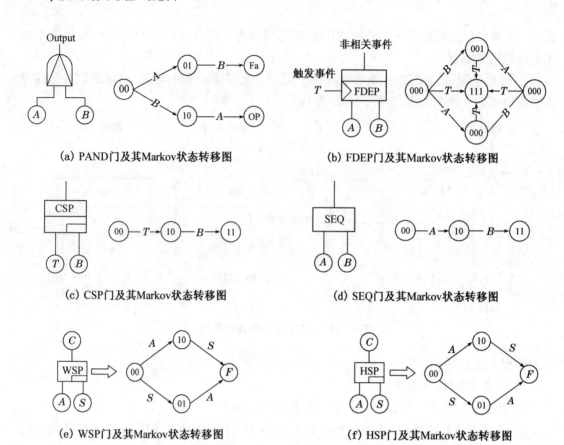

(a) PAND门及其Markov状态转移图　　　　(b) FDEP门及其Markov状态转移图

(c) CSP门及其Markov状态转移图　　　　(d) SEQ门及其Markov状态转移图

(e) WSP门及其Markov状态转移图　　　　(f) HSP门及其Markov状态转移图

图 3 - 13　常用动态逻辑门及其 Markov 状态转移图

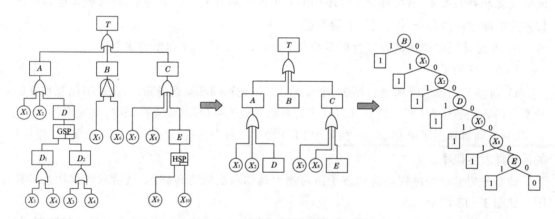

图 3 - 14　BDD 求解静态子树示例

c) 此时,各模块顶事件发生概率即是模块动态故障树中底事件的故障概率。根据模块动态故障树的类型采用相应的分析方法,求出模块动态故障树的顶事件发生概率,即为系统动态故障树的顶事件发生概率。

动态故障树结合了传统故障树和马尔科夫链的优点,可直观地描述系统动态行为,如复杂的冗余管理技术,错误覆盖模型,可应用于多种容错处理系统。

动态故障树分析只能分析动态模块独立且仅带底事件的动态故障树,对动态门嵌套情况无法较好地分析。当系统中两次出现过多处故障,即共因失效问题,及故障发生的先后顺序,动态故障树无法合理的解决。动态故障树为动态系统可靠性逻辑结构的描述提供了新的方法。尽管如此,动态故障树法的求解十分困难。为解决动态故障树求解时遇到的问题,很大程度上仍然要依赖于马尔科夫过程。

3.3 马尔科夫过程模型

马尔科夫(Markov)过程模型分析是一种动态建模方法,认为当系统当前状态已知时,其未来状态的转化发展与其过去状态无关,由此可将系统状态分为正常、存活和失效 3 种状态,其中,正常状态指系统所有的性能指标都在正常范围内,系统内无故障发生;存活状态指系统中出现故障但不至于失效,系统可以继续带故障运行,各项性能指标仍在正常范围之内;失效状态指系统发生故障导致系统无法继续运行或存在性能指标不正常的情况。

马尔科夫法是一种很具代表性的可靠性分析方法,广泛应用于动态系统、可维修系统的可靠性分析。马尔科夫分析法就是利用马尔科夫过程来对系统建模,用拉普拉斯变换的方法来求解系统的可靠度、可用度。

马尔科夫过程是一个随机过程,具有如下性质:当过程在某一时刻 t_i 的状态已知,那么在 t_i 以后任一时刻 t_j 时,过程处于各种状态的可能性就完全确定,而不受 t_i 之前任一时刻过程处于什么状态的影响。

a) 状态转移概率 $P_{ij}(t)$

对于固定的 $i,j \in S$,函数 $P_{ij}(t)$ 称为从状态 i 到状态 j 的转移概率函数,$P(t) = P_{ij}(t)$ 称为转移概率矩阵。转移概率函数具有如下性质:

$$\begin{cases} P_{ij}^{(n)}(t) \geq 0 \\ \sum_{j \in S} P_{ij}^{(n)}(t) = 1 \end{cases} \quad (3-28)$$

b) 状态逗留概率 $P_j(t)$

若令 $P_j(t) = P\{X(t) = j\}, j \in S$(它表示时刻 t 系统处于 j 的概率)则有:

$$P_j(t) = \sum_{k \in S} P_k(0) P_{kj}(t) \quad (3-29)$$

确定状态转换过程与状态转移概率是马尔科夫模型定量分析的基础。状态转换概率一般采用导致系统状态转换的各故障或失效组合的失效率,其值可通过查阅可靠性预计手册得到。确定状态转换过程与转换概率后即可得到系统状态转换图,剔除失效组合后得到状态转换概率矩阵 $\Phi_{n \times n}^*$,其中 n 为系统状态数。利用马尔科夫理论中求解系统状态概率的 Chapman-Kolmogorov 微分方程和状态概率矩阵 $\Phi_{n \times n}^*$ 求得系统存活状态概率矩阵 $P^*(t)$。Chapman-Kolmogorov 方程描述了某时刻 t 系统状态的概率,可表示为:

$$P^*(t) = \frac{\mathrm{d}P^T}{\mathrm{d}t} = \Phi^T P^T(t) \quad (3-30)$$

通过解此微分方程可以得到从系统某个状态转换至另一个状态的概率,每个状态概率

都是时间 t 的函数。则上式的解可表示为:

$$P^T(t) = e^{\Phi T} P^T(0) \tag{3-31}$$

式中, $P^T(0)$ 为系统在最初时刻各种状态的概率,可根据系统模型建立时所作假设确定。

马尔科夫模型的输出结果为系统处于每一个状态的概率值。假设在 t 时刻系统处于 i 状态的概率值为 $P_i(t)$,系统的可靠度或可用度和不可靠度或不可用度为:

$$\left.\begin{array}{c} Rs(t) \\ As(t) \end{array}\right\} = \sum_i P_i(t), \left.\begin{array}{c} 1 - Rs(t) \\ 1 - As(t) \end{array}\right\} = \sum_j P_j(t) \tag{3-32}$$

式中, i 和 j 分别对应系统可靠或可用和不可靠或不可用的状态。

以某单部件可修复系统为例说明马尔科夫过程模型的建立分析方法。定义 $X(t) = \begin{cases} 1 & \text{时刻 } t \text{ 时系统工作} \\ 2 & \text{时刻 } t \text{ 时系统故障} \end{cases}$, $X(t)$ 是一个齐次马尔科夫链,设单元的故障率和修复率分别为 λ 和 μ ,则状态转移图如图 3-15 所示。

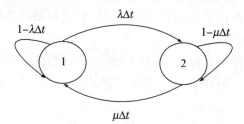

图 3-15 单部件状态转移概率图

$$\begin{cases} P_{11} = P\{X(t + \Delta t) = 1 \mid X(t) = 1\} = 1 - \lambda \Delta t + o(\Delta t) \\ P_{12} = P\{X(t + \Delta t) = 2 \mid X(t) = 1\} = \lambda \Delta t + o(\Delta t) \\ P_{21} = P\{X(t + \Delta t) = 1 \mid X(t) = 2\} = \mu \Delta t + o(\Delta t) \\ P_{22} = P\{X(t + \Delta t) = 2 \mid X(t) = 2\} = 1 - \mu \Delta t + o(\Delta t) \end{cases} \tag{3-33}$$

进而得到状态转移概率矩阵为:

$$P(\Delta t) = \begin{bmatrix} 1 - \lambda \Delta t & \lambda \Delta t \\ \mu \Delta t & 1 - \mu \Delta t \end{bmatrix} \tag{3-34}$$

状态转移速率矩阵为:

$$V = \frac{P - I}{\Delta t} = \begin{bmatrix} -\lambda & \lambda \\ \mu & -\mu \end{bmatrix} \tag{3-35}$$

建立微分方程:

$$P'(t) = V^T P(t) \tag{3-36}$$

式中, $P(t) = [P_1(t) \quad P_2(t)]^T$, $P_1(t) = P\{X(t) = 1\}$, $P_2(t) = P\{X(t) = 2\}$ 。

给定初始条件 $P_1(0) = 1, P_2(0) = 0$,求解微分方程得:

$$A(t) = P_1(t) = \frac{\mu}{\lambda + \mu} + \frac{\lambda}{\lambda + \mu} e^{-(\lambda + \mu)t} \tag{3-37}$$

可以看出,通过建立马尔科夫模型可以清晰地表示出系统状态之间的转换关系,同时由转换概率可求得系统的可靠性指标,能够充分表征系统带故障运行能力,有利于对系统的可靠性进行准确全面的评估。但马尔科夫模型的建立必须有严格的失效判据和全面故障分析,对于大型或复杂系统,系统状态空间规模随着系统单元数量的增加呈指数增长,导致计算量非常巨大,甚至可能无解。在实际建模中可运用状态空间压缩技术,使模型不致过于复杂,但对方程精确求解仍存在一定的难度。

3.4 蒙特卡洛模拟方法

蒙特卡洛模拟方法的基础是概率统计方法及理论,主要思想是建立系统的概率模型,进行假想试验抽样并统计处理,所得结果即为问题的解,目前理论科学及工程的各领域均广泛应用到蒙特卡洛方法,如粒子在输运问题上的数值模拟、结构力学和系统的可靠性评估分析等。蒙特卡洛模拟在系统可靠性分析中模拟的主要是系统的寿命过程。

应用蒙特卡洛模拟的缺陷在于,模拟前必须明确系统的故障和维修的分布函数。通常,产品故障的分布函数存在两种情况:一种是产品受工作环境的限制,无法得到现场失效数据,分布函数无法确定;另一种是通过使用单位现场收集得到,这部分数据由于收集不及时,系统带有潜在故障工作等原因,导致所收集数据的可靠度呈灰色,则故障分布函数可信度降低。

复杂系统可靠性仿真的分析对象是一类典型的离散事件系统。离散事件系统是指系统状态仅在离散时间点上发生变化的系统,引起系统状态变化的行为被称为"事件",这类系统是由事件驱动的;事件往往发生在随机时间点上,故也称其为随机事件。事件包括故障事件和维修事件,即单元运行过程中发生的故障现象与相对应的维修活动,时间包括单元发生故障的时间及其维修消耗的时间。基于蒙特卡洛模拟法的复杂系统可靠性仿真基本原理是模拟系统运行时产生的故障事件和维修事件,系统组成元件的故障及其维修活动将会直接或间接地影响到系统的正常运行,依据这些事件对系统的影响来统计分析系统可靠性水平。此方法使用随机数发生器对系统进行随机抽样,通过对样本值的统计,求得待研究系统的某些参数。若已知设备单元的寿命分布和维修分布的类型与参数,便可抽样产生相应的随机事件,具体方法如下:

假设系统某一组成单元的可靠性分布类型为指数分布,$R(t) = \exp(-\lambda t)$,其中 λ 为故障率。采用直接抽样方法,可以得到系统在执行某一任务期间该组成单元发生故障的一组时间序列,即

$$\begin{cases} T_i = T_{i-1} - \dfrac{1}{\lambda}\ln(1 - \eta_i) \\ T_0 = 0, i = 1, 2, \cdots, N \end{cases} \tag{3-38}$$

其中,N 表示总的仿真次数,T_i 表示第 i 次抽样时所得的故障时刻,η_i 表示在 $[0,1]$ 区间上均匀分布的随机数。η_i 是由线性同余发生器产生的,其递推公式为

$$\begin{cases} \eta_i = \dfrac{x_i}{m} \\ x_i = (ax_{i-1} + c) \bmod m \end{cases} \tag{3-39}$$

其中：x_i 为产生的伪随机数；x_0 为初值；m 为模数；a 为乘数；c 为增量；且 m，a 和 c 皆为非负整数。

通过上述方法，可以抽样得到系统的故障事件和维修事件，再经过大量的随机抽样得到仿真所需要的事件集合，称为随机事件表，由此对系统进行可靠性分析，具体步骤如下：

步骤 1：选择合适的随机数发生器，基于单元的故障与维修分布，利用随机数抽样得到单元的故障事件和维修事件。在系统任务时间内，按照故障发生时间和优先级排列事件，构成可靠性分析所需要的故障事件表和维修事件表。

步骤 2：从初始化的系统时钟开始，扫描处理故障事件表和维修事件表。根据单元与任务的逻辑关系，判断其发生故障和实施维修是否会引起任务失败，在单元执行任务期间，若其累计失效时间超过预设值，则任务失败。

步骤 3：记录每一次仿真的结果，进行 N 次仿真时，若任务失败次数为 F，则系统的任务可靠度近似值为 $R = 1 - F/N$；为保证仿真精度，N 至少取 2 000 次。

3.5 贝叶斯网络方法

贝叶斯定理为：如果 I 是依赖于两个相互排斥事件 H 与 J 之一的事件，H 与 J 必有一个发生，则 I 发生的概率为：$P(I) = P(I|H)P(H) + P(I|J)P(J)$。应用贝叶斯定理可以给出系统失效的概率，则系统可靠度为：$R = 1 - P$。

应用贝叶斯定理对图 3-10 所示的可靠性模型可以给出系统失效的概率。

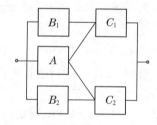

图 3-16 较复杂的可靠性结构模型

$P(\text{系统失效}) = P(\text{系统失效}|A\text{ 好})P(A\text{ 好}) + P(\text{系统失效}|A\text{ 坏})P(A\text{ 坏})$
$\qquad = (1 - R_{C1})(1 - R_{C2})R_A + (1 - R_{B1}R_{C1})(1 - R_{B2}R_{C2})(1 - R_A)$

如果 $R_{B1} = R_{B2} = 0.1$，$R_{C1} = R_{C2} = 0.2$，$R_A = 0.3$，则 $R = 1 - P(\text{系统失效}) = 0.135\,72$。

对于如图 3-16 所示的较为复杂的可靠性结构模型，可用贝叶斯法进行计算。贝叶斯法较为简单，可以用一般概率知识和简单的可靠性结构进行简化计算。

[例 3-1] 用贝叶斯法对图 3-10 所示的桥式可靠性结构模型进行求解。

当 Q 好时，系统变为"并串联"状态；当 Q 坏时，系统变为"串并联"状态。根据贝叶斯定理，系统的不可靠度为：$F = [1 - (1 - F_1F_2)(1 - F_3F_4)]R_Q + (1 - R_1R_3)(1 - R_2R_4)F_Q$。

贝叶斯网络又称信度网络，是目前不确定知识表达和推理领域最有效的理论模型之一，是贝叶斯方法的扩展，贝叶斯网络已经成为近几年来研究的热点。由于贝叶斯网络具有强大的模型描述能力和推理能力，使其在数据挖掘、模式识别、故障诊断、生态评估、医疗诊断以及环境管理等方面获得了较为广泛的应用。目前，贝叶斯网络理论研究以及在可靠性分析中的应用也越来越受到国内外学者的重视。Bobbio,Boudali,Montani 等提出了故障树向动态贝叶斯网络的映射方法,这一方法的提出为解决动态系统、可维修系统的可靠性分析开拓了新的思路。

3.6　Petri 网建模

Petri 网(PN-Petri Net)是一种被广泛应用于系统描述和分析的数学工具。Petri 网是一种图形化的建模和分析工具,近来被广泛地应用于离散时间动态系统等领域,是进行系统性能评价的重要工具。

Petri 网是一种二元有向图,它是节点集与弧集的集合,用圆圈表示的节点被称为位置,用直线或矩形表示的节点被称为转换,一般用直线表示的转换为无延时的转换;而用矩形表示的转换为有延时的转换。带有空心小圆的弧被称为限制弧,实心圆点被称为令牌,系统的动态过程可通过令牌在图中的移动来直观地表示。而令牌的移动是由 Petri 网中转换节点的引发规则实现的,当指向转换节点的常规弧所在的位置节点有令牌而限制弧所在的位置节点无令牌时,转换被引发,同时令牌被传送到新的位置。通过引发规则,可以遍历系统所有的可达状态。如果再令图中所有的延时转换中的时间分布为指数分布,则系统的状态变化过程可用马尔可夫过程描述,这就是一般随机 Petri 网即 Generalized Stochastic Petri Nets (GSPN)。

Petri 网,特别是随机 Petri 网在系统可靠性分析中占有重要位置,其研究的基本方法在相关的理论研究和案例分析中主要可以分为 5 大类:系统的基本行为描述方法、系统的故障树简化方法、系统的故障诊断研究方法、系统可靠性指标的解析计算方法和系统可靠性仿真分析方法。

a) 系统的基本行为描述方法:根据已经建立的系统 Petri 网模型,分析模型系统的可达性、可逆性、活性等动态性质,从这些性质分析中总结系统具备的一些行为特点,为可靠性分析和研究做好铺垫工作。

b) 系统的故障树的表示与简化方法:故障树分析模型是一种传统的可靠性分析方法,可以将故障树看作系统中的故障传播的逻辑关系,将故障树转换成 Petri 网模型,通过可逆网的可达性或者通过关联矩阵的计算,得到最小的割集。

c) 系统的故障诊断研究方法:基本网系统是 Petri 网系统的一个特例,在基本网系统中,一个库所最多含有一个标识,可以利用库所的这种标识特性,通过可达标识来判断相应的故障是否发生。

d) 系统可靠性指标的解析计算方法:可靠性指标也是系统性能指标的一个重要组成部分,通过一般数学分析方法对可靠性模型进行分析,一般仅能给出某些变量的计算方法。由于一般的数学分析方法不具备反映中间过程的能力,而基于 Petri 网模型的可靠性指标计算方法,在和数学方法满足相同的约束条件下,可以清晰地描述系统状态之间的动态转移过程,这种特点以随机 Petri 网(Stochastic Petri Nets,简称 SPN)最为明显。

e) 系统可靠性仿真分析方法:随着计算机工程的应用技术的发展,可靠性的分析与研究不仅仅局限在可靠性指标的计算、故障诊断等方面,还体现在复杂系统的可靠性仿真分析研究上。仿真分析是计算机研究和可视化分析的重要途径,因此可以利用已有的仿真分析工具对可靠性进行建模、分析和模拟,为可靠性研究在工业应用中拓宽应用广度。

对可靠性研究比较成熟的方法是利用随机 Petri 网对可靠性进行建模,然后将可靠性或可用性的求解指标计算转换为同构的马尔科夫链的计算。通过 Petri 网构建的 SPN 模型,建立网系统的关联矩阵(即状态转移概率矩阵),通过计算机求解或者解析求解可靠性或可靠性的性能指标。

定义 1:Petri 网是一种有向图,由变迁、库所、令牌和有向弧四个部分组成。

定义 2:若 PN 是一个四元组,且 $PN = (P,T,A,M)$ 并满足以下条件:

$P \cap T = \varnothing; P \cup T \neq \varnothing; A \subseteq (P \times T) \cup (T \times P);$

$P = \{P_i, 1 \leqslant i \leqslant I(I \in Z^+)\};$

$T = \{T_i, 1 \leqslant i \leqslant I(I \in Z^+)\};$

$A = \{A_i, 1 \leqslant i \leqslant I(I \in Z^+)\};$

$M = \{M_i, 1 \leqslant i \leqslant I(I \in Z^+)\}。$

其中 P_i 是库所;T_i 是变迁;A_i 是从变迁到库所或从库所到变迁的一个有向弧;M_i 是令牌数目的集合,令牌是一种条件或状态是否成立的状态,这些令牌包含系统在不同状态下所有库所的令牌,则称 PN 为 Petri 网。

定义 3:变迁在 Petri 中使能的条件是,该变迁的任意一个输入库所包含的令牌不少于一个。

定义 4:若变迁满足定义 3,并把此变迁的所有输入库所中的一个令牌移到库所的所有输出库所中去,称该变迁被激发。

由上述定义可以看出 Petri 网是用来描述系统处于静态时的性质,并没有引入时间概念。下面给出随机 Petri 网的定义为:

定义 5:随机 Petri 网由七元组构成,$\text{SPN} = (P,T,F;K,W,M_0,\lambda)$。$P,T,F,K,W$ 的定义和加权 Petri 网定义相同;$\lambda = \{\lambda_1, \lambda_2, \cdots, \lambda_m\}$ 为变迁激发速率集合。

在可靠性建模中,$1/\lambda_i$ 表示变迁 T_i 的平均延迟时间。

在随机 Petri 网中,变迁是用来描述系统所处的状态事件。库所是用来描述系统可能处于的局部状态,如系统中元器件所处的运行、失效或者维修状态。令牌是库所的一部分,令牌的动态变化能够表示系统及元器件所处的状态。弧是用来描述事件及局部状态间的关系,有两种描述方式:一种是引述事件发生的局部状态;另一种是利用事件引发局部状态转换。由上述定义与、或、禁止、补、与非、或非等逻辑关系均能用 Petri 网表示。(如图 3 - 17 所示)

已经证明,若 SPN 为 K(某一常数)有界,则 SPN 模型与连续时间马尔科夫(CTMC)状态一一对应,且可以通过线性方程组求得系统概率分布,从而得到系统的可靠性特征量。SPN 的优点是可以通过计算机自动进行马尔可夫过程的状态分析,并通过状态方程得到系统的可靠性指标。

令 $p_i(i = 0,1,2,\cdots,n)$ 和 $q_j(j = 0,1,2,\cdots,n-1)$ 分别表示系统处于正常状态的位置和故障状态的位置的稳态概率。利用下式可以求出该系统处于各位置的稳态概率:

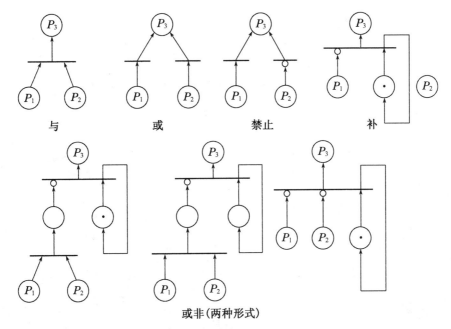

图 3 - 17 **Petri 网的逻辑关系模型**

$$\begin{cases} \mathbf{\Pi} \cdot \mathbf{K} = \mathbf{0} \\ \sum_{i=0}^{n} P_i + \sum_{j=0}^{n-1} Q_j = 1 \end{cases} \tag{3-40}$$

式中,P_i 表示稳态情况下处于位置 p_i 的概率,Q_j 表示稳态情况下处于位置 q_j 的概率,$\mathbf{\Pi}$ 是元素为 P_i、Q_j 的稳态概率矢量,$\mathbf{K}$ 为变迁状态转移矩阵。

应用 SPN 的分析方法有解析法和仿真法,解析法将 SPN 的可达图映射成 MCs 的状态转移矩阵,然后用经典的 MCs 方法进行分析。但是随着系统的复杂性、关联性的增强,与 SPN 同构的 MCs 难以获得,系统状态空间的组合爆炸是最突出的问题,而且 MCs 方法要求 Petri 网变迁的时延服从负指数分布,否则难以求解。Petri 网动态仿真可在一定程度上避免定量分析中的维数灾难问题,但是通过动态仿真只能得到可靠性指标的数值解,而无法求解相关指标的解析解。

图 3 - 18 为串联系统的随机 Petri 网模型。其中,元器件出现故障用 dn 表示,元器件正常工作或者等待工作时用 up 表示。一个串联系统由 n 个独立元件组成。

利用串联系统的随机 Petri 网模型对系统进行动态分析如下:串联系统的所有单元的 up 库所在系统开始运行时均含有令牌,变迁 t_1、t_5、t_7、t_8 处于使能状态,其中变迁 t_1 处于瞬时变迁状态,不存在实施延时,能够立即被激发,与此同时将串联系统所有单元的输入库所 up 中的一个令牌移入所有单元的输出库所 dn 中去,再向 Sys. up 中移入一个令牌。此时 t_1 中的令牌与 Sys. up 中的令牌相等,t_1 被禁止。随着系统的运行某个单元会失效,假设系统运行一段时间后,单元 1 失效,则单元 1 的输入库所 up 中的一个令牌移入输出库所 dn 中去,变迁 t_2、t_6 处于使能态,t_5 被激发。t_2 为瞬时变迁,不存在实施延时,能够立即被激发,激发后 Sys. dn 出现令牌,此时 t_9 满足被激发的条件,即移走 Sys. up 和 Sys. dn 中的令牌。由于 Sys. up 和 Sys. dn

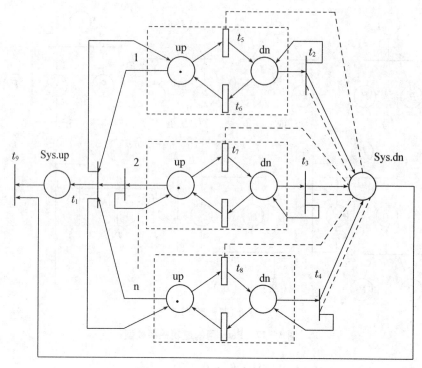

图 3 - 18　串联系统的随机 Petri 网模型

中的令牌被移走,t_2再一次被激发,Sys. dn 又被移入令牌。这时变迁 t_2、t_3、t_4、t_5、t_7 中的令牌数目与禁止弧上所标注的数目相等,则上述变迁均被禁止。对系统进行维修后单元 1 恢复正常工作,则 t_6 被激发,令牌在单元 1 中的输入 up 库所中出现。则 t_1 被激发,Sys. dn 库所中的令牌移入到 Sys. up 库所中,系统恢复正常运行状态。若串联系统中随机 Petri 网模型的全部延时变迁的延时时间服从指数分布,则随机 Petri 网模型与马尔科夫模型同构。

表 3 - 6 为串联系统 SPN 模型的状态标识库所。

表 3 - 6　串联系统 SPN 模型的状态标识库所

标识	库所							
	1. dn	1. up	2. dn	2. up	…	n. dn	n. up	Sys. dn
M_0	0	1	0	1	…	0	1	0
M_1	1	0	0	1	…	0	1	1
M_2	0	1	1	0	…	0	1	1
…	…	…	…	…	…	…	…	…
M_n	0	1	0	1	…	1	0	1

除了经常使用的随机 Petri 网,还有许多其他形式的 Petri 网系统被应用到可靠性的建模与分析研究中,如有色 Petri 网、面向对象 Petri 网、时序 Petri 网、时间 Petri 网、受控混合随机 Petri 网等等。值得一提的是,应用时间 Petri 网研究可靠性其实是嵌入到基于随机 Petri 网或者有色 Petri 网的可靠性研究中的一种特例,在系统分析中基于时间 Petri 网的建模与仿真仅

仅专注于系统行为在时间维度上的特点,因此时间 Petri 网可以作为有色 Petri 网或随机 Petri 网的一个子类来进行考虑。

面向对象 Petri 网(Object – Oriented Petri Nets,简称 OOPN),是将面向对象编程的思想融合到 Petri 网建模过程中,突出各个对象或类之间的交互情况。基于 OOPN 的建模方式有利于软件开发人员根据所建立的 OOPN 模型实施软件系统的设计工作,在许多实际的应用系统中有较广泛的应用。

时序 Petri 网(Temporal Petri Nets,简称 TPN)。由于 Petri 网和时序逻辑被认为是分析并发系统重要且有效的两种理论工具,TPN 将 Petri 网和时序逻辑结合在一起,同有色 Petri 网、随机 Petri 网等一般 Petri 网类型相比,它能够较好地表达事件间的时序关系以及并发系统中与时序相关的性质。

受控混合随机 Petri 网。除了一般 Petri 网考虑影响系统行为的离散变量,混合随机 Petri 网还考虑了连续变量,将离散变量和连续变量作为影响系统行为的两种因素,比较客观和完整地表示系统特点。这类系统在建模语义的表示上更加准确和详细,但是难点就是分析工具比较欠缺,除了可达标识图,还未见其他较完善的分析技术。

在系统的建模分析中,除了随机 Petri 网以及其他类型的 Petri 网变型系统,还往往将计算机科学中一些比较先进的技术和算法融合进来,在可靠性研究领域形成一个重要的研究领域。

与随机 Petri 网技术联合使用的分析方法,主要有蒙特卡洛方法、模糊数学分析法、粗糙理论分析法、遗传算法、神经网络分析法、矩母函数法、Petri 网行为表达式法、计算树逻辑、灰度分析法等等。这些分析技术大都依据被分析系统的特点而设定,其中神经网络方法结合神经网络的学习算法,可通过对样本数据学习来调整模型中的参数,以获得系统内部的等效结构,从而达到计算出非样本数据的可靠度,这种方法是使得 Petri 网模型具备学习能力的一个重要手段。除此之外,Petri 网行为表达式法和矩母函数法将 PN 机的行为理论与传统 Petri 网建模技术结合在一起,可以有效地解决一般 Petri 网状态可达图难以获得和状态空间爆炸的问题。

Petri 网的模拟工具有好几十种,其中不仅有支持 P/T 网、有色 Petri 网、时间 Petri 网、随机 Petri 网、排队 Petri 网等类型,一些近年来获得研究关注的复杂 Petri 网,如混杂 Petri 网、抑制 Petri 网也有了相应的模拟工具,如带时间元素的层次颜色 Petri 网工具 CPN Tools、带时间元素的随机 Petri 网工具 F-net、带时间元素的混杂 Petri 网工具 HISIm、层次排队 Petri 网工具 QPME 等等,但是可惜的是时序 Petri 网还未见有相应的模拟工具。这些模拟工具一般都含有以下 3 个方面的功能:1) 图形化的编辑界面,定义了库所、变迁、弧以及其他函数的图形框架;2) 计算机动态模拟过程,可以动态地显示被考察系统当前所处的随机状态,以及显示系统在仿真运行过程中产生的可达图或者折叠可达图信息;3) 性能分析和评价功能,可以对用户定义的性能指标进行计算。在实际的系统分析或建模过程中,建模者可以根据系统的特点和平台的使用对语言进行有选择地使用。

Petri 网模型具有强的可视性,且可动态演示系统运行过程,这是其他模型(例如故障树、FMEA 等)所做不到的。例如,对于冗余系统及可修系统,难于应用故障树进行建模。而可修系统由于系统状态是离散的,系统及系统中部件的失效及修复是随机且相依的,是一个典型的离散动态系统,可通过 Petri 网加以描述和分析。目前应用较多的是利用 Petri 网的逻辑描述能力代替故障树进行系统可靠性分析建模,可将故障树模型转换为相应的 Petri 网模型。根据得到的 Petri 网能够写出关联矩阵,通过关联矩阵,能够快速得到故障树的最小割集。

建模步骤如图 3-19 所示:

1）Petri 网模型构建:需要对复杂系统的可靠性功能逻辑关系进行分析,建立系统随机有色 Petri 网模型;

2）可靠性仿真算法。即利用节点排序算法对建立的 Petri 网模型获取 Petri 网链接顺序表,再利用蒙特卡洛仿真进行 N 次仿真;

3）可靠性指标计算:即以蒙特卡洛仿真为基础,通过对 Petri 网模型中的库所、变迁状态（变迁是否发生）进行统计,获得系统可靠度等指标。

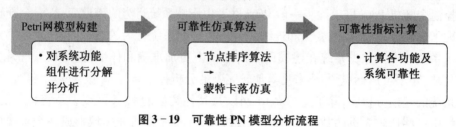

图 3-19　可靠性 PN 模型分析流程

3.7　GO 法建模

作为一种可靠性分析方法,GO 法是从事件树理论发展起来的,它以系统每个基本单元为基础,将可能发生的各种情况及系统中各部件的相互逻辑关系合并后集中到操作符上,使模型得到简化。GO 法通过对系统的分析来建立相应的模型,这个模型称为 GO 图,GO 图用 GO 操作符来表示具体的部件（例如阀门,泵）或逻辑关系,用信号流来连接操作符,表示具体的物流（例如电流,液流）或者逻辑上的进程,GO 图的连接逻辑采用正常工作路径,这就是以成功为导向的建模方法。所以,GO 图可以很好地反映系统的原貌并表达系统各个部件之间的物理关系和逻辑关系。GO 图中的操作符遵循一定的算法,GO 法将依据 GO 图,沿着信号流方向,按照每个操作符的算法来完成对系统的可靠性分析,进行可靠度或可用度的计算,进行故障查找或最小割集的分析,得到系统的多种可靠性指标。

GO 法有以下特点:

a）用 GO 图直接模拟系统,GO 图中的操作符和系统原理图中的部件几乎是一一对应的。

b）以任务成功为导向,可以直接进行系统可靠性分析。

c）操作符和信号流可以表示系统的多个状态,可用于有多状态的系统可靠性分析。

d）可以描述系统在各个时间点的状态,可用于有时序的系统可靠性分析。

e）可分析系统所有可能状态的事件的组合,分析系统的路集和割集。

GO 法中的一些基本概念如下:

1）操作符

系统中的部件、元件或子系统可统称为单元。GO 法中的操作符代表单元功能和单元输入、输出信号之间的逻辑关系,有类型、数据和运算规则三种属性。其中,类型为操作符的主要属性,用来反映操作符所代表的单元功能和特征;数据和运算规则从属于类型的属性。不同类型的操作符表示不同的单元功能或单元间的逻辑关系,因此也就有规定的单元数据要求和规定的运算规则与之相对应。GO 法中已经定义了 17 种标准操作符,如图 3 - 20 所示。

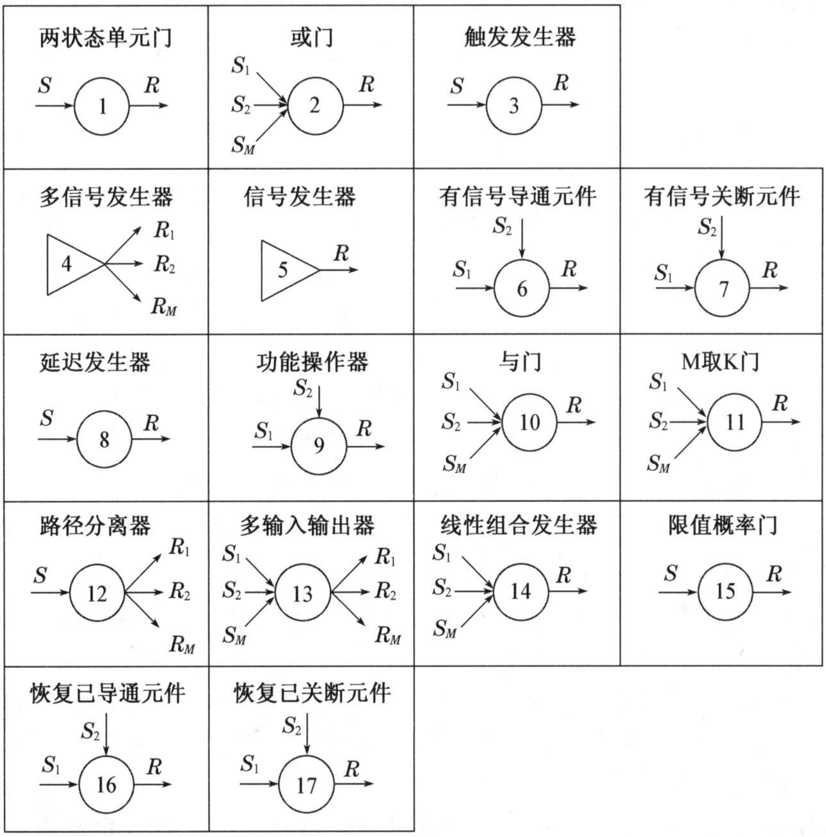

图 3 - 20 GO 操作符类型

a) 两状态单元:可用于模拟电子部件如报警器、放大器、电池、断路器、线圈、传感器等;机械部件如联轴器、减压器、安全阀、伸缩节、直管、过滤器等。两状态单元是最常用的操作符,可模拟两状态部件,即成功状态和故障状态。

b) 或门:将多个信号用"或门"逻辑连在一起,得到输出信号。或门操作符是逻辑操作符,不需要概率数据。

c) 触发发生器:可用于模拟继电器线圈、螺线管、激励传感器、加速度仪、马达、气动执行器件等。触发发生器操作符比类型 1 操作符更通用,可模拟 3 状态部件,即成功状态、故障状态和提前动作状态。

d) 多信号发生器:可产生多个相关信号,作为 GO 模型的输入信号。

e) 信号发生器:可产生一个起始信号,作为 GO 模型的输入,如发生器、电池、空气或水源等。此信号可用于代表环境影响,如温度、振动、光线和辐射等,也可以模拟人因对系统的影响。在一个模型中出现两个或多个第 5 类操作符时,他们表示的信号必须是相互独立的。

f) 有信号而导通的元件:可用于模拟控制开关、电动阀、汽轮驱动泵和电机驱动泵等。第 6 类操作符表示这样一类经过激励后才能让输入通过的部件。

g) 有信号而关断的元件:可以用于模拟这样一类部件,即在激励之前一直让输入通过,经过激励后结束了输入通过的部件,如常开阀和常闭触点等。

h) 延迟发生器:可用于模拟部件的延迟响应,如操作员行为、机械延迟响应、电子系统延迟响应、计时器和时钟等。延迟的时间不是自然时间,而是根据系统的特性,人为确定的状态改变或者时间点的改变。

i) 功能操作器:第 9 类操作符是逻辑门,他将两个输入信号结合起来,而输出信号是用户定义的两个输入信号的函数,可用于模拟示差器等。

j) 与门:将多个信号用"与门"逻辑连接在一起,得到输出信号。第 10 类操作符是逻辑操作符,不需要概率数据。

k) M 取 K 门:用于模拟 M 中取 K 个信号的这种"表决门"逻辑关系,得到输出信号。该操作符是逻辑操作符,不需要概率数据。

l) 路径分离门:在输入信号到达后,第 12 类操作符可以选择某一条路径作为它的输出,其他路径将被关闭,可用于模拟多项接头开关等。该操作符的输出信号具有互不相容性。

m) 多路输入输出器:第 13 类操作符是多输入、多输出的逻辑结构,可用于模拟需要多个输入和输出的部件。从理论上讲,所有操作符的功能都可以用第 13 类操作符等效代替,但是由于该操作符的输入方式很复杂,所以只用于少数情况。

n) 线性组合发生器:该操作符是一种逻辑结构,其输出值是输入值的线性组合,可用于模拟逻辑运算器等。

o) 限值概率门:可用于模拟这样一类设备,该设备根据自己的输入情况控制自己的输出情况,如模拟控制旁路或报警装置的控制器等,该操作符也可以作为"非门"来使用。

p) 要求恢复已导通元件:可用于模拟这样一类部件,即该部件已经被激励,目的是终止输入信号向输出方向的流动,如对已经被激励的继电器解除激励,终止电流流过触点,关闭已经打开的电磁气动阀,停止液体的流动或对某些警报系统部件断电等。该类操作符仅仅应用于部件的成功状态被定义为解除部件的激励后,它的输出同时停止的情况。

q) 要求恢复已关断元件:可用于模拟这样一类部件,即该部件已经被激励,目的是使输入信号向输出方向的流动,如对已经被激励的常闭电磁阀解除激励,让气体流过。该类操作符输入和输出的状态逻辑是相反的,应用时可以同时加上第 15 类操作符模拟这种逻辑反向,使系统模型的所有成功状态都用相同的状态值表示。

2) 信号流

GO 法用信号流代表单元的输入和输出以及单元间的关联,用信号流连接操作符生成 GO 图。信号流的属性是状态值和状态概率。当 GO 法用于可修系统时,信号流含有可修复系统的可靠性参数,当信号流的状态值 $i = 0,1,2,\cdots,N$ 代表一系列给定的具体时间值时,信号流的参数是时间函数,记为 $P_s(i)$、$\lambda_s(i)$ 和 $\mu_s(i)$。当对工程可修系统进行稳态可靠性分析时,故障率和维修率是常数,即 $\lambda_s(i) = \lambda$,$\mu_s(i) = \mu$,可用 $P_s(1)$ 和 $P_s(2)$ 分别表示信号流正常工作的状态概率和故障维修的状态概率。

3）GO 图

GO 图是经过系统分析,按一定的规则直接把系统原理图、流程图和工程图"翻译"成的图形,它有操作符和信号流连接组成。在建立 GO 图时应符合以下规则:

a）GO 图中的每个操作符必须标明其编号和类型号,且编号唯一。

b）GO 图中的每个信号流必须标明其编号,且编号唯一。

c）GO 图中至少需要一个输入型操作符(类型 4 或 5),通常对操作符进行编号时从输入操作符开始。

d）GO 图中的每个操作符的输入信号必须是另外一个操作符的输出信号。

e）GO 图中信号流从输入操作符开始应通到代表系统输出的信号流,形成信号流序列,不允许有循环。通常对信号流进行编号时,从输入操作符的输出信号开始,操作符的编号和其输出信号流的编号相同。

4）GO 运算

GO 法建立好 GO 图后,首先输入每个操作符的可靠性数据,然后再进行 GO 运算。从输入操作符输出信号开始,按照下一操作符的运算规则来运算,得到此输出信号的概率和状态,沿着信号流的方向逐个对操作符进行运算,直到系统的某一组输出信号,这一过程被称为 GO 运算,其可分为定性运算和定量运算。对定性运算,就是按照操作符的运算规则,逐个去分析单元状态和输入信号状态的组合,从而得到输出信号的状态,最后求得代表系统输出信号的状态,分析系统各状态的每个可能的单元状态组合,求出割集和路集。对定量运算,在对所有操作符输入信号的状态和单元组合的状态进行分析得到输出信号状态的同时,可计算出输出信号的状态概率,沿着信号流的方向逐步计算可求得代表系统输出信号的状态概率。

GO 法应用于可修系统时,操作符代表系统的可修单元。而系统单元与单元之间,单元和系统之间不是完全独立的,在停工、维修、冗余、备用等方面有一定的相关性,其相依关系定义如下:

a）停工相依:系统由于某单元故障而停工时,没有故障的单元随系统的停工而停止运行,并且不再发生故障,直到系统修复,单元再恢复正常运行。

b）维修相依:系统中同时处于故障状态的单元数多于允许同时维修的故障单元数(简称维修工数)时,多出的故障单元要等待其他单元修复后才能维修。

c）冗余相依:系统中的并联单元数多于系统工作要求的单元数,多出的单元发生故障时,系统仍能正常工作。

d）备用相依:有冗余的并联单元系统中冗余的单元处于备用状态,当正在运行的单元发生故障时,冗余备用的单元开始运行,保证系统继续正常工作,并假定冗余单元处于备用状态时不会发生故障。

可修系统的操作符代表的单元是可修系统,只有成功状态和故障状态。稳态时,操作符成功状态的概率就是单元的可用度,操作符故障状态的概率就是单元的不可用度,操作符的故障率和维修率就是可修单元的故障率和维修率。

以含一个共有信号的电力系统为例,建立其 GO 图如图 3-21 所示。图中,后一位数字表示操作符编号;连接线上的数字表示信号流编号。可见图中共有 4 种不同形式的操作符,分别为"两状态单元"（类型 1）、"或门"（类型 2）、"信号发生器"（类型 5）和"有信号而导通的元件"（类型 6）。以 P_{Si} 表示状态值为 i 的信号流成功的概率，以 P_{Ri} 表示状态值为 i 的操作符成功的概率。根据图可以对各部分状态概率进行定量计算，得到系统的成功概率为：P_{S14} $= (P_{R12}P_{R2} + P_{R13}P_{R3})P_{S1} - P_{R12}P_{R13}P_{R2}P_{R3}P_{S1}^2$。

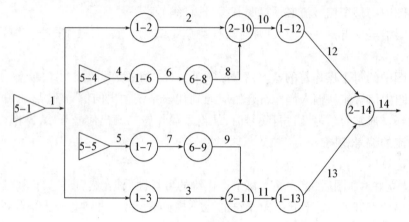

图 3－21　某共有信号电力系统 GO 图

由于系统中只含有一个共有信号，因此系统状态概率方程将含有共有信号的 2 次项；当系统存在多个共有信号时，将出现共有信号的高次项。修正时采用一次项代替高次项，对方程进行简化，同时修正了共有信号项，得到正确的表达式，即：$P_{S14} = (P_{R12}P_{R2} + P_{R13}P_{R3})P_{S1}$。

当系统存在多个共有信号时，系数计算复杂，一般采用编程方式进行处理以快速得到计算结果。

5）小结

a）方法原理

GO 法是一种以成功为导向的系统概率分析技术，它的基本思想是把系统图或工程图直接翻译成 GO 图。GO 图中用操作符代表具体的部件或者代表逻辑关系，用信号流连接操作符，代表具体的物流或者代表逻辑上的进程。主要步骤就是建立 GO 图和进行 GO 运算，而 GO 图和 GO 运算的二大要素就是操作符（operator）和信号流（signal），通过两大要素可以建立 GO 法模型并进行可靠性计算。

b）建模方法

系统中的元件、部件统称为单元，GO 法中用操作符来代表单元。操作符的属性有类型、数据和运算规则。类型（Type）是操作符的主要属性，操作符类型反映了操作符所代表的单元功能和特征。

信号流表示系统单元的输入和输出信号以及单元之间的关联。信号流连接 GO 操作符生成 GO 图。信号流的属性是状态值和状态概率。用 $0,1,2,\cdots,N$ 整数状态值代表 $N+1$ 个状态。状态值 u 代表一种提前状态。如过早发出的信号，信号来到前发生的动作等。状态值 $1,2,\cdots,N-1$ 表示多种成功状态。最大的状态值 N 表示故障状态。相应状态值的概率之和为 1。

GO 图建立后，输入所有操作符的数据，从 GO 图的输入操作符的输出信号开始，根据下一个操作符的运算规则进行运算,得到其输出信号的状态和概率,按信号流序列逐个进行运算直至系统的一组输出信号,这就是 GO 运算。定性运算分析系统各状态的所有可能的单元状态的组合,求出路集和割集。定量运算计算所有输出信号的状态概率。

c)计算方法

[**例3-2**] 图3-22 是某电源系统的系统结构,以及用 GO 图表示的系统模型。(图3-23)。假设静态系统状态(状态 1 为成功,2 为故障)和概率如表3-7:

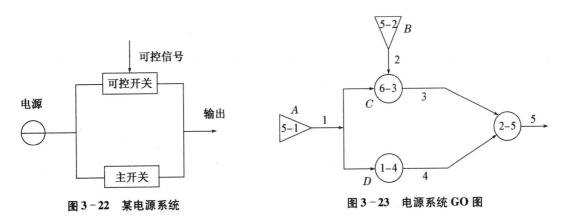

图3-22 某电源系统   图3-23 电源系统 GO 图

表3-7 电源系统状态值和状态概率

编号	名称	标识符	状态数	状态值	状态概率
1	电源	A	2	1	0.9
				2	0.1
2	控制信号	B	2	1	0.9
				2	0.1
3	可控开关	C	2	1	0.9
				2	0.1
4	主开关	D	2	1	0.9
				2	0.1

运用 GO 法分析各操作符的状态。例如对操作符 3 进行分析,操作符 3 为类型 6 的操作符,结果如表3-8。

表3-8 电源系统操作符 3 状态分析

输入信号 1		输入信号 2		操作符 3		输出信号 3	
状态组合	状态值	状态组合	状态值	状态组合	状态值	状态组合	状态值
A1	1	B1	1	C1	1	A1B1C1	1
A1	1	B1	1	C2	2	A1B1C2	2
A1	1	B2	2	C1	1	A1B2C1	2

（续表）

输入信号 1		输入信号 2		操作符 3		输出信号 3	
状态组合	状态值	状态组合	状态值	状态组合	状态值	状态组合	状态值
A1	1	B2	2	C2	2	A1B2C2	2
A2	2	B1	1	C1	1	A2B1C1	2
A2	2	B1	1	C2	2	A2B1C2	2
A2	2	B2	2	C1	1	A2B2C1	2
A2	2	B2	2	C2	2	A2B2C2	2

以此类推各个操作符的状态，最终可以得到电源开关系统的定性分析结果。如表 3-9 所示。

表 3-9 电源系统最终输出状态组合

系统状态值	系统状态	状态组合数	状态组合	部件状态
1	系统有输出	2	A1D1	电源有输出 主开关正常
			A1B1C1D2	电源有输出 控制信号正常 可控开关正常 主开关故障
2	系统无输出	3	A1B1C2D2	电源有输出 控制信号正常 可控开关故障 主开关故障
			A1B2D2	电源有输出 控制信号故障主开关故障
			A2	电源无输出

根据最终系统状态和相对应的状态组合情况，我们便可以通过进一步分析最小路集和最小割集，确定系统的状态和对应事件组合。

系统实际运作过程中，我们得到的并非是静态概率，而是会存在每个状态间动态转移概率。在这种情况下，若系统的组件遵循指数分布失效规律，我们可以通过马尔科夫状态转移对系统进一步进行建模分析，根据静态状态的割集和路集等信息，确定出系统在各个状态下运行的概率等可靠性参数。若系统的组件失效是非指数的失效规律，则需要通过时变马尔科夫等方法进行求解，在多级数的展开过程中会让计算较为复杂。

d）适用范围

GO 法可以有效提供系统可靠性的精确定量化信息，可以帮助进行系统可靠性评价，对于有时序的任务，可以用来确定系统最佳的运行方式。另外，GO 法可以分析导致系统成功和失效的组件事件的集合，用于确定系统的最优配置方式，提供最高的系统运行可靠性。对于关键组件的评价,GO 法同样能够确定组件对故障的影响程度,鉴别系统中的关键设备,确立组件的优先级,建立更合理的维修检修体系。

GO 法与故障树方法两者之间有很多特性和适用性差异。GO 法是一种成功导向方法,运用归纳法推导出原理图;故障树方法是以故障为导向,通过演绎法对系统以分层次逻辑图进行分析。GO 法更加适用于多状态有时序的方阵模拟和隐性故障分析,而故障树更适合两状态的显示故障分析。

3.8　具有维修特性表决建模

为了提升系统任务可靠性,可在不关机的情形下直接维修或替换发生故障的单元、组件。对于在线维修系统和定期检修系统等可修系统,主要的可靠性指标包括系统首次故障时间分布、可用度(包括稳态可用度和瞬时可用度)、可靠度、$(0,t]$ 中系统的平均故障次数(故障频度)、系统平均故障间隔时间等。不同领域产品对可靠性指标关注的侧重点有所不同,上述指标则从各个方面反映了可修系统的可靠性。可修系统的可靠性数量指标,如图 3–24 所示。

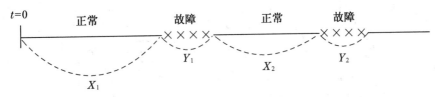

图 3–24　可修系统示意图

首次故障前平均时间(记为 MTTFF):

$$MTTFF = EX_1 \tag{3-41}$$

平均开工时间(记为 MUT,即 MTBCF):

$$MUT = MTBCF = \lim_{n \to \infty} \frac{1}{n} \sum_{i=1}^{n} EX_i \tag{3-42}$$

定时检修系统与在线维修系统在结构组成上是类似的,主要针对表决冗余或并联冗余系统。二者的区别在于在线维修系统可在不关机的情形下直接维修更换单元、组件;定时检修系统由于受到风险因素制约,需要产品关机或关发射后再进行检查和故障单元更换工作。这种定检工作可结合预防性维修时机同步进行,既保证系统的任务可靠度,又减少系统停机时间。

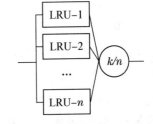

图 3–25　考虑维修特性表决冗余系统

3.8.1　在线维修

运用马尔科夫过程方法对在线维修系统进行可靠性建模评估。考虑如图 3–25 所示的 k/n 表决系统的在线修理模型。

假定系统由 n 个服从指数分布的相同设备组成。有一个修理设备,故障后的修理时间为 $1 - e^{-\mu t}$, $\mu > 0$,故障部件均能准确定位并修复,修复后其寿命分布和新部件一样。由于只有一个修理设备,当它正在修理一个故障部件时,其他故障部件必须等待修理。

根据 k/n 表决系统的基本定义,有:

1) k 个或 k 个以上部件正常工作时,系统正常工作($1 \leqslant k \leqslant n$);

2) 当有 $n - k + 1$ 个部件故障时,系统故障。在系统故障期内,$k - 1$ 个正常部件停止工作,不再发生故障。直到正在修理的部件修理完成,k 个正常的部件同时进入工作状态,此时系统重新进入工作状态。

定义 $X(t) = j, j = 0, 1, \cdots, n - k + 1$,表示时刻 t 系统有 j 个故障的部件(包括正在修理的部件)。可知 $\{X(t), t \geqslant 0\}$ 是状态空间 E 的齐次马尔科夫过程,Δt 内的状态转移概率为:

$$\begin{cases} P_{j,j+1}(\Delta t) = (n - j)\lambda \Delta t + o(\Delta t) & j = 0, 1, \cdots, n - k \\ P_{j,j-1}(\Delta t) = \mu \Delta t + o(\Delta t) & j = 1, 2, \cdots, n - k + 1 \\ P_{jk}(\Delta t) = o(\Delta t) & \text{其他 } j \neq k \end{cases} \tag{3-43}$$

绘制的系统状态转移概率图如图 3-26 所示。

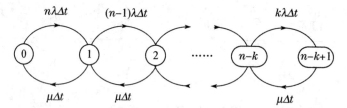

图 3-26 $k/n(G)$ 表决系统单维修设备在线修理状态转移概率图

状态转移速率矩阵为

$$V = \begin{bmatrix} -n\lambda & n\lambda & 0 & 0 & \cdots & 0 \\ \mu & -(n-1)\lambda - \mu & (n-1)\lambda & 0 & \cdots & 0 \\ 0 & \mu & -(n-2)\lambda - \mu & (n-2)\lambda & \cdots & 0 \\ 0 & 0 & \mu & \ddots & \ddots & \vdots \\ \vdots & \vdots & \ddots & \ddots & -k\lambda - \mu & k\lambda \\ 0 & 0 & \cdots & 0 & \mu & -\mu \end{bmatrix} \tag{3-44}$$

令 $P(t) = [P_0(t) \quad P_1(t) \quad \cdots \quad P_{n-k+1}(t)]$;

初始条件 $P_0(0) = 1, P_2(0) = P_2(0) = \cdots = P_{n-k+1}(0) = 0$;

建立微分方程 $P'(t) = P(t)V$;

这是一个微分方程组,可在方程组两端作拉普拉斯变换再求解。根据求解结果可计算得到系统的可用度 $R(t) = \sum\limits_{i=0}^{n-k} P_i(t)$。

系统的瞬时指标比较难以求得,但平均指标和稳态指标可以求得。稳态可用度:

$$A(\infty) = \frac{\sum_{i=k}^{n} \frac{1}{i!} \left(\frac{\lambda}{\mu}\right)^{i}}{\sum_{i=k-1}^{n} \frac{1}{i!} \left(\frac{\lambda}{\mu}\right)^{i}} \quad (3-45)$$

$$MTBCF = \frac{(k-1)!}{\mu} \sum_{i=k}^{n} \frac{1}{i!} \left(\frac{\mu}{\lambda}\right)^{i-k+1} \quad (3-46)$$

此外,对 $k=n-1$ 情形:

$$MTTF = \frac{(2n-1)\lambda + \mu}{n(n-1)\lambda^{2}} \quad (3-47)$$

通过建立马尔科夫模型可以清晰地表示出系统状态之间的转换关系,同时由转换概率可求得系统的可靠性指标,能够充分表征系统带故障运行能力,有利于对系统的可靠性进行准确全面地评估。

[**例3-3**] 信息处理设备采用了8取6表决设计,且可在线维修,求解 MTBCF。

采用连续时间马尔科夫链描述。定义工作状态和故障状态,记转移速率矩阵为 V_1。

$$V_1 = \begin{pmatrix} -8\lambda_1 & 8\lambda_1 & 0 & 0 \\ \mu_1 & -(7\lambda_1+\mu_1) & 7\lambda_1 & 0 \\ 0 & \mu_1 & -(6\lambda_1+\mu_1) & 6\lambda_1 \\ 0 & 0 & 0 & 0 \end{pmatrix}$$

$$MTBCF = \frac{(6-1)!}{1\times10^{-6}} \sum_{i=6}^{8} \frac{1}{i!} \left(\frac{1\times10^{-6}}{7.5\times10^{-6}}\right)^{i-6+1} = 7.055\times10^{12}h。$$

采用在线维修后显著提升了信息处理系统的任务可靠性。

并联在线修理时, $MTBCF = (3\lambda+\mu)/2\lambda^2$。

3.8.2 定时检修

3.8.2.1 完全修复定时检修

如图(3-24),假定单元可靠度为 $r(t)$,在第一个周期中单元可靠性为:

$$r(t) = e^{-\lambda t}, 0 \leq t \leq T_0 \quad (3-48)$$

将 $r(t)$ 代入 k/n 冗余系统公式中,可得到:

$$R_S(t) = \sum_{i=k}^{n} C_n^i (r(t))^i (1-r(t))^{n-i} \quad (3-49)$$

式中:n—单元总数;k—系统正常工作所需的无故障单元数;λ—单元失效率。

由于引入了定期维修,系统可靠性 $R_S(t)$ 已经是一个多阶段的函数,无法使用 $MTBCF = \int_0^{\infty} R(t)dt$ 去计算系统的 MTBCF,因为所得到的值是无穷大。在完美维修情形下,单元可靠性呈现周期性变化,对应的系统可靠度也呈现周期变化,有:

$$
\text{MTBCF} = \frac{\int_0^{T_0} tf(t) \cdot \mathrm{d}t + T_0 \cdot R_S(T_0)}{1 - R_S(T_0)}
$$

$$
= \frac{-T_0 \cdot R_S(T_0) + \int_0^{T_0} R_S(t) \cdot \mathrm{d}t + T_0 \cdot R_S(T_0)}{1 - R_S(T_0)} \tag{3-50}
$$

$$
= \frac{\int_0^{T_0} R_S(t) \cdot dt}{1 - R_S(T_0)}, \quad 0 \leqslant t \leqslant T_0
$$

式中:T_0 为检修周期。

联立可得:

$$
\text{MTBCF} = \frac{\int_0^{T_0} \sum_{i=k}^n \left\{ \left[\frac{N!}{(N-i)! \cdot i!} \right] \cdot \mathrm{e}^{-i\lambda t} (1 - \mathrm{e}^{-\lambda t})^{(N-i)} \right\} \mathrm{d}t}{1 - \sum_{i=k}^n \left\{ \left[\frac{N!}{(N-i)! \cdot i!} \right] \cdot \mathrm{e}^{-i\lambda T_0} (1 - \mathrm{e}^{-\lambda T_0})^{(N-i)} \right\}} \tag{3-51}
$$

考虑到公式的积分计算存在一定难度,同时对于定时检修系统,在一个检修周期结束时系统可靠度应维持在一个较高水平(如 0.99 以上),因此上述 MTBCF 计算可采用近似公式:

$$
\text{MTBCF} \approx \frac{T_0}{1 - \sum_{i=k}^n \left\{ \left[\frac{N!}{(N-i)! \cdot i!} \right] \cdot \mathrm{e}^{-i\lambda T_0} (1 - \mathrm{e}^{-\lambda T_0})^{(N-i)} \right\}} \tag{3-52}
$$

检修周期结束系统可靠度大于 0.99 时,该近似公式提供的 MTBCF 是比较准确的,误差不超过半个周期的长度。

3.8.2.2 不完美定时检修

1. 解析算法 1:

考虑故障检测率、故障隔离率等检测参数和故障修复率时,不完美检测维修下的定期检修系统可靠度:

$$
R_s(t) = \sum_{i=k}^n \left\{ \left[\frac{n!}{(n-i)! \cdot i!} \right] \cdot P^i \mathrm{e}^{-i\lambda\varphi(t)} (1 - P\mathrm{e}^{-\lambda\varphi(t)})^{(n-i)} \right\} \tag{3-53}
$$

式中:$\varphi(t) = t - \text{INT}(t/T_0) \cdot T_0$;$\text{INT}(\ )$——向下取最接近的整数;$T_0$——定期检修周期。

P 为检修周期开始时单元的完好概率:

$$
P = 1 - [F(1 - r_{\text{FD}}) + Fr_{\text{FD}}(1 - r_{\text{FI}}) + Fr_{\text{FD}}r_{\text{FI}}(1 - r_{\text{FM}})] \tag{3-54}
$$

式中:r_{FD}——故障检测率;r_{FI}——故障隔离率;r_{FM}——故障修复率。

F 为一个检修周期内单元的故障概率:

$$
F = 1 - \mathrm{e}^{-\lambda T_0} \tag{3-55}
$$

此式中各个维修周期下系统任务可靠度是周期性变化的,仍可依据(3-50)的方法计算:

$$\text{MTBCF} = \frac{\int_0^{T_0} R_S(t) \cdot dt}{1 - R_S(T_0)} \qquad 0 \leqslant t \leqslant T_0 \qquad (3-56)$$

2. 解析算法 2：

假定在第 i 个检修周期初始时刻单元完好概率为 r_i，故障概率为 f_i，有 $r_i + f_i = 1$。

在一个完整的检修周期(工作 + 修复)中，经分析有：

$$r_{n+1} = (R + P - RP) r_n + P f_n \qquad (3-57)$$
$$f_{n+1} = (1 - R)(1 - P) r_n + (1 - P) f_n$$

式中：

$R = \mathrm{e}^{-\lambda T_0}$，为一个检修周期中单元不发生故障的概率；

$P = r_{FD} r_{FI} r_{FM}$，为发生故障的单元进行维修时修复完好的概率。

由于 $r_1 = 1$，$f_1 = 0$，推导可得：

$$r_n = \frac{R^{n-1}(1-P)^{n-1}[(1-R)(1-P)] + P}{(1-R)(1-P) + P} \qquad (3-58)$$

因此，在第 j 个检修周期系统可靠度为：

$$R_{sj}(t) = \sum_{i=k}^{n} \left\{ \left[\frac{n!}{(n-i)! \cdot i!} \right] \cdot r_j^i \mathrm{e}^{-i\lambda\varphi(t)} \left(1 - r_j \mathrm{e}^{-\lambda\varphi(t)}\right)^{(n-i)} \right\} \qquad (3-59)$$

随着检修周期的进行，有：

$$\lim_{n\to\infty} r_n = \lim_{n\to\infty} \frac{R^{n-1}(1-P)^{n-1}[(1-R)(1-P)] + P}{(1-R)(1-P) + P} = \frac{P}{(1-R)(1-P) + P} \qquad (3-60)$$

假定在多个检修周期之后，系统可靠度呈现周期性变化，有：

$$R_s(t) = \sum_{i=k}^{n} \left\{ \left[\frac{n!}{(n-i)! \cdot i!} \right] \cdot r^i \mathrm{e}^{-i\lambda\varphi(t)} \left(1 - r\mathrm{e}^{-\lambda\varphi(t)}\right)^{(n-i)} \right\} \qquad (3-61)$$

式中：$\varphi(t) = t - \mathrm{INT}(t/T_0) \cdot T_0$；$r = \dfrac{P}{(1-R)(1-P) + P}$；$R = \mathrm{e}^{-\lambda T_0}$；$P = r_{FD} r_{FI} r_{FM}$。

此时有：

$$\text{MTBCF} = \frac{\int_0^{T_0} R_S(t) \cdot \mathrm{d}t}{1 - R_S(T_0)} \qquad 0 \leqslant t \leqslant T_0 \qquad (3-62)$$

进一步观察发现，解析算法 2 中 P 即为解析算法 1 中 r。因此，解析算法 1 是一个近似公式，认为从第二个周期开始，系统可靠度可看成是周期性变化的；而经过解析算法 2 推导发现，在不完美维修情形下系统可靠度并不呈现周期性变化，解析算法 2 给出的是在极限情况下系统 MTBCF。

3. 递归算法 1：

在不考虑维修时间的情况下，冗余系统的可靠度可以表示为：

$$R(t) = \sum_{i=k}^{N} C_N^i [r(t)]^i [1 - r(t)]^{N-i} \tag{3-63}$$

其中 $r(t) = e^{-\lambda_0 t}$，为不考虑维修时间下的单组件可靠度。

对于单位组件的定期检修，如果需要用精确算法，则需要按照每一期检修的结果和维修后是否修复进行逐步分析，最终形成归纳计算。如图 3 – 27 所示。

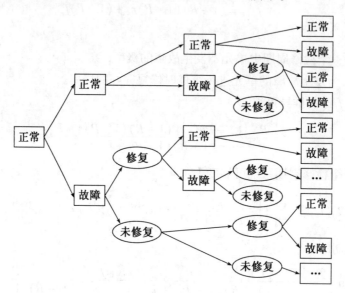

图 3 – 27　定期检修逐步归纳

例如，在第一个周期中，单元可靠性和基本可靠性一致，即：$r(t) = e^{-\lambda t}$。

在一个维修阶段后，即第二个运行周期内（T – 2T），单元的可靠性可以表示为：

$$r(t) = e^{-\lambda t} + (1 - e^{-\lambda T_0}) \cdot P \cdot e^{-\lambda(t-T_0)} \tag{3-64}$$

第三个运行周期内（2T – 3T），需要计算总共五种可能的情况，最后得到单元的可靠性可以表示为：

$$r(t) = e^{-\lambda t} ((1 + P \cdot (e^{\lambda T_0} - 1))^2 + P(1 - P) e^{\lambda T_0} (e^{\lambda T_0} - 1)) \tag{3-65}$$

第四个运行周期内（3T – 4T），可以得到单元的可靠性：

$$r(t) = e^{-\lambda t} ((1 + P \cdot (e^{\lambda T_0} - 1))^3 + P(1 - P) e^{\lambda T_0} (e^{\lambda T_0} - 1)(1 - P + 2 e^{\lambda T_0})) \tag{3-66}$$

接下来的多个运行周期都可以用该方法进行推倒，得出所需时间的单位可靠度。最后可以将 $r(t)$ 带入到 k/n 冗余系统的公式中，可以计算最终的系统可靠性。

$$R(t) = \sum_{i=k}^{N} C_N^i (r(t))^i (1 - r(t))^{N-i} \tag{3-67}$$

在计算 MTBCF 时，情况较为复杂，根据一般公式 $MTBCF = \int_{t=0}^{\infty} -tR'(t) dt$。

4. 递归算法 2：

假设第 n 个周期维修结束后，组件正常工作的概率为 $R^n(T)$，不能正常工作的概率为 $R_f^n(T)$。

其中：$R^n(T) = 1 - R_f^n(T)$。

现在归纳 $n-1$ 周期维修后过度到 n 周期维修后的情况。首先 $n-1$ 周期维修结束后有正常和不正常两种工作状态，正常状态下在经历 n 周期后可能出现正常和不正常两种状态，再根据不同状态进行维修，维修又有一定概率成功和失败；而不正常状态下，n 周期不能工作，只能在结束后继续维修，并以 p 的概率成功维修。

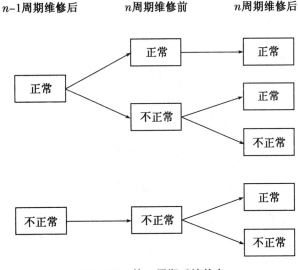

图 3-28 第 n 周期系统状态

因此，可以得到第 n 个周期维修后的 $R^n(T)$ 可以写为：

$$
\begin{aligned}
R^n(T) &= p \cdot R_f^{n-1}(T) + R^{n-1}(T) \cdot e^{-\lambda T} + p \cdot R^{n-1}(T) \cdot (1 - e^{-\lambda T}) \\
&= p \cdot (1 - R^{n-1}(T)) + R^{n-1}(T) \cdot e^{-\lambda T} + p \cdot R^{n-1}(T) \cdot (1 - e^{-\lambda T}) \\
&= p + R^{n-1}(T) \cdot e^{-\lambda T} - p \cdot R^{n-1}(T) \cdot e^{-\lambda T} \\
&= p + R^{n-1}(T) \cdot (e^{-\lambda T} - p \cdot e^{-\lambda T})
\end{aligned}
\tag{3-68}
$$

变换为等比数列：

$$
\begin{aligned}
R^n(T) + \frac{p}{e^{-\lambda T} - p \cdot e^{-\lambda T} - 1} &= (e^{-\lambda T} - p \cdot e^{-\lambda T}) R^{n-1}(T) + \frac{p(e^{-\lambda T} - p \cdot e^{-\lambda T})}{e^{-\lambda T} - p \cdot e^{-\lambda T} - 1} \\
&= (e^{-\lambda T} - p \cdot e^{-\lambda T})\left(R^{n-1}(T) + \frac{p}{e^{-\lambda T} - p \cdot e^{-\lambda T} - 1}\right) \\
&= (e^{-\lambda T} - p \cdot e^{-\lambda T})^n \left(R^0(T) + \frac{p}{e^{-\lambda T} - p \cdot e^{-\lambda T} - 1}\right) \\
&= (e^{-\lambda T} - p \cdot e^{-\lambda T})^n \left(1 + \frac{p}{e^{-\lambda T} - p \cdot e^{-\lambda T} - 1}\right)
\end{aligned}
\tag{3-69}
$$

因此：

$$R^n(T) = (e^{-\lambda T} - p \cdot e^{-\lambda T})^n (1 + \frac{p}{e^{-\lambda T} - p \cdot e^{-\lambda T} - 1}) - \frac{p}{e^{-\lambda T} - p \cdot e^{-\lambda T} - 1} \quad (3-70)$$

在第 $n+1$ 个周期内的工作概率则可以表示为：$r(t) = R^n(T)e^{-\lambda(t-nT)}$。

由此可以通过递归方法得到需要查找的周期内的可靠性。

例如：如图 $3-29$ 的四合一模块，假设需要四个模块，有两个以上可以正常即可正常工作。

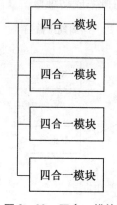

图 $3-29$ 四合一模块

探求第 n 个周期内，即 $(n-1)T < t < nT$ 的可靠性：

$$r(t) = R^{n-1}(T)e^{-\lambda(t-(n-1)T)}$$

$$= e^{-\lambda(t-(n-1)T)}\left[(e^{-\lambda T} - p \cdot e^{-\lambda T})^{n-1}(1 + \frac{p}{e^{-\lambda T} - p \cdot e^{-\lambda T} - 1}) - \frac{p}{e^{-\lambda T} - p \cdot e^{-\lambda T} - 1}\right]$$

$$(3-71)$$

在第 n 个周期时间区间段内 2/4 模块系统整体可靠性可以表示为：

$$R(t) = \sum_{i=2}^{4} C_4^i (r(t))^i (1 - r(t))^{4-i} \quad (3-72)$$

讨论的系统模型，运用到实际系统可靠性评估中，还需要确定下几个较强的假设，包括维修时间、维修周期结束即使无法运行也需要等待下一个周期维修，以及系统维修率等问题设定。在确定了问题条件后，可以通过优化多个阶段可靠性计算方法和递归算法实现求解（若级数较高求优化求解近似解），并可以与仿真方法进行比较。

5. 蒙特卡洛仿真法

对于 n 取 k 表决冗余系统，计算步骤如下：

a) 输入定期检修系统相关参数，包括单元总数 n，系统正常工作所需的无故障单元数 k，单元失效率 λ，检修周期 T_R，设定的步长 t，仿真次数 M，检测率 P_1，隔离率 P_2，修复率 P_3 等；

b) 开始进行第一次仿真，仿真步骤如下：

1) 初始时刻，根据失效率对每个单元随机生成对应的故障时间序列，记录此时刻的故障位置记录序列和故障数；

2）当前时刻 $+t$，根据生成的故障时间序列判断此时刻单元是否发生故障，更新此时刻的故障位置记录序列和故障数；

3）若此时刻故障数大于 $n-k$，系统无法正常工作，记录此时刻故障时间 TF_1；否则重复2）；

4）当时刻到达检修周期，更新此时刻的故障位置记录序列和故障数，若此时刻故障数大于 $n-k$，系统无法正常工作，记录此时刻故障时间 TF；否则根据故障位置记录序列，针对发生故障的单元按失效率重新生成对应的故障时间序列（或按检测率 P_1，隔离率 P_2，修复率 P_3 部分更新）；

5）重复2）~4），直至达到设定的程序仿真时间截止限，得到故障时间序列 $\{TF_1\}$；

c）按设定的仿真次数继续进行仿真得到每次仿真的故障时间序列；

d）假定第 i 次仿真中得到的故障时间个数为 L_i，则该定期检修系统蒙特卡洛仿真得到 MTBCF 为：

$$\mathrm{MTBCF}=\frac{1}{M}\sum_{i=1}^{M}\frac{\sum_{j=1}^{L_i}TF_{i,j}}{L_i} \qquad (3-73)$$

仿真参数中仿真次数、仿真步长和仿真截止限对仿真结果的精度有直接影响，仿真次数越多、仿真步长越小，仿真结果精度越高，而蒙特卡洛仿真花费时间也越长。

[例 3-4]　取 $n=50,k=45,\lambda=50\times10^{-6}/\mathrm{h},T_0=720\ \mathrm{h},r_{FD}=0.9,r_{FI}=0.9,r_{FM}=0.9$。蒙特卡洛仿真步长 10 h，仿真次数 10 000 次。

得到三种算法下可靠度变化趋势如图 3-30 所示：

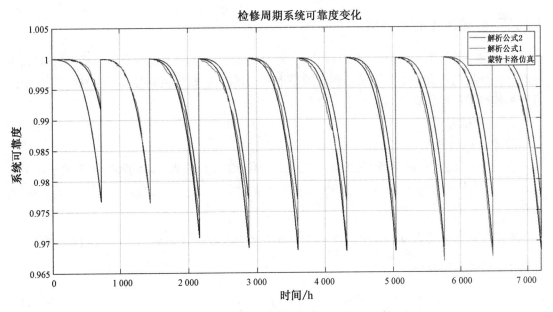

图 3-30　检修周期系统三种算法可靠度比较

通过上图可以看出，蒙特卡洛仿真结果与解析算法 2 计算结果有较好的吻合，尤其是在较后的检修周期中。解析法和蒙特卡洛仿真法原理不同，在完美维修情形和不完美维修情形下,解析算法 2 和蒙特卡洛仿真结果相对误差均小于 5%;考虑到案例中仿真次数较少,因此可认为蒙特卡洛仿真结果和解析算法 2 的计算结果是一致的。由于解析算法 2 是解析公式,计算所需时间小于蒙特卡洛仿真时间,因此在工程上可使用解析算法 2 进行定时检修系统 MTBCF 计算,也可使用递归算法 1 或 2。

3.9　连续工作时间建模

目前,可靠性定量要求已不再局限于 MTBF 和 MTBCF,还包括了系统连续工作能力要求。本节对系统连续工作问题进行研究探讨,对系统连续工作的可靠性模型进行推导。

3.9.1　最小停机故障间隔时间

如在给定的试验时间 t 时停止试验,发生了 n 个停机故障(导致电子系统停机影响任务完成的严重故障)的时间为 $t_1,t_2,\cdots,t_n(n\geq 1$,产品故障后完全修复),如图 3-31 所示。

图 3-31　系统停机故障发生时间

设 t_i 为第 $i(i\leqslant n)$ 个故障发生的时刻,$T_i = t_i - t_{i-1}$,其中定义 $t_0 = 0$,则 T_i 表示系统的停机故障间隔时间。

停机故障间隔时间的最小观察值 $T_C = \min(T_1,T_2,\cdots,T_n)$,当该最小观察值满足 CWT 指标时,系统能满足连续工作能力要求。

3.9.2　连续工作时间模型

通过顺序统计量来评估系统的连续工作能力指标 CWT。顺序统计量即为把停机故障间隔时间统计量的所有观察值按从小到大顺序排列,当最小的观察值满足 CWT 指标时,认为该系统的连续工作能力满足指标要求。

a)模型推导

故障数 $n\geq 1$ 时:

在系统的试验中,试验到 t 截止时共发生 n 个停机故障,停机故障间隔时间 T 的子样 T_1,$T_2,\cdots,T_n$,其观察值为 $t_1,t_2,\cdots,t_n$,则顺序统计量为 $T_{(1)},T_{(2)},\cdots,T_{(n)}$,且 $T_{(1)} \leqslant T_{(2)} \leqslant \cdots \leqslant T_{(n)}$。

T 的总体分布函数为 $F(T;\theta) = 1 - \mathrm{e}^{-\frac{T}{\theta}}$,概率密度函数为 $f(T;\theta) = \dfrac{1}{\theta}\mathrm{e}^{-\frac{T}{\theta}}$,则最小顺序统计量 $T_{(1)}$ 的概率函数为:

$$F_{T_{(1)}}(T;\theta) = 1 - (1 - F(T;\theta))^n = 1 - \mathrm{e}^{-\frac{nT}{\theta}} \tag{3-74}$$

$$f_{T_{(1)}}(T;\theta) = \frac{n}{\theta}\mathrm{e}^{-\frac{nT}{\theta}} \tag{3-75}$$

根据式(3-74),可以得到:

$$T_{(1)} = \frac{-\ln(1 - F_{T_{(1)}})\theta}{n}, \quad F_{T_{(1)}} \sim U[0,1] \tag{3-76}$$

式中 $U[0,1]$ 表示均匀分布;参数 θ 可以通过试验时间 t 和故障数 n 获得,点估计为:

$$\hat{\theta} = \frac{t}{n} \tag{3-77}$$

将式(3-77)带入式(3-76)得到:

$$T_{(1)} = \frac{-\ln(1 - F_{T_{(1)}})t}{n^2}, \quad F_{T_{(1)}} \sim U[0,1] \tag{3-78}$$

由式(3-78)可知,统计量 $T_{(1)}$ 由试验时间 t 和停机故障数 n 确定。

在给定置信度为 α 时,可以对验证试验时间 t 和停机故障数 n 进行求解。可采用蒙特卡洛方法求解式(3-78),得到统计量 $T_{(1)}$ 的单侧置信下限估计,求解步骤为:

1)从均匀分布 $U[0,1]$ 随机抽取 M 个值 $F_{T_{(1)}}$;

2)通过式(3-78)计算得到 M 个 $T_{(1)}$;

3)对 $T_{(1)}$ 升序排列得到 $T_{(1)}^{(j)}$, $j=1,2,\cdots M$;

4)置信度为 α 时 $T_{(1)}$ 的单侧置信下限为:

$$T_{(1)L} = T_{(1)}^{(M-M\alpha)} \tag{3-79}$$

5)令 $T_{(1)L} = CWT$,可以得到验证试验方案(t, n)。

故障数 $n = 0$ 时:

在系统定时截尾试验中,试验到 t 截止时共发生 0 个停机故障时,连续工作时间 T 的分布函数为:

$$F(T;\theta) = 1 - e^{-\frac{T}{\theta}} \tag{3-80}$$

概率密度函数为: $f(T;\theta) = \frac{1}{\theta}e^{-\frac{T}{\theta}}$。

根据式(3-80),可以得到 $T_{(1)}$ 如下:

$$T_{(1)} = -\ln(1 - F_{T_{(1)}})\theta, \quad F_{T_{(1)}} \sim U[0,1] \tag{3-81}$$

参数 θ 可以通过试验时间 t 获得,其点估计为:

$$\hat{\theta} = -\frac{t}{\ln 0.5} \tag{3-82}$$

式(3-82)中,对于指数分布下的无失效数据分析,利用工程经验方法确定。将式(3-82)代入式(3-81)中可以得到:

$$T_{(1)} = \ln(1 - F_{T_{(1)}})t/\ln 0.5, \quad F_{T_{(1)}} \sim U[0,1] \tag{3-83}$$

根据式(3-83),统计量 $T_{(1)}$ 由试验时间 t 确定。

在给定置信度为 α 时,可以对试验时间 t 求解。可采用蒙特卡洛方法求解式(3-83),得到统计量 $T_{(1)}$ 的单侧置信下限估计,求解步骤为:

1)从均匀分布 $U[0,1]$ 随机抽取 M 个值 $F_{T_{(1)}}$;

2）通过式（3 – 83）计算得到 M 个 $T_{(1)}$；

3）对 $T_{(1)}$ 升序排序得到 $T_{(1)}^{(j)}$，$j = 1, 2, \cdots M$；

4）置信度为 α 时 $T_{(1)}$ 的单侧置信下限为：

$$T_{(1)L} = T_{(1)}^{(M - M\alpha)} \tag{3 – 84}$$

5）令 $T_{(1)L} = CWT$，可以得到验证试验方案 $(t, 0)$。

b）结论

通过式 $T_{(1)} = -\ln(1 - F_{T_{(1)}})\theta/n$，$F_{T_{(1)}} \sim U[0,1]$（故障数 $n \geqslant 1$）和 $T_{(1)} = -\ln(1 - F_{T_{(1)}})\theta$，$F_{T_{(1)}} \sim U[0,1]$（故障数 $n = 0$）建立连续工作时间 CWT 与 MTBCF 之间数学关系。

3.9.3 连续工作任务可靠度模型

对于连续工作任务，任务结果只有成功或失败两种情况，对于预定的试验次数所得到的成功次数服从二项分布。设进行 m 次连续工作任务，失败的次数为 r，在置信度为 α 条件下，连续工作任务可靠度 CWR 单侧置信下限 CWR_L 为：

$$\sum_{x=0}^{r} \binom{m}{x} (1 - CWR_L)^r (CWR_L)^{m-r} = \alpha \tag{3 – 85}$$

在给定可靠度 CWR 和置信度 α 条件下，通过求解式（3 – 85）可以得到试验次数和允许的失败次数，即试验统计方案 (m, r)。给定置信度 α 和 m、r，可利用 GB/T 4087—2009《二项分布可靠度单侧置信下限》查表得到 CWR_L 值。按照任务剖面执行任务，任务时间为 T，如果在执行 m 次任务后，失败次数 $\leqslant r$，则符合置信度 α 条件下的可靠度 CWR 要求。

连续工作任务可靠性模型能够描述在完成连续工作任务过程中产品各单元的预定用途，产品可能是一个复杂的串联、并联、表决、旁联、桥联等多种模型的组合，结构比较复杂、这种模型也用以估计产品在执行连续任务过程中完成规定功能的概率。产品中冗余单元越多，则其连续工作任务可靠性往往也越高。

连续任务可靠性模型是根据产品的连续工作任务剖面及任务故障判据所建立。

本章小结

本章重点讲述了传统的可靠性框图（RBD）模型，还介绍了故障树分析模型、马尔科夫过程模型、蒙特卡洛模拟方法、贝叶斯网络方法，以及现代 Petri 网建模、GO 图模型等静态和动态可靠性模型，表 3 – 10 对这 7 种可靠性模型进行了比较。还对具有维修特性表决模型进行了算法推导；对系统连续工作时间 CWT 模型和连续工作任务可靠度 CWR 模型进行了研究推导。

表 3 - 10 可靠性建模方法比较

序号	模型	优点	缺点
1	可靠性框图（RBD）模型	结构清晰，建模快速，计算简单	精确度低，不适用于复杂系统
2	故障树分析（FTA）模型	模型直观，结构清晰，计算简单	常用简化模型，精确度低，不适用于复杂系统或容错系统
3	马尔科夫过程模型	可表征系统多级故障与系统状态转换过程，评估精确度高	模型复杂，易出现模型爆炸情况，需简化模型
4	蒙特卡洛模拟方法	限制因素较少，可与马尔科夫过程模型结合使用	只能求得近似解，同时模拟前必须明确系统的故障和维修的分布函数
5	贝叶斯网络方法	模型描述刻画能力较强，灵活解决动态系统、可维修系统	计算结果通常为系统节点的正常工作概率，与可靠性指标差别较大
6	Petri 网	适用于多种系统，图形化、数字化	通过 Petri 网动态仿真只能得到可靠性指标的数值解，而无法求解相关指标的解析解
7	GO 图模型	能直接进行定量计算，精确度高，可表征系统多级故障工作状态。GO 法也可以帮助鉴别系统中的关键组件，确定组件的优先级，建立维修体系	计算复杂，存在共有信号时需进行修正，不适用于复杂系统

第四章　可靠性分配和预计

可靠性分配是将产品的可靠性定量要求分配到规定的产品层次,作为可靠性设计和提出外协、外购产品可靠性定量要求的依据。包括基本可靠性分配和任务可靠性分配,基本可靠性分配是以基本可靠性指标为分配目标,主要有工程上适用的等分配法、评分分配法、比例组合法等;任务可靠性分配是以任务可靠性指标为分配目标,主要有工程上适用的 AGREE分配法、预计分配法等。这两者有时是相互矛盾的,提高产品的任务可靠性,可能会降低基本可靠性,反之亦然,因此,在进行可靠性分配时,要对两者进行权衡分析或采取其互不影响的措施。进行基本可靠性指标分配时,应采用基本可靠性模型;进行任务可靠性指标分配时,应采用任务可靠性模型。

在初步设计前期完成可靠性分配。开展可靠性分配主要工作要求为:

a) 可靠性分配工作一般应在方案阶段开始进行,并延续至初步设计阶段,根据设计方案的更改和细化反复迭代,使指标分配逐渐趋于合理,且能够满足整个产品的可靠性指标要求;

b) 可靠性分配应留有一定余量,主要是考虑接口以及电缆、管路等不直接参加分配部分的可靠性指标,可选择预留5% ~10%;

c) 对基本可靠性指标和任务可靠性指标进行分配时,应对每项指标的设计定型门限值和成熟期目标值进行分配;

d) 分配工作应根据经验数据或可靠性预计结果进行调整;

e) 所有可靠性分配值应与可靠性模型相一致,当可靠性模型有更改时,应对可靠性分配做及时调整;

f) 可靠性指标分配后,写入相关的技术文件和产品技术协议中;

g) 对于货架产品或不再进行改进设计的产品不再分配可靠性指标,而在计算中直接采用其原有的可靠性值。

开展可靠性分配的输入为:

a) 在产品技术协议中规定的可靠性指标(最低可接受值和规定值);

b) 产品使用的环境、技术成熟度等所有能够对产品可靠性造成影响的因素以及产品现有的设计信息;

c) 相似产品的相关信息、经验数据等。

可靠性分配输出:产品的可靠性分配报告。

在不同研制阶段,对于不同层次和不同类型的产品进行可靠性预计时,需选择适用的方法。常用的可靠性预计方法有相似产品法、专家评分法、元器件计数法、故障率预计法、应力分析法、修正系数法。可靠性预计作为一种设计工具主要用于选择最佳的设计方案,在选择了某一设计方案后,通过可靠性预计可以发现设计中的薄弱环节,以便及时采取改进措施。

此外,通过可靠性预计和分配的相互配合,可以把规定的可靠性指标合理地分配给产品的各组成部分。

通过对产品可靠性进行预计,评定设计方案是否能满足可靠性要求,发现可靠性薄弱环节,改进设计。开展可靠性预计工作的主要工作要求如下。

a) 可靠性预计工作一般在方案阶段就应开始进行,并延续至详细设计,根据设计方案的更改和细化反复迭代,可根据不同阶段获得可利用信息的多少和产品研制的需要采用相适应的方法;

b) 根据相关的可靠性模型和数据进行可靠性的预计;

c) 电子产品可靠性预计:国产元器件采用 GJB/Z 299C 的数据和方法;

d) 电子产品在详细设计阶段须采用元件应力分析法进行可靠性预计,此时应注意元器件结温的计算,环境温度的取值要符合实际情况,各系数的选取要正确;

e) 对于缺乏可靠性数据的非电产品通过其他有依据的方法进行指标论证分析;

f) 可靠性预计结论应反馈到设计过程当中,综合其他工作的结论,协商讨论提出改进产品可靠性的意见与建议,使得可靠性预计结果能够影响产品设计,最终达到提高产品可靠性的目的;

g) 可靠性预计工作应随着设计的进展和更改进行反复迭代,不断完善。

开展可靠性预计的输入为:

a) 在产品技术协议中规定的可靠性指标(规定值);

b) 相似产品的经验数据;

c) 元器件、部附件清单及使用环境、质量等级等;

d) 可靠性模型。

输出为可靠性预计报告或可靠性指标论证报告。

可靠性分配和预计的目的、要点及注意事项如表 4-1。

表 4-1 可靠性分配和预计

	工作项目说明
目的	1. 将产品的可靠性定量要求分配到规定的产品层次,将可靠性定性要求分解传递到规定的产品层次。 2. 预计产品的基本可靠性和任务可靠性,评价所提出的设计方案是否能满足规定的可靠性要求,并初步确定可靠性设计的薄弱环节,为优化设计方案提供依据。

要点	1. 将可靠性定量要求分配到规定的产品层次(包括软件),将可靠性定性要求针对产品的特点分解传递到规定的产品层次(包括软件),作为可靠性设计和提出外协、外购产品可靠性定量和定性要求的依据。
	2. 可靠性定量要求应按产品成熟期规定值(或目标值)进行分配,可靠性分配应尽可能留有一定"余量",所有可靠性分配应与可靠性模型相一致。
	3. 可靠性要求的分配结果应列入相应的技术规范。
	4. 应对产品、分系统和设备进行可靠性预计。必要时,应分别考虑每一种工作模式。可靠性预计应包括:
	    a) 基本可靠性,以便为寿命周期费用分析和保障性分析提供依据;
	    b) 任务可靠性,以便估计产品在执行任务过程中完成其规定功能的能力。
	5. 按订购方认可的方法,进行系统和设备级别产品的可靠性预计。

（续表）

	工作项目说明
	6. 应对可靠性定性要求的满足程度进行预计。具备条件时，还应对产品的主要故障模式及其故障原因和故障机理进行预测。 7. 对机械、电气和机电产品的可靠性和寿命预计，可采用相似产品数据和其他适合的方法进行，但需经订购方认可。 8. 预计时利用建立的可靠性模型，采用 CJB/Z 299、GJB/Z 108 的数据或其他数据，所采用的模型和数据均需订购方认可。 9. 对有贮存要求的产品，应进行贮存可靠性预计。 10. 当有充分依据(例如通过 FMEA)确认某产品的故障不影响规定的任务可靠性时，可不进行该产品的任务可靠性预计，但需经订购方认可。 11. 可靠性预计工作应与产品的技术状态保持一致。 12. 可靠性预计应考虑运行比的影响。
注意事项	在合同说明中应明确： 　a）寿命剖面和任务剖面； 　b）确认的预计方法； 　c）失效率数据的来源； 　d）保障性分析所需的信息； 　e）由订购方指定的产品，应提供其可靠性水平和相关的使用与环境信息； 　f）需提交的资料项目。 其中"a)""e)"是必须确定的事项。

表中术语如下。

a）使用可靠性：产品在实际使用条件下所表现出的可靠性。它反映了产品设计、制造、安装、使用、维修、环境等因素的综合影响。一般用可靠性使用参数及其量值描述。

b）固有可靠性：通过设计和制造赋予产品的，并在理想的使用和保障条件下所呈现的可靠性。

c）可靠性使用参数：直接与战备完好性、任务成功性、维修人力费用和保障资源费用有关的一种可靠性度量，其度量值称为使用值。

d）可靠性合同参数：在合同中表达订购方可靠性要求的，并且是承制方在研制和生产过程中可以控制的参数，其度量值称为合同值。

可靠性分配包括基本可靠性分配和任务可靠性分配。

a）基本可靠性分配应用阶段见表4-2。

表4-2　基本可靠性分配方法及应用研制阶段

方法名称	特点	应用条件	适用阶段
等分配法	分配方法虽然简单，但不太合理	当产品没有继承性，而且产品定义并不十分清晰时所采用的最简单的分配方法	论证、方案
评分分配法	主观因素较大，方法成熟应用广泛	需要有经验的技术人员和专家参与可靠性设计工作	论证、方案、初步设计
比例组合分配法	方法简单、需有前型系统可靠性信息	新、老系统具有相似性，并且老系统可靠性数据充分	论证、方案、初步设计

（续表）

方法名称	特点	应用条件	适用阶段
再分配法（最小工作量法）	适用串联模型	组成产品各单元的可靠性数据已知但不满足要求,改进产品时既要达到可靠性要求又要使工作量减到最少	详细设计
预计分配法	需详细设计信息	能通过预计得到产品各单元的可靠性数据	详细设计
工程相似法	需老产品的可靠性数据完整可靠	新老产品在结构、材料、功能、工艺等方面比较相似,可靠性指标要求相近,且老产品的可靠性数据完整可靠	方案论证、初步设计

b）任务可靠性分配应用阶段见表4-3。

表4-3　任务可靠性分配方法及应用研制阶段

方法名称	特点	应用条件	适用阶段
AGREE 分配法	工程应用较多,计算量较小	单元产品复杂程度、重要度、工作时间可知,无约束条件	方案、初样设计
预计分配法	需详细设计信息	能通过预计得到产品各单元的可靠性数据	详细设计

系统可靠性分配步骤如下：

系统可靠性分配过程的输入包括：规定的系统可靠性指标以及已知的系统各类信息。规定的系统可靠性指标是使用方提出的、在产品设计任务书（或合同）中规定的系统可靠性指标。已知的系统各类信息包括：系统的使用环境、技术成熟度等所有能够对系统可靠性造成影响的因素以及系统现有的设计信息、相似系统的信息等。系统可靠性分配过程的输出是系统的可靠性分配报告。系统可靠性分配步骤如图4-1所示。

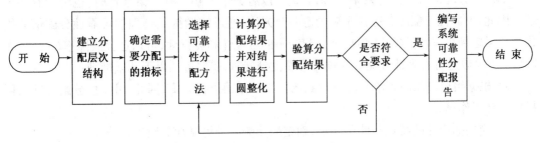

图4-1　系统可靠性分配步骤

a）建立分配层次结构

根据系统组成结构以及系统中哪些是新研或改进产品、哪些是货架产品、哪些是外协配套产品来确定可靠性分配的层次,并建立分配层次的树形结构。

b）确定需分配的指标

根据步骤 a 中给出的分配层次树形结构,将系统组成结构中包含的货架产品的可靠性指标（这部分可靠性指标是定值）,从规定的系统可靠性指标中去掉,确定系统中其他组成部分的剩余分配指标。

c）选择可靠性分配方法

根据收集到的现有信息、待分配的指标、不同分配层次的特点、研制阶段等，确定合适的分配方法。

d）计算分配结果，并对结果进行圆整化

根据确定的分配层次以及在每个层次应用的分配方法，计算通过这些方法分配的可靠性结果，将分配结果转换成 MTBF（假定产品故障服从指数分布）。并且对分配结果进行圆整化处理，圆整化处理可采用四舍五入的方式保留结果的整数部分。

e）验算分配结果

对圆整化以后的分配结果进行验算（用分配结果验算系统可靠性指标），确定系统是否符合分配指标要求。

f）验算是否符合要求

如验算证明符合可靠性分配指标要求，则开始步骤 g，否则重新进行步骤 c。

g）编写系统可靠性分配报告

可靠性分配报告内容一般包括：概述（对外协配套产品提出定量依据，确定各级设计人员对可靠性设计要求）、产品概述、规定的系统可靠性分配指标、分配的层次、采用的分配原则、选择的分配方法以及分配到每个单元产品的结果等。

可靠性分配就是求解下列基本不等式：

$$\begin{cases} R_s(R_1,R_2,\cdots,R_n) \geq R_s^* \\ g_s(R_1,R_2,\cdots,R_n) \geq g_s^* \end{cases} \tag{4-1}$$

式中：R_s^*—产品可靠性指标；g_s^*—产品设计综合约束条件，包括费用、重量、体积、功耗等因素，所以它是一个矢量函数关系；R_i—第 i 个单元的可靠性指标。

如果对分配没有任何约束条件，则上式可以有无数个解。有约束条件时，也可能有多个解。因此，可靠性分配的关键在于要确定一个方法，通过它能得到合理的可靠性分配值的优化解。考虑到可靠性的特点，为提高分配结果的合理性和可行性，可以选择故障率（λ）、可靠度（R）等参数进行可靠性分配。在进行可靠性分配时，需要遵循以下几条准则：

a）根据组成产品的各单元能够达到的可靠性量值进行分配，因此，可靠性分配往往与可靠性预计工作结合进行。

b）应根据产品的特点和使用要求，确定采用哪一种可靠性参数进行分配。

c）分配时应综合考虑系统中各功能级产品的复杂度、重要度、技术成熟程度、任务时间的长短以及实现可靠性要求所花费的代价及时间周期等因素。

d）分配到同一层次产品的划分规模应尽可能适当，以便于权衡和比较。

e）对于复杂度高的分系统、设备等，应分配较低的可靠性指标。因为产品越复杂，其组成单元就越多，要达到高可靠性就越困难并且费用更高。

f）对于技术上不成熟的产品，分配较低的可靠性指标。对于这种产品提出高可靠性要求会延长研制时间，增加研制费用。

g）对于处于恶劣环境条件下工作的产品，应分配较低的可靠性指标。因为恶劣的环境会增加产品的故障率。

　　h）当把可靠度作为分配参数时，对于需要长期工作的产品，分配较低的可靠性指标。因为产品的可靠性随着工作时间的增加而降低。

　　i）对于重要度高的产品，应分配较高的可靠性指标。因为重要度高的产品出现故障会影响任务的完成或产品的安全。

　　j）对于已有可靠性指标的货架产品或使用成熟的系统，不再进行可靠性分配。

　　k）另外，分配时还可以结合实际情况，考虑其他一些因素。例如，维修可达性差的产品，应分配高的可靠性指标，以实现较好的综合效能等。

4.1　可靠性分配方法

4.1.1　等分配法

　　等分配法是设计初期，即论证方案阶段，当产品没有继承性，而且产品定义并不十分清晰时所采用的最简单的分配方法。

　　等分配法的原理是，对于简单的串联系统，认为其各组成单元的可靠性水平均相同。设系统有 n 个单元串联而成，$R_i = R$，$i = 1, 2, \cdots, n$，则系统可靠度 R_s 为：

$$R_s = \prod_{i=1}^{n} R_i = R^n \tag{4-2}$$

若给定系统可靠度指标为 R_s^*，则由上式分配给各单元的可靠度指标 R_i^* 为：

$$R_i^* = \sqrt[n]{R_s^*} \tag{4-3}$$

假设各单元寿命服从指数分布（对于电子产品，服从指数分布），则：

$$\lambda_i^* = \frac{\lambda_s^*}{n} \tag{4-4}$$

　　式中：λ_i^*——分配给第 i 个单元的故障率；λ_s^*——系统的故障率指标。

　　等分配方法虽然简单，但不太合理。因为在实际系统中，一般不可能存在各单元可靠性水平均等的情况，但对一个新系统，在方案论证阶段，进行初步分析是可取的。

4.1.2　评分分配法

　　评分分配法适合于论证、方案和初步设计阶段，用于分配系统的基本可靠性，并假设产品服从指数分布。在缺少可靠性数据的情况下，通过有经验的设计人员或专家对影响可靠性的最重要的因素进行打分，并对评分值进行综合分析而获得各单元产品之间的可靠性相对比值，根据相对比值对每个分系统或设备分配可靠性指标。应用这种方法时，时间一般应以系统工作时间为基准。评分分配法实施步骤如下。

　　1）确定评分因素，给出评分依据，建立评分准则

　　评分分配法通常考虑的因素有：复杂度、技术水平、工作时间和环境条件，在有信息数据

支持情况下可考虑故障后果和可达性。在工程实际中可以根据产品的特点而增加或减少评分因素,确定评分因素后,应建立评分准则。评分准则是给专家提供的评分依据,该步骤中应确定各类因素的评价分数及范围,以及各分值的说明,其分值越高说明可靠性越差。

复杂程度:它是根据组成单元的元部件数量以及它们组装的难易程度来评定。最复杂的评10分,最简单的评1分,具体如表4-4所示:

表4-4 复杂程度因素评分准则

分级	分数	说明
1	9~10	该单元产品的元部件数量(组装时间)是所有同级组成单元产品最大数量(最长组装时间)的100%~80%
2	7~8	该单元产品的元部件数量(组装时间)是所有同级组成单元产品最大数量(最长组装时间)的80%~60%
3	5~6	该单元产品的元部件数量(组装时间)是所有同级组成单元产品最大数量(最长组装时间)的60%~40%
4	3~4	该单元产品的元部件数量(组装时间)是所有同级组成单元产品最大数量(最长组装时间)的40%~20%
5	1~2	该单元产品的元部件数量(组装时间)是所有同级组成单元产品最大数量(最长组装时间)的20%以下

技术成熟水平:根据单元目前技术水平和成熟程度评定。水平最低的评10分,水平最高的评1分,具体准则如表4-5所示。

表4-5 技术成熟水平因素评分准则

分级	分数	说明
1	9~10	掌握技术的基本原理或明确技术概念及如何应用
2	7~8	已进行概念验证,主要功能的分析和验证或已在实验室环境中验证主要功能模块
3	5~6	已在相似环境中验证主要功能模块或已在相似环境中验证系统或原型
4	3~4	已在运行环境中验证原型或实际系统已通过试验和验证
5	1~2	实际系统已成功应用

工作时间:根据单元工作时间来评定。单元工作时间最长的评10分,最短的评1分,具体准则如表4-6所示。

表4-6 工作时间因素评分准则

分级	分数	说明
1	9~10	该单元产品的工作时间是同级单元产品最长工作时间的100%~80%
2	7~8	该单元产品的工作时间是同级单元产品最长工作时间的80%~60%
3	5~6	该单元产品的工作时间是同级单元产品最长工作时间的60%~40%
4	3~4	该单元产品的工作时间是同级单元产品最长工作时间的40%~20%
5	1~2	该单元产品的工作时间是同级单元产品最长工作时间的20%以下

环境条件:根据单元所处的环境来评定。单元工作过程中会经受极其恶劣而严酷的环境条件的评 10 分,环境条件最好的评 1 分,具体准则如表 4-7 所示。

表 4-7 环境条件因素评分准则

分级	分数	说明
1	9~10	该单元产品处于系统中最恶劣的工作环境之中(如工作温度最高、振动加速度最大、湿度最大等)
2	7~8	该单元产品处于系统中较恶劣的工作环境之中(如工作温度较高、振动加速度较大、湿度较大等)
3	5~6	该单元产品处于系统中适中的工作环境之中(如工作温度适中、振动加速度适中、湿度适中等)
4	3~4	该单元产品处于系统中较好的工作环境之中(如工作温度适中、振动加速度较小、湿度较低等)
5	1~2	该单元产品处于系统中最好的工作环境之中(如工作温度适宜、振动加速度最小、湿度最低等)

故障后果:根据故障发生后造成的损失进行评定。单元工作过程中出现故障会导致极其严重后果的评 10 分,不足以造成危害的评 1 分,具体准则如表 4-8 所示。

表 4-8 故障后果因素评分准则

分级	分数	说明
1	9~10	引起人员死亡、产品毁坏及重大环境损害
2	7~8	引起人员严重伤害、重大经济损失或导致任务失败、产品严重损坏及严重环境损害
3	4~6	引起人员的轻度伤害、一定的经济损失或导致任务延误或降级、产品轻度损坏及中等程度的环境损害
4	1~3	不足以导致人员伤害、经济损失或产品损坏,但会导致非计划性维护或修理

可达性:根据被评产品达到同级产品最长时间的百分比进行评定。可达性极差的评 10 分,可达性极好的评 1 分,具体准则如表 4-9 所示。

表 4-9 可达性因素评分准则

分级	分数	说明
1	9~10	到达该单元产品的时间是到达同级单元产品最长时间的 100%~80%
2	7~8	到达该单元产品的时间是到达同级单元产品最长时间的 80%~60%
3	5~6	到达该单元产品的时间是到达同级单元产品最长时间的 60%~40%
4	3~4	到达该单元产品的时间是到达同级单元产品最长时间的 40%~20%
5	1~2	到达该单元产品的时间是到达同级单元产品最长时间的 20% 以下

2) 对影响因素进行评分,并计算评分,专家对影响因素进行评分,并将结果填表4-10。

表4-10　专家评分表

产品名称	影响因素1	影响因素2	影响因素3	……	影响因素k
单元产品1	t_{11}	t_{12}	t_{13}	t_{1j}	t_{1k}
单元产品2	t_{21}	t_{22}	t_{23}	t_{2j}	t_{2k}
单元产品3	t_{31}	t_{32}	t_{33}	t_{3j}	t_{3k}
……	t_{i1}	t_{i2}	t_{i3}	t_{ij}	t_{ik}
单元产品n	t_{n1}	t_{n2}	t_{n3}	t_{nj}	t_{nk}

在每位专家都对所有因素打分后,求其算术平均分r_{ij}:

$$r_{ij} = \frac{1}{m}\sum_{q=1}^{m} t_{ij}(q) \tag{4-5}$$

式中:r_{ij}—第i个单元,第j个因素的平均得分;m—打分专家数量;$t_{ij}(q)$—第q个专家给第i个单元产品,第j个因素的打分(其中$i=1,2\cdots,n,j=1,2\cdots,k,q=1,2\cdots,m$)。将产品的评分结果填入表4-11。

表4-11　评分结果表

产品名称	因素1平均分	因素2平均分	因素3平均分	……	因素k平均分
单元产品1	r_{11}	r_{12}	r_{13}	r_{1j}	r_{1k}
单元产品2	r_{21}	r_{22}	r_{23}	r_{2j}	r_{2k}
单元产品3	r_{31}	r_{32}	r_{33}	r_{3j}	r_{3k}
……	r_{i1}	r_{i2}	r_{i3}	r_{ij}	r_{ik}
单元产品n	r_{n1}	r_{n2}	r_{n3}	r_{nj}	r_{nk}

3) 计算评分分配系数C_i

使用下式计算每个单元产品总评分:

$$\omega_i = \prod_{j=1}^{k} r_{ij} \tag{4-6}$$

式中:r_{ij}—第i个单元,第j个因素的评分数;$j=1$—复杂程度;$j=2$—技术成熟水平;$j=3$—工作时间;$j=4$—环境条件;……;$j=k$。

系统的总评分数:

$$\omega = \sum_{i=1}^{n} \omega_i \tag{4-7}$$

式中,$i=1,2,\cdots,n$为单元数。

第i个单元的评分分配系数:

$$C_i = \omega_i / \omega \tag{4-8}$$

式中：ω_i—第 i 个单元评分数；ω—系统的总评分数。

4）计算分配结果

设系统的可靠性参数为故障率，其指标为 λ_s^*，分配给每个单元的故障率 λ_i^* 为：

$$\lambda_i^* = C_i \cdot \lambda_s^* \qquad (4-9)$$

式中：i—单元数 $(i=1,2\cdots,n)$；C_i—第 i 个单元的评分系数。

5）处理结算结果

把分配得到的故障率 λ_i^* 求倒数得到 MTBF，并对结果进行圆整化。

6）编写分配报告

使用评分分配法的注意事项如下：

a）参与评分的人员应是有工程经验、充分了解评分对象的专家，一般人数不得少于 5 位；

b）在确定评分因素时，应结合系统特点，选取影响系统可靠性的主要因素作为评分因素；

c）确定该系统中已定型的"货架"产品或已单独给定可靠性指标的产品；

d）如果遇到明显与其他评分专家不同的给分，询问该专家评分原因，以确定其是否对准则理解有误。

[例 4-1]　某系统共由 18 个分系统组成，其中五个分系统是采用已使用过的产品并已知其 MTBF 值（见表 4-12）。系统的可靠性指标规定值 MTBF = 2.9（h）。使用评分分配法对其余 13 个分系统进行分配。

表 4-12　已知 MTBF 的分系统

分系统	已知的 MTBF(h)
分系统 1	50
分系统 2	80
分系统 3	500
分系统 4	142
分系统 5	280
总　　计	22.166

计算得到上述 5 个分系统的 $\text{MTBF}_{\text{COTS}}$ 总和为：

$$\text{MTBF}_{\text{COTS}} = \frac{1}{\dfrac{1}{50} + \dfrac{1}{80} + \dfrac{1}{500} + \dfrac{1}{142} + \dfrac{1}{280}} = 22.166\ \text{h}$$

则需分配的指标 MTBF_s^* 为：

$$\text{MTBF}_s^* = \frac{1}{\dfrac{1}{2.9} - \dfrac{1}{22.166}} = 3.337\ \text{h}$$

用评分法分给 13 个分系统，其分配结果如表 4-13 所示。

表 4 - 13   可靠性分配结果

分系统	复杂程度 r_{i1}	技术水平 r_{i2}	工作时间 r_{i3}	环境条件 r_{i4}	各单元评分分数 ω_I	各单元评分系数 C_i	分配给各单元的 MTBF(h)
分系统 1	8	4	10	4	1 280	0.127 6	26.15
分系统 2	8	1	10	8	640	0.063 8	52.30
分系统 3	3	2	8	4	192	0.019 1	174.71
分系统 4	5	2	10	8	800	0.079 7	41.87
分系统 5	5	2	8	7	560	0.055 8	59.80
分系统 6	4	3	3	5	180	0.017 9	186.42
分系统 7	4	5	3	8	480	0.047 8	69.81
分系统 8	6	5	5	7	1 050	0.104 6	31.90
分系统 9	6	1	5	6	180	0.017 9	186.42
分系统 10	7	2	10	6	840	0.083 7	39.87
分系统 11	3	2	9	1	54	0.005 4	617.96
分系统 12	9	7	8	7	3 528	0.351 6	9.49
分系统 13	2	5	5	5	250	0.024 9	134.02
总计					10 034	1.0	3.337

4.1.3   比例组合分配法

比例组合分配法是根据相似老系统中各单元产品的故障率或单元预计数据进行分配的一种方法。比例组合分配法可以对系统的故障率、MTBF 等基本可靠性指标进行分配。本方法的实质是认为原有系统基本上反映了一定时期内产品能实现的可靠性,新系统的个别单元不会在技术上有重大突破,那么按照现实水平,可把新的可靠性指标按其原有能力成比例地进行调整。本方法只适用于新、老系统结果相似,而且有老系统统计数据或是在已有各组成单元预计数据基础上进行分配的情况。

4.1.3.1   串联模型

比例组合分配法实施步骤如下:

a)确定比例系数 k

根据新系统的可靠性指标(故障率)和相似老系统的可靠性指标(故障率),并按下式计算比例系数 k:

$$k = \lambda_{s新}^{*}/\lambda_{s老} \tag{4 - 10}$$

式中:$\lambda_{s新}^{*}$—新系统可靠性指标(故障率);$\lambda_{s老}$—老系统可靠性指标(故障率);k—比例系数。

b)获取相似老系统中每个组成单元的故障率 $\lambda_{i老}$

将已有老系统的使用统计数据,或可靠性预计获得的各单元产品的故障率,填入表4-14中。

表4-14 某相似老系统各单元产品故障率

序号	单元产品	比例系数 k	$\lambda_{i老}$
1	单元产品1		$\lambda_{1老}$
2	单元产品2		$\lambda_{2老}$
……	……		……
n	单元产品n		$\lambda_{n老}$

c)计算新系统中各单元故障率

使用下式计算分配给新系统第i个组成单元的故障率$\lambda_{i新}^{*}$:

$$\lambda_{i新}^{*} = \lambda_{i老} \cdot k \qquad (4-11)$$

式中:$\lambda_{i新}^{*}$—分配给第i个单元的可靠性指标(故障率);$\lambda_{i老}$—相似老系统中第i个单元的可靠性指标(故障率);k—比例系数。

d)处理计算结果

把分配得到的故障率求倒数得到 MTBF,并对结果进行圆整化。

e)编写分配报告

使用比例组合分配法的注意事项如下:

a)该方法只能在新、老系统功能、结构、使用环境相似的条件下应用;

b)老系统各单元产品故障率可以获取。

[**例4-2**] 某系统其故障率$\lambda_{s老}=256.0\times10^{-6}$/h,各单元产品故障率见表4-15中的第3列所示。设计的新系统,其组成部分与老系统基本一致,新系统的故障率要求为$\lambda_{s新}^{*}=200.0\times10^{-6}$/h,用比例组合分配法分配结果如下:

a)求得比例系数:$k=\lambda_{s新}^{*}/\lambda_{s老}=0.781\,25$。

b)通过统计得到相似老系统组成单元故障率,建立表4-15,并将数据输入到第3列;

c)计算新系统中各子系统故障率,见表4-15中第4列;

d)计算 MTBF,并将结果圆整化,见表4-15中第5、6列。

表4-15 某系统各单元故障率

单元产品	比例系数/k	$\lambda_{s老}$/(10^{-6}/h)	$\lambda_{i新}^{*}$/(10^{-6}/h)	MTBF/h	圆整化后 MTBF/h
单元1		3.0	2.34	427 350.4	427 350
单元2		1.0	0.78	1282 051	1 282 051
单元3	0.781 25	75.0	58.59	17 067.76	17 068
单元4		46.0	35.94	27 824.15	27 824
单元5		30.0	23.44	42 662.12	42 662

单元产品	比例系数/k	$\lambda_{s\text{老}}/(10^{-6}/\text{h})$	$\lambda_{i\text{新}}^{*}/(10^{-6}/\text{h})$	MTBF/h	圆整化后 MTBF/h
单元6		26.0	20.31	49 236.83	49 237
单元7		4.0	3.13	319 488.8	319 489
单元8	0.781 5	1.0	0.78	1 282 051	1 282 051
单元9		3.0	2.34	427 350.4	427 350
单元10		67.0	52.34	19 105.85	19 106
总计		256.0	200.0	—	—

4.1.3.2　其他混联模型

1）精确解法

利用比例组合法的基本原则，即各组成单元故障率的分配值 λ_i^* 与该单元原有的故障率 λ_i 之比值相等，且与新、老产品故障率之比相等：

$$\frac{\lambda_i^*}{\lambda_i} = \frac{\lambda_s^*}{\lambda_s} = K(i = 1, 2, \cdots, n) \qquad (4-12)$$

式中：K – 比例因子。

由于各单元的寿命服从指数分布：

$$R_i^*(t_i) = e^{-\lambda_i^* t_i} = e^{-K\lambda_i t_i} \qquad (4-13)$$

式中：$R_i^*(t_i)$ – 新产品第 i 个单元的可靠度；t_i – 新产品中第 i 个单元的任务时间（h）。

根据产品的具体情况，建立其数学模型，将所有单元的可靠度 $R_i^*(t_i)$ 代入式（4－13）中的 $e^{-K\lambda_i t_i}$，新产品要求的可靠度 R_s^* 已知，由此算出 K 值，再利用式（4－12）或（4－13）得到各单元故障率 λ_i^* 或可靠度 $R_i^*(t_i)$ 的分配值。

2）工程近似法

当由于模型复杂，使得求精确解比较困难时，可用下述方法求近似解，计算步骤如下：

a）按原有的故障率数据计算比例因子 C_i：

$$C_i = \lambda_i / \lambda_s \qquad (4-14)$$

b）按下式求出第一次分配给各单元的可靠度 $R_{i(1)}^*$：

$$\ln R_{i(1)}^* = C_i \ln R_s^* \qquad (4-15)$$

式中：R_s^* —新产品要求的可靠度。

c）由 $R_{i(1)}^*(i = 1, 2, \cdots, n)$ 按可靠性模型进行计算，得出新产品按第一次分配值计算的可靠度 $R_{s(1)}^*$，按下式求出其与要求的可靠度 R_s^* 的对数差值：

$$\Delta = \ln R_{s(1)}^* - \ln R_s^* \qquad (4-16)$$

d）按下式将差值 Δ 再用比例组合法分配给各单元，得到第二次修正的分配值 $R_{i(2)}^*$：

$$\ln R_{i(2)}^* = \ln R_{i(1)}^* + C_i \times \Delta \qquad (4-17)$$

e）反复进行 c、d 两步，直至 Δ 足够小，一般修正 $2 \sim 3$ 次即可满足工程精度要求。

以上计算过程可以通过填写表 $4-16$ 来实现。

表 $4-16$　非串联模型比例组合法计算表

单元	......				第一次分配		第二次分配
	λ_i	C_i	$\ln R_{i(1)}^*$	$R_{i(1)}^*$	$\ln R_{i(2)}^*$	$R_{i(2)}^*$	......
1 2 . n							. . .
备注	$\lambda_s = \displaystyle\sum_{i=1}^{n} \lambda_i$ $C_i = \lambda_i / \lambda_s$ $\ln R_s^*$		$\ln R_{i(1)}^* = C_i \ln R_s^*$ $R_{s(1)}^*$ $\Delta = \ln R_{s(1)}^* - \ln R_s^*$		$\ln R_{i(2)}^* = \ln R_{i(1)}^* + C_i \times \Delta$ $R_{s(2)}^*$ $\Delta = \ln R_{s(2)}^* - \ln R_s^*$		. . .
	R_s						

4.1.4　再分配法

此法用于组成产品各单元的可靠性数据已知，但产品的可靠性不能满足规定要求，这时就需要改进原设计，提高各单元的可靠性，对产品的可靠性进行再分配。根据以往的经验，可靠性越低的产品越容易改进，反之则越困难，因此，此法的基本思想是：将原来可靠度较低的单元的可靠度都提高到某个值，而对于原来可靠度较高的单元的可靠度仍保持不变，此法仅适用于串联模型。

再分配法具体步骤如下：

a）按各单元可靠度大小，由低到高将它们依次排列为：$R_1 < R_2 < \cdots R_{k_0} < R_{k_0+1} < \cdots R_n$；

b）将可靠度较低的 $R_1, R_2, \cdots, R_{k_0}$ 都提高到某个值 R_0，而原来可靠度较高的 $R_{k_0+1}, \cdots, R_n$ 保持不变，则产品可靠度 R_s 为：

$$R_s = R_0^{k_0} \cdot \prod_{i=k_0+1}^{n} R_i \qquad (4-18)$$

c）使 R_0 满足规定的产品可靠度指标要求 R_s^*，即：

$$R_s = R_s^* = R_0^{k_0} \cdot \prod_{i=k_0+1}^{n} R_i \qquad (4-19)$$

d）确定 k_0 和 R_0，即确定哪些单元的可靠度需要提高以及提高到什么程度，令：

$$R_{n+1} = 1 \qquad (4-20)$$

$$r_j = \left(R_s^* \Big/ \prod_{i=j+1}^{n+1} R_i \right)^{1/j} \qquad (4-21)$$

则:k_0 就是满足以下不等式的 j 的最大值:

$$r_j > R_j \tag{4-22}$$

即:

$$R_0 = \left(R_s^* \Big/ \prod_{j=k_0+1}^{n+1} R_j \right)^{1/k_0} \tag{4-23}$$

4.1.5 AGREE 分配方法

AGREE 分配法是适用于电子产品的一种方法,该方法根据各单元产品的重要程度、复杂程度以及工作时间进行可靠性指标分配,是工程应用广泛的一种分配方法。AGREE 分配法可以对系统进行任务可靠性分配,分配的指标是任务可靠度。

AGREE 分配法的实施步骤如下:

1)确定参数

a)确定第 i 个单元产品包含的器件数量 n_i;

b)确定第 i 个单元产品的工作时间 t_i;

c)确定第 i 个单元产品的重要度系数 ω_i。

重要度系数 ω_i 是单元产品故障影响系统任务完成的程度,其数值可根据实际经验(或统计数据)来确定,也可通过可靠性模型、FMECA 或 FTA 等方法得到。$\omega_i = 1$,说明该单元产品的故障将直接导致系统任务失败,一般是串联模型;$\omega_i < 1$,说明该单元产品故障,系统不一定不能完成任务,一般是有冗余设计,或是某些故障不足以影响系统完成任务。

2)计算分配给第 i 个单元的 MTBCF

由下式计算分配给第 i 个单元的 MTBCF:

$$\theta_i^* = \frac{N\omega_i t_i}{n_i(-\ln R_s^*)} \tag{4-24}$$

式中:N—整个系统的基本构成部件数量;t_i—第 i 个单元产品工作时间,单位为小时(h);ω_i—第 i 个单元的重要度系数;n_i—第 i 个单元产品包含的器件数量;R_s^*—系统的任务可靠度分配值。

3)计算分配给第 i 个单元的任务可靠度 $R_i^*(t)$

由下式计算分配给第 i 个单元的任务可靠度 $R_i^*(t)$:

$$R_i^*(t) = e^{-t_i/\theta_i^*} \tag{4-25}$$

式中:t_i—第 i 个单元产品工作时间,单位为小时(h);θ_i^*—分配给第 i 个单元产品的 MTBF,单位为小时(h)。

4)编写可靠性分配报告。

[例4-3] 某系统要求工作12 h 的可靠度为 0.923,该系统的各单元产品有关参数见表4-17,用 AGREE 分配法分配各单元可靠度的过程为:

a)确定第 i 个单元产品包含的器件数量 n_i,见表4-17第3列;

b)确定第 i 个单元产品工作时间 t_i,见表4-17第4列;

c）确定第 i 个单元产品的重要度系数 ω_i，见表 4－17 第 5 列。

d）计算分配到每个单元产品的 MTBCF：

$$\theta_1^* = \frac{-570 \times 1.0 \times 12}{102 \times \ln(0.923)} = 837 \text{ h};$$

$$\theta_2^* = \frac{-570 \times 1.0 \times 12}{91 \times \ln(0.923)} = 938 \text{ h};$$

$$\theta_3^* = \frac{-570 \times 1.0 \times 3}{95 \times \ln(0.923)} = 67 \text{ h};$$

$$\theta_4^* = \frac{-570 \times 1.0 \times 12}{242 \times \ln(0.923)} = 353 \text{ h};$$

$$\theta_5^* = \frac{-570 \times 1.0 \times 12}{40 \times \ln(0.923)} = 2\,134 \text{ h}。$$

将结果填入到表 4－17 第 6 列中。

e）根据 $R_i^*(t) = \mathrm{e}^{-t_i/\theta_i^*}$ 计算分配到每个单元产品的任务可靠度：

$R_1^* = 0.9848$；

$R_2^* = 0.9678$；

$R_3^* = 0.9562$；

$R_4^* = 0.9666$；

$R_5^* = 0.9944$。

将结果填入表 4－17 中。

表 4－17　某系统各单元分配参数和指标

序号	单元产品	组件数 n_i	工作时间 t_i(h)	重要度系数 ω_i	MTBCF(θ_i^*)	任务可靠度 $R_i^*(t)$
1	单元 1	102	12	1.0	837 h	0.985 8
2	单元 2	91	12	1.0	938 h	0.967 8
3	单元 3	95	3	0.3	67 h	0.956 2
4	单元 4	242	12	1.0	353 h	0.966 6
5	单元 5	40	12	1.0	2 134 h	0.994 4
总计		570				

4.1.6　预计分配法

此法用于产品各单元可以利用 GJB/Z299C 或其他可靠性基本失效数据手册预计得出的可靠性指标的情况。

在指标分配过程中,可以先进行各单元指标预计,暂取预计值作为分配值,再通过验算确认分配值是否已满足产品的可靠性要求,若满足要求,则各单元预计值即为分配值;若未达到要求,再根据情况由上至下对各单元指标进行调整,或选择适当的分配方法进行重新分配,直至满足产品指标要求。

4.1.7　工程相似法

此法用于新老产品极为相似,可靠性指标要求相近,且老产品的可靠性数据完整可靠的情况。这时可采用工程相似的办法,根据经验,对老产品各单元的可靠性数据进行适当调整,便可确定出新产品及其各单元的可靠性指标分配值。

4.1.8　拉格朗日乘数法

在重量、体积和成本等约束条件下,使可靠度为极大值的可靠性分配;或是在一定的可靠度要求下使产品的重量、体积和成本等为极小值的可靠性分配,可以采用拉格朗日乘数法。

拉格朗日乘数法是一种将有约束最优化问题转换为无约束问题的求优方法。由于引入了一种待定系数:拉格朗日因子 λ,所以可利用这种因子将原约束最优化问题的目标函数和约束条件组合成称为拉格朗日函数的新目标函数,新目标函数的无约束最优解就是原目标函数的约束最优解。

假定系统由 k 个装置所组成,系统可靠度指标值为 R_S,待求的各装置的可靠度分配值为 $R_i(i=1,2,\cdots,k)$。

根据系统可靠性计算方法,已知系统的可靠度表达式是可以写出来的。令系统可靠度与组成装置的可靠度有下列函数关系:

$$R_S = f(R_1, R_2, \cdots, R_K) \tag{4-26}$$

一般当装置的可靠度 R_i 值越大时,系统的可靠度 R_S 也会越大,因此,式(4-26)的函数是一个对 R_i 的单调递增函数。

另外,还需建立可靠度与体积、重量和成本等约束条件的数学表达式。第 i 个装置的可靠度的限制条件表示为可靠度 R_i 的函数 $G_i(R_i)$,系统的限制条件为对各装置求和:

$$G = \sum_{i=1}^{k} G_i(R_i) \tag{4-27}$$

引入拉格朗日因子 λ 作 φ 函数:

$$\varphi = f(R_1, R_2, \cdots, R_K) - \lambda \sum_{i=1}^{k} G_i(R_i) \tag{4-28}$$

式中:λ 为待定常数。

令 φ 函数对 R_i 的偏导数等于零,即为其极值存在的条件,可以得到 k 个方程:

$$\frac{\partial f}{\partial R_i} - \lambda \frac{dG_i(R_i)}{dR_i} = 0 \qquad (i=1,2,\cdots,k) \tag{4-29}$$

由系统的全概率公式(4-26)可以写成:

$$f(R_1, R_2, \cdots, R_K) = R_i \left| f(R_1, R_2, \cdots, R_K)_{R_i=1} \right| + (1-R_i) \left| f(R_1, R_2, \cdots, R_K)_{R_i=0} \right| \tag{4-30}$$

将式(4-29)代入式(4-30)中可得:

$$f(R_1, R_2, \cdots, R_K)_{R_i=1} - f(R_1, R_2, \cdots, R_K)_{R_i=0} = \lambda \frac{dG_i(R_i)}{dR_i} \quad (i = 1, 2, \cdots, k) \quad (4-31)$$

将该式与 $G - \sum_{i=1}^{k} G_i(R_i) = 0$ 联立,可解出待定常数 λ 及各装置可靠度之分配值 $R_i(i = 1, 2, \cdots, k)$。

在该方法应用中,比较困难的是写出约束条件与装置可靠度的数学表达式 $G_i(R_i)$,即重量、体积和成本等的增加使可靠度增加多少的关系式。由于在设计中采取贮备或降额方式的不同,具体的数学关系式是不同的。在实际应用中可采取工程上容许的近似,以使问题简化,通常为先定出几个竞争性的方案,算出各方案的估计费用、重量及体积和对应的可靠度,最后选取可接受的方案。

4.2 可靠性预计方法

可靠性预计工作包括基本可靠性预计和任务可靠性预计。二者预计工作同步进行,共同作为权衡设计的依据。电子设备可靠性预计工作程序见图 4-2。

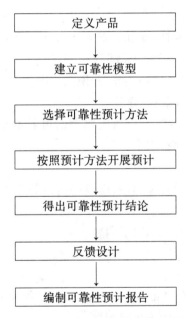

图 4-2 电子设备可靠性预计程序

1) 定义产品

包括产品的功能和任务、组成及其接口、所处研制阶段、工作条件、产品工作模式及不同工作模式下产品的组成部分、产品工作模式与任务的对应关系、产品的工作时间、任务剖面、故障判据等。

基本规则和假设条件:

假设系统及各项系统组成部分的故障概率分布均服从指数分布;各项系统组成部分之间的故障相互独立;各项系统组成部分只有两种状态:正常或失效,没有其他中间状态。

2）建立可靠性模型

根据产品定义,绘制产品可靠性框图,建立产品可靠性数学模型,包括基本可靠性模型和任务可靠性模型。

基本可靠性模型为全串联模型,应包含全部系统组成。

当系统有多个任务阶段、工作状态时,应根据不同的任务阶段分别建立相应的任务可靠性模型。当系统有多个任务剖面时,应分别建立系统相应的任务可靠性模型。

3）选择可靠性预计方法

根据产品所处研制阶段及其产品相关信息,选择适当的可靠性预计方法。进行可靠性预计时,确定可信可查的可靠性数据来源是关键,如电子产品的数据一般来源于 GJB/Z 299C－2006《电子设备可靠性预计手册》。

4）按照预计方法进行预计

按照所选择的预计方法实施步骤,开展基本可靠性和任务可靠性预计,并对结果进行适当修正。

5）得出可靠性预计结论

可靠性预计结论,主要内容包括:

a）给出产品可靠性预计结果

如果产品的组成部分有可靠性分配值,则应列出这些组成部分的可靠性预计结果,并与其可靠性分配值比较,以评价产品各组成部分是否达到了可靠性分配所确定的要求。进行可靠性薄弱环节分析,找到产品的薄弱环节,并说明原因。

b）提出改进产品可靠性的意见与建议

无论产品可靠性水平是否达到了产品成熟期的可靠性规定值,都应该进行此项工作。还可提供改进后可以达到的可靠性水平分析。

6）反馈

将可靠性预计结果反馈到设计过程中,以最终达到提高产品可靠性水平的目的。

7）编制可靠性预计报告

可靠性建模与预计报告一般包括以下内容:

a）范围;

b）引用文件;

c）产品定义:应明确产品的功能、组成单元,给出工作原理框图、功能框图,并对其原理进行说明,进行产品的任务分析,明确故障判据;

d）基本规则和假设:规定建模和预计方法、产品完成任务的定义以及可靠性分析的最低单元层次、数据或信息的来源和预计的依据;

e）可靠性建模:建立产品可靠性框图以及相应的数学模型;

f）基本可靠性预计:按照选定的预计方法的实施步骤进行基本可靠性预计;

g）任务可靠性预计:按照选定的预计方法的实施步骤进行任务可靠性预计;

h）预计结果及分析结论。

可靠性建模与预计报告格式应符合 GJB/Z 23《可靠性和维修性工程报告编写的一般要求》规定。可靠性预计的注意事项:

1）反复迭代进行

随着系统设计阶段向前推移,诸如环境条件、结构设计、应力水平等方面的信息越来越多,系统定义也应该不断修改和充实,可靠性框图应不断修改和完善,设计工作应从粗到细展开,可靠性框图亦随着展开,越来越细,从而保证可靠性建模与预计的精确程度不断提高。如图4-3所示。

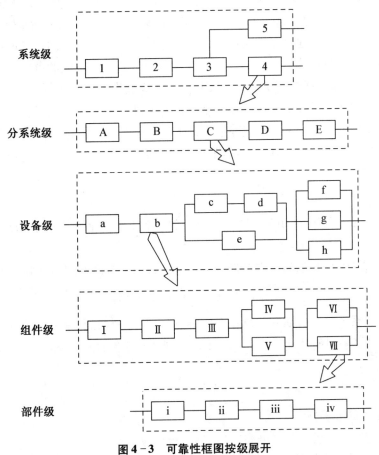

图4-3　可靠性框图按级展开

2）采用占空因数修正可靠性模型

采用占空因数修正可靠性模型时,通常采用如下两种方法。

在单元不工作期间的故障率可以忽略不计的情况下,假设单元的故障时间服从指数分布,可用下列公式进行修正。

$$R(t) = e^{-\lambda t d} \tag{4-32}$$

式中:$R(t)$—单元可靠度;λ—单元故障率;t—系统工作时间;$d = \dfrac{单元工作时间}{系统工作时间}$—占空因数。

在单元不工作期间的故障率的不一样的情况下,假设单元的故障时间服从指数分布,可用下列公式进行修正。

$$R(t) = R_1(t) \times R_2(t) \tag{4-33}$$

式中:$R_1(t)$—工作时的可靠度;$R_2(t)$—不工作时的可靠度。

对恒定故障率单元有:

$$R(t) = e^{-\lambda_1 td} \times e^{-\lambda_2 t(1-d)} = e^{-[\lambda_1 td + \lambda_2 t(1-d)]} \tag{4-34}$$

式中:λ_1—工作期间故障率;λ_2—不工作期间故障率。

3）对于多阶段工作组成不一样的系统,应分阶段确定系统的任务可靠性模型

对于系统在不同工作阶段(如起飞、爬升、巡航、降落),参与工作的组成不一样的系统,需要针对各工作阶段分别建立不同阶段的任务可靠性模型。各阶段的工作时间按占系统任务剖面的时间比例进行折算。系统的任务可靠度即为不同工作阶段的各任务可靠度的乘积 $R_S = R_1 \times R_2 \cdots \times R_n$,最后按公式 $R_s = e^{-\lambda_s t}$ 转换成任务失效率。

4）对于多任务的产品,要确定任务可靠性综合模型

必须根据不同的任务剖面,预计其各自的任务可靠度,然后,将各任务剖面的任务可靠度进行综合,再预计出系统的总的任务可靠度。计算方法如下:

$$R_s = \sum_{i=1}^{m} R_i \cdot \alpha_i \tag{4-35}$$

式中,α_i—第 i 个任务剖面的加权系数;R_i—第 i 个任务剖面的任务可靠度。

加权系数 α_i 的计算方法是:$\alpha_i = n_i / n$。

式中:n_i—第 i 个任务剖面在寿命期间的任务次数;n—寿命期间的任务总次数。

$$n_i = TC_i / t_i \qquad i = 1, 2, \cdots, m \tag{4-36}$$

式中:T—子系统在寿命期间的总任务时间;C_i—在寿命期间,第 i 个任务剖面的累计任务时间占系统总任务时间的比例;t_i—第 i 个任务剖面的任务时间。所以 a_i 也可以表示成:

$$\alpha_i = n_i / n = n_i / \sum_{i=1}^{m} n_i = (TC_i / t_i) / \sum_{i=1}^{m} (TC_i / t_i) = (C_i / t_i) / \sum_{i=1}^{m} (C_i / t_i) \tag{4-37}$$

5）数据来源的准确性

注意尽可能选择能反映产品可靠性真实水平的数据。

6）货架产品的可靠性数据由供应商提供

产品中如果含有货架产品,其可靠性数据由供应商提供,直接将供应商提供的可靠性数据引入,进行系统的可靠性预计。

7）推荐使用计算机辅助设计软件

采用计算机辅助软件进行系统可靠性建模与预计,尤其是针对大型、复杂系统,可提高精度、效率,节省人力。

8）预计结果应大于规定值

基本可靠性预计结果一般应大于研制总要求或合同中规定值的 1.25 倍左右,任务可靠性预计值应大于要求值。

通过可靠性预计可以找到系统易出故障的薄弱环节,加以改进,在对不同的设计方案进行优选时,可靠性预计结果是方案优选、调整的重要依据。

9）预计局限性

可靠性预计值一般不会与订购方测得的外场可靠性数据相等,预计值与实际值的误差在 1 倍至 2 倍之内认为是正常的。可靠性预计结果的相对比较意义比绝对值更为重要。

4.2.1 相似产品法

4.2.1.1 概述

当新研产品和老产品的相似性易于评定且老产品的故障率数据已知时采用相似产品法。该方法利用与某新研产品相似且已有可靠性数据的成熟老产品来确定该新研产品的可靠性,准确性取决于新研产品和老产品的相似性及成熟老产品的故障记录详细程度。相似产品法适用于电子产品和非电子产品(包括结构、机构、机电等)。

4.2.1.2 实施步骤

相似产品法的实施步骤:

1)综合考虑各方面的相似因素,选择确定与新研产品最为相似,且有可靠性数据的成熟老产品,列出老产品的可靠性数据;

2)综合分析相似因素对产品可靠性的影响程度:电子产品的相似因素包括电路的结构和性能、设计水平、制造工艺、电路任务剖面、电路寿命剖面等;非电子产品的相似因素包括结构、设计水平、制造工艺、原材料与零部件水平、使用环境等。

3)根据相似因素分析,邀请有经验的相关专家确定新产品和相应老产品的可靠性相似程度,并给出相似产品量化的修正因子 K_{ni},填入表 4-18 中,其中:

a)若新研产品在某相似因素方面较原产品有所进步,则相应的修正因子 $K_{ni}>1$;

b)若新研产品在某相似因素方面与原产品没有区别,则取 $K_{ni}=1$。

c)若新研产品在某相似因素方面比原产品差,则取 $K_{ni}<1$。

表 4-18 新产品修正因子表

	修正系数 K_{1i}	修正系数 K_{2i}	修正系数 K_{3i}	……	修正系数 K_{ni}
专家 1				……	
专家 2					
……					
专家 n					
均值 K_i	K_1	K_2	K_3	……	K_n

注:表中的修正系数需根据具体产品的相似因素的名称来确定。

e)最后,取各专家给出的修正因子的平均值作为该相似因素修正因子的值 K_i。

新研产品可靠性计算公式如下:

$$\lambda_{新}=\lambda_{老}/D \text{ 或 } MTBF_{新}=MTBF_{老} \cdot K \quad (4-38)$$

式中: $K=\dfrac{1}{D}=\dfrac{1}{\prod\limits_{i=1}^{n}K_i}$。

产品的各个组成部分的修正系数可能不同,则需要对产品各个组成部分分别进行打分,并分别计算各个组成部分的故障率,然后按建立的可靠性模型计算产品的基本可靠性和任务可靠性。

注:相似产品法预计可采用的参数有:故障率 λ 和 MTBF,二者可根据 $\lambda = 1/MTBF$ 的关系进行换算。新研产品采用参数必须和老产品保持一致,采用什么参数就必须基于该参数进行相似性比较。

4.2.1.3　注意事项

使用相似产品法进行系统可靠性预计时应注意:

a）确保新研产品与相似产品间的相似性:要从相似产品法考虑的几个相似因素对产品间的相似性进行度量。若产品间相似性不好,将直接影响预计的准确性。对于电子产品,即使名称相同也可能由于功率水平、结构和应力差别过大而不能直接进行相似比较。例如:10 W 的电源与 1 000 W 的电源之间就由于存在明显的设计差异而导致可靠性相差较大,从而不能对 1 000 W 电源采用 10 W 电源的可靠性数据进行相似产品法预计;0.1 W 的放大器电路和 10 W 的放大器电路一般不能进行相似电路法的可靠性预计;

b）确保相似产品可靠性数据的准确性:所采用的相似产品可靠性数据必须是经过现场评定的。若相似产品可靠性数据不准确,将直接影响新产品预计的准确性;

c）对不同产品,所考虑的相似因素可能不同,需要针对产品的特点确定相似因素;

d）按本方法进行可靠性预计时,应对类似产品的结构、使用、环境等方面的情况有清晰地认识,这样才能提高预计的可信度。预计时需考虑产品互连部分的可靠性因素。

4.2.2　专家评分法

4.2.2.1　概述

组成产品的各单元可靠性由于其复杂程度、技术水平,工作时间和环境条件等主要影响可靠性的因素不同而有所差异,在产品可靠性数据十分缺乏的情况下,已知产品中某一单元的故障率,且产品各单元的差异性易于评定时采用专家评分法。该方法依靠有经验的工程技术人员按照几种因素进行评分,按评分结果,由已知某单元的故障率根据评分系数预计产品中其余单元的故障率。并在此基础上根据建立的可靠性模型预计整个产品的故障率。

4.2.2.2　实施步骤

专家评分法实施步骤:

a）确定已知可靠性数据的基准单元,找到产品中可靠性数据已知的基准单元,其他单元的可靠性数据都靠与此基准单元数据对比得出;

b）确定评分因素及评分原则,一般考虑复杂程度、技术水平、工作时间和环境条件。在工程实际中可以根据产品的特点而增加或减少评分因素;

c）组织相关专家对影响产品各单元的各种评分因素进行评分;

d）打分结束后,按照如下步骤计算评分系数和其他产品的可靠性指标并填写如表 4 - 19 所示的专家评分法预计表。

表 4 - 19 专家评分法预计表

序号	单元名称	复杂程度 r_{i1}	技术水平 r_{i2}	工作时间 r_{i3}	环境条件 r_{i4}	各单元评分数 ω_i	各单元评分系数 C_i	各单元故障率 λ_i
		根据单元复杂程度评分	根据单元技术水平评分	根据单元工作时间评分	根据单元环境条件评分	由下述第一步计算得到	由下述第二步计算得到	由下述第三步计算得到

第一步,计算各单元的评分数 ω_i:

$$\omega_i = \prod_{j=1}^{4} r_{ij} \qquad\qquad (4-39)$$

式中: ω_i—第 i 个单元的评分; γ_{ij}—第 i 个单元、第 j 个因素的评分; j—评分因素, $j=1$ 代表复杂程度; $j=2$ 代表技术水平; $j=3$ 代表工作时间; $j=4$ 代表环境条件。

第二步,按下式计算各单元的评分 C_i:

$$C_i = \frac{\omega_i}{\omega^*} \qquad\qquad (4-40)$$

式中: C_i—第 i 个单元的评分; ω^*—已知故障率为 λ^* 的基准单元的评分。

最后,按下式计算其他单元的故障率 λ_i:

$$\lambda_i = C_i \cdot \lambda^* \qquad\qquad (4-41)$$

式中: λ_i—第 i 个单元的故障率; λ^*—已知基准单元的故障率。

专家评分法的评分因素可按产品特点而定,常用的有以下 4 种,每种因素的分数在 1 ~ 10 之间,评分越高说明可靠性越差:

a) 复杂程度:根据组成单元的元器件或零部件数量以及它们组装的难易程度来评定,最复杂的评 10 分,最简单的评 1 分;

b) 技术成熟度:根据单元目前的技术水平和成熟程度来评定,最新研制的评 10 分,最成熟的评 1 分;

c) 工作时间:根据单元工作的时间长短来定,产品工作时,单元一直工作的评 10 分,工作时间最短的评 1 分;

d) 环境条件:根据单元所处的环境来评定,单元工作过程中经受极其恶劣严酷的环境条件的评 10 分,环境条件最好的评 1 分。

4.2.2.3 注意事项

使用专家评分法进行系统可靠性预计时应注意:专家评分法是产品可靠性数据十分缺乏的情况下确定单元可靠性参数值的有效手段,但其预计结果受人为因素影响很大,因此在应用时尽可能请多位专家评分,以保证评分客观性,提高预计准确性。

4.2.3 元器件计数法

4.2.3.1 概述

适用于电子产品的初样研制阶段,前提条件是电子产品的元器件种类、数量、质量等级、工作环境已基本确定。

元器件计数法是通过查找相关数据手册获得不同元器件的通用故障率,将电子产品的可靠性模型等效为串联结构,按元器件种类确定其数量和质量系数,将组成电子产品的所有元器件的故障率累加,即得到产品的故障率数据。

4.2.3.2 实施步骤

元器件计数法的实施步骤如下:

1)定义产品;

2)建立电子产品的可靠性模型,确定同种类元器件的数量;

3)统计元器件的信息:

    a)元器件的来源使用状况(工作/非工作)、生产时间;

    b)元器件种类和数量;

    c)元器件质量等级;

    d)产品工作环境。

4)根据元器件的来源选择合适的数据手册,查找元器对应数据:

    a)依照元器件的国别选择数据手册:国产元器件选用 GJB/Z299C、GJB/Z108;进口元器件选用该电子元器件可靠性数据手册,如 MIL-HDBK-217F;

    b)根据元器件使用时是否处于工作状态确定数据手册类别:国产元器件使用时若处于工作状态选用 GJB/Z 299C,若处于非工作状态选用 GJB/Z 108A;进口元器件也需选择合适数据手册;

    c)有些国产元器件的质量系数 π_{Qi} 无法在 GJB/Z 299C 和 GJB/Z 108A 中查到,可以按照以下原则进行:对国产元器件中按航天行业标准、航空行业标准、电子行业企业军用标准或按国外相关军用标准生产的元器件,可按质量等级 B_1 来取质量系数;如又按上级规定的二次筛选要求(规范)进行筛选的元器件可按质量等级 A 中最低的等级来取质量系数。

    d)根据元器件的生产年代确定对应的数据手册,对于生产厂家提供了可靠性参数值的元器件,应优先选用生产厂家提供的数据。

    e)综合计算产品各元器件的可靠性数据。产品的基本故障率计算公式如下:

$$\lambda_S = \sum_{i=1}^{n} N_i \cdot \lambda_{Gi} \cdot \pi_{Qi} \qquad (4-42)$$

式中:λ_{GS}—产品总的基本故障率;N_i—第 i 类元器件的数量;λ_{Gi}—第 i 类元器件的通用故障率;π_{Qi}—第 i 类元器件的通用质量系数;n—产品所用元器件的种类数目。

注:在产品的可靠性预计过程中,必须考虑使用状态(工作和非工作)的影响,不同工作环境下的同种类元器件应分别计算故障率。

预计产品元器件的基本可靠性,可编制元器件计数法的基本可靠性预计表如表 4-20 所示,元器件通用故障率及质量等级可以查 GJB/Z-299C。预计产品的任务可靠性,应考虑产品各元器件的使用状态,可编制元器件计数法的任务可靠性预计表如表 4-21 所示。

表4-20 元器件计数法基本可靠性预计表

元器件类别	环境类别	数量	质量等级	质量系数	通用故障率	同种类元器件故障率
不同类别元器件的名称	元器件所处的环境类别	同类别元器件的个数	设计按要求选定的	根据元器件质量等级,查找相关数据手册得到	结合元器件工作环境,查找对应数据手册得到	

表4-21 元器件计数法任务可靠性预计表

元器件类别	环境类别	使用状态(工作/非工作)	占空比	数量	质量等级	质量系数	通过故障率	同类元器件故障率
不同类别元器件的名称	元器件所处的环境类别	工作状态	工作状态所占整个产品工作时间的比例	处于工作状态的元器件的个数	设计按要求选定	根据元器件质量等级,通过查找工作状态数据手册得到	结合元器件工作环境,通过查找对应工作状态数据手册得到	参照公式将元器件工作状态和非工作状态影响任务的故障率相加得到
		非工作状态	非工作状态所占整个产品工作时间的比例	处于非工作状态的元器件的个数		根据元器件质量等级,通过查找非工作状态数据手册得到	结合元器件工作环境,通过查找对应非工作状态数据手册得到	

如果元器件非工作状态的故障率可以忽略,只需将元器件的可靠性数据用占空因子 d 修正,即可得到元器件的可靠性预计值;如果元器件非工作状态的故障率不可忽略,元器件的可靠性计算公式如下所示:

$$\lambda_{Ri} = \lambda_{R1i} + \lambda_{R2i} \tag{4-43}$$

$$\lambda_{R1i} = dN_{1i}\lambda_{1i}\pi_{1i} \tag{4-44}$$

$$\lambda_i = d\lambda_{wi} + (1-d)\lambda_{nwi} \tag{4-45}$$

式中:λ_{Ri}—第 i 个元器件的影响任务的故障率;λ_{R1i}—第 i 个元器件工作状态下影响任务的故障率;λ_{R2i}—第 i 个元器件非工作状态下影响任务的故障率;d—占空因数,$d = \dfrac{单元工作时间}{系统工作时间}$;$N_{1i}$—第 i 个元器件处于工作状态个数;λ_{1i}—第 i 个元器件处于工作状态的通用故障率;π_{1i}—第 i 个元器件处于工作状态的质量系数;λ_{2i}—第 i 个元器件处于非工作状态的通用故障率;π_{2i}—第 i 个元器件处于非工作状态的质量系数。

根据产品各元器件的基本可靠性数据,结合产品的基本可靠性模型,预计产品的基本可靠性;根据产品各元器件的任务可靠性数据,结合产品的任务可靠性模型,预计产品的任务可靠性。

4.2.3.3 注意事项

采用元器件计数法进行电子产品的可靠性预计需注意：

a）数据手册的选择直接关系到可靠性预计结果的准确性，按要求选用合适的数据手册；

b）数据手册上规定参数范围的元器件不能随意外推，而应当优先选用其他替代的数据手册或根据经验判断其故障率，并给出理由。

4.2.4 故障率预计法

4.2.4.1 概述

当研制工作进展到试样研制阶段，已有了产品的试样研制图，选定了零部件，且已知他们的类型、数量、环境及使用应力，并已具有实验室常温条件下测得的故障率（基本故障率）时，可采用故障率预计法。这种方法主要适用于非电子产品。

当产品各组成单元的基本故障率已知，用降额因子和环境因子进行修正，得到产品各单元的工作故障率，结合产品的可靠性模型，预计出产品的可靠性。

4.2.4.2 实施步骤

故障率预计法的实施步骤：

a）获取产品各单元基本故障率信息；

b）查相关手册，结合产品的使用环境确定产品各单元的环境因子 K_i；

c）根据产品的实际应力情况，确定产品各单元的降额因子 D_i；

d）计算产品各单元的工作故障率，计算公式如下：

$$\lambda_i = \lambda_{bi} \cdot K_i \cdot D_i \tag{4-46}$$

式中：λ_i—产品第 i 个单元的工作故障率；λ_{bi}—产品第 i 个单元的基本故障率；K_i—产品第 i 个单元的环境因子；D_i—产品第 i 个单元的降额因子。

e）结合产品可靠性模型，综合预计产品的可靠性。

故障率预计可通过填写表 4-22。

表 4-22 故障率预计表

产品单元名称	基本故障率	环境因子 K_i	降额因子 D_i	工作故障率
列出产品所属各单元名称	已知	通过查找相关手册，结合经验得出	通过实际经验得出	基本故障率乘 K_i 和 D_i 得出

4.2.4.3 注意事项

如果基本故障率为外场统计得出的故障率，则需适当调整环境因子和降额因子。

故障率预计法只有在相关数据比较完善的条件下才能采用，所以方案阶段和初样研制阶段一般不采用。

4.2.5 元器件应力分析法

4.2.5.1 概述

元器件应力分析法主要用于电子产品的试样研制阶段,此时元器件的具体种类、数量、工作应力和环境、质量系数等已确定。

该方法是在已知电子元器件在实验室条件下的基本故障率,根据元器件的质量等级、应力水平、环境条件等因素进行修正,进而得到元器件的工作故障率。不同类别的元器件有不同的工作故障率计算模型。

4.2.5.2 实施步骤

实施步骤如下:

a) 定义产品;

b) 建立产品的可靠性模型;

c) 分析元器件来源(国内外、使用状态、生产时间),选择数据手册;

d) 查找数据手册(如 GJB/Z 299C‒2006《电子设备可靠性预计手册》),确定元器件进行应力分析的模型(不同类型的元器件,其应力分析模型不同)和相关参数(包括工作应力、环境条件和质量等级等因素),计算元器件的工作故障率。元器件应力分析法预计表如表4‒23所示。根据电子产品的基本可靠性模型和任务可靠性模型,预计产品的基本可靠性和任务可靠性。

表4‒23 元器件应力分析法预计表

编号	元器件型号	数据来源	基本故障率	质量等级	质量系数	环境类别	环境系数	各个 π 系数	工作故障率
按类别对元器件进行编号	元器件的类别名称,包括型号、规格	查找的数据手册型号	不同的元器件通过确定不同的参数,查找数据手册中对应于该元器件的基本故障率值	设计选定的	根据元器件的质量等级,通过查找相关数据手册得到	确定元器件的工作环境	根据元器件工作的类别,通过查找相关数据手册得到	不同元器件其他的修正系数不同,根据实际情况查找数据手册	根据元器件应力分析模型代入各系数,得到元器件的工作故障率

4.2.5.3 注意事项

a) 数据手册的选择直接关系到可靠性预计结果的准确性,应严格按要求选用合适的数据手册;

b) 可靠性预计的元器件应该与装机产品的元器件一致,包括元器件型号、质量等级;

c) 应力分析法计算较为烦琐和复杂,但分析结果更加真实,更具有现实指导意义。通常从每块电路板上的元器件开始预计,然后逐级向上累加,最后计算出系统的可靠性;

d) 规定寿命期限的耗损性元器件,如电子管,应在规定使用期限的终点加以更换,否则失效率将会迅速上升。在规定的寿命期内,可用其等效失效率进行预计。等效失效率 $\lambda^* = \frac{1}{t_S} \ln \frac{1}{R(t_S)}$,其中,$t_S$ 是规定的寿命期限,$R(t_S)$ 是在寿命期限内该元器件能可靠工作的百分数。例如某电子管的 $t_S = 500\,h$,$R(t_S) = 99.9\%$,则 $\lambda^* = 2.0 \times 10^{-6}/h$。如果未知 $R(t_S)$,可采用 GJB/Z299C 中所提供的失效率数据。

[例 4-4] 某电子设备为串联系统,详细设计阶段进行可靠性预计。

采用元器件应力分析法从元器件起,自下而上进行可靠性预计。以 I 类瓷介电容器为例,通过查 GJB/Z 299C—2006《电子设备可靠性预计手册》,工作故障率的计算公式为:$\lambda_P = \lambda_b \cdot \pi_E \cdot \pi_Q \cdot \pi_{CV} \cdot \pi_{ch}$,$\lambda_P$ 工作故障率,λ_b 基本故障率,π_E 环境系数,π_Q 质量系数,π_{CV} 电容量系数,π_{ch} 表面贴装系数。

a) 确定环境系数:如工作环境为一般地面环境,即 GF_1,根据 GJB/Z 299C 中表 5.7.5-2 "环境系数",电容环境系数为 2.4;

b) 确定质量系数:电容为七专质量等级,根据 GJB/Z 299C 中表 5.7.5-3 "质量等级与质量系数",电容质量系数为 0.5;

c) 确定电容量系数:电容为 82pF ± 5%,根据 GJB/Z 299C 中表 5.7.5-4 "电容量系数",电容量系数为 0.75;

d) 确定表面贴装系数:电容为 I 类瓷介片式,根据 GJB/Z 299C 中表 5.7.5-5 "表面贴装系数",电容表面贴装系数为 1.5;

e) 确定基本失效率:电容工作电压与额定电压之比为 0.1,工作环境温度为 40 ℃,根据 GJB/Z 299C 中表 5.7.5-1 "基本失效率",电容基本失效率为 $0.0019 \times 10^{-6}/h$;

f) 计算电容工作故障率:$\lambda_P = \lambda_b \cdot \pi_E \cdot \pi_Q \cdot \pi_{CV} \cdot \pi_{ch} = 0.02565 \times 10^{-6}/h$;

g) 按建立的电子设备可靠性模型进行预计:$\mathrm{MTBF}_S = \dfrac{1}{\sum\limits_{i=1}^{n} \lambda_i}$。

4.2.6 修正系数法

4.2.6.1 概述

修正系数法用于试样研制阶段的机械产品的预计。其基本思路是:虽然机械产品的"个性"较强,难以建立产品级的可靠性预计模型,但若将它们分解到零件级,则有许多基础零件是通用的。通常将机械零件分为密封件、弹簧、电磁铁、阀门、轴承、齿轮和花键、作动器、泵、过滤器、制动器和离合器等十类。通过查找相关的机械产品数据手册,就可以找到相应的零件的故障率模型。

4.2.6.2 实施步骤

a) 定义产品;

b) 根据产品定义确定零部件的种类,查找机械产品方面的可靠性数据手册,确定零部件的故障率模型;

c) 确定零部件的相关参数:包括设计、使用参数;

d) 计算零部件故障率;

e) 综合计算产品可靠性,根据可靠性模型预计产品的基本可靠性和任务可靠性。

不同种类零部件的故障率模型和预计参数不同,按照相应的故障率模型代入相应的参数值,即可预计出零部件的故障率数据。只需列出机械产品所属零部件的故障率表即可,如表 4-24 所示。

表 4-24 修正系数法可靠性预计表

机械产品所属零部件名称	零部件基本故障率(10^{-6}/h)	修正系数	……	零部件的故障率(10^{-6}/h)
		多种因素的修正系数:速度偏差、载荷偏差、温度、加工偏差、润滑偏差等	……	

4.2.6.3 注意事项

采用修正系数法必须首先具备可查可信的机械产品可靠性数据手册,查找相关零部件的故障率模型和相关参数值。

[例 4-5] 用修正系数法对齿轮进行可靠性预计,该齿轮的可靠性规定值为 $\lambda = 5 \times 10^{-6}$/h。

a) 建立齿轮故障率模型

依据 NSWC-98/LE1《机械设备可靠性预计程序手册》,齿轮的可靠性模型为:

$$\lambda_{GE} = \lambda_{GE,B} \cdot G_{GS} \cdot G_{GP} \cdot G_{GA} \cdot G_{GL} \cdot G_{GT} \cdot G_{GV} \tag{4-47}$$

式中:λ_{GE}—在特定使用情况下齿轮故障率(10^{-6}/h);$\lambda_{GE,B}$—生产单位提供的基本故障率(10^{-6}/h),表示在规定速度、载荷、润滑和温度条件下的故障率;G_{GS}—速度偏差(相对于设计)的修正系数,$G_{GS} = k + \left(\dfrac{使用速度}{设计速度}\right)^{0.7}$(其中 k 为常数 1);G_{GP}—载荷偏差(相对于设计)的修正系数,$G_{GP} = \left(\dfrac{使用载荷/设计载荷}{k}\right)^{4.69}$(其中 k 为常数 0.5);G_{GA}—轴线不重合度的修正系数,$G_{GA} = \left(\dfrac{偏差角}{0.006}\right)^{2.36}$,偏差角以弧度为单位;$G_{GL}$—润滑偏差(相对于设计)的修正系数,$G_{GL} = \left(\dfrac{规定润滑剂的黏度}{使用润滑剂的黏度}\right)^{0.54}$;$G_{GT}$—温度的修正系数,$G_{GT} = \left(\dfrac{使用温度}{规定温度}\right)^{3}$;$G_{GV}$—AGMA 保养因

素的修正系数,G_{GV} = AGMA 运行系数,可由 NSWC - 98/LE1《机械设备可靠性预计程序手册》中的表 8 - 1 查得。

b) 确定齿轮的相关参数

该齿轮的基本故障率 $\lambda_{GE,B} = 0.05 \times 10^{-6}/h$;设计转速为 25 r/min,使用转速为 20 r/min;设计载荷为 30 N·m,使用载荷为 20 N·m;偏差角为 1/3°,即 0.005 8 rad;设计和使用的润滑剂黏度相同;规定和使用温度为 35 ℃,主动力带有中等冲击,从动件的冲击正常,查 NSWC - 98/LE1《机械设备可靠性预计程序手册》中的表 8 - 1,AGMA 运行系数为 1.25。

c) 计算齿轮的故障率

根据式(4 - 46),计算齿轮的故障率为:

$$\lambda_{GE} = \lambda_{GE,B} \cdot G_{GS} \cdot G_{GP} \cdot G_{GA} \cdot G_{GL} \cdot G_{GT} \cdot G_{GV}$$

$$= 0.5 \times 10^{-6} \times \left[1 + \left(\frac{20}{25}\right)^{0.7}\right] \times \left(\frac{0.005\ 8}{0.006}\right)^{2.36} \times 1 \times 1 \times 1.25$$

$$= 4.126 \times 10^{-6}/h$$

齿轮的可靠性预计值为 $4.126 \times 10^{-6}/h$,达到了该齿轮的可靠性规定值 $\lambda = 5 \times 10^{-6}/h$ 要求。

本章小结

本章重点论述了可靠性分配和预计方法。在不同研制阶段,对于不同层次和不同类型的产品进行可靠性预计时,需选择适用的方法,常用的可靠性预计方法说明见表 4 - 25。列出了预计方法的适用阶段、适用对象等,设计人员可根据产品的具体特点选取合适的预计方法。

表 4 - 25　常用预计方法简要说明

预计方法	适用阶段	电子产品适用情况	非电子产品适用情况	适用对象
相似产品法	方案、初样	√	√	电子产品、非电子产品
专家评分法	方案、初样	√	√	电子产品、非电子产品
故障率预计法	方案、初样、正样、定型	-	√	非电子产品
元器件计数法	方案、初样	√	-	电子产品
元器件应力分析法	初样、正样、定型	√	-	电子产品
修正系数法	初样、正样、定型	-	√	非电子产品

进行可靠性预计时,除非特殊说明,电子设备寿命分布一般假设为指数分布,故障之间相互独立。

第五章　故障模式、影响及危害性分析

故障模式、影响及危害性分析，即 FMECA，是 Failure Modes, Effects and Criticality Analysis 的简写。FMECA 包括 FMEA（故障模式及影响分析）和 CA（危害性分析）两部分，其中 CA 是对 FMEA 的补充和扩展，只有进行了 FMEA，才能进行 CA。FMECA 作为可靠性分析的一门技术，其根本目的是从不同的角度发现产品的各种缺陷与薄弱环节，并采取有效的改进与补偿措施以提高其可靠性水平；同时 FMECA 也是开展维修性分析、安全性分析、测试性分析与保障性分析的基础。FMECA 应在规定的产品层次上进行。通过分析发现潜在的薄弱环节，即可能出现的故障模式，每种故障模式可能产生的影响（对寿命剖面和任务剖面的各个阶段可能是不同的），以及每一种影响对安全性、战备完好性、任务成功性、维修及保障资源要求等方面带来的危害。对每种故障模式，通常用故障影响的严重程度以及发生的概率来估计其危害程度，并根据危害程度确定采取纠正措施的优先顺序。FMECA 应与产品设计工作同步并尽早开展，当设计、生产制造、工艺规程等进行更改，对更改部分应重新进行FMECA。

FME(C)A 是一种自下而上的故障因果关系的单因素分析方法。通过系统地分析，确定元器件、零部件、设备、软件在设计和制造过程中所有可能的故障模式，以及每一故障模式的原因及影响，以便找出潜在的薄弱环节，并提出改进措施。

开展 FME(C)A 的主要工作要求为：

a) FME(C)A 工作应与设计和制造工作协调进行，由设计人员在进行成品设计过程中同时做 FME(C)A，不能在设计图纸完成后补做，应使设计和工艺能反映 FME(C)A 工作的结果和建议；

b) FMECA 是由故障模式及影响分析（FMEA）、危害性分析（CA）两部分组成，只有在进行 FMEA 基础上，才能进行 CA；

c) FMECA 应尽早进行，而且在整个研制过程中应根据需要多次反复迭代进行；

d) 进行成品 FME(C)A 分析时，最终影响以及严酷度定义所针对的要求是产品所属的系统（子系统）；

e) 利用 FMECA 技术分析产品的每个单一故障模式时，认定它是系统的唯一故障模式；

f) 尽量进行定量的 FMECA，确定产品各个层次的故障模式、故障原因、故障影响、严酷度类别并计算危害度，根据分析结果给出Ⅰ、Ⅱ类故障模式清单、单点故障模式清单、可靠性关键部件清单；

g) 对于每个故障模式，尤其是Ⅰ、Ⅱ类故障模式应提出纠正措施或补偿措施以消除该故障模式，补偿措施必须是与设计、生产有关的，而不应仅在表格中填写"修理""更换"等；

h) 针对Ⅰ、Ⅱ类故障模式的改进和补偿措施应保证合理可行，并落实到图纸和技术文件中；

i）样机试制时应开展工艺 FMECA，以便预测、解决或监控产品生产过程的薄弱环节，并对生产过程及其控制措施加以改进。

开展 FMECA 的输入为：

a）产品的功能和工作原理；

b）产品的寿命剖面和任务剖面；

c）产品的功能框图；

d）产品的任务可靠性框图及数学模型；

e）过去的经验、相似产品的信息；

f）可靠性数据。

输出为故障模式、影响及危害性分析（FMECA）报告。

故障模式、影响及危害性分析的目的、要点及注意事项如表 5-1。

表 5-1 故障模式、影响及危害性分析

	工作项目说明
目的	通过系统地分析，确定元器件、零部件、设备、软件在设计和制造过程中所有可能的故障模式，以及每一种故障模式的原因及影响，以便找出潜在的薄弱环节，并提出改进措施。
实施要点	1. 应在规定的产品层次上进行 FMEA 或故障模式、影响及危害性分析（FMECA）。应考虑在规定产品层次上所有可能的故障模式，并确定其影响。 2. FMEA 或 FMECA 应全面考虑寿命剖面和任务剖面内的故障模式，分析对安全性、战备完好性、任务成功性以及对维修和保障资源要求的影响。 3. FMEA 或 FMECA 工作应与设计和制造工作协调进行，使设计和工艺能反映 FMEA（FMECA）工作的结果和建议，例如关键件、重要件的确立应与分析结果相吻合。分析结果可为设计的综合权衡、保障性分析、安全性、维修性和测试性等有关工作提供信息。 4. 在不同阶段对采用的功能法、硬件法和工艺法进行分析，并注意在不同阶段开展 FMECA 工作迭代协调。 5. 应针对软件的规定层次进行软件故障模式影响及危害性分析（SFMECA）。应考虑在规定产品层次上所有可能的故障模式，并确定其影响。 6. 对复杂功能系统的故障影响进行分析，可采用对产品功能模型进行故障注入的仿真分析方法进行。
注意事项	在合同说明中应明确： a）进行 FMFA 还是 FMECA 及分析的产品层次； b）寿命剖面和任务剖面； c）保障性分析所需的信息； d）需提交的资料项目。 其中"a）""b）"是必须确定的事项。

FMECA 中涉及的术语如下。

a）产品：分析对象的任何层次或单元。

b）约定层次：根据分析的需要，按产品的相对复杂程度或功能关系所划分的层次，这些层次从比较复杂的（系统）到比较简单的（元器件）进行划分。

c）初始约定层次：要进行 FMECA 总的、完整的产品所在的约定层次的最高层次，是FMECA 最终影响的对象。

　　d) 其他约定层次:相继的中间约定层次(第二、第三、第四等),这些层次表明了从复杂产品到简单的组成部分的顺序排列。

　　e) 最低约定层次:约定层次中最底层的产品所在的层次,决定了 FMECA 工作深入、细致的程度。

　　f) 故障:产品不能完成规定功能的事件或不能工作的状态。

　　g) 故障判据:判定产品故障的标准,也就是故障的界限,即功能、输出性能参数和允许极限。

　　h) 故障模式:故障的表现形式。如短路、开路、断裂、过度耗损等。

　　i) 故障原因:直接导致故障或引起性能降低进一步发展为故障的物理或化学过程、设计缺陷、工艺缺陷、零件使用不当或其他过程。

　　j) 故障影响:故障模式对产品在工作、功能或状态方面所产生的后果,分为局部影响,对高一层次的影响和最终影响。

　　k) 局部影响:故障模式对特定的分析产品在工作、功能或状态方面所产生的后果。在某些情况下,就是故障模式本身。

　　l) 高一层次影响:故障模式对比特定的分析产品高一层次的产品在工作、功能或状态方面产生的后果。

　　m) 最终影响:故障模式对初始约定层次产品(系统)在工作、功能或状态方面产生的后果。

　　n) 严酷度:故障模式所产生后果的严重程度。根据人员损伤、设备损坏(从安全角度)或系统性能影响任务完成的程度确定其类别。

　　o) 危害性:对产品中每个故障模式发生的概率及其危害程度的综合度量。

　　p) 使用补偿措施:针对某一故障模式,为了预防其发生而采取的特殊的使用和维护措施,或一旦出现该故障模式后操作人员采取的最恰当的补救措施。

　　q) 设计改进措施:针对某一故障模式,在设计和工艺上采取的消除或减轻故障影响或降低故障发生概率的改进措施。

　　r) 故障检测方法:记录发现故障模式的方法和手段。一般包括目视检查、原位测试、离位检测等,其手段如 BIT(机内测试)、自动传感装置、传感仪器、音响报警装置、显示报警装置等。

　　s) 单点故障:引起产品的故障且没有冗余或可替代的工作程序作为补救的故障。

5.1　FMECA 分析方法

FMECA 分析方法如表 5-2。

表 5-2　FMECA 分析方法

FMECA 方法	定义
功能 FMECA	根据产品的每个功能故障模式,对各种可能导致该功能故障模式的原因及其影响进行分析
硬件 FMECA	根据产品的每个硬件故障模式,对各种可能导致该硬件故障模式的原因及其影响进行分析

FMECA 方法	定义
软件 FMECA	通过识别软件故障模式,研究分析各种故障模式产生的原因及其造成的后果,寻找消除和减少其有害后果的方法,以尽早发现潜在的问题,并采取相应的措施
损坏模式及影响分析 DMEA	确定损伤所造成的损坏程度,以提供因威胁机理所引起的损坏模式对武器产品执行任务功能的影响,进而有针对性地提供设计、维修、操作等方面的改进措施
过程 FMECA	根据产品在生产过程中每个工艺步骤可能发生的故障模式,对可能导致工艺过程的故障模式原因及其影响进行分析

电子产品寿命周期划分为以下几个阶段:论证阶段、方案阶段、工程研制阶段、设计定型阶段与生产定型阶段,表 5-3 为产品寿命周期各阶段采用的 FMECA 方法及目的。

表 5-3　产品寿命周期各阶段 FMECA 方法

阶段	方法	目的
论证阶段	功能 FMECA 损坏模式及影响分析(DMEA)	分析研究产品功能设计的缺陷和薄弱环节,为产品功能设计的改进和方案的权衡提供依据
方案阶段	功能 FMECA 损坏模式及影响分析(DMEA)	分析研究产品功能设计的缺陷和薄弱环节,为产品功能设计的改进和方案的权衡提供依据
工程研制阶段	功能 FMECA 硬件 FMECA 软件 FMECA 损坏模式及影响分析(DMEA) 过程 FMECA	分析研究产品功能、硬件、软件、生产工艺和生存性与易损性设计的缺陷与薄弱环节,为产品的硬件、软件、生产工艺和生存性与易损性设计的改进提供依据
设计定型与生产定型阶段、使用阶段	硬件 FMECA 软件 FMECA 损坏模式及影响分析(DMEA) 过程 FMECA	分析研究产品硬件、软件、生产工艺和生存性与易损性设计的缺陷与薄弱环节,为产品的设计鉴定与列装定型提供改进依据。分析研究产品使用过程中可能实际发生的故障、原因及其影响,为提高产品使用可靠性,进行产品的改进、改型或新产品的研制,以及使用维修决策等提供依据

产品的设计 FMECA 工作应与产品的设计同步进行。产品在论证与方案阶段、工程研制阶段的早期主要考虑产品的功能组成,对其进行功能 FMECA;当产品在工程研制阶段、定型阶段,主要是采用硬件(含 DMEA)、软件的 FMECA。随着产品设计状态的变化,应不断更新 FMECA,以及时发现设计中的薄弱环节并加以改进。

过程 FMECA 是产品生产工艺中运用 FMECA 方法的分析工作,它应与工艺设计同步进行,以及时发现工艺实施过程中可能存在的薄弱环节并加以改进。

5.1.1　FMECA 分析所需信息

FMECA 所需的主要信息来源见表 5-4。

表 5 - 4 FMECA 所需主要信息

序号	信息来源	获取 FMECA 所需的主要信息	所获信息的作用
1	总体技术方案、分系统实施方案、工艺方案	从总体技术方案、分系统实施方案中获取产品的性能任务及任务阶段、环境条件、工作原理、结构组成、试验和使用要求等;	可以确定 FMECA 工作的深度和广度
		从生产工艺技术规范中获取:生产过程流程、工序目的和要求等。	为 FMECA 工作提供支持
2	分系统详细设计报告、图纸、工艺流程	从设计图样可获取初始约定层次产品直至最低约定层次产品的结构、接口关系等信息; 从生产工艺设计资料获得生产过程流程说明、过程特性矩阵以及相关工艺设计、工艺规程等信息。	在设计初期的工作原理图可进行功能 FMECA;设计图纸为硬件及软件 FMECA、DMEA 提供支持;生产工艺设计资料为进行过程 FMECA 提供支持
3	可靠性设计分析及试验	从产品可靠性设计分析及试验资料中获取故障信息或数据;当无试验数据时,可从某些标准、手册、资料中(如 GJB/Z 299《电子设备可靠性预计手册》)和软件测试中获取故障信息或数据;	为 FMECA 的定性、定量分析提供支持
		从生产工艺,可获包括生产过程中的故障模式、影响及风险结果。	为过程 FMECA 进行定性、定量分析提供支持
4	过去经验、相似产品信息	从产品在使用维修中获取:检测周期、预防维修工作要求、可能出现的硬件、软件故障模式(含损坏模式)、设计改进或使用补偿措施等; 从相似产品中获取有关 FMECA 信息。	为 FMECA、过程 FMECA 工作的开展提供支持

5.1.2　定义故障判据

故障判据的依据如下:

a) 产品在规定的条件下和规定时间内,不能完成规定的功能;

b) 产品在规定的条件下和规定时间内,某些性能指标不能保持在规定的范围内;

c) 产品在规定的条件下和规定时间内,引起对人员、环境、能源和物资等方面的不良影响超出了允许范围;

d) 技术协议或其他文件规定的故障判据。

5.1.3　定义约定层次

在对产品实施功能与硬件 FMECA 时,应明确分析对象,即明确约定层次的定义;对过程 FMECA 时,可采用产品工艺流程各个环节作为分析对象,考虑工艺中可能发生的缺陷对下一道工序、被加工产品或最终产品的影响。

5.1.3.1　功能及硬件 FMECA 中约定层次划分

约定层次既可以按产品的功能层次关系定义,又可按产品的硬件结构层次关系定义。

具体选用何种约定层次划分方法,将取决于分析中所选用的 FMECA 方法。当选用功能 FMECA 方法时,应针对产品的功能层次关系划分约定层次;当选用硬件 FMECA 方法时,应针对产品的硬件结构层次关系划分约定层次。

5.1.3.2　划分约定层次的注意事项

注意事项主要包括:

a) 在 FMECA 中的约定层次,划分为"初始约定层次""约定层次"和"最低约定层次"。

b) 对于采用了成熟设计、继承性较好且经过了可靠性、维修性和安全性等良好验证的产品,其约定层次可划分得少而粗;反之,可划分得多而细。

c) 在确定最低约定层次时,可参照约定的或预定维修级别上的产品层次(如维修可更换单元)。

d) 每个约定层次的产品应有明确定义(包括功能,故障判据等),当约定层次的级数较多(一般大于 3 级)时,应从下至上按约定层次的级别不断分析,直至初始约定层次相邻的下一个层次为止,进而构成完整产品的 FMECA。

5.1.4　定义严酷度类别

5.1.4.1　严酷度类别划分

在进行故障影响分析之前,应对故障模式的严酷度类别(或等级)进行定义。它是根据故障模式最终可能出现的人员伤亡、任务失败、产品损坏(或经济损失)和环境损害等方面的影响程度进行确定的。产品常用的严酷度类别的定义见表 5-5。

表 5-5　严酷度类别及定义

严酷度类别	严重程度定义
Ⅰ类(灾难地)	引起人员死亡或产品严重毁坏、重大环境损害
Ⅱ类(致命地)	引起人员的严重伤害或重大经济损失或导致任务执行失败、产品严重损坏及严重环境损害
Ⅲ类(中等地)	引起人员的中等程度伤害或中等程度的经济损失或导致任务延误或降级、产品中等程度的损坏及中等程度环境损害
Ⅳ类(轻度地)	不足以导致人员伤害或轻度的经济损失或产品轻度的损坏及环境损害,但它会导致非计划性维护或修理

5.1.4.2　定义严酷度类别注意事项

注意事项主要包括:

a) 严酷度类别仅是按故障模式造成的最坏的潜在后果进行确定的;

b) 严酷度类别仅是按故障模式对"初始约定层次"的影响程度进行确定的;

c) 严酷度类别划分有多种方法,但对同一产品进行 FMECA 时,其定义应保持一致。

5.1.5　制订编码体系

为了对产品的每个故障模式进行统计、分析、跟踪和反馈,应根据产品的功能及结构分解或所划分的约定层次,制订编码体系。

其注意事项是:编码体系应符合产品功能及结构层次的上、下级关系;能体现约定层次的上、下级关系,与产品的功能框图和可靠性框图相一致;符合或采用有关标准或文件的要求;对产品各组成部分应具有唯一、简明和适用等特性;与产品的规模相一致,并具有一定的可追溯性。

5.2　功能及硬件 FMECA

功能及硬件 FMECA 目的如下:

找出产品在功能及硬件设计中所有可能的故障模式、原因及影响,并针对其薄弱环节,提出设计改进和使用补偿措施。

功能及硬件 FMECA 方法比较如下:

功能及硬件 FMECA 方法的综合比较见表 5-6。具体选用何种分析方法酌情而定。

表 5-6　功能及硬件 FMECA 分析方法的综合比较

序号	项目		功能 FMECA	硬件 FMECA
1	内涵		根据产品的每个功能故障模式,对各种可能导致该功能故障模式的原因及其影响进行分析。使用该方法时,应将输出功能列出	根据产品的每个硬件故障模式,对各种可能导致该硬件故障模式的原因及其影响进行分析
2	使用条件及时机		产品的构成尚不确定或完全不确定时,采用功能 FMECA。一般用于产品论证、方案阶段或工程研制阶段早期	产品设计图纸及其他工程设计资料已确定。一般用于产品的工程研制阶段
3	适用范围		一般从"初始约定层次"产品向下分析,即自上而下的分析,也可从产品任一功能级开始向任一方向进行分析	一般从元器件级直至系统级,即自下而上的分析,也可从任一层次产品开始向任一方向进行分析
4	分析人员需掌握的资料		产品及功能故障的定义: a) 产品功能框图; b) 产品的工作原理; c) 产品边界条件及假设等	产品的全部原理及其相关资料(例如原理图、装配图等); 产品的层次定义; 产品的构成清单及元器件、零组件、材料明细表等
5	特点	优点	分析相对比较简单	分析比较严格,应用比较广泛
		缺点	可能忽略某些功能故障模式	需要产品设计图及其他设计资料

FMECA 是由故障模式及影响分析(FMEA)和危害性分析(CA)所组成。CA 是对 FMEA 的补充和扩展,只有先进行 FMEA,才能进行 CA。功能及硬件 FMECA 步骤见图 5-1。

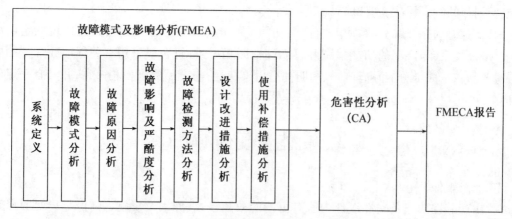

图 5-1 功能及硬件 FMECA 步骤图

5.2.1 系统定义

系统定义目的和主要内容:

系统定义的目的是使分析人员有针对性地对被分析产品在给定任务功能下进行所有可能的故障模式、原因和影响分析。系统定义可概括为产品功能分析和绘制框图(功能框图、任务可靠性框图)两个部分。

1)产品功能分析:在描述产品任务后,对产品在不同任务剖面下的主要功能、工作方式(如连续工作、间歇工作或不工作等)和工作时间等进行分析,并应充分考虑产品接口部分的分析;

2)绘制功能框图及任务可靠性框图:

a)绘制功能框图:描述产品的功能可以采用功能框图方法,表示产品各组成部分所承担的任务或功能间的相互关系,以及产品每个约定层次间的功能逻辑顺序、数据(信息)流和接口,功能框图也可表示为产品功能层次与结构层次;

b)绘制任务可靠性框图:可靠性框图是描述产品整体可靠性与其组成部分的可靠性之间的关系。它不反映产品间的功能关系,而是表示故障影响的逻辑关系,如果产品具有多项任务或多个工作模式,则应分别建立相应的任务可靠性框图。

系统定义注意事项:

a)完整的系统定义应包括产品每项任务,每一任务阶段以及各种工作方式的功能描述;

b)功能是指产品的主要功能;

c)应对产品的任务时间要求进行定量说明;

d)明确功能及任务可靠性框图的含义、作用和绘制方法。

5.2.2 故障模式分析

故障模式分析的目的是找出产品所有可能出现的故障模式,其主要内容有:

a)不同 FMECA 方法的故障模式分析:当选用功能 FMECA 时,根据系统定义中的功能描述、故障判据的要求,确定其所有可能的功能故障模式,进而对每个功能故障模式进行分析;当选用硬件 FMECA 时,根据被分析产品的硬件特征,确定其所有可能的硬件故障模式(如电阻器的开路、短路和参数漂移等),进而对每个硬件故障模式进行分析;

b) 故障模式的获取方法:在进行 FMECA 时,一般可以通过统计、试验、分析和预测等方法获取产品的故障模式。对采用现有的产品,可从该产品在过去的使用中所发生的故障模式为基础,再根据该产品的使用环境条件的异同进行分析修正,进而得到该产品的故障模式;对采用新的产品,可根据该产品的功能原理和结构特点进行分析、预测,进而得到该产品的故障模式,或以与该产品具有相似功能和相似结构的产品所发生的故障模式作为基础,分析判断该产品的故障模式;对引进国外货架产品,应向外商索取其故障模式,或从相似功能和相似结构产品中发生的故障模式作基础,分析判断其故障模式;

c) 常用元器件和零组件的故障模式:对常用的元器件和零组件可从国内外有关标准和手册中确定其故障模式;

d) 典型的故障模式:当 b)、c)中的方法不能获得故障模式时,可参照表5-7、表5-8所列典型故障模式确定被分析产品可能的故障模式。表5-7适用于产品设计初期的故障模式分析;表5-8适用于产品详细设计的故障模式分析。

表5-7　典型故障模式(简略的)

序号	故障模式
1	提前工作。
2	在规定的工作时间内不工作。
3	在规定的非工作时间内工作。
4	间歇工作或工作不稳定。
5	工作中输出消失或故障(如性能下降等)。

表5-8　典型故障模式(较详细的)

序号	故障模式	序号	故障模式	序号	故障模式	序号	故障模式
1	结构故障(破损)	12	超出允差(下限)	23	滞后运行	34	折断
2	捆结或卡死	13	意外运行	24	输入过大	35	动作不到位
3	共振	14	间歇性工作	25	输入过小	36	动作过位
4	不能保持正常位置	15	漂移性工作	26	输出过大	37	不匹配
5	打不开	16	错误指示	27	输出过小	38	晃动
6	关不上	17	流动不畅	28	无输入	39	松动
7	误开	18	错误动作	29	无输出	40	脱落
8	误关	19	不能关机	30	(电的)短路	41	弯曲变形
9	内部漏泄	20	不能开机	31	(电的)开路	42	扭转变形
10	外部漏泄	21	不能切换	32	(电的)参数漂移	43	拉伸变形
11	超出允差(上限)	22	提前运行	33	裂纹	44	压缩变形

故障模式分析的注意事项：

a）应区分功能故障和潜在故障。功能故障是指产品或产品的一部分不能完成预定功能的事件或状态；潜在故障是指产品或产品的一部分将不能完成预定功能的事件或状态，它是指示功能故障将要发生的一种可鉴别（人工观察或仪器检测）的状态；

b）产品具有多种功能时，应找出该产品每个功能的全部可能的故障模式；

c）复杂产品一般具有多种任务功能，则应找出该产品在每一个任务剖面下每一个任务阶段可能的故障模式。

5.2.3　故障原因分析

故障原因分析的目的：找出每个故障模式产生的原因，进而采取针对性的有效改进措施，防止或减少故障模式发生的可能性。

故障原因分析的方法：

a）从导致产品发生功能故障模式或潜在故障模式的那些物理、化学或生物变化过程等方面找故障模式发生的直接原因；

b）从外部因素（如其他产品的故障、使用、环境和人为因素等）方面找产品发生故障模式的间接原因。

故障原因分析的注意事项：

a）正确区分故障模式与故障原因。故障模式一般是可观察到的故障表现形式，而故障模式直接原因或间接原因是设计缺陷、制造缺陷或外部因素。

b）应考虑产品相邻约定层次的关系。因为下一约定层次的故障模式往往是上一约定层次的故障原因。

c）当某个故障模式存在两个以上故障原因时，在 FMECA 表"故障原因"栏中均应逐一注明。

5.2.4　故障影响及严酷度分析

故障影响分析的目的是：找出产品的每个可能的故障模式所产生的影响，并对其严重程度进行分析。

每个故障模式的影响一般分为三级：局部影响、高一层次影响和最终影响，其定义见表5－9。

表5－9　按约定层次划分故障影响分级表

名称	定义
局部影响	零件、元器件或分系统故障模式对该产品自身及所在约定层次产品的使用、功能或状态的影响。
高一层次影响	零件、元器件或分系统故障模式对该零件、元器件或分系统所在约定层次的紧邻上一层次产品的使用、功能或状态的影响。
最终影响	零件、元器件或分系统的故障模式对初始约定层次产品的使用、功能或状态的影响。

　　故障影响的严酷度类别应按每个故障模式的最终影响的严重程度进行确定。

　　故障影响分析的注意事项:

　　a) 切实掌握三级故障影响的定义;

　　b) 明确不同层次的故障模式和故障影响存在着一定的关系,即低层次产品故障模式对紧邻上一层次产品的影响就是紧邻上一层次产品的故障模式、低层次故障模式是紧邻上一层次的故障原因,由此推论可得出不同约定层次产品之间的迭代关系;

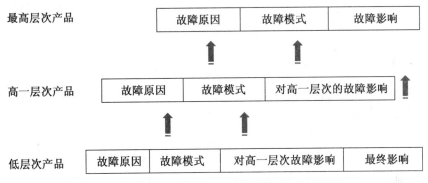

图 5-2　不同约定层次故障模式与故障影响的传递关系

　　c) 对于采用了余度设计、备用工作方式设计或故障检测与保护设计的产品,在 FMEA 中应暂不考虑这些设计措施而直接分析产品故障模式的最终影响。并根据这一最终影响确定其严酷度等级。对此情况,应在 FMEA 表中指明产品针对这种故障模式影响已采取了上述设计措施。若需更仔细分析其影响,则应借助于故障模式危害性分析。

5.2.5　故障检测方法分析

　　故障检测方法分析的目的是:为产品的维修性与测试性设计、以及维修工作分析等提供依据。

　　故障检测方法的主要内容一般包括:目视检查、原位检测和离位检测等,其手段有:机内测试(BIT)、自动传感装置、传感仪器、音响报警装置、显示报警装置和遥测等。故障检测一般分为事前检测与事后检测两类,对于潜在的故障模式,应尽可能在设计中采用事前检测方法。

　　故障检测方法分析的注意事项:

　　a) 当确无故障模式检测手段时,在 FMEA 表中的相应栏内填写"无",并在设计中予以关注。当 FMEA 结果表明不可检测的故障模式会引起高严酷度(由不可检测故障本身或与其他故障模式组合影响而造成)时,还应将这些不可检测的故障模式列出清单;

　　b) 根据需要,增加必要的检测点,以便区分是哪个故障模式引起产品发生故障;

　　c) 从可靠性或安全性出发,应及时对冗余系统每个组成部分进行故障检测、及时维修,以保持或恢复冗余系统的固有可靠性。

　　电子设备的检测方法一般如下:

　　a) 在线 BIT:在线 BIT 包括周期 BIT 和连续 BIT。周期 BIT 是以规定时间间隔启动的BIT,连续 BIT 是连续监测主系统工作的 BIT;

b）加电 BIT:加电 BIT 是在被测单元电源接通时启动,并当系统准备好时结束测试的 BIT,加电 BIT 是启动 BIT 的特例;

c）启动 BIT:启动 BIT 是由某种事件或操作员启动的 BIT。它可能中断主系统的正常工作,可以允许操作员干预;

d）内场人工检查:内场人工检查是在内场维护活动中依靠人工判断故障(可借助简单测量工具,如万用表等)进行检测的方法,包括目视或耳听检查、万用表或示波器测量等;

e）内场测试设备测试:内场测试设备测试是在内场环境下使用内场测试设备,如 ATE(自动测试设备)或专用测试平台进行检测的方法。

5.2.6　改进与使用补偿措施分析

设计改进与使用补偿措施分析的目的是:针对每个故障模式的影响在设计与使用方面采取了哪些措施,以消除或减轻故障影响,进而提高产品的可靠性。

设计改进与使用补偿措施的主要内容:

a）设计改进措施:当产品发生故障时,应考虑是否具备能够继续工作的冗余设备;安全或保险装置(例如监控及报警装置);替换的工作方式(例如备用或辅助设备);可以消除或减轻故障影响的设计改进(例如:优选元器件、热设计和降额设计等);

b）使用补偿措施:为了尽量避免或预防故障的发生,在使用和维护规程中规定的使用维护措施。一旦出现某故障后,操作人员应采取的最恰当的补救措施等。使用补偿措施应具体化,有针对性,并体现在产品的使用说明书和维护规程中;

c）分析冗余系统时,应特别注意那些由共同原因导致的同时故障,或由共同模式导致的同时故障,前者被称为共因故障,后者被称为共模故障,共因故障和共模故障是一种不独立的相依故障事件,它们可能同时发生从而导致冗余系统的失效。

设计改进与使用补偿措施分析的注意事项:分析人员要认真进行设计改进与使用补偿措施方面的分析,应尽量避免在填写 FMEA 表中"设计改进措施"和"使用补偿措施"栏时均填"无"。

5.2.7　功能及硬件危害性分析

危害性分析(CA)的目的是:对产品每一个故障模式的严重程度及其发生的概率所产生的综合影响进行分类,以全面评价产品中所有可能出现的故障模式的影响。

危害性分析常用的方法如下:

1）风险优先数(RPN)方法

风险优先数方法是对产品每个故障模式的 RPN 值进行优先排序,并采取相应的措施,使 RPN 值达到可接受的最低水平。

产品某个故障模式的 RPN 等于该故障模式的严酷度等级(ESR)和故障模式的发生概率等级(OPR)的乘积 $RPN = ESR \times OPR$。式中,RPN 数越高,则其危害性越大,其中 ESR 和 OPR 的评分准则如下:

a）故障模式影响的严酷度等级(ESR)评分准则:ESR 是评定某个故障模式的最终影响的程度。表 5-10 给出了 ESR 的评分准则。在分析中,该评分准则应综合所分析产品的实际情况尽可能的详细规定：

表 5－10　影响严酷度等级（ESR）评分准则

ESR 评分等级	严酷度等级	故障影响的严重程度
1、2、3	轻度的	不足以导致人员伤害、产品轻度的损坏、轻度的财产损失及轻度环境损坏，但它会导致非计划性维护或修理
4、5、6	中等的	导致人员中等程度伤害、产品中等程度损坏、任务延误或降级、中等程度财产损坏及中等程度环境损害
7、8	致命的	导致人员严重伤害、产品严重损坏、任务失败、严重财产损坏及严重环境损害。
9、10	灾难的	导致人员死亡、产品严重毁坏，重大财产损失和重大环境损害

b）故障模式发生概率等级（OPR）评分准则：OPR 是评定某个故障模式实际发生的可能性。表 5－11 给出了 OPR 的评分准则，表中"故障模式发生概率 P_m 参考范围"是对应各评分等级给出的预计该故障模式在产品的寿命周期内发生的概率，该值在具体应用中可以酌情定义。

表 5－11　故障模式发生概率等级（OPR）评分准则

OPR	评分等级	故障模式发生的可能性
1	极低	$P_m \leqslant 10^{-6}$
2、3	较低	$1 \times 10^{-6} < P_m \leqslant 1 \times 10^{-4}$
4、5、6	中等	$1 \times 10^{-4} < P_m \leqslant 1 \times 10^{-2}$
7、8	高	$1 \times 10^{-2} < P_m \leqslant 1 \times 10^{-1}$
9、10	非常高	$P_m > 10^{-1}$

2）危害性矩阵分析方法

a）危害性矩阵分析目的和分类

危害性矩阵分析的目的是：比较每个产品及其故障模式的危害性程度，为确定产品改进措施的先后顺序提供依据。它分为定性的危害性矩阵分析方法、定量的危害性矩阵分析方法。当不能获得产品故障数据时，应选择定性的危害性矩阵分析方法；当可以获得较为准确的产品故障数据时，则选择定量的危害性矩阵分析方法。

b）定性危害性矩阵分析方法

定性危害性矩阵分析方法是将每个故障模式发生的可能性分成离散的级别，按所定义的等级对每个故障模式进行评定。根据每个故障模式出现概率大小分为 A、B、C、D、E 五个不同的等级，其定义见表 5－12，结合工程实际，可以对其进行修正。对故障模式概率等级评定之后，应用危害性矩阵图对每个故障模式进行危害性分析。

表 5 - 12　故障模式发生概率的等级划分

等级	定义	故障模式发生概率的特征	故障模式发生概率(在产品使用时间内)
A	经常发生	高概率	某个故障模式发生概率大于产品总故障概率的20%
B	有时发生	中等概率	某个故障模式发生概率大于产品总故障概率的10%,小于20%
C	偶然发生	不常发生	某个故障模式发生概率大于产品总故障概率的1%,小于10%
D	很少发生	不大可能发生	某个故障模式发生概率大于产品总故障概率的0.1%,小于1%
E	极少发生	近乎为零	某个故障模式发生概率小于产品总故障概率的0.1%

c) 定量危害性矩阵分析方法

定量危害性矩阵分析方法主要是按公式(5-1)、公式(5-3)分别计算每个故障模式危害度 C_{mj} 和产品危害度 C_r,并对求得的不同的 C_{mj} 和 C_r 值分别进行排序,或应用危害性矩阵图对每个故障模式的 C_{mj}、产品的 C_r 进行危害性分析。

故障模式的危害度 C_{mj}: C_{mj} 是产品危害度的一部分。产品在工作时间 t 内,以第 j 个故障模式发生的某严酷度等级下的危害度 C_{mj} 为:

$$C_{mj} = \alpha_j \cdot \beta_j \cdot \lambda_p \cdot t \qquad (5-1)$$

式中,$j = 1, 2, \cdots, N$,N 为产品的故障模式总数。α_j(故障模式频数比)—产品第 j 种故障模式发生次数与产品所有可能的故障模式数的比率。α_j 可依据 GJB/Z 299C 给出的典型电子设备用电子元器件的故障模式及频数比,这个比值应根据具体器件和使用人员的实际经验加以修正,也可以统计获得。当产品的故障模式数为 N,则 $\alpha_j (j = 1, 2, \cdots, N)$ 之和为 1:

$$\sum_{j=1}^{N} \alpha_j = 1 \qquad (5-2)$$

β_j(故障模式影响概率)—产品在第 j 种故障模式发生的条件下,其最终影响导致"初始约定层次"出现某严酷度等级的条件概率。β 值的确定是代表分析人员对产品故障模式、原因和影响等掌握的程度。通常 β 值的确定是按经验进行定量估计。表 5-13 所列的三种 β 值可供选择;

表 5 - 13　故障影响概率 β 的推荐值

影响故障	包含的故障	β_j
实际丧失	灾难性故障、致命性故障	$\beta_j = 1$
很可能丧失	性能临界性故障	$0.1 < \beta_j < 1$
有可能丧失	轻微故障	$0 < \beta_j \leq 0.1$
无影响	无故障	$\beta_j = 0$

λ_p—被分析产品在其任务阶段内的故障率,单位为 1/小时(1/h);t—产品任务阶段的工作时间,单位为小时(h)。

产品危害度 C_r：产品的危害度 C_r 是该产品在给定的严酷度类别和任务阶段下的各种故障模式危害度 C_{mj} 之和。

$$C_r = \sum_{j=1}^{N} C_{mj} = \sum_{j=1}^{N} \alpha_j \cdot \beta_j \cdot \lambda_p \cdot t \qquad (5-3)$$

式中，$j = 1, 2, \cdots, N$；其中 N 为产品的故障模式总数。

d）绘制危害性矩阵图及应用

危害性矩阵是在某个特定严酷度级别下，对每个故障模式危害程度或产品危害度的结果进行比较。危害性矩阵与风险优先数（RPN）一样具有风险优先顺序的作用。绘制危害性矩阵图的目的、方法和应用如下。

绘制危害性矩阵图的目的：比较每个故障模式影响的危害程度，为确定改进措施的先后顺序提供依据。

绘制危害性矩阵图的方法：横坐标一般按等距离表示严酷度等级；纵坐标为产品危害度 C_r 或故障模式危害度 C_{mj} 或故障模式发生概率等级，详见图 5-3。其做法是：首先按 C_r 或 C_{mj} 的值或故障模式发生概率等级在纵坐标上查到对应的点，再在横坐标上选取代表其严酷度类别的直线，并在直线上标注产品或故障模式的位置（利用产品或故障模式代码标注），从而构成产品或故障模式的危害性矩阵图，即在图 5-3 上得到各产品或故障模式危害性的分布情况。

危害性矩阵图的应用：从图 5-3 中所标记的故障模式分布点向对角线（图中虚线 OP）作垂线，以该垂线与对角线的交点到原点的距离作为度量故障模式（或产品）危害性的依据，距离越长，其危害性越大，越应尽快采取改进措施。在图 5-3 中，因 O1 距离比 O2 距离长，则故障模式 M1 比故障模式 M2 的危害性大。

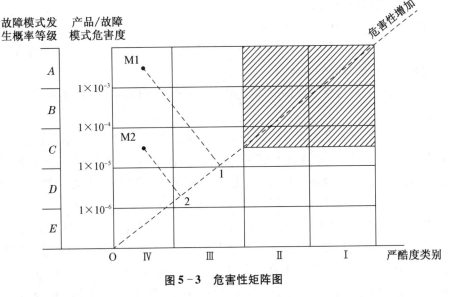

图 5-3　危害性矩阵图

功能及硬件 FMEA 的实施，一般是通过填写 FMEA 表格进行，"初始约定层次"填写"初始约定层次"的产品名称；"约定层次"填写正在被分析的产品紧邻的上一层次产品，当"约定层次"的级数较多(一般大于 3 级)时,应从下至上按"约定层次"的级别不断分析,直至"约定层次"为"初始约定层次"相邻的下级时,才构成一套完整的 FMEA 表;"任务"填写"初始约定层次"所需完成的任务。

第一栏(代码):为了使每一故障模式及其与相应的方框图内标志的系统功能关系一目了然,在 FMECA 表的第一栏填写被分析产品的代码。

第二栏(产品或功能标志):在分析表中记入被分析产品或系统功能的名称。原理图中的符号或设计图纸的编号可作为产品或功能的标志。

第三栏(功能):简要填写产品所需完成的功能,包括零部件的功能及其与接口设备的相互关系。

第四栏(故障模式):分析人员应确定并说明各产品约定层次中所有可预测的故障模式,并通过分析相应方框图中给定的功能输出来确定潜在的故障模式、应根据系统定义中的功能描述及故障判据中规定的要求,假设出各产品功能的故障模式。

第五栏(故障原因):确定并说明与假设的故障模式有关的各种原因,包括直接导致故障或引起使品质降低进一步发展为故障的那些物理或化学过程、设计缺陷、零件使用不当或其他过程。还应考虑相邻约定层次的故障原因。例如,在进行第二层次的分析时,应考虑第三层次的故障原因。

第六栏(任务阶段与工作方式):简要说明发生故障的任务阶段与工作方式。当任务阶段可以进一步划分为分阶段时,则应记录更详细的时间,作为故障发生的假设时间。

第七栏(故障影响):故障影响系指每个假设的故障模式对产品使用、功能或状态所导致的后果。应评价这些后果并将其记入分析表中。除被分析的产品层次外,所分析的故障还可能影响到几个约定层次。因此,应该评价每一故障模式对局部的、高一层次的和最终的影响。同时还应考虑任务目标、维修要求、人员及系统的安全。

a)局部影响系指所假设的故障模式对当前所分析的约定层次产品的使用、功能或状态的影响,确定局部影响的目的在于为评价补偿措施及提出改进措施建议提供依据。局部影响有可能就是所分析的故障模式本身。

b)高一层次影响系指所假设的故障模式对当前所分析的约定层次高一层次产品使用、功能或状态的影响。

c)最终影响系指所假设的故障模式对最高约定层次产品的使用、功能或状态的总的影响。最终影响可能是双重故障导致的后果。例如,只有在由一个安全装置所控制的主要功能超出了极限值,而且该安全装置也发生了故障的情况下,该安全装置的故障才会造成灾难的最终影响。这些由双重故障造成的最终影响应该记入 FMECA 表格中。

第八栏(严酷度类别):根据故障影响确定每一故障模式和产品的严酷度类别。

第九栏(故障概率或故障率数据源):当进行定性分析时,即以故障模式发生概率来评价故障模式时,应列出故障模式发生概率的等级;如果使用故障率数据来计算危害度,则应列出计算时所使用的故障率数据的来源。当做定性分析时,则不考虑其余各栏内容,可直接绘制危害性矩阵。

第十栏(故障率 λ_p):λ_p 可通过可靠性预计得到。如果是从有关手册或其他参考资料查到的产品的基本故障率(λ_b),则可以根据需要用应用系数(π_A)、环境系数(π_E)和质量系数(π_Q),以及其他系数来修正工作应力的差异,即:$\lambda_p = \lambda_b(\pi_A \cdot \pi_E \cdot \pi_Q)$;应列出计算 λp 时所用到的各修正系数。

第十一栏(故障模式频数比 α_j):α_j 表示产品将以故障模式 j 发生故障的百分比。如果列出某产品所有(N 个)故障模式,则这些故障模式所对应的各 $\alpha_j(j=1,2,\cdots\cdots N)$ 值的总和将等于1。

第十二栏(故障影响概率 β_j):β_j 是分析人员根据经验判断得到的,它是产品以故障模式 j 发生故障而导致系统任务丧失的条件概率。

第十三栏(工作时间 t):工作时间 t 可以从系统定义导出,通常以产品每次任务的工作小时数或工作循环次数表示。

第十四栏(故障模式危害度 C_{mj}):C_{mj} 是产品危害度的一部分。对给定的严酷度类别和任务阶段而言;产品的第 j 个故障模式危害度(C_{mj})可由下式计算:

$$C_{mj} = \alpha_j \cdot \beta_j \cdot \lambda_p \cdot t \qquad (5-4)$$

第十五栏(产品危害度 C_r):一个产品的危害度 C_r 系指预计将由该产品的故障模式造成的某一特定类型(以产品故障模式的严酷度类别表示)的产品故障数。就某一特定的严酷度类别和任务阶段而言,产品的危害度 C_r 是该产品在这一严酷度类别下的各故障模式危害度 C_{mj} 的总和:

$$C_r = \sum_{j=1}^{N} C_{mj} = \sum_{j=1}^{N} \alpha_j \cdot \beta_j \cdot \lambda_p \cdot t \qquad (5-5)$$

第十六栏(故障检测方法):操作人员或维修人员用以检测故障模式发生的方法应记入分析表中。故障检测方法应指明是目视检查或者音响报警装置、自动传感装置、传感仪器或其他独特的显示手段,还是无任何检测方法。

第十七栏(使用补偿措施):根据故障影响、故障检测等分析结果依次填写使用补偿措施。

第十八栏(设计改进措施):根据故障影响、故障检测等分析结果依次填写设计改进措施。

第十九栏(备注):这一栏上要记录与其他栏有关的注释及说明,如对改进设计的建议、异常状态的说明及冗余设备的故障影响等。

FMECA 报告主要内容如下:

a)概述:产品所处的寿命周期阶段、分析任务的来源等基本情况;编码体系、故障判据、严酷度定义、FMECA 方法的选用说明;FMECA 表选用说明;分析中使用的数据来源说明;其他有关解释和说明等;

b)系统定义:被分析产品的功能,指明本次分析所涉及的系统、分系统及其相应的功能,并进一步划分出 FMECA 的约定层次;绘制功能框图和任务可靠性框图;

c)编制 FMECA 表及说明,严酷度为 Ⅰ、Ⅱ 类单点故障模式清单,重点说明故障模式无法消除的原因,并进行优化设计以降低其发生概率;

d)危害性分析:可根据情况,进行危害性定性或定量分析,根据危害性矩阵图,形成可靠

性关键产品清单;

e)结论与建议:除阐述结论外,对无法消除的严酷度为Ⅰ、Ⅱ类单点故障模式或严酷度为Ⅰ、Ⅱ类故障模式的必要说明,对其他可能的设计改进措施和使用补偿措施的建议、以及预计执行措施后的效果说明;

f)附件:FMECA表和危害性矩阵图等;

g)如有需要时,应对FMECA的结果和报告进行评审。评审可结合产品研制转阶段节点评审或其他技术评审进行,也可以进行FMECA单项评审。

FMECA工作的注意事项如表5-14所示。

表 5 - 14   FMECA 工作注意事项

正确的做法	可能存在的问题	决策、管理层面应关注的问题
有效性原则。 从方案设计开始,应将"边设计、边分析"贯穿整个设计过程,并将FMECA结果及时反映到产品设计、工艺设计中去。	设计图纸完成后再补。 应付检查。 未能与设计进行有效结合	何时做
"团队"原则。 建立由产品设计或工艺设计人员为主、并有可靠性专业人员、管理人员和相关人员(比如任务提出方、配套单位人员)组成的设计或过程FMECA的"团队"或"小组",群策群力,以保证工作的全面性、准确性。复杂的产品,比如系统级产品跨专业组队进行。	单打独斗或者可靠性专职人员进行	由谁做
穷举原则。 采用穷举法,尽力找出所有可能的故障模式、原因、影响,并经各级技术领导审查以保证分析的有效性、可信性。	故障模式分析不全,比如:只关心飞行阶段,寿命剖面中的其他阶段覆盖不全。未经各级技术领导认真审查把关	可靠性关键产品清单、严酷度Ⅰ、Ⅱ类的单点故障模式清单,是否完整、合理,是否经过严格审查把关
措施具体化原则。 设计改进、使用补偿措施应明确具体,切实可操作、可落实。 比如设计改进措施可写:"元器件质量等级由B改为A1的器件"、"降额等级为Ⅱ级"、"试验条件强化为…"、"并联…/串联…"等其他设计、工艺方面具体的措施; 使用补偿措施为使用中出现故障后操作人员能采取的补救措施,比如"手动操纵…"	1. 无措施; 2. 采取事后的、消极的措施(如更换、修理等); 3. 缺乏针对性和可操作。 类似:"加强质量/生产/工艺控制""强化质量管理""加强检验""选用高可靠器件""加强筛选""优化设计"等,太笼统,不可操作	措施是否正确、具体、可操作
跟踪原则。 设计、改进、使用补偿措施的落实、效果及时跟踪分析,以保证分析的结果真正落实到实处。	没有人跟踪;或不落实FMECA表中的措施	1. 更改设计是否列入科研计划 2. 是否在图纸、文件、产品上落实;有无人检查
持续改进原则。 随设计更改而更改。针对更改部分需要重新进行。	没有随设计更改而更改	是否针对更改内容进行了FMECA;有无计划落实

5.2.8　Ⅰ和Ⅱ类单点故障模式清单

对无法消除的严酷度Ⅰ、Ⅱ类单点故障模式须给出必要说明。根据 FMECA 表的结果，确定《严酷度Ⅰ、Ⅱ类单点故障模式清单》如表 5‑15，并逐一采取设计改进措施或使用补偿措施。

表 5‑15　严酷度Ⅰ、Ⅱ类单点故障模式清单（示例）

序号	代码	产品或功能标志	功能	故障模式	故障原因	单点故障影响描述	危害度代码	设计改进措施	使用补偿措施	故障模式未被消除的理由
1	2	3	4	5	6	7	8	9	10	11
对产品的每一个故障模式采用一种编码体系进行标识	对每一个产品的每一故障模式采用一种编码体系进行标识	记录被分析产品或功能的名称与标志	简要描述产品或功能所具有的主要功能	简要描述每一模式所有的故障模式	简要描述每一故障模式的所有故障原因	对最高约定层次产品的使用功能或状态总的影响	根据严酷度类别和故障模式发生概率等级填写该危害度代码	根据故障影响、故障检测等分析结果，简要描述拟采取的设计改进措施和使用补偿措施		描述故障模式不能被消除的原因
…										

5.2.9　可靠性关键产品清单

通过采取设计改进措施或使用补偿措施后，仍然无法降低危害度的故障模式，其对应的产品应进入《可靠性关键产品清单》如表 5‑16，并在研制生产中进行重点质量控制。

表 5‑16　可靠性关键产品清单（示例）

序号	产品或功能标志	功能	关键故障模式	故障原因	最终影响	危害度代码	设计改进措施	使用补偿措施
	记录被分析产品或功能的名称与标志	简要描述产品或功能所具有的主要功能	简要描述产品的关键故障模式	简要描述关键故障模式的所有原因	对最高约定层次产品的总的影响	根据严酷度类别和故障模式发生概率等级填写该危害度代码	根据故障影响、故障检测等分析结果，简要描述拟采取的设计改进措施和使用补偿措施	
…								

5.3　SFMECA 分析

SFMECA 主要是在软件开发阶段的早期，通过识别软件故障模式，研究分析各种故障模式产生的原因及其造成的后果，寻找消除和减少其有害后果的方法，以尽早发现潜在的问题，并采取相应的措施，从而提高软件的可靠性和安全性。

　　软件根据其特性可分为嵌入式软件和非嵌入式软件。嵌入式软件是指嵌入式计算机系统用的软件。嵌入式计算机系统是指归结在一个其主要目的不是进行计算的较大系统中,成为其完整不可分开部分的计算机系统。该系统的硬件和软件均按规定功能要求进行配置,在可靠性与安全性等方面相互联系与制约,并同步进行设计,具有智能化的实时控制的特征,且有重量轻、使用与安装方便等特点,在产品上得到广泛应用。本处仅涉及嵌入式SFMECA 的分析方法和步骤。

　　嵌入式软件 SFMECA 目的如下:

　　SFMECA 的目的是找出嵌入式软件所有可能存在的危害软/硬件综合系统可靠安全运行的故障模式,分析其产生的软件或硬件的故障原因、影响及后果,并在设计上采取相应的改进措施,以保证嵌入式软/硬件综合系统可靠安全地运行。

　　SFMECA 主要用于嵌入式软件开发阶段的早期,即需求分析阶段、概要设计阶段,也可用于嵌入式软件开发的其他阶段,以及产品定型后嵌入式软件的可靠性、安全性等分析。

　　SFMECA 的步骤与"功能及硬件 FMECA"的步骤相似,见图 5-4。只有先进行嵌入式软件故障模式及影响分析(SFMEA),才能进行嵌入式软件危害性分析(SCA)。

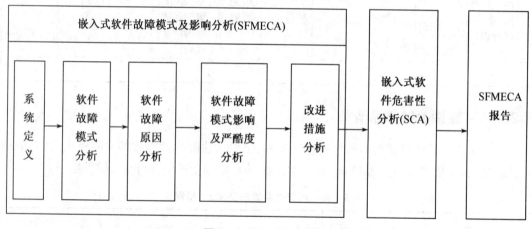

图 5-4　SFMECA 步骤

5.3.1　系统定义

　　主要包括:

　　a)绘制软件功能流程图。在软件需求分析阶段应形成软件需求说明文档,在文档中应给出软件功能流程图。流程图中给出软/硬件综合系统中每个软件部件或软件单元之间的功能逻辑关系,它表示了软/硬件综合系统自上而下的层次关系。

　　b)定义软件约定层次结构。软件由程序、分程序、模块和程序单元组成。软件"初始约定层次"可定为产品级,"最低约定层次"可定为软件单元,"约定层次"可定为软件部件直至软件/硬件综合系统。在软件产品中,应注意某些软件单元是重复使用的、非开发的(如外购或共享),对此情况应加以标注。软件约定层次定义的深度,同样影响着 SFMECA 的工作量和难度。在定义软件约定层次时应根据实际需要,重点考虑关键的、重要功能软件部件或模块。

5.3.2 软件故障模式分析

软件故障模式是软件故障的表现形式。软件故障模式分析的目的是针对每个被分析的软件单元，找出其所有可能的故障模式，见表 5-17。

5.3.3 软件故障原因分析

针对每个软件的故障模式应分析其所有可能的原因如表 5-17 所示。软件的故障原因往往是软件开发过程中形成的各类缺陷所引起的。软件故障原因按其缺陷分类及典型示例见表 5-18。

表 5-17　软件故障模式分类及其典型示例

序号	类别	软件故障模式示例		
1	软件通用故障模式	1）运行时不符合要求； 2）输入不符合要求； 3）输出不符合要求。		
2	软件的详细故障模式	输入故障	1）未收到输入； 2）收到错误输入； 3）收到数据轻微超差； 4）收到数据中度超差； 5）收到数据严重超差； 6）收到参数不完全或遗漏； 7）其他。	输出故障	1）输出结果错误（如输出项缺损或多余等）； 2）输出数据精度轻微超差； 3）输出数据精度中度超差； 4）输出数据精度严重超差； 5）输出参数不完全或遗漏； 6）输出格式错误； 7）输出打印字符不符合要求； 8）输出拼写错误/语法错误； 9）其他。
		程序故障	1）程序无法启动； 2）程序运行中非正常中断； 3）程序运行不能终止； 4）程序不能退出； 5）程序运行陷入死循环； 6）程序运行对其他单元或环境产生有害影响； 7）程序运行轻微超时； 8）程序运行明显超时； 9）程序运行严重超时； 10）其他。	未满足功能及性能要求故障	1）未达到功能/性能的要求； 2）不能满足用户对运行时间的要求； 3）不能满足用户对数据处理量的要求； 4）多用户系统不能满足用户数的要求； 5）其他；

（续表）

序号	类别	软件故障模式示例	
	其他	1）程序运行改变了系统配置要求；	6）人为操作错误；
		2）程序运行改变了其他程序的运行数据；	7）接口故障；
		3）操作系统错误；	8）I/O 定时不准确导致数据丢失；
		4）硬件错误；	9）维护不合理/错误；
		5）整个系统错误。	10）其他。

表 5–18　软件故障原因按其缺陷分类及典型示例

序号	软件缺陷类型	详细的软件缺陷	备注
1	需求缺陷	1）软件需求制订不合理或不正确；2）需求不完全；3）有逻辑错误；4）需求分析文档有误	
2	功能和性能缺陷	1）功能和性能规定有误，或遗漏功能，或有冗余功能；2）为用户提供信息有错或不确切；3）对异常情况处理有误	属最普遍、最值得重视的缺陷
3	软件结构缺陷	1）程序控制或控制顺序有误；2）处理过程有误	
4	数据缺陷	1）数据定义或数据结构有误；2）数据存取或操作有误；3）变量缩放比率或单位不正确；4）数据范围不正确；5）数据错误或丢失	
5	软件实现和编码缺陷	1）编码或按键有误；2）违背编码风格要求或标准；3）语法错；4）数据名错；5）局部变量与全局变量混淆	
6	软/硬件接口缺陷	1）软件内部接口、外部接口有误；2）软件各相关部分在时间配合或数据吞吐等方面不协调；3）I/O 时序错误导致数据丢失	

5.3.4　软件故障影响及严酷度分析

主要包括：

a）软件故障影响，须分析每个嵌入式软件故障模式对软/硬件综合系统的功能影响，考虑软件系统自身的复杂性，其故障也可以按照功能及硬件 FMECA 方法分为局部影响、高一层次影响和最终影响；但是基于嵌入式软件的特殊性，在分析软件的故障影响时，可直接分析其最终影响，也可直接分析对软/硬件综合系统造成的影响。推荐采用前者软件故障影响分析方法；

b）软件故障影响的严酷度：根据每个软件故障模式影响的严重程度划分其严酷度等级。推荐采用表 5–19 规定的要求，划分软件严酷度等级。

5.3.5　改进措施分析

根据每个软件故障模式的原因、影响及严酷度等级，综合提出有针对性的改进措施。

嵌入式软件危害性分析如下:

在工程中,推荐采用风险优先数(RPN)方法进行软件的危害性分析(SCA)。软件风险优先数 SRPN 按式(5-6)进行计算:

$$SRPN = SESR \times SOPR \times SDDR \qquad (5-6)$$

式中:SESR—软件故障模式的严酷度等级;SOPR—软件故障模式的发生概率等级;SDDR—软件故障模式的被检测难度等级。

其评分准则分别见表5-19~表5-21。

表5-19 软件故障模式的严酷度等级(SESR)评分准则

软件故障模式影响发生的可能性	软件故障模式影响的严重程度	评分等级
极高且无警告提示	影响系统运行的安全性,或不符合国家安全规定,且不能发出警告	10
极高但有警告提示	影响系统运行的安全性,或不符合国家安全规定,但能发出警告	9
非常高	影响系统丧失主要功能而不能运行	8
高	系统仍能运行,但运行水平降级,用户不满意	7
中等	系统仍能运行,但丧失使用的方便与舒适性	6
低	系统仍能运行,但影响使用的方便与舒适性	5
较低	影响轻度	4
非常次要的	影响轻微	3
极次要的	影响极小	2
无	无影响	1

表5-20 软件故障模式的发生概率等级(SOPR)评分准则

软件故障模式发生的可能性	软件故障模式发生概率 P_m 参考范围(每单元)	评分等级
非常高(几乎不可避免发生故障)	$P_m \geqslant 5 \times 10^{-1}$	10
	$1 \times 10^{-1} \leqslant P_m < 5 \times 10^{-1}$	9
高(重复发生的故障)	$1 \times 10^{-2} \leqslant P_m < 1 \times 10^{-1}$	8
	$1 \times 10^{-3} \leqslant P_m < 1 \times 10^{-2}$	7
中等(偶然发生的故障)	$1 \times 10^{-3} \leqslant P_m < 2 \times 10^{-3}$	6
	$2 \times 10^{-4} \leqslant P_m < 1 \times 10^{-3}$	5
低(相对几乎无故障)	$1 \times 10^{-4} \leqslant P_m < 2 \times 10^{-4}$	4
	$2 \times 10^{-5} \leqslant P_m < 1 \times 10^{-4}$	3
非常低(几乎不可能发生的故障)	$1 \times 10^{-5} \leqslant P_m < 2 \times 10^{-5}$	2
	$2 \times 10^{-6} \leqslant P_m < 1 \times 10^{-5}$	1

表 5 - 21　软件故障模式被检测的难度等级(SDDR)的评分准则

软件故障模式被检测的可能性	软件故障被检测的难度概率 P_D 参考范围(每单元)	评分等级
完全不能确定。	$P_D < 2 \times 10^{-6}$ 可能发现故障原因和故障模式,或根本无此类检测装置	10
非常微小	$P_D \approx 2 \times 10^{-6}$ 可能发现故障原因和故障模式	9
微小	$2 \times 10^{-6} < P_D \leqslant 2 \times 10^{-4}$ 可能发现故障原因、机理和故障模式	8
非常低	$2 \times 10^{-4} < P_D \leqslant 2 \times 10^{-3}$ 可能发现故障原因、机理和故障模式	7
低	$2 \times 10^{-3} < P_D \leqslant 1 \times 10^{-2}$ 可能发现故障原因、机理和故障模式	6
中等	$1 \times 10^{-2} < P_D \leqslant 2 \times 10^{-2}$ 可能发现故障原因、机理和故障模式	5
中等偏高	$2 \times 10^{-2} < P_D \leqslant 5 \times 10^{-2}$ 可能发现故障原因、机理和故障模式	4
高	$5 \times 10^{-2} < P_D \leqslant 3.3 \times 10^{-1}$ 可能发现故障原因、机理和故障模式	3
非常高	$3.3 \times 10^{-1} < P_D$ 可能发现故障原因和故障模式	2
完全确定	$P_D \approx 1$ 完全能发现故障原因和故障模式	1

SFMECA 实施如下:

SFMECA 实施与"功能及硬件 FMECA"一样,其主要工作是填写 SFMECA 表。表中各栏填写要求见表 5 - 22。

表 5 - 22　嵌入式软件 FMECA 表

初始约定层次:　　　　任　务:　　　　审核:　　　　　　　　　第　页　共　页
约定层次:　　　　　　分析人员:　　　批准:　　　　　　　　　填表日期:

代码	单元	功能	故障模式	故障原因	故障影响			严酷度类别	危害性分析				改进措施	备注
					局部影响	高一层次影响	最终影响		软件严酷度等级(SESR)	软件发生概率等级(SOPR)	软件被检测难度等级(SDDR)	软件风险优先数(SRPN)		
在 CSCI,CSC,或 CSU 的软件单元名称	单元执行的主要功能	与功能性能有关的所有故障模式	导致故障模式发生的可能原因	根据故障影响分析结果,依次填写软件故障模式的局部、高一层次和最终影响				按故障最终影响严重程度确定	分别按表 5-19、表 5-20 和表 5-21 取值				对应前三项的数值相乘	根据影响的严酷度等级和 SRPN 大小简要描述改进措施	主要记录对其他栏的注释和补充说明

注:若只进行软件 FMEA,则取消表中"危害性分析"栏

5.4　PFMECA 分析

PFMECA 可应用于产品生产过程、使用操作过程、维修过程、管理过程等。目前应用较多和比较成熟的是产品加工过程的工艺 PFMECA。

PFMECA 的目的是在假定产品设计满足要求的前提下,针对产品在生产过程中每个工艺步骤可能发生的故障模式、原因及其对产品造成的所有影响,按故障模式的风险优先数(RPN)值的大小,对工艺薄弱环节制订改进措施,并预测或跟踪采取改进措施后减少 RPN 值的有效性,使 RPN 达到可接受的水平,进而提高产品的质量和可靠性。

PFMECA 的步骤见图 5–5。

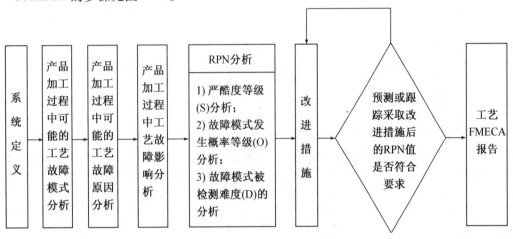

图 5–5　PFMECA 步骤

5.4.1　系统定义

与"功能及硬件 FMECA"一样,PFMECA 也应对分析对象进行定义。其内容可概括为功能分析、绘制"工艺流程表"及"零部件–工艺关系矩阵"。

a)功能分析:对被分析过程的目的、功能、作用及有关要求等进行分析;

b)绘制"工艺流程表"及"零部件–工艺关系矩阵";

c)绘制"工艺流程表",见表 5–23。它表示各工序相关的工艺的流程的功能和要求。它是 PFMECA 的准备工作;

表 5–23　工艺流程表

零部件名称:	生产过程:		
零部件号:	部门名称:	审核:	第 页·共 页
装备名称/型号:	分析人员:	批准:	填表日期:
工艺流程	输入	输 出	
工序 1			
工序 2			
...			

d）绘制"零部件－工艺关系矩阵"，见表5－24。它表示"零部件特性"与"工艺操作"各工序间的关系。

表5－24　零部件－工艺关系矩阵

零部件名称：	生产过程：			
零部件号：	部门名称：	审核：		第　页·共　页
产品名称/型号：	分析人员：	批准：		填表日期：
零部件特性	工艺操作			
特性1	工序1	工序2	工序3	…
特性2				
特性3				
…				

"工艺流程表""零部件－工艺关系矩阵"均应作为PFMECA报告的一部分。

5.4.2　工艺故障模式分析

工艺故障模式是指不能满足产品加工、装配过程要求或设计意图的工艺缺陷。它可能是引起下一道（下游）工序故障模式的原因，也可能是上一道（上游）工序故障模式的后果。一般情况下，在PFMECA中，不考虑产品设计中的缺陷。典型的工艺故障模式示例见表5－25。

表5－25　典型的工艺故障模式示例

序号	典型故障模式	序号	典型故障模式	序号	典型故障模式
1	弯曲	7	尺寸超差	13	表面太光滑
2	变形	8	位置超差	14	未贴标签
3	裂纹	9	形状超差	15	错贴标签
4	断裂	10	（电的）开路	16	搬运损坏
5	毛刺	11	（电的）短路	17	脏污
6	漏孔	12	表面太粗糙	18	遗留多余物

注：工艺故障模式应采用物理的和专业性的术语，而不要采用所见的故障现象进行故障模式的描述

5.4.3　工艺故障原因分析

工艺故障原因是指与工艺故障模式相对应的工艺缺陷为何发生。其典型的工艺故障原因示例（不局限于）见表5－26。

表 5－26　典型的工艺故障原因示例

	序号	典型故障原因		序号	典型故障原因
人	1	零件漏装	法	11	扭矩过大、过小
	2	零件错装		12	焊接电流、功率、电压不正确
	3	安装不当		13	热处理时间、温度、介质不正确
机	4	机器设置不正确		14	程序设计不正确
	5	工装或夹具不正确		15	黏接不牢
	6	定位器磨损		16	虚焊
	7	定位器上有碎屑		17	工件内应力过大
	8	工具磨损	料	18	铸造浇口/通气口不正确
环	9	润滑不当		19	破孔
	10	无润滑	测	20	量具不精确

5.4.4　工艺故障影响分析

工艺故障影响是指与工艺故障模式相对应的工艺缺陷对"顾客"的影响。"顾客"是指下道工序或后续工序和最终使用者。工艺故障影响可分为下道工序、组件和产品的影响。

a) 对下道工序或后续工序而言：工艺故障影响应该用工艺/工序特性进行描述，见表 5－27；

表 5－27　典型的工艺故障影响示例（对下道工序或后续工序而言）

序号	典型故障影响	序号	典型故障影响
1	无法取出	6	无法配合
2	无法钻孔/攻丝	7	无法加工表面
3	不匹配	8	导致工具过程磨损
4	无法安装	9	损坏设备
5	无法连接	10	危害操作者

b) 对最终使用者而言：工艺故障影响应该用产品的特性进行描述，见表 5－28。

表 5－28　典型的工艺故障影响示例（对最终使用者而言）

序号	典型故障影响	序号	典型故障影响
1	噪音过大	6	作业不正常
2	振动过大	7	间歇性作业
3	阻力过大	8	不工作
4	操作费力	9	工作性能不稳定
5	散发刺激性气味	10	损耗过大

(续表)

序号	典型故障影响	序号	典型故障影响
11	漏水	14	尺寸、位置、形状超差
12	漏油	15	非计划维修
13	表面缺陷	16	废弃

5.4.5 风险优先数(RPN)分析

风险优先数(RPN)是工艺故障模式的严酷度等级(S)、工艺故障模式的发生概率等级(O)和工艺故障模式的被检测难度等级(D)的乘积,即:

$$RPN = S \times O \times D \tag{5-7}$$

RPN 是对工艺潜在的故障模式风险等级的评价,它反映了对工艺故障模式发生的可能性及其后果严重性的综合度量。RPN 值越大,即该工艺故障模式的危害性越大。

a)工艺故障模式严酷度等级(S):是指产品加工、装配过程中的某个工艺故障模式影响的严重程度,其等级的评分准则见表 5-29。

表 5-29 工艺故障模式的严酷度等级(S)评分准则

影响程度	工艺故障模式的最终影响 (对最终使用者而言)	工艺故障模式的最终影响 (对下道作业/后续作业而言)	严酷度等级(S) 的评分等级
灾难的	产品毁坏或功能丧失	人员死亡/严重危及作业人员安全及重大环境损害	10、9
严重的	产品功能基本丧失而无法运行/能运行但性能下降/最终使用者非常不满意	危及作业人员安全、100%产品可能废弃/产品需在专门修理厂进行修理及严重环境损害	8、7
中等的	产品能运行,但运行性能下降/最终使用者不满意,大多数情况(大于75%)发现产品有缺陷	可能有部分(小于100%)产品不经筛选而被废弃/产品在专门部门或下生产线进行修理及中等程度的环境损害	6、5、4
轻度的	有25%~50%的最终使用者可发现产品有缺陷、或没有可识别的影响	导致产品非计划维修或修理	3、2、1

b)工艺故障模式的发生概率等级(o):是指某个工艺故障模式发生的可能性。发生概率等级(o)的级别数在工艺 FMECA 范围中是一个相对比较的等级,不代表工艺故障模式真实的发生概率。其评分准则见表 5-30。

表 5-30 工艺故障模式的发生概率等级(o)评分准则

工艺故障模式发生的可能性	可能的工艺故障模式发生的概率(P_o)	发生概率等级(o)的评分等级
很高(持续发生的故障)	$P_o \geq 10^{-1}$	10
	$5 \times 10^{-2} \leq P_o < 10^{-1}$	9

（续表）

工艺故障模式发生的可能性	可能的工艺故障模式发生的概率（Po）	发生概率等级（o）的评分等级
高（经常发生的故障）	$2 \times 10^{-2} \leq P_o < 5 \times 10^{-2}$	8
	$1 \times 10^{-2} \leq P_o < 2 \times 10^{-2}$	7
中等（偶尔发生的故障）	$5 \times 10^{-3} \leq P_o < 1 \times 10^{-2}$	6
	$2 \times 10^{-3} \leq P_o < 5 \times 10^{-3}$	5
	$1 \times 10^{-3} \leq P_o < 2 \times 10^{-3}$	4
低（很少发生的故障）	$5 \times 10^{-4} \leq P_o < 1 \times 10^{-3}$	3
	$1 \times 10^{-4} \leq P_o < 5 \times 10^{-4}$	2
极低（不大可能发生故障）	$P_o < 1 \times 10^{-4}$	1

c）工艺故障模式被检测难度等级（D）：是指产品加工过程控制中工艺故障模式被检测出的可能性。被检测难度等级（D）也是一个相对比较的等级。为了得到较低的被检测难度数值，产品加工、装配过程需要不断地被改进。其评分准则见表5-31。

表5-31 工艺故障模式被检测的难度等级（D）评分准则

被检测难度	评分准则	检查方式			推荐的被检测难度的方法	被检测难度等级（D）的评分等级
		A	B	C		
几乎不可能	无法检测			√	无法检测或无法检查	10
很微小	几乎不可能有检测出现行检测方法。			√	以间接的检查进行检测	9
微小	只有微小的现行检测方法机会去检测出。			√	以目视检查来进行检测	8
很小	只有很小的现行检测方法机会去检测出。			√	以双重的目视检查进行检测	7
小	现行检测方法可以检测出		√	√	以现行检测方法进行检测	6
中等	现行检测方法基本上可以检测出		√		在产品离开工位之后以量具进行检测	5
中上	现行检测方法有较多机会可以检测出	√	√		在后续的工序中实行误差检测，或工序前进行检测	4
高	现行检测方法很可能检测出	√	√		在现场可以测出，或在后续工序中检测（如库存、挑选、设置、验证）。不接受有缺陷的产品	3
很高	现行检测方法几乎肯定可以检测出	√	√		当场检测（有自动停止功能的自动化量具）。缺陷产品不能通过	2
肯定	现行检测方法肯定可以检测出	√			过程/产品设计了防错措施，不会生产出有缺陷的产品	1

注：检查方式：A-采用防错措施；B-使用量具测量；C-人工检查

5.4.6 改进措施分析

改进措施是指以减少工艺故障模式的严酷度等级(S)、发生概率等级(O)和被检测难度的等级(D)为出发点的任何工艺改进措施。一般不论工艺故障模式 RPN 的大小如何,对严酷度等级(S)为 9 或 10 的项目应通过工艺设计上的措施或产品加工、装配过程控制或预防/改进措施等手段,以满足降低该风险的要求。在所有的状况下,当某个工艺故障模式的后果可能对制造/组装人员产生危害时,应该采取预防/改进措施,以排除、减轻、控制或避免该工艺故障模式的发生。对确无改进措施的工艺故障模式,则应在 PFMECA 表相应栏中填写"无"。

5.4.7 RPN 值预测与跟踪

制订改进措施后,应进行预测或跟踪改进措施执行后的落实结果,对工艺故障模式严酷度等级(S)、工艺故障模式的发生概率等级(O)和工艺故障模式被检测难度等级(D)的变化情况进行分析,并计算相应的 RPN 值是否符合要求。当不满足要求时,需进一步改进,并按上述步骤反复进行,直到 RPN 值满足最低可接受水平为止。

将工艺 FMECA 分析结果归纳、整理成技术报告。其主要内容包括:概述、产品加工、装配等过程的描述、系统定义、PFMECA 表格的填写、结论及建议和附表(如"工艺流程表""零部件 – 工艺关系矩阵")等。

实施 PFMECA 主要工作是填写 PFMECA 表(见表 5 – 32)。应用时可根据实际情况对表内容进行增删。

表 5 – 32　PFMECA 表

产品名称(标识)(1)　　　生产过程(3)　　　　审核　　　　　　　第　页·共　页

所属装备/型号(2)　　　　分析人员　　　　　批准　　　　　　　填表日期

工序名称	工序功能/要求	故障模式	故障原因	故障影响			改进前的风险优先数(RPN)				改进措施	责任部门	改进措施执行情况	改进措施执行后的风险优先数(RPN)				备注
				下道工序影响	组件影响	产品影响	严酷度等级(S)	发生概率等级(O)	被检测难度等级(D)	RPN				严酷度等级(S)	发生概率等级(O)	被检测难度等级(D)	RPN	
(4)	(5)	(6)	(7)	(8)			(9)				(10)	(11)	(12)	(13)				(14)

表 5 – 32 中各标号的填写说明如下。

a)产品名称(标识):是指被分析的产品名称与标识(如产品代号和工程图号等);

b)所属产品/型号:是指被分析的产品安装在哪一种产品/型号上,如果该产品被多个产品/型号选用,则一一列出;

c）生产过程：是指被分析产品生产过程的名称（如××加工、××装配）；

d）工序名称：是指被分析生产过程的产品加工、装配过程的步骤名称，该名称应与工艺流程表中的各步骤名称相一致；

e）工序功能/要求：是指被分析的工艺或工序的功能（如车、铣、钻、攻丝、焊接、装配等），并记录被分析产品的相关工艺/工序编号。如果过程包括很多不同故障模式的工序（例如装配），则可以把这些工序以独立项目逐一列出；

f）故障模式：按要求填写；

g）故障原因：按要求填写；

h）故障影响：按要求填写；

i）改进前的风险优先数（RPN）：按要求填写；

j）改进措施：按要求填写；

k）责任部门：是指负责改进措施实施的部门和个人，以及预计完成的日期；

l）改进措施执行情况：是指实施改进措施后，简要记录其执行情况；

m）改进措施执行后的风险优先数（RPN）：按要求填写；

n）备注：是指对各栏的注释和补充。

FMECA 报告构成和编写格式要求如下：

a）目的及适用范围：FMECA 的目的、产品所处的寿命周期阶段、分析任务来源等；

b）引用文件：FMECA 报告中引用的标准、规范、上层次文件和其他文件等；

c）系统定义：包括系统组成、功能和功能框图、任务阶段/工作方式、任务时间、环境剖面、可靠性框图；

d）基本规则和假设：包括确定分析方法、分析的初始约定层次、相继的约定层次以及最低约定层次、故障判据及假设条件以及分析中所用数据的来源和依据以及其他有关解释和说明；

e）严酷度类别定义以及故障模式发生概率的等级划分（注：CA 采用风险优先数方法时需要定义"影响的严酷度等级的评分准则"和"故障模式发生概率等级的评分准则"；CA 采用危害性矩阵分析方法时需要定义"故障模式发生概率的等级划分"；

f）工作表格：包括 FMEA、CA 表格，按照 GJB/Z 1391 规定的表格填写；

g）危害性矩阵：纵坐标是故障模式发生概率等级或危害度（按比例），横坐标是严酷度等级（按比例），按此坐标填入故障模式及危害度代码（见 FMECA 工作表）。

h）分析结论及建议：根据分析结果提出总结性的结论和建议，还应给出可靠性关键产品清单、Ⅰ类Ⅱ类故障模式清单、单点故障清单、维修性信息以及不可检测故障清单。针对Ⅰ类Ⅱ类故障模式和单点故障应有补偿措施，否则应给出继续保留的理由。

5.5 5 V 串联稳压电路 FMECA 示例

5.5.1 产品基本信息

5.5.1.1 功能分析

1. 产品组成

电源 5 V 串联稳压电路组成如表 5–33 和图 5–6 所示。

表 5–33 5 V 串联稳压电路组成及功能

代码	名称	型号或代号	类型	功能	失效率(10^{-6}/h)
01	电容	C_1	陶瓷电容	滤波	0.73
02	电容	C_2	陶瓷电容	滤波(滤掉高频噪声)	0.73
03	晶体管	V_1	双极晶体管	提供输出电流	2.71
04	二极管	V_2	齐纳二极管	为 V_1 提供 0.6V 偏置电压	2.42
05	电阻	R_1	固定薄膜电阻	为 V_1 提供限流保护	0.312
06	电阻	R_2	固定薄膜电阻	为 V_1 提供基极保护	0.312

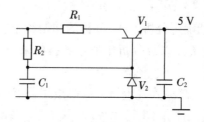

图 5–6 5 V 串联稳压电路原理图

2. 功能描述

电源 5 V 串联稳压电路为电子系统的发射机提供 5 V 直流电源。

5.5.1.2 功能层次与结构层次对应关系图、任务可靠性框图

1. 功能层次与结构层次对应关系图

电源 5 V 串联稳压电路功能层次与结构层次对应关系图如图 5–7 所示。

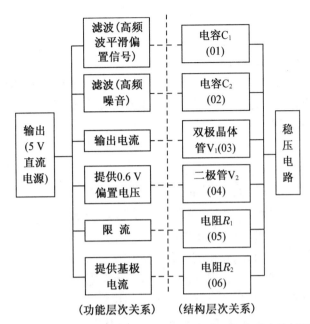

（功能层次关系）　（结构层次关系）

图 5-7　5 V 串联稳压电路功能层次与结构层次对应关系图

2. 任务可靠性框图

根据 5 V 电源串联稳压电路的工作原理,其任务可靠性框图为串联模型,如图 5-8 所示。

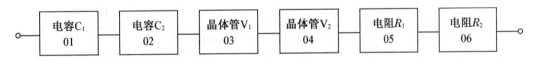

图 5-8　5 V 串联稳压电路任务可靠性框图

5.5.2　基本规则和假设

1. 分析方法

采用硬件 FMECA 定量法。

2. 约定层次

5 V 电源串联稳压电路各组成部分的编码如上图,根据 5 V 电源串联稳压电路的结构和功能分解,该电路划分的层次如下:

a) 初始约定层次:电子整机系统;

b) 约定层次:5 V 串联稳压电路;

c) 最低约定层次:元器件。

3. 故障判据

1) 功能故障判据

当 5 V 串联稳压电路出现如下情况时,判断为 5 V 串联稳压电路故障:

a) 不能加电工作;

　b）电路无输出。

　2）性能故障判据

　5 V 串联稳压电路性能故障判据如下：

　a）在规定的测试条件下（温度 15 ℃ ~ 35 ℃；气压为室内正常大气压；相对湿度 20% ~ 80%），下述指标超出规定范围时，判断为 5 V 串联稳压电路故障；

　b）输出电压：变化不超过 5%。

　4. 其他说明

　有关说明如下：

　a）假设任一失效为单一失效，无从属失效和多重失效；

　b）FMECA 表中的各个模块故障率来源于可靠性预计报告；

　c）5 V 串联稳压电路工作任务时间为 1h。

　FMECA 表中的故障模式和频数比的信息来源：

　a）GJB/Z 299C 中的表 7 - 1 元器件的故障模式和频数比；

　b）统计以往产品在使用过程中实际发生的故障模式；

　c）通过环境试验、可靠性试验、电磁兼容试验、供电兼容性试验等获得的产品故障模式；

　d）通过 5 V 串联稳压电路的组成和原理分析、预测的方法获取所有可能出现的故障模式。

5.5.3　严酷度类别定义及故障模式和发生概率等级定义

　严酷度类别划分如表 5 - 34。

表 5 - 34　常用严酷度类别划分

类别	严酷度	严重程度定义
I	灾难的	稳压电路供电能力完全丧失
II	致命的	稳压电路供电能力明显下降
III	中等的	稳压电路供电能力有一定下降，但不影响任务成功
IV	轻度的	稳压电路供电能力无影响，但会导致无计划性维修

5.5.4　故障模式、原因及影响分析

　通过分析形成 5 V 串联稳压电路故障模式、原因及影响分析表如表 5 - 35。

5.5.5　危害性分析

　通过分析形成 5 V 串联稳压电路 CA 表如表 5 - 36。

表 5-35　5 V 串联稳压电路故障模式、原因及影响分析表

序号	代码	产品或功能标志	功能	故障模式	故障原因	任务阶段工作方式	故障影响 局部影响	故障影响 高一层次影响	故障影响 最终影响	严酷度	故障检测方法	设计改进措施	使用补偿措施	备注
01	011	C₁ (陶瓷电容 0.01 μF)	滤波	短路	器件损坏	发射工作全阶段	V₁无基极电流	无输出		I	BIT	采用高可靠元器件	进行二次筛选	
	012			参数漂移	性能不良		滤波性能轻微变化	输出电压微变化	无影响	IV	无	同上	同上	
	013			开路	虚焊		丧失滤波作用	输出电压纹波大		III	ATE	改造工艺	同上	
02	021	C₂ (陶瓷电容 0.01 μF)	滤波	短路	器件损坏	同上	V₁输出与地短路	无输出	装备失控	I	BIT	同011	同上	
	022			参数漂移	性能不良		滤波性能轻微变化	无影响	无影响	IV	无	同011	同上	
	023			开路	虚焊		输出高频滤波能力丧失	输出有高频噪声	工作性能下降	III	ATE	改进工艺	同上	
03	031	V₁ (NPN 晶体管)	提供输出电流	短路	器件损坏	同上	丧失稳压作用	输出不稳	装备失控	I	ATE	同011	同上	
	032			开路	虚焊				装备失控	I	BIT	改进工艺	同上	
04	041	V₂ (齐纳二极管)	为 V₁ 提供 0.6V 偏置电压	开路	虚焊	同上	V₁偏置电压丧失			I	BIT	改进工艺	同上	
	042			参数漂移	性能不良		V₁偏置电压变化		工作性能下降	III	ATE	同011	同上	
	043			短路	器件损坏		V₁偏置电压丧失	无输出	装备失控	I	BIT	同011	同上	
05	051	R₁ (固定薄膜电阻 51 Ω)	为 V₁ 提供限流保护	开路	虚焊	同上	稳压电路无此功能	无输出	装备失控	I	BIT	改进工艺	同上	
	052			参数漂移	性能不良		V₁输入电流变化	无影响	无影响	IV	无	同011	同上	
06	061	R₁ (固定薄膜电阻 10 kΩ)	为 V₁ 提供基极电流	开路	虚焊	同上	V₁无基极电流	无输出	装备失控	I	BIT	改进工艺	同上	
	062			参数漂移	性能不良		V₂电流变化	输出电压轻微漂移	工作性能下降	III	ATE	同011	同上	

表5-36 5V串联稳压电路CA表

序号	代码	产品或功能标志	功能	故障模式	故障原因	任务阶段及工作方法	严酷度类别	故障率λ_p来源	故障率λ_p(10^{-6}/h)	故障模式频数比α	故障影响概率β	工作时间t(h)	故障模式危害度C_m(10^{-6})	备注 产品危害度C_r(10^{-6})
01	011	C₁（陶瓷电容0.01 μF）	滤波	短路	器件损坏	发射工作全阶段	I	GJBZ299B	0.73	0.73	1	1	0.533	Cr（I）=0.533
	012			参数漂移	性能不良		IV			0.11	1	1	0.080	Cr（III）=0.117
	013			开路	虚焊		III			0.16	1	1	0.117	Cr（IV）=0.080
02	021	C₂（陶瓷电容0.01 μF）	滤波	短路	器件损坏	同上	I	同上	0.73	0.73	1	1	0.533	Cr（I）=0.533
	022			参数漂移	性能不良		IV			0.11	1	1	0.080	Cr（III）=0.117
	023			开路	虚焊		III			0.16	1	1	0.117	Cr（IV）=0.080
03	031	V₁（NPN晶体管）	提供输出电流	短路	器件损坏	同上	I	同上	2.71	0.38	1	1	1.030	Cr（I）=2.277
	032			开路	虚焊		I			0.46	1	1	1.247	
04	041	V₂（齐纳二极管）	为V₁提供0.6 V偏置电压	开路	虚焊	同上	I	同上	2.42	0.25	1	1	0.605	Cr（I）=1.718
	042			参数漂移	性能不良		IV			0.29	1	1	0.702	Cr（IV）=0.702
	043			短路	器件损坏		I			0.45	1	1	1.113	
05	051	R₁（固定薄膜电阻51 Ω）	为V₁提供限流保护	开路	虚焊	同上	I	同上	0.312	0.919	1	1	0.287	Cr（I）=0.287
	052			参数漂移	性能不良		IV			0.081	1	1	0.025	Cr（IV）=0.025
06	061	R₁（固定薄膜电阻10 kΩ）	为V₁提供限流保护	开路	虚焊	同上	I	同上	0.312	0.919	1	1	0.287	Cr（I）=0.287
	062			参数漂移	性能不良		III			0.081	1	1	0.025	Cr（IV）=0.025

5.5.6　危害性矩阵图

5 V 串联稳压电路危害性矩阵图如图 5 - 9 所示。

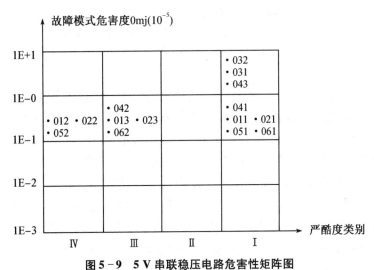

图 5 - 9　5 V 串联稳压电路危害性矩阵图

5.5.7　分析结论和建议

分析结果表明,编码 031(V1 短路)、032(V1 开路)、043(V2 短路)均是在严酷度 I 类情况下,具有很高的故障模式危害度级别。因此,建议采用质量更好、可靠性更高、额定能力更大的元器件替代电路中的 V1 和 V2,并根据 5.5.2 节的分析结果,以危害度级别递减方式确定 V1 和 V2 为可靠性关键清单中的产品。

第六章　　故障树分析

故障树分析(FTA)是通过对可能造成产品故障的硬件、软件、环境和人为因素等进行分析,画出故障树,从而确定产品故障原因的各种可能组合方式和(或)其发生概率的一种分析技术。它是一种从上向下逐级分解的分析过程。首先选出最终产品最不希望发生的故障事件作为分析的对象(称为顶事件),分析造成顶事件的各种可能因素,然后严格按层次自上向下进行故障因果树状逻辑分析,用逻辑门连接所有事件,构成故障树。通过简化故障树、建立故障树数学模型和求最小割集的方法进行故障树的定性分析,通过计算顶事件的概率,重要度分析和灵敏度分析进行故障树定量分析,在分析的基础上识别设计上的薄弱环节,采取相应措施,提高产品的可靠性。必须进行薄弱环节分析及重要度分析,并提出可能的改进措施及改进的先后顺序,分析结果一定要影响产品的设计。

应随研制阶段的展开不断完善和反复迭代,以反映产品技术状态和工艺的变化。设计更改时,应对 FTA 进行相应的修改。FTA 作为 FMECA 的补充,主要是针对影响安全和任务的灾难性和致命性的故障模式。

分析应考虑环境、人为因素对产品的影响,当产品处于多个环境剖面下工作时,应分别进行分析。

运用演绎法逐级分析,寻找导致某种故障事件(顶事件)的各种可能原因,直到最基本的原因,并通过逻辑关系的分析确定潜在的硬件、软件的设计缺陷,以便采取改进措施。

开展 FTA 的主要工作要求为:

a) FTA 应和可靠性、维修性、安全性的其他工作项目相协调,特别要和 FMEA(FMECA)、风险分析等工作配合进行,相辅相成,以便更全面地查明系统的薄弱环节和故障原因;

b) 随着设计方案的更改、深入和细化以及系统的试运行,需要对 FTA 进行必要的迭代,使故障树所包含的各单元及其逻辑关系逐渐趋于准确,计算达到定量化,从而真正找出导致顶事件的根本原因并予以消除;

c) 在设计过程中,一般在不希望对产品的技术性能、经济性、可靠性和安全性发生显著影响的故障事件中选择确定顶事件;

d) 在合理的边界条件下,对每个顶事件都建造一棵完备的故障树,并进行合理的简化;

e) 在故障树简化过程中,可将整棵故障树转换为一个完全等效的布尔表达式,运用布尔运算法则对布尔表达式进行简化,再将最终的简化结果转换成故障树,即得到简化后的故障树,同时还可以通过布尔表达式进行定性和定量分析;

f) 提出消除这些基本事件组合的设计改进措施,这些措施必须落实到图纸和有关技术文件中;

g) 可利用成熟软件进行 FTA,以便减少分析工作量,并提高计算精度。

开展 FTA 的输入为：

a）产品的原理图、流程图、结构图、成品的功能、边界（包括人机接口）和环境情况等；

b）可靠性数据；

c）FMEA 分析报告。

输出为故障树分析（FTA）报告。

故障树分析的目的、要点及注意事项如表 6－1。

表 6－1　故障树分析

	工作项目说明
目的	运用演绎法逐级分析，寻找导致某种故障事件（顶事件）的各种可能原因，直到最基本的原因，并通过逻辑关系的分析确定潜在的硬件、软件的设计缺陷，以便采取改进措施。
要点	1. 故障树分析（FTA）一般适用于可能会导致产生安全隐患或严重影响任务完成的关键、重要的产品。 2. 应在普遍进行 FMEA 的基础上，以灾难的或致命的故障事件作为顶事件，进行故障树分析（FTA）。 3. FTA 工作应随着设计的进展和更改进行迭代完善。
注意事项	在合同说明中应明确： 　a）顶事件的约定； 　b）需提交的资料项目。 其中"a）"是必须确定的事项。

术语如下：

1）故障树

a）故障树（fault tree）：是用来表明产品哪些组成部分的故障或外界事件或它们的组合将导致产品发生一种给定故障的逻辑图。它是一种特殊的倒立树状逻辑因果关系图，构图的元素是事件和逻辑门。其中逻辑门的输入事件是输出事件的"因"，逻辑门的输出事件是输入事件的"果"；事件用来描述系统和元器件故障的状态，逻辑门把事件联系起来，表示事件之间的逻辑关系。

如果故障树的底事件描述一种状态，而其逆事件也只是描述一种状态，则称为两状态故障树。如果故障树的底事件描述一种状态，而其逆事件包含两种或两种以上互不相容的状态，则称为多状态故障树。

b）故障树分析（fault tree analysis 简称 FTA）：故障树分析以一个不希望的产品故障事件（或灾难性的产品危险）即顶事件作为分析的目标，通过自上而下严格地按层次的故障因果逻辑分析，采用演绎推理的方法，逐层找出故障事件的必要而充分的直接原因，最终找出导致顶事件发生的所有原因和原因组合，并计算它们的发生概率，然后通过设计改进和实施有效的故障检测、维修等措施，设法减少其发生概率，给出产品的改进建议，同时用于故障诊断、安全性分析。故障树分析可用于分析多种故障因素的组合对产品的影响。

2）事件

a）事件：在故障树分析中各种故障状态或不正常情况皆被称为故障事件，各种完好状态或正常情况皆被称为成功事件。两者均简称为事件。

b）底事件（bottom event）：是故障树中仅导致其他事件的原因事件。它位于所讨论的故障树底端，总是某个逻辑门的输入事件而且不是输出事件。底事件分为基本事件与未展开事件。

c）基本事件（basic event）：它是元器件在设计的运行条件下所发生的随机故障事件，一般来说它的故障分布是已知的，只能作为逻辑门的输入而不能作为输出；实圆表示产品故障，虚圆表示人为故障。基本事件是最终的原因事件，即基本原因事件。

d）未展开事件（undeveloped event）：表示省略事件，一般用于表示那些可能发生，但概率值较小，或者对此系统而言不需要再进一步分析的故障事件。它们在定性、定量分析中一般都可以忽略不计。

e）结果事件（resultant event）：是故障树分析中由其他事件或事件组合所导致的事件。在矩形框内注明结果事件的定义。它下面与逻辑门连接，表明该结果事件是此逻辑门的一个输出。结果事件包括故障树中除底事件之外的所有顶事件及中间事件。

f）顶事件（top event）：是故障树分析中所关心的最后结果事件。它位于故障树的顶端，总是讨论故障树中逻辑门的输出事件而不是输入事件。

g）中间事件（intermediate event）：是位于底事件和顶事件之间的结果事件。它既是某个逻辑门的输出事件，同是又是别的逻辑门的输入事件。

h）特殊事件（special event）：指在故障树分析中需用特殊符号表明其特殊性或引起注意的事件，特殊事件分为开关事件和条件事件。

i）开关事件（switch event）：已经发生或者必将要发生的特殊事件；在正常工作条件下必然发生或必然不发生的特殊事件。

j）条件事件（conditional event）：是描述逻辑门起作用的具体限制的特殊事件。

故障树常用事件符号如表 6 - 2 所示。

表 6 - 2　故障树常用事件符号

符号		说明
底事件		基本事件（basic event）：它是元部件在设计的运行条件下所发生的随机故障事件，一般来说它的故障分布是已知的，只能作为逻辑门的输入而不能作为输出；实线圆表示产品故障，虚线圆表示人为故障。基本事件是最终的原因事件，即基本原因事件。
		未展开事件（undeveloped event）：表示省略事件，一般用以表示那些可能发生，但概率值较小，或者对此系统而言不需要再进一步分析的故障事件。它们在定性、定量分析中一般都可以忽略不计。
结果事件		顶事件（top event）：故障树分析中所关心的最后结果事件，不希望发生的对系统技术性能、经济性、可靠性和安全性有显著影响的故障事件，顶事件可由 FMECA 分析确定；是逻辑门的输出事件而不是输入事件。
		中间事件（intermediate event）：包括故障树中除底事件和顶事件之外的所有事件；它既是某个逻辑门的输出事件，同时又是别的逻辑门的输入事件。中间事件实际也是上一次层次事件的直接原因事件。

（续表）

符号		说明
特殊事件		开关事件(switch event):已经发生或将要发生的特殊事件;在正常工作条件下必然发生或必然不发生的特殊事件。
		条件事件(conditional event):逻辑门起作用的具体限制的特殊事件。

3）逻辑门

a）逻辑门:在故障树分析中逻辑门只描述事件间的因果关系。与门、或门和非门是三个基本门,其他的逻辑门为特殊门。

b）与门(AND gate):表示仅当所有输入事件时,输出事件才发生,逻辑表达式为:

$$A = B_1 \cap B_2 \cap B_3 \cap \cdots \cap B_n$$

c）或门(OR gate):表示至少一个输入事件发生时,输出事件就发生,逻辑表达式为:

$$A = B_1 \cup B_2 \cup B_3 \cup \cdots \cup B_n$$

d）非门(NOT gate):输出事件 A 是输入事件 B 的逆事件。在故障树中,通常很少使用非门,因为可以选用原底事件的逆事件进行描述。

e）顺序与门(sepqential AND gate):表示仅当输入事件按规定的顺序条件发生时,输出事件才发生。

f）表决门(voting gate):表示仅当 n 个输入事件中有 r 个或 r 个以上事件发生时,输出事件才发生。

g）异或门(exclusive-OR gate):表示输入事件 B_1,B_2 中任何一个发生都可引起输出事件 A 发生,但输入事件 B_1,B_2 不能同时发生,逻辑表达式:

$$A = (B_1 \cap \overline{B_2}) \cup (\overline{B_1} \cap B_2)$$

h）禁门(inhibit gate):表示仅当禁门打开条件事件发生时,输入事件的发生才导致输出事件的发生。

上述逻辑门及其符号如表 6-3 所示。

表 6-3　逻辑门及其符号

名称	符号	名称	符号	名称	符号
与门		或门		非门	

（续表）

名称	符号	名称	符号	名称	符号
顺序与门	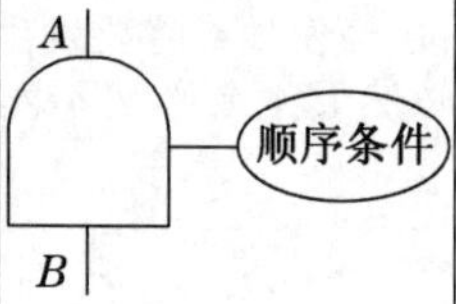 A B 顺序条件	禁门	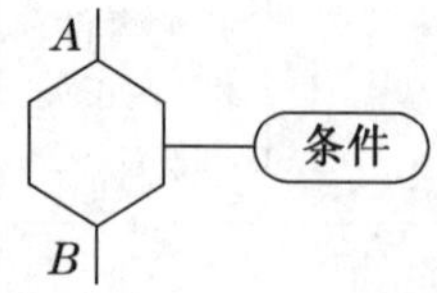 A B 条件	异或门	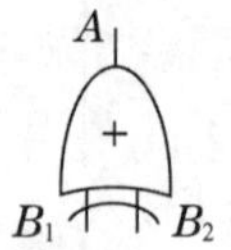 A + B_1 B_2
表决门	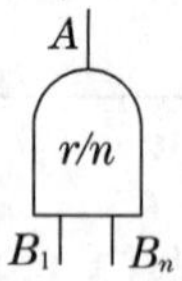 A r/n B_1 B_n				

4）转移符号

a）转移符号：是为了避免画图时重复和使图形简明而设置的符号。转移符号包括相同转移符号和相似转移符号。

b）相同转移符号：表示相同故障事件的转移。在故障树中经常出现条件完全相同或者同一个故障事件在不同位置出现，为了减少重复工作量并简化树，一般用该转移符号。如表6－4中符号所示，加上相应的标号（如A）分别表示从某处转入，或转到某处，也可用于树的移页。

c）相似转移符号：表示故障事件结构相似而事件标号不同的转移。在故障树中经常出现条件基本相同或者相似的故障事件，为了减少重复工作量并简化树，一般用该转移符号。如表6－4中所示，加上相应的标号（如A）分别表示从某处转入，或转到某处，也可用于树的移页。其中不同事件标号在入三角形旁注明。

表6－4　转移符号

名称	符号	说明
相同转移符号	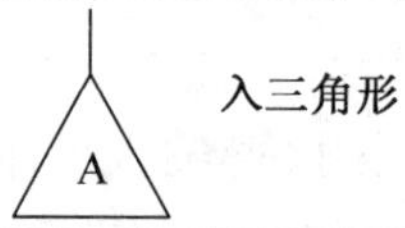 A　入三角形	位于故障树的底部，表示树的A部分分支在另外地方
	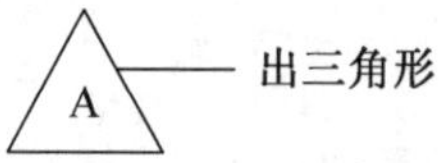 A　出三角形	位于故障树的顶部，表示树A是在另外部分绘制的一棵故障树的子树
相似转移符号	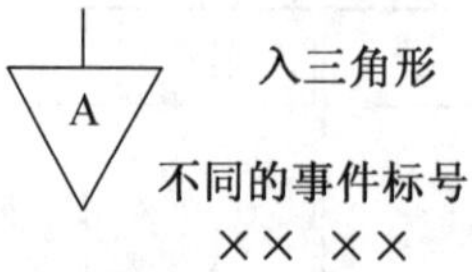 A　入三角形 不同的事件标号 ×× ××	位于故障树的底部，表示树的相似部分分支在另外地方，底事件用不同的事件标号表明
	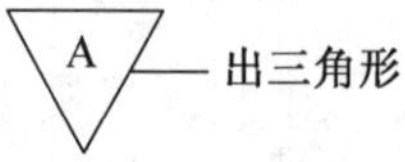 A　出三角形	位于故障树的顶部，表示树A是在另外部分绘制的一棵相似故障树的子树

5）割集和最小割集

a）割集（cutset）：是故障树的若干底事件的集合，如果这些底事件都发生将导致顶事件发生。

b）最小割集（minimal cutset）：是底事件的数目不能再减少的割集，即在该最小割集中任意去掉一个底事件之后，剩下的底事件集合就不是割集。一个最小割集代表系统的一种故障模式，寻找故障树的全部最小割集是故障树定性分析的任务。

6）重要度

a）重要度：故障树中的底事件并非同等重要。若能对故障树中每个底事件的重要性程度给予定量的描述，对系统设计和故障分析都是很有价值的。几个常用的底事件重要度：

b）结构重要度：从故障树结构的角度反映了各底事件在故障树中的重要程度。

c）概率重要度：故障树中某个底事件发生导致顶事件发生概率的变化，不考虑底事件本身的发生概率。

d）关键重要度：以一定概率发生的系统的关键事件 A 的发生对顶事件发生概率的影响，它在概率重要度的基础上，考虑某个底事件本身的发生概率。

FTA 步骤如图 6 - 1 所示。

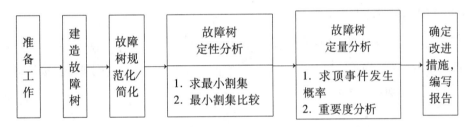

图 6 - 1　FTA 分析步骤

6.1　故障树建树分析准备

6.1.1　收集数据和资料

在实施 FTA 之前，需要准备的技术资料和信息：

a）技术协议及设计任务书；

b）方案设计报告及相关资料；

c）设计图纸和相关数据；

d）故障历史数据；

e）相似产品的 FTA 技术报告；

f）FMEA 分析报告。

实际上，开始建树时，资料往往不全，必须补充收集某些资料或作必要假设来弥补这些欠缺。随着资料的逐步完善，故障树会被修改得更加符合实际情况和更加完善。

6.1.2　分析系统

a）应透彻掌握系统设计意图、结构、功能、边界（包括人机接口）和环境情况；

b）熟悉系统的整个任务剖面划分；

c）辨识系统可能采取的各种状态模式及它们和各单元状态的对应关系，辨识这些模式之间相互转换，必要时应绘制系统状态模式及转换图以帮助弄清系统成功或故障与单元成功或故障之间的关系，有利于正确地建造故障树；

d）根据系统复杂程度和要求，必要时应进行系统 FMECA，以帮助辨识各种故障事件以及人的失误等；

e）根据系统复杂程度，必要时应绘制系统可靠性框图，以帮助正确形成故障树的顶部结构和实现故障树的早期模块化以缩小树的规模；

f）为透彻地熟悉系统，建树者除完成上述工作外还应随时征求有经验的设计人员和使用、维护人员的意见，最好有上述人员参与建树工作，方能保证建树工作顺利开展和建成的故障树的正确性以达到预期的分析目的；

g）辨明人的因素和软件对系统的影响。

6.1.3　绘制功能框图

功能框图是在对系统各层次功能进行静态分析的基础上，描述产品各组成部分所承担的任务或功能间的相互关系，以及产品各个层次间的功能逻辑顺序、数据流、接口的一种功能模型，如图 6-2 所示。

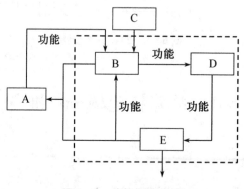

图 6-2　功能框图示例

6.1.4　确定分析目的和范围

根据任务要求和对系统的了解确定分析目的和范围。同一个系统、因分析目的不同，系统模型化结果会大不相同，反映在故障树上也大不相同。如果本次分析关注的对象是硬件故障，系统模型化时可以略去人的因素；如果关注对象是内部事件，则模型化将不考虑外部事件。有时（但不是所有场合）需要考虑硬件、软件故障、人的失误和外部事件等所有因素。包括以下内容：

1）功能约定

明确系统当前规定完成的功能；

2）条件约定（无人为影响、自然影响等）

边界条件指规定所建立故障树的状况。有了边界条件就明确了故障树建到何处为止。边界条件包括以下几项：

a）确定顶事件。人们不希望发生的显著影响系统技术性能、经济性、可靠性和安全性的故障事件可能不止一个，在充分熟悉资料和系统的基础上，做到既不遗漏又分清主次地将全部重大故障事件——列举，必要时可应用 FMECA，然后再根据分析目的和故障判剧确定出本次分析的顶事件。在应用 FMECA 找顶事件时，通过 FMECA 找出影响安全及任务成功的关键故障模式（即Ⅰ、Ⅱ类严酷度的故障模式）作为顶事件（此时，顶事件应分别列出，即在相应分析级别上分别以这些顶事件建立起多个故障树。

b）确定初始条件。它是与顶事件相适应的。凡是具有一个以上工作状态的部件，就要规定某工作状态作为初始条件。电机工作原理图如图 6-3 所示，无论电机故障事件是"电机过热"还是"电机不能工作"，它所对应的初始条件都是"开关闭合"的工作状态。

c）确定不许可的事件（指建树时规定不考虑发生的事件）。

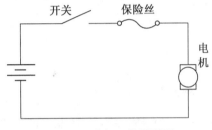

图 6-3 电机工作原理图

d）合理简化。对系统进行必要的合理假设，如不考虑人为故障；对于复杂系统，可在 FMECA 的基础上，将那些对于给定顶事件不重要的部分舍去，简化系统，然后再进行建树。划定边界、合理简化是完全必要的，同时，这又要非常慎重，避免主观地把看来"不重要"的底事件压缩掉，却把要寻找的隐患漏掉了。做到合理划定边界和简化的关键在于经过集思广益的推敲，作出正确的工程判断。

e）建模约定。明确 FTA 分析到的最低约定层次，即便于直接进行设计更改的层次；最低约定层次随着设计进展逐渐明确细化。

6.1.5 确定故障判据

根据系统成功判据（如产品功能和性能要求）来确定故障判据，只有故障判据确切，才能辩明什么是故障，从而才能正确确定导致故障的全部直接的必要而又充分的原因。

6.2 故障树建树

6.2.1 故障树建造规则

为确保构建的故障树清晰、合理、无遗漏，应遵守以下建树规则。

6.2.1.1 故障事件应严格定义

故障事件必须严格定义，否则建出的故障树将不正确。对于结果事件，应当根据需要准确表示"故障是什么"和"何情况下发生"。例如,原希望分析"电路开关合上后电机不转",但由于省略,将事件表达为"电机不转",会得到不同的两棵故障树如图6-4和图6-5所示。

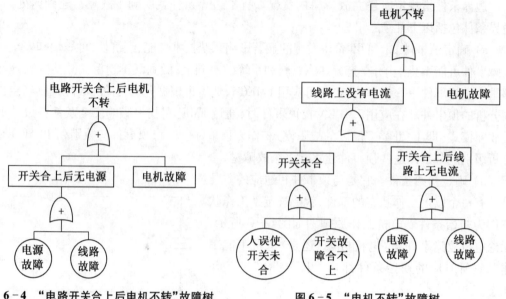

图 6-4 "电路开关合上后电机不转"故障树   图 6-5 "电机不转"故障树

图6-4中顶事件已明确表述出"电机不转"是在已知"电路开关合上后"这一条件下发生的。若由于省略,忽略了"电机不转"的发生条件,违背了原意,使故障树变成图6-5所示。

6.2.1.2 应从上向下逐级建树

本条规则主要目的是避免遗漏。构建原则如下:

a) 首先确定系统级顶事件,据此确定各分系统级顶事件,以此类推;

b) 要对中间事件完全定义后才能发展该子树(此时该中间事件可看作该子树的顶事件);

c) 重视高层次产品与低一层次产品之间和低层次产品相互之间的接口,分层次、有计划、协调配合地进行故障树的建造。

6.2.1.3 建树时不允许门—门直接相联

主要目的是防止建树者不从文字上对中间事件下定义即去发展该子树,其次门—门相连的故障树使评审者无法判断对错,故不允许门—门直接相联。

6.2.1.4 对事件的抽象描述具体化

为了促使故障树的向下发展,必须用等价的比较具体的直接事件逐步取代比较抽象的间接事件,这样在建树时也可能形成不经任何逻辑门的"事件—事件"串。

6.2.1.5 处理共因事件和互斥事件

共同的故障原因会引起不同的故障部件故障甚至不同系统故障。共同原因导致的故障事件,简称共因事件。对于故障树中存在的共因事件,必须使用同一事件标号。不可能同时发生的事件为互斥事件,对于与门输入端的事件和子树应注意是否存在互斥事件,若存在则应采用异或门变换处理。

6.2.1.6 原因事件分析规则

当顶事件确定后,会自上而下逐层寻找原因事件,明确故障所处的分析级别(系统、分系统、组件等),依据不同规则查找原因事件如图 6-6 所示,避免遗漏。

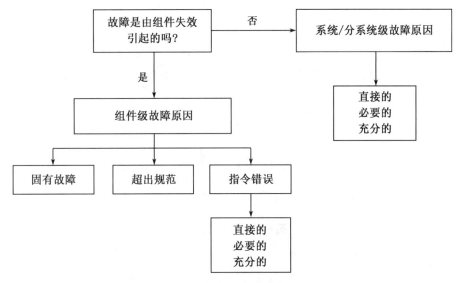

图 6-6 原因事件查找原则

注:此组件的概念是相对的,既可能指具体元器件或零件,也可能指实现某项具体功能的模块。

1)系统或分系统级故障原因,首先寻找的是直接原因事件而不是基本原因事件,且对顶事件发生是必要且充分的;其次不断利用"直接原因事件"作为过渡,逐步地无遗漏地将顶事件演绎为基本原因事件;基本原因事件之间必须是相互独立。

a)直接的(Immediate):与该分析对象有直接接口(输入)关系的系统或分系统。

b)必要的(Necessary):如果没有事物 A,则必然没有事物 B;如果有事物 A 而未必有事物 B,A 就是 B 的必要而不充分的条件,简称必要条件。

c)充分的(Sufficient):如果有事物 A,则必然有事物 B;如果没有事物 A 而未必没有事物 B,A 就是 B 的充分而不必要的条件,简称充分条件。

2)组件级故障原因分析,应从以下三方面分析,同时也遵守上述"系统或分系统故障原因分析"规则。

a)固有故障(Primary):即在规定的使用条件下由系统、元、部件本身引起的;

b)超出规范(Secondary):超出设计使用规范引起(包括环境、震动、应力等超标)的;

c)指令错误(Command):由本系统中其他与该分析对象有接口关系的部件发出错误控制信号、指令或噪声、人为因素(如:选件或安装、设置不正确导致)等的影响引起的,一旦这些影响消除后,系统或部件即可恢复正常状态。

6.2.2 故障树建造过程

故障树示例如图 6-7 所示。

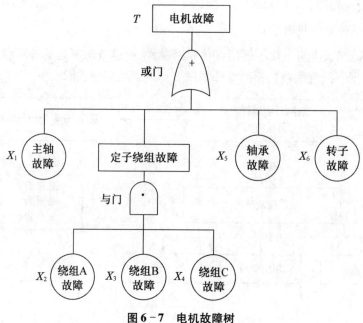

图 6 - 7　电机故障树

故障树建树步骤如图 6 - 8 所示。

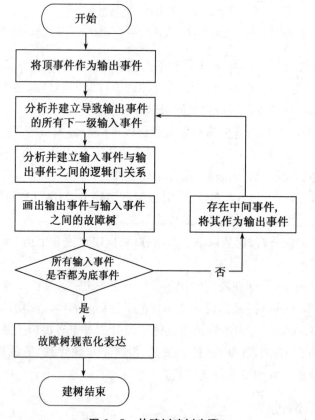

图 6 - 8　故障树建树步骤

故障树建立流程如下：

a）将顶事件作为输出事件，分析建立导致顶事件发生的所有直接原因并将其作为下一级输入事件，建立这些输入事件与输出事件之间的逻辑门关系，并画出输出事件与输入事件之间的故障树图；

b）以此类推，将这些下一级事件作为输出事件进行展开，直到所有的输入事件都为底事件时停止，至此初步的故障树建立完毕；

c）对故障树中的事件建立定义和表达符号，利用符号取代故障树中的事件文字描述，利用转移符号简化故障树，实现故障树的规范化表达。

6.2.3　故障树规范和简化

为了减少分析的工作量，需要对建立的故障树进行规范化、简化。

6.2.3.1　故障树规范化

将建造出来的故障树变换为仅含有基本事件、结果事件以及"与""或""非"三种逻辑门的故障树的过程。

1）特殊事件的处理规则

a）未探明事件的处理规则：可根据其重要性（如发生概率的大小、后果严重程度等）和数据的完备性，或当作基本事件对待或删去。重要且数据完备的未探明事件当作基本事件对待；不重要且数据不完备的未探明事件可删去；其他情况由分析人员根据工程实际情况决定。

b）开关事件的处理规则：将开关事件当作基本事件对待。

c）条件事件的处理规则：条件事件总是与特殊门联系在一起，按特殊门的等效变换规则处理。

2）特殊门的等效变换规则可参照 GJB/Z 768，如表 6-5 所示。

表 6-5　特殊门的等效变换规则

特殊门	图示	说明
顺序与门变换为与门	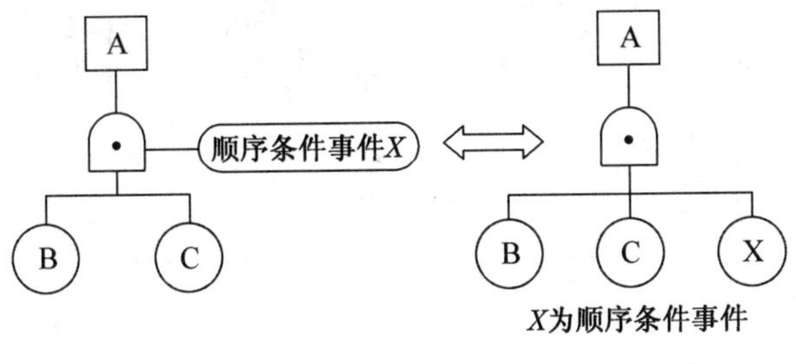 X为顺序条件事件	输出不变，顺序与门变为与门，原输入不变，新增加一个输入事件——顺序条件事件X。

（续表）

特殊门	图示	说明
表决门变换为或门和与门的组合	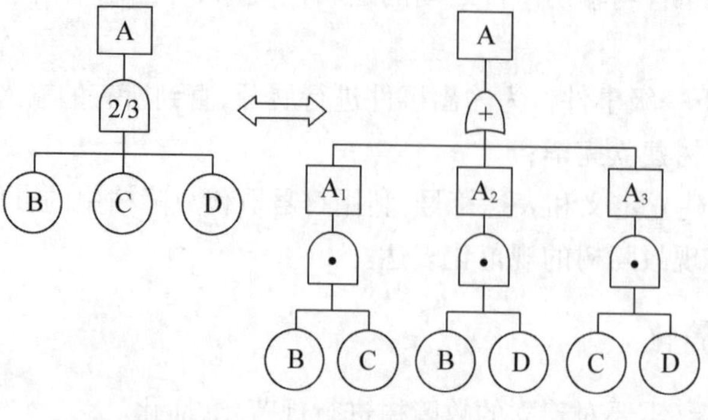	原输出条件下接一个或门,或门之下有 C_n^r 个输入事件,每个输入事件之下再接一个与门,每个与门之下有 r 个原输入事件。
	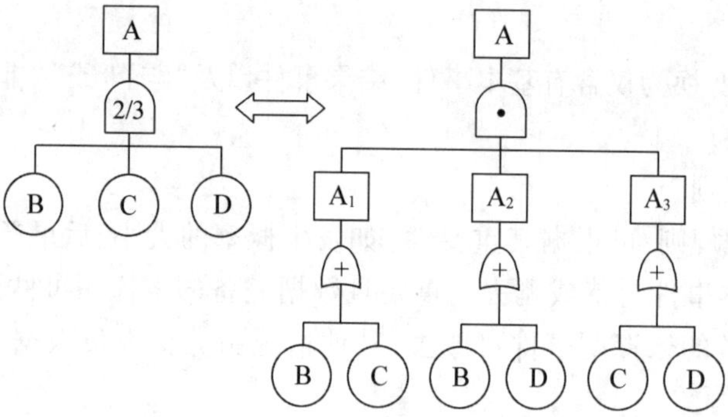	原输出事件下接一个与门,与门之下有 C_n^{n-r+1} 个输入事件,每个输入事件之下再接一个或门,每个或门之下有 $n-r+1$ 个原输入事件。
异或门变换为或门、与门和非门的组合	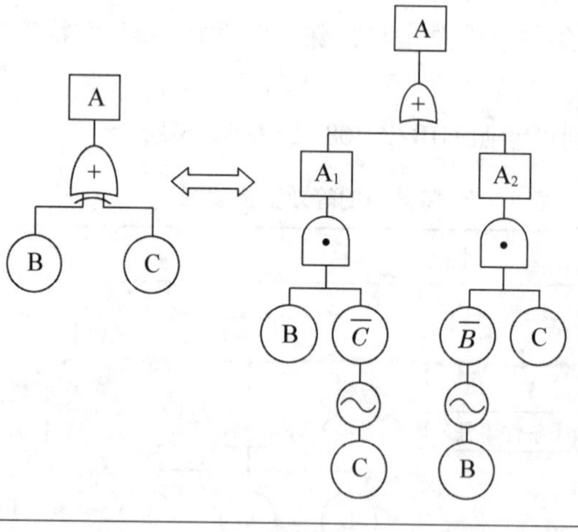	原输出事件不变,异或门变为或门,或门下接两个与门,每个与门之下分别接一个原输入事件和一个非门,非门之下接一个原输入事件。
禁止门变换为与门	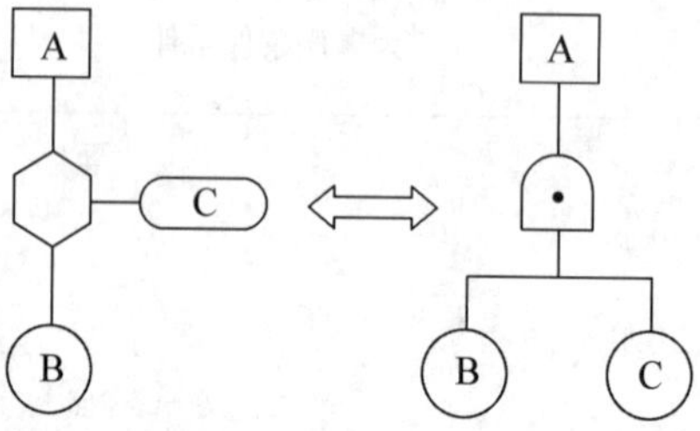	原输出事件不变,禁止门变换为与门,与门之下有两个输入,一个为原输入事件,另一个为条件事件。

6.2.3.2 故障树简化

故障树的简化不是故障树分析的必要步骤,它并不会影响以后定性分析和定量分析的结果。然而,故障树尽可能地简化是减小故障树规模,减少分析工作量的有效措施。

a) 用相同转移符号表示相同子树,用相似转移符号表示相似子树如图6-9、图6-10所示。

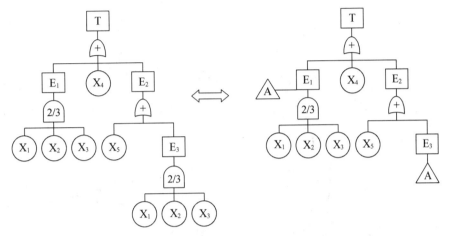

图6-9 用相同转移符号表示相同子树

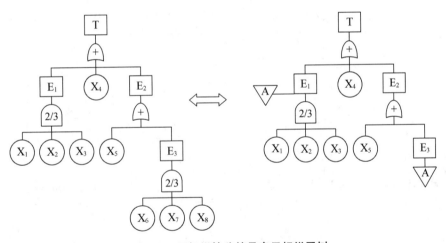

图6-10 用相似转移符号表示相似子树

b) 按照集合(事件运算规则),去掉明显多余的逻辑多余事件和明显的逻辑多余门如表6-6所示。

表6-6 故障树简化基本原理示例表

基本原理项示例	基本原理项示例
![E门与按幂等律 A+A=A 化简] 按幂等律 $A+A=A$,$\overline{A}A=\Phi$ 化简	![E门与按幂等律 AA=A 化简] 按幂等律 $AA=A$,$\overline{A}A=\Phi$ 化简

(续表)

基本原理项示例	基本原理项示例

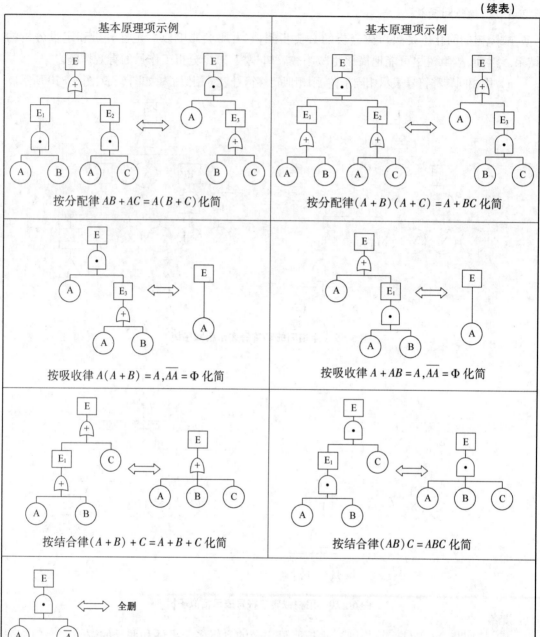

按分配律 $AB+AC=A(B+C)$ 化简

按分配律 $(A+B)(A+C)=A+BC$ 化简

按吸收律 $A(A+B)=A$,$\overline{A}A=\Phi$ 化简

按吸收律 $A+AB=A$,$\overline{A}A=\Phi$ 化简

按结合律 $(A+B)+C=A+B+C$ 化简

按结合律 $(AB)C=ABC$ 化简

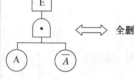

⟺ **全删**

按互补律 $\overline{A}A=\Phi$ 化简;

互补定理:$X+\overline{X}=I$;$X\cdot\overline{X}=0$,其中 I 为全集,0 为空集;

加法交换律:$X+Y=Y+X$;乘法交换律:$X\cdot Y=Y\cdot X$;

摩根定理:$\overline{X+Y+Z}=\overline{X}\cdot\overline{Y}\cdot\overline{Z}$;$\overline{X\cdot Y\cdot Z}=\overline{X}+\overline{Y}+\overline{Z}$;

常数运算定理:$X+0=X$;$X+I=I$;$X\cdot 0=0$;$X\cdot I=X$;

$(X+\overline{Y})\cdot Y=X\cdot Y$;$(X\cdot\overline{Y})+Y=X+Y$

注:表中符号" + ""( )"和" · "表示的是逻辑运算符而非数字运算符。

[**例6-1**] 如图6-11所示简化故障树,其中左侧图为含有逻辑多余部分的故障树。

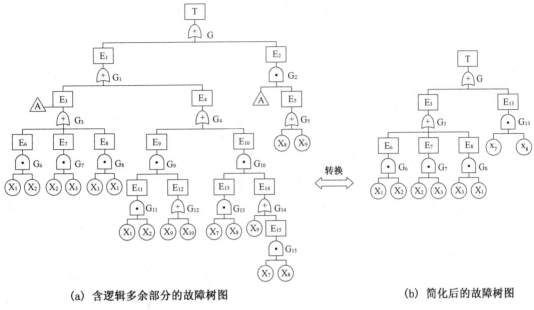

(a) 含逻辑多余部分的故障树图　　　　　　　(b) 简化后的故障树图

图6-11　简化故障树示例图

图6-11中,逻辑门右侧加了一个字母标识用于表示该门,分析时以便于定位不同的门。E6 和 E9 通过一系列或门向上到达或门 G1,按表6-6中加法结合律,E6 和 E9 可简化为 G1 的直接输入;因为 E6 和 E11 是相同事件,而 G1 是或门,G9 是与门,故按表6-6中吸收律可知,E9 以下部分可以全部删去。同理,按表6-6中加法结合律,E2 和 E3 可简化为 G1 的直接输入,且有相同转移符号,故按表6-6中吸收律可知,E2 以下部分可以全部删去。E13 和 E15 是相同事件,按表6-6中吸收律可知,E14 以下部分可以全部删去。最后,按表6-6中加法结合律和乘法结合律,上图中左侧 a 逻辑树图可简化为右侧 b 所示的逻辑树图。

6.3　故障树分析

故障树分析流程如图6-12所示:

```
┌──────────────┐        ┌ ─ ─ ─ ─ ─ ─ ─ ┐
│   选择顶事件   │◄───────  输助资料
└──────────────┘        │ • FMEA分析报告 │
       │                 └ ─ ─ ─ ─ ─ ─ ─ ┘
       ▼
┌──────────────┐
│   建造故障树   │
└──────────────┘
       │
       ▼
┌──────────────┐
│ 定性分析、定量分析 │
└──────────────┘
       │
       ▼
┌──────────────┐
│   FTA报告     │
└──────────────┘
```

图6-12　FTA 分析流程

a）选择顶事件

一般以影响安全和任务的故障事件作为顶事件，进行故障树分析。

b）建造故障树

建造故障树即罗列所有导致顶事件发生的事件，并明确其逻辑关系，直到所有的输入事件都为底事件时停止。

c）定性、定量分析

FTA 的定性分析是为寻找导致顶事件发生的原因事件或原因事件的组合，即识别导致顶事件发生的所有故障模式集合，确定故障树的割集和最小割集（如使用上行法、下行法求故障树的最小割集），进行最小割集和底事件的对比分析，从定性的角度确定出较为重要的底事件。通过定性分析发现系统中潜在薄弱环节，采取改进措施。

故障树定量分析的基本目的是在求得故障树最小割集的基础上，根据故障树的底事件发生概率，计算顶事件的发生概率和底事件的重要度等定量指标，进而找出系统的薄弱环节。

d）FTA 报告

FTA 分析完成后，由 FTA 责任人编写 FTA 报告。故障树分析报告一般包括以下几个部分。

a）范围（主要说明编写故障树分析报告的时机和目的，适用范围等）、引用文件、术语定义等；

b）产品描述。状态描述：描述当前 FTA 分析对应产品的状态和主要功能，说明该产品是否为新产品，或与以前产品相比在设计、应用、环境方面是否存在变化。条件描述：产品的工作条件和环境条件限制。功能和边界描述：产品的功能描述，功能图、边界定义；

c）基本假设。描述当前 FTA 分析中不考虑的事件范围。如：产品流程图或线路图的假设；产品运行、维修、试验和检测的假设；系统可靠性模型化的假设；产品各组成部分的故障相互独立，不存在关联故障的假设等；

d）系统故障的定义和故障判据。根据产品功能判据（如产品功能和性能要求）来确定和定义故障判据，并列举对象产品故障后果的描述清单和对应的严酷度级别，例如：功能丧失、功能降低、外观变差、存在隐患；

e）系统顶事件的定义和描述。针对产品所不希望发生的事件，定义为顶事件，分别进行分析。清晰、准确的定义顶事件，详细描述何时、何地、发生了什么样的故障，并描述顶事件的来源；

f）故障树建造。根据定义的顶事件，自上而下的逐级查找各种基本原因事件（遵守直接且必要充分条件，并从固有故障、超出规范、指令错误方面全面分析），通过合适的逻辑门进行连接，完成故障树建造；

g）故障树的定性分析。求最小割集，并进行定性分析；

h）故障树的定量分析。计算顶事件发生概率和各事件重要度；

i）故障树分析的结论和建议。根据定性定量分析结果给出设计的薄弱环节；

j）附录等。主要包括：可靠性数据表及数据来源说明；其他希望补充说明的系统资料，如系统原理图、可靠性框图、边界图、状态转移图等。

6.3.1　故障树定性分析

故障树定性分析是为寻找导致顶事件发生的原因事件或原因事件的组合,即识别导致顶事件发生的所有故障模式集合,确定故障树的割集和最小割集,进行最小割集和底事件的对比分析,从定性的角度确定出较为重要的底事件。通过定性分析发现系统中潜在薄弱环节,采取改进措施,以提高产品可靠性,还可用于指导故障诊断,改进使用和维修方案。

6.3.1.1　最小割集的作用

用图 6-13 来说明割集和最小割集。由三个部件组成的混联系统,该系统共有三个底事件:x_1、x_2、x_3。

根据割集的定义和与或门的性质,该故障树的割集是:$\{x_1\}$,$\{x_2、x_3\}$,$\{x_1、x_2、x_3\}$;根据最小割集的定义,该故障树的最小割集为:$\{x_1\}$,$\{x_2、x_3\}$。

一个最小割集代表系统的一种故障模式,故障树定性分析的任务就是要寻找故障树的全部最小割集。最小割集的作用主要体现在两个方面:

a) 预防故障的角度。如果设计中能做到使每个最小割集中至少有一个底事件不发生(发生概率极低),则顶事件就

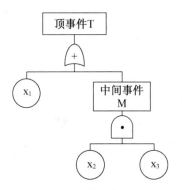

图 6-13　故障树示例

不发生。所以找出最小割集对降低复杂系统潜在故障的风险,改善系统设计意义重大。从保证系统正常工作的状态出发,对于一种系统故障模式,只需避免其中任一个底事件的发生,即可消除对应的故障模式。

b) 系统的故障诊断和维修的角度。当进行故障诊断时,如果发现某个部件故障后,进行修复,系统可以恢复功能,但其可靠性水平并未能恢复如初。因为由最小割集的概念可知,只有最小割集中的全部部件都故障时,系统才会故障,而只要任一部件修复,系统即可恢复功能,但此时可能依然存在同一最小割集中其他的故障部件未修复,则系统再次发生故障的概率是很高的。所以系统故障诊断和维修时,应追查出同一割集中的其他部件故障并设法全部修复,如此才能恢复系统的可靠性、安全性设计水平。

6.3.1.2　求最小割集的方法

在完成建树并对故障树规范化后,需要计算故障树的最小割集。最小割集的计算常用上行法和下行法,但对于复杂的故障树常用 FTA 软件工具,常见的 CAD 软件如可维 GARMS、Relex、CARMES、Isograph 等,均具有该功能。

上行法和下行法求解故障树最小割集的步骤如表 6-7 所示。

表 6-7　上行法和下行法特点和步骤

项目	下行法	上行法
特点	从顶事件开始,自上而下逐级寻找事件集合,最终获得故障树的最小割集。	从底事件开始,自下而上逐级寻找事件集合,最终获得故障树的最小割集。

（续表）

项目	下行法	上行法
步骤	a）确定顶事件； b）分析顶事件所对应的逻辑门； c）将顶事件展开为该逻辑门的输入事件（用"与门"连接的输入事件列在同一行；用"或门"连接的输入事件分别各占一行）； d）按步骤 c）向下将各个中间事件按同样规则展开，直至所有的事件均为底事件； e）表格最后一列的每一行都是故障树的割集； f）通过割集间的比较，利用布尔代数运算规则进行合并消元，最终得到故障树的全部最小割集。	a）确定所有底事件； b）分析底事件所对应的逻辑门； c）通过事件运算关系表示该逻辑门的输出事件（"与门"用布尔积表示；"或门"用布尔和表示）； d）按步骤 c）向上迭代，直至故障树的顶事件； e）将所得布尔等式用布尔运算规则进行简化； f）最后得到用底事件积之和表示顶事件的最简式； g）最简式中，每一个底事件的"积"项表示故障树的一个最小割集，全部"积"项就是故障树的所有最小割集。

［**例 6‑2**］ 运用上行法和下行法求解图 6‑14 故障树最小割集。

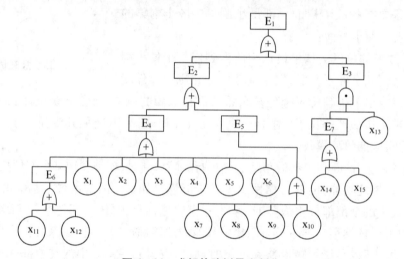

图 6‑14 求解故障树最小割集

a）上行法求故障树最小割集

故障树的最下一级为：$E_5 = x_7 + x_8 + x_9 + x_{10}$；$E_6 = x_{11} + x_{12}$；$E_7 = x_{14} + x_{15}$。

向上一级为：$E_4 = E_6 + x_1 + x_2 + x_3 + x_4 + x_5 + x_6 = x_{11} + x_{12} + x_1 + x_2 + x_3 + x_4 + x_5 + x_6$；$E_3 = x_{13}E_7 = x_{13}x_{14} + x_{13}x_{15}$。

再向上一级为：$E_2 = E_4 + E_5 = x_{11} + x_{12} + x_1 + x_2 + x_3 + x_4 + x_5 + x_6 + x_7 + x_8 + x_9 + x_{10}$。

最上一级为：

$$T = E_1 = E_2 + E_3 = x_{11} + x_{12} + x_1 + x_2 + x_3 + x_4 + x_5 + x_6 + x_7 + x_8 + x_9 + x_{10} + x_{13}x_{14} + x_{13}x_{15}。$$

得到最小割集为：$\{x_1\}$，$\{x_2\}$，$\{x_3\}$，$\{x_4\}$，$\{x_5\}$，$\{x_6\}$，$\{x_7\}$，$\{x_8\}$，$\{x_9\}$，$\{x_{10}\}$，$\{x_{11}\}$，$\{x_{12}\}$，$\{x_{13}, x_{14}\}$，$\{x_{13}, x_{15}\}$。

b）下行法求故障树最小割集

过程如表 6‑8 所示。

表 6 - 8 下行法求故障树最小割集

步骤	1	2	3	4	5	6
求解过程	E_2	E_4	E_6	x_{11}	x_{11}	x_{11}
	E_3	E_5	x_1	x_{12}	x_{12}	x_{12}
		E_3	x_2	x_1	x_1	x_1
			x_3	x_2	x_2	x_2
			x_4	x_3	x_3	x_3
			x_5	x_4	x_4	x_4
			x_6	x_5	x_5	x_5
			E_5	x_6	x_6	x_6
			E_3	x_7	x_7	x_7
				x_8	x_8	x_8
				x_9	x_9	x_9
				x_{10}	x_{10}	x_{10}
				E_3	X_{13}, E_7	x_{13}, x_{14}
						x_{13}, x_{15}

步骤 1 中,因 E_1 下面是或门,所以 E_2、E_3 各成一行,成竖向串列。

从步骤 1 到 2 时,在步骤 2 中,因 E_2 下面是或门,所以 E_2 的位置换之以 E_4 和 E_5 各成一行,竖向串列。

从步骤 2 到 3 时,在步骤 3 中,因 E_4 下面是或门,所以 E_4 的位置换之以 E_6、$x_1 \sim x_6$ 各成一行,竖向串列。

从步骤 3 到 4 时,在步骤 4 中,因 E_6 下面是或门,所以 E_6 的位置换之以 x_{11} 和 x_{12} 各成一行,竖向串列;因 E_5 下面是或门,所以 E_5 的位置换之以 $x_7 \sim x_{10}$ 各成一行,竖向串列。

从步骤 4 到 5 时,在步骤 5 中,因 E_3 下面是与门,所以 E_3 的位置换之以 x_{13} 和 E_7,它们在同一行横向并列。

从步骤 5 到 6 时,在步骤 6 中,因 E_7 下面是或门,所以 E_7 的位置换之以 x_{14} 和 x_{15} 各成一行,竖向串列。

最终得到 14 个全部最小割集:$\{x_1\}$,$\{x_2\}$,$\{x_3\}$,$\{x_4\}$,$\{x_5\}$,$\{x_6\}$,$\{x_7\}$,$\{x_8\}$,$\{x_9\}$,$\{x_{10}\}$,$\{x_{11}\}$,$\{x_{12}\}$,$\{x_{13}, x_{14}\}$,$\{x_{13}, x_{15}\}$。

两种方法得到的最小割集完全一致。

6.3.1.3 最小割集的分析

在求得全部最小割集后,可按以下原则对最小割集和底事件进行定性比较,以便将定性比较的结果应用于指导故障诊断,提示改进方向。根据每个最小割集所含底事件数目(阶数)排序,当各个底事件发生概率比较小,其差别相对不大时,可按以下原则对最小割集和底事件进行比较:

a）阶数越小的最小割集越重要；

b）在低阶最小割集中出现的底事件比高阶最小割集中的底事件重要；

c）在同一最小割集阶数的条件下，在不同最小割集中重复出现的次数越多的底事件越重要；

d）为了节省分析工作量，工程中往往略去阶数大于指定值的所有最小割集进行近似分析。

例 6-2 中的最小割集为：$\{x_1\}$，$\{x_2\}$，$\{x_3\}$，$\{x_4\}$，$\{x_5\}$，$\{x_6\}$，$\{x_7\}$，$\{x_8\}$，$\{x_9\}$，$\{x_{10}\}$，$\{x_{11}\}$，$\{x_{12}\}$，$\{x_{13},x_{14}\}$，$\{x_{13},x_{15}\}$。其中 12 个一阶最小割集的重要性较大，2 个二阶最小割集的重要性较小。$x_1 \sim x_{12}$ 分别作为单点故障，所以最重要；x_{13} 在 2 个二阶的最小割集中均出现，所以 x_{13} 的重要性次之；x_{14} 和 x_{15} 的重要性最小，因为分别在 2 个二阶的最小割集中出现。

6.3.2 故障树定量分析

故障树定量分析基本目的是在求得故障树最小割集的基础上，根据故障树的底事件发生概率，计算顶事件的发生概率和底事件的重要度等定量指标，进而找出系统的薄弱环节。

故障树定量分析可以实现以下目的：

a）利用底事件的发生概率计算顶事件发生概率，确定系统可靠度；

b）确定每个最小割集的发生概率，以便改进设计、提高系统的可靠性和安全性水平。

6.3.2.1 假设

在进行故障树定量计算时，一般要作以下假设：

a）底事件之间相互独立；

b）底事件和顶事件都只考虑二种状态——发生或不发生。也就是说，元器件、部件和系统都只有二种状态——正常或故障；

c）一般情况下，故障分布都假定为指数分布。否则，难以用解析法求得精确结果，这时可用蒙特卡洛仿真的方法进行估计。

6.3.2.2 顶事件概率计算

顶事件的发生概率可以通过最小割集来求解。在工程中可采用 CAD 软件辅助计算。

大多数情况下，底事件可能在几个最小割集中重复出现，即最小割集之间是相交的，此时精确计算顶事件发生的概率就必须用相容事件的概率公式。

1）全概率法

相容事件的概率公式如下：

$$
\begin{aligned}
P(T) &= P(K_1 \cup K_2 \cup \cdots \cup K_{N_k}) \\
&= \sum_{i=1}^{N_k} P(K_i) - \sum_{i<j=2}^{N_k} P(K_i K_j) + \sum_{i<j<\kappa=3}^{N_k} P(K_i K_j K_k) + \cdots + (-1)^{N_k-1} P(K_i K_j \cdots K_{N_k})
\end{aligned}
$$

$$(6-1)$$

2）直接化法

直接化法如图 6-15 所示。

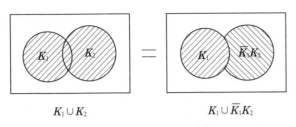

图 6-15 直接化法示例图

直接化法一般通式如下:

$$T = K_1 \cup K_2 \cup \cdots \cup K_{N_i}$$

$$= K_1 + \overline{K_1}(K_2 \cup \cdots \cup K_{N_i})$$

$$= K_1 + \overline{K_1}K_2 \cup \overline{K_1}K_3 \cup \cdots \cup \overline{K_1}K_{N_i}$$

$$= K_1 + \overline{K_1}K_2 + \overline{\overline{K_1}K_2}(\overline{K_1}K_3 \cup \overline{K_1}K_4 \cup \cdots \cup \overline{K_1}K_{N_i}) \qquad (6-2)$$

$$= K_1 + \overline{K_1}K_2 + (K_1 \cup \overline{K_2})(\overline{K_1}K_3 \cup \overline{K_1}K_4 \cup \cdots \cup \overline{K_1}K_{N_i})$$

$$= K_1 + \overline{K_1}K_2 + \overline{K_1}\,\overline{K_2}K_3 \cup \overline{K_1}\,\overline{K_2}K_4 \cup \cdots \cup \overline{K_1}\,\overline{K_2}K_{N_i}$$

$$= K_1 + \overline{K_1}K_2 + \overline{K_1}\,\overline{K_2}K_3 + \overline{\overline{K_1}\,\overline{K_2}K_3}(\overline{K_1}\,\overline{K_2}K_4 \cup \cdots \cup \overline{K_1}\,\overline{K_2}K_{N_i})$$

3) 递推化法

递推化法如图 6-16 所示。

$$K_1 \cup K_2 \cup K_3 = K_1 + \overline{K_1}K_2 + \overline{K_1\,K_2}K_3$$

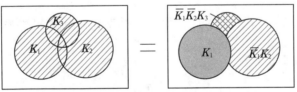

图 6-16 递推化法示例图

递推化法一般通式如下:

$$T = K_1 \cup K_2 \cup \cdots \cup K_{N_i} \qquad (6-3)$$

$$= K_1 + \overline{K_1}K_2 + \overline{K_1\,K_2}K_3 + \cdots + \overline{K_1\,K_2\,K_3 \cdots K_{N_i-1}}K_{N_i}$$

而在工程中,使用以下三种近似计算顶事件发生概率的方法,通常可满足工程需要。

a) 方法 1:一阶近似公式

$$P(T) \approx \sum_{i=1}^{N_k} P(K_i) \qquad (6-4)$$

式中:$P(T)$—顶事件发生概率;$P(K_i)$—第 i 个最小割集的发生概率;N_k—最小割集数。

式(6-4)的含义为:每一个最小割集中的底事件发生概率相乘,得到每一个最小割集的发生概率,再把所有最小割集的发生概率相加,得到故障树顶事件发生的近似概率。

b)方法2:二阶近似公式

$$P(T) \approx \sum_{i=1}^{N_k} P(K_i) - \sum_{i \langle j=2}^{N_k} P(K_i K_j) \tag{6-5}$$

式(6-5)中,$P(K_i)$,$P(K_j)$—第i、j个最小割集的发生概率;$P(K_i K_j)$表示第i、j个最小割集底事件概率乘积。

c)方法3:近似公式

$$P(T) = 1 - \prod_{i=1}^{N_k} (1 - P(K_i)) \tag{6-6}$$

式(6-6)的含义为:用1减所有最小割集发生概率的余数的乘积,即为故障树顶事件的发生概率。前提是最小割集的发生概率较低,可假设各个割集之间是相互独立的,即两个以上割集同时发生的情况忽略不计。

6.3.2.3 重要度分析

底事件对顶事件发生的贡献被称为底事件的重要度。重要度是产品结构、元器件的寿命分布及时间的函数。一般情况下,产品中各元器件、部件并不同样重要,如有的元器件、部件一有故障就会引起产品故障,有的则不然。因此,按照底事件对顶事件发生的重要性来排序,对产品改进设计是十分必要的。在工程设计中,重要度分析的目的是为了改进和完善产品设计,确定产品需要监测的部位,制订产品故障诊断时的核对清单等。

故障树中部件可以有多种故障模式,每一种故障模式对应一个基本事件。部件重要度等于它所包含的基本事件的重要度之和。

1)概率重要度

概率重要度的定义:第i个底事件发生概率的变化引起顶事件发生概率变化的程度,即为:

$$I_i^{P_r}(t) = \frac{\partial F_s(t)}{\partial F_i(t)} \tag{6-7}$$

式中:$I_i^{P_r}(t)$—概率重要度;$F_i(t)$—底事件i的发生概率;$F_s(t)$—顶事件发生概率,$F_s(t) = g[F(t)] = g[F_1(t), F_2(t), \cdots, F_n(t)]$。

概率重要度的定义为:系统处于当且仅当底事件i故障发生,顶事件即发生的概率;它表示由于底事件i导致顶事件发生概率变化的程度。

2)结构重要度

结构重要度定义:底事件i在系统中所处位置的重要程度,数学表达式为:

$$I_i^{S_i}(t) = \frac{1}{2^{n-1}} n_i^{\varphi}(t) \tag{6-8}$$

式中:$I_i^{S_i}(t)$—底事件i结构重要度;n—系统所含底事件的数量;$n_i^{\varphi} = \sum_{2^{n-1}} [\Phi(1_i, X) - \Phi(0_i, X)]$。

系统中底事件 i 由正常状态(0)变为故障状态(1),其他部件状态不变时,系统可能有以下四种状态:

a) 由底事件 i 正常,顶事件正常的状态变为底事件 i 故障,顶事件也故障,即顶事件状态发生了变化,变化值为1;

b) 由底事件 i 正常,顶事件正常的状态变为底事件 i 故障,顶事件仍正常,即顶事件状态未变化,变化值为0;

c) 由底事件 i 正常,顶事件故障的状态变为底事件 i 故障,顶事件仍故障,即顶事件状态未变化,变化值为0;

d) 由底事件 i 正常,顶事件故障的状态变为底事件 i 故障,顶事件正常,即顶事件状态发生了变化,变化值为 -1。由于研究的为单调关联系统(系统中部件的状态变化方向与系统的状态变化方向总保持一致),所以最后一种情况不予考虑。

结构重要度的物理含义为:底事件 i 在系统中纯物理位置的关键程度,与其本身故障概率毫无关系,在设计中可以用来确定系统的物理构成是否满足要求。一个由 n 个底事件组成的系统,当第 i 个底事件处于某一状态时,其余 $(n-1)$ 个底事件有 2^{n-1} 种故障或正常的状态组合。分析这 2^{n-1} 种组合任一种情况下,即其余 $(n-1)$ 个底事件处于某一状态时,底事件 i 由正常的状态变为故障状态,所导致顶事件状态的变化情况。然后统计 2^{n-1} 种组合中,属于第一种情况的次数,即为 n_i^{φ}。

当系统的底事件数量很多时,确定 n_i^{φ} 非常困难,可以借助概率重要度的方法来确定结构重要度。当所有底事件的发生概率为 0.5 时,概率重要度等于结构重要度,即概率重要度的公式适用于结构重要度的求解。

3) 关键重要度

关键重要度定义:第 i 个底事件发生概率的相对变化所引起顶事件发生概率的相对变化率,数学表达式为:

$$I_i^{C_r}(t) = \frac{F_i(t)}{F_s(t)} \times \frac{\partial F_s(t)}{\partial F_i(t)} = \frac{F_i(t)}{F_s(t)} \times I_i^{P_r}(t) \tag{6-9}$$

式中:$I_i^{C_r}(t)$—关键重要度;$F_i(t)$—底事件 i 的发生概率;$F_s(t)$—顶事件发生概率;$I_i^{P_r}(t)$—底事件 i 的概率重要度。

概率重要度不直接考虑底事件 i 是如何发生的,也不关心底事件 i 的发生概率,这将可能使几乎不发生或难以改进的底事件赋以较高的重要度值,从而忽视真正重要的底事件(导致顶事件发生,且本身可能发生或易于改进的),因此,提出了关键重要度概念。关键重要度含义为:体现了改善一个比较可靠的底事件比改善一个不太可靠的底事件困难这一性质。$F_i(t)$、$I_i^{P_r}(t)$ 是底事件 i 发生引发顶事件发生的概率,此数值越大表明底事件 i 引发顶事件发生的概率越大。因此,对系统进行检修时应首先检查关键重要度大的底事件,并按关键重要度大小,列出系统底事件诊断检查的顺序表。

6.3.3 故障树分析示例

[**例6-3**] 图6-14故障树中,底事件 x_1、x_2、x_3、x_4、x_5、x_6、x_7、x_8、x_9、x_{10}、x_{11}、x_{12} 的发生概

率均为0.000 1, x_{13}、x_{14}、x_{15}的发生概率为0.01,求顶事件的发生概率与各底事件的各种重要度值。

根据例6-2中已求得最小割集为:$M_1 = \{x_1\}$, $M_2 = \{x_2\}$, $M_3 = \{x_3\}$, $M_4 = \{x_4\}$, $M_5 = \{x_5\}$, $M_6 = \{x_6\}$, $M_7 = \{x_7\}$, $M_8 = \{x_8\}$, $M_9 = \{x_9\}$, $M_{10} = \{x_{10}\}$, $M_{11} = \{x_{11}\}$, $M_{12} = \{x_{12}\}$, $M_{13} = \{x_{13}, x_{14}\}$, $M_{14} = \{x_{13}, x_{15}\}$。图6-14所示故障树的故障函数表达式为:

$$P(T) = M_1 + M_2 + M_3 + M_4 + M_5 + M_6 + M_7 + M_8 + M_9 + M_{10} + M_{11} + M_{12} + M_{13} + M_{14}$$
$$= x_1 + x_2 + x_3 + x_4 + x_5 + x_6 + x_7 + x_8 + x_9 + x_{10} + x_{11} + x_{12} + x_{13} \times x_{14} + x_{13} \times x_{15} - x_{13} \times x_{14} \times x_{15}$$
$$= 0.001\,2 + 0.000\,1 + 0.000\,1 - 0.000\,001 = 0.001\,399$$

$$(6-10)$$

1) 求顶事件的发生概率

采用式(6-4)计算:

$$P = P(M_1) + P(M_2) + P(M_3) + P(M_4) + P(M_5) + P(M_6) + P(M_7) + P(M_8) + P(M_9)$$
$$+ P(M_{10}) + P(M_{11}) + P(M_{12}) + P(M_{13}) + P(M_{14}) = 0.001\,4$$

采用式(6-5)计算:

$$P = P(M_1) + P(M_2) + P(M_3) + P(M_4) + P(M_5) + P(M_6) + P(M_7) + P(M_8) + P(M_9)$$
$$+ P(M_{10}) + P(M_{11}) + P(M_{12}) - P(M_1 M_2) - P(M_1 M_3) \cdots - P(M_{13} M_{14})$$
$$= 0.001\,4 - 0.000\,000\,91 = 0.001\,399\,09$$

采用式(6-6)计算:

$$P = 1 - (1 - P(M_1))(1 - P(M_2))(1 - P(M_3))(1 - P(M_4))(1 - P(M_5))(1 - P(M_6))$$
$$(1 - P(M_7))$$
$$(1 - P(M_8))(1 - P(M_9))(1 - P(M_{10}))(1 - P(M_{11}))(1 - P(M_{12}))(1 - P(M_{13}))$$
$$(1 - P(M_{14}))$$
$$1 - 0.999\,9^{14} = 0.001\,399\,09$$

以上三种方法的计算结果相差不超过1%,均在可接受的范围内。

2) 求各底事件的各种重要度值

a) 各底事件的概率重要度:

$$I_1^{P_r}(t) = \partial P(T)/\partial x_1 = 1; \cdots; I_{12}^{P_r}(t) = \partial P(T)/\partial x_{12} = 1;$$
$$I_{13}^{P_r}(t) = \partial P(T)/\partial x_{13} = x_{14} + x_{15} - x_{14} \times x_{15} = 0.019\,9;$$
$$I_{14}^{P_r}(t) = \partial P(T)/\partial x_{14} = x_{13} - x_{13} \times x_{15} = 0.009\,9;$$
$$I_{15}^{P_r}(t) = \partial P(T)/\partial x_{15} = x_{13} - x_{13} \times x_{14} = 0.009\,9;$$

概率重要度排序为:$x_1 = x_2 = x_3 = x_4 = x_5 = x_6 = x_7 = x_8 = x_{11} = x_{12} > x_{13} > x_{14} = x_{15}$。

b) 各底事件的结构重要度:

$$I_1^{S_t}(t) = \frac{1}{2^{14}} n_1^\varphi(t) = 5/2^{14}; \cdots; I_{12}^{S_t}(t) = \frac{1}{2^{14}} n_{12}^\varphi(t) = 5/2^{14};$$

$$I_{13}^{S_t}(t) = \frac{1}{2^{14}} n_{13}^\varphi(t) = 3/2^{14};$$

$$I_{14}^{S_t}(t) = \frac{1}{2^{14}}n_{14}^{\varphi}(t) = 2/2^{14};\ I_{15}^{S_t}(t) = \frac{1}{2^{14}}n_{15}^{\varphi}(t) = 2/2^{14};$$

结构重要度排序为：$x_1 = x_2 = x_3 = x_4 = x_5 = x_6 = x_7 = x_8 = x_{11} = x_{12} > x_{13} > x_{14} = x_{15}$。

c）各底事件的关键重要度：

$$I_1^{C_r}(t) = \frac{F_1(t)}{F_s(t)}I_1^{P_r}(t) = (0.000\,1/0.001\,399) \times 1 = 0.071\,5;\cdots;I_{12}^{C_r}(t) = \frac{F_{12}(t)}{F_s(t)}I_{12}^{P_r}(t) =$$

$(0.000\,1/0.001\,399) \times 1 = 0.071\,5;$

$$I_{13}^{C_r}(t) = \frac{F_{13}(t)}{F_s(t)}I_{13}^{P_r}(t) = (0.01/0.001\,399) \times 0.019\,9 = 0.142\,2;$$

$$I_{14}^{C_r}(t) = \frac{F_{14}(t)}{F_s(t)}I_{14}^{P_r}(t) = (0.01/0.001\,399) \times 0.009\,9 = 0.070\,8;$$

$$I_{14}^{C_r}(t) = \frac{F_{14}(t)}{F_s(t)}I_{14}^{P_r}(t) = (0.01/0.001\,399) \times 0.009\,9 = 0.07\,08;$$

关键重要度排序为：$x_{13} > x_1 = x_2 = x_3 = x_4 = x_5 = x_6 = x_7 = x_8 = x_{11} = x_{12} > x_{14} = x_{15}$。

6.3.4　确定并实施改进措施

根据重要度排序确定是否需要采取进一步的控制措施，如果需要，分析并制订改进措施，规定责任人和完成时间。

1）首先分析当前采取的检查手段和诊断方法，填入操作人员或维修人员检测和诊断当前故障模式的方法。应指明是目视检查或者音响报警装置、自动传感装置、传感仪器或其他独特的显示手段，还是无任何检测方法，并声明检测周期。

2）其次分析当前采用的预防措施，包括已经被证明有效的设计措施和补偿措施等。设计预防措施通常是针对过去发生的故障采取的根本解决措施，并已经被证明是有效的；补偿措施是用来消除或明显降低故障影响的措施，例如：

a）产品发生故障时，能继续工作的冗余设备；

b）安全或保险装置（如监控及报警装置）；

c）可替换的工作方式（如备用或辅助设备）；

d）可以消除或减轻故障影响的设计或工艺改进；

e）特殊的使用和维护规程；

f）如果需要采取进一步控制措施，分析并制订改进措施，规定责任人和完成时间；

g）所有的设计改进均应反映到设计图纸中。

6.4　辅助分析

a）功能图

功能框图是在对系统各层次功能进行静态分析的基础，描述了产品各组成部分所承担的任务或功能间的相互关系，以及产品每个层次间的功能逻辑顺序、数据（信息）流、接口的一种功能模型。典型的功能框图如图 6-17 所示：

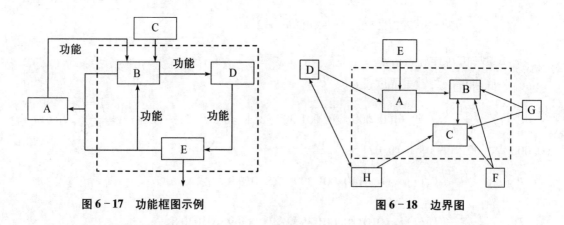

图 6-17　功能框图示例　　　　　　　　图 6-18　边界图

b）边界图

用于描述分析的边界范围和接口,说明各组件、零部件之间的关系。典型边界图如图 6-18 所示。

c）状态转移图

用于辨识系统可能采取的各种状态模式及它们和各单元状态的对应关系,辨识这些模式之间的相互转换,帮助弄清系统成功或故障与单元成功或故障之间的关系,有利于正确地建造故障树。状态转移图示例如图 6-19 所示:

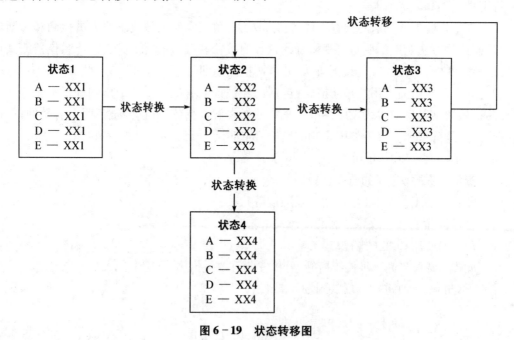

图 6-19　状态转移图

FTA 报告内容格式要求如下。

a）目的及适用范围:说明本次分析的目的、范围、所处的寿命周期阶段;

b）引用文件;

c）产品定义:说明产品的功能、原理、技术状态、任务阶段、工作模式、环境剖面等,画出原理图、功能框图；

　　d）基本准则和假设：包括采用的分析方法、选择顶事件的原则、系统和部件的故障判据、分析的层次，以及需明确的边界条件等；

　　e）顶事件的定义和描述；

　　f）建造故障树；

　　g）故障树分析（定性分析和定量分析－可靠性数据表及数据来源说明、计算图表、最小割集清单、底事件重要度排序表等）；

　　h）故障树分析结果和建议。

第七章　潜在通路分析

潜在通路分析目的是在假设所有部件功能均处于正常工作状态下，确定造成能引起非期望的功能或抑制所期望的功能的潜在状态。大多数潜在状态必须在某种特定条件下才会出现，因此，在多数情况下很难通过试验来发现。潜在分析是一种有用的工程方法，它以设计和制造资料为依据，可用于识别潜在状态、图样差错以及与设计有关的问题。通常不考虑环境变化的影响，也不去识别由于硬件故障、工作异常或对环境敏感而引起的潜在状态。

应当用系统化的方法进行潜在分析，以确保所有功能只有在需要时完成，并识别出潜在状态。潜在电路分析（SCA）可参照潜在电路分析线索表来识别有关的潜在状态。SCA 通常在设计阶段的后期设计文件完成之后进行。潜在分析难度大，也很费钱。因此，通常只考虑对任务和安全起关键作用的产品进行分析。

潜在通路分析的目的、实施要点及注意事项如表 7-1。

表 7-1　潜在通路分析

	工作项目说明
目的	假定所有元件、器件均在正常工作的情况下，分析确认能引起非期望的功能或抑制所期望的功能的潜在状态。
实施要点	1. 根据所分析的对象，潜在分析可分为：针对电路的潜在电路分析（SCA）、针对软件的潜在分析和针对液、气管路的潜在通路分析。 2. 对任务和安全起关键作用的产品应进行潜在分析。 3. 应在设计的不同阶段，利用已有的设计和制造资料（包括原理图、流程图、结构框图、设计说明工程图样和生产文件等）及早开展潜在分析，并应随着设计的逐步细化，及时进行更新分析。 4. 进行 SCA 时应利用线索表，或其他合适的方法，通过分析，识别潜在路径、潜在时序、潜在指示和潜在标记，并根据其危害程度采取更改措施。 5. 对复杂系统的潜在分析，可采用基于功能或性能模型的仿真分析方法。
注意事项	在合同说明中应明确： 　a）潜在分析对象的选择准则； 　b）潜在分析的方法； 　c）需提交的资料项目。 其中"a）"是必须确定的事项。

7.1　潜在通路分析概述

系统发生失效,有时并非由于元器件损坏、参数漂移或偏离精度所致,而是由于系统内"潜在通路"的作用造成的。所谓潜在通路,是指设计结果存在着某种多余功能或阻碍某种正常功能的信号通路。当设计师缺乏系统总体概念时,在设计中往往不会意识到这种通路存在。此外,多数潜在通路,并非每次运行时都会起作用,而必须具有发生作用的条件才能起作用。因此,在多数情况下,难以通过试验来发现有否潜在通路存在。

例如,美国研制的红石火箭,即使经过 50 次以上成功发射以后,在 1960 年 11 月 20 日,一个装有"水星号"座舱的红石火箭发射时,在发射命令给出和发射器点火情况下,火箭离开基座上升几英寸后发动机突然熄灭,火箭落回基座,"水星号"座舱被弹出,一个失去控制易于爆炸的火箭位于发射台之上,无人敢接近,达 28 小时之久,直到电池耗尽和液态氧蒸发后才加以处理。

后来查明,火箭发动机控制线路中存在着潜在通路。目前许多公司均具有识别潜在通路的软件程序,排除了存在于复杂系统之中的大量潜在通路,特别在航天设备中,潜在通路的排除具有非常重大的意义。

红石火箭存在潜在通路简图如图 7-1 所示。本来的设计目的是,只有存在熄火命令继电器触点或紧急制动开关闭合时,才能把控制发动机熄火的线圈和紧急制动指示器线包接通电源,然后使发动机熄火;而当发射命令继电器触点闭合时,只能使发射指示灯发亮。但是,在实际电路中,如果指示灯在点亮以前,在就近连通灯的接地点开路,那么就将出现图示箭头方向的反向电流潜在通路。这条潜在通路与熄火命令开关或紧急制动开关的闭合起了同样作用。上述红石火箭发射失败的原因,在于尾部脱落插头比控制脱落插头断开时间早了 29 毫秒(火箭与地面设备相连,均用脱落插头连接,用于火箭发射前的测试,一旦火箭发射,脱落插头与地面有关设备脱开),造成使潜在通路发生作用的条件。

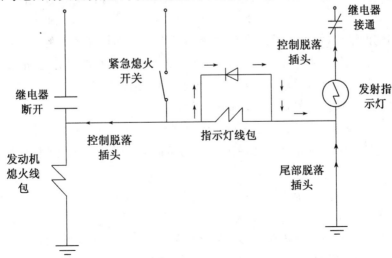

图 7-1　潜在通路图

然而,在复杂系统的电路设计中,潜在通路几乎是难以避免的,必须使用潜在通路分析方法加以发现并改正。表 7-2 是几项复杂系统中的潜在通路、设计缺陷和文件差错数量。

表 7-2　潜在通路数量

系统名称	潜在通路	设计	文件差错
天空实验室	259	19	307
反应堆安全子系统	18	13	22
Bay. Area 快速瞬时控制	25	21	24
飞船数字系统	59	7	28
AWACS 电源系统	57	2	194

7.2　潜在通路分析方法

要识别潜在通路,首先应分析所用图纸和资料是否与系统中的实际电路结构相一致。对一般电原理图,除了实际硬件外,还应与制造和装配详图结合起来考虑。因此,潜在通路是在电路图纸资料全部确定、投产之前进行分析的。

为了查出潜在通路,先要列出电路所存在的一切通路。通路是由元器件组成的。为了简化通路,需略去不必要的部分。例如,对元器件来说,必须保留开关、负载、继电器和晶体管等,而应略去只起电路连接作用的终端板和连接点等。对通路来说,必须保持连通电源和接地总线通路,略去无关路径。

上述过程工作量较大,需要用计算机处理。计算机分析程序把有用元件作为编码的节点,计算机输出节点的组合就代表所需电路的所有通路。

在这个基础上产生了网络树,网络树实际上就代表化简后的电路拓扑形式。这种网络树规定把所有电源置于每一网络树的顶端,而地则置于底部,并使电路按电流自上而下的规则排列。

任何电路的网络树,均可表示为图 7-2 所示的五种基本拓扑图形的某种组合。根据网络树中各开关(S)位置的组合以及其他标志,就可以判断出存在的潜在通路。例如,对最简单的单线网络树(图 7-2(a))就可以提出三条判断潜在通路的线索:

a) 当负载 L 需要时,开关 S 是否处在断开状态;

b) 当负载 L 不需要时,开关 S 是否处于闭合状态;

c) S 的标志是否反映负载 L 的真实功能即与负载 L 接入或脱开电路时,是否指示断开或闭合。

若上述三条线索中有一条回答"是",则在此情况下系统就失效。

这是最简单的例子,实际上这种简单的拓扑结构及其潜在通路是不常见的。图中其他四种拓扑结构及其不同组合的拓扑结构就十分复杂。例如"H"形拓扑结构可能存在潜在通路有一百条以上,因为仅网络六个开关所处不同位置的组合状态数就有六十四种之多。潜在通路分析的实践经验表明,上述识别出来的潜在通路,将近一半是由"H"形网络得出的。

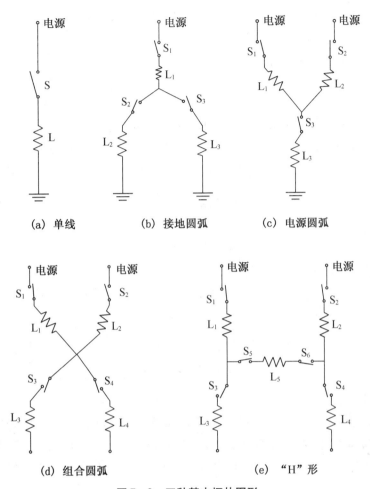

(a) 单线   (b) 接地圆弧   (c) 电源圆弧

(d) 组合圆弧   (e) "H" 形

图 7-2　五种基本拓扑图形

因此,必须尽量避免采用这种电路结构。

基于网络树拓扑模式识别分析方法的主要步骤为:1) 对系统进行适当的划分以及结构上的简化,生成网络树;2) 识别网络树中的拓扑模式;3) 结合线索表对网络树进行分析,识别出系统中的潜在状态。例如波音的 SCA 方法严格按数据收集、系统划分、数据输入、路径跟踪、网络树绘制和分析的步骤进行。在实施 SCA 方法的过程中,需要网络树生成工具和专用的线索表。基于网络树拓扑模式识别分析方法的优点是分析结果完整、准确,缺点是成本高、分析周期长,建立完善的分析线索表难度较大。

基于功能节点识别和路径追踪的分析方法为:1)对复杂系统进行划分和简化;2)识别出系统中的功能节点,追踪功能路径;3)结合线索表进行路径分析,识别出系统中存在的潜在状态。其中,系统中的功能节点可划分为源节点和目标节点两类。功能路径是指为完成系统的某项特定功能,系统内物质流、能量流、数据流或逻辑信号在功能节点间的传输路径。对于功能路径的识别一般是针对特定的源和目标进行的,这种方法不需要画网络树,只需搜索源点到目标点的所有路径,并对这些路径应用两类线索进行潜在识别(路径线索、部件 + 路径线索)。设计缺陷分析依靠第三类"部件"线索进行。这种方法的优点是简化 SCA 操作,成本小,更早发现潜在问题,缺点是分析结果取决于三类线索的丰富程度,分析结果可能不全面,且这三类线索的建立,需要一定的积累和经验。

归纳潜在通路四方面的表现形式:"潜在通路""潜在时间""潜在标志""潜在指示",以及"软件潜藏"。这些均会导致系统失效或操作失误。

1. 潜在通路

潜在通路是电流或能量沿着一个不正常路径或不正常方向流动的通路,图7-3表明电路内存在着一条潜在通路,当点火开关断开而告警信号和制动开关闭合时,不仅尾灯出现正常闪烁,无线电也会产生不应有的闪烁发声。

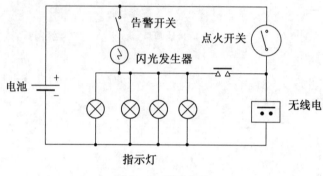

图7-3 潜在通路

2. 潜在时间

潜在时间表示某种功能在一个不希望出现的时间内存在或发生。图7-4表明潜在时间发生于一个火箭弹的数字控制电路中,V4与V5在逻辑上是相容的,即能在同一时刻动作。对于一个连接"或"门的CMOS器件来说,当电流经过两个器件造成接地短路时,器件就损坏。

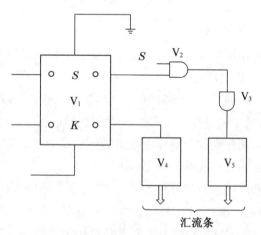

图7-4 潜在时间

图7-5所示为某防止天线在俯仰时因超过角度界限而损坏的保护控制电路。图中的S1和S2是微动开关,当天线俯仰到-3°时,微动开关S1接通,使天线方向反转,俯仰到-183°极度限位置时,S2接通,使天线又改变了方向,从而保护了天线。但当天线俯仰齿轮箱

的速比设计发生差错时,微动开关 S1 和 S2 会在一个特定位置上同时接通,结果使负载短路而烧毁整个控制电路的直流电源。

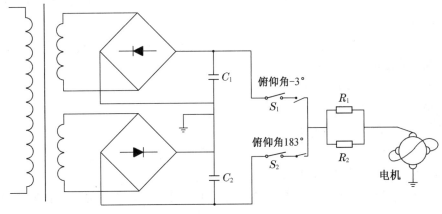

图 7 - 5　保护天线控制电路

3. 潜在标志

开关或控制系统上的标志标得不当,会引起操作失误。以雷达为例,若接通雷达与液体冷却泵的电源开关仅标志为液体冷却泵电源开关,因而当操作人员断开液体冷却泵时,无意中会把整个雷达电源也切断了。

4. 潜在指示

潜在指示表示引起混淆或不正确的指示。图 7 - 6 所示为某供电系统中的一个指示灯,并不反映电动机的实际工作情况,开关 S3 的图示位置说明电动机处于工作状态,但电动机是否运转,还取决于开关 S1 或 S2 和继电器触点 K1 或 K2 的状态。如果 S1、S2 开关和继电器触点处于图示状态,那么电动机实际上是停转的。

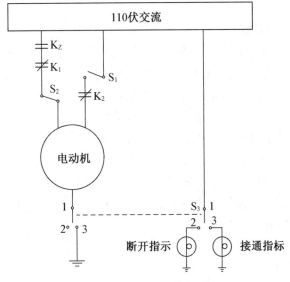

图 7 - 6　保护天线控制电路

5. 软件潜藏

以上是一般电路中所存在的潜在通路情况。有关数字逻辑和软件系统的潜在通路分析也可从中得到启发。分析形式是类似的，即用产生网络树方法，根据检查潜在通路的线索进行识别，不过网络树与线索的具体内容是不同的。

软件潜藏通路分析在不考虑硬件故障情况下，分析那些使错误的运算产生，而正确的运算被抑制的潜藏通路。

软件潜藏可分为 4 种基本类型：

a）潜藏输出，出现不需要的输出；

b）潜藏禁止，意外的禁止输出；

c）潜藏时间，由于输出定时或输入定时配合不当而出现不需要的输入；

d）潜藏信息，程序信息不足以反映状态。

总之，潜在通路的分析，对于解决复杂系统的电路硬件与软件可靠性设计缺陷是十分重要的。

1）潜在功能分析检查

潜在功能分析检查主要内容有：

a）设备的功能是否按意图完成？

b）一切功能与接地是否都与各电源匹配？

c）启动一种功能时是否有所需电源？

d）各接地连接是否协调一致？

e）连接的电源是否来自不同的电源母线，即是否有潜在的电源到电源的连接？

f）是否有任何功能可以在粗心大意的情况下被启动或者在不正确的时刻被启动？

g）无意中断开或闭合一个电源通路或能源通路时是否产生不希望发生的效应？

h）是否有无意中形成的电源通路或能源通路能同时启动多种功能？

2）设计检查

潜在路径检查主要内容有：

a）信号是否明显地通往不需要的地方？信号之间是否有明显的极性反转或相位反转？

b）运算放大器能否无意识地被推向饱和？

c）数字装置的推挽电路引线输出端是否连接在一起？

d）含有对称性的电路是否有不对称的元件或通路？

e）同一电路是否有混合的多个接地点？

f）数字电路、继电器、或电爆管是否在同一地线上？

g）捆扎在一起的不同电位的电源之间的绝缘是否不足？

h）电源与其有关的地线是否位于不同的基准点？

i）有无不希望有的电容器放电通路？

j）在状态或开关电路改变过程中是否有瞬时不希望发生的电流通路？

潜在时序检查主要内容有：

a）在加电过程中，电路是否经受到不需要的模式或虚假输出？

b）有共用信号源和共同负载的数字信号是否先分开而后又合并？

c）串行的数字装置是否由不同的电源供电？

d）数字装置的噪音电平极限是否已超过？

e）数字电路的电容电阻网络特性，例如脉冲宽度和开关速率等是否符合要求？

f）大的阻容时间常数是否会造成开关电路升降时间过长？

g）在开关改变状态过程中是否有瞬时不希望有的电流通路？

h）继电器绕组是否有抑制瞬态电流的措施？

i）晶体管–晶体管逻辑电路（TTL）装置的高输出阻抗是否造成电阻、电容时间常数过大？

j）晶体管–晶体管逻辑电路（TTL）装置的输入（瞬时或非瞬时）是否有接地通路能使装置通电？

k）是否有任何装置的接通、断开、或开、关的定时造成应用中发生不希望有的电路动作？

l）开关电路是否有定时空隙（先断后通）或重叠（先通后断）？

m）指令信号线是否与电源线邻近？

n）导线的电容是否造成导线所传信号过大的"歪斜失真"？

潜在指示检查主要内容有：

a）指示器所监测的是否为功能的指令信号而非功能本身？

b）指示器电路的正常工作是否要依靠它所监测的功能？

c）一个负载是否会产生不希望有的功能？

d）一个按压式测试电路是否会激活系统？

潜在标志检查主要内容有：

a）是否每一标志都协调无误？

b）标志是否指示真实功能？

第八章　电路容差分析

电路容差分析用于受温度和退化影响的可靠性、安全性关键电路;也用于昂贵的或采购/制作困难的或需特殊保护的电路。对任务和安全起关键作用的产品(如航天、航空产品),为了避免灾难性事故或致命性故障的发生,做到万无一失,需要进行电路容差分析(最坏情况分析)。

容差设计是在规定的使用条件范围内,确保电路各组成部分的参数变化对电路性能稳定性的影响控制在允许范围内,避免电路参数的变化导致产品不能正常工作。电路容差设计主要适用于关键电路,通过电路性能超差概率来评价其设计水平。电路性能超差概率是指电路性能参数超出设计要求范围的概率。电路性能与设计目标值产生偏差,有可能使电路性能参数超出电路设计要求的范围,从而导致电路功能失效。因此,有必要将电子产品中关键电路的性能参数超差概率作为电路可靠性的一个评价参数,对电路容差设计水平进行评价。对性能参数超差概率的具体要求为:

针对大批量样件试验法、阶距法和蒙特卡洛仿真分析法开展的关键电路性能超差分析,要求关键电路性能超差概率≤3‰,关键电路性能超差概率>3‰的电路为不满足容差设计要求的薄弱环节。

针对少量样件试验法、最坏情况分析法、伴随网络法开展的关键电路性能超差分析,则直接将电路性能参数偏差与规定偏差要求相比较,对不符合要求的产品需要修改设计(重新选择电路组成部分参数或其精度等级或更改原电路结构)。设计修改后仍需进行电路性能超差分析,直到满足要求为止。

电路容差分析的目的、要点及注意事项如表 8-1。

表 8-1　电路容差分析

	工作项目说明
目的	分析电路的组成部分在规定的使用温度范围内其参数偏差和寄生参数对电路性能容差的影响,并根据分析结果提出相应的改进措施。
要点	1. 应对受温度和退化影响的关键电路的元器件特性进行分析; 2. 对安全和任务起关键作用的电路应进行最坏情况分析; 3. 应在初步设计评审时提出需进行分析的电路清单; 4. 容差分析的结果应形成文件并采取相应的措施。
注意事项	在合同说明中应明确: 1. 选择待分析电路的准则或应分析的关键电路; 2. 设备的使用温度范围; 3. 需提交的资料项目。 其中"1)""2)"是必须确定的事项。

术语如下：

1）电路容差分析：预测电路性能参数稳定性的一种分析技术。研究电子元器件和电路在规定的使用条件范围内，电路组成部分参数的容差对电路性能容差的影响。

2）最坏情况：在任务剖面内电路在设计限度内所经历的环境变化，元器件参数漂移和输入漂移出现的极端情况及其组合。

注：各极端情况或其组合将同时施加到电路，此时的电路称为最坏情况电路。

3）最坏情况电路分析（WCCA）：在设计限度内分析电路所经历的环境变化、参数漂移及输入漂移出现的极端情况及其组合，并进行电路性能分析和元器件应力分析。

注1：环境变化包括温度、辐射、电磁、湿度、振动等的变化。

注2：输入漂移包括输入电源电平漂移、输入激励的漂移等。

注3：导致元器件参数漂移的原因包括元器件的质量水平、元器件老化程度、环境变化以及外部输入等。

注4：最坏情况电路分析是电路容差分析的重要内容，是一种极端情况分析。

电路容差分析是预测电路性能参数稳定性的一种分析技术。研究电子元器件和电路在规定的使用条件范围内，电路组成部分参数的容差对电路性能容差的影响。

符合规范要求的元器件容差的累积会使电路、组件或产品的输出超差，在这种情况下，故障隔离无法指出某个元器件是否故障或输入是否正常。为消除这种现象，在电路设计时应进行元器件和电路的容差分析。这种分析是在电路节点和输入、输出点上，在规定的使用温度范围内，检测元器件和电路的电参数容差和寄生参数的影响。这种分析可以确定产品性能和可靠性问题，以便在投入生产前得到经济有效地解决。

电路容差分析应考虑由于制造的离散性、温度和退化等因素引起的元器件参数值变化。应检测和研究某些特性如继电器触点动作时间、晶体管增益、集成电路参数、电阻器、电感器、电容器和组件的寄生参数等。也应考虑输入信号如电源电压、频率、带宽、阻抗、相位等参数的最大变化（偏差、容差）、信号以及负载的阻抗特性。应分析诸如电压、电流、相位和波形等参数对电路的影响。还应考虑在最坏情况下的电路组件的上升时间、时序同步、电路功耗以及负载阻抗匹配等。

由于难以精确地列出应考虑的可变参数及其变化范围，所以仅对关键电路进行容差分析，且电路容差分析费时费钱，需要一定的技术水平，所以一般仅在关键电路如功率电路和较低的功率电路上应用。要确定关键电路、应考虑的参数，以及用于评价电路（或产品）性能的统计极限准则，并提出在此基础上的工作建议。

我们所设计的电路应能容忍参数有一定的变化范围，引起电路参数发生变化的原因是由于所选用的元器件参数本身存在着一定的但在容许范围内的制造公差（简称公差，可看作是固定的）；以及随着时间和环境的变化元器件参数亦会发生变化，这种变化称为"漂移"（在多种情况下是可逆的，即随着条件的改变，该参数可能恢复到原来的值）；还有就是元器件经过长期使用或贮存造成的老化以及某些效应产生的偏差（是不可逆的）。元器件参数的制造公差和工作时的漂移以及偏差使得电路参数（性能）发生变化（表8-2给出一个示例），当这种变化超出一定的容许范围，则造成电路（性能）瞬态故障。进行电路容差分析目的是分析电路的组成部分在规定的使用温度范围内其参数偏差和寄生参数对电路性能容差的影响，并根据分析结果提出相应的改进措施以对电路组成部分的参数容差进行修正,尽量将电路组成部分的参数变化对电路性能稳定性的影响控制在产品规定的容许使用范围内,从而控制这种瞬态故障。所以在电路设计时应该采取容差设计技术,尤其对于新设计的电路、起关键作用、安全要求高的以及工作环境恶劣的电路。

表 8-2　某型电阻各项容差示例

分项	制造公差	温度漂移			老化	高负荷引起	焊接引起	用于高频时引起
		+125 ℃	+85 ℃	-54 ℃				
容差(%)	±5	±11	±4	+12	-5	-7	-2	-5

电路容差设计就是在电路性能参数范围确定之后,如何合理地选取元器件的参数容许公差和元器件参数的容许漂移或偏差范围,使产品在制造和使用过程中不致出现性能故障。

注1:电路容差分析就是将误差分析方法应用于电路分析:研究电路组成部分参数的误差(如由公差和漂移二部分构成的元器件参数的误差,又如由偏差和波动二部分构成的输入信号参数的误差)是如何传递而形成电路性能参数的误差的规律。

注2:由于环境改变、元器件参数不稳定或退化造成产品性能参数漂移过大而表现出的瞬态故障,在电子产品故障中占有不可忽视的比例。

电路容差分析流程具体步骤说明如图 8-1。

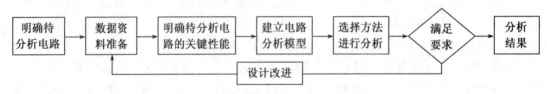

图 8-1　电路容差分析流程

1)明确待分析电路:根据任务的重要性、可靠性、安全性要求,经费与进度的约束条件以及 FMECA 或其他分析的结果来确定各研制阶段需进行容差分析的关键电路:严重影响产品安全性的电路;严重影响任务完成的电路;昂贵的电路;采购或制作困难的电路;需要特殊保护的电路。

2)准备数据资料:资料包括系统和电路的功能和使用寿命,所有的正常工作方式,预料中的偶然工作方式及各个工作点的情况;性能参数及偏差要求;环境应力要求(环境剖面);电路原理图、方框图及接口和连线图;工作原理;元器件清单;任务环境剖面;元器件参数数据库,包括标称值、偏差(随时间的漂移量)、最坏情况极值及分布等;电源和信号源的额定值和偏差值;电路接口参数;电路负载的变动;规定的元器件降额要求;热设计分析结果等。可通过手册或利用诸如热测试试验以及技术人员的经验得到这些资料。

3)明确待分析电路的关键性能:根据系统和电路的工程应用和具体任务要求,明确被分析电路的功能,进行各种工作方式下电路性能的试验分析或仿真分析,从众多性能中选取待分析电路的关键性能,得到电路参数在规定条件下输出的标称值。

4)建立电路分析模型:建立电路性能与组成电路的元器件参数、各输入量之间的数学关系。对于多节点电路,大多借助 EDA 工具来建立电路模型。

5）选择方法进行分析：根据已确定的电路的具体要求与条件，选择分析方法；根据数据资料准备所获得的数据，对已选定的电路关键性能按所选方法进行分析。

6）判断是否满足性能指标要求：将分析所得结果与电路性能指标要求进行比较，若满足要求则分析结束；否则找出对电路输出性能敏感度影响最大的参数并进行控制，提出需要设计改进的措施建议，如对系统参数影响较大的元器件提出低公差、高稳定的要求，或者进而更改电路设计，使电路允许元器件有较大的公差。待设计改进后再进行分析，直至电路满足要求为止。

7）分析结束编写分析报告。报告内容包括：产品的描述；考虑的关键性能；考虑的影响关键性能的主要参数、环境因素；分析的有关假设、判据，用于评价电路特性时的统计极限判断；分析方法的选择及分析过程；分析结果以及与指标要求的对比分析；分析结论及其相应建议（如可以采用反馈技术，以补偿由于各种原因引起的元器件参数的变化，实现电路性能的稳定）。

8.1 元器件参数变化

8.1.1 元器件参数分布

元器件的参数总是在一定范围内波动。例如有一批标称值为 $100\ \Omega$ 的电阻，其误差为 $\pm 10\%$，即其真值可在 $90\sim 110\ \Omega$ 之间波动。对大多数器件来说，它们的参数波动分布都可近似看作服从正态分布。

正态曲线与水平轴所围的面积为1。曲线在 $\mu\pm\sigma$、$\mu\pm 2\sigma$、$\mu\pm 3\sigma$ 界限内的面积分别为总面积的 68.26%、92.45%、99.73%。可见，对于服从正态分布的参数 x，绝大部分集中在 $\mu\pm 3\sigma$ 界限内，而散落在 $\mu\pm 3\sigma$ 以外的概率还不到 0.003，故在实用上常取 3σ 为参数的公差。例如标称值为 $100\ \Omega$ 的电阻，公差 $\pm 10\%$，可看作 $\mu=100\ \Omega$，$\pm 3\sigma=(\pm 10\%)\times 100\ \Omega$，则 $\sigma=3.3\ \Omega$。

8.1.2 元器件参数漂移

一个元器件的参数不仅具有一定的分布，而且它的平均值和标准偏差会随着时间发生漂移。元器件参数的漂移将引起整机性能特性的漂移，因此有必要了解元器件参数的漂移规律。

引起元器件参数漂移的原因大致如下：

a）环境温度；

b）使用的电应力，特别是电源电压；

c）力学以及辐射、湿度等；

d）随着贮存或使用时间的推延，材料变质或老化。

8.2 参数变化对设备性能影响

8.2.1 性能可靠度

产品按其失效模式可分为随机性失效和性能失效。与随机性失效相连的可靠度,称为结构可靠度,记作 R_S。与性能失效相连的可靠度,称为性能可靠度,记作 R_P。则产品的可靠度可近似地看作是其结构可靠度和性能可靠度的乘积:

$$R = R_S \cdot R_P \tag{8-1}$$

产品性能包括对该产品所规定的性能参数的全体项目,产品性能可靠是指产品所包含的每个性能参数均可靠。在这些性能参数中只要有一个不可靠,就称产品性能不可靠。这样就把产品的可靠性分解为各个性能参数的可靠性,每个性能参数都有一个规定的允许范围或允许误差。在产品整个使用期间内和满足规定的条件下,若性能参数值始终没有超出容许的范围,则称该性能参数可靠;反之,不论何时,只要性能参数值超过规定的容许范围,就称该性能参数不可靠。

8.2.2 灵敏度与归一化灵敏度

灵敏度和归一化灵敏度都是用来说明元器件参数变化对产品性能指标的影响程度。在进行容差设计时,首先应该对电路的各组件参数算一算灵敏度,进行一下灵敏度分析,把灵敏度进行分类,找出低灵敏参数区间,从而合理地确定各参数的容许误差。灵敏度亦称敏感度。

1. 灵敏度

产品某项性能指标的参数值 V_i 是由组成该产品的元器件参数决定的。设决定 V_i 的有 n 个元器件参数,记作 $X_1, X_2, \cdots, X_j, \cdots, X_n$。则 V_i 与 X_j 之间有函数关系

$$V_i = f(X_1, X_2, \cdots X_j, \cdots, X_n) \tag{8-2}$$

X_j 的任何变化将导致 V_i 的变化,从而有:

$$V_i + \Delta V = f(X_1 + \Delta X_1, X_2 + \Delta X_2, \cdots, X_n + \Delta X_n) \tag{8-3}$$

若此函数的导数存在,对式(8.3)按泰勒级数展开,可得到:

$$V_i + \Delta V = f(X_1, X_2, \cdots, x_n) + \sum_{i=1}^{n} \frac{\partial f}{\partial X_i} \Delta X_i + \frac{1}{2} \frac{\partial^2 f}{\partial X_i^2} (\Delta X_i)^2 \tag{8-4}$$

略去高次项之后:

$$\Delta V \approx \sum_{i=1}^{n} \frac{\partial f}{\partial X_i} \Delta X_i \tag{8-5}$$

式(8-5)表示,各元器件参数变化量 ΔX_j 的组合形成了产品性能参数的改变,各参数变化量 ΔX_j 对性能的影响关系用传递函数 $\frac{\partial f}{\partial X_i}$ 来描述,性能参数的总变化量 ΔV 是所有元器件参数变化影响的总和。

元器件参数的变化量 ΔX_i 是通过传递函数 $\partial f / \partial X_i$ 来影响性能指标的,因此 $\frac{\partial f}{\partial X_i}$ 对于分析

元器件参数的变化对性能指标的影响具有重要的作用,故把传递函数在参数均值 X_{j0} 处的确定值,称性能 V_i 对参数 X_j 的灵敏度,记作 S_{ij}。

$$S_{ij} = \frac{\partial V_i}{\partial X_j} \qquad (8-6)$$

[**例 8 - 1**] 有下图所示电路,如果 R_1、R_2、R_3 增加 1%,E 及 R_4 减少 2%。求各节点电压的变化量 ΔV_1 和 ΔV_2。

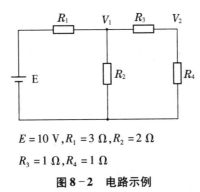

$$E = 10 \text{ V}, R_1 = 3 \ \Omega, R_2 = 2 \ \Omega$$
$$R_3 = 1 \ \Omega, R_4 = 1 \ \Omega$$

图 8 - 2 电路示例

解:根据基尔霍夫定律,节点电压的向量 V_i 是:

$$\boldsymbol{V_i} = \begin{bmatrix} V_1 \\ V_2 \end{bmatrix} = \begin{bmatrix} \dfrac{R_2(R_3 + R_4)}{R_1(R_2 + R_3 + R_4) + R_2(R_3 + R_4)} \cdot E \\[4mm] \dfrac{R_2(R_3 + R_4)}{R_1(R_2 + R_3 + R_4) + R_2(R_3 + R_4)} \cdot \dfrac{R_4}{R_3 + R_4} \cdot E \end{bmatrix} = \begin{bmatrix} 2.5 \\ 1.25 \end{bmatrix}$$

直接从上式中求各参数在其标称值处的偏导数:

$$\frac{\partial V_i}{\partial E} = \begin{bmatrix} \dfrac{R_2(R_3 + R_4)}{R_1(R_2 + R_3 + R_4) + R_2(R_3 + R_4)} \\[4mm] \dfrac{R_2(R_3 + R_4)}{R_1(R_2 + R_3 + R_4) + R_2(R_3 + R_4)} \cdot \dfrac{R_4}{R_3 + R_4} \end{bmatrix} = \begin{bmatrix} 0.25 \\ 0.125 \end{bmatrix}$$

$$\frac{\partial V_i}{\partial R_1} = \begin{bmatrix} \dfrac{-R_2(R_3 + R_4)(R_2 + R_3 + R_4) \cdot E}{[R_1(R_2 + R_3 + R_4) + R_2(R_3 + R_4)]^2} \\[4mm] \dfrac{-R_2(R_3 + R_4)(R_2 + R_3 + R_4) \cdot E}{[R_1(R_2 + R_3 + R_4) + R_2(R_3 + R_4)]^2} \cdot \dfrac{R_4}{R_3 + R_4} \end{bmatrix} = \begin{bmatrix} -0.625 \\ -0.3125 \end{bmatrix}$$

同理,$\dfrac{\partial V_i}{\partial R_2} = \begin{bmatrix} 15/32 \\ 15/64 \end{bmatrix}$,$\dfrac{\partial V_i}{\partial R_3} = \begin{bmatrix} 15/32 \\ -25/64 \end{bmatrix}$,$\dfrac{\partial V_i}{\partial R_4} = \begin{bmatrix} 15/32 \\ 55/64 \end{bmatrix}$。

通过上述计算可知:对 V_1 来说,E 的灵敏度为 0.25,R_1 的灵敏度为 -0.625,R_2、R_3、R_4 的灵敏度都是 15/32。对 V_2 来说,E 的灵敏度为 0.125,R_1 的灵敏度为 -0.312 5,R_2 的灵敏度为 15/64,R_3 的灵敏度为 -25/64,R_4 的灵敏度为 55/64。它的总变化量分别是:

$$\Delta V_1 = \frac{1}{4} \times (-0.02) + \left(-\frac{5}{8}\right) \times (0.01) + \frac{15}{32}(0.01) + \frac{15}{32}(0.01) + \frac{15}{32}(-0.02)$$

$$= -0.023\,125$$

$$\Delta V_2 = \frac{1}{8} \times (-0.02) + \left(-\frac{5}{16}\right) \times (0.01) + \frac{15}{64}(0.01) - \frac{25}{64}(0.01) + \frac{55}{64} \times (-0.02)$$

$$= -0.024\ 375$$

2. 归一化灵敏度

对于不同的元器件,参数的数值和单位会有很大的不同,这时求得的灵敏度 S_{ij} 的数值就很难进行相互间的比较。为此,有必要把灵敏度 S_{ij} 进行归一化。

归一化的灵敏度的定义是:

$$S_{X_j}^{V_i} = \left(\frac{X_{j0}}{V_{i0}}\right)\frac{\partial V_i}{\partial X_j} = \frac{\partial \ln V_i}{\partial \ln X_j} \approx \left(\frac{\Delta V_i}{V_{i0}}\right)\bigg/\left(\frac{\Delta X_j}{X_{j0}}\right) \tag{8-7}$$

式(8-7)中,$(\Delta V_i/V_{i0})$ 是性能变化的百分率,$(\Delta X_j/X_{j0})$ 是元器件参数变化的百分率,归一化灵敏度即是性能变化百分率与参数变化百分率之比。用计算机求灵敏度时,常取 $(\Delta X/X) = 1\%$。

因此归一化灵敏度就是参数变化 1% 时,输出性能函数变化的百分率。可见归一化灵敏度是一个无量纲的量,它便于不同参数之间相互比较。

[例 8-2] 对例 8-1,它们的归一化灵敏度分别为:

$$S_E^{V_i} = \frac{\partial V_i}{\partial E} \cdot \frac{E}{V_{i0}} = \begin{bmatrix} 1 \\ 1 \end{bmatrix}, \ S_{R_1}^{V_i} = \frac{\partial V_i}{\partial R_1} \cdot \frac{R_1}{V_{i0}} = \begin{bmatrix} -0.75 \\ -0.75 \end{bmatrix}, \ S_{R_2}^{V_i} = \frac{\partial V_i}{\partial R_2} \cdot \frac{R_2}{V_{i0}} = \begin{bmatrix} 0.375 \\ 0.375 \end{bmatrix},$$

$$S_{R_3}^{V_i} = \frac{\partial V_i}{\partial R_3} \cdot \frac{R_3}{V_{i0}} = \begin{bmatrix} 0.187\ 5 \\ -0.312\ 5 \end{bmatrix}, \ S_{R_4}^{V_i} = \frac{\partial V_i}{\partial R_4} \cdot \frac{R_4}{V_{i0}} = \begin{bmatrix} 0.187\ 5 \\ 0.687\ 5 \end{bmatrix}$$

$$\frac{\Delta V_i}{V_{i0}} = \sum_{i=1}^{n} S_{X_j}^{V_i} \cdot \frac{\Delta X_j}{X_{j0}} = \begin{bmatrix} 1 \\ 1 \end{bmatrix}(-0.02) + \begin{bmatrix} -0.75 \\ -0.75 \end{bmatrix}(0.01) + \begin{bmatrix} 0.375 \\ 0.375 \end{bmatrix}(0.01)$$

$$+ \begin{bmatrix} 0.187\ 5 \\ -0.312\ 5 \end{bmatrix}(0.01) + \begin{bmatrix} 0.187\ 5 \\ 0.687\ 5 \end{bmatrix}(-0.02) = \begin{bmatrix} -0.025\ 6 \\ -0.040\ 6 \end{bmatrix}$$

8.3 电路容差分析方法

电路容差分析方法见表 8-3。

表 8-3 电路容差分析方法

方法名称	一般描述	电路模型	电路组成部分参数取值	分析结果	适用范围	优缺点
最坏情况试验法	在最坏条件(环境、工作状态)下,通过试验测得实际偏差来进行容差分析的方法	无	额定偏差值(包括标准值及偏差范围)	测试数据	可靠性要求高的电路	不需要建立电路数学模型,但必须在实际电路上才能进行试验

（续表）

方法名称	一般描述	电路模型	电路组成部分参数取值	分析结果	适用范围	优缺点
最坏情况分析法	在电路组成部分参数最坏组合情况下,分析电路性能参数偏差的一种非概率统计方法	建立电路数学模型	额定偏差值或寿命结束时的上、下极限值	电路性能参数偏差	适用于模拟电路。线性展开法适用于分析精度要求较低的电路。直接代入法适用于分析精度要求高的电路。	方法简便直观,可得到灵敏度,并提供改进的方向。但分析结果偏于保守
最坏情况逻辑模拟分析法	对逻辑关系正确的数字电路,由于存在模糊时间范围问题,实际电路工作时出现的时序故障		逻辑单元延迟时间的分散性(延迟时间的最大/最小极限的组合)	主逻辑电平变化的模糊时间范围的影响	适用于数字电路	能分析复杂电路,计算较复杂,能用CAD
蒙特卡洛法	电路组成部分参数服从某种分布时,由其抽样值分析电路性能参数偏差的一种统计分析方法	建立电路数学模型	额定偏差的分布值	电路性能参数的分布特性	适用于复杂电路、可靠性要求高的电路,且有分析软件工具(EDA)场合	更接近实际情况,计算较复杂。可用CAD
伴随网络法	通过计算原网络及其伴随网络支路电压、电流来对电路输出进行容差分析的方法	支路的电压、电流方程,伴随网络的阻抗矩阵或导纳矩阵	额定偏差值	电路输出参数偏差	适用于线性、时恒电路	能分析较复杂的电路,计算较复杂。能用CAD
阶矩法	根据电路组成部分参数的均值和方差分析电路性能参数偏差的概率统计分析方法	建立电路数学模型	均值和方差	电路输出参数均值和方差及容许偏差出现的概率	线性电路或非线性电路	能反映实际情况,计算较复杂。能用CAD

8.3.1 最坏情况试验法

最坏情况试验法是使电路处于温度、大气压力、电源电压、电网频率、元器件参数、信号源幅度和频率等主要因素均为上、下限值的条件下,测试电路性能参数偏差的方法。因为必须在实际电路上才能进行这项试验,因此,一般在电路可靠性要求高、成本不严格控制时采用此分析方法。如通常在极限温度下进行的极限电源电压拉偏试验就是一种最坏情况试验。

8.3.2 最坏情况分析法

最坏情况电路分析法(WCCA)又称极差综合法,是一种非概率统计方法。它是利用各元器件参数的极差,包括参数的公差和漂移两个因素的最坏可能值的组合。通过各参数的灵敏度,估算性能指标相应变化的极差。最坏情况是一种极端情况,在实际中出现的概率极低,是一种很保守的方法。若按这种方法设计元器件参数的容许变化量,将使元器件精度大大提高,从而增加成本。因此,它在卫星、导弹、海底电缆等之类作为万无一失的设计保证之用。由表 8-1 知对安全和任务起关键作用的电路应进行最坏情况分析。具体可分为线性展开法和直接代入法。

[例 8-3] 图 8-3 为一分压器电路。标称值 $E = 12\ \text{V}$, $R_1 = 100\ \Omega$, $R_2 = 200\ \Omega$,电源电压波动 $\pm 5\%$,R_1、R_2 制造公差 $\pm 5\%$,运行 1 000 小时后,R_1、R_2 均值漂移为 -5%,附加随机偏差 $\pm 2\%$,远行后电源无漂移,输出电压容许变化范围为 U_0 $\pm 10\%$。问该设计方案是否满足规格要求?

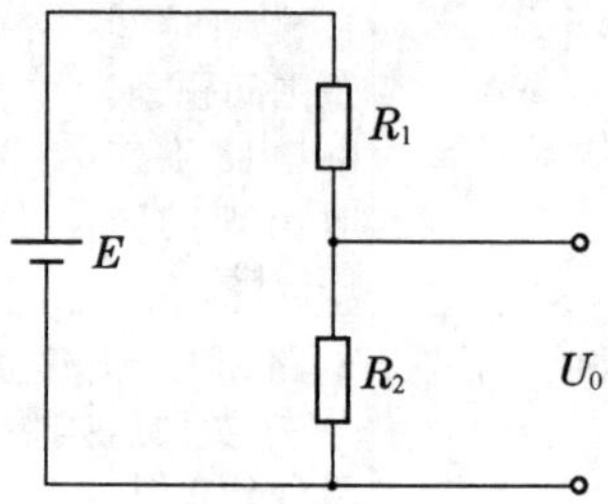

解:用线性展开法。按照电路有:

$$U_0 = \frac{ER_2}{R_1 + R_2} = 8\ V, \frac{\partial U_0}{\partial E} = \frac{R_2}{R_1 + R_2} = 0.666\ 7,$$

$$\frac{\partial U_0}{\partial R_1} = \frac{-ER_2}{(R_1 + R_2)^2} = -0.026\ 7, \frac{\partial U_0}{\partial R_2} = \frac{ER_2}{(R_1 + R_2)^2} = 0.013\ 3$$

$$\Delta U_0 = 0.666\ 7\Delta E - 0.026\ 7\Delta R_1 + 0.013\ 3\Delta R_2$$

图 8-3 分压器电路

已知:

$$\Delta E = (\pm 5\%)E = \pm 0.6, \Delta R_1 = (\pm 5\% - 5\% \pm 2\%)R_1 = \begin{Bmatrix} +2\% R_1 \\ -12\% R_1 \end{Bmatrix} = \begin{Bmatrix} +2 \\ -12 \end{Bmatrix},$$

$$\Delta R_2 = (\pm 5\% - 5\% \pm 2\%)R_2 = \begin{Bmatrix} +2\% R_2 \\ -12\% R_2 \end{Bmatrix} = \begin{Bmatrix} +4 \\ -24 \end{Bmatrix}$$

上述二式中的花括弧表示取的是极差。

根据最坏情况组合的原则:

$$+ \Delta U_0 = 0.666\ 7 \times 0.6 + 0.026\ 7 \times 12 + 0.013\ 3 \times 4 = 0.773\ 62$$

$$- \Delta U_0 = -0.666\ 7 \times 0.6 - 0.026\ 7 \times 2 - 0.013\ 3 \times 24 = -0.772\ 68$$

按题意,容许 $\Delta U_0 = U_0 \times (\pm 10\%) = 8 \times (\pm 10\%) = \pm 0.8$,故原设计未超出规格要求范围。

[例 8-4] 在一个简单的 LC 串联调谐回路中,已知 $L = 50 \pm 10\%\ (\mu\text{H})$,$C = 30 \pm 5\%$ (pF),容许频率偏离量 $\Delta f = \pm 200\ \text{kHz}$,问所取 L、C 的极差能否满足要求?

解:用直接代入法。频率方程为:$f = 1/(2\pi \sqrt{LC})$

频率的标称值为：$f_0 = 1/(2\pi\sqrt{50\times10^{-6}\times30\times10^{-12}}) = 4.11\ \text{MHz}$

频率的百分极差为：$\Delta f / f_0 = \pm4.9\%$

求灵敏度，由 $\ln f = -\ln 2\pi - (1/2)\ln L - (1/2)\ln C$

得 $S_L^f = \dfrac{\partial \ln f}{\partial \ln L} = -\dfrac{1}{2}$，$S_C^f = \dfrac{\partial \ln f}{\partial \ln C} = -\dfrac{1}{2}$

计算最坏情况下的频率百分极差，已知

$$\frac{\Delta L}{L_0} = \pm10\%,\ \frac{\Delta C}{C_0} = \pm5\%$$

$$\frac{\Delta f}{f} = \left|S_L^f \cdot \frac{\Delta L}{L_0}\right| + \left|S_C^f \cdot \frac{\Delta C}{C_0}\right| = \frac{1}{2}\times0.1 + \frac{1}{2}\times0.05 = 7.5\%$$

由于 $(\Delta f/f) = 7.5\% > (\Delta f/f_0) = 4.9\%$ 不满足要求，需要重新选取 L、C 的精度，并以 L 与 C 的极差之比为 $(2/3):(1/3)$ 之值去分配 $\pm4.9\%$ 的要求值。

$$\left(\frac{\Delta L}{L}\right)' = \pm4.9\%\times\frac{2/3}{1/2} = \pm6.5\%,\ \left(\frac{\Delta C}{C}\right)' = \pm4.9\%\times\frac{1/3}{1/2} = \pm3.2\%$$

重新核算

$$\frac{\Delta f}{f} = \left|S_L^f\cdot\left(\frac{\Delta L}{L_0}\right)'\right| + \left|S_C^f\cdot\left(\frac{\Delta C}{C_0}\right)'\right| = \frac{1}{2}\times0.065 + \frac{1}{2}\times0.032 = 4.85\% < 4.9\%$$

故应取 L 的精度为 $\pm6.5\%$，C 的精度为 $\pm3.2\%$。

注1：在进行最坏情况电路性能分析之前要进行最坏情况元器件应力分析，即要计算元器件的最坏情况工作应力，将其与允许工作应力进行比较，指出电路中是否存在过应力的元器件，若有，则需另选元器件及降额要求或改进设计。

注2：本例中，在需要重新选取 L、C 的精度时，因为 L 的精度影响大，故对其提高精度效果明显，首先分配以较大的比例来改进设计。一般情况而言，往往有一半以上的偏差是由一个或两个参数引起的，改进设计就可以集中在这样的参数上。

注3：最坏情况分析中还应考虑寿命末期元器件参数的预期变化，这种变化是用初始极差的百分数来表示。

8.3.3　最坏情况逻辑模拟分析法

数字电路中不同逻辑单元的延迟时间均有一定范围。对属于同一种类型的不同逻辑单元器件，其输出端逻辑状态发生变化的时间不可能相同，其输出信号可能发生变化的最早和最迟时间范围被称为模糊时间范围。信号在电路中传送时，不同逻辑器件对模糊时间的贡献将会积累。

1）模糊时间的不一致性故障。如要求有两个输入端的与门，其输出端应保持为低电平脉冲。因两个输入端的信号均有一定模糊时间范围，将造成输出信号端的信号不一定都是保持低电平状态。

2）模糊时间的临界故障。如触发器的作用是在输入时钟信号的上升沿发生"触发"，即输出端电平等于该上升沿到达前瞬间触发输入端电平。当时钟信号从 0 变至 1 的前后一段时间，对应于该触发器输入端电平变化的模糊时间范围，结果该触发器输出端信号将是不确定的。

3）模糊时间的积累故障。如设输入端信号脉宽为 6 ns，考察通过两级缓存器的情况。如果输入信号上升边和下降边模糊时间范围均为 1 ns。经过第一级缓存器后，上升和下降时间的模糊范围增大了 2 ns，输出高电平脉宽减小为 4 ns。该信号通过第二个缓冲器后，上升和下降延迟时间的模糊范围又增大了 6 ns，上升时间的模糊范围已增大到与下降边模糊时间范围重叠。

最坏情况逻辑模拟分析法可应用专用软件进行仿真分析。

8.3.4 蒙特卡洛法

蒙特卡洛法是当电路组成部分的参数服从某种分布时，由电路组成部分参数抽样值分析电路性能参数偏差的一种统计分析方法。此法适用于可靠性较高的电路。

如图 8-4，按电路包含的元器件及其他有关的实际参数 X 的分布，对 X 进行第一次随机抽样 X_1，该抽样值记作 $(X_{11}, \cdots, X_{1m})$，并将它代入性能参数表达式，得到第一个随机值 $Y_1 = f(X_{11}, \cdots, X_{1m})$，如此反复 n 次得到 n 个随机值（抽样次数 n 应满足统计分析精度要求），从而就可对 Y 进行统计分析，画直方图，求出不同容许偏差范围内的出现概率。

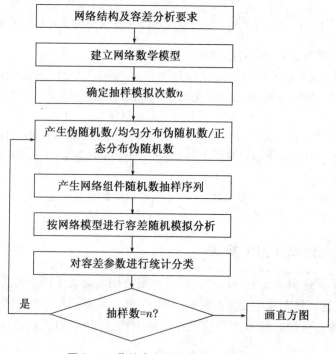

图 8-4 蒙特卡洛网络容差分析程序图

8.3.5 伴随网络法

伴随网络法是通过原电路网络及其伴随网络的支路电压、电流来获得电路输出响应对支路组件的灵敏度及偏差来进行容差分析的方法。

具体做法是：

1）根据电路图列出等效电路图作为原网络。

2）按照下列规则,列出原网络的伴随网络:

a）伴随网络的拓扑结构和支路编号与原网络保持一致;

b）伴随网络的阻抗矩阵或导纳矩阵等于原网络相应矩阵的转置;

c）伴随网络中的独立电压、电流源与原网络的独立电压、电流源性质相同。

3）分析网络输出端口的电压、电流,即在原网络的输入端口串以数值为 1 的独立电压源,而在输出端口并上数值为 0 的电流源,以求得原网络各支路的电压和电流;在伴随网络输入端口串以数值为 0 的电压源,而在输出端口并上数值为 1 的电流源,以求得伴随网络各支路的电压和电流。计算网络输出端口电压的最大偏差和标准偏差。

4）计算出网络输出电压偏差的变化率。

8.3.6 阶矩法

阶矩法是统计学与电路分析技术结合而成的一种方法,亦称标准差综合法、均方根偏差法或正态近似法。

8.3.6.1 元器件参数变化量

阶矩法是按统计学的原理对元器件参数的变化量进行组合。首先,它把元器件参数的变化量分为随机变化量和估算变化量两类。

元器件的制造公差是一个随机变化量,在制造中可能随机地出现,无法预料,它是元器件偏差值的组成成分之一。公差的具体数值可从元器件规范或产品手册中查到。

由于温度、负荷、焊接中工作应力造成的元器件参数变化是有规律的,因而是可以估算出的,故称为估算变化量。

由于使用时间所造成的元器件参数变化量,包括随机变化量和估算变化量两部分。这两部分的具体数值,也可从元器件规范或产品手册中查到。

对于单个元器件参数总的变化量的确定如下所述:

1）首先确定元器件在使用中可能影响其参数变化的原因(温度、负荷、制造公差、焊接、使用时间等因素的影响)。

2）了解元器件参数的有关特性,确定元器件参数在使用中将出现的随机变化量和估算变化量。

3）用代数和的方法求出该元器件参数总的估算变化量。

4）用几何和的方法求出该元器件参数总的随机变化量(即每个随机变化量平方和的均方根值)。

5）元器件参数的设计公差即是该元器件参数总的估算变化量与随机变化量之和。

[**例 8-5**] 一个碳棒电阻,其制造公差为 $\pm 5\%$,用于环境温度为 40 ℃ 的电路中,负荷率(工作功率与额定功率之比)为 0.6,焊接在电路中,使用时间为 25 000 小时以上,标称值为 $R_0 = 5\,000\ \Omega$,求该电阻的设计公差。

步骤如下:

1. 该电阻参数变化的原因有制造、温度、负荷、焊接、使用时间。

2. 从元器件手册可查得变化量的数据如表 8 - 4 所列。

表 8 - 4 变化量的数据

变化原因	估算变化量	随机变化量
制造		±5%
+40 ℃温度	-1.0%	
负荷率(工作功率/额定功率)0.6	+2.0%	
焊接	-2.0%	
25 000 小时使用	-2.0%	±2%
总变化量	-3.0%	±5.4%

3. 总的估算变化量是(-1.0 + 2.0 - 2.0 - 2.0)% = -3.0%。

4. 总的随机变化量是 $\pm \sqrt{5^2 + 2^2}\% = \pm 5.4\%$。

5. 该电阻的设计公差等于 -3.0% ±5.4%。即从 -8.4% 到 2.4%。

按照已算得的设计公差,可计算出标称值为 5 000 Ω 的电阻在 25 000 小时使用期间内,该电阻的最大变化范围为 $R = 5\,000\,\Omega \cdot (1 - 8.4\%) \sim 5\,000\,\Omega \cdot (1 + 2.4\%) = 4\,580 \sim 5\,120\,\Omega$。

8.3.6.2 元器件参数变化量对设备性能影响

对于一台设备或一个电路的各个元器件参数变化量的影响是按照性能函数,求出灵敏度或归一化灵敏度,利用统计学的两条定理:

1) 和的均值就是各均值之和;

2) 和的方差是各方差与协方差之和。

即可由元器件的参数方差 σ_j^2 估算出性能指标的方差 σ^2。再根据性能极限偏差处在公差极限内的部分,去预测性能可靠性,最后进行方差分析。如性能方差 σ^2 太大,说明可靠性低于要求情况,找出对 σ^2 影响大的元器件,减小其 σ_j^2,使 σ^2 变小,提高可靠性。

当元器件的参数值变化时,性能指标的变动为: $\Delta V_i = \sum_{i=1}^{n} \dfrac{\partial f}{\partial X_i} \Delta X_i$

按照灵敏度的定义,上式也写成: $\Delta V_i = \sum_{j=1}^{j=n} S_{ij} \Delta X_j$

利用上述统计学的第二个定理有:

$$
\begin{aligned}
D[\Delta V_i] = \sigma^2 &= \sum_{j=1}^{j=n} D[S_{ij} \Delta X_j] + 2\sum_{j=1}^{j=n} \sum_{m=j+1}^{m=n} COV[S_{im} \Delta X_m S_{ij} \Delta X_j] \\
&= \sum_{j=1}^{j=n} S_{ij}^2 \sigma_j^2 + 2\sum_{j=1}^{j=n} \sum_{m=j+1}^{m=n} S_{im} S_{ij} \rho_{mj} \sigma_m \sigma_j
\end{aligned}
\tag{8-8}
$$

式中,$\rho_{mj} = E[(X_j - X_{j0})(X_m - X_{m0})]/\sigma_m \sigma_j$ 是参数 X_m 与参数 X_j 的相关系数。若元器件参数 X_j 具有统计独立性,不存在相关关系,则 $\rho_{mj} = 0$,那么和的均值等于均值之和,均值的方差等于方差之和。

$$
E(V) = f(X_{10}, X_{20}, \cdots, X_{j0}, \cdots X_{n0})
\tag{8-9}
$$

$$\sigma^2 = \sum_{j=1}^{j=n} S_{ij}^2 \sigma_j^2 \qquad (8-10)$$

若用归一化灵敏度去替换上式,考虑到:

$$S_{ij}^2 = \frac{V_{i0}^2}{X_{j0}^2}(S_{x_j}^{v_i})^2 \qquad (8-11)$$

则:

$$\frac{\sigma^2}{V_{i0}^2} = \sum_{j=1}^{n}(S_{X_j}^{V_i})^2 \frac{\sigma_j^2}{X_{j0}^2} \qquad (8-12)$$

令 $\gamma = \sigma/V_{i0}$, $\gamma_j = \sigma_j/X_{j0}$

代入式(8-12),在各参数相互独立时,就有下式成立:

$$\gamma^2 = \sum_{j=1}^{j=n}(S_{X_j}^{V_i})^2 \gamma_j^2 \qquad (8-13)$$

　　式(8-10)或(8-13)称为方差传递公式。式中 γ 为性能变化系数,等于性能标准差与其均值之比。γ_i 为参数变化系数,等于参数标准差与其均值之比。运用阶矩法的关键就是对不同的电路如何找出方差传递公式。在表8-5中列出了各参数相互独立的常用分布函数的均值和方差传递公式[式(8-14)至(8-20)]。表中 μ、σ^2 和 γ 表示性能函数的均值、方差和变化系数,μ_j、σ_j^2 和 γ_j 表示元器件参数的均值、方差和变化系数。

表 8-5　常用分布函数的均值和方差传递公式

编号	分布函数　 $V = f(x_1, x_2, \cdots x_n)$	均值公式与方差传递公式	
1	分布之和 $V = x_1 + x_2$	$\mu = \mu_1 + \mu_2$, $\sigma^2 = \sigma_1^2 + \sigma_2^2$	(8-14)
2	多项分布之和 $V = \sum_{i=1}^{i=n} x_i$	$\mu = \sum_{i=1}^{i=n} \mu_i$, $\sigma^2 = \sum_{i=1}^{i=n} \sigma_i^2$	(8-15)
3	线性变换式 $V = \sum_{i=1}^{i=n} C_i x_i$	$\mu = \sum_{i=1}^{i=n} C_i \mu_i$, $\sigma^2 = \sum_{i=1}^{i=n} C_i^2 \sigma_i^2$	(8-16)
4	分布之积 $V = x_1 \cdot x_2$	$\mu = \mu_1 \cdot \mu_2$, $\sigma^2 = \mu_2^2 \sigma_1^2 + \mu_1^2 \sigma_2^2$ 或 $\gamma^2 = \gamma_1^2 + \gamma_2^2$	(8-17)
5	多项分布之积 $V = \prod_{i=1}^{i=n} x_i$	$\mu = \prod_{i=1}^{i=n} \mu_i$, $\gamma^2 = \sum_{i=1}^{i=n} \gamma_i^2$	(8-18)
6	分布之商 $V = x_1/x_2$	$\mu = \mu_1/\mu_2$, $\gamma^2 = \gamma_1^2 + \gamma_2^2$ 或 $\sigma^2 = \dfrac{\sigma_1^2}{\mu_2^2} + \dfrac{\mu_1^2 \sigma_2^2}{\mu_2^4}$	(8-19)
7	分布对数之和 $V = \ln x_1 + \ln x_2$	$\mu = \ln \mu_1 + \ln \mu_2$, $\sigma^2 = \dfrac{\sigma_1^2}{\mu_1^2} + \dfrac{\sigma_2^2}{\mu_2^2} = \gamma_1^2 + \gamma_2^2$	(8-20)

　　利用方差传递公式不仅可以计算性能受各参数影响的总方差,还能发现哪个参数对性能影响最大。参数对性能的影响包括灵敏度和参数方差两部分,其中灵敏度取决于线路设计,参数方差是元器件取值的离散性。通过减小灵敏度和提高参数精度可以减小某一参数对性能的影响。

　　[例8-6]　如前文最坏情况分析法中[例8-3]的线路和参数,求经过1000小时老练

后分压器输出电压的中心值和方差。

解:经 1 000 小时老练后,R_1、R_2 和 E 的特征值如下:

R_1:平均值　$\mu_1 = 100 + 100 \times (-5\%) = 95 \ \Omega$

随机偏差　$3\sigma_1 = \sqrt{(100 \times 5\%)^2 + (100 \times 2\%)^2} = 5.385 \ \Omega$

标准差　$\sigma_1 = 1.795 \ \Omega$

R_2:平均值　$\mu_2 = 200 + 200 \times (-5\%) = 190 \ \Omega$

随机偏差　$3\sigma_2 = \sqrt{(200 \times 5\%)^2 + (200 \times 2\%)^2} = 10.77 \ \Omega$

标准差　$\sigma_2 = 3.59 \ \Omega$

E:无漂移和随机偏差,只有波动 5%,故

平均值　$\mu_E = 12 \ \text{V}$

随机偏差　$3\sigma_E = 12 \times 5\% = 0.6 \ \text{V}$

标准差　$\sigma_E = 0.2 \ \text{V}$

1 000 小时后输出电压的分布函数仍为 $U_0 = ER_2/(R_1 + R_2)$

根据式(8 - 13)、表 8 - 5 中式(3)、(5),可得 V_0 的均值 μ:

$$\mu = \mu_E \mu_2 / (\mu_1 + \mu_2) = 12 \times 190 / (190 + 95) = 8 \ \text{V}$$

对 V_0 的方差可直接利用式(8 - 10)计算,也可利用式(8 - 13)、表 8 - 5 中式(4)、(5)计算,现取式(8 - 10)计算。

$$\sigma^2 = \frac{\mu_2^2}{(\mu_1 + \mu_2)^2} \cdot \sigma_E^2 + \frac{\mu_E^2 \mu_2^2}{(\mu_1 + \mu_2)^4} \cdot \sigma_1^2 + \frac{\mu_E^2 \mu_1^2}{(\mu_1 + \mu_2)^4} \cdot \sigma_2^2 = 0.017\,78 + 0.002\,54 + 0.002\,54$$
$$= 0.022\,855$$

$\sigma = 0.151\,18, 3\sigma = 0.453\,54$

例 8 - 3 中按最坏情况分析,$\Delta U_0 = \begin{cases} +0.773\,62 \\ -0.773\,68 \end{cases}$

现按阶矩法分析,$\Delta U_0 = \pm 3\sigma = \pm 0.453\,54$。

可见,按最坏情况分析是非常保守的,按阶矩法分析则更为合理些。

U_0 的方差 σ^2 由三部分组成,由上述计算过程可看出,U_0 对 E 的灵敏度及 E 的方差对 σ^2 的影响最大。

[**例 8 - 7**]　如前文最坏情况分析法中[例 8 - 4]的振荡回路及参数,在频率容许差为 $\Delta f / f_0 = \pm 4.9\%$ 时,试按阶矩法计算其可靠度。

解:已知归一化灵敏度 $S_L^f = S_C^f = -1/2$　　极差 $\left| \dfrac{\Delta L}{L_0} \right| = 10\%$　　$\left| \dfrac{\Delta C}{C_0} \right| = 5\%$

则 $\gamma_L = \dfrac{\sigma_L}{L_0} = 10\%/3 = 3.33\%$,$\gamma_C = \dfrac{\sigma_C}{C_0} = 5\%/3 = 1.67\%$

取 f 的分布函数为对数形式:$\ln f = -\ln 2\pi - \dfrac{1}{2}\ln L - \dfrac{1}{2}\ln C$

有 $S_L^f = \dfrac{\partial \ln f}{\partial \ln L} = -\dfrac{1}{2}$,　$S_C^f = \dfrac{\partial \ln f}{\partial \ln C} = -\dfrac{1}{2}$

则 $\gamma_f = \sqrt{(S_L^f)^2 \gamma_L^2 + (S_C^f)^2 \gamma_C^2}$

其可靠度 $R_f = 2\Phi(\Delta f/\sigma) - 1 = 2\Phi(4.9/1.86) - 1 = 2\Phi(2.63) - 1$，查标准正态分布函数表得：

$R_f = 99.15\%$ 。

由此例可见，按最坏情况分析法不能接受电感变化量 ±10%，电容变化量 ±5% 的设计方案，而按阶矩法虽然频率变化量 $\Delta f/f = 3\sigma_f/f = 3\gamma_f = 5.58\%$ 也超过了容许变化量 4.9% 的界限，但它仍有可靠度为 99.14% 的容许上述参数变化范围的设计，这就是阶矩法比最坏情况分析法的优越之处。

8.4　电路设计时应考虑的方面

电路设计时应考虑的方面如表 8-6 所示。

表 8-6　电路设计时应考虑的几个方面

序号	案例
1	对所选用的元器件说明书所列出的参数变化范围一定要充分考虑到，例如 RJK53 型精密金属膜电阻，它的精度为 ±0.1%，如工作范围为 25 ℃ ±40 ℃，则阻值变化 ±0.2%，所以总的公差（精度）在 ±0.3% 以内，对所设计的电路进行分析计算，看精度是否满足要求并有一定的余量，否则要进行逐个挑选或换型来达到设计要求
2	说明书没有列出元器件参数的变化范围，可通过实际测量得到，如温度、电压、频率等引起的参数变化，电路设计时也要考虑。例如模拟开关 4066，说明书给出的导通电阻是 120 Ω。当用于模拟电路时，导通电阻随温度变化很大，将 4066 放在温箱内测试，在 -20 ℃ ~50 ℃ 范围，4066 的导通电阻在 100 Ω ~170 Ω 之间变化
3	由于长期工作，元器件老化引起的参数变化范围最难确定，特别是国产元器件，一般厂家很少做长寿命参数测试，但对于长寿命设备（如飞行器）至关重要，目前采用的方法是：用老练筛选的方法使参数更稳定。电路参数设计时留较大裕量
4	电路设计时采用容差设计方法，使电路性能对参数变化不灵敏，例如采用反馈技术，如利用反馈技术稳定运算放大器的闭环放大倍数；又如对于晶体管交流放大器，基极到地加一个分压电阻，发射极到地加一个反馈电阻用以稳定放大器的静态工作点等
5	进行容差设计与分析的一个最重要的工作是收集电路中元器件参数的容差参数，这就要建立并不断完善元器件参数数据库。该数据库要考虑的容差条件有：温度、老化和辐照的影响，电源电压变化范围，力学（振动、冲击、加速度、旋转），湿度等

8.5　田口参数设计

在 $(X_1, X_2, \cdots, X_m)$ 的标称值已定的条件下，容差分析种种方法得出的结果并不一定就是最合适的，这是由于在选定 $(X_1, X_2, \cdots, X_m)$ 时没有充分考虑容差，从而完全可能存在 $(X_1, X_2, \cdots, X_m)$ 的更好组合，使对同样的 X_i 的容差限而言，得到的 $Y = (X_1, X_2, \cdots, X_m)$ 的容差限更好。田口把寻找更好的 $(X_1, X_2, \cdots, X_m)$ 称为"参数设计"，所谓"更好"是 Y 的允差更小的含义。

仿照信息论，定义了如下的两个量：

$$信号杂比\ \eta = 10\log_{10}\frac{Y^+ Y^-}{(Y^+ - Y^-)^2/2}(\mathrm{dB}) \tag{8-14}$$

$$灵敏度 \quad S = 10\ log_{10}(Y^+ Y^-)(dB) \tag{8-15}$$

式中：$Y^+ = (X_1^+, X_2^+, \cdots, X_m^+)$ 和 $Y^- = (X_1^-, X_2^-, \cdots, X_m^-)$。设 $X_i (i=1,2,\cdots,m)$ 的允差为 $[X_{iL}, X_{iU}]$。通过计算或试验，若 X_i 值增加（减少）会使 Y 增加，则取 $X_i^+ = X_{iU}$ 和 $X_i^- = X_{iL}$（$X_i^+ = X_{iL}$ 和 $X_i^- = X_{iU}$）。田口通过三水平正交实验设计（DOE，Design of Experiments）方法，将式（8-14）和（8-15）之 η 和 S 作为试验指标，η 值越大意味着 Y 的允差越小，田口将因素按照表 8-7 加以分类。选定使 η 值最大的方案，定下与此相对应的稳定因素，通过对调正因素的调正使 Y 接近或达到目标值。

表 8-7 田口参数设计因素分类表

因素类别	η 分析	S 分析	因素名称	因素类别	η 分析	S 分析	因素名称
第一类	显著	显著	稳定因素	第三类	不显著	显著	调正因素
第二类	显著	不显著	稳定因素	第四类	不显著	不显著	次要因素

注1："经典实验设计""田口实验设计"为现行可靠性工程用于开发健壮可靠设计81种方法之一。
注2：田口玄一提出了三次设计：系统设计、参数设计、容差设计，世称田口方法。

对于可计算的 $Y = (X_1, X_2, \cdots, X_m)$，完全可以不用上述的正交试验而用计算机软件将规定的 m 维划分成成千上万或更多的网格，计算每个网格点的 η，并从中找出 η 最大的网格点。

本章小结

1）电路容差分析是 GJB 450A 的一个工作项目。从设计早期初步电路图完成时开始，一般在做过故障模式影响分析之后进行，在电路修改后应再进行容差分析。应在获得设计、材料、元器件等方面详细信息后进行电路容差分析。

2）电路容差分析一般仅在关键电路上应用。对受温度和退化影响的关键电路的元器件特性进行分析，应设法使由于器件退化而性能变化时，仍能在允许的公差范围之内，满足所需的最低性能要求。

3）在初步设计评审时提出需进行分析的电路清单。

4）由设计人员借助 EDA 工具进行电路容差分析。一般，首选是最坏情况分析法和蒙特卡洛法。

5）容差分析结果应形成容差分析报告。

6）电路容差分析的方法还有基于三水平正交试验设计的田口方法可供选用。

[例 8-8] 设计要求：电路超差概率均小于等于 3‰。

以带通滤波器电路为例开展容差设计分析与评价：

该带通滤波器实际电路如图 8-5 所示。

其中，产生参数偏差的元器件主要有 3 个电阻和 2 个电容，具体设计参数如表 8-8 所示。

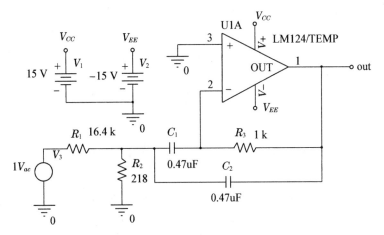

图 8-5　带通滤波器电路图

表 8-8　带通滤波器电路的主要设计参数

序号	参数名称	参数标识	标称值	偏差范围/%
1	电阻 1	R1	16.4 kΩ	±5
2	电阻 2	R2	218 Ω	±5
3	电阻 3	R3	1 kΩ	±5
4	电容 1	C1	0.47 μF	±5
5	电容 2	C2	0.47 μF	±5

该电路输出性能参数要求为:30 ℃的条件下,中心频率范围在 320 Hz 至 380 Hz 内,幅值在 20 mV 至 40 mV 之间。

a）电路分析

采用蒙特卡洛仿真法进行分析。首先,仿真电路在标称值下的频率响应曲线,结果如图 8-6 所示。

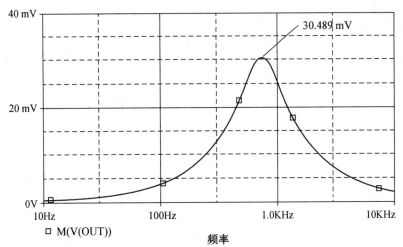

图 8-6　带通滤波器电路在标称值下的频率响应曲线

由图 8-6 可以看出,滤波器的中心频率为 344 Hz,最大幅值为 30.489 mV,满足设计要求。

接着设置电阻值与电容值 ±5% 的偏差范围,并服从正态分布,仿真次数设为 300,种子数 17 533,仿真结果如图 8-7 所示。

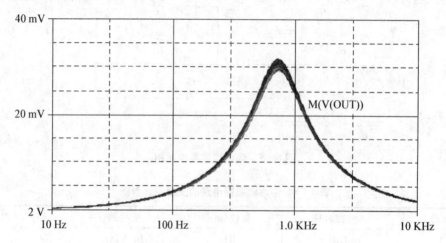

图 8-7　带通滤波器电路蒙特卡洛仿真频率响应曲线

详细地,仿真结果的最大幅值和中心频率的分布直方图分别如图 8-8、图 8-9 所示。

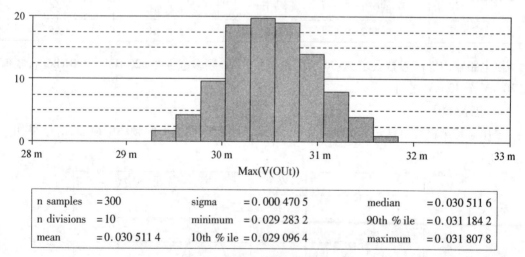

n samples	= 300	sigma	= 0.000 470 5	median	= 0.030 511 6
n divisions	= 10	minimum	= 0.029 283 2	90th % ile	= 0.031 184 2
mean	= 0.030 511 4	10th % ile	= 0.029 096 4	maximum	= 0.031 807 8

图 8-8　最大幅值分布直方图

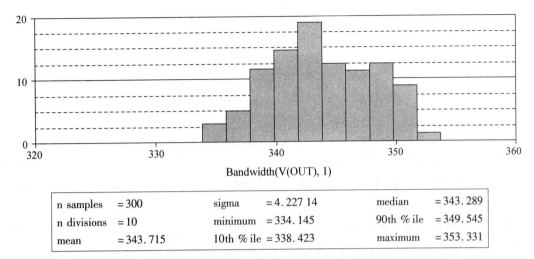

n samples	= 300	sigma	= 4.227 14	median	= 343.289
n divisions	= 10	minimum	= 334.145	90th % ile	= 349.545
mean	= 343.715	10th % ile	= 338.423	maximum	= 353.331

图 8-9 中心频率分布直方图

由图可以看出,最大幅值分布在 29 mV 至 32 mV 之间,中心频率分布在 330 Hz 至 360 Hz 之间。

b) 计算超差概率

电路性能超差概率是指电路性能参数超出设计要求范围的概率。根据蒙特卡洛仿真结果,该带通滤波器电路的中心频率和最大幅值均在设计要求范围内,因此其超差概率均为 0。

c) 容差设计评价

根据评价准则,由于所有电路输出性能参数的超差概率均小于等于 3‰,因此该带通滤波器容差设计符合要求。

第九章　降额设计

降额设计为可靠性设计准则中的一个方面。对于电子、电气和机电元器件根据不同类别按其应用情况进行降额，是可靠性工程行之有效的实现低成本、提高可靠性的设计方法之一。

电子元器件在其额定范围内使用是可靠性设计的最低要求，为了进一步降低电子电路的失效率，必须考虑降低元器件的工作负荷，即要求其在低于其额定值的应力条件下工作。理论和实践证明：元器件合理的降额使用可以延缓和减小其退化，大幅度降低元器件的失效率、提高其可靠性，从而也提高了系统的可靠性。

在强调元器件降额重要性的同时还应该强调：降额必须考虑元器件的失效机理，选取合理的降额项目与降额幅度。本章将会介绍，降额不合理的随意应用，包括降额不足或降额过多都有可能带来新的故障隐患。

当降额设计涉及改变元器件的规格时，可能会引起元器件的费用上升，体积、重量和能耗增加。因此在考虑应用降额设计时，必须在设备要求的体积、重量、能耗及费用之间作出权衡，以求得最佳效费比。

机械和结构部件降额设计的概念是指设计的机械和结构部件所能承受的载荷(称强度)要大于其实际工作时所承受的载荷。对于机械和结构部件，应重视应力—强度分析，并根据具体情况，采用提高强度均值、降低应力均值、降低应力方差等基本方法，找出应力与强度的最佳匹配，提高设计的可靠性。

术语如下。

a) 降额：产品在低于额定应力的条件下使用，以提高其使用可靠性的一种方法；元器件使用中承受的应力低于其额定值，以达到延缓其参数退化，提高使用可靠性的目的。通常用应力比和环境温度来表示。

b) 额定值：元器件允许的最大使用应力值。

c) 应力：影响元器件失效率的电、热、机械等载荷。

d) 应力比：元器件工作应力与最大额定应力之比。应力比又称降额因子。

e) 应用类别：指元器件使用的工作状况、方法。

f) 应用因子：对于较多的元器件来说，使用时的工作状态、应用场合不同会直接影响其预期的使用失效率。因此在 GJB/Z 299C 中通常用"应用因子"来反映这一情况。

注："应用因子"包括反映与元器件工作状况有关的某些电气、机械及环境特性。元器件的关键"应用因子"是对其失效率有严重影响的元器件的一种具体特性。因此将其作为降额设计参数是合理而必要的。

例如，在 GJB/Z 299C 中对普通双极型晶体管列出了"线性放大、逻辑开关、高频及微波"等四类应用电路，其应用因子 π_A 分别为 1、0.7、3、4；而对普通二极管则分别列出"小信号检波、逻辑开关、电源整流及功率整流"四类工作状况,其应用因子分别为:1、0.6、1.5、2.5。

9.1 降额理论

元器件的设计通常保证其在使用时能承受一定的额定应力。一个合格的电子元器件在使用或储存过程中,总会受到各种应力(包括时间、环境、电气及机械等)的不同或综合作用,存在着某些比较缓慢的物理、化学变化,当这一物化变化过程发展到一定阶段,元器件的特性将退化、功能丧失,即出现老化、失效。以半导体器件而言,上述物化作用形成导电沟道时使器件反向漏电流变大,击穿电压下降;当器件表面复合速度变大时,晶体管的电流放大因子(能力)降低等等。

当大量同一型号元器件置于额定条件下工作,通过对失效元(器)件的统计计算,将得到其一定的失效概率,通常将其称为额定失效率、基本失效率或通用失效率。当工作应力高于额定应力时,其失效率增大;反之,一般都会下降,如图9-1所示。

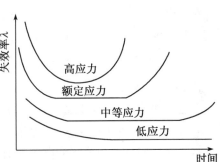

图9-1 元器件承受应力对失效率影响示意图

所有的应力均可用应力矢量 $S\{t, x_1, x_2, \cdots, x_i, \cdots x_n\}$ 来描述,x_i 为各种应力。原理上,元器件的失效率可用各种应力条件来表示:$\lambda\{t, x_1, x_2, \cdots, x_i, \cdots x_n\}$,但由于元器件工作寿命期内所受的应力是随机的,而应力矢量通常也是一个多维的非平稳随机过程,要求用通用公式进行求解是不容易的。

而通常与失效率直接有关系的是温度应力。因为通常元器件的失效过程总是与其内部一些物化过程有关,而物化过程与温度有密切关系。从化学分析得知,温度每升高10℃,化学反应速度将近提高一倍。当温度升高以后,这些物化过程大大加快,器件的退化、失效过程被加速。其影响速率最常用的是采用阿仑尼乌斯(Arrhenius)模型表示,其数学方程式如下:

$$\frac{\mathrm{d}M}{\mathrm{d}t} = A \cdot \exp[-E/(k_B T)] \tag{9-1}$$

式中,$\dfrac{\mathrm{d}M}{\mathrm{d}t}$ 为反应速率;A 为比例常数;k_B 为玻尔兹曼常数(1.38×10^{-23} J/K);T 为绝对温度;E 为某种失效机理的激活能。

对半导体器件来说,与此模型相对应的各种故障机理的激活能见表9-1。

表9-1 激活能

故障机理	激活能(eV)	故障机理	激活能(eV)
Al 的自由扩散(错位缓和)	1.5	SiO$_2$ 中的 Na$^+$ 扩散	1.39
Si 的自扩散(空穴)	4.8	Al 离子迁移	0.48 ~ 0.84
Si 中的 Al 扩散(空穴)	3.5	Au - Al 金属化合物	0.87 ~ 1.1

以式(9-1)阿仑尼乌斯模型为基础的器件寿命 θ 与温度 T 之间的关系式为：$\ln\theta = a + b(1/T)$；

设在温度 T_r 和 T 时寿命分别为 θ_r 和 θ，则有：$\ln(\theta_r/\theta) = b(1/T_r - 1/T)$；

令 $A_\theta = \theta_r/\theta$；

则加速因子：$A_\theta = \theta_r/\theta = \exp\left[(T-T_r)b/(T_r T)\right] = 2^{\Delta T/\beta}$。

上述式中，$\Delta T = (T-T_r)$；$\beta = (T_r T \cdot \ln2)/b$；$\alpha = \ln(\Delta M/A)$；$b = E/k$。

以上是温度应力降额的理论。

至于温度以外的其他应力，则可写为：$A_\theta = \theta_r/\theta = (P/P_r)^\alpha$。

式中：P_r 为基准（额定）应力；P 为工作应力；θ_r 和 θ 分别为在应力 P_r 和 P 下的寿命；α 为幂指数。

对于电应力（电场强度）来说，α 一般约为 5，所以上式也称作 5 次幂法则。考虑元件受热应力和其他应力影响时，加速因子的表达式为：

$$A_\theta = \theta_r/\theta = (P/P_r)^\alpha \times 2^{\Delta T/\beta} = S^\alpha \times 2^{\Delta T/\beta} \tag{9-2}$$

式中，S 为降额因子。

失效率加速因子 A_λ 定义为：

$A_\lambda = $（加速条件下的失效率/基准条件下的失效率）$= \lambda(t)/\lambda_r(t)$。

对于寿命服从指数分布的电子元器件，则有：

$$A_\theta = \theta_r/\theta = (P/P_r)^\alpha \times 2^{\Delta T/\beta} = S^\alpha \times 2^{\Delta T/\beta} \tag{9-3}$$

若 $S = 0.25$，则表示降额了 75%。

当然，其他类别的应力对失效率的影响也能作出一些模型来，但也都是考虑单个应力的作用对失效率的影响。对于电子设备的可靠性设计来说没有必要去追究所有的因素是如何影响失效率的。在设计中只要知道元器件使用时对失效率影响最大的那些因素与失效率大体上遵循什么规律，据此指导设计，选择合理的应力条件。从目前提出的反映元器件失效机理的各类模型中都有一个共同的规律：降低元器件所承受的应力可以显著降低失效率。这便是降额设计的理论基础。

在国军标 GJB/Z 299C《电子设备可靠性预计手册》中绘制了电子元器件的降额曲线。对于不同的元器件，降额方法是不一样的，电阻的降额方法是降低功率比，电容是降低其工作电压，半导体的降额方法是将工作功耗保持在额定功耗之内，数字集成电路通过周围环境温度和电负荷来降额，线性集成电路、大规模集成电路和半导体存储器也是通过降低周围环境温度来实现降额的，对于机械部件如轴承来说，以负荷比为降额系数。

针对特定类型元器件还应满足以下降额设计要求：

1）集成电路降额设计要求：

a）为减少瞬态电流冲击应采用去耦电路；

b）应注意频率降额，不应工作在最低频率之下；

c）选用的存储器件的可允许刷写寿命应满足产品的设计要求。

2）晶体管和二极管降额设计要求：

a）MOS 管的栅源电压应降额至 80% 使用；

b）电流降额因子应根据使用环境温度来确定。

3）晶闸管降额设计要求：应控制好晶闸管电压降额，降低由电压击穿引起的失效。

4）半导体光电器件降额设计要求：不宜采用交流经半波或全波整流后驱动发光二极管；如采用，其电流峰值不应超过直流电流最大值。

5）电阻器和电位器降额设计要求：

a）降额时应考虑电阻器或电位器的负荷特性曲线；

b）降额时应考虑大功率带底座的电阻如果不带散热底座，其允许功率会大大减小。

6）电容器降额设计要求：

a）当工作温度超过 85℃时，钽电解电容器（不包括钽箔电容器）应按生产厂家产品说明书规定的类别电压进行降额；

b）钽电容不宜在电源输入口使用；如使用，其电压应降额至 30%。

7）电感器降额设计要求：应避免频率过低导致电感元件过热。

8）继电器降额设计要求：

a）如继电器负载功率很小（小于 100 mW），不应对触点电流降额；

b）如继电器动作频率很大（速率大于 10 次/min），应加大触点电流降额。

9）连接器降额设计要求：

a）电连接器随实际通电的接触件数增多，每个接触件允许工作电流会减小，应参考电连接器详细规范严格执行；

b）当电连接器的接触件并联工作时，应增大工作电流降额；

c）降额时应考虑电连接器工作电压的最大值随工作高度上升而下降；

d）选用的连接器插拔寿命应满足产品的设计要求。

10）开关降额设计要求：

a）开关触点可并联使用，但不应用这种方式达到增加触点电流的目的；

b）在高阻抗电路中使用的开关，应有足够的绝缘电阻（大于 1000MΩ）。

11）导线和电缆降额设计要求：聚氯乙烯绝缘的电缆不应用于航空产品。

12）旋转电器降额设计要求：

a）应保证额定的电压值，以确保电机、自整角机或分解器最高的效率和可靠性；

b）小功率电机电枢绕组线径较细，选择时应注意对振动量值的降额。

13）电路断路器降额设计要求：

a）正常负载出现大脉冲电流时，断路器应具有延时中断性能；

b）降额时应考虑长期工作的断路器，其最大断路电流会增加（约 10%），最小断路电流会下降（约 10%）。

14）晶体降额设计要求：

a）由于直接影响到晶体的额定功率，晶体的驱动功率不应降额；

b）避免高温、高湿环境影响晶体的频率及其稳定性。

国产元器件降额按 GJB/Z 35 或其他相应标准中的规定执行。

9.2 降额设计

为使电子产品降额合理、到位,确实达到降低元器件的工作失效率目的,可按如图 9 - 2 步骤实施降额设计。

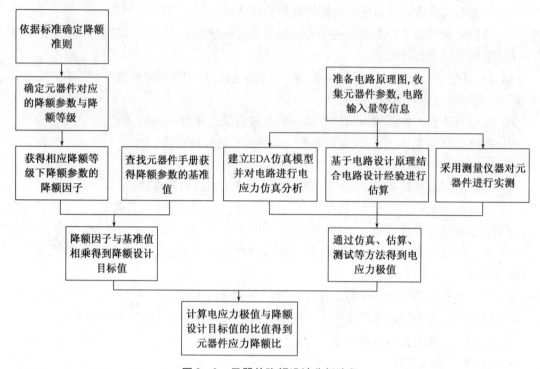

图 9 - 2 元器件降额设计分析流程

降额准则是降额设计的依据。应按通用要求结合 GJB/Z 35 及推荐的降额指南编制降额设计准则,包括:

1)确定降额等级。降额等级表示元器件的降额程度。通常元器件有一个最佳的降额范围,在此范围内,元器件工作应力的降额对其失效率的下降有显著的改善,易于实现且不会增加太多成本。为此,设计师系统应综合产品的类型、使用环境、可靠性要求、设计的成熟程度、维修费用和难易程度、安全性要求,以及对设备重量和体积的限制等因素,综合权衡确定其降额等级。GJB/Z 35 推荐了三个降额等级,不同降额等级的特点和适用情况见表 9 - 2。

表 9 - 2 降额等级的特点与适用场合一览表

降额等级	特点	适用场合
I	降额限度最大,对元器件使用可靠性及安全性的改善最大,但费用较高。超此幅度的更大降额通常对元器件的可靠性提高有限,且可能使设备设计难于实现	1. 设备的失效将导致人员伤亡或产品与保障设施的严重破坏; 2. 对设备有高可靠性要求,且采用新技术、新工艺的设计; 3. 由于费用和技术原因,设备失效后无法或不宜维修; 4. 系统对设备的尺寸、重量有苛刻要求的限制; 5. 设备内部结构紧凑,散热差。

（续表）

降额等级	特点	适用场合
Ⅱ	降额程度中等,对元器件使用可靠性有明显改善。它在设计上较Ⅰ级降额易于实现	1. 设备的失效将可能引起产品与保障设施的损坏; 2. 有高可靠性要求,且采用了某些专门的设计; 3. 故障将使任务降级、或需支付较高或不合理的维修费用。
Ⅲ	降额程度最小,对元器件使用可靠性改善的相对效益最大,但可靠性改善的绝对效果不如前二者。它在设计上最易实现	1. 设备的失效不会造成人员伤亡和设施的损坏; 2. 设备采用成熟的标准设计; 3. 故障设备可迅速、经济地加以修复; 4. 对设备的尺寸、重量无大的限制。

鉴于不同降额等级的特点及适用场合,对不同类型产品推荐应用的降额等级如表9-3。

表9-3　不同类型产品应用的降额等级

应用范围	最高降额等级	最低降额等级
航天产品	Ⅰ	Ⅰ
弹载产品	Ⅰ	Ⅱ
机载、舰载、车载产品	Ⅰ	Ⅲ
地面设备	Ⅱ	Ⅲ

GJB/Z 99 提供了另一种综合定量评价的降额等级选择方法:"对绝大多数应用来讲,降额等级的选择应以实际情况为依据,并符合有关规定,同时还应考虑安全性、可靠性、系统修理、体积和重量、寿命周期费用等5个方面。"并给出了通过综合打分(表9-4)确定降额等级的一般原则:"对某一具体应用,针对5个因素打分,表中给出了每个考虑因素的基本得分,然后将5项基本得分相加,分数在11~15分之间的采用Ⅰ级降额,在7~10分之间的采用Ⅱ级降额,低于6分的采用Ⅲ级降额。在实际使用中,也可根据被降额对象的具体情况做适当调整。"

2)确定降额参数。降额参数是指对降低元器件失效率有关的元器件参数(电压、电流、功率等)和环境应力参数(温度)。降额参数是由元器件的工作失效率模型确定的,各种元器件的工作失效率模型不同,其降额参数也不一样。一般对推荐的降额参数都应在考虑之列。但在不能同时满足时,应尽量保证对失效率下降起关键作用的元器件参数进行降额。

3)确定降额因子。降额因子是指元器件工作应力与额定应力之比。降额因子一般小于1。降额因子的选取有一个最佳范围,在最佳范围(通常此因子在0.5~0.9)内,失效率下降很多,一旦超出这个范围,元器件失效率的下降很小,甚至会带来新的失效。

表9-4　综合打分

考虑因素	说明	得分
安全性	预期不出现安全性问题的系统； 潜在损坏费用高的系统； 危及操作人员生命安全的系统。	1 2 3
可靠性	已经证实的设计,利用标准元器件及(或)电路就可达到可靠性水平的系统； 高可靠性要求,需要专门设计的系统； 为满足先进技术要求需要采用新设计、新方案的系统。	1 2 3
系统修理	易接近、且可以快速、经济修理的系统； 修理费用高、难接近、要求技术等级高、允许不能工作时间短的系统； 不能修理、或进行修理经济上不合算的系统。	1 2 3
体积与重量	无严格的限制、符合标准方法设计的系统； 需要专门设计技术、要求难实现的系统； 需要新方案、且设计受严格限制的系统。	1 2 3
寿命周期费用	修理费用省、无高备件费用的系统； 修理费用较高、备件费用较高的系统； 可能要求完全更换的系统。	1 2 3

为确保和验证降额设计的有效性,应进行降额分析与计算(可与可靠性预计结合进行),步骤如下：

1）对功能电路使用的元器件利用电/热应力分析计算或测试来获得电应力值和温度值。

2）按有关军用规范或元器件手册的数据,获得元器件的额定值,再考虑降额系数,获得元器件降额后的容许值。

3）将上述所获得的结果进行比较,确定每项元器件是否达到降额要求。

特殊情况处置如下：

1）如未达到元器件降额要求的应更改设计：一种方法是采用额定值更大的元器件；另一种方法是设法降低元器件的使用应力值。

2）因受条件限制,不能满足降额要求的个别元器件,经分析研究和履行有关审批手续后(必要时应组织专家评审),可允许有保留地使用。

9.3　元器件降额因子

降额可通过两种途径解决,即通过降低使用应力或通过提高元器件的强度来实现。选择用较高强度的元器件往往是最实用的方法。

降额因子是依靠试验数据和使用的环境来确定的。确定降额因子的方法如下：

1）元器件基本失效率 λ_b 与电应力比 S 及温度 T 的关系表,GJB/Z 299C 中给出了这种表。

2）元器件与基本失效率 λ_b 与电应力比 S 及温度 T 关系曲线图见 GJB/Z 299C 相关关系

图。

3）表示电应力比 S 与工作温度 T 关系的降额曲线。

4）提供降额准则的降额图。

5）对每种类型的元器件提供主要应力条件的单一降额因子。

9.3.1　数学模型

根据元器件失效率数学模型,可清楚地了解到温度—电应力等相关因素对各种元器件失效率的影响。

现以分立半导体器件为例。晶体管及二极管的基本失效率数学模型为:

$$\lambda_b = A \cdot \exp[N_T/(T+273+\Delta T \cdot S)] \exp[(T+273+\Delta T \cdot S)/T_M]^p \qquad (9-4)$$

其中 A—失效率水平调整参数;N_T、p—形状参数;T_M—无结电流或功率时的最高允许结温,亦即最高允许结温,K;T—工作环境温度或带散热片功率器件的管壳温度,℃;ΔT—T_M 满额时最高允许温度的差值,℃;S—工作电应力与额定电应力之比。

其他因子可参见 GJB/Z 299C 中 5.1.2 中表 5.1.2-2。根据此数学模型可得到一组 $\lambda_b - S - T$ 的关系曲线,根据产品可靠性要求可在曲线中选择合适的降额等级及降额因子如图 9-3 所示。

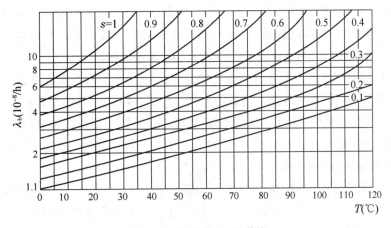

图 9-3　晶体管 S-T 曲线

9.3.2　降额曲线

电子元器件降额曲线是指为保证元器件可靠工作所选择的最大电应力值与工作温度之间的函数关系。对于不同的元器件,电应力可为电压、电流、功率等,例如:晶体管的电应力一般为最大功率耗散值,二极管电应力为最大允许电流值。

降额曲线可分为两点降额曲线和多点降额曲线。半导体器件的两点降额曲线如图 9-4 所示。图示降额曲线规定两个额定温度点:即 T_S 和 T_M(T_{max})。T_S 为温度降额点,它通常为 25℃,也可为其他温度(如管壳温度等);T_{max} 为器件的最高结温;T_A 为环境温度;T_C 为管壳温度。所谓两点降额曲线即图中的 A 点和 B 点。A 点是在规定的环境温度或管壳温度下加额定负荷时,器件结温达到最高结温 T_{max} 的点,被称为温度降额起始点;B 点是不加负荷时,管壳(或环境)温度即为最高结温 T_{max} 的点称为温度降额终点。

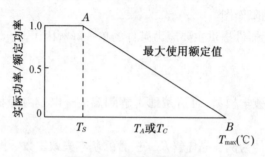

图 9-4　典型的降额曲线

在 T_S 和 T_M 之间的 A、B 两点连线上的任一点上工作,都会使器件结温达最高结温 T_{max}。

降额曲线给出不同环境温度下元器件所允许的最大应力值,这表明当工作环境温度或管壳温度高于 T_S 值时,负荷应按降额曲线降额,以便内部升温不超过最高允许结温 T_{max}。

因此可根据给定的设计条件及具体元器件的降额曲线确定具体的降额等级及降额因子。

对硅器件而言,最高允许结温通常为 175 ℃ ~ 200 ℃(微波管 150℃);T_S 一般为环境温度 25 ℃或管壳温度(指硅功率器件)75 ℃。

必须说明的是此降额曲线是指器件工作在额定结温下,由于环境条件或散热条件的限制而必须对电应力进行降额的程度,设计时器件相关电应力通常是不允许选择在这条曲线上使用。因此严格来说,此曲线应称为器件最大工作额定值线。

由图 9-4,当工作环境温度或管壳温度高于 T_S 值时,元器件负荷若在最大工作额定值斜线上选取,就可以保证器件结温不超过最大允许结温。但是元器件在此状态下工作,失效率依然较高。因此,元器件在应用过程中一定要规定一条把元器件限制在较低温度下工作、失效率较低的边界(降额)曲线,如图 9-5 所示的晶体管降额曲线,将功率限制在最大额定值的 50%以下(图中虚线所表示的)。

对每一种类元器件的图示降额曲线都可以将其整个工作区划分为三个基本区域:

A 区(适宜使用区):元器件在这一区域内长期使用,不会产生性能退化,失效率较低,且可靠性与费用之比较佳。

Q 区(慎用区):在这一区域内,元器件虽在其应力额定值内工作,但不能获得最佳可靠性。元器件长期在该区工作,会产生性能退化。电路设计时,尽量不要选择在该区域内使用。

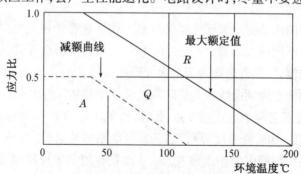

图 9-5　典型的晶体管降额图

R 区(禁止使用区):在这一区域内,元器件承受的应力超过了额定值,处于过应力状态,失效率迅速增大。设计时,应严格禁止使用在该区中。

注:对存在低电平失效的某些品种电容器来说,应有一最低使用应力的限制。

9.3.3 降额准则

各类元器件可依据各自的失效机理以及使用应力(包括电、气候、机械等应力)的情况,从其数学模型及 $\lambda_b - S - T$ 关系表中选择适当的降额因子,作为元器件降额设计的规定。除非有特殊限制或要求,元器件的实际使用应力应选择在此降额幅度以下。

9.3.3.1 集成电路降额准则

集成电路分模拟集成电路和数字集成电路两大类。根据其制造工艺的不同,可按单片集成电路(双极型和 MOS/CMOS 型)以及混合集成电路分类。

高结温是对集成电路破坏性最大的应力。因此,降低其结温便是集成电路降额的主要目的。据此,中、小规模集成电路降温的主要参数是电压、电流或功率,以及结温;大规模集成电路主要是降低结温。为维持最低结温应考虑采取如下的措施。

1)器件应在尽可能小的实际功率下工作;

2)为减少瞬态电流冲击应采用去耦电路;

3)器件的实际工作频率应低于器件的额定频率;

4)应采取最有效的热传递措施,保证与封装底座间的低热阻,避免选用高热阻底座的器件。

除此之外,还需考虑集成电路参数的设计容差。

集成电路的具体降额准则如下:

1)模拟电路。降额准则见表 9-5。

表 9-5 模拟电路降额准则表

降额参数	放大器降额等级			比较器降额等级			电压调整器降额等级			模拟开关降额等级		
	I	II	III	I	II	III	I	II	III	I	II	III
电源电压[1]	0.70	0.80	0.80	0.70	0.80	0.80	0.70	0.80	0.80	0.70	0.80	0.85
输入电压[2]	0.60	0.70	0.70	0.70	0.80	0.80	0.70	0.80	0.80	0.80	0.85	0.9
输入、出压差[3]	–	–	–	–	–	–	0.70	0.80	0.85	–	–	–
输出电流	0.70	0.80	0.80	0.70	0.80	0.80	0.70	0.75	0.80	0.75	0.80	0.85
功率	0.70	0.75	0.80	0.70	0.75	0.80	0.70	0.75	0.80	0.70	0.75	0.80
最高允许结温℃	80	95	105	80	95	105	80	95	105	80	95	105

注:1)电源电压降额后不应小于推荐的正常工作电压。

2)输入电压在任何情况下不得超过电源电压。

3)电压调整器的输入电压在一般情况下即为电源电压。

2）数字电路。降额准则见表9-6和表9-7。

表9-6 双极型数字电路降额准则表

降额参数	降额等级 I	降额等级 II	降额等级 III
频率	0.80	0.90	0.90
输出电流[1]	0.80	0.90	0.90
最高允许结温值 ℃	85	100	115

注:1）输出电流降额将使扇出减少,可能导致使用器件的数量增加,反而使设备的预计可靠性下降。设计时应防止发生这种情况。

表9-7 MOS型数字电路降额准则表

降额参数	降额等级 I	降额等级 II	降额等级 III
电源电压[1]	0.7	0.80	0.80
输出电流[2]	0.80	0.90	0.90
频率	0.80	0.80	0.90
最高允许结温值℃	85	100	115

注:1）电源电压降额后不应小于推荐的正常工作电压;输入电压在任何情况下不得超过电源电压。
2）仅适用于缓冲器和触发器,从 I_{OL} 的最大值降额;工作于粒子辐射环境的器件需要进一步降额。

3）大规模集成电路

由于其功能和结构的特点,内部参数通常允许的变化范围很小,因此其降额应着重于改进封装散热方式,以降低器件的结温;同时,在保证功能正常的前提下,应尽量降低其输入电平、输出电流和工作频率。

4）集成电路降额准则的应用

表9-5~表9-7给出的降额因子及最高允许结温,除另有说明外,一般仅需以电参数的额定值乘以相应的降额因子即得到降额后的电参数值。得到此值后还需计算其降额后的结温(计算参见 GJB/Z 35 附录 C),如果结温不能满足表中所示的最高允许结温要求,则在可能的情况下电参数应作进一步降额或加强散热措施,以尽可能满足结温的降额要求。

9.3.3.2 晶体管降额准则

晶体管按结构可分为双极型晶体管、场效应晶体管、单结晶体管等类型;按工作频率可分为低频晶体管、高频晶体管和微波晶体管;按耗散功率可分为小功率晶体管和大功率晶体管(简称功率晶体管)。所有晶体管的降额参数基本相同:电压、电流和功率。但对 MOS 型场效应晶体管、功率晶体管和微波晶体管的降额还有特殊要求,如功率晶体管存在二次击穿现象,因此要对其安全工作区进行降额。

1）晶体管反向电压、电流及功耗的降额。降额准则见表9-8。

表 9 - 8　晶体管反向电压、电流及功耗降额因子表

降额参数	降额等级 Ⅰ	降额等级 Ⅱ	降额等级 Ⅲ
反向电压[1]	0.60	0.70	0.80
	0.50[2]	0.60[2]	0.70[2]
电流[1]	0.60	0.70	0.80
功率	0.50	0.65	0.75

注:1) 直流、交流和瞬态电压或电流的最坏组合不得大于降额后的极限值(包括感性负载)。

2) 适用于功率 MOSFET 管的栅—源电压降额。

2）晶体管最高结温的降额

由于晶体管制造工艺等因素的差异,其允许的最高结温也不同,表 9 - 9 列出的降额因子是按不同最高结温而设定的。

表 9 - 9　晶体管最高结温降额因子表

最高结温 T_{jm}（℃）	降额等级 Ⅰ	降额等级 Ⅱ	降额等级 Ⅲ
200	115	140	160
175	100	125	145
不大于 150	$T_{jm} - 65$	$T_{jm} - 40$	$T_{jm} - 20$

3）功率晶体管安全工作区的降额。见表 9 - 10。

表 9 - 10　功率晶体管安全工作区降额因子表

降额参数	降额等级 Ⅰ	降额等级 Ⅱ	降额等级 Ⅲ
集电极 - 发射极电压	0.70	0.80	0.90
集电极 - 发射极电流	0.60	0.70	0.80

4）晶体管降额准则的应用

表 9 - 8 ～表 9 - 10 给出的降额因子及最高允许结温,除另有说明外,一般仅需以电参数的额定值乘以相应的降额因子即得到降额后的电参数值。得到此值后还需计算其降额后的结温,如果结温不能满足表中所示的最高允许结温要求,则在可能的情况下电参数应作进一步降额,以尽可能满足结温的降额要求。

为了防止二次击穿,对功率晶体管还应进行安全工作区降额,可根据晶体管最大安全工作区的特性曲线及表 9 - 10 的降额因子,采用作图法确定其降额后的安全工作区,从而为降额设计提供依据。

9.3.3.3　二极管降额准则

二极管按功能可分为普通、开关、稳压等类型二极管;按工作频率可分为低频、高频和微波二极管;按耗散功率(或电流)可分为小功率(小电流)和大功率(大电流)二极管。所有二极管需要降额的参数是基本相同的。对二极管的功率和结温必须进行降额;对二极管的电压也需降额。见表 9 - 11 和表 9 - 12。

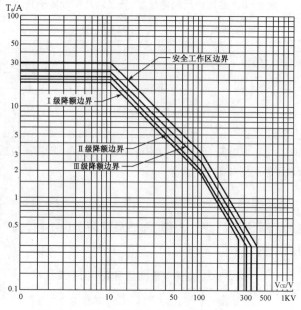

图 9 - 6　功率晶体管安全工作区降额示例图

表 9 - 11 二极管反向电压、电流、功率降额因子表

降额参数	降额等级 I	降额等级 II	降额等级 III
反向电压	0.60	0.70	0.80
电流	0.50	0.65	0.80
功率	0.50	0.65	0.80

反向电压降额不适用于稳压管。瞬态峰值浪涌电压和电流也应按表 9 - 11 进行降额。

表 9 - 12 不适用于基准稳压管,其只作结温降额。晶闸管(可控硅)的电压、电流降额因子同二极管。

表 9 - 12　二极管最高结温降额因子表

最高结温 T_{jm}(℃)	降额等级 I	降额等级 II	降额等级 III
200	115	140	160
175	100	125	145
不大于 150	$gT_{jm} - 60$	$T_{jm} - 40$	$T_{jm} - 20g$

注:二极管最高结温应根据其详细规范进行降额。晶闸管(可控硅)的最高允许结温降额因子同二极管。

表 9 - 11 和表 9 - 12 给出的降额因子及最高允许结温,除另有说明外,一般仅需以电参数的额定值乘以相应的降额因子即得到降额后的电参数值。得到这些值后还需计算其降额后的结温,如果结温不能满足表中所示的最高允许结温要求,则在可能的情况下电参数应作进一步降额,以尽可能满足结温的降额要求。

9.3.3.4　半导体光电器件降额准则

半导体光电器件主要有三类:发光、光敏器件或两者的组合(如光电耦合器件)。发光类器件有发光二极管、发光数码管;光敏器件有光敏二极管、光敏三极管。

高结温和结点高电压是半导体光电器件主要的破坏性应力,结温受结点电流或功率的影响,所以对其结温、电流或功率均需降额。见表9-13和表9-14。

表9-13　光电器件电压、电流降额因子表

降额参数	降额等级 I	降额等级 II	降额等级 III
电压	0.60	0.70	0.80
电流	0.50	0.65	0.80

注:如采用半波或全波整流的交流正弦波作为发光二极管的驱动电源,则不允许其电流峰值超过其最大直流允许值。

表9-14　光电器件最高结温降额因子表

最高结温 T_{jm}(℃)	降额等级 I	降额等级 II	降额等级 III
200	115	140	160
175	100	125	145
不大于150	$T_{jm}-60$	$T_{jm}-40$	$T_{jm}-20$

表9-13和表9-14给出的降额因子及最高允许结温,除另有说明外,一般仅需以电参数的额定值乘以相应的降额因子即得到降额后的电参数值。得到这些值后还需计算其降额后的结温,如果结温不能满足表中所示的最高允许结温要求,则在可能的情况下电参数应作进一步降额,以尽可能满足结温的降额要求。

9.3.3.5　电阻器降额准则

电阻器功率相关参数有额定功率、额定环境温度(如图9-5所示为70℃)和零功率点最高环境温度 T_{max}(如图9-7所示为130℃)。功率降额是在相应的工作温度下的降额,即是在元件负荷曲线所规定环境温度下的功率的进一步降额。降额以后工作的实际功率和温度都要符合器件的降额曲线要求。电阻器实际功率可采用 $P=V^2/R$ 公式进行计算。

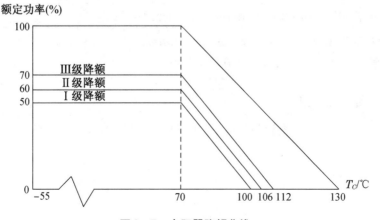

图9-7　电阻器降额曲线

1. 合成型及薄膜型电阻器。主要降额参数是电压、功率和环境温度。见表 9-15。

表 9-15 电阻器电压、功率和环境温度降额因子表

降额参数	降额等级 I	降额等级 II	降额等级 III
电压	0.75	0.75	0.75
功率	0.50	0.60	0.70
环境温度（℃）	按元件负荷特性曲线降额		

在潮湿环境下使用合成型电阻器,不宜过度降额,建议降额因子应≥0.1。各种薄膜型电阻器在高频工作情况下,阻值均有所下降,使用时应加重视。

电阻网络降额因子同表 9-15 所列数据。

2. 线绕电阻器。主要降额参数是功率、电压和环境温度。详见表 9-16。

表 9-16 线绕电阻器电压、功率和环境温度降额因子表

降额参数		降额等级 I	降额等级 II	降额等级 III
电压		0.75	0.75	0.75
功率	精密型	0.25	0.45	0.60
	功率型	0.50	0.60	0.70
环境温度（℃）		按元件负荷特性曲线降额		

注 1:在 I、II 级降额应用条件下不采用线绕直径小于 0.025 mm 的电阻器;

注 2:在低气压条件使用时,应按元件相关详细规范的要求进一步降额。

1) 功率型线绕电阻器可经受比稳态工作电压高得多的脉冲电压,但在使用中应作相应的降额;

2) 功率线绕电阻器的额定功率与电阻器底部散热面积有关,降额设计中应加考虑。

3. 热敏电阻器。热敏电阻器的主要降额参数是功率和环境温度。详见表 9-17。

表 9-17 热敏电阻器电压、环境温度降额因子表

降额参数	降额等级 I	降额等级 II	降额等级 III
功率	0.50	0.50	0.50
环境温度（℃）	$T_{AM}{}^{1)} - 15$		

注:1) 负温度因子的热敏电阻器应采用限流电阻器,防止元件热失控。

注 1:任何情况下不允许超过电阻器额定最大电流和功率;

注 2:最高额定环境温度 T_{AM} 由元件相关详细规范确定。

9.3.3.6 电位器降额准则

各类电位器的降额主要参数是功率、电压和环境温度,见表 9-18 和表 9-19。

1. 非线绕电位器

表 9 - 18　非线绕电位器电压、功率和环境温度降额因子表

降额参数		降额等级Ⅰ	降额等级Ⅱ	降额等级Ⅲ
电压		0.75	0.75	0.75
功率	合成、薄膜型	0.30	0.45	0.60
	精密塑料型	不采用[1)]	0.50	0.50
环境温度(℃)		按元件负荷特性曲线降额		

注：表中之"1)"系指此类型号电位器失效率高，接触电阻变大，因此在要求Ⅰ级降额情况下不宜采用，可在调整完成后采用固定电阻器代之。

电位器可承受的最高工作电压随大气压力的减小而减小，使用时按元件相关详细规范的要求作进一步降额。

由于电位器使用时是部分接入负荷，其功率的额定值应根据使用阻值按比例作相应的降额。

2. 线绕电位器

表 9 - 19　线绕电位器电压、功率和环境温度降额因子表

降额参数		降额等级Ⅰ	降额等级Ⅱ	降额等级Ⅲ
电压		0.75	0.75	0.75
功率	普通型	0.30	0.45	0.50
	非密封功率型	-	-	0.70
	微调线绕型	0.30	0.45	0.50
环境温度(℃)		按元件负荷特性曲线降额		

注1：要求Ⅰ、Ⅱ级降额时，不宜使用非密封功率型电位器。

注2：不推荐使用电阻合金线直径小于 0.025mm 的电位器。

电位器可承受的最高工作电压随大气压力的减小而减小，因此，在低气压下使用时应按该元件相关详细规范的要求作进一步降额。

由于电位器使用时是部分接入负荷，其功率的额定值应根据使用阻值按比例作相应的降额。

9.3.3.7　电容器降额准则

各类电容器(包括可变电容器)的主要降额参数是工作电压和环境温度。

1. 固定纸或塑料薄膜、玻璃釉、云母、陶瓷电容器。见表 9 - 20。

表 9 - 20　固定纸或塑料薄膜、玻璃釉、云母、陶瓷电容器降额因子表

降额参数	降额等级Ⅰ	降额等级Ⅱ	降额等级Ⅲ
直流工作电压	0.50	0.60	0.70
环境温度(℃)	$T_{AM}-10$		

固定纸或塑料薄膜型电容器包括纸介、金属化纸介、金属化塑料、穿心等薄膜电容器。

a）最高额定环境温度 T_{AM} 由元件相关详细规范确定；

b）使用中电容器的直流电压与交流峰值电压之和不得超过降额后的直流工作电压；

c）有自愈能力的电容器不要过度降额，以免降低自愈能力；

d）存在低电平失效机理的电容器也不可过度降额，以免出现低电平失效；

e）穿心电容器的实际使用电流应限制在其电极额定电流(与其直径有关)的80%。

2. 电解电容器。见表9-21。

表9-21 电解电容器降额因子表

降额参数		降额等级Ⅰ	降额等级Ⅱ	降额等级Ⅲ
铝电解	直流工作电压	–	–	0.75
	环境温度(℃)	–	–	$T_{AM}{}^{1)}-20$
钽电解	直流工作电压	0.50	0.60	0.70
	环境温度(℃)	$T_{AM}{}^{1)}-20$		

注:1)最高额定环境温度 T_{AM} 由元件相关详细规范确定。

a）铝电解电容器不能承受低温和低气压，因此只限于地面使用；

b）使用中电解电容器的直流电压与交流峰值电压之和不得超过降额后的直流工作电压；对有极性电容器来说，还必须使交流峰值电压小于直流电压分量。

3. 可变电容器。见表9-22。

表9-22 可变电容器降额因子表

降额参数	降额等级Ⅰ	降额等级Ⅱ	降额等级Ⅲ
直流工作电压	$0.30\sim0.40^{1)}$	0.50	0.50
环境温度(℃)	$T_{AM}{}^{2)}-10$		

注:1)活塞式可变电容器取值0.30，圆筒式可变电容器取值0.40；
2)最高额定环境温度 T_{AM} 由元件相关详细规范确定。

9.3.3.8 电感降额准则

电感元件包括各种线圈和变压器。其降额的主要参数是热点温度，然而热点温度是与其线圈绕组的绝缘性能、工作电流、瞬态初始电流及介质耐压有关。因此，电感元件的降额参数均与这些方面有关，具体内容见表9-23。对变压器来说，绕组电压和工作频率是固定的，不能降额。

表9-23 电感元件降额因子表

降额参数	降额等级Ⅰ	降额等级Ⅱ	降额等级Ⅲ
热点温度(℃)	$T_{HS}{}^{1)}-(40\sim25)$	$T_{HS}-(25\sim10)$	$T_{HS}-(15\sim0)$
工作电流	$0.6\sim0.7$		

（续表）

降额参数	降额等级 I	降额等级 II	降额等级 III
瞬态电压/电流	0.9		
介质耐压	0.5~0.6		
电压[2]	0.7		

注:1) T_{HS} 为额定热点温度;2) 只适用于扼流圈。

注:工作低于其设计频率范围的电感元件会产生过热和可能的磁饱和,缩短其寿命,甚至导致线圈绝缘破坏。

9.3.3.9　带触点类元件降额准则

带触点类元件包括:各种开关、继电器、断路器等。这些元件的降额参数虽然各有不同,但对触点的降额都与其负载性质有关,阻性负载降额可小些,灯丝类负载降额幅度最大。

9.3.3.10　电连接器降额准则

电连接器包括普通、印制线路板和同轴电连接器。影响其可靠性的主要因素有插针或孔的材料、接点电流、有源接点数目、插拔次数和工作环境。

因此,电连接器主要降额参数是:工作电压、工作电流和温度。具体见表9-24。

表9-24　电连接器降额因子表

降额参数	降额等级 I	降额等级 II	降额等级 III
工作电压(DC 或 AC)[1]	0.50	0.70	0.80
工作电流	0.50	0.70	0.85
温度（℃）	T_M[2] -50	T_M-25	T_M-20

注:1) 电连接器工作电压的最大值将随其工作高度的增加而下降,两者的关系可查阅产品相关规范。电压降额的最终取值为上表和相关规范限值中较小的值;

2) 最高接触对额定温度 T_M 由电连接器相关详细规范确定,它应包括环境温度和功耗热效应引起的温升的组合。

9.3.3.11　导线与电缆降额准则

导线与电缆主要有三类:同轴(射频)电缆、多股电缆和导线。影响其可靠性的主要因素是导线间的绝缘和电流引起的温升。

导线与电缆降额的主要参数是应用电压和电流。具体降额因子见表9-25及降额计算公式(9-5)、公式(9-6)。

表9-25　导线与电缆降额因子表

降额参数		降额等级 Ⅰ				降额等级 Ⅱ					降额等级 Ⅲ				
最大应用电压		最大绝缘电压规定值的50%													
最大应用电流(A)	导线线规(A_{WG})	30	28	26	24	22	20	18	16	14	12	10	8	6	4
	单根导线电流(I_{SW})	1.3	1.8	2.5	3.3	4.5	6.5	9.2	13	17	23	33	44	60	81

由于导线与电缆的电流降额要求与其单根导线的截面积、绝缘层的额定温度和线缆捆扎导线数有关,因此当导线成束时,每根导线设计的最大电流应按式(9-5)或式(9-6)降额:

$$当 1 < N \leqslant 15 \ 时 \qquad I_{bw} = I_{sw} \times (29 - N)/28 \qquad (9-5)$$

$$N > 15 \ 时 \qquad I_{bw} = 0.5 \ I_{sw} \qquad (9-6)$$

其中:I_{bw}为一束导线中每根导线的最大电流(A);I_{sw}为单根导线的最大电流(A);N为线束的导线数。

表9-25中的降额因子仅适用于绝缘导线额定温度为200 ℃的情况,对绝缘导线额定温度为150 ℃、135 ℃和105 ℃的情况,应在此表所示数值的基础上再分别降额0.8、0.7、0.5。

9.3.3.12　其他说明

1. 有关集成电路、晶体管、二极管结温与环境温度的关系可参阅 GJB/Z 35 附录 C;集成电路结温与环境温度的关系还可查阅 GJB/Z 299C 之 5.2.2 中有关结温计算及相关数据表;

2. 功率线绕电阻器脉冲功率与脉冲宽度曲线及应用可参阅 GJB/Z 35 附录 D;

3. 电感元件热点温度的确定方法可参阅 GJB/Z 35 附录 F。

9.4　结构部件降额设计

电子设备不可能仅由电子元器件组成,还会有许多机械和结构部件联合组合后才成为设备。机械和结构部件的故障或失效尽管比电子元器件比例小得多,但往往一旦机械和结构部件发生故障或失效将是灾难性的(如天线等),因此,对机械和结构部件进行降额应用,同样可以提高设备的可靠性和使用寿命。

机械和结构部件的降额设计与上述电子元器件的降额设计不同,它是在设计过程中将机械和结构部件所能承受的负荷应力设计成大于其实际工作中所可能承受到的最大负荷应力。经常采用负荷系数来反映其降额程度:

设计负荷应力 = 载荷系数 × 实际最大负荷应力(极限载荷)

显然载荷系数越大工作越可靠,但随之而来的是可能引起重量增加、体积增大及成本提高。因此有资料建议此值在1.5~2.0之间选取,作为关键的机械和结构部件设计的依据。

对于一般的机械和结构部件,可进行应力—强度分析,即根据具体情况,在确定了应力和强度的概率分布之后,利用概率统计方法来定量地计算设计可靠性值,并采用提高强度均值、降低应力均值、降低应力方差等基本方法,找出应力与强度的最佳匹配,提高设计的可靠性,而且不至于引起过分的重量增加、体积增大及成本提高。

9.5 降额设计示例

[**例9-1**] 设计要求,元器件电应力降额比小于等于1,以国产电子开关为例开展电应力降额比分析与评价:

1) 降额目标值获取

选取 GJB/Z 35-1993 作为降额设计评价依据,降额等级选Ⅱ级,开关元器件的降额参数有触点电压、触点电流和触点功率三个,相应的降额因子为0.5、0.75 和0.5。

查找元器件手册得到开关的额定工作电压为60V,触点导通电流(阻性)为2 A,导通电阻为0.2 Ω,则触点额定功率为2×2×0.2 =0.8 W。将额定值与降额因子相乘得到降额目标值,触点电压降额目标值为60×0.5 =30 V;触点电流降额目标值为2×0.75 =1.5 A;触点功率降额目标值为0.8×0.5 =0.4 W。

表9-26 GJB/Z 35-1993 开关降额准则

元器件种类	降额参数			降额等级		
				Ⅰ	Ⅱ	Ⅲ
开关	连续触点电流	小功率负载(<100 mW)		不降额		
		电阻负载		0.50	0.75	0.90
		电阻负载(电阻额定电流)		0.50	0.75	0.90
		电感负载	电感额定电流	0.50	0.75	0.90
			电阻额定电流	0.35	0.40	0.50
		电机负载	电机额定电流	0.50	0.75	0.90
			电阻额定电流	0.15	0.20	0.35
		灯泡负载	灯泡额定电流	0.50	0.75	0.90
			电阻额定电流	0.07~0.08	0.10	0.15
	触点额定电压			0.40	0.50	0.70
	触点额定功率(用于舌簧或水银开关)			0.40	0.50	0.70

2) 工作电应力极值获取

用于该电子产品的直流电源电压为28 V,考虑实际电源模块输出电压 ±5% 的精度,触点电压工作电应力极值应为28 +1.4 =29.4 V。

连续触点电流采用示波器测量,在负载为满负荷工作状态时使用电流探头测量开关前后的器件或线缆上的电流,多次测量取最大值即为触点电流工作电应力极值,测量结果为1.5 A。

触点功率是指开关在闭合瞬间的最大功率,由于开关闭合瞬间在开关上产生瞬态强电流,触点功率工作电应力极值可近似计算为 $P = I^2 \times R = 1.5 \times 1.5 \times 0.2 = 0.45$ W。

3) 电应力降额比获取

计算工作电应力极值与降额目标值的比值得到电应力降额比分别为:触点电压降额比

为 29.4/30 = 0.98;触点电流降额比为 1.5/1.5 = 1;触点功率降额比为 0.45/0.4 = 1.125。

4）降额设计评价

触点电压小于1、电流的电应力降额比等于1,评价该两项降额设计符合要求;触点功率降额比大于1,评价该项降额设计不符合要求。

触点流过的电流影响开关的接触可靠性,因此是开关的主要降额参数。为了满足触点功率的降额,可将触点电流做进一步的降额使用。如改变触点电流降额因子为 0.7,则触点工作电流为 2×0.7 = 1.4 A,触点功率为 1.4×1.4×0.2 = 0.4 W,符合功率降额要求。

[**例 9 - 2**] 设计要求,MOS 管的栅源电压应降额至 80% 使用。以 MOS 管的栅源电压降额设计为例开展电压降额分析与评价:

图 9 - 8 所示为 12 V 电源输入开关电路,图 9 - 9 所示 PMOS 管(Q4)作为开关使用,图为该 PMOS 管的参数规格,从中可看出 Q4 的 V_{gs} 电压为 ±12V。根据降额设计要求,MOS 管的 V_{gs} 电压应降额至 80% 使用,则 Q4 允许的 V_{gs} 电压范围为 -9.6 V 到 9.6 V。

通过计算可得,当 Q5 导通时,Q4 的 V_{gs} 电压为 -6 V;当 Q5 截止时,Q4 的 V_{gs} 电压为 0 V,均在 -9.6 V 到 9.6 V 的范围之内,满足降额设计要求。

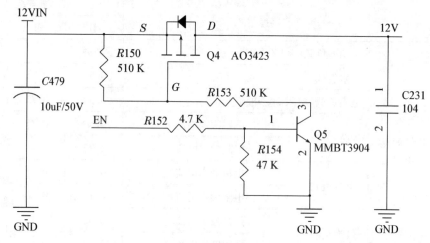

图 9 - 8　电源开关电路

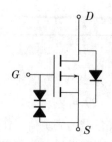

图 9 - 9　PMOS 管示意图

V_{DS}	-20	V
V_{GS}	± 12	V

图 9 - 10 VGS 电压值

[**例 9 - 3**] 设计要求,电流降额因子应根据使用环境温度来确定。以二极管、三极管、MOS 管为例开展电流降额分析与评价:

1) 二极管电流降额分析

某电路板的工作环境温度为 50 ℃,二极管为 SS14,最高结温为 125 ℃,V_F 值为 0.5 V,二极管 PN 结到环境的热阻为 $R_{\Theta JA} = 88$ ℃/W(如图 9 - 11 所示)。

由于对可靠性要求较高,最高结温降额参考 GJB/Z 35 的 I 级降额,结温需要降额 60℃ 使用。根据公式 $T_j = T + P \times R_{\Theta JA}$($T_j$ 为结温,T 为环境温度,P 为二极管的发热功率 $P = V_F \times I$),可计算得到通过二极管的持续电流为 0.34 A,而该二极管的额定电流值为 1.0 A,因此降额因子为 0.34,小于 GJB/Z 35 - 1993 的 I 级降额因子 0.5。为满足降额设计要求,实际降额因子应选 0.34。

V_F	0.50		0.75		V_{olts}
I_R	0.2				mA
	6.0		5.0		
$R_{\Theta JA}$	88.0				℃/W
$R_{\Theta JL}$	28.0				
T_J	-65 to $+125$		-65 to $+150$		℃
T_{STG}	-65 to $+150$				℃

图 9 - 11 二极管 SS14 参数

2) 三极管电流降额分析

某电路板的工作环境温度为 50 ℃,三极管为 MMBT4401,最高结温为 150 ℃,V_{CEsat} 值为 0.75 V,三极管 PN 结到环境的热阻为 $R\Theta JA = 417$ ℃/W(如图 9 - 12、图 9 - 13 所示)。

由于对可靠性要求较高,最高结温降额参考 GJB/Z 35 - 1993 的 I 级降额,结温需要降额 65℃ 使用。根据公式 $T_j = T + P \times R\Theta JA$($T_j$ 为结温,T 为环境温度,P 为三极管的发热功率 $P = V_{CEsat} \times I$),计算得到通过三极管的持续电流为 0.11 A,而该三极管的额定电流值为 0.6 A,降额因子为 0.18,小于 GJB/Z 35 - 1993 的 I 级降额因子 0.6。为满足降额设计要求,实际降额因子应选 0.18。

h_{FE}	20	—		$I_C = 100\ \mu\text{A}, V_{CE} = 1.0\ \text{V}$
	40	—		$I_C = 1.0\ \text{mA}, V_{CE} = 1.0\ \text{V}$
	80	—	—	$I_C = 10\ \text{mA}, V_{CE} = 1.0\ \text{V}$
	100	300		$I_C = 150\ \text{mA}, V_{CE} = 1.0\ \text{V}$
	40	—		$I_C = 500\ \text{mA}, V_{CE} = 2.0\ \text{V}$
$V_{CE(SAT)}$	—	0.40	V	$I_C = 150\ \text{mA}, I_B = 15\ \text{mA}$
		0.75		$I_C = 500\ \text{mA}, I_B = 50\ \text{mA}$

图 9-12　三极管饱和压降值

I_C	600	mA
P_d	300	mW
$R_{\Theta JA}$	417	℃/W
T_j, T_{STG}	-55 to $+150$	℃

图 9-13　三极管 MMBT4401 参数

3）MOS 管电流降额分析

某电路板的工作环境温度为 50 ℃，PMOS 管为 AO3423，最高结温为 150 ℃，$R_{DS(ON)} <$ 118 mΩ（$V_{GS} = -4.5$ V），此处取 $R_{DS(ON)}$ 的值为 118 mΩ，PMOS 管的 PN 结到环境的最大热阻（此处考虑散热最差的情况）$R\Theta JA = 125$ ℃/W（如图 9-14、图 9-15 所示）。

$V_{DS}(\text{V}) = 20\ \text{V}$

$I_D = -2\ \text{A}$ 　　　　　　$(V_{GS} = -10\ \text{V})$

$R_{DS(ON)} < 92\ \text{m}\Omega$ 　　　　$(V_{GS} = -10\ \text{V})$

$R_{DS(ON)} < 118\ \text{m}\Omega\ (V_{GS} = -4.5\ \text{V})$

$R_{DS(ON)} < 166\ \text{m}\Omega$ 　　　　$(V_{GS} = -2.5\ \text{V})$

ESD Rating：2 000 V HBM

图 9-14　PMOS 管的导通电阻

	I_D	-2		A
		-2		
	I_{DM}	-8		
	P_D	1.4		W
		0.9		
	T_J, T_{STG}	-55 to 150		℃
$R_{\Theta JA}$	65	90	℃/W	
	85	125	℃/W	

图 9-15　PMOS 管的电气参数

由于对可靠性要求较高,最高结温降额参考 GJB/Z 35 – 1993 的 Ⅰ 级降额,结温需要降额 65℃使用,根据公式 $T_j = T + P \times R\Theta JA$($T_j$ 为结温,T 为环境温度,P 为 PMOS 管的发热功率 $P = I^2 \times R_{DS(ON)}$)计算得到通过三极管的持续电流为 1.54A,而该 PMOS 管的额定电流值为 2.0A,降额因子为 0.77,大于 GJB/Z 35 – 1993 的 Ⅰ 级降额因子 0.6。为满足降额设计要求,实际降额因子应选 0.6。

9.6　降额设计注意事项

降额能有效地提高元器件的使用可靠性,对设备的可靠性起到一定作用。但降额是有限度的,通常,超出最佳范围的降额,元器件可靠性改善的相对效益下降,而设备的重量、体积和成本却有较大幅度的增加;有时还可能引入新的失效机理等不良后果,反而造成设备的可靠性下降。因此在开展降额设计时应注意如下事项:

1)要明确哪些参数需要降额,特别要明确降额的基准值是额定值还是规定值。如半导体光电器件,其要降额的参数是最高结温 T_{jm},$T_{jm} > 200$ ℃时,Ⅰ 级降额的量值是 115 ℃;$T_{jm} < 150$ ℃时,Ⅰ 级降额的量值是 $(T_{jm} - 60)$ ℃。

2)有些元器件的负荷应力是不能降额或者对最大降额有限制的。例如,电子管灯丝电压和电磁继电器线包吸合电流是不能降额的,否则电子管的寿命要降低,特别是微波大功率磁控管等,不仅会影响寿命,而且还会因灯丝欠热而跳火,以至不能正常工作;而电磁继电器则不能吸合或会引起接点抖动。

3)有的元器件降额到一定程度后再要加大降额程度,则得不到预期的降额效果。例如,薄膜电阻器的功率降额到 10% 以下时,失效率不再下降,尤其是合成电阻器,在过度降额应用时(如低于 10% 额定功率),在潮湿环境下因自身发热量过低而无法驱走电阻器的湿气而引起失效;又如晶体管的 V_{ec} 电压降额到额定值的四分之一以下和一般二极管的反向电压降额到最大反向电压的 60% 以下时,失效率也都不再下降。

4)对于电容器的降额需要特别加以注意。对云母电容器、涤纶电容器和部分纸介电容器,特别是聚苯乙烯电容器,由于其材料、工艺等因素,电容器在工作电压过低时,会发生低电平失效(即当电容器两端电压过低时呈现开路失效,出现信号时断时通的故障,且查找此类故障十分困难),这就是说,降额不但不能使失效率下降,反而会引入新的失效。因而对此类电容器必须规定最低使用电平,如 LCC 公司规定聚苯乙烯电容器的低电平为 1 mV;对于小型云母电容器在交流运用时应使其承受的电压不小于 100 mV;而陶瓷电容器的电压降额因子下限取 0.1 为宜。

对于固体钽电容器,一方面其电压降额不宜过大,另一方面它承受电流冲击的能力较弱,因此,其降额因子一般宜在 0.3 ~ 0.6 范围内选取较妥。

此外,金属化纸介电容器具有自愈效应(当其漏电流增大时能自动烧断漏电部位而恢复绝缘性能),当其工作电压降至 60% 额定值以下时此自愈能力将大大降低,因此对此类电容器的降额因子取 0.5 ~ 0.8 之间较适宜。

5)如果为了降低元器件的失效率,提高设备可靠性而大幅度降低其应力,则可能为了保持所需设备功能往往需要增加其数量和接点,这样反而会降低设备的可靠性。如对数字电路输出电流降额,将使扇出能力减少,可能导致使用器件数量的增加,从而使设备的可靠性下降。

6）电子设备使用的环境条件不同,其使用的元器件所承受的环境应力也必然不同,因此,对其进行电应力降额应用时,应考虑到环境应力。同时,还要适当考虑异常情况下的降额需求,否则可能引起故障。

必须指出:设计人员应根据产品可靠性要求(尤其是环境条件要求)选用适合的质量等级元器件。不能用降额设计的方法来解决低质量元器件的使用问题。

此外,有些降额条件的实现还需依赖其他可靠性保障设计技术,如热设计、防振设计、三防设计等,只有这样才能发挥降额设计的最佳效果。进行降额设计时应熟悉元器件的工作原理和失效机理才能做到合理降额。

第十章　冗余和容错及防差错设计

冗余和容错、防差错设计为可靠性设计准则中的一个方面。在产品设计中应避免因任何单点故障导致任务中断和人员损伤，如果不能通过设计来消除这种影响任务或安全的单点故障模式，就必须设法使设计对原因不敏感的故障采用容错设计技术。冗余设计是最常用的容错技术，但采用冗余设计必须综合权衡，并使由冗余所获得的可靠性不要被用于构成冗余布局所需的转换器件、误差检测器和其他外部器件所增加的故障抵消。

此外，往往关键系统配备应急系统，当正常系统发生故障时，自动或人工转入应急系统，此即构成冗余设计。

容错、冗余和防差错设计均是系统和电路的可靠性设计措施。容错是采取一定的手段消除产品中存在的错误影响。冗余设计是为了获得系统较高的任务可靠性而采取的可靠性设计措施之一。防差错设计是为了减少产品在维护和使用时发生的诸如漏装、错装及其他操作差错而提前在设计上采取的一些措施，以消除发生差错的可能性。

术语如下：

a. 容错：系统在其组成部分出现特定故障或差错的情况下仍能执行规定功能的一种设计特性。

b. 防错设计：使产品能够防止人员误操作，从而避免故障或事故发生的一种设计方法。

10.1　冗余和容错设计

容错的实质和目标与冗余的实质和目标是一致的，都是为了屏蔽故障或错误，但是设计的指导思想是不一样的。冗余设计是力求完善，而容错设计是容许有一定错误；冗余设计要增加设备量，从而增加费用投资，而容错设计以智慧投资为主，设备量投资为辅。一般来说，容错设计的技术难度要超过冗余设计的难度。

10.1.1　冗余设计

冗余是指完成规定功能的硬设备有两套或多套。冗余设计可大幅度提高系统任务可靠性，特别是在目前元器件质量等级和 MTTF 都比较低的现状下，为了达到系统任务可靠性指标要求，冗余设计往往能够奏效。特别是长期连续使用的产品，其中可能有一个或多个重要功能部件一般都需要采用冗余设计。但是，冗余设计会增加系统、设备的体积、重量、成本、功耗和结构复杂度，而且直接降低了系统的基本可靠性，除此之外，还要考虑到由于冗余而可能带来的诸如部件间的热流等的相互干扰，以及诸如振动等环境的影响同时作用于冗余部件等的情况，所以冗余设计必须要优化、适度。此外，对有些类型的冗余，还应考虑其冗余单元的切换时间。

10.1.1.1 冗余分类

按工作方式分为主动冗余、备用冗余和功能冗余。其中,主动冗余包括:并联冗余、表决冗余、混合冗余。备用冗余包括:热贮备冗余、冷贮备冗余、温贮备冗余。功能冗余包括替代功能冗余和余量功能冗余,如图 10 – 1 所示。

按维修方式分:有联机维修冗余和停机维修冗余 2 种。

按冗余级别分:有系统级冗余、分系统级冗余、单元电路冗余、元器件冗余 4 种。

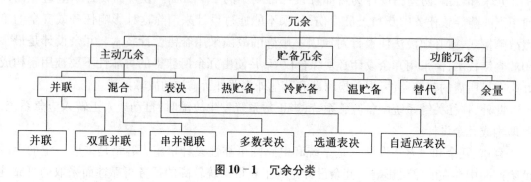

图 10 – 1 冗余分类

1. 并联冗余

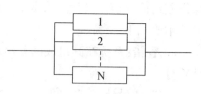

并联是最简单的冗余技术,它由若干个单元简单并联而成,如图 10 – 2 所示。如果任一单元故障,其他并联单元仍可维持工作通路。它的优点是结构简单,比无冗余设计时的任务可靠性有显著提高。缺点是必须考虑所有单元正常工作和部分单元失效情况下的负载匹配问题、各并联单元之间的故障影响问题以及输出容差问题。

图 10 – 2 并联冗余

2. 双重并联冗余

双重并联是指两个相同的单元 A_1 和 A_2 通过增加"与门""或门"、错误检测器,常闭开关、诊断电路使 A_1 和 A_2 互为冗余,提供两路相同的输出,其框图如图 10 – 3 所示。单元 A_1 和 A_2 并联工作,当错误检测器发现某一单元输出不正常时,通过诊断电路启动打开常闭开关,禁止出错单元输出。由于在并联通道后部交叉设置了与门和或门,使两路都正常时可以双重工作,也可在一路故障时,另一路支持两路的输出。双重并联冗余的优点是能够提供出错单元的屏蔽保护,失效单元可脱机维修而不终止系统两路输出,缺点是增加了 BIT(机内测试)软件和一些硬件。

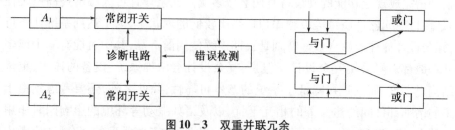

图 10 – 3 双重并联冗余

3. 混合冗余(串并混联)

有些元件存在两种失效模式,即开路和短路都会引起单元失效,为了避免引起电路出现短路或开路的现象,可采用混合(串并混联)冗余设计解决,如图 10-4、图 10-5 所示。如果元件开路模式发生比例高于短路模式发生比例,则采用并串联冗余设计,见图 10-4。反之则采取串并联冗余设计,见图 10-5。串并混联的优点是可大幅提高短期的任务可靠度,缺点是难设计,而且只限于元器件级和电路级上应用。

图 10-4　"并—串"混合冗余　　　　图 10-5　"串—并"混合冗余

4. 多数表决和选通表决

多数表决是把来自各并联单元的输出信号送入表决器,只有在故障单元数小于 N 时才有输出,其框图如图 10-6 所示。它的优点是可以大大提高短期的任务可靠度,缺点是要求表决器的可靠度大大高于单元的可靠度,若任务时间长于 1 个 MTBF 的可靠性反而变低。

选通表决的并联单元一般都是二进制数字电路,其输出加到类似开关的门电路上,由这些逻辑门完成表决功能,其框图如图 10-7 所示。

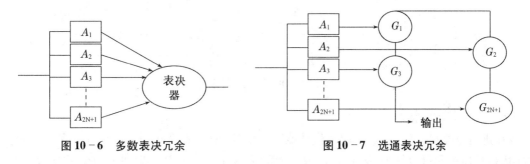

图 10-6　多数表决冗余　　　　图 10-7　选通表决冗余

5. 自适应表决冗余

自适应表决是在多数表决的基础上增加了比较器,它可检测出与多路信号不一致的故障电路,禁止故障电路工作。其框图如图 10-8 所示。它的优缺点与多数表决相同。

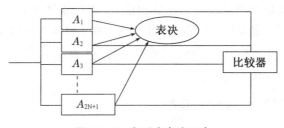

图 10-8　自适应表决冗余

6. 热(温)贮备冗余

热贮备冗余是指一个单元或几个单元在工作,另一个或几个单元在通电运行等待(温贮备冗余即轻载旁待是指备份等待单元在轻载状态下运行等待),一旦检测到工作单元发生故障,通过切换装置使等待单元立即接替继续工作,其框图见图 10 - 9。若切换装置和故障检测设备的失效率可忽略不计时,则热贮备冗余与并联系统的可靠性相同。热贮备系统的优点是故障单元不继续接入系统,因而对系统几乎没有影响,但需要增加高可靠的故障检测和切换装置。

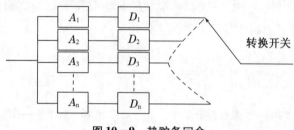

图 10 - 9 热贮备冗余

7. 冷贮备冗余

冷贮备冗余是指备份单元在备用期间不加电,处于冷状态,所以备份单元不存在可靠性恶化的问题,它对间歇故障模式有效,适用于对工作状态连贯性要求不高和只允许单一输出的控制系统。但检测和转换功能会有延时,使用检测和转换开关后增加了系统的复杂度,其框图见图 10 - 10。

图 10 - 10 冷贮备冗余

8. 替代功能冗余

在进行电路设计时,可以采取替代功能冗余设计,使完成不同功能的单元在某单元发生故障时,其他单元可以转换功能,替代故障单元完成工作。如某发射机共有六路接收支路,完成跟踪、校射、抗干扰功能,如果一条跟踪支路出故障,则校射支路可以暂时不校射,而转入跟踪状态完成跟踪功能,其他的四个支路也均可以替代故障支路完成跟踪功能。

9. 余量功能冗余

余量功能冗余是指在设计时有一定功能余量,当其中部分发生故障并不影响完成整体功能。余量功能冗余可以提高任务可靠性,但不提高基本可靠性。如某产品由 100 余个 TR 单元组成,即使其中 5 ~ 9 个单元同时故障,并不影响整个阵面完成规定的功能。

10.1.1.2 各种冗余设计技术分析及选用

1. 并联冗余与冷贮备冗余分析及选用

1) 可靠性数学模型

并联冗余可靠性数学模型为:

$$P_S = \sum_{i=1}^{m} C_m^i R^i (1 - R)^{m-i} \tag{10-1}$$

式中:m—构成并联系统的并联支路总数;R—各并联支路的可靠度。

当组成系统的各并联支路可靠度相同且服从指数分布时,其 λ 为常数,则:

$$\mathrm{MTBF}_S = \frac{1}{\lambda} \sum_{i=0}^{m-1} \frac{1}{m-i} \tag{10-2}$$

式中:λ—各并联支路的失效率。

当 $m=2$ 时,$\mathrm{MTBF}_S = \frac{3}{2\lambda}$;当 $m=3$ 时,$\mathrm{MTBF}_S = \frac{11}{6\lambda}$。

冷贮备冗余可靠性数学模型为:

$$P_s(t) = \mathrm{e}^{-n\lambda t} \sum_{i=0}^{m-n} \frac{(n\lambda t)^i}{i!} \tag{10-3}$$

式中:λ—各并联支路的失效率;m—构成并联系统的并联支路总数;n—在线工作的并联支路个数。

$$\mathrm{MTBF}_S = \int_0^\infty R(t)\,dt = \frac{m-n+1}{\lambda n} \tag{10-4}$$

当 $m=2$,$n=1$ 时,$\mathrm{MTBF}_S = \frac{2}{\lambda}$;当 $m=3$,$n=1$ 时,$\mathrm{MTBF}_S = \frac{3}{\lambda}$。

2)分析比较

从上述结果可以看出,冷贮备冗余比并联冗余的可靠性高。但不论哪种冗余,都比无冗余系统的可靠性高,如图 10-11 所示。

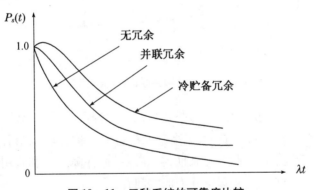

图 10-11　三种系统的可靠度比较

但若在非运转备用冗余中的转换设备或元器件并非完全可靠时,则系统的可靠度为:

$$P_s(t) = \mathrm{e}^{-\lambda t} \sum_{i=0}^{n-1} \frac{[R_s(t)\lambda t]^i}{i!} \tag{10-5}$$

式中:$R_s(t)$—转换设备的可靠度。

以 $n=2$ 为例,当转换设备可靠度 Rs 小于单元可靠度的一半时,则并联冗余比冷贮备冗余可靠。但在电子设备中,转换设备的可靠度应该都是很高的。

3)分析结果

冷贮备冗余由于省电、便于维修因而常常被采用,尤其是对耗电量有严格要求的场合,如飞机、舰船上的电子设备。但是,这并不意味着并联冗余就没有什么用途了,例如,可以采用降额大幅提高并联冗余单元的可靠度、并联冗余很方便在元器件级上采用等等。同时,冷贮备单元中的非工作单元事实上也有一定的失效率,它也会发生失效,同时冷贮备冗余在转换过程中要中断一定的时间,这会影响到信息的连续获取。究竟采用何种冗余方式,还要根据设备的使用环境、要求等因素综合考虑,择优考虑。

2. 无冗余时提高单元可靠性与采取冗余设计手段的分析及选用

在对设备体积、重量等有严格要求时,为了满足提高设备的可靠性,往往不能采用冗余设计,这就需要考虑通过提高单元可靠性来满足系统或设备对它的要求。

[例10-1] 如前所述,两个单元并联的系统的 $\mathrm{MTBF_S}$ 是一个单元 MTBF 的 1.5 倍,即 $\mathrm{MTBF_S} = 1.5/\lambda$,此时的可靠度为:$P_{S\text{并}} = 2\mathrm{e}^{-\lambda t} - \mathrm{e}^{-2\lambda t} = 2\mathrm{e}^{-t/\theta} - \mathrm{e}^{-2t/\theta}$

式中,$\theta = 1/\lambda$ (一个单元的平均故障间隔时间)。

而对于无冗余的一个单元组成的系统来说,$P_{S\text{无}} = \mathrm{e}^{-\lambda t}$

如果把无冗余单元的系统的 MTBF 提高到与有冗余系统相同的 $\mathrm{MTBF_S}$ 时,则 $R_{S\text{无}}(t) = \mathrm{e}^{-2t/3\theta}$。

上述两种情况的可靠性如图 10-12 所示。

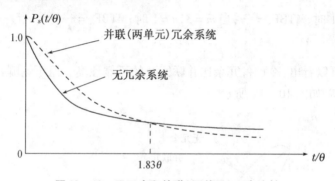

图 10-12 无冗余和并联(两单元)冗余比较

由图 10-12 可知,在最初工作时,并联冗余系统比提高单元可靠性的系统的可靠度高。但是,在 $t = 1.83\theta$ 之后,改进单元质量,提高单元的可靠性比并联冗余有更高的可靠度。况且,冗余系统增加的系统的设备量和复杂性,会导致维修保障工作和费用增加。如果选用提高单元可靠性的方法时,必须考虑以下几方面的问题:

1)系统的工作时间

如果系统的工作时间 $t < 1.83\theta$ 时,即使单元的 MTBF 提高到原来的 1.5 倍,其系统的可靠度也低于两单元并联冗余系统。

2)提高单元可靠性的难易程度

想通过提高单元的可靠性来提高系统的可靠度时,往往要提高元器件的质量等级或改进电路设计,这就会受到研制周期和采购周期的限制,如果影响到系统的交货期,则需要认真考虑。

3)经济性

如果为了将单元的 MTBF 提高到原来的 1.5 倍所花费的成本要高于并联冗余设计,这也需要认真考虑。因此,究竟是使用并联冗余来提高系统可靠性,还是通过提高单元的可靠性水平来满足系统可靠性要求,都应根据实际情况综合考虑各种因素,做到最佳选用和设计。

3. "串-并"与"并-串"混合冗余的分析及选用

[**例 10 - 2**]　前文已经提到过混合冗余设计的"串—并"和"并—串"结构框图,如图 10 - 4、图 10 - 5 所示。对于"串—并"可靠性数学模型,其可靠度为:

$$P_{SA} = 1 - (1 - e^{-2\lambda t})^2 = 1 - (1 - 2e^{-2\lambda t} + e^{-4\lambda t}) = 2e^{-2\lambda t} - e^{-4\lambda t} \tag{10-6}$$

$$\mathrm{MTBF}_{SA} = \int_0^\infty R(t)\,\mathrm{d}t = \frac{1}{\lambda} - \frac{1}{4\lambda} = \frac{3}{4\lambda} \tag{10-7}$$

对于"并—串"可靠性数学模型,其可靠度为:

$$P_{SB} = [1 - (1 - e^{-\lambda t})^2]^2 = 4e^{-2\lambda t} - 4e^{-3\lambda t} + e^{-4\lambda t} \tag{10-8}$$

$$\mathrm{MTBF}_{SB} = \int_0^\infty R(t)\,\mathrm{d}t = \frac{2}{\lambda} - \frac{4}{3\lambda} + \frac{1}{4\lambda} = \frac{11}{12\lambda} \tag{10-9}$$

可得:$\mathrm{MTBF}_{SB} / \mathrm{MTBF}_{SA} = \left(\frac{11}{12\lambda}\right) \Big/ \left(\frac{3}{4\lambda}\right) \approx 1.2$。

由此可见,"并-串"比"串-并"冗余系统的可靠性高,如图 10 - 13 所示。从图中可以看出,若工作时间在短时间以内时,其可靠性高于提高单元可靠性的系统,尤其是对串并联系统则更为明显。

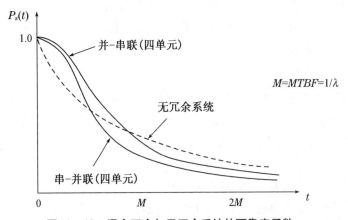

图 10 - 13　混合冗余与无冗余系统的可靠度函数

如果从便于维修的角度来看,有时"串-并"要比"并-串"好,"串-并"电路便于制造和测试调整,当其中的一路出故障时,可以在不停机的情况下,进行更换和维修。因此,应根据不同系统和使用情况进行分析和选用。前面已经说明,如果构成单元以短路故障模式为主,应采用"串-并"冗余;如果构成单元以开路故障模式为主,应采用"并-串"冗余。

4. 表决冗余分析及选用

如果系统或设备是由 m 个可靠度相同的分系统或单元组成的多数表决冗余,其中有 n 个分系统或单元正常工作,系统或设备才正常工作,其可靠度为:

$$P_S = \sum_{i=n}^m C_m^i R^i (1 - R)^{m-i} \tag{10-10}$$

如果组成系统或设备的分系统或单元为指数分布,其中 λ 为常数,则系统或设备的平均故障间隔时间为:

$$\text{MTBF}_S = \frac{1}{\lambda} \sum_{i=0}^{m-n} \frac{1}{m-i} \qquad (10-11)$$

多数表决冗余系统的可靠性函数如图 10-14 所示($M = \text{MTBF} = \frac{1}{\lambda}$)。

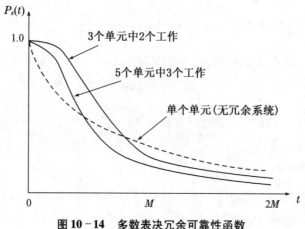

图 10-14　多数表决冗余可靠性函数

表决冗余的优点是可以指出故障单元,可以显著提高短期(小于 1 个 M)的任务可靠度,缺点是在任务时间内其可靠度比单个单元的可靠度要低,如果表决器的可靠度很低的话,那还不如单个单元的可靠性。

10.1.1.3　冗余优化布局

为了提高系统或设备的任务可靠性,满足使用要求而采取冗余设计技术,必将会带来系统设备量、体积、重量、成本的增加,而在多数情况下,这些因素都是受限制的。为此,通常对经过分析的系统或设备中可靠性最薄弱的环节进行冗余设计,或采取功能冗余设计。当系统冗余量较大时,应对冗余方案进行最优化设计,使得在增加相同或相当设备量和经费的前提下,获得最大的可靠性增益,优化原则通常如下:

1) 对系统中可靠性最薄弱的环节进行冗余设计;

2) 对可靠性与费用比最大的部分进行冗余设计;

3) 运用拉格朗日乘数法、动态规划法获得在各种约束条件下的最佳冗余量。

现用动态规划法对冗余优化设计方法和过程进行举例说明。

[例 10-3]　某设备由 A、B、C、D、E 五个环节组成,可靠性框图如图 10-15 所示,设备各单元的可靠度、费用、重量和体积如表 10-1 所示。

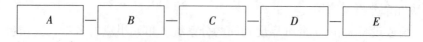

图 10-15　某设备可靠性框图

要求设备可靠度 $P_S \geqslant 0.8$;设备重量 $W \leqslant 90$;设备体积 $V \leqslant 50$;对设备的成本不作硬性要求,但要尽量降低成本。

表 10 - 1 设备及各单元的参数

单元	可靠度 R	费用 C	重量 W	体积 V
A	0.95	10	12	9
B	0.92	7	8	3
C	0.80	7	8	4
D	0.70	4	9	6
E	0.60	4	5	2
总计	0.293 7	32	42	24

由表 10 - 1 可见,设备的可靠度 P_S 现为 0.293 7,远不能满足指标要求,所以决定采取冗余设计,设计步骤如下:

1)先对设备可靠性最薄弱的环节 E 进行冗余,然后计算出设备的各参数,此时的可靠度仍不能满足要求,再进行第二步冗余设计;

2)此时单元 D 变成了薄弱环节,再对其进行冗余设计后,经计算,设备可靠度仍不能满足要求,而其他指标又未超出指标要求,因此决定对单元 C 进行冗余设计;

3)对单元 C 进行冗余设计后,单元 E 又变成了可靠性薄弱环节,决定再对 E 进行一次冗余设计;

4)当对 E 进行冗余设计后,总的可靠度指标仍未达到指标要求。虽然单元 D 变成了可靠性最薄弱的环节,但它的费用、重量、体积都比 B 高了,可靠度比 B 稍低。现决定对 B 进行冗余设计,但经计算,设备的可靠度仍不能满足要求,因此要继续进行第 5 步的冗余设计;

5)此时单元 D 又变成了可靠度最薄弱环节,因此对 D 进行冗余设计。算出设备的各项指标如下:

$P_S = 0.83\,(>0.8)$;$W = 86\,(<90)$;$V = 47\,(<50)$;$C = 62$。

即设备的 P、W、V 均满足要求。此设备的冗余各设计步骤的计算结果见表 10 - 2,经冗余设计后构成的设备任务可靠性模型见图 10 - 16。

表 10 - 2 某设备冗余设计步骤

顺序	A				B				C				D				E				总计			
	R	C	W	V	R	C	W	V	R	C	W	V	R	C	W	V	R	C	W	V	P_S	C	W	V
0	0.95	10	12	9	0.92	7	8	3	0.80	7	8	4	0.70	4	9	6	0.60	4	5	2	0.29	32	42	24
1																	0.84	8	10	4	0.41	36	47	26
2													0.91	8	18	12					0.54	40	56	32
3									0.96	14	16	8									0.64	47	64	36
4													0.94	12	15	6					0.72	51	69	38
5					0.994	14	16	6													0.775	58	77	41
6													0.97	12	27	18					0.83	62	86	47

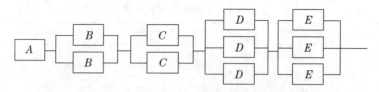

图 10－16　设备冗余设计后任务可靠性框图

在给定的约束约束条件下（如可靠度、费用、体积、重量、功耗等）下，进行最优化冗余设计是必要的。

10.1.1.4　冗余设计小结

表 10－3 给出了各种冗余设计技术的优缺点及适用范围，供选择冗余设计方案时参考。

表 10－3　冗余设计优缺点及其应用范围

冗余设计	优点	缺点	应用范围
简单并联冗余	1．简单； 2．与无冗余单元相比，可靠度有明显提高； 3．可适用于模拟及数字电路。	1．必须考虑负载均匀分配； 2．对单元上的分压敏感； 3．难于预防故障影响的扩散； 4．可能出现电路设计问题。	对连续工作的设备提供不可逆故障保护。
双重并联冗余	1．可适用于双重、工作冗余或分立单元； 2．$n-1$ 路失效后仍保持原功能； 3．可提供开路、短路失效形式与误差的保护； 4．在不中断工作情况下可以对失效单元进行修理。	1．可能要求诊断程序； 2．由于需要检测与转换，因而增加复杂度； 3．由于有贮备数据要求，可能要增加存储容量。	这种冗余设计主要用于电子或机电控制系统或告警系统。
混合冗余	在短期任务时间内，元件级或电路级上可靠度有明显提高。	1．设计困难； 2．只限于元件级、电路级上应用。	主要用于需要对短路、开路进行保护的元件级上。串并混合冗余用于短路失效的保护，并串混合冗余用于开路失效的保护。
多数表决冗余	1．可用来显示有缺陷的单元； 2．对短期任务时间（少于 1 个 MTBF 值）可靠度有显著提高。	1．要求表决器可靠度大大优于单元可靠度； 2．对于长任务时间（大于 1 个 MTBF 值）可能降低可靠度。	一般可用于连续工作逻辑电路，这种设计略加修改，可变为自适应多数表决逻辑门连接冗余。
贮备冗余	1．可适用于模拟及数字电路； 2．对间歇失效形式有效； 3．冷贮备冗余的备用单元不存在可靠性恶化的问题，同时隔离了故障单元，还可以防止故障扩散的影响。	1．检测和转换功能有延迟； 2．由于检测与转换装置的失效形或而使冗余好处受到限制； 3．加了检测和转换装置后增加了复杂性。	能提供 n 中取 1 冗余，适用于对工作状态连贯性要求不高及只容许单一输出的控制系统。它既可提供热（温）贮备，也可提供冷贮备。

10.1.2 容错设计

通常"错"包含两类：一类是先天性的固有错，固有错包括元器件或电路失效所产生的错误输出、程序设计缺陷或错误，固有错需要对其维修或改正；另一类错是后天性的随机错，是由于系统在运行中所产生的缺陷而导致的故障，包括电源纹波、浪涌、大功率电磁干扰引起的触发器翻转产生的瞬时性错误。随机错一般不需要维修。容错设计的主要对象就是瞬时性错误，它考虑并加以补救处理的主要是孤立单独存在的错。

10.1.2.1 容错设计方法

容错设计主要方法有：信息容错、时间容错、硬件容错、软件容错。

a) 信息容错主要是为了检测或纠正信息在传输或运算中的错误而外加了一部分信息。在通信和计算机系统中，信息经常是以编码形式出现的。采用奇偶校验码、法尔码可以检错，海明码可以纠错。

b) 时间容错是利用程序卷回、指令复执、降低计算机系统运行速度等来消除偶发性错误的方法。

c) 硬件容错就是利用上述介绍的硬件表决冗余设计技术达到消除错误的目的。

d) 软件容错是增加程序以提高软件的可靠性。例如，增加用于测试、检错或诊断的外加程序；增加用于计算机系统自动改组、降级运行的外加程序，以及一个程序用不同的语言或途径独立编写的 N 版本法等方法。

10.2 防差错设计

防差错设计指导思想是"尽可能设计得不可能搞错"。从设计上采取措施消除发生差错可能性，例如在插头上加定位销等。通常包括：

a) 对易于引起人为差错的操作（如连接、装配、充填、口盖等部位）采取预防措施，对于外形相同或相似而功能不同不可互换的零部件和安装时易发生装错的零部件，在设计时加以区别，使得"错了装不上/反了装不进"；或有明显识别标记使之不会相互安装。例如外形尺寸相同的电连接器设置防误插定位销，及设置不同色点标志等措施，或采用不同的连接器，保证错位装不上；

b) 对可能发生操作差错的装置，有操作顺序号码和方向标记；操作顺序合理、适宜人的习惯。

10.3 冗余设计示例

[**例10-4**] 电子系统中采用了表决冗余设计，如图10-17所示。

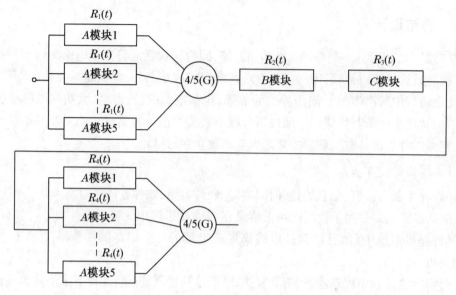

图 10‑17 冗余可靠性设计示例

可靠性数学模型如下：

$$R_S(t) = \Big[\sum_{i=4}^{5} C_5^i R_1^i (1 - R_1)^{5-i} \Big] \cdot R_2(t) \cdot R_3(t) \Big[\sum_{i=4}^{5} C_5^i R_4^i (1 - R_4)^{5-i} \Big] \quad (10\text{-}12)$$

$$\text{MTBCF} \approx - \frac{t}{\ln R_S(t)} \quad (10\text{-}13)$$

第十一章　瞬态过应力防护设计

瞬态过应力防护设计为可靠性设计准则中的一个方面。防瞬态过应力设计是确保电路稳定、可靠的一种重要方法。

瞬间过应力是指产品(包括元器件、组部件、模块、整机等)可能在其形成的全过程(包括电装、调试、检验与试验等过程)及使用、维护等情况下瞬间承受到的、超出其应力额定极限范围的应力。包括电压过应力和电流过应力。

众所周知,在电子设备中随着电路各种工作模式的变化,必然出现大量开关的切换,而由于电子电路中惰性元件的物理特性,这些开关的切换往往在电路中产生一种短暂的高能量干扰源,这些干扰源对电子器件或设备的正常工作有非常大的影响;同时,电子设备所处环境的变化,例如:大自然的雷电环境、外部供电设施的通断,以及外部电磁环境的影响,也会产生一些高能量干扰源。这些高能量干扰源的入侵,可能会损坏元器件,在许多情况下会造成设备误动作、失控、误码等故障,严重时甚至可能毁坏设备以至于整个系统。这些干扰源导致的设备故障是典型的瞬态过应力故障,大大降低了设备的可靠性。

瞬态过应力防护设计是针对电路中出现的瞬态过应力必须采取相应的保护措施,以确保电路工作稳定、可靠的一种重要方法。

电子产品在其形成过程及使用、维护中都可能受到瞬态过应力的威胁,包括在元器件、电子电路及设备的测试、筛选、电装、调试、试验及运行等各阶段。通常,瞬态过应力主要有内部瞬态过应力和外部瞬态过应力两大类来源,如表 11-1 所示。

表 11-1　瞬态过应力来源

来源	说明
内部瞬态过应力	当设备内部负载切换,开关类元器件的开关通断,电源输入、输出端的通断或它们之间的连接瞬间,电容或电感效应等过渡过程中出现的过电压;电源开、关机瞬间的电流冲击,大电容充电、高电压放电,推挽电路中晶体管同时导通等出现的过电流以及元器件故障、人为因素造成的电气短路等发生的过电流现象。
外部瞬态过应力	由于电力系统出现短路故障或通/断大负荷而引起的电源脉动,电磁干扰、无线电干扰和静电放电、烙铁漏电、检测设备接地不当等产生的电浪涌以及雷击等引入的过电压或过电流现象。

瞬态过应力对可靠性影响:

瞬态过应力属于电磁干扰的范畴,故障形式千变万化,几乎可以发生在任何一个电子器件上面,同时,故障原因可能来自附近或远处传导,也可能来自附近辐射或远处辐射再传导。因瞬态过应力而产生故障的设备具有广阔的覆盖面,且故障机理复杂程度高,可以看到,瞬态过应力保护对电子产品可靠性的重要程度。如果产品前期设计没有充分考虑好瞬态过应力的保护,后期产品的维护和售后服务可能面临巨大的技术困难和资源消耗等风险。

瞬态过应力除能造成元器件失效外,在许多情况下还是造成系统误动作、失控、误码等故障的原因,严重时,甚至能危及人身安全或设备安全。因此必须在产品形成的过程中采取防护措施,其中尤其应在设计电路时考虑采取防护措施以抑制瞬态过应力强度或提高其承受瞬态过应力的能力。

实际上一个电路、一个系统,在平稳的运行环境中可靠性是很高的,其失效的大部分原因是与瞬态过应力有关。然而,通常产品在实验室研发、调测环境以稳态工作为主,很难发现存在的瞬态过应力问题,因此瞬态过应力保护设计经常容易被设计团队所忽略。故在研发过程中强调瞬间过应力的防护设计对电子产品的可靠运行是十分必要的。

瞬态过应力保护技术出现了以下发展趋势:

a) 保护种类日益丰富:复杂的电磁环境导致了各种新型的瞬态过应力的产生;

b) 设备保护点日益增多:产品精密,成本高昂,对保护要求提高;

c) 保护电压越来越低,保护更加精细:设备小型化的发展趋势要求控制芯片(FPGA、单片机等)电压越来越低,一般为 3.3 V、1.8 V 等电平,瞬态防护设计需要更加精细;

d) 保护器件功率密度增大:为了适应设备小型化需求,瞬态过应力保护器件功率密度逐渐增加,甚至出现了集成式的保护电路;

e) 保护电路模块化:面对日益复杂的瞬态过应力保护需求,针对特定应用平台,开发模块化的保护模块成了设计趋势,如机载 115 V 抗浪涌模块等。

11.1 瞬态过应力分类

瞬态过应力具有平均能量低、持续时间短,但瞬间峰值电平高、脉冲能量大的特点。因此,其具有很大的危害性。其中瞬态过电压按产生原因分类及相关特性见表 11-2。

表 11-2 瞬态过电压分类、产生原因及特性

过电压名称	产生原因	典型特性值		传递方式
		强度(电压/电流)	上升/持续时间	
雷电感应过电压	直击或在雷击点的周围空间内会产生强大的交变电磁波向外辐射传播,在其中的带电导线或电路上均可能产生感应过电压。	25 kV 20 kA	10 μs /1 ms	传导、电磁感应
操作过电压	电子设备启动和关机、测量、加载瞬间,线路中的电感、电容等储能元器件会在线路上释放能量产生过应力。	600 V ~ 1 kV 10 A ~ 500 A	50 μs /500 ms	传导
静电过电压	静电是一种自然现象,在线路上产生瞬间过电压和静电场的辐射。	15 kV,30 A	≤1 ns /100 ns	传导、电磁感应

（续表）

过电压名称	产生原因	典型特性值		传递方式
		强度（电压/电流）	上升/持续时间	
暂态过电压	当电力系统发生接地故障,切断负荷或谐振时所产生的相-地,或相-相间的电压升高,它的特点是持续时间比较长。暂态过电压的幅值随供电系统的接地方式而异,接地电阻大的系统,暂态过电压倍数就大。	与接地电阻等相关	0.1 s ~ 60 s	传导
过电压受体:供电线路、网络接口、信号线接口、ESDS 元器件等				

11.2　瞬态过应力引起的失效

瞬态过应力容易导致的失效现象:

a）电路不稳定,电路误动作。如瞬态干扰会使双稳态触发器、施密特触发器偶然触发,计数器改变计数,单稳多谐振荡器产生脉冲,瞬变干扰信号被当作控制信号放大或触发、译码,电路开关状态改变;

b）造成电路锁死或死机。如 CMOS 电路发生闩锁故障,运放电路保护自锁等;

c）电路指标性能下降。如数字电路传输数据易产生误码,影响传输的准确性和传输速率;模拟电路易造成工作点漂移、失真严重,增益下降等;

d）过应力严重时会造成电路的损毁。其中以浪涌导致损毁最为多见。

瞬态过应力造成的后果影响甚广,尤其是对元器件的损伤,涉及面众多,具体情况可参见表 11-3。

表 11-3　瞬态过应力对元器件的影响

过应力现象	影响说明
高能脉冲	对半导体器件影响最大:可使 PN 结击穿、参数漂移（如漏电流增大、h_{FE} 漂移）、甚至造成引线熔断等。对无源元件也可能带来损伤,如造成电容器介质击穿,电阻器出现飞弧击穿或阻值漂移,线圈、继电器、连接器绝缘的降低或击穿、接点的熔接等故障。当然,无源元件较有源器件来讲其耐过应力能力较强。
飞弧	在被损的部件上留下明显的电弧痕迹。
电晕	在绝缘体表面,有明显的电蚀痕迹,被蚀部位绝缘下降。
地线干扰	接地故障造成设备带电（单相接地）,造成设备相间短路。

是否引起这些失效现象及失效严重程度如何,主要取决于瞬态过应力的幅度与持续时间。不同的元器件所能承受的瞬态过应力的能力是不一样的,而且,彼此间差异很大。一般来讲,大规模集成电路承受的瞬态过应力能力最差,半导体分立器件的承受能力次之,而无源元器件的承受能力较大。然而,也正是这样,无源元器件一般要单独地加以保护。

某些器件损坏能量值如表 11-4 所示。试验条件是脉冲宽度为 1 μs 的矩形脉冲。

表 11－4　部分器件损坏能量

类型	点触型二极管（1N82A ~ 2N6A）	稳压二极管（1N702A）	整流管（1N537）	小功率晶体管（2N903 ~ 2N1116A）	大功率晶体管（2N1093）	开关二极管（1N914 ~ 1N933J）	集成电路（μ709）
损坏能量（J）	0.7 ~ 12	≥1 000	500	20 ~ 1 000	≥1 000	70 ~ 100	10

对阻容元件来说,如电阻器,对于脉冲宽度≤20μs 的过应力峰值功率一般可超过直流额定功率的 500 ~ 5 000 倍,其中线绕电阻承受过应力能力最强,金属膜电阻次之,碳合成电阻器最差;对于无极性介质电容器在承受宽度为微秒量级的脉冲时,能承受 4 ~ 6 倍的额定直流电压的过应力,陶瓷电容器可达 5 ~ 10 倍的额定直流电压的过应力;电解电容器的承受过应力能力则差一些,尤其对反向电压的承受能力更差,而钽电解电容器耐脉冲电流的能力最差。

瞬态过应力的典型特征是作用范围广泛,所有电子元器件都有基本的额定电气参数,只要超过说明书中规定的额定参数值(主要指电压和电流),器件都有承受瞬态过应力的风险。

因此,电子设备中电子器件或者功能单元是否对瞬态过应力敏感,是否需要充分的瞬态过应力保护,需视电子器件或功能单元在具体电路中所承受的电气应力而定。主要从两个方面来考虑:一方面是电子器件或功能单元额定电气参数相对其在具体电路中所承受的电气应力实际值的裕量大小;另一方面是该器件或功能单元额定电气参数相对于其所处周围电路出现故障可能产生的过应力裕量。如果两方面的裕量都比较大,则可以不加瞬态过应力保护,该器件或功能单元被视为非敏感器件和设备。

从电气设计的角度,在普遍或较特殊的情况下属于敏感单元,需要瞬态过应力保护的器件和设备主要有以下几大类:

1）开关器件保护

a）二极管保护;

b）晶体管保护;

c）晶闸管保护;

d）大功率 IGBT 保护。

2）磁性元器件保护

a）感性元器件保护;

b）继电器类元器件保护。

3）集成器件保护

a）集成电路保护;

b）闩锁现象防护。

4）其他器件保护

5）设备保护

a）计算机系统保护;

b）设备防雷保护。

11.3　瞬态过应力分析方法

如前所述,引发瞬态过应力的原因很多,但很大一部分的原因是在于电路中存在容性和感性的惰性元件:在外加电应力突变时,或者在电路本身的通断时,这些惰性元件不能立即释放或吸收电路中存在的能量而引发电路中出现过应力(暂态)过程。而且,瞬态过应力的出现可能是有规律性的、周期性的,而更多的则是随机的。因此,在确定采取何种防护措施前,首先要检查、分析存在惰性元件的电路,检查的重点是电路中可能出现的瞬态过应力及有关元器件在暂态过程中所承受的应力情况。

常用检查方法有理论(电路过渡过程)分析法、动态瞬态特性测试法、开关冲击检测法等。

11.3.1　电路过渡过程分析法

理论分析法主要指依据电路基础理论,通过对包含惰性元件的电路暂态过程状态进行分析,得到表征该电路响应特性的高阶常微分方程。简单的电路方程可人工计算,稍复杂的电路方程,人工计算难以实现,需借助计算机辅助分析进行数值求解。

在无计算机辅助工具的情况下,则通常可选用动态瞬态特性测试法或开关冲击法来检查瞬态效应。

11.3.2　动态瞬态特性测试法

瞬态过应力引起元器件失效,往往发生于元器件工作状态动态变化时。因此,对于分立器件来说,应当重点检查器件动态负载特性,就可以考察其瞬态过应力的严重程度,进而判断器件是否能在该电气环境下正常工作,从而决定是否需要采取进一步的瞬态过应力保护措施。

采用动态瞬态特性测试法时,通常先对电路中较易受过应力影响的电路及元器件(如半导体器件、电容和电感等)在过渡过程中承受的应力进行分析,然后,确定相关的检测方法和检测点。

图 11 - 1 是对开关电源中功率开关器件在工作时动态特性的测试电路图,在测试功率开关器件(如功率场效应器件、IGBT 管等)$V - I$ 特性时,就能发现在不加瞬态过应力的吸收电路时,其开关瞬间在器件上同时出现了高压、大电流的瞬态过功率(或超安全工作区)工作状态,如果不采取防护措施(缓冲电路),常常出现功率器件损坏的恶果。加吸收电路和不加吸收电路时开关器件 $V - I$ 特性如图 11 - 2 所示。

图 11 - 1 中电流取样电阻 R_0 应选用无感电阻,阻值视电路功率大小选取;电压取样电阻 $R_{低}$ 与 $R_{高}$ 最好也选用无感电阻(不能用普通线绕电阻),尤其是 $R_{高}$ 的选用要注意其承受的最大电压,一般可选用多只电阻串联使用。

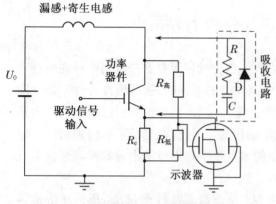

图 11 - 1   功率器件 $V-I$ 特性测试电路图

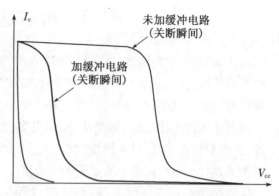

图 11 - 2   关断瞬间 $V-I$ 特性曲线示意图

11.3.3   开关冲击检测法

本方法与 GJB151A 规定的 CE107 试验方法基本一致,是指直接对受试设备进行启动和断开电源的直观试验,通过开、关电源瞬间元器件是否失效或者过应力幅值是否超过额定范围暴露瞬态过应力故障,从而有针对性地采取防护措施。这种方法简单易行,缺点是随机性太大,不能把存在问题全部检测出来;另一方面,即使查出问题,由于设备已经制作完成,难以作出彻底改动。

当然,这种方法也可用于验证防护措施的效果上。GJB 151A 中 CE107 规定设备随手动操作开关而产生的开关瞬态传导发射不应超过下列数值:

1)交流电源线:额定电压有效值的 ±50% ;

2)直流电源线:额定电压的 +50% , -150% 。

因此,对于有电磁兼容要求的设备而言,提前使用"开关冲击检测法"验证电磁兼容性能,是非常有必要的。然而,电源变压器关断时出现的瞬态过电压现象,通常是在供电电源电压波峰或负载最重时过压幅度最大,而如不外加特殊装置,很难能刚好在这一点关断电源。因此在少量几次冲击试验中不一定能查出问题。

开关冲击检测法通常使用(长余辉式、记忆、储存式)示波器及相应的(电压、电流)取样装置去测量可能出现的浪涌电压或电流,从而得到过应力的强度数据,为选用合适的元器件和保护措施提供依据;或通过其测量显示施加防护措施后的效果。

11.4   瞬态过应力防护设计

对于某个具体电路中使用的电子元器件或电路单元,如果通过计算、分析、测试发现存在不足以满足可靠性要求的瞬态过应力时,则必须采取有效的瞬态过应力保护措施。然而,解决此类问题远非单纯提高所选用的元器件额定参数(如耐压、电流、额定功耗等)和进一步减小负荷应力那么简单,更何妨这样解决问题将很可能会带来经费、体积、重量明显增加等新的问题。因此设计师还需从避免或减弱暂态过程过应力以及对元器件采取保护措施来提高电路、设备适应过应力的能力。

通常,对瞬态电流过应力的防护措施一般采取:熔断器(保险丝)、带过流保护的电气开关(如过流继电器、交流接触开关等)、电子过流保护电路等。这些防护措施简单、有效,在此不做详细介绍。

而电子设备遇到的过电压应力情况复杂、危险性更大,因此本章主要介绍防护瞬态过电压应力(以下简称瞬态过应力)的电路设计方案。

11.4.1　瞬态过应力保护设计

瞬态过应力保护设计包括电路设计、结构设计(如屏蔽和滤波)、元器件选择等手段。广义地讲,瞬态过应力现象也属电磁干扰的范畴,因此,电磁兼容设计中有关屏蔽、接地等技术手段也适用于此。本章重点介绍各种瞬态过应力保护电路防护方法和元器件的选用。

一个良好的电子系统、设备应该在电路设计的最初阶段就考虑瞬态过应力防护要求,这包括系统、设备所处的电磁环境(如雷击、有无大负荷切换等)、电路工作状态及元器件的过载能力等。

1) 在选用瞬态过应力保护电路方案时须考虑以下原则,并在性能与成本之间加以权衡:

a) 应根据元器件过应力的失效模式来选用合理、有效的保护措施;

b) 保护电路的速度要快,这是瞬态过应力的特点所决定的;

c) 能承受大电流的通过,吸收浪涌能量尽量多;

d) 考虑瞬态过电压会在正、负极性两个方向发生的可能;

e) 对信号增加的电容效应和电阻效应应控制在允许范围内;

f) 保护电路的可靠性(寿命、失效率、环境适应性)要优于被保护对象;

g) 应考虑体积、重量及费用(产品成本)等因素。

2) 瞬态过应力保护电路设计基本步骤为:

a) 切实弄清故障现象,找准故障来源。

b) 分析故障机理。

c) 结合实际,遵循基本设计原则,选择合适的防护方法。

d) 根据被保护对象特点,设计具体保护电路。

e) 选择合适的保护电路使用的元器件。

设计师应耐心地从瞬态过应力保护电路的设计原则出发,结合瞬态保护的基本原理,遵循上述的设计步骤,根据实际保护对象的应用特点,选择合适的保护器件,最终形成技术定位准确、经济成本实惠的瞬态过应力保护电路方案。

11.4.2　瞬态过应力防护方法

电子设备瞬态过应力保护电路的基本方法是:利用电压"箝位"电路阻止过高电压的侵入,同时又能提供大电流的分流通道或采取阻尼电路限制瞬态电压的幅度,确保被保护对象(通常是电路或元器件)所承受的电压不超过其允许的最高电压。前者,一般采取外加保护器件(如放电管、压敏电阻、TVS 器件)消融或限制过应力幅度,而后者则采取阻尼缓冲电路(如阻容网络)延缓过应力的幅度及时间。

保护电路主要分为四大类:分压,分流,低通滤波,消除或减弱干扰源。工程应用中,并联分流的保护方法使用最多,低通滤波主要用于电快速脉冲(EFT)的场合。根据工程应用统计,电子设备各类端口对应的防护方法如表11-5所示。

表 11-5　各类端口对应的防护方法

防护方法	外壳端口	电源端口	通信端口	I/O 端口
分压	★	★★★	○	○
分流	★★★	★★★	★★★	★★★
低通滤波	★★	★	★	★
消除或减弱干扰源	★★★	★★	○	○
★★★—使用频率很高;★★—使用频率一般;★—使用频率较低;○—基本不用				

11.4.2.1　分压式保护电路

瞬态过应力分压式防护方法的基本特点在于将保护元件(或电路单元)串在被保护对象所处的回路中,起到过应力抑制作用,如图11-3所示。

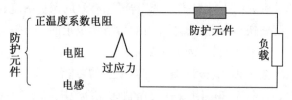

图 11-3　过应力分压式防护示意图

分压法除了在电压过应力时起到分压的抑制作用外,在电流过应力时也可以起到限流作用。以保护元件为正温度系数电阻为例,当回路电压正常时,保护电阻呈现正常的低阻抗值,负载工作在额定状态下。当回路电压异常升高时,回路电流增大,电阻发热量增加,随其温度的上升,阻值呈非线性增大,负载端分压比例下降,从而使负载两端电压维持在额定值以下。与电压过应力类似,当电路中出现电流过应力时,正温度系数电阻表现的特性与电压过应力时相同,电阻发热量的增加导致其阻值迅速增大,从而抑制回路电流大幅上升。

分压法常用的器件有:正温度系数电阻、电阻、电感。

分压法的缺点是串入保护元件后,将会引入额外的损耗,在选用时应充分认识到这一点。因此,分压保护法较适用于电流驱动型场合,即负载正常工作电压范围较宽,只对电流有较为严格的需求;或者设计时考虑负载在被保护器件分压后仍然能工作在额定电压状态。

随着电子技术的发展,近几年出现了用于电压过应力防护的专用电路单元——抗浪涌模块,没有上述缺点。图11-4为抗浪涌模块原理图。

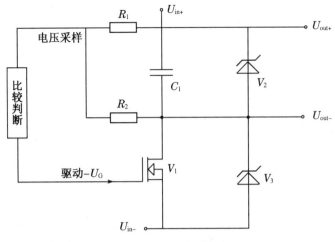

图 11 - 4　抗浪涌模块原理图

　　[例 11 - 1]　某研制阶段设备在进行电磁兼容 CS106 试验中,多次出现开机失败,且有内部器件损坏的现象。经查,损坏器件为内部电源管理芯片,该芯片供电额定电压 12 V,最大耐压 16 V。开机瞬间,监测到该芯片供电管脚电压峰值达 18 V,超过了芯片最大耐压范围。

　　查阅芯片资料,芯片供电电压范围为 6 V ~ 16 V,最低工作电流 10 mA。从芯片参数可以看出,芯片供电电压范围较宽,只要满足最小工作电流即可。芯片输入阻抗为 6 V/10 mA = 600 Ω,采取分压的方法,在电路中串联 200 Ω 电阻分压,额定 12 V 时,电流 I = 12 V/(200 Ω + 600 Ω) = 15 mA,满足工作需求;电压过应力,即输入为 18 V 时,芯片供电电压 U = $\dfrac{18\ V \times 600\ Ω}{(200\ Ω + 600\ Ω)}$ = 13.5 V,电压被钳位在正常电压 16 V 以下,且留有 2.5 V 的裕量。

11.4.2.2　分流式保护方法

　　瞬态过应力分流式保护方法的基本特点是将保护器件(或保护电路)与被保护器件并联,如图 11 - 5 所示。当回路中电压正常时,保护器件(或保护电路)呈现较大的阻抗,几乎不影响被保护器件的正常工作。一旦回路中电压急剧上升,超过了保护器件(或保护电路)的"钳位"门限,保护器件(或保护电路)阻抗迅速下降到很低的水平,瞬态过应力的能量被保护器件(或保护电路)快速吸收,回路电压将被维持在"钳位"门限值附近(限压型器件)或较低残压(开关型器件)。使用分流式保护法实现过应力保护时,必须根据被保护器件或电路的承受电压极限值选择具有合适的"钳位"门限值的保护器件(或保护电路),即"钳位"门限值必须低于被保护器件的电压极限值,否则,保护电路起不到保护效果。

　　瞬态过应力分流式保护方法是工程上使用最多的一种保护方法。优点明显:正常工作时漏电流小,几乎不影响原电路工作,损耗很小;一旦保护动作后分流能力大,钳位电压可以做得很准确。因此,尤其适用于对电压和效率要求较高的场合对电路、设备过应力的保护。

　　瞬态过应力分流式保护方法如图 11 - 5 所示,分流抑制器件有开关型和限压型两种。其中气体放电管、压敏电阻、瞬态抑制二极管最为常用。

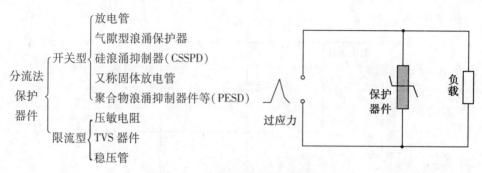

图 11-5　过应力分流式防护示意图

1. 开关型保护元器件又称"橇棒器件",其主要特点是通流量大,保护电压高,击穿后的导通电压低,因此不仅有利于浪涌电压的迅速泄放,而且使功耗大大降低。另外,该类型器件的漏电流小,器件极间电容量小,所以对线路影响很小。常用的此类器件包括:气体放电管、硅浪涌抑制器(CSSPD)、PESD 管等。此类器件的特性对比见表 11-6。

表 11-6　开关型瞬态过应力保护器件的优、缺点一览表

元器件名称	优点	缺点
气体放电管	通流容量大,绝缘电阻高($>10^{10}$ Ω),漏电流小;电容量小($\leqslant 1$ pF)	残压较高,反应时间慢($\leqslant 100$ ns),动作电压精度较低,有跟随电流(续流)。存在老化问题
气隙型浪涌保护器	放电能力强,通流容量大(可做到 100 kA 以上),漏电流小	残压高(2 kV ~ 4 kV),反应时间慢($\leqslant 100$ ns),有跟随电流(续流)
硅浪涌抑制器(CSSPD)	通流容量大,残压低,反应时间较快(10^{-9} s),可靠性高,参数一致性好	结电容稍大(数十 pF),作用电压较高。有跟随电流(续流)
聚合物 ESD 抑制器(PESD)	通流量中等,漏电流小;电容量极小($\leqslant 1$ pF);反应时间快(<1 ns)	有残压,通流量较小,存在老化问题

2. 限压型保护元器件,常称"箝位器件",即保护器件在击穿后,其两端电压维持在击穿电压上,以箝位的方式起到保护作用,常用的此类器件包括:压敏电阻、TVS 器件、稳压管等。其特性对比见表 11-7。

表 11-7　限压型瞬态过应力保护器件的优、缺点一览表

元器件名称	优点	缺点
压敏电阻	通流容量大,残压较低,反应时间较快($\leqslant 50$ ns),无跟随电流(续流)	漏电流较大,等效电容大(影响高频信号传输),老化速度相对较快。存在老化问题
TVS 器件	残压低,动作精度高,无跟随电流(续流),反应时间快(<1 ns)	耐流能力差,通流容量小,一般只有几百安培
稳压管	残压低,动作精度高,反应时间快(<1 ns),无跟随电流(续流)	结电容大,耐流能力差,通流容量小,一般只有上百毫安

3. 如图 11-6,各种分流式瞬态过应力保护器件的共同特点是其在阈值电压下都呈现高阻抗,一旦超过其阈值电压,则其阻抗便急剧下降,从而对瞬态过电压起到一定的抑制作用。

但这些元器件也各自存在不足,例如,气体放电管虽然能够承受很大的能量冲击,但是响应时间较长,对上升沿很陡的浪涌脉冲不能有效地抑制。瞬态抑制二极管虽然响应时间短,但是不能承受较大的能量。因此设计师应根据需要保护的具体场合,结合这些元器件的优缺点选择采用。对诸如雷击这种超大能量的瞬态过应力,通常是把不同性质的浪涌抑制器件结合使用,形成多级分流保护(如图 11 - 7 所示),逐次吸收瞬态过应力,方能满足防护要求。

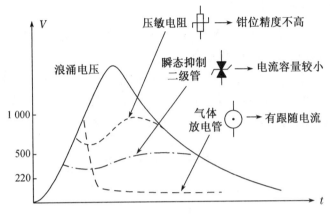

图 11 - 6　分流式保护器件工作特性示意图

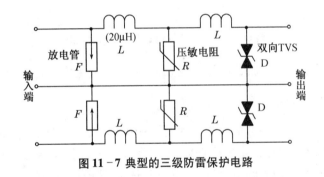

图 11 - 7 典型的三级防雷保护电路

多级保护电路设计基本原理如下:

a) 将能够承受较大能量的器件(通常响应时间较长)放在最靠近浪涌入口处;

b) 后续的保护器件在能量容量方面递减,而钳位电压由高到低地逐次靠近工作电压;

c) 各级之间用串联的缓冲器(电阻或电感)隔开;

d) 在双线传输中,不仅要考虑共模浪涌抑制,还要考虑差模浪涌抑制;

e) 缓冲器应该能将进入后级的电流限制在后级额定电流值以内。

[例 11 - 2]　某车载系统防雷三级防雷保护如图 11 - 7 所示,利用放电管承受电压高,吸收能量大的特点,先将雷电电压降至残压 1 kV 甚至更低,然后压敏电阻进行二次降压,将电压调整到 TVS 可以正常工作的范围内,最后,第三级 TVS 可以根据需要,将电压钳位在几伏、几十伏,或一二百伏,后端负载可以在此电压下正常工作,即使遇到雷击也不受影响。

[例 11 - 3]　某研制阶段设备在进行电磁兼容试验 CS106 时,在电源线上注入尖峰干扰信号,分机无输出。经分析:设备中电源模块将 28 V 转换成 +9 V、+5 V 和 -5 V 给各负载供

电,在干扰信号注入的时候,电源转换模块输入产生一个持续数 μs 的高压脉冲,高压持续时间超过了电源模块保护阈值,从而触发电源模块保护电路动作,关断输出,造成后端负载供电中断,分机停止工作。

在电源模块输入端并联一只快速 TVS 器件,将电压钳位在 28 V 左右,分机即回复正常工作,并顺利通过 CS106 的测试。

11.4.2.3 低通滤波保护方法

从频谱角度来讲,瞬态过应力作为电路单元的一个暂态过程,其本身是一个高频杂波信号源,因此可以利用低通滤波原理,能起到一定抑制效果。

低通滤波器通常可由单个电阻、电感或电容构成,或由它们的任意组合组成的一种网络。这种网络对某些频率或直流电几乎没有什么抑制作用,而对高于这些频率的信号则阻碍它们通过,如电源滤波器。典型的低通滤波器如图 11－8 所示。

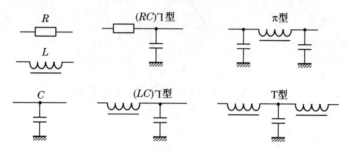

图 11－8　典型的低通滤波器形式示意图

其中,RC 反"Γ"型低通滤波器应用广泛,另外,11.5.1.4 中所述的 IGBT 浪涌保护也大量使用这种电路结构。该电路截止频率为 $f = \dfrac{1}{2\pi RC}$。

[**例 11－4**] 采用低通滤波的保护方法对 CS101 的解决效果明显。某设备在进行电磁兼容试验时,放大电路工作异常。经检查发现:设备注入干扰信号后,对 20 K 频率信号比较敏感,导致电源输出 20 K 谐波幅值很高,运放供电异常,从而放大失效。

设计一个截止频率为 10 K 的二阶滤波电路置于分机供电前段,滤除 20 K 干扰信号,系统工作恢复正常。

11.4.2.4 消除或减弱干扰源

前面介绍的几种瞬态过应力保护方法,都是在被保护器件(单元或设备)端进行干扰抑制,而干扰本身并没有消除。如果在能准确判断出干扰源及其特性时,采取消除或减弱干扰源的过应力防护方案,则可以彻底消除或减弱干扰源产生的瞬态过应力对外界的影响。

消除干扰源的防护方案主要是对产生瞬态过应力的器件(或单元电路)进行干扰消除或抑制。通常的干扰源有感性元器件(瞬间产生过电压)和容性器件(瞬间产生过电流)。

对于过电压的情况可以采用在尽量靠近干扰源(感性元器件)的地方并联一个电流泄放回路(如续流二极管、TVS 器件、稳压管或电阻、电容等),以防止感性器件因其电流突然中断而出现的过电压。

对于容性过流的情况通常可以考虑在靠近容性元器件的地方串入合适的限流电阻、扼流圈或其他限流型器件,以防止容性元器件因电路的突然接通而出现过大的充电电流。

采用消除或减弱干扰源的防护方法,需要在设计前预计系统(设备)中可能产生的干扰源(包括干扰源的位置、特性、强度等信息),提前采取有针对性的防护方案,这些要求对设计师的工程经验要求较高,设计难度也较大。

这种保护方案对系统(设备))通过电磁兼容 CE107 试验测试发挥着有效作用。电磁兼容 CE107 试验测试是系统对瞬态过应力干扰源的指标要求,要求开关机时产生的电压浪涌必须限制在 GJB 151A 规定范围内,所以消除干扰源的过应力保护方案是完成电磁兼容 CE107 试验最主要的解决方案。该方案最大的优点是可以一次性杜绝干扰信号在系统中的传播,排除隐患,而其他的保护方式只是针对被保护设备进行保护,干扰源没有被消除,其他设备仍然存在被损坏的可能性。

[例11-5]　某 115 V 供电产品做电磁兼容试验 CE107,数次失败。经分析,故障原因为系统继电器线圈控制电源 28V 开关瞬间浪涌很大,关断瞬间线圈两端产生高达 80V 瞬态尖峰电压,超出了 GJB151A 规定范围。改进方案:在继电器线包两端并联续流二极管,如图11-9所示。

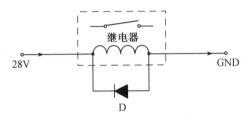

图 11-9　CE107 典型解决方案之一

[例11-6]　某产品交付使用后,多次出现电子器件被损坏的故障(电路示意图如图11-10(a)所示)。经分析,在系统电源 28 V 关断时,输入滤波电感线圈两端产生高达 60 V 瞬态尖峰电压,导致了后端运算放大器的烧毁。由 $u = L\dfrac{\mathrm{d}I_1}{\mathrm{d}t}$ 可知,关断时,电感中电流大,关断的浪涌电压就越大,根据这个原理,尖峰电压直接由 I_1 过大引起。

改进方案:通过合理设置驱动信号时序,将 MOSFET 后端的 10 个并联负载分别进行一对一地分时启动和关断。改进后(如图 11-10(b)所示),10 个负载依次关断,每次只关断 1 个,滤波电感中浪涌电压 $u = L\dfrac{\mathrm{d}I_2}{\mathrm{d}t}$,因为 $I_2 = I_1/10$,所以,改进后的尖峰电压变为原来的 $\dfrac{1}{10}$,从而改进前的瞬态过应力彻底消失。

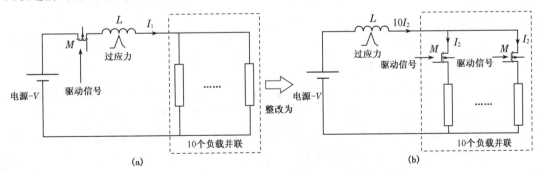

(a)　　　　　　　　　　　　　　　　　　(b)

图 11-10　[例 11-6]消除干扰源前后的电路示意图

11.5 瞬态过应力保护电路设计

设计瞬态过应力保护电路不仅要考虑设备、电路的总体要求、被保护对象的保护要求，还需对被保护对象(如器件、单元电路)的特性充分了解，才能设计出与器件特性相匹配的保护电路。因为，有时虽有保护电路，但由于设计不合理，例如出现过应力时输入驱动切断时间时延过长、吸收回路通流容量过小、阻尼电阻额定功率选取过小等，都可能使被保护的器件仍遭到损坏。

针对保护对象及选用防护方法，表11-8列出了两者间的相关关联矩阵。

表11-8 瞬态过应力保护对象与保护方法选用关联表

保护对象＼保护方法	分压	分流	低通滤波	消除或减弱干扰源
二极管	★	★★	★★	○
晶体管	★	★★	★	○
晶闸管	★	★★	○	○
大功率 IGBT	★★	★★	★★	○
感性元件	★	★★	★	★★★
继电器类元器件	★★	★★	★★	★★★
集成电路	★	★★	○	○
闩锁现象	★	★★	○	★★
其他器件	★★	○	○	○
计算机系统	○	★★★	★★	○
典型设备防雷	★★	★★★	★★	○
★★★—使用频率很高；★★—使用频率一般；★—使用频率较低；○—基本不用				

以下将针对电子工程领域，按被保护对象，分类介绍一些通用保护电路设计方案。

11.5.1 半导体器件保护电路

11.5.1.1 二极管保护电路设计

各种直流电源或逆变器中有许多功率二极管工作在感性负载情况下，因此必须根据其在电路中可能承受的过应力设计保护电路。图11-11所示电路形式是最典型的方案。其中，(a)中电阻 R 限制浪涌电流大小，起到过电流保护作用，电容 C 起抑制过电压的保护作用，防止二极管反向击穿；(b)中的 R 则起到限制电容 C 的充、放电电流，以及起到电压跳变延缓作用。

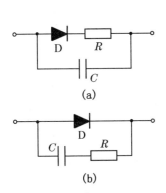

图 11-11　二极管保护电路

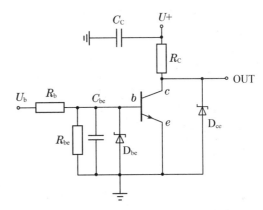

图 11-12　晶体管过应力保护电路方案

11.5.1.2　晶体管保护电路设计

晶体管各极间对电压应力极为敏感,稍有超限就会造成其损坏或功能下降。因此在晶体管电路设计时尤其要考虑采取适当的保护措施。图 11-12 所示电路形式是晶体管过应力保护电路的典型综合方案。其中:

1) 基极加输入电阻 R_b 以减少基极浪涌电流;同时与 C_{be} 构成一低通滤波器,以抑制浪涌电压;

2) 基极对地加 D_{be}(可能是一反向二极管或稳压管、TVS 管)以防基 - 射极反向击穿;R_{be} 用于调整分压比例和作为电容 C_{be} 放电通路;

3) 在集 - 射(或地)极间加 D_{ce}(可能是一反向二极管或稳压管、TVS 管)以防止集 - 射极击穿;

4) 电源端对地加电容 C_c 以抑制来自电源的瞬态过应力。

此外,还可能在集—基极间加稳压管以防止 C - B 结反向击穿。

图 11-13 是各类晶体管电路中具体的过应力保护电路,供设计参考。

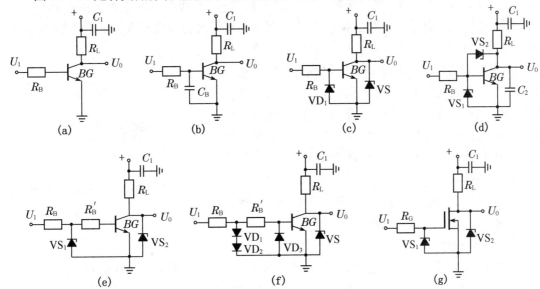

图 11-13　各类晶体管过应力保护具体电路示意图

至于选用何种保护电路,是否都加保护措施,应根据电路特点及可能出现的过应力强度来选取。

11.5.1.3 晶闸管(可控硅晶体管 SCR)保护电路设计

晶闸管的过应力失效模式主要是触发极的过流、过压以及阴-阳极的过压击穿。为此,可分别采取以下措施进行保护(如图 11 - 14 所示):

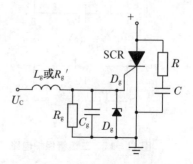

1. 触发极(g)保护方案与晶体管基极保护方案相同:

1) 加 L_g 或 R_g 限制触发电流;

2) 同时 L_g 或 R_g 可与 C_g 构成一低通滤波器,抑制浪涌电压冲击;

3) D_g 则防止触发极的过电压击穿和反向击穿;

图 11 - 14 晶闸管保护电路方案

2. 阳-阴极间并接一 R - C 阻尼电路(小功率下也可以仅用一电容),吸收浪涌电压,防止其击穿损坏;

3. 此外,半导体二极管过应力保护电路同样适用于晶闸管的阴—阳极间的保护。

11.5.1.4 大功率器件过应力保护

随着各种高效电源、逆变器、变频器以及功率放大器的出现与发展,各种大功率半导体器件得到广泛使用。而在此类应用中这些器件都会遇到过电流,过电压等异常现象,并遭到损坏。因此,旨在保护器件安全的保护电路设计,在设计时尤为重要。下面以 IGBT 管在开关电源应用中的过应力保护为例作一介绍。

1. IGBT 管栅极的保护

IGBT 管的特点是:输入阻抗高,要求驱动功率小(场效应管输入特性);输出保持了晶体管的特性(高压、大电流)。

因而,首先是 IGBT 管的栅极(G) - 发射极(E)为高阻状态,且驱动电压 V_{GE} 的保证值一般在 ±20 V 范围内(特殊的可达 ±30 V),如果在它的 G - E 极之间加上超出极限值的电压(电子设备生产过程中可能遭受到的静电电位就远远超过此值),则可能会损坏 IGBT 管。因此,在其驱动电路中必须设置栅压限幅保护电路。另外,若 IGBT 管的栅极与发射极间开路,而在其集电极与发射极之间加上电压,则随着集电极电位的变化,由于栅极与集电极和发射极之间寄生电容的存在,使得栅极电位升高,集电极 - 发射极有电流流过。这时若集电极和发射极间处于高压状态时,可能会使 IGBT 管发热甚至损坏。为防止此类情况发生,应在 IGBT 管的栅极与发射极间并接一只电阻(通常此电阻值在数千欧至数十千欧范围),此电阻应尽量靠近栅极与发射极。如图 11 - 15 所示。

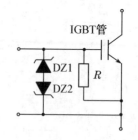

图 11 - 15 IGBT 管栅极保护电路

2. C - E 极过压的防护

1) 因为电路中存在分布电感,变压器存在漏感,加之 IGBT 管实际工作的开关速度较高,当 IGBT 管关断或与之并接的反向恢复二极管反向恢复时,C - E 极间就会出现很大的浪涌电压(L×dI/dt),在这过程中,还会出现高电压与大电流同时存在的情况(如图 11 – 16 所示),器件将会在瞬间承受超出器件安全工作区功耗范围很多的功率损耗,严重威胁到 IGBT 管的安全、可靠工作。

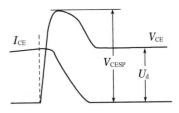

通常 IGBT 可能承受的电压与电流的波形如图 11 – 16 所示。

图中 V_{CE} 为 IGBT 管集电极 – 发射极间的电压波形;I_{CE} 为 IGBT 管的集电极电流。

假设 I_{CE} 为 IGBT 管的集电极电流;U_d 为 IGBT 管的直流工作电压;

图 11 – 16　IGBT 管的电压与电流波形

则浪涌电压峰值为:$V_{CESP} = U_d + L \times di_{CE}/dt$

如果 V_{CESP} 超出 IGBT 的集电极 – 发射极间耐压值 V_{CEO},就可能损坏 IGBT 管;如果瞬间出现高压 V_{CE} 和大电流 I_{CE} 并超出器件的安全工作区,也会在瞬间损坏器件。常用的解决方法有以下几种:

a) 在选取 IGBT 时考虑设计裕量,但可能增加成本、体积或重量等;

b) 电路设计时调整 IGBT 驱动电路的 Rg,使 di/dt 尽可能小;

c) 尽量将电源滤波电容 C_0 靠近 IGBT 管安装,以减小分布电感;

d) 根据情况加装缓冲保护电路,吸收或抑制高频浪涌电压(相关电路参见图 11 – 17)。

2) 缓冲吸收电路主要有 C 型、RC 型、RCD 型几种,如图 11 – 17 所示。

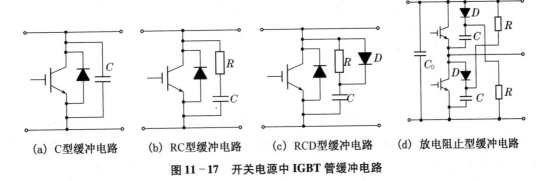

(a) C型缓冲电路　　(b) RC型缓冲电路　　(c) RCD型缓冲电路　　(d) 放电阻止型缓冲电路

图 11 – 17　开关电源中 IGBT 管缓冲电路

a) C 型缓冲电路如图 11 – 17(a)所示,宜采用(无感)薄膜电容,应尽量紧靠 IGBT 管集-射极安装。其特点是电路简单,缺点是由分布电感及缓冲电容构成 LC 谐振电路,易产生振荡;而且在 IGBT 管导通瞬间,缓冲电容 C 储存的能量将通过 IGBT 管泄放,造成集电极电流过冲。故此保护电路仅适用于小功率电路。

b) RC 型缓冲电路如图 11 – 17(b)所示,其特点是电路结构比较简单,对关断时出现的浪涌电压抑制效果较好。但在大功率开关电源中应用时,为了能在短时间内吸收器件关断时电路(漏感)剩余的能量,缓冲电路的电容 C 容量较大,为降低 IGBT 管在导通瞬间因电容 C 的放电电流,必须使缓冲电阻 R 取较大值;然而,又因为在 IGBT 管关断时电容 C 的充电电流在电阻 R 上产生压降,又会造成一定浪涌电压。因此,在应用此保护电路时,必须权衡两者值。通常此保护电路用于小、中功率电路。

c) RCD 型缓冲电路如图 11 - 17(c)所示,与 RC 型缓冲电路相比,RCD 电路因有二极管旁路了电阻上的充电电流,克服了电压过冲,因而使 R 阻值可增大,又可避开 IGBT 管导通瞬间因电容 C 直接放电而出现的电流过大问题。故适用于中、大功率电路中的瞬态过应力保护。缺点是电阻 R 上的损耗较大(大约等于电容 C 上储存的能量)。

d) 对于半桥、全桥开关电源中 IGBT 管的保护,还可应用如图 11 - 17(d)所示的放电阻止型缓冲保护电路。此电路中吸收电容 C 的放电电压为电源电压,每次关断前,C 可将上次关断电压的过冲部分能量回馈到电源,减少了电路的功耗。当然由于电容电压在 IGBT 管关断时从电源电压开始上升,所以它的过电压吸收能力不如 RCD 型充放电型缓冲电路;但产生的损耗小,适合于中功率半桥或全桥开关电源电路中。

注:根据实际情况选取适当的缓冲保护电路,抑制关断浪涌电压,限制导通时的浪涌电流。在进行装配时,主电路和缓冲电路的接线越短越粗越好,以减小其分布电感,降低其影响。

[例 11 - 7] IGBT 模块在使用中共损坏 40 余块。究其原因,电路中缺少过应力防护措施。纠正措施为在电路中增加 RCD 缓冲吸收电路,以吸收浪涌电压。

对缓冲吸收电路的元器件及安装的要求:

a) 吸收电容 C 应采用无(低)感电容(如 CBB 类薄膜电容),并在安装时引线尽量短些,与被保护器件之间的连线越短越好,最好直接接到如 IGBT 管的相应端子上;

b) 吸收二极管应选用快速开通和关断特性为软恢复的器件;

c) 吸收电阻 R 应选用等效电感小的电阻(如金属膜电阻),最好是用无感电阻;

d) 尽量减小主电路的布线电感 L_s 及诸如变压器的漏感。

3. 缓冲吸收电路元器件的选择

以图 11 - 17(c)保护电路为例,缓冲吸收电路元件参数的计算公式如下:

1)缓冲电容 C_S:$C_S = (L_m \times I_0^2)/(V_{cep} - U_d)^2$

式中:$L_m = L_1 + L_2$,(L_1 为电路中变压器类元件的漏感;L_2 为电路中连线的分布电感)。通常每米导线的分布电感量约为 1 μH;I_0 约为集电极关断时的电流;V_{cep} 为 C_S 在电路中承受的最大电压值,通常以器件的 0.9 V_{CE0} 为计;U_d 为电路直流电源电压(或母线电压)。

2)缓冲电阻 R_S:$R_S \leq 1/(2.3 \times C_S \times f)$ $P_{(Rs)} \geq (L_m \times I_0^2 \times f)/2$

其中:f 为开关频率

3)缓冲二极管 D_s

选择缓冲二极管主要考虑:额定反向电压、额定电流、开关时间及开关特性。尤其是开通时要快、关断时要既快又软(即二极管关断时要平滑),以避免产生开通电压和反向恢复引起较强的振荡,同时亦减轻了其开关瞬间的干扰程度。

4. 集电极过流保护

IGBT 管承受过电流的能力也是有限度的,因此,使用时必须设置过流保护电路。过流保护电路设计的关键是过流信号的检测要准确、及时,通常有以下 3 种方法采集 IGBT 管电流:

1)用电阻或电流互感器检测过流进行保护

如图 11 - 18(a)、(b)所示,可以用电阻或电流互感器与 IGBT 管主电路串联,检测流过

IGBT 管集电极的电流。当有过流情况发生时,控制执行机构断开 IGBT 管的输入,达到保护目的。

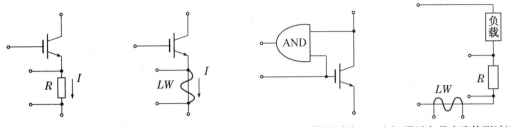

(a) R取样检测过流　(b) 互感器检测过流电路　(c) 由VCES检测过流　(d) 通过负载电流检测过流

图 11-18　过流信号检测电路

2)由 IGBT 的 VCE(sat)检测过流进行保护

如图 11-18(c)所示,因 $V_{CE(sat)} = I_C R_{CE(sat)}$,当 I_C 增大时,$V_{CE(sat)}$ 也随之增大,若栅极电压为高电平,而 V_{CE} 为高,则此时就有过流情况发生,此时与门输出高电平,将过流信号输出,控制执行机构断开 IGBT 的输入,达到保护 IGBT 管的目的。

3)检测负载电流进行保护

此方法与图 11-18(a)中的检测方法基本相同,但方法(a)属直接法,此法属间接法,如图 11-18(d)所示。若负载短路或负载电流加大时,也可能使前级的 IGBT 管的集电极电流增大,导致其损坏。由负载处(或 IGBT 管的后一级电路)检测到异常后,控制执行机构切断 IGBT 管的输入,达到保护的目的。不过,这种方法只能保护 IGBT 管在负载处(或 IGBT 管的后一级电路)发生过载时免遭损坏。

11.5.2　磁性元件过应力保护

11.5.2.1　感性元件过应力保护

电子设备中磁性元器件的失效以过流为主,其电流过应力防护可采用并联分流或直接加入限流元器件等方法进行保护。在此不做详述。

在电子设备中,磁性元器件更多的是作为感性负载存在,从而成为电子设备内部产生瞬态过应力的主要原因之一。例如:变压器、交流调整器、电机、各种滤波电感、交流接触器和电磁继电器的线包等。当这些感性元器件通断瞬间,由于感性元器件内电流不能突变而在其两端产生电压过冲,尤其是存在较大漏感的变压器类元件,在断开时储存在漏感内的能量如无泄放回路将会产生高达十几倍、甚至数十倍的电压过冲,将严重危及设备乃至人身安全。

此外,电机的开启和关闭,也会产生较大的冲击电流和电压;电磁阀吸合不可靠时引起的抖动;在控制变压器初级时,次级线路上的瞬态电压会对初级造成影响;另外,变压器也有可能因为两个方向电流不对称(例如各类桥式开关电源中的高频变压器)而出现饱和引起的浪涌电流等异常现象。

对于上述这些可预见的瞬态过应力现象,可在设计阶段采取有效的防护措施即能确保电子设备的正常可靠工作。图 11-19 是部分针对感性元器件通断时出现过应力的防护电路原理示意图(即消除或减弱干扰源)。

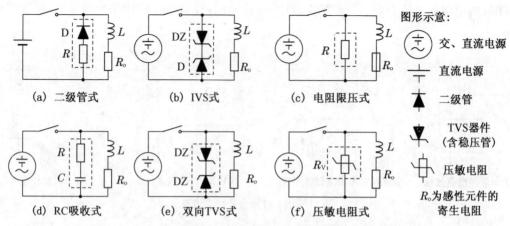

图形示意：

交、直流电源

直流电源

二级管

TVS器件
（含稳压管）

压敏电阻

R_o为感性元件的
寄生电阻

(a) 二级管式　　(b) IVS式　　(c) 电阻限压式

(d) RC吸收式　　(e) 双向TVS式　　(f) 压敏电阻式

图 11-19　抑制感性元器件瞬态过应力的防护电路原理示意图

图 11-19 中的保护元器件的选择需考虑以下两方面内容：

1）要根据感性元器件在电路中的工作状态（主要是通断时的工作电流、电压），以及所规定的体积、重量及成本等因素确定防护电路的形式及元器件；

2）应满足被保护对象的承受应力能力或要求（如二极管的反向额定电压、晶体管的各极间的额定电压、集成电路的额定工作电压及线包类元件的额定击穿电压等）。

[例 11-8]　某产品交付使用后，一款运放多次出现烧毁。经分析，故障原因为系统输入 28 V 滤波电感在关断瞬间线圈两端产生高达 80 V 的瞬态尖峰电压，导致了后端运算放大器的烧毁。改进方案：在滤波电感两端采取并联 $R-D$ 或 TVS 管来消除此尖峰电压，如图 11-20(a)、(b) 所示。

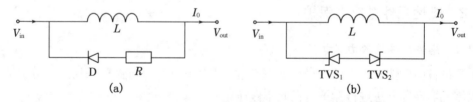

图 11-20　改进方案示意图

假设后端负载最高能承受 V_{max} 电压，则要求(a)中 R 的阻值小于 $\dfrac{V_{max}-V_D}{I_0}$，(b)中 TVS 管的箝位电压应小于 $(V_{max}-V_D)$。

11.5.2.2　继电器类元器件防护

继电器类元器件的保护主要分为（机电式）继电器线包保护和继电器触点保护两类。

继电器线包的保护包括采用图 11-19 所示的感性元器件防护方案，抑制作为（过应力）干扰源存在的线包通断时产生的过电压；再一个是防止线包过流失效所采用的保护方案。

1. 继电器线包断电引起的过压防护方案

继电器线包断电瞬间，线包上可产生高于线包额定工作电压值数十倍的反峰电压，这将给电子线路带来极大的危害，因此必须加以防护，典型的防护电路与图 11-19 中所示的相同,最常用的是并联 R-C、R-D、TVS 器件或稳压管的方法加以抑制,使反峰电压不超过被保护对象(如元器件或电路)的允许最大电压值。

2. 继电器类触点过应力保护

继电器类的触点过应力状况与触点所带负载的性质(主要针对感性与容性负载)有关,以下分别介绍。

1)感性负载时触点的过应力保护。

当继电器触点所带负载为感性负载时,在其断开瞬间由于感性负载的反电动势造成触点瞬间承受高电压,可能引起电弧、电晕,造成触点起毛而增大接触电阻(接通时),从而在接通时导致触点功耗增大,负载端的电压下降,直接影响电路(设备)的正常运行,严重时会因触点温度异常,引发火情。因此必须施加保护措施,例如从结构上采取防电弧结构;而对中小型继电器来讲,更多的是在电路上采取防护措施,此类防护电路形式很多,最常用的保护方案是:与触点并联 R-C 吸收网络、压敏电阻或 TVS 管等方式来保护触点(如图 11-21 所示),这些防护方案对常闭触点也适用。

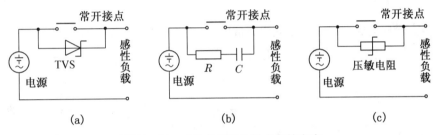

图 11-21　感性负载时的触点保护方案

2)容性负载时触点过应力保护

触点控制对象是容性负载时,如切换电容器组或接通电容器电源瞬间,会在回路中造成类似短路的状态;与容性负载相似的某些灯负载(如白炽灯),在接通或烧断瞬间也会出现低阻抗、气化和放电通道。这些负载的工作模式都可能在继电器触点上产生瞬态过电流应力。因此,应在继电器触点回路中采取电流过应力保护措施。通常的方法是在这些负载回路中串联(小阻值)限流电阻、负温度系数电阻或串联 RL 抑制网络作为限流措施来抑制浪涌电流的冲击(如图 11-22 所示)。

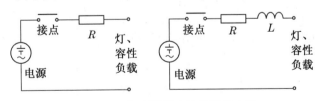

图 11-22　抑制浪涌电流的防护方案

上述所采用的过应力防护方案对固态继电器的过流(过压)保护同样适用,在此不一一阐述。

[例 11-9]　某整流设备在参与联试时,发生系统上电开关经常失效的故障。经分析发现,该整流模块内部滤波电容比较大,开机瞬间(电容充电)电流远远高于开关额定电流值

10 A,实际电流峰值达 40 A,故开关易被开机瞬间过大电流损坏。解决措施:在整流后直流母线串入一大电感,起到良好的电流抑制作用。如图 11－23 所示。

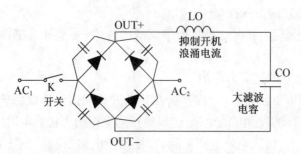

图 11－23 容性负载下开机浪涌电流抑制电路图

11.5.3 集成器件保护电路

11.5.3.1 集成电路保护

无论是大规模集成电路还是小规模集成电路,它们抗瞬态过应力的能力都十分脆弱,因此,多年来设计师们设计了许多简单实用的瞬态过应力保护电路,图 11－24 所示为几种典型保护电路方案。

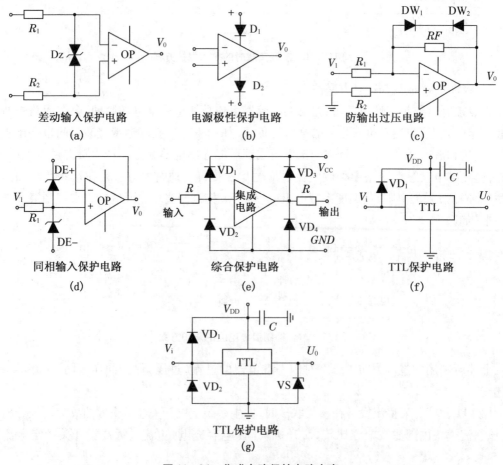

图 11－24 集成电路保护电路方案

11.5.3.2　闩锁现象防护

如果输入信号比相应的运算放大器的电源电压更正或更负,那么在双极型和 JFET 运算放大器中都会出现较严重的闩锁。如果输入端比 $+V_S+0.7\ V$ 更正或者比 $-V_S-0.7\ V$ 更负,那么电流可能流过通常被偏置截止的二极管,可以促使由这个运算放大器的某些扩散作用形成的晶体闸流管(SCR)导通,使电源短路而导致器件损坏。

对 CMOS 器件来讲,同样存在此类闩锁失效,为此必须保证输入、输出端的电压: $V_{SS}\leqslant V_i\leqslant V_{DD}$, $V_{SS}\leqslant V_0\leqslant V_{DD}$,这里的 V_i 、 V_0 不仅指稳态输入、输出电压,也包括瞬态输入、输出电压。

为了防范出现这些破坏性严重的闩锁现象,重要的是确保器件的输入、输出端电压不超出电源电压范围。为此,如图 11-25 所示,在电路输入、输出端都需要用二极管箝位(最好使用快速、低正向电压的肖特基二极管或 TVS 器件)。当然有时为防止二极管瞬态保护电流过大还需加接限流电阻 R(见图 11-25)。

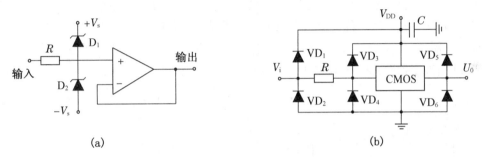

(a)　　　　　　　　　　　　　　　　(b)

图 11-25　防止闩锁保护电路

注:这种保护电路本身也许会带来一些问题:如上述二极管的漏电流可能会影响该电路的误差估算;如果使用玻璃封装的二极管,并可能被暴露在荧光环境下,那么由于光电效应,其漏电流会以 100 Hz 或 120 Hz 频率被调制,从而会产生交流噪声及直流漏电流影响到电路的噪声指标;限流电阻的热噪声可能更加会降低电路的噪声特性,而且流过限流电阻的偏置电流可能使失调电压明显增加。因此,在设计这种保护电路时应该考虑到这些因素带来的负面影响。

[例 11-10]　某电源管理单元经高低温工作和高低温储存试验,其故障检测及控制单元在报过流故障后,故障状态一直存在,没办法复位。经分析发现,运放逻辑功能完全正常,没有损坏,但是每次出现"故障"信号后运放状态即被锁死,不再响应外在电平信号,因此,这是一个典型的"闩锁"现象。在运放"故障"信号输入端对地并联一个 TVS,运放即恢复正常工作。

11.5.4　其他过应力保护电路

1. 对电容器过应力防护主要是在选择元件耐压时留出足够的裕量;对于钽电解电容器也可在不影响滤波效果的前提下在其回路中串联一个大于或等于 3 Ω/V 的限流电阻。对数字电路中在清零、复位等过程瞬间可能会出现大批电路同时导通或截止情况,最好的办法是在设计时考虑让这些电路动作时间产生不同的延时,从而避免出现过大的电流脉冲。

2. 对电阻器的过应力防护主要是靠合理选用电阻器类别来解决。

对于 1 kV 以上的电压脉冲一般可选用 0.25 W 以上的电阻器,对于 2～30 kV 的应选用 2～5 W 的电阻器。同时应注意选用电阻器的品种,一般应选用线绕电阻或碳膜电阻而不要选用金属膜电阻,尤其不可用合成电阻。

11.5.5 设备级保护设计

电子设备在使用环境中遭受到各种内、外部过应力的侵入。对于一套复杂的电子系统来说,则需要根据系统每个分系统(可能是设备、功能模块、电路单元)的具体需求,综合考虑使用各种保护方法,相互补充和配合,方能确保系统安全、可靠。

典型的电子设备防护结构如图 11-26 所示,防护设施按位置可分为开关前端和开关后端两大部分:设备开关前端防雷器和滤波器用于抑制外部瞬态过应力;设备开关后端浪涌抑制器主要消除开关动作可能产生的干扰,以及对残余的外部瞬态过应力做进一步的抑制,以保障设备内部不受干扰。最前端是防雷器,主要由放电球、放电管构成,应对雷击等大能量浪涌过应力;滤波器用以消除高频尖峰信号和电源杂波;开关后端的浪涌抑制器实际是由多级各类保护器件(如 TVS、阻容元件等)构成,作为贴近设备端口及各分机、单元模块及电路的保护,此类抑制器对保护阈值、响应时间等保护参数精确度要求较高。

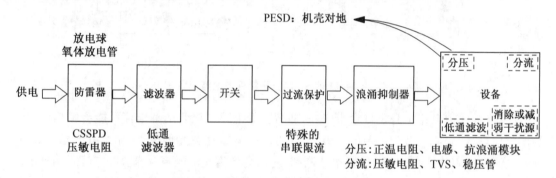

图 11-26 电子系统综合保护示意图

以下介绍一些系统保护。

11.5.5.1 计算机系统中接口保护

计算机系统(或电子产品)和外部设备的接口最易受静电、雷击、电磁干扰等的侵入而造成内部器件损坏。因此,必须在这些接口位置(如电源端口、电路单元输入和输出端口)设置瞬态过应力保护装置(如 TVS、PESD 等器件)(见图 11-27、图 11-28),防止瞬态过电压进入计算机(或电子产品)总线,从而保证其正常工作,提高使用可靠性。

在 RS-232、RS-485、USB 接口的输入、输出端同样可采用这种保护方式防止过应力损伤。如在 USB 接口产品中,尽管各器件生产商已经考虑了静电防护,增强芯片抗静电损坏的能力,但有时仍需外加过应力保护电路(如外接 TVS 器件),如图 11-29 所示。当被保护器件接口较多且集中时,也可以采用图 11-28 所示的阵列式保护器件。

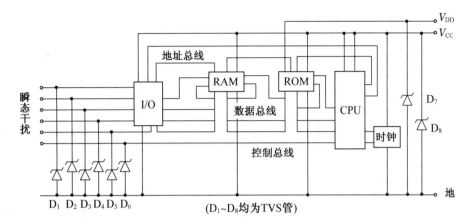

图 11-27 TVS 器件在微机中的应用

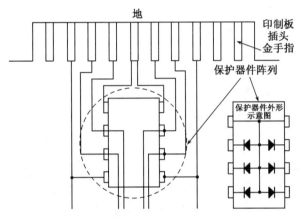

图 11-28 印制板接口保护器件布局示意图

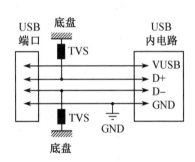

图 11-29 USB 接口保护电路

11.5.5.2 设备及其内部综合式多重过应力保护

在一些特殊使用场合（如闪电冲击、强电磁场以及重要数据处理等场合），以上所列的过应力保护措施尚不能提供足够地保护，当单级 SPD（电浪涌保护器）不能将入侵的冲击过电压抑制到规定的保护电平以下时，就要采用综合式多重过应力保护方案。例如，含有二级、三级或更多级非线性抑制元件的 SPD 电路防护方案。通过多级电压抑制电路的作用，使得本来系统（设备、单元电路或元器件等）无法承受的过应力抑制到可接受水平。

以下是设备内部通常采用的综合式多重瞬态过电压保护设计方案：

1. 二级保护方案

图 11-30 为二级保护的电路示意图及保护效果图，其中非线性元件 R_{n1} 和 R_{n2} 可以都是压敏电阻，R_{n1} 也可以是气体放电管，R_{n2} 也可以是稳压管或浪涌抑制二极管（TVS 管）。两极之间的隔离元件 Z_s 可以是电感 L_s 或电阻 R_s，若规定工作电压要求是 V_0，允许承受的最高电压为 V_{MAX}，R_{n1} 和 R_{n2} 的箝位（导通）电压分别是 U_{n1} 和 U_{n2}，则所选用的 R_{n1} 和 R_{n2} 的最大箝位电压应是 $U_{n1} > U_{n2} > V_0$，并要求 $U_{n2} < V_{MAX}$。

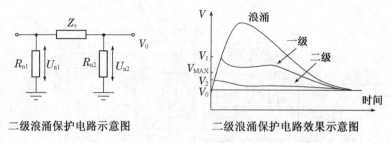

二级浪涌保护电路示意图　　　　二级浪涌保护电路效果示意图

图 11-30　二级过应力保护电路示意图及保护效果图

2. 三级保护方案

图 11-31 则是几种形式的三级式保护电路方案。其中,(a)是一个运算放大器输入端保护电路方案;(b)是开关电源中采用 TVS 器件作三级式线路保护的方案;(c)是瞬态抑制二极管在开关电源过应力保护中的一个应用实例。

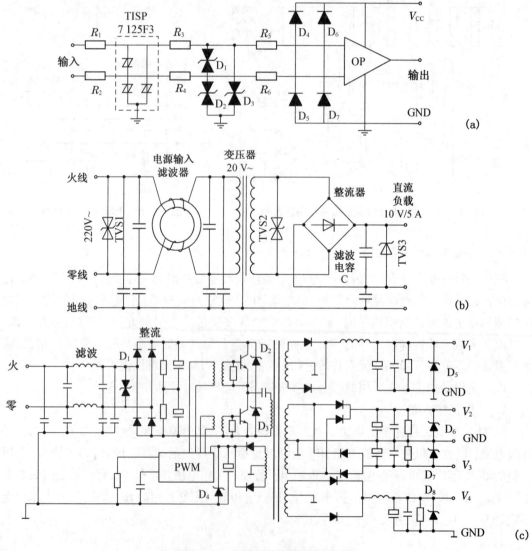

图 11-31　多重过电压保护电路方案

11.6 瞬态过应力保护元器件选用

鉴于瞬态过电压成因复杂,持续时间和电压、电流的强度差异很大,因此防护瞬态过电压是个复杂而精细的任务。一般来说防护持续时间较短的静电放电、雷击过电压和操作过电压的"瞬态"过电压保护器有放电管、压敏电阻器、瞬态抑制二极管等,而对于持续时间较长的暂态过电压则可能要结合熔断器,断路器等器件来防护。

11.6.1 瞬态过应力保护元器件 $V-I$ 特性

对瞬态过应力保护元器件的基本要求是:时间响应尽量快;吸收能量(过流、耐压、承受功率)尽量大;引入损耗(包括线路阻抗匹配及信号失真等)尽量低;可靠性(寿命、失效率、环境适应性)要优于被保护对象。

瞬态过应力保护元器件,按其工作机理可分为"开关型"和"限压型"二大类。

图 11-32、图 11-33 及图 11-34 是部分保护器件典型 $V-I$ 特性曲线,供选择保护电路方案参考。

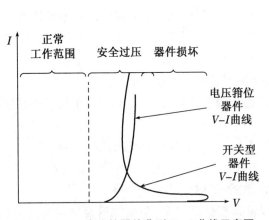

图 11-32 二类保护器件典型 $V-I$ 曲线示意图

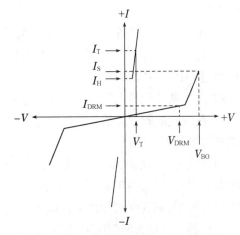

图 11-33 硅浪涌抑制器 $V-I$ 曲线示意

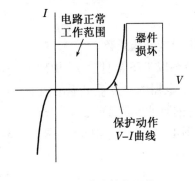

(a) 单向箝位器件

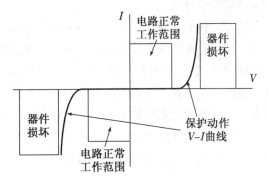

(b) 双向箝位器件

图 11-34 单、双向箝位器件 $V-I$ 特性曲线示意图

11.6.2 瞬态过应力保护器件选用

以上阐述了各种瞬态过应力保护电路及各类保护元器件,其中的关键是选取保护元器件。虽然有多种元器件都可以达到类似的保护作用,但选用时仍然需要认真核实器件的具体电气参数和性能,结合实际保护的需求和不同器件各自的优缺点,认真考虑以下原则,并在性能和成本之间加以权衡,寻找最优的过应力保护方案。

1) 明确被保护对象可能遭遇的环境瞬态过应力水平:这包括外部环境,如雷击、供电线路中的浪涌、ESD 环境等;内部环境包括惰性元件、静电源及机电产品(如电机、继电器等)的分布及工作状况。以确保能采取有针对性的保护措施,实现在可预见的浪涌应力环境下能正常工作。

对系统设备而言,通常应采取逐级递减式设置瞬态过应力保护电路,系统级选用诸如放电管、敏压电阻类大功率保护器件或 RC 阻尼电路;组部件、模块级选用敏压电阻、硅浪涌抑制器类保护器件;而在最低层次的印制电路板则在大多数情况下选用 TVS、PESD 类小型保护器件;对一些工作频率不高的电路,也可选用稳压二极管、电容类元器件进行浪涌保护。

2) 确定被保护电路的最大直流或连续工作电压、电路的额定标准电压和最高允许正常工作电压。

3) 选择的保护器件的额定(反向)击穿电压 $V_{(BR)}$ 应大于或等于被保护对象的最大工作电压。若选用的 $V_{(BR)}$ 太低,保护器件可能进入雪崩或因(反向)漏电流太大而影响被保护对象(如电路)的正常工作。

4) 保护器件的最大箝位电压 $V_{C(max)}$ 应小于被保护对象的损坏电压。

5) 在规定的脉冲持续时间内,保护器件的最大峰值脉冲功耗 P_{PR} 必须大于被保护对象可能遭遇的最大瞬态浪涌功率。

如果预先知道浪涌电流 I_{PP} 大小,则可根据 $P_P = V_C \times I_{PP}$(对标准波而言)来确定保护器件的浪涌功率;当无法确定实际浪涌功率时,一般来说,选择 P_{PR} 大些为好。同样,在确定了最大箝位电压后,则其峰值脉冲电流应大于实际瞬态浪涌电流。

保护器件的最大峰值脉冲功率 P_M 大小通常是在标准状况(包括波形及脉冲时间)下测定的,但实际工作不可能与之相同,因此其实际的最大峰值脉冲功率 P_M 还与脉冲波形、脉冲时间及环境温度有关:

当脉冲时间 t_P 一定时,$P_{PR} = K_1 \times K_2 \times V_{CM} \times I_{PP}$。

式中:K_1 是与脉冲波形相关的功率系数,K_2 是功率的温度降额系数。

具体的 K_1 值参见图 11 - 35。K_2 值可从图 11 - 36(此图以 TVS 器件为例)中确定。对于重复出现的瞬态浪涌过应力(如开关电源中功率开关管、继电器的接点等遭遇的浪涌),还应考虑重复的脉冲能量累积的效应,保证其不超过保护器件的脉冲能量额定值。

6) 对于数据接口电路的保护,必须注意选取具有合适电容 C_D 的保护器件,图 11 - 37 为各类数据接口能接收的保护器件电容值(C_D)。

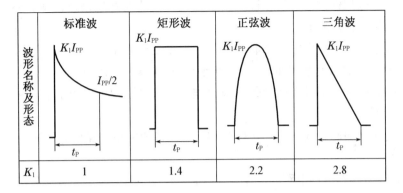

图 11－35　与脉冲波形相关的功率系数

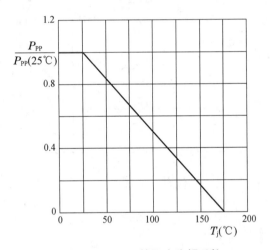

图 11－36　P_{PR} 的温度降额系数

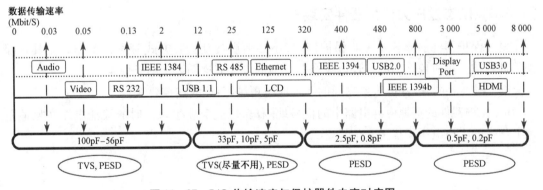

图 11－37　I/O 传输速度与保护器件电容对应图

7）根据用途选用保护器件的极性及封装结构。交流电路选用双向保护器件较为合理；多路保护选用器件阵列更为合适。

8）温度考虑。通常瞬态电压抑制器在一个温度变化的范围内工作，大多数保护器件的（反向）漏电流 I_R 是随温度增加而增大，所以允许功耗随器件温度增加而下降；有些保护器件的击穿电压 $V_{(BR)}$ 随温度的升降而变化。因此，电路设计时应查阅有关产品资料，考虑温度变化对其特性的影响。

9）电源模块增加滤波网络，在 IO 检测和控制端口增加钳位保护电路和稳压二极管保护电路等。

完整的总线防瞬态保护电路如图 11-38 所示。

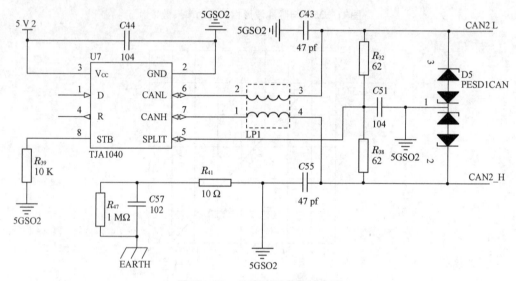

图 11-38 总线防瞬态保护电路

11.6.3 瞬态过应力保护器件安装

要使保护器件能充分发挥其保护作用，还必须重视其安装方式等设计工作。尤其是保护器件与被保护对象之间的互连以及有关接地的方式应遵循以下两条原则：

a）保护器件与被保护对象之间的互连应越短越好，连线线径要大；

b）保护器件的接地应与电路中的信号地隔离，以避免发生保护时的浪涌电流在接地阻抗上产生的噪声电压干扰正常信号。

第十二章　电子设备热设计

　　热设计为可靠性设计准则中的一个方面。为了使设计的产品性能和可靠性不被不合适的热特性所破坏,须对热敏感产品实施热分析,通过分析核实并确保不会有元器件暴露在超过应力分析和最坏情况分析所确定的温度环境中。通过对元器件热设计,提高元器件的使用可靠性。

　　电子设备工作时,通过导体的电流、半导体中的载流子的运动、电子束运动功率损失、处于交变磁场中磁性材料的磁滞损失、处于交变电场中绝缘材料的介质损失、处于交变磁场中导体的涡流损失,光电器件的转换损失,都会消耗电能并转变为热能而使设备内部的温度升高。而且随着元器件的微小型化,器件封装密度的提高,致使芯片和多层片模块的热流密度大幅度地提高。太阳辐射或灯光辐射、空气动力作用、运动部件摩擦都产生热量而传至设备使温度上升。当设备工作在 0 ℃以上的环境中,设备内部的温升将导致元器件和零部件的失效率增加,当温度超过一定数值时,失效率将呈指数规律显著增大,温度超过极限值时则导致元器件和零部件必然失效。对于绝大多数电子设备来说,除了电应力之外,温度应力是影响电子设备工作稳定性和长期可靠性的最重要因素。

　　通过热设计,使得在热源与热沉之间提供一条低热阻通道,防止元器件的热失效,使电子设备在预定的热环境中可靠工作。

　　本章术语如下。

　　a) 热环境:设备或元器件周围流体的种类、温度、压力及速度,表面温度、外形及黑度,每个元器件周围的传热通路等情况。

　　b) 热特性:设备或元器件的温升随热环境变化的特性,包括温度、压力和流量分布等特征。

　　c) 热流密度:单位面积的热流量。

　　d) 体积功率密度:单位体积的热流量。

　　e) 热阻:热量在热流路径上遇到的阻力。

　　f) 接触热阻:两种物体接触处的热阻。

　　g) 内热阻:元器件内部发热部位与表面某部位之间的热阻(如半导体器件的结构与外壳之间的热阻)。

　　h) 定性温度:确定对流换热过程中流体物理性质参数的温度。

　　i) 自然冷却:利用自然对流、导热和辐射进行冷却的方法。

　　j) 强迫冷却:利用外力迫使流体流过发热器件进行冷却的方法。

　　k) 蒸发冷却:利用液体汽化吸收大量汽化热进行冷却的方法。

　　l) 热管:具有毛细吸液芯的真空容器,受外部热源作用实现自行蒸发和冷凝的一种高效率真空传热器件。

　　m）冷板：利用单向流体强迫流动带走热量的一种换热器。

　　n）紊流器：提高流体流动紊流程度改善散热效果的装置。

　　o）热沉：是一个无限大的热容器，其温度不随传递到它的热能大小而变化。它可能是大地、大气、大体积的水或宇宙，又称热地。

12.1　热设计要求

一般要求如下：

　　a）当电子产品主要电路参数给定后，应首先确定冷却设计参数，再确定与环境控制系统相适应的冷却方案和结构型式；

　　b）优先采用自然冷却方式；当热密度太大，自然冷却方式不能满足散热要求时，可采用强迫风冷、液冷或其他的冷却方式；

　　c）采用强迫风冷或液冷时，内部元器件一般不与冷却介质直接接触，通过热交换器进行热交换；

　　d）在正常工作状态下，产品内元器件的表面温度应低于可靠性设计规范规定的最高温度；

　　e）当某些特殊元器件、零部件或材料的使用环境温度的下限值不能满足产品研制规范规定的低温要求时，应采取加热措施；

　　f）宜选用低功耗的和对温度敏感性小的元器件和电路；

　　g）用于强制冷却的热交换系统出现故障时，系统应能自动切断电源；

　　h）电子元器件的结温设计满足降额准则；

　　i）采用热学、流体力学及热力学等仿真技术进行分析，对于关键器件进行仿真分析，必要时采用试验手段进行验证设计。

详细要求如下：

热设计需充分考虑工作环境条件、元器件热耗及系统布局、设备组成、可靠性、维修性、环境适应性、环境控制系统技术指标等因素，开展冷却方式选择以及系统设计，实现系统热设计效能最优。其中，冷却方式主要包括风冷冷却、液冷冷却等。

　　1）风冷冷却设计

风冷冷却包括自然风冷、强迫风冷。

　　a）应尽量缩短传热路径，增大换热面积，最大限度地发挥导热、对流和辐射的作用效果；

　　b）强迫风冷应借助风道等导流部件合理控制和分配气流，以满足不同区域器件散热要求，并采取有效措施减少气流噪声和风机噪声；

　　c）冷却空气的进出口位置应合理布置，防止气流短路；

　　d）通风口应有防护措施，并符合电磁兼容及安全性要求。

　　2）液冷冷却设计

液冷冷却包括单相间接液冷、单相直接液冷、两相冷却等，优先考虑采用单相间接液冷方式，在单相间接液冷方式无法满足要求或特殊环境下，可结合使用场合考虑采用单相直接液冷、两相冷却等。单相间接液冷的具体要求如下：

a）一次冷却单元应兼顾器件散热要求和液冷系统流阻特性匹配，冷却流道在满足散热要求的前提下，应尽量简化；

b）二次冷却单元自身冷却应结合使用环境因地制宜，优先采用风冷方式；

c）冷却介质应优先使用乙二醇水溶液，其性能应满足 GJB 6100 要求，除另有规定外，不应选用水作冷却介质；

d）应进行管网系统与一次冷却单元流阻匹配和耐压设计，保证一次冷却单元的冷却介质流量在设计范围内，同时其结构强度需能承受系统最大工作压力；

e）液冷系统中泵、阀、流体管道等与制冷剂、冷却介质接触的流体部件应满足相容性要求。

12.1.1　热设计内容

一般要求如下：

a）依据研制要求中的环境条件要求，在方案和开发阶段，确定热设计任务，绘制工作程序框图，明确热设计项目。

b）根据电子设备的工作性质，包括均匀功率、周期脉冲功率，计算热耗。

c）研究热环境，包括设备所处的人为和自然环境，工作时产生的耗热，研究和验证各类元器件、零部件的热特性（手册或资料已确定的数据可直接使用）。

d）进行设备环境热量计算和分析，获得热流密度，给出热分布图。

e）根据 GJB/Z 299C 和环境条件要求确定元器件、设备和整机的温度或温升许用范围和最大值。

f）计算元器件、设备和整机的外热阻。

g）根据热流密度的大小选用被动式或主动式热控制方法。

h）开展热方案设计，包括选择传递方式（传导、辐射、对流三种基本方式），设计热量传递通道、选择各种散热器、换热器，选用合适的冷却剂、阀门、风机、泵等。

i）对影响电子设备高精度性能的热敏感特殊元器件（如晶体、声表面波滤波器等）进行恒温自闭环控制。

j）对在低温（例如：-40 ℃以下）环境下工作的电子设备可设计加热装置，以确保低温启动正常和工作稳定。

k）适当设计设备的组装密度，控制热密度，包括少用发热量大的元器件，尽量用低功耗器件，少用模拟电路，进行电路的简化设计等。

12.1.2　热设计准则

一般要求如下：

1）热设计应满足产品可靠性的要求，应根据所要求的产品可靠性和分配给每个元器件的失效率，利用元器件应力分析预计法，确定元器件的最高允许工作温度和功耗。

2）热设计应满足产品预期工作的热环境的要求，包括：

a）环境温度和压力（或高度）的极限值；

　　b）环境温度和压力（或高度）的变化率；

　　c）太阳或周围其他物体的辐射热载荷；

　　d）可利用的热沉状况（包括种类、温度、压力和湿度等）；

　　e）冷却剂的种类、温度、压力和允许的压降（对于由其他系统或设备提供冷却剂进行冷却的设备而言）。

　　3）热设计应满足对冷却系统的限制要求：

　　a）对供冷却系统使用的电源（交流或直流及功率）的限制；

　　b）对强迫冷却设备的振动和噪音的限制；

　　c）对强迫空气冷却设备的空气出口温度的限制；

　　d）对冷却系统的结构限制（包括安装条件、密封、体积和重量等）。

　　温度防护设计准则如下：

　　1）提高效率，降低发热器件的功耗，如选用低功耗集成电路和低饱和压降的器件。

　　2）电源所用大功率管应单独安装，与散热板之间的机械配合要紧密吻合。发热量大的元件不允许密集安装，其布局、排列、安装应有利于散热。

　　3）合理安装热敏感元件和发热元器件。热敏感元件应隔离或远离热源，通常置于进风口处。发热元件不应密集安装，为使热量对其他元器件影响减至最少，通常置于出风口处。

　　4）充分利用金属机箱或底盘散热。

　　5）对发热量较小的功率器件，安装简单的铝型材散热器、片，其表面应粗糙，涂黑色，接触处除增大接触面积、压力和光洁度外，应填充导热硅脂。

　　6）对发热量较大的部件、组合件，应采用强迫风冷、液冷和热管散热等冷却措施。

　　7）对发热量很大的大型电子产品，例如车厢内或船舱内的电子机柜，应采用密封式集中送风的空调系统，用温度继电器和风压继电器控制空调系统的环境温度。

　　8）对阳光直晒的产品应加设遮阳罩。

　　9）方舱或车厢内的加热器应注意安装位置和吹风方向，避免墙壁、地板过热损坏。

　　10）正确选用润滑油，在高温和低温情况下，尤应特别注意选用不同的润滑油。

　　11）尽可能不用液体润滑剂。

　　12）应根据需要选用具有耐高温或耐低温性能的材料和部件；电机、发电机、变压器以及电力分配系统等的线圈应采用耐高温的绝缘导线。

　　13）在低温环境下工作的光学设备应采取防雾措施。

　　14）车辆、电源设备等必须具有低温启动措施，采用防冻液和合适的低温液压油等。

12.2　热设计方法

　　一般要求如下：

　　1）明确热设计目的，熟悉、掌握有关标准、规范和文件，确定设备的最高和最低环境温度许用值要求。

　　2）分析组装结构，计算分析设备中元器件的耗热量、热量分布、热流密度、整机结构特点，确定可利用的冷却技术、冷却资源和限制条件，风道或液冷管道布局设计等。

3）根据要求和计算分析的结果以及各种冷却的特性曲线选择合适的冷却方式,方式包括:被动式控温(如涂镀、加垫隔热材料、相变材料)和主动式控温(如对流、导热、强迫风冷、液冷、温差电制冷、蒸发冷却等)两大类。主动式控温 – 热流密度关系见图12 – 1 和图12 – 2。

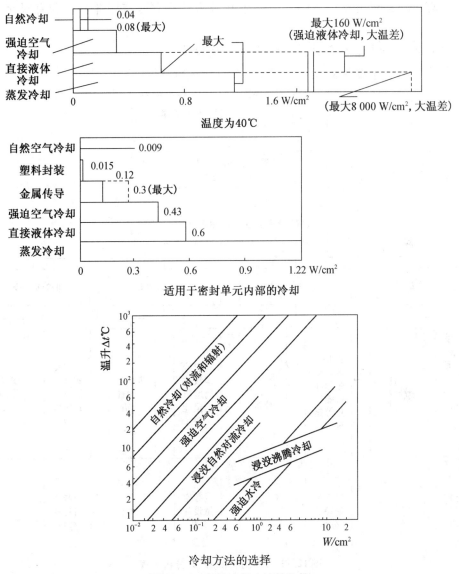

图12 – 1　各种冷却方法的比较

4）对每个元器件进行电应力分析,根据设备的可靠性指标及分配结果要求确定每个元器件的最高允许结温,同时根据电路工作原理确定元器件的功耗,由元器件的功耗和内热阻确定器件最高表面温度,确定元器件表面至散热器或冷却剂的回路总热阻,分析热路,包括确定热传递途径及相应的热阻,按发热元件到冷却剂或散热空间的热流方向,绘制等效热路图,确定各种系数和特征量,进行换热计算,建立热量方程式,根据边界条件求解各节点的瞬态解和稳态解,最后求得热密度和热流量,得出温度分布特性曲线,检查并确定是否超过允许的温度。

5）对热阻进行调整和分配,并对分配结果进行分析和评估。

6）根据热-电模拟的关系,建立由热阻、热压、热流源构成的热模拟网络。通过求解热网格中各点的热阻、热压、热流从而得到设备中相应点的热阻、温度和热流量。

7）计算机辅助热分析(CATA),其数值计算方法主要是有限差分法和有限元分析法(FEA)。

8）估算成本,进行兼容设计、综合权衡和优化设计。

9）最终按热设计的要求,对电子设备的热性能进行评价。

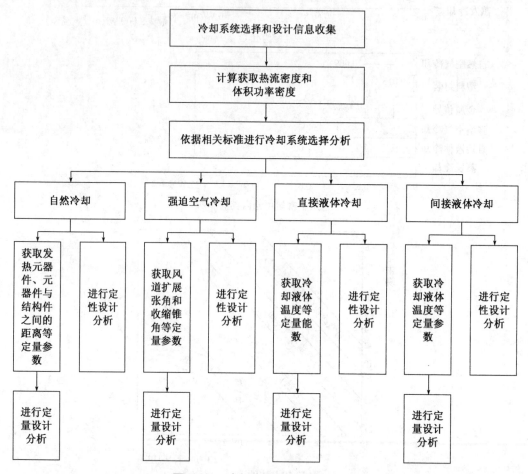

图 12－2　冷却选择和设计分析流程

12.2.1　组装结构分析

一般要求如下:

1）设备中电子元器件的耗热量;

2）热量分布情况;

3）电子元器件(组件)的允许使用温度范围;

4）整机的热流密度;

5）结构的特点。

12.2.2　冷却方式选择

根据热控制的方式可分为被动和主动两种,电子设备采用主动控温方式。

12.2.2.1　冷却系统选择

根据产品的实际环境条件和相关设计要求,对可供选择的冷却系统进行权衡分析,选择经济、适用的冷却方式。选择冷却系统时,应考虑下列因素:设备的热流密度、体积功率密度、总热耗、表面积、体积、工作环境条件(温度、湿度、气压、尘埃等)、热沉及其他特殊条件等。具体要求如下:

a) 应选择最简单、最有效的冷却方式,优先采用自然冷却;

b) 对于高可靠性、高功率密度的密封设备,经设计单位同意后,可采用外部源强迫空气冷却;

c) 当必须采用强迫冷却而设计单位不同意提供外部源冷却或外部源冷却仍不能满足热设计要求时,才应采用自备冷却剂(除空气)和冷却装置的强迫冷却方式;

d) 当采用空气冷却不能满足要求而必须选择其他冷却方式(如液体冷却、蒸发冷却、相变材料冷却等)时,应事先得到设计单位的同意;

e) 冷却系统选择时,对于军用电子产品,应符合 GJB/Z 27 中 6.2 节相关要求。

冷却方法选择需根据设备功能要求和所处环境条件进行,并在电子线路模拟试验研究的同时保证设备既满足电气性能要求又能满足温度环境指标要求。

1. 选择冷却方法应考虑的因素

1) 电子元器件功耗及其内热阻;

2) 温度控制范围;

3) 电路形式;

4) 热环境;

5) 设备的热流密度;

6) 设备的体积功率密度;

7) 总功耗;

8) 设备的结构特点,包括:表面积、体积、重量、安装维护等;

9) 设备的工作环境条件、资源、热沉等。

2. 选择冷却方法准则

1) 对于一般地面固定的电子设备,通常环境条件要求工作温度为 40 ℃时,可参考图 12 - 1 和图 12 - 2 给出的冷却能力关系图选择冷却方式,当温度高于 40 ℃时,而功率密度又处于一种冷却方法的临界附近,则应优先考虑选用下一档的冷却方法。

2) 可根据设备的温升要求参考图 12 - 2 选用相应的冷却方法。

3) 设备内部的散热方法应使发热元器件与被冷却表面或散热器之间有一条低热阻的传热路径。冷却方式应尽量简单,冷却设备应尽量体小量轻,可靠性至少高于设备 1 个 ~ 2 个数量级,应便于维修性,成本要低。

4) 根据金属导热的热路容易控制,应尽量选用金属导热方法。辐射换热需要有比较大的温差,热路不易控制且要求有较大的辐射面积。对于组装密度较大的设备要避免使用单纯靠辐射换热的冷却方法。

5）对于大多数小型电子元器件其功率密度小于 0.8 W/cm^2 时,优先选用自然对流的冷却方法。一般元器件自然对流冷却表面的最大热流密度为 0.039 W/cm^2,高温元件的最大可达 0.078 W/cm^2,当体积功率密度小于 0.015 W/cm^3,可采用塑料封装以提高三防性能,当体积功率密度小于 0.12 W/cm^3,可采用金属封装靠金属传热。

6）当电子设备的热流密度超过 0.078 W/cm^2 时,且元器件之间的空间有利于空气流动或安装散热器时,可以选用强迫风冷。

7）对于体积功耗密度很高的元器件,设备要求在高温环境条件下工作,且要求元器件与冷却表面之间的温度梯度较小时,可选择直接液冷,选择此方法必须保证冷却剂与元器件相容,例如:液体的高介电常数和功率因素会引起寄生电容,液体的导电率会引起电损失和电磁兼容性问题、安全性问题,直接液冷的典型热阻为 1.25 ℃/W,直接液冷又可分为浸没冷却和强迫冷却两种,强迫液冷的热阻只有 0.03 ℃/W,不过此方法需增加换热器,液泵功率也较大,设备量大,成本高。因此只有在高温环境中采用,如烈日下暴露的相控天线阵电子设备,高海拔地区的雷达,当热密度大于 60 W/cm^2 时,才采用强迫液冷,对于具有一定绝缘要求的元器件,如:大功率脉冲变压器、充电电感、大功率整流组件等常用浸入式液冷。

8）对于因工作条件变化出现过热现象时,可采用间接液冷。如电子元器件经常需要检测和维修而又不允许冷却液污染的场合下,通常采用间接液冷。

9）耗散功率在 20 kW 以上的冷却系统,二次冷却外循环宜采用水冷,换热器可用水—水换热器;对于耗散功率小于 20 kW 的冷却系统,二次冷却外循环宜采用风冷,换热器采用水—空气换热器。

10）直接沸腾冷却适用于体积功率密度更高的设备和元器件(如:速调管),其冷却效率一般在 50～150 W/cm^2(表面),热阻约为 0.006 ℃/W。

11）热电制冷是一种产生负热阻的冷却技术,其优点是不需要外界动力,可靠性高,但是冷却效率低,冷却系统重量大,且需要增加电源容量。

12.2.2.2 冷却系统设计

无论采取何种冷却方式,都应使冷却装置的设计尽量简化,使其在设备中专门为冷却而增加的或分配到冷却方面的零部件数量、重量、电功率以及引入的冷却空气流量等尽量小。常用类型冷却系统的设计要求如下:

1）自然冷却

a）宜最大限度地利用传导、辐射和对流等热传递技术;

b）应尽量将组件内产生的热量通过组件机箱和安装架散热出去;

c）必要时,采用导热条(导热板)或金属芯将电子模块中的发热元器件的热量传递到机箱;

d）应增大机箱的表面积以增加换热效率;

e）应增大机箱表面黑度以增强辐射散热;

f）通风机箱的进、出风孔应尽量远离,通风孔的形状、大小应考虑电磁兼容性设计;

g）散热翅片应与机箱一体加工，方向与重力方向一致，印制板宜垂直放置；

h）元器件的安装方向和安装方式应保证能最大限度地利用对流方式传递热量；

i）元器件的安装方式应充分考虑到周围元器件等的辐射影响，并应避免过热点；

j）大功耗及功率密度高的元器件应放置在印制板靠近机箱壳体的位置；

k）大功耗元器件应分散布局，避免热源集中；

l）发热元器件之间，元器件与结构件之间应保持一定距离；

m）热敏感元器件应放在设备的冷部（如底部）或将其隔离，不能直接放在发热元器件之上；

n）对靠近热源的热敏感元器件，应采取热隔离措施；

o）对于热耗在1W以上的元器件，宜安装在机箱或散热器上；

p）在热传导路径中各金属件之间的接触面应紧密配合，并应尽量扩大接触面，必要时可采取涂覆导热硅滑脂等措施，以减小热阻；

q）对于外加屏蔽罩的发热元器件，应加强罩内表面的热辐射能力，并将热量传导至底板上，以防止对外辐射而影响到附近的热敏感元器件。

2）强迫空气冷却

a）应合理控制和分配气流，使其按预定路径流通，将气流合理地分配给各个模块；

b）对于并联风道应根据各风道散热量的要求分配风量，避免风道阻力不合理布局；

c）应尽量采用直流风道，避免气流的转弯，在气流急剧转弯处，可采用导风板使气流逐渐转向，将压力损失降到最小；

d）在气流通路上，应尽量减小阻力，避免在风道上安装大型元器件，以防阻塞气流，尽量避免骤然扩展和收缩的风道，扩展的张角不得超过20°，收缩的锥角不得大于60°；

e）为取得最大的空气输送能力，应尽量使矩形管道截面形状接近正方形；

f）应尽量使风道密封；

g）进、出风口应尽量远离，防止气流短路，进风口要设置空气过滤装置；

h）要求风量大、风压低的机箱，可选用轴流式风机；要求风量小、风压大的机箱，可选用离心式风机；

i）应将不发热或热敏感元器件排列到冷空气的入口处，并按耐热性能的高低，依次分层排列，对发热量大、导热性能差的元器件，应使其暴露在冷气流中；

j）不能利用逆流气流对发热元器件进行冷却；

k）空气循环制冷系统应根据电子产品的冷却要求，合理地选择冷源；

l）空气循环制冷系统选用水或水溶液作为冷源时，应采取措施保证水或水溶液不结冰；

m）除另有规定外，通过电子产品的静压差在海平面、供气平均温度为25 ℃以及供气流量为80 kg/（h·kW）的条件下不应大于500 Pa；

n）在丧失冷却空气的5 min内，电子产品不应被损坏或超过电子元器件最大许用温度；

o）外部源强迫冷却一般应利用冷板或热交换器，以避免冷却空气与内部元器件直接接触；

p）通风冷却系统的冷却能力应具有不低于25%的设计余量，以适应电子产品完善和增加的需要。

3）直接液体冷却

a）应采用对热交换器和对管道没有腐蚀作用的冷却剂；

b）应确保冷却剂不致在最高温度以下沸腾和最低温度以上结冰，以防止管道破裂；

c）应采用无刷电动机或带有适当屏蔽的直流电动器驱动泵；

d）应将有源和无源元器件分开，尤其是热敏感元器件应隔离开；

e）宜充分利用设备内金属构件的导热通路；

f）应使发热元器件的最大表面浸渍于冷却液中，热敏感元器件应置于底部；

g）发热元器件在冷却剂中的放置形式应有利于自然对流；

h）相邻垂直电路板和组装件壁之间，宜保证有足够的流通间隙；

i）为防止外部对冷却剂的污染，冷却系统应进行密封设计，同时应保证容器内有足够的膨胀体积。

4）间接液体冷却

a）应符合"直接液体冷却"中的第1）、2）、3）、4）、5）和9）项设计要求；

b）大功耗及高功率密度的元器件应靠近冷却液入口位置；

c）液冷通道应根据模块印制板上元器件的布局合理设计；

d）液冷通道设计应保证模块上温度分布均匀，减小温差；

e）使电子元器件与作为交换器的冷板间有良好的金属导热。

12.2.2.3 元器件安装和温度设计

元器件安装和温度热设计应满足以下要求：

a）大功率元器件安装时，若要用绝缘片，应采用具有足够抗压能力和高绝缘强度及导热性能的绝缘片，如导热硅橡胶片等。为减小接触热阻，还应在接触面涂一层薄的导热膏；

b）因电子产品工作温度范围较宽，元器件引线和印制板的热膨胀系数不一致，在温度循环变化及高温条件下，应采取消除热应力的结构措施；

c）电子产品中应力消除的引线长度和引线弯曲半径设计一般应满足：当引线直径不大于0.69 mm时，最小弯曲半径为1倍直径；引线直径0.7~1.19 mm时，最小弯曲半径为1.5倍直径；引线直径大于1.2 mm时，最小弯曲半径为2倍直径；

d）发热量大的元器件宜采用尽量减小传热路径上热阻的安装方法；

e）元器件应降额使用，其最高结温或环境温度等温度参数应满足GJB/Z 35中的具体要求。

12.2.3 热路分析

一般要求如下：

a）确定传热的途径；

b）绘制等效热路图；

c）计算各类热阻值；

d）分析温度分布特性；

e）检查各温度值是否超过许用温度。

12.2.4　热阻控制

控制热阻的方法,一是控制电子元器件的内部热阻(通常由元器件的生产方进行,设备承制方只有选择的权利);二是控制电子元器件或整机设备的外热阻,这是承制方设计人员开展电子设备热设计所必须解决的问题。

1. 减少外热阻的一些实用方法

1) 加大安装面积减小热阻:为增大传热面积,应将大功率混合微型电路芯片安装在比芯片面积大的钼片上;为增大传导通路面积,应将自由对流和辐射或撞击冷却的大功率元器件安装在散热片上;不要将间隔很小的散热片用自由对流冷却;应尽量增大所有传导通路面积和元器件与散热片之间的界面。

2) 采用热导率高的材料减小传导热阻。利用铜和铝等金属构成热传导通路和安装座;对于没有自由对流或自由对流极少的空载电子设备,应利用导热化合物来填充热流通路上的所有空隙;对于经过由多层 PCB 组成的模件的热流,应利用电镀孔来减小通过电路板的传导热阻。这些镀铜小孔就是热通路,或称热道;尽量不要利用接触表面之间的界面作为热通路。

3) 当利用接触界面时,采用下列措施减小接触热阻:尽可能地增大接触面积;确保接触表面平滑;利用软接触材料;扭紧所有螺栓以加大接触压力;利用足够的紧固件来保证接触压力均匀;对利用冷壁冷却的插件,不要采用弹簧载荷的插件导轨来取得插件导轨与插件边缘之间的接触压力,可采用楔形压板或凸轮导轨。

2. 对外热阻控制的一些实用方法

1) 散热:靠自然对流或强制对流的方式,带走电子设备的耗热;

2) 制冷:利用温差电制冷,固体升华过程吸热,液氮蒸发过程吸热等方式进行制冷;

3) 恒温:利用相变材料的吸、放热过程,可变导热管的控温特性以及温度电效应,使设备或器件的工作温度严格恒定在某一温度值;

4) 热管传递:利用热管高效传热的特性,解决大温差环境条件下温度的均衡,密闭机箱内热量的传递。

注:有关传热的基本原理、换热计算、热电模拟、热阻的确定等参见 GJB/Z 27。

12.3　自然冷却

12.3.1　元器件冷却

12.3.1.1　半导体分立器件

半导体分立器件体积小,自然对流和辐射换热不起主要作用,最有效的传热方式是导热。因此半导体分立器件的热设计就是根据器件的功耗、结—壳热阻、最大允许结温等选用散热器,最常用于晶体管的散热器有三种:(帽式散热器、型材散热器、叉指散热器)见图 10-3。肋片散热器还可细分为矩肋、三角肋和梯形肋、圆环肋等,对于自然冷却的散热器为了提高散热效果,一般都进行黑化处理。

 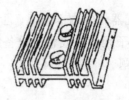 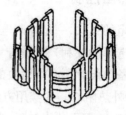

图 12-3　晶体管散热器

1. 各型散热器的特点和适用范围见表 12-1。

表 12-1　各型散热器的特点和适用范围

类型	适用范围
帽式散热器	安装方便、成本低、可以合理利用空间,适用于 0.5 W ~ 2 W 的管子散热。
型材散热器	可装在机壳上又起着骨架的使用,装机箱背后的外边效果更好,但体积较大,重量重,适用于 2 W ~ 30 W 的管子散热。
叉指散热器	体积小,散热效果好,对流和辐射效果比较好,适用于 5 W ~ 30 W 的管子自然冷却。

2. 散热器热计算及选用

设计时应先查器件的特性参数,如结温,内热阻,最大允许功耗等,然后根据环境要求、器件的实际功耗,计算出所要求的总热阻和散热器的热阻,然后依据计算结果查各种散热器的热阻曲线以寻找满足要求的散热器,最后进行验算。

肋片式散热器主要的几何参数包括肋片高度 h、肋片厚,肋片数量 n、基座厚、基座宽等。其散热量取决于 n、h 及肋片长度 L、肋片形状及表面着色。常用的有单个等截面矩形肋、三角肋、矩形截面环形肋等。在选择散热器时一般需要依据散热器热阻来合理选择,同时还需要考虑以下几点:安装散热器允许的空间、气流流量和散热器的成本等。散热器散热的效果与散热器热阻的大小密切相关,而散热器的热阻除了与散热器材料有关之外,还与散热器的形状、尺寸大小以及安装方式和环境通风条件等有关。GB 7423.1 ~ 3 已给出各种系列外形尺寸的散热器热阻曲线供查用。

3. 热设计

1)等效热路

晶体管散热系统的等效热路图见图 12-3。图中:R_j—内热阻;R_f—散热器热阻;R_c—接触热阻;R_{jc}—界面接触热阻;R_{cs}—垫衬物传导热阻;R_k—晶体管外热阻;t_j—结温;t_k—壳温;t_f—散热器温度;t_a—环境温度。

2)基本公式

晶体管热耗:

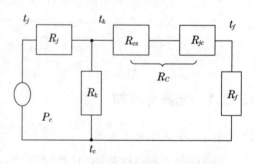

图 12-3　晶体管散热系统的等效热路图

$$P_c = \frac{t_j - t_a}{R_j + R_c + R_f}(R_k \gg R_f + R_c \text{ 时}) \qquad (12-1)$$

3）应用情况：

已知：晶体管 R_j，使用参数 P_{cm}（耗散功率），$t_{a\,max}$，t_{jmax}。求散热条件，即求 $R_c + R_f$：

$$R_c + R_f = (t_{jmax} - t_{amax})/P_{cm} - R_j \qquad (12-2)$$

根据 $R_c + R_f$ 的要求，选择散热器及接触形式。

已知：散热条件 R_c，R_f 及晶体管使用参数 P_{cm}、t_{amax} 及 R_j；核对晶体管最大工作结温 T_{jmax} 是否满足可靠性要求：

$$t_{jmax} = P_{cm}(R_c + R_f + R_j) + t_{a\,max} \qquad (12-3)$$

已知：散热条件 R_c、R_f 及晶体管 R_j、$t_{a\,max}$；计算晶体管容许的最大耗散功率：

$$P_{cm} = (t_{jmax} - t_{amax})/(R_f + R_c + R_j) \qquad (12-4)$$

已知：散热条件 R_c、R_f 晶体管 R_j 及需要的耗散功率 P_{cm}；求晶体管所允许使用最高环境温度：

$$t_{amax} = t_{jmax} - P_{cm}(R_c + R_f + R_j) \qquad (12-5)$$

4）减少 R_{jc}（界面接触热阻）的主要措施有：

a）紧固两个接触面的接触压力；

b）提高两个接触面的加工精度（平整度）；

c）在两个接触面之间加涂导热膏或加柔性（绝缘）导热垫；

d）在结构强度允许的情况下用柔性材料制作散热器。

5）减少 R_f（散热器热阻）的主要措施有：

a）合理选用散热器形式，工程上常用变截面肋，如梯形肋、梯形齿状肋、三角肋等，从热流线分布规律考虑，最佳形状为流线型肋片，但是由于加工难度大、成本高，一般情况不用；

b）为了保证效果，肋片的间距≥6 mm；高度≤25 mm；厚度≤2 mm；

c）肋片散热器的安装应使肋片的纵向与气流方向一致；

d）散热器表面可按表12-2工艺处理，以增强辐射换热效果。电子设备最常用的散热器用铝合金 LF21、F5 等材料，采用阳极氧化着黑色工艺可提高其 10%～15% 散热效果（自然冷却），而耐压可达 500 V～800 V，但对要求导电的部位需保护，以便保持其导电性能（如保持接地良好）。

表12-2　散热器表面工艺处理

散热器材料	涂镀层
铝或铝合金	黑色阳极氧化、绝缘导热涂层、镀铬酸盐等
铍青铜	黑色化学涂层、绝缘导热涂层、镀镉、镀镍等
氧化铍	涂覆烘制

6）半导体分立器件热设计其他注意事项如下：

a）在计算中不能取器件数据资料中的最大功耗值与结温值，而要根据实际条件、结合降额后的要求来计算,环境温度也不是取设备最高工作环境温度,而要考虑设备内部的实际温度(通常加5 ℃～10 ℃)。

b)散热器的安装要考虑利于散热的方向,并且要在机箱或机壳上相应的位置开散热孔(在自然冷却下通常是冷空气从底部进入,热空气从顶部散出)。

c)若器件的外壳为一电极,而需与接地的散热器绝缘时,安装时必须采用(热阻小的)导热绝缘垫片进行隔离,以防止短路。

d)器件的引脚需要穿越散热器时,应保持器件引脚与散热器孔壁有足够的间距,以防止可能的短路或电击穿,必要时还可在引脚上加绝缘套管。

e)不同型号的散热器在不同散热条件下有不同热阻,因此在实际应用中应根据实际情况来确认这些散热器的热阻。

f)上述计算中,有些参数仍是设定的,与实际值可能有出入,因此最好在产品批量生产前进行热测试来验证散热器选择是否合适,如果不合适,还需对散热系统进行修正,甚至重新进行热设计,直至满足要求。

g)应考虑体积、重量及成本的限制与要求。

12.3.1.2 集成电路

DIP集成电路一般采用导热条或导热板进行散热,芯片和专用超大规模集成电路在器件表面与外贴式散热板之间加涂导热脂以提高导热效果,对于工作在高温环境的PCB或大功率集成电路为了保证三防漆的外观质量,目前可采用橡胶导热衬垫。集成电路散热设计计算与晶体管散热设计计算相同。

12.3.1.3 大功率电阻

组件中大功率电阻可设计金属导热夹进行安装。

12.3.1.4 变压器和线圈

变压器应设计较粗的导线,并使其与安装结构有良好地热接触,接触界处可加金属箍。

12.3.1.5 无源元件

无源元件本身产生热量很小,在电子设备中应远离热量大的元器件或采取隔热措施。

12.3.2 印制电路板冷却

印制电路板(PCB)的热设计就是控制其上安装的元器件的温度不超过规定值。对于PCB电路板基材进行适当的选择是电子设备封装级热设计的重要内容。在相同环境条件下,环氧玻璃布层压板图形导线温度升高40℃,而金属芯印制电路板图形导线温度升高不到20℃,因而金属芯印制电路板在电子设备中得到了广泛应用。

高散热要求的PCB一般可分为三类:

1. 空芯PCB(在二层或二块PCB间有冷却气流通道);
2. 导热条PCB;
3. 金属芯PCB(PCB中间黏夹导热性能良好的金属板)。

电子元器件安排和布置:

温度敏感的元器件布置在进风端、低功耗器件置于下方,大功率器件布置在 PCB 上方,发热量大的元器件布置在出风端,应尽可能使整个 PCB 上热量分布不过分集中。数字电路 PCB,应尽量使热量分布均匀些。元器件尽量避免交叉安装,以保证气流畅通。

12.3.2.1　PCB 间距

对于相互垂直放置的 PCB,总换热量为:

$$\varphi = (2L \cdot D \cdot \Delta t) \cdot n \cdot N_u \cdot \lambda / b \tag{12-6}$$

式中:L—PCB 板高度(m);D—PCB 板宽度(m);Δt—温差(℃);肋片数 $n = B/(b+\delta)$;b—板间距(m);δ—PCB 板厚度(m);B—原有面积的宽度(m);$N_u = 1.31$;λ—气体导热系数(m·℃)。

1. 对称等温板最佳间距

$$b_{opt} = 2.714/P^{0.25} \quad (mm) \tag{12-7}$$

2. 非对称等温板最佳间距

$$b_{opt} = 2.154/P^{0.25} \quad (mm) \tag{12-8}$$

3. 对称恒温板最佳间距

$$b_{opt} = 1.472/R^{-0.2} \quad (mm) \tag{12-9}$$

4. 非对称恒温板最佳间距

$$b_{opt} = 1.169/R^{-0.2} \quad (mm) \tag{12-10}$$

式(12-7)~式(12-10)中:

$$P = C_p \cdot \bar{\rho}^2 \cdot g \cdot \beta \cdot \Delta t / [\mu \lambda L (1/m^4)] \tag{12-11}$$

$$R = C_p \cdot \bar{\rho}^2 \cdot g \cdot \beta \cdot \psi / [\mu \lambda^2 L (1/m^5)] \tag{12-12}$$

式(12-11)、(12-12)中:ψ—热流密度(W/m²);C_p—定压比热容[J/(kg·℃)];$\bar{\rho}$—空气平均密度(kg/m³);g—重力加速度(m/s²);β—气体膨胀系数(1/K);μ—气体动力黏度(p$_a$·s)。

12.3.2.2　导热条热计算和设计

通常数字电路 PCB 上安装的集成块功耗相差不大,为计算简化,按均匀分布的热负荷进行计算。如图 12-4 所示。

1. 导热条选材

选用的导热条应保证 λ 较大,成本低,重量轻,目前一般选用 LF21 铝材[$\lambda = 216$ W/(m·℃)]。

2. 热设计

考虑图 12-4 中任一根导热条,如 A-A 截面,热流从元件流向元件下面的导热条,经导热条传至 PCB 边缘,再从边缘把热量传给散热器(或机壳),最大的

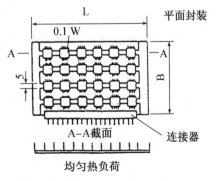

图 12-4　热负荷均布的印制板

温升出现在 PCB 的中心位置,沿导热条的温度分布呈抛物线,如图 12-5。

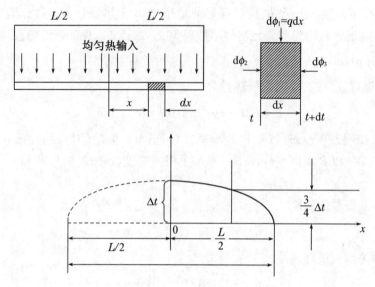

图 12-5 温度分布

从导热条中取出一个单元 $\mathrm{d}x$ 建立热平衡方程:

$$\mathrm{d}\phi_1 + \mathrm{d}\phi_2 = \mathrm{d}\phi_3 \tag{12-13}$$

式中:$\mathrm{d}\phi_1 = q\mathrm{d}x$(热量输入),$\mathrm{d}\phi_2 = -\lambda A\left(\dfrac{\mathrm{d}t}{\mathrm{d}x}\right)$(热流),$\mathrm{d}\phi_3 = \dfrac{-\lambda A\mathrm{d}(t+\mathrm{d}t)}{\mathrm{d}x}$(总热流)。

式(12-13)变为:

$$q\mathrm{d}x - \lambda A\,\frac{\mathrm{d}t}{\mathrm{d}x} = \frac{-\lambda A\mathrm{d}(t+\mathrm{d}t)}{\mathrm{d}x} \tag{12-14}$$

整理式(12-14)得:

$$\frac{\mathrm{d}^2t}{\mathrm{d}x^2} = -\frac{q}{\lambda A} \tag{12-15}$$

解式(12-15)并将边界条件代入通解得到特解为:

$$t = \left(\frac{q}{2\lambda A}\right)\left(\frac{1}{4}L^2 - X^2\right) + t_a \tag{12-16}$$

式中:t_a—PCB 边缘处的温度。

令

$$\Delta t = t - t_a \tag{12-17}$$

则

$$\Delta t = \left(\frac{q}{2\lambda A}\right)\left(\frac{1}{4}L^2 - X^2\right) \tag{12-18}$$

当 $X = 0$(即在 PCB 导热条的中心)

$$\Delta t_{\max} = \frac{qL^2}{8\lambda A} = \frac{\phi L}{4\lambda A} \tag{12-19}$$

式(12-19)中:ϕ 一条导热条上的总输入热量的一半。

当导热条或板上涂导热脂(如 KDZ 型或 HZ‐KS101)后,存在一个导热脂接触热阻。

$$Rs = \frac{\delta}{\lambda_s A} \qquad (12-20)$$

式中:δ—导热脂厚度;导热脂导热系数 $\lambda_s = 1.1 \text{ W/(m·℃)}$。

3. 尺寸设计

导热条的厚度增加会提高导热效果,但不能太厚,否则集成块腿将不够焊接,一般厚度为 2 mm,宽度不能超过二排腿的间隔,一般为 5 mm。

12.3.3　机箱冷却

机箱包括开式机箱(开有通风孔和槽)和闭式机箱两种。

12.3.3.1　开式机箱换热

开式机箱由自然通风带走热量和机箱表面散发热量。空气通过通风孔带走的热量为

$$\varphi = C_p \cdot \rho \cdot v \cdot A \cdot \Delta t \qquad (12-21)$$

式中:A—孔面积(m^2);通风孔空气速度 $v = 0.1(\text{m/s}) \sim 0.2(\text{m/s})$ 按自然对流计算;ρ—空气密度(kg/m^3);Δt—进出口空气温差(℃)。

总散热量可简化为:

$$\varphi_T = 1.86\left[A_s + \frac{4}{3}A_t + \frac{2}{3}A_b\right] \cdot \Delta t^{1.25} + 4\sigma\varepsilon T_m^3 \cdot A_r \cdot \Delta t + \Delta t C_p \cdot \rho \cdot A \cdot v \qquad (12-22)$$

式中:A_s—机箱侧面积(m^2);A_t—机箱顶面积(m^2);A_b—机箱底面积(m^2);辐射系数 $\sigma = 5.673 \times 10^{-8}(\text{W/m}^2\text{K}^4)$;$\varepsilon$—机箱的黑率平均值;$T_m = 0.5(T_s + T_a)(\text{K})$;$T_s$—机箱表面温度(K);$T_a$—工作的环境温度(K)以及:

$$A_r = A_s + A_t + A_b \qquad (12-23)$$

12.3.3.2　闭式机箱换热

总换热量为:

$$\varphi_T = 1.86[A_s + (4/3)A_t + (2/3)A_b] \cdot \Delta t^{1.25} + 4\sigma \cdot \varepsilon \cdot T_m^3 \cdot A_r \cdot \Delta t \qquad (12-24)$$

机箱的热设计应根据机箱的尺寸要求、工作环境条件、三防要求、电磁兼容性、热计算结果等综合考虑后决定采用开式机箱或闭式机箱。

12.3.3.3　开/闭式机箱比较

表 12‐3　开/闭式机箱比较

机箱类型	主要散热途径	主要设计要素	说明
开式机箱	机箱表面散热和自然通风散热	机箱表面积和通风口面积等	散热能力较好

（续表）

机箱类型	主要散热途径	主要设计要素	说明
强迫风冷开式机箱	机箱表面散热和强迫通风散热	通风路径、气流的分配与控制、空气出入口障碍物的影响、风机与通风口的距离、通风进出口设计、空气过滤器的采用	分为箱内强迫通风和冷板式强迫风冷和直接液冷两种。 散热能力最好
闭式机箱	机箱表面散热和向基座的热传导	机箱表面积和机箱安装等	散热能力较差

12.4 强迫风冷

通风机箱的散热受到机箱表面积和通风孔面积的限制,当电子设备的热流密度超过 $0.08 \ \text{W/cm}^2$,体密度超过 $0.18 \ \text{W/cm}^3$ 时,已不能靠自然冷却完全解决其冷却问题,而必须进行强迫风冷或冷板式强制液冷等其他冷却方法。强迫风冷的散热量比自然冷却要大十倍以上,但是由于增加冷却风机、风机电源、连锁装置等,这些不仅使设备的成本和复杂性增加,而且使系统的故障率增加,另外还增加了噪声和振动。因此只有在采取了种种降低热流密度的措施后自然冷却仍不能解决散热的情况下才考虑采用强迫风冷。在强迫风冷设计过程中需要认真选择合适的风机,设计高效散热器和设计合理的通风管道,并采取降噪和吸噪措施,设置安全装置,以尽量消除其弊端。

12.4.1 强迫风冷分类

表 12－4 强迫风冷分类

分类特征	类型
气流相对流动方向	气流平行流过器件(适用于大型热源);
	气流垂直流过器件(适用于小型热源),此方法通风管道简单,所占空间小。
形式	单元元件强迫风冷(用于发热密度高的器件);
	机械(箱)强迫风冷(又可分为鼓风式和抽风式)。

12.4.2 强迫风冷设计

1. 确定冷却空气进气温度及压力;
2. 确定每一器件的允许温度;
3. 确定保证器件在允许温度下的热阻;
4. 根据外形尺寸、热量和所需的热阻确定风量;
5. 根据电气要求和允许的空间位置,以及器件功耗的大小,确定元器件的排列;
6. 计算系统总压力损失和所需的冷却功率,对照风机的特性曲线选择合适的风机;
7. 设计风道和风机安装位置。

强迫风冷设计应考虑的问题如下：

1. 减少设备的气流噪声；

2. 保护易坏的散热片；

3. 设计时应使自然对流有助于强迫对流；

4. 确保所有热源都具有所需的风量；

5. 考虑通风路径的设定、气流的分配和控制、气流出入障碍物的影响,确保气流通道畅通无阻,且大小适当；

6. 确保进气口与排气口远离；

7. 换热器和空气过滤器装配要适当,便于维修；

8. 要避免重复使用冷却空气；

9. 使用船用淡水冷却闭合回路强迫空气冷却系统时,要使大部分热量传到水中,淡水温度应防止产生露点；

10. 机载电子设备冷却系统必须尽量做到重量轻、体极小和可靠性与维修性好；

11. 机柜的侧板、后板不应开通气孔；

12. 低气压条件下工作的设备,热计算值必须进行修正。

12.4.3 元器件强迫风冷

1. 气流平均流过电真空器件或其他圆柱体器件的换热系数

$$h = \frac{\varphi}{A(t_{max} - t_a)} \tag{12-25}$$

式中:φ—器件传给空气的热流密度(W/cm^2);A—器件表面积(m^2);t_{max}—器件表面允许的最高温度($℃$);t_a—空气进口温度($℃$)。

当 $R_e = 130 \sim 8\,000$ 时,准则方程为:

$$N_u = 0.313R_e \tag{12-26}$$

式中:

$$R_e = (V \cdot Deg)/\mu_a \tag{12-27}$$

式(12-27)中:V—空气进口速度(m/s);μa—空气的动力黏度(Pa·s);环形风道的当量直径 Deg—$D - d = 2\delta$,这里 D 是圆柱风道内径,d 是器件的外径,δ 是器件侧表与风道内壁的间距。

所需风量:

$$Q_v = V\pi(D^2 - d^2)/4 \tag{12-28}$$

2. 气流横向流过电真空器件或其他圆柱体器件的换热系数

当 $R_e = 130 \sim 8\,000$ 时,准则方程为:

$$N_u = CR_e^n \tag{12-29}$$

式中:R_e、C、n 取值如表 12-5 所示。

表 12-5 式(12-29)中的取值

R_e	C	n
0.4 ~ 4	0.891	0.330
4 ~ 40	0.821	0.3385
40 ~ 4 000	0.615	0.466
4 000 ~ 40 000	0.174	0.618
40 000 ~ 400 000	0.023 9	0.805

12.4.4 机箱强迫风冷

机柜在强迫风冷时,机柜缝隙的漏风将直接影响散热的效果。当风机安装在出口处抽风时,外界空气从缝隙进入机柜,风量从入口到出口是逐步增加的,当风机安装在入口处鼓风时,气流将通过缝隙漏出,风量沿机柜高度方向是逐步减少的。从工程效果来看,当存在缝隙时,抽风形式的散热效果比鼓风形式要好,缝隙小的冷却效果比缝隙大的冷却效果要好。

1. 求风量

进入机柜、机箱的冷却空气与耗热量和温升的关系可表示为:

$$Q = \varphi / (C_p \cdot \Delta t_1) \tag{12-30}$$

式中,Q—冷却空气流量(m^3/s);φ—热量(W);C_p—空气的定压比热容$[J/(\text{kg} \cdot \text{℃})]$;$\Delta t_1$—冷却空气进出口温差。

为了保证电子设备可靠地工作,一般地面设备进出口温差 Δt_1 应小于 15 ℃,机载无人舱设备 Δt_1 应小于 25 ℃。Δt_1 是由于空气吸收元器件散发出来的热量而引起的温升,而对流热阻引起的从元器件表面到气流的温升为 Δt_2。

求 Δt_2:

$$\Delta t_2 = \varphi_B / (h_B A) \tag{12-31}$$

式中:φ_B—单块 PCB 上所有元器件热耗之和(W);h_B—对流换热系数,$[W/(\text{m}^2 \cdot \text{℃})]$;$A$—单块 PCB 的对流换热面积($\text{m}^2$)。

2. 求换热系数 h_B

$$h_B = J \cdot C_p \cdot G \cdot p_R^{-2/3} \tag{12-32}$$

式中:J—Colburn(无量纲);G—单位面积质量流量$[\text{kg}/(\text{s} \cdot \text{m}^2)]$;$J$ 取决于 R_e 和两块相邻 PCB 之间形成的风道的长(L)宽(b)之比。

1)若 $200 < R_e < 1\,800$ 时,$L/b \geqslant 8$,则:

$$J = 6/R_e^{0.98} \tag{12-33}$$

$$\text{L}/b = 1(\text{正方形}),\text{则 } J = 2.7/\text{R}_e^{0.95} \tag{12-34}$$

2)若 $104 < R_e < 1.3 \times 10^5$(紊流)时:

$$J = 0.023/R_e^{0.2} \tag{12-35}$$

3）若 $400 < R_e < 1\,500$（扁平肋片冷板）

$$J = 0.72/R_e^{0.95} \tag{12-36}$$

$$G = q_m/A \tag{12-37}$$

式（12-37）中：q_m—质量流量，A—风道横截面积（m^2）。

$$q_m = \varphi/(C_p \Delta t) = \rho q_v,\ \mathrm{kg/s} \tag{12-38}$$

式（12-37）中：q_v—体积流量（m^3/s）；ρ—空气密度（kg/m^3）。

$$R_e = V_B \cdot d_e/\mu_a \tag{12-39}$$

式（12-39）中：V_B—PCB 之间的空气流速（m/s）；定形尺寸 $d_e = 2bL/(L+b)$；μ_a—空气的运动黏度（m^2/s）。

3. 求元器件表面温升 Δt

$$\Delta t = \Delta t_1 + \Delta t_2 \tag{12-40}$$

4. 求元器件表面温度 t_e

$$t_e = \Delta t + \Delta t_a \tag{12-41}$$

式中：t_a—进口空气温度。

$t_e < t_{\max}$ 时，则满足要求，否则必须增加通风量，这里 $t_{\max}$ 是元器件表面允许的最高温度值（根据器件最高允许结温和器件的内部热阻求得）。

5. 求压力损失（压降）

冷却空气流过机柜（箱）时的压力损失包括空气与内道壁面的摩擦损失（静压降）和空气流径弯头、管道横截面变化、滤尘器等引起的动力损失（动压降）。

1）静压降

$$\Delta P_f = 0.5\rho V^2 (L/d_e) f \tag{12-42}$$

式中：ρ—空气密度（kg/m^3）；V—空气流速（m/s）；L—风道长度（m）；d_e—定形尺寸（m）；f—摩擦系数。

2）动压降

$$\Delta P_d = 0.5\rho V^2 \xi$$

式中：ξ—动压损失系数，它与风道的进出口形状、横截面变化等结构因素有关；不同形状风道的 ξ 参见 GJB/Z 27，对于 PCB 组装的机柜，

$$\xi = [y/(b-y)]^2 \tag{12-43}$$

式中：y—导向板宽度；b—PCB 间距。

3）总压降

$$\Delta P = \Delta P_f + \Delta P_d \tag{12-44}$$

当 $0.2 < V < 8$（m/s）时：

$$\Delta P = \rho V^2 [0.033L/(b^{1.3}V^{0.3}) + 1.9\Sigma\xi] \tag{12-45}$$

若 PCB 无导向板或风道中不装紊流器时：

$$\Sigma \xi = 0 。 \tag{12-46}$$

根据压降就可以建立起机箱的阻力特性曲线。

12.5 液体冷却

若强迫风冷仍无法满足设备的冷却要求,例如耗散功率密度大于 $60\ \mathrm{W/cm^2}$ 可以考虑用液冷,水冷冷却效果一般比强迫风冷提高 $1 \sim 2$ 个数量级,而且具有冷却系统体积小、重量轻、经济等优点,尤其是在低气压场合强迫液冷效果更佳、保障设备工作更可靠;但液冷系统的泄漏问题、泄漏后对系统产生的安全性问题、电化学腐蚀问题等也是其缺点,乙二醇作为防冻冷却剂时更是如此,冷却剂为变压器油或其他脂类,冷却的效果比水冷冷却效果差,但腐蚀和泄漏后对设备工作安全性影响也小,设计时必须综合权衡,解决问题,利用优点。

12.5.1 液冷分类

按元器件与液体接触情况可分为两类：

1. 直接液冷(包括浸入式和强迫式两种),就是冷却液体与发热元器件直接接触进行热交换。直接强迫式液冷系统包括低压泵、管路、热交换器和膨胀箱等;

2. 间接液冷。间接液冷系统中,冷却液不与电子元器件直接接触,而是将元器件装在一个液体冷却的冷板上。

注:元器件的安装应采用短通路,尽量减小元器件连接到冷板上的黏合厚度,以减小传导热阻。

12.5.2 液冷设计

液体冷却系统的设计应符合设计规范和布局的原则。如应将有源与无源元器件分开,尤其是热敏元器件应隔离开。应充分利用设备内金属构件的导热通路等。

12.5.2.1 直接液冷设计

1. 应使发热元器件的最大表面浸渍于冷却液中,热敏元器件应置于底部;

2. 发热元器件在冷却剂中的放置形式应有利于自然对流,例如沿自然对流流动方向垂直安装。某些元器件确需水平方向放置时,则应设计多孔槽道的大面积冷却通道;

3. 相邻垂直电路板和组装件壁之间,应保证有足够的流通间隙;

4. 应保证冷却剂与热、电、化学和机械等各方面的相容性;

5. 为防止外部对冷却剂的污染,冷却系统应进行密封设计,同时应保证容器内有足够膨胀容积。

12.5.2.2 间接液冷设计

间接液体冷却系统的设计,主要应保证热源与冷源之间有良好的导热通路,尽可能减少接触热阻。

12.5.2.3 露点问题

许多电子设备必需在潮湿冷凝的环境条件下工作,或在受控的环境条件下(空调)工作,

由于它们的液体冷却系统的工作温度可能低于环境的露点温度而出现凝露,这时应采取下列防止结露措施:

1. 在结构件设计时,应避免出现凹陷部位,以免造成冷凝液积聚;
2. 对组件或零件采用罐封或涂镀层表面处理;
3. 各组装件或零件之间应留有足够的间隙,防止冷凝引起的体积膨胀;
4. 舰船用淡水冷却系统应在最高温度(40 ℃)时补充冷却剂。

12.5.2.4　确定液冷方案注意事项

1. 有绝缘要求元器件,且发热密度不很高,冷却剂可选变压器油或其他脂类,冷却系统应密封。
2. 需经常检测、调试、维护、修理的器件可采用间接冷却(如固态大功率发射组件)。
3. 高海拔地区(3 000 m 以上)且功率较大的设备或组件必须采用强迫液冷。
4. 发热密度大于 60 W/cm² 的元器件应采用强迫液冷。
5. 耗散功率超过 20 kW,且水源比较丰富时,二次冷却外循环采用水冷,即水-水换热器;小于 20 kW,水源较短缺时(如移动、便携设备),二次冷却外循环采用风机冷,即水-风换热器。

12.5.2.5　控制保护

为确保系统正常工作和人身、设备安全,液冷系统必须设计控保装置,通过对流体的流量、温度、压力进行检测,实现与电子设备的联动关机或切断高压电等联锁保护。

12.5.3　液冷热计算

12.5.3.1　强迫液冷换热

准则方程:

$$N_u = C \cdot R_e^n \cdot P_r^m \qquad (12-47)$$

另外,还可以用强迫风冷导出强迫液冷的准则方程,即在式(12-29)右边乘以普朗特数的修正因子$(P_{r液}/P_{r气})^{0.3}$就得到强迫液冷的准则方程,如果 $130 < R_e < 8\ 000$ 时,

$$N_u = 0.313 R_e^{0.6} \cdot (P_{r液}/P_{r气})^{0.3} \qquad (12-48)$$

当液体在管内紊流时,按(12-48)导出:

$$h/(C_p \cdot G) = C \cdot P_r^{m-1} \cdot R_e^{n-1} \qquad (12-49)$$

式中:常数 C、m、n 由试验确定;G 为单位面积质量流量(kg/s·m²)。

12.5.3.2　间接液冷换热

间接液冷是通过冷板将元器件发出的热量由液体带走。换热公式如下:

$$\varphi = h \cdot A \cdot \Delta t_m \cdot \eta_0 \qquad (12-50)$$

$$A = (A_c + A_f + A_b) \qquad (12-51)$$

式中:A_c—盖板的面积(m²);A_f—肋片的面积(m²);A_b—底板的面积(m²)。

$$\Delta t_m = (t_2 - t_1)/\ln\frac{t_s - t_1}{t_s - t_2},\text{℃} \tag{12-52}$$

式中:t_2—液体出口温度(℃);t_1—液体进口温度(℃);t_s—冷板表面平均温度(℃);

$$\eta_0 = \frac{A_c}{A}\eta_c + \frac{A_f}{A}\eta_f + \frac{A_b}{A}\eta_b \tag{12-53}$$

式中:η_c—盖板的冷却效率;η_f—肋片的冷却效率;η_b—底板的冷却效率。

冷板对流换热系数:

$$h = J \cdot G \cdot C_p \cdot P_r^{-2/3} \tag{12-54}$$

冷却剂从冷板上吸收的热量为:

$$\varphi = q_m \cdot C_p \cdot (t_2 - t_1) \tag{12-55}$$

当冷却传递的热量与冷却剂吸收的热量相等时,即:

$$h \cdot A \cdot \Delta t_m \cdot \eta_0 = q_m \cdot C_p \cdot (t_2 - t_1) \tag{12-56}$$

解得冷板表面的平均温度:

$$t_s = \frac{\mathrm{e}^{NTU} \cdot (t_2 - t_1)}{\mathrm{e}^{NTU} - 1} < t_{smax}(许用值) \tag{12-57}$$

式中,传热单元数:$NTU = h \cdot \eta_0 \cdot A/(q_m \cdot C_p)$

12.5.3.3 冷却液流量

冷却剂的流量:

$$Q_v = P/(C_p \cdot \Delta t) \tag{12-58}$$

式中:P—耗散功率(W);C_p—液体的定压比热容$[J(\mathrm{kg} \cdot ℃)]$;Δt—液体的温升(℃)。

12.6 冷板选用

冷板是一种单流体的热交换器。由于冷板结构尺寸较小换热系数较高,尤其是对于中、大功率密度的设备,可有效地冷却功率器件、印制板组件及电子机箱所耗散的热量。因而在电子设备中得到广泛运用。冷板的特点是:

1)冷板上的温度梯度小,热分布均匀,可带走较大的集中热载荷;

2)冷板采用间接冷却方式,可使元器件不与冷却剂直接接触,减少各种污染(如潮湿、灰尘及冷却剂中含有的其他污染物质),提高工作的可靠性;

3)比之直接冷却,冷板的冷却剂耗损少,也便于采用冷却效率高的冷却剂,并在热载荷和环境条件发生变化时可进行温度调节;

4)冷板装置的组件简单,结构紧凑,维修方便、简单。

冷板分类如下:

1)气冷式冷板(以空气为介质,适用于热量均匀的中、小功率器件);

2)液冷式冷板(以液体为介质,适用于大功率密度和大功率器件的散热);

3）储热式冷板（与热管结合组成的装置）。

12.6.1　气冷冷板

翅片是冷板的主要零件,材质为铝,采用真空焊接工艺,将翅片、封段固定,组成冷板的通道。在设计和对翅片的几何参数及层数进行选择时,应考虑下列因素:

1）根据冷板的工作环境,选择翅片额定形状、翅距、翅高和层数;

2）冷板的工作压力一般不高于2 MPa;

3）换热系数大时,选厚而高度低的翅片;反之,选高而薄的翅片,可增大换热面积;

4）当冷板表面与环境之间温差大时,选用光直型、锯齿型;温差小时,则选多孔型;

5）冷板安装面要精加工,并平整;一般进行导电氧化处理;

6）因是焊接成形,对车载、机载用的冷板,要进行振动筛选。

12.6.2　液冷冷板

液冷冷板的基材通常选用导热性好的铝板。板的厚度由空间尺寸条件和设备环境条件而定。冷却液流道的孔形,一般选用圆形或矩形,其当量截面可根据冷却液的流量来确定。全数进行耐压试验,防止渗漏,水压试验为工作压力的1.25倍,持续30 min。

12.7　热管

热管是一种传热效率很高的传热器件,其传热性能比相同的金属的导热要高好几十倍,且两端的温差很小。应用热管传热时,主要问题是如何减小热管两端接触界面上的热阻。

12.7.1　普通热管

普通热管由管壳、吸液芯和工质组成,其构造如图12-6所示。

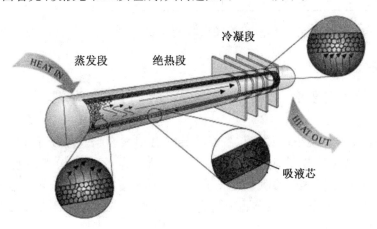

图12-6　热管的构造

12.7.2　热管分类与应用

热管按其工作液的温度范围可分为低温热管、中温热管和高温热管。

在电子设备中,主要是利用热管传递热量、平衡安装底板的温度、对设备或元器件进行温度控制以及冷却飞行器上的电子元器件等。不同场合用不同的热管,应用范围如下:

1) 把热源与冷源分开;

2) 平衡温度;

3) 控制温度;

4) 变换热通量;

5) 作热开关及热二极管用。

12.7.3　热管设计

热管设计要求如表 12 - 6。

表 12 - 6　热管设计要求

序号	技术条件	设计要求
1	工作温度	据电子元器件或整机设备的温升控制要求,选择热管的工质(热管的工作温度应在工质的临界点与凝固点之间)和管壳设计
2	传热量	根据电子元器件所耗散的功率及工作条件确定热管的传热量,再确定热管的尺寸、数量、吸液芯种类和热管的结构形式
3	工作环境	根据热管的使用条件估计重力场的影响,并确定冷凝段与冷却介质的连接方式
4	结构形式与尺寸	根据热管的用途,确定结构形式与尺寸及重量
5	高可靠性要求	热管的寿命主要取决于工质与管壳,工质与管芯的相容性
6	其他	密封要求:特殊条件下使用的热管可能要求其工质具有无毒、不可燃、电绝缘等特性

热管设计包括选工作液,管壳设计计算、吸液芯设计计算,工作液灌充量计算,传热极限校验等。

12.8　电子设备及元器件热安装

电子设备在工作环境中的放置位置对其传热有很大影响。热设计性能良好的电子设备,如果热安装不当或安装环境不符合技术条件的规定,将不能充分发挥散热功能,从而可能引起设备过热,影响其热可靠性。因此,在系统设计时应关注热安装问题的设计。

设备内部的电子元器件的安装也应符合低热阻的热安装要求,保证其良好的传热性能和可靠性。

1) 热环境问题

技术条件中规定的热环境是指存在于设备周围的热环境。热设计应保证设备能在此环境中正常工作。例如,船用电子设备的热环境,包括设备所处空间的局部空气温度和淡水冷却剂(若使用时)的温度等。设备安装的实际环境与技术条件中规定的热环境不得有明显的差别,否则将使设备冷却效果发生变化或导致设备过热。

热环境设计注意事项如下:

a) 靠电子设备外表面进行自然冷却的设备,一般按单独置于台面上或支架上使用进行设计。当这类设备与其他设备安装在同一机柜时,设备预定的靠自然对流冷却的通路将发生变化。机柜中的气温增高,产生附加热阻,使设备过热。这时,应提供辅助冷却装置。

b) 采用强迫空气冷却的小型设备,当它并列或叠装放置时,将使一台设备排出的热空气进入另一台设备的冷空气进口,经循环之后将导致空气的温升大大超过预期的环境温度。

设备安装时,不应使其进气口和排气口受阻。排气口设置的方向不应影响人员操作。

c) 当多台设备安装于同一空间并排放耗热时,将使空间过热。对于船舶、车辆和小型建筑物,应避免空调系统过载。

d) 设备不得装设在超过湿度规定的环境中,或使设备在低于空气露点的条件下工作。

e) 不得将设备装设在比预期的热环境更为严酷的条件下工作。例如,设备不得安装在通风不良的房间里、船舶烟囱侧或蒸汽管道旁,不得紧靠发动机或其他热源。

2) 散热措施

a) 为了应付紧急情况的需要,电子设备的冷却系统应备有应急措施。例如,船用电子设备的空气-淡水冷却系统,当供水系统出现故障时,应及时打开机柜的紧急进、排气口,利用现有的风机通风,对设备进行冷却。其冷却空气量应超过正常供应量。

b) 船用电子设备的冷却系统应与热性能要求相适应,当出现过热时,应使用安装于舱面上的附加空调装置。

c) 船用电子设备的热性能应通过试验和测量获得。在预期的环境条件下,各类电子设备同时工作时,冷却剂必须达到所需的流量和温度。

d) 设备安装之前应对每一设备的冷却系统进行检查,避免因冷却系统的故障造成设备的损坏。

电子元器件热安装原则如下:

a) 热敏元器件应放在设备的冷区(如底部),不可直接放在发热元器件之上。

b) 元器件的布置应按其允许温度范围进行分类,允许温度较高的元器件应放在允许温度较低的元器件之上。

c) 发热量大的元器件应尽可能靠近温度最低的表面(如金属外壳的内表面、金属底座及金属支架等)安装,并应与表面之间有良好的接触热传导。

d) 应尽可能减小安装界面及传热路径上的热阻。

e) 带引线的电子元器件应尽量利用引线的导热。热安装时应防止产生热应力,要有消除热应力的结构措施。

f) 电子元器件安装的方位应符合气流的流动特性及提高气流紊流程度的原则。为了提高散热效果,在适当位置可以加装紊流器。

印制电路板上元器件热安装应考虑:

a) 降低元器件壳体至印制板的热阻,如用导热绝缘胶将元器件黏到印制板或导热条(板)上,若不用黏结,则尽量减小元器件与印制板或导热条(板)间的间隙;

b）大功率元器件安装时，若要用绝缘片，应采用有足够抗压能力和高绝缘强度及导热性能的绝缘片如导热硅橡胶片，还要在界面涂一层薄导热膏；

c）同一块印制板上的元器件，耐热性差的元器件要置于冷却气流的最上游或入口处，耐热型好的放在最下游或出口处；

d）同一块印制板上混合安装大、小规模集成电路时，大规模集成电路要置于冷却气流的最上游或入口处，小规模集成电路放在最下游或出口处；

e）元器件引线和印制板的热膨胀系数不一致，在温度循环变化及高温条件下，要在结构上采取措施消除热应力。

12.9　相变冷却

相变冷却是指通过将热量传递到一种材料，利用该材料在相变（液体汽化或固体熔化）过程中吸热的特点来控制电子设备的温度。这种方法可应用于具有高功率密度的元器件或为电子元器件维持恒温场。电子元器件可通过浸在汽化槽中或使蒸发剂循环通过换热器来冷却。蒸发剂有多种，较常用的是液态氮和碳氟化合物。由于汽化冷却不需要泵，所以实施较简单，不足之处是设备仅能在一个有限的相间（瞬态）内工作，因为如飞机上所能携带的蒸发剂的量是有限的。

某些材料（如蜡化合物）当其吸收热量后可能会熔化。利用这种原理，可以通过选用熔点温度等于或接近元器件要求温度的材料对该元器件进行冷却。这种冷却方法的优点是原理简单并且不需要热源。此外，由于熔化过程是可逆的，所以如果希望的话，元器件的工作温度即可维持在一个窄的温度带。其缺点是冷却能力受所使用的吸热材料的限制并且该材料通常要占据大量的重量和空间。

12.10　热仿真分析

12.10.1　热模型处理

热模型的处理主要是根据仿真分析的需求，简化或修订模型以利于仿真计算。利用不同的仿真软件热模型处理的方式不同，例如，如果使用 FloEFD 仿真，则模型处理可在三维设计软件环境中提前完成。而 Flomaster 则需在重建模型的过程中完成模型处理。

12.10.1.1　模型匹配

不同软件对模型的需求是不同的，例如在 Flotherm 中印制板可用 SmartParts 的 PCB 代替，发热器件用 Component 代替；在 FloEFD 中有相应的多孔介质单元和热管单元。所以不同的软件所包含的模块不同，相应的模型简化的方法也不同。

12.10.1.2　模型简化

模型简化方式：1）在原三维模型基础上简化；2）重新建立简化模型。

模型简化原则：关注与传热密切相关的结构，忽略实际三维模型中对热仿真结果影响较小的结构。

针对热性能仿真的特点,模型简化的一些方法如下:

a) 模型中不在传热的主路径上或者相对模型很小的特征可以忽略,如倒角、圆角、小圆孔、凸台、凹槽、螺栓、垫圈、电线等;

b) 对模型中的小锥度、小曲率曲面进行直线化和平面化处理;

c) 孔一般按以下原则处理:

1) 热过孔全部保留;

2) 对非关注区域较大尺寸的孔,一般保留;尺寸较小的孔可去除;

3) 对关注区的孔,尽量保留原结构形式,不应简化。

d) 瞬态仿真情况,模型简化遵循"等质量、等热容"原则。

e) 如果仿真模型具有对称性,也可以对称原则简化仿真,如图 12 - 7 所示。

图 12 - 7　简化对称模型(上下对称)

12.10.2　网格划分

Flotherm 和 FloEFD 等三维软件需要对模型进行网格划分才能进行后续计算,不同软件对网格的要求是不同的,其网格划分方法也不同。而如 Flowmaster 二维软件其计算方式不同于三维软件,不需要进行划分网格。

网格划分一般原则为在热流路径上自密向疏,热源附近设较密网格以满足温度梯度的解析需要,同时根据硬件求解能力合理确定网格数目。

12.10.2.1　Flotherm 仿真分析

Flotherm 采用非连续嵌入式网格技术和 Cut Cell 网格切割技术,类型为六面体网格。其网格划分的一般原则为:

a) 散热器翅片间的网格,在计算流动阻力时不少于 4 个,计算散热时不少于 3 个;

b) 散热器翅片内的网格,计算散热时不少于 2 个;

c) 薄壁壳体在计算传热时厚度上的网格不少于 3 个;

d) 发热源单方向的网格不少于 4 个;

e) 整体网格的最大长宽比控制在 20 以内,一般不超过 100。

建立几何模型后,Flotherm 软件自带四种网格划分类型"None","Coarse","Medium","Fine"。"None"所描述网格是按照物体几何边界而生成的,完全将不同物体区分开,避免在同一单元格内有多种物体存在,提高了分析精度。而"Coarse","Medium","Fine"是自动划分,主要是针对设计初期方案,为了节省分析时间而设定的。三者之间的差别是系统网格划分的粗细精度不同,Fine 类型是网格最密型。

设好系统网格后,可以从"Grid Summary"中检查整体网格的质量。同时在该信息菜单右侧,列出 X、Y、Z 三个方向上最小网格,通常产生较大比值的原因有:1)由于几何模型建立时,不同物体边界之间产生细小网格线所造成。解决办法是将产生细小网格物体尺寸做细微调整,消除小网格,这样可以减少不必要的网格数量,提高质量;2)有些模型中,必须保留细小网格,比如详细的芯片模型,斜面等。可通过采用局域化方法将小网格约束在一定范围之内,同时加密该处网格,这样可以消除大比值问题。

局域化网格:目的在于有效提高求解精度。对于重点关注的物体,需要单独加密网格,达到较高的精度。对物体进行局域化,首先建立物体各个方向上的网格约束(Grid Constraints),根据求解精度目标,确定网格约束的设置参数。在其设置选项中,Minimum Size 用来控制最小网格长度参数,当网格小于此值时就自动消除。在"Number of Cell control"中,可以设置最小单元数或最大单元尺寸长度。在该菜单中,还可以选择膨胀设置"Inflation",所谓的膨胀就是将网格空间在各方向设置放大,用于矢量变化较快的位置,比如 Heatsink,Fan 进出口位置等,增加网格密度,详细描述参数变化,减少残差累积。膨胀设置可以针对 Low side 和 High side 单独设定,并规定膨胀尺寸空间和网格的数量。需要强调的是,任何网格约束(包括膨胀部分)局域之间可以包容或者相邻,但不能部分重叠,否则软件在自检时自动会取消一个网格约束。

当设置好各个局域化网格后,由于最初所建立的系统网格是按照 None 模式所划分,网格相对比较粗糙,在系统网格设置(System Grid)中,调节 Minimum Size 和 Maximum Size 来控制整体网格的密度。对于相邻网格尺寸相差较大的地方,可以通过调节 Smoothing 来控制过度变化。

建模的一些方法:

a)建模时,元件在模型树中具有优先级,当模型树下方的元件与上方元件干涉时,则下方元件的参数属性等条件会覆盖上方元件中重合部位的相应参数。

b)Flotherm 网格划分时可从 Grid Summary 中检查网格质量,一般网格长宽比控制在 20 以内较佳。有时产生细小网格线的物体并非影响热分析的关键部位,因此可通过对该处模型尺寸进行微调的方式来消除小网格。但是对于一些斜面等单元,小网格需保留。此时为避免因局部网格尺寸较小而导致整个系统的网格尺寸减小,可对该局部进行网格局域化处理。

12.10.2.2 FloEFD 仿真分析

FloEFD 自带网格生成工具划分网格,网格为八叉树(Octree)的六面体类型。网格划分方式分为自动设置和手动设置,对于结构比较复杂或者对计算结果要求较高的模型,一般采用手动设置网格数量,便于对流动换热关键区域进行网格加密,提高计算准确度。

为了保证流场计算的准确性,一般流道截面任一方向上的网格数量为 6~10 个,同时需对流固耦合曲面、流场变化剧烈的区域(如转弯、突扩(缩)等)进行局部网格加密。

为了保证导热计算的准确性,热传导层的网格数量一般不少于 3 个。

12.10.3　分析模型建立

将几何模型转化为仿真分析模型,一般包括:参数化模型建立,创建固体材料,定义初始条件、边界条件、接触热阻,施加热源等。

12.10.3.1　初始条件和边界条件

热学仿真的初始条件包括环境温湿度、各器件的初始温度、流体的初始温度等。

热学仿真的边界条件确定了计算中流动的进出口条件,包含进风口、出风口、供风温度、相对湿度等热动力参数,湍流参数,流动方式等。

初始条件和边界条件设定的基本原则:

a)条件参数设定尽量模拟实际情况;

b)边界条件的约束区域与实际区域相当,以防流动不准确。

12.10.3.2　接触热阻

接触热阻是由于两个固体表面互相接触时,接触面在微观上表现为多个离散点或微小面积接触,其余部分存在间隙(真空或填充介质),间隙的导热系数与固体相差较大,导致接触面在传热过程中产生附加阻力。

固定方式的不同,接触面积的大小,接触面间填充介质种类、厚薄不同都会导致接触热阻不一样。热学仿真中涉及的连接种类一般有:焊接、螺钉压接(包括铆接)、锁紧条压接、黏接等,接触面间的介质种类一般有:导热硅脂、导热衬垫等。

接触热阻设置准确度直接影响仿真计算结果的可信度,因此在设定此参数时需参考实验数据,在数据库中找到类似工况并予以设置,必要时还需做接触热阻参数修订。如果在数据库中找不到类似的工况,则需要进行相关的模拟实验,来测定接触热阻的大小,从而设置该参数。

接触热阻设定的一般原则:

a)给两个接触面中较小面积的表面赋接触热阻值;

b)当接触热阻不能完全确定时,一般按较大的热阻值予以设定,即考虑最恶劣工况设定。

12.10.3.3　热源及其施加

电子系统热学仿真中发热源主要有各种功率芯片、数字芯片、模块等,除此之外对系统级和环境级仿真热源还有太阳辐射、人体、照明设备等。芯片及功率模块其内部存在复杂的结构形式,最小尺度和组件差距 5 个量级(um 到 dm),不适合直接建模,一般用简化模型或者热封装模型代替。

在组件级仿真中,芯片和发热模块采用简化模型,直接用导热系数很高的固体体积热源代替。因此组件级仿真计算得到的热源温度一般认为是芯片、模块等的壳温。

12.10.4　模型检查

模型检查包括物理模型检查和一致性检查。物理模型检查指模型的简化是否合理,模型是否存在转配问题,模型是否符合软件计算的规定(一般软件可自身检查),检查后需对不符合项进行修正。一致性检查主要为检查仿真设置与条件输入是否一致,有无缺漏项等。

模型完成后,一般按模型检查要素完成模型检查,如表 12-7。

表 12-7 模型检查要素表

序号	检查项目		检查要素	具体要求	检查对象
1	初始参数		计算域、材料、初始条件、流体域等	与实际问题输入条件相符,详见初始条件和边界条件	初始参数设置
2	边界条件		进出口流量(速度)、环境压力、进出口热动力参数、湿度参数等	与实际问题输入条件相符,详见初始条件和边界条件	边界条件设置
3	接触热阻		各个接触面之间是否设置接触热阻	各个接触面之间均需要考虑接触热阻,详见接触热阻	接触热阻设置
			不同类型的连接接触热阻设置是否正确		
4	热源		热源的几何尺寸大小、位置、发热方式等	与实际工况相符,详见热源及其施加	热源设置
5	网格	基本网格	网格数量、质量	符合热仿真软件的网格要求,详见网格划分	基本网格
		局部网格	流体区域、薄壁、热源、狭长通道等传热、流动梯度较大的需进行局部网格细化的位置		局部网格
6	其他影响要素	风扇	风扇类型、进出风量等	与风扇性能曲线相符	风扇参数设置
		壁面条件	换热壁面、绝热壁面、壁面粗糙度等	与实际工况相符	壁面条件设置
		辐射表面	辐射吸收率、发射率,辐射模型的选择	与实际工况相符	辐射表面设置
		重力	重力方向、大小	与实际工况相符	重力设置

第十三章　三防、振动、电磁兼容性等环境防护设计

环境防护设计主要包括三防设计、防振设计、电磁兼容性设计。

电磁环境是客观存在的,它是由各种电磁发射源产生,其主要来源是系统(设备)自身、友方的发射机和对方的发射机、设备自身的乱真发射、非线性效应所产生的互调产物以及电磁脉冲等。自然界中有雷电、静电和大气噪声、宇宙射线等来源。

电磁干扰和电磁兼容性术语如下

1）系统:执行或保障某项工作任务的若干设备、分系统、专职人员及技术的组合。一个完整的系统除包括有关的设施、分系统、器材和辅助设备外,还包括保障该系统的环境中正常运行的操作人员。

2）电磁环境:存在于某场所的所有电磁现象的总和。

3）电磁兼容性:设备、分系统、系统在共同的电磁环境中能一起执行各自功能的共存状态。包括以下两个方面:

a）设备、分系统、系统在预定的电磁环境中运行时,可按规定的安全裕度实现设计的工作性能、且不因电磁干扰而受损或产生不可接受的降级;

b）设备、分系统、系统在预定的电磁环境中正常地工作且不会给环境(或其他设备)带来不可接受的电磁干扰。

4）电磁兼容性故障:由于电磁干扰或敏感性原因,使系统或相关的分系统及设备失效。它可导致系统损坏、人员受伤、系统性能降级或有效性发生不允许的永久性降低。

5）系统间的电磁兼容性:任何系统不因其他系统中的电磁干扰源而产生明显降级的状态。

6）系统内的电磁兼容性:系统内部的各个部分不会因本系统内其他电磁干扰源而产生明显降级的状态。

7）电磁敏感性:设备、器件或系统因电磁干扰可能导致工作性能降级的特性。

8）电磁干扰:① 任何可能中断、阻碍,甚至降低、限制无线电通信或其他电气电子设备性能的传导或辐射的电磁能量。② 可能干扰电气或电子通信设备,或其他设备工作的不希望的传导或辐射干扰,包括瞬时干扰。

9）电磁干扰控制:对辐射和传导能量进行控制,使设备、分系统或系统运行时尽量减少或降低不必要的发射。所有辐射和传导的电磁发射不论它们来源于设备、分系统或系统,都应加以控制,以避免引起不可接受的系统降级。若在控制敏感度的同时还能成功地控制电磁干扰,就可实现电磁兼容。

10）屏蔽:能隔离电磁环境、显著减小在其一边的电场或磁场对另一边的设备或电路影响的一种装置或措施。如屏蔽盒、屏蔽室、屏蔽笼或其他通常的导电物体。

11）接地，通常包括以下两种情况：

a）将设备外壳、框架或底座搭接到主体或运载工具的结构件上，以保证它们等电位；

b）将电路或设备连接到大地或与大地等效的尺寸较大的导体上。

12）搭接：在两导电表面之间提供低阻抗路径的电气连接或在被连接导电表面之间实现所要求的电气连续性的工艺方法。

13）抑制：通过滤波、接地、搭接、屏蔽和吸收，或这些技术的组合，以减小或消除不希望有的电磁发射。

14）设施接地系统：导体和导电单元之间的电气互联系统，它提供多条对地的电流通路。设施接地系统包括大地电极分系统、雷电保护分系统、信号参考分系统，故障保护分系统，建筑物构件，设备的机架、机柜、导管、接线盒、电缆管道、通风管道、水管以及其他通常不载流的金属构件等。

15）信号参考分系统：为通信电子设备提供共同的参考点或参考面，以使得各设备之间的电位差尽可能小的分系统。信号参考分系统可以是多点、单点接地系统或等电位接地平板。

16）电磁辐射危害：人体、设备、军械或燃料暴露于危险程度高的电磁辐射环境中时，电磁能量密度足以导致打火、挥发性易燃品的燃烧、有害的人体生物效应、电引爆装置的误触发、关键安全电路的故障或逐步降级等种种危险。

17）电磁干扰诊断：采用有效方法和手段查找电磁干扰源、传输耦合途径和接收器的过程。

13.1　三防设计

在气候环境的诸因素中，潮湿、霉菌和盐雾是最常遇到的破坏性因素。对这方面的防护简称"三防"，三防设计在电子产品可靠性设计中占有十分重要的地位。

13.1.1　潮湿防护

防潮设计原则如下：

a）防潮结构设计采用密封机壳、内放干燥剂或充以干燥空气的密封循环系统，以及在密封结构中安放加热装置，使构件温度接近周围空气温度，达到控制凝露点等，均有良好的防潮效果，但是此做法造价较高，工艺复杂，因此设计时密封面积应尽可能小。

b）元器件防潮处理用喷涂、浸渍等方法。在需要防潮的构件表面涂覆防潮涂料是一项常用的防潮措施。例如，变压器的灌封、裹覆，元件的硅凝胶无壳灌封，非金属材料加工表面的绝缘、胶木化处理，以及用硅有机化合物蒸气对某些防潮性能差的材料进行表面憎水处理。

c）应当选择吸湿性小的元器件材料和在湿热环境中性能稳定的器件。

d）改善设备的使用环境，机房采用空调和安装加热去湿装置，使相对湿度尽量低于临界温度。

13.1.2　霉菌防护

霉菌属于细菌中的一个系列,它由营养菌丝及繁殖菌丝构成。前者伸入被寄生的物体内部或漫生于表面,摄取营养物质或排除废物;后者伸入空气中,顶端产生孢子,具繁殖功能。在适宜的温度和湿度条件下,吸收水分和氧气、碳、氢及微量磷、镁、钾、钙等营养元素,迅速繁殖,堆积成菌落,呈绒毛状、絮状或网状,污染设备。霉菌生长最适宜的环境范围是25 ~ 30 ℃,高于30 ℃时生长速度显著下降,还会致死。霉菌的最低生长温度为6 ℃。潮湿环境下霉菌生长旺盛,相对湿度低于65%或高于100%对霉菌生长亦不利。

13.1.2.1　霉菌对电子产品危害

霉菌对材料和元件的污染机理可分为两类:一类是直接影响,即直接侵蚀污染;另一类是间接影响,即次发性的。

1. 直接影响

霉菌生成会直接破坏培养基的材料,将其作为繁殖所需的养料。由于菌丝横跨材料表面繁殖,会使绝缘电阻下降,造成表面漏电。绝缘材料长霉三级时,绝缘电阻下降为原值的1%,抗电强度降低65%左右,介电损耗角增长三倍左右。

2. 间接影响

霉菌代谢产物对材料引起间接侵蚀。代谢物中的酸性物质和其离子物质破坏了金属表面的电解平衡,从而损坏防腐蚀的钝化膜,而且由于酶的氧化和分解加剧了金属腐蚀,从而降低了接点的可靠性。

霉菌的生长构成了扩展性的物质堆积,使有机防护层产生龟裂、起泡等。泡下的微生物堆含有可能形成半渗透性胶囊,从而产生源电池,加速金属腐蚀。

13.1.2.2　防霉方法

1. 控制环境条件以抑制霉菌的生长

在电子设备的内部放入干燥剂并将设备密封,保持设备内部干燥、清洁,使设备所处环境温度低于10 ℃,保持通风,使霉菌失去生长繁殖的条件,从而收到良好的防霉效果。

密封是将被保护的表面与大气隔离的一种保护方式,常有以下形式:

焊接密封:通过焊接方式用金属构成密闭腔体,使腔体的内壁和腔体内的物体处于气密封状态,并因此与大气环境隔离而受到保护。这种密封方式比较可靠,常用于关键件的防腐和在没有其他保护措施的情况下使用。焊接密封的最大缺点是可维修性差。在实际应用中应提出焊接气密性要求,并进行焊接气密性检验。

胶接密封:采用胶接的方式将物体的缝隙密封起来,在物体的内部形成密封腔体。与焊接密封相比,这种方法较为简单,但由于胶接使用的有机材料的透气率远大于金属,且易于老化而大大降低了密封的可靠性。胶接密封有一定的可维修性,常用于物体缝隙填充或密封要求不高的腔体密封。

灌封:采用环氧树脂、硅凝胶、陶瓷等材料将被保护的物体周围空隙填充起来,以此将被保护物体与大气隔离。这种方法有较高的可靠性,但可维修性差,多用于高压器件、元器件的防护,如集成电路的灌封、接插件尾部及用于潮湿环境中电路板的灌封等。灌封同时也可起到加固和减震的作用。

O 形密封圈密封:利用结构上的压紧力迫使 O 形垫圈发生弹性变形,从而达到密封效果。O 形密封圈密封可靠,可以达到气密封效果。其耐久性与 O 形圈的材料有关,硅橡胶、氟橡胶的耐久性较好,不易发生永久变形。平面密封橡胶板的密封可靠性较差,较易汇聚潮气和水。

油封:利用防锈油、润滑脂等覆盖作用将金属表面与大气隔离,主要用于齿轮、轴承等摩擦部位的密封。防锈油、润滑脂所覆盖的地方具有良好的防锈效果,但油脂易流动,容易流失,故防止油脂流失和及时补充油脂为防腐关键。

包装密封:良好的包装可以防止产品在运输和贮存过程中发生腐蚀,采用塑料膜、铝塑复合膜、包装箱等将物体与大气隔离,也可以采用抽真空、充氮气、放入气相缓蚀剂等措施,增加防腐效果。

2. 使用抗霉材料

材料的抗霉性主要取决于材料本身的性质,一般含有天然有机物质的材料,如皮革、木材、棉织品、丝绸、纸制品等,极易受霉菌侵蚀,而石英粉、云母等无机矿物质材料,则不易长霉,因此电子设备应尽量避免使用上述各种有机材料。树脂本身有一定的抗霉性,但加入的某些有机增塑剂和填料易受霉菌侵蚀。为此建议采用以玻璃纤维、云母、石英等为填料的压塑料和层压材料;橡胶宜采用氟橡胶、硅橡胶、乙丙橡胶及丁氯橡胶等合成橡胶;黏结剂及密封胶宜采用以环氧、环氧酚醛、有机环氧等合成树脂为基本成分的黏结剂。绝缘浸渍则宜用改性环氧树脂漆和以有机硅为基本成分的油漆。

在湿热环境条件下储存和使用的设备,在产品试制定型试验中,应进行长霉试验,以确定设备的抗霉能力和长霉部位,预测由于长霉造成的工作故障。

3. 防霉处理

当必须使用不耐霉和耐霉性差的材料时,则必须使用防霉剂进行防霉处理。

防霉剂的使用方法如下。

a)混合法:把防霉剂和材料的原料混合,制成具有抗霉能力的材料,如将防霉剂加入漆中配成防霉漆。

b)喷涂法:把防霉剂和清漆混合,喷涂于整机、零件和材料的表面。

c)浸渍法:制成防霉剂稀溶液,对材料进行浸渍处理,棉纱、纸张等可用此法。

13.1.3 盐雾防护

在海上,由于浪花飞溅,水沫雾化并随气流传播而形成盐雾。盐雾的颗粒度直径大多在 $1 \sim 5 \ \mu m$ 范围。盐雾的影响主要在离海岸约 400 m 远、高度约 150 m 的范围内。再远其影响就迅速减弱了。在室内、密封舱内或产品车内,其影响就更小了。

13.1.3.1 盐雾危害

盐雾的主要成分 NaCl(占 77.8%),是一种强电介质,在水中完全电离。Cl 的水合能力很低,它易于被吸附在金属表面并取代金属氧化膜中的氧,破坏氧化膜的稳定状态,从而破坏氧化膜的保护作用,加速金属腐蚀。

13.1.3.2　防盐雾设计原则

防盐雾设计原则如下:

a) 除了海上电子设备以外,海岸设备防护可以通过合理选择使用场所来实现,如远离海岸 1 km 以上,盐雾的影响就比较小。如把电子设备放置在室内船舱内或产品车内使用,便可基本消除盐雾的影响。

b) 在结构上采用密封机壳、机罩,使设备和盐雾的环境相隔离。对关键元件或对环境敏感的元件外加密封装置或进行灌封处理。

c) 盐雾与湿热环境相结合,即使金属材料腐蚀,又使非金属材料的机械性能和电气性能降低。因此,材料选择时应同时考虑防潮和防腐能力。

13.1.4　三防处理工艺

13.1.4.1　憎水处理

憎水处理主要是降低亲水性材料的吸湿性和吸水性,提高防潮能力。对于玻璃、高频陶瓷,尤其是未上釉的陶瓷均须作憎水处理。憎水处理不仅能提高抗湿能力,同时也能提高绝缘强度和机械强度。

操作工艺:硅油和有机硅树脂涂料可直接涂布于材料上,对玻璃、陶瓷可用氯硅烷蒸汽处理,然后水解缩合成膜。

13.1.4.2　浸渍

浸渍是采用绝缘、耐热、防雾及其他不同特性的涂料,浸渍处理材料及元件,借以填充结构间隙、材料微孔,提高防潮、抗电、耐热、耐霉的能力。

应根据元件不同用途选用浸渍材料,例如变压器线包浸渍漆,其主要要求是抗电强度,同时还要求具有导热性、热稳定性和一定的结构强度。常用的 3404 环氧绝缘清漆,它的流动性和干透性好,漆膜耐热、防潮、介电性好,是理想的线圈浸渍漆。另外,1050 有机硅浸渍漆、H30－1 环氧无溶剂绝缘烘漆也可以采用。

13.1.4.3　胶木化处理

材料和浸渍的材料相同,工艺略有不同。

13.1.4.4　敷形涂覆

主要用于印刷电路板、变压器、线圈、电路和磁性器件的绝缘处理。利用液态有机材料,按元部件和印刷电路板形构成连续的保护膜,以提高元件及电路的防潮、防霉和防盐雾的能力。这对防灰尘、指纹的侵蚀也有一定的作用。对大气温度骤变产生的凝露而引起导线的漏电、短路甚至击穿也有防护作用。

常用材料有环氧、丙烯酸脂、有机硅等。最常用的聚氨酯 S31－1 涂料,其防潮、防霉和耐溶剂的性能良好,电性能和与元件的黏附性好,透明度、色调及其工艺性能也好,但高频性能较差。

13.1.4.5　灌封

灌封是将元件放入永久性容器内,用液态树脂灌注,固化封装,也可以作无壳灌封,其防护作用类似敷形涂覆,用于预防高低温骤变和强烈振动,稳定元件,电路参数效果良好,广泛应用于导弹、卫星、超音速飞机上的电子元部件的防护,甚至整机的灌封。常用的材料有环氧树脂、聚氨酯泡沫、硅凝胶和硅橡胶。

各类灌封材料特点不同,例如环氧树脂类型,其特点是机械强度和抗电强度高,并有一定的防潮、防霉、防腐性能。硅橡胶系列:如常用室温硫化硅橡胶、硅凝胶及107硅橡胶等,其防潮、隔热、减震作用突出,易于拆修,但机械强度较差。聚氨酯橡胶具有优良的绝缘性能和机械性能,耐低温、耐霉菌、耐紫外辐射等性能也十分优良。

13.1.4.6 裹覆和端封

裹覆是利用流态化的绝缘材料粉末,裹覆于一定温度的线圈、元件或其他零件上,使之具备一定的防潮、绝缘能力。但由于粉末不能进入绕组与绝缘层之间,因此不能提高层间绝缘强度,因而在这方面其性能不如灌封的好。

端封用于线包两端,电容、电阻及其他元件引出线位置的绝缘封闭处理,以提高其防潮、绝缘能力。此法工艺简单,周期短,但防护能力差。对高压变压器,这种方法不能达到绕组绝缘的要求。

13.1.5 环控设计

13.1.5.1 去潮降湿

设计中针对霉菌防护的环控设计最主要是采取去潮降湿措施。对于霉菌来说,空气的相对湿度可分为三个范围:当湿度低于60%时,霉菌的发芽和生长几乎是不可能的,为安全湿度;当湿度为60%~80%时,适合霉菌的发芽生长,为不安全湿度;当湿度高于80%时,可使霉菌大量繁殖,快速生长,为危险湿度。因此进行霉菌防护的环控设计时,主要是控制湿度在安全湿度范围内。可采取方法包括:

a) 对不能完全密封的腔体,可在内部加装除湿机及湿度监控设备,实时检测腔体内部湿度,腔体内部湿度≤60%;

b) 对密封的腔体,可设计在内部放置干燥剂,去除因调试、维护等环节带入的水气,降低内部湿度。

13.1.5.2 紫外线装置

试验表明,霉菌生长对紫外线极为敏感,当保持每周4 h的紫外线照射时,可完全抑制霉菌的生长,同一部件的非照射面的霉菌生长也大幅度减少。因此,在必须敞开又无抗霉菌材料可选时,可设计增加波长365 nm的紫外灯照射装置,定期定量(每周2 h~4 h)照射,抑制霉菌生长。因紫外线会造成人体伤害并对大部分高分子非金属材料有老化作用,采取此方案时应经过严格论证。

13.2 抗振动设计

13.2.1 抗振设计要求

13.2.1.1 设备抗振设计

设备抗振设计应满足以下要求：

a）根据不同的机械环境，系统可采用隔振器进行隔振防冲，隔振设计应遵循避开谐振点原则；

b）各外场可更换单元中，对振动及冲击敏感的组件可采取附加的隔振防冲措施；

c）模块或组件中重量大的元器件，依据仿真分析及试验验证确定固定形式；

d）电缆和线束应在连接端附近挟紧，以避免谐振及防止在连接点出现应力过大而失效；

e）电缆和导线应具有足够的宽松度，以防止在机械振动和冲击过程中产生的应力集中；

f）在敷设电缆对疲劳失效敏感时，应使用绞合线；

g）应分析并确定在设备环境里必定会遇到的谐振频率；

h）应考虑在自然频率接近预期环境频率的组件和元器件安装座上加阻尼；

i）电子机箱和机箱内 PCB 的谐振频率之比宜大于 2∶1 或小于 1∶2。

13.2.1.2 结构件抗振设计

结构件抗振设计应满足以下要求：

a）在满足减重要求的前提下，结构件应具有足够的刚度，能够支撑并保护电路板和电子元器件；

b）结构件应具有足够的耐冲击、耐振动特性；

c）结构件的应力，应保有一定的安全系数；

d）结构件的应力，应满足材料疲劳寿命的设计要求。

13.2.1.3 印制板抗振设计

印制板抗振设计应满足以下要求：

a）印制板主应变应符合 IPC-9704A-2005 的要求，使其小于允许的最大主应变；

b）印制板的相对位移应小于印制板允许的最大相对位移。

13.2.1.4 元器件抗振设计

元器件抗振设计应满足以下要求：

a）元器件焊点在振动环境中应满足材料疲劳寿命设计要求；

b）为了防止元器件引脚出现高应力或疲劳失效，应把大质量元器件挟紧或固定在底板或者印制电路板上；

c）易振动故障器件应布置在应力小的区域或者进行特殊的加固设计；

d）大质量的元器件应装在接近约束的位置以便直接由结构支撑,避免其振动响应量级过大；

e）大质量的元器件重心要保持较低；

f）元器件和组件应有适当的摆动空间,设计时相邻元器件间的距离应留有一定的余量,以避免在振动和冲击过程中的碰撞。

13.2.2 抗振设计方法

13.2.2.1 设计流程

电子产品抗振设计分析流程如图 13-1 所示：

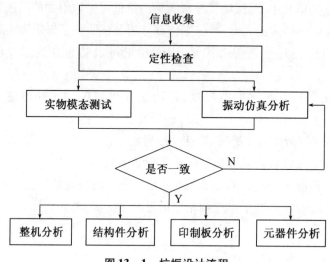

图 13-1 抗振设计流程

抗振设计具体步骤为：

1）开展用于抗振设计分析的信息收集与处理,需收集的信息主要包括：

a）产品使用环境中的随机振动谱线和振动量值；

b）产品使用环境中的主要激励及频带分布；

c）产品在振动环境下的功能等级要求；

d）产品在整机上的安装位置；

e）产品与整机的装配方式；

f）产品的结构三维模型；

g）产品内部印制板的设计文件；

h）产品印制板的元器件清单；

i）产品各部件的材料牌号；

j）各种牌号材料的参数；

k）产品各部件的配合方式；

l）产品各部件的刚度和强度有无特殊要求。

2）根据收集到的相关信息,开展抗振设计定性要求符合性检查；

3）根据收集到的产品结构三维模型、印制板设计文件和元器件清单等信息,开展振动仿真分析;

4）开展实物模态测试,将测试结果用于修正电子产品的振动仿真分析模型;

5）基于修正后的振动仿真分析模型,再次开展振动仿真分析并获取设计要求中的相关定量参数,具体如下:

a）整机抗振设计中,需获取整机、模块和印制板的模态频率;

b）结构件应力设计中,需获取结构件上的响应应力,特别地,若环境条件中包含冲击,需获取结构件上的瞬态响应应力;

c）印制板设计中,需获取印制板上的主应变和关键元器件位置的最大相对位移;

d）元器件设计中,需获取应力最大位置处元器件焊点的疲劳寿命。

13.2.2.2　整机抗振设计

整机抗振设计检查主要对电子产品的结构安装,布局设计和谐振频率等定性设计要求进行检查,具体的检查项目和方法如表 13-1 所示。

表 13-1　抗振设计检查

序号	具体检查项目	检查方法
1	电子产品机箱和安装架是否符合 GJB 779-1989 中第 5 章要求	按 GJB 779 中第 5 章中设计要求逐条检查
2	电缆和线束是否在连接端附近挟紧	检查电缆和线束设计
3	电缆和导线是否具有足够的宽松度	检查电缆和导线设计
4	在敷设电缆对疲劳失效敏感时,是否使用绞合线	咨询生产厂家
5	是否分析并确定了设备环境里的谐振频率	开展振动试验
6	是否在设备自然频率接近预期环境频率的组件和元器件安装座上加阻尼	通过振动试验检查共振

电子产品的机箱、印制板以及主要元器件的模态频率可通过有限元仿真分析法或者实物测试得到。

13.2.2.3　结构件抗振设计

结构件抗振设计检查主要对电子产品结构件的材料和设计等定性设计要求进行检查,具体的检查项目和方法如表 13-2 所示。

表 13-2　结构件抗振设计检查

序号	具体检查项目	检查方法
1	在满足减重要求的前提下,结构件是否具有足够的刚度,是否能够支撑并保护电路板和电子元器件	检查结构件材料和设计
2	结构件是否具有足够的耐冲击、耐振动特性	检查结构件材料和设计

结构件抗振设计的定量分析主要包括冲击振动和随机振动两个方面,具体分析方法如下:

1）冲击振动

电子产品的实际振动环境包含冲击时，需对电子产品进行瞬态冲击仿真分析，得到电子产品结构件的最大瞬态响应应力。

2）随机振动

电子产品在随机振动环境下，需对电子产品进行随机振动仿真分析，得到电子产品结构件的最大响应应力，判断该应力是否达到疲劳应力阈值，若达到疲劳应力阈值则需要计算结构件的疲劳寿命。

疲劳寿命的计算方法如下：

$$T = \frac{C}{v_0^+ \cdot (1.953\sigma_1)^{6.4}} \qquad (13-1)$$

式中：T—振动载荷施加时间，单位为秒（s）；C—材料的疲劳强度的常数；σ_1—1σ 应力水平，单位为兆帕（MPa）；v_0^+—平均频率，单位为赫兹（Hz）。

v_0^+ 的计算方法如下：

$$v_0^+ = \sqrt{\frac{\int_0^\infty f^2 G(f)\,\mathrm{d}f}{\int_0^\infty G(f)\,\mathrm{d}f}} \qquad (13-2)$$

式中：$G(f)$—随机振动下应力的 PSD 函数；f—频率，单位为赫兹（Hz）。

得到随机振动环境下结构件应力最大位置的应力 PSD 后，可根据公式（13-2）计算得到 v_0^+，再根据公式（13-1）即可计算得到结构件的疲劳损伤 D。由于 $D=1$ 时结构件材料会发生疲劳失效，可推导得到结构件的随机振动疲劳寿命。

13.2.2.4 印制板抗振设计

根据收集到的相关信息，对印制板抗振设计要求中的定量参数逐条进行分析，主要包括最大允许主应变和最大允许相对位移，具体分析方法如下：

1）最大允许主应变

利用有限元仿真方法计算得到印制板各部位承受的最大应变值，然后根据 IPC-9704A-2005 标准计算一定厚度电路板允许的最大应变量。最大允许主应变的计算公式如下：

$$\xi = \sqrt{2.35/t} \times (1\,900 - 300 \times \log v_s) \qquad (13-3)$$

式中：ξ—印制板最大允许主应变；t—印制板厚度，单位为毫米（mm）；v_s—印制板应变速率的绝对值。

其中应变速率的绝对值可根据印制板的最大主应变和第一阶模态频率 f 求得：

$$v_s = |s \times 2f| \qquad (13-4)$$

式中：v_s—印制板应变速率的绝对值；s—印制板最大主应变；f—印制板一阶模态频率，单位为赫兹（Hz）。

2）印制板最大允许相对位移

对于安装在 PCB 上的某一元器件，其 PCB 相对位移 Z 的允许极限为：

$$Z_{\text{limit}} = \frac{0.000\,22B}{chr\sqrt{L}} \tag{13-5}$$

式中：Z—峰值相对位移，单位为英寸(in)；B—平行于器件的 PCB 的边长，单位为英寸(in)；L—电子元件的长度，单位为英寸(in)；h—PCB 的高度或厚度，单位为英寸(in)；

c—不同类型的器件常数，常用数值如下：

1.0—适用于标准双列直插式封装(DIP)；

1.26—适用于有旁焊引线的双列直插式封装；

1.26—适用于其底面引出有两平行线排的针栅阵列(PGA)；

1.0—适用于其底面引出有周边导线的 PGA；

2.25—适用于无引线陶瓷芯片载体(LCCC)；

1.0—适用于引线长度与标准 DIP 大致相同的有引线芯片载体；

1.75—适用于球栅阵列；

0.75—适用于轴向引线的电阻器、电容器和小针距半导体器件；

r—器件相对位置因子，常用数值如下：

1.0—当器件处在 PCB 中心；

0.707—当器件处在四边支撑的 PCB 上 1/2X 和 1/4Y 点时；

0.50—当器件处在四边支撑的 PCB 上 1/4X 和 1/4Y 点时。

PCB—的 3σ 响应相对位移为经验确定值，其计算方法为：

$$Z_{3\sigma\_rd} = 3 \times \left(\frac{9.8G_{out}}{f_n^2}\right) \tag{13-6}$$

式中：G_{out}—PCB 的加速度响应均方根值，单位为重力加速度的平方每秒(g^2/s)；f_n—PCB 的一阶固有频率，单位为赫兹(Hz)。

对于视为单自由度系统的 PCB，公式可改写如下：

$$Z_{3\sigma\_rd} = 3 \times \left(\frac{9.8G_{out}}{f_n^2}\right) = \frac{29.4\sqrt{\dfrac{\pi}{2}P_{in}f_n^{1.5}}}{f_n^2} = \frac{36.85\sqrt{P_{in}}}{f_n^{1.25}} \tag{13-7}$$

式中：P_{in}—固有频率 f_n 处的输入功率谱密度，单位为重力加速度的平方每赫兹(g^2/Hz)。

对于四边简支的 PCB，其最大相对位移出现在 PCB 中心，相对位置因子 r 的计算公式如下：

$$r = \sin\frac{\pi x}{l}\sin\frac{\pi y}{w} \tag{13-8}$$

式中：l—PCB 沿 X 方向的长度，单位为英寸(in)；w—PCB 沿 Y 方向的长度，单位为英寸(in)；x、y—元器件中心在 PCB 上的坐标值。

对于 PCB 不是四边简支，即 PCB 最大位移不在中心处的情况，可使用相对曲率替代相对位置因子。相对曲率的定义是元器件中心坐标下的 PCB 曲率与 PCB 最大曲率之比，如下所示：

$$k_{RCV} = \frac{k_c}{k_{max}} = \frac{\sqrt{(k_{xx\_c})^2 + (k_{yy\_c})^2}}{\sqrt{(k_{xx\_max})^2 + (k_{yy\_max})^2}} \qquad (13-9)$$

式中:k_c—元器件中心坐标处的 PCB 曲率;k_{max}—PCB 的最大曲率;k_{xx}—PCB 的 X 方向曲率;k_{yy}—PCB 的 Y 方向曲率;下标 c—元器件中心坐标下的曲率;下标 max—PCB 的最大曲率。

13.2.2.5　元器件抗振设计

元器件抗振设计检查主要对元器件安装、布局等定性设计要求进行检查,具体的检查项目和方法如表 13 - 3 所示

表 13 - 3　元器件抗振设计定性要求检查

序号	具体检查项目	检查方法
1	重的元器件是否安装在接近约束的位置以便直接由结构支撑?	检查 PCB 设计文件
2	是否把重的元器件挟紧或固定在底板或者印制电路板上?	检查 PCB 设计文件
3	易振动故障器件是否布置在应力小的区域或者进行特殊的加固设计?	检查 PCB 设计文件
4	重的元器件的重心是否保持较低?	检查印制板上质量较重元器件的安装方式与位置
5	元器件和组件是否留有适当的摆动空间?	检查 PCB 设计文件确定元器件布局

元器件焊点寿命的计算方法如下:

$$N_2 = N_1 \left(\frac{0.000\,22 B f_n^{1.25}}{36.85 chr \sqrt{LP_{in}}} \right)^b \qquad (13-10)$$

式中:N_1—经验参数,随机振动情况下取值 1×10^7。

13.2.2.6　晶振抗振设计

晶振大部分为金属封装,内部为一小片石英,两边镀银,由引线引出,石英晶体由于其压电效应,在外界电场作用下,使晶体产生机械形变,反之机械形变又会在相应方向产生电场,从而会产生振动。当外加交变电压的频率和晶片的固有频率相等时,将会产生谐振,从而完成频率的输出。由此可知,输出频率由石英片的大小决定。在静止状态下,石英片的谐振可以保持稳定,但若在外部加速度的影响下,石英片的谐振就会受到影响,从而影响晶振输出的相位噪声指标。

相位噪声指电子系统在各种噪声的作用下引起的系统输出信号相位的随机变化,它是衡量频率标准源(高稳晶振、原子频标等)频稳质量的重要指标。其是频率域的概念,用偏移频率 f 处 1 Hz 带宽内矩形的面积与整个功率谱曲线下包含的面积之比表示的。晶振的输出为固定频率的连续波,其输出信号的偏移频率相位噪声是衡量信号波形优劣的重要指标。

晶振分为普通晶体振荡器、压控振荡器、温补晶振、恒温压控晶振等,小型化、片式化、低

噪声化、频率高精度化与高稳定度及高频化是晶振的发展趋势。

晶振的主要参数(特性阻抗 50 Ω 下测试指标)有标称频率、频率精度(常温下频率偏差)、谐波抑制、不同偏移频率相位噪声等。

晶振相位噪声对环境振动非常敏感,振动对其相位噪声有直接的影响,不同偏移频率的相位噪声与相应振动条件的计算公式为: $L(f) \approx 20\lg\left(\dfrac{S_g f_o A_p}{2f_v}\right)$ 。其中, f_o 为晶振静止状态输出频率; S_g 为晶振加速度灵敏度; f_v 为激励频率; A_p 为振动加速度。因此,晶振不同偏移频率相位噪声与此频率的振动量级有密切而且直接的关系。

电子设备正常工作时对晶振的相噪指标有严格的要求,而工作时其平台由于各种原因会产生振动、冲击等各种加速度,这会导致对加速度异常敏感的晶振相噪指标迅速恶化,从而使得电子系统性能恶化。因此须设计晶振减振系统来改善晶振的力学环境,保证其在各种振动、冲击环境下,相噪指标可控,通常需采用二级甚至多级减振来实现。

电子设备晶振减振系统一般按以下步骤开展设计,

第一步:明确产品工作平台晶振相噪指标要求,并结合产品振动环境条件,通过试验确定晶振所能承受振动量级以及敏感区间。一般采用振动条件频域分段和振动不同量级排列组合来确定振动条件,逐步筛选晶振所能接受的振动量级。

第二步:根据晶振耐受振动量级选择减振器类型,并根据减振器件外形特点、质量分布确定合理的减振器形式或者减振系统布局。减振器种类很多,根据减振的需求选择合适的减振器类型。

第三步:根据晶振偏移频率要求,确定减振系统固有频率。如果减振要求很高,一般情况下,应使最低激振频率与固有频率之比为 2.5 ~ 5,由此可以求得主振方向固有频率及刚度;若为减振器组合,则需验证耦合振动频率是否低于最低激振频率。

第四步:隔振效率复核。系统的隔振效果用传递系数来衡量,确定减振器材料的阻尼比,可以对该方案的敏感频率进行验证复核,若不满足指标要求,须重新调整减振器参数。

第五步:试验验证。根据确定的系统参数设计减振器或者减振系统,并进行振动试验测试,如满足产品使用要求,最终进行减振器或减振系统的可靠性试验验证。

13.3　电磁兼容设计

由于电磁兼容性的固有复杂性,在研制阶段不进行精细的电磁兼容性设计,而在产品形成后通过测试、试验来发现问题并被动地采取诸如屏蔽、滤波等措施来完善产品电磁兼容性是不可取的。为了确保系统(设备)能适应其使用中可能存在的各种电磁环境,必须从系统(设备)研制开始就开展电磁兼容性设计,若要及时、有效和经济地解决电磁兼容问题,正确的方法和程序是相当重要的。针对电磁兼容性的特点,从产品的设计阶段就要进行电磁兼容的设计,并在产品研发的各个阶段适时进行电磁兼容性能的评估和改进,不断地把电磁兼容性融入产品的电路和结构设计中去。这样,整个产品的研发周期才可能不发生非预期的时间延迟和成本增加,产品的性能、功能及可靠性也不致受到影响。

13.3.1 电磁兼容设计内容

在研制电子系统起始,应考虑系统、分系统、设备与周围环境之间的电磁干扰问题,应采取正确的防护措施减小电子系统本身的电磁干扰发射及抵御周围环境的电磁干扰。

针对系统间的电磁兼容性和系统内的电磁兼容性,电磁兼容设计可分为相应的两部分。需对电磁兼容状况进行分析、预测、控制和评估,实现电磁兼容和最佳费效比。

13.3.1.1 系统间电磁兼容设计

电磁兼容设计的内容概括起来就是针对基本模型的三个环节做相应处理。详见表 13 - 4 ~ 表 13 - 6 的说明。

表 13 - 4 降低或消除干扰源影响的设计

序号	技术	说明
1	对有用信号的控制	包括:频谱管理和规定发射功率,信号类型(调制和带宽,脉冲上升和下降时间,谐波滤波,接收预选、滤波和相关),天线(空间覆盖范围、方向性和极化、空间滤波器),使用时间(时间共享准则)和地点位置(间隔距离、位置和姿态、自然地形、连接线布设)等
2	对人为干扰的控制	系统间人为干扰主要来自其他系统的发射机谐波和乱真发射、高压输电线、工业科研及医疗设备等的电磁干扰发射,这需要各系统按照有关标准要求来控制
3	自然干扰的控制	自然干扰通常是无法控制的,只有在系统性能设计时加以考虑。如接收机灵敏度指标可按内部噪声和各种天电噪声来确定,针对可能出现的电磁脉冲和静电放电现象采取适当的防护措施等

表 13 - 5 降低或消除干扰耦合途径设计技术

序号	传导途径	耦合通道分析	对策
1	对经由"路"的干扰和控制	导线连接;各种共阻抗耦合(电源、地线)滤波公共通道等	改变布线和接地方式、滤波设置以消除共阻抗
2	对经由"场"的干扰和控制	1)电容耦合:电屏蔽 2)互感耦合:磁屏蔽 3)电磁感应耦合:高频屏蔽	

表 13 - 6 减小耦合若干实际方法

序号	方法	说明
1	减小参考平面的阻抗	减小信号参考平面的阻抗,可减小参考平面上任何两点之间的电位差,因此就降低了参考于这些点的敏感电路间的传导耦合干扰。信号参考平面阻抗的降低,可以通过减小构成该参考平面的导体的电阻(R)和串联电抗(X)来实现。电阻将随着导体长度的缩短或信号频率的降低(由于集肤效应)而减小,并随着导体横截面面积的增大而减小。电抗亦将随着信号频率和导体电感的降低而减小;而电感本身又是导体长度和横截面面积的函数。要降低信号参考平面的阻抗,应当使参考平面的导体长度尽可能短,并使导体横截面面积尽可能大。信号参考平面的总阻抗还取决于接地导体之间的低阻抗搭接。

（续表）

序号	方法	说明
2	增大空间距离	增大干扰电路与敏感电路之间的距离,可以减小电容耦合和互感耦合的效果,通常耦合至敏感电路的电压按指数规律降低。
3	减小电路的环路面积	降低干扰源电路或敏感电路的环路面积,将会减小两个电路之间的感性耦合。一般减小敏感电路的连线长度(l)或环路宽度($r_2 - r_1$),可以减小感性耦合电压。把信号回流导体走线与信号导体走线尽量靠近,就降低了敏感电路的环路面积。最好的方法是把信号走线与其回流线绞合在一起。
4	进行屏蔽	降低耦合的另一个有效方法是在电路和有关连线的周围进行屏蔽。
5	采用平衡线路	1）当把信号电路的信号源和负载端都接地时,就建立了传导耦合通路。利用平衡的信号线路和电路,是减小传导耦合干扰的有效方法。在一个平衡电路中,两根信号导体相对于地是对称的。在两根导体的对应点上,有用信号相对于地来说是极性相反而幅值相等的。共模电压是同相的,并且在每根导体上存在相等的幅值,因此到负载上势必抵消,抵消的程度取决于两根信号线相对于地的平衡程度。如果信号线路完全平衡,则共模电压就全部抵消,在负载上的耦合干扰电压将为零。 2）信号源和负载通常不是（或不能）工作在平衡方式,那么在信号线路的信号源端和负载端均应采用平衡/不平衡变换器或其他耦合器件进行转换

13.3.1.2　系统内电磁兼容设计技术

系统内电磁兼容设计技术是指完成特定功能各组成部分的集合。"特定功能"的不同组成部分可构成不同的系统,其自身构成的各部分的电磁兼容问题常常能解决得很好。但是对于大系统,如机载电子系统,如果事先系统总体缺乏综合各子系统的电磁兼容设计,那么这些性能良好的子系统装机后可能出现各个子系统之间无法兼容工作的问题。同时,系统的电磁兼容设计不仅涉及系统内各分系统(设备)的电磁兼容性,还涉及系统所处的电磁环境。所以大系统的电磁兼容设计是完成其规定功能所必不可少的,它是整个系统可靠性保障设计中的一个重要组成部分。其设计程序如图 13 - 2 所示。

首先是了解系统所处的电磁环境,通过计算或必要的测试对各分系统之间及电磁环境是否会出现电磁干扰作出预测,若有干扰,则要从技术性能、经济性等方面考虑采取何种消除措施较好,可以考虑的措施有:加设屏蔽滤波装置、更改设备的空间布局、改变设备的频率配置或用时间分割方式工作等,若以上方法都不能克服电磁干扰,就只有综合权衡后改动原有设计方案,如改变信号调制形式、部件构成、甚至工作原理方案等。

系统内电磁兼容设计通常分五个部分:有源器件、布线、接地、屏蔽和滤波。

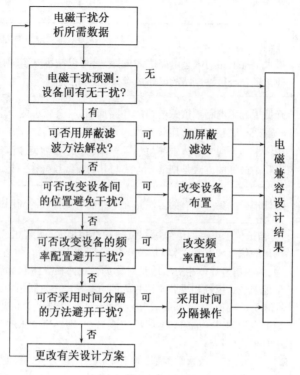

(a) 电磁兼容设计程序

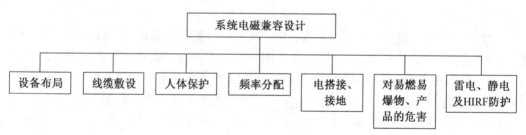

(b) 系统电磁兼容设计

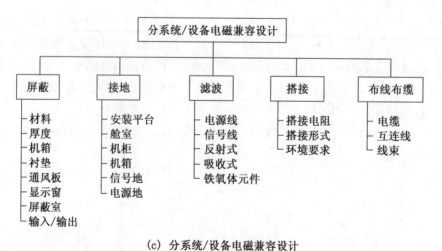

(c) 分系统/设备电磁兼容设计

图 13 - 2   电磁兼容设计程序

13.3.1.3　电磁兼容性分层次与综合设计法

进行电磁兼容设计的方法是"标本兼治,重在治本"。即从治理电磁兼容问题的源头出发,按其重要性的先后,分为若干层次进行设计,并加以综合分析,进行适当调整,直到完善,层次划分见表13-7。

表 13-7　电磁兼容性分层与综合设计法的各个层次

层次	内容	特点
1	有源器件的选型和印制板设计	治本
2	接地设计	治本
3	屏蔽设计	标本兼治
4	滤波设计和瞬态骚扰抑制	标本兼治
5	系统级电磁兼容设计	系统整体

同时在每一层次中进行接地、屏蔽和滤波的综合设计和软件抗骚扰设计。这样的电磁兼容设计被称为"分层与综合设计法"。分层与综合设计法从系统工程的角度出发,在方案阶段就主动预防、整体规划,进行预先评估、预测分析,有针对性地主动采取措施。

13.3.1.4　降低干扰方法

在设备研制过程中都可以利用下列方法来减小信号间的互相干扰,即:1)减小信号系统之间的耦合;2)改善信号系统,使系统之间的相互作用在其中任一系统中不能产生干扰;3)消除干扰源;4)把干扰从敏感信号系统中滤除。除了降低耦合之外,减小干扰还有几种替代方法。如表13-8所示:

表 13-8　降低干扰替代方法

序号	方法	说明
1	改进实际电路	例如可以改变干扰源或敏感电路两者之一的频率,使得两个信号不致互相干扰。同样,可以把有用信号变换到另一个频率范围,或者把它转换成不受噪声影响的信号形式,通过处理,就可使易受干扰的敏感通道部分的传输频率,在接收和检测装置上对噪声信号不产生响应。可以减小干扰源的幅值或减小敏感电路的灵敏度来降低两个电路的互相作用。此外,还可以改变一个或两个电路中所使用的调制方式来减小干扰。
2	消除干扰源	虽然这是一种普通的解决办法,但在许多情况下却是一种有价值的替代法。例如,干扰源可能是一个生锈的连接点,这就可以通过正确的搭接把它消除。
3	利用滤波器	大部分的干扰信号(即使它们是通过自由空间耦合到信号线路和电源线路的干扰信号)都是以传导方式耦合至敏感电路的。因此,在信号线路和电力线路中,正确地采用滤波器,就可以降低这种耦合。

13.3.1.5　电磁干扰要素识别

为解决电磁干扰超标问题,提升产品电磁兼容性,首先需要准确快速识别干扰源种类,有针对性地采取整改措施,可使解决电磁兼容问题事半功倍,以下几种都是常见的干扰来源。

1. 电路板上元器件成为辐射来源

电路板上具有较大 du/dt 或 di/dt(上升/下降沿陡峭)的器件,如晶振、时钟电路往往成为产生辐射发射的根源,时域信号上升或下降沿越陡峭,其对应频域内的谐波分量也越丰富,此类器件在预测试时应重点关注。针对上述自身可产生电磁干扰的元器件,在保证性能指标的前提下可尝试更换时延较平缓的同类器件;若情况允许,可对整个器件采用金属外壳包覆,增加屏蔽,也是一种解决思路。

2. PCB 关键器件布局或电路布线不合理产生对外辐射

晶振、时钟电路等器件产生的干扰信号若缺乏耦合途径并不一定导致试验超标,但若其位置靠近 I/O 接口或机箱散热孔缝,干扰信号通过场线或孔缝耦合向外辐射,会造成测试超标或干扰其他用电设备。PCB 上的微带线过长或靠近干扰源而耦合信号也会成为干扰信号的发射天线,对于接口线缆耦合干扰的情况可将电缆取下排查干扰是否仍然存在,也可利用近场探头定位辐射干扰信号的电缆,定位干扰最强的模块,找到辐射的问题并加以解决。

3. 电源线、互联电缆成为辐射天线

电缆往往成为引起辐射发射超标的主要因素,传导干扰信号在电源线上传播的同时,电源线作为辐射天线将用电设备内产生的干扰辐射向空间;此外设备的干扰信号也均可耦合到电源线,对外产生辐射发射。针对电源线引起的辐射一方面可通过参数合理的滤波网络滤除电源模块产生的干扰,从干扰源头降低可能发生的辐射干扰,此外还需保证电源线屏蔽的完整性,尤其需注意接线端口处的工艺处理和电连接是否完整,同时在保证性能指标的前提下尽量不使用过长的电源线。

此外,高频电流环路面积越大,EMI 辐射越严重。电磁辐射大多是被测设备上的高频电流环路产生的,通过减小电流回路面积,减短不连续布线或接头上过长的插脚,尽量消除不必要的天线效应,是减少辐射骚扰或提高抗辐射干扰能力的重要任务之一,就是想方设法减小高频电流环路面积。

13.3.1.6　电磁兼容性国家军用标准

GJB151 是目前电磁兼容性标准体系中最重要、实施最广泛的标准。该标准共包括 21 个要求项目要求,规定了控制电子、电气、机电等设备和分系统的电磁发射和敏感度特性的要求,为研制和订购单位提供电磁兼容性设计和验收依据。

表 13－9　GJB151 电磁发射和敏感度要求项目

项目	名称
CE101	25 Hz ~ 10 kHz 电源线传导发射
CE102	10 kHz ~ 10 MHz 电源线传导发射
CE106	10 kHz ~ 40 GHz 天线端子传导发射
CE107	电源线尖峰信号(时域)传导发射
CS101	25 Hz ~ 150 kHz 电源线传导敏感度
CS102	25 Hz ~ 50 kHz 地线传导敏感度
CS103	15 kHz ~ 10 GHz 天线端口互调传导敏感度
CS104	25 Hz ~ 20 GHz 天线端口无用信号抑制传导敏感度

（续表）

项目	名称
CS105	25 Hz～20 GHz 天线端口交调传导敏感度
CS106	电源线尖峰信号传导敏感度
CS109	50 Hz～100 kHz 壳体电流传导敏感度
CS112	静电放电敏感度
CS114	4 kHz～400 MHz 电缆束注入传导敏感度
CS115	电缆束注入脉冲激励传导敏感度
CS116	10 kHz～100 MHz 电缆和电源线阻尼正弦瞬变传导敏感度
RE101	25 Hz～100 kHz 磁场辐射发射
RE102	10 kHz～18 GHz 电场辐射发射
RE103	10 kHz～40 GHz 天线谐波和乱真输出辐射发射
RS101	25 Hz～100 kHz 磁场辐射敏感度
RS103	10 kHz～40 GHz 电场辐射敏感度
RS105	瞬变电磁场辐射敏感度

13.3.2　元器件和 PCB 电磁兼容设计

按分层与综合设计法,元器件的选择和电路设计是影响板级乃至设备、系统电磁兼容性能的主要因素。为此,首先应在源头即选择元器件和 PCB 设计中融入电磁兼容要求。

元器件的选用应满足以下设计要求:

a) 开关电源应选用快速但具有软性恢复特性的整流二极管,转换二极管的反向恢复时间要小;

b) 开关电源中,由电感器和电容器组成的低通滤波器,电感对电容的比值应尽可能小;

c) 选择电容器时,等效串联电阻和电感应尽可能小;

d) 在杂散耦合起有害作用的电路中,应使用带屏蔽的电感器,并注意其谐振频率及饱和特性;

e) 易产生电弧的大电流开关和继电器应具有良好的电磁屏蔽性能。

13.3.2.1　元件选型

有引脚线元件有较强的寄生效果。尤在高频时,引脚线形成约 1 nH/mm 引脚的寄生电感。引脚末端也能产生一个小电容性的效应,约有 4 pF。因此引脚的长度应尽量短。

无引脚线的表面贴装元件的寄生电感和终端电容的典型值约为 0.5 nH 和 0.3 pF。

从电磁兼容性看,表面贴装元件具有低寄生参数的特点,其效果最好,其次是放射状引脚元件,最后是轴向平行引脚的元件。因此,选型时应优先考虑选用表面贴装元件。

1. 电阻

鉴于线绕电阻的电感特性强,因此不能在对频率敏感的应用中用它。

2. 电容

由于电容种类繁多,性能各异,选择合适的电容并不容易,但是电容的使用可以解决许多 EMC 问题,因此在使用中应合理选用。例如铝电解电容器既有较大的电容值,但也有较大的寄生电感存在;而陶瓷电容器的主要寄生参数是其片结构的感抗等。

同时,还应注意组成电容器的绝缘材料的不同频响特性可以适合某种应用场合。例如:铝电解电容和钽电解电容适用于低频终端;在中频范围内(从 kHz 级到 MHz 级),陶瓷电容比较适合,常用于去耦电路和高频滤波;特殊的低损耗陶瓷电容和云母电容适合于甚高频应用和微波电路。

为得到最好的 EMC 特性,电容应具有低的 ESR(等效串联电阻)值是很重要的,因为它会对信号造成大的衰减,特别是在应用频率接近电容谐振频率的场合。

在电路中电容通常可作为旁路电容和去耦电容应用。其中:

1) 旁路电容的主要功能是提供一个交流支路,以消除进入敏感区的那些不需要的能量(即干扰能量)。旁路电容一般以减小电路对电源模块的瞬态电流的需求而设置。通常铝电解电容和钽电容比较适合作旁路电容,其电容值取决于 PCB 板上的瞬态电流需求,一般在 $10\ \mu F \sim 470\ \mu F$ 范围内。

2) 因为有源器件在开关工作时产生的高频开关噪声将沿着电源线传播,去耦电容的主要功能是用来滤除高速器件在电源板上引起的骚扰电流,提供一个局部稳定的直流电源给有源器件,将噪声引导入地,减少开关噪声在电路板上的传播。

陶瓷电容常被来去耦,其值决定于最快信号的上升时间和下降时间。例如,对于 33 MHz、100 MHz 的时钟信号,可分别使用 4.7 nF 到 100 nF、10 nF 的电容。

显然,旁路电容应该尽可能放在靠近电源输入处以滤除高频噪声并能提供瞬态电流。为了得到更好的 EMC 特性,去耦电容应尽可能地靠近有源器件(如集成电路),因为布线阻抗将降低去耦电容的效力。

选择去耦电容时,除了考虑电容值外,ESR 值也会影响去耦能力。为了去耦,应该选择 ESR 值低于 $1\ \Omega$ 的电容。此外,还应考虑电容谐振因素的影响。

3. 电感

电感是一种可以将磁场和电场联系起来的元件,因此在电子电路中起着独特的作用。和电容类似,恰当地利用电感对交、直流的不同影响也能解决许多 EMC 问题。使用中应注意其存在的寄生电容的影响及结构性的干扰(通常指开环结构)。

4. 连接器

连接器是高速信号传输的关键环节,也是易产生 EMI 的薄弱环节。在连接器的端子设计上可多安排地针,减小信号与地的间距,减小连接器中产生辐射的有效信号环路面积,提供低阻抗回流通路。

13.3.2.2　器件选型

为了增强其抗扰度并抑制骚扰,首先应从电磁敏感度、电磁骚扰发射、芯片封装和电源电压等四个方面进行器件的选型。而对于高速 PCB 设计,还应选择高速器件的类型。

首先应考虑器件的信号上升时间。EMI 的辐射强度与信号上升时间的平方成反比,因此,在保证电路性能的前提下,应尽量使用低速芯片,采用合适的驱动/接收电路。另外,由于器件的引线管脚具有寄生电容和寄生电感,器件封装形式对信号的影响也是不可忽视的,一般地,贴片器件的寄生参数小于插装器件,BGA 封装的寄生参数小于 DFP 封装。

1. 有源器件敏感度特性与发射特性

1）电磁敏感度特性

模拟器件:灵敏度和带宽是评价电磁敏感度特性最重要的参数,灵敏度越高,带宽越大,抗扰度越差。所以,带内敏感度特性取决于灵敏度和带宽;带外敏感度特性用带外抑制特性表示。

逻辑器件:带内敏感度特性取决于噪声容限或噪声抗扰度;噪声容限即叠加在输入信号上的噪声最大允许值,带外敏感度特性用带外抑制特性表示。噪声抗扰度为:

$$噪声抗扰度 = \frac{直流噪声容限(V)}{典型输出} \times 100\%$$

2）电磁发射特性

电子噪声主要来自设备内部元器件的热噪声、散弹噪声、$1/f$ 噪声和天线噪声等。

通常,逻辑器件工作的波形(脉冲)前后沿(即上升/下降)是造成干扰的主要因素,其值越小,对应逻辑脉冲所占带宽越宽,可能造成的电磁干扰发射越强。

逻辑器件的电磁骚扰发射包括传导骚扰和辐射骚扰:

a）传导骚扰可通过电源线、信号线、接地线等金属导线传导;

b）辐射骚扰可由器件辐射或通过充当天线的互连线进行辐射。

凡是有骚扰电流经过的导线都会产生辐射发射。其中:差模辐射发射与 f^2 成正比,$E = (K \times A \times I \times f^2)$V/m;共模辐射发射与 f 成正比,$E = (K \times I \times L \times f)$V/m。

2. 从电磁兼容性要求出发选用器件的基本原则

1）要选用对静电放电和瞬态干扰敏感性差的以及带宽窄的器件。

2）在保证电路性能的前提下,应尽量选用带宽长,功耗低,集成度高的逻辑器件;而选择模拟电路时则应在保证电路性能的前提下选用带宽尽量窄的器件。

3）鉴于电路引线的分布参数的影响,应尽量选用表面贴装器件及直接黏接式器件。

不同封装形式的引脚寄生电容与电感典型值如表 13-10 所示。

表 13-10　不同封装形式的引脚寄生电容与电感的典型值

封装形式	电容(pF)	电感(nH)	封装形式	电容(pF)	电感(nH)	封装形式	电容(pF)	电感(nH)
68 脚塑料 DIP	4	35	256 脚 PGA	5	15	倒装焊	0.5	0.1
68 脚陶瓷 DIP	7	20	金丝压焊	1	1			

4）器件的电源电压与电路中的瞬变电流(即 ΔI 噪声电流)有着直接关系,一个典型数值是:对 50 Ω 传输线,V_{cc} 为 5 V 时,ΔI 为 100 mA,V_{cc} 为 3.3 V 时 ΔI 为 66 mA,而 V_{cc} 为 1.8 V 时 ΔI 则下降至 36 mA。因此在选用器件时应在保证电路性能的前提下选择那些电源电压低的器件,以有利于降低 EMI。当然,电源电压低的器件抗扰性差些,要仔细权衡或在印制电路

板设计时给予弥补。

5）对于使用 TTL 和 CMOS 器件的混合逻辑电路,由于其不同的开关/保持时间,会产生时钟、有用信号和电源的谐波,因此最好使用同系列的逻辑器件。

6）一些二极管(如 TVS 器件)的合理使用在电磁兼容性设计中起着十分重要的作用。

7）从电磁兼容性要求出发选用 IC 应符合的特征为:

a）外部尺寸非常小的 SMT 或者 BGA 封装。

b）芯片内部的 PCB 是具有电源层和接地层的多层 PCB 设计。

c）IC 硅基芯片直接黏接在内部的小 PCB 上。

d）电源和地成对并列相邻出现。

e）多个电源和管脚成对配置。

f）信号返回管脚与信号管脚之间均匀分布。

g）时钟等关键信号线配置专门的信号返回管脚。

h）采用可能的最低驱动电压(V_{cc})。

i）在 IC 封装内部使用高频去耦电容。

j）在硅基芯片上或者是 IC 封装内部对输入和输出信号实施终端匹配。

k）输出信号的斜率受控制。

l）输出信号的斜率受控制。

13.3.2.3 印制电路板电磁兼容设计

印制电路板作为电子设备中部件级的最基本单元,其电磁兼容性能影响甚大,在其设计阶段如能全面考虑印制电路板的电磁兼容性,将起到事半功倍的效能。

印制电路板中的电磁干扰主要源于公共阻抗、串扰、高频载流印制导线所产生的辐射,以及印制导线对高频辐射的感应等。

PCB 的 EMC 设计包含接地设计、去耦旁路设计等。良好的地平面不但可以降低因共模电流产生的压降,同时也是减小环路面积的重要手段。一个有着良好去耦与旁路设计的PCB,相当于有一个健壮的"体格"。

当一个产品的 PCB 被设计完成后,其核心电路的抗扰特性已经基本确定,此时如果出现EMC 问题,只能通过接口电路的滤波和外壳的屏蔽来提高其电磁兼容性,会增加产品的成本和复杂程度。因此,在 PCB 的 EMC 设计中,设计师应考虑线路布局对电磁兼容性的影响。

1）PCB 环路

电路中的信号是以电子流的形式实现传递的,虽然原理图中无返回信号流路径,但是电路中的信号传输是伴随着返回电流的。电流在信号传递路径与返回路径中形成的环流是PCB 辐射发射的主要原因,可以用小环天线模型描述,此模型的远场电场强度与环路面积、电流大小、电流频率的平方成正比,因此设计时需要折中考虑这三个关键参数。如果频率和工作电流是固定的,并且环路面积不能减小,则屏蔽是必要的。同时,环路也是抗扰度问题存在的原因之一,要尽可能地减小环路面积。

2）PCB 串扰

一个具有良好 EMC 设计的 PCB 必须能避免共模干扰电流流过产品内部电路,并将其导向大地、低阻抗的外壳或电路中的非敏感区域,串扰的存在会使共模干扰电流流经区域与共模电流不流经的敏感区域间有电场或磁场的耦合,导致设计失败。同样,PCB 内部的 EMC 噪声源电路必须被隔离在电路内部,避免与外围的电路或电缆产生耦合,从而产生辐射。

3) PCB 中的驱动源

当带有高速信号的 PCB 印制线长度与信号的波长可比拟时,PCB 可以直接通过自由空间辐射能量。如果 PCB 无意中成为理想天线,而且不能采取有效的抑制措施,则需要进行屏蔽,即便 PCB 并不是"天线",当共模干扰噪声成为电缆的驱动源时,电缆也会成为"天线",向自由空间辐射能量,降低驱动电压是简单可行的抑制措施。

PCB 分层时尽可能将电源面靠近地平面,并安排在接地平面之下,以充分利用平行金属板间电容对电源的平滑作用和地平面对电源的屏蔽作用;尽可能将信号层与整块金属面相邻,以减小电流环路面积。

PCB 设计不兼顾 EMC 设计,会引起各种电磁兼容问题,因此,有必要在 PCB 设计阶段考虑 EMC 设计,降低试验阶段的整改难度。

1. 印制电路板布局原则

在 PCB 的设计中,布局是一个重要的环节,其结果的好坏将直接影响最终走线的效果。将元器件按不同电源电压、速度、电流以及模拟/数字电路等,进行分组分区;然后根据电路原理安排各个功能模块的位置,相关的器件尽量靠近,并使布局便于信号流通,以获得较好的抗噪效果;根据元器件位置,确定连接器各个引脚的定义,并将所有连接器安排在印制板的一侧,减少共模辐射;将大功率器件尽量靠近印制板边沿布置;晶振应尽可能地靠近 CPU;电解电容等有热影响的器件应远离散热器等热源;对于噪声能力弱,关断时电流变化大的器件以及 ROM/RAM 等存储型器件,应在芯片的电源和地线引脚间(尽可能地靠近电源脚)放置去耦电容。

在印制板布局时,应先进行物理分区和电气分区,确定元器件在板上的位置,然后布置地线、电源线,再安排高速信号线,最后考虑低速信号线。

元器件的位置布局则按电源电压、数字及模拟电路、速度快慢、电流大小等进行分组,以免相互骚扰;根据元器件的位置确定印制板连接器各引脚的安排;所有连接器则安排在印制板的一侧,尽量避免从两侧引出电缆,减少共模辐射。其次,在安装、受力、受热和美观等方面应满足要求。

根据信号电流流向,进行合理的布局,可减小信号间的干扰,合理布局是控制 EMI 的关键。布局的基本原则是:

a) 模拟信号易受数字信号的干扰,模拟电路应与数字电路隔开;

b) 时钟线是主要的干扰源和辐射源,要远离敏感电路,并使时钟走线最短;

c) 输入输出电路靠近相应连接器,去耦电容靠近相应电源管脚;

d) 充分考虑布局对电源分割的可行性,多电源器件要跨在电源分割区域边界布放,以有效降低平面分割对 EMI 的影响。

2. 印制电路板布线

合理的走线能够显著减小 PCB 对外界的骚扰,并提高设备的抗干扰度。有效减小辐射,提高设备抗扰度的布线原则就是控制电流的环路面积。

具体在实际应用中,分以下情况分别考虑:多层板尽可能做到保证地平面的完整性,避免过孔在地线层上形成长的缝隙;分离地形成的缝隙上方不能有连线跨越;不允许在地平面上走线,如果走线的密度过大,可考虑在电源层的边缘走线;地线层要比电源层、信号层外延出至少 20 H;与地平面相邻的信号面是优先布线层,高速线、时钟线和总线等关键信号应该在这些优先信号层上布线;除了要保证关键信号的走线尽量短,相邻的地平面尽量完整外,还要注意避免换层,如果换层不可避免,那么要注意保持地线电流的连续性。

按合理的顺序布线:先电源/地线,然后是时钟线、总线和其他关键信号线,最后才是其他信号线,并且根据电流的大小,尽可能加宽电源线/地线的宽度。在布线时需要注意:电源与对应地线尽可能相邻平行走线,并与信号传递方向一致;会产生较强辐射的关键信号,如高速时钟信号、总线以及敏感电路等,应紧邻各自的地线回路;数字电路可采用地线网格,以增大地线面积,减小信号回流的地线阻抗;注意地线的分割,信号走线不跨分割区;不同地线合并时,应根据信号的回流路径选择合并点;相邻两层印制板的走线应尽量相互垂直以减少基板层间耦合和干扰。

1)印制电路板走线阻抗

高速信号线会呈现传输线的特性,需要进行阻抗控制,以避免信号的反射、过冲和振铃,降低 EMI 辐射。当频率超过数千赫兹时,导线的阻抗主要由导线的电感决定,细而长的回路导线呈现高电感(典型 10 nH/cm),其阻抗随频率增加而增大。如果设计处理不当,将引起共阻抗耦合。即便在印制电路板级的印制导线也是如此。

单位导线的电感可以用下式计算:$L = 0.002\ln\dfrac{2\pi h}{W}(\mu\text{H/cm})$;

式中:h 是导线距离地线的高度,W 是导线的宽度。

对扁平形态的印制导线,其电感可用下式近似计算:$L = 0.2S\left(\ln\dfrac{2S}{W} + 0.5 + 0.2\,\dfrac{W}{S}\right)$(nH);

当:$S/W > 4$ 时,则:$L = 0.2S\left(\ln\dfrac{2S}{W}\right)$(nH);

式中,S 为导线的长度(m)。

显然,对阻抗影响最大的是导线的长度,宽度、直径是较次要的因素。

两根平行导线不仅有自感,两者间还存在互感。对于两根电流方向相反的平行导线,由于互感的作用,能够有效地减小电感。

综上所述,减小回路电感的方法如下。

1)尽量减小导线的长度,如有可能,增加导线的宽度,使回流线尽量与信号线平行并靠近。

2)避免印制电路板导线的不连续性(导线宽度突变、突然拐角),保证特性阻抗连续,同层布线的宽度必须连续,不同层的走线阻抗必须连续。

3)检查信号线的长度和信号的频率是否构成谐振,即当布线长度为 1/4 信号波长的整数倍时,此布线将产生谐振,而谐振会辐射电磁波,产生干扰。

4)将信号进行分类,按照不同信号(模拟信号、时钟信号、I/O 信号、总线、电源等)的

EMI 辐射强度和敏感程度,使干扰源与敏感系统尽可能分离,减小耦合。

5)严格控制时钟信号的走线长度、过孔数、跨分割区、端接、布线层、回流路径等。

6)信号环路,即信号流出至信号流入形成的回路,是 PCB 设计中 EMI 控制的关键,要了解每一关键信号的流向,对于关键信号要靠近回流路径布线,确保其环路面积最小。

3. 叠层设计

在成本许可的前提下,增加地线层数量,将信号层紧邻地平面层可以减小 EMI 辐射。对于高速 PCB,电源层和地线层紧邻可降低电源阻抗,从而降低 EMI。

4. 电源平面的分割处理

a)电源层的分割:在一个主电源平面上有一个或多个子电源时,要保证各电源区域的连贯性及足够的铜箔宽度。

b)地线层的分割:地平面层应保证完整性,避免分割。若必须分割,要区分数字地、模拟地和噪声地,并在出口处通过一个公共接地点与外部地相连。

13.3.3 接地设计

接地是电路或系统中的基本技术之一,其功能主要有两个方面,一是保护人身和设备的安全,免遭雷击、漏电、静电等危害,即"安全地";二是提供信号"零电位",保证设备的正常工作,即"信号地"。接地技术也是影响 EMC 性能的关键因素之一,合理地应用接地技术,不仅能够有效抑制电磁噪声,减少 EMI,还能大大提高系统的抗干扰能力。良好的接地能够提升设备屏蔽性能,避免产生静电放电效应。

接地没有一个很系统的统一模型,人们在考虑接地时往往依靠经验。接地的方法很多,具体使用哪一种方法主要取决于系统的结构和功能。一般来说,接地方式可分为单点接地、多点接地和混合接地三种。

1)单点接地

单点接地是指接地线路与单独一个参考点相连。这种接地方式一般在工作频率低(小于 1 MHz)时使用,此时分布传输阻抗的影响极小。单点接地有两种类型,一种是串联单点接地,另一种是并联单点接地。串联单点接地方式简单,但各个子系统的接地参考之间存在公共阻抗耦合,会出现较严重的共模耦合噪声,同时由于对地分布电容的影响,会产生并联谐振现象,大大增加地线的阻抗。并联单点接地即所有的器件的地直接接到地汇接点,因此无公共阻抗耦合,但需要较多的导线,而且因为每个电流返回路径可能有不同的阻抗而导致接地噪声电压的加剧。

实际应用中可灵活采用这两种单点接地方式。将电路按照特性分组,相互之间不易发生干扰的电路放在同一组,相互之间容易发生干扰的电路放在不同的组。组内采用串联单点接地,不同组的接地采用并联单点接地。这样既解决了公共阻抗耦合问题,又避免了地线过多的问题。但是不能让功率相差很大的电路或噪声电平相差很大的电路共用一段地线。

2)多点接地

多点接地就是所有电路的地线接到公共地线的不同点,一般电路就近接地。这种接地结构能够提供较低的接地阻抗。它的缺点是形成各种地线回路,造成地环路干扰,这对设备内同时使用的具有较低频率的电路会产生不良影响。一般在工作频率高(大于 10 MHz)时采用多点接地。多点接地时容易产生公共阻抗耦合问题,可以通过减小地线阻抗来解决,包括减小地线导体的电阻(地线尽量短,最好小于信号波长的1/20;导线表面镀银;良好搭接)、减小地线的感抗(增大地线的面积)。

由于趋肤效应,电流仅在导体表面流动,因此增加的厚度并不能减小导体的电阻。

通常 1 MHz 以下时,可以用单点接地;10 MHz 以上时,可以用多点接地;在 1 MHz 和 10 MHz之间时,如果最长的接地线不超过波长的1/20,可以用单点接地,否则用多点接地。

3) 混合接地

混合接地则是结合了单点接地和多点接地的综合应用,既包含了单点接地的特性,又包含了多点接地的特性。一般是在单点接地的基础上再通过一些电感或电容多点接地,它是利用电感、电容器件在不同频率下有不同阻抗的特性,使地线系统在不同的频率下具有不同的接地结构,主要适用于工作在混合频率下的电路系统。比如对于电容耦合的混合接地策略中,在低频情况时,对于直流,电容是开路的,等效为单点接地,而在高频下则利用电容对交流信号的低阻抗特性,电容是导通的,整个电路表现为多点接地。

接地的不合理,常常会引起电子设备的电磁兼容性问题,解决起来往往也很棘手,因此有必要关注电子设备中的接地情况,针对产品的实际情况,采用合理的接地方式,选择符合要求的地线,避免由地线噪声、地环路干扰等造成的电磁兼容性问题的发生。

接地系统起三方面的作用:① 人身安全保护;② 设备和设施保护;③ 降低电气噪声。

电子设备和设施的接地系统不仅指设备与大地的联接,还包括设备之间及设备内部参考零电位的联接,它由大地电极分系统、雷电保护分系统、故障保护分系统及信号参考分系统组成。这种设施的接地系统在大地与各种电源、通信设备和其他设备之间形成一条已知的低阻抗通路,这些通路在整个设施中扩展为一个有效的接地参考。表 13-11 综合了设施接地系统中各分系统的目的、要求和由此而引起的设计因素。

表 13-11 设施接地系统的目的、要求和设计因素

分系统	目的	要求	设计因素
雷电保护	把雷电的能量消耗在大地中	与大地电极分系统多路连接,强幅值功率传递能力,低脉冲阻抗,以便减少暂态电位的幅值。	必须把雷电保护分系统做得足够大,以便在一次雷电脉冲(最坏情况下)时消耗能量而不至于产生危险电压或损坏保护分系统本身
故障保护	提供故障电流通路,以便使设备的断路器、熔断器等工作	在故障电流的回流通路中提供低电阻,保护设备封壳的电压接近大地电位。	电阻应足够低,以便使得发生故障时,设施的过流保护器件能动作
信号参考	降低信号电路的噪音,提供静电电荷的泄漏通路,建立电压参考点	确立信号电压的参考电位,提供静电电荷消散通路	故障电流和雷电保护系统的电流不应流入信号参考网络;大地的连接不应降低信号质量
大地电极	提供低电阻至大地的通路	提供雷电保护,故障保护和信号参考分系统对大地的连接。	沿着被保护的建筑物或杆塔的周围安装

因为任何接地装置都要用导线联结,而导线必然存在电阻和电感,只要有电流流过就会在地线上产生电压降,这个电压就可能成为其他信号的干扰源。这是一种共阻抗耦合干扰。为消除或抑制这种干扰,设计接地的一般原则是:① 尽可能使接地电路各自形成回路,且使接地回路尽量短和直,以减小电路与地线网之间的电流耦合;② 恰当布置地线,尽可能不使地线相互交叉,使地电流局限在尽可能小的范围内;③ 根据地线电流的大小和信号频率的高低,选择相应形状的地线和接地方式。

13.3.3.1　接地系统电阻要求

系统与大地联接包含三类地线:雷电保护地线、故障保护(一般指动力电网)地线和信号参考地线。

雷电保护地线是设备外露高耸部位的静电释放通道,与大地间的接地电阻保持在 $10\ \Omega$ 左右是比较现实与经济的。

故障保护(动力电网)地线一般为供电系统提供参考零电位,并无电流通过。这时接地电阻在 $4\sim25\ \Omega$ 之间较为合理。有时地线作为供电电路,此时将有较大的电流流过。接地电阻值应小于 $(50\sim100\ \Omega)/I$(I 是地线电流)。

信号参考地线为系统的电信号传输提供参考零电位,同时为静电屏蔽提供地电位。设备的地网最好单独设置,不与避雷地网和动力供电地网共用。如无可能则最好在设备附近设置专门的接地体,最后再与接地总干线连接起来。一般接地电阻要小于 $10\ \Omega$,对于高灵敏电子设备应尽可能小,最好小于 $1\sim2\ \Omega$。在中短波段工作的设备接地线最好限制在设备发射波长的 1/4 以内,如无法达到上述要求时接地线也不能为 1/4 波长的奇倍数。

对于高灵敏度的电子设备,安装时要注意动力供电线的地线和避雷地线不要裸露与相贴。这样会使地线电流的一部分流经墙壁而对电子设备形成干扰。

通信系统接地电阻要求不高。对于以大地作回路的共电、自动交换机中继线数小于 200 对线路的接地电阻应小于 $2.5\ \Omega$。通信线路木杆的避雷线接地电阻不大于 $80\sim200\ \Omega$ 即可。

13.3.3.2　信号接地配置

信号参考分系统不论是在一台设备内部供所有电路之用,还是在一个设施内供几台设备之用,接地分系统除提供相同的参考电位外,更主要的是为了提供信号通路。其配置形式可以是悬浮接地、单点接地,或是多点接地(即等电位平面的多点接地)。对于通信电子设备,其信号参考接地分系统中等电位平面是最佳接地方案。三种接地方案的特点、作用、使用场合和示意图参见表 13 - 12。

表 13 - 12　三种接地方案的特点、作用和使用场合示意图

方案	方案特点	作用	使用场合	示意图
悬浮接地	在电气上与建筑物的接地系统和其他导电物体相隔离	防止建筑物接地系统或其他导电物体上噪声电流传至信号电路	特殊场合,在电子系统中一般不推荐这种接地方案	

（续表）

方案	方案特点	作用	使用场合	示意图
单点接地	信号电路以一点做参考,并以此点连结至设施的接地系统	控制传导耦合的干扰	低频范围:0 kHz ～ 30 kHz,最高300 kHz	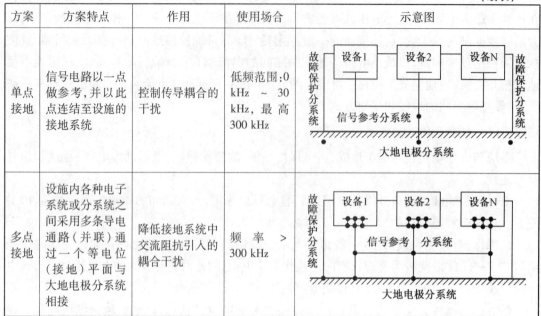
多点接地	设施内各种电子系统或分系统之间采用多条导电通路（并联）通过一个等电位（接地）平面与大地电极分系统相接	降低接地系统中交流阻抗引入的耦合干扰	频率 > 300 kHz	

为了消除或减小环形地线引入的干扰,常采用隔离变压器、中和变压器、光电耦合器和差动放大共模输入,以及浮地连接、共地连接等措施。

1. 用隔离变压器断开地线环路

对于模拟和数字信号的传输都可采用这种防止环形地线干扰的措施。

2. 用中和变压器消除环形地线干扰

为了抑制在屏蔽线上的干扰电流,可以把屏蔽线绕在高导磁率的磁芯上作成中和变压器来抑制环形地电流。

3. 用差分放大器抑制"环地"干扰

将输入信号的电缆屏蔽层和芯线分别接到差动放大器的两个输入端,它对地线干扰有很好抑制效果。也有人将这种输入方式称为"共模输入"。

4. 用光电耦合器隔离"环地"干扰

通过光电耦合器件将输入电信号变为光信号,再将光信号变成电信号,隔断直接的电连结可以有效地消除"环地"干扰。这种光耦合器特别适用于数字电路,但因其线性较差,故模拟电路中不宜采用。

总之,设备或电路之间的连接,接地点设计必须注意防止共阻抗耦合感应信号。

13.3.3.3 设备内部地线连接

处理原则和方法基本同上。要使干扰信号电流局限在尽量小的范围内,具体要注意:

1）强信号的地线与弱信号地线要单独安排,分别使之与地网只有一点相连。

2）尽可能采用短而粗的地线或树枝形地线。对于树枝形地线每一地线同路不能跨接二支,防止互耦。

3）高、低频电路(如控制电路)的模拟信号地、数字信号地、电源地相互分开,各自形成回路,最后再将信号地和电源地汇集到公共接地点(通常称其为"四套法"或"三套法"接地系统)。

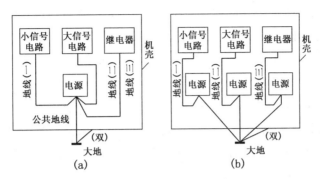

图 13-3　"四套法"接地系统

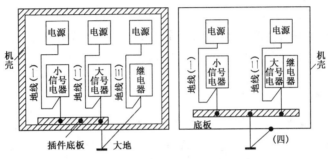

图 13-4　两种"三套法"接地系统

低频控制电路电磁兼容性工艺要求如下：

a）低频控制电路的输入、输出连线尽量采用绞线，并尽可能短，以减少对外的引线效应和对外界 EMI 的灵敏度；

b）控制电压进线处接入抗 EMI 的滤波器，以阻止输电线上的传导 EMI 通过控制电源进入控制电路；

c）对控制电路进行电磁屏蔽设计，衰减控制电路对外的电磁骚扰和对外界的 EMI 灵敏度；

d）按电路的功能、功率大小、信号强弱、信号的作用进行分区布置，以减弱信号之间的相互干扰；

e）电源线应尽可能地靠近电源地线，而远离信号线，以减少强电对弱电的干扰；

f）信号线应尽量靠近信号地线，远离大电流电源线和大电流信号线，信号线之间尽量采用垂直布线，而不是平行布线。

4）低频电路的印制板接地设计要求同低频电路。

5）关于高频电路之间的地线联接，上述设备之间的地线联接方法也基本适用。

一般来说当信号频率低于 30 kHz 时采用

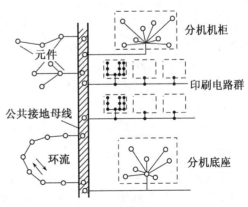

图 13-5　混合型接地示意图

一点接地的方法干扰小。当信号频率高于 300 kHz 时宜采多点接地方案。还有一种混合型接地方案,它对于复杂电子设备较适用,如图 13-5 所示。

电子设备按其电路的电气特性分别敷设地线,是解决地线干扰行之有效方法。

13.3.3.4 屏蔽电缆接地

屏蔽电缆的屏蔽层只有在接地之后才能起屏蔽作用。如果电缆两端屏蔽接地点之间存在地电压,可采用三轴式屏蔽电缆。此种电缆在芯线外有两个互相绝缘的屏蔽层。内屏蔽层用作信号回流线;外屏蔽层两端接地,流过地环路电流,不会影响信号回路。

13.3.3.5 复杂电子设备地线系统设计

1) 分析设备内各类电气部件的主要干扰特性和类型;
2) 搞清楚设备内各电路单元的工作电平、信号种类和抗干扰能力;
3) 按电气部件和电路特性分类划组,确定相应的地线种类和数量;
4) 画出总体布局图,排出地线系统图,拟定结构实施方案。

13.3.4 屏蔽设计

在产品电磁兼容检测中,普遍存在电场辐射发射超标共性问题,最常用的整改手段之一是采用屏蔽技术限制内部辐射的电磁能量泄露。

根据屏蔽的工作原理,可将屏蔽分为 3 大类:电场屏蔽、磁场屏蔽和电磁屏蔽。屏蔽设计就是要克服经过"场"耦合引入的干扰。它所涉及的基本内容有:静电屏蔽—高、低频段均用;磁屏蔽—主要是低频段;电磁屏蔽—主要是高频段。

屏蔽一般要求如下:

a) 对易受干扰和产生干扰的各单元、组件及部件应加电磁屏蔽;

b) 所有屏蔽机箱、屏蔽罩的开口、孔洞和结构间断点应具有足够高的屏蔽效能;

c) 盖板与机体的重叠面要大,使之有足够的缝隙深度;紧固件间隔要小,接合面使用导电衬垫,形成可靠的电气连接;

d) 各外场可更换单元的测试插座或插孔需加屏蔽罩;

e) 屏蔽高频电场使用导电性能好的材料,屏蔽低频磁场使用导磁性能好的材料,所有屏蔽壳体均应以低阻抗通路接地;

f) 各外场可更换单元上指示灯、开关、按钮、传输线孔、显示器管基等安装时,连接面应加导电材料确保可靠的电气连接;

g) 优先使用 360°全屏蔽电连接器;

h) 波导连接面一般应采用扼流密封槽。

可采用如下有效措施:

a) 选择电导率较高的屏蔽材料如铜、银等;

b) 连接处用焊接结构;

c) 盖板、活动盖板组件与箱体接合处加 EMC 衬垫,口盖或箱盖与箱体接合处加 EMC 衬垫时,还必须将其接触处去掉阳极化层或防护涂层,并用螺钉紧密连接;

d) 使用屏蔽完整的电连接器,电源线的针带电源滤波器;

e）通风口、刻度盘下面加金属丝网，观察窗、显示屏用丝网或导电玻璃。

合理的屏蔽设计能够对两个空间区域实现电磁干扰隔离，以控制电场、磁场和电磁波的感应和辐射，具有减弱干扰的功能。结构的 EMC 设计要提供良好的、低阻抗的瞬态干扰泄放路径。

印制板屏蔽要求如下：

a）印制板上电路的输入输出线应当用地线（或地层）分开；

b）敏感电路和高电平电路在印制板上应与能产生瞬态过程的电路分开；

c）印制板上应保证相邻之间没有过长的平行线；

d）在印制电路板上设置屏蔽时，其屏蔽不应与印制线路板的信号地相连，应接到金属构件或直接接到主板上（模拟模块有微波传输线除外）。

传输线选择在电磁兼容设计中十分重要，建议选择三种传输线：

a）同轴电缆（必要时三同轴，最外层接屏蔽，内层用于信号及其回线）；

b）双绞线或双绞屏蔽线；所用的双绞线，应使其绞扭节距尽可能短，每米长的扭绞数应大于 100；

c）尽量使用光纤传输；

d）电信号传输时，应选择差分信号传输，以抑制共模干扰，尽量避免单端信号传输。

双绞线能够有效地抑制磁场干扰，这不仅仅是因为双绞线的两根线之间具有很小的回路面积，而且因为双绞线的每两个相邻的回路上感应出的电流具有相反的方向，因此可相互抵消，双绞线的绞节越密，则对磁场干扰的抑制效果越明显。

13.3.4.1 电场屏蔽设计

电场屏蔽也称为静电屏蔽，以电导率较高的材料作为屏蔽体并良好接地，将电场终止于屏蔽体表面，并通过接地泄放表面上的感应电荷，从而防止由静电耦合产生的相互干扰。完整的屏蔽体和良好的接地是实现静电场屏蔽必备的两个条件。

静电屏蔽的目的是克服上述静电感应干扰。从本质上讲，它是利用电容分压原理将干扰电压减小或旁路。静电屏蔽设计要注意以下几点：

a）正确选定接地点并保证屏蔽体良好接地；一般接地电阻应小于 2 mΩ，高要求时应小于 0.5 mΩ；

b）为减小漏电容的影响，屏蔽体应将干扰源或被干扰源包围封闭；

c）选用铜铝等高导电率材料作屏蔽体；

d）若屏蔽体不便包围，则将屏蔽体尽可能远离干扰源；

e）必要时可采用双层甚至多层屏蔽结构。

13.3.4.2 磁场屏蔽设计

磁场屏蔽的机理与磁场频率有关，对于低频（包括直流）磁场的屏蔽，屏蔽体必须采用高磁导率材料，从而使磁力线主要集中在由屏蔽体构成的低磁阻电路内，以防止磁场进入屏蔽空间。因此要在低频磁场时获得良好的屏蔽效果，屏蔽体不仅要选用较高磁导率的材料，而且屏蔽材料在屏蔽磁场内应处于不饱和状态，这就要求屏蔽体具有一定的厚度。对于高频磁场的屏蔽原理则有所不同，主要利用金属屏蔽体上感生的涡流产生反磁场起排斥原磁场的作用。因此,在同一外场条件下,屏蔽体表面的感生涡流越大,则屏蔽效果越好。所以高频磁场的屏蔽体应选用电导率高的金属材料。对同一屏蔽体材料,感生涡流随外场频率的提高而增大,屏蔽效果随之提高。由于高频的趋肤效应,涡流只限于屏蔽体表面流动,因此对于高频磁场的屏蔽只需要采用很薄的金属材料就可以获得满意的屏蔽效果。

低频磁场的隔离要用磁屏蔽来实现。磁屏蔽的基本原理是用高磁导率的材料将被干扰物周围的磁场"短路"掉。将铁的球壳体(内径为 a,外径为 b)放入均匀磁场 H_0 中,则壳体内部的磁场 H 为(铁的起始磁导率为 μ)

$$H = H_0 \left/ \left\{ 1 + \frac{2}{9}\mu \left(1 - \frac{1}{\mu} \right)^2 (1 - a^3/b^3) \right\} \right. \tag{13-11}$$

若采用单层屏蔽时,屏蔽效果为:

$$A = \frac{\text{无屏蔽的磁场强度}}{\text{有屏蔽的磁场强度}} = 0.22\mu_i [1 - (1 - S/r_0)^3] \tag{13-12}$$

式中: μ_i—起始磁导率; S—屏蔽壁厚度; r_0—与屏蔽体相同体积的等效球半径。

由式可见,最大屏蔽效果为 $0.22\mu_i$,所以磁导率高的材料屏蔽效果才好,极限值为 $0.22\mu_i$。为达到此极值的一半,屏蔽壁厚须为等效球半径 r_0 的 1/5。所以采用单层屏蔽是不经济的,最好采用多层屏蔽。磁屏蔽时应注意以下几点:

a) 为提高屏蔽效果,要选用起始磁导率高的材料。铁和钢一般 $\mu_i = 50 \sim 500$;铁镍合金(坡莫合金) $\mu_i = 5\,000 \sim 10\,000$;铜和铝 $\mu_i \approx 1$。可见用铁镍合金最好。

b) 屏蔽壳厚度 S 与等效半径 r_0 的比值 S/r_0 应尽可能大,这样屏蔽效果才好。

c) 如果可能,采用多层屏蔽代替单层屏蔽,同等重量的材料将有更好的屏蔽效果;

d) 合理布置接缝和通风孔,选用适当的接缝连接方式以减少局部磁阻。

13.3.4.3 电磁屏蔽设计

电磁屏蔽主要用于高频情况下,利用电磁波在导体表面上的反射和在导体中传播的急剧衰减来隔离电磁场。对于电场,电场分量和磁场分量总是同时存在,只是当频率较低且离干扰源较近距离(近场),随着不同特性的干扰源,其电场分量和磁场分量差别很大。对于高电压、小电流的干扰源,近场以电场为主,磁场分量可以忽略;对于低电压、大电流的干扰源,近场以磁场为主,其电磁分量可以忽略。针对上述两种特殊情况,可以分别按照电场屏蔽和磁场屏蔽来考虑。当频率较高或离干扰源较远位置(远场),电场和磁场都不可忽略,需要采用电磁屏蔽。电磁波到达屏蔽体表面时产生的能量反射主要是由于介质(空气)与金属波阻抗不一致引起的,二者相差越大,反射引起的损耗越大。电磁波穿透屏蔽体时能量吸收损耗主要由于涡流引起的。

金属板在电磁场中有三种损耗起着电磁屏蔽作用。计算公式分述如下:

1. 吸收损耗

$$A = 1.314\delta \sqrt{fG\mu}\,(\text{dB}) \tag{13-13}$$

式中: δ—金属板厚度(cm); f—电磁波频率(Hz); G—相对铜的导电系数, μ—相对导磁系数(详见表 13-13)。

表 13 - 13 屏蔽材料的 G 和 μ(150 kHz 值)

金属	银	铜	铝	镁	黄铜	铁	钢	不锈钢	蒙乃尔合金	高导磁镍钢	高导磁镍钢	坡莫合金
G	1.05	1.00	0.61	0.38	0.26	0.17	0.10	0.02	0.04	0.03	0.06	0.03
μ	1	1	1	1	1	1 000	1 000	1 000	1	8 000	8 000	8 000

2. 反射损耗

1）平面波时

$$R_P = 108.2 + 10 \cdot \lg G(10^6/\mu F)(\text{dB}) \tag{13-14}$$

2）磁场(低阻抗)

$$R_m = 201g\left[\frac{1.17}{x}\sqrt{\frac{\mu}{fG}} + 0.053\,5x\sqrt{\frac{Gf}{\mu}} + 0.354\right](\text{dB}) \tag{13-15}$$

式中:x—干扰源到屏蔽板距离(cm),其余同上。

3）电场(高阻抗)

$$R_E = 361.7 + 10 \cdot 1g\frac{G}{\mu f^3 x^2}(\text{dB}) \tag{13-16}$$

式中符号含义同上。

3. 多次(内部)反射损耗(实际上通常可不计此项)

$$B = 20 \cdot \lg\left\{1 - \left(\frac{Z_s - Z_\omega}{Z_s + Z_\omega}\right)^2 \times 10^{-A/10} \times [\cos(0.23A) - j\sin(0.23A)]\right\}(\text{dB}) \tag{13-17}$$

式中:吸收损耗 $A = 1.314\delta\sqrt{fG\mu}(\text{dB})$;$Z_s = 3.69 \times 10^{-7}\sqrt{\frac{\mu f}{G}}(\Omega)$;$Z_\omega = 377\ \Omega$(平面波)。

4. 机箱通风孔洞屏蔽设计

在电子设备中经常遇到功率较大的设备或者多台分机组合在机柜内,屏蔽体内容易聚集热量,这时候需要通风散热。为了设备能够正常运行,必须在机箱或机柜这些屏蔽体上开通风孔洞,这会导致电磁能量经通风孔洞泄漏,降低屏蔽体的屏蔽效能。

孔洞泄漏与多种因素有关,如场源的特性、离开场源的距离、电磁场的频率、孔洞面积和孔洞形状等。对于某一固定的场源,泄漏将随孔洞面积增加而增加。相同的开孔面积,矩形孔比圆孔的泄漏要大。为使屏蔽体既能达到预期的屏蔽效能,又确保通风良好,通风孔常采用如下的处理措施:

1）覆盖金属丝网

把金属丝网覆盖在大面积的通风孔洞上,能显著地提高屏蔽效能,结构简单,成本低。金属丝网的屏蔽效能与丝网直径、网孔的疏密程度及网材的导电率有关。不过金属丝网的屏蔽效能在高于 100 MHz 以后,开始下降,表明不适宜用于数百兆以上的高频。另外设备长久使用后,金属丝网交叉点的接触电阻因氧化而增加,导致屏蔽效能下降。用金属薄板冲缝后拉制成的整体通风网板优于同类金属丝的编织网板。

2）穿孔金属板通风孔

在满足屏蔽体通风量要求的条件下，以多个小圆孔替代大孔，构成屏蔽性能稳定的穿孔金属板。可以在屏蔽体的机箱上直接打孔；也可以先单独预制穿孔金属板，再安装到屏蔽体的通风孔洞上。

3）截止波导式通风窗

由于金属丝网的屏蔽效能在频率高于100 MHz后开始下降，穿孔金属板在其高频屏蔽效能同样要下降。这时就需采用截止波导式通风窗。截止波导式通风窗与金属丝网和穿孔金属板相比有明显优点：工作频带宽，即使在微波频段仍然有较高的屏蔽效能；风压损失小，机械强度高，工作稳定可靠。缺点是体积（主要是厚度）和重量大，成本高。另外截止波导式通风窗对于低频磁场的屏蔽效能并不理想，100 MHz以下的屏蔽一般不推荐使用。

以上三种通风孔洞的屏蔽措施需要根据实际情况具体选取或组合使用，以使设备的屏蔽效能满足要求。

5. 导电橡胶的屏蔽使用

导电橡胶可以解决各类电子设备机箱机柜缝隙处和电子仪器仪表按键处的电磁泄漏问题，广泛应用于电磁兼容领域。在导电橡胶的应用选型时，考虑屏蔽效能、开槽尺寸、压缩量、填充比、安装方式等因素，否则会影响导电橡胶的适用性。

1）屏蔽效能

导电橡胶在屏蔽电磁干扰的能力上有一定差异性，根据干扰源的强度和频率、电场或磁场的主导地位、系统的功率和信号衰减要求等因素评估衰减等级需求，以此确定选用的导电橡胶材质类型，常见的包括铝镀银、玻璃镀银、铜镀银、纯银等填充材质。

2）开槽尺寸

开槽的高度一般为衬垫高度的75%左右，宽度要保证有足够的空间允许衬垫受到压缩时伸展。

3）压缩量

压缩量指衬垫在压缩负荷下其截面高度的变化，不同形状导电橡胶截面的变形范围，不能低于10%。

4）填充比

通过计算凹槽和导电橡胶的截面积，以决定凹槽是否可以容纳导电橡胶密封件，不应使凹槽和导电橡胶密封件之间产生过量填充的状况，在凹槽体积范围内，必须提供足够的填充，填充比在85%~95%之间可获得最佳的屏蔽效能。

5）安装方式

导电橡胶在使用过程中可以通过开槽安装，背胶安装，铆钉/螺栓安装等方式。其中，开槽安装是最佳的安装方式，槽的作用是固定衬垫和限制压缩量。使用开槽安装方式时，屏蔽体的两部分之间的接触不仅通过衬垫实现完全接触，而且还有金属之间的直接接触，因此，具有最高的屏蔽效能。通常情况下，导电橡胶条类可以通过开槽安装，导电橡胶板类可以通过背胶安装，导电橡胶片状法兰可以通过铆钉/螺栓安装。

常用的电磁屏蔽材料主要有：

a）导电纤维布：（一般常用聚酯纤维布）经过前置处理后施以电镀金属镀层使其具有金

属特性而成为导电纤维布。可分为镀镍导电布、镀炭导电布、镀镍铜导电布、铝箔纤维复合布。外观上有平纹和网格等区分,最基本层为高导电铜,结合镍的外层具有耐腐蚀性能。镍/铜/镍涂层的聚酯纤维布具有优异的导电性、屏蔽效能及防腐蚀性,能够适应各种不同环境的要求,屏蔽范围在 100 KHz ~ 3 GHz。

应用领域:具有良好的导电性和屏蔽效果,热传导性能佳,延展性好,易挤压加工,耐腐蚀性、耐气候性均佳,良好的抗摩擦性能,抗摩擦次数可达 500 万次。可应用于从事电子、电磁等高辐射工作的专业屏蔽工作服,屏蔽室专用屏蔽布,IT 行业屏蔽件专用布,触屏手套,防辐射窗帘等。广泛应用于等离子显示屏、LCD 显示器、笔记本电脑、复印机等各种电子产品内需电磁屏蔽的位置。

b) 导电衬垫:采用高导电性和防腐蚀性的导电布,内包高度压缩高弹性的泡棉芯,经过精密加工而组成。导电衬垫具有良好的电磁波屏蔽效果,可按照客户要求加工各种不同形状和尺寸,广泛用于各种电子产品的 EMI 屏蔽材料/EMC 防治。

应用领域:导电衬垫适用于各种电子设备的电磁屏蔽,防静电(ESD)和接地等场合。可广泛应用于电子机箱、机壳、室内机箱、笔记本电脑、移动通信设备等。

c) 导电橡胶(胶条):导电橡胶是一种填充金属填充物的橡胶材料,提供了高导电性、电磁屏蔽、防潮密封的功能。每种导电橡胶都是由硅酮、硅酮氟化物、EPDM 或者碳氟化物－硅氟化物等黏合剂及纯银、镀银铜、镀银铝、镀银镍、镀银玻璃、镀银铅或炭颗粒等导电填料组成。此材料可按照需求成型为片状、模压状、挤出成型及薄膜状。在 20 M ~ 20 GHz 的范围内屏蔽效能可达 90 dB ~ 120 dB,纯银颗粒的甚至可达到 120 dB 以上,能起到屏蔽和环境密封的作用,安装方便。

应用领域:导电橡胶应用于需要长期稳定的卓越电磁屏蔽以及高导电的部位。广泛应用于通信设备、信息技术设备、医疗器械、工业电子设备等。

d) 导电涂料:防电磁波干扰屏蔽涂料,俗称导电漆。导电漆为具有良好导电性能的一种油漆。导电漆通过喷涂、刷涂的方法,使完全绝缘的非金属或非导电表面具有像金属一样的吸收、传导和衰减电磁波的特征,从而起到屏蔽电磁波干扰的作用。

e) 电磁波吸收材料:吸收材料一般是压延成柔性的片状材料,通过磁滞损耗,介电损耗,电阻损耗等机理将电磁波转变为热能,势能等其他形式的能量,达到屏蔽吸收电磁波的效果。

应用领域:吸收材料主要应用于通信、电子、导航、医疗、环保和许多应用微波、高频的工业部门,广泛用于电子数码产品、无线充电、RFID 射频识别、移动通信设备,无线设备等。

未来的电磁屏蔽材料将向屏蔽效能更高、屏蔽频率更宽、加工工艺简单、性价比高、综合性能更优良的方向发展,近年来出现了一种新的屏蔽技术—共形屏蔽,不同于传统的采用金属屏蔽罩的手机 EMI 屏蔽方式,共形屏蔽技术是将屏蔽层和封装完全融合在一起,模组自身就带有屏蔽功能,芯片贴装在 PCB 上后,不再需要外加屏蔽罩,不占用额外的设备空间,主要用于 PA、WiFi、Memory 等 SiP 模组封装上,用来隔离封装内部电路与外部系统之间的干扰。共形屏蔽技术可以解决 SiP 内部以及周围环境之间的 EMI 干扰,对封装尺寸和重量几乎没有影响,具有优良的电磁屏蔽性能,可以取代大尺寸的金属屏蔽罩,有望随着 SiP 技术以及设备小型化需求而普及。

6. 小结

电磁屏蔽设计即根据屏蔽要求按上述三种屏蔽衰减之和计算。其中吸收损耗与屏蔽体到场源的距离无关,它取决于屏蔽体的厚度和材料的电导率、磁导率以及入射电磁波的频率。而反射损耗则和电磁波的阻抗与屏蔽体阻抗的比值有关,即它与电磁场源的类型、场源到屏蔽体的距离、电磁场源的频率,以及屏蔽材料的电导率、磁导率有关,但与屏蔽体的厚度无关。对于吸收损耗大于 10 dB 的屏蔽体来说,多次反射修正项(B)基本为零。但对于吸收损耗较小的屏蔽体,则应计入修正项,它与电磁波阻抗的种类、吸收损耗、频率以及屏蔽材料的电导率、磁导率有关。因此合理选择屏蔽材料和厚度是电磁屏蔽设计的重点。而总屏蔽效果等于上述三种屏蔽之和:

$$S = A + R + B \tag{13-18}$$

实际设计屏蔽时,有些场合不便于使用金属板,可以用金属网代替。当空隙率 50%,每个网可以得到与金属板差不多的反射损耗。这一般都很难做到。特别是在频率很高的情况下不能期望单层金属网有很高的屏蔽效能。当需要 100 dB 以上的屏蔽效果时,必须采用双层金属网屏蔽。

利用电磁波通过阻挡层时的衰减作用进行电磁屏蔽设计:

a) 采用铝铜等高导电率材料作屏蔽体,高频情况下表面镀银;

b) 减少屏蔽体上的孔口和接缝,尽量采用双层屏蔽;

c) 采取措施提高接缝的电磁密封性;

d) 采用金属丝网、孔板或截止波导作通风孔、走线孔,防止电磁能量泄漏;

e) 采用屏蔽电缆及相应的连接器,沿电缆线的周边将电缆屏蔽层和连接器整个连接。

13.3.5 滤波设计

电磁干扰(EMI),即处在一定环境中的设备在正常运行时无意发射的电磁能量,包括传导电磁干扰(CE)以及辐射电磁干扰(RE)。电磁干扰轻则使产品无法通过军标对应项目的考核,重则使其他设备无法正常工作甚至导致整个系统瘫痪。

滤波设计一般要求如下:

a) 电源输入端应装电磁干扰滤波器;

b) 滤波电容器或屏蔽接地的引线宜短;

c) 电路之间应采取适当的去耦措施。

滤波技术是解决电磁干扰的重要手段,合理地加装滤波器会很大程度上解决产品电磁干扰问题。

1. 电源线滤波器

电源是每一种电气设备的必备部分,在普通的电子设备中,绝大多数都采用开关电源,但开关电源电路元器件的高频开关动作会产生较强的电磁干扰。通常,在电路系统的电源线入口处串接电源滤波器就能很好地抑制传导电磁干扰信号,同时也可以改善低频段的辐射电磁干扰。对于开关电路产生的脉冲尖峰电流,可以考虑加装差模增强型滤波器,它可以抑制脉冲电流的波峰,有效降低电流谐波引起的干扰。电源 EMI 滤波器的主要参数包括插入损耗、额定电压、额定电流、泄漏电流、工作频率等,同时,电源 EMI 滤波器对源和负载的阻抗很敏感,在实际应用中,应遵循阻抗极大不匹配原则,根据滤波器两端将要连接的源阻抗和负载阻抗,合理选择 EMI 滤波器的网络结构和参数,从而得到满意的抑制效果。此外,滤波器安装一定要有良好的接地,尽量安装在设备或屏蔽体的电源入口处,输入输出线尽量分开。

2. 信号线滤波器

理论和经验表明,设备上的电缆是电磁兼容最薄弱的环节。信号电缆本身是一条效率很高的辐射天线,PCB 板、各单元模块等产生的电磁能量在电缆上感应出共模电压和电流,产生共模辐射,这种辐射往往是设备产生超标辐射的主要原因。此外,任何穿过屏蔽体的电缆都会破坏原有的屏蔽效果,导致电磁干扰通过电缆泄露,降低屏蔽体的屏蔽效能。为了解决辐射电磁干扰问题,对这些电缆必须采取滤波措施。信号电缆滤波以加装共模滤波器为主,对信号电缆上传输的差模信号不产生影响。

电磁兼容问题的解决是一项复杂的系统性工程,涉及电讯、结构等多方面,应在产品设计过程中提前规划,统筹考虑,综合应用滤波、接地、屏蔽、PCB 设计等多种技术,以形成最优的整体解决方案。

运用滤波技术,具体地讲就是正确、合理地选用或设计滤波器,以及正确地安装滤波器。滤波器的具体选用和安装可参见 GJB/Z 132。

13.3.5.1　滤波器类型及应用

滤波器通常由电阻、电感和电容(高频下还包括分布参数的电阻、电感和电容)组成,或由它们的任意组合组成的一种网络。这种网络对某些频率或直流电几乎没有什么抑制作用,而对其他频率则阻碍它们通过。

1. 根据滤波器需要传输和衰减的频段,划分为:低通、高通、带通和带阻四种,如表13-14 所示。

表 13-14　带通和带阻滤波器电路结构

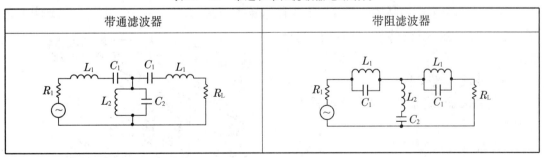

2. 按电路形式划分,一般可分为单容型(C 型)、单电感型(L 型)、Γ 型、反 Γ 型、T 型和 π型。不同结构的电路适用于不同的源阻抗和负载阻抗。如表13-15 所示。

表 13－15 低通和高通滤波器电路结构

滤波器类型	低通滤波器	高通滤波器
Γ/反 Γ 型		
R/Cπ 型		
L/Cπ 型		
T 型		

3. 信号滤波器和电源滤波器

1) 信号滤波器

信号滤波器的作用是滤除导线上各种不需要的高频干扰成分,而允许有用信号无衰减通过,从而大大衰减电磁骚扰。通常用于各种信号线(包括直流)上。选用信号滤波器时需要关注幅频特性、相位特性、群延时、波形畸变等。

信号滤波器按安装方式和外形分类,有线路板安装滤波器、馈通滤波器和滤波器连接器三大类。

线路板安装滤波器适用于印制板安装,但高频效果不很好;(以穿心电容器为基础的)馈通滤波器适用于屏蔽体(如屏蔽盒、屏蔽板)上单根导线(或电缆)的穿通连接,具有很好的高频抑制效果;滤波器连接器则适用于在屏蔽体(如机箱、机柜及小盒等)中需要多根导线或多芯电缆穿通连接,它具有较好的高频抑制效果。

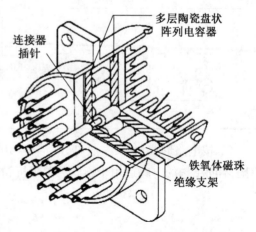

图 13－6 滤波器连接器示例

　　滤波器连接器必须良好接地,为此往往需在其与机箱面板间安装专用电磁密封衬垫。滤波器的内部相连如图13－6所示。

　　2）电源滤波器

　　电源滤波器是由电感、电容组成的无源器件。其功能是允许直流、50Hz、400Hz等的电源功率无衰减通过,而经电源传入的电磁骚扰则大大衰减,保护设备免受其害,同时,抑制设备本身产生的EMI传导干扰,防止其进入电网污染电磁环境,影响其他设备。它可抑制导线上的传导干扰,对导线上的辐射发射也有显著的抑制效果。选用电源滤波器时要关注插入损耗、能量衰减、额定电压、额定电流、截止频率等参数的影响。其特点是额定电压高、额定电流大,并能够承受瞬时大电流的冲击。典型的电源滤波器如图13－7所示。

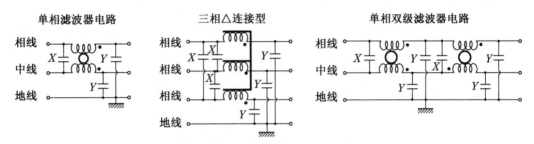

图13－7　典型电源滤波器电路图

　　电源滤波器必须正确安装才能发挥其应有性能,安装时应避免如下情况:

　　1）电源输入线过长;

　　2）滤波器输入、输出线靠得过近;

　　3）滤波器接地不良。

　　4. 吸收式(有耗)滤波器

　　常见用于滤除宽带干扰的滤波器一般都由无耗或几乎无耗的电感电容分立元件组成。

　　吸收式滤波器由有耗元件构成,在阻带内吸收高频噪声的能量并转化为热量散发,起到滤波作用。最常用的有耗元件是由铁、镍、锌氧化物混合压制成的铁氧体磁性元件。它具有很高的电阻率和磁导率(初始磁导率μ_0约100～8 000),可等效为电感和电阻的串联。其形式有磁珠(单珠、双珠、多孔珠)、磁环、磁管等,以适用于不同安装要求。通常用于:① PCB上EMI源处将其抑制掉;② 抑制电源线上高频干扰的传导;③ 抑制信号线、数据线上高频干扰的传导。

　　选用铁氧体磁性元件来制作信号滤波器时通常应关注其磁导率的频率特性、磁性材料的饱和特性以及磁性材料的温度特性(居里温度)等。此外,铁氧体元件的抑制干扰的能力还与其结构有关,其选择原则是:在使用空间允许的条件下选择尽量长、尽量厚和内孔尽量小的铁氧体抑制元件。

　　表13－16列出了几种典型的无源元件组成的EMI滤波器及其典型特点与应用范围。

表 13 – 16 典型 EMI 滤波器

滤波器名称	典型特点及应用
无磁珠三端电容器	无两端电容器的剩余电感,可除去高频干扰噪声,适合抑制高阻抗电路中的噪声
磁珠电感器	有效除去高频、超高频干扰噪声,可抽头自动插入,适合低阻抗接地等电路,除噪效果最佳
π 型滤波器组	使用磁珠电感元件和穿心电容器的 π 型滤波器阵,有单级和多级形式,适合高阻抗电路
加磁珠的三端电容器	三端电容器加磁珠电感元件 T 型 EMI 器件,能有效除去高频干扰噪声,适用于低阻抗电路
交流电源 EMI 滤波器	一般由能够同时除去共模和差模噪声的电路网络构成,兼有强的抗干扰性和抗机内噪声外传两种功能,适合用于接交流电源的电子设备从低频到高频带范围内的除噪
四端结构型直流电源 EMI 滤波器	计算机直流电源用大容量四端电容器与穿心电容器、磁珠电感元件组合而成的宽带器件,可高效除去电源输出端从 450 kHz～1 GHz 的噪声,另对共态噪声也有效
信号线路 EMI 滤波器	由于有陡直的衰减特性,特别适合有效信号频率与噪声频率接近的场合,宜用于 PCB 信号线路和数字电子设备等高速数字信号线路

5. 有源滤波器

前述的滤波器均属无源元件组成的无源滤波器;由有源器件与无源元件组成的滤波器则属有源滤波器,它也分为:有源高通、有源低通、有源带通、有源带阻滤波器。

有源滤波器通常由晶体管(或运算放大器)与电阻、电容、电感等无源元件组合而成。

此外单片晶体滤波器(MCF)、声表面波(SAW)滤波器也同属有源滤波器。

6. 软件数字滤波

软件数字滤波法只需要应用计算技术,按数学模型对输入数据进行处理,不仅可省去硬件,而且软件数字滤波可滤除频率很低的骚扰,这是硬件难以做到的。

13.3.5.2 EMI 滤波器参数

EMI 滤波器的技术参数主要有:插入损耗、额定电压、额定电流、工作频率/截止频率、漏电流、绝缘电阻、放电特性、试验电压及机械特性等。

13.3.5.3 滤波器选用

选用滤波器,首先需从分析系统/设备工作环境下所存在传导干扰信号的类型(即,是共模干扰还是差模干扰占主导地位或两者处于同等重要地位)入手,确定干扰信号的大小,并根据设备工作频率,选取合适的 EMI 滤波网络、对电源 EMI 滤波器来说还需正确选择其两端与负载阻抗和源阻抗的组合(通常信号滤波器在这方面情况要好一些),初步确定插入损耗的要求;与此同时还需考虑对下列因素的权衡处置:功率承受能力(包括额定电流、额定电压及工作电流、电压)、信号失真、可调谐性、成本、重量和尺寸等。当然,还须结合接地技术与屏蔽措施,才能达到良好的抑制效果。选用的一般准则如下:

1) 工作频率和所要抑制的干扰频率应确定清楚;

2）选用的 EMI 滤波器网络结构应与该设备或分系统的传导干扰特性相适应；

a）要求 EMI 滤波器在相应工作频段范围内，能满足负载要求的衰减特性，若一种滤波器衰减量不能满足要求时，则可采用多级联，以获得比单级更高的衰减，不同的滤波器级联，可以获得在宽频带内良好衰减特性。

b）要满足负载电路工作频率和需抑制频率的要求，如果要抑制的频率和有用信号频率非常接近时，则应选择频率特性非常陡峭的滤波器，以满足需抑制的干扰频率滤掉，而只允许通过有用频率信号的要求。

3）EMI 滤波器电路结构应遵循阻抗失配的原则与端接负载正确搭配，如表 13 - 17 所示：

表 13 - 17 遵循阻抗失配原则选用滤波器电路结构一览表

源端阻抗特性	宜采用滤波器电路结构	负载端阻抗特性	源端阻抗特性	宜采用滤波器电路结构	负载端阻抗特性
高阻抗	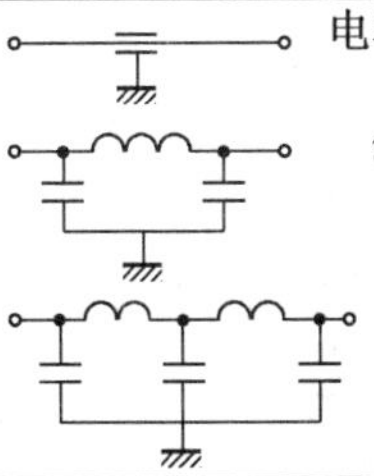 电容器 / π型 / 双π型	高阻抗	低阻抗	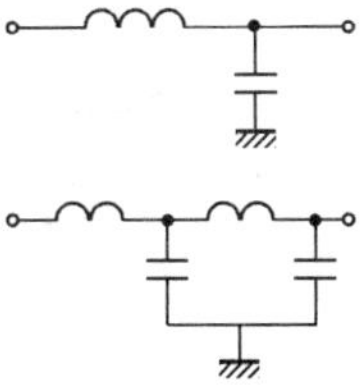 LC型 / 双LC型	低阻抗
高阻抗	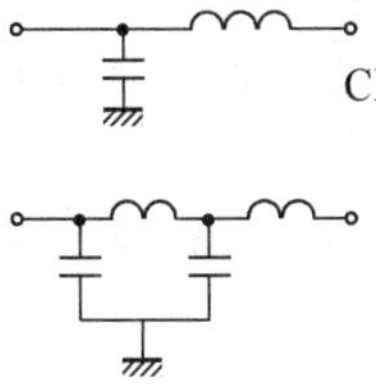 CL型 / 双CL型	低阻抗	低阻抗	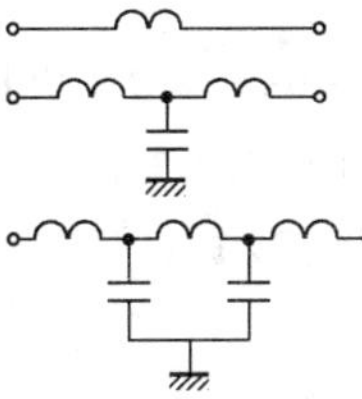 电感 / T型 / 双T型	高阻抗

4）计算的插入损耗应加 10 dB 的安全裕量；从产品样本选取的电源 EMI 滤波器，其插入损耗应加 20 dB。

鉴于电源 EMI 滤波器产品样本上所列插入损耗是在源和负载阻抗都为 50 Ω 的测试环境下获得的，而实际使用中很难保证源阻抗和负载阻抗是 50 Ω。当源阻抗与负载阻抗与滤波器规范规定的阻抗不同时，输出响应就会发生变化，插入损耗将会受源阻抗 Z_g 和负载阻抗 Z_L 影响；

5）电源 EMI 滤波器的额定电流应取实际电流值的 1.2 倍～1.5 倍，同时要考虑环境温度对其的影响；

6）要正确选择（电源）EMI 滤波器的耐压值及承受瞬态干扰（瞬时冲击电压峰值）的能力；

7）应根据设备最大泄漏电流的允许值来选择滤波器（通常小于 1 mA）；

8）EMI 滤波器的可靠性应与设备或分系统的可靠性相协调，应注意到 EMI 滤波器故障更难确定；

9）EMI 滤波器的安全性应符合有关标准的规定；

10）用于高频情况时,应选择高频性能好的(电源)EMI 滤波器;

11）若单级滤波器达不到衰减陡峭要求或要求总的电感量小时,可考虑两级或两级以上的滤波器;

12）选用的电源 EMI 滤波器安装形式应与设备的结构相匹配,以有利于安装;

13）用于三相电源系统的三相电源 EMI 滤波器,应考虑缺相时,其他两相承受缺相时耐压的能力。

13.3.5.4 电源 EMI 滤波器设计

1. 电源 EMI 滤波器基本电路模型

电源 EMI 滤波器为低通滤波网络,它由电感、电容及电阻等无源器件组合而成。

电磁干扰分为差模干扰和共模干扰两种类型,电源 EMI 滤波器应同时衰减两种干扰信号,这就确定了电源 EMI 滤波器的基本电路结构。典型的差模增强型电源 EMI 滤波器如图 13－8 所示:

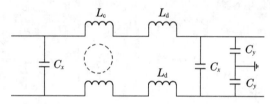

图 13－8 差模增强型电源 EMI 滤波器电路

其中: C_x 为差模电容,用于滤除差模干扰; C_y 为共模电容,用于抑制共模干扰; L 是共模扼流圈,对共模干扰具有较强抑制作用。

典型的差模增强型电源 EMI 滤波网络的共模、差模等效电路如图 13－9 所示。

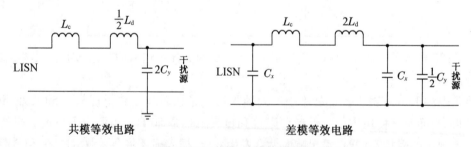

共模等效电路　　　　　　　　　　　差模等效电路

图 13－9 共模、差模等效电路

由于共模回路为火线零线分别与地构成的回路,相当于火线零线并联,所以共模等效电路中差模电感为 $1/2L_d$,共模电容为 $2C_y$。差模回路为火线零线串联构成的回路,所以差模等效电路中差模电感为 $2L_d$,共模电容为 $1/2C_y$。

电源 EMI 滤波器本质上是一个无源双口网络,根据双口网络理论,插入损耗可以表示为:

$$\text{IL} = 10\log \left| \frac{T_{11} + T_{12} + T_{21}R_S R_L + T_{22}R_S}{R_S + R_L} \right| \qquad (13-19)$$

式中: T_{11} 是输出开路的反向转移电压比, T_{21} 是输出开路的反向转移电导, T_{12} 是输出短路的反向转移电阻,T_{22}是输出短路的反向转移电流比。

滤波器的插入损耗不仅与滤波器网络本身(T参数)有关,同时还与干扰源阻抗R_s、负载阻抗R_L有关。

设计电源 EMI 滤波器时要将干扰源阻抗R_s、负载阻抗R_L的大小考虑在内,否则,滤波器实际对干扰的抑制能力将大打折扣,甚至在一些特定频率对干扰还有放大作用。

2. 阻抗确定

当电源 EMI 滤波器两端遵循阻抗最大不匹配原则时,干扰信号会在滤波器输入输出端口产生反射,实现 EMI 干扰信号的最大抑制。

1)负载(LISN)阻抗

接收机接于 LISN 中的 1 kΩ 的电阻和地之间,接收机信号输入口本身的阻抗50 Ω 与 LISN 中的 1 kΩ 电阻处于并联状态,其等效阻抗接近于 50 Ω,所以负载阻抗R_L可近似认为保持恒定。LISN 等效电路如图 13 - 10 所示。

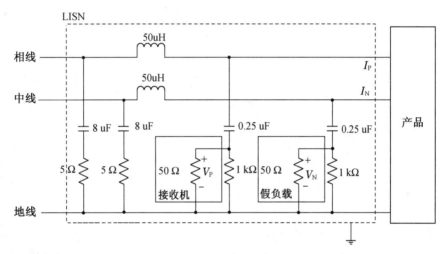

图 13 - 10　LISN 等效电路

2)干扰源(EUT)阻抗

a)干扰源阻抗R_s在不同的工作状态下有所不同,且 EUT 通电工作时不能使用 LCR 测试仪等阻抗测试仪器,所以直接测量干扰源阻抗的幅值大小和相位是极其困难的;

b)可以通过分析得到干扰源阻抗的最大值和最小值。基本思路是测量已知参数滤波器网络插入前后的干扰幅度,近似估算出干扰源阻抗的幅度极值;

c)根据各个频率下干扰源阻抗的大小来选择滤波器的拓扑结构和各个元件的参数,保证滤波器不会因为干扰源阻抗的影响而降低工作性能。

3)共模干扰源阻抗

a)简化分析条件:只考虑共模扼流圈的作用;共模扼流圈的电感只对共模干扰有作用;

b)等效电路:R_{loadCM}是 LISN 的等效电阻(25 Ω),Z_{fcm}是共模电感的等效阻抗,I_{sCM}是干扰源,Z_{sCM}是干扰源阻抗。共模干扰源阻抗等效电路如 13 - 11 所示。

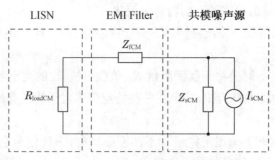

图 13-11 共模干扰源阻抗等效电路

c）共模干扰衰减：

$$A_T = \frac{Z_{fCM}}{R_{loadCM} + Z_{sCM}} + 1 \qquad (13-20)$$

只有当$|Z_{fCM}| \gg |Z_{sCM}|$，$|Z_{fCM}| \gg |R_{loadCM}|$时，共模电感有效的衰减共模干扰，产生良好的滤波器效果。

d）共模阻抗的最大、最小值：

R_{loadCM}是 LISN 的阻抗，z_{fCM}是插入的共模电感的阻抗，A_T 可以通过测量得到的一个确切值，由于 Z_{sCM} 相位信息不可测量，所以得到$|Z_{sCM}|$的最大值和最小值：

$$|Z_{sCM}|_{max} = \left| R_{loadCM} + \frac{|Z_{fCM}|}{|A_T| - 1} \right|$$

$$(Z_{sCM}|_{min} = \left| R_{loadCM} + \frac{|Z_{fCM}|}{|A_T| + 1} \right| \qquad (13-21)$$

4）差模干扰源阻抗

a）简化分析条件：只考虑差模滤波电容的作用；差模滤波电容只对差模干扰有作用；

b）等效电路：R_{loadDM}是 LISN 的等效电阻（100 Ω），Z_{fDM}是差模电容的等效阻抗，I_{sDM}是干扰源，Z_{sDM}是干扰源阻抗。其等效电路如图 13-12 所示。

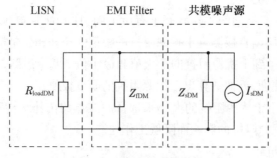

图 13-12 差模噪声阻抗等效电路

c）差模干扰衰减：

$$A_T = \left| 1 + \frac{R_{loadDM} Z_{sDM}}{Z_{fDM}(R_{loadDM} + Z_{sDM})} \right| \qquad (13-22)$$

通常差模干扰源 $|Z_{sDM}|$ 是一个低阻抗源,故假设 $R_{loadDM} > > Z_{sDM}$,得 $A_T = \left| 1 + \dfrac{Z_{sDM}}{Z_{fDM}} \right|$。

d）差模阻抗的最大、最小值:

Z_{fDD} 是插入的差模电感的阻抗,A_T 可以通过测量得到的一个确切值,由于 Z_{sDM} 相位信息不可测量,所以得到 $|Z_{sDM}|$ 的最大值和最小值:

$$|Z_{sDM}|_{max} = |Z_{fDM}| \cdot ||A_T| + 1|$$
$$|Z_{sDM}|_{min} = |Z_{fDM}| \cdot ||A_T| - 1| \tag{13-23}$$

3. 电源 EMI 滤波器设计步骤

电源 EMI 滤波器设计主要包括以下几个步骤:

1）共差模分离:使用线路阻抗稳定网络(LISN)和 EMI 干扰分离网络测试 EUT 电源所产生的共模干扰频谱和差模干扰频谱。

2）确定截止频率:根据测得的干扰频谱和 GJB151 中规定的极限值计算出不同频率点差模与共模干扰分别需要的衰减大小,确定共模、差模截止频率。

3）计算 L、C 值:通过测量和计算确定相对应频率点干扰源阻抗最大可能值和最小可能值,根据公式计算所需的滤波器元器件(L、C)参数值。

$$f_{R,CM} = \frac{1}{2\pi \sqrt{L_{CM}C_{CM}}}, f_{R,DM} = \frac{1}{2\pi \sqrt{L_{DM}C_{DM}}} \tag{13-24}$$

4）测试验证:根据设计值制作一个滤波器模型,对滤波器模型进行测试,验证是否符合设计要求;根据测试结果对滤波器设计值进行行调整,使滤波器工作性能完全符合设计要求。

1）共差模分离

a）由于电源共模与差模传导干扰的抑制电路不同,所以若要进行定量设计,首先必须将两种干扰分离。常见的分离共模、差模电流的方式是使用电流探头。常见的分离共模、差模电压的方式是使用 Δ 型 LISN 或者共差模分离器。如图 13-13 所示。

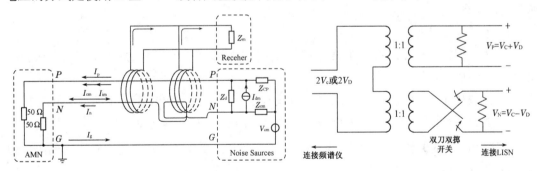

电流探头测试共模电流和差模电路　　　　共差模分离器原理图

图 13-13　共差模分离

b）如果想通过改变电源 EMI 滤波器的一些元件值而快速准确地减小传导发射,必须知道哪个分量在总的传导发射中起主导作用。可根据频率大致区分共模、差模干扰,$0.15 \sim 0.5$ MHz 差模干扰为主;0.5 MHz ~ 5 MHz 差模与共模干扰共存;$5 \sim 30$ MHz 共模干扰为主。

2）确定截止频率

a）共模、差模干扰频谱分别与 GJB151 标准中规定的 EMI 干扰极限值相减，得到滤波器需要的共模、差模衰减量。

b）假设滤波器为理想低通滤波器（截止频率以下衰减量为 0，截止频率以上衰减量为 40 dB/dec 或 60 dB/dec），则斜率分别为 40 dB/dec 和 60 dB/dec 的斜线与频率轴的交点即为共模截止频率 $f_{R,CM}$ 和差模截止频率 $f_{R,DM}$。

3）计算 L、C 值

a）通过测量和计算确定相对应频率点干扰源阻抗最大可能值和最小可能值；根据干扰源阻抗最大可能值和最小可能值设计滤波器，设计的滤波器满足最差情况下也能达到需要的衰减。

b）共模、差模截止频率确定之后，根据公式（13－23）计算所需的滤波器元器件（L、C）参数值。在计算 L、C 参数值的时候，需要充分考虑干扰源阻抗的影响。

4）共模参数计算

a）为了保证共模滤波器能在干扰源阻抗发化的情况下正常工作，共模电感的等效阻抗要大于干扰源阻抗。

b）对于共模电容 C_y，由于接在相线和大地之间，容量过大会导致漏电流过大，安全性降低。对地漏电流计算公式为：

$$I_y = 2\pi f C_y U_c \qquad\qquad (13-25)$$

根据安全规定确定的漏电流计算共模电容 C_y（一般小于 10 nF，典型值为 1 ~ 4.7 nF）。

c）根据共模截止频率 $f_{R,CM}$ 计算共模电感 L_{CM}（一般 1 mH ~ 100 mH，典型值为 10 mH ~ 33 mH），并检查共模电感在测试频段内的阻抗值是否满足 $|Z_{fM}| \gg |Z_{sCM}|$，$|Z_{fCM}| \gg |R_{loadCM}|$。

d）最后，计算此共模电感与共模电容组成的滤波网络的衰减量 A_T，验证能否满足步骤 2 中计算的所需衰减量。

5）差模参数计算

a）为了保证差模滤波器能在噪声源阻抗变化的情况下正常工作，差模电容的等效阻抗要远小于干扰源阻抗。

b）差模电感 L_{DM} 与差模电容 C_x 的选取没有唯一解，允许设计中有一定的自由度。

c）要保证差模电感 L_{DM}（uH 量级，一般 10 ~ 1 000 uH）与差模电容 C_x（uF 量级，一般 10^{-1} ~ 10^1 uF）组成的滤波网络截止频率小于所需的 $f_{R,DM}$，差模电容在测试频段内的阻抗值满足 $|Z_{fDM}| \leqslant |Z_{sMD}|$。

d）最后，计算此共模电感与此共模电容组成的滤波网络的衰减量 A_T，验证能否满足步骤 2 中计算的所需衰减量。

6）测试验证

a）将设计的差模与共模滤波器合并为一个滤波器，滤波器设计完成；

b）根据设计值制作一个滤波器模型，对滤波器模型进行测试，验证是否符合设计要求；

c）根据测试结果对滤波器设计值进行调整，直至滤波器工作性能完全符合设计要求。

13.3.5.6　电源 EMI 滤波器制作

1）滤波器元器件选用

a）电源 EMI 滤波器的主要参数包括插入损耗、额定电压、额定电流、泄漏电流、工作频率等；

b）滤波器设计过程主要是决定滤波器网络结构以及 L、C 参数值的范围，也就是决定滤波器在特定源阻抗以及负载阻抗下的插入损耗；

c）滤波器制作过程中选用的元器件（L、C）型号决定了额定电压、额定电流、泄漏电流、工作频率等参数，只有选用了与滤波器实际应用环境相匹配的元器件，才能保证制作的滤波器满足高电压、大电流、宽频率的使用要求。

2）电容的选择

a）电容主要决定滤波器的额定电压、泄漏电流以及工作频率。

b）工作频率是选择电容器的重要依据，电容器的可用频率范围，高端受自谐振频率和高频电介质损耗的限制，低端由实际最大可用电容值决定。

c）差模电容直接跨接在电源线上，额定电压应与电网电压相当，一般选用薄膜电容（聚丙烯等），可适用于低频（Hz 级）到高频（MHz 级）的宽频率范围。

d）共模电容接在相线和大地之间，除了有耐压的要求之外，还有最大漏电流的限制（其范围在 0.25 ~ 3.5 mA 之间，由产品标准定），一般选用陶瓷电容。

3）共模电感选用

a）电感主要决定滤波器的额定电流以及工作频率。电感的选用需谨慎，否则可能导致滤波器额定电流偏小以及工作频率偏低，影响滤波器的实际使用效果。

b）共模电感磁芯用于制作共模扼流圈，其磁力线相互抵消，不会造成磁芯饱和，故共模磁芯的选择不用考虑额定电流的影响，可以选用初始磁导率较高的铁氧体磁芯材料，但要保证磁芯在 10 kHz ~ 10 MHz 磁导率相对稳定。

4）差模电感选用

差模电感在设计中是用来通过工频或直流电流的，为了避免磁路饱和，需要使用"软磁芯"，一般采用磁粉心材料磁芯。

优点：抗饱和能力强，且在较宽频率范围内磁导率保持稳定，适合在较大额定电流条件下使用；

缺点：初始磁导率低，要想获得较大的差模抑制效果，需要较大尺寸的磁芯以及绕制较多的匝数，不利于滤波器的尺寸和重量减小。

13.3.5.7　滤波器安装要求

选好滤波器，如果安装不当，会破坏滤波器的衰减特性。只有正确安装滤波器才能获得良好效果。

电源滤波器安装在设备或屏蔽壳的电源入口处并加以屏蔽，屏蔽体应与设备壳体良好搭接。滤波器的输入线和输出线之间应有屏蔽层。滤波器的输入线和输出线之间不能交叉（避免输入、输出耦合）。如果机箱的位置有限，滤波器要贴底板安装，输入线要用屏蔽良好的导线，且不能与其他线绑扎在一起。滤波器的输入和输出线必须分开，当无法分开时，应采用屏蔽线隔离。

1. 滤波器安装原则

电源滤波器的安装质量对实际抑制干扰特性影响很大,只有把电源滤波器正确地安装到设备或屏蔽体内恰当的位置,才能获得预期的效果,抑制住设备通过电源线向公用电源的干扰。电源滤波器的安装应遵循如下几个要点:

1)电源供电线的滤波器应当安装在设备或屏蔽体的电源入口处,并加以屏蔽处理,屏蔽体应与设备壳体良好搭接。

2)电源滤波器中电容器引线应尽可能短,以避免其感抗与容抗在较低频率上出现谐振。电容器和其他元件间应正交安装,减小相互耦合。

3)电源滤波器接地导线上的对地电流会造成有害电磁辐射,所以滤波器抑制元件自身要进行良好的电磁屏蔽和接地处理。

4)焊接在同一插座上的每根电源线都必须进行滤波,否则会破坏电源滤波器的滤波有效性。

5)电动机、交流电机等干扰源应和它们的电源滤波器安装在一个屏蔽箱体内,滤波器安装在电源入口处。滤波器的电源输入线不能在屏蔽箱体内暴露。

6)电源滤波器的输入和输出引线之间应予以屏蔽,更不得往返交叉,否则输入与输出引线之间的耦合将导致滤波实际抑制特性的下降。

2. 滤波器的安装

1)滤波器与干扰源最好在同一机壳内。如果干扰源的内腔体允许,可将滤波器安装在干扰源的输出端。如果干扰源设备内不允许安装,则将滤波器安装在干扰源输出口的外侧。

a)推荐将滤波器安装在设备机壳上;

b)控制滤波器输入与输出端间的电磁耦合;

c)利用设备屏蔽控制滤波器输入端与输出端间的耦合。

如机箱壁有绝缘涂覆层影响导电通路时应将涂覆层清除,并清洗干净。安装示例如图13-14所示。

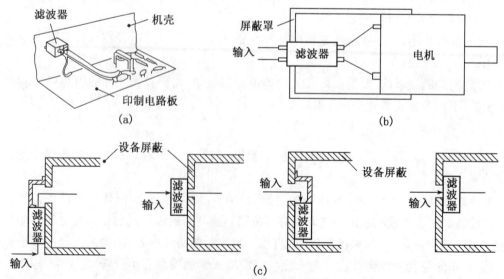

图 13-14 滤波器安装示例

2）当滤波器不能与干扰源设备直接接触时,应使滤波器尽可能靠近干扰源,在这种情况下安装时,滤波器必须使用尽可能短的屏蔽电缆与干扰源设备进行搭接。

3）滤波器的输入线、输出线不得靠得过近或交叉,布线时应尽量增大间距和采用隔离措施,以防止输出、输入线间的耦合。如果不行,则采用屏蔽导线,而且尽量短。这将能避免和降低在高频干扰信号通过输入线或输出线时发生直接耦合。对电源滤波器来讲,其同端连线以选用双绞线为佳,可以消除部分高频干扰。

同样为避免耦合,电源滤波器的输入线、输出线不能与信号线并行。

4）接地与公共阻抗的影响:滤波器对于干扰信号的抑制,很多时候是把干扰信号通过内部的接地电容对地短路而起作用的,故滤波器的接地导线上会有较大的短路电流。因此滤波器在安装时一定要有良好的接地。一般的滤波器都是金属外壳,如果可能,应把滤波器外壳直接与机箱的金属部分良好接触,以保持其外壳与系统之间有良好的电气连接(其接触电阻应小于 50 mΩ),并且整个机箱或系统的接地电阻应尽可能低。

同时应使地线尽可能短,因为过长的接地线会加大接地电阻和电感,而严重削减滤波器的共模抑制能力,也会产生公共接地阻抗耦合的问题。

另外,接地不良,如由于紧固方式不妥、振动等因素使接地点松动,该接地点就起着一组间歇式触点的作用。即使通过该接地点的电流为直流或工频交流,但在此点上可能产生的火花仍会产生频率高达几百兆赫的干扰信号。

5）吸收滤波器必须完全与电缆同轴安装,使电磁干扰电流成辐射状流经滤波器。吸收滤波器还可以通过法兰盘直接安装到干扰源壳体上与被抑制的设备组成一体。

使用信号滤波器时最重要的是保证滤波器良好接地,即保证有低的射频阻抗。要做到这一点,在使用板上滤波器时,应尽量使接地线短。在使用馈通滤波器时,要确保滤波器的外壳与屏蔽体的良好电接触,最好是采用焊接方式,如是螺栓型安装方式,则应保证螺栓基体 360° 与屏蔽体良好接触。在使用连接器滤波器时,要在连接器与屏蔽体之间使用射频密封衬垫。

6）EMI 滤波器与金属屏蔽体安装时,还应注意不同金属间的电化学腐蚀,应尽量减小或防止腐蚀。由于电子设备的壳体材料和 EMI 滤波器壳体材料是固定的,但选用时可以按照电化序的要求尽量选用电化序相近的金属,可利用电镀层或加过渡垫圈的办法来弥补。达到减小或消除由于不同金属之间接触造成电化学腐蚀。

7）壳体和地之间的射频阻抗应尽可能保持低阻抗;

8）应尽量减小滤波器电源和负载公共地阻抗的耦合;

9）电源 EMI 滤波器最好安装在设备壳体上,而不是印制电路板上,且壳体安装面积足够大。

13.3.5.8 EMC 磁环

滤波是改善电子电气系统电磁兼容性能的重要手段之一,与电磁干扰滤波器相比,EMC磁环以其结构简单、使用方便、可靠性高、成本低廉等优点,被广泛用于 EMC 整改,成为抑制电磁干扰的最简单且常用的方法之一。

EMC 磁环是一种常见的干扰抑制器件,其作用相当于低通滤波器,利用磁环对高频干扰所反映出来的阻抗,使高频干扰得到有效抑制。EMC 磁环主要用于产品内部连接线输出或输入以及外部电源线等干扰源附近,在进行产品 EMC 超标整改时,只需将线缆穿过磁环内孔或者绕圈,就能对电源线、信号线和连接器的射频干扰起到较好的抑制作用。

EMC 磁环的干扰抑制能力是用其阻抗特性来表征的。在低频段呈现非常低的感性阻抗值,不影响电源线或信号线上有用信号的传输;在高频段,约为 10 MHz 左右开始,阻抗增大,其感抗成分保持很小,电阻分量却迅速增加,将高频段 EMI 干扰能量以热能形式吸收耗散。通常用两个关键频率点 25 MHz 和 100 MHz 处电阻值来标定 EMC 磁环的干扰抑制能力。EMC 磁环的内外径差值越大,纵向高度越高,其阻抗也就越大,对高频干扰的抑制能力越强。

目前最常见的磁环有三种:镍锌磁环、锰锌磁环和非晶磁环。镍锌磁环的磁导率较低,低频阻抗较小,高频阻抗较大,可用于 1 MHz 到几百 MHz 的频率场合;锰锌磁环的磁导率较高,低频阻抗较大,高频阻抗较小,用于滤除 1 MHz 以下的干扰信号;非晶磁环初始磁导率极高,对干扰的抑制作用很强,通常在较宽的频率范围内呈现出无共振插入损耗特性。

磁环作为一种简单易操作的干扰抑制手段,其效果已在电磁兼容实践中得到验证,除上述内容外,磁环使用还应注意以下几点:

a)磁环和所缠绕线缆结合越紧密越好;

b)磁环的安装位置应尽量靠近干扰源,若产品外壳是金属,磁环一定要靠近壳体接缝处放置;

c)根据特定的抑制频点选择磁环及绕制圈数。

13.3.6 搭接设计

电子设备中,金属部件之间的低阻抗(射频)连接称为搭接,搭接的方式有焊接、铆接、螺钉连接、电磁密封衬垫连接等。常见的搭接有:电缆屏蔽层与机箱之间搭接;屏蔽体不同部分之间搭接;滤波器与机箱之间搭接;不同机箱地线之间搭接等。

搭接的目的是实现结构各金属部分和设备之间电气连接的可靠,从而形成低阻抗回路,降低相互间的电位差,使得在电性能上成为一体,保证电气性能的稳定,进而避免发生如雷击闪电、静电放电和电冲击所致的危险。搭接一般都以主体作为基础零电位,将其余构件和设备都搭接在主体上,防止静电电荷积聚。另外,搭接是抑制电磁骚扰非常重要的技术措施之一,有效的搭接能够减少设备间电位差引起的骚扰,降低接地公共阻抗骚扰和各种地回路骚扰,实现屏蔽、滤波、接地等技术的设计目的。搭接的质量可根据搭接阻抗值来确定,搭接阻抗值越小,表示搭接质量越好。可见要实现良好的搭接,需要减小搭接条本身阻抗及搭接条与所接触金属面之间的接触电阻。

按搭接方式的不同,搭接可分为直接搭接和间接搭接。直接搭接是在互连金属结构和设备之间不使用辅助导体而建立一条有效的电气通路,即把互连部分直接接触,通过熔焊等技术在接合处建立起熔接金属桥接,或者利用螺栓、铆钉或夹箍使搭接表面之间保持强大的压力,以获得电气的良好接触。正确的直接搭接,直流电阻很低,并能获得主搭接部分结构所允许的低射频阻抗。直接搭接往往是最好的连接方式,但是只有当两个互连元件能够直接连接在一起,并且没有相对运动时,才能使用直接搭接。间接搭接是利用中间过渡导体(搭接条或搭接片)把欲搭接的两金属构件连接在一起。当一个综合设备的各部分之间,或者综合设备与其参考平面之间必须在结构上分离时,就必须引入辅助导体作为搭接条。

搭接一般要求如下:

a) 凡面积超过限值或长度超过限值的金属零件如带条、导管、屏蔽软管等均应搭接;

b) 搭接必须实现并保护金属表面之间的紧密接触,连接表面必须光滑、清洁,并且没有非导电的表面处理层;

c) 搭接线必须保证在安装固定后能承受振动、膨胀、收缩的影响。安装位置应便于地面检查和更换,并装在较大的零件上,且不得因此而减弱结构强度;

d) 在满足搭接阻抗和活动范围要求下,尽量选用截面小和长度短的搭接线;

e) 保证在各种状态下,搭接线均不得与操纵系统的活动构件相碰;

f) 防止搭接点出现电化学腐蚀现象,可选择电化学电位接近的金属,或对接触的局部进行环境密封,隔绝电解液,避免搭接中的电化学腐蚀。

搭接设计原则:

a) 搭接处表面必须紧密接触,使搭接电阻值最小;

b) 相同金属连接的搭接最佳;

c) 直接搭接在机体构件上,不要通过邻近的构件进行搭接;

d) 搭接应构成低阻抗回路,并能够承受流过的最大电流;

e) 搭接表面必须清洁且无腐蚀,以保证较低的接触阻抗;

f) 搭接处应免受潮气和其他腐蚀;

g) 不能用焊料来增加搭接的机械强度。

13.3.6.1　搭接点或面电阻要求

1) 为控制电磁环境效应,电搭接应保证设备内部或设备与系统其他部分之间的连接处有电连续性。当无特殊要求时,系统应在寿命周期内满足下列电搭接的直流电阻要求:

a) 设备壳体到系统结构之间(包括所有的接触面)的搭接电阻不大于 10 mΩ。

b) 电缆屏蔽层到设备壳体之间(包括所有的连接器和附属的接触面)的搭接电阻不大于 15 mΩ。

c) 设备内部的单个的接触面(如组件或部件之间)的搭接电阻不大于 2.5 mΩ。

2) 仅为了控制噪声,搭接电阻不必要求其低至故障电流和雷电电流所要求的数值。此时,确定搭接电阻的因素(对不同对象如接收机与发射机,下列因素是有区别的)是:

a) 存在多大的电压幅度会构成干扰威胁;

b) 有多大的电流流过搭接点。

13.3.6.2　搭接类型

搭接类型有二种:直接搭接和间接搭接,两者中最好采用直接搭接。

1. 直接搭接

直接搭接是在互连元件间不使用辅助导体而建立一条有效的电气通路。它可以是将互连的元件放置在一起后,通过熔焊或钎焊在其接合处建立起一种(永久性)熔接的金属桥接,也可能是利用辅助紧固件(如螺栓、铆钉或夹箍等)使元件配接表面间保持强大的压力,建立起半永久性的连接,使连接件间形成金属—金属接触,以获得电气的连续性。

熔接型搭接接头的电阻取决于熔焊质量及填充金属的电阻率。

可拆卸型搭接接头的电阻取决于相关的金属种类(与金属的表面硬度有关)、配接面内的表面状态(如金属表面氧化膜及外界的杂质等)、配接表面面积及配接面上的接触压力。

此外,还有一种利用导电黏合剂的连接。这是一种添加有银粉的双组分环氧树脂,当其固化后就成为一种导电材料,以实现配接表面间的低电阻搭接。不过,在固化状态下其电阻随时间的推延而增加。因此通常与螺栓搭接配合使用,导电黏合剂提供有效的金属桥接,此连接桥路既具有很高的防腐能力、又具有很高的机械强度,缺点是难拆卸。

2. 间接搭接

对于在空间上必须分离的接点、缝隙、铰链或固定物体而采用导电的金属条带、搭接片或其他辅助导体形成两金属间的连接,以保持电气连续性的搭接,即为间接搭接。

间接搭接的电阻是搭接导体的固有电阻和每个搭接头上金属与金属间接触电阻的总和。搭接头的接触电阻与相应的直接搭接的接触电阻相同,而搭接条的电阻则由其所用材料的电阻率和尺寸来确定。

然而,在高频条件下使用搭接条进行间接搭接时,还必须考虑频率影响:

a) 集肤效应,在频率高到一定程度,这种效应将变得十分显著,搭接条的交流电阻可以与其直流电阻有明显差别。

b) 搭接条电感,搭接条本身呈现的电感在高频下将起很大作用。此电感是搭接条尺寸的函数。

c) 杂散电容,在搭接条与被连接物之间,以及在被连接物体自身之间必然呈现出一定量值的杂散电容。

需注意的是间接搭接时存在的杂散电容与搭接条的电感在某一频率点将可能产生谐振,呈现高阻抗而造成搭接失效。因此,应妥善设计和使用搭接条,避免引起不希望的干扰。

3. 搭接注意事项

a) 必须把搭接设计纳入系统设计。应指出,搭接的具体注意事项,不仅在电力线路和信号线路中应有规定,而且对下列各点也要规定具体注意事项:在信号接地母线网络的导体之间,在设备与接地母线网络之间,电缆层及其部件与接地参考面之间,箱柜屏蔽层与接地参考面之间,构件之间,以及雷电保护网络各单元之间等等。在设施的设计和施工中,除了机械和工作要求之外,还必须考虑信号通路、人身安全和雷电保护搭接的要求。

b) 搭接必须实现并保持金属表面之间的紧密接触。配接表面必须光滑、清洁,并且没有非导电的表面处理层,准备搭接的面积稍微比搭接的部分大一些。紧固件必须能施加足够的压力,以便在有关设备和周围环境出现变形应力、冲击和振动时仍能保持表面的良好接触。在可能的条件下,应焊接所有的连接表面。

c) 接点的有效性不仅取决于其结构及所承载电流的频率和幅值,还取决于它所处的环境条件。

d) 搭接条仅是直接搭接的替代连接件。如果搭接条能尽量保持最小的长宽比和最低的电阻,并且其电化序又不比被连接元件高,就可认为它们是一种相当好的替代连接件。

e) 接点最好由相同金属连接而成。如不能实现相同金属的连接,则必须特别注意,要通过选择连接材料和选择辅助元件(如垫圈)来控制接点的腐蚀,保证腐蚀作用仅影响可替换的元件。同时还要采用保护性的表面处理层来控制接点的腐蚀。

f）必须对接点提供保护，以便防潮和防其他腐蚀因素。

g）在设备、系统或设施的整个寿命周期，必须对接点进行检验、测试和维修保养，以确保接点能继续完成其使命。

13.3.7　电磁干扰抑制

13.3.7.1　线缆隔离抑制

研制的电子系统各分系统、设备间以及设备内部的信号与电能传输都是由各种不同类型、不同规格的线缆完成的。组装时会把不同的信号电缆捆绑成线扎，或者电装成相应的电缆，这些都可能导致线缆间磁场和电场耦合的剧增，引起串扰。通常从某一信号线缆引入到另一信号线缆的干扰称之为串扰，即线缆间的电场或磁场耦合。

确定相邻导线和电缆之间的串扰，主因是电场还是磁场耦合极为重要。判断主要耦合方式可由回路的阻抗、传输信号的频率诸因素确定，在一般情况下，当干扰源和感受器回路阻抗的乘积小于 3 002 时，主要是磁场耦合；当两回路阻抗乘积大于 10 002 时，主要是电场耦合；当两回路阻抗乘积在 3 002～10 002 时，主要耦合方式取决于线缆几何参数及使用频率。

线缆间的串扰通常总是由感性和容性耦合的共同作用引起的。电线和电缆之间在低频情况下回路电感较小，串扰可能是感性的；在高频段主要是容性耦合，多数情况下源导线和接收线二者之一或全都被两端接地的屏蔽层所屏蔽，此时耦合为磁场耦合。

另外电线、电缆的信号线与接地平面或地线之间均可能构成环路，源回路相当于一个环形发射天线，它会向周围空间产生电磁辐射，而感受回路则起着接收环天线的作用，从而引起电磁耦合。源回路和感受器回路的环路面积愈大、两者的间距愈近、源回路的电流愈大、传输信号的频率愈高，则电磁耦合愈强。

通常减少磁场耦合串扰的措施：滤波；减小源回路和感受器回路的环路面积；增大间距；正交放置；屏蔽；感受器电路使用差动放大器。减少电场耦合及电磁耦合串扰的措施：使线缆尽可能靠近地平面走线；干扰源的线缆与感受器回路的线缆在布置时要尽量远离；电路设计时应降低感受器电路的输入阻抗；感受器电路采用平衡线路传输信号；对线缆进行屏蔽，也可以直接选用屏蔽电缆。

例如使用的 115 V/400 Hz 交流和 28 V 直流电源，为简洁美观，将两种电源线电装在一根电缆中，长距离紧密排列，导致 115 V/400 Hz 交流电源线上的干扰信号耦合到 28 V 直流电源线，形成串扰，造成 CE102 项不合格。解决的办法是在 115 V/400 Hz 交流电源线上加装滤波器，或者将两种电源线分为两根电缆增大间距走线。

布线要注意四个分开：把交流和直流线路严格分开；强电和弱电严格分开；不同电压和不同电流等级的线路严格分开；输入输出线严格分开。其中要特别注意把输入阻抗高的电路输入端引线以及输出端是高电压或大电流的输出线与邻近的引线分开。

当强、弱信号电平差 40 dB 以上时，线路距离应大于 45 cm。敏感的线路与中、低电平线路距离也应大于 5 cm。如果拉开间距仍无法消除干扰，这时就应考虑采用屏蔽措施。

在实际布线时还要正确使用"短、乱、辫"和"贴地"的方法。

所谓"短",就是要在可能的条件下,使电路之间的连线尽可能缩短。很明显,连线短了之后,在连线上可能引起的各种干扰效应都将会减弱。

所谓"乱",指弱电系统不宜像强电控制系统那样追求整齐划一的排线方式,而应该按照有利于消除干扰的原则布线。这样势必会显得乱一些。但并非杂乱无章,相反,它也是有规律的,比如该交叉的交叉,该扭绞的扭绞,处理得当,也可布设得整齐美观。

所谓"辫",指对同一类型线路的导线束,不宜采用捆扎或胶排的办法(当然,在线束端部极短的一段内是可捆扎和胶排的),而要采用编辫子的方法做成辫线以抑制磁耦合。

当系统地线处理方案采用"贴地"时,应使所有线路尽量沿地敷设(这里的"地"包括地面、金属柜体和地线等)。

当系统的地线处理方案采用"浮地"时,则所有线路均应以此"浮地"为地而沿浮置的直流地敷设,且应尽量避免沿交流地敷设。

布局与线缆配置主要要求包括:

a)布局是指从电磁兼容的角度将系统进行物理上的划分;强干扰源与弱信号电路、特别是与高稳定性、高灵敏度电路要远离,且附加屏蔽措施。

b)电源线宜用双绞线传输;高压电源线宜用镀锌钢管屏蔽或使用带屏蔽的高压电缆(线);射频模拟信号用射频同轴电缆传输,对电磁兼容要求较高的射频信号可采用半刚性同轴电缆、波导或铠装同轴电缆传输;低频信号线 用屏蔽双绞线或绞合屏蔽电缆;单元间信号传输尽可能使用光纤。

c)数字信号线与模拟信号线,低电平与高电平线,电源线、信号线与控制线应分开扎线。

d)电连接器的接线端子要进行合理安排,使电平不同的接线端中间有接地端或空端隔开。

e)电源变压器的绕组轴线不应与金属底板平行,垂直放置最佳;若底板为导磁材料,安装变压器时,铁芯不应与金属底板接触。

13.3.7.2 电缆线辐射抑制

差模辐射和共模辐射定义如下:

根据产生电磁辐射的电流在导线上的传输方式可将电磁辐射分为差模辐射与共模辐射。一对导线上如果流过的电流大小相等、方向相反则为差模电流,而一般有用信号也都是差模电流,差模电流产生差模辐射。一对导线上如果流过的电流大小与方向相同则为共模电流,共模电流产生共模辐射。

1)差模辐射

差模电流流过电路中的导线环路时,将引起差模辐射。这种环路相当于小环天线,能向空间辐射或接收电磁场。

用电流环模型可得到差模电流的辐射电场强度为:

$$E = 131.6 \times 10^{-16} (f^2 \cdot A \cdot I) \frac{1}{r} \sin\theta \qquad (13-26)$$

式中,E—电场强度;f—差模电流频率;A—差模电流环路面积;I—差模电流;r—观察点到差模电流环路的距离。在电磁兼容分析中,常常仅考虑最坏情况,因此,设 $\sin\theta = 1$,由于在

实际测试环境中,地面总是有反射的,实际的值最大可增加一倍,即为:

$$E = 263 \times 10^{-16} (f^2 \cdot A \cdot I) \frac{1}{r} \qquad (13-27)$$

由上式可知,控制差模辐射发射的方法有:减小天线上的电流大小;减小电流信号的频率或电流的谐波分量;减小导线电流的环路面积。高速处理是靠高的时钟频率来保证的,因此限制系统的工作时钟频率有时是不允许的,主要还是减少不必要的高频成分,信号电流也是不能随便减小的,所以,最现实有效控制差模辐射的方法是控制信号环路的面积。

2)共模辐射

共模辐射是由于接地电路中存在电压降,某些部位具有高电位的共模电压,当外界电缆与这些部位连接时,就会在共模电压激励下产生共模电流,成为辐射电场的天线。共模辐射通常决定了产品的辐射性能。

共模辐射主要从电缆上辐射,可用对地电压激励的、长度小于1/4波长的短单极天线来模拟,对于接地平面上长度为 l 的短单极天线,在距离 r 处的辐射场(远)电场强度为:

$$E = 4\pi \times 10^{-7} (f \cdot I \cdot l) \frac{1}{r} \sin\theta \qquad (13-28)$$

式中,E—电场强度;f—共模电流频率;l—电缆长度;I—共模电流;r—观察点到电缆的距离;θ—测量天线与电缆的夹角。实际电缆的另一端接有设备,相当于一个容性加载的天线,即天线的端点接有一块金属板,这时天线上流过均匀电流,设天线指向为最大场强,则可得最大场强计算式为:

$$E = 12.6 \times 10^{-7} (f \cdot I \cdot l) \frac{1}{r} \qquad (13-29)$$

从式中可以看到,共模辐射与电缆长度 l、共模电流频率 f、共模电流 I 成正比。与控制差模辐射不同的是,控制共模辐射可以通过减小共模电流来实现,因为共模电流并不是电路工作所需要的。因此,减小共模辐射的主要方法有:减小激励此天线的源电压,即地位;提供与电缆串联的高共模阻抗,即加共模扼流圈;将共模电流旁路到地;电缆屏蔽层与屏蔽壳体作360°端接等。

电缆是导致电子设备产生辐射超标的主要因素之一,这是因为电缆本身就是根高效的天线。产生辐射的主要原因如下:

a)信号线与回线构成的电流回路产生的辐射(差模辐射)。

b)信号线流到负载的电流并没有全部通过地线流回,部分通过其他路径(如大地)流回,形成了一个不可预见的电流环路,产生了辐射(共模辐射)。

c)由于信号线以及信号地线与大地或其他参考物之间有电位差,形成了电流回路,产生了辐射(共模辐射)。

d)机箱内其他电路辐射的电磁能量感应到电缆上,产生了电压和电流,导致电缆线辐射(共模辐射)。

通常电缆中信号线与回线之间的环电流不是主要原因,因为信号线和信号回线之间的距离很近,由于它们上面流过的电流方向相反,故它们在空间的辐射是相互抵消的,因此上述原因中的后三种共模辐射才是电缆线辐射的主要原因。抑制骚扰发射的主要措施如下：

1. 减少线缆差模辐射

a）保持回路的包围面积为最小（这意味着线缆的长度要尽可能地短，载流导线及其回线要尽可能地靠近）；

b）在尽可能低的频率上工作；

c）线缆上流过电流波形的幅值要尽可能低；

d）对数字信号，只要系统工作正常，就不要用上升速率太高的信号。

此外，还可采用双绞线（包括屏蔽的和非屏蔽的双绞线）、同轴电缆，使用地线信号线交错的扁平电缆，以及光缆。

2. 减少线缆共模辐射

a）减小线缆的长度。在满足使用要求的前提下，使用尽量短的电缆（但当电缆线的长度不能减小到最高辐射频率波长的一半以下时，减小电缆线的长度将没有明显的效果）。另外通过降低导线的离地高度来减小回路的面积。

b）减小共模电流的幅度。

c）在电缆线上（特别是在靠近连接器处）使用共模电感，最简单的办法是在电缆线上套铁氧体磁环。

d）使用插针滤波的连接器来衰减信号线的对外发射。

e）使用共模低通滤波器来衰减电源线对外的发射，面板安装式是一种比较好的形式。

f）使用屏蔽电缆，要注意电缆线屏蔽层的端接位置，端接不好将不能取得满意效果。在屏蔽电缆的应用中，有时为了连接方便，往往只是将屏蔽层的编织网拧成一段，即扭成"猪尾巴"状的辫子，芯线有很长一段露出屏蔽层，如图 13-15 所示，这时就会产生"猪尾巴效应"，它很大程度上降低了屏蔽层的屏蔽效果，同时，这种电缆也不能很好地抑制共模辐射。屏蔽电缆的屏蔽层一定要 360°搭接处理如图 13-16 所示，切忌使用"猪尾巴"方式搭接。

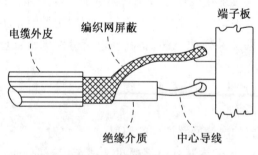

图 13-15 "猪尾巴"方式塔接

13.3.7.3 数字电路干扰抑制

1）误触发。通常出现误触发是因为触发电平超过触发门限产生的。原因有三个：电源纹波太大，造成叠加干扰常见使门限幅度变化而引起误触发，可靠加强滤波来解决；空间辐射信号过强引起误触发，可靠加强屏蔽解决；其他电路的脉冲信号通过电路中的公共阻抗耦合到触发端，引起误触发，可靠断开耦合环路、减小耦合阻抗解决。

2）逻辑状态与测控头接触有关。有时数字电路和逻辑状态因示波器或其他测量探头接

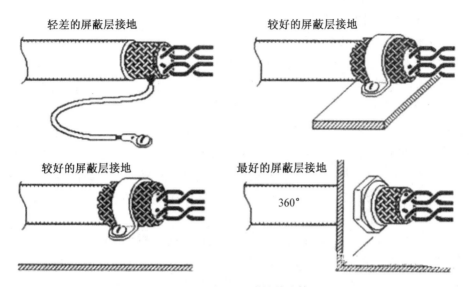

图 13 - 16　各种塔接的比较

触而发生变化。此时要注意可能是分布参数与有源器件组合成超高频振荡。因振荡频率太高几百兆赫兹,一般示波器带宽不够而看不到。解决办法通常在检测点并一个几十到几百微法的电容,使其振荡条件被破坏而消除。

3) 供电电源脉冲干扰难以消除。可选用高频性能好的瓷介电容、聚苯乙烯等并联在电源及各单元供电端口。此类高频电容的容量可在 0.01 μf ~ 1 μf 之间选择,并入位置尽可能靠近"敏感单元",以防供电引线的分布电感降低电容滤波效果。

13.3.7.4　模拟电路干扰抑制

模拟电路的干扰比数字电路要复杂一些。这是因为其"敏感单元"的干扰门限远低于数字电路。另外电路中分布参量的影响出比较严重。

对于低频模拟电路重点考虑来自"路"(集中电路,共阻耦合)为主造成的干扰,如电源内阻接地环路等。主要采取滤波,重新布线等方法克服干扰。

对于高频电路,重点考虑来自"场"——电场或电磁场的干扰。主要采取屏蔽和重新布线等措施克服干扰。

13.3.7.5　定时干扰的抑制

有时系统联试会发现定时出现的干扰,此时应考虑周边的电台、定时工作的大功率设备如电力机车、大型机加工设备、轧钢设备、电炉冶炼设备等。

13.3.7.6　铁氧体抗干扰磁芯应用

铁氧体抗干扰磁芯是一种常见的干扰抑制器件,其作用相当于低通滤波器,利用铁氧体磁芯对高频干扰所反映出来的阻抗,使高频干扰得到有效抑制。较好地解决了电源线、信号线和连接器的射频干扰抑制问题,而且具有使用简单、方便、有效、占用空间不大及价格便宜等一系列优点,使用时只要把铁氧体磁芯套在被保护线路上,无需接地,获得了广泛的应用。

铁氧体是铁的氧化物和多种其他粉末状金属(通常是锰、锌、镍和钴),放在一起经挤压和一定时间的高温烧结后形成的陶瓷晶体。铁氧体材料的电磁性能与添加的金属成分,以及烧结过程中的时间、温度与气体成分有关。

在射频干扰抑制方面,要求铁氧体材料体现的阻抗要大。用于抑制线路中的寄生振荡及衰减传输线路中的无用信号。射频干扰抑制用的铁氧体材料,不仅要求它有很高的磁导率(有大的电感),还要求它有大的损耗,即大的阻抗。铁氧体材料的这种高电感和高电阻特性保证了它对高频干扰所起的阻挡和衰减作用。

不同的铁氧体材料有不同的最佳抑制频率范围,它与磁导率有关。材料的磁导率越高,最佳衰减频率就越低;相反,材料的磁导率越低,衰减频率就越高。所以锰锌铁氧体比较适合用在较低频率(30 MHz 或更低频率)的场合;而镍锌铁氧体适合频率要高些(25 ~ 200 MHz 或更高频率)。在有直流或低频交流电流偏流的情况下,要考虑到抑制性能的下降和饱和现象,应尽量用磁导率低的材料。

铁氧体抗干扰磁芯被广泛用在印刷板、电源线和数据线的干扰抑制上。印刷板上的干扰主要来自数字电路,其高频开关电流在电源线和地线之间产生一个强烈的干扰。电源线和信号线会将数字电路开关时的高频噪声以传导或辐射的方式发射出去。常用的干扰抑制办法是在电源和地之间加去耦电容,以便使高频噪声短路掉。但单用去耦电容有时会引起高频谐振,造成新的干扰。在印刷电路板的入口处加入铁氧体干扰抑制磁珠,将会有效地衰减高频噪声。

电源线会把外界电网的干扰、开关电源的噪声传到设备的线路中来。在电源的出口和印刷板的电源入口处设置铁氧体抗干扰磁芯,既可抑制电源与印刷板之间的高频干扰传输,也可抑制印刷板之间高频噪声的相互干扰。值得注意的是,在电源线上应用铁氧体抗干扰磁芯,常有偏流问题存在,甚至出现磁芯的饱和现象。降低铁氧体的磁导率可降低偏流的影响,所以在电源线上使用的铁氧体抗干扰磁芯要选用磁导率低和横截面大的器件(当然也可以通过给铁心开气隙的办法来解决偏流的影响)。在偏流较大的时候还可以将直流和交流的电源进线与回线同时套在一个磁芯里,这样可避免饱和,对于抑制进线和回线上的共模噪声还是有作用的。

铁氧体抗干扰磁芯也常用在信号线上,以抑制设备之间的噪声传输。对于扁平电缆可以采用扁平的铁氧体磁芯,将噪声抑制在传导和辐射发射之前。只是信号线的阻抗一般要大于电源线,所以干扰的抑制效果将不及在电源线上来得更明显些。

铁氧体磁芯的外形和尺寸影响对干扰的抑制效果,通常体积越大,抑制效果越好。在体积一定时,长而细的磁芯比短而粗的阻抗大,抑制效果更好。在有偏流的情况下,截面积越大,越不容易饱和,可承受的偏流越大,内径越小,抑制效果越好。根据不同应用场合,应选择适当形状的铁氧体磁芯材料,如在线上可用环形、珠形、筒形、扁平夹条形及多孔形;在印刷板上可用珠形,或珠形与瓷片电容的组合件,或表面贴装材料等。

铁氧体磁芯在线路中体现的阻抗与磁芯上绕的圈数有关,圈数越多,体现的阻抗越大,但容易饱和,另外,线间分布电容也大,对高频特性不利,应通过试验的具体情况来确定。

磁芯应安装在接近干扰源的地方,防止干扰被耦合到其他地方去。对 I/O 电路,磁芯应放在导线(或电缆)进入或引出屏蔽壳体的地方,以避免干扰在通过铁氧体磁芯之前已耦合到了其他部分。

13.3.7.7　雷电干扰及防护

为什么发生闪电？层积云,雨层云,积云和积雨云、云之间;云对地放电造成闪电。空气温度高达 6 000 ℃ ~ 20 000 ℃ 造成强光辐射及气体膨胀的冲击波(雷声)。如图 13 - 17 所示。

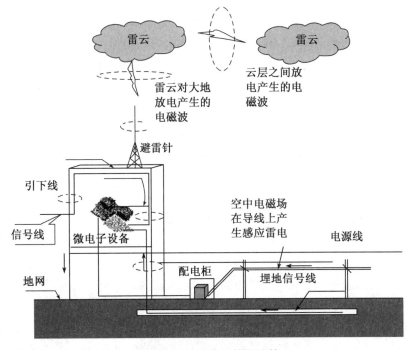

图 13 - 17　雷电干扰及防护

冲击电流高达几万至几十万安培! 分三个阶段:先导放电,主放电和余光放电。整个过程不超过 60 μs,电流变化梯度可达 10 kA/μs。其感应电压可达上亿伏。

感应雷主要有两种:静电感应雷和电磁感应雷。

最常见的电子设备危害不是直接雷击引起的,而是在电源和通信线路中感应电流浪涌引起的。现代防雷产品可分为:接闪器、低压电源避雷器、通信线路避雷器、接地装置、新型光导雷装置。

13.3.7.8　静电放电防护

静电放电(ESD：Electrostatic Discharge) ,是指具有不同静电荷电位的物体相互靠近或直接接触引起的电荷转移。静电放电是一种自然现象,当两种不同介电强度的材料相互摩擦时,会产生静电电荷,当一种材料上的电荷积累到一定程度,在与另外一个物体接触时,电荷瞬间从一个物体移到另外一个物体上。在日常生活中,有许多静电放电实例,如在干燥天气时,触摸别人产生的电击感觉;在合成纤维地毯上行走后,手接触金属门把手产生的电击;在冬季脱毛衣时产生的电火花现象。以人在合成纤维地毯上行走为例,行走时通过鞋子和地毯的摩擦,只要走上几步,人体积累的电荷可以达到 10 - 6 库伦,人体对地电容约为几十至上百皮法,可能产生的电压高达 15 千伏。

由于静电的存在,使人体成为电子设备的最大危害。静电放电可能引起电子设备的故障或误动作,造成电磁干扰;可能导致数层半导体材料被高压电流瞬间击穿,产生不可挽回的损失。人体不能直接感知静电除非发生静电放电,但是发生静电放电人体也不一定能有电击的感觉,这是因为人体感知的静电放电电压为 2~3 kV,所以静电具有隐蔽性。有些电子元器件受到静电损伤后的性能没有明显的下降,但多次累加放电会给器件造成内伤而形成隐患,因此静电器件的损伤具有潜在性。

静电放电抗扰度试验的国家标准为 GB/T17626.2(等同于国际标准 IEC61000-4-2),目的在于通过建立通用的可重现的基准,评估电子电器设备遭受静电放电时的性能。静电放电抗扰度试验模拟在低湿度的环境下,带电的人体对设备放电的情况。放电方式以接触放电为首选,只有在不能用接触放电的地方(如绝缘表面)使用空气放电。接触放电分直接接触放电(直接对设备放电)和间接接触放电(通过对耦合金属板放电,间接构成对设备的影响)两种方式。标准规定使用($150pF$,$330\ \Omega$)放电网络,150 pF 电容代表人体的储能电容,$330\ \Omega$ 电阻代表人体手持金属物体时的人体电阻。放电电流上升时间 0.7~1 ns。试验等级分为四级,接触放电为 2 kV、4 kV、6 kV 和 8 kV,空气放电为 2 kV、4 kV、8 kV 和 15 kV。

静电放电抗扰度试验中需注意的是:

a) 抑制起电,采用等电位外壳将防护的物件包围起来,使内部的物件也具有相等电位,不受外部静电放电的影响,即使屏蔽壳带有大量的静电电荷,放电现象也只在壳外发生,内部物件不受影响。

b) 控制积聚,通过接地连接将防静电物体的表面与大地等电位,使因摩擦或感应等原因产生的静电电荷通过静电接地泄放出去。

在高强度电场中的所有金属零件锐角和棱边都应倒圆,以免尖端放电。高压元器件与其他零部件之间,须留有适当的间隙或采用绝缘材料填充,以保证在规定的使用环境条件下,不产生电击穿。

在静电放电抗扰度试验中,对于金属外壳的受试设备而言,使放电对设备正常工作的影响减小,外壳良好的导电性和低阻抗的接地是非常重要的,这样能够使放电电流在设备外壳上迅速泄放到大地;反之,如果外壳导电连接欠佳,加上接地的低阻抗考虑不足,放电电流可以在外壳表面形成高频电磁场,构成对设备内部线路的一定干扰。除了接地,静电放电防护措施还有介质隔离、屏蔽和滤波等。

常见静电敏感元器件的静电敏感等级分级,如表 13-18 和表 13-19 所示。

表 13-18　静电敏感等级分级

等级	耐静电电压	等级	耐静电电压
0A	<125 V	1C	1 000~2 000 V
0B	125~250 V	2	2 000~4 000 V
1A	250~500 V	3A	4 000~8 000 V
1B	500~1 000 V	3B	≥8 000 V

注:静电敏感度≥16 000 V 以上的元器件、组件被认为是非静电敏感产品。

表 13 - 19 常见静电敏感元器件的静电敏感等级分级

级别	电压范围	元器件类型
0 级~1C 级	0~1 999 V	微波器件(肖特基二极管、点接触二极管和工作频率 >1 GHz 的检波二极管);MOS 场效应晶体管(MOSFET);声表面波(SAW)器件;结型场效应晶体管(JFET);电荷耦合器件(CCDs);精密稳压二极管(线性或负载电压调整率 <0.5%);运算放大器(OPAMP);薄膜电阻器;集成电路(IC);混合电路(由 1 级 ESDS 元器件组成);特高速集成电路(VHSIC);晶闸管整流器($P_t \leqslant 100$ mW,$I_c < 100$ mA)
2 级	2000~3 999 V	由试验数据确定 2 级的元器件和微电路;离散型 MOS 场效应晶体管;结型场效应晶体管(JFET);集成电路(IC);特高速集成电路(VHSIC);精密电阻网络(Rz 型);使用 2 级元器件的混合电路低功率双极型晶体管($P_t \leqslant 100$ mW,$I_c < 100$ mA)
3A、3B	4 000~8 000 V	根据试验数据确定为 3 级的元器件和微电路;离散型 MOS 场效应晶体管;运算放大器(OPAMP);集成电路(IC);超高速集成电路(VHSIC);所有不包括在 1 级和 2 级元器件中的其他微电路;普通要求的硅整流器;光电器件(发光二极管、光敏器件、光耦合器);片状电阻器;使用 3 级元器件的混合电路;压电晶体;小信号二极管($P < 1$ W,$I < 1$ A);晶闸管整流器($I > 0.175$ A);小功率双极型晶体管(350 mW $> P > 100$ mW 和 400 mW $> P > 100$ mW)

13.3.8 电磁环境安全防护

13.3.8.1 电磁环境对人体影响

一定的电磁环境是人类产生和生存的物理条件:地磁场的存在使地球表面的大气不致被太阳风吹走,宇宙的高能带电粒子流不能射到地表为害。磁层、电离层、臭氧层等挡住了大部分宇宙线和电磁辐射,只留下可见光和微波两个窗口,微量的电磁照射对人体加强新陈代谢有益。由于电子技术的迅速发展,自然空间的电磁辐射剧增,电磁污染成为一种新的公害,电磁辐射对人体有影响,会造成伤害甚至死亡。

13.3.8.2 我国相关标准规定(GB 10436)

1)暴露的容许辐射平均功率密度 P_d(单位:$\mu W/cm^2$)为:

a)连续波及非固定辐射脉冲波:$P_d = 400/t$;式中 t 的单位是 h。

b)固定辐射脉冲波:$P_d = 200/t$;

c)肢体局部辐射(不区分连续波和脉冲波):$P_d = 4\ 000/t$。

2)短时间暴露的最高功率密度的限制:当需要在大于 1 mW/cm² 辐射环境工作时,除按日剂量容许强度计算暴露时间外,还需使用个人防护,但操作位最大辐射强度不得大于 5 mW/cm²。

13.3.8.3 安全防护措施

1)积极防护。即对各种辐射源加以控制,不使其产生有害于人的过量辐射,常用的方法是对辐射进行屏蔽或加吸收载荷:用屏蔽式吸收材料密封各种辐射源,如调试大功率级必需加载荷;微波理疗设备放在金属屏蔽室内,若无建筑屏蔽室条件就加屏蔽帘(夹金属丝或金属箔的一种布),也可采用各种相应的微波吸收材料(漆、软塑、硬塑等)对辐射源加以屏蔽吸收。对于大功率辐射天线加装地平线告警设备,防止对地面工作人员伤害,对于某些可能造成过量辐射场合应装上过剂量报警装置。

2)被动防护。工作人员穿防护服,戴防护眼镜。防护服是由表面涂银的尼龙线编织而成的,尼龙线直径约为 0.5 mm,间距约 1 mm。在 2 300 MHz 频率下,其功率反射系数达99.4%,吸收系数为 0.72%,透过功率仅为 0.24%。防护镜分两种。一是由镀银铜丝网制成的网状眼镜,丝的直径为 0.07 mm ~ 0.14 mm,每平方厘米网眼数 500 ~ 1 860 个。对于十厘米波段可衰减 30 dB 以上;另一种是在光学玻璃上喷涂一层导电金属(如铝)或半导体金属氧化物(二氧化锡薄膜)。这种眼镜一般可衰减 30 dB 左右。有时还可采用防护面具。对于某些辐射较强的场区,应采用鲜明标志以引起警惕。

13.3.9 提高电子系统电磁兼容性主要方法

首先,要根据实际情况对产品进行诊断,分析其干扰源所在及其相互干扰的途径和方式。再根据分析结果,有针对性地进行整改。一般来说主要的整改方法有如下几种:

1. 减弱干扰源

在找到干扰源的基础上,可对干扰源进行允许范围内的减弱,减弱源的方法一般有如下方法:

在 IC 的 V_{cc} 和 GND 之间加去耦电容,该电容的容量在 0.01 μF 至 0.1 μF 之间,安装时注意电容器的引线,使它越短越好。

在保证灵敏度和信噪比的情况下加衰减器。如产品中的晶振,它对电磁兼容性影响较为严重,减少其幅度就是可行的方法之一,但其不是唯一的解决方法。还有一个间接的方法就是使信号线远离干扰源。

2. 电线电缆的分类整理

在电子设备中,线间耦合是一种主要的途径,也是造成干扰的重要原因,因为频率的因素,可大体分为高频耦合与低频耦合。因耦合方式不同,其整改方法也是不同的。

1)低频耦合

低频耦合是指导线长度等于或小于 1/16 波长的情况,低频耦合又可分为电场和磁场耦合,电场耦合的物理模型是电容耦合,因此整改的主要目的是减小分布耦合电容或减小耦合量,可采用如下的方法。

a)增大电路间距是减小分布电容的最有效方法。

b)加高导电性屏蔽罩,并使屏蔽罩单点接地能有效抑制低频电场干扰。

c)加滤波器可减小两电路间的耦合量。

d)降低输入阻抗,例如 CMOS 电路的输入阻抗很高,对电场干扰极其敏感,可在允许范围内在输入端并接一个电容或阻值较低的电阻。

磁场耦合的物理模型是电感耦合,其耦合主要是通过线间的分布互感来耦合的,因此整改的主要方法是破坏或减小其耦合量,大体可采用如下的方法:

a)加滤波器,在加滤波器时要注意滤波器的输入输出阻抗及其频率响应。

b)减小敏感回路与源回路的环路面积,即尽量使信号线或载流线与其回线靠近或扭绞在一体。

c）增大两电路间距,以减小线间互感来减低耦合量。

d）尽量使敏感回路与源回路平面正交或接近正交来降低两电路的耦合量。

e）用高导磁材料包扎敏感线,可有效地解决磁场干扰问题,值得注意的是要构成闭合磁路,努力减小磁路的磁阻将会更加有效。

2）高频耦合

高频耦合是指长于 1/4 波长的走线由于电路中出现电压和电流的驻波,会使耦合量增强,可采用如下的方法加以解决:

a）尽量缩短接地线,与外壳接地尽量采用面接触的方式。

b）整理滤波器的输入输出线,防止输入输出线间耦合,确保滤波器的滤波效果不变差。

c）屏蔽电缆屏蔽层采用多点接地。

d）将连接器的悬空插针接到地电位,防止其天线效应。

3. 改善地线系统

理想的地线是一个零阻抗、零电位的物理实体,它不仅是信号的参考点,而且电流流过时不会产生电压降。在具体的电子设备中,这种理想地线是不存在的,当电流流过地线时必然会产生电压降。因此,根据地线中干扰形成机理可归结为以下两点:减小低阻抗和电源馈线阻抗;正确选择接地方式和阻隔地环路,按接地方式来分有悬浮地、单点接地、多点接地、混合接地。如果敏感线的干扰主要来自外部空间或系统外壳,可采用悬浮地的方式加以解决,但是悬浮地设备容易产生静电积累,当电荷达到一定程度后,会产生静电放电,所以悬浮地不宜用于一般的电子设备。单点接地适用于低频电路,为防止工频电流及其他杂散电流在信号地线上各点之间产生地电位差,信号地线与电源及安全地线隔离,在电源线接大地处单点连接。单点接地主要适用于频率低于 3 MHz 的情况。多点接地是高频信号唯一实用的接地方式,在射频时会呈现传输线特性,为使多点接地的有效性,当接地导体长度超过最高频率 1/8 波长时,多点接地需要一个等电位接地平面。多点接地适用于 300 KHz 以上。混合接地适用于既然有高频又有低频的电子线路中。

4. 屏蔽

屏蔽是提高电子系统电磁兼容性的重要措施之一,它能有效地抑制通过空间传播的各种电磁干扰。屏蔽按机理可分为磁场屏蔽与电场屏蔽及电磁屏蔽。电场屏蔽应注意以下几点:

a）选择高导电性能的材料,并且要有良好的接地。

b）正确选择接地点及合理的形状,最好是屏蔽体直接接地。

磁场屏蔽通常是指对直流或甚低频磁场的屏蔽,其屏蔽效能远不如电场屏蔽和电磁屏蔽,磁屏蔽往往是工程的重点,磁屏蔽时:

a）选用铁磁性材料。

b）磁屏蔽体要远离有磁性的元件,防止磁短路。

c）可采用双层屏蔽甚至三层屏蔽。

d）屏蔽体上边的开孔要注意开孔的方向,尽可能使缝的长边平行于磁通流向,使磁路长度增加最少。一般来说,磁屏蔽不需要接地,但为防止电场感应,还是接地为好。电磁场在通过金属或对电磁场有衰减作用的阻挡体时,会受到一定程度的衰减,即产生对电磁场的屏蔽作用。在实际的整改过程中视具体需要决定选择何种屏蔽及屏蔽体的形状、大小、接地方式等。

　　检测电缆屏蔽效能的方法:电缆的屏蔽效能是用来描述射频泄露程度的物理量。在产品电磁兼容检测时,其设备或系统的辐射发射量值一定程度上与设备的互联电缆的屏蔽效能相关。一种检测电缆屏蔽效能的方法为电流探头法(适用于 0.05 MHz ~ 20 MHz)如图 13 - 18 所示。

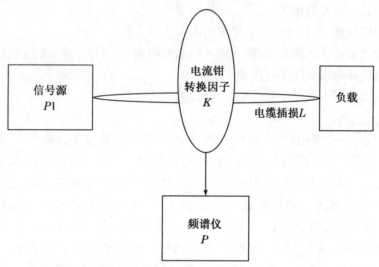

电缆屏蔽效能计算公式　$SE = P1 - P - L - K - 20Lg50$

图 13 - 18　电流探头法

　　5. 改变电路板的布线结构

　　有些频率点是由电路板上走线分布参数所决定的,通过前述方法不大有用,此类整改通过在走线中增加小的电感、电容、磁珠来改变电路参数结构,使其移到限值要求较高的频率点上。对于这类干扰,要想从根本上解决其影响,就须重新布线。

　　6. 小结

　　上述方法对提高电磁兼容性都有好处,但应用最为广泛的是改变地线结构及电线电缆分类整理的方法,这些方法不仅节约成本,而且是最有效地提高电磁兼容性的整改方法。屏蔽虽然会增加成本,但是其所起到的屏蔽效能有时是其他方法无法媲美的。所以,在实际的提高整改中应以改变地线结构、电线电缆的分类整理、屏蔽的方法为主,并以其他方法为辅。

表 13 - 20　电磁干扰诊断方法

序号	诊断方法	简介
1	干扰三要素假设法	根据对电磁干扰现象的研究分析提出电磁干扰源、传输耦合途径及接收器(简称干扰三要素)假设对其进行诊断。
2	干扰响应推进法	从产生干扰响应的装置开始,以辐射方式对同它有联系的设备和系统由近到远地逐次检查和诊断。

（续表）

序号	诊断方法	简介
3	相关普查法	利用干扰三要素之间特殊内在联系和干扰源与接收器之间的相关性,对电磁干扰源普遍进行检查和诊断。
4	模拟法	模拟电磁干扰源、传输耦合途径和接收器使电磁干扰现象再现或变化,从而作出诊断结论。
5	替代法	用相类似的系统、设备、电缆、组件插件、元器件等替代被怀疑的诊断对象,以确定干扰源、传输耦合途径和接收器;或是用相类似的干扰源、传输耦合途径、接收器和电磁环境替代,使电磁干扰现象再现、变化或消失,以获得诊断结论。
6	依次排除（确认）法	采用分区停（通）电法,依次排除（确认）电磁干扰现象,从而作出诊断结论。

第十四章　软件可靠性设计

软件可靠性设计与分析的目的包括：确保产品的系统可靠性要求正确地分解，形成软件的可靠性要求；识别可能导致系统分配给软件的可靠性要求无法满足的潜在原因；确保软件对导致系统失效的潜在原因进行设计防护。

工作项目要点：

a）根据产品的系统可靠性要求（包括可靠性指标、失效后果等级、环境要求、标准要求、项目要求、接口要求、人为因素等），通过系统软硬件耦合体系结构进行系统与软件可靠性分析，形成系统向软件分配的软件可靠性要求。

b）针对软件需求进行分析，分析识别可能导致系统分配给软件的可靠性要求无法满足的各种潜在影响因素。

c）针对识别出的软件对导致系统失效的潜在原因进行设计防护，形成针对软件功能潜在失效原因进行设计防护的软件可靠性需求。

d）全部软件可靠性需求，均应在软件需求规格说明中清晰地标识出来，保证软件可靠性需求描述得清晰、准确、无歧义、可测试、可维护和可实现。

e）软件可靠性设计与分析的结果，应形成文档化的软件可靠性需求规格说明，并与软件需求评审一起，纳入配置管理。

f）针对外购与重用软件进行可靠性分析，确保其满足系统可靠性要求。

g）软件可靠性需求应与系统可靠性要求建立追溯关系。

软件通用质量特性要求：

1）软件可靠性

软件可靠性要求应与电子系统硬件可靠性要求相匹配，一般包括：

a）基本可靠性（MTBF）；

b）任务可靠性（MTBCF）；

c）任务成功率；

d）开机成功率；

e）软件缺陷密度。

2）软件维修性

软件维修性定性要求一般应包括：

a）软件版本信息显示要求；

b）软件安装、卸载要求；

c）软件故障数据上传、下载要求。

软件维修性定量要求一般包括：

a）重启时间；

b）重装时间。

3）软件测试性

软件测试性定性要求一般包括：

a）在线测试要求；

b）离线测试要求；

c）故障检测数据的显示保存要求；

d）对中间数据的显示保存要求；

e）软件运行状态上报要求；

f）安装、调试需要的参数显示要求。

软件测试性定量要求一般包括：

a）故障检测率（FDR）；

b）故障隔离率（FIR）；

c）虚警率（FAR）；

d）故障检测时间（FDT）；

e）故障隔离时间（FIT）。

4）软件保障性

软件保障性定性要求一般包括：

a）软件备份方式及版本信息；

b）软件使用说明；

c）软件安装工具和环境。

软件保障性定量要求一般包括：软件使用可用度（Ao）。

5）软件安全性

软件安全性要求一般包括：

a）误操作防护；

b）可恢复性；

c）通信数据加密防护；

d）分等级的操作使用权限；

e）异常数据保护,包括超强度、超边界保护等。

6）软件适应性

软件适应性要求一般包括：

a）对运行环境的适应性；

b）运行时需要配置的参数；

c）可移植性。

14.1 软件可靠性设计

软件开发一般应符合以下要求:

a) 按照 GJB 2786 规定的软件工程化过程开展软件开发;

b) 按研制总要求编制系统规格说明、软件系统设计说明和软件研制任务书;按软件研制任务书编制软件需求规格说明、完成 CSCI 软件设计;

c) 软件设计推荐遵循软件化电子系统如雷达技术标准;统一软件体系架构、操作环境、接口定义,支持软硬件解耦、软件定义雷达功能,实现软件可移植、可升级、可扩展;

d) 应用软件设计应合理划分软件配置项和软件基本功能单元;

e) 应用软件设计应形成配置项间接口设计文件;配置项内接口设计应充分考虑软件配置项、软件基本功能单元的通用化、系列化、组合化(模块化)、开放性要求;

f) 软件设计不但要完成对功能、性能的设计,也要考虑保证系统的通用质量特性;

g) 产品中使用的编程语言和编译系统要统一。

系统结构分层原则如下:

a) 应用软件体系架构设计时要合理划分 CSCI,CSCI 的划分应综合考虑下列因素:软件功能、规模、宿主机或目标计算机、开发方、保障方案、复用计划、关键性、接口等因素;

b) 应用软件体系架构设计应形成系统级执行方案,明确 CSCI 之间的动态关系;

c) CSCI 设计应明确软件执行方案,描述 CSCI 运行期间基本功能单元(或软件构件)之间的相互作用情况。

软件接口设计原则如下:

a) 应用软件各层次间软件接口应基于统一的体系架构进行定义,并形成文件,同时明确与外部系统间的接口要求;

b) 在系统设计时完成 CSCI 之间接口定义,在 CSCI 设计时完成基本功能单元(或软件构件)之间的接口定义;

c) 应用软件间通信、应用软件与运行环境之间交互一般应满足中间层接口标准。

软件"三化"开展软件通用化、系列化、组合化(模块化)设计。

软件可靠性、安全性设计遵循以下原则:

a) 按照 GJB/Z 102A 开展软件可靠性、安全性设计,各阶段具体要求见表 14-1;

表 14-1 软件各阶段具体要求

阶段名称	要求	措施
系统分析与设计	进行系统初步危险分析,制定危险控制对策,提出各个分系统可靠性、安全性要求。	a) 在系统可靠性分析时,识别与软件系统相关可靠性要求; b) 在软件系统需求分析和设计时识别软件系统安全性、可靠性需求,确定可靠性、安全性设计策略,形成技术文档。

（续表）

阶段名称	要求	措施
分系统分析与设计	进行分系统初步危险分析,软件系统危险分析,提出软件安全关键需求,确定CSCI安全关键等级。	a) 在分系统可靠性分析时,明确分系统安全性可靠性要求(包含对软件的要求); b) 在软件研制任务书中明确软件安全关键等级,以及各软件可靠性、安全性要求; c) 加强对技术文档的评审。
软件需求分析	进行基于软件功能的安全性分析,确定安全关键功能,必要时形成《软件故障模式影响及危害性分析报告》。	在软件需求规格说明中根据分系统实施方案以及软件研制任务书形成可靠性、安全性分析的记录: a) 识别出软件安全性、可靠性需求; b) 在能力需求中明确每一项功能中存在的可靠性、安全性措施; c) 对安全性、可靠性需求完成需求跟踪; d) 加强对可靠性需求的评审。
软件设计	根据安全关键功能、数据交互关系确定安全关键单元,保证软件单元可以实现软件的安全、关键需求。	软件设计时完成可靠性、安全性设计,并在《软件设计说明》中形成以下记录: a) 设计决策中明确安全性、可靠性设计措施; b) 在详细设计中细化每一项要求的设计; c) 对安全性、可靠性需求完成需求跟踪,保证措施已落实到软件设计中。
软件实现	在安全关键单元中实现安全可靠性需求,并在代码中通过注释模块或其他机制表明其实现。	a) 按可靠性、安全性设计要求完成软件编码; b) 在代码中加以注释; c) 加强对代码的检查。
软件测试	要在各级测试中进行安全可靠性测试;安全可靠性测试要覆盖全部软件安全性需求,必要时形成安全性报告;对安全关键单元测试计划、说明和报告进行评审。	a) 在测试前加强对测试文档的评审; b) 保证安全性、可靠性测试用例满足测评要求。

　　b) 在软件研制全过程,通过软件系统各功能层次的可靠性和安全性需求分析、设计、评审、验证等手段,满足软件可靠性、安全性要求;

　　c) 软件更改时应进行影响域分析,必要时重新进行可靠性、安全性设计。

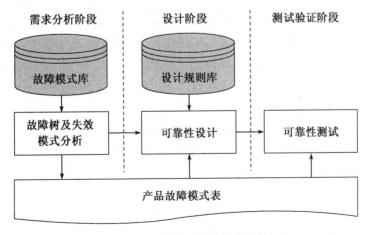

图 14-1　软件可靠性设计流程

设计阶段根据产品故障模式表中的改进措施对各个层级软件进行加固,在集成模块、构件模块内部驻留可靠性加固模块(含监测、容错),软件运行时将实时监测数据及错误故障码输送给上位机或显控软件,实时监测数据形成工作日志,进行回放分析。

14.1.1 软件需求分析、软件设计和测试

软件需求分析要求如下:

a) 描述清楚产品系统软件的工作状态和方式;

b) 结合型号特点,划分出合理的产品系统软件的配置项组成;

c) 明确各配置项的能力需求,包括功能和性能需求;

d) 明确各配置项的外部接口需求,如通信方式、通信协议等;

e) 明确各配置项的内部接口需求;

f) 明确各配置项的运行环境需求;

g) 明确各配置项的非功能性需求,如适应性、安全性、质量因素、设计约束等。

软件设计一般要求如下:

a) 软件设计应基于产品软件体系架构,符合通用操作系统规范、标准应用程序接口规范等要求;

b) 软件构件的接口应明确定义,构件间通信时应使用标准应用程序接口;

c) 软件构件中避免使用非标准库函数;

d) 对软件构件进行性能参数描述,如构件需占用的内存大小、构件对处理器的要求等,以利于软件构件在不同处理器间的移植;

e) 对处理器各种资源的最大占用程度进行评估,在可编程逻辑单元留有充足的余量,并在设计文件中对这些数据及其来源进行说明;

f) 设计时应充分考虑软件的可靠性和可维护性;

g) 具体设计要求应落实在产品研制规范、各配置项的需求分析文档或软件设计文档中。

软件测试一般要求如下:

1) 单元测试、单元集成测试应符合 GJB/Z 141 的要求。

2) 应开展单元测试。单元测试一般包括:

a) 设计单元测试用例。一般应对各配置项中每个单元设计测试用例。测试用例涵盖设计文档要求的功能、性能、接口,以及正常、异常、边界、语句覆盖、分支覆盖等测试要求。

b) 执行单元测试用例,记录问题并修改软件代码,再次回归测试,测试过程形成测试记录。

c) 编写单元测试报告。

3) 开展单元集成测试。单元集成测试,一般包括:

a)确定单元集成策略和顺序,设计单元集成测试用例。测试用例涵盖设计文档要求的功能、性能、接口以及正常、异常、边界等。

b) 编写单元集成测试计划文档。

c)开展单元集成测试。按照单元集成测试计划开展测试,记录测试问题并修改软件代码,再次回归测试。测试过程形成测试记录。

d）编写单元集成测试报告。

4）开展配置项测试。配置项测试可与单元集成测试合并开展。配置项测试一般包括：

a）设计配置项测试用例。测试用例涵盖配置项需求规格说明要求的功能、性能、接口、非功能性需求以及正常、异常、边界等条件。

b）编写配置项测试计划文档。

c）开展配置项测试。记录测试问题并修改软件代码，再次回归测试。形成过程测试记录。

d）编写配置项测试报告。

14.1.2 软件故障模式分析

软件需求分析阶段进行故障模式分析，见表 14－2。

表 14－2 软件故障模式

序号	故障类别	故障内容	故障可能的影响	严重程度
1	接口类	芯片配置错误	芯片配置失败，程序无法运算	致命故障
2		初始化参数固化 Flash 失败	a）初始化参数固化失败，断电后芯片功能错误 b）固化 Flash 过程导致芯片程序一直等待	致命故障
3		初始化参数加载失败	初始化参数加载错误，导致芯片功能错误	致命故障
4		输入光纤有误或断开大于 10%	该路光纤数据丢失	致命故障
5		输入光纤有误或断开少于 10%	该路光纤数据丢失	中等故障
6		输入光纤不稳定	该路光纤数据错误或丢失	中等故障
7	定时类	某光纤 K 码丢失	可能导致基准定时出错，而使得计算结果出错	中等故障
8		某光纤 K 码多发	可能导致基准定时出错，而使得计算结果出错	中等故障
9		某光纤 K 码与数据之间比要求间隔短	可能导致基准定时出错，而使得计算结果出错	中等故障
10	数据类	数据长度不够	数据不够，必然导致计算结果出错	中等故障
11		数据长度过多	截取掉末尾多余的数据，继续进行运算	中等故障
12 13		光纤数据之间的同步性太差	最快的光纤和最慢的光纤数据差超过同步模块 FIFO 的深度，会导致数据丢失而计算出错	中等故障
14		数据内容异常	异常数据导致计算结果出错	中等故障
15	控制类	控制表表头异常	导致处理流程出错	致命故障
16		工作模式异常	导致处理流程出错	致命故障
17		幅度权索引异常	导致结果异常	中等故障
18		索引异常	导致结果异常	中等故障

（续表）

序号	故障类别	故障内容	故障可能的影响	严重程度
19		帧起始基准 K 码丢失	导致该帧数据无法正常启动工作	中等故障
20		帧起始基准 K 码重复	导致将 K 码当作其他数据而出错,或不受影响	中等故障
21		帧结束基准 K 码丢失	导致该帧数据无法正常启动工作	中等故障
22		帧结束基准 K 码重复	导致将 K 码当作其他数据而出错,或不受影响	中等故障
23		控制表结束基准 K 码丢失	导致该帧数据无法正常启动工作	中等故障
24		控制表结束基准 K 码重复	导致将 K 码当作其他数据而出错,或不受影响	中等故障
25		数据起始基准 K 码丢失	导致该帧数据无法正常启动工作	中等故障
26		数据起始基准 K 码重复	导致将 K 码当作其他数据而出错,或不受影响	中等故障
27		数据结束基准 K 码丢失	导致该帧数据无法正常启动工作	中等故障
38		数据结束基准 K 码重复	导致将 K 码当作其他数据而出错,或不受影响	中等故障
29		权值长度不对	导致计数结果出错	中等故障
30		输入参数异常	输入参数出错,可能会导致计算结果异常	中等故障
31		权值内容异常	导致加权结果异常	中等故障
32	计算类	整理后权值长度不对	导致计数结果出错	中等故障
33		数据同步后长度不对	导致计数结果出错	低等故障
34		数据同步后起始数据不对	导致计数结果出错	中等故障
35		输出数据长度不对	导致计数结果出错	中等故障

14.1.3　安全关键功能设计

安全关键功能的设计要求：

a）安全关键功能至少受控于两个独立的功能；

b）安全关键的模块同其他模块隔离；安全关键的模块放在一起,以便对其进行保护；

c）安全关键功能具有强数据类型；

d）安全关键的计时功能由计算机控制；

e）对可测试的安全关键单元进行实时检测,方可启动安全关键功能。

14.1.4　软件冗余设计

14.1.4.1　软件冗余

软件冗余设计要求：

a) 考虑失效容限,确定冗余要求,采用冗余设计,软件模块的处理数据量、系统接口的输入输出速度,系统的处理时间按照30%的冗余量来设计;

b) N版本程序设计,由 N 个实现相同功能的相异程序和一个管理程序组成,各版本先后运算出来的结果相互比较(表决),确定输出;

c) 软件需求规格说明中对恢复块作单独的定义和说明。

14.1.4.2　信息冗余

信息冗余设计要求如下:

a) 安全关键功能应该在接到两个或更多个相同的信息后才执行;

b) 对安全关键信息,保存在不同芯片中,并进行表决处理;

c) 对可编程只读存储器(PROM)中的重要程序进行备份;

d) 对随机存取存储器(RAM)中的重要程序和数据,存储在三个不同的地方,通过三取二表决方式来裁决对其的访问。

14.1.5　软件接口设计

14.1.5.1　硬件接口要求

硬件接口设计要求:

a) 实施对数据传输通道的定期检测,确保数据传输的正确性;

b) 从接口软件中得到一个以上安全关键信息的外部功能不得从单一寄存器或从 I/O 端口接受信息,不得由单一 CPU 命令产生;

c) 对于所有模拟及数字输入输出,先进行极限检测和合理性检测。

14.1.5.2　硬件接口的软件设计

硬件接口的软件设计要求:

a) 考虑检测外部输入或输出设备的失效,并在失效时恢复到安全状态;考虑硬件的潜在失效模式;

b) 先确定数据传输的格式和内容,指明数据类型及信息内容,验证数据传输的正确性;

c) 考虑已知的元器件失效模式;

d) 安全关键功能使用专用的有别于其他端口的 I/O 端口。

14.1.5.3　报警设计

报警设计使例行报警与安全关键的报警相区别,操作者在条件的许可下才能清除安全关键的报警。

14.1.5.4　软件接口设计

模块的参数个数与模块接受的输入变元个数一致,模块的参数属性与模块接受的输入变元属性匹配,模块的参数单位与模块接受的输入变元单位一致,模块的参数次序与接受的输入变元次序一致,传送给被调用模块的变元个数与该模块的参数个数相同,传送给被调用模块的变元属性与该模块参数的属性匹配,传送给被调用模块的变元单位与该模块参数的单位一致,传送给被调用模块的变元次序与该模块参数的次序一致,调用内部函数时,变元的个数、属性、单位和次序正确,全程变量在所有引用它们的模块中都有相同的定义,不存在把常数当作变量来传送的情况。

a) 软件接口设计,每一级交互严格握手,有严格的自查机制;

b) 控制表在每个节点严格采用校验和机制,消除传输过程带来的数据错误;

c) 实施对数据传输通道的定期检测,确保数据传输的正确性;

d) 从接口软件中得到一个以上安全关键信息的外部功能,不得从单一寄存器或从 I/O 端口接收信息,不得由单一 CPU 命令产生;

e) 对于所有模拟及数字输入输出,先进行极限检测和合理性检测;

f) 先确定数据传输的格式和内容,指明数据类型及信息内容,验证数据传输的正确性。

14.1.6   软件健壮设计

14.1.6.1   配合硬件进行处理若干设计考虑

配合硬件进行处理的若干设计考虑如下方面:

a) 电源失效防护;

b) 加电检测;

c) 电磁干扰,硬件设计将这些干扰控制在规定的水平之下,软件设计使得在出现这种干扰时,系统仍能安全运转;

d) 系统不稳定时,软件采取措施,等系统稳定后再执行指令;

e) 接口故障能充分估计并采取相应的措施;

f) 采用了周期性调度和事件驱动调度相结合的方法来调度程序的执行,保证程序执行受外部因素影响的可能性小;

g) 干扰信号采用数字滤波器加以过滤时,采样频率的确定不仅考虑有用信号的频率,而且考虑干扰信号的频率;

h) 能判断错误操作,并指出错误的类型和纠正措施。

14.1.6.2   异常保护设计

仔细分析软件运行过程中各种可能的异常情况,设计相应的保护措施。异常处理措施要保证系统安全。

14.1.7   软件模块化设计

中断情形外的模块使用单入/出口的控制结构,提高内聚度,降低模块之间耦合度来实现模块的独立性,模块采用分层次的结构,不同的层次上有不同的扇入扇出数,鼓励用经实践考验、可靠适用的现有软件,并对不适用处作妥善处理。

14.1.8   软件余量设计

余量设计分为:

a) 资源分配及余量要求:确定有关软件模块的存储量、输入输出通道的吞吐能力及处理时间要求,保证满足系统规定的余量要求。

b）时序安排的余量考虑：软件的时序安排，结合具体的被控对象确定各种周期。如采样周期、数据计算处理周期、控制周期、自诊断周期、输出输入周期等。确保软件的工作时序之间留有足够的余量。

14.1.9　软件数据要求

数据要求包括：

a）数据需求：必须定义软件所使用的各种数据。规定静态数据、动态输入输出数据及内部生成数据的逻辑结构，列出这些数据的清单，说明对数据的约束。

b）属性控制：每个模块的输入和输出数据均进行属性控制检查，任何数据都必须规定其合理的范围，超出范围，进行出错处理，对参数、数组下标、循环变量进行范围检查。

c）数值运算范围控制：注意数值的范围及误差问题。保证输入输出及中间结果不超出机器数值表示范围。

d）精度控制：保证运算所要求的精度。

e）合理性检查：在软件的入口、出口及其他关键点上，进行合理性检查，并采取故障隔离的处理措施。

f）特殊问题：使用数学协处理器时，仔细考虑浮点数接近零时的处理方式；考虑某些硬件出错的处理，对异常情况进行实时恢复。

14.1.10　软件避错设计

软件避错设计要求如下：

a）为消除软件的故障，最明智的做法是在软件设计开发过程中尽可能避免或减少错误，进行避错设计。

b）软件避错设计体现了以预防为主的思想，避错设计适用于一切类型的软件，是软件可靠性设计的首要方法，应当贯彻于软件设计开发的全部过程中。

c）软件避错设计原理包括：简单原理、同型原理、对称原理、层次原理、线型原理、易证原理和安全原理。其中，简单原理是其他六个原理的基础，也是软件避错设计原理的核心内容。

d）软件需求分析阶段的避错准则有：必须对问题进行分解和不断细化；当输入有范围要求时，必须列出输入在范围之外的处理流程；必须仔细分析运行过程中各种异常情况，应考虑相应的保护措施；当采用定量的数值说明非功能需求时，应考虑是否能够达到以及是否能够验证等。

e）需求文档的主要要求：正确性、无歧义性、完整性、一致性、可验证性、可修改性和可追踪性。

f）软件设计阶段的避错准则有：模块化和模块独立性；模块规模、深度、宽度、扇出和扇入都应适当；在处理模块接口数据时，先假定其为错误数据，并建立检测判据检测它；需要进行异常情况设计；确定实现软件容错的范围及容错的方式等。

g）软件编码阶段的避错准则有：程序内部必须有正确的文档；语句应该尽量简单清晰；数据说明应便于查阅，易于理解；不可将浮点变量用" ＝ ＝ "或"！ ＝ "与任何数字比较；不要忘记 else 分支作例外情况处理；不可在 for 循环体内修改循环变量，防止 for 循环失去控制；

须让函数中每个出口有返回值且返回值应已赋值等。

软件避错设计原理：

1）简单原理是一种越简单越好的原理

a）需求分析时应贯彻自顶向下、逐层分解的方式对问题进行分解和不断细化。

b）设计阶段时模块规模应该适中、力争降低模块接口的复杂度、须对程序的圈复杂度进行限制。

c）编码阶段时在程序设计风格中要求数据说明应便于查阅易于理解、语句应该尽量简单清晰。

2）同型原理是保持形式一样的原理

a）需求分析组人员间应采用统一的需求建模方法、用统一的文字、图形或数学方法描述每一项功能特性、遵守统一的需求变更规范。

b）设计人员间采用统一的设计描述方法、遵守统一的设计文档模板。

c）编码人员间采用统一的编程风格，如源程序的标识符应该按其意思取名、如果标识符使用缩写，那么缩写规则应该一致，并且应该为每个名字加注释。

3）对称原理是保持形式对称的原理

a）功能需求分析时要求当输入有范围要求时，不仅需要列出输入在范围内的处理流程，而且需要列出输入在范围之外的处理流程。

b）设计阶段特别强调需要进行异常情况设计。

c）C 语言编程时条件语句 if 与 else 一般是成对出现，对于只有 if 分支没有 else 分支的代码，应检查是否真的不需要 else 分支；还有 switch 语句每个 case 语句的结尾不要忘了加 break，并且不要忘记最后那个 default 分支。

4）层次原理是形式上和结构上保持层次分明的原理

从软件的角度看，软件的层次化和模块化设计方法，其本质是将系统实施简化的一种手段。

5）线型原理是形式上最好能用直线描述、最多也只用矩形描述的原理（是由一系列按顺序运行的可执行单位组成的函数或程序）

a）函数树中是不允许发生逆向调用的，因为它严重违反了线型原理。goto 语句要少用。

b）根据线型原理，if、while、for 和 switch 等语句的使用要慎重，主要是这些语句的嵌套层次要控制，必须限制圈复杂度的大小。

6）易证原理是保持程序在逻辑上容易证明的原理

a）利用形式化方法应用于程序验证：需要正确的严密定义，这些定义由形式规范给出；需要专用工具的支持；对复杂的软件系统，应用该技术仍有困难。

b）根据易证原理，当采用定量的数值说明非功能需求时应考虑系统的定量要求是否合理以及是否能够验证。

7）安全原理是意识其必然稳妥的原理

在需求、软件设计和编码中，重点考虑以下注意事项和策略：

a）在需求中不但要给出系统应该做什么，还要给出系统不应做什么。

b）使用操作系统提供的系统调用和函数调用时，这些系统功能模块一般都提供该模块返回时的例外信息。这些信息反映了模块执行时可能出现的异常情况,对这些情况均要分别作妥当的处理,不能有任何疏忽。

c）全面分析临界区,防止发生冲突动态。

d）动态资源有申请,就要有释放;采用有借有还策略,以免只借不还,将资源消耗尽后造成系统故障。

e）对关键信息资源的使用,按照"权能"法,采用最小特权策略,多余的权力一律不给。

f）对于安全关键功能必须具有强数据类型;不得使用一位的逻辑"0"或"1"来表示。

典型的避错设计示例如下:

a）依据 GJB/Z 102A 和 GJB/Z 142,对安全关键软件,按要求在各个阶段开展软件危险分析。

b）软件采用模块化设计,合理划分软件功能模块,功能模块之间只有必要的数据交互,降低软件复杂度。

c）函数模块全继承设计,全部经过统一设计和验证。

d）在启动安全关键功能时,有完善的误触发保护措施。

e）网络数据交互采取分段设计,将系统内部网络数据交互与外部网络数据交互分离,保证系统的安全性和稳定性。

f）对程序启动及运行过程中的网络连接状态、通道状态、设备及程序状态进行监测和异常处理,并上报监测处理状态。

g）安全关键功能应采取冗余设计,至少受控于两个独立的功能模块。

h）安全关键的模块同其他模块隔离;安全关键的模块放在一起,以便对其进行保护。

i）安全关键功能使用专用的有别于其他端口的 I/O 端口。

j）安全关键功能具有强数据类型。

k）安全关键的计时功能由计算机控制。

l）对可测试的安全关键单元进行实时检测后,方可启动安全关键功能。

14.1.11 软件容错设计

软件容错技术是研究在系统存在故障的情况下,如何发现故障并纠正故障使计算机系统不受到影响继续正确运行,或将故障影响降到可接受范畴的技术,使系统能继续满足用户的要求。

容错技术包括:

a）信息容错:实现在编码级上的一种容错方式,是在数据（信息）中外加一部分信息,以检查数据是否发生偏差,并在有偏差时纠正偏差,目的是消除一些重要的数据通信的外在故障;

b）时间容错:实现在编码级上的一种容错方式,通过软件指令的再执行来诊断系统是否发生瞬时故障,并排除瞬时故障的影响,目的是为了解决由于外界随机干扰造成的外在故障;

c）结构容错:指配置实现同一功能的相异性设计的软件资源,是实现在模块级和系统级上的一种容错方式,目的是为了解决软件本身的设计有误引起的内在故障。

14.1.11.1 信息容错

可以对信息偏差进行预防与处理,信息容错是通过信息冗余手段实现的。

a)通过在数据中外加一部分冗余信息码以达到故障检测、故障屏蔽或容错的目的,冗余信息码使原来不相关的数据变为相关,并把这些冗余码作为监督码与有关信息一起传递,例如奇偶校验码;

b)对随机存取存储器(RAM)中的程序和数据,应存储在三个或三个以上不同的地方,而访问这些程序和数据都通过表决判断的方式(一致表决或多数表决)来裁决,以防止因数据的偶然性故障造成不可挽回的损失,这种方式一般用于软件中某些重要的程序和数据中,如软件中某些关键标志如点火、起飞、级间分离等信息;

c)建立软件系统运行日志和数据副本,设计较完备的数据备份和系统重构机制,以便在出现修改或删除等严重误操作、硬盘损坏、人为或病毒破坏及遭遇灾害时能恢复或重构系统。

14.1.11.2 时间容错

通过时间冗余的手段实现的。时间容错主要是基于"失败后重做(Retry-on-Failure)"的思想,即重复执行相应的计算任务以实现检错与容错。时间容错是不惜以牺牲时间为代价来换取软件系统高可靠性的一种手段,是一种常被采用且行之有效的方法。

a)指令复执

指令复执是当应用软件系统检查出正在执行的指令出错后,让当前指令重复执行 n 次($n > =3$),若故障是瞬时性的干扰,在指令重复执行时间内,故障有可能不再复现,这时程序就可以继续往前执行下去。这时指令执行时间比正常时大 n 倍。

b)程序卷回

程序卷回是当系统在运行过程中一经发现故障,便可进行程序卷回,返回到起始点或离故障点最近的预设恢复点重试,如果是瞬时故障,经过一次或几次重试后,系统必将恢复正常运行。程序卷回是一种后向恢复技术,是以事先建立恢复点为基础的。

14.1.11.3 结构容错

通过结构冗余的手段实现的。两个通常的结构容错软件方案是 N – 版本程序设计 NVP(N-Version Programming)和恢复块 RB 法(Recovery Block),NVP 与结构冗余的结构静态冗余相对应,RB 与结构冗余的结构动态冗余相对应。将 NVP 和 RB 以不同的方式组合即可产生一致性恢复块、接受表决和 N 自检程序设计,它们与结构冗余的结构混合冗余相对应。

a)软件 N 版本程序设计

软件 N 版本程序设计 NVP 是指对于一个给定的功能,由 $N(N>2)$ 个不同的设计组独立编制出 N 个不同的程序,然后同时在 N 个机器上运行并比较运行的结果。也可进一步理解为:软件 N 版本程序设计从一个初始规范出发,N 个设计组独立地开发 $N(N>2)$ 个功能等价的软件版本,在 N 个硬件通道的容错计算机上运行,从而避免软件设计共性故障。

b)恢复块 RB 法

恢复块 RB 法在每次模块处理结束时都要检验运算结果,在找出故障后,通过代替模块进行再次运算以便实现容错的概念。

RB 结构中的替换块设计方法:

a）相同加权、独立设计

设计的每个模块以最佳的方式提供完全相同的功能，其相异性可利用对各模块采用不同开发人员、开发工具和方法保证。

b）优先的、全功能设计

每个模块执行相同的功能，但有严格的执行顺序。例如，替换块可以是基本块的未精炼的老版本，且在改进期间引入的故障没有对其造成破坏。

c）功能降级设计

基本块提供全部功能，但替换块提供逐次降级功能，替换块可能是主模块的老版本（但在功能改进时没有受到破坏），也可能是为降低软件复杂性和执行时间故障降级的版本。

软件 N 版本程序设计优点：不需要验收测试，而是使用输出多数表决算法判断版本的运行状态，算法相对简单而且大多数正常或仅有少数故障的情况下，利用多数版本计算的结果进行没有时延的、正确的输出，从而输出具有更好的实时性。

软件 N 版本程序设计缺点：

a）需要建立多计算机平台；

b）需要研究建立多机之间的同步/异步关系；

c）还需要建立多机之间交叉通道数据通信；

d）当一个版本的某一个软件模块出现故障时，整个版本就可能被切换，导致系统余度降级。

恢复块 RB 法优点：在单处理机体系结构下可以实现，要求的硬件资源较少。

恢复块 RB 法缺点：

a）程序运行一个模块前的状态必须保存成为一个数据结构，而且需要一直到这个软件模块输出通过了验收测试之后，从而需要相当的空间开销；

b）在软件故障情况下，系统要恢复该软件模块运行前的状态，再运行替换模块，这一系列操作需要一个相当的延时，对于某些系统会造成时间的不确定性；

验收测试是恢复块技术中最重要的一个环节，又是最困难的一个环节。验收测试算法应尽可能的简单，保证其正确性。但在有些情况下，验收测试模块可能与运行的软件模块的规模、难度和复杂度处于同一个数量级，难于保证验收测试的正确性。

典型的容错设计有如下方面：

a）基于故障模式的检错容错处理，查找知识库，总结以往产品的容错措施，对前端输入数据严格采用容错措施，不允许有问题数据流到后端；

b）底层设置完备的 watchdog 电路，确保软件任务出现问题时能通过应用自动恢复功能，而不出现由软件造成偶发故障而导致的停机故障；

c）对输入数据帧完整性容错设计，对输入数据范围合理性设计；

d）软件接收外部数据处理前须进行正确性和时效性判断；

e）对数值运算范围、合理性、精度进行控制；

f）网络数据交互采取分段设计，将系统内部网络数据交互与外部网络数据交互分离，保证系统的安全性和稳定性；

g）对程序启动及运行过程中的网络连接状态、通道状态、设备及程序状态进行监测和异

常处理,并上报监测处理状态;

h) 软件运行对系统资源的占有保证足够有 20% 余量;

i) 考虑失效容限,确定冗余要求;

j) N 版本程序设计,由 *N* 个实现相同功能的相异程序和一个管理程序组成,各版本先后运算出来的结果相互比较(表决),确定输出;

k) 软件需求规格说明中对恢复块作单独的定义和说明;

l) 安全关键功能应该在接到两个或更多个相同的信息后才执行;

m) 对安全关键信息,保存在不同芯片中,并进行表决处理;

n) 对可编程只读存储器(PROM)中的重要程序进行备份;

o) 对随机存取存储器(RAM)中的重要程序和数据,存储在三个不同的地方,通过三取二的表决方式来裁决对其的访问。

典型的容错设计见表 14 - 3。

表 14 - 3　软件输入故障容错表

序号	错误类型	错误现象	判别方法	处理方法
1	接口错误	光纤链路未建立或传输不稳定,数据出现极性错误或 8b/10b 编码错误次数较多	统计一段时间内的光纤链路状态标记	a) 剔除异常光纤,上报状态 BIT b) 更新正常光纤数量寄存器值
2		长时间只有空闲码,无有效数据输入	统计一定时间间隔内的有效数据量	a) 若出现长时间无数据输入时,屏蔽该光纤 b) 更新正常光纤数量寄存器值
3	同步定时错误	光纤定时 K 码相对于其他光纤提前较多周期到来	通过设定一定的时间窗口进行定时 K 码到来时间的判别	a) 当前脉冲不参与合成处理;上报状态 BIT b) 若累积出现一定次数,关闭该光纤;上报状态 BIT
4		光纤定时 K 码相对于其他光纤滞后较多周期到来	通过设定一定的时间窗口进行定时 K 码到来时间的判别	a) 当前脉冲不参与合成处理;上报状态 BIT b) 若累积出现一定次数,关闭该光纤;上报状态 BIT
5		光纤定时与系统实际的定时顺序不一致	通过定时状态机跳转进行判别	a) 当前脉冲不参与合成处理;上报状态 BIT b) 若累积出现一定次数,关闭该光纤;上报状态 BIT
6		光纤丢个别定时 K 码	通过定时状态机跳转进行判别	a) 当前脉冲不参与合成处理;上报状态 BIT; b) 若累积出现一定次数,关闭该光纤;上报状态 BIT

（续表）

序号	错误类型	错误现象	判别方法	处理方法
7	控制错误	光纤控制包长度不对	对每个光纤的控制包长度进行计数	屏蔽错误控制包对应的光纤的当前帧数据，使用校验结果正确的控表进行处理；上报状态 BIT
8		控制参数不正确	对关键控制参数（波束数、带宽等）进行有效范围的校验	若校验不对，则使用默认参数进行处理，上报状态 BIT
9	输入数据错误	光纤脉冲数不对	对每帧的脉冲数进行计数，并与控制包解出的结果比对	a）多脉冲：按正常的脉冲数进行处理，对多余的脉冲进行剔除；上报状态 BIT b）少脉冲：个别光纤少脉冲则补零处理；上报状态 BIT c）如果某光纤的脉冲数错误超过一定次数，则屏蔽该光纤
10		脉冲长度不对	对每个脉冲的数据长度进行计数并与控制包解出的结果比对	a）光纤少点：进行补零；上报 BIT b）光纤多点：剔除多余点数；上报 BIT c）如果某光纤的长度错误超过一定次数，则屏蔽该光纤；上报 BIT
11		通道存在奇异值	将各通道幅度与相邻通道比较，如果比相邻通道大一定阈值，则认为存在奇异值	当连续多帧出现奇异值时，则将该通道屏蔽，进行补零处理
12		数据不同步	将各光纤数据存储 FIFO 存储，判断各 FIFO 数据点数	a）对不同步的光纤，屏蔽该脉冲数据，上报 BIT b）若累计出现一定次数的不同步，则屏蔽该光纤

表 14-4　软件设计防护智能容错

序号	故障模式分类	容错设计
1	输入数值失效	对有效值外的数据，进行故障告警、拷贝或丢帧保护
2	输入时序失效	对输入时限、顺序、周期、持续性等进行检查，故障告警、拷贝或丢帧保护
3	输入通信失效	对通信链路状态、通信格式进行检查，故障告警、拷贝或丢帧保护
4	输入组合失效	对所有组合输入进行检查，故障告警或丢帧保护
5	资源分配失效	对资源超界、异常等进行防护，资源分配失效告警、丢帧保护
6	数据处理失效	对数据采集、数据解算、数据容错等处理过程进行监测，对关键数据参数进行判断，进行告警、丢帧保护
7	时序处理失效	对处理过程进行监测 对中断触发条件严格约束，中断响应中增加中断有效性保护，故障告警、异常中断丢弃

（续表）

序号	故障模式分类	容错设计
8	状态转移/模式切换失效	对不同方式的输入数据进行缓存处理,工作方式切换引起的数据覆盖情况进行告警、丢帧保护
9	初始化失效	对系统、分系统、构件等初始化过程中的文件读取、系数读取、通信链路、资源分配等初始化状态进行监测,故障告警、停止处理
10	数据累计故障	对系统参数进行累计计算分析,故障告警
11	故障处理失效	对故障处理构件心跳状态监测、故障告警、故障处理构件重新启动
12	心跳故障	软件构件故障告警、软件构件重启动,系统自恢复处理
		硬件架构轮询处理,故障自隔离
		硬件故障告警、功能迁移,系统自恢复
13	输入时钟失效	发现时钟失效后,对锁相环进行复位
14	输入控制参数失效	对输入的控制参数进行校验保护
15	FIFO 溢出失效	FIFO 在操作过程中发生溢出时,对输出数据进行保护,并对 FIFO 进行复位,保证故障不会残留
16	跨时钟处理失效	对发生跨时钟域处理失效的部分进行跨时钟处理

14.1.12 中断设计

遵循的中断设计规范如下:

a) 使用多个中断时,尽量减少嵌套;

b) 屏蔽无用中断,对无用中断设置入口并返回;

c) 禁止使用中断自嵌套;

d) 中断初始化时要将所需要的全部资源进行初始化设置,如触发方式和所需要使用的变量等;

e) 避免从中断服务子程序中使用非中断返回语句返回;

f) 必须屏蔽不用的中断源;

g) 程序设计时考虑中断的优先级。

14.1.13 软件多余物处理

对编程语言、软件单元的规模、命名、程序格式、程序注释与方法和程序设计风格按有关规定慎重选择。多余物的处理方法如下:

a) 文档中未记载特征的清除。运行和支持程序只包含所要求的特征和能力,对于为测试引入的特征必须验证其可靠性和安全性。

b) 程序多余物的清除。不得包含不使用的可执行代码。运行程序不得包含不引用的变量。

c) 按要求对未使用内存的处理。

d) 覆盖必须占有等量的内存。

14.1.14 软件更改管理

软件更改要求如下：

a) 执行配置管理规范，对更改过的软件进行回归测试，相应的更改有关文档，进行软件更改危险分析；

b) 禁止对在配置管理下的目标程序代码进行修补，所有的软件更改用源程序语言编码并编译；

c) 对有关安全关键软件的更改，按要求审批发布；

d) 按要求对固件进行更改。

14.1.15 软件设计管理

软件设计管理要求如下：

a) 按照 GJB 2786A 和 GJB 438B 的规定，将软件开发过程分为若干阶段，每个阶段编制必要的文档并进行检查、分析和评审，实行配置管理，图形符号、程序构造及表示符合规定；

b) 制定软件质量保证计划，并按照质量保证计划的流程监控软件的开发过程，指定专职质量员对软件的质量负责；

c) 加强软件检查和测试，尽早开展软件检查和测试，采取措施（如自检、互检、专检相结合的"三检制"，制定设计检查单等）使检查工作切实有效，软件测试应达到规定的要求，制定软件测试计划，并安排专门的工作小组负责并执行软件测试过程，定型前完成软件的第三方测评；

d) 使用正版的、先进的、适用的软件开发工具，并确保软件开发工具免受计算机病毒侵害，选择的编译程序是成熟的编译程序；

e) 软件人员实行双岗制；

f) 程序编写要清晰，避免为了提高效率而牺牲程序的可读性。

软件工程化管理要求如下：

a) 软件研制过程，根据产品软件研制任务的特点，按照 GJB 5000 与 GJB 8000 和软件工程化要求，建立并实施相应等级的软件工作过程；

b) 按照 GJB 2786 要求，实施软件工程化管理，编制软件开发计划，确定并实施软件需求分析、设计、实现、测试、验收、交付等过程，以及相关的策划与跟踪、文档编制、质量保证、配置管理等，以确保软件研制过程受控；

c) 设计开发策划，落实软件开发计划的措施，确定软件需求分析、设计、编码、测试等要求，以及测试工作独立性的要求；

d) 设计和开发控制，开展软件的评审、验证和确认活动，包括软件过程的分析、评价、评审、审查、评估和测试等，确保满足预期用途和用户需要；

e) 设计和开发更改，软件更改应符合软件配置管理要求，组织应跟踪更改的实施，参照 GJB 5235 要求，对重要的设计更改应进行系统分析和验证，并按规定履行审批手续；

f) 外部供方软件产品控制，在采购非货架软件时，要求并监督外部供方按照软件工程化

要求实施控制,保留控制的记录;

g)配置管理要求符合 GJB 5235 要求,主要包括:

- 标识:对各配置项和基线基线标识;
- 版本:对各配置项和基线进行版本控制;
- 变更:对各配置项和基线进行变更控制,配置项变更时,一般应进行测试;
- 审核:对各配置项基线功能审核、物理审核和配管审核;

h)对各配置项软件实行软件开发库、受控库、产品库(即"三库")配置管理制度,确保在分系统联试、系统联试以及各类试验中的软件更改受控;

i)按 GJB 438 要求,进行软件文档编制;

j)按 GJB 439 要求,落实软件质量保证工作;

k)按 GJB 1268 要求,进行软件验收。

14.2 软件其他通用质量特性设计

14.2.1 软件维修性设计

软件维修性设计遵循以下原则:

a)在软件研制全过程,通过软件系统各功能层次的维修性需求分析、设计、评审、验证等手段,实现软件维修性要求;

b)充分考虑软件维护需求,提出软件维护方法;

c)软件维修性设计应充分考虑软件重启、重装、升级要求。

14.2.2 软件测试性设计

软件测试性设计遵循以下原则:

a)在软件研制全过程,通过软件系统各功能层次的测试性需求分析、设计、评审、验证等手段,实现软件测试性要求;

b)软件测试性应满足健康管理需求;

c)软件测试性应满足软件各功能层次的测试要求。

14.2.3 软件保障性设计

软件保障性设计遵循以下原则:

a)在软件研制全过程,通过软件系统各功能层次的保障性需求分析、设计、评审、验证等手段,实现软件保障性要求;

b)形成安装使用维护说明、用户手册等产品支持文档;

c)根据需要提供软件专用保障工具、平台和环境。

14.2.4 软件适应性设计

软件适应性设计遵循以下原则:

a）对与环境相关的功能选项和参数一般设计成可配置方式；

b）同一产品系列中一般使用统一的国产化软件运行环境，包括桌面操作系统、服务器操作系统、嵌入式实时操作系统、数据库系统、中间件、处理平台等；

c）软件的存储量、输入输出通道的吞吐能力及处理时间等指标，应适应相关硬件指标限制。

第十五章　工艺可靠性设计

工艺制造过程可靠性保证(工艺可靠性)是针对产品可靠性有重要影响的关键和重要工艺过程,确定产品工艺设计缺陷和生产过程薄弱环节,并采取有效工艺设计改进措施和生产过程控制措施,保证和提高工艺生产质量和产品可靠性水平。

工作项目要点:

a)根据产品特性分析等确定的产品关键设计特性及其关键零部件,分析和确定相应的关键和重要过程(工序);

b)根据产品在研制各阶段的生产性分析(GJB 3363),采用工艺 FMECA 分析或其他分析方法,确定可能导致产品 I、II 类故障模式发生的关键、重要工艺缺陷,分析其形成原因,列出清单并对其实施重点控制;

c)提出工艺可靠性关键和重要工艺过程的控制方法和验证要求,形成控制计划;

d)通过评审确定是否需要对关键工艺过程清单及控制计划加以增删,并评价关键工艺特性的控制和试验的有效性;

e)对工艺可靠性关键和重要特性的过程受控状态及工艺能力进行分析和评价;

f)明确产品工艺可靠性保证的主责部门和人员。

15.1　PCB 工艺可靠性设计

根据产品需求选择合适的印制板材料,对于多层印制板材料应关注热膨胀系数与铜皮的匹配度,对于有导热要求的电路应关注印制板材料的导热性能,对于有重量要求的产品应关注材料的密度参数。

对黏接片(半固化片)的选择主要考虑半固化片的介电常数与材料是否匹配,同时考虑黏接片压合时与材料的黏合强度。

印制板叠层设计需要依据产品的具体情况,综合成本、结构、密度、电源、信号速度等多方面因素进行考虑。

15.1.1　PCB 布局和布线

布局设计应满足以下要求:

a)按照均匀分布、重心平衡、版面美观的标准优化布局;

b)重要的单元电路、核心元器件应优先布局;布局中应参考原理框图,根据单板的主信号流向规律安排主要元器件;

c)元器件的排列要便于调试和维修,需调试的元器件周围要有足够的空间;

　　d) 相同结构电路部分,尽可能采用对称分布;

　　e) 通孔元器件边缘距印制板边和导轨槽宜尽量远,以方便 PCB 板焊接;

　　f) 安装孔周围不宜放置表贴器件;

　　g) 贴片元件到板边距离宜尽量远,如达不到贴装设备要求,应添加辅助工艺边;

　　h) 大器件、重器件、高器件应放在主元件面;

　　i) 总的连线应尽可能短,高电压、大电流信号与小电流、低电压的弱信号应完全分开;数字与模拟、高速与低速部分分开布局,模拟小信号器件远离有电磁辐射的元器件;高频元器件间隔要充分;

　　j) 大功率元器件周围不应布设热敏元件,并与其他元件保持足够的距离;

　　k) 发热元件应均匀分布,以利于单板和整机的散热,除温度检测元件以外的温度敏感器件应远离发热量大的元器件;

　　l) 对较大的继电器、大电流开关器件等采取屏蔽措施;

　　m) 去耦电容的布局要靠近 IC 的电源管脚,并保证电源与地直接形成的回路最短;去耦电容宜尽量靠近地线或接地线布设,并且连接线宜尽量短,可采用片式电容,以减少引线或连接导线的电感;

　　n) DC/DC 变换器、开关元件和整流器宜尽量靠近变压器放置,使其走线长度最小;

　　o) 防电磁干扰的滤波器宜尽量靠近电磁干扰源,并放置在同一块印制板上;

　　p) 在整流电路中宜尽量靠近整流二极管放置调压元件和滤波电容;

　　q) 元件布局应将使用同一种电源的器件放在一起,以便电源分割;

　　r) 电路元件和信号通路的布局应最大限度地减少无用信号互相耦合;

　　s) 元器件的安装位置应在规定的范围内,元器件距板边缘的距离至少为 5 mm,不应影响电连接器的安装或插拔;

　　t) 定位孔、基准孔等非安装孔周围 1.27 mm 内不应贴装元器件;螺钉等安装孔周围 3.5 mm(对于 M2.5)或 4 mm(对于 M3)内不应贴装元器件;

　　u) 元器件应均匀分布,大功率器件应分散布局,避免局部发热量过大影响到焊点的可靠性,整体布局应考虑合理利用空间,避免局部器件紧凑或局部空间闲置的情况存在;

　　v) 大于 0805 封装的陶瓷电容,布局时宜尽量靠近传送边或受应力较小区域,其轴向宜尽量与进板方向平行,如图 15-1 所示。

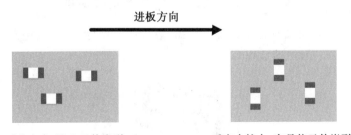

图 15-1　电容布局与进板方向示意图

w）片式 CHIP 元件的布局应主要考虑器件之间焊盘距离,一般要求相邻两个器件焊盘之间的距离不应小于 0.3 mm,极限情况下不应小于 0.25 mm;

x）时钟、高频振荡器、CPU 等容易产生电磁辐射的器件,应远离其他对电磁敏感的元器件。

印制板电路仿真设计要求:

a）微波电路设计进行三维电磁建模仿真,控制电路设计进行信号完整性仿真,电源电路设计进行电源完整性仿真;

b）高速电路设计应根据信号速率要求,对信号完整性进行分析,得出电路叠层和相应的阻抗关系,对电路进行优化。

布线设计应满足以下要求:

a）印制导线的拐弯处角度应大于 90°,避免成锐角,如果角度小于 90°,导线拐弯处的外缘应成圆弧形;

b）不应在布线区域距 PCB 板边 1 mm 内或安装孔周围 1 mm 内布线;

c）正常导通孔的焊盘不应低于 0.76 mm,孔径不应低于 0.35 mm;

d）电源线与地线应尽量呈放射状,信号线不应出现回环走线;

e）电源线、地线及大电流的信号线,应适当加大宽度;对大于 5×5 mm² 的大面积导电图形,应局部开窗口,以免大面积铜箔的印制电路板在浸焊或长时间受热时,产生铜箔膨胀、脱落及印制板翘曲现象,或影响元件的焊接质量;多层印制电路板中,可设置电源层和接地层,或者电源和接地共用一层,电源层和接地层设计成网状;双面印制电路板的公共电源线和地线,应尽量布置在印制电路板边缘部分,分别在相对两面上（电源线和地线的图形配置,要使电源和地线之间呈低的阻抗）;

 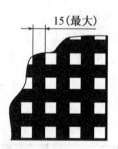

图 15–2　大面积电源区域和接地区上开窗口

f）大面积电源区域和接地区的元件连接盘,设计成十字标靶形,以免大面积铜箔传热过快,影响元件的焊接质量,或造成虚焊;

图 15–3　大面积电源区和接地区连接盘的形状

g）一般情况下，导线的间距应满足 3 W(3 倍导线宽度)原则；

h）板厚孔径比应小于等于 8∶1，导通孔环宽应大于等于 0.17 mm；

i）模拟走线和不要求阻抗的线(如晶体时钟线，RESET 线等)应尽量粗；

j）相邻两层的印制导线，宜相互垂直走线，或斜交、弯曲走线，避免相互平行走线，以减小寄生耦合。

印制板工艺边要求：对于元件外侧距板边缘小于 5 mm 的 PCB 板应加工艺边，工艺边通常成对加在较长的边上。工艺边宽度 5 ~ 10 mm。

[**例 15 – 1**] 印制板的详细设计。

印制板布局：

a）元器件排列整齐有序，元器件标志的方向保持一致，防止较高器件布置在较低器件旁时影响焊点的检测，一般视角≤45°；

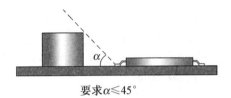

要求α≤45°

图 15 – 4 焊点目视检查要求示意图

b）相邻元器件边缘间距大于 2 mm，不同属性(如有电位差，不同的电源 – 地属性等)的金属件(如散热器、屏蔽罩等)或金属壳体的元器件不能相碰，确保最小 2.5 mm 的距离满足安装空间要求；

c）相邻焊盘的间距不小于 0.2 mm 或符合表 15 – 1 规定的最小电气间距要求，取两者中较大值；

d）导体表面与安装孔(用作印制板的机械支撑或元件到印制板的机械附加装置的孔，如图 15 – 5 中的尺寸 C 之间的最小距离不小于表 15 – 1 中规定的最小电气间距再加上 0.4 mm，即在设计时除最小电气间距外，还应考虑印制板机械加工误差和装配等因素，其值不小于 0.4 mm；

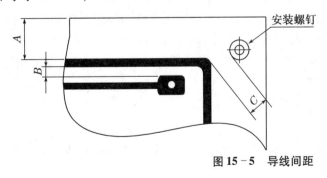

A——印制导线与印制板边缘的距离

B——印制导线之间的间距

C——印制导线与安装螺钉的间距

图 15 – 5 导线间距

表 15 - 1   有"三防"涂覆层最小电气间距

导线间的电压(直流或交流峰值电压)(V)	最小间距(mm)
0 ~ 100	0.13
101 ~ 300	0.4
301 ~ 500	0.8
> 500 [a]	0.003 mm/V

[a] 在特殊性应用情况时,对于超过 500 V 的电压,应进行测定。

e)印制板上留出插拔器、楔形锁紧机构和支耳等的安装位置,必要时安装加固条;

f)表面安装的印制板布局设计符合 GJB 3243 中 5.1 条和 5.2 条的要求;

g)为便于返修,BGA 器件与周围所布置元器件的最小距离:阻容元件 6 mm;集成电路 8 mm;BGA 器件 10 mm;

h)器件如果需要点胶,需要在点胶处留出至少 3 mm 空间;

i)一般情况下,阵列器件不允许放置在印制板 B 面;当 B 面有阵列器件时,在 A 面禁布区内不允许布设阵列器件,如图 15 - 6 所示;

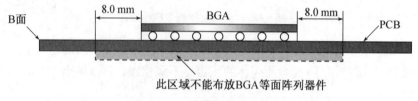

图 15 - 6   A 面阵列器件的禁布区

j)在焊盘图形内不能有器件、丝印和过孔。

印制板布线区域:

a)考虑所需安装元器件类型、数量和互连这些元器件所需的布线通道;

b)外形加工时不触及印制导线,布线区的导电图形(含电源层和地线层)与印制板边缘的距离大于 1.25 mm;地线层不包括专用于屏蔽、散热、安全等需要与机箱、插盒、机壳相连接的地线层或接地的印制导线,除此之外,内、外层布线区的印制导线、导通孔、焊盘等距印制板边缘大于 1.25 mm,即所有印制导线、导通孔、焊盘等均不允许超出布线区域;导电图形与印制板边缘的距离大于 1.25 mm,此外还需考虑安装后的元器件边缘与印制板边缘的间距、与导轨槽的间距、与锁紧机构的间距等;

c)外层的导电图形与导轨槽内的距离大于 2.54 mm。

印制板的布线:

a)导通孔与焊盘之间采用长度不小于 0.635 mm 的细导线连接,避免在距表面安装焊盘 0.635 mm 以内设置导通孔和盲孔;

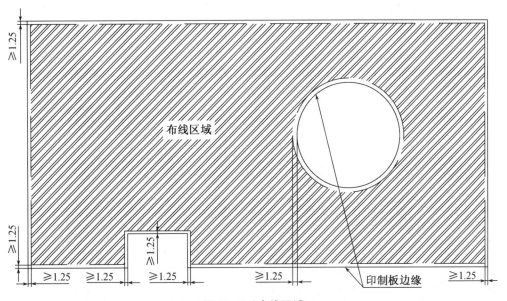

图 15-7 布线区域

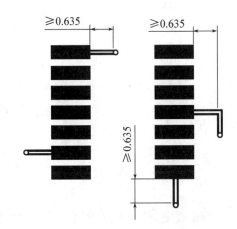

图 15-8 导通孔与焊盘的连接

b）焊盘与较大面积导电区相连接时，采用长度不小于 0.635 mm 的细导线进行热隔离；

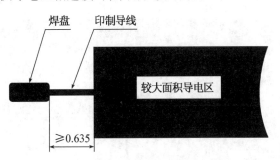

图 15-9 焊盘与较大面积导电区连接

c）印制导线的公共地线，尽量布置在印制板的边缘部分，在印制板上尽可能多的保留铜箔做地线，以改善传输特性和屏蔽作用，减少分布电容，印制导线的屏蔽方式见图15－10；

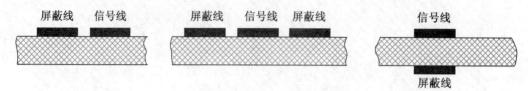

图 15－10　印制导线的屏蔽方式

d）印制线和焊盘采用对称连接，避免不对称连接；

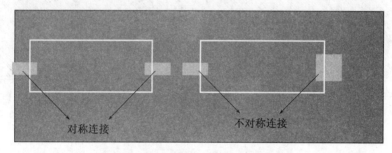

图 15－11　印制线和焊盘对称连接

e）印制线从焊盘端面中心位置引出，不能突出焊盘；

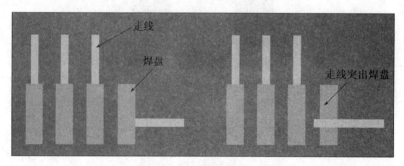

图 15－12　印制线不能突出焊盘

f）当和焊盘连接的印制线比焊盘宽时，印制线不能覆盖焊盘，从焊盘末端引线；

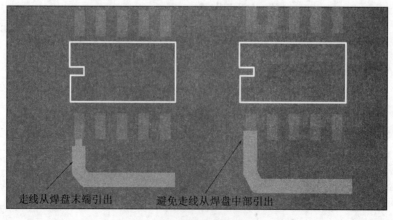

图 15－13　焊盘出线要求

g）FPD 器件焊盘引脚需要短接时，从焊盘外部连接，不允许在焊盘中间连接；

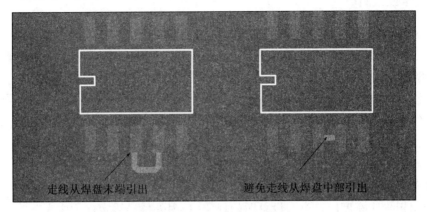

图 15－14　FPD 焊盘短接要求

h）网格设计要求：外层如果有大面积的区域没有走线和图形，可在该区域内铺铜网格，使得整个板面内的铜分布均匀。

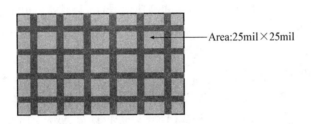

图 15－15　铜网格

[**例 15－2**]　印制板电源线（层）和接地线（层）布线设计。

a）同一层上布设多种电源（层）或地（层）时，分隔间距不小于 1 mm；

b）大面积导电区域和接地区域上有焊盘时，在焊盘和大面积导电区域（即导线宽度大于 3.1 mm，直径大于 25 mm 的导电图形）之间局部开窗口，加以热隔离，以免大面积铜箔的印制电路板在浸焊或长时间受热时，产生铜箔膨胀、脱落现象，或影响元件的焊接质量；

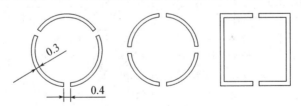

图 15－16　大面积区域上开窗口

c）双面印制电路板的公共电源线和地线尽量布置在印制电路板边缘部分，分别在相对两面上，电源线和地线的图形配置，要使电源和地线之间呈低的阻抗；

d）多层印制电路板中，可设置电源层和接地层，或者电源和接地共用一层，电源层和接地层设计成网状。

15.1.2 导线设计

导线设计应考虑印制板上导线的宽度、导线之间的间距要求、载流要求以及耐压要求，同时减少线条腐蚀缺陷。在成品印制板中，导线的宽度和厚度，应根据信号特性要求的载流量和最大容许温升来确定。导线设计应满足以下要求：

1）导线之间的最小电气间距的确定应综合考虑以下因素：

a）导线之间的电压、电容、电感等电参数；

b）表面涂层及用途；

c）印制板的制造工艺水平。

2）在条件允许情况下，尽量增大线宽/线距，以满足 PCB 生产单位的设备和工艺能力。

3）印制板导线宽度应符合布设总图的规定，且内外层导线宽度均应大于等于 0.1 mm；由于孤立缺陷或者对位不准，导线的宽度可减少，但减少量应不大于布设总图规定的最小导线宽度的 20%。

4）印制板导线间距应符合布设总图的规定，且外层导线的最小间距应不小于 0.13 mm，内层导线最小间距应不小于 0.10 mm；相邻的高速信号印制导线之间的间距不小于导线宽度的两倍；如未规定导线的间距公差，由于孤立的突出、残渣或者对位不准使导线间距减少量应不大于布设总图规定的最小导线间距的 10%。

[**例 15 - 3**] 印制导线电阻设计。

由于印制导线电阻较小，在小电流电路中可不予考虑。但在大电流或一些有特殊要求的电路中，导线电阻可根据式(15 - 1)和式(15 - 2)进行计算，或从图 15 - 17 中查得。

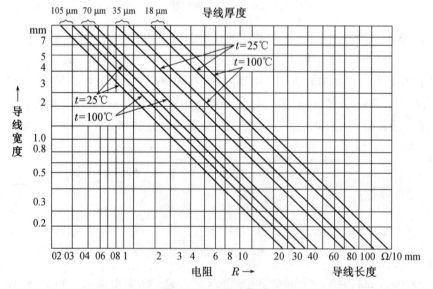

图 15 - 17 导线电阻

$$R = R_{\square}l/\omega \qquad\qquad (15-1)$$

$$R_{\square} = \rho/t \qquad\qquad (15-2)$$

式中:R—导线电阻(Ω);$R_{\square}$—方块电阻(Ω);l—导线长度(mm);ω—导线宽度(mm);t—导线厚度(mm);$\rho = 1.8 \times 10^{-7}$($\Omega \cdot$ mm)(铜在 25 ℃时的电阻率)。

对于外层导线,由于镀铜使厚度增加,按最终铜层总厚度来计算。

镀覆孔电阻通常为毫欧级,一般可以忽略不计,必要时可按图 15 - 18 进行估算。

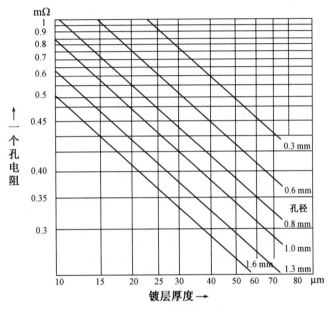

图 15 - 18　镀覆孔电阻

[**例 15 - 4**]　印制导线载流量设计。

印制导线的载流量由导线的截面积决定。导线的温升取决于导线的电阻和电流大小以及持续时间与冷却条件。

a) 连续电流载流量

连续电流载流量引起的温升按图 15 - 19 估算。

b) 冲击电流载流量

典型的导线厚度和宽度所允许的短路电流及持续时间按图 15 - 20 估算。

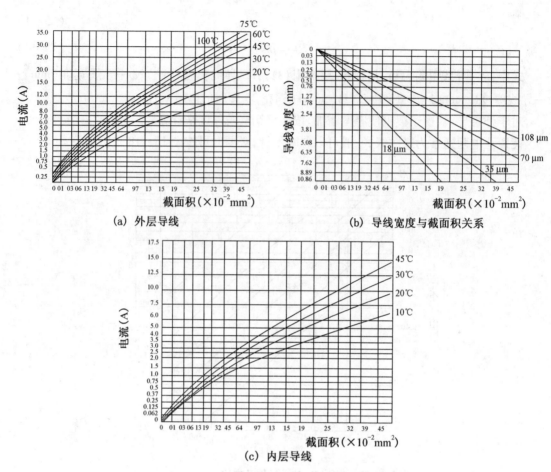

图 15 – 19 导线厚度、宽度、电流与温升的关系

注 1：用于确定载流量及高于室温的各种温升的蚀刻后导线宽度。

注 2：本图用于估算蚀刻后不同截面积铜导线的温升（高于环境室温）相对于电流的变化。

假定在常规设计中，导线的表面积与相邻裸露的基材面积相比是较小的。曲线同时还考虑到蚀刻技术、铜层厚度、导线宽度的计算以及截面积等的常规变化，因而将额定电流降低了 10%。

注 3：有以下情况之一时，额定电流还应再降低 15%：

a）印制板厚度小于 0.8 mm；

b）导线厚度不小于 108 μm。

注 4：通常，允许的温升定义为层压板最高安全工作温度与印制板工作点的最高环境室温之差。

注 5：对于单根导线，可直接使用本图确定不同温升的导线宽度、截面积及载流量。

注 6：印制板上的一组相同的平行导线，如果间距小，温升的确定可使用等效截面积和的电流。等效截面积等于平行导线的面积之和，等效电流等于所有导线中的电流之和。

注 7：本图未考虑安装大功率散热元件造成的热效应。

注 8：本图中的导线厚度不包括电镀后铜层上的其他金属镀层的厚度。

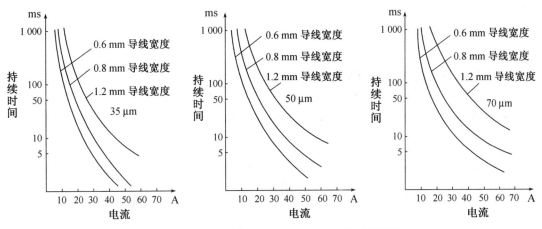

图 15 - 20 印制导线厚度、宽度、电流与持续时间的关系

15.1.3 安装孔设计

安装孔设计应满足以下要求：

a）印制板上安装孔的大小，根据选择的螺钉大小来决定，印制板开孔比螺钉大 0.5 mm，开孔的焊盘尺寸不小于 2 倍开孔；

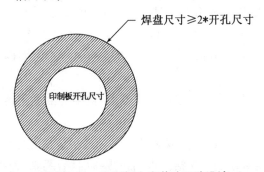

图 15 - 21 印制板上安装孔开孔设计

b）安装孔应均匀分布在印制板的四周和中间部分，个数应尽量大于等于 4 个，且偏置设计；

c）在布设总图中标明安装孔的位置、尺寸和公差；

d）安装孔的孔径公差应保持在 ±0.08 mm 以内；

e）安装孔作为元器件贴装的原始基准时，应保证孔的中心与焊盘图形精度要求。

15.1.4 表面安装连接盘设计

表面安装连接盘设计应满足以下要求：

a）常用连接盘的形状有圆形、方形、长方形、椭圆形和切割圆形等，应根据器件焊接端子的匹配要求、布线密度和制造工艺需要的不同来选择连接盘的形状。

b）元器件安装孔、导通孔和多层印制板内层的连接盘，一般采用圆形连接盘。

c）通孔安装的焊盘一般采用圆形、长方形和方形焊盘，双列直插式器件的焊盘通常可采用圆形、椭圆形和切割圆形焊盘。

d）在焊盘尺寸较小时，为防止焊盘破坏，提高连接盘与基材的附着强度，可以采用改进型的焊盘，通常有如下三种设计：

- 在焊盘与导线的连接处加斜边线，增加连接区域形成泪滴型；
- 在长方形焊盘上从焊盘拐角引出导线，形成拐角引出型；
- 在导线与焊盘的连接处增加与焊盘叠合的小圆，形成锁眼型。

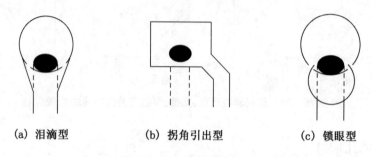

    （a）泪滴型   （b）拐角引出型   （c）锁眼型

图 15 - 22　改进型的焊盘

e）导通孔与焊盘之间应采用长度不小于 0.635 mm 的细导线连接，应避免在距表面安装焊盘 0.635 mm 以内设置导通孔和盲孔。

f）焊盘与较大面积导电区域相连接时，应采用长度不小于 0.635 mm 的细导线进行热隔离。

g）粗导线与焊盘之间应采取长度不小于 0.635 mm 的细导线连接，并用阻焊油墨覆盖导线。

h）当焊盘之间有导线时，应设计阻焊油墨覆盖，被阻焊油墨覆盖的导线表面不得有锡铅合金层。

i）焊盘的尺寸取决于安装孔尺寸，安装孔的直径最小应比元器件引线直径大 0.4 mm，但最大不应超过元器件引线直径的 1.5 倍。否则在焊接时，容易造成虚焊，使焊接的机械强度变差。

j）对于 0805 以上的阻容元器件或引脚间距在 1.27 mm 以上的 SO、SOJ 等 IC 芯片而言，焊盘设计一般是在元器件引脚宽度的基础上加一个数值，数值范围为 0.1 ~ 0.25 mm，而对于 0.65 mm 引脚间距以下（包括 0.65 mm）的 IC 芯片，焊盘宽度应等于引脚的宽度。对于细间距的 QFP，焊盘宽度相对引脚来说还应适当减小，如两焊盘之间有引线穿过时。

k）0805 以下的表贴器件，焊盘应做成隔热焊盘，否则会引起器件的"立碑"现象。

l）焊盘之间、焊盘与通孔之间以及焊盘与大面积接地铜箔之间的连线，其宽度应小于或等于其中较小焊盘宽度的二分之一。焊盘内及其边缘处不应有通孔。

m）凡用于焊接片状元器件的焊盘，不应兼作检测点，检测点应设计成专用的测试焊盘。

n）焊盘内不应有字符与图形等标志符号，标志符号离焊盘边缘的距离应大于 0.5 mm。

o）片式（Chip）元件焊盘设计应满足以下关键要素：

- 对称性：两端焊盘应对称，才能保证熔融焊锡表面张力平衡；
- 焊盘间距：应确保元件端头或引脚与焊盘的搭接尺寸合理；

- 焊盘剩余尺寸：搭接后的剩余尺寸应保证焊点能够形成弯月面；
- 焊盘宽度：应与元件端头或引脚的宽度基本一致。

p）BGA 的焊盘设计要求：

- PCB 上的每个焊盘的中心与 BGA 底部相对应的焊球中心应吻合；
- PCB 焊盘图形应为实心圆，导通孔不能加工在焊盘上；
- 与焊盘连接的导线宽度应一致，一般为 0.15 ~ 0.2 mm；
- 阻焊尺寸应比焊盘尺寸大 0.1 ~ 0.15 mm；
- 焊盘附近的导通孔在金属化后，应用阻焊剂进行堵塞，堵塞高度不得超过焊盘高度；
- 在 BGA 器件外廓四角加工丝网图形时，丝网图形的线宽应为 0.2 ~ 0.25 mm。

q）插装元器件焊盘设计要求：

- 焊盘尺寸设置应尽量大。焊盘外径最小尺寸应比焊盘中的孔大 0.8 mm 以上；
- 孔距为 5.08 mm 或以上的，焊盘直径不应小于 3 mm；
- 孔距为 2.54 mm 的，焊盘直径最小不应小于 1.7 mm；
- 电路板上连接 220 V 电压的焊盘间距，最小不应小于 3 mm；
- 流过电流超过 0.5 A（含 0.5 A）的焊盘直径应大于等于 4 mm；
- 焊盘应尽量大，对于一般焊点，其焊盘直径不应小于 2 mm；
- 相邻焊盘间的中心距应等于相应焊端或引脚间的中心距；
- 某一焊盘与另一元器件任一焊盘之间的距离应不小于 0.5 mm；与相邻导线之间的距离应不小于 0.3 mm；与 PCB 边缘的距离应不小于 5 mm。

侧壁金属化设计：当电路板无金属外壳屏蔽，但需要电磁屏蔽时，除对印制板四周进行金属化过孔屏蔽外，还应对电路板四周进行侧壁金属化提出要求。

互连过孔设计：互连过孔设计过程中应进行三维电磁场建模仿真。

印制板孔的厚径比设计：印制板孔的厚径比（板厚与孔径之比）应小于 5∶1。

阻焊膜设计：阻焊膜设计依据 GJB 362B—2009 标准进行。

表 15 - 2　PCB 设计工艺可靠性

序号	分级	内容	原因	采取措施
1	禁用	有铅无铅混装进行热风再流焊焊接的印制板基材禁止选用玻璃化转换温度（Tg 值）＜170 的基材	金属化孔易产生裂纹	优先选用 Tg 值≥170 的基材
2	禁用	边长大于 10.16 mm 的无引脚陶瓷器件禁止在 FR4 印制板上直接焊接	易热失配导致焊点疲劳开裂失效	在 FR4 材质印制板上安装时，使用单位应组织工艺验证与审查，通过后报批准可用
3	禁用	非贴板安装通孔元器件的焊盘禁止采用单面焊盘设计	影响焊点强度	应采用金属化孔双面焊盘设计
4	禁用	禁止元器件之间采用共用焊盘的设计（高频电路除外）	重复加热影响元器件及焊点质量	相邻焊盘之间必须有阻焊隔离
5	禁用	禁止印制板上的紧固件做电气连接导通使用（接地除外）	影响电气连接的可靠性	更改设计，采用导线连接

（续表）

序号	分级	内容	原因	采取措施
6	禁用	元器件不应叠装	影响元器件安装可靠性	更改设计,避免叠装
7	禁用	禁止使用接线端子、铆钉作界面或层间连接用。禁止使用起界面连接作用的金属化孔安装元器件	容易导致电气连接不可靠,存在质量隐患	接线端子、铆钉不应作界面或层间连接用。起界面连接作用的金属化孔不能用来安装元器件
8	禁用	禁止使用空心铆钉用于电气连接	容易导致电气连接不可靠,存在质量隐患	按设计规范进行电气连接
9	禁用	禁止一个印制板安装孔中插入的导线或引线超过一根	影响元器件安装可靠性	改进设计
10	禁用	禁止在表贴焊盘(非大面积接地、电源和散热焊端用)上设计盲孔外的导通孔,如过孔、通孔等金属化孔和安装孔	焊料容易流失,存在质量隐患	过孔、通孔等金属化孔和安装孔,应距表贴焊盘边缘有不小于0.635 mm(高密度组装不小于0.5 mm)的距离
11	禁用	禁止距离工艺边或分板2 mm范围内布放陶瓷器件	易损伤元件,存在质量隐患	设计严格落实工艺性要求
12	限用	限制多层印制板支撑孔与导通孔合并使用	焊接散热过快,易造成虚焊等焊点缺陷	a) 印制板支撑孔设计应考虑由于热量散失过快(如焊点与印制板大面积覆铜没有采用隔热设计)对焊点质量的影响;b) 焊接时接地点进行预热措施
13	限用	限制使用接线端子安装在金属化孔中(接线端子只能安装在非金属化孔中)	接线端子容易带电,存在安全隐患	如接线端子有必要用作多层印制电路板的层面连接,应采用包括一个金属化孔与一个非金属化孔相结合的双孔结构,两者在印制电路板焊接面用一个焊盘互连,若要将接线端子安装在金属化孔中,则元件面的焊盘应不起导电作用
14	限用	限制将元器件引线直接焊接于另一元器件引线上实现电气连接	焊接过程会有焊点重熔现象,易造成焊接缺陷,存在质量隐患	通过正常焊盘焊接元器件引线
15	限用	轴向元器件的安装限制使用非标准的引线焊盘间距	非标准的引线焊盘间距不便于成形工装和成形应用	轴向安装元器件引线焊盘间距应按标准执行。径向安装元器件则尽量利用元器件原有间距
16	限用	使用焊接工艺时,限制使用焊接面积小于0.1 mm²的多芯导线	如加固不当容易断线,存在质量隐患	优化、改进设计或采取可靠加固防受力
17	限用	微型电连接器每个接线端子上限制连接一根以上导线	焊接部位容易产生焊接缺陷,存在质量隐患	优化、改进设计

（续表）

序号	分级	内容	原因	采取措施
18	限用	与接插件端子连接的导线截面积一般不得超过接线端子的截面积	容易产生焊接缺陷,有质量隐患	优化、改进设计
19	限用	每个接线端子上限制使用超过三根导线的连接方式	焊接部位容易产生焊接缺陷,存在质量隐患	优化、改进设计。若无法避免,须保证焊点焊接良好
20	建议不使用	表面贴装印制板导通孔建议不开阻焊窗口	焊料容易流失,存在质量隐患	优化、改进设计,应进行涂覆阻焊膜或塞孔处理
21	建议不使用	根据设备要求应在印制板任意对边上留有 3.8 mm ~ 10 mm 的夹持边,夹持边内建议不使用留有焊盘图形或印制导线的设计	便于自动化生产	优选优化、改进设计。在没有空间作为夹持边情况下应在印制板加工时做工艺边

采用的印制板的表面处理不应影响产品性能,并符合如下要求:

a) 金属化孔孔壁镀铜,一般厚度满足环境适应性要求;

b) 印制板导电图形应镀硒铈合金或镀锡铅合金,镀层厚度需满足性能需求;

c) 印制板电装前,不需要焊接的部位应涂上阻焊膜。

15.1.5　印制导线特性阻抗

在高频电路或高速数字电路中,可把印制导线作为传输线处理,严格控制印制导线的特性阻抗,各段印制导线的特性阻抗尽量保持一致,一般控制在设计中心值的 ±20% 以内。多层印制导线主要有微带线和带状线。表面层或表面层信号线一般为微带线,内层信号线一般为带状线。多层板的特性阻抗主要由印制导线的宽度、厚度,介质层度及相对介电常数决定。

15.1.5.1　微带线

微带线结构分敞开式和埋入式,其特性阻抗可由计算或电路实验确定。

a) 敞开式微带线

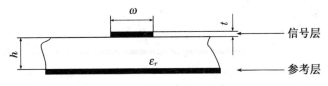

图 15-23　敞开式微带线结构

微带线特性阻抗 $Z_0(\Omega)$ 可用下列公式计算:

$$Z_0 = \frac{87}{\sqrt{\varepsilon_r + 1.41}} \cdot \ln\frac{5.98h}{0.8\omega + t} \qquad (15-3)$$

式中: ε_r —介电常数,4.2 ~ 4.9(材料 FR - 4); h —导线与参考层间介质厚度(mm); ω —导线宽度(mm); t —导线厚度(mm)。

式(15-3)适用于 ω/h 的比值在 0.1～1.0 之间、介电常数在 1～15 之间和地线宽度大于信号线宽度 3 倍时的情况。

b）埋入式微带线

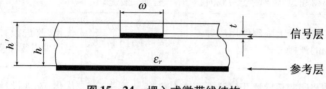

图 15-24　埋入式微带线结构

埋入式微带线与敞开式微带特性阻抗的计算公式相同,只是它的介常数 ε_r 用 ε_r' 代替, ε_r' 用下列公式计算:

$$\varepsilon_r' = \varepsilon_r [1 - e(-1.55 \cdot h/h')] \qquad (15-4)$$

式中:h—导线与参考间介质厚度(mm);h'—参考层到绝缘材料顶端的距离(mm)。

15.1.5.2　带状线

带状线结构分为对称式和不对称式,特性阻抗可由计算或电路实验确定。

a）对称式带状线

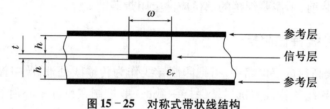

图 15-25　对称式带状线结构

对称式带状线特性阻抗 $Z_0(\Omega)$ 可用下列公式计算:

$$Z_0 = 60 \cdot \ln[1.9(2h + t)/(0.8\omega + t)]/\sqrt{\varepsilon_r} \qquad (15-5)$$

式中:h—导线与参考层间介质厚度(mm);t—导线厚度(mm);ω—导线宽度(mm);ε_r—介电常数。

式(15-5)适用于 ω/h 比值小于 2 时的情况。

b）不对称式带状线

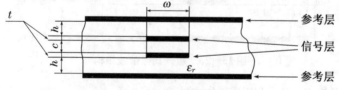

图 15-26　不对称式带状线结构

不对称式带状线特性阻抗 $Z_0(\Omega)$ 可用下列公式计算:

$$Z_0 = 80 \cdot \ln[1.9(2h + t)/(0.8\omega + t)] \cdot [1 - h/4(h + c + t)]/\sqrt{\varepsilon_r} \qquad (15-6)$$

式中:c—信号线之间介质厚度(mm);t—导线厚度(mm);ω—导线宽度(mm)。

式(15-6)适用于 ω/h 比值小于 2 时的情况。

15.1.6　串扰和电磁屏蔽设计

印制导线之间通常会产生信号串扰,采取缩短布线长度、增加线间距、在信号层之间增加地层、在信号线之间插入地线隔离等电磁屏蔽措施,使串扰值低于规定值。

15.1.7　传输延迟

印制导线的传输延迟一般为 5~8 ns/m。在高速数字电路设计中,采取以下技术措施减少传输延迟:

a) 缩短印制导线长度;

b) 减少信号线负载个数;

c) 合理处理布线与端接,减少信号反射;

d) 选用介电常数低的介质材料。

15.1.8　衰减与损耗

对于高速数字电路和模拟电路的信号衰减与损耗,除采用 15.1.7 节中 a)、b)、c) 的技术措施外,要选取介质损耗小的材料,使信号衰减与损耗控制在允许的范围内。

15.2　微波印制板工艺可靠性设计

15.2.1　内层电路走线设计

a) 内层线条宽度

考虑到印制板材的温度膨胀特性及加工工艺,印制板内部线条宽度设计时,对于 0.5 盎司的铜箔材料最小线宽不小于 0.1 mm;对于 1 盎司的铜箔材料,不小于 0.15 mm。

b) 线条间距

由于线条的耦合效应,电路设计过程中,相邻的印制线条之间必须保留足够的隔离间距。此间距不小于 2 倍印制线的宽度。

c) 线条距离边缘距离

设计中线条到印制板边缘的距离 d 大于 0.2 mm,当频率范围较高线条较细时,不小于 0.15 mm。

当印制线条设计与印制板边缘平行走线且无金属化孔进行屏蔽时,印制线条距离印制板的边缘距离大于 1 倍线宽,不小于 0.5 mm。

d) 线条与屏蔽孔间距

印制线条距离内部接地孔或屏蔽孔之间的间距(孔边缘),一般为 1.5~2.5 W。

e) 屏蔽孔与印制板外形边缘距离

图 15-27　线条与屏蔽孔间隙

屏蔽孔或接地孔位于印制板边缘时,设计中屏蔽孔或接地孔边缘距离印制板边缘的距离不小于 0.5 mm。

15.2.2　馈电点焊盘设计

1）侧边水平焊盘设计

对于侧边水平出口的微带线设计时,线条与印制板边缘距离大于 0.2 mm,频段较低时有条件的情况下,与边缘距离设计为 0.5 mm。对于侧边水平出口的带状线电路,设计时带状线上印制板留有半圆形月牙台阶孔,孔半径不小于 2.5 mm,保证印制连接器装配时穿过腔体进入印制板的焊接或压接部分的有效长度为 2.0 mm。

图 15-28　侧边水平焊盘设计

对于微波板,一般情况下要求半圆形月牙孔的半径设计为 3.0 mm,保证连接器焊接或压接部分的有效长度为 2.0~2.5 mm;低频段的微波板月牙半径可适当放大。

2）垂直焊盘设计

a）表贴 SMP 连接器或表贴器件焊盘设计

在印制板表贴焊盘设计时,须根据器件参数或连接器参数进行三维电磁场仿真,在仿真结果满足要求的前提下,表贴焊盘距离周边地的距离 d 不小于 0.2 mm。当连接器的引脚直径为 d_1 时,印制板中固定孔位的直径要求成孔孔径 $d_2 \geq d_1 + 0.1$ mm。

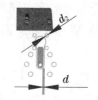
图 15-29　表贴器件焊盘设计

b）垂直装配焊盘设计

当连接器垂直穿过微波板在微波板背面焊接时,垂直焊盘有可能位于微波板不同层上,该焊盘的设计中需要考虑连接器内导体的尺寸及内导体的焊接工艺,如图 15-30 所示。图 15-30 中:d—连接器焊针外径;d_1—印制板穿孔直径;d_2—印制板内层的隔离焊盘直径;d_3—印制板背面焊接的隔离焊盘直径;D—印制板表面焊盘直径。

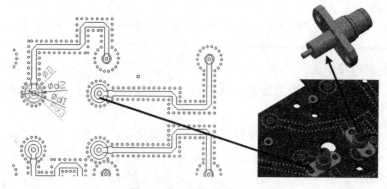
图 15-30　垂直焊盘设计

当连接器焊针外径为 d 时,印制板穿孔直径 d_1 设计为成孔孔径 $(d+0.2$ mm$)\leq d_1 \leq (d+0.3$ mm$)$,且该孔必须要求金属化。印制板表面焊盘直径 D 必须满足条件 $D \geq (d_1 +$

0.4 mm），以保证连接器焊接时的焊接强度。

当通孔穿过金属层时，隔离焊盘的设计需进行三维电磁仿真，以保证良好的电性能指标。同时印制板内层的隔离焊盘直径 d_2 不小于 $d_1 + 0.4$ mm。

印制板背面焊接的隔离焊盘 d_3，其直径要求大于连接器焊针外径 d_1，小于等于相应连接器绝缘套直径。

3）非焊接型垂直金属化孔及焊盘设计

对于非焊接型的垂直金属化孔的设计同互联过孔的设计；非焊接型垂直金属化孔焊盘的设计，考虑到多层板层压的定位精度及成品率，金属化孔的开孔孔径边缘距离焊盘边缘距离不小于 0.1 mm。

15.2.3 侧壁金属化设计

当微波电路板无金属外壳屏蔽，且需电磁屏蔽时，除了印制板四周进行金属化过孔屏蔽外，可以对微波板四周进行侧壁金属化。

15.2.4 互连过孔设计

互连过孔是多层微波印制板设计的关键。互联过孔过程中须进行三维电磁场建模仿真，如下图所示，互连过孔周边的屏蔽过孔的数量不小于 6 个。过孔不存在元器件焊接问题，一般过孔直径 d 设计为 0.5 mm $\leq d \leq 0.9$ mm。

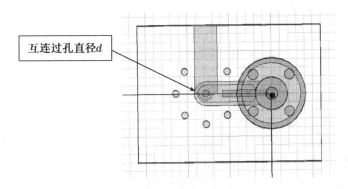

图 15 - 31 互连过孔设计图形

15.2.5 印制板表面镀层

微波板表面镀层主要考虑该印制板的使用环境及产品的环境条件要求。常用的镀层类型有电镀金、化学沉银、电镀锡铈等。

15.2.6 膜电阻设计

由于功分网络中的膜电阻无法直接测量，微波板设计时，在周边区域设计用于测试用的膜电阻，以便进行膜电阻加工精度的评估。采用膜电阻设计电路时，由于膜电阻耐功率较小，大的峰值或平均功率都易造成电阻失效，需进行膜电阻的承受功率评估。

15.2.7 附连测试板

微波板一般需附加附连测试板,附连测试板应能反映微波板的特征,包括孔特征、导电图形、埋电阻、间距等信息。

15.3 电子装联工艺可靠性设计

电子组装技术主要有通孔插装技术(THT)和高速表面贴装技术(SMT)等。典型的 THT 工艺流程为:备料—插件(手工或自动)—涂覆助焊剂—焊接(波峰焊或手工浸焊等)—检查—修补。典型的 SMT 工艺流程为:(1) 备料—PCB 上点胶—贴片—固化(热或紫外)—波峰焊—检查—修补;(2) 备料—PCB 上印制焊锡膏—贴片—回流焊—检查—补焊。为了保证质量可靠性,在每道工序后增加检测和清洗,如锡膏厚度测试、贴片或焊接后的自动光学检测,直至线上 X 光透视检测。

15.3.1 SMT 焊盘设计

SMT 焊盘设计应满足以下要求:

a) PCB 焊盘结构设计要满足回流焊工艺特点"再流动"与自定位效应,元器件贴装位置应在焊盘的中间,最大允许偏差左右不应超出焊盘的边缘。

b) BGA 焊盘设计应满足以下要求:

- PCB 焊盘图形为实心圆,导通孔不能加工在焊盘上;
- 导通孔在孔化电镀后,应采用介质材料或导电胶进行堵塞(盲孔),高度不得超过焊盘高度;
- 在 BGA 器件外廓四角应加工丝网图形,丝网图形的线宽为 0.2 ~ 0.25 mm。

c) 插装器件焊盘设计应满足以下要求:

- 焊盘尺寸设置应尽量大,焊盘外径最小尺寸要比焊盘中的孔大 0.8 mm 以上;
- 相邻焊盘间的中心距应等于相邻焊端或引脚间中心距;
- 某一焊盘与另一元器件任一焊盘之间的距离应不小于 0.5 mm;与相邻导线之间的距离应不小于 0.3 mm;与 PCB 边缘的距离应不小于 5 mm。

d) 屏蔽框器件焊盘设计应满足以下要求:

- 屏蔽框焊盘的宽度一般不少于 0.4 mm + 屏蔽框材料厚度,一般按 0.8 mm 的焊盘宽度设计;
- 相邻屏蔽框焊盘边缘之间的距离不少于 0.6 mm;
- 屏蔽框焊盘设计时应考虑导热的有效性,一般焊盘总长度不少于屏蔽框周长尺寸的 70%;
- 屏蔽罩的孔径要求一般为 1.0 ~ 1.5 mm,孔距要求一般为 2.5 mm;
- 屏蔽罩与器件顶面的内孔高度一般要求在考虑到器件的最大公差和焊锡高度后不小于 0.3 mm;
- 屏蔽框焊盘边缘距离 BGA 丝印边缘至少应有 0.5 mm;

- 屏蔽框焊盘边缘(两侧)与元件的焊盘最小间隙应不小于 0.3 mm;
- 同一屏蔽框相邻两个焊盘的距离一般为 0.5 ~ 1.5 mm;
- 为防止锡膏在回流时流失,原则上要求屏蔽罩的焊盘上不应有通孔,如果对接地要求高,必须打通孔时,应在焊盘与通孔之间有至少 0.15 mm 的阻焊间隔;
- 组装件之间的互连焊点,应设计金属化孔或焊盘,通过金属化孔或焊盘进行连接,不应使用加绝缘管的镀锡裸线连接。

e)不宜将导通孔直接设置在焊盘上或焊盘的延长部分和焊盘角上。

f)导通孔和焊盘之间应有一段涂有阻焊膜的细线相连,细线的长度应大于 0.5 mm,宽度小于 0.4 mm。

表面贴装印制板(焊盘)设计的主要参考标准包括:

a)SJ/T 10670《表面组装工艺通用技术要求》;

b)GJB 3243《电子元器件表面安装要求》;

c)GJB 4057《军用电子设备印制电路板设计要求》;

d)IPC - 7351B《表贴元件焊盘设计规范》。

15.3.2 电子装联工艺流程设计

电子装联工艺流程设计应满足以下要求:

a)需钳装的元器件应先进行钳装,后安装元器件。

b)按装配工序,将成型好的元器件由小到大依次安装。先安装一般元器件,最后安装静电敏感元器件。

c)当元器件为金属外壳而安装面又有印制导线时,应加绝缘衬垫或绝缘套管。

d)元器件在 PCB 板插装顺序应是先低后高,先小后大,先轻后重,先易后难,先一般元器件,后特殊元器件,且上道工序安装后不能影响下道工序的安装。

e)有极性的元器件极性应严格按照图纸上的要求安装,不能错装。

f)元器件在 PCB 板上的插装应分布均匀,排列整齐美观,不应斜排、立体交叉和重叠排列。不应一边高、一边低,也不应使引脚一边长、一边短。

g)常用 PCBA 加工流程见表 15 - 3。

表 15 - 3 主要加工工艺流程

组装方式		示意图	工艺流程	特征
全表面组装	单面表面组装	A B	A 面焊膏印刷—贴片—回流焊接	效率最高,人工成本最低,直通率高,PCB 组装加热次数为一次,器件为 SMD,机器贴装,工艺最简单,适用于小型、薄型简单电路
	双面表面组装	A B	B 面焊膏印刷—贴片—回流焊接—翻转 PCB—A 面焊膏印刷—贴片—回流焊接	效率最高,人工成本最低,直通率高,PCB 组装加热次数为两次,器件为 SMD,机器贴装,工艺最简单,适用于高密度组装、薄型化电路

（续表）

组装方式		示意图	工艺流程	特征
单面插装	THC 都在 A 面	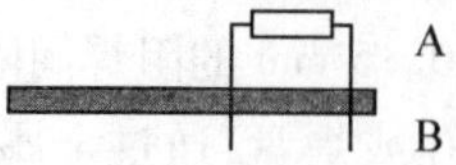	成型—插件—波峰焊接	效率较高,人工成本上升,直通率下降,PCB 组装加热次数为一次,器件为插件,人工成本开始增加,工艺较简单
单面混装	SMD 和 THC 都在 A 面	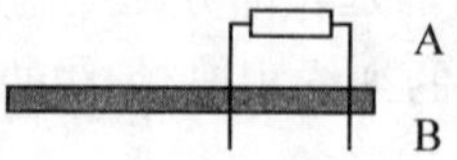	A 面焊膏印刷—贴片—回流焊接—插件—波峰焊接	效率较高,人工成本上升,直通率下降,PCB 组装加热次数为两次,人工成本开始增加,一般采用先贴后插,工艺较简单
	THC 在 A 面 SMD 在 B 面	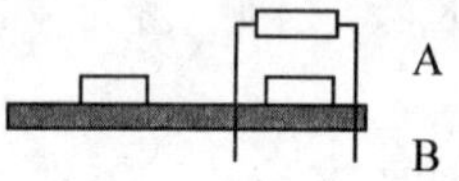	B 面焊膏印刷—贴片—回流焊接—插件—选择性波峰焊接或手工焊接	效率较高,人工成本上升,直通率下降,PCB 组装加热次数为两次,人工成本开始增加,一般采用先贴后插,工艺较简单,如采用先插后贴,工艺复杂
双面混装	THC 在 A 面 A、B 两面都有 SMD	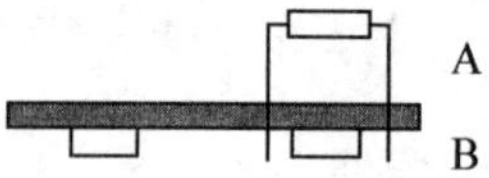	B 面焊膏印刷—贴片—回流焊接—翻转 PCB—A 面焊膏印刷—贴片—回流焊接—插件—选择性波峰焊接或手工焊接	效率适中,人工成本上升,直通率下降,PCB 组装加热次数为三次,工艺难度加大,适合高密度组装
	A、B 两面都有 SMD 和 THC	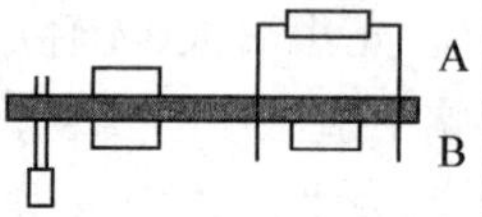	B 面焊膏印刷—贴片—回流焊接—翻转 PCB—A 面焊膏印刷—贴片—回流焊接—插件—手工焊接	效率最低,人工成本最高,直通率下降,工艺难度最大,工艺复杂,很少采用

表 15－4　电子装联(PCBA)工艺可靠性

序号	分级	内容	原因	采取措施
1	禁用	禁止使用尖头钳或医用镊子校直引线	容易损伤引线,存在质量隐患	应使用无齿平口校直引线
2	禁用	禁止使用刮刀清除元器件引线的氧化物	容易损伤引线,且易产生多余物,存在质量隐患	只能用绘图橡皮轻擦等不损伤引线的方式清除
3	禁用	禁止对硬引线(回火引线)和线径大于 1.3 mm 的引线进行弯曲成形	弯曲成形容易损伤元器件密封及引线与内部的连接,存在质量隐患	元器件引线线径大于等于 1.3 mm 的硬引线(回火引线),必须弯曲时,要有防元器件损伤措施(如工装保护)

（续表）

序号	分级	内容	原因	采取措施
4	限用	元器件引线的成形限制使用非专用工具	元器件本体容易产生破裂、密封损坏或开裂，或者元器件内部连接断开，存在质量隐患	应使用无齿平口钳、无齿镊子、专用成形工装或设备进行成形
5	限用	限制对扁平封装的多引线元器件进行手工成形和剪切引线	容易损伤元器件，存在质量隐患	对扁平封装多引线元器件的成形应使用专用成形工装或设备
6	限用	轴向元器件引线限制使用先成形后搪锡的工艺方法	搪锡高度不好控制，有烫伤元器件本体的可能性，存在质量隐患	先搪锡，后成形
7	禁用	禁止未做引线成形的 TO 封装三极管采用管座支撑直接焊接在印制板上	易产生引线根部受力	应按要求预成形后安装
8	禁用	禁止 F 型封装功率器件硬引线直接与接点硬连接	易使焊点和引线受力，焊点开裂，影响透锡质量	使用软导线与接点连接
9	禁用	侧倒安装晶振设计禁止采用仅用硅橡胶黏固的方式	一旦硅橡胶失效，会使晶体的技术参数在振动条件下产生变化	设计绑扎孔并绑扎加固或器件底部加减振垫，辅助硅橡胶黏固
10	禁用	对非金属材料制成的零部件装配时禁止直接安装弹簧垫圈	非金属材料制成的零部件容易受损存在质量隐患	如需安装弹簧垫圈应在弹簧垫圈与非金属材料间加金属平垫，但垫圈的选取需要注意对邻近焊盘的影响，避免可能产生的绝缘性能下降
11	禁用	在印制板紧固安装中禁止不使用垫片直接安装螺钉、螺母	印制板容易受损，存在质量隐患	需采用垫片隔离防护
12	禁用	相邻零部组件接触面有接触电阻要求时，螺纹紧固安装中禁止涂螺纹涂胶进行螺纹防松动	胶易流入接触面，造成接触电阻变化	采用其他防松措施，不使用螺纹胶
13	禁用	在有接触电阻要求的接触面上禁止涂导热硅脂	易造成接触电阻变化	应保持接触面直接接触，并紧固
14	禁用	在无接地电阻要求的情况下，紧固件装配禁止无螺纹防松措施	振动试验后易松动导致接触不良	应采用螺纹胶等防松措施
15	限用	限制对轴向引线元器件非水平安装。限制对非轴向引线元器件在无固定的条件下侧装或倒装	影响元器件安装可靠性	轴向引线元器件的安装应采用水平安装。非轴向引线元器件进行侧装或倒装时，元器件本体应黏固或用某种方法固定在印制电路板上，防止冲击和振动时产生位移

（续表）

序号	分级	内容	原因	采取措施
16	限用	限制使用元器件挡住其他元器件引线的安装方式	容易损伤元器件。不便于拆装、清洗和焊料的流动。影响元器件的安装可靠性	装联在印制板电路板上的元器件应在不移动其他元器件的情况下就能方便拆装元器件
17	限用	在印制板上采用压装的电连接器压装后限制使用焊接加固	不便于拆装维修,焊接助焊剂残留物易引起电迁移,存在质量隐患	严格按照规范要求设计、加工安装孔
18	限用	压装电连接器压装部位限制喷涂三防漆	影响连接可靠性	采取措施防止三防漆流入压装孔或污染插针
19	限用	易损插装元器件(如玻璃二极管等)需三防漆保护时不宜贴板安装	三防漆应力作用易损伤元器件	建议抬高 0.5 ~ 1.2 mm 距离安装,并确保二极管与印制板之间不被三防漆黏连
20	建议不使用	用于高频同轴电缆压装的电连接器,不建议使用锡铅焊	影响产品高频性能	按使用要求压装连接
21	建议不使用	对玻璃珠绝缘封装和玻璃绝缘子封装元器件,不建议在焊前无保护措施时剪腿	应力容易传递至引线根部的玻璃绝缘子和玻璃封装位置,导致玻璃体破裂、密封性能下降,存在质量隐患	应采取有效措施进行保护,防止应力传输至端子根部
22	禁用	禁止对手工焊接焊点强制冷却	容易导致焊点虚焊,存在质量隐患	手工焊接时,焊点应在室温下自然冷却,严禁用嘴吹或用其他强制冷却方法
23	禁用	禁止印制电路板金属化孔的焊接采用双面焊接	易造成虚焊、助焊剂残留等缺陷	印制电路板金属化孔的焊接,应采用单面焊,焊料从印刷版的一侧连流到另一侧
24	禁用	焊点焊料固化期间禁止受到扰动,禁止采用液体冷却焊点	容易产生应力或虚焊,存在质量隐患	在冷却期间相关焊件,应保持相对静止
25	禁用	当印制板元器件孔径与线径失配时,禁止扩孔或修锉引线	容易导致金属化孔和引线受损,影响焊接质量	更换器件或调整印制板安装孔孔径
26	禁用	禁止使用中继孔(导通孔,无引线插装的金属化孔)安装导线或元器件引线	中继孔是用来实现双层板和多层板中相邻两层的电气连接,不能用来安装元器件	安装导线或元器件引线的孔可以是支撑孔(金属化孔)或非支撑孔(非金属化孔)
27	禁用	禁止金属外壳功率管本体与印制板直接接触	避免外壳与引线短接	印制板上金属壳体元器件应与相邻印制导线和导体元器件绝缘
28	禁用	严禁损伤非轴向引线元件弯月面涂层	器件引线容易受损,因为该引线上的弯月面层,是该元件上涂层的延伸,一般来说,该涂层较硬,会连带破坏了器件本体的涂层	非轴向引线元件的一根或多跟引线上涂有弯月面涂层时,在元件安装后,弯月面涂层与焊盘的距离应不小于 0.25 mm

（续表）

序号	分级	内容	原因	采取措施
29	禁用	禁止不同牌号焊锡膏混合使用	可能导致焊接缺陷,存在质量隐患	使用同一牌号焊锡膏
30	禁用	易受潮、超出规定有效使用周期的表面贴装塑封器件未经去潮气禁止直接进行再流焊接	易出现芯片内部分层或电装加热过程中出现"爆米花"效应等	应严格控制存放环境湿度条件,电装前按照相关规定进行烘干处理或低湿存放去潮
31	禁用	印制板组装件禁止使用非温控电烙铁进行手工焊接操作	不能准确校准和设定、控制电烙铁温度,造成由于焊接温度过高使印制电路损害,或是由于焊接温度过低影响焊点质量	应采用温控电烙铁进行印制板焊接
32	禁用	禁止采用在键合引线的键合点处点导电胶或其他有机胶加固措施	温度变化会使键合点受到胶的应力,反而易造成键合点失效	对键合点加固可采用补金球、补压键合点形式
33	限用	限制采用手工掰板方式分离印制电路板拼版	损伤板上元件或焊点,导致产品失效或可靠性下降	推荐采用分板设备或铣加工、激光分板等低应力分板设备
34	限用	多焊点施焊,不应沿一个方向连续逐点施焊	形成热应力,影响焊接质量,存在质量隐患	采用间隔数个焊接点交替实焊的方式
35	限用	限制在未采取预热措施的条件下,直接手工焊接表贴电容或玻璃、陶瓷材料封装精密器件	不同材料热胀系数相差较大,手工焊器件时温差过大易损伤器件,造成元器件参数飘移,存在质量隐患	使用预热工艺措施
36	限用	最小焊盘面积小于 0.1 mm² 的元器件限制采用空气回流焊接	易发生虚焊,存在质量隐患	推荐采用低氧的无氧环境焊接
37	限用	对有缺陷的焊点允许返工,限制每个焊点的返工次数不应超过三次	焊接部位容易损伤,存在质量隐患	在工艺中明确规定(焊点重熔不计)
38	限用	间距小于 0.635 mm 的集成电路和板厚不大于 1 mm 的印刷电路板,限制使用波峰焊接	间距小容易发生连焊,板厚小容易导致印制板翘曲,降低焊接可靠性,存在质量隐患	小于 0.635 mm 的集成电路建议采用回流焊接。板厚不大于 1 mm 的印制电路板建议手工焊接
39	限用	限制在元器件安装后进行钻、锉、砂纸打磨等非电装工作	容易产生多余物,存在质量隐患	如有特殊情况,必须经过有关部门批准并采取一定的防止多余物的措施
40	限用	限制使用元器件安装妨碍焊接过锡的安装方式	影响焊接过锡,存在质量隐患	安装后应留过锡缝或采取必要的加固措施
41	限用	手工焊接的焊盘边缘与裸露导体的距离不应小于 1.6 mm	容易引发短路,存在质量隐患	应对焊盘以外导体覆盖阻焊膜

（续表）

序号	分级	内容	原因	采取措施
42	限用	限制使用直接焊接在印制板上焊接导线的方法	影响连接可靠性,存在质量隐患	建议采用在印制板上安装电连接器的方法实现连接,若无法实现应采取"通过过线孔安装"的方式,或对印制板上导线采取绑线孔绑扎、限夹固定等加固措施
43	建议不使用	Pitch 小于 0.5 mm 的翼型引线元件建议不使用手工贴装	易产生引线变形和连焊,存在质量隐患	推荐采用贴片机贴装
44	建议不使用	通过安装元器件引线穿过印制板面后不高于 0.5 mm 时建议不使用手工焊接	易引发虚焊,有质量隐患	推荐采用波峰焊接工艺

表 15-5　PCBA 工艺质量可靠性要求

序号	类型	PCBA 工艺要求示例	PCBA 工艺质量可靠性标准
1	轴向元器件引线成形	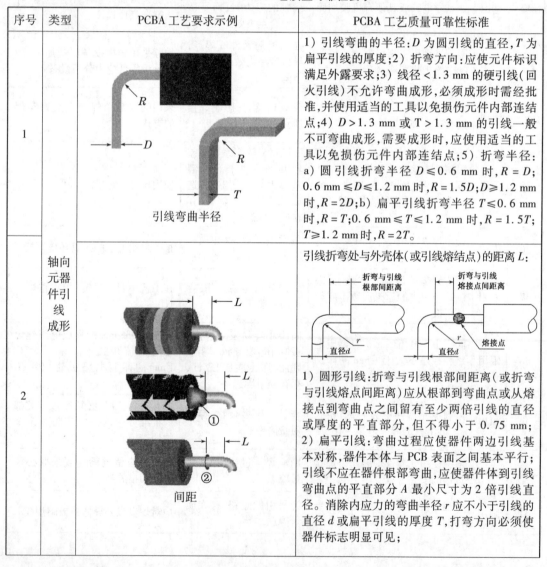引线弯曲半径	1）引线弯曲的半径:D 为圆引线的直径,T 为扁平引线的厚度;2）折弯方向:应使元件标识满足外露要求;3）线径 <1.3 mm 的硬引线（回火引线）不允许弯曲成形,必须成形时需经批准,并使用适当的工具以免损伤元件内部连结点;4）$D>1.3$ mm 或 $T>1.3$ mm 的引线一般不可弯曲成形,需要成形时,应使用适当的工具以免损伤元件内部连结点;5）折弯半径:a）圆引线折弯半径 $D \leqslant 0.6$ mm 时,$R=D$;0.6 mm $\leqslant D \leqslant 1.2$ mm 时,$R=1.5D$;$D \geqslant 1.2$ mm 时,$R=2D$;b）扁平引线折弯半径 $T \leqslant 0.6$ mm 时,$R=T$;0.6 mm $\leqslant T \leqslant 1.2$ mm 时,$R=1.5T$;$T \geqslant 1.2$ mm 时,$R=2T$。
2		间距	引线折弯处与外壳体（或引线熔结点）的距离 L: 1）圆形引线:折弯与引线根部间距离（或折弯与引线熔点间距离）应从根部到弯曲点或从熔接点到弯曲点之间留有至少两倍引线的直径或厚度的平直部分,但不得小于 0.75 mm; 2）扁平引线:弯曲过程应使器件两边引线基本对称,器件本体与 PCB 表面之间基本平行;引线不应在器件根部弯曲,应使器件体到引线弯曲点的平直部分 A 最小尺寸为 2 倍引线直径。消除内应力的弯曲半径 r 应不小于引线的直径 d 或扁平引线的厚度 T,打弯方向必须使器件标志明显可见;

（续表）

序号	类型	PCBA 工艺要求示例	PCBA 工艺质量可靠性标准
			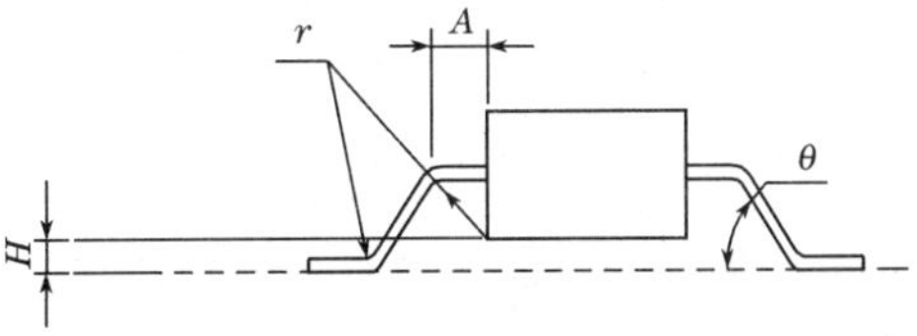 A—器件体到引线弯曲点间的平直部分；R—弯曲半径；H—器件本体与 PCB 表面之间的间距；θ—上下弯曲间的直线部分和 PCB 之间夹角。 3）折弯距离测算部位应以元件突出端为起点，如左图①②所示。
3		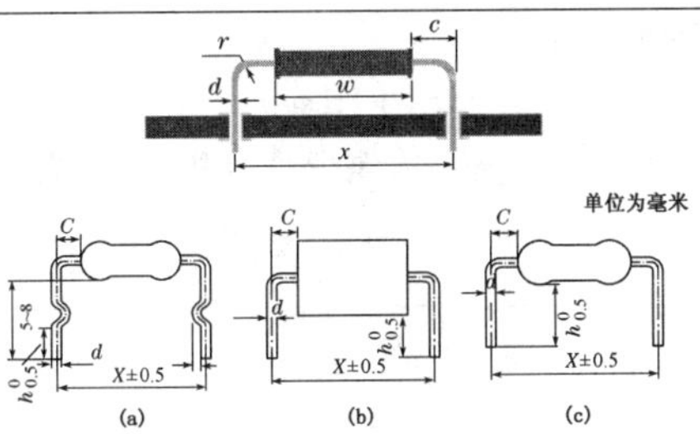 引线跨距	引线跨距 X：应与安装通孔中心间距（或以元件体中心）为准对称成形，建议按照 $X = 2.5n$（n 取正整数）跨距成形安装。
4		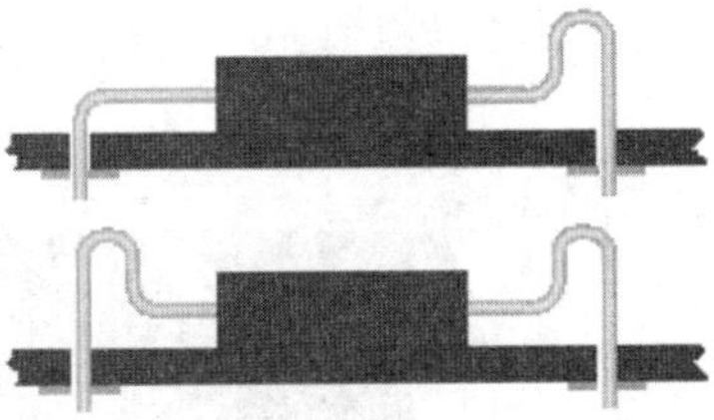 卧式安装成形	元件本体直接与 PCB 紧靠安装，直径 D 小于 3.2 mm 时采用图（a），玻璃体元件按图（b）成形。 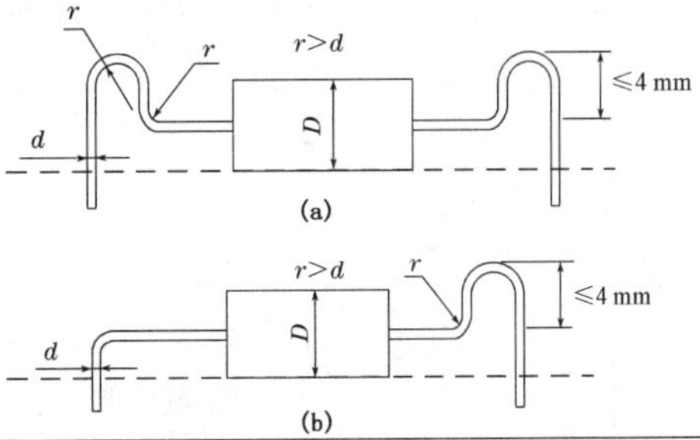
5		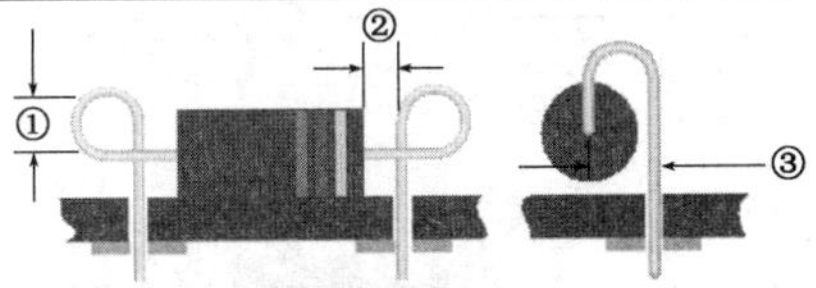 其他可用成形	安装通孔中心间距与元件体尺寸不能满足成形尺寸要求时，按示例标识符合如下要求：a）4～8 倍引线直径大小；b）至少是直径大小；c）至少 2 倍引线直径大小。
6		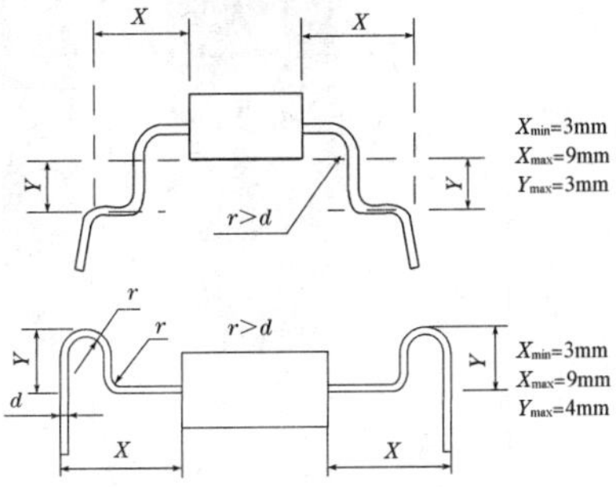 功率散热元件成形	1）元件本体与 PCB 面距离应满足 1.5～3 mm； 2）所有折弯半径均应符合至少达引线直径大小； 3）元件跨距满足安装尺寸要求。

（续表）

序号	类型	PCBA 工艺要求示例	PCBA 工艺质量可靠性标准
7		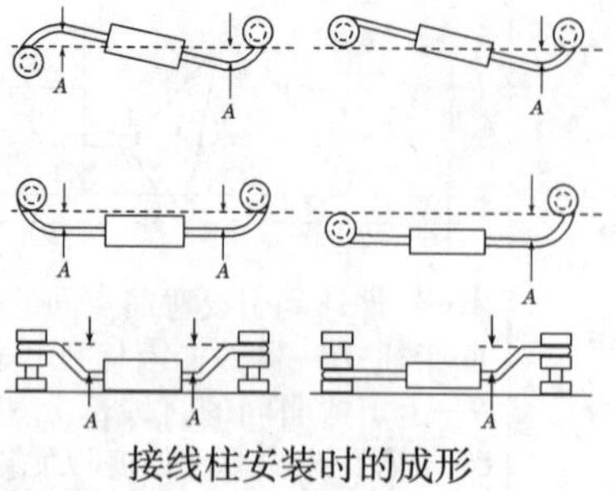 接线柱安装时的成形	所有折弯半径均应至少是引线直径大小。
8		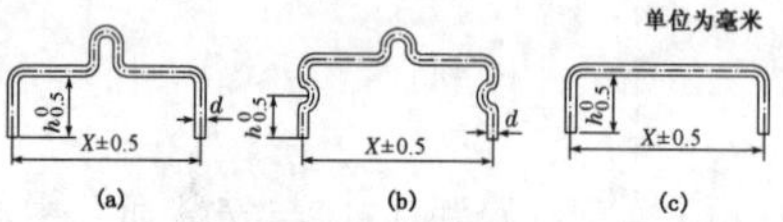 单位为毫米 圆铜跨线成形	1）跨距 X 满足安装距离尺寸；2）所有折弯半径应符合至少达到引线直径大小。
9		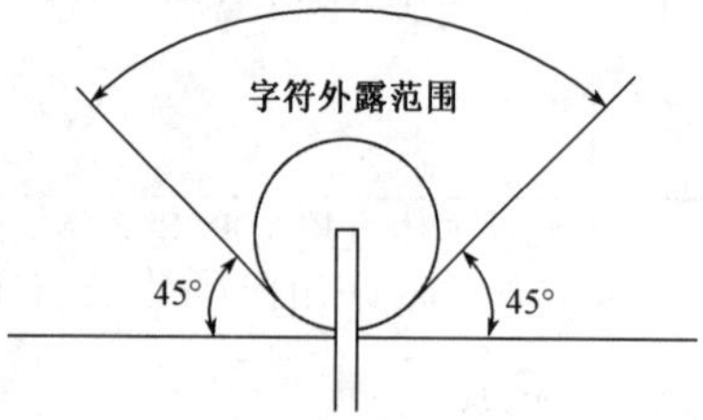 字符外露范围 45° 45° 元件标识	成形应确保元件特征标识符合图例要求。依重要性依次为极性标记、标称值标识及型号等。
10		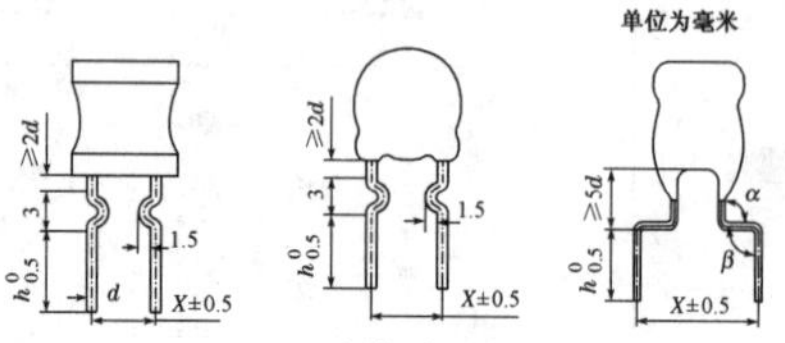 单位为毫米 双引线成形	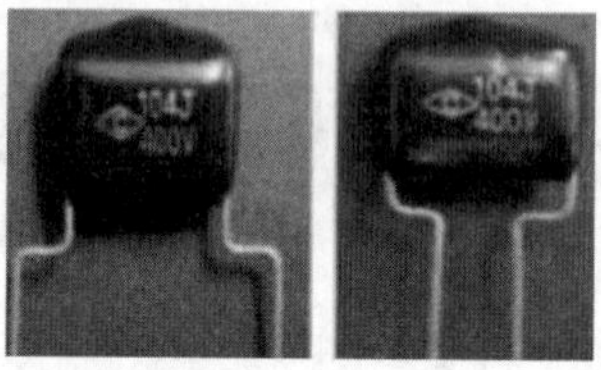
11	径向元器件引线成形	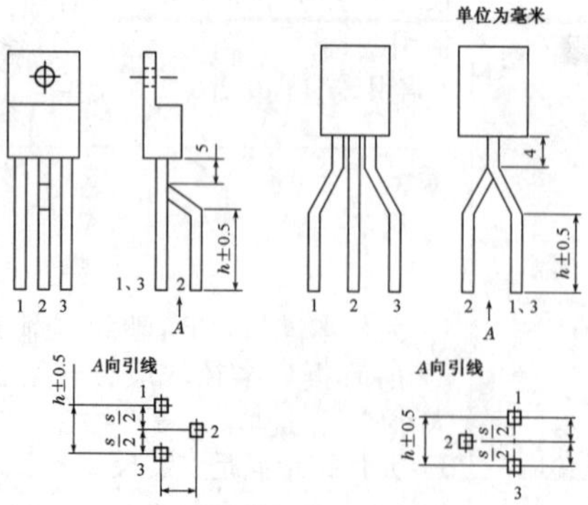 单位为毫米 A向引线 A向引线 小功率晶体管引线成形	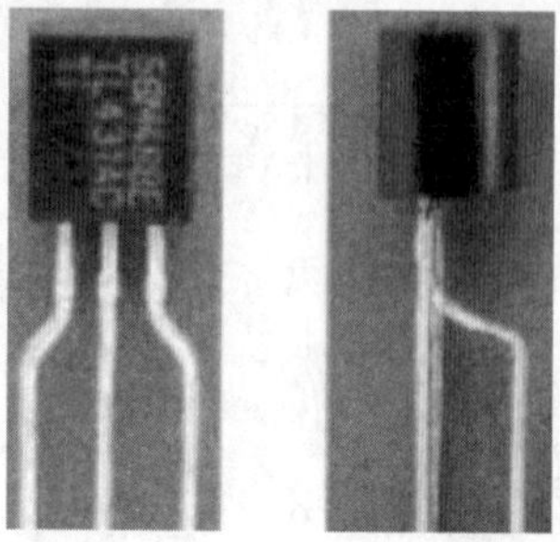

（续表）

序号	类型	PCBA 工艺要求示例	PCBA 工艺质量可靠性标准
12		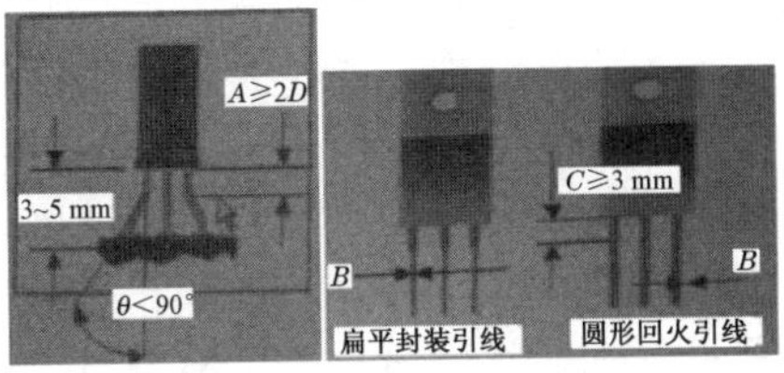 $A \geqslant 2D$ $3\sim5$ mm $\theta < 90°$ $C \geqslant 3$ mm B 扁平封装引线 圆形回火引线 功率晶体管引线成形	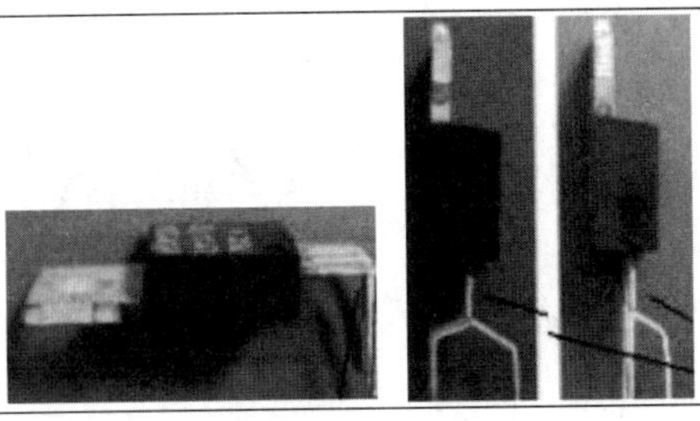
13		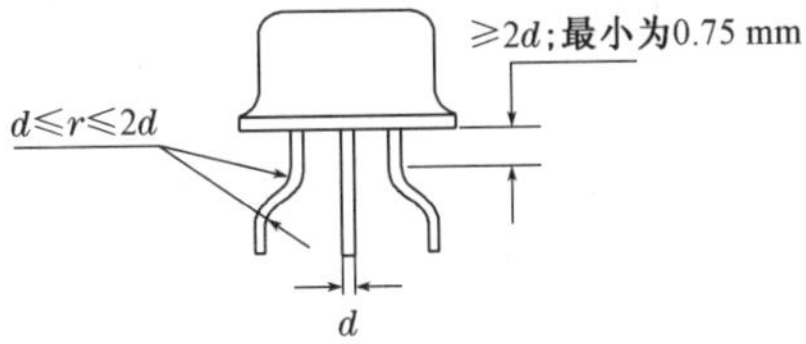 $\geqslant 2d$；最小为0.75 mm $d \leqslant r \leqslant 2d$ d 金属壳体晶体管引线成形	
14		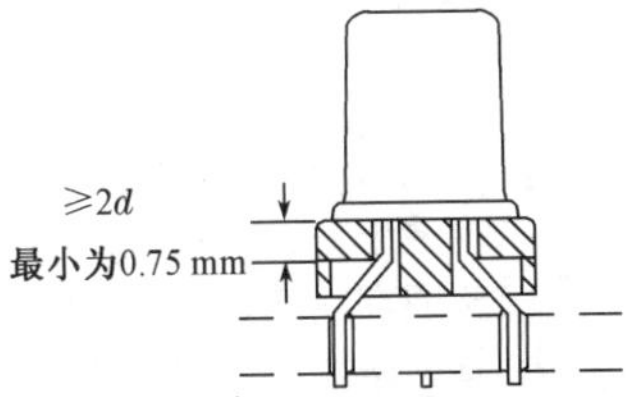 $\geqslant 2d$ 最小为0.75 mm 带有非弹性支垫元件成形	
15		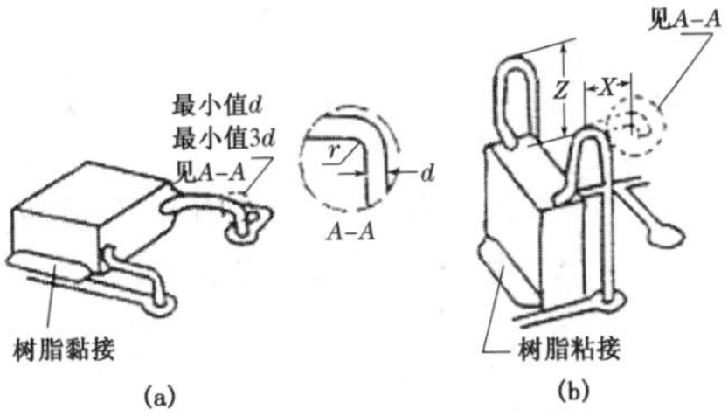 最小值d 最小值$3d$ 见A–A 见A–A r d A–A Z X 树脂黏接 树脂粘接 (a) (b) 侧装及倒装的引线成形	径向引线元器件侧装或倒装的引线成形的弯曲半径 r 不小于引线的直径，但至少为0.75 mm，最大弯曲半径为$3d$，侧装如左图（a）所示。倒装时的引线引形如左图（b）轨迹成形时，跨距 X 应不超过 6.4 mm，元器件基面上的引线高度 Z 应不超过 6.4 mm。
16		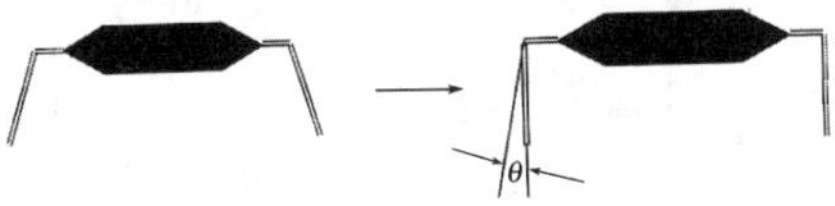 θ 双列集成电路成形	1）θ 角误差范围 ±3°；2）引脚无毛边；3）封装体无残缺。
17		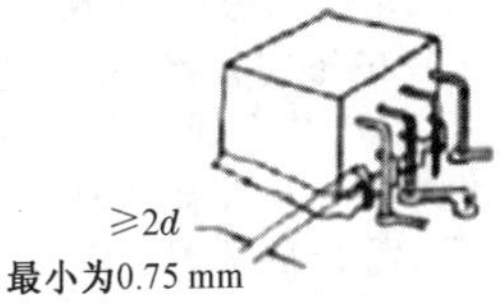 $\geqslant 2d$ 最小为0.75 mm 径向多引线元件侧装成形	
18		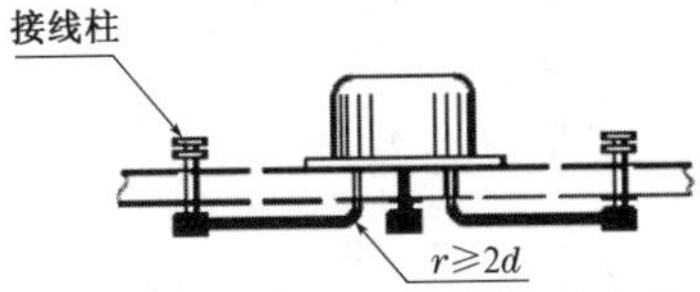 接线柱 $r \geqslant 2d$ 三极管正向贴板安装的引线成形	

（续表）

序号	类型	PCBA 工艺要求示例	PCBA 工艺质量可靠性标准
19		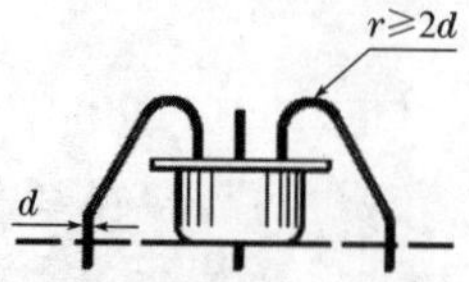 三极管反向贴板安装的引线成形	
20		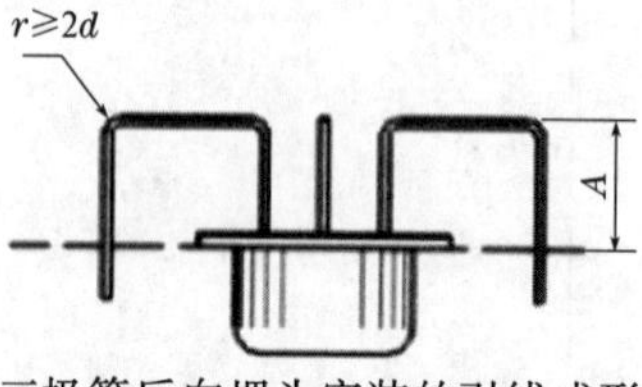 三极管反向埋头安装的引线成形	图中元器件基面上引线高度 A 应符合:0.75 mm $\leqslant A \leqslant 6.4$ mm。
21		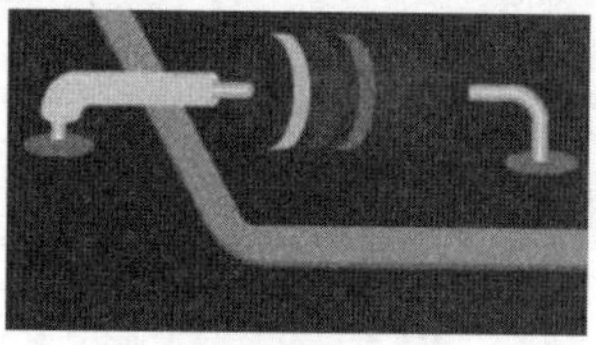 跨线安装	1）水平安装时应保持与板面平行,任何一端不得产生扭转、浮起等现象;2）引脚与印制线短路或存在短路风险时,必须使用绝缘套管。套管不得妨碍形成所需要的焊点,且套管需覆盖所保护的区域。
22	通孔轴向元器件安装	 贴板安装	轴向元器件安装在有阻焊膜或安装表面无裸露电路时,可贴板安装。
23		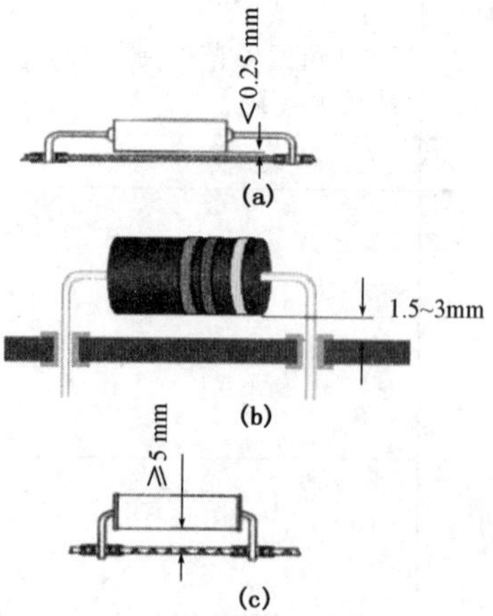 抬高安装	1）元件每根引线承重小于 7 g,热损耗不足 1 W 的轴向元器件离板安装时,元器件壳体底部离 PCB 板面的距离不超过 0.25 mm,见左图（a）;2）元件耗散功率大于或等于 1 W 的器件,需抬高安装,其与印制板组件的间隙在 1.5 ~ 3 mm 之间,见左图（b）;3）3 W 以上大功率发热元器件则应不小于 5 mm,见左图（c）。

（续表）

序号	类型	PCBA 工艺要求示例	PCBA 工艺质量可靠性标准
24		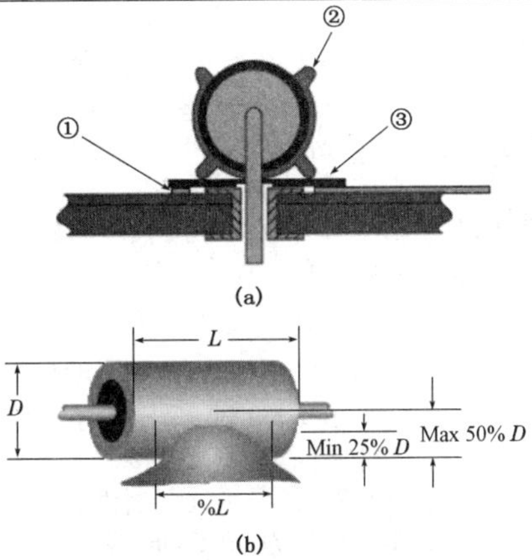 （a） （b） 加固安装	1）每根引线承重超过 7 g 的元器件应用固定夹或其他支撑（包括黏固、绑扎等），以分散接点的承受力；2）非绝缘的金属元器件需使用绝缘材料将其与下面的导电图形隔离开；3）非绝缘的金属固定夹和其他紧固装置需使用绝缘材料将其与下面导电图形隔离开；4）焊盘与非绝缘的元器件间的距离应大于最小电气间隙，见左图（a）；5）对于水平安装的元件，其一侧黏接长度应大于元件长度的50%，黏接高度应大于元件直径的25%，黏接剂最高不超过元件直径的50%，黏接剂在安装表面上要有好的黏附性，见左图（b）。
25		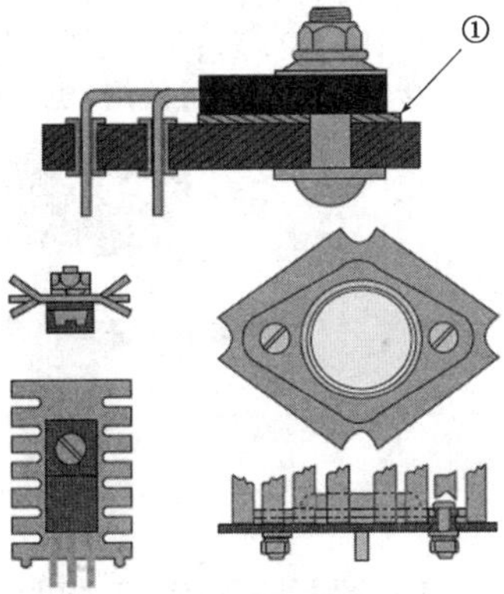 散热安装	1）热损耗大于 1 W 的轴向引线元器件，安装时一般以散热夹子、散热垫片或具有一定尺寸和形状的散热装置消除热量，保证 PCB 的工作温度不超过最大许可。任何散热装置应不影响对杂物的清除；2）散热装置安装平稳，对元器件不造成损伤或应力。
26		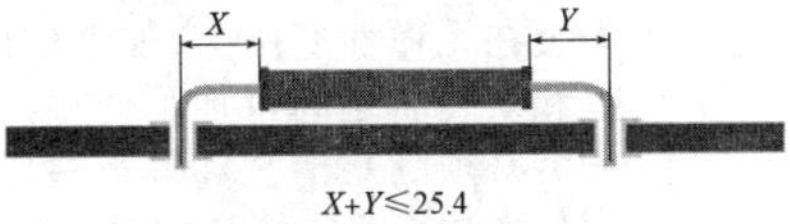 $X+Y\leqslant25.4$ 水平安装引线引出长度	引线从元器件本体伸出总长度（$X+Y$）$\leqslant$25.4 mm。
27	通孔径向元器件安装	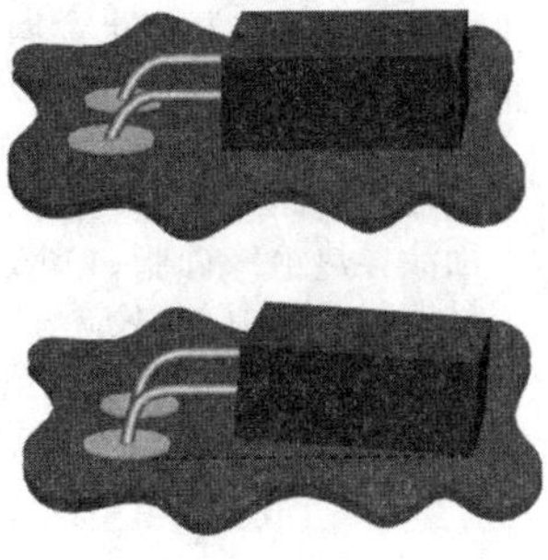 水平安装	1）元器件本体的侧面或表面，或特殊结构元器件（如微型电容器）至少有一个点，应与印制板完全接触，且本主体应连接或固定到印制板上，以免受到振动和冲击力破坏；2）安装在外罩和面板上有匹配要求的元器件不应倾斜，如：触点式开关、电位计、LCD、LED 等。

（续表）

序号	类型	PCBA 工艺要求示例	PCBA 工艺质量可靠性标准
28		 支撑安装	1）当每根引线所承受的元器件重量大于 3.5 g 时，元器件可采用支座安装，即元器件应支撑在与元器件本体成一整体的有弹性的支脚或支撑上，或采用独立支座；2）允许元器件安装用座垫与板面不接触或倾斜及座垫反装阻塞金属化孔。
29		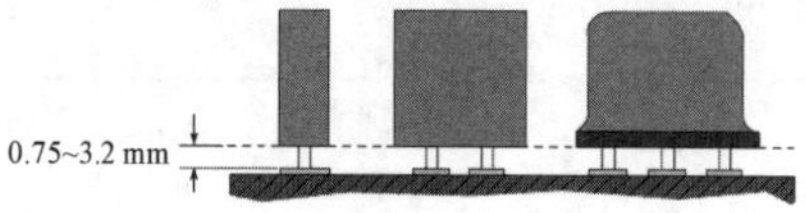 0.75~3.2 mm 非支撑安装	1）多引脚元件当单根引线所承受的元器件重量小于 3.5 g 时，元器件可采用非支撑安装（元器件底面与板面不接触，元器件仅以引线支撑）；2）径向引线元器件底部与 PCB 之间的距离最小值为 0.75 mm，最大值为 3.2 mm；3）在最大或最小间距范围内，任何情况的不平行都是允许的；4）安装在外罩和面板上有匹配要求的元器件不允许倾斜（如：触点式开关、LCD、LED 等）；5）元器件的弯月形涂层与焊接区之间有明显涂层（见下图）。 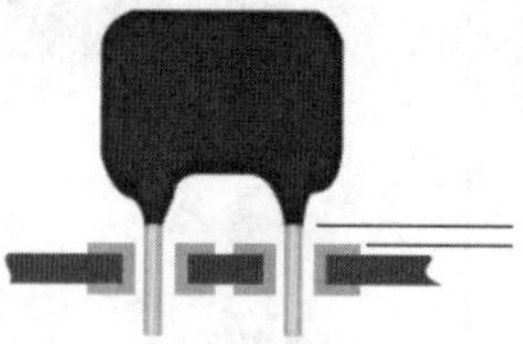
30		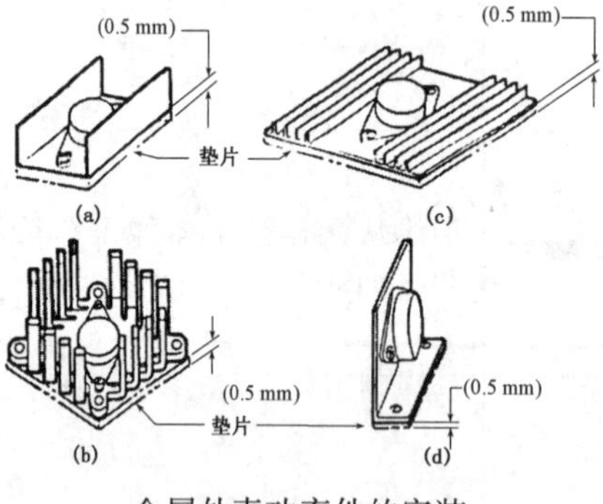 (0.5 mm) (0.5 mm) 垫片 (a) (c) (0.5 mm) 垫片 (0.5 mm) (b) (d) 金属外壳功率件的安装 图(c)金属外壳功率管引线如为硬引线或引线直径超过 1.3 mm，引线不应弯曲。图(d)安装在弹性支座上的金属功率管引线应以直线型插入金属化孔，或在非金属化孔中呈局部弯曲型。	1）金属外壳功率管，如引线不是硬引线（回火引线）或引线直径不大于 1.3 mm，又有应力消除措施，器件可以采用侧向安装、穿板安装或安装在无弹性底座上，如考虑应力消除，散热器和安装面之间可加弹性垫片，见左图，上述安装必须满足清洗和焊点检验的要求；2）金属外壳功率管本体与 PCB 直接接触时，引线孔不应采用金属化孔；金属外壳功率管本体与 PCB 接触时，为防止金属外壳功率管本体与 PCB 上的印制导线短路，元器件底部应距离印制电路不小于 0.5 mm 间距；3）大功率管的散热器安装面应平整、光洁，并在管底面与安装面涂导热绝缘硅脂；4）大功率管的引线应穿过安装孔的中心，不应与散热器相碰；5）大功率管螺装时清除焊片或垫圈与管壳接触部位的氧化层，管壳与焊片可靠接触。

（续表）

序号	类型	PCBA 工艺要求示例	PCBA 工艺质量可靠性标准
31		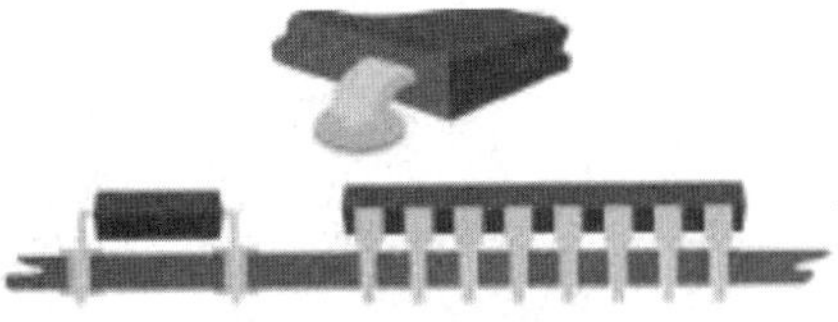 (a)  标志 (b) 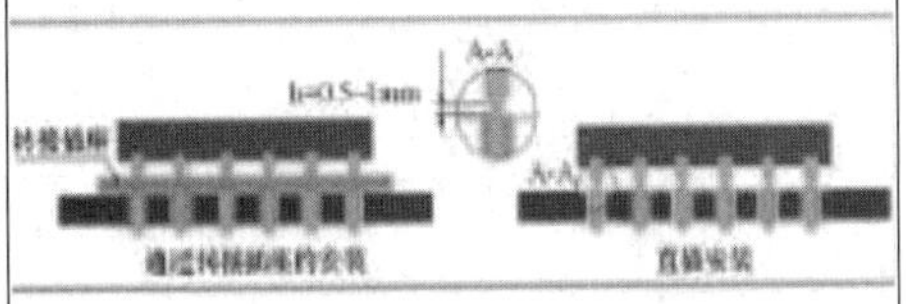 (c) 双列直插集成电路安装	1）所有引脚台肩紧靠焊盘，引脚伸出长度 0.8～1.5 mm，见左图(a)；2）双列直插式集成电路直接插入时其标志方向应与图纸的要求一致，见左图(b)；3）双列直插式集成电路直接插入 PCB 进行安装的要求，见左图(c)。
32		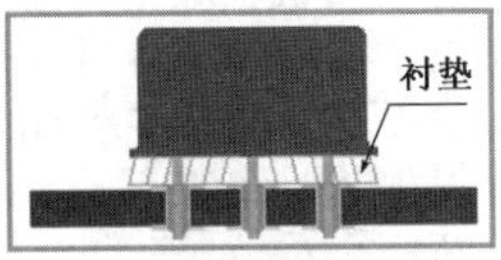 衬垫 圆形封装集成电路安装	圆形封装集成电路安装前应首先将引线校直，然后加绝缘衬垫，使线与线之间的间隔均匀地嵌入衬垫内，并按图纸规定脚号对应插装到 PCB 上。
33		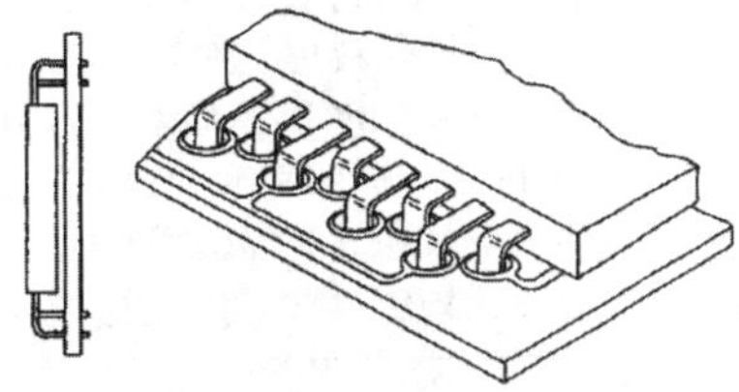 扁平封装引线结构安装	1）引线应采用专用装置整形后一次将全部引线精确置于焊盘或插入焊盘孔，不能剪断引线；2）扁平封装集成电路的安装见左图。
34		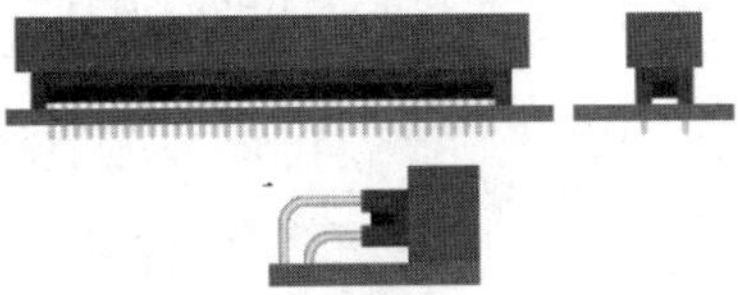 连接器安装	1）连接器与板面紧贴平齐；2）连接器引脚的针肩支撑于焊盘上，引脚伸出焊盘的长度为 0.8～1.5 mm。
35	通孔元器件焊接	 焊接面润湿性	焊点润湿性基本特性：焊点形成后的焊料与待焊表面（焊盘及元件引线）形成一个小于或等于90°时能表明润湿现象。

序号	类型	PCBA 工艺要求示例	PCBA 工艺质量可靠性标准

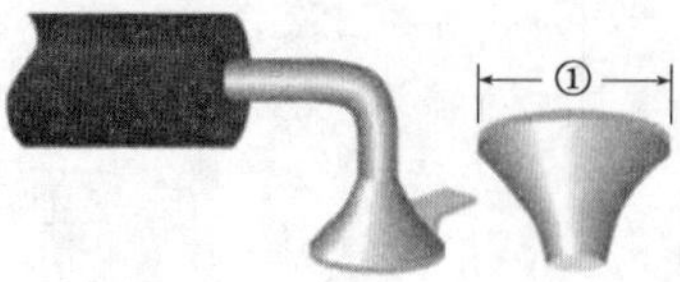

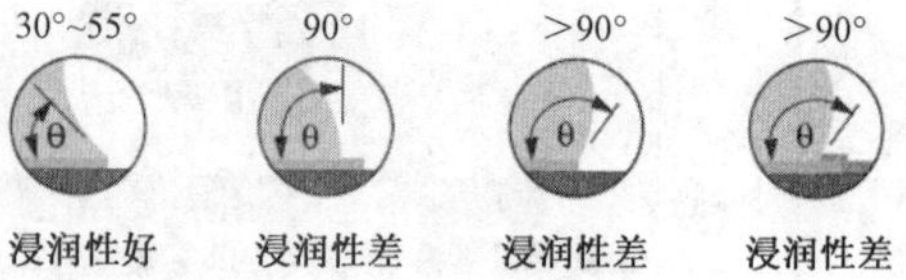

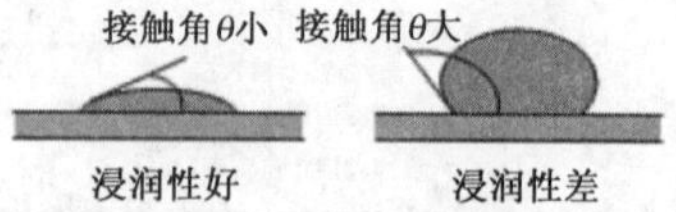

30°~55° 浸润性好　90° 浸润性差　>90° 浸润性差　>90° 浸润性差

接触角θ小　接触角θ大
浸润性好　　浸润性差

润湿角	润湿条件判别
$15° < \theta < 30°$	良好
$30° < \theta < 40°$	好（合格）
$40° < \theta < 55°$	可接受
$55° < \theta < 70°$	不良
$\theta > 70°$	差

1）焊点表面显渐变曲线，直接目视无明显瑕疵（拉尖、缺失、焊料颗料、凸起、凹陷、孔洞、异物等）;2）PCB 焊接面的元件引脚及相应可见焊盘 100% 被焊料所覆盖，引脚和焊盘与焊料结合紧密无间隙，润湿良好;3）焊料沿引脚形状呈现自然伸展状且明显可辨，引脚无外力扭曲、划伤或折损;4）周边洁净且无任何附着物质;5）视焊料类型不同，焊料覆着表面有一定光泽度;6）PCB 焊盘附着良好，无翘起现象;7）PCB 阻焊膜完整，无缺失、起泡、颜色变化明显等现象;8）焊接完成后的 PCB 覆铜、基板表面无划痕、烧灼等痕迹。

36

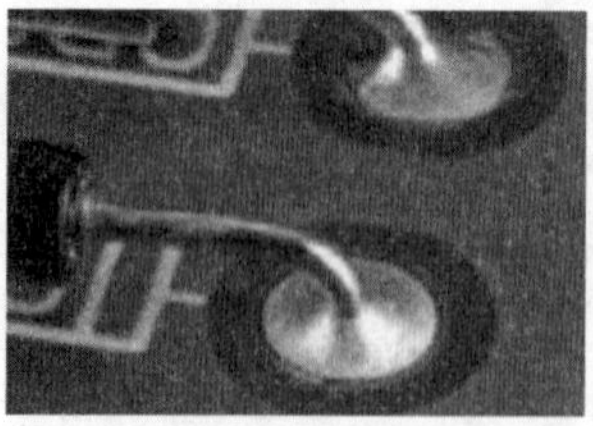

元件面焊端润湿性

1）通孔焊料可见，焊料覆着表面有一定光泽度;2）孔壁及引线周围有明显润湿性特征;3）通孔焊垫焊料覆盖不少于 270°、润湿面积不小于焊盘面积的 90%;4）焊料爬升后不得接触元件体。

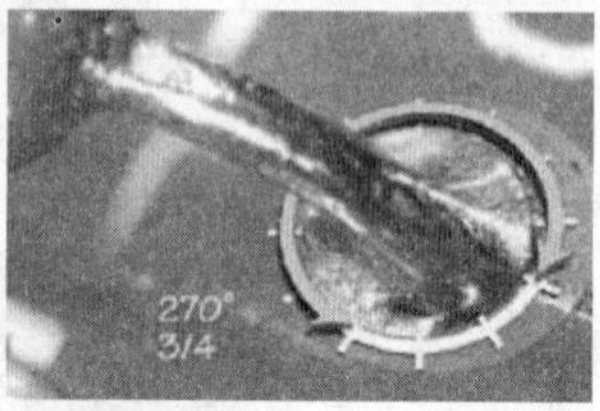

（续表）

序号	类型	PCBA 工艺要求示例	PCBA 工艺质量可靠性标准
		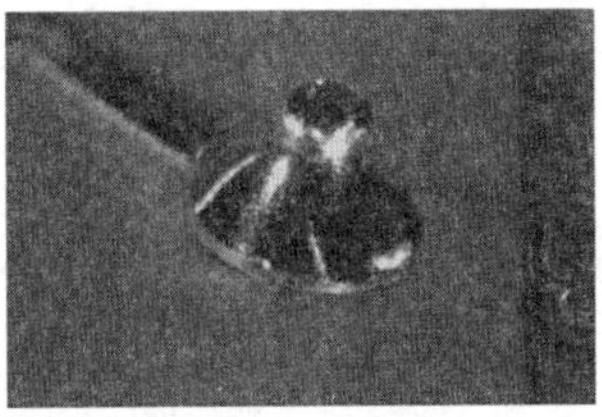 焊接面焊端润湿性	1）通孔焊料可见，焊料覆着表面有一定光泽度；2）孔壁及引线周围有明显润湿性特征； 3）焊盘垫焊料覆盖不少于 270°。 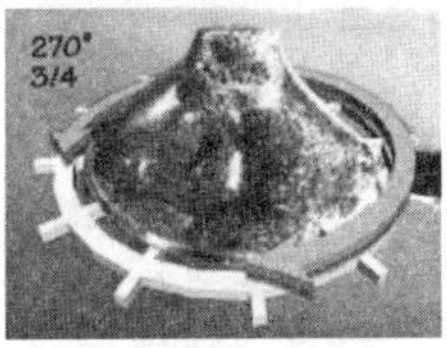
37		 示意图 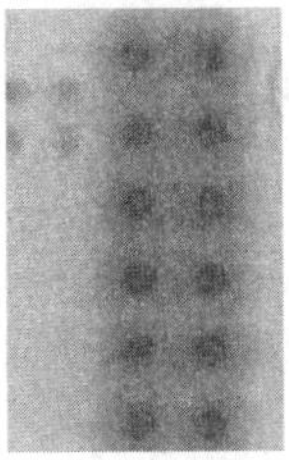 X 光透视图 通孔焊料填充度	1）通孔焊料填充度应达到 100%；  2）元件面及焊接面的焊料均能明显可辨识的润湿现象；波峰焊时允许元件面电镀通孔内壁、PCB 焊垫及通孔内焊料有不超过 25% 板厚的焊料凹缩；不应有空洞或针孔； 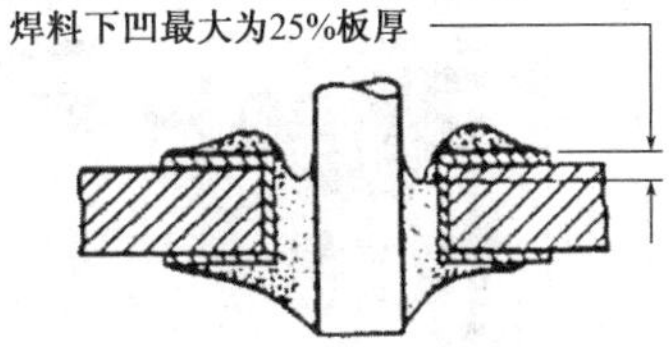 3）焊料填充充实无空洞，焊料与引线及通孔壁紧密结合，之间无杂质、空洞等现象。
38	表面贴装元件焊膏印刷	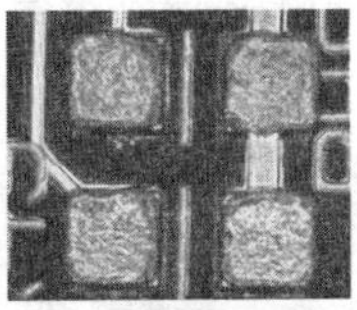 片式元件焊膏图形 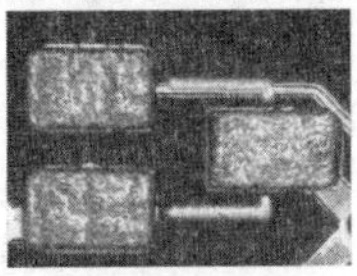 SOT 焊膏图形 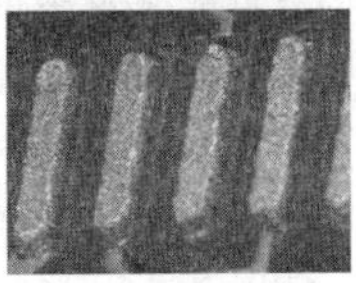 多引脚器件焊膏图形	1）焊膏图案与焊盘对齐；2）尺寸及形状相符；3）焊膏平面整齐无突起或凹陷；4）焊膏厚度与模板厚度相当；5）片式元件、小外形封装、柱状、金属封装等元件要求焊膏覆盖面积至少达到 85%；6）引脚间距大于 0.65 mm 以上封装集成电路，焊膏偏移覆盖面积应达到对应焊盘面积的 85% 以上；7）0.5～0.65 mm 引脚间距封装集成电路焊膏偏移覆盖面积达到焊盘面积 90% 以上；8）0.4～0.5 mm 引脚间距封装集成电路应确保 100% 覆盖焊盘面积。

序号	类型	PCBA 工艺要求示例	PCBA 工艺质量可靠性标准
39	表面贴装元件贴片胶点涂	 片式元件点胶合格示例 圆柱状元件点胶合格示例 SOT 元件点胶合格示例 片式器件点胶合格示例	1）片式元件点胶胶点直径为 0.8 ~ 1.1 mm,高度为 0.06 ~ 0.09 mm;元件置于焊盘图形正中且无偏移;元件偏移或扭转应小于焊盘宽度 1/4,且溢胶未沾到焊盘;元件固化后应能承受 1.5 kg 推力不掉件。2）圆柱状元件点胶胶点直径为 1.2 ~ 1.5 mm,高度为 0.7 ~ 0.92 mm;元件置于焊盘图形正中且无偏移;元件偏移或扭转应小于焊盘宽度 1/4,且溢胶未沾到焊盘;元件固化后能承受 1.5 ~ 2.0 kg 推力不掉。3）SOT 元件点胶胶点直径为 0.8 ~ 1.1 mm,高度为 0.06 ~ 0.09 mm;元件置于焊盘图形正中且无偏移;元件偏移或扭转应小于焊盘宽度 1/4,且溢胶未沾到焊盘;元件固化后应能承受 1.5 kg 推力不掉件。4）片式器件点胶胶点直径为 1.1 ~ 1.6 mm,高度为 0.5 ~ 1.0 mm;元件置于焊盘图形正中且无偏移;元件偏移或扭转应小于焊盘宽度 1/4,且溢胶未沾到焊盘;元件固化后应能承受 1.5 ~ 2.0 kg 推力不掉件。
40	表面贴装元件的焊接	 片式元件贴装合格示例 圆柱状元件贴装合格示例 翼形及 L 形元件贴装合格示例	1）片式元件贴装置于焊盘图形正中;且沿焊盘宽度方向偏移或扭转不超过 20% 宽度值;元件之间应满足最小电气间隙要求距离。2）圆柱状元件贴装置于焊盘图形正中;且沿焊盘宽度方向偏移或扭转不超过 20% 宽度值;元件之间应满足最小电气间隙要求距离。3）翼形及 L 形元件贴装置于焊盘图形正中;沿焊盘宽度方向允许偏差不超过焊盘宽度 20%;沿焊盘长度方向允许偏差不超过 25%。4）J 形引脚元件贴装置于焊盘图形正中;且沿焊盘宽度方向偏移或扭转不超过 20% 宽度值。5）城堡式元件贴装置于焊盘图形正中,无偏差。6）球栅阵列元件贴装置于焊盘图形正中,焊球与焊盘中心允许 50% 焊球直径的偏差。7）柱状阵列元件贴装置于焊盘图形正中;且沿焊盘宽度方向偏移或扭转不超过 20% 宽度值。8）无引线器件贴装置于焊盘图形正中无偏移。

（续表）

序号	类型	PCBA 工艺要求示例	PCBA 工艺质量可靠性标准
		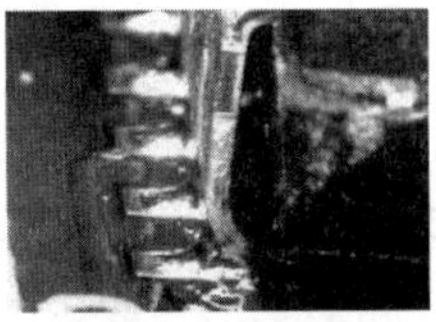 J 形引脚元器件贴装合格示例 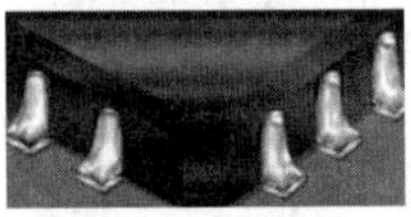 城堡式元件贴装合格示例 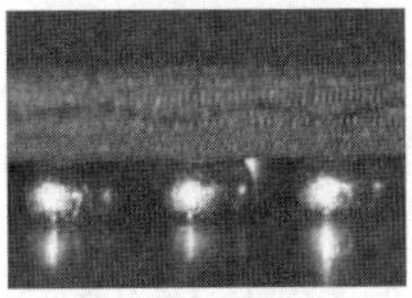 球栅阵列元件贴装合格示例  柱状阵列元器件贴装合格示例  无引线器件贴装合格示列	
41		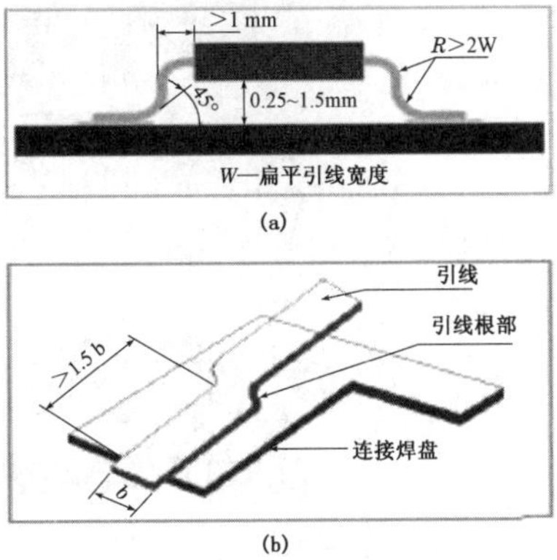 >1 mm R>2W 0.25~1.5mm W—扁平引线宽度 (a) 引线 引线根部 连接焊盘 (b) 有引线的表贴件安装要求	1）有引线的表面安装元器件，其引线在安装前应成形为最终形状；2）扁平封装引线结构表面安装见左图（a）；3）扁平引线和连接焊盘的接触长度应不小于引线宽度的 1.5 倍，扁平引线应放在连接焊盘的中间，引线根部不伸出连接盘，见左图（b）。

（续表）

序号	类型	PCBA 工艺要求示例	PCBA 工艺质量可靠性标准
42		 单位为毫米 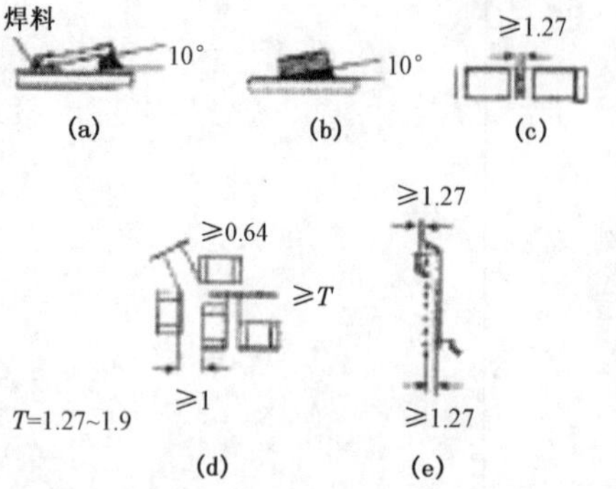 片式元件安装间距要求	1）与印制板平面的倾斜度应不大于 10°； 2）与相邻片式元器件端头间距应不小于 1.27 mm；3）与相邻片式元器件侧面间距应不小于 1 mm；4）与相邻片式元器件角间垂直距应不小于 0.64 mm；5）相邻片式元器件垂直端头与侧面间距应不小于片式元器件厚度（T）；6）壳体与相邻焊盘或印制导线的最小间距应不小于 1.27 mm。
43	表面贴装元件焊接	 仅有底部焊端片式元件	 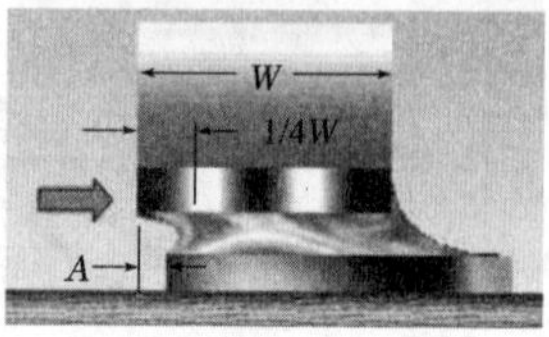 1）元件居于焊盘之中，元件横向、纵向无偏移，焊端不得超出焊盘；2）可接受：径向偏移［见图（a）］$X \leqslant T \times 25\%$（$T$ 为焊端长度）；横向焊点宽度［见图（b）］$C \geqslant W \times 75\%$（$W$ 为焊端宽度）或 $C \geqslant P \times 75\%$（$P$ 为焊盘宽度）；横向偏移［见图（c）］$A \leqslant W \times 25\%$（$W$ 为元件焊端宽度）；3）形成焊点应 100% 覆盖 PCB 焊盘及元件焊端；4）焊料填充形成饱满润湿状，表面曲线圆润无凸起物，不延伸至元件体部；5）视焊料类型不同，焊料覆着表面有一定光泽度；6）PCB 焊盘附着良好，无翘起现象。 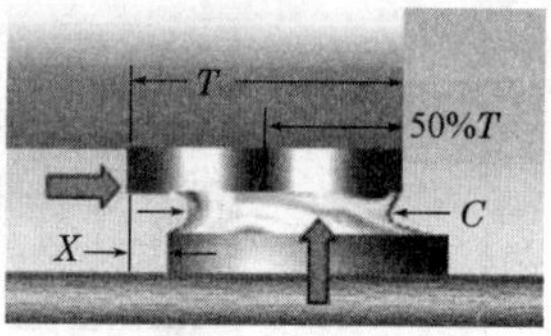

序号	类型	PCBA 工艺要求示例	PCBA 工艺质量可靠性标准
44		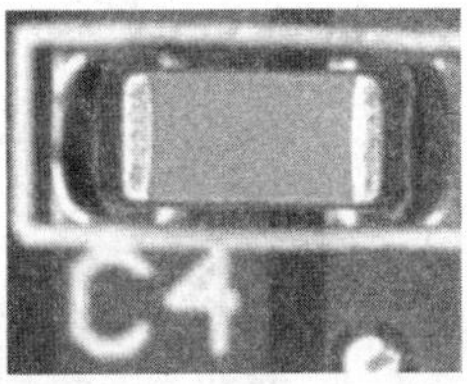 底部焊端片式元件 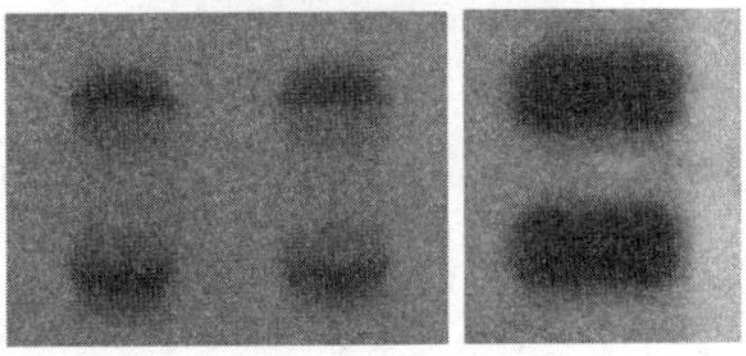 标准阻容件 X 光透视图 矩形焊端片式元件	1）理想状态：元件居于焊盘之中，元件横向、纵向无偏移，焊端不得超出焊盘；2）可接受：横向偏移［图（a）（b）］$A \leqslant W \times 25\%$（$W$ 为焊端宽度）或 $A \leqslant P \times 25\%$（$P$ 为焊盘宽度）；焊点宽度［图（a）（b）］$C \geqslant W \times 75\%$（$W$ 为焊端宽度）或 $C \leqslant P \times 75\%$（$P$ 为焊盘宽度）；焊端径向偏差［图（c）］不小于焊端宽度 T 的 1/2；焊端倾斜高度［图（d）］小于等于元件焊端高度（H）的 1/4；3）焊料爬升高度［图（e）］$F \geqslant (G + H) \times 1/2$（$G$ 为元件底部焊料厚度，H 为焊端高度）；4）焊料填充形成饱满润湿状，表面曲线圆润无凸起物，不延伸至元件体部；5）视焊料类型不同，焊料覆着表面有一定光泽度；6）PCB 焊盘附着良好，无翘起现象。 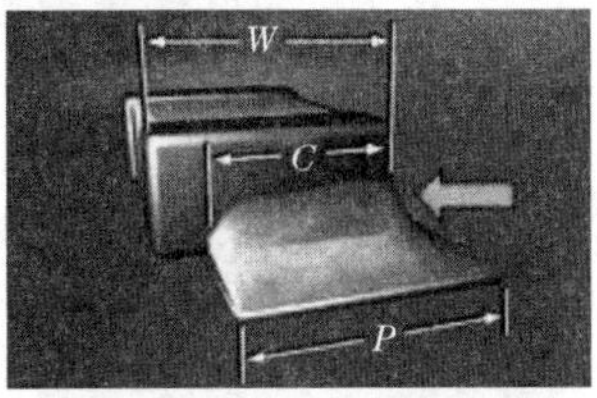 （a） 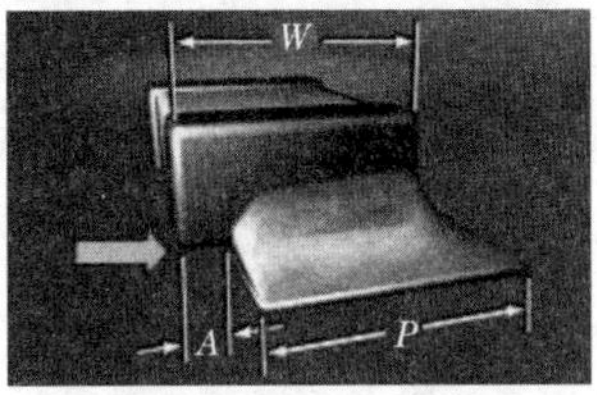 （b） 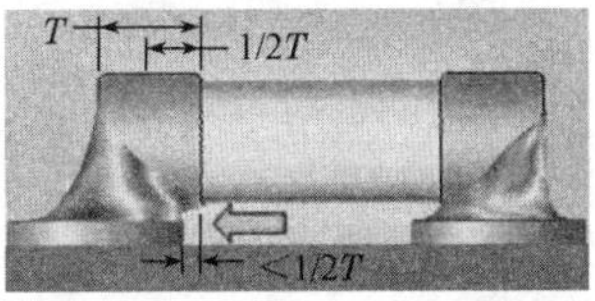 （c） 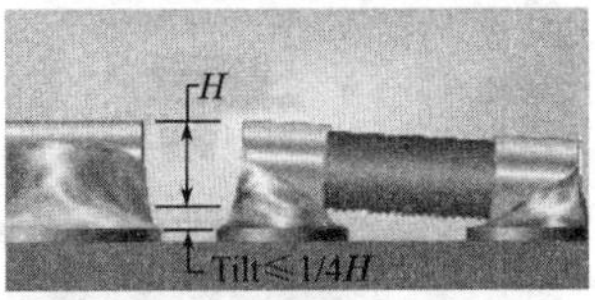 （d） 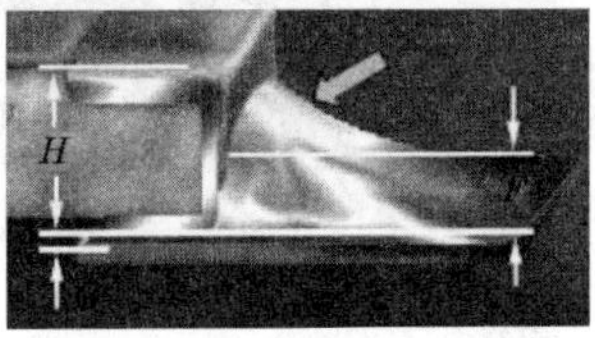 （e）

（续表）

序号	类型	PCBA 工艺要求示例	PCBA 工艺质量可靠性标准
45		 垂直向下视图 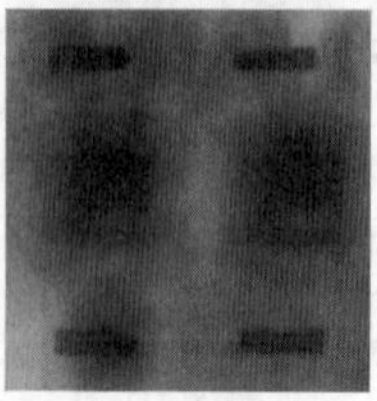 X 光透视图 MELF 元件	1）元件居于焊盘之中，元件横向、纵向无偏移，焊端不得超出焊盘；2）焊端所形成焊点应100%覆盖 PCB 焊盘及元件焊端；3）可接受：径向宽度［图(a)］$C \geqslant W \times 50\%$（$C$ 为焊点横截面宽度，W 为焊端直径）；焊端径向偏差［图(b)］料应不超出 $1/4T$（T 为焊端径向长度）；横向偏差［图(c)］$A \leqslant 1/4W$（W 为焊端横截面直径）焊料爬升高度［图(d)］$F \geqslant (W+G) \times 50\%$（$W$ 为焊端直径，G 为元件底部焊料厚度）；4）焊料填充形成饱满润湿状，表面曲线圆润无凸起物；5）视焊料类型不同，焊料覆着表面有一定光泽度；6）PCB 焊盘附着良好，无翘起现象。 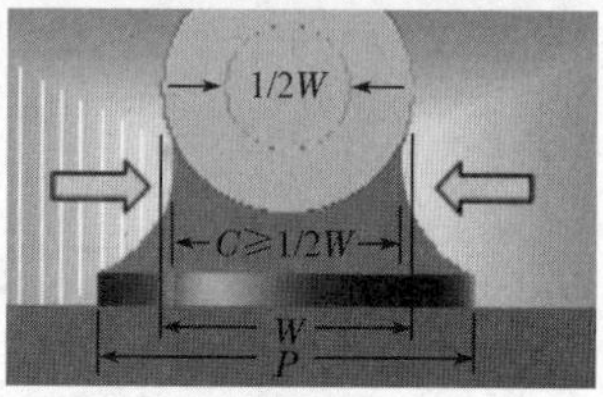 (a) 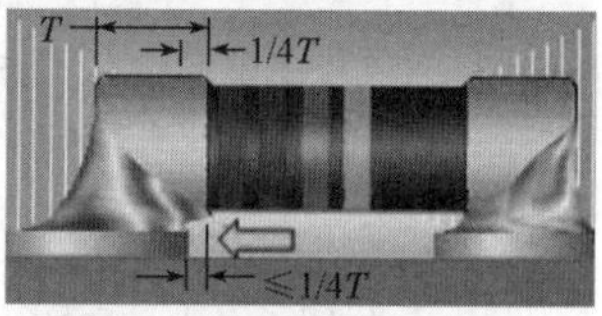 (b) 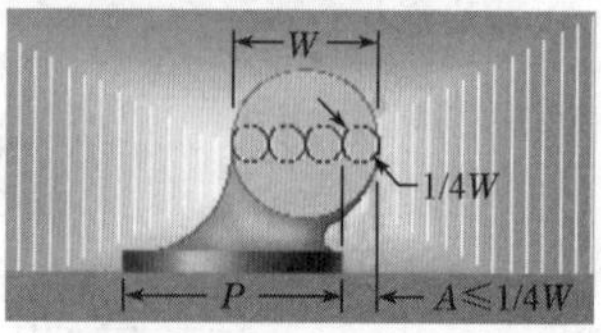 (c) 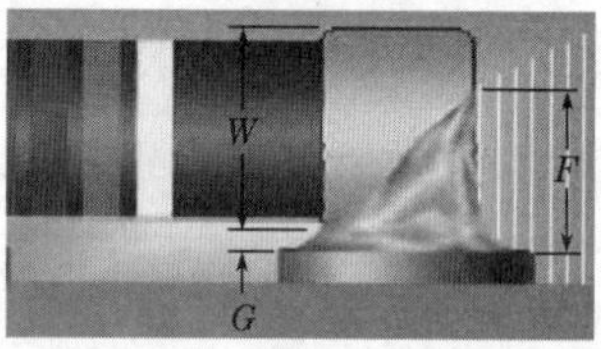 (d)
46		 顶部斜视	1）理想状态：元件引脚与焊盘中心对应放置且平贴，无偏移无翘起［图(a)］；2）焊料100%覆盖引脚和焊盘的接触部分，且焊点呈平滑圆弧状；3）可接受：脚趾宽度偏移量［图(b)］$A \leqslant 1/4W$（W 为引脚宽度）；沿引脚长度焊料填充［图(c)］D 应不小于引脚接触焊盘长度 L 或 75%焊盘长度；焊点宽度［图(d)］$C \geqslant W \times 75\%$（$W$ 为引脚宽度）；填充厚度应达引脚厚度的 1/4 以上；4）焊料爬升高度不应与元件体接触；5）引脚脚跟部位焊料填充高度

（续表）

序号	类型	PCBA 工艺要求示例	PCBA 工艺质量可靠性标准
		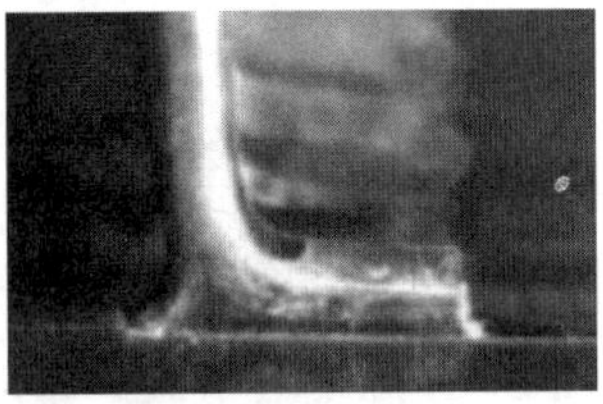 侧视图 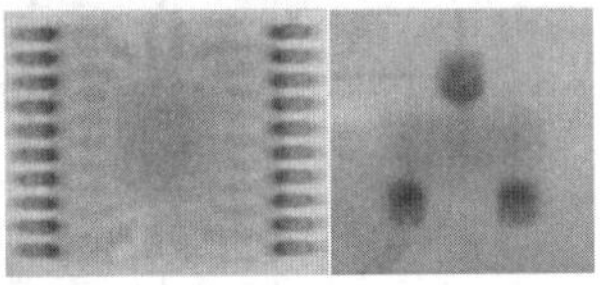 X 光透视图 翼形或 L 形元件	应介于引脚两个弯之间,引线扭曲或翘起[图(e)]e 及 B 均不得超过 0.26 mm;6)焊点形状应能够在脚趾、脚跟处明显可辨别;7)焊点及周边无多余焊料及其他残留物。 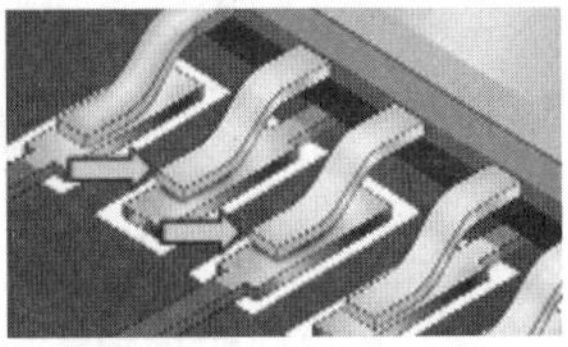 (a) 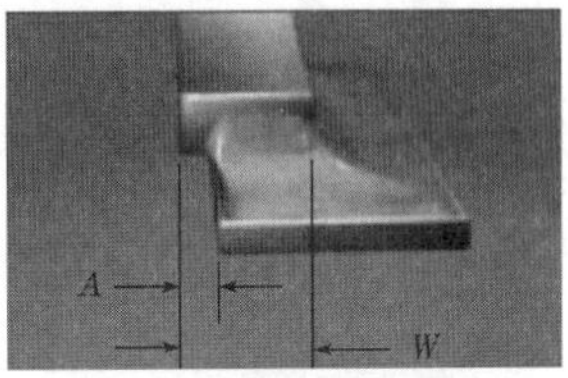 (b) 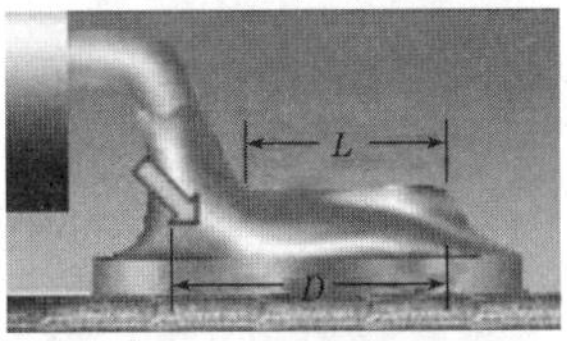 (c) 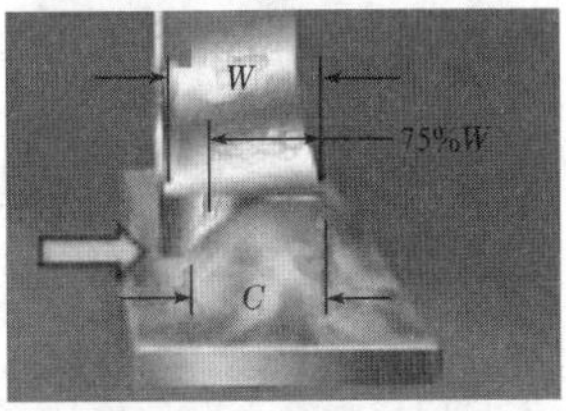 (d) 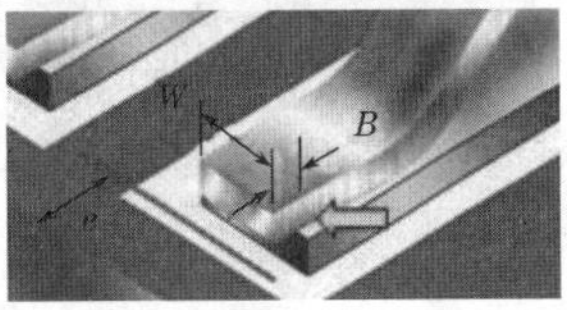 (e)
47		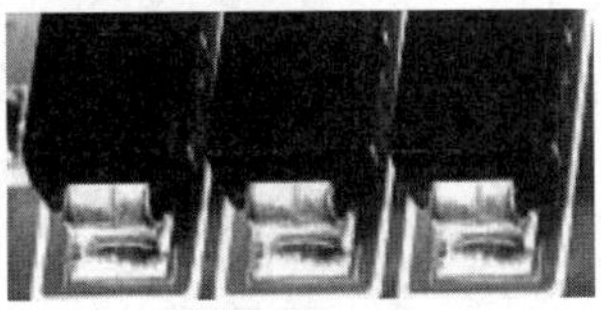 垂直侧视图	1)理想状态:元件引脚与焊盘中心对应放置且平贴,无偏移无翘起;2)焊料 100% 覆盖引脚和焊盘的接触部分,且焊点呈平滑圆弧状,焊料爬升高度不应与元件体接触;3)可接受:焊端偏移量[图(a)]$A \leqslant 1/4W$(W 为焊端宽度);焊点沿焊端宽度填充宽度[图(b)]$C \geqslant W \times 75\%$($W$ 为焊端宽度);焊点沿焊端长度填充长度[图(c)]D 应不小于焊端接触焊盘长度或焊盘长度 75%;4)引脚脚跟部位焊料填充高度[图(d)]E 应介于引脚两个弯之间;5)焊点形状应能够在脚趾、脚跟处明显可辨别;6)焊点及周边无多余焊料及其他残留物。

序号	类型	PCBA 工艺要求示例	PCBA 工艺质量可靠性标准
		X 光透视图 内弯 L 形元件	（a） （b） （c） （d）
48		无引线城堡元件	1）理想状态：元件引脚与焊盘中心对应放置且平贴，无偏移；2）焊料 100% 覆盖引脚和焊盘的接触部分；3）可接受：焊点宽度［图（a）］$C=W$（W 为焊端宽度）；焊点长度［图（b）］应以 $D \geqslant 1/2F$（F 为焊料爬升高度）或 $D=S$（焊盘伸出长度）两者最小值为准；焊料爬升高度［图（c）］F 不应超过焊端高度且润湿性明；4）焊点形状应能够明显可辨别；5）焊点及周边无多余焊料及其他残留物。 （a） （b） （c）

（续表）

序号	类型	PCBA 工艺要求示例	PCBA 工艺质量可靠性标准
49		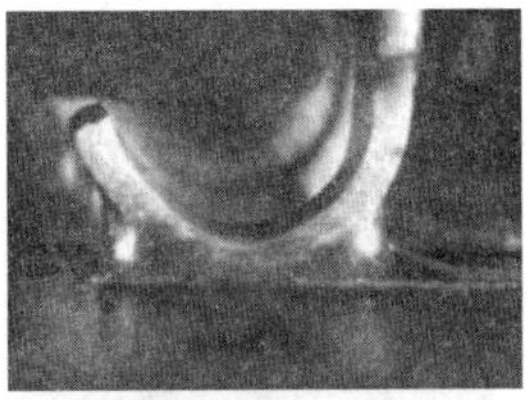 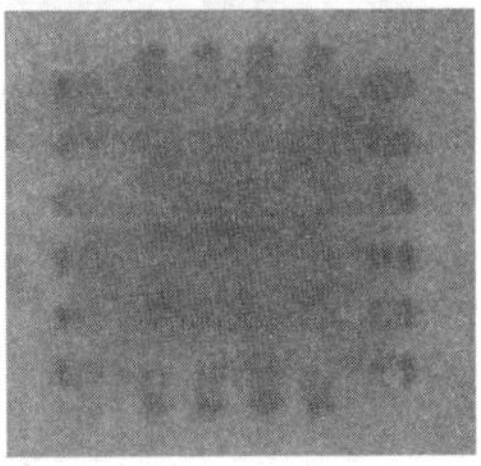 X 光透视图 J 形引线元件 	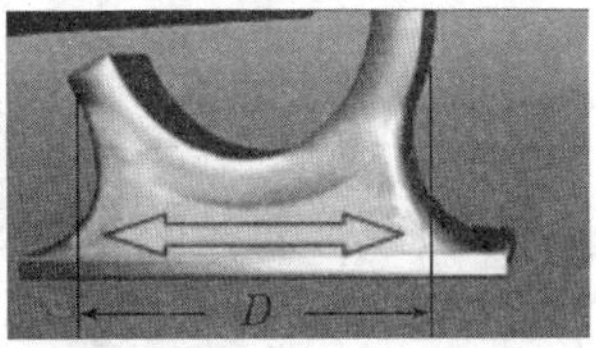 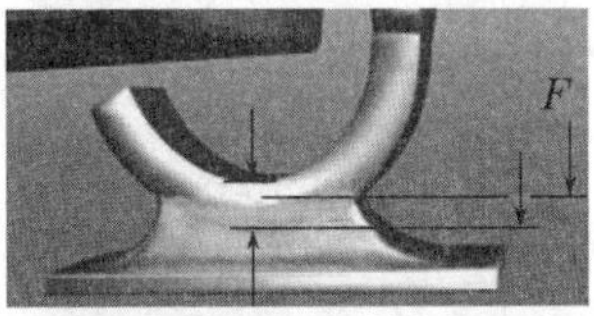  1）理想状态：元件引脚与焊盘中心对应放置且平贴，无偏移无翘起；2）焊料 100% 覆盖引脚和焊盘的接触部分，且焊点呈平滑圆弧状；3）可接受：焊端横向偏移量［图（a）］$A \leqslant 1/4W$（W 为引脚宽度）；焊料填充沿引脚长度［图（b）］D 至少为引脚宽度 3 倍；焊料填充最低端高度［图（c）］应至少达引脚厚度的 1/4 以上，但脚跟焊料爬升高度（图 b）不应超过引脚高度 50%；脚趾端沿焊盘长度伸出［图（d）］不应超过引脚宽度 W 的 1/4；4）引脚脚跟部位焊料填充高度应介于引脚两个弯之间；5）焊点形状应能够在脚趾、脚跟处明显可辨别；6）焊点及周边无多余焊料及其他残留物。 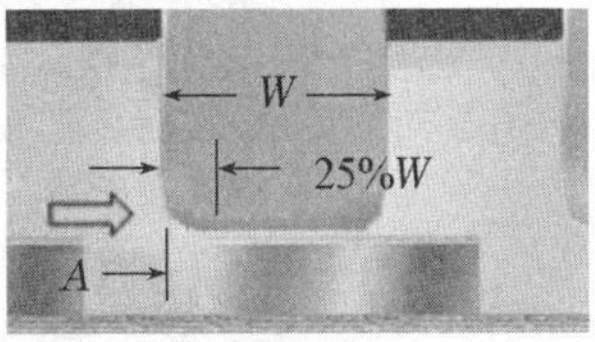
50		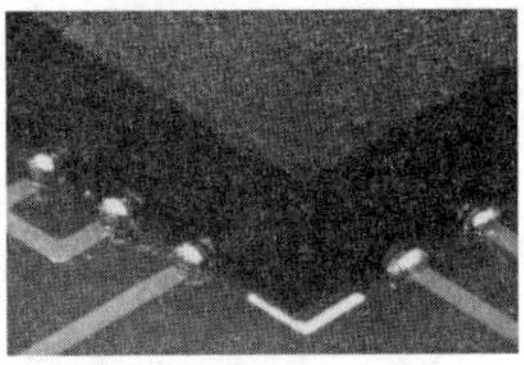 斜侧视图	1）理想状态：元件引脚与焊盘中心对应放置且平贴，相对焊盘偏移（下图）A 不得超过 $1/4W$（W 焊端长度）；2）焊料 100% 覆盖引脚和焊盘的接触部分，焊点长度（下图）不得小于焊端长度 D，焊点厚度（左图）G（外侧面即为 F）明显可辨，外露焊料润湿度明显可辨（下图所标注的①②）；3）焊料填充（下图）$C \geqslant W \times 75\%$（$W$ 为焊端宽度）；4）焊点及周边无多余焊料及其他残留物。

序号	类型	PCBA 工艺要求示例	PCBA 工艺质量可靠性标准
		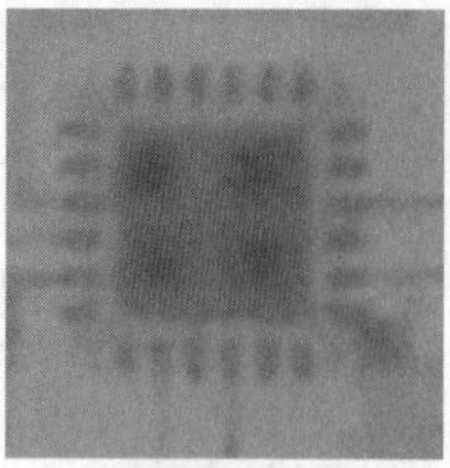 X 光透视图 无引线扁平元件	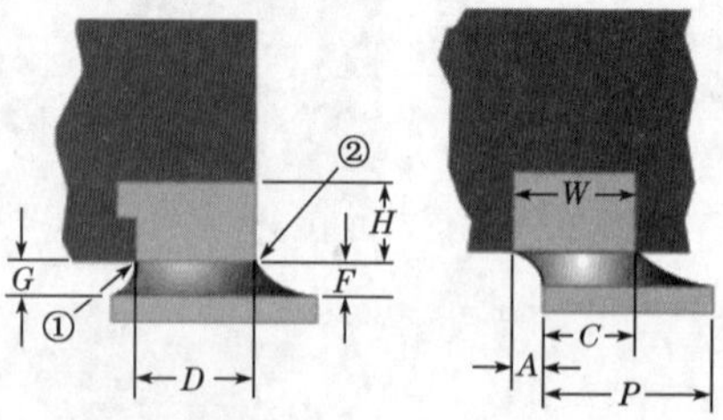
51		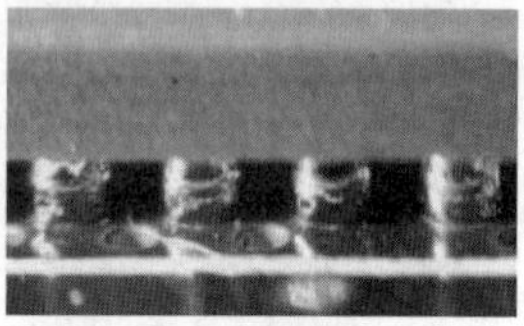 侧视图  X 光透视图 球栅阵列元件焊接示例	1）理想状态：元件引脚与焊盘中心对应放置，相对焊盘中心偏移 25% 可接受；2）焊球呈完全润湿状；3）焊盘及元件底部焊盘无可测缝纹；4）焊点及周边无多余焊料及其他残留物；5）允许空洞：焊点内直径不得大于焊球直径的 30%（相当于小于 10% 焊球面积），焊球与焊盘界面附近不得大于焊球直径的 20%（相当于小于 5% 焊球面积）。
52		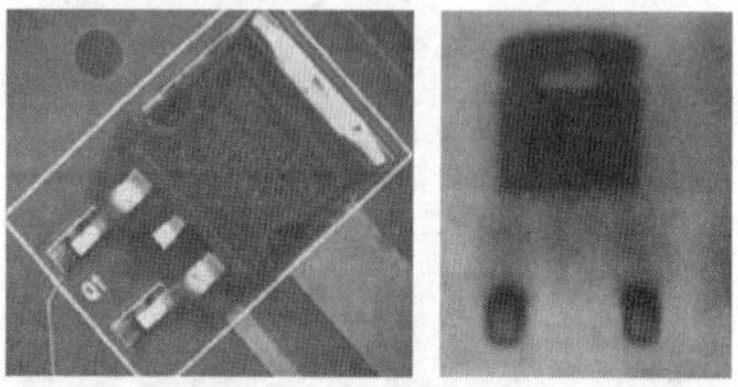 底部散热元件示例 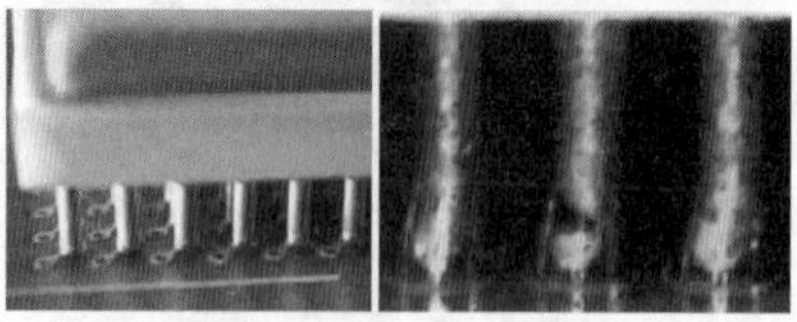 柱状阵列焊端元件示例	1）引脚部位要求同"翼"形或 L 形元件判据要求；2）散热端侧偏移不超过散热端宽度的 25%；3）散热端与焊盘接触面润湿性应达到 100%；4）焊点形成与焊盘及柱状端相适应的外观，润湿性良好；5）焊端无缺失，错位应 ≤ 15% 焊盘直径。

（续表）

序号	类型	PCBA 工艺要求示例	PCBA 工艺质量可靠性标准
53		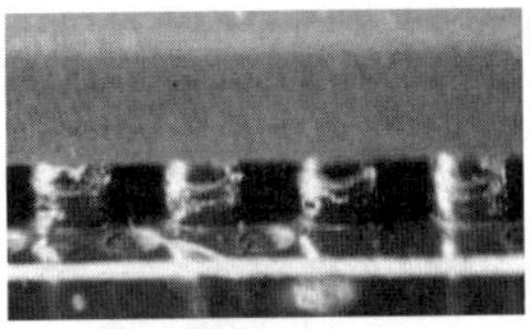 焊点形状清晰、圆润、大小一致 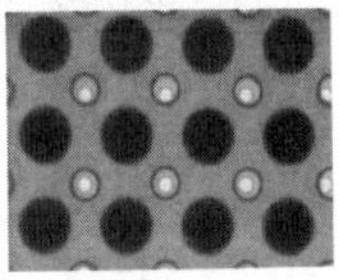 焊点大小均匀、无空洞、灰度一致 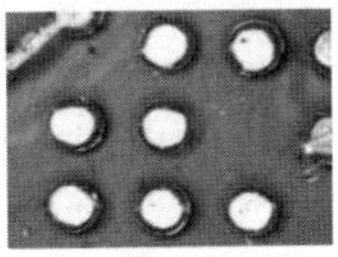 润湿性良好 焊球均匀程度	目检及结合 X 光来检测 BGA 类器件焊点时，理想焊点应符合下列要求：a）BGA 焊球位于焊盘中心，无偏移；b）BGA 焊球端子的尺寸和形状一致；c）无焊料桥接；d）焊球可靠接触并润湿焊盘，形成一个连续不断的椭圆形或柱形的连接；e）无焊料球的现象；f）焊点边界光滑，轮廓清晰，灰色整体一致，整个器件焊点大小均匀。
54	球栅阵列封装器件焊接	焊球内空洞	完成焊接后的球栅阵列器件的焊点在特定产品要求时，允许存在空洞，但独立单个焊球空洞准则应分别根据其所处位置有如下要求：  ①封装界面的空洞　②焊料球内的空洞　③组装表面界面的空洞 判断方式及准则

判断方式及准则

合格判据						
X 光检测方式	穿透 X 光			断层 X 光		
封装间距(mm) 空洞位置	≥0.3	≥0.5	≥1.0	≥0.3	≥0.5	≥1.0
焊料球内的空洞	≤10% 截面(界面)面积或≤32% 截面(界面)直径	≤20% 截面(界面)面积或≤45% 截面(界面)直径	≤25% 截面面积或≤50% 截面直径	≤20% 截面面积或≤45% 截面直径	≤25% 截面面积或≤50% 截面直径	
封装界面的空洞	—			≤5% 界面面积或≤22% 界面直径	≤12% 界面面积或≤35% 界面直径	≤15% 界面面积或≤40% 界面直径
PCB 焊盘界面空洞						

注：1）表中所指的空洞在一个焊点存在多个空洞时应合计多个空洞的面积或直径；2）视封装焊端的直径大小（典型焊端直径）应在此表内建议比例适当调整；3）应注意所有球栅阵列封装器件的焊端在焊接前即会存在相当数量（焊端数量的 50% 以上）的、不同尺寸大小的空洞。

（续表）

序号	类型	PCBA 工艺要求示例	PCBA 工艺质量可靠性标准
55		 目视焊后器件位于丝印图正中 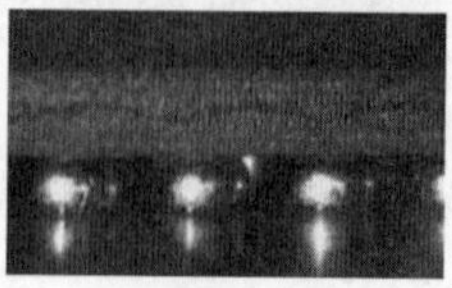 侧面目视 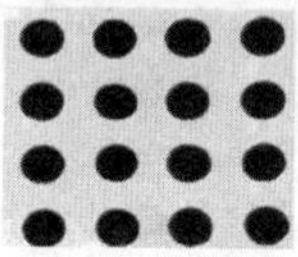 X 光检测 相对焊盘偏移程度	1）直观目视器件焊后应处于 PCB 丝印图形正中,无明显偏差;2）器件四周可分别目视检查,器件周边焊球外观圆润光滑、无多余物,焊球大小均匀;3）可直接目视的焊球应与焊盘中心位对齐,贴装器件检查则观察其焊球与焊盘中心偏移不得超过 25%（焊球直径,或焊盘直径);4）采用 X 光检测时应确认所有焊球均位于焊盘中心部位,无偏移。
56		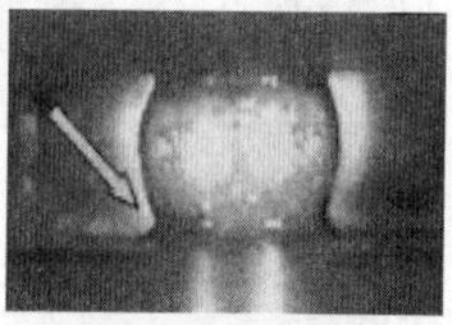 可塌落型焊球 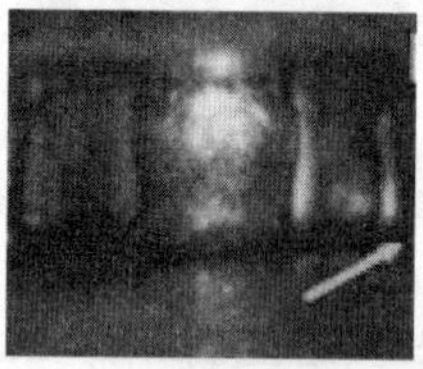 不可塌落型焊球 焊球塌落程度	根据球栅陈列封装器件采用焊球类型的不同,可分为两类,一类为可塌落型焊球,另一类则为不可塌落的高温再流焊焊球。两类特性焊球封装器件其焊接合格准则分别为:1）可塌落型焊球封装的器件:其完成焊接后,球形焊点表面光滑圆润,润湿角清晰良好,坍塌高度约为原焊球高度的 1/3 ~ 1/2;2）不可塌落型焊球封装的器件:其完成焊接后,焊端与焊盘之间填充和润湿充分,有良好的润湿角,表面光滑平整、高度不发生明显塌陷。

15.4　焊接工艺可靠性

15.4.1　手工焊接工艺可靠性

元器件成型应满足以下要求:

a）轴向元器件的二端元件手工成型时,应先将无齿平头钳夹持在距离元器件终端封接

2 mm 处固定不动,再使用逐渐弯曲法对引线进行成型,成型角度为 90°;

b) 扁平封装器件引线的弯曲成形,应与焊盘之间形成 45°~90°的弯角,以便消除应力;终端封接处到弯曲起点之间的距离应为 0.5~2 mm;成型后芯片引脚长度应小于焊盘长度约 1 mm;

c) 成型工具表面应光滑,夹口平整圆滑,以免损伤元器件;

d) 成型时不应使元器件本体产生划伤、破裂、密封损坏或开裂,也不应使引线与元器件内部连接断开;

e) 应尽量对称成型,在元器件同一点上只能弯曲一次;

f) 元器件成型方向应保证元器件装在印制板上后标识清晰易见;

g) 不应用接长元器件引线的方法进行成型;

h) 不得弯曲继电器、插头座等元器件的引线;

i) 成型后的元器件应放入有盖的容器中加以保护;静电敏感元器件的成型应在规定的条件下进行,成型后应装入防静电容器内;

j) 轴向引线元器件引线弯曲部分不能延长到元件本体或引线根部,弯曲半径应大于引线厚度或引线直径,或压模前的引线直径;

k) 水平安装的元器件应有应力释放措施,每个释放弯头半径 R 至少为 0.75 mm,但不得小于引线直径;

l) 扁平封装元器件引线成型时,应有防振或防应力的专门工具保护引线和壳体封装。

手工焊接工艺应满足以下要求:

a) 电烙铁应为温控型电烙铁,温控精度为 ±5 ℃,烙铁头形状应符合焊接空间要求并保证良好的接地;

b) 手工焊接工艺参数一般应符合表 15-6 所示要求;

表 15-6 手工焊接工艺要求

序号	材料	工艺参数	单点焊接时间	备注
1	有铅材料	260~330 ℃	小于或等于 3 s	常用 Sn63Pb37 或 Sn60Pb40
2	无铅材料	340~380 ℃	小于或等于 3 s	常用 Sn96Ag0.5Cu3.5
注:热敏元器件、片状元器件不超过 2 s,若规定时间内未完成焊接,应等焊点冷却至室温后再焊接,单个焊点焊接返工不应超过 2 次。				

c) 多引线元器件手工焊接工艺,应采用对角线方法依次焊接引线,最小焊接长度为 2 mm;

d) 表贴元器件手工焊接时,0402(英制)及以上封装才可手工焊接,0201(英制)封装及其以下不宜采用手工焊方式,应使用回流焊接方式;

e) 高、中频电路屏蔽盒内外的元器件距盒壁应有 2 mm 以上的距离。

搪锡应满足以下要求:

a) 所有插装元件焊接前应进行搪锡处理;镀金元器件需先在单独的除金专用锡锅内除金,再进行搪锡处理;

b）提前准备好搪锡锡锅，有铅温度控制在 260 ℃以下，无铅控制在 340 ℃以下；

c）搪锡根据器件不同，有铅采用 240~260 ℃范围内的温度，无铅采用 260~340 ℃范围内的温度，对器件进行搪锡处理；

d）搪锡时元件引脚浸泡时间为 2~3 s，最长不应超过 8 s，使元器件引脚焊料涂层厚度达到 2 μm 以上；

e）插装焊料涂层应离开元器件终端封接处为 2~3 mm；

f）SOP 搪锡部位不能高于引脚垂直段 50%；

g）手工搪锡时，使用数显恒温烙铁，有铅温度不应高于 280 ℃，无铅不应高于 360 ℃，时间为 2~3 s；

h）搪锡方法可参考 QJ 3267 标准的要求。

15.4.2　自动回流焊接工艺可靠性

1）锡膏印刷

a）金属漏板的材料应选用不锈钢，金属漏板厚度要求见表 15-7；

表 15-7　金属漏板厚度要求表（单位：mm）

序号	元器件引线节距	漏板厚度
1	>1.27	0.20~0.25
2	1.27~0.635	0.15~0.20
3	0.3~0.5	0.10~0.15

b）如待印刷的印制板中同时存在多种间距的元器件焊盘组合，应采用开孔均匀缩小、分级腐蚀、叠层或交错排列等方式给予补偿；

c）印刷质量检查：使用 10 倍放大镜检查，印刷的锡膏不应有连锡、坍塌、漏印现象；

d）所有焊盘锡焊覆盖面积达网孔面积 90% 以上。

2）自动贴装

a）元器件的外形适合自动化表面贴装，元件的上表面应易于使用真空吸嘴吸取；

b）元器件尺寸、形状应标准化，并具有良好的尺寸精度和互换性；

c）元器件封装形式应符合贴装机自动贴装要求；

d）元器件应具有一定的机械强度，能承受贴装机的贴装应力和基板的弯折应力；

e）元器件的焊端或引脚的可焊性要符合 235±5 ℃，2±0.2 s 或 230±5 ℃，3±0.5 s，焊端 90% 沾锡的要求；

f）元器件应符合回流焊 235±5 ℃，2±0.2 s 的耐高温焊接要求；

g）元器件应能承受有机溶剂的洗涤；

h）所有元器件引脚位于焊盘的中央，不应偏出焊盘。

回流焊接产品需采用 10 温区及以上的回流炉进行回流焊接。

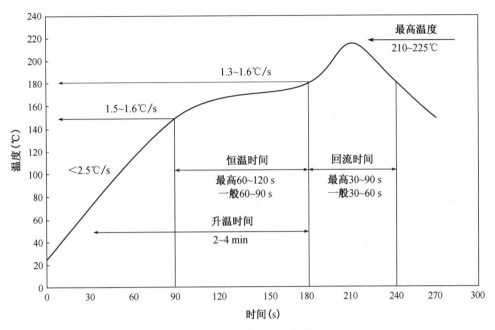

图 15 - 32 有铅回流焊接

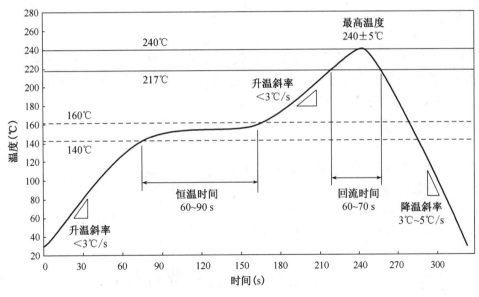

图 15 - 33 无铅回流焊接

15.4.3 波峰焊接工艺可靠性

元器件成型可参照手工焊接成型要求。

1）贴片胶分配

自动点涂工艺参数设定取决于所选用的贴装胶的类型及元器件的种类,一般采用工艺为针头内径:0.25 ~ 0.75 mm;气压:$2 \times 10^5 \sim 3 \times 10^5$ Pa;通气时间: < 40 ms;气压波动:

$\leqslant 0.5 \times 10^{5}$ Pa。

2）印刷

印刷胶的厚度取决于所用丝网、刮刀的物理特性及印刷工艺参数,一般可用下式计算:

$$P_T = F_T \times OA\% + E_T \qquad (15-7)$$

式中:P_T——所印的胶厚度,单位为毫米(mm);F_T——丝网的厚度,单位为毫米(mm);$OA\%$——丝网的孔面积与总面积的百分比;E_T——感光涂层的厚度,单位为毫米(mm)。

3）贴装胶

贴装胶施加要求如下:

a）贴装胶施加的位置应与相应的固化方法相匹配。如采用热固化,元器件可完全覆盖胶滴。如果采用紫外固化,胶滴在元器件贴片后应有一半处于可直接照射状态。

b）胶滴的尺寸数量取决于所用的元器件类型。对于矩形片式元器件及小外形晶体管,一般采用一滴贴装胶,而对于较大的元器件,可采用一滴以上的贴装胶。

c）对于矩形处理式元器件与小外形晶体管,胶滴应点于焊盘的中心位置,允许有一定的偏差,但应保证在贴片后贴装胶不沾污焊盘及元器件的引线。

贴装胶固化要求如下:

根据所选用的胶的特性,选用热固化方式,固化时固化温度160 ℃、升温速率1~2 ℃/S,固化时间5~6 min。

4）波峰焊接

用带紊流波与不对称层流波的双波峰焊接设备波峰焊:260 ± 5 ℃,5 ± 0.5 s预热温度曲线应根据焊剂的类型、元器件的种类及安装密度、印制板的厚度等确定,在进行波峰焊的过程中,应严格控制焊剂的密度,活性及焊剂的涂布参数。

a）预热温区升温速率:2~3 ℃/s;

b）预热区印制板表面温度:90~110 ℃;

c）预热区元器件表面的最高温度≤120 ℃;

d）焊料槽设定温度:250 ± 5 ℃;

e）焊接时间3~3.5 s;

f）倾斜角度:3°~7°。

15.5　电子连接工艺可靠性设计

15.5.1　连接器选择

根据应用系统所执行的任务要求,选择与应用系统电子产品相匹配的连接可靠、使用方便和性能参数、耐环境条件符合要求的电连接器,完成电路中电信号或电能的有效传输功能。

连接器三大基本性能参数包括:电气参数、机械参数、环境参数。在选择连接器时,首先要考虑电压和电流要求,并说明连接器要用于低电平电路还是电源电路。尤其是在弱电流低电压的情况下,由于不能穿透氧化层,所以选择接触件镀层不氧化的连接器。其次要考虑的电参数有:接触电阻,绝缘电阻,耐电压等。连接器的可用空间及连接器的尺寸是选取连接器应要考虑的。连接器的接触件密度越高,尺寸就越小,接触件间距也越小。紧密的接触件通常意味着有较少的绝缘和承受较低的作用力。除此之外,选用连接器时还需考虑插拔力,机械寿命,振动和冲击等。具体要求如下:

a) 按照使用环境、安全、可靠性等要求,合理选用额定电压,额定电压要满足降额要求;

b) 额定电流要满足降额要求,特别是对多芯电连接器及大电流应用场合;

c) 在连接小信号电路的场合应选用有低电平接触电阻指标的电连接器;

d) 绝缘电阻受绝缘材料、温度、湿度、污损等因素影响,选用时除注意一般产品样本上提供的标准大气条件下的指标值外,还应考虑和注意其在高温、湿热和淋雨等环境试验条件下的指标值;

e) 耐电压其主要受接触件间距、爬电距离、几何形状、绝缘体材料、环境温湿度和大气压力等影响,选用时注意技术条件规定的正常大气压下、低气压和湿热环境条件下的指标值;

f) 屏蔽电连接器插合处的总接触电阻(外壳接触电阻)符合相应技术条件规定,一般应小于 0.1Ω 或更小;

g) 要求接触应在技术条件规定的动态应力环境下(振动、冲击和碰撞)不发生超过标准规定的瞬断时间内的瞬间断电现象;

h) 机械寿命又称插拔寿命,一般要求为 500 ~ 1 000 次;

i) 连接器总的拔出力一般要求不超过单 pin 拔出力总和的 1.5 ~ 2 倍,超过 50 N 应采用辅助装置拔出;

j) 根据互连部位的工作环境(温度,湿度),选用满足要求的电连接器;

k) 设备外部的连接器,要考虑潮湿、水渗和污染的环境条件,这种情况下应选用潮湿影响较小的绝缘材料或密封连接器;

l) 在潮热地区,选用有耐盐雾、霉菌性能的电连接器。

15.5.2 连接和锁紧方式选择

连接和锁紧方式选择时应满足以下要求:

a) 连接方式按照实际插拔的频次、振动强度以及重新连接的方式和速度来选用;

b) 螺纹连接加工工艺简单,成本低,适用范围广,但连接速度慢,不适宜频繁插拔和快速连接,且还容易产生金属多余物;

c) 卡口连接速度快,靠三条螺旋槽与卡钉配合导向插合,制造工艺较复杂,成本较高;

d) 推拉式连接速度快,操作空间小,不易产生金属多余物,适用于总分离力不大的电连接器;

e) 机柜式连接为直插式连接,是将电连接器插头、插座分别安装于电气设备的机箱及单元组件上,连接时,依靠单元组件的运动实现连接和分离;

f) 螺钉锁紧式连接机构在需要锁紧机构的矩形电连接器中较常见,它具有加工工艺简单、制造成本低、适用范围广等优点,但连接速度较慢不适用于需频繁插拔和快速连接的场合;

g) 中心螺杆式结构是通过分别安装在插头、插座上的螺套和螺杆来实现连接器的插合和分离。

15.5.3　端接方式选择

端接方式选用时应满足以下要求：

a）焊接最常用的是锡焊，要保证锡焊料与被焊接表面间金属的连续性；

b）压接是通过金属在规定的限度内压缩和位移，将导线连接到接触件上的一种技术，压接能得到较好的机械强度和电连接性，选用压接方式时，只有当绝缘体内的保持器、接触件、导线、压接工具及压接工艺程序都正确受控时，才能保证压接质量；

c）绕接是将导线直接缠绕在带棱角的接触件绕线柱上，绕线时导线在张力受到控制的情况下进行缠绕压入并固定在接触件绕线柱的棱角处，以形成气密性接触；

d）穿刺连接不需剥去电缆绝缘层，靠连接器的"U"字形接触簧片尖端刺入绝缘层中，使电缆导体滑进接触簧片的槽中并被夹持住，从而使电缆导体和电连接器接触簧片间形成紧密的电连续性。

15.5.4　连接器材料选用

连接器材料选用时应满足以下要求：

a）接触件需要导电性、导热性、机械强度、弹性以及耐疲劳性满足要求的材料，一般采用符合规定的黄铜、磷青铜或铜铍合金；

b）黄铜适用于对弹性要求不高，但要求一定机械强度和刚度的插针；插孔优选铜铍合金，铜铍合金弹性较好，能维持长期的高应力状态而不松弛；

c）绝缘体材料应选择具有良好绝缘性、良好机械性能、高耐电压性以及吸湿性小的材料，常选用聚邻苯二甲酸二丙烯酯（DAP）、增强玻璃纤维热塑性聚酯树脂、增强玻璃纤维聚苯硫化物（PPS）和聚四氟乙烯（PTFE）制作绝缘体；

d）外壳材料选择时应满足电连接器功能要求，满足外壳结构工艺性要求，并具有良好的机械、物理性能；外壳可优选机加工铝合金、不锈钢和黄铜等材料。

15.5.5　连接器镀层

连接器镀层应满足以下要求：

a）镀层种类和厚度应满足要求，接触件的接触端为镀金层，保证优良的耐蚀耐磨性能和低的接触电阻；接触件的端接端为镀锡层，以保证可焊性；

b）在含有相当浓度的 SO_2 环境中，不宜使用镀银接触对的连接器；

c）避免不兼容的金属层互相接触使用，不兼容金属镀层应适当地采取防电化学腐蚀措施。

15.5.6　板间互连设计

板间互连工艺结构设计应满足以下要求：

a）连接器布局要合理，如组装后线缆插拔有足够的操作空间；

b）单板和扣板之间应有两个以上支撑柱，通过螺钉紧固单板，不能仅靠连接器来固定扣板；

c）扣板支撑螺柱高度和连接器配合高度要匹配,若螺柱高度大于连接器配合高度,连接器的配合间隙容易引起接触不良;若螺柱高度小于连接器配合高度,紧固后容易引起单板变形。

15.5.7 工装设计

工装设计应满足以下要求：

a）连接器在对插时应有导向装置帮助进行定位和对准,以便实现可靠的插拔；

b）线缆在机内敷设应留有一定的备用余量,不得呈绷紧状态;电缆的两端也应留出一定的长度和重新焊接的余量,以便拆装和维修；

c）应增加保护措施防止零件锋利的边、角刮伤线缆。

15.5.8 连接器防错设计

电连接器防错设计应满足以下要求：

a）电连接器的防误插功能应能防止由于人员疏忽或环境限制（盲插场合等）造成的误操作；

b）防呆结构设计应防止连接器插错或配合错误,保证只有正确的方位连接器才能配合；

c）相同类型不同功能的连接器应避免误配而造成损失（如电路烧坏,设备损坏,甚至人身安全问题）。

15.5.9 连接器安装设计

连接器安装设计应满足以下要求：

a）根据电子产品结构和安装部位选择连接器安装方式和外形尺寸及合适的尾部附件,以保证设备和连接器装配成一体后有足够的电缆弯曲半径和插拔操作空间；

b）连接器尾部附件的选用,要保证安装好后连接器接触件的端接部位少受力或不受力,可根据电缆线出线形式要求选择夹线板式、灌封式、90°弯式等尾部附件。

表 15-8 连接电装工艺可靠性

序号	分级	内容	原因	采取措施
1	禁用	禁止在导线着锡部位弯折	着锡的纤芯容易受到应力而损伤,存在质量隐患	弯折位置要避开线芯着锡部位,并对导线采取装夹、灌封等固定措施
2	禁用	禁止导线束绝缘层与锋利的、未倒圆的金属棱边棱角、凸台直接接触	在振动及高低温交变环境下,易形成短路	在结构设计中要留有线束布线安全距离,产品设计、工艺文件要提出明确的绝缘材料及绝缘操作方法
3	禁用	导线、电缆的焊接禁止使用RA型焊剂	焊接时,RA型焊剂会渗透到导线、电缆绝缘层内,造成对芯线腐蚀	采用焊剂芯焊料或液态焊剂时,应采用复合GB/T 9491的R型或RMA型焊剂

（续表）

序号	分级	内容	原因	采取措施
4	限用	防波套、导线不应直接在连接器尾加螺钉上	影响可靠性,存在质量隐患	使用导线接头
5	限用	直径不小于 0.3 mm 的导线在柱形或塔形接线端子上缠绕最少为 1/2 圈,但不得超过一圈。对于直径小于 0.3 mm 的导线,缠绕不可超过 3 圈	容易产生焊接缺陷,存在质量隐患	在工艺中明确规定
6	限用	插头、插座对接时,限制使用非专用工具旋转插头	容易出现对接异常,造成接触件损伤、连接器没有对正等情况,存在质量隐患	手工对接或专用对接工具
7	限用	一个螺钉不得固定四个及以上的接线端子	影响可靠性	减少固定的接线端子数量
8	建议不使用	电缆连接器建议不使用捆扎方式固定	影响可靠性	使用专用支架固定
9	建议不使用	建议不使用绷带和扎线用作电缆的主支承件	影响可靠性	使用金属卡箍加热缩套管
10	禁用	禁止镀金层厚度大于 1 μm 的导线、元器件引线、各种接线端子等的焊接部位,未经除金处理,直接焊接(高频电路除外)	容易产生金脆,存在质量隐患	一般情况下,不允许在镀金层上直接进行焊接,引线表面金镀层大于 2.5 μm 需经过两次搪锡除金处理,小于 2.5 μm 需进行一次搪锡处理。选用化学镀镍、金的镀层,金镀层厚度小于 1 μm,可直接进行焊接。设计文件工艺性审查时,应避免设计选用镀金厚度大于 1 μm 的表贴元器件
11	禁用	无引线表贴器件禁止不预热直接搪锡	易造成器件内部损伤	建议使用预热台进行预热
12	限用	限制使用机械方法冷剥导线	容易伤芯线,存在质量隐患	导线绝缘层的剥除一般应使用热控型剥线工具,限制使用机械冷剥。如采用机械剥线,应采用不可调钳口的精密剥线钳,并做到钳口与导线规格选择的唯一性。当前,限制使用进口精密剥线钳剥进口标准导线
13	限用	限制在整机装配中使用普通工具剪切导线或引线	容易产生多余物,存在质量隐患	剪切多余的导线或引线应使用留屑钳

电缆制作要求如下：

a）压接电缆在正式装配前,应按压接钳的产品范围,对压接范围、压接件的压接强度和接触电阻等进行压接试验,检验合格者方可投入正常使用,应符合 GJB 5020 要求;

b）导线型号、规格应符合设计要求,且应留有二次加工余量,不允许短线、断线续接;

c）注意交直流电源线应双绞,且与其他线束分开绑扎;大电流的电源线及高压导线不能与信号线束扎成一束,信号的输入、输出线与内部的互连线应分开绑扎。

电气连接要求如下：

a）线束弯曲形状应自然,在插头座根部内弯曲半径不小于线扎直径的 5 倍;射频电缆的弯曲半径应符合规范要求,当无要求时,弯曲半径不小于其直径的 10 倍,光缆弯曲半径大于线缆直径的 20 倍;

b）线束绑扎禁止用塑料系列材料制品,扎带应选用尼龙系扎带,或经浸渍处理的带状编织物,绑扎后应能防止松脱;

c）连接活动部件的布线保护应能防止这些组合件的相对运动而引起线缆线束损坏;

d）连接到可更换设备、可更换组件上的线束电缆应有防护措施,以防由于设备经常移动和更换而引起布线的弯曲、拉动、摩擦或其他影响造成损坏;

e）带有磁性的线圈、变压器及其他非支撑引线的器件,为防止位移应采用机械固定。

电气装配设计一般应符合下列要求：

a）印制板组件、微封装组件：

● 印制电路板上元器件安装,一般采用先低后高、先轻后重、先一般后特殊的顺序;

● MOS 集成电路一般应最后装焊,并在插头/插座上采取短路保护措施;

● 微封装组件（含有裸芯片）应在净化环境下进行装配,装配过程中应做到气密封,装配环境的温度要求为 23 ± 3 ℃,相对湿度为 50% ~ 70%;

● 印制板小间距表面贴装的器件应优先采用先进的焊装工艺;

● 符合清洁、清洗、烘干、"三防"处理等工艺操作规程。

b）机柜、机箱及分机：

● 安装固定零部件后,再进行走线连接装配;在预走线时,需定走线路径及线束固定位置;

● 走线尽量短,线缆与元器件之间有一定的间隙,一般不小于 2 mm;

● 屏蔽线、裸线及多接点元器件等,可能引起短路的部位加耐高温绝缘套管;

● 同一方向走线的导线绑扎成线束,线束内的导线应平直、整齐,线束内电源线与信号线输入端和输出端尽量分开绑扎;

● 线缆应用线卡固定,线卡的形状应与线缆截面形状相适应;对于用金属线卡固定的线缆,穿过金属板孔或棱角锐边相接触的线缆以及靠近高温热源的导线,均应采取保护措施;

● 交流电源线和信号线应避免平行走线,宜垂直布设;工作电压高于 100 V 的电源线尽可能远离底板或机壳布设。

15.5.10　电缆布线工艺可靠性设计

布线设计的对象为包含电缆的整件,常见整件如天线、机柜等。布线设计的内容包括电缆路径的规划设计、电缆绑扎固定方式的选择等,应遵循下述的原则和要求。

1）布线设计基本原则

a）线缆敷设应满足可靠性要求;

b）线缆敷设应满足电磁兼容要求;

c）线缆敷设应便于检查、维修和更换;

d）线缆敷设应考虑机械磨损的防护;

e）线缆敷设应考虑环境适应性要求。

2）电缆布线设计

a）走线路径要求

- 遵循最短距离连线、直角连线、平面连线的基本要求,见表 15－9。

表 15－9　走线路径要求

基本要求	目的	具体要求
最短距离连线	解决交流声和噪声,过长会产生电压降。	连接导线不能因短而拉得太紧,造成连接的元器件端头产生应力,短裸导线呈"S"形; 导线或线束的布线路径与元器件之间的距离大于 5 mm。
直角连线	便于布线操作,保证电子设备连线质量稳定、整齐美观。	沿结构件、支架、机箱及地线布线、便于导线散热和固定; 地线附近产生的电磁干扰较小; 高频电流的无屏蔽导线相交时,尽量布线成 90°,以减小分布电感和电容。
平面连线	便于检查导线,方便维修。	元器件排列整齐,便于检查和维修; 布线常在前后面板和底板之间以及支架上等进行,呈立体状,可展开成平面。

- 交流电缆与直流电缆分开布线;高电压信号电缆与低电压信号电缆分开布线;强电流信号电缆与弱电流信号电缆分开布线;易产生干扰的电缆与敏感信号电缆分开布线;高频电缆与低频电缆分开布线;大电流电源线以及高压线与信号线分开布线;光纤电缆和活动机构的电缆应独立分别布线。

- 线缆、电缆布线应自然平直,不得有扭绞、打圈等现象,同一区域同类线束的线缆弯曲半径应统一。

- 电缆主干尽量避免交叠,根据电缆的去向合理安排每根电缆在主干中的位置,将需离开主干的电缆布置在靠近去向的位置。

- 所有分开布线的电缆/线束,布线时保证两电缆/线束的距离尽量大,最小距离一般不小于 6 cm。

- 布线时,尽量将相似性质的信号线成线束,不同性质线缆分别成不同线束。

- 敏感性线束(射频、控制)远离电源、变压器和其他高功率元件进行布线,无法避免时,需明确防护措施。

- 对于移动部件的布线,要计算移动行程,预留线束移动空间。

- 线束通过结构锐边与移动部件时应进行防护或预留安全距离。

- 为方便调整和更换元器件,避免在元器件上面布线。

b) 弯曲半径要求

- 电缆、导线、光纤敷设尽量平整,满足其最小转弯半径的要求。
- 电缆、导线形成的线束最小内弯半径应为其外径的 6 倍,但不得小于线束中所含最粗导线或电缆外径的 10 倍。
- 线束中分叉出来的单根导线,如果仅在分叉处支承,最小内弯半径为该线外径的 10 倍,图 15-34 是分叉线弯曲示意图。

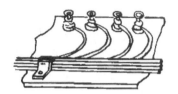

图 15-34　分叉线束弯曲示意图

c) 线缆绑扎要求

- 不同类型的低频电缆(电源线、信号线、控制线等)分别绑扎成束,线束采用绑扎绳、尼龙线扣等进行绑扎。绑扎节距视线束直径而定,详细见表 15-10。

表 15-10　线束绑扎间距

线束直径 D(mm)	绑扎间距(mm)
< ϕ8	10 ~ 15
ϕ8 ~ ϕ15	15 ~ 25
ϕ15 ~ ϕ25	25 ~ 40
> ϕ25	40 ~ 60
光缆	25 ~ 35

- 电缆水平分支每汇入一束纵向电缆都应有线扣等绑扎措施。
- 光缆的绑扎在绑扎扣处垫毛毡、橡胶等材料后,再用绑扎扣固定。
- 线束易受磨损的部位(如结构棱角、移动部件)根据实际情况选用热缩套管、尼龙网套、帆布等保护后再进行绑扎。

d) 线缆固定要求

- 线束敷设不得全部悬空,应贴近结构支撑件。
- 当线束和电缆固定后,线束从固定部分过渡至移动或转动部分,应有移动或转动余。
- 电缆接入电子设备前有合理固定,避免连接器受力,并保证电缆插头有插拔和检测余量。

e) 冗余电缆要求

对于电缆的冗余长度根据相应转弯半径要求及空间要求放入储线盒或盘成半径合理的圈,固定于不干涉走线、不影响其他设备功能的位置,排列要整齐美观。

f) 备份电缆要求

备份电缆一端连于转接板,另一端按备份需求走至相应位置,就近固定。

图 15-35　冗余电缆盘线示意图

3）三维布线工艺设计

可应用三维布线工具进行布线,在布线模型内规划走线路径、建立电缆模型、表达布线信息。

启动电缆设计模块时,系统自动加载电缆设计的相关配置文件,其中包括:线轴库、颜色配置文件、线缆标注程序等。

a）三维布线设计

三维布线设计流程如图 15‑36 所示。

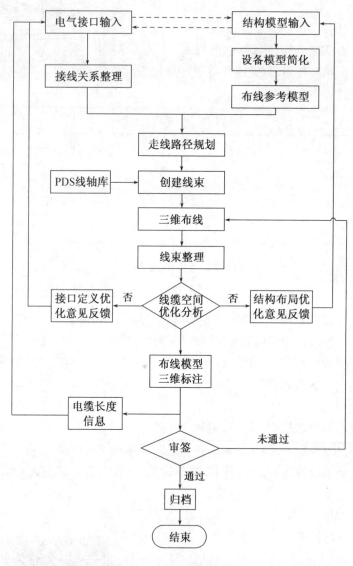

图 15‑36　三维布线设计

三维布线设计为协同设计,电讯设计师确定电讯接口定义,结构设计师完成第一轮结构方案设计;布线结构工艺师获取接线表、接线示意图及结构设计模型,开展三维布线设计,并对设计结果进行分析评估,并将问题与建议反馈给电讯设计师、结构设计师,实现设计过程的迭代,过程中同步开展电讯与结构设计迭代。

b）布线模型组成

完整的布线模型组成一般包括:布线参考模型;走线路径;线轴;线缆;三维标注;技术要求说明文字等。

c）布线参考模型

布线参考模型可以使用骨架、收缩包络或两者结合的方法创建,一般采用骨架模型的方法创建,便于更新和维护。布线初始骨架由布线模型的上一级提供,布线工艺师参照上级提供的布线骨架建立布线骨架并进行增添,形成布线参考模型。若采用收缩包络方式,布线工艺师将设备的布线包络装入布线参考模型,并进行增添,形成布线参考模型。

布线参考模型中设置安装坐标系,坐标系方向应与上级总装相对应,命名为"安装坐标系"。布线参考模型中包含所有布线路径、所有线缆接入点的接线坐标系和每个接线端的位置号(与电讯接线表一致)。接线坐标系 Z 向指向出线方向。若布线路径需穿过设备内部时,设备布线包络中应包含内部走线路径,具体可以草绘曲线或设置点的方式来表示走线路径,命名应清晰易懂。

d）线轴

线轴定义主要指定义线缆的直径、转弯半径、颜色等。

布线设计中,如 PDS 线轴库中有目标线轴,则三维布线工具自动下载该线轴并加载到模型中;如 PDS 线轴库中无目标线轴,则设计师按线轴的命名规则命名线轴,并填入线缆的直径、转弯半径等信息供使用。

三维布线结束后,检入布线模型前,使用三维布线工具"线轴对比"功能,比较布线模型中线轴与归档线轴库中的线轴参数信息,两者一致进行布线模型检入。

e）线缆建模

三维布线时根据所需布线的区域、路径和品种进行布线规划和具体三维布线,线缆建模有三种方法:"简单布线""网络布线"和"沿缆布线"。

简单布线:仅需指定线缆起点和终点,中间位置可根据需要后续更改。适合单根或路径不同的线缆布线设计。

沿缆布线:指定起点和终点后,中间位置沿已经布好的电缆进行布线。适合路径相同线缆的布线设计铺设。

网络布线:事先画好布线的网络路径,然后进行布线。适合线缆批量较大的情况。

f）三维标注及技术要求

布线模型上需有相应的三维标注和技术要求说明文字,明确表达每根线的走线路径及布线的具体要求。每束线都要标明线束内的线缆图号或线缆代号(电讯接线表中的线缆号),走线路径复杂的线束应在线束分叉处标明。

g）干涉检查

三维布线设计完成后进行干涉检查,主要检查组成之间的干涉情况:

- 线缆与中心舱壁、四周通道、结构件过孔之间的干涉情况;
- 线缆尾附件与尾附件之间的干涉情况;
- 线缆尾附件进出线部分与其他结构之间的干涉情况;

- 多芯线缆的每股线缆之间的干涉情况；
- 线缆与其他附件的干涉情况。

15.6 微组装工艺可靠性控制

随着电子技术的发展,越来越多的组件采用了多芯片微组装技术,即在低温共烧陶瓷、薄膜多层等高密度互连基板上,组装半导体芯片的技术,而芯片及其装配的可靠性水平直接决定了组件的可靠性。

15.6.1 微组装过程质量可靠性控制

15.6.1.1 微组装环境

裸芯片的装配主要包括芯片贴装和金丝键合两个过程。这两个过程必须注意在防静电的净化工作区中进行。防静电对芯片可靠性影响很大,半导体芯片是一级静电敏感器件,一旦造成静电损伤,无论是硬击穿还是软击穿,后果都将非常严重。因此,装配现场要配备防静电设施,并且定期检测,以保证防静电设备的完好性。

净化对芯片装配可靠性也有一定的影响。芯片的装配和金丝键合环境应为净化厂房。随着净化等级的提高,可有效减少空气中尘埃颗粒落入芯片焊区概率,从而减少尘埃对键合可靠性的影响。

芯片装配时,对环境温度和湿度也有一定的要求。控制时可参照 GJB 3139 的规定,通常选择环境温度 20±5℃,相对湿度 40%~55%。因为相对湿度低于 30% 时,静电损伤的可能性会增大。

15.6.1.2 芯片贴装

芯片贴装要求:

1) 芯片贴装前检查

芯片贴装前,首先对芯片进行检查,以保证待贴装的芯片是合格的芯片。可参照 GJB 548B 方法 2010.1 在高倍(75 倍以上)显微镜下对芯片进行内部目检,检查芯片有无缺损;金属化层有无划痕、气孔、沾污和图形偏差;空气桥有无裂纹等。检查可采用全检或抽检的方式进行,对于航天产品则应进行全检。

2) 芯片胶接

芯片胶接主要采用环氧类胶黏剂、导电胶来实现芯片和载体之间的连接,一般用于散热要求不高的场合,如芯片电容和低噪放芯片等。

要保证芯片胶接的可靠性,最重要的是选择合适环氧胶或导电胶。选择胶黏剂时主要考虑胶黏强度和固化条件。在选定胶黏剂后,正式使用前应按 GJB 548B 方法 2019 和方法 2027 的规定进行工艺评价,包括剪切强度和黏接强度两个方面,评价通过后的胶黏剂才可以使用。在使用过程中,细心操作,防止胶黏剂污染芯片正面,避免影响后续金丝键合工艺;黏接面积应大于 60%,以保证芯片和基板之间较低的欧姆接触和较大的黏接强度。需要时,可采用超声或 X 光对黏接后芯片进行有效黏接面积检测。

3）芯片焊接

芯片焊接主要采用高温焊料或低温焊料通过共晶焊接实现芯片和载体之间的连接,一般用于大功率芯片的贴装,如功放芯片等。要保证芯片焊接的可靠性,应注意两个因素:焊料的选择;芯片与基板或载体热沉材料的热匹配。

焊料选择主要考虑三个方面:

a）芯片所能承受的最高焊接温度、焊料熔点及焊接时间。通常受半导体结温的限制,从保证芯片性能的角度出发尽量选择熔点较低的焊料。但对于功率芯片,由于其发热量较大,较低熔点的焊料会影响其长期工作可靠性。所以,需要选择高温焊料,为保证可靠性,在焊接时按推荐的参数严格控制其焊接温度及焊接时间。

b）根据芯片背面的金属膜层材料选择合适的焊料。

c）考虑组件装配焊料的温度梯度。在实际使用时,通常芯片先焊到热沉或基板上,然后热沉或基板采用熔点更低一些的焊料焊接到组件壳体内部,因此,合适的温度梯度才能避免在壳体焊接时影响芯片焊接的可靠性。

芯片和基板或载体热沉材料的热匹配是影响芯片长期工作可靠性的另一个非常重要的因素。衡量热匹配的指标是材料的热膨胀系数,如 Si 等材料与几种电路基板（LTCC 等）热膨胀系数非常接近,焊接后的长期可靠性能够保证。但是对于热沉材料,除了要求热膨胀系数匹配外,还要求其具有较高的热导率,以保证芯片热量能够及时传导出去。

4）金丝键合

保证芯片金丝键合的可靠性,重点考虑三个因素:金丝键合的工艺评价;工艺规范的定期确认及验证;金丝与芯片表面金属化层的匹配。

金丝键合的工艺评价按 GJB 548B 方法 2011、2023 和 GJB 2438A 的要求对引线键合文件和操作进行评价,以确定是否具备全面的工艺控制能力。

通过了金丝键合工艺评价,在实际操作过程中,在每次使用前还应进行工艺规范的再确认或验证。具体可按照 GJB 548B 方法 2011.1 进行键合强度试验,合格后方可进行产品键合。对于要求较高的产品,须对每根金丝按照 GJB 548B 方法 2023.2 进行非破坏性拉力测试。

金丝键合过程,除了工艺评价以及规范验证外,金丝与芯片表面金属化层的匹配程度将对芯片长期使用的可靠性产生影响。由于电路基板上待键合的图形大多是金质,微波组件广泛采用金丝键合,所以为保证长期可靠性,芯片表层焊盘也应采用金来制作。但是实际上很多芯片焊盘是铝质的,这就避免不了使用金丝与铝焊盘之间的键合,由于在 150 ℃ 以上 Au-Al 键合时接触面将产生多种金属间的化合物以及可能产生 Kirkendall 空洞,使键合点的电阻增加,所以 Au-Al 键合时,预热温度不要超过 150 ℃。

15.6.2　微组装过程多余物和水汽控制

装配过程中不可避免地会产生诸如焊锡珠、助焊剂颗粒、导电胶颗粒、碎屑等多余物,这些颗粒会吸附在电路基板表面,或残留在壳体和基板、热沉载体的沟缝中。它们不仅会在筛选和使用中撞断金丝,而且会引起金丝或导体之间短路,给芯片长期使用可靠性带来严重影响。为了减少多余物影响,可采取以下三种措施加以控制:

a）金丝键合前,将工件清洗干净,并在高倍显微镜下进行内部目检;

b）采用胶黏剂涂敷在组件内勾缝、通孔处,将可能松动的颗粒覆盖,防止其移动;

c）密封后按 GJB 548B 方法 2020.1 进行颗粒碰撞试验,确认多余物是否已有效去除。

水汽与其他气体及离子沾污一起存在时,将会腐蚀金铝键合点或金属化层,引起电路失效。水汽主要是封装前没有经过充分烘焙残存的,或是环氧类胶黏剂没经过充分固化在后续使用中释放出来的,可按 GJB 548B 方法 1018.1 进行检查。为避免水汽的影响,组件在密封前应进行长时间烘焙,并在低湿、惰性气体的环境下完成气密封盖,密封后再按 GJB 548B 方法 1014 进行细检和粗检,防止由于水汽进入影响芯片可靠性。

15.7　工艺质量可靠性管理

在电子系统设计和试制生产中采用成熟技术,确保工艺稳定,新研或改进设备其印制板制造、电子组装、机械加工、焊接、热处理、浸漆、电镀和防护等应工艺成熟。在方案设计初期,编制《工艺总方案》,与电路、结构并行设计,并进行评审,确保工艺设计合理。在工艺组织上,制定合理的工艺流程、有效的工艺措施,编制详细工艺文件,以指导生产现场按工艺规程执行。

为确保设备质量,在满足设计性能的前提下,采用成熟的工艺技术,采用新工艺、新材料时,必须经过专题试验,经考核验证后,方可正式采用。编制各类工艺规程时根据工艺水平和制造能力,尽量采用标准和成熟工艺技术、成组工艺技术、数控加工技术、表面组装技术(SMT)等组织生产,提高设备工艺可靠性和设备质量。

在工艺方案、关键工艺等确定后,进行工艺评审,工艺评审主要包括:工艺总方案、工艺总结、工艺审查报告,以及涉及关键工序的工艺规程等。

15.7.1　关键件和重要件控制

针对电子系统进行关键、重要特性分析和 FMECA 分析,按照关重特性分析和 FMECA 分析的结果确定《关键件、重要件清单》,进行重点质量控制。关键件在图样明细表的"特性标记"栏内标注"G",在产品图样醒目位置标注"关键件",其关键特性在该零部件图样上的相关位置及技术要求中标注;重要件在图样明细表的"特性标记"栏内标注"Z",在产品图样醒目位置标注"重要件",其重要特性在该零部件图样上的相关位置及技术要求中标注。关键件、重要件的合格证上加盖"关键件""重要件"印章,并随零部件周转。

研制生产过程中关键件和重要件应进行识别和控制,对关键过程进行标识,关键工序做到工步细化、参数明确、保证措施到位,并设置有效监控点,对过程参数和产品关键参数、关重特性进行监控。关键件、重要转入生产制造阶段,工艺师在进行工艺设计时将标注有 G 或 Z 标志的特性参数,全部确定为关键过程进行控制;在关键工序卡和工艺卡上进行标识,在工序操作内容中,对关、重特性和关键过程的工艺控制要素项做出标识;对关键过程相关的技术文件、人员、设备、工艺产品、计量器具、器材、环境等进行严格控制。

15.7.2　关键过程控制

1）技术文件的控制

生产现场使用的技术文件,包括设计文件、工艺文件、质量控制文件,应正确、完整、协调、统一和清晰,并现行有效。

2）人员的要求

对参与关键过程人员的控制要求:

a）关键工序的生产操作、检验、测试人员经考核合格,被录入关键工序合格人员名单方可上岗;

b）生产部门必须根据关键过程明细表的要求,安排操作人员从事关键过程的生产;关键过程生产操作人员须按照工艺文件中关键工序的内容和要求操作,严格执行工序质量控制程序;

c）关键过程的生产过程按规定进行首件自检和专检,并作实测记录,对需使用专用设备(如三坐标测量仪、X射线荧光测厚仪等)才可进行自检,生产操作人员无法自测的项目,在自检报告中加以说明,转入首件专检;对关键过程生产中出现的异常情况,会同工艺、设计人员及时采取纠正措施,保证关键过程处于受控状态;

d）质量部门根据关键过程明细表的要求,安排检验人员从事关键过程的检验;关键过程的检验人员严格按规定对工艺过程卡中所标识的关键工序特性控制内容和要求进行100%检验;

e）关键工序生产操作及检验测试人员应相对稳定,有特殊要求的生产、检验岗位,实行双岗制;

f）工艺人员要及时了解关键过程工艺技术措施的有效性。

3）设备、工艺产品、计量器具的控制

对设备、工艺产品、计量器具的控制要求:

a）关键过程所使用的设备、工艺产品、计量器具应符合工艺规程规定,其精度须满足产品要求;

b）关键过程所使用的设备、工艺产品、计量器具须具有检定、测试有效期内的合格(或准用)证明和标志。

4）器材的控制

对器材控制的要求:

a）关键过程采用的器材质量必须严格控制,投入或转入关键过程的原材料、元器件、工艺辅助材料等,必须符合设计文件和工艺文件的要求;

b）关键过程生产中器材代用征询,凡涉及关键或重要特性器材代用须加严控制,征得顾客同意。

5）环境的控制

对环境控制的要求:

a）关键过程工作场地的环境条件(温度、湿度、洁净度等)应符合产品设计、工艺文件和生产的规定,涉及的特殊环境控制须符合规定要求,环境调整、控制必须有效,并记录完整;

b) 关键过程产品在生产过程中,按要求摆放在规定的位置,存放或周转用的储运器具应符合产品设计、工艺文件的要求;

c) 关键工序生产中须严格执行多余物控制的规定。

6) 不合格品的控制

关键过程生产中发生的不合格品按《不合格品审理程序》进行审理处置。

7) 关键过程外协生产的控制

关键过程的外协生产应会同工艺、设计和质量部门与外协单位签订外协技术协议,明确质控点设置要求,使外协质量始终受控。

关键过程协作完毕,由质量部门按图纸、合同或技术协议规定的要求,对产品进行复检。

8) 质量信息管理要求

关键工序质量原始记录的填写要做到数据准确,关重要素检测、实测数据记录齐全,签署完整,具有可追溯性。

关键工序的异常质量波动及其有关质量信息,要按规定向质量部门反馈,质量部门做好信息的收集、整理工作,及时向工艺结构部门提供过程产品的质量数据,以供其研究制定措施。

9) 关键工序控制

关键工序控制中,编制关键工序目录、关键工序质量控制卡,在工艺过程卡及制造过程涉及的工艺规程的关键工序号前加盖"关键工序"印章。关键工序质量控制卡须明确人、机、料、法、环、测的控制内容。

与关键工序有关人员均须培训,考核合格后持证上岗。在加工、装配过程中按照关键工序质量控制卡的要求,实行"三定",对关键过程定人员、定设备、定工艺方法,对关键工序进行严格的质量控制。关键工序实施过程中,操作人员按照规定对生产条件进行检查、调控,保证过程始终受控。

检验人员按照工序卡及关键工序质量控制卡的要求进行100%检验和记录。

工艺师制定关键件、重要件和关键工序目录,专业工艺人员编制关键工艺的工艺规程。关键工序对控制项目、内容、方法、步骤、控制用图表、原始记录等做出详细的具体规定。关键工艺卡标有"GYGJ"标识,并在工艺过程卡中相应工序处做出关键工序的"GX"标识。对关键工序的工艺规程要进行工艺评审,将关键工序的质量控制、内容等程序列为重要评审内容,并编制《关键工序检验指导书》。

15.7.3 特殊过程控制

特殊过程是对形成的产品是否合格不易或不能经济地通过后续的监视与测量加以验证,仅在后续过程中出现问题才能显现的过程。

特殊过程主要包括以下大类中的相关过程:

a) 机械装配中的特殊连接装配(如液压软管组件扣压);

b) 金属材料热加工中的焊接、热处理;

c) 高分子理化中的复合材料制造、注塑压胶、浸渍灌封、胶黏密封;

d) 表面处理中的电镀与化学覆盖、涂料涂覆、三防处理、铭牌制造(丝网印刷铭牌);

e）电子装联中的电缆装配、手工焊装、表面组装；

f）印制板制造（图形转移、湿法处理、层压、数控钻孔）；

g）微电路制造和微组装（薄膜电路制造、厚膜电路制造、LTCC 电路制造、微组装等）。

确认：针对识别的特殊过程，按照评判准则和操作规程，对其过程能力和结果符合性进行判定的过程。

再确认：特殊过程生产中因"人、机、料、法、环"要素变更以及工作介质长期停用而进行的重新确认。

周期性再确认：在特殊过程正常生产中进行的定期确认。

须对特殊过程进行确认和再确认，特殊过程须编制典型工艺规程、生产说明书以指导现场操作；编制过程连续控制记录卡，记录过程数据，保证特殊过程的质量满足规定要求。特殊过程记录应完整，可追溯。

1）特殊过程识别

a）特殊过程识别

• 工艺部门根据工艺规划、生产能力规划、产品工艺方案等输入，对新工艺项目进行识别，并按规定识别为特殊过程项目；

• 对因生产规划变化、生产条件变化或接收准则变化等原因，使得原属于特殊过程的项目不再规定定义的，也应进行识别并申请从特殊过程项目清单中删除。

b）工艺方法研究

对新识别的特殊过程项目应按规定的要求进行工艺方法研究，并鉴定评审，应注意：

• 须首先对该特殊过程项目的成品质量特性进行识别和研究，对于有相关国家和行业标准的宜首先考虑引用其作为技术条件要求；对于没有相关技术条件，或已有技术条件不足以满足需求的，应同时研究编制适宜于要求的技术条件，经评审后归档发布；

• 特殊过程工艺方法研究采用科学、规范、严谨的方法和流程，充分考虑未来生产过程的稳定性和经济性，进行深入、细致、全面的工艺流程和工艺参数研究，形成明确结果；

• 对基于研究结果形成的产品应严格按照技术条件要求进行各项性能指标包括可靠性、耐环境性的考核验证，以证实工艺方法的有效性。

c）操作规程拟制

所有特殊过程项目都应具有操作规程作为生产和检验的依据并经过评审。经评审后的操作规程应下发生产、检验部门执行。

对于特殊过程中使用的关键材料，必须在特殊过程操作规程中明确规定其型号、规格和厂家；对于特殊过程中使用的一般材料，应在特殊过程操作规程中规定其必要信息，无特别要求时可不规定型号和厂家。

d）确认准则的制定

工艺部门须提出每项特殊过程的确认准则，其中：

• 对管控方式须进行识别，对于过程形成的产品的质量和质量特性可直接测量和可经济地测量的项目可以不采取周期性再确认的管控方式，只进行确认和再确认；对于不属于上述情况的项目必须采取确认、再确认和周期性再确认的管控方式；

• 对再确认要素须进行识别，即明确针对项目"人、机、料、法、环"的要素中哪些要素变

更后必须进行再确认;对再确认的测试项目和评判标准进行规定;

- 对周期性再确认周期须进行识别,一般为一至三年;对于手工操作为主的特殊过程,应对操作人员进行逐一确认;其他特殊过程可对操作人员进行集体确认;确认试件试样的数量;对周期性再确认的测试项目和评判标准进行规定;
- 新识别特殊过程的确认准则在项目鉴定评审时应同时评审。

2)生产能力提供

a)人员的要求:

- 特殊过程操作人员须持证上岗,具备从事特定特殊过程生产的基本资质要求;特殊过程制造部门负责为特殊过程生产配备操作人员,并组织理论和操作培训;
- 特殊过程检验人员须经过相关培训后上岗;质量部门负责为特殊过程生产配备检验人员,并组织相关培训;
- 特殊过程操作人员和检验人员须通过工艺部门的考核,证实具备从事具体特殊过程项目生产和检验的能力,操作人员还应通过特殊过程确认或再确认,才能正式上岗;
- 制造部门和质量部门须定期对在岗特殊过程操作人员和检验人员进行培训、考核和资格复审,资格复审周期与所从事特殊过程项目的再确认周期相同;考核和资格复审不通过的人员不得从事该特殊过程的工作。

b)生产条件要求:

- 为特殊过程配备符合操作规程相关要求的生产和检测设备;
- 特殊过程生产现场使用的设备、仪表及工具等须符合操作规程及相关标准的规定,其中金属镀覆和化学覆盖按 GJB 480 的规定,焊接按 GJB 481 的规定,热处理按 GJB 509B 的规定;
- 特殊过程生产现场使用的设备、仪表及有参数要求的特定工具必须按规定进行周检;
- 特殊过程中如涉及工作介质的,按规定由特殊过程制造部门负责组织进行工作介质的准备,并进行工作介质使用前的检测确认。

c)原材料

- 根据制造部门或工艺部门提出的采购申请,采购供应特殊过程生产用原材料,并提交质量部门进行入厂检验;
- 质量部门负责对特殊过程生产用原材料进行入厂检验,检验内容包括物料的厂家、牌号、型号、规格、成分、有效期等的符合性;
- 物资部门负责按材料说明书规定的存放条件和有效期进行特殊过程生产用的材料的存放保管;
- 制造部门负责对生产现场存放和使用的原材料进行管理,包括按材料说明书规定的存放条件存放以及按规定的有效期进行使用。

d)环境条件

- 为特殊过程配备符合操作规程相关要求的生产环境;
- 制造部门负责生产环境的日常管理维护,确保环境条件符合要求以及现场整洁有序、无多余物。

3）特殊过程确认

a）试生产

首次投入使用的特殊过程项目都须通过试生产方式进行过程确认。对试生产的要求：

- 工艺部门指定或投产特殊过程确认需要的试生产工件，计划部门负责制订并下达特殊过程试生产计划；
- 制造部门按照操作规程进行特殊过程试生产制件和标准试样的生产。

b）过程及结果确认

- 工艺部门、质量部门、制造部门人员组成确认验收组，对特殊过程进行生产确认验收；确认验收组对特殊过程的"人、机、料、法、环、测"要素和生产过程情况填写特殊过程确认现场记录表；对特殊过程试生产制件成品和标准试样按照成品检验要求进行成品检验，并记录在制造过程记录卡上，有检测要求的进行检测并出具检测报告；根据特殊过程要素控制情况、检验结果和检测结果，给出该特殊过程是否可提供生产的结论，填写特殊过程确认表；特殊过程确认现场记录表和成品检测报告作为特殊过程确认表附件；
- 确认表提交审批，批准后的确认表和附件存档；
- 如未能通过确认，工艺部门进行原因分析，牵头问题归零，完成后重复前面的流程。

4）正式生产

正式生产要求：

- 根据新投入使用特殊过程生产设备和生产环境的试运行情况和过程确认情况，办理准用手续；
- 制造部门按照操作规程，使用符合规定生产能力的新建立特殊过程进行正式生产；
- 操作人员在生产中按操作规程或产品工艺规程操作，填写特殊过程记录卡；特殊过程记录卡作为生产记录，由质量部门保管，保存期限为长期；
- 检验人员进行生产现场的巡回检查，监控生产过程，并填写检验记录和特殊过程记录卡的监控记录；发现有违反工艺纪律的，及时制止并提出纠正和处理意见；
- 特殊过程生产用关键材料一经确定，不得随意换料、代料；如确需更换，必须先进行工艺试验和性能测试，对试验结果进行评审，通过再确认后才可在生产中正式使用；
- 特殊过程生产用工作介质定期进行分析，并按规定进行调整；特殊过程生产用工作介质分析调整结果作为生产记录，由质量部门保管，保存期限为长期。

5）再确认

a）状态监控

对特殊过程生产中的"人、机、料、法、环、测"要素和生产状态进行监控。

b）再确认

再确认要求如下：

- 当特殊过程工艺方法、生产设备、原材料、工作介质、生产环境发生变化时，工艺部门提出再确认需求或申请；当特殊过程操作人员发生变更，或特殊过程生产设备、工作介质长期停用后需恢复生产时，制造部门向工艺提出再确认需求或申请；
- 工艺对特殊过程再确认需求或申请进行识别，对确需进行再确认的项目安排再确认计划，完成投产；

- 工艺部门牵头完成再确认实施。

c）周期性再确认

周期性再确认要求如下：

- 工艺部门每年年末制订下一年度特殊过程周期性再确认计划，计划发科技、质量和制造部门作为执行依据；
- 工艺部门根据周期性再确认计划安排提前完成投产；
- 质量部门进行周期性再确认；各特殊过程的再确认周期、再确认检验项目由工艺部门提出，质量部门在相关要求中规定；
- 特殊过程生产过程中的工序（或成品）检验项目或随炉试样检验项目与该过程鉴定检验项目相同的过程，不需再进行周期性再确认；
- 对以手工操作为主的特殊过程，周期性再确认连续三次符合要求的情况下，允许采用对操作人员抽样方式进行周期性再确认，抽样比例在确认准则中规定，但每名操作人员应保证在一轮抽样期内被覆盖到。

6）建立目录清单

建立目录清单要求如下：

- 对已识别并确认通过的特殊过程，由工艺部门汇总编制形成特殊过程目录清单；特殊过程目录清单发质量部门和各制造部门；
- 工艺部门组织每年末对通过特殊过程确认、再确认的操作人员建立名单，经拟、审、签、批后在工艺部门和人力资源部门留存，并发质量部门和各制造部门。

生产过程中严格执行批次管理，批次管理要做到"五清、六分批"，"五清"指批次清、质量状态清、原始记录清、数量清、批（炉）号清；"六分批"指分批投料、分批加工、分批转移、分批入库、分批装配、分批出厂。

15.7.4 工艺验证

开展工艺验证，以进一步证实工艺过程的合理性、可行性及设备、人员等生产条件能够满足持续制造出符合设计要求的产品。对代表首批生产的产品进行首件鉴定，首件鉴定的范围包括：

1）试制产品；

2）在生产（工艺）定型前试生产中首次生产的新零组件，但不包括标准件、借用件；

3）批生产中产品或生产过程发生了重大变更之后首次加工的零组件，如：

a）产品设计图样中有关关键和重要特性以及影响产品的配合、形状和功能的重大更改；

b）生产过程（工艺）方法、数控加工软件、工装或材料方面的重大更改；

c）产品转厂生产；

d）停产两年以上（含两年）等；

e）顾客在合同中要求进行首件鉴定的项目。

在首件鉴定过程中，对生产过程和能够代表首次生产的产品进行全面的检验及审查，以证实规定的过程、设备及人员等能否持续地生产出符合设计要求的产品。

15.8　PCB 主要引用标准

PCB 主要引用标准见表 15-11。

表 15-11　国内 PCB 主要引用标准

来源	标准	说明
IEC 国际电工委员会标准	IEC 60249-1/2/3	印制板电路用基材
	IEC 60326-2~12	印制板电路板
IPC 美国电子电路封装互联协会标准	IPC-2221	印制板通用设计规范
	IPC-4101	印制板电路用覆铜箔层压板通用规范
	IPC-6011	印制板通用性能规范
	IPC-6012A	刚性印制板的鉴定与性能规范
	IPC-6013	挠性印制板的鉴定与性能规范
	IPC-6015	有机多芯片模块(MCM-L)安装及互联结构的鉴定与性能规范
	IPC-6016	高密度互联(HDI)板鉴定与性能规范
	IPC-6018	成品微波印制板的检验和测试
	IPC-A-600F	印制板的验收条件
	IPC-TM-650	印制板试验方法手册
国家标准	GB 4721	印制板电路用覆铜箔层压板通用规范
	GB 4722~GB 4725	印制板电路用覆铜箔层压板试验方法和产品标准
	GB 4588.1	无金属化孔的单、双面印制板技术条件
	GB 4588.2	有金属化孔的单、双面印制板技术条件
	GB 4588.3	印制电路板设计和使用
	GB 4588.4	多层印制板技术条件
	GB 8898	单面纸质印制线路板的安全要求(强制性)
	GB/T 14515	有贯穿连接的单、双面挠性印制板技术条件
	GB/T 14516	无贯穿连接的单、双面挠性印制板技术条件
	GB/T 4588.10	有贯穿连接的双面刚-挠性印制板规范
	GB/T 4588.11	有贯穿连接的多层刚-挠性印制板规范
	GB/T 4588.12	顶制内层层压板规范

（续表）

来源	标准	说明
国家军用标准	GJB 362A	印制板通用规范
	GJB 2124	印制线路板用覆金属箔层压板总规范
	GJB 2124/1	印制线路板用耐热阻燃型覆铜箔环氧玻璃布层压板详细规范
	GJB 2830	刚性和挠性印制板设计要求
	GJB/T 50.1~50.2	军用印制板及基材系列型谱
电子行业标准	SJ 20632	印制板组装件总规范
	SJ 20748	刚性印制板和刚性印制板组装件设计标准
	SJ/T 10716	有金属化孔单双面印制板能力详细规范
	SJ/T 10717	多层印制板能力详细规范
	SJ.Z 11171	无金属化孔单双面碳膜印制板规范
	SJ 20604	挠性和刚挠印制板总规范
	SJ/T 9130	印制线路板安全标准
	SJ 20671	印制线组装件涂覆用电绝缘化合物
	SJ 20747	热固型绝缘塑料层压板总规范
	SJ 20749	阻燃覆铜箔聚四氟乙烯玻璃布层压板详细规范
航天行业标准	QJ 3103	印制电路板设计规范
	QJ 201A	印制电路板通用规范
	QJ 519A	印制电路板试验方法
	QJ 831A	航天用多层印制电路板通用规范
	QJ 832A	航天用多层印制板试验方法

第十六章　机械结构可靠性设计

机械结构可靠性一般分为结构可靠性和机构可靠性。结构可靠性主要研究机械结构的强度以及由于载荷的影响使之疲劳、磨损、断裂等引起的失效；机构可靠性主要研究机构在动作过程中由于运动而引起的故障。

机械结构可靠性分析可借助 CAD 软件，通过建立结构、机械运动模型、运行仿真，统计机械产品的运行性能，计算分析机械结构产品的可靠性和安全性水平。

16.1　机械结构可靠性

16.1.1　基本随机变量

常规的机械结构设计使用安全系数来考虑载荷、材料、尺寸等的影响，由于对不同分散特性（分布类型和分布参数）的情况没有区分，为了保证产品安全，安全系数往往取值较大，使机械结构重量增加，但得不到优化的设计。

影响机械结构可靠性的主要因素（基本随机变量）有承受的外载荷、结构几何形状和尺寸、材料物理特性、工艺方法和使用环境等。机械结构可靠性设计是利用各种解析和数值仿真方法分析各基本随机变量对产品可靠性的影响，达到对机械结构进行可靠性优化设计的目的。

机械结构中常见随机变量的分布类型见表 16－1。

表 16－1　机械结构常见随机变量分布类型

变量参数	概率分布类型
零件尺寸偏差、粗糙度	三角分布
测量误差、制造尺寸偏差、硬度、材料强度极限、弹性模量、系统误差、随机误差、断裂韧性、金属磨损、作用载荷、空气湿度、膨胀系数、间隙误差	正态分布
合金材料强度极限、材料疲劳寿命、降雨强度、弹簧疲劳强度、腐蚀量、腐蚀系数、容器内压力、金属切削刀具耐久度、齿轮弯曲强度和接触疲劳强度	对数正态分布
机械中的疲劳强度、疲劳寿命、磨损寿命、轴的径向跳动量、系统寿命	威布尔分布
形状和位置的公差（如：锥度、垂直度、平行度、椭圆度、偏心距等）	瑞利分布
各类载荷、负荷的极值量（最大或最小）	极值分布
失效率为常数的寿命分布，电子产品可靠性分布	指数分布

（续表）

变量参数	概率分布类型
适用于某些有界$(a<x<b)$随机变量的分布、不同a_1和a_2值，其概率密度函数曲线具有不同形状	贝塔分布
成品率分布、台风袭击分布	二项分布
统计质量分布、故障率	泊松分布

1）载荷

机械结构产品所承受的载荷大都是一种不规则的、不能重复的随机载荷。载荷随时间的变化称为载荷-时间历程，简称载荷历程。根据载荷随时间变化情况可分为三种类型：

永久载荷，在使用期内其值随时间变化很小，变化可以忽略不计，如结构自重。

可变载荷，在使用期内其值随时间变化不能忽略的载荷，如桥梁表面的活动载荷等。

偶然载荷，在使用期内偶然出现的载荷，其特点是作用时间短，量值大，如地震、冲击载荷、飞机阵风载荷等。

实际载荷历程往往是以上三种载荷的综合，为一种无规则变化的随机载荷。

2）几何形状及尺寸

机械零部件的尺寸有长度、厚度、孔径、轴径、中心距、深度和剖面参数等，这些尺寸在机械结构设计中是重要的设计变量。机械结构产品的尺寸分散特性源于制造过程，直接影响其可靠性，因此定量分析尺寸的随机性是可靠性设计中不可缺少的内容。在可靠性设计中，尺寸的分散特性是作为设计参数处理的。正态分布尺寸标准方差的工程计算如下。

若尺寸为对称方差$X+\Delta X$，此时尺寸分布的标准方差为：

$$\sigma_X = \frac{\Delta X}{3} \tag{16-1}$$

若尺寸为非对称方差$X^{+\Delta X_1}_{-\Delta X_2}$，此时尺寸分布的标准方差为：

$$\sigma_X = \frac{\Delta X_1 + \Delta X_2}{3} \tag{16-2}$$

3）材料性能

影响应力随机特性的主要物理参数为弹性模量、剪切模量和泊松比。弹性模量和泊松比在工程设计中一般按正态分布计算，泊松比的离散程度较小，其变异系数仅为0.01~0.03。

机械设计中，常用到的材料机械强度一般有强度极限、屈服极限、持久疲劳极限等。

材料的强度极限和屈服极限是静强度设计中常遇到的材料力学性能。大量试验表明，强度极限通常是正态分布或近似正态分布，屈服极限通常是近似正态分布。

在强度设计中，零件的承载能力，也就是零件的强度与加工方法和受力状况有关，工程上可以采用以下近似方法确定其强度的随机特性。

零件强度的均值：

$$\mu_S = K_1 \mu_C \tag{16-3}$$

标准方差：

$$\sigma_{\mathrm{S}} = V_{\mathrm{C}}\sigma_{\mathrm{C}} \tag{16-4}$$

式中：μ_{S}—材料样本拉伸试验得到的机械强度（强度极限和屈服极限）的均值；μ_{C}—强度极限和屈服极限的均值；k_1—系数；σ_{C}—强度极限和屈服极限的标准差，可根据统计的变异系数计算出。一般机械静强度的变异系数 $V_{\mathrm{C}} \approx 0.1$，也可根据统计数据计算。

K_{S} 是计算载荷特性及制造方法的修正参数。

$$K_{\mathrm{S}} = \varepsilon_1 / \varepsilon_2 \tag{16-5}$$

式中：ε_1—拉伸机械特性转化为弯曲或扭转特性的转化系数；ε_2—考虑制造质量影响的系数，对锻件和轧钢 $\varepsilon_2 = 11$，对铸件 $\varepsilon_2 = 13$。

对于重要零件其强度数据可通过试验来取得，试验样本量一般可取 10 ~ 45 个，样本量越大越好。

持久疲劳极限是材料疲劳强度的主要性能，确定持久疲劳极限分布特性的有效方法是升降法试验，试验样本数一般 35 ~ 45 个，试验应力水平一般 6 ~ 10 级，样本量小时可取 4 级，试验时间（以循环次数计）$N > 10^6$，试件试验时的不对称系数保持不变。持久疲劳极限一般符合正态分布或对数正态分布。当只能找到材料对称循环疲劳极限的均值，而得不到其统计数据时，可近似选用其变异系数的统计值。资料统计表明对称循环疲劳极限的变异系数为 0.04 ~ 0.1，一般计算可近似地取 0.8，对重要零件应通过专门试验取得有关数据。

4）生产情况

生产中的随机因素非常多，如毛坯生产中产生的缺陷和残余应力、热处理过程中材质的均匀性难确保一致、机械加工对表面质量的影响、装配、搬运、储存、堆放、质量控制、检验的差异等构成了影响应力和强度的随机因素。

5）使用情况

使用中的环境影响和操作人员及使用维护的影响，如工作环境中的温度、湿度等影响，操作人员的熟练程度和维护保养的好坏等。

16.1.2　状态函数和极限状态方程

机械产品进行可靠性设计时，根据其规定的设计功能，可以建立相对应的状态函数 $g(X)$。状态函数可用表示 n 个代表基本随机因素的随机变量 $X_1, X_2, X_3, \cdots, X_n$ 的函数表示，随机变量 $X = X_1, X_2, \cdots, X_n$ 称为基本随机变量，Z 称为规定功能的状态函数。

$$Z = g(X) = g(X_1, X_2, X_3, \cdots, X_n) \tag{16-6}$$

机械产品在任意随机时刻是否能完成规定功能，可用状态函数取值是否大于 0 来决定。可将产品状态分为可靠状态 $[g(X) > 0]$ 和失效状态 $[g(X) < 0]$，而产品可靠状态向失效状态转换的临界状态 $[g(X) = 0]$ 称为极限状态，$g(X) = 0$ 称为极限状态方程。

如能将 $g(X)$ 转化成为关于 $X = X_1, X_2, \cdots, X_n$ 的明确表达式，则称 $g(X_1, X_2, \cdots, X_n)$ 为显示状态函数；否则称 $g(X_1, X_2, \cdots, X_n)$ 为隐示状态函数。

解析几何中，极限状态方程 $g(X) = 0$ 是坐标系 $OX_1, OX_2, \cdots, OX_n$ 中一个 n 维曲面，称为

失效面。失效面的 $g(X)>0$ 一侧,产品处于可靠状态,相应地,$\Omega_r = \{X | g(X) >0\}$ 称为可靠域;失效面的 $g(X)<0$ 一侧,产品处于失效状态,相应地,$\Omega_r = \{X | g(X) <0\}$ 称为失效域。

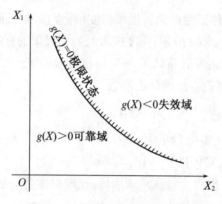

图 16-1　机械结构极限状态曲线

16.2　广义"应力-强度"干涉模型

当状态函数 $g(X)$ 只有广义强度和广义应力两个随机变量时,表示为:

$$Z = g(X) = r - l \tag{16-7}$$

显然,$g(X)>0$ 表示广义强度大于广义应力,产品可靠;$g(X)<0$ 表示广义强度小于广义应力,产品失效;$g(X)=0$ 表示产品处于临界的极限状态,即为广义的"应力-强度"模型。

根据可靠度定于,强度大于应力的概率可表示为:

$$R(t) = P(r > l) = P(r - l > 0) \tag{16-8}$$

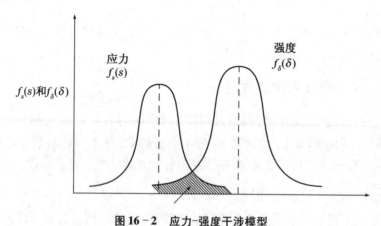

图 16-2　应力-强度干涉模型

16.2.1　可靠度的一般表达式

根据干涉模型计算在干涉区内强度大于应力的概率称为可靠度。当应力为 l_0 时,强度大于应力的概率为:

$$P(r > l_0) = \int_{l_0}^{\infty} f(r)\,\mathrm{d}r \qquad (16-9)$$

式中:$f(r)$—强度分布密度函数。

应力 r_0 处于 $\mathrm{d}r$ 区间内的概率为:

$$P\left(r_0 - \frac{\mathrm{d}r}{2} \leqslant r \leqslant r_0 + \frac{\mathrm{d}r}{2}\right) = f(r_0)\,\mathrm{d}r \qquad (16-10)$$

式中:$f(l)$—应力分布密度函数。

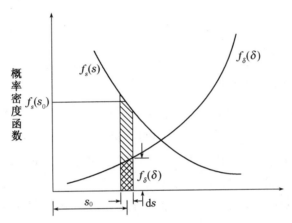

图 16-3　概率密度函数联合积分求可靠度

设 $r > l_0$ 与 $r_0 - \dfrac{\mathrm{d}r}{2} \leqslant r \leqslant r_0 + \dfrac{\mathrm{d}r}{2}$ 为两个独立的随机事件,因此两个独立事件同时发生的概率为:

$$\mathrm{d}R = f(l_0)\,\mathrm{d}l \cdot \int_{r_0}^{\infty} f(r)\,\mathrm{d}r \qquad (16-11)$$

由于上式 l_0 为应力区间内的任意值,考虑整个应力区间内的情况,有强度大于应力的概率(可靠度)为:

$$R = \int \mathrm{d}R = \int_{-\infty}^{\infty} f(l) \cdot \left[\int_{r_0}^{\infty} f(r)\,\mathrm{d}r\right]\mathrm{d}l \qquad (16-12)$$

当已知应力和强度的概率密度函数时,根据以上表达式即可求得可靠度。

16.2.2　可靠度指标和验算点

β 被定义为状态变量的均值 μ_Z 与标准差 σ_Z 之比,即

$$\beta = \frac{\mu_Z}{\sigma_Z} = \frac{E[g(X)]}{\sqrt{\mathrm{Var}[g(X)]}} \qquad (16-13)$$

在机械可靠性中,可用 β 表示可靠度的大小。β 与可靠度一一对应,β 值越大,可靠度越大;β 值越小,可靠度越低。可靠度指标与失效概率的对应关系见表 16-2。

表 16-2　可靠度指标与失效概率的对应关系

β	R	P_f
0	0.5	0.5
1.0	0.841 34	$1.586\ 6 \times 10^{-1}$
2.0	0.977 25	$2.275\ 0 \times 10^{-2}$
3.0	0.998 650 1	$1.349\ 9 \times 10^{-3}$
4.0	0.999 968 329	$3.167\ 1 \times 10^{-5}$
5.0	0.999 999 713 35	$2.866\ 5 \times 10^{-7}$

当基本随机变量均服从正态分布,且状态变量 Z 为基本变量的线性函数时,失效概率 P_f 和可靠度 R 可通过下式精确计算:

$$\begin{cases} P_f = \Phi(-\beta) \\ R = \Phi(\beta) \end{cases} \tag{16-14}$$

对 β 的定义为:标准正态空间内坐标原点到极限状态面的最短距离,并将最短距离在极限状态面对应的点定义为设计验算点 $X^* = (X_1^*, X_2^*, \cdots, X_n^*)$。

假定 Z 服从正态分布,其均值 μ_z 与标准差 σ_z,则结构的失效概率为:

$$P_f = \int_{-\infty}^{0} f_Z(z)\,\mathrm{d}z = \int_{-\infty}^{0} \frac{1}{\sqrt{2\pi}\sigma_z} \exp\left[-\frac{(z-\mu_z)^2}{2\sigma_z^2}\right]\mathrm{d}z \tag{16-15}$$

作变换 $z = \mu_z + \sigma_z t$,则 $\mathrm{d}z = \sigma_z \mathrm{d}t$,当 $z = 0$ 时,$t = -\mu_z/\sigma_z$;$z \rightarrow -\infty$ 时,$t \rightarrow -\infty$。所以上式为:

$$P_f = \int_{-\infty}^{-\frac{\mu_z}{\sigma_z}} \frac{1}{\sqrt{2\pi}} \exp\left(-\frac{t^2}{2}\right)\mathrm{d}t = \Phi\left(-\frac{\mu_z}{\sigma_z}\right) = \Phi(-\beta) \tag{16-16}$$

式中:$\beta = \dfrac{\mu_z}{\sigma_z}$ 称为结构可靠指标,它与结构的失效概率具有上式表示的对应关系,求得可靠指标,也就求得了结构的失效概率或可靠度,表 16-2 给出了 β 与 P_f 的对应关系。

对于结构功能函数 $Z = R - S$,假定 R,S 均服从正态分布,由于 Z 是 R,S 的线性函数,根据正态随机变量的特性,Z 也服从正态分布,其均值 $\mu_z = \mu_R - \mu_S$,标准差 $\sigma_z = \sqrt{\sigma_R^2 + \sigma_S^2}$,则可靠性指标为:

$$\beta = \frac{\mu_R - \mu_S}{\sqrt{\sigma_R^2 + \sigma_S^2}} \tag{16-17}$$

如果 R,S 均服从对数正态分布,结构功能函数表示为 $Z = \ln R - \ln S$,由于 $\ln R, \ln S$ 均服从正态分布,Z 也服从正态分布,其均值 $\mu_z = \mu_{\ln R} - \mu_{\ln S}$,标准差 $\sigma_z = \sqrt{\sigma_{\ln R}^2 + \sigma_{\ln S}^2}$,则可靠性指标为:

$$\beta = \frac{\mu_{\ln R} - \mu_{\ln S}}{\sqrt{\sigma_{\ln R}^2 + \sigma_{\ln S}^2}} = \frac{\ln\left(\frac{\mu_R}{\mu_S}\sqrt{\frac{1 + \delta_S^2}{1 + \delta_R^2}}\right)}{\sqrt{\ln\left[\left(1 + \delta_R^2\right)\left(1 + \delta_S^2\right)\right]}} \tag{16-18}$$

如果 $\delta_R \leqslant 0.3, \delta_S \leqslant 0.3$，则上式可简化为：

$$\beta = \frac{\ln\left(\frac{\mu_R}{\mu_S}\right)}{\sqrt{\delta_R^2 + \delta_S^2}} \tag{16-19}$$

如果 R, S 不同时服从正态分布或对数正态分布，或同时服从正态分布或对数正态分布但功能函数 Z 不为线性函数，则不能按上述的公式直接计算可靠指标，需采用以下所述的近似计算方法。

16.2.3　一次二阶矩法（均值点法）

一次二阶矩法（均值点法或中心点法）首先将非线性状态函数在随机变量的均值点处作泰勒级数展开并保留至一次项，假设随机变量相互独立，近似计算状态函数的平均值和标准差。可靠度表示为：

$$\beta = \frac{\mu_Z}{\sigma_Z} = \frac{g(\mu_{x_1}, \mu_{x_2}, \cdots, \mu_{x_n})}{\sqrt{\sum_{i=1}^{n}\left(\frac{\partial g}{\partial x_i}\bigg|_{\mu}\right)^2 \sigma_{x_i}^2}} \tag{16-20}$$

其计算如下：

1）将状态函数在随机变量均值点展开为泰勒级数并保留至一次项，即

$$Z = g(\mu_{x_1}, \mu_{x_2}, \cdots, \mu_{x_n}) + \sum_{i=1}^{n}\left(\frac{\partial g}{\partial x_i}\right)_{\mu}(x_i - \mu_{x_i}) \tag{16-21}$$

2）计算状态函数均值（μ_Z）和方差（σ_Z^2）

$$\mu_Z = E(Z) = g(\mu_{x_1}, \mu_{x_2}, \cdots, \mu_{x_n}) \tag{16-22}$$

$$\sigma_Z^2 = E[Z - E(E)]^2 = \sum_{i=1}^{n}\left(\frac{\partial g}{\partial x_i}\right)_{\mu}^2 \sigma_{x_i}^2 \tag{16-23}$$

3）计算可靠度指标 β

$$\beta = \frac{\mu_{Z_L}}{\sigma_{Z_L}} \tag{16-24}$$

均值点法的最大特点是计算方便，不需进行过多的数值计算。但是均值点法也存在一定的缺点。

1）力学意义相同、极限状态函数的数学表达式不同，计算的结果可能不同；

2）当极限状态函数（状态函数）是非线性函数时，将它在随机变量的均值点法处展开不太合理，由于随机变量的均值点不在极限状态曲面上，展开后的极限状态函数可能会有较大

误差；

3）没有考虑随机变量的概率分布，仅适用于基本变量为正态分布和对数正态分布，极值 I 型分布不适用。

16.2.4 验算点法

设计验算点也称设计点，定义为独立的、标准正态坐标系中的一个分布矢量 U。在 U 空间中，联合概率分布密度函数是以绕原点轴对称的，并且随着原点的距离的平方的增加而指数递减，对于二参数的情形，联合概率分布密度函数为钟形曲面。

1）假定初始验算点

$$x_i^{*(0)} = [x_1^{*(0)}, x_2^{*(0)}, \cdots, x_n^{*(0)}], (i = 1, 2, \cdots, n) \tag{16-25}$$

一般第一步取中心点进行计算 $x_i^{*(0)} = (\mu_{x_1}, \mu_{x_2}, \cdots, \mu_{x_n})$。

2）判别 X_i 是否服从正态分布，否则做当量正态化处理

$$x_i^* = \frac{x_i^* - \mu_{xi}}{\sigma_{xi}} \tag{16-26}$$

3）计算功能函数的偏导数 $\dfrac{\partial(x_1^*, x_2^*, \cdots, x_n^*)}{\partial x_i^*}$

4）计算可靠度指标 β

$$\beta = \frac{g(x_1^*, x_2^*, \cdots, x_n^*) + \sum_{i=1}^{n}\left[-\dfrac{\partial g(x^*)}{\partial X_i}(\mu_{x_i} - x_i^*) \right]}{\sqrt{\sum_{i=1}^{n}\left(\dfrac{\partial g(x^*)}{\partial X_i}\sigma_{x_i} \right)^2}} \tag{16-27}$$

5）计算灵敏度系数 $\cos\theta_{x_i}(i = 1, 2, \cdots, n)$

$$\cos\theta_{x_i} = \frac{-\dfrac{\partial g}{\partial X_i}\bigg|_{P*}\sigma_{x_i}}{\sqrt{\sum_{i=1}^{n}\left(\dfrac{\partial g}{\partial X_i}\bigg|_{P*}\sigma_{x_i} \right)^2}} \tag{16-28}$$

6）计算新的验算点

$$x_i^* = \mu_{x_i} + \beta\sigma_{x_i}\cos\theta_{x_i}, (i = 1, 2, \cdots, n) \tag{16-29}$$

7）若 $|\beta_k - \beta_{k-1}| \leqslant \varepsilon$，停止迭代。否则，用新验算点继续迭代，直至满足精度要求。

16.2.5 蒙特卡罗重要度抽样法

蒙特卡罗法的一般公式为：

$$P_f = \int_{\Omega_f} \cdots \int f(\bar{x}) \mathrm{d}(\bar{x}) = \int_{-\infty}^{\infty} I[g(\bar{x})]f(\bar{x})\mathrm{d}x$$

$$= E(g(\bar{x}) < 0) \approx \frac{1}{N}\sum_{I=1}^{N} I[g(\bar{x})] = \hat{P}_f \tag{16-30}$$

其中：

$$\begin{cases} I[g(\bar{x})] = 1, g(\bar{x}) \leqslant 0 \\ I[g(\bar{x})] = 0, g(\bar{x}) > 0 \end{cases} \tag{16-31}$$

根据蒙特卡罗法原理，以两随机变量的蒙特卡罗法抽样步骤为：

1）N_f（失效次数）$= 0$；

2）产生 X_1、X_2 的随机抽样；

3）计算 $g(X_1, X_2)$；

4）如果 $g(X_1, X_2) \leqslant 0$，$N_f = N_f + 1$；

5）返回步骤 2），直到总的仿真次数为 N，$P_f = N_f/N$，P_f 为 N 的函数。

考虑 $\hat{P}_f$ 为一小量，则抽样次数 N 可近似为：

$$N = \frac{z_{\frac{\alpha}{2}}^2}{\hat{P}_f \cdot \varepsilon^2} \tag{16-32}$$

当给定相对误差 $\varepsilon = 0.2$，置信水平 $1 - \alpha = 0.95$ 时，抽样次数 N 须满足：

$$N \approx \frac{100}{\hat{P}_f} \tag{16-33}$$

抽样次数 N 与 $\hat{P}_f$ 成反比，当 $\hat{P}_f$ 为一小量，如 $\hat{P}_f = 10^{-3}$ 时，$N = 10^5$ 才能获得对 $\hat{P}_f$ 足够可靠的估计。大型复杂机械产品 CAE 仿真计算量巨大，过程上较难用简单蒙特卡罗法进行可靠性分析。

提高蒙特卡罗法效率的途径是增加 $g(\bar{x}) < 0$ 的机会，蒙特卡罗法重要度抽样法可以使抽样集中在失效区域，即使抽取的样本点有较多的落入失效区域内，从而加速失效概率计算的收敛。

根据重要抽样的基本概念有：

$$P_f = \int_{-\infty}^{\infty} \frac{I[g(\bar{x})] f(\bar{x})}{h_V(\bar{x})} h_X(\bar{x}) \mathrm{d}\bar{x} \tag{16-34}$$

式中：$h_X(\bar{x})$——随机变量 $X = X_1, X_2, \cdots, X_n$ 的概率密度函数。

蒙特卡罗法重要度抽样法是围绕如何选择重要抽样密度函数从而提高蒙特卡罗法的效率和精度展开的。

16.3　应力强度干涉法可靠性预计

应力强度干涉法：零部件是否故障取决于强度与应力的关系，当强度大于应力时，认为零部件正常，而当应力大于强度时，则认为零部件一定故障，实际中应力与强度都是呈分布状态的随机变量，将应力和强度在同一坐标系中表示，相交部分表示的应力强度干涉区就可能发生应力大于强度（即故障）的情况。这种根据应力和强度的干涉情况，计算干涉区内强度小于应力的概率（故障概率）模型，称为应力强度干涉模型。

强度分布密度函数为 $f_r(y)$，应力分布密度函数为 $f_s(x)$，强度大于应力的概率（可靠

度)为:

$$R = P(Y - X > 0) = \int_{-\infty}^{\infty} f_s(x) \left[\int_X^{\infty} f_r(y) \, \mathrm{d}y \right] \mathrm{d}x \tag{16-35}$$

式中:Y—强度,X—应力。

根据获取的零部件应力、强度数据不同,可采用两种方法:一是能够收集到零部件强度和应力的观测值,可使用图解法;二是能确定零部件强度和应力的分布形式、分布参数,可使用函数计算法。

16.3.1 图解法

图解法步骤如下:

1)获取零部件应力、强度的相关数据

获取零部件应力与强度观测值,通常零部件的应力观测值由试验或经验得到,强度观测值由试验得到。将应力和强度观测值分别按从小到大进行排列。即 $s_1, s_2, \cdots, s_n; r_1, r_2, \cdots, r_m$,计算应力观测值的分布函数:

$$\hat{F}_s(x) = \frac{i}{n}, (i = 1, 2, \cdots, n) \tag{16-36}$$

强度观测值的分布函数:

$$\hat{F}_r(x) = \frac{i}{m}, (i = 1, 2, \cdots, m) \tag{16-37}$$

根据计算结果分别绘制应力和强度的分布曲线,绘制时以应力、强度值为横坐标,以应力、强度的分布函数为纵坐标。

2)计算 G 和 H 值,绘制 G-H 函数关系曲线

G 值为强度互补累积分布函数,即

$$G = \int_X^{\infty} f_r(x) \, \mathrm{d}x = 1 - F_r(x) \tag{16-38}$$

H 值为应力累积分布函数,即

$$H = \int_{\infty}^{X} f_s(x) \, \mathrm{d}x = F_s(x) \tag{16-39}$$

根据计算出的零部件强度和应力分布曲线,通过函数拟合法,可计算出典型应力下 G、H 值。进行函数拟合时,可采用 SPSS 等数理统计软件辅助进行。

然后,计算并绘制 G-H 函数关系曲线,如图 16-4 所示。

3)计算可靠度

根据式(16-39)有:

$$\mathrm{d}H = f_s(x) \, \mathrm{d}x \tag{16-40}$$

将 G,$\mathrm{d}H$ 代入式(16-35)有:

$$R = \int_0^1 G \mathrm{d}H \tag{16-41}$$

如图 16-4 所示阴影部分面积即该零部件的可靠度,计算阴影部分面积时可通过绘图等形式完成。

[**例 16-1**]　有零件的 10 组应力观测值为:24 500、27 500、26 250、20 750、33 750、26 250、29 250、30 000、23 600、37 500;零件的 14 组强度观测值为:35 400、37 100、33 800、36 000、36 000、37 000、36 800、38 200、35 900、38 500、37 300、40 000、34 300、42 000。该零件可靠度规定值为 0.97。

1)获取零件应力、强度的相关数据

将零件应力、强度观测值分别按从小到大进行排列,按式(16-36)、式(16-37)计算应力、强度的分布函数。

表 16-3　零件应力、强度观测值与其对应的分布函数

序号	应力/MPa	$\hat{F}_s(x)$	强度/MPa	$\hat{F}_r(x)$
1	20 750	0.10	33 800	0.07
2	23 600	0.20	34 300	0.14
3	24 500	0.30	35 400	0.21
4	26 250	0.40	35 900	0.28
5	26 250	0.50	36 000	0.35
6	27 500	0.60	36 000	0.43
7	29 250	0.70	36 800	0.5
8	30 000	0.80	37 000	0.57
9	33 750	0.90	37 100	0.64
10	37 500	1.00	37 300	0.71
11			38 200	0.78
12			38 500	0.85
13			40 000	0.93
14			42 000	1

根据表中数据可作出应力、强度经验分布图。

2)计算 G 和 H 值,绘制 G-H 函数关系曲线

根据以上两个经验分布,计算出不同应力下的 G 和 H 值,G 和 H 值的对应关系见表 16-4。

表 16-4　G 和 H 的对应值

应力/MPa	$H=\hat{F}_s(x)$	$G=1-\hat{F}_r(x)$	应力/MPa	$H=\hat{F}_s(x)$	$G=1-\hat{F}_r(x)$
0	0	1	20 000	0.07	1
10 000	0	1	25 000	0.31	1
15 000	0	1	30 000	0.77	1

（续表）

应力/MPa	$H = \hat{F}_s(x)$	$G = 1 - \hat{F}_r(x)$	应力/MPa	$H = \hat{F}_s(x)$	$G = 1 - \hat{F}_r(x)$
32 000	0.87	0.98	38 000	0.995	0.22
33 000	0.9	0.95	39 000	1	0.12
34 000	0.94	0.9	40 000	1	0.05
35 000	0.96	0.81	41 000	1	0.02
36 000	0.98	0.67	42 000	1	0.01
37 000	0.99	0.42			

根据表 16 - 4 中的数据作出 $G - H$ 函数关系曲线如图 16 - 4 所示。

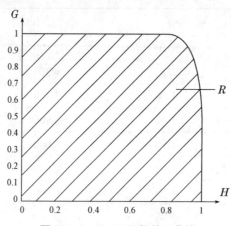

图 16 - 4 $G - H$ 函数关系曲线

3）计算可靠度

根据图 16 - 4 计算曲线下面的面积即为该零件的可靠度 $R = 0.987\ 8$。

16.3.2   函数计算法

函数计算法步骤如下：

1）确定零部件应力、强度

确定零部件应力与强度的分布形式、分布参数。应力的分布形式和分布参数通常由经验值分析得出，而强度的分布形式和分布参数则通常由试验数据得出。

2）可靠度的计算

根据式（16 - 35）计算零部件的可靠度。常用概率分布的可靠度计算公式见表 16 - 5。

表 16 - 5   常用概率分布的可靠度计算公式

序号	应力	强度	可靠度计算公式
1	正态分布 $N(\mu_s, \sigma_s^2)$	正态分布 $N(\mu_r, \sigma_r^2)$	$R = \int_{-\infty}^{\beta} \frac{1}{\sqrt{2\pi}} e^{-\frac{u^2}{2}} \mathrm{d}u = \Phi\left(\frac{\mu_r - \mu_s}{\sqrt{\sigma_r^2 + \sigma_s^2}} \right)$

（续表）

序号	应力	强度	可靠度计算公式
2	对数正态分布 $\ln s \sim N(\mu_{\ln s},\sigma_{\ln s}^2)$	对数正态分布 $\ln s \sim N(\mu_{\ln r},\sigma_{\ln r}^2)$	$R = \int_{-\infty}^{\beta} \dfrac{1}{\sqrt{2\pi}}\mathrm{e}^{-\frac{\mu^2}{2}}du = \Phi\left(\dfrac{\mu_{\ln r} - \mu_{\ln s}}{\sqrt{\sigma_{\ln r}^2 + \sigma_{\ln s}^2}}\right)$
3	指数分布 $\mathrm{e}(\lambda_s)$	指数分布 $\mathrm{e}(\lambda_r)$	$R = \dfrac{\lambda_s}{\lambda_s + \lambda_r}$
4	正态分布 $N(\mu_s,\sigma_s^2)$	指数分布 $\mathrm{e}(\lambda_r)$	$R = \left[1 - \Phi\left(-\dfrac{\mu_s - \lambda_r\sigma_s^2}{\sigma_s}\right)\right]\exp\left[\dfrac{1}{2}\lambda_r^2\sigma_s^2 - \lambda_r\mu_s\right]$
5	指数分布 $\mathrm{e}(\lambda_s)$	正态分布 $N(\mu_r,\sigma_r^2)$	$R = 1 - \Phi\left(-\dfrac{\mu_r}{\sigma_r}\right) - \left[1 - \Phi\left(-\dfrac{\mu_r - \lambda_s\sigma_s^2}{\sigma_r}\right)\right]$ $\exp\left[\dfrac{1}{2}\lambda_s^2\sigma_r^2 - \lambda_s\mu_r\right]$
6	指数分布 $\mathrm{e}(\lambda_s)$	Γ 分布 $\Gamma(\lambda_r,n)$	$R = 1 - \left(\dfrac{\lambda_r}{\lambda_s + \lambda_r}\right)^m$
7	Γ 分布 $\Gamma(\lambda_s,n)$	指数分布 $\mathrm{e}(\lambda_r)$	$R = \left(\dfrac{\lambda_s}{\lambda_s + \lambda_r}\right)^n$

注:$\Phi(x) = P(X \leqslant x)$ 即标准正态曲线从 $-\infty$ 到 X(当前值)范围内的比例。

[**例 16 - 2**]　有弹簧的开合次数为服从正态分布的随机变量,其均值为 15.4 次/天,标准偏差为 4.1 次/天;根据弹簧的强度试验结果可知,强度服从正态分布,其均值为 28 000 次,标准偏差为 1 350 次。弹簧的可靠性规定值为 3 年的可靠度 $R = 0.99$。

1)确定弹簧应力与强度分布

已知弹簧的应力与强度服从正态分布。弹簧的应力(3 年开合次数)均值和方差为:

$\mu_s = 15.4 \times 365 \times 3 = 16\,863$ 次,$\sigma_s = 4.1 \times 365 \times 3 = 4\,489.5$ 次

根据已知条件,强度的均值和方差为 $\mu_r = 28\,000$ 次,$\sigma_r = 1\,350$ 次。

2)可靠度的计算

根据表 16 - 5 中应力和强度均为正态分布的可靠度计算公式,有:

$$\beta = \frac{\mu_r - \mu_s}{\sqrt{\sigma_r^2 + \sigma_s^2}} = 2.375\,6 \tag{16 - 42}$$

$$R = \Phi(\beta) = 0.991\,1 \tag{16 - 43}$$

弹簧 3 年后的可靠度为 0.991 1,大于规定值 0.99。

16.4　机械结构可靠性仿真分析

大型机械结构可靠性分析复杂,计算量大。运用已有的 CAD 软件、运动学和动力学建模与仿真分析软件、有限元仿真分析软件、机械结构可靠性分析软件,可为解决机械结构可靠

性分析计算提供有利条件。

1）运动学和动力学建模与仿真分析

a）创建模型

在创建机械系统模型时，首先要创建构成模型的物体，它们具有质量、转动惯量等物理特性。创建物体的方法有两种：一是使用软件中的零件库创建形状简单的物体，二是从其他CAD软件输入形状复杂的物体。

创建的物体一般有三类：刚体、点质量和弹性体。其中刚体拥有质量和转动惯量，但是不能变形；点质量是只有质量和位置的物体，它没有方向；还可以创建分离式的弹性连杆，并且可以向有限元分析软件输出载荷。

创建完物体后，使用软件中的约束库创建两个物体之间的约束，确定物体之间的连接情况以及物体之间是如何相对运动的。

最后，通过施加力和力矩，以使模型按照设计要求进行运动仿真。

b）测试和验证模型

创建完模型后，或者在创建模型的过程中，可以对模型进行运动仿真，通过测试整个模型或者模型的一部分，以验证模型的正确性。

c）细化模型和迭代

通过初步的仿真分析，确定模型的基本运动后，就可以在模型中增加更复杂的因素，以细化模型。例如增加两个物体之间的摩擦力，将刚性体改变为弹性体，将刚性约束符替换为弹性连接等。

为了便于比较不同的设计方案，可以定义设计点和设计变量，将模型进行参数化，这样就可以通过修改参数自动的修改整个模型。

d）优化设计

软件自动进行多次仿真，每次仿真改变模型的一个或多个设计变量，找到机械系统设计最优方案。

复杂的机械系统不仅涉及运动学和动力学的设计分析，还包括关键构件的强度分析、刚度分析、模态分析等。有限元分析软件为解决此类问题提供了途径。

2）有限元仿真分析

a）读入几何模型或建立几何模型

首先建立几何模型，或者从其他CAD软件中直接读入，然后对读入的模型进行编辑修改。

b）选择分析求解器

不同的分析程序间虽有许多共性，如几何、有限元网格、模型检查等。但在材料结构关系、单元类型、分析过程等方面都各有特点。因此，在创建分析模型前，应选定所要用的分析程序，如线性静态计算。选择适当的解算器。

c）建立有限元分析模型

有限元模型的建立，可以打开软件相应的面板，分别执行网格划分，载荷/边界条件定义，材料定义和属性加载操作。

d）计算

设置与计算相关的求解程序及参数,即可进行计算,相对应的工具有 Analysis,运算完成后,产生相应的输出文件。

e) 后期处理

读入分析结果输出文件,通过 Results 和 Insight 后处理工具,计算结果可以图形、动画、曲线等多种形式显示出来。在后处理时,可看到如应力应变分布、变形情况、变形过程等。

有限元仿真分析详见 20.4 节。

3) 机械结构可靠性概率分析计算软件

a) 可靠性分析故障模式确定,建立极限状态方程

机械结构故障模式主要可以分为两类,一是强度故障,如静强度失效,屈服变形以及断裂等;二是动作故障,如时间的超前、滞后、运动范围超差、运动卡滞等。对于故障模式的确定可以根据以往经验,也可以根据试验结果。

建立极限状态方程均是应用广义应力 – 强度干涉模型进行的。

b) 编辑随机变量,输入随机变量的均值、方差及分布类型

在运动学和动力学建模与仿真分析软件、有限元仿真分析软件中进行的是确定性分析,然而,实际机械结构在制造与运行过程中,许多因素呈现随机性。在机械结构可靠性分析软件仿真过程中,主要体现随机因素的随机性,通过采用计算得到其对机械结构可靠性的影响。编辑随机变量,输入随机变量的均值、方差及分布类型。

c) 定义相关系数

相关系数即随机变量之间的相关性,0 表示不相关,1 表示完全相关,0 ~ 1 表示部分相关。如 Ares 软件中以矩阵的形式定义多个随机变量之间的相关性。

d) 选择可靠度算法

可靠度算法主要有以蒙特卡罗法为代表的随机模拟法,以一次二阶矩为代表的解析算法,以及响应面法,针对不同问题,其解决效率与求解时间不同。一般随机模拟法适宜解决高维响应模型,但所需样本量大,求解时间长。一次二阶矩等解析算法适宜解决低维问题,求解时间短。响应面法介于两者之间。

在完成可靠性仿真定义的各步骤后,开始运算后软件自动调用 CAE 软件进行计算,自动采样随机变量及统计记录极限状态方程的结果。

e) 可靠性结果分析

软件自动给出可靠度数值。进入分析结果显示,可分别选择"概率灵敏度结果"和"概率重要度结果",可以柱状图的形式显示。根据"概率重要度结果"并结合工程实际,修改相关随机变量的数值,以减小可靠度对某一因素的依赖程度,提高稳定性;根据"概率灵敏度结果"并结合工程实际,修改相关随机变量的数值,以提高可靠度数值精度。

16.5　耐久性分析

耐久性指产品在规定的使用、储存与维修条件下,在达到极限状态之前,完成规定功能的能力,一般用寿命或首翻期度量。极限状态指由于耗损(如疲劳、磨损、腐蚀、变质等)使产品从技术上或经济上考虑,均不宜再继续使用而必须大修或报废的状态。可靠性是指产品

不发生故障(主要为偶然故障)的能力,而耐久性是指产品经久耐用(主要指不发生耗损故障)的能力,它们之间并没有关联关系。

耐久性分析的目的是发现可能过早发生耗损的零部件,以采取措施。耐久性分析传统上适用于机械产品,也可用于机电(如电机拖动设备、天线伺服系统等)和电子产品(如电子管、铝电解电容等)。其重点为识别和解决与过早耗损有关的设计问题。它通过分析产品的耗损特性还可以估算产品的寿命,确定产品在超过规定寿命后继续使用的可能性,为制定维修策略和产品改进提供依据。耐久性通常用耗损故障前的时间来度量。

估计产品寿命以所确定的产品耗损特性为依据。宜开展寿命试验或加速寿命试验来评估,也可通过使用中的耗损故障数据来评估。目前威布尔分析法为常用的一种寿命估算方法,可利用图解分析来确定产品故障概率与工作时间、循环次数的关系。耐久性分析原则一般为:

1)对关键零部件或已知的耐久性问题进行耐久性分析;

2)通过评价产品寿命的载荷与应力、产品结构、材料特性和失效机理等进行耐久性分析;

3)耐久性分析应迭代进行。

耐久性分析一般为:

1)确定工作与非工作寿命要求;

2)确定寿命剖面,含温度、湿度、振动和其他环境因素,量化载荷和环境应力,确定运行比;

3)识别材料特性,通常采用手册中的一般材料特性,若考虑采用特殊材料,需进行专门试验;

4)确定可能发生的故障部位;

5)确定在所预期的时间(或周期)内是否发生故障;

6)计算零部件或产品的寿命。

耐久性分析步骤一般为:

1)耗损机理分析

根据产品寿命周期载荷谱或任务剖面,结合产品的组成、结构、工作原理,定性分析并确定产品薄弱环节及其对应的主要耗损机理。

2)耐久性指标转换及载荷谱确定

根据耐久性机理,结合产品的工作特点,将耐久性指标转换为耐久性机理对应的指标,如疲劳、磨损对应为循环次数,老化对应为工作时间等。这一转换过程通常根据产品工作原理及任务剖面来确定。载荷谱包括工作载荷和环境载荷,应结合任务剖面来确定。

3)耐久性分析方法选择

根据确定的耐久性机理选择相应的耐久性分析方法。常见的耐久性分析方法包括静强度分析、疲劳寿命分析、磨损寿命分析、老化寿命分析等。

4)耐久性分析及评价

利用确定的耐久性分析方法分析产品是否达到规定的耐久性指标,如果未达到,则应该改进设计方案后,再进行耐久性分析。

机械结构产品的耐久性分析方法一般有：

1）静强度分析方法

静强度分析方法指分析结构或构件承受载荷的能力，一般校核结构的承载能力是否满足强度设计的要求；校核结构抗变形的能力是否满足强度设计的要求。强度不足引起的失效主要是屈服和断裂两种类型。

2）疲劳寿命分析方法

疲劳是机械、机电类产品的重要耗损型故障模式之一。对于有疲劳故障模式的产品，除了考虑必要的静强度外，最主要考虑疲劳强度。常用的疲劳分析方法一般有以 S－N 曲线为基础的名义应力法和以 ε－N 曲线为基础的局部应力应变法。前者适用于高周疲劳，后者适用于低周疲劳，机械产品多数属于高周疲劳。

3）老化寿命分析方法

老化是引起机械产品中橡胶、塑料等高分子材料制成的零部件发生故障的重要故障模式之一，表现为在贮存、使用过程中性能逐渐恶化，导致不能满足使用要求而发生故障，属于耗损型故障。老化寿命分析通常采用相似类比法和经验模拟法。相似类比法仅在有相似或同类产品老化监测信息的情况下使用，通过环境应力、防护措施、零件自身材料等确定产品的老化寿命。经验模型法根据材料的加速老化试验数据，建立性能与时间的老化曲线，再根据相应的寿命模型预测材料的老化寿命。

4）磨损寿命分析方法

磨损是引起机械产品故障的重要故障模式之一，属于耗损型故障。磨损主要发生在具有相对运动的零部件上，与摩擦和润滑有关，如轴承、齿轮、铰链和导轨等，主要是增加零部件的间隙，减低了配合精度。磨损分析方法主要包括相似类比分析法、基于模型的磨损寿命计算法、经验公式法。相似类比分析法仅在有相似或同类产品磨损监测信息的情况下使用，通过对比摩擦副的材料、运行速度、润滑条件、表面接触应力、许用极限磨损量、制造工艺等，初步估计产品的磨损寿命。Archard 模型基于黏着磨损为基础推导而来，已扩展到磨粒磨损、疲劳磨损、腐蚀磨损。经验公式法用于标准件的计算，如轴承类等。

5）腐蚀寿命分析方法

腐蚀为金属材料与环境介质之间发生有害的化学作用或电化学作用。化学作用主要为氧化，金属材料在高温下才发生强烈的氧化。金属材料发生电化学作用须具备三个必要条件：两个电极、相互连接、在电介质中，即需要有两种材料的两个零件或同一零件上的两个区域、两种相或两种成分，电介质可以是酸、碱、盐、水和潮湿大气等。

腐蚀是引起机械结构产品中金属材料失效的一类重要故障模式，属于耗损型故障。腐蚀会导致零部件结构强度下降、疲劳寿命降低等，缩短产品的使用寿命。对于主要处于贮存状态或使用频率不高的设备，贮存腐蚀起主导作用，设备的腐蚀寿命主要取决于贮存腐蚀；对于使用频率较高的设备，使用环境不可忽略，综合考虑贮存腐蚀影响和使用环境影响确定设备的腐蚀寿命。一般采用相似类比分析法进行腐蚀寿命估计。相似类比分析法仅在有相似或同类产品腐蚀监测信息的情况下使用，通过对比腐蚀环境、防护措施、产品自身材料等确定产品的腐蚀寿命。

第十七章　制定和贯彻可靠性设计准则

可靠性设计和分析中,不仅需要开展可靠性建模、分配、预计、FMECA、FTA 等设计分析,还应采取具体的工程设计技术措施,与产品功能性能同步设计,以使产品达到规定的可靠性要求。

可靠性设计准则是将产品的可靠性要求和规定的约束条件,转换为产品设计必须遵循具体而有效的可靠性设计技术措施。一般根据产品的特点、要求及其他约束条件,将通用的可靠性设计准则进行裁剪,同时加入积累的产品研制工程经验,形成产品专用的可靠性设计准则。产品可靠性设计准则经审查和批准后发布,设计师在设计中必须对照执行,将可靠性设计到产品中。

可靠性设计准则的制定是不断积累经验和补充完善的过程,对研制生产和使用中出现的故障归零后,必须将获得的经验教训总结提炼,充实到可靠性设计准则中,以实现产品的可靠性正向设计。

可靠性设计准则经评审、批准后下发至设计部门,产品设计师须逐条分析准则条款并确定具体的技术措施,最后将技术措施落实到设计中。产品可靠性师将其汇总分析后,编制《可靠性设计准则符合性检查报告》,经评审和总师批准,对检查中发现的问题必须进行纠正,并进一步补充完善到可靠性设计准则中,以形成可靠性正向设计知识库,供设计中参考。

制定可靠性设计准则工作要点如下:

1) 根据合同规定的可靠性要求,参照相关的标准和手册,在总结工程经验的基础上制定专用的产品可靠性设计准则(包括硬件和软件),供设计人员在设计中贯彻实施;

2) 重视对相似产品曾经发生过的问题及其有效的纠正措施进行系统总结,并纳入产品可靠性设计准则中,以避免相同或相似问题的重复发生。

注意事项如下:

1) 订购方在合同工作说明中应明确需提交设计准则符合性报告;

2) 可靠性设计准则应具有可操作性,可靠性设计措施应在设计图纸(设计数模)或技术文件中得到落实。

可靠性设计准则符合性报告应作为设计评审的内容,以保证设计与准则相符。

17.1　可靠性设计准则内容

可靠性设计准则主要内容包括如下:

1) 采用成熟技术和工艺;

2) 简化设计;

3）合理选择、正确使用元器件、零部件和原材料；

4）降额设计准则，参照 GJB/Z 35 制定；

5）容错、冗余和防差错设计；

6）电路容差设计；

7）防瞬态过应力设计；

8）热设计准则，电子产品参照 GJB/Z 27 制定；

9）环境防护设计（包括工作与非工作状态）；

10）人机工程设计；

11）软件可靠性设计准则，参照 GJB/Z 102 制定。

17.2　电子系统可靠性设计准则

电子系统可靠性设计准则一般如下：

表 17 - 1　电子系统可靠性设计准则

序号	可靠性设计准则内容	备注
	一般要求	
1	采用简化设计及标准零部件设计	
2	采用余度设计	
3	由于采用余度技术而增加的故障检测、余度切换等装置，其可靠度应比受控部分高	
4	设计应采取防冲击和振动的保护措施	
5	采取防静电措施，把造成损伤的可能性减到最低程度	
6	对易磨损和易受盐雾、霉菌等腐蚀的产品，应采用相应抗腐蚀和防磨损等保护措施	
7	对易受水受潮部位的设备的插头、导线、电缆等采用密封套或其他防水措施	
8	所有模块应有同时使用且避免相互冲突的指令	
9	带电插拔不将对模块造成损坏	
10	当一个模块发生故障时，它所引起其他模块的二次故障应被消除	
11	冷却方法应满足在所有预定的操作环境下的热设计准则	
12	冷却设备的噪声应在允许的范围之内	
13	应分析最坏情况下的所有功率消耗情况	
14	尽可能地减少所用元件的种类和规格	
15	消除使用期间需校准的设备（设计本身需要校准）	
16	提供合理的测试点，测试点引出到边缘卡以便于自动测试设备使用	
17	消除可调节电子器件的使用	
18	避免选用需要测试才能使用的器件	

（续表）

序号	可靠性设计准则内容	备注
19	所有的电源都应有限流设计	
20	所有的主电源都应设置电路断路器保护（不包括保险丝）	
21	电子设备的设计、制造、检验、包装、运输和贮存，包括元器件、零部件和材料选择及使用符合 GJB/Z 457 的要求	
22	电子设备中元器件选择符合制定的《元器件大纲》及《元器件优选目录》	
23	按照 GJB/Z 27 对电子设备进行热设计	
24	电子设备的设计应考虑热敏感或大功率零部件的布局及散热措施	
25	电子设备应开展电磁兼容设计，满足电磁兼容性控制和电磁敏感性要求	
26	采用相应的措施，防止电路中瞬变现象及静电放电对设备或部件造成损坏	
27	对关键电路进行参数容差分析	
28	电路设计中，为确保电路工作的稳定性和减少电路故障，应考虑到各部件的击穿电压、功耗极限、电流密度极限、电压增益的限制、电流增益的限制等有关因素	
29	产品在使用和保障中不应危及人员安全，危及人员安全的部分应采取防护和保险措施	
30	对容易出现差错的连接、装配等部位，应采用防差错设计	
安装、包装要求		
1	所有的连接器、电路板和模块应都有唯一的编号	
2	电源和地面总线都应有标签	
3	二极管的方向和电容器的电极应有标识	
4	连接器、IC 和晶体管应都有插脚数标识	
5	有大电流的时候，接地回路导线应足够宽	
6	传输电压的导线间距应合理	
7	电源或地面使用的连接器的插脚数应标准化	
8	低级别的信号通道长度规格应最小化	
9	金属封装的元器件之间留有足够的空间或者采取了绝缘措施以避免短路	
10	根据布线原则进行导线的安装和保护	
接口要求		
1	必要时，采用合适的线驱动和接收装置来保证信号线和电缆驱动的接口不会性能降级	
2	当不是根据要求的顺序来施加或断开各种类别的电源电压时，为防止电源电压带来的损坏，应设置安全互锁电路	
3	各单元之间的信号线应按要求采用屏蔽线、双绞线或同轴电缆	
4	为防止脉冲振铃，双绞线或同轴电缆通过一个与线阻抗相匹配的电阻作为接收端终端	
5	如果接口部分开路或短路，关键电路应有故障－安全模式	

（续表）

序号	可靠性设计准则内容	备注
6	为防止测试引线短路所导致的损坏，用 10 kΩ 及以上的电阻对所有的测试点进行隔离	
	通用电气设计要求	
1	所有部件应考虑包括环境、湿度、老化、制造和频率变化引起的容差影响	
2	设计应考虑电路稳定性、运行条件和时统	
3	电路设计应考虑瞬态影响	
	电气噪声和干扰设计要求	
1	为阻止从输电线传导过来的噪声，应在主要的电源输入处设置过滤器	
2	为避免电源噪声，应在电源转换的输入口设置过滤器	
3	在电路板的电源输入处，应采用一个钽电容和一个陶瓷电容并联的方式设置接地回路，且电容的位置尽可能接近电源引脚和接地引脚	
4	为防止由于辐射引起的相互之间干扰，应在关键线路的多股线和线束中采用并联的双绞线，屏蔽线或同轴线	
5	在电路板布线设计中，信号线之间应有足够大的距离来减少互相干扰	
6	在电路布线时，为使构成电源接地回路和信号接地回路的导线具有低阻抗，应尽可能使用截面积大的导线，或使用电路板层作为接地平面	
7	为防止不同电路之间的耦合干扰，每个电路板到系统中央接地点之间，以及单独的接地回路应都采用较粗的电线	
8	陶瓷解耦电容应尽可能靠近微电路或者微电路组连接	
9	在感性元件上使用瞬态抑制二极管或由二极管组成的电路，感性元件如变压器原边、继电器线圈或发电机	
10	对所有的结构件采用优良的焊接技术	
11	每一个信号的带宽都应降到最小	
12	有干扰（噪声）的电线与无干扰的电线分开走线	
	环境设计要求	
1	应开展一般条件下和极限条件下的详细热分析	
2	设备的温度变化在 20 ℃ 范围内	
3	高功率消耗的元器件应有散热片	
4	元器件之间和散热片之间的热接触面积应尽可能大	
5	热敏感元器件应远离热路、电源及其他高热消耗器件	
6	设置空气隔离或者热绝缘，以避免热流向热敏感元器件	
7	热传导面之间应有良好的接触，有低热阻	
8	配装在电路板上的元器件应都有合适的引线长度，在热膨胀热收缩时能减轻引线的应力	
9	高功率消耗器件应都直接配装在热沉上，而不是进行封装或隔热设计	

（续表）

序号	可靠性设计准则内容	备注
10	表面的材料和喷涂应为热传递提供良好的传导性能、传递性和辐射系数	
11	所有电路板的周围应都设置保护层	
12	应考虑连接界面的材料在热膨胀中的区别	
13	用于将元器件固定在电路板上的黏合剂应具有良好的导热性	
14	陶瓷、封装、涂层材料应具有良好的热传导系数	
15	采用水冷或气冷时,元器件采用密封形式或者其他保护形式以避免潮湿和冷凝	
16	冷却设计时,避免让冷空气直接吹到电路板上	
17	如果采用液冷和气冷,有补偿措施来除湿和避免产生冷凝水	
18	为避免污染物在组件上的沉积,进气管道采用过滤措施	
19	为保证充分散热,应有适当的冷却通路和热通路	
20	为避免冷却失效带来设备的损坏,应使用温度告警装置	
21	为保证系统在要求的温度范围内能正常运行,应在高温和低温两种条件下进行电路性能测试	
22	在极限的运行环境下,对最高工作温度下的电路性能进行测试	
防振动/冲击设计要求		
1	为验证设备的结构完整性,应进行详细的振动/冲击分析	
2	进行振动分析,确定设备的共振频率	
3	结构安装应避免环境共振	
4	共振频率接近环境频率的部件或元器件,考虑阻尼设计	
5	大型元器件用夹具固定或直接绑在电路板或底盘上,以避免引线的过应力和疲劳	
6	所有元器件引线的弯曲半径应都大于其最小许用弯曲半径,以避免过应力的产生	
7	较重器件的重心尽量靠近装配面	
8	电缆/保险带尽量靠近连接终端,以避免共振并防止连接点的应力集中和故障发生	
9	电缆/电线应有良好的松弛性以防止热变化和机械振动/冲击时候带来的应力冲击	
10	当电缆可能对疲劳破坏较为敏感时,应对电线进行固定	
11	元器件和组件的安装应具有合适的空间以避免振动/冲击时候带来的相互碰撞	
12	焊接(连续的,不是某一点的焊接)或者铆接不应代替螺母和螺钉永久性的用于连接结构件	
13	所有的螺钉都有良好的自锁装置	
其他设计要求		
1	不应使用塑封器件	
2	对入厂的所有元器件进行二次筛选	
3	有合适的关键产品清单控制大纲	

（续表）

序号	可靠性设计准则内容	备注
4	所有的电线都应进行电压和电流的降额设计	
5	采用标准的紧固件,并尽可能减少紧固件的种类	
6	紧固件应满足质量和强度要求	
7	采用合适的紧固件,以满足电磁兼容和防水要求	
8	所有的材料应满足抗腐蚀、不易燃和无毒的要求	
9	黏合剂应满足环境和设备的兼容性要求	
11	应有防尘、防沙和防盐雾的保护措施	
12	应考虑抗腐蚀性	
13	所有有涂层或是没有涂层的元器件都应考虑抗霉菌设计	
14	所有的元器件参数都应在电气和环境要求范围内(应根据要求进行降额设计)	
15	排除有寿命的元器件的选用	
16	所有元器件在装机前应都经过检验合格	
电阻		
1	使用的电阻满足降额要求	
2	无电感的电阻用在所有的高频率和高速电路中	
3	使用有标准合格证、有确定可靠性指标的元器件	
4	对电阻的温度稳定性、长期漂移的影响以及精度需求进行评估	
5	避免使用 RCR(合成)电阻	
6	避免使用可变电阻	
7	电阻的种类尽可能少	
8	当不可避免使用短的安装引线时,调整额定功率	
电容		
1	选择满足标准和可靠性要求的电容	
2	执行元器件的降额设计要求	
3	冲击电流/电压在电容和相关元器件的额定范围内	
4	避免使用铝电解电容	
5	使用反向电压的固体钽电容少于 5% ,而非固体钽电容少于 2%	
6	大容量电容(电解电容、纸电容、膜阻电容)和小容量的陶瓷电容在高频使用中设置成旁路	
7	如果要求了温度稳定性,是否使用了云母电容、聚碳酸酯电容或者温度补偿陶瓷类电容	
8	在固体钽电容中,为保证可靠性,避免使用最高容量或电压值	
9	遵循标准化要求,将使用的电容种类减到最少	
10	考虑直流波形电流的影响	

(续表)

序号	可靠性设计准则内容	备注
11	对所有重量较大的电容都采取防振保护措施	
	二极管	
1	采用满足标准要求的二极管	
2	执行元器件的降额设计	
3	降低功率消耗,并使用肖特基二极管和快速恢复二极管作为整流器来增加效率	
4	在选用稳压二极管时,对随温度和电流变化的电压容限和电压转换值进行评估,实际的参考电压应在可接受的容限范围内	
5	使用瞬态抑制二极管来消除高功率瞬态和噪声尖峰	
6	二极管的反向恢复时间应可接受	
7	电路的反向电流在二极管允许的范围内	
8	遵循标准化设计,尽量减少二极管的种类	
	晶体管	
1	采用检验合格的晶体管	
2	执行元器件的降额设计	
3	所有的功率晶体管在安全运行区域(SOA)以合适的 SOA 曲线运行良好	
4	在晶体管电路中设计保护装置,保护瞬态或放电时电压峰值造成的损坏	
5	在场效应晶体管模拟转换上,对超过工作温度范围时阻抗的改变带来的影响进行评估	
6	通过使用有效的散热器和/或热沉,尽可能降低晶体管的结点温度	
7	功率增益不应达到临界点	
8	噪声系数不应达到临界点,工作温度的噪声系应可接受	
9	工作温度时的泄漏电流可接受	
10	遵循标准化设计,尽可能减少晶体管的种类	
	微电路总体	
1	选用检验合格的微电路	
2	遵循降额设计要求	
3	考虑到电线对传播延迟的影响	
4	采用合适的电源解耦装置	
	微电路数字电路	
1	在将微电路装配到电路板之前,或者之后或者装配时,应考虑静电放电保护	
2	选择使用数字逻辑类电路时,考虑如下因素:速度、功率消耗、抗扰度、兼容性、标准化和可用性	

（续表）

序号	可靠性设计准则内容	备注
3	采用陶瓷解耦电容器与电源输入紧密连接,该输入是为以 4~8 个微电路组成的器件提供电源	
4	采用相对大容量的解耦电容与微电路直流电源总线连接	
5	用地平面作为所有数字式微电路的地回路	
6	所有 TTL 型微电路不使用的输入引脚通过 1 kΩ 电阻与电源连接	
7	所有 CMOS 型微电路不使用的输入引脚接上合适的正负 CMOS 电源或通过 200 KΩ 电阻接地	
8	CMOS 型微电路的输入接到插件销或测试点时,通过并联电阻将该点与合适的正负 CMOS 电源相连	
微电路 线性放大器		
1	在需要外部频率补偿的放大器上,使用电容以防止在要求的温度和频率范围上的振动	
2	在选择合适的运算放大器用于微电路时,对其性能指标如输入偏移电压量、漂移、回转率、增益、带宽和输出进行评估	
3	执行标准要求将使用的放大器微电路类型减到最少	
微电路校准器		
1	为防止在加载中外部短路,校准器通过限流措施进行内部保护设计	
2	为防止内部损坏,通过安全区域补偿或自动热关闭对校准装置进行保护	
3	当一个外部的功率晶体管由校准器使用和控制时,为防止外部串联的功率晶体管到发射器形成短路,采用外部过电压保护电路	
连接器和插头		
1	每个连接器起作用的引脚数都低于建议的极限值	
2	备用插脚数应足够	
3	每一个连接器的引脚都能负载要求的电流(不需要引脚电流共享)	
电路板		
1	电路板的材料与规定的环境兼容,特别是温度、振动和湿度	
2	电路板的电阻系数足够高,以避免在湿度较大环境下的电泄漏	
3	电路板的阻抗足够满足预定的最大电压峰值	
4	电路板的挠曲强度足够满足预定的最大振动环境	
5	电路板导线足够粗,以避免过度的热升或电压回落	
6	电路板的介电常数足够低,以避免出现不必要的电容量	
电磁兼容		
1	接地	设备及可更换单元的接地平面或地线应以一个连续的低阻抗通路接到系统的主结构上	

（续表）

序号		可靠性设计准则内容	备注
2		当需要抑制的波长远大于传输电缆的长度（设长度为 L，即 $\lambda \geqslant 10\,L$）时，视为低频信号，对此类信号采用单点接地；当需要抑制的波长与单元尺寸可比拟时，视为高频信号，此类信号应就近接地（称为多点接地）；若高、低频信号混用且无法分开，则按高频信号接地	
3		若单元内既有模拟电路又有数字电路，则模拟电路的地线和数字电路的信号地线分开设置，在某处单点连通，然后再用地线引到单元面板的接地插座上。数字电路不得与底板和机壳直接接地	
4	搭接	搭接时，搭接处表面紧密接触，使搭接电阻值最小；搭接应构成低阻抗回路，并能够承受流过的最大电流；搭接表面必须清洁无腐蚀，以保证较低的接触电阻	
5		直接搭接在机体构件上，不要通过邻近的构件进行搭接	
6		不能用焊料来增加搭接的机械强度	
7	滤波	对直流输入电源进行滤波	
8		电源模块进行 EMI 滤波，防止电源对外界和外界对电源之间的相互电磁干扰，提高电源及电子系统的抗电磁干扰能力	
9		滤波器的输入和输出线分开，当无法分开时应采用屏蔽线隔离	
10		模块采用屏蔽设计	
11	屏蔽	单元之间信号连接采用屏蔽	
12		选择屏蔽材料要能泄放感应电荷和承载足够大的反向感应电流，以便抵消干扰场的影响	
13		对电源线、大功率发射线、信号线和控制线等易辐射电磁干扰和易对电磁干扰敏感的电线或电缆均应采取合理的方式进行屏蔽，要保证电线或电缆屏蔽的连续性	
14		连接器采用屏蔽设计	
15		屏蔽壳体设计应保证屏蔽性能	
16		高、低电平线及数字、模拟电路线分别捆扎成束并尽量使其隔开远离，导线相互间尽量采用垂直走向避免水平走向	
17		连接器插座的接点应合理安排，使不同电平的信号之间有接地端或空头，以增强隔离效果	
18	隔离	避免长距离的平行走线，尽可能拉开线与线之间的距离以最小化电感耦合，信号线与地线及电源线不交叉	
19		敏感的信号线之间，应设计一根接地印制线，以有效地抑制串扰	
20		把高噪声发射体分割或隔离在不同的区域	
21		对时钟周期走线、差分走线、复位线等一些关键的系统走线必须隔离	

17.3 电子电路可靠性设计准则

17.3.1 复位电路可靠性设计准则

复位电路可靠性设计准则如下：

a）复位电路的复位电平、复位时间长度应满足整机、电路板的复位要求；

b）对可靠性要求较高的电子系统，应进行系统运行监控；

c）对电源稳定性要求较高的电子系统，应进行电源监控；

d）复位信号线应远离干扰源（如高频高速信号、ESD 器件等）；

e）手动复位按键应增加 0.1 μF 电容，用于按键消音；

f）线距应满足 3 W 原则，且线宽宜加粗到 10 mil 以上；

g）欠压复位芯片应靠近电源负载；

h）复位信号线宜包地处理，包地线或铜皮要打屏蔽地孔；

i）阻抗应按 50 Ω 控制。

17.3.2 时钟电路可靠性设计准则

时钟电路可靠性设计准则如下：

1）通用设计准则

a）宜选择具有屏蔽性能的晶体晶振；

b）时钟源的精度应满足芯片规格书要求；

c）如果一个时钟源驱动多个负载，应确保其驱动能力满足需求；

d）时钟信号电平应满足芯片规格书要求；

e）时钟信号线应和其他信号线保持一定距离；

f）单端时钟线阻抗应按 50 Ω 控制，差分时钟线阻抗应按 100 Ω 控制；

g）阻容匹配放置应和 IC 同面；

h）时钟电路应远离高频高速信号必经区域，周围不应放置如电源芯片、MOS 管、电感等发热量大的器件，以减少对时钟区域的干扰；

i）时钟信号线宜包地处理，包地线或铜皮要打屏蔽地孔（宜 500 mil 以内均有过孔）；

j）时钟信号线过长时，可走在内层，换层孔 200 mil 范围内应有回流地过孔；

k）应保证时钟走线参考面完整；

l）单端时钟串联匹配，差分时钟 AC 电容及串联匹配应靠近源端放置；并联端接应靠近负载端放置。

2）无源晶体设计准则

a）两个信号间应加放电阻（一般为 1M Ω），且电阻应靠近晶体放置；

b）走线应类似差分设计，且线宽宜加粗到 8 ~ 12 mil；

c）电容应靠近晶体放置；

d）晶体电路的旁路电容选用高精度 NPO 材质的陶瓷电容。

3）有源晶振设计准则

a）晶振电源应与系统其他电路电源隔离；

b）电源管脚应放置去耦电容；

c）布局应紧凑，时钟电路应靠近负载放置。

4）时钟分配器设计准则

a）时钟发生电路（晶体或晶振）应靠近时钟分配器放置；

b）时钟分配电路应放置在对称位置，以保证到各个 IC 的时钟信号线路尽量短；

c）时钟驱动器、分频器的电源去耦电容应靠近电源管脚放置。

17.3.3 接口电路可靠性设计准则

接口电路可靠性设计准则如下：

1）通用设计准则

a）接口电路电平应匹配；

b）如果是隔离接口电路，电路两侧应做电气隔离；

c）接口电路的通信速度应满足要求；

d）单向通信的场合不要选用具有双向通信功能的器件；

e）多余的通道输入端应做上/下拉处理。

2）RS232 接口设计准则

a）阻抗应按 50 Ω 控制；

b）RS232 接口芯片应靠近连接器放置；

c）RS232 接口芯片电源管脚应配置去耦电容并靠近电源管脚放置。

3）RS422/485 接口设计准则

a）端接电阻应靠近末端放置；

b）差分走线阻抗应根据端接电阻确定，一般为 100 Ω 或 120 Ω；

c）RX、TX 宜分层布线，若同层时，间距应保证 4 W 以上。

4）1394 接口设计准则

a）阻抗应按 110 Ω 控制；

b）应有完整平面作为参考；

c）差分对间距应保证 3 W 以上。

5）GJB 289A 总线接口设计准则

a）阻抗应按 120 Ω 控制；

b）因信号电流大，线宽宜加粗到 12 ~ 15 mil；

c）为减少寄生电容，信号线应在所有电地层隔离。

6）VGA 接口设计准则

a）布局时应靠板边放置，"1"脚应靠板框内侧；

b）布局时 RGB 的磁珠宜靠近连接器放置，上拉电阻可放在芯片端；

c）R、G、B 阻抗应按 75 Ω 控制，HSYNC、VSYNC 阻抗应按 50 Ω 控制；

d）RGB 信号线宽宜加粗到 12 ~ 15 mil；

e）RGB 三根信号线宜单独包地处理且宜等长（误差 10 mil 内）、同层；

f）布线间距应保证 3～5 W。

7）DVI 接口设计准则

a）布局时应靠板边放置，"1"脚应靠板框内侧；

b）如果有单端 DDC 显示数据通道信号，阻抗应按 50 Ω 控制，否则无单线阻抗控制要求；差分阻抗应按 100 Ω 控制；

c）宜所有差分信号线同层，对内误差 5 mil、对间误差 10 mil；

d）差分线宜包地打孔处理，差分对间距应保证 3～5 W，所有信号经过区域的电地层应保持完整。

8）HDMI 接口设计准则

a）布局时应靠板边放置；

b）HDMI 处理芯片应靠近接口芯片，且宜与接口在一条线上，以保证信号线短、直和少孔；

c）ESD 器件应靠近 HDMI 的端子放置；

d）信号线的匹配电阻应靠近 HDMI 输入端并排放置，不要一前一后；

e）单线阻抗应按 50 Ω 控制，差分阻抗应按 100 Ω 控制；

f）所有差分信号线宜同层，对内误差 5 mil、对间误差 10 mil；

g）差分线宜包地打孔处理，差分对间距应保证 3～5 W，所有信号经过区域的电地层应保持完整。

9）CAN 接口设计准则

a）CAN 总线末端应连接 2 个 120 Ω 电阻，以加大总线数据通信时的可靠性和抗干扰性；

b）CAN 差分阻抗应按 120 Ω 控制。

10）JTAG 接口设计准则

a）JTAG 是弯针的，应靠近板边放置，JTAG 是直针的，若板边无空间，可放置在芯片周围；

b）JTAG 信号应按 50 Ω 阻抗控制。

11）USB 接口设计准则

a）USB 固定管脚不宜直接与数字地相连，可跨接电容后再接数字地；

b）用于去耦合消除高频噪声干扰的磁珠和去耦电容应靠近 USB 连接器放置；

c）USB 转换芯片应靠近 USB 连接器放置，以减小走线长度；

d）布线时 USB_N 和 USB_P 应按差分形式处理；

e）USB 2.0、USB 3.0 阻抗应按 90 Ω 控制；

f）USB 差分信号宜以完整地平面为参考平面；

g）USB 差分宜与其他时钟、高速信号保持至少 5 W 以上间距；

h）USB 电源线宜尽量粗，且采用铺铜处理；

i）USB 转换芯片上的 DATA[0－7]，CLKOUT，DIR，NXT，STP 应控制同层等长，等长误差宜控制在 100 mil 以内。

12）光纤接口设计准则

a）光纤模块应靠近板边放置；

b）AC 电容应靠近接收端放置；

c）单线阻抗应按 50 Ω 控制，差分阻抗应按 100 Ω 控制；

d）速率≥3.125 G 时，应采用伴地孔方式，以提供回路，进一步改善信号性能；

e）速率≥6G 时，应采用背钻方式，减少"天线效应"带来的影响；

f）收发信号应分别做圆弧等长处理，且要有完整的地平面做参考。

13）PHY 接口设计准则

a）MD[0]、MD[1]、MD[2]、MD[3]四对差分应同层等长，误差宜控制在 20 mil 以内；

b）SGMII_TXP/N、SGMII_RXP/N 收发部分的差分线应各自等长；

c）接收相关单线信号 RX 和发送相关单线信号 TX 应同组、同层、等长，误差宜控制在 100 mil 以内。

17.3.4 电源电路可靠性设计准则

电源电路可靠性设计准则如下：

1）通用设计准则

a）如果对电源转换效率要求较高应选用效率较高的芯片方案；

b）单板电源输入口应做过流防护；

c）单板电源输入口如果存在浪涌，应做相应防护；

d）输入输出滤波电容应满足设计要求；

e）电源和地环路面积宜尽量小；

f）有电气隔离要求的电路应使用隔离电源模块。

2）线性电源设计准则

a）输出电压可调的调整器，在布局时应把输入、输出端的电容靠近管脚放置，调节电阻就近摆放；

b）布线时输入、输出通道应铺铜处理，信号线宽宜 12 ~ 15 mil。

3）开关电源设计要求：输出端电感下方每层应掏空且不要打孔，敏感信号应避开电感布线。

17.3.5 存储电路可靠性设计准则

存储电路可靠性设计准则如下：

1）通用设计准则

a）存储芯片应避免数据由于误操作被改写；

b）时钟线应做阻抗匹配；

c）如果一组总线上挂多个存储器，应考虑走线拓扑；

d）在辐射场合，应做好屏蔽措施；

e）存储芯片应靠近控制芯片放置，使布线尽量短；

f）应保证电源引脚有足够的去耦电容，且电容应靠近电源管脚放置；

g）如有串联匹配电阻，应靠近控制芯片放置。

2）Flash 设计准则

a）阻抗应按 50 Ω 控制；

b）数据线、地址线、时钟、控制线应分别等长，误差宜控制在 50 mil 以内；

c）数据组与地址组宜分层布线；

d）线距应满足 3 W 原则；

e）Flash 走线宜参考地平面，应避免参考超过 3.3 V 的电源平面；

f）如有相邻层布线，应避免相邻层走线长距离平行。

3）SRAM、SDRAM 设计准则

a）阻抗应按 50 Ω 控制；

b）线距应满足 3W 原则；

c）地址线、时钟、控制线应采用"T 型"拓扑结构，到每个支点长度应等长；

d）数据组每 8 位与对应的 Byte Control 应同组、同层。

4）DDR、DDR2 设计准则

a）单线阻抗应按 50 Ω 控制，差分阻抗应按 100 Ω 控制；

b）数据组与地址组宜分层布线；

c）数据线、地址线、时钟、控制线应分别等长，误差宜控制在 25 mil 以内；

d）多片时地址线、时钟、控制线应采用"T 型"拓扑结构；

e）信号走线参考平面应保持完整，避免存在跨分割、线宽突变等造成阻抗不连续的情况；

f）Vref、VTT 电源输出应靠近 DDR 放置，以保证电源路径尽量短；

g）VTT 应采用铺铜处理，电流要求满足 3 A，Vref 可采用走粗线处理，宽度宜 20 mil以上。

5）DDR3 设计准则

a）DDR3 颗粒布局间距宜 2 ~ 3 mm（丝印框到丝印框）；

b）时钟线并联端接 100 Ω 电阻应放置于最后一片数据高位处，长度宜尽量短；

c）DDR3 所有单端信号，主线阻抗应按 40 Ω 控制、负载阻抗应按 60 Ω 控制；

d）数据选通信号、时钟信号差分阻抗应按 85 Ω 控制；

e）地址、时钟、控制信号应按"Fly - By"拓扑走线，且 DDR3 互连处宜在同层布线，以保证其传输环境的一致性；

f）地址、时钟、控制信号到每片颗粒等长误差应控制在 10 mil 以内；

g）CLK、DQS 差分信号对内等长应控制在 2 mil 以内；

h）VTT 应采用铺铜处理，电流要求满足 3A，Vref 可采用走粗线处理，宽度宜 20 mil以上。

17.3.6　模拟电路可靠性设计准则

模拟电路可靠性设计准则如下：

1）模拟电源设计准则

a）模拟电路电源应和系统其他电路电源做隔离；

b）电源模块应避免靠近前级模拟输入；

c）电源到负载路径宜尽量短，以减少传输噪声耦合；

d）高频去耦电容应靠近芯片电源管脚。

2）模拟输入设计准则

a）输入前端布局应紧凑；

b）宜采用"一"字布局，避免"U"型、"L"型布局；

c）宜采用"π"型滤波布局实现电路功能；

d）多路相同电路结构布局宜采用对称布局；

e）相同结构应保证走线长度一致、相位一致；

f）隔层参考阻抗应按 50 Ω 控制，宜适当增加布线宽度；

g）圆弧拐角、进盘应采用渐变走线。

3）模拟多路隔离设计准则

a）应增加多路间的布局间距；

b）应增加屏蔽腔体或屏蔽墙；

c）屏蔽地孔的间距宜尽量小，尤其是间距≤$\lambda/20$ 时；

d）模拟包地距离应控制在 1.5 W 以上；

e）多路隔离处理时，所有电源、地平面应采用分割槽将多路 AD 输入前级的噪声耦合回路切断，以减小多路间的耦合路径；

f）桥的宽度不宜过宽；

g）隔离横槽宜采用 20～30 mil 宽度；

h）隔离槽宜放在 ADC 芯片附近，不应在芯片下方；

i）多路 ADC 时，等电位跨接不宜过多，最多两路共用一组跨接；

j）参考时钟区域应独立，布线应避免穿越模拟前端；

k）电源供电系统应放置在独立区域；

l）应避免其他信号与模拟信号长距离平行；

m）其他信号应远离模拟信号换层过孔，特别是周期性翻转信号（如时钟、数字信号）；

n）防止数字电路的噪声通过信号线和地耦合到模拟电路。

17.3.7 电路 EMC 可靠性设计准则

电路 EMC 可靠性设计准则如下：

a）所有走线与电路板边缘的距离至少应为线宽的 5 倍；

b）应将高速或大电流器件放在离 I/O 接口较远的位置；

c）芯片散热器、屏蔽外壳、连接器的金属外壳等应做接地处理；

d）单板信号线、电源线等需要连接到板外的应考虑静电浪涌防护。

17.3.8 信号/电源完整性可靠性设计准则

1）信号传输损耗设计准则

a）信号传输线走线长度应尽量短；

b）应严格控制信号传输线的阻抗；

c）应保持传输线的回流路径完整：如果是微带线，要保持相邻层回流平面的完整；如果是带状线，应保持上下相邻层回流路径完整；

d）宜选用低损耗因子的基材；

e）宜选用低粗糙度的金属传输；

f）严格控制微蚀量，选择合适的棕化参数，尽量降低棕化后金属表面的粗糙度；

g）提高传输线的蚀刻因子；

h）控制 PCB 层压，让信号线的介质厚度均匀；

i）过孔的残桩长度应尽量短；

j）信号拐角圆弧走线，应避免尖锐的拐角，不要 90°走线；

k）共面波导的传输线，应保持信号线两边的接地距离一致，且距离要大于 3 倍线宽；

l）尽量避免相邻层平行走线，走线宜彼此正交；

m）传输线的插入损耗应满足要求。

2）信号反射处理设计准则

a）使用可控阻抗走线；

b）端接电阻器应接近封装焊盘；

c）每个信号应有返回路径，且位于信号路径下方，宽度至少是信号路径的 3 倍；

d）同一个网络同层的信号走线不宜改变线宽；

e）同一个网络的信号走线宜少换层少打过孔；

f）信号拐角避免走锐角和直角，一般信号线宜走 135°，对于射频电路的部分走线要求较高的应走圆弧；

g）点对点拓扑，可采用驱动端串联端接和接收端并联端接，串联端接电阻应靠近驱动端；点对多点拓扑，由于驱动能力问题，一般选用末端并联端接，并联匹配电阻应靠近接收电路放置；

h）Fly-By 结构通常比菊花链结构信号质量更好，走线时桩线长度应尽量短；

i）跨分割会加剧信号的反射，应尽量避免跨分割；

j）AC 并联端接匹配电阻/电容应放置在负载端，电容容值应合理选取；

k）回波损耗应满足要求。

3）信号串扰控制设计准则

a）如果布线空间允许，线间距应尽量大；

b）同层和相邻层信号线应尽量减小并行走线长度；

c）信号线间应有隔离地线以减小串扰；

d）信号线过孔周围应接地过孔。

4）差分互连设计准则

a）差分线的两根线长应尽量相等；

b）差分对不要跨分割；

c）差分对的差分端接电阻应靠近接收端放置；

d）差分对的两根线间距应保持一致；

e）差分对的两根线的走线环境应保持整体一致性；

f）差分对和其他信号走线应保持更大的间距；

g）差分信号眼图的眼宽、眼高等指标应满足要求。

5）电源直流压降控制设计准则

a）电源 PCB 走线应尽量短，以使电源直流压降满足要求；

b）在确保载流情况下，铜皮应达到最宽。

6）电源交流噪声控制设计准则

a）去耦电容距离电源管脚应尽量近；

b）如果一个电源管脚通过大电容和小电容组合获得去耦效果，则小电容应靠近芯片内侧放置；

c）电源和地平面应相邻且尽量靠近；

d）电源和地平面过孔应尽量大；

e）去耦电容的焊盘与过孔之间的走线应尽量短；

f）如 PCB 板空间和成本允许，应采用多级电容值组合去耦的方式，以获得较宽频段的去耦效果。

7）时序设计准则

a）时钟信号采样边沿（上升沿或者下降沿）应单调；

b）数据信号的建立时间、保持时间应满足要求；

c）时钟信号的边沿时间应满足规格书要求。

17.4　制定和贯彻可靠性设计准则

17.4.1　制定可靠性设计准则

根据合同规定的可靠性要求，参照相关的标准和手册，将同类产品的工程经验进行总结，编制产品可靠性设计准则，使其条理化、系统化、科学化，成为设计人员进行设计时所应遵循的原则和要求。

可靠性设计准则一般应根据产品类型、重要程度、可靠性要求、使用特点和相似产品可靠性设计经验以及有关的标准、规范制定。基本步骤如下：

a）制定可靠性设计准则前应收集国内外相关资料，如有关的规范、指南等，并总结、继承和挖掘已有的工程设计经验，进行归纳、整理、提炼，形成可靠性设计准则（初稿）；

b）针对设计准则初稿，组织进行讨论、修改、补充；

c）形成条理化、系统化、科学化的正式稿。

制定可靠性设计准则的要点包括：

a）制定可靠性设计准则，应充分挖掘研制单位已有的工程经验，将积累的经验教训加以总结；

b）可靠性设计准则应具有针对性和适用性，可以从相似产品的可靠性设计准则中总结归纳出适用于该类型产品的通用可靠性设计准则，但还须根据产品的特点和要求，将这些通

用设计准则进行剪裁和细化,以形成产品专用可靠性设计准则;

c) 可靠性设计准则的制定是一个不断积累和完善的过程,应进行迭代;

d) 可靠性设计准则作为强制规范,必须予以认真贯彻执行;

e) 可靠性设计准则及符合性检查报告应作为产品转阶段审查的重要内容。

17.4.2　贯彻执行可靠性设计准则

设计人员应认真贯彻可靠性设计准则,逐条对照,逐条落实,每条都要有明确的设计措施。在各研制阶段中应进行可靠性设计准则符合性检查,形成产品可靠性设计准则符合性检查报告。

可靠性设计准则贯彻实施过程如下:

a) 可靠性设计准则颁布实施:将可靠性设计准则以型号技术规范的形式下发有关研制设计人员;

b) 依据可靠性设计准则进行设计:设计人员从产品的可靠性设计准则中选择与具体设计相关的准则条款,确定相应的设计技术措施,逐条在设计中落实;

c) 编写可靠性设计准则符合性报告:在初步设计和详细设计中,设计人员应将各阶段贯彻落实可靠性设计准则的技术措施汇总,编写可靠性设计准则符合性报告,并经审批,如对准则中个别条款没有采取措施,应充分说明理由,并得到批准;

d) 评审:组织专家对可靠性设计准则符合性报告进行评审,评审可结合产品转阶段审查进行,评审中发现的问题,设计人员必须采取必要的措施予以纠正和处理。

17.4.3　可靠性设计准则符合性检查

按设计准则要求进行可靠性设计,并在设计评审时提交相应可靠性设计准则符合性检查报告。其内容一般包括:产品功能描述、符合性说明及结论。可靠性设计准则符合性检查表示例如表 17-2 所示。

检查符合的可靠性设计准则条款,要列出针对每条设计准则采取的措施;对设计中未能实施的准则条款应说明理由及相应的处理意见和处置措施。

表 17-2　可靠性设计准则符合性检查表(示例)

序号	准则条款内容	是否符合	采取的设计措施	不符合的原因、意见	不符合的影响	备注

17.4.4　可靠性设计准则迭代完善

制定可靠性设计准则是一个不断积累、总结和补充完善的过程,对研制和使用中出现的故障要认真分析原因,采取有效的纠正措施,归零后应将获得的经验教训加以总结提炼,充实到可靠性设计准则中,形成"制定—实施—补充完善—再实施"的良性循环,以形成可靠性正向设计。

第十八章 元器件选用控制

元器件、零部件和原材料选择与控制为可靠性工作十分重要的方面。

1）通过元器件、零部件和原材料的选择与控制,尽可能地减少元器件、零部件、原材料的品种,保持和提高产品的固有可靠性,降低保障费用和寿命周期费用。

2）元器件和零部件是构成组件的基础产品,各种组件还要组合形成最终产品,这里所谓的最终产品可能是一台电子设备等。在研制阶段的早期就开始对元器件的选择、应用和控制给以重视,并贯穿于产品寿命周期,能大大提高产品的优化程度。

3）在制定控制文件时,应该考虑以下因素:任务的关键性、元器件和零部件的重要性(就成功地完成任务和减少维修次数来说)、维修方案、生产数量、元器件、零部件和原材料的质量、新的元器件所占百分比以及供应和标准状况等。

4）订购方应在合同中明确元器件、零部件、原材料质量等级的优先顺序以及禁止使用的种类,承制方应该根据订购方的要求尽早提出控制文件。一个全面的控制文件应包括以下内容:

a）控制要求;

b）标准化要求;

c）优选目录;

d）禁止和限制使用的种类和范围;

e）应用指南,包括降额准则或安全系数;

f）试验和筛选的要求与方法;

g）参加信息交换网的要求等。

5）编制和修订元器件、零部件和原材料优选目录,对于超出优选目录的,应规定批准控制程序。必须首先考虑采用标准件,当标准件不能满足要求时,才可考虑采用非标准件。当采用新研元器件和原材料时,必须经过试验验证,并严格履行审批手续。

6）承制方应制定相应的应用指南作为设计人员必须遵循的设计指南,包括元器件的降额准则和零部件的安全系数、关键材料的选取准则等。例如随着应力的增加,元器件的故障率会显著增高(即可靠性下降),所以必须严格遵守这些准则,只有在估计了元器件的实际应力条件、设计方案以及这种偏离对产品可靠性影响是可以接受的条件下,才允许这种偏离。

7）必须重视元器件的淘汰问题。在设计时就要考虑元器件的淘汰、供货和替代问题,以避免影响使用、保障及导致费用的增加。

8）可靠性、安全性、质量控制、维修性及耐久性等有关分析将从不同的角度对元器件、零部件、原材料提出不同的要求,应权衡这些要求,制定恰当的选择和控制准则。

9）建立完善的产品元器件、零部件和原材料管理机构至关重要,其职责是制定管理计划,并对各种管理文件和技术文件贯彻和检查。

对元器件进行选择与控制,保证设计中选择合格的元器件,确保生产制造中使用的元器件符合要求,生产出的产品质量稳定。

元器件的选择与控制的主要工作要求如下:

1)贯彻元器件管理计划、质量和可靠性控制文件;

2)掌握所使用元器件的品种、规格、数量及质量状态,对所使用的元器件,装机前应百分之百进行二次筛选或补充筛选,关键重要元器件应开展破坏性物理分析(DPA);

3)元器件二次筛选应在有资质的元器件检验站进行;

4)器件二次筛选以及加上一次筛选的累积应力不应影响元器件的可靠性;

5)选择时应仔细了解产品目录及有关说明;

6)选择元器件时要考虑效费比;

7)限制非标准元器件的选用;

8)在满足功能性能、可靠性、体积重量、经济性等要求前提下,大力开展元器件国产化和自主可控工作;

9)DPA 的结论仅对该生产批有效,不能应用到其他生产批;

10)按设备的元器件配套表发放元器件时,安排人员进行核对后发放;

11)加强对设计、生产、试验、采购和管理人员的元器件使用可靠性技术培训;

12)送交失效分析时,详细填写元器件失效日期、失效环境、失效时所承受的各种应力,失效元器件所显示故障状况、失效前累计工作时间等;

13)保证元器件有关信息的可追溯性;

14)下厂监制着重检查在工艺流程、工艺质量和保证成品技术条件要求方面的情况。

元器件的选择与控制的输入为:

1)元器件质量和可靠性管理规定;

2)元器件优选目录;

3)元器件二次筛选规范(或要求);

4)破坏性物理分析(DPA)规范;

5)电子元器件降额准则;

6)元器件选用清单。

输出为元器件清单、超 PPL 清单、关键元器件清单以及元器件检测筛选报告、DPA 报告等。

程序和方法:

开展元器件的选择与控制工作,各阶段工作重点不同,具体如下。

方案阶段:

1)应按元器件使用全过程控制工作内容要求,制定元器件控制文件;

2)制定元器件采购规范。

工程研制阶段:

1)制定二次筛选大纲和程序;

2)制定元器件监制和验收实施细则;

3）制定元器件入厂检验规定（细则）；

4）做好元器件的选择，尤其是关键的元器件；

5）编制元器件保管与超期复验和发放细则（GJB/Z 123）；

6）编制电装操作质量规范；

7）编制元器件防静电要求和细则（GJB/Z 105）；

8）编制元器件失效分析和程序；

9）开展元器件降额设计；

10）开展电子成品（包括元器件）热分析和热试验；

11）开展元器件二次筛选、破坏性物理分析、失效分析；

12）开展元器件有关信息的管理；

13）形成元器件清单、超 PPL 清单、关键元器件清单以及元器件检测筛选报告、DPA 报告等。

检查要求为按照规定的要求和程序，采用评审和过程跟踪的方法对元器件选择与控制工作进行检查与控制。元器件、零部件和原材料选择与控制工作的目的、要点及注意事项见表 18-1。

表 18-1 元器件、零部件和原材料选择与控制

	工作项目说明
目的	控制元器件、零部件以及原材料的选择与使用。
要点	a）承制方应根据研制产品的特点制定元器件、零部件及原材料的选择和使用控制要求并形成控制文件。 b）承制方应对元器件的选择、采购、监制、验收、筛选、保管、使用（含电装）、故障分析及相关信息等进行全面管理。必要时，应进行破坏性物理分析。 c）承制方应制定型号的元器件、零部件及原材料的优选目录及其供应方优选目录，并经订购方认可。 d）承制方应制定相应的元器件、零部件和原材料的选用指南。 e）承制方应对元器件、零部件淘汰问题，提出相应的对策和建议。
注意事项	订购方在合同工作说明中应明确： a）优选目录的确认程序； b）选用优选目录外元器件、零部件和原材料的确认程序； c）禁用元器件、零部件及原材料的规定； d）评审要求； e）元器件质量等级和筛选要求。 其中"a）""b）""c）"是必须确定的事项。

术语如下：

a）筛选：一种通过试验剔除不合格或有可能早期失效元器件的方法。

b）一次筛选：元器件生产单位出厂前进行的筛选称为一次筛选。

c）二次筛选：元器件使用单位根据使用的需要进行的再次筛选称为二次筛选。

d）DPA：即破坏性物理分析，是一种破坏性的抽样分析方法，即为了检验同一生产批次的性能合格器件是否符合原始设计和工艺技术的要求，随机抽取少量样品进行一系列的破坏和非破坏性的试验和分析，目的是确定电子元器件的批次性质量。

18.1 材料和元器件选用要求

材料和元器件选用一般符合下列要求:

1)选用材料和元器件应满足使用性能要求,统筹考虑工艺性和经济性;

2)开展产品关键重要特性分析,确定产品关键元器件清单,开展关键重要器件的电路保护设计;

3)优先选用国产产品和稳定供货渠道产品;

4)控制进口元器件的选用,优先选用国产元器件,满足元器件国产化率要求;

5)新材料、新元器件应经过鉴定后方可使用;

6)材料和元器件应该符合相关的技术标准;

7)进厂的材料及元器件应经过严格的检验、验收,并按要求对元器件进行二次筛选;

8)关键重要元器件必须开展严格的筛选和 DPA 工作,合格后方能装机使用;

9)尽量选择生产过程、使用过程、回收或降解过程中对环境和人体无害的材料及元器件;

10)材料的组合应具有相容性,包括化学相容性和物理相容性等;

11)元器件的使用(降额设计、容差设计、热设计、环境保护设计、电磁兼容性设计等)应符合有关规定的要求;

12)对于在研制过程中发现有重大影响的元器件失效时,应将失效元器件送指定的元器件失效分析站进行失效分析。

18.1.1 非金属材料选用要求

非金属材料选用一般符合下列要求:

1)有火灾风险的部位,选用阻燃非金属材料;

2)有长霉菌风险的部位,选择抗霉性能好的材料,必要时进行表面抗霉处理;

3)在容易产生电弧的部位,采用抗电弧性能好的绝缘材料;

4)接触到光、热的非金属材料应具有抗光老化和抗热老化性能,必要时对光、热进行隔离;

5)有透波或吸波功能要求的非金属材料,应有内部防进水、防吸潮措施;

6)胶黏剂应按照使用要求,根据技术指标、工艺条件和应用范围,正确选型;

7)胶黏剂选用时,应考虑界面化学成分的影响和使用环境的影响,防止界面因素和环境因素产生有害化学作用。

18.1.2 金属材料选用要求

金属材料选用一般符合下列要求:

1)使用于寒冷环境下的金属材料,应考虑冷脆性等特性对性能的影响;

2)使用于高热环境下的金属材料,应考虑强度下降和抗腐蚀性降低对性能的影响;

3)使用于腐蚀环境下的金属材料,应选用符合耐腐蚀性要求的材料,或进行可靠的隔离

防护,如镀涂隔离或空间密闭隔离;

　　4）不同金属材料组合使用时,避免产生电位腐蚀;

　　5）金属材料镀涂体系应符合相关标准和规范要求。

18.1.3　半导体集成电路选用要求

　　半导体器件和集成电路的选用一般符合下列要求:

　　1）按照设备的使用条件选用不同工作温度范围、不同封装形式的半导体器件和集成电路,应优选军品系列;

　　2）优先选用集成电路,顺序为大规模、中规模和小规模,少用分立元件;

　　3）优先选用成熟度高的集成电路;

　　4）优先选用国内标准系列和国际标准系列兼容的微电子器件;

　　5）半导体器件和集成电路应直接焊装在印制电路板上,慎用转接插座;

　　6）选择小功率半导体分立器件时,优先选用硅器件或砷化镓器件,不选用锗器件;

　　7）选择大功率半导体分立器件时,优先选用硅功率器件、砷化镓功率器件及氮化镓功率器件;

　　8）采用金属、陶瓷外壳封装的器件,不采用塑料封装器件;

　　9）选用大功率半导体器件时,应进行工作电压、结温(沟道温度)的降额设计,确保功率器件的工作可靠性;

　　10）选择带封装的集成电路时,优先选用金属或陶瓷封装的集成电路;

　　11）选择集成电路裸芯片时,按裸芯片的工艺要求进行装配,确保芯片的工作可靠性;

　　12）选择微波集成电路芯片时,优先选用砷化镓或氮化镓器件;

　　13）对于功率微波集成电路芯片器件,应进行工作电压、结温(沟道温度)的降额设计,确保功率器件的工作可靠性。

18.1.4　电阻和电容选用要求

　　电阻器和电容器选用一般符合下列要求:

　　1）优先选用标准规格,少用特殊规格;

　　2）避免用电位器,需用电位器时,选用带锁紧装置的电位器;

　　3）优先选用金属膜、金属氧化膜电阻器和瓷介电容器、钽电容器;

　　4）线绕电阻器选用有防护涂层的电阻器;

　　5）不选用纸介、金属化纸介电容器,一般不选用液体钽电容或钽箔电解电容器;当选用铝电解电容器时,应在设计文件、使用维护说明书上注明更换日期,并在设计时注意安装空间,便于更换。

18.1.5　馈线元件选用要求

　　波导、同轴线及馈线元件的选用一般符合下列要求:

　　1）选用波导、法兰盘、同轴线等应符合相关标准要求;

　　2）优先选用铝质馈线元件;

3）铜制件、铝制件的内外表面应进行镀涂；

4）所有焊缝均应保证气密性。

18.1.6　高频连接器选用要求

选购或自行设计的高频连接器，连接器零件一般应采用非磁性材料，弹性零件用铍青铜制成，高频连接器中心接触件应镀金，其他应符合 GJB 681A 的要求。

优先选用 SMA 型、SMB 型同轴连接器。

18.1.7　低频连接器选用要求

低频连接器的选用一般符合下列要求：

1）单元间连接优先选用快速插拔的连接器，连接器上应有定位和导向装置，以避免差错；

2）插箱、插件采用的印制板连接器，符合 GJB 1438A 规定；

3）电源连接器的选用符合 GJB 2889 或 GJB 5371、GJB 5299；

4）D 系列矩形连接器的选用应符合 GJB 142B 系列。

18.1.8　其他元器件选用要求

其他器件选用一般符合下列要求：

1）开关应优先采用金属封装的开关，旋转开关、按钮开关及钮子开关应有准确的跳步和定位；

2）继电器优先选用固态继电器、接触良好的密封继电器，要考虑节点断开时的峰值电流和最小电流是允许的接触电阻，符合 GJB 1042A 规定；避免用继电器，需要时，应选用金属外壳密封的继电器；

3）光连接器选用插入损耗、回波损耗、抗拉强度和插拔次数等性能良好的光连接器，符合 GJB 1919A 规定；

4）光模块选用中心波长、传输速率、传输距离等符合指标要求的光模块，还要考虑光模块的使用寿命、光纤接口、工作温度等因素；

5）液压元器件选用寿命长、使用可靠的液压元器件，动力源根据系统所要求的压力、流量参数及使用空间确定其规格型号；执行元件根据负载动态特性及机构的轨迹选用其运动形式；液压油根据温度范围及高低温特性进行选择；

6）环控元件的选用，在满足系统散热要求前提下，应考虑与系统的流阻特性、环境适应性、可靠性等指标的匹配，对于风机、泵等流体部件在同等性能下优先选用噪音低的设备，对于和冷却介质直接接触的环控元件需满足与冷却介质的相容性要求；

7）射频电缆组件的选用应符合 GJB 1215A 规定；

8）少用电子管；需用电子管时，应配有安装和锁紧机构，在不可修复的组件中应选用超小型管，并可直接焊接在电路中。

18.2　元器件选用控制

元器件选型遵循以下原则：

1）优先选用型号元器件优选目录中的元器件；

2）选用技术成熟、质量稳定、可靠性高、有发展前途、能持续供货的标准元器件，限制非标准的专用元器件，禁止使用禁运、淘汰、停产的元器件；

3）立足于国产，优先选用符合要求的国产元器件，尤其是国内通过权威机构的质量体系认证，或有军标生产线且通过中国军用电子元器件质量认证委员会认证单位的元器件，包括QPL和QML上的元器件及"七专"定点生产厂家的元器件；

4）元器件质量等级控制要求：国产元器件，选用 GJB/Z 299C 规定的质量等级 B1 以上等级，进口元器件按照微电路的选取不应低于 B-1 级，半导体分立器件的选取不应低于JANTX 级，电阻器、电容器、电感器、继电器的选取不低于 P 级，其他元器件应选用军用规范级；

5）产品设计中可通过产品模块总体集成来降低对元器件数量、规格的要求，综合权衡元器件指标和集成性能；

6）优先选用已在国内同类产品中使用，具有使用经验的、成熟的元器件；

7）慎用塑封元器件，塑料封装器件多为环氧树脂成形或包封的，环氧树脂塑封器件为非气密性结构，较易受潮气、盐雾及其他腐蚀性气体的腐蚀，特别是在温度变化很大的场合使用时，因热应力和化学腐蚀的联合作用，它更容易失效，因此，对使用环境苛刻、工作或贮存寿命有一定要求的高可靠产品，不能选用塑料封装器件，应选用金属、陶瓷或低熔点玻璃密封封装的器件。

元器件选型的优先顺序为：

1）满足自主可控要求的国产元器件；

2）国军标和国标器件；

3）企业标准类别的器件。

18.2.1　元器件选择

18.2.1.1　半导体集成电路选择

半导体集成电路选择应满足以下一般要求：

1）周围最高环境温度应低于器件规范规定的环境温度；

2）注意半导体集成电路失效模式的影响，失效模式主要有：性能退化、开路、短路、输出失效等。

半导体集成电路选择应满足以下详细要求：

1）对于军用电子产品，不符合 GJB 7400 要求的塑料封装元器件不应选择；

2）宜选择金属外壳集成电路，以利于散热；

3）不宜选择 16 引脚以下的 QFN 封装元器件，如必须选用 QFN 封装的元器件，应经过审批；

4）不宜选择 16 引脚以上的 CLCC 封装元器件；

5）宜优先选用脚间距大于等于 0.5 mm 的贴片封装器件；

6）不宜选择 DIP 封装器件；

7）集成电路选择时，功耗、输入输出电流和电压不应超过额定值；

8）集成电路 MOS 器件的选择：对时序、组合逻辑电路，选择器件的最高频率应高于电路应用部位 2~3 倍；对输入接口，器件的抗干扰要强；对输出接口，器件的驱动能力要强；

9）模拟集成电路的运算放大器有多种类型，主要包括通用的、低功耗的、高精度的、高输入阻抗的、低噪声的、高速的等，应选择适用的器件以满足可靠使用要求；

10）优先选择内部有过热、过流保护电路的集成稳压器；

11）超大规模集成电路的选择应考虑对电路进行测试和筛选。

18.2.1.2　半导体分立器件选择

半导体分立器件选择应满足以下一般要求：

1）选择时注意器件所适用的环境温度应符合负载功率与环境温度特性曲线要求；

2）半导体分立器件选择时注意其失效模式的影响，失效模式主要有：开路、短路、参数漂移和退化。

半导体分立器件选择应满足以下一般要求：

1）不选择锗半导体分立器件；

2）一般不宜选择塑料封装半导体器件，如必须选择，应经过审批；

3）不选择点接触型二极管；

4）不选用玻璃封装的二极管；

5）晶体管选择时应注意工作电压、电流和功耗，如超过规定会影响使用寿命；

6）半导体分立器件根据具体应用场合应选择的类型如表 18-2、表 18-3 和表 18-4 所示。

表 18-2　二极管类型选择

应用	应用要求	选择类型
开关	—	开关二极管、整流二极管、稳压二极管或肖特基二极管
钳位		
消反电势		
检波		
整流	不超过 3 kHz	整流二极管
	超过 3 kHz	快恢复整流二极管、开关二极管或肖特基二极管
稳压	1 V 以上	电压调整二极管
	1 V 以下	正向偏置的开关二极管、整流二极管
电压基准	—	电压基准管、电压调整二极管
稳流	—	电流调整二极管

（续表）

应用	应用要求	选择类型
调谐	—	变容二极管
脉冲电压保护	—	瞬态电压抑制二极管
信号显示	—	发光二极管
光电敏感	—	光敏二极管、光电池、光伏探测器

表 18-3 晶体管类型选择

应用	应用要求	类型选择
小功率放大	低输出阻抗（小于 1 MΩ）	高频晶体管
	高输出阻抗（大于 1 MΩ）	场效应晶体管
	低频低噪声	
功率放大	工作频率 10 kHz 以上	高频功率晶体管
	工作频率 10 kHz 以下	低频功率晶体管
开关	通态电阻小	开关晶体管
	通态内部等效电压为 0	场效应晶体管
	功率，低频（5 kHz 以下）	低频功率晶体管
	大电流开关或作可调电源	闸流晶体管
光电转换放大	—	光电晶体管
电位隔离	浮地	光电耦合器

表 18-4 场效应管类型选择

应用	应用要求	场效应晶体管类型
微弱信号前置	输入阻抗高，噪声低	小功率结型或 MOS 型场效应晶体管
低噪声前置放大	$1/f$ 噪声低，高频噪声低	小功率结型场效应晶体管
高频放大	工作频率较高	小功率结型或 MOS 型场效应晶体管
开关放大	开关速度高	小功率结型或 MOS 型场效应晶体管
功率放大	输出较大功率	VMOS 功率型场效应晶体管

18.2.1.3 电阻器和电位器选择

电阻器和电位器选择时注意环境温度以及电阻器和电位器的负载-温度特性曲线。

电阻器和电位器选择应满足以下详细要求：

1）线绕电阻器应仅适用于 50 kHz 以下电路使用；

2）应选择有可靠性指标的片状电阻器；

3）电阻网络选择时注意电阻网络内部的电阻数量和电路形式；

4）热敏电阻选择应注意有正温度系数和负温度系数两种；

5）不选择非密封电位器,限制选择使用密封电位器,宜选择带有锁紧装置的电位器;

6）电阻阻值优先选用 10 系列、12 系列、15 系列、20 系列、30 系列、39 系列、51 系列、68 系列和 82 系列;

7）优选 0603 和 0805 的封装,0402 以下的不应选用;

8）插脚电阻优选 0.25 W、0.5 W、1 W、2 W、3 W、5 W、7 W、10 W 和 15 W;

9）对于电阻的温漂,J 挡温漂不应超过 500 ppm/℃,F 挡温漂不应超过 100 ppm/℃,B 挡温漂不应超过 10 ppm/℃;

10）金属膜电阻 1 W 及 1 W 以上不应选用,金属膜电阻 750 kΩ 以上不应选用;

11）7 W 以上功率电阻轴线型的不应选用;

12）合成电阻器用于初始容差不高于 ±5%,长期稳定性要求不高于 ±15% 的电路中;

13）薄膜型电阻器主要用在要求高稳定、长寿命、高精度的场合,特别适合高频应用;

14）线绕型电阻器不应用于高频(50 kHz 以上);

15）合成电位器可用于长期稳定性不高于 ±20% 的场合。

18.2.1.4　电容器选择

电容器选择应满足以下一般要求:

1）选择时考虑电容器适用的最高允许温度,不同类型的最高允许温度有 60 ℃、70 ℃、85 ℃、100 ℃、105 ℃ 和 125 ℃ 等;

2）选择时注意电容器失效模式的影响,主要失效模式有短路、开路、参数漂移和非固体电解质电容器电解质泄漏。

电容器选择应满足以下详细要求:

1）金属化电容器不宜在脉冲或触发电路中使用。

2）固体电解质钽电解电容器的选择要求有:

a）有极性钽电解电容器一般不应在有反向电压下使用,长期存在反向电压的电路应选择双极性钽电容器;

b）非固体钽电解电容器应选择全密封(气密封),不能选择半密封型;

c）不应选用插脚式钽电解电容;

d）对于钽电解电容的耐压,应满足 3.3 V 系统取 10 V、5 V 系统取 16 V、12 V 系统取 35 V,10 V、16V、35 V 为优选,4 V、6.3 V、50 V 为禁用(用铝电解电容替代)。

3）非固体钽电解电容器可用于电源滤波、旁路和大电容量的能量储存。

4）铝电解电容器的电容量在 7~65 000 μF 之间,宜用在 60~100 kHz 频率范围内,一般用于滤除低频脉冲直流信号分量和电容量精度要求的场合,一般仅用于地面设备。

5）纸介电容器及金属纸介电容器易吸湿、易发生介质击穿、且抗辐射能力差,航空电子产品不宜选择。

6）塑料薄膜电容器有聚酯膜、聚丙烯、聚苯乙烯、聚四氟乙烯等类型,选择时的具体要求有:

a）聚酯膜(涤纶)电容器可替代纸介电容器;

b）聚丙烯电容器可在高电压下工作;

c）聚苯乙烯电容器工作工作温度不应超过 70 ℃；

d）聚四氟乙烯电容器不应在高电压环境中工作。

7）瓷介电容器有 1 类（高频），2 类（低频）瓷介电容器，选择时的具体要求有：

a）高 Q 值陶瓷电容慎选，应仅用在射频电路上；

b）片状多层陶瓷电容封装：0603、0805 优选，1206、1210 慎选，1808 以上禁选；

c）片状多层陶瓷电容耐压：优选 25 V、50 V 和 100 V；

d）片状多层陶瓷电容容量：优选 10、22、33、47 和 68 系列。

8）铝电解电容器的电容量大、耐压高，有极性和双极性两种，极性电容器不应施加反向电压，选择时的具体要求有：

a）对于铝电解电容的耐压，应满足 3.3 V 系统取 10 V、5 V 系统取 10 V、12 V 系统取 25 V、24 V 系统取 50 V、48 V 以上系统选 100 V；

b）铝电解电容应选用工作温度为 105 ℃的；

c）对于铝电解电容的容值，优选 10、22、47 系列；25 V 以下禁选 224、105、475 类容值型号（用片状多层陶瓷电容或钽电解电容替代）；对于高压型铝电解电容应保留 400 V；

d）不应选用无极性铝电解电容；

e）不应选用贴片的铝电解电容。

18.2.1.5 感性元件选择

感性元件选择应满足以下一般要求：

1）选择时注意感性元件适用的环境温度。

2）选择时注意感性元件的主要失效模式影响，失效模式有开路、短路、参数漂移和绝缘击穿等。

感性元件选择应满足以下详细要求：

1）线圈种类的选择应考虑其适用的工作频率；

2）可变电感线圈失效率高不宜选择，选择固定电感线圈；

3）片状电感器易受振动影响，在振动条件严苛的环境中不宜选择；

4）选择变压器尤其电源变压器应选择绝缘性能好、绝缘电阻大的变压器以避免能量损耗大、变压器发热和人员触电。

18.2.1.6 继电器选择

继电器选择应满足以下一般要求：

1）选择时注意继电器使用的环境条件要求；

2）选择时注意继电器失效模式的影响；

3）为防止接点通断产生的火花干扰，以及腐蚀及融化，应采用灭火花电路。

继电器选择应满足以下详细要求：

1）机电式继电器：

a）非密封机电式（电磁式）继电器不应选用；

b）密封机电式（电磁式）继电器限制选用，宜采用固体继电器替代电磁式继电器；

c）电磁式继电器的选择应注意低电平负载（指 10～50 μA，10～50 mV）会使一般继电器

触点不能可靠接触,应选择适用的继电器;

d)不应采用单相多对触点继电器去接通或转换三相交流电;

e)干簧继电器在军工产品中一般不应选择。

2)固体继电器:一般不应采用多个固体继电器来实现多组电路的通断或转换。

18.2.1.7　开关选择

开关选择应满足以下一般要求:

1)选择时注意开关适用的环境条件,对非密封的开关在高空低气压工作时其触点负载应进一步降额;

2)选择时注意开关的失效模式影响,主要失效模式有开路、短路、触点黏结、触点抖动、开关拨杆或旋钮失灵。

开关选择应满足以下详细要求:

1)开关在有挥发性物质的情况下工作时,应选择密封开关;

2)选择气密结构的密封形式;

3)微动开关选择时应考虑过行程的限制;

4)不应选用拨码开关。

18.2.1.8　电连接器选择

电连接器选择应满足以下一般要求:

1)选择时注意电连接器对环境中机械应力(振动、冲击)适应情况和高低温工作的范围以及是否要求选择密封型的电连接器;

2)选择时应注意电连接器失效模式的影响,主要失效模式有接触对开路、针孔接触不良或瞬间断开、插孔与插针受损、绝缘材料老化。

电连接器选择应满足以下详细要求:

1)一般电连接器:

a)用于电信号输入设备的电连接器,其插座应为针;

b)用于电信号输出设备的电连接器,其插座应为孔;

c)当有可能要更换任意一个接触件时,应选择压接式接触件;

d)尽量选择线簧式接触件的电连接器;

e)圆形电连接器的使用范围 MIL‐C‐5015 中的 MS3100、M53400 航空不宜采用;MIL‐C‐38999 中的 I 系列可供航空使用;MIL‐C‐38999 中的 II 系列可供航空使用。

2)射频连接器:

a)选择射频连接器应注意频率范围、电压驻波比、插入损耗和射频泄漏等有关参数是否适用;

b)选择射频连接器时其特性阻抗应与同轴电缆特性阻抗匹配;

c)射频连接器的 MIL‐C‐39012 有 10 种系列,其中 BNC 系列航空不宜采用。

18.2.1.9　旋转电机选择

旋转电机选择应满足以下一般要求:

1)使用环境符合旋转电机规定的环境条件,温度过高会使产品损坏,温度过低会影响内

部轴承的正常工作;

2)选择时注意旋转电机失效模式的影响,其主要失效模式有电刷失效,轴承失效影响低温启动,绕组短路或开路,电机过速等。

旋转电机选择应满足以下详细要求:

1)直流电机宜选择无刷直流电机;

2)正确选择电机外壳形式,军用电子产品中所用电机一般应为全封闭或防爆式电机;

3)宜选择低转速电机。

18.2.1.10 磁性器件选择

磁性器件选择应满足以下一般要求:

1)选择时注意使用环境温度符合规定的环境条件;

2)选择时注意磁性器件的主要失效模式影响,失效模式有开路、短路、参数漂移等。

磁性器件选择应满足以下详细要求:

1)实际使用的环境如果有较强的磁场,选择的磁性器件应加磁屏蔽;

2)注意选择适合的频率范围。

18.2.1.11 石英谐振器选择

石英谐振器选择应满足以下一般要求:

1)选择时除考虑适用的温度范围外,还应了解所能承受的机械应力(冲击和振动);

2)选择时注意石英谐振器失效模式的影响,其主要失效模式有石英片断裂、石英片老化、频率漂移。

石英谐振器选择应满足以下详细要求:

1)选择高精度石英谐振器时注意适用的温度范围;

2)选择时注意工作的激励电平不能超出产品规定的激励电平值;

3)选择先进密封封装技术的石英谐振器,不应选择锡焊封装。

18.2.1.12 滤波器选择

滤波器选择应满足以下一般要求:

1)选择时注意滤波器适用的环境温度;

2)选择时注意滤波器失效模式的影响,其主要失效模式有短路、开路。

滤波器选择应满足以下详细要求:

1)在可靠性要求高的场合不应选择 LC 滤波器;

2)陶瓷滤波器工作频率不应超过 100 MHz;

3)石英晶体滤波器不宜用作大带宽的带通滤波器。

18.2.2 元器件可靠使用

元器件可靠使用应满足以下一般要求:

1)简化设计:在实现规定功能的前提下,尽量使电路结构简单,最大限度地减少所用元器件的类型和品种,提高元器件的复用率,包括但不限于:多个通道共用一个电路或元器件;在保证规定功能的前提下,多采用集成电路,少使用分立器件,多采用大规模集成电路,少采用小规模集成电路;在逻辑电路的设计中,首先应该减少逻辑器件的数目,其次才是减少门或输入端的数目;多采用标准化、系列化的元器件,少采用特殊或未经定型和考验的元器件;能用软件实现的功能就不用硬件实现;能用数字电路实现的功能就不用模拟电路实现。

2) 降额设计:为降低元器件的失效率,满足产品的可靠性要求,在电路设计中应对元器件实施降额设计,产品元器件的降额要求按照 GJB/Z 35。

3) 容差分析与设计:在产品研制工作中,结合产品的设计和控制要求,开展容差分析与设计工作。

4) 热设计和耐环境设计:在元器件的使用、线路布局、电路板安装以及电装工艺等过程中,必须充分考虑到热因素影响和环境适应性要求,采取有效的热设计和耐环境设计。

5) 冗余设计:在系统或设备中的关键电路部位,设计一种以上的功能通道,当一个功能通道发生故障时,可用另一个通道代替,从而可使局部故障不影响整个系统或设备的正常工作。

6) 低功耗设计:尽量采用低功耗元器件,如在满足工作速度的前提下,尽量采用 CMOS电路而不采用 TTL 电路。

7) 防护设计:根据元器件具体情况进行相应的防护设计,针对干扰来源,可进行抗浪涌设计、防静电设计、避雷设计、电磁兼容设计、辐射加固设计等;针对干扰载体,可分为电路防护设计、印制电路板设计、结构件防护设计、电缆防护设计等;针对抗干扰方法,可分为接地设计、屏蔽设计、滤波设计、隔离设计等。

8) 应基于元器件的稳定参数和典型特性进行设计,电路性能应基于元器件最稳定的参数来设计。

9) 电装操作:在元器件电装工艺和操作的过程中,必须遵守有关操作规程,以避免损伤元器件。

18.2.1.1　半导体集成电路可靠使用

1. 防静电

半导体集成电路防静电应采取以下措施:

1) 不使用的输入端应根据要求接电源或接地,不得悬空;

2) 作为线路板输入接口的电路,其输入端除加瞬变电压抑制二极管外,还应对地接电阻器,其阻值一般取 0.2 ~ 1 MΩ;

3) 当电路与电阻器、电容器组成振荡器时,应在输入端串联限流电阻器,其阻值一般取定时电阻的 2 ~ 3 倍;

4) 作为线路板输入接口的传输门或逻辑门,每个输入端都应串接电阻器(其阻值一般取50 ~ 100 Ω);

5) 对作为线路板输入接口的应用部位,应防止其输入电位高于电源点位。

2. 防瞬态过载

瞬态过载严重时,会使半导体集成电路完全失效。轻微时,也可能导致半导体集成电路产生损伤,使其技术参数降低、寿命缩短。对此应采取防过载措施。

3. 防寄生耦合

半导体集成电路防寄生耦合应采取以下措施：

1）防电源内阻耦合，主要措施是在线路板的适当位置，安装电源去耦电容器。电源去耦电容器配置应满足以下原则：

a）动态功耗电流较大的电路，每个电路的每个电源引出端应配一只小容量电源去耦电容器，其品种一般采用独石瓷介质电容器，其容量一般取 0.01~0.1 μF；

b）动态功耗电流较小的电路，几个相距较近电路接同一电源的引出端共用一只小容量电源去耦电容器，其品种一般采用独石瓷介质电容器，其容量一般取 0.01 ~0.1 μF；

c）必要时每块电路板配一只或几只大容量电源去耦电容器，其品种一般采用固体钽电容器，容量一般取 10 μF；

d）根据半导体集成电路的有关参数和它所在线路板的情况确定电源去耦电容器的具体配置。

对于 54HC/HCT,54HCS/HCTS,54AC/ACT 以及 54LS,54ACS 和 54F 系列中的中规模集成电路，应按上述原则中的 a）项实施；对上述系列中的小规模集成电路以及 4000B 系列中的中规模集成电路，应按上述 b）项实施。

2）防布线寄生耦合：应借助于正确的布线设计减小布线寄生耦合。布线设计应满足以下原则：

a）信号线的长度尽量短，相邻信号线的距离不应过近；

b）信号中含有高频分量且对精度要求不特别高的电路，其地线设计采用大面积接地带方式，要点为电路的地引出端通过尽量短而粗的连线与地带相连；

c）信号的主要成分为低频分量且对精度要求很高的电路，其地线设计采用汇聚于一点的分布布线方式，要点为每个电路的每个地引出端都有自己的专用地线，它们最后汇聚于线路板或电子产品的一个点。

18.2.2.2　半导体分立器件可靠使用

1. 防静电

对于静电敏感的半导体分立器件，防静电措施应贯彻于其应用（包括测试、装配、运输和存储等）的每一个环节中。

2. 防瞬态过载

为防止瞬态过载造成的损伤，应采取以下措施：

1）选择过载能力满足要求的半导体分立器件；

2）对线路中已知的瞬态源采取瞬态抑制措施；

3）对可能经受强瞬态过载的半导体分立器件，对其本身采取瞬态过载的防护措施。

3. 防寄生耦合

防寄生耦合根据具体情况，应采取以下措施：

1）防电源内阻耦合：

a）去耦电容器的容量根据电源负载电流交流分量的大小确定；

b）去耦电容器的品种应选择等效串联电阻和等效串联电感小的电容器，一般选择瓷介质电容器中的独石电容器；

c）去耦电容器的安装位置尽量靠近半导体分立器件组成的放大电路的电源引线；

d）避免不合理地增大去耦电容器的容量，并在必要时采取抑制电源启动过冲电流的措施。

2）防布线寄生耦合：通过缩短各级信号走线长度、根据信号传输的顺序排列电路、避免信号线相互平行等布局布线手段防布线寄生耦合。

18.2.2.3　电阻器可靠使用

1. 考虑电阻值

基于不同结构、不同工艺水平的电阻器的电阻值精度及漂移值、厂家给出的电阻器的标准电阻值，结合工作温度、过电压及使用环境合理使用电阻器。

2. 考虑额定功率

直流下功率 $P = I^2 R$，其中 I 为流经电阻器上的电流值。选用电阻器的额定功率应大于这个值。脉冲条件下和间歇负荷下能承受的实际功率应大于额定功率，应注意：

1）跨接在电阻器上的最高电压不应超过允许值；

2）不应连续过负荷；

3）平均功率不得超过额定值；

4）电位器的额定功率时，考虑整个电位器在电路的加载情况，对部分加载情况下的额定功率值应相应下降。

3. 考虑高频特性

线绕电阻器不宜在高频电路中使用，薄膜电阻器可在高频电路中使用，大多数薄膜电阻器不宜在频率高于 100 MHz 的电路中使用。

4. 脉冲峰值电压要求

在脉冲工作时，即时平均功率不应超过额定值，脉冲峰值电压和峰值功率均不应太高，应满足下列具体要求：

1）合成电阻器峰值电压不应超过额定电压的 2 倍，峰值功率不应超过额定功率的 30 倍；

2）薄膜电阻器峰值电压不应超过额定电压的 1.4 倍，峰值功率不应超过额定功率的 4 倍；

3）线绕电阻器可以经受比通常工作电压高得多的脉冲，但在使用中应相应地降额。

5. 辅助绝缘

当电阻器或电位器与地之间电位差大于 250 V 时，采用辅助绝缘措施，以防绝缘击穿。

18.2.2.4　电容器可靠使用

1. 设计余量

不同种类电容器电容量，设计时应留有余量。表 18 - 5 为典型电容器设计余量参考。

表 18 - 5　各类电容器设计时应留有的电容量的余量

电容种类	余量数	电容种类	余量数
1 类瓷介	±1%	玻璃	±1%
2 类瓷介	±20%	纸、塑料、聚酯薄膜	±2%
云母	±0.5%	电解	很大

2. 其他注意事项

电容器可靠使用应满足以下注意事项：

1）钽电解电容并联使用时，每个电容器上应串联限流电阻器。当电容器串联使用时，应使用平衡电阻器来确保电压的适当分配。

2）钽固体电解电容器使用在电源附近时同路中应串联电阻器，阻值宜为 $3\ \Omega/V$。

3）清洗铝电解电容器时，不应使用氯化或氟化碳氢化合物溶剂，宜使用甲苯、甲醇等溶剂。

4）陶瓷介质电容器使用时应采取频率精度补偿措施。

5）铝电解电容器使用时应采取防爆炸措施。

6）电解电容器有极性，使用时应将阳极接电源正极。

7）"无极性"电解电容器不宜长时间用于交流电路中。

8）金属壳作负极的电解电容器，外壳应接地。当外壳不能接地时，应在外壳表面采用绝缘涂覆，将外壳作为阴极引出，要注意外壳涂覆的厚度及绝缘性能。

18.2.2.5 光电器件可靠使用

光电器件的可靠使用应满足以下要求：

1）光电器件应和辐射信号源及光电系统在光谱特性上实现匹配。测量波长是紫外波段，则应选用专门的紫外光电器件或者光电倍增管，对于可见光，则应选用光敏电阻与硅光生伏特器件，对于红外波段的信号，则应选用光敏电阻或红外相应光生伏特器件。

2）光电器件的光电转换特性或动态范围应与光电信号的入射辐射能量相匹配，太阳能电池一般用于对杂散光或没有达到聚焦状态的光束进行探测。光电二、三极管应把透镜作为光的入射面，并使入射光经透镜聚焦到感光面的灵敏点上。光电池应使入射通量的变化中心处于光电器件光电特性的线性范围内。对微弱的光信号，器件应有合适的灵敏度。

3）光电器件的时间响应特性应与光信号的调制形式、信号频率及波形相匹配，变换电路的频率响应特性也要与之匹配。

4）光电器件与变换电路应与之后应用电路的输入阻抗匹配，以保证具有足够大的变换系数、线性范围、信噪比及快速的动态响应等。

18.2.2.6 裸芯片的可靠使用

保证裸芯片可靠性的重要环节之一就是芯片生产过程的质量监督与控制。作为芯片用户，在签订芯片采购协议时，可参照 GJB 548B 方法 5007 和 5013，对生产厂家明确提出原材料检验要求、生产过程的工艺控制要求、关键节点检查要求、转阶段评审要求、生产过程质量记录要求、统计过程控制（SPC）要求、产品可追溯性要求和筛选检验试验要求等，在厂家认真贯彻质量管理体系要求、严格执行相关生产工艺规范的基础上，使用单位再通过合格供方考评、现场监督检查、文件资料审查、参加鉴定验收等方式检查各项要求的落实情况，从而确保芯片生产质量和可靠性。

芯片的可靠性一般从芯片制造过程的工艺控制、筛选检验和可靠性鉴定试验等环节来进行评估验证。制造过程工艺控制和筛选检验环节可以通过检查芯片的过程质量监控情况，制定合理的筛选和质量一致性检验要求，参与相关筛选检验工作的方式来评价。可靠性鉴定试验是评价芯片可靠性是否满足指标要求最直接的方法,一般通过芯片的寿命试验或加速寿命试验来验证芯片的失效率和寿命指标,以及通过组件级可靠性试验来评估芯片的工作稳定性,也可通过设备或整机级的可靠性鉴定试验来进一步验证芯片的使用可靠性。

芯片的包装在净化环境中进行,将其放置在带有真空吸附的充氮气专用防静电包装盒中,在包装盒外再用真空密封的防静电塑料袋进行气密包装,使之防沾污、防静电、防氧化和防水汽。运输时避免剧烈振动,芯片使用前在防静电的净化工作区内打开包装,有条件的在离子风静电消除器下进行,这样可有效防止静电、尘埃及水汽对芯片的损伤或污染。芯片储存时,放置在充有氮气的低湿柜中,防止湿气、氧气等对芯片带来的腐蚀和氧化等不利影响。芯片使用中采用降额设计,注意选择影响芯片可靠性和敏感的参数,并考虑合适的降额幅度,确保芯片在低于额定值条件下工作,以保证其工作性能和使用可靠性。

18.2.3　元器件质量等级

元器件应用等级的确定程序如图 18-1 所示,该应用等级反映了元器件在实际应用环境中的质量水平,与单机的应用等级和元器件的关键性相关。其中,单机的应用等级由项目风险容忍度和单机的关键性共同决定;元器件的关键性由元器件的严酷度和冗余方式决定。

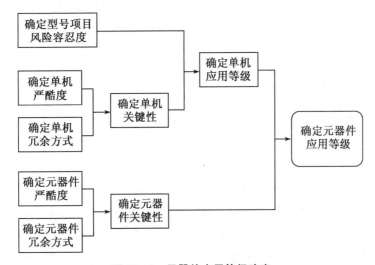

图 18-1　元器件应用等级确定

不同应用等级的元器件选用应当有质量等级的最低要求,各种质量等级器件在不同的应用等级选用时应采取相应的质量保证措施。同时,对于较低应用等级的元器件可以充分考虑风险容忍度高、元器件冗余备份充分等条件选用新型、工业用元器件,并通过板级试验等面向应用的保证方法来实现"费效比"最优的型号产品元器件保证目标。元器件质量保证要求则需要根据元器件的质量等级和应用等级两方面的因素来共同确定。

元器件选用应遵循以下原则:

1)关键重要的部件应选用高质量等级的元器件;

2)产品分配的可靠性指标高,应选用质量等级高的元器件。

表 18-6、表 18-7、表 18-8 列出了常用种类元器件质量等级及选用规则,国产元器件

依据 GJB/Z 299C 列出。

表 18-6　国军标元器件质量等级

序号	元器件类别	依据标准	质量等级（从低到高）
1	半导体分立器件	GJB 33A	JP(普军)、JT(特军)、JCT(超特军)、JY(宇航)
2	半导体集成电路	GJB 597A	B1、B、S
3	混合集成电路	GJB 2438A	D、G、H、K
4	有可靠性指标的元件	相应元件总规范	L(亚五级 3×10^{-5}/h)、M(五级 10^{-5}/h)、P(六级 10^{-6}/h)、R(七级 10^{-7}/h)、S(八级 10^{-8}/h)

表 18-7　GJB/Z 299C 与国军标元器件生产规范和七专元器件质量等级对照表

GJB/Z 299C 的质量等级		国军标的质量保证等级和"七专"等级					
		单片集成电路	混合集成电路	半导体分立器件	有可靠性指标的电阻器	有可靠性指标的电容器	有可靠性指标的继电器
A	A1	S	K(QML)	JY	T、S(B)、R(Q)、P(L)、M(W)	S(B)、R(Q)、P(L)、M(W)	R(Q)、P(L)、M(W)、L(Y)
	A2	B	H(QML)	JCT	QZJ 840629～840631	QZJ 840624～840626、QZJ 840628、QZJ 840634	QZJ 840617～840618
	A3	B1	G(QML)	JT	—		
	A4	QZJ 840614～840615	D(QML)	JP 或 QZJ 840611A			
	A5	—	QML	QZJ 840611～840612			
	A6	—	QZJ 840616				
B	B1	"七九〇五"七专质量控制技术协议					
	B2	无相应的国军标等级,执行国标或行标的元器件					
C	C1	无相应的国军标等级,执行行标的元器件					
	C2	低挡元器件,无相应的国军标等级					
说明:1) 除注明 QML 和"七专"外,其余为 QPL 质量保证等级;2) QZJ 8406XX 为"七专"技术条件;3) 对于有可靠性指标的元件,其可靠性预计的质量等级又依其失效率等级将 A1 细分为:A_{1W}(失效率五级)、A_{1L}(失效率六级)、A_{1Q}(失效率七级)、A_{1B}(失效率八级)等。							

表 18-8 基于质量等级的元器件选用原则

器件类型	选用原则	
	国产元器件	进口元器件
半导体集成电路	选择 B1 及以上质量等级	选择 B1 及以上质量等级
半导体分立器件	晶体管和二极管:选择 B1 及以上质量等级; 电子管:选用 A2 及以上质量等级	晶体管和二极管:选择 JANTX 及以上质量等级; 激光二极管应选择密封封装
电阻器和电位器	选择 A2 及以上质量等级	选择 P 及以上质量等级
电容器	选择 B1 及以上质量等级(除纸介、铝电解电容器);纸介、铝电解电容器选择 A2 及以上质量等级	选择 P 及以上质量等级
感性元件	选择 B1 及以上质量等级	航空产品用变压器选择军用级,线圈选择 P 级以上质量等级
继电器	选择 A2 及以上质量等级	航空产品用机电式继电器选择 P 及以上质量等级,固体和延时继电器选择军用级;机电式继电器选择 P 及以上质量等级,固体和固体延时继电器选择军用级
开关	选择 B1 及以上质量等级	选择军用级
电连接器	选择 A2 及以上质量等级	选择军用级
旋转电器	选择 A 及以上质量等级	选用按军用标准生产的旋转电器
磁性器件	选择 A 及以上质量等级	选用按军用标准生产的磁性器件
石英谐振器和振荡器	选择 A2 及以上质量等级	选择军用级
滤波器	选择 A 及以上质量等级	选择军用级

18.2.4 元器件优选目录

元器件优选目录能规范和指导产品元器件选用,保证元器件的性能、质量和可靠性及供货进度满足产品研制要求。

一般符合以下情况之一,即为超越优选元器件目录:

1)超越优选清单规定的型号规格;

2)超越优选清单规定的质量等级;

3)超越优选清单规定的生产厂家;

4)超越优选控制的元器件类别;

5)超越优选等级中规定的优选类别。

选择元器件优选目录外元器件时应严格履行审批手续。审批流程为:申请人发起申请→产品负责人审核→质量可靠性部门审核→物资部门审核→标准化会签→元器件专家组审查→首席专家批准。

18.2.5 元器件二次筛选

18.2.5.1 一般要求

元器件应开展二次筛选。元器件二次筛选的范围、试验项目、试验方法、条件以及元器件允许总的批不合格率和单项试验的批不合格率应遵循《元器件二次筛选规范（或要求）》。

18.2.5.2 元器件二次筛选对象

对于验收合格的元器件,进行二次筛选,具体要求如下:

1）初样阶段及以后各阶段使用的元器件宜进行 100% 二次筛选;

2）对国产元器件,元器件生产厂没有进行筛选,应开展二次筛选;

3）对国产元器件,生产厂所进行的筛选条件低于订购方要求的,应开展二次筛选;

4）对国产元器件,生产厂虽已按有关文件要求进行了筛选,但不能有效剔除某种失效模式,应开展二次筛选;

5）选用进口的元器件,应按规定进行二次筛选;

6）对于关键的元器件应进行二次筛选;

7）无法进行二次筛选的元器件,应随整机进行环境应力筛选试验;

8）确因技术原因,国内不能进行二次筛选的元器件,应复查该批元器件生产单位的质量证明情况和采购途径是否符合质量可靠性控制要求,通过性能测试、破坏性物理分析（DPA）、板级与产品级筛选等试验进行考核,符合要求的才允许使用,同时做好过程质量记录。

18.2.5.3 元器件二次筛选项目

依据相关标准合理规划试验项目和试验应力,在评价筛选项目是否合理有效的时候,不仅应考虑筛选应力的"共性",也应针对元器件的特点进行针对性考虑,所有试验项目所能筛选的失效模式和机理应能覆盖该种元器件所有可能的失效机理和模式。GJB 7243 主要种类元器件二次筛选项目顺序安排如下:

1）整流、检波、开关二极管

外观初查—常温初测—高温贮存—温度循环—常温测试—恒定加速度或跌落（实芯的不做）—常温测试—颗粒碰撞噪声检测（PIND）（实芯的不做）—功率老炼—常温测试—高温反偏—常温测试—检漏（实芯的不做）—常温复测—外观复查—打印标记。

2）稳压二极管

外观初查—常温初测—高温贮存—温度循环—常温测试—恒定加速度或跌落（实芯的不做）—常温测试—颗粒碰撞噪声检测（PIND）（实芯的不做）—功率老炼—常温测试—检漏（实芯的不做）—常温复测—外观复查—打印标记。

3）发光二极管、双基极二极管

外观初查—常温初测—高温贮存—温度循环—常温测试—恒定加速度或跌落（实芯的不做）—常温测试—颗粒碰撞噪声检测（PIND）（实芯的不做）—功率老炼—常温测试—检漏（实芯的不做）—常温复测—外观复查—打印标记。

4）瞬态电压抑制二极管

外观初查—常温初测—高温贮存—温度循环—常温测试—恒定加速度或跌落（实芯的不做）—常温测试—颗粒碰撞噪声检测（PIND）（实芯的不做）—高温反偏—常温测试—检漏（实芯的不做）—常温复测—外观复查—打印标记。

5）硅桥、硅堆

外观初查—常温初测—高温贮存—温度循环—常温测试—恒定加速度或跌落（实芯的不做）—常温测试—颗粒碰撞噪声检测（PIND）（实芯的不做）—检漏（实芯的不做）—常温复测—外观复查—打印标记。

6）半导体三极管

外观初查—常温初测—高温贮存—温度循环—常温测试—恒定加速度或跌落（实芯的不做）—常温测试—颗粒碰撞噪声检测（PIND）（实芯的不做）—功率老炼—常温测试—高温反偏（PNP 硅管做）—常温测试—高温测试（有要求时）—低温测试（有要求时）—检漏（实芯的不做）—常温复测—外观复查—打印标记。

7）可控硅和光耦电容器

外观初查—常温初测—高温贮存—温度循环—常温测试—恒定加速度或跌落（实芯的不做）—常温测试—颗粒碰撞噪声检测（PIND）（实芯的不做）—功率老炼—常温测试—高温测试（有要求时）—低温测试（有要求时）—检漏（实芯的不做）—常温复测—外观复查— →打印标记。

8）场效应管

外观初查—常温初测—高温贮存—温度循环—常温测试—恒定加速度或跌落（实芯的不做）—常温测试—颗粒碰撞噪声检测（PIND）（实芯的不做）—高温反偏—常温测试—高温测试（有要求时）—低温测试（有要求时）—检漏（实芯的不做）—常温复测—外观复查—打印标记。

9）半导体集成电路

外观初查—常温初测—高温贮存—温度循环—常温测试—恒定加速度或跌落（实芯的不做）—常温测试—颗粒碰撞噪声检测（PIND）（实芯的不做）—高温功率老炼—常温测试—高温测试—低温测试—检漏（实芯的不做）—常温复测—外观复查—打印标记。

10）混合集成电路

外观初查—常温初测—高温贮存—温度循环—常温测试—恒定加速度（实芯的不做）—常温测试—颗粒碰撞噪声检测（PIND）（实芯的不做）—功率老炼—常温测试—高温测试—低温测试—检漏（实芯的不做）—常温复测—外观复查—打印标记。

11）滤波器

外观初查—常温初测—高温贮存—温度循环—常温测试—恒定加速度（实芯的不做）—常温测试—颗粒碰撞噪声检测（PIND）（实芯的不做）—高温测试—低温测试—检漏（实芯的不做）—常温复测—外观复查—打印标记。

12）电解电容器

外观初查—常温初测—温度循环（半密封液体钽电解电容器不做）—常温测试—高

温电老炼—→高温测试—→低温测试（有要求时）—→X 光检查（仅适用于有腔体结构的固体钽电解电容器）—→常温复测—→外观复查—→打印标记。

13）无机介质和有机介质电容器

外观初查—→常温初测—→温度循环—→常温测试—→高温电老炼—→常温复测—→外观复查—→打印标记。

14）电位器

外观初查—→常温初测—→温度循环—→常温复测—→外观复查—→打印标记。

15）电阻器

外观初查—→常温初测—→温度循环—→常温复测—→外观复查—→打印标记。

16）电感器

外观初查—→常温初测—→温度循环—→常温复测—→外观复查—→打印标记。

17）密封电磁继电器

外观初查—→常温初测—→振动—→高温运行—→低温运行—→内部潮湿检查—→颗粒碰撞噪声检测（PIND）（实芯的不做）—→检漏（适用于密封型）—→常温复测—→外观复查—→打印标记。

18）时间继电器

外观初查—→常温初测—→高温贮存—→温度循环—→常温测试—→负载条件试验—→老炼—→常温测试—→检漏（适用于密封型）—→常温复测—→外观复查—→打印标记。

19）固体继电器

外观初查—→常温初测—→高温贮存—→温度循环—→常温测试—→颗粒碰撞噪声检测（PIND）（实芯的不做）—→老炼—→常温测试—→高温测试—→低温测试—→检漏（适用于密封型）—→常温复测—→外观复查—→打印标记。

20）温度继电器

外观初查—→常温初测—→动作温度及回复温度范围测量—→动作温度运行—→振动（扫频振动）—→检漏（适用于密封型）—→常温复测—→外观复查—→打印标记。

21）石英谐振器

外观初查—→常温初测—→低温贮存—→高温贮存—→温度循环—→随机振动—→检漏—→高温电老炼—→可工作温度范围变温测试—→常温复测—→外观复查—→打印标记。

22）晶体振荡器（分立元件结构器件）

随机振动（有要求时）—→温度冲击—→检漏—→机内测试（负荷）—→电气试验—→外观检查— →打印标记。

23）晶体振荡器（定制混合微电路结构）

温度循环—→恒定加速度—→检漏—→颗粒碰撞噪声检测（PIND）（实芯的不做）—→机内测试（负荷）—→电气试验—→外观检查—→打印标记。

18.2.5.4　PDA

采用 PDA（批允许不合格率）试验技术对二次筛选的结果进行分析，以确定受试批元器件是否通过二次筛选，通过批的合格元器件允许装机，不通过批的元器件应整批拒收，不允许装机。一般二次筛选合格结论的 PDA 要求不大于 10% 。

PDA 实施步骤如下：

1）确定控制点：先选定某一试验项目为进行 PDA 控制的试验项目，则该试验项目称为 PDA 控制点，一般选老炼试验作为 PDA 控制点。

2）确定 PDA 值：该值根据可靠性要求而定，如果合同中没有特殊要求，则规定 S 级器件的 PDA 为 3% ，B 级器件的 PDA 为 5% ，PDA 取值最高不得超过 10% 。在相同的可靠性级别下 PDA 值选择越低，通过筛选合格的器件批失效率越低。

3）计算批缺陷率 P_1 值：经规定的控制点筛选后，失效数为 r_1 ，则定义批缺陷率 P_1 为：

$$P_1 = \frac{r_1}{N} \tag{18-1}$$

式中：N—该控制点参加该试验项目筛选的器件总数。

4）比较 P_1 与 PDA 值：如果 P_1 大于 PDA，则该批拒收；P_1 小于 PDA，则通过该试验。

18.2.6　元器件 DPA 分析

18.2.6.1　DPA 适用范围

DPA 适用范围应满足以下要求：

1）在高可靠性要求领域中，应当开展 DPA；

2）在电子产品中，列为关键件或重要件的元器件，应当开展 DPA；

3）其质量等级低于规定要求的元器件和塑封元器件，应当开展 DPA；

4）不能进行二次筛选的装机半导体器件，应当开展 DPA；

5）超出规定的储存时间的元器件，应当开展 DPA。

18.2.6.2　DPA 时机

DPA 时机应满足以下要求：

1）在订货合同中，提出 DPA 要求，即在出厂前进行，生产厂家供货时应提供 DPA 合格的分析报告；

2）元器件到货后，在装机之前应进行 DPA；

3）超期复验应按规定进行 DPA。

18.2.6.3　DPA 方案

DPA 方案应针对具体元器件编制。GJB 4027A 规定的 18 个试验项目可根据 DPA 的不同用途进行必要的剪裁。对于用于鉴定的 DPA 实验项目一般不应剪裁，必须剪裁时应经有关认证部门批准。

DPA 抽样样本大小应以满足 DPA 的检验项目的需要量为前提，GJB 4027A《军用电子元器件破坏性物理分析方法》中规定，对于一般元器件为生产批总数的 2% ，但不少于 5 只也不多于 10 只；对于结构复杂的元器件，样本大小为生产批总数的 1% ，但不少于 2 只也不多于 5 只；对于价格昂贵或批量很少的元器件，样本大小可适当减少，但应经有关机构批准。有关机构包括鉴定机构、采购机构或元器件使用方。半导体器件 DPA 方法和程序一般如表 18-9 所示。

表 18 - 9　半导体器件 DPA 方法和程序

序号	项目和程序	设备最低要求和检测主要内容	方法			可发现主要失效模式
			分立器件	集成电路	混合集成电路	
1	外部目检	记录识别标记,用 10 倍显微镜检查结构、密封封口、涂覆(镀层)、玻璃填料(玻璃绝缘子)等。	GJB 128 方法 2071	GJB 548 方法 2009	GJB 548 方法 2009	封装和镀层类型不符;密封缺陷。
2	X 射线照相	用 25.4 μm 分辨率 X 射线照相设备,检查封壳内结构、芯片和内引线位置、密封工艺引起的缺陷、多余物等。	GJB 128 方法 2076	GJB 548 方法 2012	GJB 548 方法 2012	结构错误;装配工艺不良。
3	颗粒碰撞噪声检测(PIND)	用灵敏度优于 20 mV 噪声电压的传感器并带冲击和振动的 PIND 设备,检测封壳内的可动颗粒。	GJB 128 方法 2052	GJB 548 方法 2020	GJB 548 方法 2020	可动颗粒引起的随机短路。
4	密封检测	用灵敏度优于 101×10^{-9} kPa·cm³/s 的氦质谱仪等设备,检测密封性。	GJB 128 方法 1071	GJB 548 方法 1014	GJB 548 方法 1014	不良的环境气氛引起的电性能不稳定;内部腐蚀开路。
5	内部水汽含量检测	用可重复检出 0.01 mL 样品体积中 5/10 000(500 ppm)或更小的水汽绝对灵敏度的质谱仪,检测封壳内的水汽含量。	GJB 128 方法 1018	GJB 548 方法 1018	GJB 548 方法 1018	内部水汽含量过高引起电性能不稳定和内部腐蚀开路。
6	去封盖	针对封盖类型,采用适当工具去掉封盖。要求不损伤器件内部,且不污染器件内部。	GJB 548 方法 5009 的 3.6	GJB 548 方法 5009 的 3.6	GJB 548 方法 5009 的 3.6	
7	内部目检	用 75 ~ 200 倍的高倍显微镜检查芯片金属化缺陷,如划伤、孔隙、腐蚀、附着性、跨接和对准偏差;扩散缺陷;划片缺陷;介质隔离缺陷;激光修正缺陷等。用 30 ~ 60 倍的低倍显微镜检查引线键合、内引线、芯片安装、外来物(多余物等)。	GJB 128 方法 2072 ~ 2075	GJB 548 方法 2010	GJB 548 方法 2017	内部加工工艺缺陷引起的质量问题。
8	结构检查	用形貌检测、尺寸检测、成分检测等设备验证元器件的结构和材料是否与设计文件符合。	按有关部门批准的承制方基准设计文件检查。	按有关部门批准的承制方基准设计文件检查。	按有关部门批准的承制方基准设计文件检查。	设计结构不良引起的可靠性问题。

序号	项目和程序	设备最低要求和检测主要内容	方法			可发现主要失效模式
			分立器件	集成电路	混合集成电路	
9	键合强度试验	用可以钩住引线并施加 0～1 N 拉力的仪器检测引线键合(焊接)强度。	GJB 128 方法 2037	GJB 548 方法 2011	GJB 548 方法 2011	键合强度不够引起的引线开路。
10	扫描电镜检查	用具有 0.025 μm 分辨率和 $10^3 \sim 10^4$ 放大倍数的扫描电子显微镜检查芯片表面互连金属化层的缺陷。	GJB 128 方法 2077	GJB 548 方法 2018	GJB 548 方法 2018	氧化层台阶处电迁移开路等。
11	芯片剪切试验	用具有可以施加 0～100 N,5% 精度设备检测芯片剪切强度。	GJB 128 方法 2017	GJB 548 方法 2019	GJB 548 方法 2019	芯片脱离管座引起的开路。

18.2.6.4　DPA 结论

DPA 结论应满足以下要求:

1) DPA 中未发现缺陷或异常情况时,其结论应为符合要求;

2) DPA 中发现相关标准中的拒收缺陷时,其结论应为不符合要求,但结论中应阐明缺陷的属性(如可筛选缺陷或不可筛选缺陷);

3) DPA 中仅发现异常情况时,其结论应为可疑或可疑批,依据可疑点可继续进行 DPA。

18.2.7　元器件失效分析

元器件失效需进行失效分析,通过对失效元器件进行失效分析、数据管理等工作,确定元器件的各种失效模式与失效机理,以质量反馈形式,促进元器件设计、工艺、使用与管理的改进,提高配套元器件的质量和可靠性。

当二次筛选和 DPA 工作发现元器件存在典型失效或批次性质量问题,以及对产品有重大影响的元器件失效时,应将失效元器件送有资质的元器件失效分析机构进行失效分析,提出处理意见。半导体集成电路一般根据 GJB 548 方法 5003 开展失效分析。

失效分析技术主要如下:

1) 失效分析中电测试

对于简单有源和无源器件,电测试的结果往往和器件的失效有较强的对应关系,对这类器件的测试结果将提供具体失效的精确信息。而集成电路的测试结果和失效位置的定位关系需要特殊的软件和测试方法来实现。

2) 显微形貌分析

通过光学显微镜、扫描电子显微镜、透视电子显微镜、原子力显微镜等分析仪器研究各种材料的显微组织大小、形态、分布、数量和性质。显微组织指晶粒、包含物、夹杂物及相变产物等特征组织。利用显微形貌分析来考查如合金元素、成分变化及其与显微组织变化的

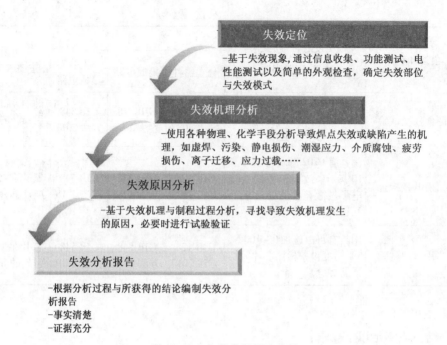

图 18 - 2 失效分析基本流程

关系等。

3）显微结构分析

显微结构分析技术主要用于分析元器件的内部结构缺陷,如空洞、断线、多余物、界面分层、材料裂纹等。通过 X 射线显微透视、扫描声学显微探测等技术,将样件内部的微观结构、材料结构显现出来并分析,确定样件的结构、失效特性等,为样件所关注的位置提供直观、准确和清晰的物理证据。

4）物理性能探测

集成电路的复杂性决定了失效定位在失效分析中的关键作用。通过电完整性测试可以缩小失效分析的故障点范围,如从整个集成电路缩小到其中的电路模块,如存储器、寄存器或工艺单元。利用结构缺陷点会局部发光、发热的现象,基于微光探测、电子束探测、磁显微、红外热像等物理性能探测技术进行失效定位。

5）微区成分分析

一般固态表面和体内的化学组成不完全相同,甚至完全不同,造成这种差别的原因是多方面的,如外来物在表面上的吸附、污染、表面氧化、表面腐蚀、摩擦磨损;特别是人为加工的表面,如离子注入、钝化,其表面化学组成可能完全不同于基底。因此,要对材料和器件工作表面的宏观性能做出正确评价,首先须对各种条件下表面的化学组成进行定性和定量测定。测定表面微区化学组成的方法有俄歇电子谱法、二次离子质谱法、X 射线光电子谱法、傅里叶红外光谱法、内部气氛分析分析法等。

6）应力试验

在电子元器件失效分析中,需要对其故障模式进行复现,因此,要根据失效样品的工作条件、应用环境及器件特点来开展有针对性的应力试验,激发故障、复现失效模式。电子元器件失效均与应力有关,包括温度、热冲击、湿度、电压、电流、机械振动、机械冲击、加速度、热冲击、温度循环等。

7)解剖制样

电子元器件封装材料和多层布线结构的不透明性,对于大部分失效问题,必须采用解剖制样技术,实现芯片表面和内部的可观察性和可探测性。以失效分析为目的的样品制备技术主要步骤包括:打开封装、去钝化层。对于多层结构芯片来说,还需要去层间介质。但必须保留金属化层及金属化层正下方的介质,还需保留硅材料。为观察芯片内部缺陷,经常采用剖切面技术和染色技术。

失效分析中常用的分析手段主要如下:

1)电学测试;

2)外观检查:样品尺寸、表面形貌、污染物、腐蚀或氧化、焊接缺陷、白斑起泡等异常,并观察其分布特点与规律,主要工具立体显微镜、金相显微镜;

3)光学显微镜:失效分析中使用的主要有立体显微镜(放大几倍到上百倍)和金相显微镜(放大几十倍到上千倍);

4)扫描电镜分析及能谱分析:样品形貌观察、化学元素成分分布分析、厚度测试等;在焊点失效分析中,可用来观察焊点金相组织、测量金属间化物、可焊性镀层分析、锡须分析测量等;

5)透射电子显微镜:可观察固态材料内部的各种缺陷;

6)原子力显微镜:可形成样品表面形貌图像;

7)X射线显微透视:无损检测的重要手段,可检测样品内部结构、元器件引线开短路、PCBA焊点缺陷(空洞、桥连、枕头效应、虚焊等)、通孔内部缺陷、高密度封装BGA等器件缺陷焊点的定位;

8)扫描超声显微镜:可以检测元器件、材料以及PCB和PCBA内部的各种缺陷,包括裂纹、分层、夹杂物、空洞等;

9)光探测:失效分析和工艺缺陷检测的重要手段;

10)电子束探测:在失效分析中主要用于VLSI芯片的失效定位;

11)磁显微缺陷定位:可以实现对芯片级、互联级及封装级的失效定位,可定位电短路、漏电及高阻缺陷,如走线破裂、润湿不良、过孔分层、3D堆叠封装的缺陷分析等;

12)红外热相分析:可以方便地发现局部热点,以获得故障点的区域,主要用于组件的故障定位;

13)俄歇电子谱:适用于轻元素分析;

14)二次离子质谱分析:半导体成分、掺杂元素、杂质污染、痕量金属的探测和分布、化合物结构测定、浅表面污染物分析等;

15)X射线光电子能谱分析仪:焊点金相组织成分分析、焊盘镀层质量的分析、污染物分析和氧化程度的分析,以确定可焊性不良的深层次原因;

16)傅里叶红外光谱仪:对解决分子结构和化学组成的各种问题最为有效;

17)红外显微镜分析:可以分析材料的化合物成分,结合显微镜,分析微量的有机污染物;

18）内部气氛分析仪：其主要原理是从密封器件内部取样后进行电离,然后采用质谱仪进行质量分离计数,最后给出各种气体的分压比,它是全面评价产品封装及内部材料和材料处理工艺的主要工具;

19）开封：包括机械开封、化学开封、激光开封;

20）芯片剥层：包括去钝化、去金属化层;

21）剖面制样：包括金相切片(可得到反映焊点等质量的微观结构信息)、聚焦离子束剖面制样;

22）还有局部电路修改验证、芯片减薄、染色与渗透(如可以检测 BGA 类等失效焊点的分布,也可以为金相切片定准位置)、失效复现/验证等。

18.2.8 元器件贮存

元器件贮存必须符合各类元器件要求的贮存条件,特别是对要求防潮、防腐、防锈、防老化、防静电等的元器件。库房的温度、湿度、净化、压力、光照、通风、防静电、摆放等环境条件应符合元器件的贮存要求。

对于超过有效贮存期的元器件应进行超期复验和相关审批手续,复验合格,经批准后方可使用。参照 GJB/Z 123—1999《宇航用电子元器件有效贮存期及超期复验指南》规定,元器件有效贮存期一般如下：

1）半导体器件(包括半导体分立器件、半导体集成电路和微电路)贮存期 3 年;

2）电容器贮存期 3 年;

3）电阻贮存期 5 年;

4）继电器、开关、连接器等贮存期 3 年。

元器件的有效贮存期 t_{VS} 可按下式计算：

$$t_{VS} = c_{SQ} \cdot t_{BVS} \tag{18-2}$$

式中：t_{VS}—元器件有效贮存期(月);C_{SQ}—元器件贮存质量系数,与元器件质量有关;t_{BVS}—元器件基本有效贮存期(月),与元器件品种及贮存条件有关。

元器件有效贮存期与元器件品种、质量等级和仓储条件有关。GJB/Z 123 将仓库储存环境条件分为：Ⅰ、Ⅱ、Ⅲ 三类,元器件质量等级分为 Q1、Q2、Q3、Q4 四类,见表 18-10 和表 18-11。

表 18-10 元器件贮存环境条件分类

分类	温度(℃)	相对湿度(%)
Ⅰ	10~25	≤70
Ⅱ	-5~30	≤75
Ⅲ	-10~40	≤85

表 18-11　元器件贮存质量等级与质量系数

质量等级	元器件质量保证要求及补充说明	质量系数 C_{SQ}
Q1	按国家军用标准进行质量认证,并已列入合格产品目录或合格制造厂目录的元器件;或已通过可靠性增长工程鉴定合格的元器件。	1.5
Q2	按国家军用标准进行质量认证,但未列入合格产品目录或合格制造厂目录的元器件;或已按"七专"技术条件及航天用户补充技术协议组织生产的元器件。	1.25
Q3	按国家标准进行质量控制的元器件,或按"七专"技术条件或技术协议组织生产的元器件。	1.0
Q4	按其他标准进行质量控制或质量控制情况不明的元器件。	0.75

元器件基本有效贮存期可按 GJB/Z 123《宇航用电子元器件有效贮存期及超期复验指南》中的规定给出。

表 18-12　国产元器件有效贮存期

序号	元器件类别	Q1	Q2	Q3	Q4
1	玻封分立器件	36	30	24	18
2	非塑料封装半导体光电子器件	36	30	24	18
3	金属或陶瓷封装分立器件	45	37.5	30	22.5
4	塑料封装分立器件	27	22.5	18	13.5
5	金属或陶瓷封装集成电路	45	37.5	30	22.5
6	金属壳封装混合集成电路	45	37.5	30	22.5
7	非密封片状分立器件	18	15	12	9
8	非密封片状电阻器	30	25	20	15
9	非密封片状电容器	30	25	20	15
10	非密封片状电感器	30	25	20	15
11	可变电阻器(电位器)	36	30	24	18
12	可变电容器	36	30	24	18
13	可变电感器	36	30	24	18
14	塑料薄膜介质电容器	36	30	24	18
15	无机介质电容器	45	37.5	30	22.5
16	全密封固体电解质钽电容器	45	37.5	30	22.5
17	非固体电解质钽电容器(银外壳)	36	30	24	18
18	非固体电解质钽电容器(钽外壳)	45	37.5	30	22.5
19	固定电阻器	54	45	36	27
20	固定电感器	54	45	36	27

（续表）

序号	元器件类别	Q1	Q2	Q3	Q4
21	密封电磁继电器	45	37.5	30	22.5
22	密封石英谐振器、振荡器	54	45	36	27
23	电连接器	54	45	36	27
24	电线（含漆包线）、电缆	45	37.5	30	22.5
25	微电机	45	37.5	30	22.5
注：表中贮存期单位为月。					

　　对超过规定贮存期的元器件一般不应采用，关键部位不准采用。在特殊情况下要采用，装机前应按规定进行超期复验，符合要求后才能使用。超期复验项目为外观、电特性、密封性和引出端可焊性。对于超贮存期的半导体器件、密封继电器、金属壳封装石英谐振器和振荡器、电线（含漆包线）还须参照 GJB 4027A—2006《军用电子元器件破坏性物理分析方法》要求抽样进行破坏性物理分析（DPA），DPA 合格的元器件批才可装机使用。对于裸芯片，对其贮存、管理及使用应提出特殊的防护要求。

第十九章　可靠性关键产品确定

可靠性关键产品是指该产品一旦故障会严重影响安全性、可用性、任务成功及寿命周期费用的产品。对寿命周期费用来说，价格昂贵的产品都属于可靠性关键产品。

可靠性关键产品是进行可靠性设计分析、可靠性增长试验、可靠性鉴定试验的主要对象，必须认真做好可靠性关键产品的确定和控制工作。

应根据如下判别准则来确定可靠性关键产品：

1）其故障会严重影响安全、不能完成规定任务及维修费用高的产品，价格昂贵的产品本身就是可靠性关键产品；

2）故障后得不到用于评价系统安全、可用性、任务成功性或维修所需的必要数据的产品；

3）具有严格性能要求的新技术含量较高的产品；

4）其故障引起产品严重故障的产品；

5）应力超出规定的降额准则的产品；

6）具有已知使用寿命、贮存寿命或经受诸如振动、热、冲击和加速度环境的产品或受某种使用限制需要在规定条件下对其加以控制的产品；

7）要求采取专门装卸、运输、贮存或测试等预防措施的产品；

8）难以采购或由于技术新难以制造的产品；

9）历来使用中可靠性差的产品；

10）使用时间不长，没有足够证据证明是否可靠的产品；

11）对其过去的历史、性质、功能或处理情况缺乏整体可追溯性的产品；

12）大量使用的产品。

应把识别出的可靠性关键产品列出清单，对其实施重点控制。要专门提出可靠性关键产品的控制方法和试验要求，如过应力试验、工艺过程控制、特殊检测程序等，确保一切有关人员（如设计、采购、制造、检验和试验人员）都能了解这些产品的重要性和关键性。

应确定每一个可靠性关键产品故障的根源，确定并实施适当的控制措施，这些措施包括：

1）应对所有可靠性关键的功能、产品和程序的设计、制造和试验文件作出标记以便识别，保证文件的可追溯性；

2）与可靠性关键产品有关的职能机构（如器材审理小组、故障审查组织、技术状态管理部门、试验评审小组等）应有可靠性职能代表参加；

3）应跟踪所有可靠性关键产品的鉴定情况；

4）要监视可靠性关键产品的试验、装配、维修及使用问题。

可靠性关键产品的确定和控制应是一个动态过程，通过定期评审来评定可靠性关键产品控制和试验的有效性,并对可靠性关键产品清单及其控制计划和方法进行增减。确定可靠性关键产品工作的目的、要点及注意事项见表 19-1。

表 19-1　确定可靠性关键产品

	工作项目说明
目的	确定和控制其故障对安全性、战备完好性、任务成功性和保障要求有重大影响的产品,以及复杂性高、新技术含量高或费用昂贵的产品。
要点	a)通过 FMECA、FTA 或其他分析方法来确定可靠性关键/重要特性及可靠性关键产品,列出清单并对其实施重点控制。还应专门提出可靠性关键/重要特性及可靠性关键产品的控制方法和试验要求。 b)通过评审确定是否需要对关键产品及其关键重要特性清单及控制计划和方法加以增删,并评价关键产品控制和试验的有效性。 c)确定可靠性关键产品的所有故障的根源,尤其应明确该产品的关键和重要特性,并实施有效的控制措施。
注意事项	在合同工作说明中应明确: a)可靠性关键产品及其关键/重要特性的判别准则; b)保障性分析所需的信息; c)需提交的资料项目。 其中"a)"是必须确定的事项。

术语如下:

a)关键特性:此类特性如达不到设计要求或发生故障,可能迅速地导致型号或主要系统失效或对人身财产的安全造成严重危害。

b)重要特性:此类特性如达不到设计要求或发生故障,可能导致产品不能完成预定的使命,但不会引起型号或主要系统失效。

c)检验单元:对产品特性实施分类并进行检验时的基本实体。

d)关键件:具有关键特性的零件、部件、整件、外购件。

e)关重项目:对产品关键、重要特性以及关键、重要件的统称。

19.1　关重特性分析识别

关重特性分析及识别应遵循以下原则:

1)是否为关重特性应以产品故障造成的危害程度及反映产品达不到设计要求的严重性为主要原则来划分;

2)关重特性的确定应保持与分析的一致性;对相同产品用于不同条件时,应以最苛刻条件作为衡量关重特性的依据;

3)同一产品具有关键特性和重要特性时应按关键特性划分为关键件,一个关键件(或重要件)内允许有两个以上关键特性和重要特性;

4)关重特性的划定以设计为主,考虑产品质量、成本、进度等,做到有选择地、合理地划定,保证宽严适度。

关重特性分析识别流程如图 19-1 所示。

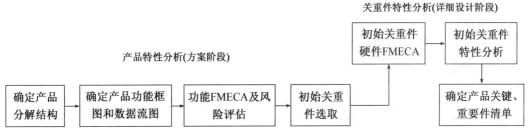

图 19-1　关重特性分析识别工作流程

工作流程如下：

1）产品特性分析（方案阶段）

总体依据产品分解结构、功能框图、数据流图等开展产品功能 FMECA、评价各组成产品风险优先数（RPN），进行产品特性分析。总体结合初始关重项目选取原则，确立产品初始关重件。

2）关重件特性分析（详细设计阶段）

详细设计初期，分系统按照总体要求开展初始关重件硬件 FMECA 以及关重特性详细分析。总体依据分系统关重特性分析结论确定产品关键、重要件清单。

19.1.1　确定产品分解结构

关重件选取首先要明确选取对象，即根据产品方案，确定产品的分解结构。产品分解结构应能说明当前阶段产品的组成。

19.1.2　确定功能框图和数据流图

进行功能 FMECA 主要依据产品组成的功能或输出要求，通过分析来预测产品可能出现的故障，需要确定产品功能框图和数据流图。

依据产品结构分解图，绘制各组成部分之间的功能关系框图，并给出相互之间的数据流，初步定义各组成部分的输入/输出。

说明：

1）功能关系框图原则上应与产品分解结构图对应；

2）功能关系框图中的组成部分应体现产品结构分解的所有内容；

3）依据功能框图应定义各组成部分的数据流输入输出。

19.2　功能 FMECA 和风险评估

以风险评估为目的开展功能 FMECA，电讯和结构产品（指可更换单元）分别采用定量危害性分析（CA）和风险优先数法（RPN）进行危害性度量。通过将产品的 CA 结果转化为 RPN 值，进行系统风险项目评估。

以电讯产品为例，功能 FMECA 及风险评估基本步骤如下：

1）功能 FMEA

依据产品功能及输出特性失效特征定义故障模式,分析故障原因、故障影响并评价严酷度等级。

2）危害性分析 CA

产品危害度计算中引入了技术影响因子 k,技术影响因子与技术成熟度相关。通常技术成熟度不同,故障造成危害的概率不同。定义产品的危害度 $C_{rk} = \sum \alpha \cdot \beta \cdot \lambda \cdot t \cdot k$ 为故障模式频数比 α、故障影响概率 β、产品失效率 λ、工作时间 t 及技术影响因子 k 的乘积。

3）产品危害度与故障概率转换

产品在任务时间内的失效发生概率 P_r,可用计算得到的危害度来转换 $P_r = 1 - e^{-C_{rk}}$。当得到的产品危害度很小的时候,可粗略地近似认为当发生概率小于 0.2（此时危害度等于 0.223）时,产品失效危害度和失效概率很相近。

4）计算风险优先数

某个故障模式 RPN 值等于该故障模式的严酷度等级、故障模式的发生概率等级的乘积,即 $\mathrm{RPN}_r = S \cdot P_r$。风险优先数数值越大,风险发生的后果严重性及其可能性越大,即危害越大。

5）风险决策

在评估风险优先数的基础上,通过进一步构建风险决策模型,确定风险处理的优先次序（GJB 5852）。

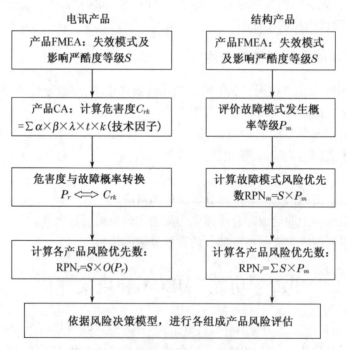

图 19-2　产品功能 FMECA 及风险评估

19.2.1 系统定义

19.2.1.1 严酷度等级

严酷度类别仅是按故障造成系统的最坏的潜在后果进行确定的。产品进行 FMECA 及风险项目评估时,必须明确故障影响的严酷度定义。针对系统影响的严酷度等级统一按照表 19 - 2 定义。

表 19 - 2　针对系统影响的严酷度等级划分

ESR 评分等级	严酷度等级	故障影响的严重程度描述	备注
9、10	I(灾难的)	故障导致系统基本功能丧失	符合所列条件之一
		故障导致设备严重毁坏或重大经济损失	
		故障导致环境严重损害	
		故障导致人员受到伤害	
7、8	II(致命的)	故障导致系统功能、性能严重退化	符合所列条件之一
		故障导致设备相当大的毁坏	
		故障导致环境相当大的损害	
		故障威胁人员安全	
4、5、6	III(中等的)	故障导致系统功能、性能退化,但对设备和环境没有明显损害、对人身没有明显的威胁	
1、2、3	IV(轻度的)	故障导致系统功能、性能稍有退化,但对系统不会有损伤,不构成人身威胁	符合所列条件之一
		故障影响很小,但它可导致非计划维修或修理	

19.2.1.2 故障概率等级

产品故障概率等级(OPR),是评定某个故障模式实际发生的可能性。表 19 - 3 给出了的评分准则,表中"产品故障概率 P_r 参考范围"是对应各评分等级给出的预计该产品失效发生的概率。

表 19 - 3　产品失效概率等级(OPR)评分准则

ESR 评分等级	产品故障的可能性	产品故障概率 P_r 参考范围	
1	极低	$P_r \leqslant 10^{-6}$	<0.000 001
2	较低	$1 \times 10^{-6} < P_r \leqslant 1 \times 10^{-5}$	(0.000 001,0.000 01]
3		$1 \times 10^{-5} < P_r \leqslant 1 \times 10^{-4}$	(0.000 01,0.000 1]
4	中等	$1 \times 10^{-4} < P_r \leqslant 5 \times 10^{-4}$	(0.000 1,0.000 5]
5		$5 \times 10^{-4} < P_r \leqslant 1 \times 10^{-3}$	(0.000 5,0.001]
6		$1 \times 10^{-3} < P_r \leqslant 1 \times 10^{-2}$	(0.001,0.01]

（续表）

ESR 评分等级	产品故障的可能性	产品故障概率 P_r 参考范围	
7	高	$1 \times 10^{-2} < P_r \leqslant 5 \times 10^{-2}$	$(0.01, 0.05]$
8		$5 \times 10^{-2} < P_r \leqslant 1 \times 10^{-1}$	$(0.05, 0.1]$
9	非常高	$1 \times 10^{-1} < P_r \leqslant 2 \times 10^{-1}$	$(0.1, 0.2]$
10		$P_r > 2 \times 10^{-1}$	> 0.2

19.2.1.3 技术影响因子

方案阶段开展功能 FMECA，需要关注设计风险因素。

因此，产品危害度计算中引入了技术影响因子 k，即分析对象由于技术因素所造成危害的可能性因子。基于风险控制的目的，我们有理由认为，技术成熟度较低的产品，其功特性失效所造成危害的风险或可能性更大，即故障模式发生概率更大。

采用专家打分的方法，定义了技术影响因子 k 的取值，见表 19 - 4。

表 19 - 4　技术影响因子的取值及评估依据

技术影响因子 k 取值	评估依据（技术成熟度）	备注
9	技术成熟度等级为 1、2、3、4 级	
8	技术成熟度等级为 5 级	
6	技术成熟度等级为 6 级	
3	技术成熟度等级为 7 级	
1.5	技术成熟度等级为 8 级	
1	技术成熟度等级为 9 级	

产品技术成熟度评价依据参见 GJB 7688《产品技术成熟度等级划分及定义》。

19.2.2　风险决策模型

产品的 RPN 值是独立评估的概率度量的均值，因此当样本量足够大时，不同产品 RPN 值构成的数据集合，近似服从正态分布。

依据统计学理论，构建基于数据统计的风险决策模型如下：

1）假设各组成产品失效风险数 RPN 的集合近似服从均值为 μ、标准差为 σ 的正态分布；

2）对应于产品风险数超出可接受范围的比率时，可以通过正态分布中规格限外的部分求积分获取。

此时标准正态分布中的分位数 Z 就是判决门限。从统计学的角度，假设近似正态特性的产品 RPN 数据，可将风险上限产品覆盖比例与正态分布的分位数 Z 进行折算，见表19 - 5。

表19-5 分位数 Z 与风险上限比率的对应关系

分位数 Z 的位置	风险上限产品比率
$\mu + 2\sigma$	2.2%
$\mu + 1\sigma$	15.8%
μ	50%
$\mu - 1\sigma$	84%
$\mu - 2\sigma$	97.2%

如当分位数 Z 选择为 $\mu + 1\sigma$ 时,风险上限产品的比率约为 15.8%。

19.2.3 初始关重项目选取

19.2.3.1 选取原则

依据产品功能 FMECA、风险决策模型,参照关重特性分类标准及分析要求,制定电子系统初始关重项目选定原则有:

a) 如有故障,可能危及人身安全或导致设备损坏、爆炸等危险;

b) 产品在运输和贮存过程中由于损坏、破裂可能引起爆炸、失火等危及人身和财产安全;

c) 基于 FMECA 及风险评估结果, I 级严酷度 RPN 值超过均值 1σ 的产品;

d) 基于 FMECA 及风险评估结果, II 级严酷度 RPN 值超过均值 2σ 的产品;

e) 采用未经充分验证的新技术、新材料、新工艺,且一旦发生故障将严重影响系统功能性能的项目;

f) 在质量与可靠性方面有不良历史的产品;

g) 发生故障后对研制进度有严重影响的项目;

h) 价格昂贵、一旦发生故障后将造成重大经济损失的项目。

注:初始关重项目的选取原则无需对关键或重要项目加以区分。

19.2.3.2 分析案例

以某产品为例进行功能 FMECA 及风险评估,结合初始关重项目选取原则,确定该产品的初始关重件见表19-6。

表19-6 产品初始关重件示例

序号	所属分系统	名称	关重特性	I 类 RPN 值	其他关重特性
1	A 分系统	组件	通道输出特性	60	
2		网络	激励、本振输出特性	60	
3		面板	水道设计特性、物理焊接特性	43	
4	B 分系统	组件	通道输出特性	50	
5		功放	发射信号输出特性	50	

（续表）

序号	所属分系统	名称	关重特性	I 类 RPN 值	其他关重特性
6		接收模块	接收数字信号输出、控制信号输出特性	50	
7		驱动模块	发射/接收信号输出、控制信号输出特性	50	
8		静压腔	水道设计特性	43	
9	A 处理	处理模块	数据输出	50	
10	综合处理	融合网络交换机	传输速率、转换延时、网管功能	40	新技术应用

19.3 硬件 FMECA 和详细特性分析

详细设计阶段,分系统以系统初始关重项目为输入,开展硬件 FMECA 及详细特性分析。明确特性失效产生的最终影响、较准确的故障发生概率以及详细特性分析结论。

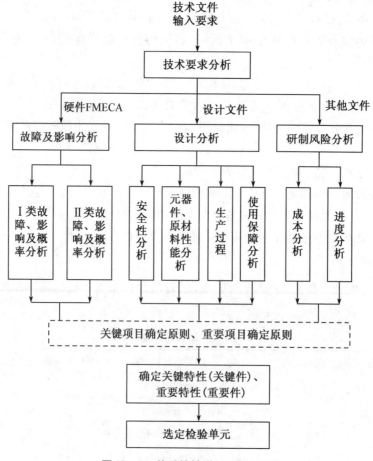

图 19－3　关重特性详细分析程序

组成产品开展详细特性分析一般按照以下步骤进行：

a）依据设计（文件）输入要求，分析产品应具有的技术要求；

b）依据产品硬件 FMECA，分析可能造成产品任务失效的严酷度Ⅰ类、Ⅱ类故障、影响及概率；

c）依据设计文件，分析产品安全性影响，以及设计和加工等保证产品满足技术要求的关重要素；

d）依据其他研制要求，分析产品研制成本、进度等可能造成较高风险的关重要素。

19.3.1　关重特性分析

19.3.1.1　技术要求分析

技术要求分析是产品特性分类分析的必要条件。依据产品任务书、产品技术要求、产品保证大纲（要求）及产品设计、制造、试验规范等输入文件要求，分析产品具有的技术要求。

组成产品关重特性分析一般考虑以下几个方面：

a）功能性能要求：分析产品具有的功能性能要求，主要是任务书给出的功能性能要求。

b）结构和工艺设计要求：分析产品结构、尺寸、体积、重量、散热等结构和工艺设计要求。

c）可靠性要求：分析产品可靠性对系统任务保证的要求。

d）环境条件：分析产品在完成规定任务所经历的极端环境条件（含电磁辐射）条件要求、电磁兼容性要求。

19.3.1.2　故障、影响及概率分析

依据产品硬件 FMECA 结果，分析故障模式、故障原因、对系统造成的影响，并计算故障模式发生且造成相应影响的概率。

组成产品关重特性分析中，只考虑严酷度等级Ⅰ类、Ⅱ类故障。

1）严酷度Ⅰ类故障、影响及概率分析

依据产品硬件 FMECA 结果，考虑分析以下内容：

a）产品严酷度Ⅰ类故障模式、故障原因、对系统造成的影响。

b）故障严酷度Ⅰ类故障模式发生且造成相应影响的概率：危害度（电讯产品）或风险优先数（结构产品）。

2）严酷度Ⅱ类故障、影响及概率分析

依据产品硬件 FMECA 结果，考虑分析以下内容：

a）产品严酷度Ⅱ类故障模式、故障原因、对系统造成的影响。

b）故障严酷度Ⅱ类故障模式发生且造成相应影响的概率：危害度（电子产品）或风险优先数（结构产品）。

19.3.1.3　设计分析

在产品安全性、使用保障以及产品研制中影响达到设计要求的因素等方面，分析可能存在的使产品达不到设计要求或造成产品故障的风险。

1）安全性分析

分析产品在贮存、运输、使用维护过程中，对人身、设备、财产、环境等造成危害的可能性

及严重性。

2）材料和元器件性能分析

分析材料、元器件等采购器件和采购设备的性能对产品性能和质量的影响,以及保证产品达到设计要求和完成使用,可能存在的风险。

考虑以下几个方面:

a）硬件 FMECA 中,造成Ⅰ、Ⅱ类严酷度故障的器件;

b）对保证产品达到设计要求起到重要作用的材料和元器件。

3）新技术应用分析

分析产品采用"三新"技术（新技术、新工艺、新材料）的情况,包括新技术应用与验证情况。分析所采用新技术对保证产品达到设计要求和完成规定任务所起的作用或可能带来的风险。

4）生产过程分析

分析产品在加工、装配、调试和检验过程中对保证产品质量的稳定性带来的影响,考虑是否存在生成过程质量不稳定,且出问题后易造成重大经济损失等风险。

5）使用保障分析

产品使用保障方面,主要考虑以下设计内容:

a）为满足产品互换性或上一级装配,需要提高的协调性和配合性要求,如尺寸、公差、接口、重量和功耗要求等;

b）分析产品或相似产品使用与保障过程中质量与可靠性方面,是否存在不良历史记录。

19.3.1.4 成本进度等分析

特性分析以设计分析为主,需要兼顾考虑成本、进度等影响设计要求的因素:

a）分析是否可能产生高成本的要素;

b）分析是否存在严重影响产品进度的要素。

19.3.2 关重产品确定

总体设计师依据分系统详细特性分析结果,确定电子系统关键、重要特性及关键、重要件清单。

19.3.2.1 关键件确定原则

依据关重特性详细分析结果,参照特性分类标准,电子系统关键项目确定的原则有:

a）特性如达不到设计要求或发生故障,会迅速导致系统或主要产品失效,或造成人身伤亡或重大经济损失;

b）依据硬件 FMECA 结果,Ⅰ级严酷度 CA 值超过 1 000（故障可能性为中等偏高）的电讯产品;

c）依据硬件 FMECA 结果,Ⅰ级严酷度 RPN 值超过 45（严酷度等级 9/10、故障发生概率等级 7/8、修正因子 0.7/0.8）的结构产品;

d）依据硬件 FMECA 结果,Ⅰ级严酷度 CA 值在 100（故障可能性为中等偏低）和 1 000之间的电子产品,或Ⅰ级严酷度 RPN 值在 20（严酷度等级 9/10、故障发生概率等级 5/6、修正

因子 0.5/0.6)和 45 之间的结构产品,且满足技术成熟度等级 6 级及以下的产品;

　　e)质量不稳定且出问题后易造成重大经济损失的产品。

19.3.2.2　重要件确定原则

　　依据关重特性详细分析结果,参照特性分类标准,电子系统重要项目确定的原则有:

　　a)此类特性如达不到设计要求或发生故障,可能导致产品不能完成预定的使命,但不会引起型号或主要系统失效;

　　b)依据硬件 FMECA 结果,Ⅰ级严酷度 CA 值在 100 和 1 000 之间的电子产品;

　　c)依据硬件 FMECA 结果,Ⅰ级严酷度 RPN 值在 20 和 45 之间的结构产品;

　　d)基于硬件 FMECA 结果,Ⅱ级严酷度 CA 值超过 1 000 的产品;

　　e)基于硬件 FMECA 结果,Ⅱ级严酷度 RPN 值超过 45 的结构产品;

　　f)互换性要求极为苛刻的产品;

　　g)难以采购或价格昂贵的产品;

　　h)在质量与可靠性方面有不良历史的产品。

19.3.3　关重件确定示例

　　按照关键件、重要件确定原则,结合某产品硬件 FMECA 及详细特性分析结果,关键、重要件清单见表 19 - 7。

表 19 - 7　关重件示例

序号	所属分系统	名称	特性类别	关重特性	危害度	其他关重特性
1	A 分系统	组件	重要件	通道输出特性	Ⅰ级严酷度 CA 值 421; Ⅱ级严酷度 CA 值 159	
2		网络	重要件	激励、本振输出特性	Ⅰ级严酷度 CA 值 134; Ⅱ级严酷度 CA 值 110	
3		面板	重要件	水道设计特性、物理焊接特性	Ⅰ级严酷度 RPN 值 23.4	
4	A 处理	处理模块	重要件	数据输出	Ⅰ级严酷度 CA 值 141; Ⅱ级严酷度 CA 值 70	
5	综合处理	融合网络交换机	重要件	传输速率、转换延时、网管功能	Ⅰ级严酷度 CA 值 116 +	新技术应用

第二十章　基于故障物理可靠性仿真分析

基于故障物理的可靠性仿真分析建立在有限元分析之上。基于故障机理的可靠性仿真分析，采用数值仿真方法对故障发生过程进行模拟。其关键是要建立反映故障机理的数值模型，建立反映故障机理各变量（如应力分析和应力累积损伤参数）之间的微分方程及相应的求解条件，这是数值模拟的出发点。没有完善的数学模型，数字模拟就无从谈起。建立数学模型后，然后是寻求高效率、高准确度的计算方法，如微分方程的离散型化方法及其求解方法。目前已经有较为成熟的商业软件帮助建立可靠性相关的数值模型及其自动化求解方法，并通过图像直观显示分析结果。

基于故障机理的可靠性仿真分析的基本原理是根据产品故障机理一般是由于热、机械、电应力等作用的物理或者化学过程导致的（累积）损伤的过程所导致的基本认知，从而可以应用数值模型方法对其故障的过程进行仿真分析。通过数值仿真，可以对导致产品故障的敏感应力分布进行分析，确定应力薄弱环节；通过应力损伤分析，可以对故障发生的时间进行预计。有限元分析（FEA）是一种对产品结构的常用数值模拟方法，根据结构对负载响应的特点建立合理的模型，然后编制或选用合适的有限元软件进行计算。热特性分析与此类似。

基于故障机理的可靠性仿真分析方法，一般求解的问题较为复杂，比如所建立的数学模型是一个非线性十分复杂的方程，对所分析的产品对象模拟存在一定的偏差，以及求解的理论不够完善等，因此对求解的结果在具备条件的情况下（例如具备产品的工程物理样机后），通过应力实测或试验对仿真模型进行修正。

基于故障机理的可靠性仿真分析是检查产品机构设计、热设计、电路设计等方面设计合理性的一种计算机仿真方法，应在产品研制进展到结构、材料、电路等设计特性明确时进行，一般在初始设计方案之后、产品详细设计完成之前进行。

实施故障机理的可靠性仿真分析工作需耗费一定的费用、工作量和时间，主要考虑对影响安全和任务成功的关键部件进行分析，如：

a）新材料和新技术的应用；

b）严酷的环境负载条件；

c）苛刻的热或机械载荷等。

可靠性仿真试验是一种基于故障物理的试验方法，采用计算机建模和仿真技术，通过建立成品的材料模型、设计分析模型、故障机理模型和其他工程分析模型，将成品预期承受的工作环境应力（给定产品的热应力和振动应力分布）与潜在故障发展过程联系起来，仿真计算不同故障机理引起的产品失效时间，再进行数据融合，从而定量的预计成品设计的可靠性，发现薄弱环节并采取有效的改进措施，提高成品的固有可靠性，评价成品是否能够达到规定的可靠性要求。

可靠性仿真试验开始于成品设计阶段,随研制进度循环迭代,直至成品设计定型前最终完成。

可靠性仿真具有以下特点:

a) 是一种基于故障物理的可靠性技术,采用建模与仿真手段,对产品可靠性进行分析和评估的工程方法;

b) 与功能性能设计并行开展,可及时地支持设计人员进行可靠性设计和优化;

c) 采用数字样机与计算机仿真,不受物理样机和试验资源的限制;

d) "建模仿真-物理试验-模型修正"是可靠性仿真最有效的方式。

对于高可靠、长寿命产品,实物可靠性试验时间与成本越来越大,需求资源越来越多,在建立数字化样机基础上,可靠性仿真可以充分利用数字化样机优势,以较小时间与成本代价完成一定的可靠性分析评估,其对设计的指导甚至优于传统的可靠性分析方法。因此,可靠性仿真分析应与传统可靠性设计方法并举。可靠性仿真分析工作的目的、实施要点及注意事项见表 20-1。

表 20-1　可靠性仿真分析

	工作项目说明
目的	充分利用数字化建模仿真手段,在设计过程中对产品的机械、热、电和电磁特性等应力及其诱发的故障机理建模仿真分析,尽早发现设计薄弱环节,采取设计改进措施提升产品可靠性水平。
实施要点	a) 在产品研制进展到设计和材料基本确定时,应对安全和任务关键的产品进行有限元分析(FEA)、热分析(CFD)以及电路功能分析(EDA)等 CAE 建模仿真分析,并开展应力损伤的故障机理分析。 b) 进行故障机理仿真分析的关键是要建立适当的产品结构和材料对负载或环境条件响应的数值仿真模型,应用数字孪生技术,结合产品物理样机的测试进行迭代验证,不断提高故障机理分析的准确性。 c) 充分考虑产品的设计参数和加工工艺参数以及使用条件等因素对可靠性的影响,确定各种因素的离散分布特性。 d) 针对仿真分析确定的薄弱环节的设计改进措施,应反馈落实到设计数模或技术文件中。
注意事项	在合同工作说明中应明确: a) 确认进行故障机理仿真分析适用的研制阶段; b) 明确故障机理仿真分析的重点,如针对 FMECA 分析得到的 I、II 类故障模式所对应的产品。

术语如下:

a) 可靠性数字样机:是能够用于可靠性仿真分析的,反映设备某种或某几种设计特性的数字模型。可靠性仿真数字样机包括 CAD 数字样机、CFD 数字样机、FEA 数字样机,简称数字样机。

b) CAD 数字样机:是使用计算机辅助设计软件建立的描述设备几何特征和材料属性的三维数字模型。

c) CFD 数字样机:采用计算流体力学软件建立的描述设备热特性的数值模型。

d) FEA 数字样机:采用有限元方法建立的描述设备力学特性的数值模型。

e) 应力分析:使用计算机辅助分析软件,对产品在给定应力条件下的温度、振动、电等响应进行分析的过程。

f) 应力损伤分析:利用故障物理方法,对产品在给定应力条件下潜在故障点的故障时间进行分析的过程。

g) 故障物理:从物理、化学的微观结构的角度出发,研究材料、零件(元器件)和结构的故障机理,并分析工作条件、环境应力及时间对产品退化或故障的影响,为产品可靠性设计、使用、维修以及材料、零件(元器件)和结构的改进提供依据。

h) 故障物理模型:针对某一特定的故障机理,在基本物理、化学、其他原理公式和分析回归公式的基础上,建立的定量反映故障发生(或发生时间)与材料、结构、应力等关系的数学函数模型,又称失效物理模型。

i) 潜在故障点:产品在规定的寿命周期内可能发生故障的部位。

j) 故障机理:引起故障的物理的、化学的、生物的或其他的过程。

k) 故障分析:利用故障物理方法,对产品在给定应力条件下潜在故障点的故障时间进行分析的过程。

l) 故障信息矩阵:产品各潜在故障点及故障模式、故障机理、故障时间所组成的数据矩阵。

m) 可靠性仿真评估:根据应力损伤分析得到故障信息矩阵,评估产品平均首发故障时间的过程。

n) 首发故障时间:产品首次故障的发生时间。

o) 平均首发故障时间:利用可靠性仿真分析得到的产品首发故障时间的平均值,即产品首发故障时间之和与产品总数之比。

20.1 可靠性仿真流程

可靠性仿真分析一般包括如下步骤,试验流程如图 20-1 所示。

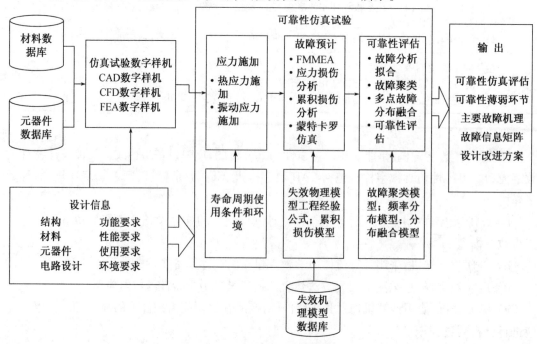

图 20-1 可靠性仿真分析流程

第一步,数据采集,具体包括结构、材料、元器件、电路设计、功能要求、使用要求和环境要求等;

第二步,建立成品的数字样机,主要包括 CAD 数字样机、CFD 数字样机、FEA 数字样机;

第三步,应力施加,即在数字样机上施加成品预期的工作和环境条件,分析其响应和应力分布,并进行相应的健壮性设计优化,主要包括热分析和耐热设计、振动分析和耐振动设计等;

第四步,故障预计,以设计模型和设计分析结果作为输入,选择和应用合适的故障物理模型,分析成品在预期环境下的可靠性,包括故障模式、机理和影响分析(FMMEA)、应力损伤分析、累积损伤分析,还引入蒙特卡罗法仿真方法,实现对随机因素的考虑;

第五步,可靠性评估,根据故障物理分析结果,评估模块、部件或系统的可靠性,主要包括单点故障分布拟合、故障聚类、多点故障分布融合和可靠性评估;

第六步,将分析和评估结果按照需求打包输出,主要包括潜在故障排序(即设计薄弱环节)、健壮性、可靠性、设计权衡方案、虚拟鉴定试验、虚拟加速试验以及关键工艺分析等。

20.1.1　设计信息采集

首先,需要收集产品设计信息。收集信息的内容需要根据规划的后续可靠性仿真内容确定。产品设计结构信息是建立 CAD、CFD、FEA 数字样机模型都必须用到的。产品各部分材料的动力学参数、热力学参数、环境条件、使用方式等是 CFD、FEA 数字样机建模所必需的。电路设计、元器件安装特征参数等是建立故障预计模型所必需的。因此,在开展可靠性仿真之前,必须按照各模型输入要求收集相应产品设计信息,以便提高仿真的准确性。

20.1.2　数字样机建模

20.1.2.1　CAD 数字样机建模

CAD 模型建模一般包括三个步骤:首先,数据收集和整理,收集建立 CAD 模型所需的数据,数据格式满足交换要求,并明确设计状态;整理收集到的数据,检查其完整性;其次,三维实体建模,在满足应力分析要求的情况下,可对模型组成部件进行适当简化;最后,模型检查,检查 CAD 模型结构特征的完整性和正确性。

CAD 模型建模是为了建立反映产品几何特征的三维数字模型,是建立 CFD 和 FEA 仿真模型的原型和基础,在满足 CFD、FEA 应力分析对 CAD 模型的要求时,CAD 模型相对于设计产品允许有适当简化。

20.1.2.2　CFD 数字样机建模

热应力分析的目的是获得产品在指定条件下的热应力分布,为故障预计分析确定提供输入,并指导产品热设计。

CFD 模型建模一般包括以下步骤:首先,信息收集,收集用于热应力分析的相关数据和信息;其次,CFD 模型建模,建立产品热特性的 CFD 模型(两种方式,利用 CFD 软件几何建模功能创建几何模型和利用 CFD 软件数据接口导入 CAD 模型)。

20.1.2.3　FEA 数字样机建模

振动应力分析的目的是获得产品在指定条件下的振动应力分布,为故障预计分析确定提供输入,并指导产品抗振设计。

FEA 模型建模一般包括以下步骤:首先,信息收集,收集用于振动应力分析相关的数据信息;其次,FEA 模型建模,建立产品振动特性的 FEA 模型(两种方式,利用 FEA 软件几何建模功能创建几何模型和利用 FEA 软件数据接口导入 CAD 模型)。

20.1.2.4　故障物理建模

利用故障物理方法,对产品在给定应力条件下潜在故障点的故障时间进行分析,给出产品的故障信息矩阵,发现产品的可靠性薄弱环节,为定量评价产品的可靠性水平提供依据。

故障物理建模一般包括以下步骤:首先,信息收集,收集与故障预计相关的数据信息;其次,分析对象确定:分析产品的结构组成,明确其中需要开展故障预计的对象范围;再次,故障机理确定:根据产品所承受的环境和工作条件及分析对象自身结构、材料特点,确定可能发生的故障机理;第四,故障物理模型选择:根据被分析对象和已确定的故障机理,选择恰当的故障物理模型;第五,应力损伤计算:利用选定的故障物理模型,逐一计算各单一应力水平下潜在故障点的首发故障时间。最后,累积损伤分析:针对电子产品在寿命周期内的环境历程特点,将多种类型或多个量值的应力条件对电子产品造成的损伤进行叠加,获得电子产品在环境历程下潜在故障点的累积损伤量,并形成故障信息矩阵。

20.1.3　应力分析

热仿真和振动仿真都是基于有限元法。有限元法是用较简单的问题代替复杂问题后再求解,它把求解域看成是由许多有限元的小的互联子域组成的,对每一单元假定一个合适的近似解,然后推导求解这个域总的满足条件,从而得到问题的解。有限元法可以用于求解连续体动力学和热力学问题,如结构的静态、动态分析和热传导、流体力学分析,可以计算出复杂结构的位移、应力和应变等参数,也可以分析结构的动力学特性。

20.1.3.1　热应力仿真分析

热仿真分析最基本的理论基础是传热学和流体力学,通过其理论公式计算产品模型内的温度分布及热梯度、热流密度等,并求解温度场。

CFD 模型建好以后,就需要设置热仿真分析参数,包括:

1)PCB 板参数设定

材料、热力学参数、尺寸、厚度、覆铜比、安装方式、与其余部分的交联关系、有无散热措施等。

2)边界条件设定

按电子产品试验剖面设定环境温度、大气压力、空气密度;打开整机辐射设定选项(强迫风冷时可不考虑辐射);设定 CFD 模型重力方向;设定湍流或层流。

3)默认材料参数设定

默认流体材料(液体/气体)、表面材料(辐射率)、实体材料(绝缘体材料/半导体材料/金属/合金的导热系数等)。

4）计算域设定

开放环境一般上方取 2 倍模型高度、侧面取 1/2 模型宽度、下面取 1 倍模型高度。

5）网格划分

保证网格分辨率的基础上，网格数量尽量少；一般情况下，计算域内的网格尽量均匀化，网格变化率尽量小；在矢量梯度变化慢的区域采用大尺寸网格，在矢量梯度变化快的区域采用小尺寸网格；在热流密度大，重点关心的芯片处局部加密网格；划分的网格应通过网格质量检查。

上述参数设置完以后就可以开始运算，得到如下结果。

a）温度场输出结果一般包括整机、模块及元器件的温度值及温度场分布，分析结果可采用数据表格和云图方式表述。

b）流场分析结果一般包括产品内部或外部的流速、压力值及流场分布，分析结果可采用数据表格、矢量图、云图和粒子轨迹图等方式表述。

在电路设计基础上，通过改变热仿真过程中的环境因素，可以分析元器件是否发生烧毁、焊点是否发生热疲劳等故障，为电路板及整机的热设计及大功耗元器件的布局提供设计依据。

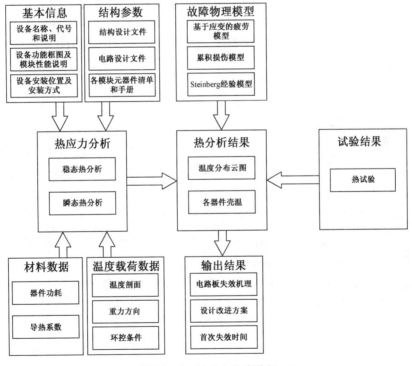

图 20 - 2　热应力仿真分析

20.1.3.2　振动应力仿真分析

通过振动仿真得出的固有频率和模态阵型可以预测结构在振动后可能会出现的大应力、大形变、断裂等故障。模态分析不仅可以对已有的结构进行评估，也为进一步仿真分析和优化设计提供了依据。

FEA 模型建好以后,就需要设置振动仿真分析参数,包括:

1) 各组成部分材料参数设定与指定

对前期信息收集到的零部件材料参数数据按着零部件的名称和类型分门别类地输入分析软件材料数据库,对于等效建立的模型(比如,PCB 板、元器件)需要根据其力学特性计算等效的模型材料参数。根据产品各零部件选用的材料在软件中指定材料参数。

2) 各零部件之间接触关系设定

根据产品各零部件之间的接触关系设定,若是螺钉连接:如果两个零部件之间用螺钉连接,且螺钉间距小(一般小于 10 mm),可以把此接触关系简化为刚性连接,即 bond 接触;如果两个零件之间用螺钉连接,且螺钉间距较大(大于 10 mm),应在螺钉位置处选取一个小面,把这个小面的接触关系定为刚性连接,以便使其尽量模拟实际接触状态。

3) 产品约束位置及约束自由度设定

应根据产品的实际安装方式尽量准确模拟。设定准确的安装位置和自由度。约束位置是指产品与其安装平台之间的连接部位;自由度是指产品被限制的自由度数。一般情况,产品与安装平台的连接处作为约束部位,自由度一般限制六个自由度。

4) 网格划分

网格划分采用半自动划分方法。首先,使用自动网格划分,然后手动细化关注部位的网格及对自动网格划分出现网格质量差的部位进行重新划分;根据结构布局决定网格疏密程度,而不能统一划分对称结构应保证网格的对称性;网格大小应保证仿真结果精度。

5) 仿真参数设置

a) 模态仿真求解选项设置:

设置分析频宽:

是指确定需要分析的频率范围,不同分析对象的振动谱频率范围不同,例如,直升机的设备振动谱频宽一般为 5 ~ 500 Hz;在进行机载电子设备模态仿真分析过程中,建议模态分析频宽应是振动谱频宽的 1.5 倍,因为需要考虑到振动谱频宽外的模态对振动响应的影响。例如振动谱频宽为 500 Hz,则模态分析频宽为 750 Hz。

需要获取的模态阶数:

获取模态阶数是指在分析频宽范围内,需要寻找多少阶模态;在进行机载电子设备模态仿真试验中,要求寻找分析频宽内的所有模态阶数。

进行模态分析时,模态提取的阶数应满足设计频率范围要求,至少应大于 6 阶。

b) 随机振动仿真分析参数设置

参与运算的模态阶数:

指在进行随机振动仿真时,使用多少阶模态参与叠加运算,不同分析目的设置不同的模态阶数;一般情况下,在开展电子设备随机振动分析中,要求使用分析频宽内的所有模态阶数进行计算。

阻尼参数设定:

方法 1:首先对实物实施振动调查获取振动响应,与仿真的结果对比,然后调整阻尼参数;

方法 2:通过对实物样机开展试验模态分析,获取第一阶模态频率及阻尼比计算获得(针对瑞利阻尼参数)。

激励条件施加：

根据产品实际受到的振动激励谱在振动分析软件中设置相应谱型。

对前期信息收集到的零部件材料参数数据按零部件的名称和类型分门别类地输入分析软件材料数据库,对于等效建立的模型(比如,PCB 板、元器件)需要根据其力学特性计算等效的模型材料参数。根据产品各零部件选用的材料在软件中指定材料参数。

6）结果提取

机载电子设备随机振动仿真结果提取一般包括：

- 加速度响应云图；
- 位移响应云图；
- 应力、应变响应云图；
- 各模块固定点处最大响应的功率谱曲线(用于故障预计仿真输入)。

在结构设计的基础上,增加振动环境因素的考虑,通过振动仿真分析,判断是否有响应过大的故障产生,从而指导产品的振动设计和布局。

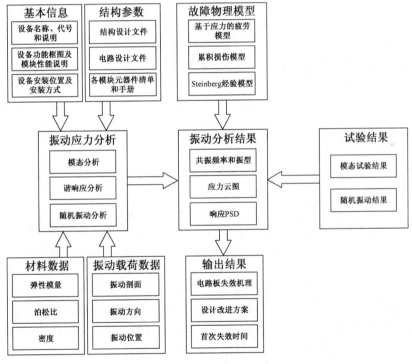

图 20-3　振动应力仿真分析

20.1.4　故障预计仿真分析

故障预计仿真流程如图 20 - 4 所示。

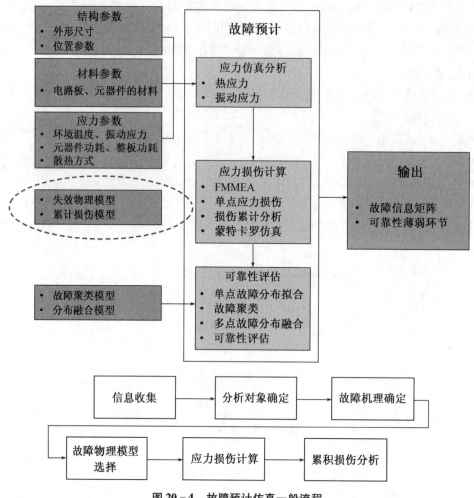

图 20 - 4　故障预计仿真一般流程

　　a）信息收集：收集与应力损伤分析相关的数据信息，输入信息包括温度和振动等应力分析结果，电路板详细设计参数和工艺参数，元器件详细设计参数，试验环境条件等。

　　b）分析对象确定：分析产品的结构组成，明确其中需要开展应力损伤分析的对象范围。

　　c）故障机理确定：根据产品所承受的环境和工作条件及分析对象自身结构、材料特点，确定可能发生的故障机理。

表 20 - 2　失效的主要故障模式及机理

器件或封装互联	故障机理	故障模式	主要影响因素
小功率二极管、三极管	腐蚀	开路	相对湿度、温度
	电迁移	开路、短路、高阻、漏电	

（续表）

器件或封装互联	故障机理	故障模式	主要影响因素
大大功率晶体管	腐蚀	开路	电过应力、高电流密度、温度
	电迁移	开路、短路、高阻、漏电	
双极型晶体管	接触迁移	效率降低、开关电阻增大	高电流密度、温度
	腐蚀	开路	
MOS 晶体管	电迁移	开路、短路、高阻、漏电	电过应力、温度、沟道区域较大电场
	热载流子效应	短路	
	栅氧化层击穿	阈值电压增大、开关电阻增大、效率降低	
CMOS 器件	腐蚀	开路	电过应力、温度
	热载流子效应	短路	
电容	腐蚀	开路	电过应力、高工作电压、温度
	电迁移	开路、短路、高阻、漏电	

表 20－3 电子产品故障位置、故障机理和应力矩阵

	污染	相对湿度	稳态温度	相对湿度循环	温度循环	温度冲击	辐射	振动/机械冲击	电压/电流
封装壳体	J	J	Z			Q、J	O、G	Q、R	X
集成硅片	Y、U	J	Y、X、T、U、V、W		A、R、M	A、R、M	F、P、G、S	A、R、M	J、K、L、X、T
焊接			Z		A、B、Q、R、M	A、B、Q、R、M	G	A、B、C、R、M	
倒装键合	J	J	L		A、B、H、R、M	A、B、C、Q、R、H、J、N	G	A、C、Q、R、M	N
带式自动键合	JK	JK	L		B、E、Q、R、M	A、B、C、E、Q、R、J、K、N	G	A、C、D、E、R、M	K、N、X
线键合	Q、J、L	JQ	L		A、B、E、Q、R、M	A、B、C、E、Q、R、M、L		A、C、D、E、Q、R、M	J、L、X
管脚	J、K		J、K		B、R、M	A、B、C、M、J		A、B、C、M	J、K、M、X
管脚焊接处	Q、J		J	J	A、Q、R、M	A、Q、R		A、Q、M	
封装					A、Q、R	A、Q、R	O	A、R	
基板					A、R、M	A、B、R、M	O	A、B、R、M	J

注:1. 过应力故障机理:A—脆裂;B—延展破裂;C—屈服;D—翘曲;E—大的弹性变形;F—软错误;G—辐射导致的热击穿;

2. 耗损故障:H—蠕变;J—腐蚀;K—树枝状生长物;L—内部扩散;M—疲劳裂纹生长;N—物质扩散;O—绝缘相关的失效;P—过量的漏电;Q—连接界面的层裂;R—疲劳裂纹萌生;S—Frenkel 缺陷增生;T—电迁移;U—金属化层迁移;V—应力导致的扩散空穴(SDDV);W—电陷;X—EOS/ESD;Y—离子污染;Z—解聚(合)作用;

3. 辐射应力:Gamma 射线、Alpha 粒子、宇宙射线、电子以及质子等。

d) 故障物理模型选择:根据被分析对象和已确定的故障机理,选择恰当的故障物理模型。

例如,温度疲劳失效故障物理模型为 $N_f = \frac{1}{2}\left(\frac{\Delta\gamma}{2\varepsilon_f}\right)^{1/c}$,电迁移故障物理模型为 $MTTF = \frac{WdT^m}{Cj^n}\exp\left(\frac{E_a}{k_B T}\right)$,热载流子故障物理模型为 $T_F = B\Gamma^N \exp(-E_a/k_B T)$ 等,热/机械故障模型如下所示。

焊点热疲劳:
$$N_f = \frac{1}{2}\left(\frac{\Delta\gamma}{2\varepsilon_f}\right)^{\frac{1}{c}}$$

镀通孔(PTH)热疲劳:
$$\frac{\Delta\varepsilon}{2} = \frac{\sigma_f - \sigma_0}{E}(2N_f)^b + \varepsilon_f(2N_f)^c$$

引线键合疲劳:
$$N_f = A(\varepsilon_{fs})^n, \varepsilon_{fs} = K \cdot \Delta T$$

芯片断裂和芯片黏合疲劳:
$$N_f = 0.5\left[\frac{L_s|\alpha_c - \alpha_s|\Delta T}{h_{sa}\gamma_f}\right]^{1/c}$$

电路板随机振动疲劳:
$$N_f = C\left[\frac{z_1}{z_2\sin(\pi x)\sin(\pi y)}\right]^{\frac{1}{b}}$$

e) 应力损伤计算:利用选定的故障物理模型,逐一计算各单一应力水平下潜在故障点的首发故障时间(即损伤率为 1 的时间),将各故障信息向量合在一起形成故障信息矩阵。应力损伤分析需三种输入:各潜在故障点的局部应力或响应,由应力施加获得;故障物理模型,通过 FMMEA(故障模式、故障机理及其影响分析)确定;各潜在故障点的相关特性参数或模型,由产品数字样机或相应的材料、元器件、零部件资料得到。

f) 累积损伤分析:针对电子产品在寿命周期内的环境历程特点,将多种类型或多个量值的应力条件对电子产品造成的损伤进行叠加,获得电子产品在环境历程下潜在故障点的累积损伤量,并形成故障信息矩阵。该故障信息矩阵将会列出产品的故障位置、故障模式、故障机理及故障时间等信息,为评估产品可靠性水平、改进产品设计提供依据。

采用 Miner 线性累积损伤法则:

$$D = \sum_{i=1}^{l} n_i/N_i = 1 \tag{20-1}$$

式中:D—变幅载荷的损伤量;l—主幅载荷的应力水平级数;n_i—第 i 级载荷的循环次

数;N_i—第 i 级载荷的寿命。

累积损伤分析的输入为产品潜在故障点下所有应力水平下的应力损伤分析结果,累积损伤分析的结果为产品在给定时间内,各潜在故障点的累积损伤量,当累积损伤量达到 1 时,故障就会发生,因此可以计算得到产品中各潜在故障点的故障时间。每个元器件在每种应力条件下都有 1 000 个可能的失效时间,根据累计损伤理论,将上述失效时间进行合成,合成方式为:

$$D = \frac{D_1 D_2}{D_1 + D_2} \tag{20-2}$$

式中:D_1—应力条件 1 下的失效时间;D_2—应力条件 2 下的失效时间;D—综合应力剖面(如温度、振动)下的失效时间。

g)蒙特卡罗仿真:通过应力损伤分析和累积损伤分析,可以得到产品中各潜在故障点的故障时间预测值,为了考虑产品结构、材料、工艺参数和应力量值等在一定范围内的随机波动对应力损伤及累积损伤的影响,采用蒙特卡罗仿真进行参数离散和随机抽样计算,以形成大样本量的故障时间数据,参数随机化模型主要为均匀分布、三角分布。对参数离散性的蒙特卡罗仿真抽样次数不低于 1 000 次。

20.1.5 可靠性仿真评估

可靠性仿真评估基本过程如图 20-5 所示。

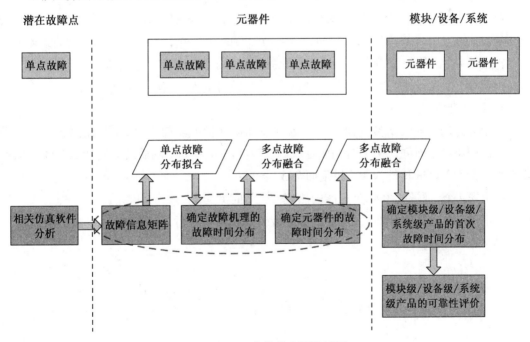

图 20-5 可靠性仿真评估过程

20.1.5.1 单点故障分布拟合

根据故障预计仿真分析结果,可以得到各潜在故障点在某一故障机理下的大样本量故障时间数据。采用统计数学方法对这些故障数据进行拟合,以获得各机理条件下(温度循环、振动量值、湿度应力等)的单点寿命分布。电子产品常用的分布有指数分布、威布尔分布、正态分布和对数正态分布等。

对每个器件所有故障机理的寿命分布进行拟合,得到该器件综合剖面下的寿命分布函数,进而对所有器件的寿命概率密度函数进行融合,得到模块级/设备级/系统级产品的寿命概率密度函数,从而评估产品的可靠性水平。

对于有 K 个元器件的电路板,仿真软件会得出每一个元器件的 M 个剖面下的热疲劳失效和 N 个振动量值下的振动疲劳失效,每个失效机理又对应 1 000 个预计故障时间。

设设备的最大工作时间为 T,将区间 $[0, T)$ 分为 A 个区间,每一个区间记为 $[t_{i-1}, t_i)$,把故障点 i 的失效机理 j 所对应的 1 000 个预计故障时间分到这 A 个区间里。记落入每个区间的故障时间数为 A_j,这样可以得到这种机理下的经验分布函数 $P_i = P(t < t_i) = \sum_{j=0}^{i} \dfrac{A_j}{A}$。可以用威布尔分布、指数分布、对数正态分布等典型寿命分布拟合经验分布函数。这些分布中未知参数的确定通常采用对数线性化法和最小二乘法或极大似然法等。这样可以得到各机理(热疲劳、振动疲劳)下单点的寿命分布函数矩阵。

1) 故障点寿命抽样

对于板上第 i 个元器件,在温度段 $m(m = 1, 2, \cdots, M)$,其热疲劳寿命分布函数为 $f_{im}(x)$,振动量值 $n(n = 1, 2, \cdots, N)$ 下,其振动疲劳寿命分布函数为 $g_{in}(x)$。根据蒙特卡洛抽样,有:

板上第 i 个元器件 1 000 个可能的热疲劳失效时刻为 $s_{im1}, s_{im2}, \cdots, s_{im1\,000}$。

板上第 i 个元器件 1 000 个可能的振动疲劳失效时刻为 $t_{im1}, t_{im2}, \cdots, t_{im1\,000}$。

2) 剖面合成

一个完整的可靠性试验剖面是若干温度段和振动量值段的组合,需要按照各应力水平在整个剖面中所占时间比例进行剖面合成。设温度段 m 占整个剖面的时间比例为 M_m,振动段占整个剖面的时间比例为 M_n,经剖面合成后,有:

板上第 i 个元器件 1 000 个可能的热疲劳失效时刻为 $s_{i1}, s_{i2}, \cdots, s_{i1\,000}$。

板上第 i 个元器件 1 000 个可能的振动疲劳失效时刻为 $t_{i1}, t_{i2}, \cdots, t_{i1\,000}$。

其中:

$$s_{i1} = \frac{1}{\sum\limits_{m=1}^{M} \dfrac{M_m}{s_{im1}}}, s_{i2} = \frac{1}{\sum\limits_{m=1}^{M} \dfrac{M_m}{s_{im2}}}, \cdots, s_{i1\,000} = \frac{1}{\sum\limits_{m=1}^{M} \dfrac{M_m}{s_{im1\,000}}}$$

$$t_{i1} = \frac{1}{\sum\limits_{n=1}^{N} \dfrac{M_n}{t_{in1}}}, t_{i2} = \frac{1}{\sum\limits_{n=1}^{N} \dfrac{M_n}{t_{in2}}}, \cdots, t_{i1\,000} = \frac{1}{\sum\limits_{n=1}^{N} \dfrac{M_n}{t_{in1\,000}}}$$

$$(20-3)$$

仿真软件的输出结果表明,元器件由振动疲劳和热疲劳两种故障机理造成失效,则对于每种故障机理都应首先进行故障机理的寿命概率密度函数拟合。

分别对第 i 个元器件 1 000 个可能的热疲劳失效时刻 s_{i1}、s_{i2}、$\cdots$、$s_{i1\,000}$ 和第 i 个元器件 1 000 个可能的振动疲劳失效时刻 t_{i1}、t_{i2}、$\cdots$、$t_{i1\,000}$ 数据进行分布拟合,得到综合剖面下元器件 i 的寿命概率密度函数 $f_i(x)$ 和 $g_i(x)$。

综上所述,利用产品的故障信息矩阵,通过单点(单个潜在故障点)故障分布拟合方法确定所有元器件各个故障机理的故障时间概率密度函数。确定故障机理的故障时间分布步骤如下:

a)提取故障信息矩阵中所有元器件各个故障机理对应的故障时间数据;

b)对某个元器件某一故障机理的故障时间数据进行分布拟合(计算如 20.1.5.5 节);

c)通过拟合优度检验(计算如 20.1.5.5 节)得到拟合优度最优的故障时间分布作为该故障机理的故障时间分布;

d)重复 b)和 c),得到所有元器件各个故障机理的故障时间概率密度函数。

20.1.5.2 故障聚类

采用聚类原理对产品的单点故障分布进行分类处理,从而将"浴盆曲线"中有效寿命期故障与耗损期故障区分开来,分别用于评估产品的可靠性。

故障聚类:把密度分布相似的故障聚为一类,通过将所有的故障聚为若干故障类来实现聚类分析。密度分布相似是指高密度集中位置点距离最短,而相同的高密度集中区间最长。如果故障 1 对应的密度分布高密度集中位置点为 t_{1m},集中区间为 $[t_{1\min},t_{1\max}]$,故障 2 对应的密度分布高密度集中位置点为 t_{2m},集中区间为 $[t_{2\min},t_{2\max}]$,利用密度分布的相似性选取的故障模式聚类准则为:

$$J = \frac{|t_{1m} - t_{2m}|}{\min\{t_{1\max},t_{2\max}\} - \max\{t_{1\min},t_{2\min}\}} \tag{20-4}$$

$|J|$ 越小,说明两密度分布越相似。

故障聚类分析步骤一般为:

1)计算各故障密度分布函数的三个特征量,按各故障对应的密度分布密度集中位置点排序;

2)按聚类准则计算相邻故障之间的距离 J;

3)对所有的 J 进行奇异点检测,选择合适的 J 作为分类准则,把所有的故障分为三类,依次为Ⅰ型故障类、Ⅱ型故障类和Ⅲ型故障类。

20.1.5.3 多点故障分布融合

根据元器件各个故障机理的概率密度函数,通过多点(多个潜在故障点)故障分布融合方法,可以得到元器件的概率密度函数,算法如下:

1)设某个元器件有 n 个故障机理,各个故障机理的故障时间概率密度函数 $f_i(x)$,i 从 1 取到 n,利用蒙特卡罗法进行一次抽样,得到 n 个随机数 $(t_{11},t_{12},\cdots,t_{1n})$;

2)将抽出的 n 个随机数 $(t_{11},t_{12},\cdots,t_{1n})$ 按从小到大顺序排序,取其中的最小值记为 $t_{1\min}$;

3)再取 n 个随机数 $(t_{21},t_{22},\cdots,t_{2n})$,取其中最小的记为 $t_{2\min}$;

4)重复 N 次抽样,得到一组抽样数据 $(t_{1\min},t_{2\min},\cdots,t_{N\min})$,利用这组抽样数据进行分布

拟合及拟合优度检验,得到该元器件的故障时间概率密度函数;

5)重复 1)~4),得到所有元器件的故障时间概率密度函数 $h_i(t)$。

20.1.5.4 产品可靠性仿真评估

根据所有元器件的概率密度函数,通过多点故障分布融合方法可以得到模块级、设备级、系统级产品的概率密度函数,算法如下:

设某模块共有 K 个元器件,各元器件对应的寿命概率密度函数分别为 $h_i(t)$,利用蒙特卡罗法进行 K 次抽样,得到 K 个随机数 $(t_{11},t_{12},\cdots,t_{1K})$;

将抽出的 K 个随机数 $(t_{11},t_{12},\cdots,t_{1K})$ 按从小到大顺序排序,取其中的最小值记为 $t_{1\min}$;

再取 K 个随机数 $(t_{21},t_{22},\cdots,t_{2K})$,取其中最小的记为 $t_{2\min}$;

重复 1 000 次抽样,得到一组抽样数据 $(t_{1\min},t_{2\min},\cdots,t_{1\,000\min})$,利用这组抽样数据进行分布拟合及拟合优度检验,得到该模块的概率密度函数 $f(x)$。

模块概率密度函数也称首发故障时间的概率密度函数为 $f(x)$,则产品平均首发故障时间的点估计和置信度为 $1-\alpha$ 的置信下限可由下式计算,即

$$MTTF = \int_0^\infty tf(t)\,\mathrm{d}t \tag{20-5}$$

$$MTTF_{\mathrm{L}} = \overline{T} - Z_\alpha S/\sqrt{N} \tag{20-6}$$

式中:$MTTF$—平均首发故障时间(h);$\overline{T}$—样本均值(h);Z_α—标准正态分布的下 α 分位点;S—样本标准差(h);N—样本容量。$\overline{T}$ 和 S 的计算如下:

$$\overline{T} = \sum_{i=1}^N \frac{t_i}{N} \tag{20-7}$$

$$S^2 = \frac{1}{N-1} \sum_{i=1}^N (\overline{T} - t_i)^2 \tag{20-8}$$

式中:t_i—第 i 个样本值(h)。

其输入信息为故障信息矩阵,输出结果为产品平均首发故障时间。

20.1.5.5 可靠性仿真评估算法

可靠性仿真评估算法如下所述。

1. 指数分布拟合算法

1)指数分布

指数分布的概率密度函数、分布函数、可靠度函数和故障率函数如下:

$$f(t) = \lambda \mathrm{e}^{-\lambda t} \tag{20-9}$$

$$F(t) = 1 - \mathrm{e}^{-\lambda t} \tag{20-10}$$

$$R(t) = \mathrm{e}^{-\lambda t} \tag{20-11}$$

$$\lambda(t) = \frac{f(t)}{R(t)} = \lambda \tag{20-12}$$

式中：λ—故障率$(1/\mathrm{h})$，$\theta = 1/\lambda$。

2）参数估计

完全样本 $n = r$、定时无替换截尾、定时有替换截尾、定数无替换截尾、定数有替换截尾，θ 的点估计 $\hat{\theta}$ 计算分别如下：

$$\hat{\theta} = \sum_{i=1}^{n} t_{(i)} / r$$

$$\hat{\theta} = \begin{cases} \dfrac{\sum\limits_{i=1}^{n} t_{(i)} + (n-r)t_0}{r} \\[2mm] \dfrac{nt_0}{r} \\[2mm] \dfrac{\sum\limits_{i=1}^{n} t_{(i)} + (n-r)t_r}{r} \\[2mm] \dfrac{nt_r}{r} \end{cases} \tag{20-13}$$

式中：$t_{(i)}$—第 i 个样本值(h)；n—样本数；r—故障数；t_0—定时截尾时间；t_r—定数截尾故障数时的时间。

2. 正态分布拟合算法

1）正态分布

正态分布的概率密度函数、分布函数、可靠度函数和故障率函数如下：

$$f(t) = \frac{1}{\sqrt{2\pi}\sigma} \mathrm{e}^{-\frac{1}{2}\left(\frac{t-\mu}{\sigma}\right)^2} \tag{20-14}$$

$$F(t) = \int_0^t \frac{1}{\sqrt{2\pi}\sigma} \mathrm{e}^{-\frac{1}{2}\left(\frac{x-\mu}{\sigma}\right)^2} \mathrm{d}x \tag{20-15}$$

$$R(t) = \int_{\frac{t-\mu}{\sigma}}^{\infty} \frac{1}{\sqrt{2\pi}} \mathrm{e}^{-\frac{x^2}{2}} \mathrm{d}x = 1 - \Phi\left(\frac{t-\mu}{\sigma}\right) \tag{20-16}$$

$$\lambda(t) = \frac{f(t)}{R(t)} = \frac{\varphi\left(\frac{t-\mu}{\sigma}\right)/\sigma}{1 - \Phi\left(\frac{t-\mu}{\sigma}\right)} \tag{20-17}$$

式中：μ—数学期望(h)；σ—均方差(h)；$\Phi\left(\frac{t-\mu}{\sigma}\right) = \int_0^{\frac{t-\mu}{\sigma}} \frac{1}{\sqrt{2\pi}} \mathrm{e}^{-\frac{1}{2}x^2} \mathrm{d}x$ 为标准正态分布函数；$\varphi\left(\frac{t-\mu}{\sigma}\right)$—标准正态分布概率密度函数。

2）参数估计

极大似然估计：μ 和 σ 的极大似然估计 $\hat{\mu}$ 和 $\hat{\sigma}$ 可由下式计算：

$$\hat{\mu} = \frac{1}{n}\sum_{i=1}^{n} t_i = \bar{t} \tag{20-18}$$

$$\hat{\sigma}^2 = \frac{1}{n}\sum_{i=1}^{n}(t_i - \bar{t})^2 \tag{20-19}$$

式中：n—样本数；t_i—第 i 个样本值(h)；$\bar{t}$—样本均值(h)。

最小二乘估计：设随机变量 t 可由下式表示：

$$t = \mu + \sigma Z \tag{20-20}$$

式中：μ—数学期望(h)；σ—均方差(h)；Z—标准正态分布随机变量。

对于 Z 和 t 的一组数据，可以用最小二乘法求得系数 μ 和 σ，即可得到正态分布参数的估计值。

3. 对数正态分布拟合算法

1) 对数正态分布

对数正态分布的概率密度函数、分布函数、可靠度函数和故障率函数如下：

$$f(t) = \frac{1}{\sqrt{2\pi}\sigma t}e^{-\frac{1}{2}\left(\frac{\ln t - \mu}{\sigma}\right)^2} \tag{20-21}$$

$$F(t) = \int_0^t \frac{1}{\sqrt{2\pi}\sigma x}e^{-\frac{1}{2}\left(\frac{\ln x - \mu}{\sigma}\right)^2}\mathrm{d}x \tag{20-22}$$

$$R(t) = 1 - \Phi\left(\frac{\ln t - \mu}{\sigma}\right) \tag{20-23}$$

$$\lambda(t) = \frac{\varphi\left(\dfrac{\ln t - \mu}{\sigma}\right)/\sigma t}{1 - \Phi\left(\dfrac{\ln t - \mu}{\sigma}\right)} \tag{20-24}$$

式中：μ—数学期望(h)；σ—均方差(h)；$\Phi\left(\dfrac{\ln t - \mu}{\sigma}\right)$—标准对数正态分布函数；

$\varphi\left(\dfrac{\ln t - \mu}{\sigma}\right)$—标准对数正态分布概率密度函数。

2) 参数估计

设随机变量 t 可由下式表示：

$$\ln t = \mu + \sigma Z \tag{20-25}$$

式中：μ—数学期望(h)；σ—均方差(h)；Z—标准正态分布随机变量。

对于 Z 和 t 的一组数据，可以用最小二乘法求得系数 μ 和 σ，即可得到对数正态分布参数估计值。

4. 威布尔(二参数)分布拟合算法

1) 威布尔(二参数)分布

威布尔(二参数)分布的概率密度函数、分布函数、可靠度函数和故障率函数如下：

$$f(t) = \frac{m}{t_0} t^{m-1} \mathrm{e}^{-\frac{t^m}{t_0}}$$

$$f(t) = \frac{m}{\eta} \left(\frac{t}{\eta} \right)^{m-1} \mathrm{e}^{-\left(\frac{t}{\eta} \right)^m} \tag{20-26}$$

$$F(t) = 1 - \mathrm{e}^{-\frac{t^m}{t_0}}$$

$$F(t) = 1 - \mathrm{e}^{-\left(\frac{t}{\eta} \right)^m} \tag{20-27}$$

$$R(t) = \mathrm{e}^{-\frac{t^m}{t_0}}$$

$$R(t) = \mathrm{e}^{-\left(\frac{t}{\eta} \right)^m} \tag{20-28}$$

$$\lambda(t) = \frac{m}{t_0} t^{m-1}$$

$$\lambda(t) = \frac{m}{\eta^m} t^{m-1} \tag{20-29}$$

式中:m—形状参数;t_0,η—尺度参数,设 $t_0 = \eta^m$。

2）参数估计

极大似然估计:待估参数 m 和 η 的极大似然估计可由下式计算:

$$\begin{cases} \eta^m = \sum_{i=1}^{n} t_i^m / r \\ \dfrac{\sum_{i=1}^{n} \ln t_i - t_i^m}{\sum_{i=1}^{n} t_i^m} - \dfrac{1}{m} - \dfrac{1}{r} \sum_{i=1}^{r} \ln t_i = 0 \end{cases} \tag{20-30}$$

式中:m—形状参数;η—尺度参数;n—样本数;r—故障数;t_i—第 i 个样本值(h)。

最小二乘估计:式(20-27)中的分布函数可表示为下式:

$$\begin{cases} y = b_0 + mx \\ y = \ln \left[\ln \dfrac{1}{1 - F(t)} \right] \\ x = \ln t \\ b_0 = -\ln t_0 \end{cases} \tag{20-31}$$

式中:b_0—回归系数;m—形状参数;t_0—尺度参数(h)。

对于 x 和 y 的一组数据,可以用最小二乘法求得回归系数 b_0 和 m,即得到威布尔(二参数)的参数估计值。

5. 威布尔(三参数)分布拟合算法

1）威布尔(三参数)分布

威布尔(三参数)分布的概率密度函数、分布函数、可靠度函数和故障率函数如下:

$$f(t) = \frac{m}{\eta} \left(\frac{t-\gamma}{\eta} \right)^{m-1} \mathrm{e}^{-\left(\frac{t-\gamma}{\eta} \right)^m} \tag{20-32}$$

$$F(t) = 1 - e^{-\left(\frac{t-\gamma}{\eta}\right)^m} \qquad (20-33)$$

$$R(t) = e^{-\left(\frac{t-\gamma}{\eta}\right)^m} \qquad (20-34)$$

$$\lambda(t) = \frac{m}{\eta^m}(t-\gamma)^{m-1} \qquad (20-35)$$

式中:m—形状参数;η—尺度参数(h);γ—位置参数(h)。

2) 参数估计

位置参数估计:式(20-33)中的分布函数可写为下式:

$$\begin{cases} Y = mX + b \\ X = \ln(x-\gamma) \\ Y = \ln\left\{\ln\left[\dfrac{1}{1-F(x)}\right]\right\} \\ b = -m\ln\eta \end{cases} \qquad (20-36)$$

式中:m—形状参数;η—尺度参数(h);b—回归系数;γ—位置参数(h)。

位置参数的估计算法如下:

a) 给定步长 l;

b) 将 x 从小到大排列得到数列 x_i;

c) 求 $\ln(x_i)$ 与 $\ln\{\ln[1-i/(n+1)]^{-1}\}$ 的线性相关系数,记为 $R(1)$;

d) 将 x_i 减去步长 l 得到新数列,利用新数列重复步骤 c)得线性相关系数 $R(2)$;

e) 依次类推,直到 x_i 出现小于 0 的数为止,至此共得到 k 个线性相关系数;

f) 从中找出最大值 $R(n)$;

g) 位置参数 γ 的估计值为 $\hat{\gamma} = n \times t$。

形状参数和尺度参数估计:在已知位置参数 γ 的估计值的情况下,由最小二乘法对原始数据进行处理,得到形状参数 m 和尺度参数 η 的估计值。

分布拟合优度检验算法(K-S检验):

原假设 H_0:经验分布 $F_N(t)$ = 理论分布 $F(t)$。

经验分布函数和理论分布函数之间的最大偏差 D_N 可由下式求得:

$$D_N = \sup_{-\infty < t < \infty} |F_N(t) - F(t)| = \max_{1 < i < N} \delta_i$$
$$\delta_i = \max\left[F(t_i) - \frac{i-1}{N}, \frac{i}{N} - F(t_i)\right] \qquad (20-37)$$

式中:N—样本容量;t_i—第 i 个样本值(h)。

给定显著性水平 α,查表 D_N 的极限分布表得到临界值 $d_{N,\alpha}$。当 $D_N < d_{N,\alpha}$ 时,接收原假设;反之则拒绝。

随机抽样算法:

1) 指数分布随机抽样算法

式(20-10)中的分布函数可写为下式:

$$\begin{cases} t = -\dfrac{\ln(1-x)}{\lambda} \\ x = F(t) \end{cases} \qquad (20-38)$$

式中：λ—故障率（1/h）。

产生服从指数分布的随机数算法如下：

a）给定指数分布的参数 λ；

b）产生在（0,1）区间上服从均匀分布的随机数 x，利用式（20-38）计算 t，则 t 服从参数为 λ 的指数分布的随机数；

c）重复步骤 b），直到取到要求数量的随机数为止。

2）正态分布随机抽样算法

产生服从正态分布 $N(\mu,\sigma^2)$ 的随机数算法如下：

a）产生在（0,1）区间上服从均匀分布的随机数 x_1 和 x_2，并将它们变化到（-1,1）区间上，即 $v_1 = 2x_1 - 1, v_2 = 2x_2 - 1$；

b）计算 $r = v_1^2 + v_2^2$；

c）如果 $r > 1$ 则转到步骤 a），否则转到步骤 d）；

d）计算 $Z = [(-2\ln r)/r]^{1/2}$，则 $y_1' = v_1 Z, y_2' = v_2 Z$ 为一对独立的服从标准正态分布的随机数；

e）计算 $y_1 = \sigma y_1' + \mu, y_2 = \sigma y_2' + \mu$，则 y_1, y_2 是服从正态分布 $N(\mu,\sigma^2)$ 的随机数；

f）重复步骤 a）~e），直到取到要求数量的随机数为止。

3）对数正态分布随机抽样算法

由于服从对数正态分布的随机变量 t 的对数 $\ln t$ 服从正态分布，所以对数正态分布的随机数可由正态分布的随机数变换得到的，具体算法如下：

a）取 x 是服从正态分布 $N(\mu,\sigma^2)$ 的随机数；

b）计算 $y = e^x$，则 y 是服从参数为 μ 和 σ 的对数正态分布的随机数；

c）重复步骤 a）~b），直到取到要求数量的随机数为止。

4）威布尔（二参数）分布随机抽样算法

式（20-27）中的分布函数可写为下式：

$$\begin{cases} t = [-t_0 \ln(1-x)]^{\frac{1}{m}} \\ x = F(t) \end{cases} \qquad (20-39)$$

式中：t_0—尺度参数（h）；m—形状参数。

产生服从威布尔（二参数）分布的随机数的算法如下：

a）给定威布尔分布的参数 m, t_0；

b）产生在（0,1）区间上服从均匀分布的随机数 x，利用式（20-39）计算 t，则 t 服从参数为 m, t_0 的威布尔分布的随机数；

c）重复步骤 b），直到取到要求数量的随机数为止。

5）威布尔（三参数）分布随机抽样算法

式（20-33）中的分布函数可写为下式：

$$\begin{cases} t = \left[-t_0 \ln(1-x) \right]^{\frac{1}{m}} + \gamma \\ x = F(t) \end{cases} \tag{20-40}$$

式中:t_0—尺度参数(h);m—形状参数;γ—位置参数。

产生服从威布尔(三参数)分布的随机数的算法如下:

a)给定威布尔分布的参数 m,t_0,γ;

b)产生在$(0,1)$区间上服从均匀分布的随机数 x,利用式$(20-40)$计算 t,则 t 服从参数为 m,t_0,γ 的威布尔分布的随机数;

c)重复步骤b),直到取到要求数量的随机数为止。

20.2　可靠性仿真影响因素分析

基于数字样机的虚拟仿真分析得到的结果,其精度会受到各种因素的影响,影响可靠性仿真结果的因素主要包括:

1)信息收集完备程度

任何仿真模型的建立都是建立在信息收集的基础上的,如前所述,在进行可靠性仿真分析前,需要收集各类产品的信息,包括产品的设计结构信息、材料的种类及属性、环境条件、使用方式、电路设计、元器件安装特性、元器件的各类属性信息等。因此,在开展可靠性仿真之前,必须按照各模型输入要求收集相应产品设计信息,以便提高仿真的准确性。

2)模型建立详细程度

模型的建立是否合理准确,如三维模型内部是否存在绘图缺陷,是否存在不连续点;三维模型各装配体间是否完全约束,是否存在欠约束;三维模型各装配体之间相对位置和连接关系是否准确,是否出现干涉以及装配不到位情况等。CFD、FEA 模型参数设置中是否改变了产品与热设计、振动有关的结构特性,赋予的材料参数是否与实际相符等。

3)网格质量

CFD、FEA 网格划分的好坏直接影响到模型计算的准确性,网格划分过粗,计算结果的精度和准确性就低,反之,计算精度越高,但是会影响计算的效率。一般情况下,对于 CFD 模型,计算域内的网格要求尽量均匀化,网格变化率尽量小;在矢量梯度变化慢的区域采用大尺寸网格,在矢量梯度变化快的区域采用小尺寸网格;在热流密度大,重点关心的芯片处局部加密网格;划分的网格应通过网格质量检查。对于 FEA 模型,网格划分采用半自动划分方法,即先使用自动网格划分,然后手动细化关注部位的网格及对自动网格划分出现网格质量差的部位进行重新划分;根据结构布局决定网格疏密程度,而不能统一划分对称结构应保证网格的对称性;网格大小应保证仿真结果精度。

4)模型简化是否恰当

在建立数字样机的过程中,允许根据简化原则和要求对模型进行简化,但不得改变产品与热设计有关的结构特性,简化后的模型重量应与实际产品的重量接近,各部件强度和刚度与实物相当;不能为了追求仿真效率而随意简化。

5)仿真分析过程中是否进行实物测量,是否对模型进行了修正在可靠性仿真分析的过程中,一般要求对实物进行热接触式的温度调查、红外成像的非接触式温度调查,根据测量结果对 CFD 模型及故障预计模型进行修正;对实物进行模态分析及振动响应分析,根据分析结果对 FEA 模型及故障预计模型进行修正,以保证仿真分析结果的准确性。

20.3　可靠性仿真示例

以某电子设备为例,说明可靠性仿真分析具体实施过程。

20.3.1　信息搜集

1）产品信息

该电子设备由 6 个模块、100 多种型号的 1 091 只元器件构成,全部元器件信息在内的型号、封装、重量,尺寸等相关信息近 10 000 条,见表 20-4。

表 20-4　信息收集表

模块名称	数量	元器件种类	元器件数量
模块 1	1	10	14
模块 2	1	9	9
模块 3	1	103	365
模块 4	1	53	580
模块 5	1	48	90
模块 6	1	31	130

2）环境条件

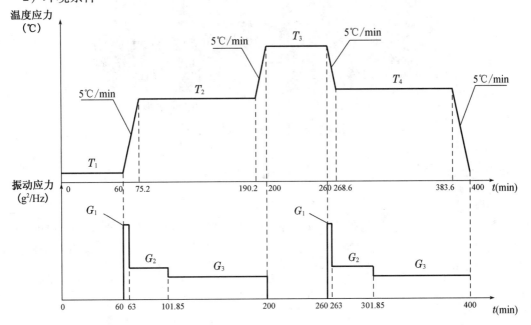

图 20-6　环境条件(示例)

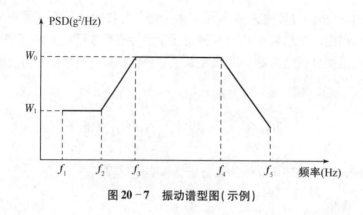

图 20-7 振动谱型图(示例)

20.3.2 数字样机建模

首先根据产品的设计信息,根据建模简化原则建立产品的 CAD 数字样机模型。该模型反映了产品的基本组成和连接关系,是后续热应力仿真和振动应力仿真分析的输入。

在 CAD 模型基础上,结合产品的设计信息,如重量、材料属性、功耗、冷却方式等,利用热分析专用软件 Flotherm 建立产品的 CFD 模型,同时采用 ANASYS 软件建立产品的 FEA 模型。

最后,根据收集到的板级、元器件等信息建立故障预计模型,图 20-8 所示的是其中一块 PCB 板的故障预计模型。

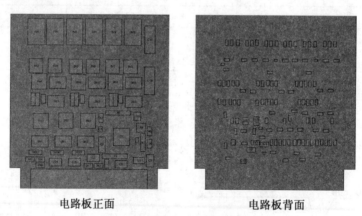

电路板正面 电路板背面

图 20-8 模块 3 故障预计模型

20.3.3 应力分析

1) 热应力分析

针对产品的 CFD 模型,开展热应力分析,得到产品整机及各模块在环境条件下的热分布云图及关键器件的温度。如图 20-9 所示是 70 ℃环境条件下热分布云图。表 20-5 是各模块在 70 ℃下的热应力仿真结果。

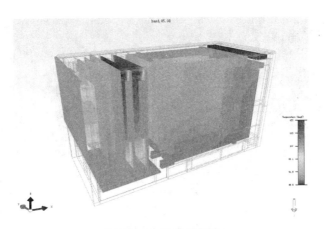

图 20 - 9 温度分布图

表 20 - 5 各模块的温度结果

模块	功耗(W)	温度(℃)			温升(℃)	
		最低	最高	板平均	*	* *
模块 1	10.2	89.5	92.8	91.3	21.3	5.1
模块 2	15.55	89.2	109.8	99.8	29.8	13.6
模块 3	3.03	87.2	97.4	92.1	22.1	5.9
模块 4	7.6	87.5	96.6	94.1	24.1	7.9
模块 5	2.6	87.6	94.4	91.4	21.4	5.2
模块 6	3.4	88.2	100.1	91.4	21.4	5.2

从热仿真分析结果中可以了解产品的主要发热区域和高温器件,并采取相应的改进措施:

a) PCB 基板温度分布和器件壳温情况有利于考察模块散热情况、优化设计布局,如通过模块温度的分布情况,可以发现热集中区域,说明该区域中的元器件所受到的温度应力影响可能远大于其他散热较好的区域,因此在设计中可考虑分散热集中区或不要把热敏感器件安装在该区域内,或者对特定的发热量较大的关键器件采取附加的散热手段等;

b) 器件的结温和过热应力,可以使设计人员直观地判断模块上元器件的状态,若存在结温过高(比如高于 125 ℃)或过热应力(热应力系数大于 1),则该器件可能在短时间内失效;

c) PCB 各层的温度分布,可以使设计人员对 PCB 板的传热状态有一个直观的了解,以便其判断 PCB 设计的好坏及可能的改进方向。

2)振动应力分析

针对产品的 FEA 模型开展振动应力分析,得到产品在振动应力下产品及各个模块的各阶频率、加速度及位移响应。图 20 - 10 所示为加速度响应云图。

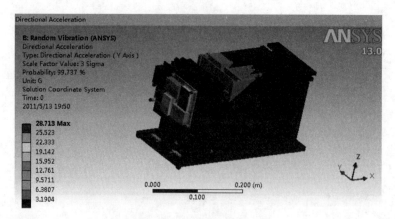

图 20 - 10　加速度响应云图

　　通过对该设备数字样机进行模态及随机振动仿真分析,如表 20 - 6 所示,发现模块 2 的加速度均方根值最大为 28.7 g,位移最大值为 0.228 43 mm,容易产生振动疲劳损伤。经分析发现,该模块尺寸相对较大,且有大质量的电源模块及器件,但支撑点较少,致使电路板的支撑刚度变小,从而导致该分机中尺寸较大的电路板的振动响应和曲率相对过大。设计师需在振动响应较大且有重要元器件的部位处增加固定支撑点或添加加强筋,以提高支撑刚度;或者增加阻尼材料,以降低响应幅值。

表 20 - 6　各模块的振动应力分析结果

响应	设备/模块	最大值	位置
加速度均方根值(g)	设备	28.713	电源板 DC2 上的 HSW28S70、ZWC - 68 - 1
	模块 3	3.790 3	板上端中央
	模块 4	3.567 3	板上端偏左
	模块 5	3.611 0	板上端偏左
	模块 1	1.265 8	板下端
	模块 2	28.713	电源模块 HSW28S70、ZWC - 68 - 1
	模块 6	3.868 9	板上部
位移均方根值(mm)	设备	0.096 664	高低压板上部
	模块 3	0.086 232	板左上角
	模块 4	0.086 825	板左上角
	模块 5	0.086 393	板左上角
	模块 1	0.001 310 2	板下端
	模块 2	0.228 43	电源模块 HSW28S70、ZWC - 68 - 1
	模块 6	0.096 664	板上部

20.3.4 故障预计分析

将综合试验剖面中各个温度和振动条件下得到的产品及各模块的热仿真和振动仿真分布云图输入至故障预计软件,利用故障预计模型开展故障预计仿真分析,模拟产品在综合试验剖面下进行 3 000 h 的工作,进行蒙特卡罗仿真得到该产品的故障信息矩阵,从而得出各个模块中故障发生模式、机理及时间。分析结果如下:上述 6 个模块只有模块 3 在预期寿命内发现故障器件,其潜在故障点位置如图 20-11 所示,模块 3 的故障预计信息矩阵见表 20-7。

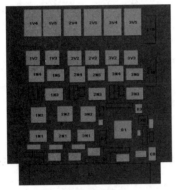
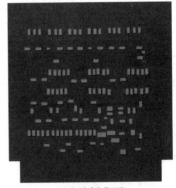

电路板正面 电路板背面

图 20-11 模块 3 的潜在故障点位置

表 20-7 模块 3 的主要故障信息矩阵

故障位置	故障模式	主要故障机理	预计故障时间均值(h)	预计故障时间最小值(h)	预计故障时间最大值(h)
D1	焊点开裂	热疲劳	1 165	656	2 228
D2	焊点开裂	热疲劳	1 184	633	2 408
N2	焊点开裂	振动疲劳	1 908	798	2 607

模块 3 的故障预计仿真进一步定量地反映了热仿真和振动仿真的薄弱点,D1、D2 器件最终会在一定的时间内由于热疲劳而发生焊点开裂,模块中的部分器件会由于振动疲劳而发生故障。

20.3.5 可靠性评估

通过单点故障分布拟合对故障信息矩阵中各故障机理的故障时间进行处理,得到各故障机理的故障分布,在此基础上利用多点故障分布融合算法,得出器件、模块、设备及系统的故障分布及可靠性水平,评估结果见表 20-8。

表 20‑8　可靠性仿真评估结果

模块/设备	分布类型	分布参数			平均首发故障时间（h）
		形状参数	尺度参数	位置参数	
模块 1	威布尔	2.072 4	19 919	15 111	34 950
模块 2	威布尔	2.154	19 903	5 140.6	34 139
模块 3	威布尔	2.227 2	605.8	593.31	1 129.9
模块 4	威布尔	2.120 1	19 200	16 379	35 756
模块 5	威布尔	2.459 6	19 691	14 376	33 198
模块 6	威布尔	2.162 3	20 802	17 765	36 809
产品	威布尔	2.304 5	535.63	573.24	1 036.4

20.3.6　可靠性仿真规范

20.3.6.1　产品信息的收集

电子设备功能以及组成等，电子设备综合试验剖面，试验环境应力包括：温度应力、振动应力等。

20.3.6.2　数字样机建模

可靠性仿真数字样机由 CAD 数字样机、CFD 数字样机及 FEA 数字样机组成。

1）CAD 数字样机

a）采用如 PRO‑E 进行 CAD 数字样机建模；

b）根据可靠性仿真要求对 CAD 数字样机建模；

c）输出文件为：＊.stp（或 ＊.prt）文件；

d）CAD 数字样机应当明确标注版本号并提供更新说明。

2）CFD 数字样机

a）采用如 FLUENT、FLOTHERM、ICEPAK 等进行 CFD 数字样机建模；

b）根据可靠性仿真要求对 CFD 数字样机建模；

c）输出文件为 ＊.pdml 文件或 ＊.dat；

d）CFD 数字样机应当明确标注版本号并提供更新说明。

3）FEA 数字样机

a）采用如 MSC.PATRAN 2008r1 或 ANSYS Mechanical 等进行 FEA 数字样机建模；

b）根据可靠性仿真要求对 FEA 数字样机建模；

c）输出文件为 ＊.bdf 或 ＊.db；

d）FEA 数字样机应当明确标注版本号并提供更新说明。

4）模型验证与修正

CFD 数字样机应根据样件的物理测试结果进行模型验证与修正，具体内容包括：

a）在常温条件下，对样件中的重点模块进行温度场测试，以确定模块高温区域及主要发

热器件;

b）在常温、极高温、极低温条件下,对样机进行点温度测试,测试点应包括:机箱、印制电路板、主要发热器件;

c）利用 CFD 数字样机模型对 a）和 b）测试过程进行仿真分析,并通过比较仿真与测试结果验证模型的准确性;

d）若 CFD 数字样机模型不准确,需根据 a）和 b）测试结果对机箱、印制电路板、电子元器件参数进行修正,使得相同条件下的仿真结果与测试结果最接近。

FEA 数字样机应根据样件的物理测试结果进行模型验证与修正,具体内容包括:

a）对样件中的重点模块进行自由模态测试,以确定模块振型及频率;

b）对样机进行频响测试,测试点应包括:机箱、样件中各种连接的前后点、印制电路板、重要器件,以获取样件中关键点的响应特性;

c）利用 FEA 数字样机模型对 a）和 b）测试过程进行仿真分析,并通过比较仿真与测试结果验证模型的准确性;

d）若 FEA 数字样机模型不准确,需根据 a）和 b）测试结果对机箱、连接、印制电路板、电子元器件参数进行修正,使得相同条件下的仿真结果与测试结果最接近。

20.3.6.3　应力分析

可靠性仿真试验应力分析主要包括:温度应力分析和振动应力分析。

1）温度应力分析

a）采用 FLUENT 或 FLOTHERM 或 ICEPAK 进行 CFD 数字样机的温度应力分析;

b）输入信息包括:CFD 数字样机、受试产品寿命周期使用方法、寿命周期热环境条件及温度控制条件;

c）采用计算流体力学数值分析方法对 CFD 数字样机进行热分析;

d）热交换方式包括:传导、对流和辐射;

e）分析工况为可靠性仿真试验综合剖面所列条件;

f）温度应力分析输出为指定条件下的受试产品内部温度分布情况和各模块温度结果。

2）振动应力分析

a）采用 MSC. NASTRAN 2008r1 或 ANSYS Mechanical 进行 FEA 数字样机的振动应力分析;

b）输入信息包括:FEA 数字样机、受试产品寿命周期使用方法、寿命周期振动环境条件及振动控制条件;

c）采用有限元分析方法对 FEA 数字样机进行模态分析、频率响应分析、随机响应分析;

d）进行模态分析时,模态提取的阶数应满足设计频率范围要求,应大于或等于 6 阶;

e）进行频率响应分析时,应通过调整频率步长、阻尼系数、计算分析方法来满足精度要求;

f）进行随机响应分析时,应对板级连接处的应力情况分析,然后进行应力曲线选取;

g）分析工况为可靠性仿真试验综合剖面所列条件;

h）振动应力分析输出为受试产品固有模态及指定条件下的受试产品内部随机振动响应

分布情况(包括均方根加速度值和均方根位移值)。

20.3.6.4 故障预计

1)采用有关故障预计软件进行故障预计;

2)输入信息包括:温度应力分析结果、振动应力分析结果、电路板详细设计参数和工艺参数、电子元器件详细设计参数和试验环境条件;

3)全面分析受试产品各种可能的故障机理,对特殊故障机理要确认预计软件中已集成了该机理的故障物理模型;

4)电路板和元器件装配参数的波动范围尽可能采用实测值;

5)对参数离散性的蒙特卡罗仿真抽样次数一般不低于1 000次;

6)故障预计输出为受试产品的故障信息矩阵和各故障机理的故障时间蒙特卡罗仿真值。

20.3.6.5 可靠性仿真评估

1)采用故障预计数据分析与可靠性仿真评估软件进行可靠性仿真评估;

2)输入信息包括:故障信息矩阵和各故障机理的故障时间蒙特卡罗仿真值;

3)可靠性仿真评估输出为受试产品的平均故障首发时间。

20.4 有限元分析

20.4.1 几何模型简化

把复杂的实际结构离散化为有限元分析的数学模型。通常在建模工作中遵循力学等效和质量等效原则,同时要兼顾计算精度、计算速度和经济性。有限元分析建模的一般准则如下:

1)构件的取舍不应改变传力路线;

2)网格的剖分适应应力梯度的变化,以保证数值解的收敛;

3)元素的选取能代表结构中相应部位的真实应力状态;

4)元素的连接应反映节点位移的真实(连续或不连续)情况;

5)元素的参数应保证刚度等效;

6)边界约束的处理符合结构真实支持状态;

7)质量的堆聚满足质量、质心、惯性矩及惯性积的等效要求;

8)当量阻尼计算符合能量等价要求;

9)载荷的简化不应跨越主要受力构件;

10)超单元的划分尽可能单级化并使剩余结构最小。

几类特殊结构形式的处理如下:

20.4.1.1 孔的处理

根据孔所在的区域有选择地对孔进行取消或保留处理。非关注部位的螺钉孔、铆钉孔、塞焊孔等一般可忽略。布线孔、工艺孔、减重孔、定位孔等根据孔径大小确定,如孔径与整体模型相比很小且在非关注区,可取消;反之则保留。

1）用于连接的螺栓孔

对于结构上的主要受力孔,采用如图 20 - 12 所示的处理方法,外圈直径稍大于垫片的外径。

2）特别关注的孔

当特别关注孔附近区域的仿真结果时,需局部细化网格或采用高次单元,如图 20 - 13 所示。

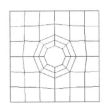

图 20 - 12　主要受力孔的处理方式

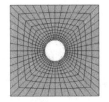

图 20 - 13　特别关注孔的网格划分

20.4.1.2　加强筋的处理

加强筋一般按以下原则处理:

1）关键区域的加强筋全部保留;

2）对非关注区域的较大尺寸加强筋,一般保留;尺寸较小的加强筋,可视情简化;

3）冲压件下陷结构保留原结构形式,不应简化为平直结构。可按如图 20 - 14 所示方法处理。

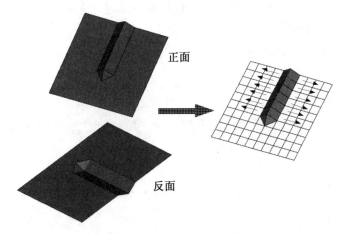

正面

反面

图 20 - 14　冲压件下陷结构的处理

20.4.1.3　圆角/倒角的处理

对于传力路径上的关键过渡圆角/倒角保留,其余位置的过渡外圆角/倒角一般可忽略。内圆角/倒角视情况保留。

20.4.1.4　凸台的处理

与模型主体相比厚度较低,面积较小且处于非关注区域的凸台,一般使其与周围的表面同高;其他按实际结构建模,特别关注处作细化处理。

20.4.1.5　质量元的处理

计算模型规模过大时,可对不宜忽略的质量结构通过集中质量元模拟简化。简化后的质量元与原质量结构具有相同的质量、重心和转动惯量,且对所关注的结构件仿真结果无影响或影响不大。

采用质量元建模时按以下原则:

1)质量结构的质量可以分割成小块,然后分布加载在其所在区域的节点上。

2)质量单元均匀分散或密集分布在结构刚度较大的地方。不在非主动点的其他节点上加载质量过大的质量点,以免导致与实际不符的大变形进而影响计算的稳定性。

3)加载质量元后模型的质量、重心和转动惯量要与实际结构相吻合。

20.4.2　建模规划

20.4.2.1　元素分组

为便于给模型赋各类属性、施加约束及边界条件等,按如下原则将模型元素设为不同的组:

1)同一零件设为一个组;

2)同一约束的施加对象(如节点、面等)设为一个组;

3)同一边界条件的施加对象(如节点、面等)设为一个组;

4)相同的连接或多点约束设为一个组;

5)为便于按属性选择特征,可将相同属性的特征设为一个组;

6)对需进行局部细化仿真部位的特征可设为一个组;

7)同一个组对应一个属性,属性相同的组可共用一个属性;材料相同的组可共用一个材料。

20.4.2.2　元素命名

各部件有限元模型命名尽量与几何模型一致。其中,最上一级模型文件名应确保和几何模型一致。

20.4.3　网格划分

20.4.3.1　单元类型选择

单元类型包含实体单元、板壳单元、梁单元、杆单元、刚性单元、弹簧阻尼单元等多种类型。不同类型的单元具有不同的自由度、单元属性、数学描述和积分方式,输出的变量也有差异。网格划分时根据零部件的物理特征和仿真要求选择相应类型的单元。

1)实体单元用来模拟部件中的块状材料,因实体单元可通过其任何一个表面与其他单元相连,所以能够用来模拟具有任何形状、承受任意载荷的结构。

2)壳单元用来模拟一个方向的尺寸(厚度)远小于其他方向并且沿厚度方向的应力可以忽略的结构。

结构典型尺寸包括：

a）支撑点之间的距离；

b）加强构件（或截面厚度尺寸有很大变化）之间的距离；

c）曲率半径；

d）所关注的最高阶振动模态的波长。

3）梁单元用来模拟某一个方向的尺寸（长度）远大于另外两个方向并且承受弯矩载荷的结构。

典型轴向尺寸如下：

a）支撑点之间的距离；

b）有很大变化横截面之间的距离；

c）所关注的最高阶振动模态的波长。

4）杆单元只能承受拉伸或者压缩载荷，不能承受弯矩，适合模拟铰接框架结构、近似模拟线缆和弹簧（例如，桁架），还可用来模拟其他单元里的加强构件。

5）刚性体通常用于模拟非常坚硬的部件和变形部件之间的约束。

6）如果变形体之间的局部特性不重要，可以简化为弹簧阻尼单元。

20.4.3.2 单元形状选择

单元形状综合考虑计算精度、计算规模等因素。一般选用原则如下：

1）体单元优先选择六面体单元或相应的等参元；面单元优先选择四边形单元或相应等参单元。

2）对于形状不规则的区域，无法使用六面体单元或四边形单元时，可以使用少量的四面体单元和三角形单元，注意尽量使四面体单元和三角形单元远离关注的区域。

3）一般仿真建模时优先选用一阶单元，应力计算中对局部精度有特殊要求可使用二阶单元。

20.4.3.3 基本分网要求

1）实体单元一般不少于3排。

2）壳单元一般抽取薄壁件中面上划分网格，且网格一般不少于2排。

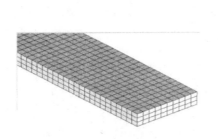

图 20-15 实体单元示例

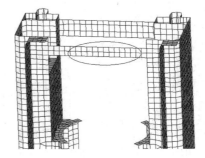

图 20-16 壳单元示例

3）焊接边、面、体处需划分2排以上单元，可采用焊接元对焊接区域进行网格划分。

4）根据结构形状和受力状况，合理设置网格密度。在梯度变化较大的部位（如应力集中区),为很好地反映局部响应的变化特点,采用较密的网格;对于一般区域,为减少计算时间,采用较稀疏的网格。

5)对于静态分析,由于位移计算对网格数量不敏感,如果只计算结构的位移分布,网格可以疏一些;如需求解应力分布状态,需增加网格的数量。

6)对于动态分析,由于被激发的振型对网格规模比较敏感,使用的网格数量应能够充分反映出这些振型。如果只需计算少数低阶振型,网格相对可以少一些;如果需计算高阶振型,应增加网格的数量。

20.4.3.4 不同单元类型的连接处理

不同类型单元的连接方式处理见表 20-9,具体示例如图 20-17、图 20-18 和图 20-19 所示。

表 20-9 不同类型单元之间的连接

	壳单元与体单元	壳单元与梁单元	梁单元与体单元
连接方式	① 软件自带连接方式。NASTRAN 采用 RBE2、RSCCON[图 20-17(a)],ANSYS 采用 MPC184; ② 体单元外加一层薄壳[图 20-17(b)]; ③ 一排壳单元深入体单元内部[图 20-17(c)]	① 节点自由度相同单元可以共节点; ② 刚性单元 RBE2(图 20-18)。	① 先在体单元边上建立梁单元,然后再与梁单元以共节点形式连接[图 20-19(a)]; ② 以刚性单元连接。如 NASTRAN 采用 RBE2[图 20-19(b)]。

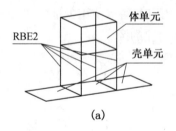
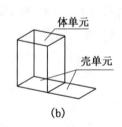
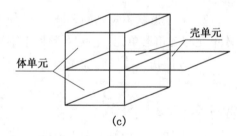

(a)   (b)   (c)

图 20-17 体单元与壳单元的连接

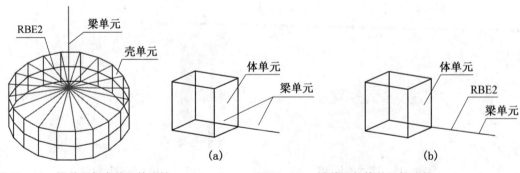

图 20-18 梁单元与壳单元的连接   图 20-19 梁单元与体单元的连接

20.4.3.5　网格质量

网格的质量指标主要有雅可比(Jacobian)、狭长比(Aspect ratio)、翘曲度(Warpage)、偏斜度(Skew)、内角(Angle)等。在单元质量检查中可参照表20-10,其中各项不满足标准的单元数量≤5%。

表20-10　单元的质量指标

	四边形单元	三角形单元	六面体单元	楔形单元	四面体单元
雅可比(Jacobian)	>0.7	—	>0.7	>0.7	—
翘曲度(Warpage)	<5°	—	<5°	<5°	—
狭长比(Aspect ratio)	<5.0	<5.0	<5.0	<5.0	<5.0
内角(Angle)	45°~135°	20°~120°	45°~135°	20°~120°	20°~120°
偏斜度(Skew)	<60.0°	<60.0°	<60.0°	<60.0°	<60.0°

20.4.3.6　模型检查

模型完成后重点检查清单见表20-11。

表20-11　模型检查清单

序号	检查项目		具体内容	合格判据
1	规范性	命名	组件、零部件与文件命名	按规范要求,包括模型和零部件的命名
		编号	component、材料、属性、载荷、工况	按规范要求,component、材料、属性、载荷、工况等
2	网格质量		自由边、重复单元、雅可比(Jacobian)、外观比(Aspect ratio)、翘曲度(Warpage)、偏斜度(Skew)、内角(Angle)	无重复单元、单排单元。焊接边有两排以上单元。按照质量检查文件,建议不合格比例不超过5%
3	连接关系		螺栓连接、焊接、不同类型单元之间的连接等	连接关系正确,重要区域的连接无遗漏,无自由单元、重复单元。不同单元间连接节点自由度应匹配
4	边界条件	载荷	作用点、大小、方向、载荷曲线	作用点、大小、方向、载荷曲线正确
		约束条件	约束区域、自由度个数	约束条件正确、约束自由度合理、约束区域大小合理、无冲突
5	其他	质量元	位置、质量、质心、转动惯量等	质量元连接在刚度较大的部件上、质量、质心、转动惯量等与实体模型匹配
		模型规模	单元数量、节点数量及各类约束数量	根据仿真使用的计算机的配置,合理规划,使仿真过程能够在可接受的时间内顺利进行
		用于交换文件	约束、载荷、单元属性等	用于不同仿真软件间的交换文件要求包含约束、载荷、单元属性等信息

20.4.4 装配处理

20.4.4.1 典型结构连接方式

典型结构连接方式见表20-12。

表 20-12 典型结构连接方式

序号	类型		模拟方式
1	螺栓连接		① 刚体单元连接;② 实体单元模拟连接板和螺栓,接触面间定义接触;③ MPC 多点约束。
2	焊接	焊缝	① 软件中的焊接单元;② 节点重合;③ 用 Shell 单元连接;④ 刚性单元连接。
		点焊	① 用梁单元模拟;② 用刚性单元模拟。
3	铆接		① 用一个实体单元模拟铆钉;②多点约束连接。
4	销接		① 弹簧单元模拟;② 定义接触模拟;③ 多点约束连接。
5	转动连接		转动铰链模拟。
6	滑动连接		① 用滑动铰链模拟;② 定义接触模拟。
7	固支		约束两个平移自由度和一个转动自由度。
8	简支		一端约束两个平移自由度,另一端约束一个梁竖直方向的平移自由度。
9	黏接		① 弹簧单元模拟;② 用 Solid 单元模拟。
10	齿轮连接		① 静态分析中齿轮连接可参照黏结结构的处理方式;② 模态分析中处理为弹簧-阻尼单元;③ 动力学分析中处理为接触。
11	轴承连接		① 在静态分析中,轴承内外圈之间采用实体单元连接,模拟滚珠的作用;② 模态和动态分析中采用连接单元(转动铰)模拟轴承内外圈之间的关系。
12	柔体与刚体的连接		① 节点重合;② 多点约束;③ 弹簧单元。

20.4.4.2 典型连接处理方法

1) 螺栓连接

螺栓采用刚体单元连接,主动点位于孔的中央,将螺母面积内被连接件上的所有节点作为从动点,约束全部6个自由度,如图20-20和图20-21所示。

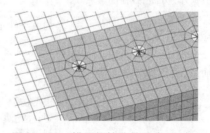

图 20-20 模拟螺栓连接示意(局部)

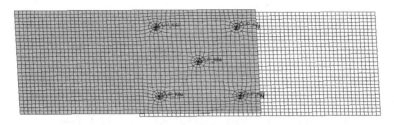

图 20－21　模拟螺栓连接示意(示例)

2）焊接

常用的焊接方式有缝焊(电弧焊、CO_2 保护焊、钎焊、激光焊)和点焊(压力焊)。缝焊处理时的注意事项：

a）要求网格匹配；

b）对于激光焊，连接单元必须保证与平面垂直，如图 20－22 所示；

c）Shell 单元与 Solid 单元须有重叠部分。

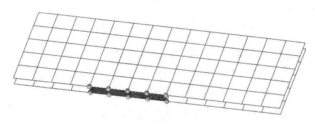

图 20－22　焊接单元模拟示例

焊缝的模拟方式：

两板面间的距离，采用刚性单元分别连接两板相对的节点，如图 20－23 所示。

图 20－23　刚性单元模拟缝焊

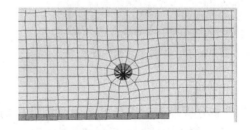

图 20－24　多点约束模拟铆接

3）铆接

铆接件采用如下连接方式建模：多点约束连接，如图 20－24所示。

4）转动连接

用转动铰链模拟，通过建立局部坐标系控制转动的方向，如图 20－25 所示。

图 20－25　转动铰链连接的处理方式

5）滑动连接

滑动连接主要有两种建模方式：

a）滑动铰链模拟；

b）定义接触模拟。

6）黏接

黏接的主要目的是连接和隔振。黏接常用的模拟方法有以下两种。

a）弹簧单元模拟

黏合剂按以下步骤建模：在黏合剂相同的位置创建两个新的节点；分别将这两个节点用刚性单元与黏合处的两块板相连；在这两个新建点之间建立三个长度为零的弹簧单元，一个在拉伸或压缩方向，另两个在剪切方向，零长度是为了避免在分析中产生额外的力矩；计算弹簧刚度，用以下公式计算：

$$K_{tc} = (EA)/H \qquad\qquad (20-41)$$

$$K_s = (GA)/H \qquad\qquad (20-42)$$

式中：K_{tc}—径向弹簧刚度；K_s—切向弹簧刚度；A—各弹簧从属面积；H—黏合剂厚度；E—黏合剂弹性系数；G—黏合剂剪切系数。

b）用 Solid 单元模拟

即在被连接的 2 个构件间建一层 Solid 单元并赋予黏合剂的材料参数。这种方法建模较简单，如图 20-27 所示，因此在仿真过程中可采用此方法。

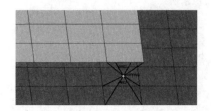

图 20-26　弹簧单元模拟黏合剂

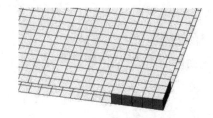

图 20-27　采用实体单元模拟黏结层

7）齿轮连接

在静态分析中齿轮连接可参照黏结结构的处理方式，在模态分析中处理为弹簧-阻尼单元，在动力学分析中处理为接触，齿轮要进行精细建模，不需对所有的齿建模，只需对啮合的齿进行建模，如图 20-28 所示。齿轮啮合弹簧-阻尼单元的刚度和阻尼计算方法可参见有关资料。

8）轴承连接

采用 cbush 建立轴承单元，并在轴向旋转自由度上附属较小量级的旋转刚度（如比径向小 10^3 量级）。具体建模如下：

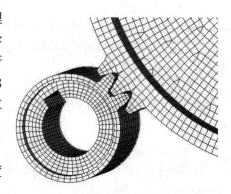

图 20-28　齿轮啮合有限元模型

a）在中心位置分别建立两个节点,两节点坐标位置仅在轴向略微偏移;

b）将轴承外表面节点和内表面节点分别用 rbe2 多点约束到两个节点上;

c）在两节点间建立局部坐标系,并连接两节点建立 cbush 单元,单元属性的设置参考图 20－29。

图 20－29　轴承单元示图

对向心球或角接触轴承,已知径向负荷 F_{rn} 时,轴承的径向刚度计算公式为:

$$\hat{k}_n = 0.005\ 7 \times 10^6 \sqrt{D_w \cdot F_{rn} \cdot Z^2 \cos^5 \alpha_n} \qquad (20-43)$$

式中:D_w—轴承滚动体的直径(mm);Z—滚动体数目;α_n—轴承的压力角。刚度计算单位为 N/mm。

20.4.5　系统有限元模型装配

系统对各分系统的有限元模型进行装配,形成系统的有限元模型。如果分系统模型是在不同坐标系中进行建模,则导入时将出现网格模型错位的情况,可通过网格的平移、旋转等操作将模型复位。

不同分系统模型之间一般采用螺钉连接,或螺钉＋销钉组合的连接方式。

对于螺钉连接,采用多点约束(rbe2 单元)的方法对两个单元的固定区域节点进行绑定。为了防止螺钉孔附近出现应力集中现象,选择约束节点时,把螺钉孔直径 1.5 倍范围内(稍大于弹垫直径)的所有节点选上;而对于销钉约束,对销钉外表面及销孔内表面进行多点约束,并释放掉轴向和轴向旋转两个自由度(在 ANSYS 中可采用 MPC184 实现)。

20.4.6　边界条件与载荷施加

20.4.6.1　边界条件施加

边界约束施加的基本原则:

1）约束的施加尽量模拟实际情况;

2）施加边界条件时约束区域应与实际约束面积相当,不能只加在单个节点上,以防应力集中过大;若实际约束面积小于一个单元,一般至少约束 4 个节点。

20.4.6.2　载荷施加

常用载荷类型见表 20－13。

表 20－13　常用的载荷类型

载荷类型	说明	实例
集中载荷	作用在模型的一个点上的载荷	力、力矩
分布载荷	作用在单元表面、线上的分布载荷；包括线载荷、面载荷等	压力、风载荷等
惯性载荷	由于惯性产生的载荷	加速度、重力加速度、角加速度等
热载荷	由温度差引起的，分布于整个体内或场内的载荷	温度载荷
随机振动载荷	随时间无规律变化的振动载荷	加速度随机振动载荷、功率谱密度随机振动载荷等
冲击载荷	作用时间短，且随时间变化的力、加速度等载荷	半正弦冲击等

20.4.7　求解分析

20.4.7.1　静力学分析

计算时多采用默认求解设置。

在满足收敛性、计算精度和计算机资源的条件下，设置合理的计算时间步长。

20.4.7.2　模态分析

计算方法选择符合以下要求：

1）计算时通常采用分块 Lanczos 法；

2）计算精度要求高且无法选择主自由度时，宜采用子空间法求解。

计算控制参数设置符合以下要求：

1）根据分析关注的模态个数及模态计算方法合理设置模态阶数和模态上限；

2）包含细长梁或薄壳的结构，宜采用集中质量矩阵计算，其他情况可采用一致质量矩阵计算。

20.4.7.3　冲击分析

计算控制参数设置符合以下要求：

1）计算时通常采用直接积分法，当计算效率低时，可采用模态叠加法；

2）施加非零位移时不应采用模态叠加法。

采用模态叠加法应采用恒定时间步长。

20.4.7.4　频响分析

计算方法选择符合以下要求：

1）计算时通常采用直接积分法，当计算效率低时，可采用模态叠加法；

2）施加非零位移时不应采用模态叠加法。

计算控制参数设置符合以下要求：

1）采用模态叠加法提取模态时应提取对振动响应有贡献的所有模态；

2）包含细长梁或薄壳的结构,宜采用集中质量矩阵计算,其他情况可采用一致质量矩阵计算。

20.4.7.5　随机振动分析

计算时通常先提取模态,宜采用分块 Lanczos 法。

计算控制参数设置符合以下要求:

1）提取模态时应提取对振动响应有贡献的所有模态;

2）应定义激励谱与激励方向。

20.4.7.6　疲劳寿命分析

高周疲劳区采用名义应力法(S-N),低周疲劳区采用名义应变法(ε-N)。

选择需要关注的区域和零部件进行分析,减少计算量。

20.4.8　有限元分析评估

20.4.8.1　评估方法选择

采用表象和数值两种评估方法对分析结果进行评价,必要时,采用物理样机法进行评估。评估后,如分析结果与结构实际状态存在偏差,根据实际情况,对有限元模型的单元类型、阶次、网格尺寸、材料属性及边界条件进行修正,并重新计算和评估,直到结果满足评估要求。

20.4.8.2　评估方法分类

1）表象评估法

通过结果表象进行定性评估,具体原则如下:

a）检查模型的收敛性;

b）分析应力集中位置的合理性;

c）根据结构振动响应曲线和模态计算结果,分析波峰、波谷出现原因。

2）数值评估法

多次试算调整有限元模型的位移边界和模型参数,数值评估分析结果的可靠性。

3）物理样机评估法

进行物理样机试验,对比有限元分析结果和试验结果,如偏差较大,以试验结果为依据修正有限元分析模型重新计算后评估。

20.4.9　有限元仿真分析输出

20.4.9.1　静力分析结果输出

静力分析结果的提取和输出符合以下要求:

1）显示或输出结果前应读入关注部位的结果数据;

2）输出结果应包含关注部位的应力、应变和变形等值线的全部或部分内容。

20.4.9.2　模态分析结果输出

模态分析结果的提取和输出符合以下要求:

1）显示或输出结果前应读入关注的所有模态阶数的结果数据；

2）输出结果应包含关注频段内的固有频率、模态振型的全部或部分内容。

20.4.9.3　频响分析结果输出

频响分析结果的提取和输出符合以下要求：

1）显示或输出结果前应先读取关注频率点的计算结果；

2）根据结构关注区域典型位置节点的振动响应（位移、应力、应变、力等）频谱曲线的极值，确定需要重点关注的振动响应分布的频率值；

3）正弦振动分析输出的结果应包含结构在关注频段内关注测点的振动位移、速度、加速度、应力等变量的幅值、相位、实部或虚部与频率关系曲线，典型频率激励下的结构变形、应力、应变等值线、矢量图或列表，关注频段内关注测点的放大系数与频率关系曲线的全部或部分内容。

20.4.9.4　随机振动结果输出

随机振动分析结果的提取和输出符合以下要求：

1）显示或输出结果前应先读取关注频率点的计算结果；

2）随机振动分析结果的输出应包含结构 1σ 位移、速度、加速度、应力、应变、力的等值线图和关注点的 PSD 曲线。

20.4.9.5　冲击分析结果输出

冲击分析结果的提取和输出符合以下要求：

1）显示或输出结果前应先读取关注时间点的计算结果；

2）根据结构关注区域典型位置节点的冲击响应（位移、应力、应变、力等）时间历程曲线的极值确定应重点关注的冲击响应的时间点；

3）冲击分析输出的结果应包含结构关注测点的位移、速度、加速度、应力等变量的时间历程曲线，典型时间点的结构变形、应力、应变等值线图、矢量图或列表。

20.4.9.6　疲劳分析结果输出

疲劳分析输出的结果包含结构关注区域的寿命结果云图，据此可判断结构的危险区域及相应的疲劳寿命情况。

第二十一章　环境应力筛选

环境应力筛选(ESS)的主要目的是剔除制造过程使用的不良元器件和引入的工艺缺陷,以便提高产品的使用可靠性,ESS应尽量在每一组装层次上都进行,例如电子产品,应在元器件、组件和设备等各组装层次上进行,以剔除低层次产品组装成高层次产品过程中引入的缺陷和接口方面的缺陷。

ESS所使用的环境条件和应力施加程序应着重于能发现引起早期故障的缺陷,而不需对寿命剖面进行准确模拟。环境应力一般是依次施加,并且环境应力的种类和量值在不同装配层次上可以调整,应以最佳费用效益加以剪裁。

ESS可用于产品的研制和生产阶段及大修过程。在研制阶段,ESS可作为可靠性增长试验和可靠性鉴定试验的预处理手段,用以剔除产品的早期故障以提高这些试验的效率和结果的准确性,生产阶段和大修过程可作为出厂前的常规检验手段,用以剔除产品的早期故障。

承制方应制定ESS方案并应得到订购方的认可,方案中应确定每个产品的最短ESS时间、无故障工作时间,以及每个产品的最长ESS时间。

由于产品从研制阶段转向批生产阶段的过程中,制造工艺、组装技术和操作熟练程度在不断地改进和完善,制造过程引入的缺陷会随这种变化而改变,这种改变包括引入缺陷类型和缺陷数量的变化。因此,承制方应根据这些变化对ESS方法(包括应力的类型、水平及施加的顺序等)作出改变。研制阶段制定的ESS方案可能由于对产品结构和应力响应特性了解不充分,以及掌握的元器件和制造工艺方面有关信息不确切,致使最初设计的ESS方案不理想。因此承制方应根据筛选效果对ESS方法不断调整。对研制阶段的ESS结果应进一步深入分析,作为制定生产中用的ESS方案的基础。对生产阶段ESS的结果及试验室试验和使用信息也应定期进行对比分析,以及时调整ESS方案,始终保持进行最有效的筛选。

根据产品的特点和积累的试验和使用过程的故障信息,探索有效的环境应力筛选方法,例如高加速应力筛选(HASS)。

环境应力筛选工作要点如下:

1) 环境应力筛选试验主要适用于电子产品,是一种非破坏性试验,不影响整批产品的失效机理、失效模式和正常工作。因此,承制方应当对电子产品的电路板、组件和设备层级尽可能100%地进行环境应力筛选,并按照规定对入厂元器件进行二次筛选。

2) 不能简单地以筛选淘汰率的高低来评价筛选效果。淘汰率高,有可能是产品本身的设计、元器件、工艺等方面存在严重缺陷,但也有可能是筛选应力强度太高;淘汰率低,有可能产品缺陷少,但也可能是筛选应力的强度和试验时间不足造成的。通常以筛选淘汰率和筛选效果来综合评价筛选方法的优劣。

环境应力筛选工作的目的、要点及注意事项见表21-1。

表 21 - 1　环境应力筛选

	工作项目说明
目的	为研制和生产的产品建立并实施环境应力筛选(ESS)程序,以便发现和排除不良元器件、制造工艺和其他原因引入的缺陷造成的早期故障。
要点	a) ESS 主要适用于电子产品,也适用于电气、机电、光电和电化学产品。 b) 承制方应对电子产品的电路板、组件和设备层次尽可能 100% 地进行 ESS。对备件也应实施相应层次的 ESS。承制方一般还按规定和有关要求对进厂的元器件进行二次筛选。 c) 对设备可按订购方认可的方法(如高加速应力筛选 HASS)进行 ESS,有条件时,也可进行定量 ESS;对电路板和组件应按有关标准规范或者订购方认可的方法进行 ESS;除纯机械产品以外的非电产品可参考相关标准规范进行 ESS。 d) 承制方应在产品出厂前对其进行 ESS。 e) 在研制和生产过程中,承制方应制定并实施 ESS 方案,方案中应包括实施筛选的产品层次及各层次的产品清单、筛选方法、筛选应力类型和水平、筛选过程中监测的性能参数、产品合格判据、实施和监督部门及其职责等。生产阶段的 ESS 方案应经订购方认可。
注意事项	在合同工作说明中应明确: a) 对 ESS 方案程序的要求; b) ESS 应遵循的标准; c) 需提交的资料项目。 其中"b)"是必须确定的项目。

术语如下:

a) 环境应力筛选(ESS):在电子产品上施加随机振动及温度循环应力,以鉴别和剔除产品工艺和元件引起的早期故障的一种工序或方法。它是一种工程试验。

b) 高加速应力筛选(HASS):通过人为施加超过实际使用环境的激发应力,快速暴露产品潜在缺陷。

c) 可靠性强化试验(RET):指在产品研制阶段,采用比技术规范极限更加严酷的试验应力,加速激发产品的潜在缺陷,并进行不断地改进和验证,提高产品的固有可靠性。

21.1　常规环境应力筛选

1) 环境应力筛选(ESS)目的

环境应力筛选是指为鉴定和剔除有缺陷的、异常的或临界的元件和工艺、设计缺陷,使产品受到自然气候或机械应力、电应力(或它们的综合)的作用过程和方法。

环境应力筛选是通过向电子产品施加合理的环境应力和电应力将其内部的潜在缺陷加速变成故障,并发现和排除的过程,是一个工艺手段。环境应力筛选的最终目的就是激励缺陷并加以排除。

2) 环境应力筛选意义

电子设备制造过程中,由于经历大量的复杂操作工艺和使用大量元器件,易引入各种明显缺陷和潜在缺陷,明显缺陷通过常规的检验如目检、常温下的性能测试等质量控制手段即可发现和排除,潜在缺陷用常规检验手段一般无法检查出来,这些潜在缺陷如果在工厂生产过程中不剔除,最终将在使用期间的应力作用下以早期故障的形式暴露,影响产品的完好性。因此,采用环境应力筛选剔除潜在缺陷,使得电子设备加速由"浴盆曲线"(电子产品故障率函数曲线)的早期失效进入偶然失效期,尽可能将早期故障暴露在工厂加以排除,而不是带入外场使用期。因此,环境应力筛选是质量控制检测过程的延伸,是针对电子设备的质量可靠性保证手段。

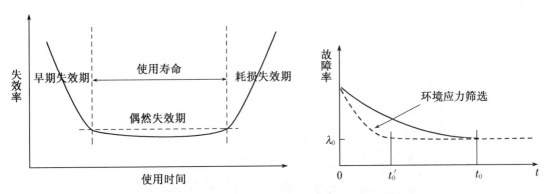

图 21-1 环境应力筛选使电子设备加速进入偶然失效期

3) 环境应力筛选与其他试验的区别

表 21-2 环境应力筛选与其他试验的区别

		环境应力筛选	环境鉴定试验	可靠性统计试验
应用目的		将产品中的潜在缺陷加速发展成故障并加以排除	验证产品环境适应性	验证产品可靠性
使用的应力	典型应力类型	随机振动 温度循环 电应力	温度、湿度、高度、盐雾、淋雨、霉菌、振动、冲击、加速度等	温度、振动、电应力、湿度
	应力量值	加速应力环境,以能析出故障不损坏好产品为原则	极端环境	动态模拟真实使用环境
	应力施加次序	根据筛选效果组合,一般为振动-温度-振动,同时施加电应力	根据使用中遇到的次序或按能最大反应环境影响的次序	模拟使用中的次序
样本		100%	抽样	抽样
故障		希望揭示故障,可修复	最后无故障通过	允许出的故障次数受限制
接收/拒收原则		无 出故障剔除后不影响产品接收/验收	有	有

4) 环境应力筛选实施要求

环境应力筛选实施要求如下:

a) ESS 主要适用于电子产品,也适用于电气、机电、光电和电化学产品;

b) 对电子产品的电路板、组件和设备层级尽可能 100% 地进行 ESS,

c) 对备件、返修件也应实施相应层次的 ESS;

d) 承制方一般还按照规定和有关要求对进厂的元器件进行二次筛选;

e）对大型电子产品优先考虑在较低装配级别如印制电路板组装件、单元上进行筛选。

5）环境应力筛选效率

电子产品的主要敏感环境应力包括温度、振动、湿度及其综合作用,其中,温度造成的失效所占比例为36%,振动造成的失效所占比例为31%,说明目前环境应力筛选试验中应力选取的合理性。

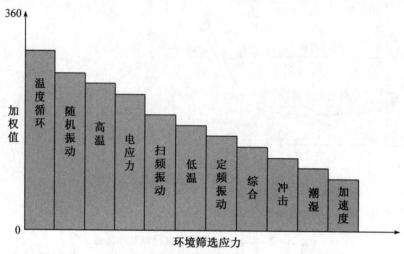

(a) 各种环境应力筛选效果对比

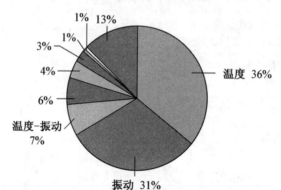

(b) 电子产品的主要敏感环境应力

图 21-2　电子产品筛选敏感环境应力

表 21-3　各种筛选能发现的典型缺陷

温度循环	振动	温度和振动
元器件参数飘移 电路板开路、短路 元器件安装不当 错用元器件 密封失效 化学污染 导线束端头缺陷 夹接不当	粒子污染 压紧导线磨损 晶体缺陷 混装 临近板摩擦 两个元器件短路 导线松脱 元器件黏接不良 大质量元器件紧固不当 机械性缺陷	焊接缺陷 硬件松脱 元器件缺陷 紧固件问题 元器件破损 电路板蚀刻缺陷

根据统计,电子产品温度和振动筛选出缺陷的平均比例,温度占79%,振动21%。

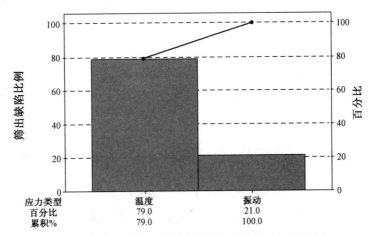

图21－3　电子产品温度和振动筛选出缺陷比例

产品批生产阶段:设计缺陷≤5%;工艺缺陷≤30%;元器件缺陷≥60%。

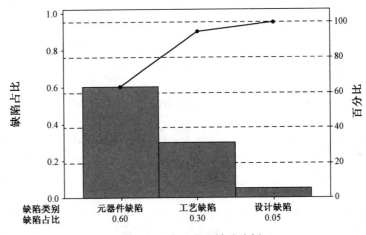

图21－4　电子产品缺陷比例

6）环境应力筛选层级

组件级(SRU)筛选优点:

a）每检出一个缺陷的成本低(不通电筛选);

b）尺寸小、不通电可成批筛选,效率较高;

c）组件热惯性低,可更大温变率的筛选,筛选效率提高。

组件级筛选缺点:

a）不通电难以检测其性能,筛选寻找故障效率低;

b）如通电检测,需专用测试系统,成本高;

c）不能筛选出该组装级别以上组装中引入的缺陷。

单元(LRU)及以上筛选优点:

a）筛选过程中易进行通电监测;

b）检测效率高；

c）一般不需设计建立专用测试系统，单元及以上级可形成系统；

d）单元中各组件的接口也得到筛选；

e）能筛选各组件级引入的潜在缺陷。

单元（LRU）及以上筛选缺点：

a）单元（LRU）及以上级热惯性大，温循时间加大；

b）不能成批筛选，筛选成本较高。

环境应力筛选可以分为常规筛选、定量筛选。其中常规筛选是指不要求筛选结果与产品可靠性目标、成本阈值建立定量关系的筛选，仅以能筛选出早期故障为目标。定量筛选是指要求筛选结果与成本、产品的可靠性目标以及现场的故障修理费用之间建立定量关系的筛选，其应用需要元器件和工艺的缺陷率数据正确，而且计算和调节过程繁杂。目前国内外环境应力筛选标准见表 21－4。

表 21－4 国内外环境应力筛选标准

序号	类型	国内标准	国外标准
1	常规筛选	GJB 1032A—2020 电子产品环境应力筛选方法 HB 6206—1989 机载电子设备环境应力筛选方法	MIL－STD－2164(1985) 电子设备环境应力筛选方法
2		QJ 3138—2001 航天产品环境应力筛选指南	主要参考 MIL－STD－2164
3		HB/Z 213—1992 机载电子设备环境应力筛选指南	IES(1990)组件环境应力筛选指南
4		—	MIL－HDBK－2164A(1996)电子产品环境应力筛选方法
5	定量筛选	GJB/Z 34—1993 电子产品定量环境应力筛选指南	DOD－HDBK－344(1986)电子设备环境应力筛选
6		—	DOD－HDBK－344A(1993) 电子设备环境应力筛选

环境应力筛选具有如下特点：

a）环境应力筛选是一种工序

环境应力筛选通过施加一种或几种规定的应力，将制造过程中引入产品的各种潜在缺陷在出厂前以硬件故障的形式暴露出来并加以剔除，以防止其交付后在使用环境中变成故障，降低产品的使用可靠性。实际上是制造过程中使用的一种剔除制造缺陷的手段，是制造过程检验工作的延伸，是一种制造工序。

b）尽可能在各组装层级开展

制造、装配过程各个环节都有可能引入潜在缺陷，低组装等级筛选不能剔除装配成高组装等级的过程中引入接口方面的缺陷，而高组装等级筛选由于使用的应力降低也不能有效剔除低组装等级制造过程引入的潜在缺陷，因此原则上环境应力筛选应在制造过程的各个组装等级上进行,才能完全剔除各种潜在缺陷。在效费比和时间允许的条件下,应当在各组装等级均安排筛选;筛选剔除的潜在缺陷越多,表明其越有效。

c) 应力不模拟使用环境

环境应力筛选是通过施加加速环境应力,在最短的时间内析出最多的可筛选缺陷,加速作用是通过施加高于正常使用和执行任务时遇到的环境应力来实现的,但常规筛选和定量筛选用的应力不能超出设计要求,而高加速应力筛选应力一般会超过产品的设计要求。不能施加正常环境应力的原因是,使用环境会使一些缺陷以故障形式析出,但往往要在相当长的寿命期内慢慢析出,环境应力筛选选择的环境和应力量值应能加速地把缺陷激发成可检测到的故障,但又不会使产品受到过应力。这些应力只是用于激发产品潜在缺陷成为故障而不是对产品的可靠性进行评价,因此不模拟其寿命期遇到的实际环境和安装状态。

d) 不能提高产品的固有可靠性

环境应力筛选一般只用于暴露并排除早期故障,使产品的可靠性接近设计的固有可靠性水平。它与可靠性强化试验、可靠性增长试验等不同,环境应力筛选剔除的是工艺和器件缺陷,并非设计造成的故障,不能消除和降低产品的固有故障率,因此无法提高产品的固有可靠性。在批产阶段的环境应力筛选中,对于未通过筛选的产品做废品或整改处理。

组件环境应力筛选试验如图 21 - 5 所示。

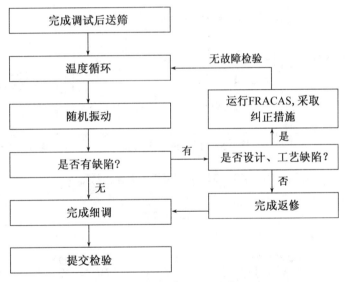

图 21 - 5 组件环境应力筛选试验

电子产品的使用环境主要是温度和振动应力同时施加的综合应力环境,有些故障模式在单一环境应力条件下难以激发,因此设备以上级别的环境应力筛选在 GJB 1032A 的基础上采用温度加振动的综合环境应力条件实施。温度循环依照 GJB 1032A 给出的温度剖面实施,振动筛选分为两级,在 80 h 温度循环过程中参照 GJB 1032A 附录 C 中的等效计算公式施加综合环境应力。综合环境应力筛选结束后,进行振动筛选,其振动量级一般按照产品规定的功能振动量级。

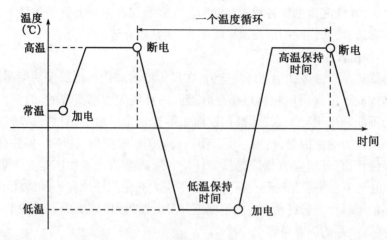

a) 温度循环剖面

初始性能检测	环境应力筛选		最后性能检测
	缺陷剔除	无故障检验	
	随机振动 温度循环	温度循环 随机振动	
随机振动5 min	在 80h 中应有 40h 无故障 <-- 40 h --><-- 40~80 h --> 温度循环　　温度循环		随机振动5~15 min
	最大限度地监测功能		在 15min 内应有 5min 无故障

b) GJB 1032A 规定环境应力筛选剖面

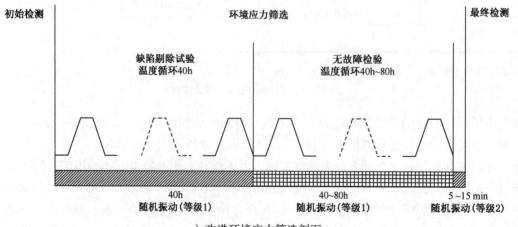

c) 改进环境应力筛选剖面

图 21-6　设备以上级环境应力筛选

21.2 筛选强度计算

21.2.1 恒定高温筛选强度

恒定高温也叫高温老练、高温老化,是使产品在规定高温下连续不断地工作,以迫使其早期故障出现。恒定高温筛选是析出电子元器件缺陷的有效方法,广泛用于元器件的筛选,但不推荐用于组件级或其以上级别的筛选。恒定低温筛选较少使用。

恒定高温激发的主要缺陷如下:

a) 使未加防护的金属表面氧化,导致接触不良或机械卡滞;

b) 加速两种材料之间的扩散;

c) 使液体干涸;

d) 使塑料软化,如果这些塑料零部件处于太高的机械张力下,则产生蠕变;

e) 提高化学反应速率,加速与内部污染粒子的反应过程;

f) 使部分绝缘、损坏处绝缘击穿。

恒定高温筛选强度计算公式为:

$$S_s = 1 - \exp\{-0.0017(R+0.6)^{0.6}t\} \tag{21-1}$$

式中:S_s—筛选强度;R—温度变化范围,是上限温度 T_U 与室内环境温度 T_e 之差(℃)(室温一般取 25 ℃);t—恒定高温持续时间(h)。

21.2.2 温度循环筛选强度

温度循环激发的主要缺陷如下:

a) 玻璃容器和光学仪器破碎;

b) 运动部件卡紧或松弛;

c) 不同材料的收缩或膨胀率、诱发应变速率不同;

d) 零部件变形或破裂;

e) 表面涂层开裂;

f) 密封舱泄露;

g) 绝缘保护失效。

GJB/Z 34 规定的温度循环筛选强度计算公式为:

$$S_s = 1 - \exp\{-0.0017(R+0.6)^{0.6}[\ln(e+v)]^3 N\} \tag{21-2}$$

式中:S_s—筛选强度;R—温度变化范围,是上限温度 T_U 与下限温度 T_L 之差(℃);v—温度变化速率(℃/min);N—循环数。

从式(21-2)中可以看出,在温度循环各参数中,对筛选效果最有影响的是温度变化范围、温度变化速率和循环数。增加这 3 个参数中任一参数的量值均有利于提高温度循环筛选效果。

21.2.3　随机振动筛选强度

随机振动激发的主要缺陷如下：

a) 结构部件、引线或元器件接头产生疲劳；

b) 电缆磨损、引线脱开、密封破坏及虚焊点脱开；

c) 螺钉松弛；

d) 安装不当的元器件引线断裂；

e) 钎焊接头受到高应力，引起钎焊薄弱点故障；

f) 元器件引线因没有充分消除应力而造成损坏；

g) 已受损或安装不当的脆性绝缘材料出现裂纹。

表征随机振动筛选应力的基本参数是频率范围、加速度功率谱密度、振动时间和振动轴向。

GJB/Z 34 规定的随机振动的筛选强度计算公式为：

$$S_s = 1 - \exp\{-0.004\,6G_{RMS}^{1.71}t\} \tag{21-3}$$

式中：S_s—筛选强度；G_{RMS}—实测的振动加速度均方根值（g、Grms）；t—振动时间（min）。

从式(21-3)中可以看出，加速度越大，筛选效果越好；振动时间越长，筛选效果越好。随机振动效果相当显著，一般 15~30 min 就能产生最理想的效果。过分延长振动时间，不仅不会增强筛选效果，反而可能引起损伤，一般认为产品经受 0.04 g²/Hz 的随机振动，并将时间控制在 30 min 以内，不会产生疲劳损伤。当用此谱形按其他量值振动时，其等效时间为：

$$t_1 = 20\left(\frac{w_0}{w_1}\right)^4 \tag{21-4}$$

一般随机振动筛选谱形如图 21-7 所示。

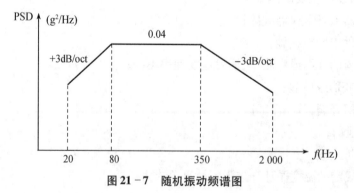

图 21-7　随机振动频谱图

21.3　高加速应力筛选

为了提前发现产品设计和工艺缺陷，1979 年 Willoughby W J 开始提出环境应力筛选方法，在生产过程中，使用温度循环和随机振动的方式去筛选制造和工艺方面的缺陷。然而随着产品对强度和可靠性的要求越来越高，从 20 世纪 70 年代初起，一般的可靠性试验逐渐无法满足产品的需求。20 世纪 90 年代,Hobbs GK,Gray K A 和 Condra L W 等人研究并提出了两种新的试验方法:高加速寿命试验(HALT)和高加速应力筛选(HASS),其中高加速应力筛选作为一种新的环境筛选手段,通过人为施加超过实际使用环境的激发应力,快速暴露产品潜在缺陷,从而达到提高可靠性的目的。

从高加速应力筛选技术提出至今,迅速在各工业部门推广应用。国外航天、汽车、通信、商用飞机等领域的相关组织机构、企业已经大量应用高加速应力筛选技术,并形成了行业规范。国外的工程实践证明,高加速应力筛选过程对暴露产品的潜在缺陷、改进产品的强度和提高产品的可靠性非常有效。Compa 公司、Motorala 公司、福特公司、波音公司等都应用高加速应力筛选获得了产品的高可靠性和实现了产品快速的更新换代。MIL - HDBK - 2164A(1996)《电子产品环境应力筛选方法》主要是针对常规环境应力筛选,对于高加速应力筛选说明内容有限。

21.3.1　高加速应力筛选原理

21.3.1.1　高加速应力筛选原理及优势

传统的 ESS 试验包含常规筛选和定量筛选。常规筛选不要求筛选结果与产品可靠性目标和成本阈值建立关系,只以剔除早期故障为目标;定量筛选要求筛选结果与产品可靠性目标和成本阈值建立关系。但是,近年来由于电子产品从设计水平到工艺水平的全面提升,环境应力筛选试验已经不满足于仅仅剔除使用传统方法可以轻易筛选出的故障。如何剔除一些隐藏较深、传统方法无法筛选出的故障成为研究热点。在此背景下,高加速应力筛选(Highly Accelerated Stress Screening,HASS)试验由于可以快速激发深层潜在缺陷,筛选效果好且效率高,逐步进入人们的视野中。

高加速应力筛选在 GJB 451A - 2005《可靠性维修性保障性术语》中给出的定义是为了加速筛选进度并降低成本,参照高加速应力试验得到的应力极限值,以既能充分激发产品缺陷又不过量消耗其使用寿命为前提,对批量产品进行的筛选。

高加速应力筛选是在高加速寿命试验(HALT)的基础上发展起来的一种新的筛选方法,一般是使用温度循环和振动的综合应力,其特点是使用的应力大,需要的循环数少、时间短。高加速应力筛选一般应用于产品的生产阶段,通过对研制阶段可靠性强化试验(RET)数据的利用,大大增加了生产过程的筛选效率,并同时降低了筛选的费用和时间。高加速应力筛选是在常规环境应力筛选和可靠性强化试验基础上发展起来的,是一种高效率剔除批生产过程引入产品内潜在缺陷的筛选方法。

与环境应力筛选不同,高效筛选技术采用激发试验的原理,通过对产品施加远高于产品正常工作的环境应力,在较短时间内快速激发并消除产品的潜在缺陷,达到提高产品可靠性的一种技术手段。高加速应力筛选一般用快速温度循环和随机振动两个应力综合进行,使用的应力远高于产品设计要求规定的应力,具体根据可靠性强化试验得到产品的工作应力极限和破坏应力极限确定。高加速应力筛选一是能够提高筛选效率,降低设备使用费用和时间成本,二是能够满足产品可靠性要求不断提高的需求。高加速应力筛选与常规环境应力筛选、老炼的区别见表 21 - 5。

表 21 - 5　高加速应力筛选与常规环境应力筛选、老炼的比较

	老练	常规 ESS	定量 ESS	高加速应力筛选
剔除早期故障程度	小部分	大部分	满足定量目标	几乎全部
应用产品设计过程特性	按传统规范要求设计	按传统规范要求设计	按传统规范要求设计	应用 RET 帮助超出规范要求设计,得到工作应力和破坏应力极限
使用应力范围	不超过规范规定值	不超过规范规定值	不超过规范规定值	超过规范规定值
抽样	不允许	一般不允许	一般不允许	生产控制达到一定水平后可抽,并可进一步简化抽样
应力施加方式	单一热应力或电应力	温度应力与振动应力组合	温度应力与振动应力组合	温度应力与振动应力综合
使用设备	传统老化箱	传统 ESS 箱	传统 ESS 箱	可靠性强化试验系统
应力典型量值	40 ℃	温度 - 55 ~ + 70 ℃, 10 ℃/min, 随机振动 Grms = 6.06 g		温度变化速率大于 45 ℃/min, 伪随机振动 Grms > 14 Grms
应用阶段	生产	研制生产	研制生产	研制生产

　　高加速应力筛选作为一种激发方法,其理论依据是故障物理学。高加速应力筛选利用产品中有缺陷部位应力容易集中,在机械应力和热应力的作用下,容易产生比完好部位大得多的应力而迅速积累起疲劳损伤和破坏的办法。高加速应力筛选把故障或失效当作研究的主要对象,通过激发、研究和根治产品缺陷达到提高可靠性的目的。高加速应力筛选试验技术正是基于这样的机理,在试验中对试件施加远远大于正常使用条件的环境应力,快速激发出产品缺陷,从而提高试验效率。

　　高加速应力筛选一般选用快速温度变化和随机振动作为其筛选选用的应力,因为随机振动和快速温度变化是激发出制造缺陷的最佳应力。在许多类型的应力所引起的故障失效中,加速因子并不是和应力成等比例地增加,大部分情况下是成指数级增加的,即提高应力能加速产品失效,而产品最基本的失效模式是由温度、温度循环和振动等应力所引起的机械疲劳损伤。

　　a)疲劳损伤和机械应力之间的关系

　　疲劳损伤与机械应力具有如下关系:

$$D \approx n \cdot \sigma^{\beta} \tag{21 - 5}$$

　　式中:D—累积的疲劳损伤;n—应力循环次数;σ—机械应力,即单位面积的作用力(由热膨胀,静载荷、振动或其他导致机械应力的作用所引起);β—疲劳试验确定的材料常数,其变化范围为 8 ~ 12。

b）温度变化速率与激发缺陷所需温度循环次数之间的关系

S. A. Smithson 在 1990 年环境科学学会年会上发表的论文给出了表 21-6 所示的不同温变率下的筛选效果。

表 21-6 筛选效果相同条件下不同温变率与循环次数的关系

温度变化率（℃/min）	循环次数（个）	温度循环（min/次）	筛选时间（t/h）
5	400	66	440
10	55	33	30
15	17	22	6
18	10	22	3
20	7	18.3	3
25	4	16.5	1.1
30	2.2	13.2	0.9
40	1	8	0.1

从表中的数据可以看出，温变率 5 ℃/min 下进行 400 个 66 min/次的温度循环与温变率 40 ℃/min 进行 1 个 8 min/次循环的效果是一样的，而二者所花费的时间比高达 4 400∶1。筛选应力越高，产品的疲劳和破坏就越快，但是有缺陷的高应力部位累积疲劳损伤应力比低应力部位要快得多，这样就有可能是产品内有缺陷元器件与无缺陷元器件在相同的应力下拉开疲劳寿命的档次，使缺陷迅速暴露的同时，无缺陷部位损伤很小。高加速应力筛选试验的应力量级与暴露出的缺陷数量是成比例的。因此，筛选的强度越高，暴露的缺陷越多。

21.3.1.2 环境应力筛选加速效应分析

由恒定高温筛选强度计算公式可知，所需筛选时间 t 为：

$$t = \ln(1 - S_s) / [-0.001\,7(R + 0.6)^{0.6}] \tag{21-6}$$

在加速筛选条件（R_a）下相对于在常规筛选条件（R_u）下，要达到相同的筛选强度，所需筛选时间的比值为加速因子，即

$$AF = t_u / t_a \tag{21-7}$$

则：

$$AF = \left(\frac{R_a + 0.6}{R_u + 0.6}\right)^{0.6} \tag{21-8}$$

提高 R_a 可以增大筛选的加速效应，从而在更短的时间 t_a 内达到相同的筛选强度 S_s。

由温度循环筛选强度计算公式可知，试验所需循环数 N 为：

$$N = \ln(1 - S_s) / \{-0.001\,7(R + 0.6)^{0.6}[\ln(e + v)]^3\} \tag{21-9}$$

在加速筛选条件(v_a,R_a)下相对于在常规筛选条件(v_u,R_u)下,要达到相同的筛选强度,所需循环数的比值为加速因子,即

$$AF = N_u/N_a \tag{21-10}$$

则:

$$AF = \left(\frac{R_a + 0.6}{R_u + 0.6}\right)^{0.6} \left[\frac{\ln(e + v_a)}{\ln(e + v_u)}\right]^3 \tag{21-11}$$

提高R_a,v_a可以增大筛选的加速效应,从而在更少的循环数N_a内达到相同的筛选强度S_s。另外,从本式还可以看出,温度循环加速效应为高温老化加速效应与循环速率加速效应的乘积。

由随机振动的筛选强度计算公式可知,试验所需时间t为:

$$t = \ln(1 - S_s)/(-0.0046 G_{RMS}^{1.71}) \tag{21-12}$$

在加速筛选条件(G_{RMSa})下相对于在常规筛选条件(G_{RMSu})下,要达到相同的筛选强度,所需振动时间的比值为加速因子,即

$$AF = t_u/t_a \tag{21-13}$$

则:

$$AF = \left(\frac{G_{RMSa}}{G_{RMSu}}\right)^{1.71} \tag{21-14}$$

提高G_{RMSa}可以增大筛选的加速效应,从而在更短的时间t_a内达到相同的筛选强度S_s。

由上述公式可导出,温度与振动综合应力的加速因子为:

$$AF = \left(\frac{R_a + 0.6}{R_u + 0.6}\right)^{0.6} \left(\frac{G_{RMSa}}{G_{RMSu}}\right)^{1.71} \tag{21-15}$$

温度与振动综合应力的筛选强度为:

$$S_s = 1 - \exp\{-0.0017(R + 0.6)^{0.6} t_T\} \times \exp\{-0.0046 G_{RMS}^{1.71} t_G\} \tag{21-16}$$

温度循环与振动综合应力的加速因子为:

$$AF = \left(\frac{R_a + 0.6}{R_u + 0.6}\right)^{0.6} \left[\frac{\ln(e + v_a)}{\ln(e + v_u)}\right]^3 \left(\frac{G_{RMSa}}{G_{RMSu}}\right)^{1.71} \tag{21-17}$$

温度循环与振动综合应力的筛选强度为:

$$S_s = 1 - \exp\{-0.0017(R + 0.6)^{0.6}[\ln(e + v)]^3 N\} \times \exp\{-0.0046 G_{RMS}^{1.71} t_G\} \tag{21-18}$$

依据现代加速模型推导出的加速因子和筛选强度如下所述。

根据 Arrhenius 模型,加速高温条件相对于常规温度条件的加速因子为:

$$AF(T_a: T_u) = e^{\frac{E_a}{k_B}\left(\frac{1}{273.15 + T_u} - \frac{1}{273.15 + T_a}\right)} \tag{21-19}$$

温度循环加速模型为:

$$AF = \left(\frac{\Delta T_a}{\Delta T_u}\right)^{1.9} \left(\frac{v_a}{v_u}\right)^{1/3} e^{0.01(T_a - T_u)} \tag{21-20}$$

振动疲劳加速效应为逆幂模型:

$$u_1 = A \cdot V^{-n} \tag{21-21}$$

式中:逆幂次数 n 取 3~7。

由现代加速模型可导出,温度与振动综合应力的加速因子为:

$$AF = e^{\frac{E_a}{k_B}\left(\frac{1}{273.15+T_u} - \frac{1}{273.15+T_a}\right)} \cdot \left(\frac{G_a}{G_u}\right)^n \tag{21-22}$$

温度与振动综合应力的筛选强度为:

$$S_s = 1 - \exp\{-A \cdot E_a / k_B (1/T) t_T\} \times \exp\{-B(G_{RMS})^n t_G\} \tag{21-23}$$

由现代加速模型可导出,温度循环与振动综合应力的加速因子为:

$$AF = \left(\frac{\Delta T_a}{\Delta T_u}\right)^{1.9} \left(\frac{v_a}{v_u}\right)^{1/3} e^{0.01(T_a - T_u)} \cdot \left(\frac{G_a}{G_u}\right)^n \tag{21-24}$$

温度循环与振动综合应力的筛选强度为:

$$S_s = 1 - \exp\{-C \cdot (\Delta T)^{1.9} \cdot V^{1/3} \cdot N\} \times \exp\{-B(G_{RMS})^n t_G\} \tag{21-25}$$

对于不同的产品模型参数取值不同,如 $E_a(0.6 \sim 1.2)$,因此对应不同的常数项,可能会造成模型不收敛,即求出的 $S_s > 1$,应用中要加以注意。

21.3.1.3 高加速应力筛选优势

从高加速应力筛选的基本原理、特点及与其他常用筛选方法比较不难得出,高加速应力筛选相对于传统环境应力筛选(ESS)具有下列优势:

a) 以最低成本和最短时间将相关潜在缺陷变为明显缺陷。

b) 以最低总成本和最短时间检测尽可能多的缺陷,以缩短反馈延迟并降低成本(因为在采取纠正措施之前,缩短反馈时间将减少所制造的以及需要修理的、甚至需要报废的有缺陷的单元数,而纠正措施的延迟将导致许多有缺陷的单元在完成纠正措施前就交付用户)。

c) 通过降低发往现场的故障总数,提高使用可靠性。

d) 降低生产筛选维修和保证期的总成本。

但高加速应力筛选在应用中也存在技术方案制定难度大、投入大,所需产品信息多,筛选剖面通用性不足,需要特殊的试验设备等困难,对于大批量、高可靠的产品,高加速应力筛选的经济性更好,应用意义更大。

21.3.2 高加速应力筛选剖面设计

21.3.2.1 剖面类型

按照筛选效果通常将筛选剖面分为两种类型,即理想型剖面和常用型剖面。理想型温度循环剖面结构的设计主要目的是:在析出筛选阶段用强应力迫使产品在内的潜在缺陷快速发展而成为故障,但应力是在产品工作极限之外,无法检测和判别故障,因此再安排一定数量的检测筛选来析出故障并加以排除。理想型温度循环剖面如图 21 - 8 所示,剖面可以清晰地分为析出筛选和检测筛选两部分。析出筛选部分温度范围宽,且变化速率快,其最高(低)温度值接近于产品的上(下)破坏极限;检测筛选部分温度变化速率比析出筛选慢,且温度范围窄,其最高(低)温度值均接近但不超过产品上(下)工作极限。在检测筛选阶段,可以按规定时间进行低量值受控激励振动(即微颤振动,Tickle Vibration),以检测高量级振动下不易发现的缺陷。析出筛选和检测筛选的应力与产品的工作极限和破坏极限的关系如图 21 - 8 所示。

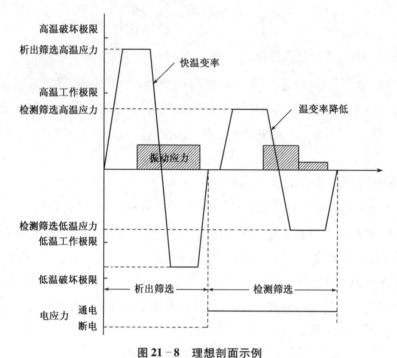

图 21 - 8　理想剖面示例

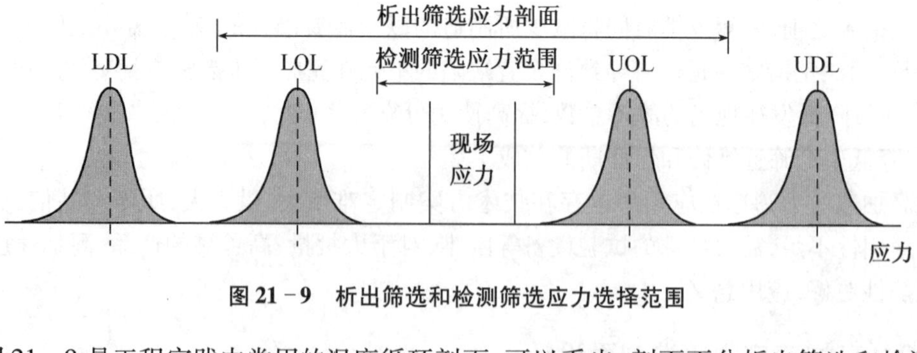

图 21 - 9　析出筛选和检测筛选应力选择范围

图 21 - 9 是工程实践中常用的温度循环剖面,可以看出,剖面不分析出筛选和检测筛选两部分,在形式上与常规的环境应力筛选温度循环剖面是一样的,但其应力相比之下要高得多。一般来说,其最高(低)温度值一般比产品的上(下)工作极限值低(高)20%,但比研制合同或者产品设计规范等文件中规定的高(低)温工作条件要求严酷。

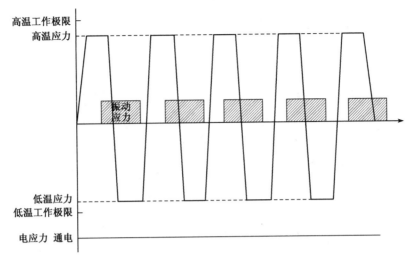

图 21 - 10　常规剖面示例

21.3.2.2　剖面设计过程

典型的高加速应力筛选设计过程包括初始剖面设计、筛选验证(POS)和筛选试行三个阶段,其中筛选验证(POS)过程用于确认筛选效果和确定筛选不会引入缺陷或严重影响产品寿命。典型的高加速应力筛选设计过程如图 21 - 11 所示。

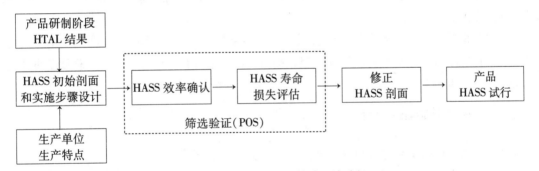

图 21 - 11　高加速应力筛选设计过程

高加速应力筛选剖面制定一般流程为:

a) 以可靠性强化试验(RET)等得到的产品工作极限和破坏极限结果为基础,建立高加速应力筛选的初始剖面;

b) 使用初始剖面对产品进行筛选,验证剖面的有效性;

c) 采用通过有效性验证的高加速应力筛选剖面进行产品剩余有效寿命影响分析;

d) 形成高加速应力筛选的最终剖面,用于筛选实施。

高加速应力筛选剖面制定流程如图 21 - 12 所示。

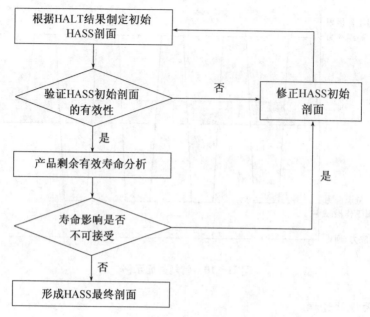

图 21 - 12　高加速应力筛选剖面制定流程

由于选择了较高应力,高加速应力筛选的效率通常比传统环境应力筛选高出很多,可以不进行有效性验证,简化筛选剖面制定过程,但对于组成复杂或冷却方法特殊的产品,应开展有效性验证。

如果有相关数据或技术文件能够说明筛选初始剖面不会对产品有效寿命产生不可接受的影响,则可以不进行剩余有效寿命影响分析,简化筛选剖面制定过程,但对于温度快速变化或振动应力敏感的产品,应当开展剩余有效寿命影响分析。

21.3.3　产品极限确定方法

21.3.3.1　工作极限及破坏极限的界定

由于在查找工作极限和破坏极限时,是通过步进应力逐步提高,并在各应力台阶下对产品进行检测的,随着应力强度不断增加,必会出现一个应力使得产品的工作特性不再满足技术条件的要求。此时,会将应力强度降低,如果产品的工作特性能恢复正常,则查找到了产品的工作极限;如果产品再也不能恢复正常工作特性,则查找到了产品的破坏极限。争议点是将使得产品失去正常工作特性的应力强度作为极限值,还是将该值的上一个应力强度台阶作为极限值。例如,进行高温步进试验中,温度应力提升至 95 ℃时,产品性能正常,温度应力提升至 100 ℃时,产品性能超差,将温度降至设计要求的高温工作温度 60 ℃时,产品性能恢复正常。那么一部分人认为应是将 100 ℃作为产品的工作极限,另一部分人认为应是将 95 ℃作为产品的工作极限。

其实如果有条件,应力步进台阶应是尽量小,力求通过试验更为准确的获得产品极限,但受到时间和经费制约,一般采用 5 ℃或 10 ℃作为步进台阶,虽然 100 ℃与 95 ℃相差 5 ℃,但我们认为其是无限逼近其真实极限的,即 5 ℃的差异是可忽略的。为了指导操作,将极限定义为使得产品工作特性不再满足技术条件的应力强度。可以预见,组成层级越低的产品,其工作极限和破坏极限越高,由此确定的筛选剖面激发效率越高;设备和分系统开展筛选,其工作极限会比较接近产品的设计要求,由此确定的筛选剖面激发效率比较低。这也是推荐高加速应力筛选的适用范围在组件、单元和小型设备的原因之一。

工作极限(Operating Limit,OL):当产品处于某一应力条件下,其工作特性不再满足技术条件的要求,但应力强度降低后,产品仍能恢复正常工作特性,则使得产品工作特性不再满足技术条件的要求的应力强度值为产品的工作极限。工作极限包括:工作极限上限(Upper Operating Limit, UOL)、工作极限下限(Lower Operating Limit, LOL),对于振动应力,工作极限只有上限值。

破坏极限,英文名称 destruct limit(DL):当产品处于某一应力条件下,其工作特性不再满足技术条件的要求,且再也不能恢复正常工作特性,则使得产品工作特性不再满足技术条件的要求的应力强度值为产品的破坏极限。破坏极限包括:破坏极限上限(Upper Destruct Limit, UDL)、破坏极限下限(Lower Destruct Limit, LDL),对于振动应力,破坏极限只有上限值。

21.3.3.2 工作极限及破坏极限确定方法

对于高加速应力筛选,需要获得具体产品的高低温工作极限和(或)破坏极限,据此来确定高加速应力筛选的温度循环应力初始值。这就需要研究温度工作极限及破坏极限应力的确定方法。在工程实践中,产品的高(低)温工作极限和破坏极限一般结合可靠性强化试验或步进应力试验得到:

a) 高(低)温工作极限的确定:对筛选产品从常温开始,施加步进应力逐步升高(降低)温度,筛选产品在某一温度台阶下工作特性不再满足技术条件的要求,但温度应力强度降低后,筛选产品仍能恢复正常工作特性,则使得筛选产品工作特性不再满足技术条件要求的温度台阶应力,为筛选产品的高(低)温工作极限。

b) 高(低)温破坏极限的确定:对筛选产品从常温开始,施加步进应力逐步升高(降低)温度,筛选产品在某一温度台阶下工作特性不再满足技术条件的要求,但温度应力强度降低后,筛选产品不能恢复正常工作特性,则该温度台阶应力为筛选产品高(低)温破坏极限。

如果能够直接找到筛选产品的高(低)温破坏极限,则高(低)温破坏极限的上一台阶作为高(低)温工作极限。必要时,如果筛选产品的某一部分可以采取保护措施(局部温度保护或箱外隔离等)继续试验时,可按上述确定筛选产品温度工作极限或破坏极限的原则来确定筛选产品非保护部分的温度工作极限或温度破坏极限。

步进应力施加可按照图 21-13(以低温步进为例)所示的方式进行,在每个温度台阶下,对产品进行功能性能测试,以检验是否能够耐受该温度应力。

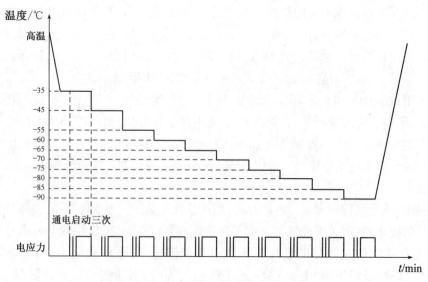

图 21 - 13　低温步进应力试验剖面(示例)

21.3.4　HASS 研究的故障植入

在高加速应力筛选中,对产品进行人为的故障植入是检验筛选剖面有效性的必要步骤。

高加速应力筛选的故障植入选择来源是同类或相似产品在外场使用中发生的由于工艺和元器件选用导致的故障。当数据缺乏无法指导故障植入时,可根据工程师经验,进行元器件故障和工艺故障植入。元器件故障植入难度很大,因此工艺故障选取最多。

高加速应力筛选的故障植入目的是通过人为的方式,将缺陷隐患注入产品中,检验筛选剖面是否可以将这些故障有效地暴露出来,从而作为调整剖面应力和施加时间的依据。

目前对高加速应力筛选的故障植入数量没有统一要求,但考虑到故障植入受人为因素影响很大,不同人员操作导致的故障剔除结果差异很大,建议数量可根据产品规模和复杂程度,选取 5 至 20 个典型故障模式进行注入,产品规模越大、组成越复杂故障植入数量和方式越多。对于典型的电子板卡,元器件数量在 500 至 1 000 个左右,可注入 10 个故障隐患。

最常用的故障植入方式是虚焊及元器件管脚松动,或是紧固件不上紧、大功率器件与散热组件贴合不牢等,具体可由有经验的电子、电气工程师根据产品外场表现收集的数据进行选取。

环境应力筛选是为了筛选出由元器件质量瑕疵和工艺问题导致可能在后续使用中暴露出的缺陷,因此高加速应力筛选有效性验证时的故障植入选择来源是同类或相似产品在外场使用中发生的由工艺和元器件选用导致的故障。故障植入按照注入方法不同,可以分为外部总线故障植入、基于探针的故障植入、基于转接板的故障植入、拔插式故障植入、软件故障植入等。

1) 外部总线故障植入

在受试产品外部接口(电连接器)、总线或连线处进行故障植入,在不对受试产品自身进行任何改动的条件下,通过改变受试产品与其互联设备间的传输链路中的链路物理结构、信号、数据实现故障的在线模拟或离线模拟。

a）当受试设备需要与其他 LRU 或激励设备级联工作时，故障植入器置于 UUT 和其他 LRU（或激励设备）间的数据传输链路中，通过改变链路中的数据、信号或链路物理结构来实现故障植入；

b）当外部激励能够影响 UUT 功能时，故障植入器直接与 UUT 外部接口相连，模拟故障激励实现故障的注入。

外部总线故障植入可分为物理层、电气层和协议层的故障植入。

注 1："外部总线"是广义范畴的总线，即"信号的传输通道"，泛指所有的通信总线，以及模拟信号、数字信号、离散量信号、电源等传输通道。

注 2：对于系统级的故障植入，外部总线为系统故障处理器和 LRU 间信号交换的所有信号通路；对于设备级的故障植入，外部总线为 UUT 和其他 LRU 或系统间数据/信号交换的所有通路。

2）基于探针的故障植入

将探针与被注入器件的引脚、引脚连线相接触，或与受试产品内部或外部电连接器引脚相接触，通过改变引脚输出信号或引脚间互连结构实现故障的在线模拟或离线模拟。基于探针的故障植入分为：后驱动故障植入、电压求和故障植入、开关级联故障植入。

注：这里的"探针"是广义范畴的探针，可以是专用探头、夹具或符合电气特性要求的导线。

3）基于转接板的故障植入

在 2 个或 2 个以上电路板接口间加入专制的转接电路板，通过改变电路板互连链路中的链路物理结构、信号、数据实现故障的在线模拟或离线模拟，其原理同外部总线故障植入。

4）拔插式故障植入

在确保不会造成不可恢复性影响的前提下，通过拔插元器件、电路板、导线、电缆等方式模拟产品故障，既包括设备的内部或者外部的连接组件（元器件、电路板、导线、电缆等）的拔出或插入，还包括器件的焊上或焊下。

5）软件故障植入

根据故障模型，通过修改受试产品的软件代码来模拟产品硬件故障或软件故障。根据故障植入时间可以将软件故障植入方法分为两类：编译期故障植入和运行时故障植入。

21.3.5　HASS 筛选应力确定

根据工程经验和应力环境效应，一般将温度循环和振动应力作为高加速应力筛选的典型应力。虽然湿度可以诱发部分故障，考虑到达到理想的筛选效果，使用了高加速应力试验系统，该系统主要施加温度和振动应力，因此不再施加湿度。从试验设备、试验成本和筛选方法的普适性等方面考虑，高加速应力筛选工程实践中不采用低气压、霉菌、盐雾、电磁、太阳辐射、防水、沙尘、抗风、冲击、积冰/冻雨等环境应力。因此，高加速应力筛选剖面中涉及的参数因素包括：最高和最低温度值、温度变化速率、最高和最低温度持续时间、温度循环的次数、振动谱和量值、振动持续时间。

要得到初始剖面中的上述参数，需要产品充分地进行可靠性强化试验或者高加速寿命试验,准确掌握产品的温度和振动方面的破坏极限和工作极限,也就需要试验项目组具有很强的产品故障分析能力,以及在试验过程中通过施加步进应力逐步、耐心地摸清产品耐受环境底数。

高加速应力筛选的应力是高于产品设计规范极限,低于破坏极限。图 21 - 14 标明了高加速应力筛选和传统环境应力筛选的应力范围。

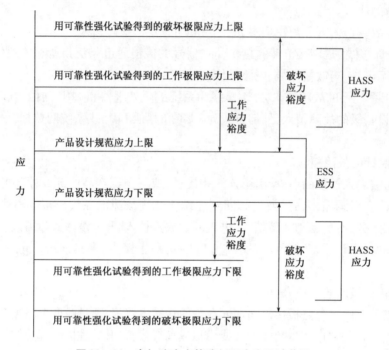

图 21 - 14 高加速应力筛选剖面应力设计范围

1)温度应力

剖面中的析出筛选部分,最高(低)温度值一般取破坏极限和工作极限的平均值;检测筛选部分,最高(低)温度值一般取工作极限的 80%。

例如设计规范温度范围为 50 ℃和 - 20 ℃。通过可靠性强化试验(RET)结果发现,其工作极限温度范围为 80 ℃和 - 50 ℃,破坏极限温度范围 110 ℃和 - 60 ℃,故可以选取 95 ℃和 - 55 ℃作为析出筛选部分的最高和最低温度值;选取 64 ℃和 - 40 ℃作为检测筛选部分的最高和最低温度值。

2)温度变化速率

为了获得高效率,高加速应力筛选的温度变化速率一般不应小于 15 ℃/min。高加速应力筛选可用通风导管直接对筛选产品进行吹风,使得筛选产品上的温度变化速率尽可能贴近设定的温度变化率,常用型温度循环剖面的温度变化率一般选取 15 ~ 45 ℃/min,理想型温度循环剖面中的析出筛选可选择更快的温度变化率。对于温度变化敏感的产品,可以单独进行温度循环试验,考察温度变化速率对产品的实际影响,来确定筛选时所需要的温度变化速率。

3）高低温点驻留时间

筛选产品在最高(低)温度持续时间取决于筛选产品达到温度稳定所需要的时间和对其进行功能性能检测所需要的时间。对于保证使用要求起关键作用的部分(例如元器件)的温度稳定比结构部分的温度稳定更重要。由于进行高加速应力筛选的产品一般体积小、重量轻,其温度保持时间不会太久。

4）温度循环次数

温度循环时间即为高加速应力筛选时间。在高加速应力筛选中,温度循环次数无固定的限制,应以激发出产品的潜在缺陷且不过多的损耗产品寿命为准。在筛选中由于采用了较高的应力,这样较少的循环次数就可以导致产品出现早期失效和故障。理想型剖面的析出筛选和检测筛选是独立的,这两个部分的循环数可以是多个也可以是1个,并无固定关系,温度循环数应根据筛选产品的实际情况和工程经验确定。如果无法确定理想型和常用型剖面的温度循环次数,可先确定选定不超过6次循环的时间制定初始剖面,再通过筛选验证调整优化。

5）振动谱

对于气锤振动台,一般选取产品振动工作极限的50%～80%作为高加速应力筛选的振动量值,频率范围为10 Hz～10 kHz,如不适用可根据实际情况进行调整优化。气锤振动台的谱型是不可控的,只有量值可控,可以施加最高10 kHz的随机振动应力。对于电磁振动台,为了尽可能提高筛选效率、充分发挥激发应力作用,曾经考虑在功能振动或耐久振动的应力量值基础上进行调整作为高加速应力筛选的振动应力,但会较快的损耗产品的机械寿命,影响筛选后的试验结果或使用。因此采用保守的处理方式,即选用GJB 1032作为要求。

21.3.6　HASS 有效性验证

筛选过程的有效性和安全性是高加速应力筛选剖面的判定标准,因此筛选过程要保证满足以下两个条件:一是筛选过程中,所使用的各种应力、应力量级和施加时间能够快速、经济、有效地激发出在正常使用环境下可能导致产品早期失效的各类缺陷;二是筛选过程不会损坏好的产品或产生新的缺陷,也不会过量消耗产品的使用寿命。

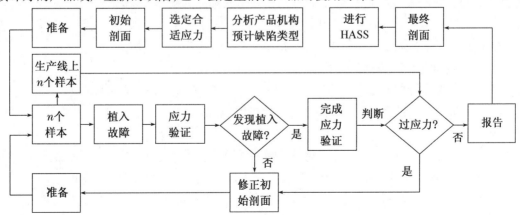

图 21－15　HASS 剖面验证

21.3.6.1　有效性验证

筛选的有效性是指剖面所激发潜在缺陷的能力。一般的做法是把有制造缺陷的试件和好的试件放入试验设备,按照所选择的剖面进行试验,对筛选过程出现的失效形成进行分析,并确定产生这些失效形式的根本原因,以判断这些失效形式是由于在筛选过程中遭受了过大的应力诱发的,还是由于疲劳或制造缺陷造成,从而决定剖面所选择的应力量级是否正确和是否需要修正。

如果失效是由于筛选过程中遭受过大的应力造成,则应减小试验剖面中的应力量级,再选用新的试件重新验证筛选过程的有效性;如果预先植入试件的缺陷没有被激发,则可以通过增加试验剖面的应力量级或循环周期来增强筛选强度。

注入故障原则:高加速应力筛选与环境应力筛选一样,主要剔除由元器件、工艺、生产波动等因素造成的产品早期失效。通过分析和工程验证,元器件的早期失效难以植入且无法有效捕捉,而元器件质量可通过元器件二次筛选有效保证,故用于高加速应力筛选有效性验证所注入的缺陷类型为模拟工艺和生产过程波动引起的缺陷。通过工程实践,故障注入原则为选取承制方 FRACAS 系统中工艺和生产波动缺陷引起的故障类型,选取易于被 BIT 监测发现、又不会造成产品破坏的位置植入。

21.3.6.2　剩余有效寿命评估

该过程用来评估产品经筛选后的剩余寿命,同理也评价筛选是否过多的损伤了产品的有效寿命。

要准确评估筛选后产品的剩余寿命,必须获得完好产品的使用寿命和筛选后产品的使用寿命,这样才能有效地进行比较和评估筛选对受试产品寿命的影响,但这些寿命数据是很难获得的,对新研产品来说是无法进行的。

可在试验室通过试验的方法来大致评估筛选对受试产品寿命的影响。一般方法是按照试验剖面的要求将产品重复试验多次,观察是否有失效现象发生,然后从导致失效发生的试验剖面重复周期数可以推断出所选的剖面对被试品有效寿命的损伤程度。例如:如果产品通过 10 个剖面的循环而失效,那么可以断定该产品经过一个试验剖面的筛选后,产品至少还剩余 90% 的有效寿命。也就是说,通过一个循环试验剖面的筛选,最多损伤了产品 10% 的有效寿命。在实际应用中一般选取至少 3 个样件,每个样件反复 10～20 次,以不再出现故障为止。如果要求产品有效寿命损伤更小,那么重复的次数可进一步增加。

1) 开展高加速应力筛选的前提条件

开展一个成功的高加速应力筛选需要有一个必要前提和三个推荐前提:

a) 必要前提:提前获得产品的高低温工作极限、高低温破坏极限、振动工作极限、振动破坏极限等信息;

b) 推荐前提 1:具有快速温度变化试验箱和气锤式振动台组成的试验系统,虽然为了推广应用,传统电磁振动台也作为筛选可选设备之一,但效率相比气锤式振动台低很多;

c) 推荐前提 2:在剖面验证阶段的植入故障步骤,能够有效地植入同类或相似产品在外场使用中出现的典型工艺和器件选用问题导致的故障,这往往是很难做到的;

d) 推荐前提 3:分析产品在筛选后的剩余寿命,长期以来,电子产品的寿命确定是技术难题,保证筛选后的产品还保留有不影响使用的寿命,需要专项试验或者大量数据。

此外,高加速应力筛选在前期制定剖面时工作较多,投入样品、摸清产品极限,做比对试验验证效果等,需要较高经济和时间成本,这种成本的投入是靠针对大批量产品进行高加速应力筛选,获得比传统环境应力筛选更高的效率来进行抵消和获利的。但军工产品一般成本高、数量少,进行高加速应力筛选往往得不偿失。在考虑是否采用高加速应力筛选方法时,可以以上述前提是否具备作为参考。这也是高加速应力筛选无法大面积普及的关键制约因素之一。

2) 高加速应力筛选设备

为保证筛选效果,高加速应力筛选推荐采用快速温度变化试验箱和气锤式六自由度超高斯随机振动试验台组成高加速应力试验(HALT)系统(也可称可靠性强化试验系统)。这种设备的温度变化速率可超过 45 ℃/min,最大可达 100 ℃/min,这个变化速率主要靠快速电加热系统和液氮制冷系统来实现。振动是一种总均方根量值可调节的伪随机振动其频率范围为 10 Hz ~ 10 kHz,谱形固定、使用三轴向六自由度的气动振动系统来实现,而不是用传统的电动或机械振动试验系统来实现,该振动系统的振动激励应力存在位移小、大部分能力集中在高频等特点。多轴向振动原理如图 21 - 16 所示。

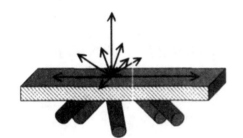 

图 21 - 16　多轴向振动原理示意图

高加速应力筛选所用设备与传统环境应力筛选设备之前的差异见表 21 - 7。

表 21 - 7　HASS 与传统筛选设备的差异

特征参数	高加速应力筛选设备	传统环境应力筛选设备
温度范围	大	小
最大温变速率	高(40 ~ 60 ℃/min)	低(5 ~ 10 ℃/min)
振动方式	三轴六自由度	单轴
振动带宽	宽(~ 10 000 Hz)	窄(~ 2 000 Hz)
振动峭度值(超高斯特征)	大	小(目前已可控)
应力施加方式	综合	单应力依次施加

21.4 ESS 和 HASS 筛选试验对比研究

21.4.1 ESS 筛选情况

ESS 筛选条件如下:

温度循环:

a)温度范围: -55 ~ +70 ℃;

b)循环次数:10 次;

c)温度变化速率:10 ℃/min(平均值);

d)高低温保持时间:0.5 h。

随机振动:

a)振动频率范围:20 ~ 2 000 Hz;

b)功率谱密度:0.04 g^2/Hz;

c)振动时间:10 min;

d)振动方向:垂直于印制板平面方面;

e)总均方根加速度:6.06 g。

常规环境应力筛选按照标准的筛选程序(即 10 个温度循环和一次振动)共剔除故障 2 个,这 2 个故障均为表贴电容虚焊故障。

21.4.2 HASS 筛选情况

HASS 筛选条件如下:

a)温度范围:低温工作极限温度加 5 ℃ ~ 高温工作极限温度减 5 ℃,或上下限破坏极限温度的 80%,两者取高于设计极限的温度范围更小者,本次试验温度范围为 -70 ~ 95 ℃;

b)循环次数:10 个循环;

c)温度变化速率:30 ℃/min;

d)每个循环中低温和高温阶段的停留时间:10 min;

e)振动量值:受筛产品的振动工作极限的 50%,本次试验的振动量值为 25 g。

高加速应力筛选共剔除故障 13 个,表贴电容虚焊故障 8 个,引脚弯折故障 3 个,分离式电阻虚焊故障 1 个,结构裂纹 1 个。

21.4.3 ESS 和 HASS 效果对比

常规环境应力筛选筛选出的故障全部出现在一个标准的温度循环加随机振动的筛选。后续延长循环次数并没有取得额外的效果。这说明对于常规环境应力筛选所能筛选出的缺陷,延长循环次数并没有使筛选效果有明显的提高。根据 GJB/Z 34 中温度循环的筛选度计算公式可知,当温度变化速率达到 10 ℃/min 甚至更高时,加大循环次数基本不会提高筛选度。因此在本次试验中,常规环境应力筛选所能筛选出的故障都在一个标准程序后就剔除出来了。

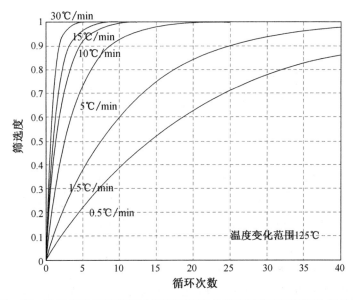

图 21 – 17　常规 ESS 温度循环中不同温度变化率下筛选度对循环次数的函数

　　一般高加速应力筛选的循环次数为 2~5 个。为了观测不同循环次数的筛选效果,第 2、4、6 个循环后进行了测试。另外为了探索高加速应力筛选综合应力模式所能达到的筛选效果,在翻倍的循环次数(即 10 个循环)后进行了测试。更多的循环次数在成本和时间上损失较大,且会对产品造成较多的损伤,不再予以考虑。从实际测试情况来看,每次测试发现的故障数量分布是比较平均的。第 2、4、5、10 个循环后,分别筛选出了 2、4、3、4 处故障。从这点来看,更长的筛选时间对筛选效果的影响是显著的。因而至少对于本次试验筛选出的故障来说,2 个循环显然是不够的,至少应达到 5~6 个循环甚至更多才能筛选出故障。

　　本次高加速应力筛选筛选出的故障有一个共同的特点。筛选应力作用在虚焊、引脚弯折、结构裂纹这些缺陷时都会产生应力集中,可能更容易激发出故障。

　　相较常规环境应力筛选来说,高加速应力筛选的效果明显要好很多。2 个循环的高加速应力筛选效果与常规环境应力筛选 10 个循环的效果差不多,但时间上高加速应力筛选的时间只是常规环境应力筛选的 1/10。增加高加速应力筛选的循环次数后,筛选出的故障数量和种类都有所提高,而时间上并未增加太多。即使进行 10 个循环的高加速应力筛选耗时也只有 5 个小时,从筛选出的故障数量上来说达到常规环境应力筛选的 6 倍多。

　　现行常规环境应力筛选的温度变化速率和振动量值已达到试验箱的极限,温度范围也难以提高,只有可能提高循环次数。但通过试验,结合筛选度的计算,在目前 10 个循环的基础上提高循环次数意义不太大。因此,常规环境应力筛选效果已经很难提高。高加速应力筛选在筛选效果和时间上要明显优于常规环境应力筛选,是环境应力筛选技术重要发展方向。

第二十二章　可靠性研制和增长试验

可靠性研制试验通过向受试产品施加应力将产品中存在的材料、元器件、设计和工艺缺陷激发成为故障,进行故障分析定位后,采取纠正措施加以排除,这实际也是一个试验、分析、改进的过程(Test Analysis and Fix,TAAF)。可靠性研制试验包括可靠性仿真试验、可靠性强化试验、可靠性摸底试验等。承制单位可根据研制需要、工程具备的条件,选择开展相应的可靠性研制试验。

可靠性研制试验最终目的是使产品尽快达到规定的可靠性要求,但直接目的在研制阶段的前后有所不同。研制阶段的前期,试验的目的侧重于充分地暴露缺陷,通过采取纠正措施,以提高可靠性。因此,大多采用加速的环境应力,以激发故障。而研制的后期,试验的目的侧重于了解产品可靠性与规定要求的接近程度,并对发现的问题,通过采取纠正措施,进一步提高产品的可靠性,因此,试验条件应尽可能模拟实际使用条件,大多采用综合环境条件。可靠性增长试验可视为一种特定的可靠性研制试验。可靠性研制试验应根据试验的直接目的和所处阶段选择并确定适宜的试验条件。目前国外开展的是可靠性强化试验(RET)或高加速寿命试验(HALT)。这类试验基本目的是使产品设计得更为健壮,基本方法是通过施加步进应力,不断发现设计缺陷,并进行改进和验证,使产品耐环境能力达到最高,直到现有材料、工艺、技术和费用支撑能力无法作进一步改进为止,因此可视为在研制阶段前期进行的一种可靠性研制试验。目前在国内一些研制单位,为了了解产品的可靠性与规定要求的差距所进行的"可靠性增长摸底试验"(或可靠性摸底试验)也属于可靠性研制试验的范畴。

可靠性增长试验是一种有计划的试验、分析和改进的过程。在这一试验过程中,产品处于真实的或模拟的环境下,以暴露设计中的缺陷,对暴露出的问题采取纠正措施,从而达到预期的可靠性增长目标。

由于可靠性增长试验不仅要找出产品中的设计缺陷和采取有效的纠正措施,而且还要达到预期的可靠性增长目标,可靠性增长试验必须在受控的条件下进行。为了达到既定的增长目标,并对最终可靠性水平作出合理的评估,要求试验前评估出产品的初始可靠性水平,确定合理的增长率,选用恰当的增长模型并进行过程跟踪,对试验中所使用的环境条件严格控制,对试验前准备工作情况及试验结果进行评审,必要时还应进行试验过程的评审。

可靠性增长试验的受试样品的技术状态应能代表产品可靠性鉴定试验时的技术状态,产品的可靠性增长试验应在产品的可靠性鉴定试验之前进行,在可靠性增长试验开始前,应完成产品环境试验和 ESS。

可靠性增长试验要求采用综合环境条件,需要综合试验设备,试验时间较长,需要投较大的资源,因此,一般只对那些有定量可靠性要求、任务或安全关键的、新技术含量高且增长试验所需的时间和经费可以接受的电子设备进行可靠性增长试验。

可靠性增长试验必须纠正那些对完成任务有关键影响和对使用维修费用有关键影响的故障。一般做法是通过纠正影响任务可靠性的故障来提高任务可靠性,纠正出现频率很高的故障来降低维修费用。

可靠性研制试验的主要工作要求:

1）可靠性研制试验是成品研制试验的一部分,尽可能与产品的研制试验结合进行;

2）尽早制定可靠性研制试验计划和方案,根据成品的具体情况,选择可靠性研制试验方法,进度安排应合理可行;

3）在有了产品样件后,应尽早进行,以便及时采取改进措施;

4）在产品研制阶段的前期,大多数采用暴露成品缺陷的加速的环境应力,以激发故障,通过采取纠正措施,提高成品可靠性;

5）可通过短时间的可靠性摸底试验,暴露成品设计、工艺等方面的缺陷,进行分析,采取有效的纠正措施,使产品的可靠性得到增长;

6）试验过程中的产品监测记录应完整,以保证为分析故障原因提供准确、真实的信息;

7）对故障及时进行分析,采取纠正措施并进行必要的验证,保证措施的有效性以及不会带入新的问题;

8）严格按照 FRACAS 工作的有关规定,及时收集试验中的故障信息并反馈到设计改进中;

9）按规定的程序对已交付产品采取纠正措施,并更改有关设计、工艺文件。

可靠性研制和增长试验工作的目的、实施要点及注意事项见表 22-1。

表 22-1　可靠性研制和增长试验

	工作项目说明
目的	可靠性研制试验: 通过对产品施加适当的环境应力、工作载荷,寻找产品中的设计缺陷,以改进设计,提高产品的固有可靠性水平。 可靠性增长试验: 通过对产品施加模拟实际使用环境的综合环境应力暴露产品中的潜在缺陷并采取纠正措施,使产品的可靠性达到规定的要求。
实施要点	可靠性研制试验: 1）承制方在研制阶段应尽早开展可靠性研制试验,通过试验、分析、改进（TAAF）过程来提高产品的可靠性。 2）可靠性研制试验是产品性能验证试验的组成部分,应尽可能与产品的性能验证试验结合进行。 3）承制方应制定可靠性研制试验方案,并对可靠性关键产品,尤其是新技术含量较高的产品实施可靠性研制试验。必要时,可靠性研制试验方案应经订购方认可。 4）可靠性研制试验可采用加速应力进行,以识别薄弱环节和验证设计余量,目前常见的是可靠性强化试验方法（RET）。开展 RET 应满足以下条件: a）开展 RET 必须在能够代表设计、元器件、材料和生产中所使用的制造工艺都已基本落实的样件上进行,并且尽早进行,以便进行改进; b）开展 RET 的受试产品应具备产品规范要求的功能和性能,受试产品必须经过全面的功能、性能试验,以确认产品已经达到技术规范规定的要求; c）对试验过程发现的所有故障进行分析,明确故障模式、应力水平、故障原因及其改进措施,改进措施应落实到设计图纸（设计数模）或技术文件中。 5）产品首次试用时,如果涉及使用安全,应尽可能安排可靠性摸底试验,试验方案应得到订购方

（续表）

工作项目说明
认可。 6）对试验中发生的故障均应纳入 FRACAS,并对试验后产品的可靠性状况作出说明。 可靠性增长试验: 1）可靠性增长试验应有明确的增长目标和增长模型,重点是进行故障分析和采取有效的设计更改措施。 2）为了提高任务可靠性,应将纠正措施集中在对任务有影响的故障模式上;为了提高基本可靠性,应将纠正措施的重点放在频繁出现的故障模式上。为了达到任务可靠性和基本可靠性预期的增长要求,应该权衡这两方面的工作。 3）承制方按 GJB 1407 的要求或其他标准对产品进行可靠性增长试验。 4）可靠性增长试验在 ESS 完成后进行。 5）成功的可靠性增长试验可以代替可靠性鉴定试验,但应得到订购方的批准。 6）在产品故障机理分析清楚基础上,可以采用加速应力方式开展可靠性增长试验,但应得到订购方的批准。 7）可靠性增长试验前和试验后必须进行评审,需要时,还应安排试验过程中评审。

注意事项	可靠性研制试验: 在合同工作说明中应明确: a）建议进行可靠性研制试验的产品; b）需提交的资料项目。 可靠性增长试验: 在合同工作说明中应明确: a）寿命剖面和任务剖面; b）进行可靠性增长试验的样品的技术状态及其数量; c）需提交的资料项目。 其中"a)"是必须确定的事项。

术语如下:

a）可靠性强化试验（RET）:指在产品的验证阶段,采用比技术规范极限更加严酷的试验应力,加速激发产品的潜在缺陷,并进行不断地改进和验证,提高产品的固有可靠性,它是一种研制试验,又称加速应力试验（AST）。

b）可靠性增长试验（RGT）:有计划地激发故障,分析故障原因和改进设计,并证明改进措施的有效性而进行的试验,它是一种工程试验。

c）工作极限:一个或多个产品的工作状态不再满足技术条件要求,但应力降低后,产品仍能恢复正常工作的应力强度值（即软故障）。

d）破坏极限:一个或多个产品的工作状态不再满足技术条件要求,且应力降低后,产品也不能恢复正常工作的应力强度值（即硬故障）。

22.1　可靠性强化试验

加速试验也称加速应力试验,用于发现产品潜在的设计及工艺薄弱环节。因此,可以通过对产品施加比其工作应力高得多的应力水平来激发出这些薄弱环节。该类试验的目的不是确定产品可靠性定量指标值,而是在试验过程中激发产品全部的功能性能问题。产品在外场使用过程中,在其使用寿命期内,这些问题很可能会出现并会导致产品失效。产品设计或制造工艺的改进可以消除这些失效,制造出更加强健的产品,以期在设计规范内的极端应力或重复应力的作用下,产品也会变得更加可靠。

加速应力试验是指采用比技术规范极限更加严酷的试验应力,加速激发产品的潜在缺陷,并通过不断改进和验证,提高产品的固有可靠性,使产品更为"健壮"的试验技术,又称可靠性强化试验(RET)、高加速寿命试验(HALT)等。

加速应力试验相比传统可靠性试验有很大的优势。加速应力试验能够加速产品失效,发现薄弱环节,并通过改进产品设计消除其薄弱环节。加速应力试验是在远大于规范极限外的范围进行,通过试验应力的提高确定设备的工作极限和破坏极限。传统可靠性试验在规范极限范围内进行,不能确定产品的极限值,因而不能判断产品的设计余量。

可靠性强化试验可以应用于电子、机电、光电等成品,也适用于从最低组装等级到最高组装等级的每一个成品层次。

可靠性强化试验是一种研制试验,具有以下特点:

a)可靠性强化试验不必模拟真实的环境,而是强调环境应力的激发效应,从而实现研制阶段产品可靠性的快速增长;

b)可靠性强化试验采用步进应力试验方法,施加的环境应力是变化的,而且是递增的,应力超出技术规范极限甚至到破坏极限;

c)可靠性强化试验可以对产品施加三轴六自由度振动(或称全轴振动),也可以对产品施加单轴随机振动应力以及高温变率应力;

为了试验的有效性,可靠性强化试验必须在能够代表设计、元器件、材料和生产中所使用的制造工艺都已基本落实的样件上进行,并且尽早开展,以便及时改进。

电子产品缺陷与环境应力之间的关系并非线性,没有一种缺陷会对所有的环境应力都敏感。不同应力条件所激发缺陷的原理也不尽相同。

a)温度循环试验是将试件放置在高低温周期变化的环境中,其各组成部分由于热膨胀系数的不同,在其连接处产生交变的热应力,产生如电介质的断裂,导体和绝缘体的断裂,不同界面的分层等失效机理。温循过程中,同时作用在产品上的应力包括高热应力与热疲劳,主要表现在影响产品的机械性能(不同材料的膨胀等)、物理化学性能(塑料低温变脆,高温软化等)、电气性能(电路温漂,绝缘体老化热击穿等)。在温度循环试验中关注的试验因素包括最高温度、最低温度、上下限沉浸时间、温度变化速率等。

b)高温条件是元器件在工作中常见的环境。温度过高会导致器件散热不良,PN结漏电流变大等影响,也会提高金铝键合区的离子扩散速率乃至导致键合丝熔断等电气连接失效的发生。

c)电应力失效一般是通过导致元器件温度的上升加速其老化或击穿,电压循环一般来说只影响稳压器件,对于非调整性器件,高压有利于暴露二极管,晶体管缺陷,低压有利于暴露继电器及其他开关器件故障。在电应力试验中关注的试验因素包括电源电压值、电源电压抖动、输入电压脉冲幅值、输入电压脉冲频率等。

d)可靠性试验中,湿度一般施加在高温段,分析湿度诱发故障机理则需要考虑高温与后期低温的综合作用。主要表现为造成机械失效(改变材料强度,硬度,弹性)、物理化学改变

（加速腐蚀，材料分解，长霉，变形等）、电气方面（电气短路，表面劣化，触电接触不良等），开展湿热试验可激发元器件及其材料在炎热和高湿条件下可能存在的缺陷与不足，激发在高温高湿下会存在的密封性能缺陷。而开展交变湿热试验的目的在于提供凝露和干燥的交替进行的过程，通过水汽的呼吸作用加速对密封结构的破坏和腐蚀的速率。湿热试验中关注的试验因素包括高低温相对湿度，温度变化速率，以及高低温保持时间等。

e）振动为通过施加外力激起产品内部结构谐振的手段暴露产品缺陷。主要表现包括产品性能超差失效（结构错位，产生干扰信号等）、反复振动导致的结构脱落，引线松动等、放大微小结构缺陷与损伤。振动试验中关注的试验因素包括加速度功率谱密度、振动频率，振动的方向和时间等。

数据统计表明，环境因素引起的产品故障占总故障的 50% 左右，其中温度因素占环境因素引起故障的 40%，振动占 27%，湿度占 19%，沙尘占 6%，盐雾占 4%，高度占 2%，其余占 2%。环境应力不只是单一的作用，往往多种应力相互综合相互影响，产生综合的环境效应。综合环境应力可以更真实地反映出产品所遇到的环境，更真实地反映使用中出现的失效模式，更充分地暴露产品隐藏的缺陷、故障和失效，进行综合环境试验，可在试验中最大限度地出现叠加效应。

从理论上来说，不同环境应力形成的失效机理不同，所能激发的产品缺陷种类和效率也不相同。可靠性强化试验采用低温应力、高温应力、快速温变循环、振动应力、温度 - 振动综合应力，因而可从不同角度激发产品缺陷，提高产品的可靠性水平。

22.1.1 可靠性强化试验步骤

可靠性强化试验采用步进应力的方法进行试验，与传统的可靠性试验不同，可靠性强化试验的目的是激发故障，即把产品中潜在的缺陷激发成可观察的故障。因此它不是采用一般模拟实际使用环境进行的试验，而是人为地施加步进应力，在大于技术条件规定的极限应力下快速进行试验，找出产品的工作极限甚至最终达到的破坏极限，以使产品能快速地达到高可靠性。

a）试验项目：包括低温步进应力试验、高温步进应力试验、快速温度循环试验、振动步进应力试验、综合环境应力试验共 5 个试验项目，如图 22 - 1 所示。

b）试验起始条件：低温步进、高温步进应力试验的起始温度和步长依据产品设计规范和环境技术条件确定，振动步进应力的起始振动量值和步长依据产品设计规范和环境技术条件确定，快速温度循环试验温度条件依据低温步进、高温步进应力试验截止温度确定，综合环境应力试验的温度、振动条件依据快速温度循环试验和振动步进应力试验结果确定。

c）试验终止条件：各阶段试验中当出现第一次故障时即终止该阶段试验，产品修复后进行下一阶段试验。第一轮试验结束后，针对产品在每个阶段试验中暴露的薄弱环节和设计缺陷，采取设计改进措施后，开展第二轮可靠性强化试验。

d）极限应力条件：根据各项试验终止时的温度/振动条件确定产品的极限应力条件。

e）振动方式选取：一般对于重量小于 5 kg（含夹具）的组件和模块级产品，可优先选用冲击振动台试验设备进行试验；对于单元和整机级产品，则也可采用电磁振动台试验设备进行试验。

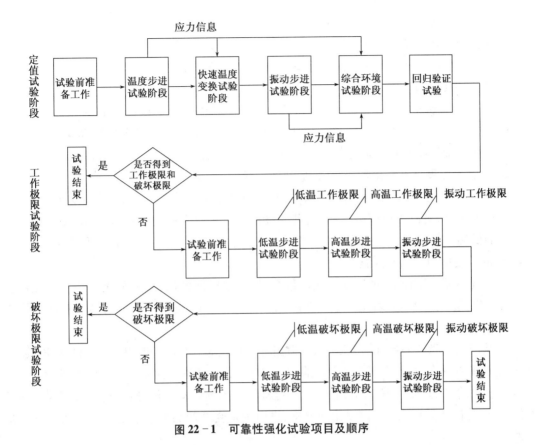

图 22-1　可靠性强化试验项目及顺序

22.1.2　低温步进应力试验

低温步进应力试验的应力施加方式如图 22-2 所示。

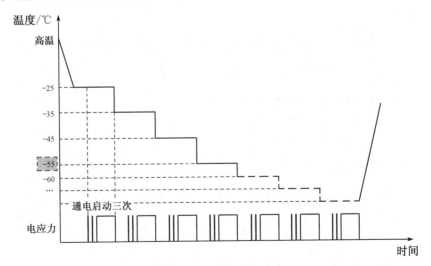

图 22-2　低温步进应力试验剖面

a) 确定某温度(如 -25 ℃)作为低温步进的起始温度。

b) 在温度达到产品规范低温工作值之前,以 -10 ℃ 为步长。

c) 在温度达到产品规范低温工作值之后,以 -5 ℃ 为步长。

d) 温度变化速率选择不大于 40 ℃/min。

e) 每个温度台阶上停留时间为"产品达到温度稳定时间 + 10 min + 测试时间"。

f) 受试产品达到温度稳定后进行通电启动,必须使受试产品进行 3 次启动检测,以考核受试产品在低温环境下的起动能力;受试产品测试完毕后断电,进入下一台阶。

g) 当在某温度下产品出现故障时,应暂停试验。

h) 将温度应力提高到故障前一台阶的温度,温度稳定后看产品工作能否恢复正常;若产品工作仍不正常,对故障机理进行分析,若为设计或工艺原因所致,则步骤 g)之前的温度即为产品的低温工作极限,步骤 g)的温度即为产品的低温破坏极限;若产品工作恢复正常,则步骤 g)的温度即为产品的低温工作极限。

i) 首先修复受试产品,如果现场无法修复,则应进行防低温保护,如无法修复也无法保护则进行更换。之后将温度降到受试产品出现故障的温度,确认修复的有效性和防护措施的有效性。

j) 从产品故障前一台阶的温度开始,适当降低步长如 -3 ℃,继续进行低温步进试验。

k) 试验终止条件:产品低温破坏极限或工作极限,或者达到预先设定的低温温度。

l) 辅助冷却的产品,每个温度台阶上均施加正常辅助冷却条件,然后逐步减弱辅助冷却条件,直至受试产品功能性能测试出现异常,进而确定受试产品能够耐受的最恶劣辅助冷却条件。

22.1.3　高温步进应力试验

高温步进应力试验的应力施加如图 22 - 3 所示。

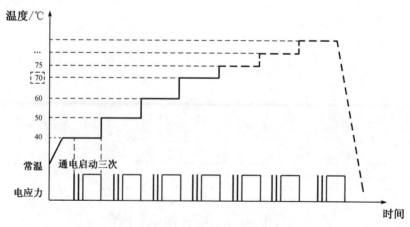

图 22 - 3　高温步进应力试验剖面

a) 确定某温度(如 +40 ℃)作为高温步进的起始温度。

b) 在温度达到产品规范高温工作值之前,以 +10 ℃ 为步长。

c) 在温度达到产品规范高温工作值之后,以 +5 ℃ 为步长。

d）温度变化速率选择不大于 40 ℃/min。

e）每个温度台阶上停留时间为"产品达到温度稳定时间 + 10 min + 测试时间"。

f）产品达到温度稳定后进行通电启动，必须使受试产品进行 3 次启动检测，以考核受试产品在高温环境下的起动能力；受试产品测试完毕后断电，进入下一台阶。

g）当在某温度下产品出现故障时，应暂停试验。

h）将温度应力降低到故障前一台阶的温度，温度稳定后看产品工作能否恢复正常；若产品工作仍不正常，对故障机理进行分析，若为设计或工艺原因所致，则步骤 g）之前的温度即为产品的高温工作极限，步骤 g）的温度即为产品的高温破坏极限；若产品工作恢复正常，则步骤 g）的温度即为产品的高温工作极限。

i）首先修复受试产品，如果现场无法修复，则应进行防高温保护，如无法修复也无法保护则进行更换。之后将温度升到受试产品出现故障的温度，确认修复的有效性和防护措施的有效性。

j）从产品故障前一台阶的温度开始，适当降低步长如 2 ℃，继续进行高温步进试验。

k）试验终止条件：产品高温破坏极限或工作极限，或者达到预先设定的高温温度。

l）辅助风冷冷却的产品，每个温度台阶上均施加正常辅助风冷冷却条件，然后逐步减弱辅助冷却条件，直至受试产品功能性能测试出现异常，进而确定受试产品能够耐受的最恶劣辅助冷却条件；辅助液冷冷却的产品，每个温度台阶上施加设定较高液温的流体而流量不减。

22.1.4　快速温度循环试验

快速温度循环试验的应力施加如图 22 - 4 所示。

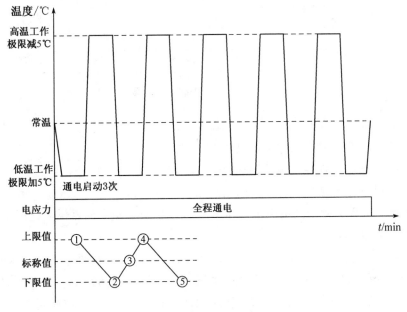

图 22 - 4　快速温度循环试验剖面

a）以常温作为温度循环的开始。

b）温度范围：低温工作极限 + 5 ℃ ～ 高温工作极限 - 5 ℃。高低温保持时间为试验样件

达到温度稳定时间 + 10 min + 测试时间。

c）温度变化速率:≥40 ℃/min。

d）每个循环产品全程通电测试,电应力循环如图22-4所示,拉偏电压按产品技术规范要求确定。

e）终止条件:一般应至少完成5个循环试验。

f）风冷冷却的产品,通风条件按温度步进试验中所确定的极限通风条件进行供风;液冷冷却的产品一般不进行快速温度循环试验。

22.1.5 振动步进应力试验

振动步进应力试验的应力施加如图22-5所示。

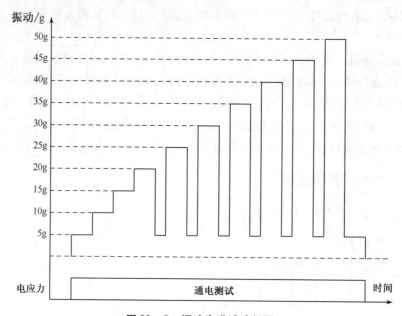

图22-5 振动步进试验剖面

a）振动形式:3轴6自由度振动或电磁振动台。

b）振动频率范围:3轴6自由度振动5~10 000 Hz。

c）起始振动量级:3轴6自由度振动5 g。

d）步进步长:3轴6自由度振动5 g;电磁振动2 Grms。

e）每个振动量级保持时间不小于10 min,在每个振动步进台阶都需要进行测试。

f）电应力:标称电压。

g）3轴6自由度振动试验时,当振动量级大于20 g,在每个振动量级台阶结束后将振动量值降至5 g(微颤振动5 min);电磁振动振动试验时,当振动量级大于12 Grms,在每个振动量级台阶结束后将振动量值降至4 Grms(微颤振动5 min),以及时发现在高量级振动时出现的焊点断裂等。

h）当在某振动应力下产品出现故障时,应暂停试验。

i）将振动应力降低至初始振动量级。

j）确认产品工作能否恢复正常；若产品工作仍不正常，对故障机理进行分析，若为设计或工艺原因所致，则步骤 h）之前的振动量级即为产品的振动工作极限，步骤 h）的振动量级即为产品的振动破坏极限；若产品工作恢复正常，则步骤 h）的振动量级即为产品的振动工作极限。

k）首先修复受试产品，如果无法修复则进行更换；之后施加步骤 h）之前的振动量级，验证修复的有效性。

l）试验终止条件：产品振动破坏极限或工作极限，或者达到预先设定的振动量级。

m）带减振器的产品一般应去掉减振器进行试验。

22.1.6　综合环境应力试验

综合环境应力试验的应力施加如图 22-6 所示。

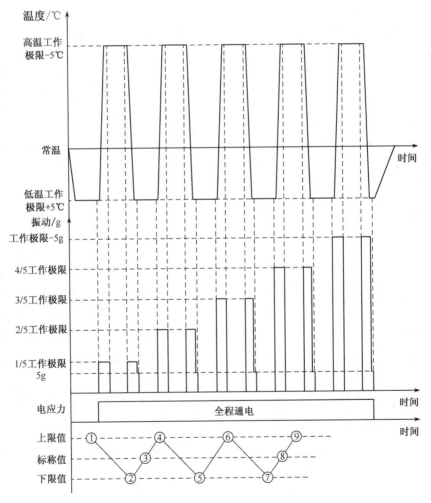

图 22-6　综合环境试验剖面

a）温度应力的施加方法同快速温度循环试验的温度应力施加方法，一般不少于 5 个完整循环。

b) 以产品振动工作极限的 1/5 作为振动步进的起始振动量级,每次增加该值作为下一循环的振动量级,第五循环振动量级为振动工作极限 − 5 g。

c) 施加振动时机与持续时间:在每个循环的升温段开始前 5 min 施加相应的振动量级直至升温段结束后 5 min;在每个循环的降温段开始前 5 min 施加相应的振动量级直至降温段结束,然后将振动量级降至 5 g 并维持 5 min,以及时发现由于温度应力和振动应力同时作用于电源变换装置而出现的焊点断裂等情况。

d) 每个循环产品全程通电测试。

e) 每个循环中低温和高温阶段的停留时间不小于产品温度达到稳定时间 + 10 min + 测试时间。

f) 各循环产品通电电压分别按"上限值 − 下限值 − 标称值 − 上限值 − 下限值"变化,变化顺序如图 22 − 6 所示,电应力变化范围依据产品规范确定;每个振动量值下进行 2 个温度循环。

g) 终止条件:按图 22 − 6 所示进行试验直至产品在该阶段试验出现较多故障或完成 10 个循环为止。

风冷冷却的产品,通风条件按温度步进试验中所确定的极限通风条件进行供风;液冷冷却的产品供液温度一般低温阶段以较常温低的温度,高温阶段以较常温高的温度,流量不减。

22.1.7 可靠性强化试验设备

可靠性强化试验与常规试验设备的比较见表 22 − 2。

表 22 − 2　强化试验与常规试验设备比较

技术参数		强化试验设备	常规试验设备
振动	激励方向	六轴激励,3 个线性,3 个旋转	单轴激励
	激振方式	气锤连续冲击多向激励	电动激振
	控制方式	均方根值控制。频谱不可控、低频能量小、位移小	功率谱控制。频谱可控、在给定的带宽能量可控、位移较大
	频率范围	2 Hz ~ 10 kHz	5 Hz ~ 2 kHz(小激振器可达 5 kHz)
	台面载荷	推力较小,载荷轻	载荷相对较大,可根据产品的重量选择不同吨位的振动台
温度	制冷方式	液氮制冷	机械或机械 + 液氮制冷
	温变率	温变率大,可达 60 ℃/min,甚至更高	温变率小,一般机械制冷不超过 15 ℃/min,机械 + 液氮制冷可达到 30 ℃/min
	控制范围	− 100 ~ + 200 ℃	− 70 ~ + 200 ℃,通常使用 − 55 ~ + 70 ℃
	有无风管	有	无
	控制传感器	非固定式传感器,安装在产品上表面	固定式传感器,安装在温度箱出风口附近
适用范围		适用于重量较轻、对高频敏感的电子产品,例如模块级或电路板级等产品	适用范围大,例如设备级和系统级等产品

常规试验设备开展可靠性强化试验分析：

可靠性强化试验主要由 5 个试验步骤组成。从上述可知，每种试验应力对试验设备的要求并不相同，常规试验设备有的也可以覆盖其中部分试验设备的需求。

温度步进试验对温度变化速率并没有要求，只要求有足够大的温度变化范围。这是因为温度步进应力的最严酷应力是产品的工作极限或破坏极限，一般会高于产品技术规范上的产品工作或贮存温度极限。大部分温度试验箱是可以满足温度范围要求的，但有一点需要特别注意，可靠性强化试验专用设备是直接从风管向试验件吹风来控制温度。实施这种控温方法的目的是为了得到足够大的温度变化速率。试验件迎风面的风速有可能超过 7m/s，试验箱内部流场也比较复杂。此时产品表面换热效率会增强，能或多或少的改善产品的散热效率。对于液冷试验件来说这几乎不会带来影响，而对于靠冷板翅片这种自然散热的试验件来说则会较大地改善散热效率。常规试验设备为了满足国军标对风速允差的要求，试验箱内部风速很小，产品散热效率更接近于一般室内使用环境。这导致的结果就是在可靠性强化试验箱内摸出的工作极限范围更宽。

对于快速温变循环试验，温度变化速率的要求很高，常规试验设备达不到 30 ℃/min 的最低要求。常规试验设备的温度变化速率一般最大为 10 ~ 15 ℃/min。如果用常规试验设备开展快速温变循环试验，试验件受到的温度循环应力很小，达不到试验效果。

对于振动步进应力试验，可靠性强化试验专用设备的振动特点和常规电磁振动台有很大不同。可靠性强化试验专用设备的振动台为弹性连接，施振方式为三轴六自由度同时振动，试验件的振动极限是多轴振动耦合下的极限。而常规电磁振动台一般为单轴振动。另一方面，可靠性强化试验专用设备的振动能量更多的集中于高频，且频谱不可控。而常规电磁振动台的振动频谱可控，可人为设置低频高能量的振动条件。因此用两种设备发现的产品缺陷和应力极限有所不同。

对于综合应力试验，两种设备的差异很大，基本没有替代性。为了探索常规试验设备开展这类加速试验的可行性，对相同的缺陷又利用常规试验箱开展了温度循环和随机振动试验，30 个小时仅发现了 2 处故障。说明采用不同试验设备开展综合应力试验的效果相差很大，时间效率相差很大。这至少说明对于综合应力试验常规试验设备完全不具备替代可靠性强化试验专用设备的能力。

对大部分试验件而言，用可靠性强化试验专用设备开展可靠性强化试验才能发挥试验效能，最大化地实现可靠性提升的目标。但受制于试验设备的较高要求，也可考虑采用常规设备开展一些试验。

利用常规试验设备有可能开展的单项试验项目为温度步进试验，振动步进试验。综合应力试验的剖面需要振动步进试验的结果确定，而综合应力试验只能用可靠性强化试验专用设备。常规试验设备摸索出的振动极限不同于可靠性强化试验专用设备摸索出的振动极限，不能得到试验剖面。因此从全局考虑一般不使用常规振动台开展可靠性强化试验。同样，快速温变循环的试验剖面也是由温度步进应力试验得到的极限应力确定的。对于不同试验件，可靠性强化试验专用设备和常规试验设备得到的结果不一定相同。为了能用常规试验设备的结果来进行快速温变循环试验，试验件散热应是对表面风速不敏感的，最好是经试验或仿真验证采用两种设备散热性能变化不大的。

综上所述,可靠性强化试验的五项试验中,只有高温步进应力试验和低温步进应力试验可以用常规试验设备来实施,且对试验件散热有一定要求。而振动步进试验、快速温变循环试验和综合应力试验一般用可靠性强化试验设备。

22.1.8 可靠性强化试验技术特点

可靠性强化试验技术最显著的特点是步进施加应力,这不仅可以找出产品的工作极限和破坏极限,还能够大幅度提高试验效率,特别是在研制设计阶段可以有效减少试验样本量的投入,以最低的成本获得尽可能多的产品特征信息。

任何类型的加速试验都是基于加速损伤模型理论。可靠性强化试验就是通过步进施加应力的方式逐渐迫近于产品的工作极限和破坏极限,获得规范极限和破坏极限中裕度。强化试验通过试验可提供应力水平(剩余强度)与要求的应力水平之间的应力余量信息,以确定产品工作极限和破坏极限。

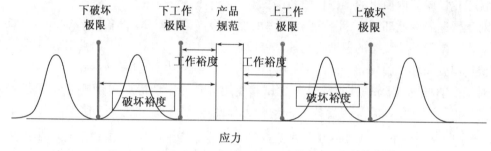

图 22 - 7　强化试验各类极限关系

综上所述,可以归纳出强化试验的技术特点有:

a)产品设计或制造中的潜在缺陷和薄弱环节一般可通过强化试验充分暴露;

b)强化试验作为一种灵活、高效的试验技术,其应力水平要高于规范极限的应力水平。

22.1.9 不同应力条件下加速因子计算方法

可靠性强化试验一般包括低温步进、高温步进、快速温度循环、振动步进和综合应力试验等。根据温度、振动等强化试验应力的加速模型,推导不同应力水平下的加速因子,将可靠性强化试验数据外推到常规应力下的失效数据,以转化为常规应力下的数据。

加速因子是各类加速应力试验中的重要参数,它指正常应力下产品某种可靠性特征值与各加速应力下可靠性特征值的比值,也可称为加速系数,是一个无量纲数。加速因子反映了加速应力试验中施加应力水平的加速效果,即加速应力的函数。本节基于各种典型应力损伤等效模型,针对强化试验各试验阶段的应力类型(高温、低温、快速温变、振动和综合应力),给出了不同试验阶段加速因子的计算方法,为后续强化试验定量评估提供基础。

22.19.1 高温应力下加速因子的计算

高温应力会使产品内部产生机械应力或热应力,通过加速应力的物理和化学反应,从而加速产品的失效过程。高温累积损伤等效的加速模型主要包括 Arrhenius 模型和 Eyring 模型。

1）Arrhenius 模型

Arrhenius 模型的核心是激活能，激活能是一个量子物理学概念，用于表征在微观上启动某种粒子间重组所需克服的能量障碍。它主要用来描述产品中非机械（非材料疲劳）的、取决于化学反应、腐蚀、物质扩散或迁移等过程的失效机理，其数学形式如下：

$$t_L = C \times e^{\frac{E_a}{k_B \times T}} \tag{22-1}$$

式中：t_L—产品特征寿命/可靠性特征参数；k_B—玻尔兹曼常数（取值为 8.617×10^{-5} eV/K）；T—绝对温度（摄氏度 $+273.15$），单位为 K；E_a—激活能（又称活化能），单位为 eV；C 为常数。

依据 Arrhenius 模型，高温应力下加速因子计算公式如下：

$$AF = \frac{t_{L,\text{use}}}{t_{L,\text{test}}} = e^{\frac{E_a}{k_B}\left(\frac{1}{T_{\text{use}}} - \frac{1}{T_{\text{test}}}\right)} \tag{22-2}$$

式中：AF—加速因子，又称为损伤等效折算因子；T_{use}—使用应力水平，例如使用环境的温度应力水平；T_{test}—加速应力水平，例如强化试验应力水平。

在实际工程应用中，通过试验去获得产品的激活能在样本量、经费和周期方面均难以承受，一般采用标准推荐的激活能，例如：美国国防手册针对电子产品推荐激活能为 0.79 eV；JEDEC 固态技术协会标准 JESD94A 等标准推荐的激活能取值范围为 $0.7 \sim 1.0$ eV。

2）Eyring 模型

单应力的 Eyring 模型是根据量子力学原理推导出的，它表示某些产品的寿命特性是绝对温度的函数。当绝对温度在较小范围内变化时，单应力 Eyring 模型近似于 Arrhenius 模型，在很多应用场合可以用这两个模型去拟合数据，根据拟合好坏来决定选用哪一个加速模型。Eyring 模型形式如下：

$$t_L = \frac{1}{S} e^{-\left(A - \frac{B}{S}\right)} = \frac{C}{S} e^{\frac{B}{S}} = \frac{C}{T} e^{\frac{E_a}{k_B T}} \tag{22-3}$$

式中：A、B、C—常数；其余符号含义与 Arrhenius 模型相同。

依据 Eyring 模型，高温应力下加速因子计算方式如下：

$$AF = \frac{t_{L,\text{use}}}{t_{L,\text{test}}} = \frac{T_{\text{test}}}{T_{\text{use}}} e^{\frac{E_a}{k_B}\left(\frac{1}{T_{\text{use}}} - \frac{1}{T_{\text{test}}}\right)} \tag{22-4}$$

上式中的加速因子与 Arrhenius 模型一样，需要获得激活能才能够计算。

22.1.9.2 低温应力下加速因子的计算

低温应力效应引起产品力学性能的下降，其与高温引起产品老化的机理不同，因此 Arrhenius、Eyring 等温度应力加速模型难以适用。指数加速模型适合描述产品可靠性特征与低温之间的变化规律。指数加速模型的数学形式如下：

$$\xi(T) = a e^{bT} \tag{22-5}$$

式中：T—绝对温度（摄氏度 $+273.15$），单位为 K；a，b—模型常数；$\xi(T)$—产品寿命特征。

依据指数加速模型,低温应力下加速因子计算方式如下:

$$AF = \frac{\xi(T_{\text{use}})}{\xi(T_{\text{test}})} = e^{b(T_{\text{use}} - T_{\text{test}})} \tag{22-6}$$

在实际工程应用中,可以通过试验失效数据拟合测定所需常数值 b。例如,对公式 (20-5)两边取对数可得:

$$\ln[\xi(T)] = \ln a + b \cdot T \tag{22-7}$$

只要将两组以上的失效数据代入上式,即可通过最小二乘法估计出 a、b 两个系数。滕飞 等人于 2019 年发表的相关文献中给出了模型参数的估计值,其中 $b = 8.3 \times 10^{-2}$。

22.1.9.3 快速温变应力下加速因子的计算

快速温度变化导致的失效多为热疲劳所致,通过提高温循中高低温差、加快温变率等方 式可以加速产品机械、电气和物理化学性能的变化从而导致失效快速发生。常用于快速温 变应力下的加速模型主要有 Coffin-Manson 模型及其扩展模型。Coffin-Manson 模型用于描述 塑性应变幅和疲劳寿命之间的关系,其使用范围限定在低周疲劳(即疲劳寿命次数低于 10^6 次)。

温度循环应力下的加速模型为修正 Coffin-Manson 模型,即

$$N = A \cdot f^{-\alpha} \cdot \Delta T^{-\beta} \cdot G(T_{\max}) \tag{22-8}$$

式中:N—失效循环数;f—循环频率;T—温度变化范围;$G(T_{\max})$—温度循环中最高温 $T_{\max}$ 时的 Arrhenius 形式,即

$$G(T_{\max}) = e^{\frac{E_a}{k_B T_{\max}}} \tag{22-9}$$

式中:E_a—激活能,与材料有关;k_B—玻尔兹曼常数,值为 8.617×10^{-5} eV/K。

基于修正的 Coffin – Manson 模型,推导出加速因子的模型为(相关参数可参考北京航空 航天大学高援凯 2018 年硕士论文):

$$AF = \frac{N_{\text{use}}}{N_{\text{test}}} = \left(\frac{\Delta T_{\text{test}}}{\Delta T_{\text{use}}}\right)^{\beta} \left(\frac{f_{\text{test}}}{f_{\text{use}}}\right)^{1/3} e^{\left[1414 \times \left(\frac{1}{T_{\max,\text{use}}} - \frac{1}{T_{\max,\text{test}}}\right)\right]} \tag{22-10}$$

式中:N_{use}、N_{test}—分别为正常应力和试验应力下的失效循环数;ΔT_{test}、ΔT_{use}—分别为试验 应力和正常应力下的温度变换范围;f_{test}、f_{use}—分别为试验应力和正常应力下的循环频率; $T_{\max,\text{test}}$、$T_{\max,\text{use}}$—分别为试验应力和正常应力下的循环中的最高温度。

22.1.9.4 振动应力下加速因子的计算

振动应力属于循环型应力,其造成的失效主要为高周疲劳失效,疲劳失效类型属于耗损 型失效,是指材料在低于其屈服强度的应力下,经过若干次循环之后发生损坏而丧失正常工 作性能的现象。在一定范围内,高周疲劳的破坏程度与振动的能量及频率有关,在试验中可 以通过增大振动量值来缩短试验时间。按照累积损伤原理的思路,最高振动应力量值应低 于综合应力的量值,同时要使得所产生的损伤效应转化到时间中去。疲劳寿命是指结构在 循环应力的作用下循环至失效的次数或时间,常用于振动损伤等效的加速模型有 Basquin 等 式或 Miner 规则(逆幂律模型)。

1）Basquin 等式

Basquin 等式的数学形式如下：

$$NS^b = C \qquad (22-11)$$

式中：S—广义应力，如果是随机振动，对应的单位就是功率谱密度（PSD）或均方根值（rms），如果是正弦振动，对应单位用幅值表示；N—振动时间（随机）或循环至疲劳的循环数（正弦）；C—常数。

2）Miner 规则

Miner 规则的数学形式如下：

$$L(S) = C^{-1} \cdot S^{-m} \qquad (22-12)$$

式中：S—应力，如冲击（脉冲型）、正弦振动或随机振动等；C—需要确定的常数，且 $C > 0$；m—与应力相关的参数；$L(S)$—寿命或预测先确定的持续时间。

振动应力下加速过程可以用应力 – 循环寿命曲线（$S-N$ 曲线）来描述，振动应力下加速因子计算公式如下：

$$AF = \frac{t_{use}}{t_{test}} = \left(\frac{W_{test}}{W_{use}}\right)^{m/2} = \left(\frac{g_{test}}{g_{use}}\right)^{m} \qquad (22-13)$$

在实际工程应用中，一般通过材料的疲劳试验获得 $S-N$ 曲线，进而拟合得到参数 m。此外，也可以通过查询 GJB 150A、MIL – STD – 810G 等资料手册得到 m 的经验值。例如，MIL – STD – 810G中对于正弦振动的 m 值一般取 6，对于随机振动的 m 值一般取 5~8；GJB 150.16A 对于随机振动的 m 取值 4。

22.1.9.5　综合环境应力下加速因子的计算

综合环境应力试验将上述各个强化过程中的每个应力类型以低于工作极限值的 10% 量值，将它们综合在一起施加到产品上，以温度循环的方式，在第一个温度循环时采用步长为破坏振动极限的 20%，而在第二个温度循环时采用步长为破坏极限的 40%，以此类推，直至达到产品不可修复故障或达到所需的循环次数停止，完成全部试验过程。基于上述综合环境应力试验流程，本节将综合环境应力试验拆分为快速温变试验与振动应力试验，分别计算其加速因子，进而得出综合环境应力下的加速因子：

$$AF = AF_{fastT} \cdot AF_{var} \qquad (22-14)$$

式中：AF_{fastT}—快速温变对应加速因子，AF_{var}—振动对应加速因子。

22.2　可靠性强化试验定量评估方法

对比可靠性强化试验与加速寿命试验的数据输入输出，两者数据输入输出基本相似，因此参考加速寿命试验数据处理方法，给出可靠性强化试验定量评估方法。总体而言，定量评估方法的基本思路是利用高应力水平下的试验时间去外推正常应力水平下的试验时间，进而估算样品平均故障间隔时间。

电子产品的强化试验可以分为恒定应力下的强化试验（快速温度循环试验、综合环境应力试验)以及步进应力下的强化试验(低/高温步进试验、振动步进试验)两大类,其失效分布为指数型分布。可靠性强化试验样本数量少,也常会出现无失效数据的情况,因此分别针对无失效数据和有失效数据两种情况,给出统一的定量评估方法框架。在统一方法框架下,针对强化试验的不同阶段,可以依据前节所述的不同应力条件下加速因子计算方法分阶段进行 MTBF 量化分析。立足于分阶段定量评估结果,即可给出面向整个强化试验的综合的 MTBF。

22.2.1 定量评估方法适用性分析

目前针对可靠性试验的统计分析方法有两种:经典统计方法和 Bayes 方法。经典统计方法的特点在于:做统计推断依据的信息来自模型和样本,总体的分布源自经验或某种合理假设,统计推断的一切结论都来自概率解释,例如极大似然估计法。经典统计方法对参数 θ 的点估计有矩估计法和极大似然估计法等。后者是根据样本分布构造似然函数,然后求出使似然函数(似然概率)达到最大值的参数值作为 θ 的点估计值。样本量越大,样本信息越充分,则估计结果越精确。

利用经典统计方法作统计推断时,要经过选定模型、构造统计量、确定抽样分布等环节,最终得到对参数 θ 的某种估计或假设检验的结论。然而,考虑到在模型的选定(即随机变量总体分布的确定)过程中,经典的统计方法试图通过增加样本容量以达到寻求总体分布的目的,因而该方法要求试验样本量较大。

Bayes 统计分析的信息依据是模型信息、样本信息和先验信息。由样本信息和先验信息推导求出参数的后验分布。Byaes 统计学派认为利用这些先验信息不仅可以减少样本容量,而且在很多情况还可以提高统计精度。

22.2.1.1 Bayes 统计方法

对一个产品进行试验时,通常可得到三种信息:总体信息(如产品寿命分布类型)、试验样本信息和先验信息(即在试验之前对未知参数了解到的信息)。经典统计学派主要用到前两种信息,即用总体信息和试验信息来验证产品的可靠性。而 Bayes 学派则利用的是三种信息,其一般模式是由先验信息、先验分布和样本信息综合后得出后验分布。

Bayes 学派的最基本的观点是任一未知量都可看作一个随机变量,应该用一个概率分布去描述其未知状况。在抽样前就有关于目标变量的先验信息的概率陈述,这个概率分布被称为先验分布。

假定 $X = (X_1, X_2, \cdots, X_n)$ 为来自总体的一组样本,若随机变量 X 的抽样分布密度为 $g(x|\theta)$ (即表示在随机变量 θ 给定某个值时,总体指标 X 的条件分布),同时根据参数 θ 的先验信息可以确定参数 θ 的先验分布 $\pi(\theta)$,则在给定样本 X 之后的条件分布,即参数 θ 的后验分布满足:

$$\pi(\theta|x) = \frac{g(x|\theta)\pi(\theta)}{p(x)} \quad (\theta \in \Theta) \tag{22-15}$$

式中:Θ 是参数空间,$p(x)$ 是联合分布 $p(x, \theta)$ 关于样本 X 的边缘密度函数。

如果 θ 是连续型随机变量,则:

$$p(x) = \int_\theta g(x \mid \theta)\pi(\theta)\mathrm{d}\theta \qquad (22-16)$$

如果 θ 是离散型随机变量,则:

$$p(x) = \sum_\theta g(x \mid \theta)\pi(\theta) \qquad (22-17)$$

显然,后验分布 $\pi(\theta|x)$ 是用总体信息和样本信息对先验分布 $\pi(\theta)$ 作调整的结果,它集中了总体、样本和先验等三种信息中有关 θ 的一切信息。在统计学中,点估计也称定值估计,它是以抽样得到的样本指标作为总体指标的估计量,并以样本指标的实际值直接作为总体未知参数的估计值的一种推断方法。利用上述 Bayes 公式算得后验分布 $\pi(\theta|x)$ 后,作为 θ 的点估计可选用后验分布 $\pi(\theta|x)$ 的某个位置特征量,如众数、中位数或期望值等。

下面介绍几种最常用的选择先验分布的方法:

1)无信息先验分布

所谓参数 θ 的无信息先验分布是指除参数 θ 的取值范围和 θ 在总体分布中的地位之外,再也没有关于 θ 的任何信息的分布。在此情况下,一般使用 Bayes 假设:将 θ 的取值范围上的"均匀分布"看作是 θ 的先验分布。

2)共轭先验分布

设 θ 是总体分布中的参数,$\pi(\theta)$ 是 θ 的先验分布密度函数,若由抽样信息算得的后验分布密度 $\pi(\theta|x)$ 与 $\pi(\theta)$ 是同一类型的,则称 $\pi(\theta)$ 是 θ 的共轭先验分布。共轭分布的意义在于:

• 共轭分布要求先验分布与后验分布属于同一个类型,也就是要求经验的知识和现在样本的信息有某种同一性,它们能转化为同一类的知识。如果以过去的经验和现在样本提供的信息作为进一步试验的先验分布,再作若干次统计试验,获得新样本后,新的后验分布仍然是同一类型的;

• 利用共轭分布法可以很方便地将历史上做过的各种试验进行合理综合,也可以为以后的试验结果分析提供一个合理的前提。

以下为常用的一些共轭先验分布。

表 22-3 常用共轭先验分布

总体分布	参数	共轭先验分布
二项分布	成功概率	贝塔分布
泊松分布	均值	伽马分布
指数分布	失效率	伽马分布
正态分布(方差已知)	均值	正态分布
正态分布(方差未知)	方差	逆伽马分布

3)多层先验分布

选定先验分布 $\pi(\theta)$ 后,该分布中往往还含有未知参数,通常是仅知道该参数的取值范围,并不知道其确切值,称此参数为超参数。对超参数再给出一个先验分布(常选均匀分布),然后进行综合,最后获得 Bayes 估计。这种方法称为多层先验分布法,最终得到 θ 的 Bayes 估计相应地称为多层 Bayes 估计。一般使用两层 Bayes 估计,与普通的 Bayes 估计相比,它具有稳健性好及给定参数少的优点。该法最早由 Lindlye 于 1972 年提出,是为了避免一旦超参数给定值与情况不符时,将导致最后估计会发生较大系统偏差。多层 Bayes 估计方法在可靠性工程研究中用途广泛。

22.2.1.2 MCMC 方法

马尔科夫链蒙特卡洛抽样(MCMC)是在理论框架下,通过计算机进行模拟的蒙特卡罗方法。它提供了从待估参数的后验分布抽样的方法,从而使我们获得对待估参数或其函数值及其分布的估计。MCMC 方法是与统计物理有关的一类重要随机方法,广泛使用在 Bayes 推断和机器学习中。本质上,MCMC 方法是使用马尔科夫链的蒙特卡洛积分。基于 Bayes 推断原理的 MCMC 方法主要用于产生后验分布的样本,计算边缘分布以及后验分布的矩。

设 k 维随机向量 $\boldsymbol{\theta} = (\theta_1, \cdots, \theta_k)$,具有联合分布 $p(\theta_1, \cdots, \theta_k)$,在 Bayes 统计应用中,$\theta_k$ 为模型参数或缺失观测值,$p(\theta|x)$ 为后验分布,对函数 $\varphi(\theta)$ 的数学期望为:

$$E[\varphi(\theta)] = \int \varphi(\theta) p(\theta \mid x) \mathrm{d}\theta \qquad (22-18)$$

然而,$\varphi(\theta)$ 通常会比较复杂难以计算,因此需要采用蒙特卡洛积分进行近似,即

$$E[\varphi(\theta)] = \frac{1}{n} \sum_{i=1}^{n} \varphi(\theta) \qquad (22-19)$$

由大数定律可知,当 $\theta_1, \cdots, \theta_k$ 相互独立时,样本容量 n 越大,其近似程度越高。但在本处的研究模型中,不能简单地对 $\theta_1, \cdots, \theta_k$ 做出相互独立的假设,需要使用马尔科夫链蒙特卡洛模拟方法。

马尔科夫链是随机过程中最简单也是应用最多的一种模型。对于随机序列 $\{\theta_t, t \in T\}$,若 θ_{t+1} 状态取值的概率当且仅当与 θ_t 的状态有关,我们称之为马尔科夫链。即

$$P(\theta_{t+1} \in A \mid \theta_0, \cdots, \theta_t) = p(\theta_{t+1} \in A \mid \theta_t) \qquad (22-20)$$

式中:A—θ_t 的状态空间,t—时间刻度。

MCMC 方法的基本思想是建立一个马尔科夫链对未知变量 θ_k 进行模拟,当链达到稳态分布时即得所求的后验分布。随机点 θ_k 来自分布 $p(\theta)$,由不同的抽样方法得到了不同的 MCMC 方法,本处选用 Gibbs 抽样方法实现。

22.2.1.3 Gibbs 抽样算法

Gibbs 抽样算法的基本思想是,从满条件分布中迭代地进行抽样,当迭代次数足够大时,就可以得到来自联合后验分布的样本,进而也得到来自边缘分布的样本。

设未知参数 $\boldsymbol{\theta} = (\theta_1, \cdots, \theta_k)$ 的后验分布为 $p(\theta|x)$,其与似然函数和先验分布的乘积成比例。若给定 $\theta_j(j \neq i)$,则 $p(\theta|x)$ 仅为 θ 的函数,此时称 $p(\theta_i|x, \theta_j, j \neq i)$ 为参数 θ_i 的满条件分布。Gibbs 抽样算法的过程如下:

1) 从满条件分布 $p(\theta_1|x, \theta_2^0, \theta_3^0 \cdots, \theta_k^0)$ 中抽取 θ_1^1;

2) 从满条件分布 $p(\theta_2|x, \theta_1^1, \theta_3^0 \cdots, \theta_k^0)$ 中抽取 θ_2^1;

3）……

4）从满条件分布 $p(\theta_k|x,\theta_1^1,\theta_2^1\cdots,\theta_{k-1}^1)$ 中抽取 θ_k^1；

5）依次进行 n 次迭代后，得到 $\boldsymbol{\theta}^n=(\theta_1^n,\theta_2^n\cdots\theta_k^n)$，则 $\theta^1,\theta^2,\cdots\theta^n$ 是 Markov 链的实现值。马尔科夫转移概率函数为：

$$p(\theta,\theta^*)=f(\theta_1|\theta_2,\cdots,\theta_k)f(\theta_2|\theta_1^*,\theta_3\cdots,\theta_k)\cdots f(\theta_k|\theta_1^*,\cdots,\theta_{k-1}^*) \qquad (22-21)$$

此时，$\boldsymbol{\theta}^n$ 收敛于平稳分布 $p(\theta|x)$。

需要计算的后验分布可写成某函数 $\varphi(\theta)$ 关于后验分布 $p(\theta|x)$ 的期望。

$$E[\varphi(\theta)\mid x]=\int_x\varphi(\theta)p(\theta\mid x)\mathrm{d}\theta \qquad (22-22)$$

从不同的 $\boldsymbol{\theta}^0$ 出发，经过一段时间迭代后，可以认为各个时刻的 $\boldsymbol{\theta}^n$ 的边际分布都是平稳分布 $p(\theta|x)$，此时，称它是收敛的。而在收敛出现以前的一段时间，例如 m 次迭代中，各状态的边际分布还不能认为是 $p(\theta|x)$，因此，应把前面 m 个迭代值舍去，用后面 $n-m$ 个迭代结果估计，即

$$\varphi(\theta)=\frac{1}{n-m}\sum_{i=m+1}^n\varphi(\theta) \qquad (22-23)$$

上式称为遍历平均。由以上 Gibbs 抽样算法过程可以看出，判断 Gibbs 抽样何时收敛到平稳分布 $p(\theta|x)$ 是一个重要问题。本处主要采用以下方法：判断遍历均值是否已经收敛，在 Gibbs 抽样到马尔科夫链中每隔一段时间计算一次参数的遍历均值，为了使用以计算平均值的变量近似独立，通常可每隔一段取一个样本，当该样本的遍历均值稳定后，就可以认为 Gibbs 抽样收敛。

22.2.2　无失效数据的定量评估方法

常用于计算产品可靠性特征的经典数理统计方法包括最小二乘法和极大似然估计法，经典的数理统计方法以失效时间与失效个数为计算核心，且在公式中通常处于分母，因此无失效数据并不适用于经典的数理统计方法。结合文献《无失效试验数据的可靠性评估方法研究》[61] 给出一种适用于强化试验特征的基于 Bayes 方法与最小二乘法混合的无失效数据定量评估统一方法框架。该方法框架可以适用于强化试验中的任一试验阶段，在实际使用中只需根据目标试验阶段的应力类型选用 22.1.9 节中相应的加速因子计算方法即可。

详细介绍无失效数据的定量评估方法框架之前，首先结合电子产品强化试验特点，做出如下假设：

1）假设进行强化试验的电子产品失效分布服从指数分布，即满足：

$$F(t)=P(T<t)=1-\mathrm{e}^{-\lambda t} \qquad (22-24)$$

式中：t—产品工作时间；$F(t)$—产品在 t 时刻的累计失效概率；λ—失效率，在特定应力水平下为一固定常数。

2）针对强化试验的特定阶段而言，分别在不同应力水平 $S_i(i=1,2\cdots,k)$ 下对样品进行试验，对应的试验样品个数为 $n_i(i=1,2\cdots,k)$，且每组试验都没有任何一个样品失效。

3）针对强化试验的特定阶段而言,应力水平 $S_i(i=1,2\cdots,k)$ 下进行试验的总时间为 t_{i_0} $(i=1,2\cdots,k)$,且在试验中同一应力水平下同组试验样品的试验时间相同。对于设定的目标应力 S_0,计算试验观测点的等效试验总时间 $t_i(i=1,2\cdots,k)$:

$$t_i = \sum_{j=1}^{i} AF(S_j,S_0) \cdot t_{j_0} \tag{22-25}$$

式中:$AF(S_j,S_0)$—试验应力 S_j 相对于目标应力 S_0 的加速因子,其计算方式依据试验应力水平类型参见 22.1.9 选取。

4）针对强化试验的特定阶段而言,将试验数据记录为 (t_i,s_i),s_i 为 t_i 时刻的样品参试个数 $s_i = n_i + n_{i+1} + \cdots + n_k$。

基于上述假定,综合 Bayes 方法与最小二乘法来估算试验样品的 MTBF,总体分为以下三步:

1）基于 Bayes 方法计算等效试验时间 t_i 对应的累计失效概率估计值 $\hat{p}_i$

为方便表示,使用 p_i 表示等效试验时间为 t_i 与表示目标应力 S_0 下的等效试验时间下的累计失效概率,即 $p_i = F(t_i)$。同时参考韩明等人的文献《先验分布的构造方法在无失效数据可靠性中的应用》,使用 $(1-p_i)^2$ 作为先验密度的核进行估计,对应密度函数为:

$$f(p_i) = A_1^i(1-p_i)^2 \tag{22-26}$$

式中:$\hat{p}_{i-1} < p_i < \hat{p}_i'$,$\hat{p}_i' = \hat{p}_{i-1}t_i/t_{i-1}$,$A_1^i$ 为特定常数。特别的,根据可靠性试验数据处理中经验分布函数的一般计算方式可知,对于 $\hat{p}_1$ 满足:

$$\hat{p}_1 = \frac{0.5}{s_1+1} \tag{22-27}$$

式中:s_1—t_1 时刻的样品参试个数。式(22-27)的推导如下:

在有 n 个样品参加的定时截尾试验时,设其中有 $r+1$ 个在截尾时刻 $\tau+1$ 之前失效,其余的 $n-r-1$ 个在 $\tau+1$ 之前未失效,记 τ_r,τ_{r+1} 为第 r 个和 $r+1$ 个样品的失效时间,则:

$$\tau_r < \tau < \tau_{r+1} \tag{22-28}$$

设产品的寿命 T 的分布函数为 $F(t)$,则:

$$F(\tau_r) < F(\tau) < F(\tau_{r+1}) \tag{22-29}$$

此时 $F(\tau_r),F(\tau_{r+1})$ 可以看作来自区间 $(0,1)$ 上均匀分布样本的第 r 个和 $r+1$ 个次序统计量,采用王蓉华等人发表的《概率论与数理统计中关于均匀分布次序统计量的一些性质》中均匀分布样本次序统计量期望的计算式:

$$E(X_i) = \theta_1 + \frac{i}{n+1}(\theta_2-\theta_1) \tag{22-30}$$

式中:X_i—次序统计量;θ_1—均匀分布下限;θ_2—均匀分布上限;n—样本个数。
可得:

$$E[F(\tau_r)] = \frac{r}{n+1}$$
$$E[F(\tau_{r+1})] = \frac{r+1}{n+1} \tag{22-31}$$

对于式(22 - 27)中 p_i 的估计,若用 $\frac{r}{s_i+1}$ 估计会偏小,用 $\frac{r+1}{s_i+1}$ 估计则会偏大,因此折中地选择 $\hat{p}_1 = \frac{0.5}{s_1+1}$ 来估计。

此外,由 $\int_{\hat{p}_{i-1}}^{\hat{p}_i} f(p_i)\,\mathrm{d}p_i = 1$ 可解得系数 A_1^i 为:

$$A_1^i = \frac{3}{(1-\hat{p}_{i-1})^3 - (1-\hat{p}_i')^3} \tag{22-32}$$

又因为,对于无失效试验结果而言,对应的似然函数为:

$$L(0|p_i) = (1-p_i)^{s_i} \tag{22-33}$$

因此,由 Bayes 公式可得,p_i 的后验分布密度为:

$$f(p_i \mid s_i) = \frac{f(p_i)L(0\mid p_i)}{\int_{\hat{p}_{i-1}}^{\hat{p}_i} f(p_i)L(0\mid p_i)\,\mathrm{d}p_i} = \frac{(s_i+3)(1-\lambda_i)^{s_i+2}}{(1-\hat{p}_{i-1})^{s_i+3} - (1-\hat{p}_i')^{s_i+3}} \tag{22-34}$$

在平方损失下,可得 $\hat{p}_i$ 的估计值:

$$\hat{p}_i = 1 - \frac{(s_i+3)\left[(1-\hat{p}_{i-1})^{s_i+4} - (1-\hat{p}_i')^{s_i+4}\right]}{(s_i+4)\left[(1-\hat{p}_{i-1})^{s_i+3} - (1-\hat{p}_i')^{s_i+3}\right]} \tag{22-35}$$

2)基于最小二乘法估算目标应力 S_0 下的失效率的估计值 $\hat{\lambda}$

由式(20 - 24)可知,累计失效概率估计值 $\hat{p}_i$ 与失效率 λ 间满足:

$$\ln(1-\hat{p}_i) = -\lambda t_i + \varepsilon_i \tag{22-36}$$

式中:ε_i——由于采用累计失效概率估计值 $\hat{p}_i$ 所带来的误差。

采用最小二乘估计求解失效率时,对应的平方损失如下:

$$Q(\lambda) = \sum_i \varepsilon_i^2 = \left[\ln(1-\hat{p}_i) + \lambda t_i\right]^2 \tag{22-37}$$

令 $\mathrm{d}Q(\lambda)/\mathrm{d}\lambda = 0$ 可知,参数 λ 的最小二乘估计为:

$$\hat{\lambda} = \frac{-\sum_{i=1}^m t_i \ln(1-\hat{p}_i)}{\sum_{i=1}^m t_i^2} \tag{22-38}$$

3)平均无故障工作时间 MTBF 估计

由于假定产品的失效分布服从指数分布,可知:

$$MTBF = 1/\hat{\lambda} \tag{22-39}$$

22.2.3 有失效数据的定量评估方法

考虑强化试验中不同阶段的应力施加特征,进一步将可靠性强化试验在有失效数据情况下的评估分为步进应力与恒定应力两种情况。

22.2.3.1 步进应力下的 Bayes 评估方法

假定在应力水平 S_i 下，失效样品的工作时间为 $t_{i_1}, t_{i_2}, \cdots, t_{i_{r_i}} (i = 1, 2, \cdots, k)$，且满足 $0 \leqslant t_{i_1} \leqslant t_{i_2} \leqslant \cdots \leqslant t_{i_{r_i}} \leqslant \tau_i$。整个步进应力试验中投入的样本总数为 n。考虑强化试验一般具有定时截尾的特性，因此本处针对定时截尾试验场合，τ_i 为在应力水平 S_i 下给定的试验中止时间，r_i 为在应力水平 S_i 下时间 τ_i 之前失效的样品数。对于电子产品而言，其失效分布服从指数分布，即

$$F_{S_i}(t) = P_{S_i}(T < t) = 1 - \mathrm{e}^{-\lambda_i t}$$

$$f_{S_i}(t) = \frac{\mathrm{d}F_{S_i}(t)}{\mathrm{d}t} = \lambda_i \mathrm{e}^{-\lambda_i t} \tag{22-40}$$

$$R_{S_i}(t) = 1 - F_{S_i}(t) = \mathrm{e}^{-\lambda_i t}$$

式中：t—产品工作时间；λ_i—产品在应力水平 S_i 下 t 时刻的失效率，为一固定常数；$F_{S_i}(t)$—产品在应力水平 S_i 下 t 时刻的累计失效概率；$f_{S_i}(t)$—产品在应力水平 S_i 下 t 时刻的瞬时失效概率(失效概率密度函数)；$R_{S_i}(t)$—产品在应力水平 S_i 下 t 时刻的可靠度。

考虑指数分布的无记忆性，构建步进应力试验的似然函数如下：

$$
\begin{aligned}
L(\lambda_1, \cdots, \lambda_k, \theta) &= \prod_{i=1}^{k} \left(\prod_{j=1}^{r_i} \lambda_i \mathrm{e}^{-\lambda_i t_{ij}} \right) \cdot (\mathrm{e}^{-\lambda_i \tau_i})^{n - \sum\limits_{x=1}^{i} r_x} \\
&= \prod_{i=1}^{k} \lambda_i^{r_i} \mathrm{e}^{-\lambda_i \left(\sum\limits_{j=1}^{r_i} t_{ij} + (n - \sum\limits_{x=1}^{i} r_x) \tau_i \right)}
\end{aligned}
\tag{22-41}
$$

令：

$$R_i = \sum_{x=1}^{i} r_x \quad i = 1, 2, \cdots, k$$

$$\tau'_i = \sum_{j=1}^{r_i} t_{i_j} + (n - R_i) \tau_i \tag{22-42}$$

式中：R_i—步进应力 S_1 至 S_i 期间总计的失效个数，特别地，记 $r = R_k$ 表示步进试验中总的失效个数；τ'_i—试验应力 S_i 下所有样本的累计工作时间。

将式(20-42)代入式(20-41)中，似然函数可以简化表示为：

$$L(\lambda_1, \cdots, \lambda_k, \theta) = \prod_{i=1}^{k} \lambda_i^{r_i} \mathrm{e}^{-\lambda_i \tau'_i} \tag{22-43}$$

假定产品在应力 S_1 下的失效率为 λ_1，将应力 S_i 下的失效率 λ_i 表示为：

$$\lambda_i = \lambda_1 \mathrm{e}^{A[\varphi(S_1) - \varphi(S_i)]} = \lambda_1 \theta^{\varphi_i} \tag{22-44}$$

式中：$\theta = \lambda_2 / \lambda_1$—产品在应力 S_2 下相较于应力 S_1 的加速系数，$\theta > 0$；$\varphi_i = \dfrac{\varphi(S_1) - \varphi(S_i)}{\varphi(S_1) - \varphi(S_2)}$。

关于函数 $\varphi(S)$ 可根据步进应力类型，根据 22.1.9 节所给加速因子的计算方法得出，分别选用 Arrhenius 模型、指数加速模型、$S - N$ 曲线方程来描述高温步进、低温步进以及振动步

进情况下的加速模型,则函数 $\varphi(S)$ 可表示为:

$$\varphi(S) = \begin{cases} S & \text{低温步进,单位为 K} \\ 1/S & \text{高温步进,单位为 K} \\ \ln S & \text{振动步进,单位为 g}^2/\text{Hz 或 g} \end{cases} \qquad (22-45)$$

将式(20-44)代入式(20-43)中,并记 $\lambda = \lambda_1, T_1 = \sum_{i=1}^{k} \varphi_i \tau_i, T_2 = \sum_{i=1}^{k} \theta^{\varphi_i} \tau'_i$,化简可得:

$$L(\lambda, \theta) = \lambda^r \theta^{T_1} e^{-\lambda T_2} \qquad (22-46)$$

在开展强化试验定量评估时,根据工程经验可以得到加速系数 θ 的取值范围,假定为 $1 \leqslant k_1 < \theta < k_2$,由此选取 θ 的先验分布为:

$$\pi(\theta) \propto \frac{1}{\theta}, 1 \leqslant k_1 < \theta < k_2 \qquad (22-47)$$

根据表 22-3 所列常用参数的共轭先验分布,假定产品在 S_1 下的失效率 λ 的先验分布为 Gamma 分布,其概率密度函数为:

$$\pi(\lambda \mid \alpha, \beta) = \frac{\beta^\alpha \lambda^{\alpha-1} e^{-\beta\lambda}}{\Gamma(\alpha)} \qquad (22-48)$$

式中:$0 < \lambda < \infty, \alpha > 0, \beta > 0, \alpha$ 和 β 为超参数。

一般而言,Gamma 先验分布中超参数 α 和 β 的先验分布可以分别取 $(0,1)$ 和 $(0,c)$ 上的均匀分布($c > 0$ 为常数),其概率密度分别为 $\pi(\alpha) = 1(0 < \alpha < 1)$ 和 $\pi(\beta) = 1/c(0 < \beta < c)$。当 α 和 β 独立时,则 λ 的多层先验概率密度为:

$$\pi(\lambda) = \frac{1}{c} \int_0^c \int_0^1 \frac{\beta^\alpha}{\Gamma(\alpha)} \lambda^{\alpha-1} e^{-\beta\lambda} d\alpha d\beta, \ \lambda > 0 \qquad (22-49)$$

由式(20-46)所述的似然函数以及式(20-47)和式(20-49)所述的先验分布,可得到参数 $(\lambda, \theta, \alpha, \beta)$ 的联合后验分布的概率密度函数为:

$$\pi(\lambda, \theta, \alpha, \beta \mid \tau) \propto \frac{\beta^\alpha}{\Gamma(\alpha)} \lambda^{r+\alpha-1} \theta^{T_1-1} e^{-\lambda(\beta+T_2)} \qquad (22-50)$$

式中:$\tau = (n, r_i, \tau_i, t_{ij})$——试验相关信息。

对式(20-50)依次求积分,可以得到各参数的边缘概率密度:

- λ 的满条件后验分布的概率密度为:

$$\pi(\lambda \mid \theta, \alpha, \beta, \tau) \propto \lambda^{r+\alpha-1} e^{-\lambda(\beta+T_2)} \qquad (22-51)$$

- θ 的满条件后验分布的概率密度为:

$$\pi(\theta \mid \lambda, \alpha, \beta, \tau) \propto \theta^{T_1-1} e^{-\lambda T_2} \qquad (22-52)$$

- α 的满条件后验分布的概率密度为:

$$\pi(\alpha \mid \theta, \lambda, \beta, \tau) \propto \frac{\beta^\alpha \lambda^\alpha}{\Gamma(\alpha)} \qquad (22-53)$$

- β 的满条件后验分布的概率密度为:

$$\pi(\beta|\theta,\lambda,\alpha,\tau) \propto \beta^{\alpha}e^{-\lambda\beta} \tag{22-54}$$

本处使用 22.2.1.3 节所述 Gibbs 抽样方法来计算得到满足式(20-50)联合后验分布的参数均值,其中:θ 和 α 的满条件后验分布的随机数可以利用舍选抽样法产生。而 λ 和 β 的满条件后验分布的随机数可分别有 Gamma 分布 $\Gamma(\alpha+r,\beta+T_2)$ 和 $\Gamma(\alpha+1,\lambda)$ 产生。

假设给出起始点 $[\lambda^{(0)},\theta^{(0)},\alpha^{(0)},\beta^{(0)}]$,则第 n 次迭代分为以下四步:

第一步:从满条件后验分布 $\pi[\lambda|\theta^{(n-1)},\alpha^{(n-1)},\beta^{(n-1)},\tau]$ 产生 $\lambda^{(n)}$;

第二步:从满条件后验分布 $\pi[\theta|\lambda^{(n)},\alpha^{(n-1)},\beta^{(n-1)},\tau]$ 产生 $\theta^{(n)}$;

第三步:从满条件后验分布 $\pi[\alpha|\lambda^{(n)},\theta^{(n)},\beta^{(n-1)},\tau]$ 产生 $\alpha^{(n)}$;

第四步:从满条件后验分布 $\pi[\beta|\lambda^{(n)},\theta^{(n)},\alpha^{(n)},\tau]$ 产生 $\beta^{(n)}$。

则 $[\lambda^{(n)},\theta^{(n)},\alpha^{(n)},\beta^{(n)},n=1,2,\cdots,m,m+1,\cdots,M]$ 为参数 $(\lambda,\theta,\alpha,\beta)$ 的一个 Gibbs 迭代样本,其中 m 为 Gibbs 迭代抽样达到稳定状态之前舍弃的样本容量,$M>m$ 为总的样本容量,于是 $\lambda,\theta,\alpha,\beta$ 的多层 Bayes 参数估计分别为:

$$
\begin{aligned}
\hat{\lambda} &= \frac{1}{M-m}\sum_{n=m+1}^{M}\lambda^{(n)} \\[4pt]
\hat{\theta} &= \frac{1}{M-m}\sum_{n=m+1}^{M}\theta^{(n)} \\[4pt]
\hat{\alpha} &= \frac{1}{M-m}\sum_{n=m+1}^{M}\alpha^{(n)} \\[4pt]
\hat{\beta} &= \frac{1}{M-m}\sum_{n=m+1}^{M}\beta^{(n)}
\end{aligned} \tag{22-55}
$$

利用得到的参数估计可以估计步进应力试验模型的加速方程。根据式(20-44)可进一步推断出目标应力 S_0 下的平均 MTBF 的估计。

22.2.3.2 恒定应力下的 Bayes 评估方法

同样假定在恒定应力试验中,应力水平 S_i 下,失效样品的工作时间为 $t_{i_1},t_{i_2},\cdots,t_{i_{r_i}}(i=1,2,\cdots,k)$,且满足 $0 \leqslant t_{i_1} \leqslant t_{i_2} \leqslant \cdots \leqslant t_{i_{r_i}} \leqslant \tau_i$。由于为恒定应力,假设在应力水平 S_i 下投入的样本总数为 n_i。在定时截尾试验场合,τ_i 为在应力水平 S_i 下给定的试验中止时间,r_i 为在应力水平 S_i 下时间 τ_i 之前失效的样品数。

记 $D=\{t_{i_1},t_{i_2},\cdots,t_{i_{r_i}}:i=1,2,\cdots,k\}$,则得试验数据的似然函数:

$$
\begin{aligned}
L(\lambda_i,\cdots,\lambda_k \mid D) &= \prod_{i=1}^{k}\Big(\prod_{j=1}^{r_i}\lambda_i e^{-\lambda_i t_{i_1}}\Big)\cdot(e^{-\lambda_i\tau_i})^{n_i-r_i} \\[4pt]
&= \prod_{i=1}^{k}\lambda_i^{r_i}e^{-\lambda_i[\sum_{j=1}^{r_i}t_{ij}+(n_i-r_i)\tau_i]}
\end{aligned} \tag{22-56}
$$

式中:$H=\{(\lambda_1,\lambda_2,\cdots,\lambda_k):0<\lambda_1\leqslant\lambda_2\leqslant\cdots\leqslant\lambda_k\}$。

令:

$$T_i = \sum_{j=1}^{r_i}t_{i_j}+(n_i-r_i)\tau_i \tag{22-57}$$

式中:T_i—试验应力 S_i 下所有样本的累计工作时间。

将式(22-57)代入式(22-56)中,似然函数可以简化表示为:

$$L(\lambda_i,\cdots,\lambda_k \mid D) = \Big(\prod_{i=1}^{k}\lambda_i^{r_i}\Big)\cdot e^{-\sum_{i=1}^{k}\lambda_i T_i} \qquad (22-58)$$

根据表 22-3 所列常用参数的共轭先验分布,我们假定产品在应力水平 S_i 下的失效率 λ_i 的先验分布为 Gamma 分布,即 $Ga(\alpha_i,\beta_i)$,其中 α_i,β_i 为已知确定的超参数。根据恒定应力试验各应力水平 S_i 下试验的独立性,可以得到 $\lambda_i,\cdots,\lambda_k$ 的联合先验密度函数为:

$$\pi(\lambda_1,\lambda_2,\cdots,\lambda_k) \propto \Big(\prod_{i=1}^{k}\lambda_i^{\alpha_i-1}\Big)\cdot e^{-\sum_{i=1}^{k}\lambda_i\beta_i} \qquad (22-59)$$

由 Bayes 定理可得 $\lambda_1,\lambda_2,\cdots,\lambda_k$ 的联合后验密度函数为:

$$\pi(\lambda_i,\cdots,\lambda_k \mid D) \propto \Big(\prod_{i=1}^{k}\lambda_i^{r_i+\alpha_i-1}\Big)\cdot e^{-\sum_{i=1}^{k}(T_i+\beta_i)\beta_i} \qquad (22-60)$$

因此,可得 λ_i 的 Bayes 估计(后验均值)为:

$$\hat{\lambda}_i = E(\lambda_i \mid D) = \frac{\int\cdots\int\lambda_i\pi(\lambda_i,\cdots,\lambda_k \mid D)d\lambda_1\cdots d\lambda_k}{\int\cdots\int\pi(\lambda_i,\cdots,\lambda_k \mid D)d\lambda_1\cdots d\lambda_k} \qquad (22-61)$$

$$(\lambda_1,\lambda_2,\cdots,\lambda_k) \in H$$

特别地,对于 $i<j$,由于 $0<\lambda_i\leqslant\lambda_j$,故由式(20-61)可知 $E(\lambda_i|D)\leqslant E(\lambda_j|D)$,因此 λ_i 的 Bayes 估计满足顺序约束 $0<\hat{\lambda}_1\leqslant\hat{\lambda}_2\leqslant\cdots\leqslant\hat{\lambda}_k$。

此外,由于式(22-61)中涉及 k 重积分,不易计算,本处同样借助 Gibbs 抽样方法来实现。通过对式(22-60)求积分化简,可得到 λ_i 的满条件后验分布为:

$$\pi(\lambda_i|D,\lambda_s,s\neq i) \propto \lambda_i^{r_i+\alpha_i-1}e^{-(T_i+\beta_i)\beta_i} \qquad (22-62)$$

$$\lambda_{i-1}<\lambda_i<\lambda_{i+1}(\lambda_0=0,\lambda_{k+1}=+\infty), i=1,2,\cdots,k$$

它是区间上的截断 Gamma 分布 $Ga(\alpha_i+r_i,\beta_i+T_i)$,其样本函数可以表示为:

$$\lambda_i = G_i^{-1}\{G_i(\lambda_{i-1})+U\times[G_i(\lambda_{i+1})-G_i(\lambda_{i-1})]\} \qquad (22-63)$$

式中:G_i—Gamma 分布 $Ga(\alpha_i+r_i,\beta_i+T_i)$ 的分布函数;G_i^{-1}—其反函数,U—来自均匀分布 $U(0,1)$ 的一个随机样本。在无信息先验的情况下,$\alpha_s=\beta_s=0$。

设经过 t 步 Gibbs 抽样迭代后得到 $(\lambda_1,\lambda_2,\cdots,\lambda_k)$ 的 m 重 Gibbs 样本为 $[\lambda_{1j}^{(t)},\lambda_{2j}^{(t)},\cdots,\lambda_{kj}^{(t)}]$,由此得到的满足顺序约束的估计:

$$\hat{\lambda}_i = \frac{1}{m}\sum_{j=1}^{m}\lambda_{ij}^{(t)} \quad i=1,2,\cdots,k \qquad (22-64)$$

在得到 $\hat{\lambda}_1,\hat{\lambda}_2,\cdots,\hat{\lambda}_k$ 的值后,可根据 22.1.9 所述加速因子的计算公式,求出目标应力 S_0 下的等效失效率估计为:

$$\hat{\lambda}_{i \to 0} = \frac{\hat{\lambda}_i}{AF(S_i, S_0)} \quad i = 1, 2, \cdots, k \tag{22-65}$$

故而可以求得目标应力 S_0 下的失效率估值 $\hat{\lambda}_0$ 为:

$$\hat{\lambda}_0 = \frac{1}{k} \sum_{i=1}^{k} \hat{\lambda}_{i \to 0} \tag{22-66}$$

进而可得:

$$MTBF = \frac{1}{\hat{\lambda}_0} \tag{22-67}$$

22.2.4　可靠性强化试验综合评估方法

根据茆诗松等人的《可靠性统计》中的相关原理,结合试验对象,基于可靠性强化试验各阶段试验时间与失效数,在一定置信水平下,给出各阶段 MTBF 的置信区间,最后通过求符合置信区间范围的分阶段 MTBF 估值的平均值,可以得到可靠性强化试验综合 MTBF 值。

可靠性强化试验定量评估流程如图 22-8 所示。

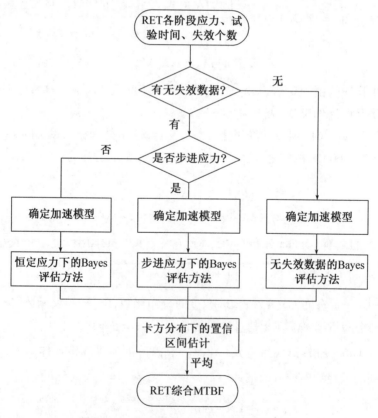

图 22-8　可靠性强化试验定量评估流程图

设产品平均无故障间隔时间 T 服从指数分布,从中随机抽取 n 个产品在一定应力条件下进行定时截尾寿命试验,事先规定的停止时间为 t_0,若在 t_0 前有 r 个产品失效,所得的定时截尾样本记为:

$$t_1 \leqslant t_2 \leqslant \cdots \leqslant t_r \leqslant t_0, r < n \tag{22-68}$$

该样本的似然函数为:

$$L(\lambda) = \frac{n!}{(n-r)!} \lambda^r e^{-\lambda T_0}, t_1 \leqslant t_2 \leqslant \cdots \leqslant t_r \leqslant t_0 \tag{22-69}$$

式中: $T_0 = \sum_{i=1}^{r} t_i + (n-r)t_0$ 为总试验时间。

令:

$$\begin{cases} w_1 = n(t_1 - t_0), t_0 = 0 \\ w_2 = (n-1)(t_2 - t_1) \\ \cdots\cdots \\ w_r = (n-r+1)(t_r - t_{r-1}) \end{cases} \tag{22-70}$$

则有 $T_r = \sum_{i=1}^{r} \omega_i$,上述变换的雅可比行列式为:

$$J = \frac{D(t_1, \cdots, t_r)}{D(\omega_1, \cdots, \omega_r)} = \frac{(n-r)!}{n!} \tag{22-71}$$

由此可得 $\omega_1, \cdots, \omega_r$ 的联合密度函数为:

$$p(\omega_1, \cdots, \omega_r) = \lambda^r e^{-\lambda \sum_{i=1}^{r} \omega_i} \tag{20-72}$$

由此看出,诸统计量 $\omega_1, \cdots, \omega_r$ 相互独立同分布,其共同分布为 $\exp(\lambda) = Ga(1, \lambda)$,由独立伽马变量的可加性,得到:

$$T_r = \sum_{i=1}^{r} \omega_i \sim Ga(r, \lambda) \tag{22-73}$$

根据 MTBF 的计算公式以及伽马分布特征,可得 MTBF 的 $1-\alpha$ 近似置信区间为:

$$\left[\frac{2T_0}{\chi^2_{1-\alpha/2}(2r+1)}, \frac{2T_0}{\chi^2_{\alpha/2}(2r+1)} \right] \tag{22-74}$$

若把尾部概率 $\alpha/2$ 并入另一侧的 $1-\alpha/2$,可得 MTBF 的 $1-\alpha$ 的单侧置信下限为:

$$\theta_L > \frac{2T_0}{\chi^2_{1-\alpha}(2r+1)} \tag{22-75}$$

已知可靠性强化试验各阶段 MTBF 的情况下,保留所有满足对应 $1-\alpha$ 近似置信区间的估值 $\left[\frac{2T_0}{\chi^2_{1-\alpha/2}(2r+1)} < MTBF_k < \frac{2T_0}{\chi^2_{\alpha/2}(2r+1)} \right.$ 或 $\left. MTBF_k \geqslant \frac{2T_0}{\chi^2_{1-\alpha}(2r+1)} \right]$,总计为 k 个,当工程经验信息较少,难以确定各阶段评估结果的重要性时,可采用直接平均法计算综合 MTBF,即可

靠性强化试验的综合 MTBF 计算式为:

$$MTBF_{综合} = \frac{\sum_{i=1}^{k} MTBF_i}{k} \qquad (22-76)$$

当工程经验信息较多,则可采用基于 Delphi-AHP 模型计算综合 MTBF,计算式如下,其中求 W_i 的具体步骤可参见 22.2.5 节所述。

$$MTBF_{综合} = \frac{\sum_{i=1}^{k} MTBF_i \times W_i}{k} \qquad (22-77)$$

22.2.5 Delphi-AHP 模型

22.2.5.1 Delphi 法概述

Delphi 法是组织者以匿名方式通过多轮函询专家对预测事件的意见,对不同专家意见进行集中汇总,得出较为一致预测意见的一种经验判断法。由于该方法集思广益,可以充分发挥专家的集体智慧,避免主观性和片面性,已经被广泛应用于经济、社会和科技等不同领域的趋势预测。

Delphi 法的基本步骤为:

a)选择咨询专家,一般以 30~50 人为宜。

b)设计调查表,将调查表及资料一并寄给专家,进行问卷调查。

c)回收调查表并进行统计处理,将处理结果用表格的形式反映出来,以此作为下一轮的调查背景资料和调查表的设计依据。若认为调查结果满意则进行下一步,否则转向第二步。

d)整理最终的调查报告,给出说明性的意见。

22.2.5.2 AHP 法概述

层次分析法(AHP)是指将与决策总是有关的元素分解成目标、准则、方案等层次,在此基础之上进行定性和定量分析的决策方法。该方法是运筹学家匹茨堡大学教授萨蒂于 20 世纪 70 年代初,应用网络系统理论和多目标综合评价方法,提出的一种层次权重决策分析方法。AHP 法基本步骤为:

1)建立递归层次结构模型

建立结构合理的风险层次模型,首先确立最希望实现的方案目标,再确定评价方案的标准及指标,最后对标准层的每项提出有针对性的方案措施。方案目标、评价标准、备选方案分别与目标层、标准层、方案层相对应,建立层次结构模型。

2)构造两两比较判断矩阵

对同一层次的各因素关于上一层中某一准则的重要性进行两两比较,构造判断矩阵,其中哪个因素更重要,重要多少,需要对重要程度赋予一定的权重,采用表 22-4 所示的比较标度取值。

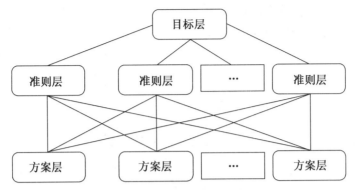

图 22-9 层次分析结构模型

表 22-4 两指标之间比较标度取值表

标度 a_{ij}	含义
1	i 指标与 j 指标同样重要
3	i 指标比 j 指标略重要
5	i 指标比 j 指标较重要
7	i 指标比 j 指标重要得多
9	i 指标比 j 指标重要更多
2,4,6,8	介于上述两个相邻判断的中间值
倒数	i 指标比 j 指标次要

　　根据标准层相邻两因素重要性的对比,定量分析各因素的重要程度,构造判断矩阵。对矩阵各项因素的定量分析,一般采用矩阵判断 9 级标准的对比规则,如表 22-5 所示。构造目标层的判断矩阵,要对标准层的各种标准进行两两比较计算比值并进行排列;构造标准层的判断矩阵,要先将标准层中的某一项因素 A_s 作为评价标准,再对次一级别方案层的两因素进行相互对比得到数值,把两两对比得到的数值排列构造判断矩阵。例如,对标准层构造判断矩阵,则 A_s 标准下存在 n 阶的矩阵 $\boldsymbol{B}(b_{ij})_{n \times n}$,矩阵 $\boldsymbol{B}(b_{ij})_{n \times n}$ 的表达如表 22-5 所示。表格中的分值 b_{ij} 是指标准层中 A_s 分析因素 B_i 对 B_j 的重要程度的专家打分取值,即

$$b_{ij} = \frac{w_i}{w_j} \qquad (22-78)$$

　　式中:$w_i = 1,2,3,\cdots 9$;$w_j = 1,2,3,\cdots 9$。

表 22-5 两两判断 A 矩阵

判断项 w_j ＼ 分值 b_{ij} ＼ 判断项 w_i	B_1	B_2	B_3	$\cdots$	B_n
B_1	b_{11}	b_{12}	b_{13}	$\cdots$	b_{1n}
B_2	b_{21}	b_{22}	b_{23}	$\cdots$	b_{2n}
$\cdots$	$\cdots$	$\cdots$	$\cdots$	$\cdots$	$\cdots$
B_n	b_{n1}	b_{n2}	b_{n3}	$\cdots$	b_{nn}

3）计算风险因素权重系数,判断矩阵一致性

采用和积法计算满足判断矩阵 $AW = \lambda_{max}W$ 的最大特征根 λ_{max} 和特征向量 W。

- 对判断矩阵的每列由专家打分两两相比较得到的数值进行归一化计算

$$\bar{b}_{ij} = \frac{b_{ij}}{\sum\limits_{i=1}^{n} b_{ij}}(i = 1,2,\cdots,n) \tag{22-79}$$

把每行计算得到的判断矩阵归一化数值进行求和计算:

$$\bar{W}_i = \sum\limits_{j=1}^{n} \bar{b}_{ij} \tag{22-80}$$

- 对得到的向量 $\bar{W} = [\bar{W}_i] = [\bar{W}_1,\bar{W}_2,\bar{W}_3,\cdots,\bar{W}_n]^T$ 归一化计算可以得到特征向量 $W = [W_i] = [W_1,W_2,W_3,\cdots,W_n]^T$

$$W_i = \frac{\bar{W}_i}{\sum\limits_{i=1}^{n} \bar{W}_i} \tag{22-81}$$

- 计算最大特征根 λ_{max}

$$\lambda_{max} = \frac{1}{n}\sum\limits_{i=1}^{n} \frac{(AW)_i}{W_i} \tag{22-82}$$

式中:λ_{max}—判断矩阵 A 的最大特征根;$(AW)_i$—向量矩阵 AW 的第 i 分量。

4）对判断矩阵的一致性进行检验

对目标层和标准层构造的判断矩阵,采用专家打分法对每项因素进行打分赋值,然后两两因素进行对比并排列得到构造矩阵。由于专家打分的方式主要是依靠直觉经验进行打分赋值,这种方式容易受到主观因素的影响,两两打分比较时可能会出现 B_1 的重要程度高于 B_2,B_2 的重要程度高于 B_3,而又出现 B_3 重要程度高于 B_1 的情况。这种情况会导致计算出的特征根产生偏差,为避免这种误差的出现,所以需要对专家打分赋值进行一致性检验。当一致性检验不通过时,就需要专家重新打分赋值,然后再进行一致性检验,直到通过一致性检验为止。一般规定一致性检验的指标 CI 不大于 0.1。

- 一致性指标 CI 的计算

$$CI = \frac{\lambda_{max} - n}{n - 1} \tag{22-83}$$

式中:n—判断矩阵阶数;λ_{max}—判断矩阵最大特征根。

- 平均随机一致性指标 RI

随机指标 RI 的取值见表 22-6。

表 22-6　随机指标 RI 取值

n	1	2	3	4	5	6	7	8	9	10	11
RI	0	0	0.58	0.9	1.12	1.24	1.32	1.41	1.45	1.49	1.51

● 一致性比率计算

$$CR = \frac{CI}{RI} \tag{22-84}$$

若 $CR < 0.10$，则说明专家打分赋值通过检验，符合要求，否则要重新进行一致性检验判断。

5）权重计算

这一步是对每一层中所有因素对目标层进行计算，从最上层开始自上而下计算每一层因素对整体的综合重要程度。假设 A 层的次一级别有 m 个要素 $B_1, B_2, B_3, \cdots, B_m$，这些要素的因素 a_j 单排序重要程度分别为：$b_{1j}, b_{2j}, \cdots, b_{mj}(j = 1, 2, 3, \cdots, m)$，计算 B 层总排序的综合重要程度：

$$B_{wi} = \sum_{j=1}^{n} a_j b_{ij} (j = 1, 2, 3, \cdots, n) \tag{22-85}$$

$$CR = \frac{\sum_{j=1}^{n} a_j CI_j}{\sum_{j=1}^{n} a_j RI_j} \tag{22-86}$$

重复上一步骤的方法，自上至下计算各层的总重要程度，然后再对综合重要程度进行一致性检验。从高一层次到第一层次依次进行，假如 B 层部分的因素相对 A_j 的重要程度一致性指标为 CI_j，与之对应的随机指标为 RI_j，那么 B 层的综合重要程度一致性比率为 CR。当 $CR < 0.10$ 时，说明综合重要程度的结果符合要求，否则仍要重新打分赋值进行一致性检验。

22.2.5.3　Delphi-AHP 模型概述

为研究可靠性强化试验中各应力所占权重，利用 Delphi 法决定评选准则以支持 AHP 层次结构模型的构建，再利用层次分析法决定准则权重并排序，具体步骤如下：

步骤一：界定评选准则，根据工程经验及相关文献，给出影响权重计算的准则层指标。

步骤二：利用德尔菲法对准则层指标进行打分，剔除专家认为不合适的准则。其量值评分表用李克特无尺度量表，将衡量指标设计为 5 项尺度（1 至 5，即非常重要、重要、普通、不重要、非常不重要），并整理专家意见求出平均数，以了解专家意见，打分汇总表见表 22-7，流程图如图 22-10 所示。

表 22-7　打分汇总表

准则层指标	平均得分	第一轮选择结果	第二轮选择结果	第三轮选择结果	最终评选结果
					采用/不采用

步骤三：建立 AHP 层次结构模型并依据 22.2.5.2 节中的公式计算方案层指标权重。本书中目标层为综合 MTBF 的计算，准则层为通过德尔菲法确定的各指标，方案层为高温、低温、快速温变、振动、综合环境五种应力类型，通过 AHP 方法计算得到各应力权重 $W_i(i = 1, 2, \cdots, k)$。

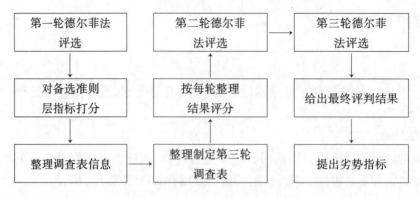

图 22‑10　德尔菲打分流程图

步骤四:计算可靠性强化试验综合 MTBF 值。

$$MTBF_{综合} = \frac{\sum\limits_{i=1}^{k} MTBF_i \times W_i}{k} \qquad (22-87)$$

22.2.6　可靠性强化试验定量评估示例

22.2.6.1　可靠性强化试验

示例可靠性强化试验及试验中的故障如下:

1)低温步进试验

从 0 ℃开始,每降 5 ℃为一个台阶,到 -45 ℃结束。其中 0 ℃保温 5 h,此后每一阶段温度保温 2 h。相邻温度台阶中间的温变速率为 10 ℃/min。

故障情况:在 -45 ℃时出现故障 1 次,在 -40 ℃复现仍存在。

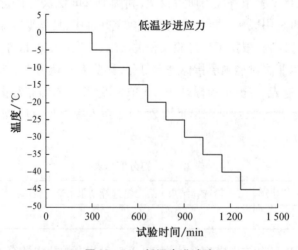

图 22‑11　低温步进试验

2)高温步进试验

从 60 ℃开始,每升 5 ℃为一台阶,到 70 ℃结束。其中 60 ℃保温 5 h,此后每一阶段温度保温 2 h。相邻温度台阶中间的温变速率为 10 ℃/min。

　　故障情况:无故障。

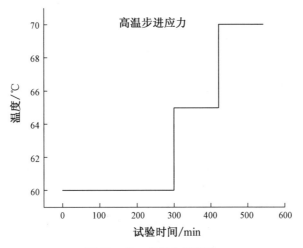

图 22 - 12　高温步进试验

3)快速温变试验

低温段 - 40 ℃,高温段 70 ℃,每个温度段保温时间为 4 h,温变速率 30 ℃/min。

故障情况:无故障。

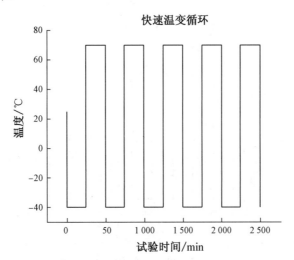

图 22 - 13　快速温变试验

4)振动步进试验

　　从 18 Grms 开始,每 2 Grms 为一个步进台阶,最高到 24 Grms 结束,分 X 轴向、Y 轴向、Z 轴向三个方向连续进行 3 组振动步进试验。每个振动应力台阶保持 3 min,振动应力升降的速率很快可忽略不计。

　　故障情况:共出现两次故障,分别为第 2 组步进 24 Grms 时,第 3 组步进 18 Grms 时。

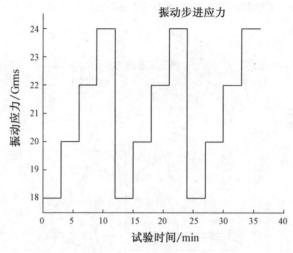

图 22 - 14　振动步进试验

5）综合应力试验

低温段 - 40 ℃,高温段 70 ℃,每个温度段保温时间为 4 h,各温度阶梯间温变速率为 15 ℃/min。在整个试验过程,持续施加 19.2 Grms(24 Grms ×0.8)的随机振动应力。

故障描述:无故障。

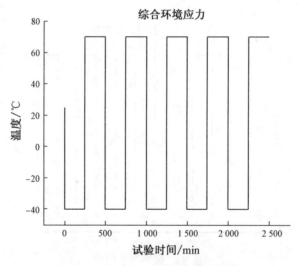

图 22 - 15　综合应力中的温变剖面

根据电子设备的可靠性强化试验结果,面向不同阶段的强化试验,首先逐一分阶段进行可靠性定量评估。其中,低温步进和振动步进中存在故障,且同为步进应力试验,采用 22.2.3.1 节中所述方法;而高温步进、快速温变以及综合应力试验中,由于无故障发生,因而采用 22.2.2 节中所述方法。

22.2.6.2　低温步进应力试验定量评估

根据低温步进应力试验剖面及故障记录,整理得到低温步进强化试验数据如表 22 - 8 所示。

表 22-8 低温步进应力试验

输入数据类型	低温步进应力试验数据									
试验应力水平 S_i/℃	0	-5	-10	-15	-20	-25	-30	-35	-40	-45
试验时间 τ/h	2	2	2	2	2	2	2	2	2	2
失效个数 r_i/个	0	0	0	0	0	0	0	0	0	1
失效时间 t_{ij}/h	—	—	—	—	—	—	—	—	—	2
正常应力水平 S_0/℃	0									
参与试验样本数 n	1									

采用 22.2.3.1 节所述的 Gibbs 抽样算法求解低温步进应力试验的 MTBF 定量估计值。在进行 Gibbs 抽样前,依据故障数据,可以确定式(22-51)至式(22-54)中 λ、θ、α、β 以外参数 r、T_1、T_2 的计算方式,具体而言:

1) 参数 r 的计算

低温步进总试验阶段 $k = 10$,依据式(22-42)可知,试验总故障个数满足:

$$r = R_k = \sum_{x=1}^{k} r_x = 1 \qquad (22-88)$$

2) 参数 T_1 的计算

参照式(22-45)可知,低温步进试验对应的函数 $\varphi(S) = S$,因而:

$$\varphi_i = \frac{\varphi(S_1) - \varphi(S_i)}{\varphi(S_1) - \varphi(S_2)} = \frac{S_1 - S_i}{S_1 - S_2} = -\frac{S_i}{5}, \quad i = 1, 2, \cdots, 10 \qquad (22-89)$$

故可以求得 T_1 为:

$$T_1 = \sum_{i=1}^{10} \varphi_i \tau_i = 90 \qquad (22-90)$$

3) 参数 T_2 的计算

参照式(22-42),可知:

$$R_i = \sum_{x=1}^{i} r_x = \begin{cases} 0, & i = 1, 2, \cdots, 9 \\ 1, & i = 10 \end{cases} \qquad (22-91)$$

$$\tau'_i = \sum_{j=1}^{r_i} t_{ij} + (n - R_i)\tau_i = 2, \quad i = 1, 2, \cdots, 10$$

故 T_2 可以简化为如式(22-92)所示形式,其中 φ_i 可根据式(22-89)求出,可以看出 T_2 为未知参数 θ 的函数,将随着 Gibbs 抽样过程中 θ 值得变化而不断变化。

$$T_2 = \sum_{i=1}^{10} \theta^{\varphi_i} \tau'_i = 2 \sum_{i=1}^{10} \theta^{\varphi_i} \qquad (22-92)$$

与此同时,在进行 Gibbs 抽样前,需要对参数 λ、θ、α、β 的范围进行设定。根据经验设定,$\lambda \in [0, \infty]$,$\alpha \in [0, 1]$,$\beta \in [0, 500]$。而参数 θ 可根据经验应力水平设定,参考式(22-6)可知 $\tilde{\theta} = \lambda_2/\lambda_1 \approx e^{8.3 \times 10^{-2} \times (S_2 - S_1)} = 1.5144$,因而设定 $\theta \in [\max(\tilde{\theta} - 1, 1), \tilde{\theta} + 1] = [1, 2.5144]$。

在此基础上,进行单次总步长为 2 000 的 Gibbs 抽样仿真,图 22 - 16 显示了单次 Gibbs 抽样过程中超参数均值随抽样次数的变化图。可以看出,随迭代次数的增加,参数值逐渐收敛。

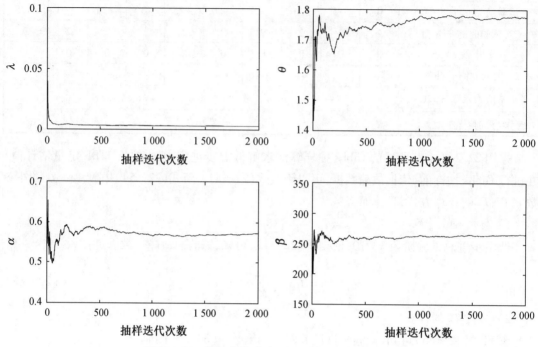

图 22 - 16 低温步进试验 Gibbs 抽样仿真(单次)

尽管理论上讲,单次 Gibbs 抽样结果最终可以得到参数的稳态解。但参数收敛过程仍存在一定随机性,收敛快慢上可能存在不同。为保证结果的稳定性,总计进行了 1 000 次重复实验,每次抽样仅保留后 1 000 次作为稳定状态参与统计。由于本例中 $S_0 = S_1 = 0$ ℃,目标应力下产品的平均 MTBF 估计为:

$$\hat{\lambda} = \sum_{x=1}^{1\,000} \frac{1}{2\,000 - 1\,000} \sum_{n=1\,001}^{2\,000} \lambda_x^{(n)} = 0.002\,8 \ \text{h}^{-1} \tag{22-93}$$

$$MTBF_{低温} = 362.9 \ \text{h}$$

22.2.6.3 高温步进应力试验定量评估

根据高温步进应力试验剖面,整理得到高温步进强化试验数据如表 22 - 9 所示。

表 22 - 9 高温步进应力试验

输入数据类型	高温步进应力试验数据		
试验应力水平 S_i/℃	60	65	70
试验时间 τ/h	2	2	2
失效个数 r_i/个	0	0	0
失效时间 t_{ij}/h	—	—	—
正常应力水平 S_0/℃	60		
参与试验样本数 n	1		

采用 22.2.2 节所述的无失效数据的定量评估方法求解高温步进应力试验的 MTBF 的定量估计值,具体过程如下:

1) 计算加速因子及等效试验时间折合

考虑高温应力下的加速模型,将温度单位变换为 K,根据式(22 - 2)可知:

$$AF(S_i, S_0) = e^{\frac{E_a}{k_B}\left(\frac{1}{T_{use}} - \frac{1}{T_{test}}\right)} = e^{\frac{0.7}{8.617 \times 10^{-5}} \times \left(\frac{1}{S_0} - \frac{1}{S_i}\right)} \tag{22 - 94}$$

根据式(22 - 94),可求得高温阶段加速因子分别为:

$$AF(S_1, S_0) = 1, AF(S_2, S_0) = 1.433\,0, AF(S_3, S_0) = 2.032\,2 \tag{22 - 95}$$

根据式(22 - 25),可以外推正常应力下观测点的试验时间为:

$$t_1 = 2, t_2 = 4.866\,1, t_3 = 8.930\,5 \tag{22 - 96}$$

同时,根据 $s_i = n_i + n_{i+1} + \cdots + n_k$,可以计算得到:

$$s_1 = 3, s_2 = 2, s_3 = 1 \tag{22 - 97}$$

2) 累计失效概率估计值 $\hat{p}_i$ 计算

根据式(22 - 27)和式(22 - 35),可知:

$$\hat{p}_1 = \frac{0.5}{s_1 + 1} = 0.125$$

$$\hat{p}_2 = 1 - \frac{(s_2 + 3)\left[(1 - \hat{p}_1)^{s_2 + 4} - \left(1 - \hat{p}_1 \cdot \frac{t_2}{t_1}\right)^{s_2 + 4}\right]}{(s_2 + 4)\left[(1 - \hat{p}_1)^{s_2 + 3} - \left(1 - \hat{p}_1 \cdot \frac{t_2}{t_1}\right)^{s_2 + 3}\right]} = 0.201\,2 \tag{22 - 98}$$

$$\hat{p}_3 = 1 - \frac{(s_3 + 3)\left[(1 - \hat{p}_3)^{s_3 + 4} - \left(1 - \hat{p}_3 \cdot \frac{t_3}{t_2}\right)^{s_3 + 4}\right]}{(s_3 + 4)\left[(1 - \hat{p}_3)^{s_3 + 3} - \left(1 - \hat{p}_3 \cdot \frac{t_3}{t_2}\right)^{s_3 + 3}\right]} = 0.275\,4$$

3) 失效率和 MTBF 估计

根据式(22 - 38)和式(22 - 39),可知:

$$\hat{\lambda} = \frac{-\sum_{i=1}^{m} t_i \ln(1 - \hat{p}_i)}{\sum_{i=1}^{m} t_i^2} = 0.039\,4\,\text{h}^{-1}$$

$$MTBF_{\text{高温}} = \frac{1}{\hat{\lambda}} = 25.35\,\text{h} \tag{22 - 99}$$

22.2.6.4　快速温变应力试验定量评估

根据所提供的快速温变应力试验剖面,总计包含 5 个快速温变循环的观测周期,整理得到快速温变强化试验数据如表 22 - 10 所示。

表 22-10　快速温变应力试验

输入数据类型	快速温变应力试验数据				
试验-温变率 f_i/℃/min	30	30	30	30	30
试验-温差 ΔT_i/℃	110	110	110	110	110
试验-最高温 $T_{\max_i}$/℃	70	70	70	70	70
试验时间 τ/h	8.12	8.12	8.12	8.12	8.12
失效个数 r_i/个	0	0	0	0	0
失效时间 t_{i_j}/h	—	—	—	—	—
正常-温变率 f_0/℃/min	10	正常-温差 ΔT_0/℃	60	正常-最高温 $T_{\max_0}$/℃	60
参与试验样本数 n	1				

采用 22.2.2 节所述的无失效数据的定量评估方法求解快速温变应力试验的 MTBF 定量估计值,具体过程如下:

1) 计算加速因子及等效试验时间折合

考虑快速温变应力下的加速模型,将温度单位变换为 K,根据式(22-10)确定 $AF(S_i,S_0)$ 的计算方式,进而可求得快速温变阶段加速因子为:

$$AF(S_i,S_0)=3.813\,2 \quad i=1,2,3,4,5 \tag{22-100}$$

根据式(22-25),可以外推正常应力下观测点的试验时间为:

$$t_1=30.97,t_2=61.94,t_3=92.92,t_4=123.88,t_5=154.86 \tag{22-101}$$

同时,根据 $s_i=n_i+n_{i+1}+\cdots+n_k$,可以计算得到:

$$s_1=5,s_2=4,s_3=3,s_4=2,s_5=1 \tag{22-102}$$

2) 累计失效概率估计值 $\hat{p}_i$ 计算

根据(22-27)和式(22-35),可知:

$$\hat{p}_1=0.083\,3,\hat{p}_2=0.121\,1,\hat{p}_3=1\,495,\hat{p}_4=0.173\,4,\hat{p}_5=0.194\,5 \tag{22-103}$$

3) 失效率和 MTBF 估计

根据式(22-38)和式(22-39),可知:

$$\hat{\lambda}=\frac{-\sum\limits_{i=1}^{m}t_i\ln(1-\hat{p}_i)}{\sum\limits_{i=1}^{m}t_i^2}=0.001\,570\ \text{h}^{-1} \tag{22-104}$$

$$MTBF_{快速温变}=\frac{1}{\hat{\lambda}}=636.88\ h$$

22.2.6.5　振动步进应力试验定量评估

根据振动步进应力试验剖面及故障记录,整理得到振动步进强化试验数据如表 22-11 所示。

表 22 - 11　振动步进应力试验

输入数据类型	振动步进应力试验数据											
试验应力水平 S_i/Grms	18	20	22	24	18	20	22	24	18	20	22	24
试验时间 τ/min	3	3	3	3	3	3	3	3	3	3	3	3
失效个数 r_i/个	0	0	0	0	0	0	0	1	1	0	0	0
失效时间 t_{ij}/min	—	—	—	—	—	—	—	3	3	—	—	—
正常应力水平 S_0/Grms	18											
参与试验样本数 n	1											

采用 22.2.3.1 节所述的 Gibbs 抽样算法求解振动步进应力试验的 MTBF 的定量估计值。在进行 Gibbs 抽样前,依据故障数据,可以确定式(22 -51) 至式(22 -54)中 λ、θ、α、β 以外参数 r、T_1、T_2 的计算方式,具体而言:

1) 参数 r 的计算

振动步进总试验阶段 $k = 12$,依据式(22 -42)可知,试验总故障个数满足:

$$r = R_k = \sum_{x=1}^{k} r_x = 2 \qquad (22-105)$$

2) 参数 T_1 的计算

参照式(22 -45)可知,振动步进试验对应的函数 $\varphi(S) = \ln S$,因而:

$$\varphi_i = \frac{\varphi(S_1) - \varphi(S_i)}{\varphi(S_1) - \varphi(S_2)} = \frac{\ln 18 - \ln S_i}{\ln 18 - \ln 20} \qquad i = 1, 2, \cdots, 12 \qquad (22-106)$$

将温度单位变换为 K,时间单位变换为 h,故可以求得 T_1 为:

$$T_1 = \sum_{i=1}^{12} \varphi_i \tau_i = 2.730\ 5 \qquad (22-107)$$

3) 参数 T_2 的计算

参照式(22 -42),可以求得 R_i 和 τ_i',进而结合式(22 -106)可以化简 T_2 的表达式,其值同样为未知参数 θ 的函数,将随着 Gibbs 抽样过程中 θ 值得变化而不断变化。

与此同时,在进行 Gibbs 抽样前,需要对参数 λ、θ、α、β 的范围进行设定。根据经验设定,$\lambda \in [0, \infty]$,$\alpha \in [0, 1]$,$\beta \in [0, 500]$。而参数 θ 可根据经验应力水平设定,参考式(22 -13)可知 $\tilde{\theta} = \lambda_2/\lambda_1 \approx (W_{\text{test}}/W_{\text{use}})^4 = 2.323\ 1$,因而设定 $\theta \in [\max(\tilde{\theta}-1, 1), \tilde{\theta}+1] = [1.323\ 1, 3.323\ 1]$。

采用与低温步进相同的 Gibbs 抽样方式,图 22 -17 显示了单次 Gibbs 抽样过程中超参数均值随抽样次数的变化图。为保证结果的稳定性,总计进行了 1 000 次重复实验,每次抽样仅保留后 1 000 次作为稳定状态参与统计。由于本例中 $S_0 = S_1 = 18$ Grms,目标应力下的平均 MTBF 估计为:

$$\hat{\lambda} = \sum_{x=1}^{100} \frac{1}{2\ 000 - 1\ 000} \sum_{n=1\ 001}^{2\ 000} \lambda_x^{(n)} = 1.886\ 8\ \text{h}^{-1}$$

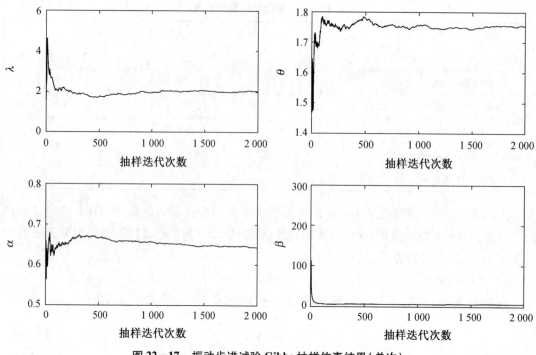

图 22－17　振动步进试验 Gibbs 抽样仿真结果(单次)

$$MTBF_{振动} = 0.53 \text{ h} \tag{22-108}$$

22.2.6.6　综合环境应力试验定量评估

根据综合环境应力试验剖面,总计包含 5 个综合环境应力循环的观测周期,整理得到综合环境应力强化试验数据如表 22－12 所示。

表 22－12　综合环境应力试验

输入数据类型	综合环境应力试验数据				
试验－温变率 f_i/℃/min	15	15	15	15	15
试验-温差 ΔT_i/℃	110	110	110	110	110
试验-最高温 $T_{\max_i}$/℃	70	70	70	70	70
试验-随机振动/Grms	19.2	19.2	19.2	19.2	19.2
试验时间 τ/h	8.24	8.24	8.24	8.24	8.24
失效个数 r_i/个	0	0	0	0	0
失效时间 t_{ij}/h	—	—	—	—	—
正常-温变率 f_0/℃/min	10	正常-温差 ΔT_0/℃	60	正常-最高温 $T_{\max_0}$/℃	60
正常-随机振动/Grms	18				
参与试验样本数 n	1				

采用 22.2.2 节所述的无失效数据的定量评估方法求解综合环境应力试验的 MTBF 的定量估计值,具体过程如下:

1）计算加速因子及等效试验时间折合

考虑快速温变应力下的加速模型,将温度单位变换为 K,根据式(22-10)、式(22-13)、式(22-14)确定 $AF(S_i, S_0)$ 的计算方式,进而可求得综合环境应力阶段加速因子为:

$$AF(S_i, S_0) = 5.072\,0 \quad i = 1,2,3,4,5 \tag{22-109}$$

根据式(22-25),可以外推正常应力下观测点的试验时间为:

$$t_1 = 41.82, t_2 = 83.63, t_3 = 125.45, t_4 = 167.26, t_5 = 209.08 \tag{22-110}$$

同时,根据 $s_i = n_i + n_{i+1} + \cdots + n_k$,可以计算得到:

$$s_1 = 5, s_2 = 4, s_3 = 3, s_4 = 2, s_5 = 1 \tag{22-111}$$

2）累计失效概率估计值 $\hat{p}_i$ 计算

根据式(22-27)和式(22-35),可知:

$$\hat{p}_1 = 0.083\,3, \hat{p}_2 = 0.121\,1, \hat{p}_3 = 0.149\,5, \hat{p}_4 = 0.173\,4, \hat{p}_5 = 0.194\,5 \tag{22-112}$$

3）失效率和 MTBF 估计

根据式(22-38)和式(22-39),可知:

$$\hat{\lambda} = \frac{-\sum_{i=1}^{m} t_i \ln(1 - \hat{p}_i)}{\sum_{i=1}^{m} t_i^2} = 0.001\,163 \text{ h}^{-1} \tag{22-113}$$

$$MTBF_{综合应力} = \frac{1}{\hat{\lambda}} = 859.86 \text{ h}$$

22.2.6.7 各阶段 MTBF 计算结果综合

综上所述,使用 $\alpha = 0.1$ 的置信水平,代入式(22-74)或式(22-75)计算各阶段的 MTBF 置信区间,可以得到各阶段 MTBF 计算结果如表 22-13 所示。

表 22-13 强化试验各阶段 MTBF 计算结果

试验阶段	正常应力下的 MTBF/h	置信区间
低温步进	362.9	[62.13, 1 379.91]
高温步进	25.35	[4.65, 4 542.3]
快速温变	636.88	[80.63, 78 766.42]
振动步进	0.82	[0.50, 4.79]
综合应力	859.86	[108.85, 106 344.27]

由上可知所有评估结果均在当前置信度下的置信区间内,根据式(22-76)即可得强化试验的综合 MTBF:

$$MTBF_{综合} = \frac{\sum_{i=1}^{5} MTBF_i}{5} \tag{22-114}$$

图 22 - 18 所示为研究开发的可靠性强化试验定量评估工具的评估计算界面。

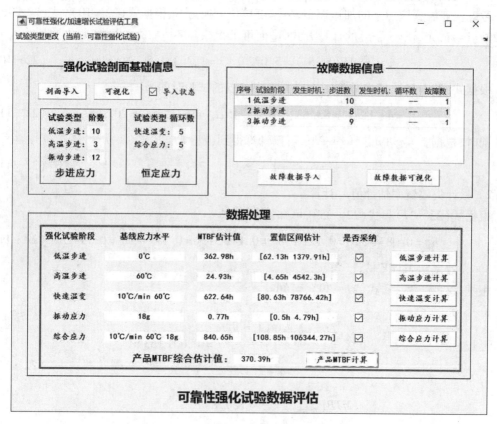

图 22 - 18　可靠性强化试验定量评估工具

采用的统计分析模型和评估方法相比较一般的方法有如下特点：

1）针对性强，针对可靠性强化试验不同阶段的试验特点，提出了一套完整的解决方案；

2）有效性强，提出基于 Bayes 的强化试验定量评估方法，能够有效评估小子样、失效数据不完善情形下的强化试验的可靠性；

3）应用性强，采用的强化试验定量评估方法，也可应用于所有小子样可靠性评估。

22.3　可靠性摸底试验

通过试验—分析—改进—试验的周期循环，初步了解产品的可靠性水平，通过对故障采取纠正措施，使产品可靠性得到初步增长，为后续研制奠定基础。

22.3.1　可靠性摸底与增长试验区别

可靠性摸底和可靠性增长试验区别如下：

1）摸底试验时间短；

2）不需要确定增长模型；

3）不需要进行增长跟踪；

　　4）不需要进行增长模型检验。

22.3.2　可靠性摸底试验

　　可靠性摸底试验是一种以可靠性增长为目的,但无增长模型,也不确定增长目标值的短时间可靠性试验。它是在模拟实际使用的综合应力条件下,用较短的时间、较少的费用,暴露成品的潜在缺陷,并及时采取纠正措施,使成品的可靠性水平得到增长。受试成品应具备产品规范要求的功能和性能,并事先经过环境应力筛选;试验时间取 200～300 h 为宜,也可根据产品的特点,自行确定试验时间;试验剖面应尽量模拟产品实际使用条件。

　　早期根据电子产品可靠性水平和工程经验,可靠性摸底试验时间一般为 100～200 h。随着产品整体可靠性的提高,100 h 的试验时间已似乎不太充分。有统计表明 48.7% 的故障发生在试验的前 100 h 内,66.4% 的故障发生在 200 h 内,12.5% 的故障发生在最后 10% 时间内,试验的中间阶段故障很少。对于研制阶段的试验,200 h 以内发生的故障占到总故障数的87.3%。统计结果表明,可靠性摸底试验的时间定为 200 h 是合理的。但随着产品首发故障时间逐年后移,因此,一些具有长寿命,高可靠性的产品,也可将可靠性摸底试验时间定为300 h。

　　可靠性摸底试验一般进行 200～300 h,模拟产品实际的使用条件,包括环境条件、工作条件和使用维护条件,尽可能采用实测数据,一般采用综合应力。可靠性摸底试验必须要有一定的无故障工作时间,满足产品可靠性点估计值达到产品 MTBF 最低可接收值的要求。

　　依据 GB/T 5080.4《设备可靠性试验　可靠性测定试验的点估计和区间估计方法》中规定,如果到测定点没有观测到失效,则失效率点估计的推荐公式为:

$$\hat{\lambda} = \frac{1}{3T} \tag{22-115}$$

　　因此,如要判定电子产品 MTBF 点估计值满足 MTBF 最低可接收值 $\theta_1 \geqslant 300$ h 的要求,则至少保证有 100 h 的连续无故障工作时间。

　　可靠性摸底试验一般采用温度-湿度-振动的综合应力,综合应力模拟实际使用环境应力。

22.4　可靠性增长试验

　　可靠性增长试验含常规的可靠性增长试验以及可靠性加速增长试验。

　　常规可靠性增长试验通过对成品施加模拟实际使用环境的综合环境应力,暴露成品中潜在缺陷,采取有效的纠正措施,使成品的可靠性达到规定的要求。

　　为节约试验时间及经费,对于可靠性定量要求较高的成品,可采用可靠性加速增长试验。可靠性加速增长试验通过提升应力水平,在不改变成品主要故障模式和故障机理的前提下,大幅缩短试验时间,快速激发设计和制造缺陷,通过改进设计,使成品的可靠性达到规定的要求。

　　术语如下:

a）可靠性增长:设计或工艺改进,使产品可靠性特征量随时间逐渐改进的过程。

b）任务剖面:对产品在完成规定任务这段时间内所要经历的全部重要事件和状态的一种时序描述。一个产品可能需要执行多种任务,因此,产品可以有多个任务剖面。

c）环境剖面:产品在贮存、运输、使用中将会遇到的各种主要环境参数和时间的关系图,主要根据任务剖面绘制,每个任务剖面对应于一个环境剖面,因此,产品同样可以有多个环境剖面。

d）试验剖面:供试验用的环境参数与时间的关系图,是按照一定的规则对环境剖面进行处理后获得的。对于有多个任务剖面的产品,应将对应于多个任务剖面、环境剖面的多个试验剖面综合成一个合成试验剖面。

e）系统性薄弱环节:只有通过更改设计、制造工艺、操作方法、文件等有关因素,或者通过更换某一批次的元器件才能排除或减少其影响的薄弱环节。

f）残余性薄弱环节:是指所有非系统性薄弱环节。

g）系统性故障:是指与系统性薄弱环节直接有关的故障。

h）残余性故障:是指由残余性薄弱环节引起的故障。

i）A 类故障:由于时间、费用或技术上的限制或其他原因,管理者决定不做纠正的系统性故障。

j）B 类故障:在试验过程中必须做出纠正的系统性故障。

k）瞬时可靠性度量:是指在可靠性增长的全过程中的某一给定时刻对产品进行的可靠性度量。

l）外推可靠性度量:是指在可靠性增长的全过程中,能及时进行故障纠正的产品,在未来某一给定时刻估计获得的可靠性度量。

m）预测可靠性度量:是指同时引入多个纠正措施后所预测到的产品可靠性度量。

可靠性增长试验主要工作要求为:

a）可靠性增长试验(加速增长试验)应在设计定型前、环境试验后进行,一般安排在工程研制基本完成之后和可靠性鉴定试验之前;

b）研制单位根据成品的特点、重要程度、经费、进度等条件,通过权衡分析,选择可靠性增长试验方法,安排成品的可靠性增长试验;

c）可靠性增长试验通常只对那些有定量可靠性要求、任务或安全关键的、新技术含量高且增长试验所需的时间和经费可以接受的电子、机电成品进行;

d）可靠性增长试验是一种有目标、有计划、有增长模型的试验;

e）常规的可靠性增长试验剖面应尽量模拟成品实际使用、应力等条件;

f）可靠性加速增长试验一般只针对温度应力和/或随机振动应力进行加速,而对湿度应力与电应力一般并不进行加速;

g）可靠性加速增长试验中,湿度应力不进行控制,电应力的设定一般为受试设备的标称值,其波动范围不许超过技术规范中的上、下限,试验时设备执行其最主要的功能;

h）经订购方同意,成功的可靠性增长试验可代替可靠性鉴定试验;

i）必须建立健全的故障报告、分析和纠正措施系统。

开展可靠性增长试验前,应有以下输入:

a）产品可靠性要求；

b）可靠性试验剖面；

c）产品的组成与功能；

d）试验设备及测试设备；

e）受试产品。

输出为可靠性增长试验大纲、程序以及试验报告。

可靠性加速增长试验不同于常规的可靠性增长试验，它是以基于故障物理的可靠性理论为基础的试验技术。可靠性加速增长试验基本流程分为试验大纲制定及评审，试验程序制定，试验前准备工作及评审，试验实施，试验完成情况评审，试验结果评估几个阶段。

通过可靠性增长管理、可靠性增长试验可实现产品可靠性增长。一项成功的可靠性增长试验可以代替可靠性鉴定试验。

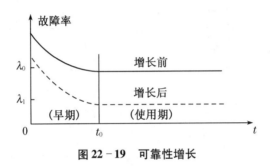

图 22‑19　可靠性增长

可靠性增长试验目的为有计划的激发故障、分析故障和改进设计并验证设计的有效性。

产品在进行可靠性增长试验时，明确要点如下：

a）进行可靠性增长试验应有明确的增长目标和增长模型，重点是进行故障分析和采取有效的设计改进措施。

b）为提高基本可靠性，将纠正措施的重点放在频繁出现的故障上；为提高任务可靠性，将纠正措施的重点放在对任务有致命影响的故障上。为达到基本可靠性与任务可靠性预期的增长要求，应综合权衡。

c）承制方按 GJB 1407 要求对产品进行可靠性增长试验，订购方在合同中明确产品寿命剖面和任务剖面。

d）可靠性增长试验在环境应力筛选试验和部分环境鉴定试验完成后，可靠性鉴定试验前进行。

e）可靠性增长试验前和试验后必须进行评审，需要时还应安排试验中的评审。

f）成功的可靠性增长试验可以代替可靠性鉴定试验，但应得到订购方的批准。

可靠性增长试验模式一般为如下三种：

a）即时纠正，"试验—纠正—继续试验"。对已确定的 B 类故障，立即进行故障分析，找出故障原因，并采取纠正措施，对纠正后的产品继续进行试验。

b）延缓纠正，"试验—暴露—再试验"并不立即采取纠正措施，仅对产品进行修复，然后立即恢复试验。在试验继续进行的同时，进行故障分析，找出故障原因，做好纠正措施的准备工作，待遇到一次试验必须中断的时候，或受试产品进行预防性维修的时候，或试验设备进行维修和保养的时候等,在受试产品上实施纠正措施。

c) 含延缓纠正,一部分采取即时纠正,一部分采取延缓纠正。

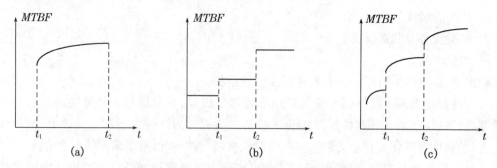

图 22-20   三种 TAAF 规划方式的增长曲线

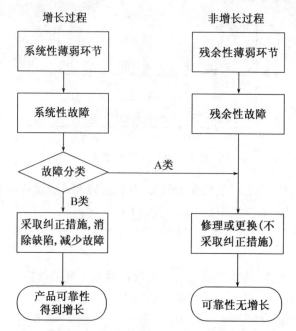

图 22-21   增长过程中不同故障的处理

对已确认的 A 类故障,只需对产品进行修复,使产品恢复到故障发生前的技术状态后,继续试验。对已确定的 B 类故障,按上述方式处理。

满足如下条件的成功的可靠性增长试验经订购方同意可以代替可靠性鉴定试验。

a) 试验过程严格跟踪,故障记录完整;

b) 有完善的 FRACAS,故障纠正过程有完整、可追溯的记录;

c) 试验结果评估方法正确,评估结果真实可信且不低于计划的可靠性增长目标;

d) 经过评审和订购方同意。

选择可靠性增长模型原则如下:

a) 选择经过试验验证的模型;

b) 选择模型参数有物理意义和工程意义的模型;

c）根据产品特点来选择模型（离散、连续）。

22.4.1　Duane 和 AMSAA 可靠性增长模型

可靠性增长模型按失效数据的统计性质可分为两大类，即连续型可靠性增长模型和离散型可靠性增长模型。

可靠性增长模型按可靠性增长工作内容与规划方式（试验—分析—改进—试验，TAAF）的不同进行分类，可分为可靠性增长的时间函数模型和可靠性增长的顺序约束模型。图 22 - 20(a)为试验—改进—再试验的规划方式，图 22 - 20(b)为试验—暴露缺陷—再试验的规划方式，图 22 - 20(c)为包含延缓改进的试验—改进—再试验的规划方式。

对于图 22 - 20(b)的规划方式，一般应用可靠性增长的预测模型或顺序约束模型来描述。对于图 22 - 20(a)与图 22 - 20(c)的规划方式，可用一个时间函数来描述各阶段内可靠性信息所表现的可靠性增长，进而推出整个过程的可靠性增长模型。比较常见的模型有杜安（Duane）模型、AMSAA 模型、Lewis-Shedler 模型，以及将 AMSAA 模型推广到多台系统进行同步纠正可靠性增长试验的 AMSAA-BISE 模型等。

对于时间函数模型，非齐次泊松过程可以对产品可靠性增长情况进行全面表达。它的优点在于能动态评定产品可靠性，同时能对产品的可靠性进行预测。而对于顺序约束模型，贝叶斯方法是其主要的数学工具。

目前应用较为广泛的模型有杜安（Duane）模型和 AMSAA 模型。

22.4.1.1　杜安(Duane) 模型

1962 年，通用电气工程师 J. T. Duane 在撰写的一份研究报告中指出，通过对两种液压装置及三种飞机发动机将近 600 万台时的试验数据进行分析发现，只要不断地对产品进行改进，累积失效率与累积试验时间在双对数坐标纸上是一条直线，这一结论构成了 Duane 模型的雏形。随后用了十多年的时间对大量可修电子产品的数据进行分析后认为产品可靠性基本符合这一规律，此后 Duane 模型便得到了广泛应用。1978 年，Duane 模型被标准 MII - SID - 1635 采纳，并随后在 1984 年和 1987 年相继被手册 MIL - HDBK - 338 和 MIL - HDBK - 781 引用。在 1992 年颁布的 GJB 1407 和 1995 年颁布的 GJB/Z 77 中也推荐采用了 Duane 模型。

Duane 模型的优点包括模型参数的物理意义容易理解，便于制定可靠性增长计划，同时模型表示形式简洁，可靠性增长过程的跟踪和评估非常简便。与此同时，Duane 模型也存在如下缺点：MTBF 的点估计精度不高；模型只是一个经验公式，没有考虑随机现象，因而不能给出当前 MTBF 的区间估计；模型的拟合优度检验方法比较粗糙；在理论上，当 $t \to 0$ 和 $t \to \infty$ 时，产品的瞬时 MTBF 分别趋向于零和无穷大，但实际中这是不可能的。尽管如此，实践表明，Duane 模型理论上的不足并不影响其在可靠性增长试验中的应用。

杜安模型是最常用的模型，这种模型可以图示的方法给出被度量的可靠性参数的变化及可靠性参数的估计。通过数据分析，产品的累计故障率与累积试验时间在双对数坐标纸上能拟合成一条直线。

a）以累积故障率表示的杜安模型

设可修产品的累积试验时间为 t，在 $(0, t)$ 时间范围内，共出现了 N 个故障，累积故障次

数记为 $N(t)$。产品的累积故障率 $\lambda_\Sigma(t)$ 定义为累积故障次数 $N(t)$ 与累积试验时间 t 之比,即

$$\lambda_\Sigma(t) = \frac{N(t)}{t} \qquad (22-116)$$

杜安(Duane)模型指出:在产品研制过程中,只要不断地对产品进行改进,那么累积故障率 $\lambda_\Sigma(t)$ 与累积试验时间为 t 之间可用下式表示:

$$\lambda_\Sigma(t) = at^{-m} \qquad (22-117)$$

式中:a—尺度参数,$a>0$,与初始的 MTBF 值和预处理有关;m—增长率,$0<m<1$。

式(22-117)两边取对数,得到:

$$\ln\lambda_\Sigma(t) = \ln a - m\ln t \qquad (22-118)$$

在双对数坐标上,可以用一条直线来描述累积故障率 $\lambda_\Sigma(t)$ 与累积试验时间为 t 之间的关系,即他们之间为线性关系。

a 的几何意义:当 $t=1$ 时,$\ln t = 0$,此时 $\ln\lambda_\Sigma(t) = \ln a$,因此 a 为直线在纵坐标上的截距。

累积故障次数 $N(t)$ 与累积试验时间 t 之间的关系为:

$$N(t) = t\lambda_\Sigma(t) = at^{1-m} \qquad (22-119)$$

时刻 t 的瞬时故障率 $\lambda(t)$ 为:

$$\lambda(t) = \frac{\mathrm{d}N(t)}{\mathrm{d}t} = a(1-m)t^{-m} \qquad (22-120)$$

累积故障率 $\lambda_\Sigma(t)$ 瞬时故障率 $\lambda(t)$ 之间的关系如下:

$$\lambda(t) = (1-m)\lambda_\Sigma(t) \qquad (22-121)$$

b) 以 MTBF 表示的杜安模型

对于指数分布,有:

$$\theta = \frac{1}{\lambda} = \frac{t}{N(t)} \qquad (22-122)$$

式中:θ—MTBF 值。

产品可靠性水平用 MTBF 表示,则有:

$$\theta_\Sigma(t) = \frac{t^m}{a} \qquad (22-123)$$

两边取对数,得到:

$$\ln\theta_\Sigma(t) = -\ln a + m\ln t \qquad (22-124)$$

$$\theta(t) = \frac{t^m}{a(1-m)} \qquad (22-125)$$

两边取对数,则有:

$$\ln\theta(t) = -\ln a - \ln(1-m) + m\ln t \qquad (22-126)$$

式中:$\theta_{\Sigma}(t)$——累积 MTBF;$\theta(t)$——瞬时 MTBF。

累积 MTBF 与瞬时 MTBF 的关系如下:

$$\theta_{\Sigma}(t) = (1 - m)\theta(t) \tag{22 - 127}$$

累积 MTBF 与瞬时 MTBF 在双对数坐标上为一对平行直线,移动系数为 $-\ln(1 - m)$。

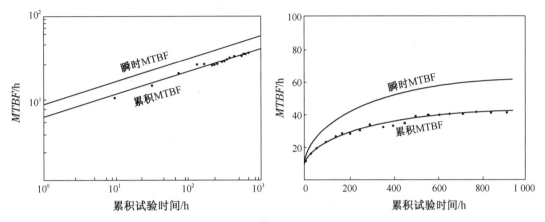

图 22 - 22　双对数坐标纸和线性坐标纸上的杜安曲线

图 22 - 22 为杜安(Duane) 模型在双对数坐标系的形状。

尺度参数 a 的意义:其倒数是 Duane 模型累积 MTBF 曲线在双对数坐标纵坐标的截距,从一点程度上反映了产品进入可靠性增长试验时初始 MTBF 水平(此时 t 为 1 而不是 0)。

增长率的意义:它是 MTBF 曲线的斜率,反映了 MTBF 值随时间增长的速度。可靠性的增长率 m 的一般可能范围在 $0.3 \sim 0.6$,m 在 $0.1 \sim 0.3$ 之间,表明改正措施不太有力;而 m 在 $0.6 \sim 0.7$ 之间表明在实施增长试验过程中,采取了强有力的故障分析和纠正措施,是增长率的极限。

按照下述步骤绘制基于杜安模型的增长曲线,杜安(Duane) 模型图分析如下:

a) 随着试验的进展,不断记录受试产品的累积故障次数 $N(t)$ 和累积试验时间 t。

b) 对选定的各个 t 值,计算出相应的 $t/N(t)$,如果 t 太大,不能绘制在双对数坐标纸上,应对 t 进行变换。方法是找一个系数 d(d 取 10,100,1000,$\cdots$)使得 $t/d = t'$ 不超出双对数坐标纸,然后计算出相应的 $t'/N(t)$。

c) 将各坐标点 $(t, t/N(t))$ 或者 $(t', t'/N(t))$ 绘制在双对数坐标系上。

d) 如果绘制出的点构成一条较好直线,则说明用 Duane 模型描述该增长试验是适宜的。

e) 通过 Duane 曲线还可以求得各参数的近似值:m 为直线的增长率;a 为截距的倒数,即 $a = N(1)$;还可以进一步求出任何时刻的 MTBF 近似值。

对 t 进行了变换后,作出的直线的数学表达式为 $\ln[t'/N(t)] = m\ln t' - \ln a'$。

在绘制的杜安曲线图上,按照以下方法求出各参数的估计值:

a) 参数 m 可以由直线斜率给出。

b）参数 a 可以根据杜安曲线与纵轴交点的纵坐标值 $t/N(t)$ 或者 $t'/N(t)$ 确定，即 a

$$= \begin{cases} \left(\dfrac{t}{N(t)}\right)^{-1}（时间坐标无变换时） \\ \left(\dfrac{t'}{N(t)}\right)^{-1} d^{m-1}（时间坐标有变换时） \end{cases}。$$

c）当前 MTBF 值记为 $M(t)$，它与当前的故障率值 $\lambda(t)$ 分别为 $M(t) = \dfrac{t^m}{a(1-m)}$、$\lambda(t) = a(1-m)t^{-m}$。

平均故障率曲线是将选择的每一时间区间上的平均故障率在相应的区间内绘成一条水平线。为了能直观地反映可靠性增长的趋势，可按下列步骤绘制平均故障率曲线：

a）在绘制杜安曲线的基础上，将试验结果分成若干个区间，区间的选择是任意的，但它们应小到能够反映出故障率的趋势，而区间内的故障数目多到能足以使曲线平滑，每个区间的故障数一般不少于 3 个，按 $\overline{\lambda}_i = \dfrac{N_i}{T_i}$ 计算各区间上的平均故障率，$\overline{\lambda}_i$ 为第 i 个区间上的平均故障率；N_i 为第 i 个区间上的故障数；T_i 为第 i 个区间的长度。

b）在相应的区间内，把平均故障率曲线绘成一条水平线。

Duane 模型的最小二乘法精度高于图分析。

时刻 t_j 的累积 MTBF 值应为：

$$\theta_\Sigma(t_j) = \frac{t_j}{N(t_j)}, \quad j = 1, \cdots, n \tag{22-128}$$

式中：$N(t_j)$ —t_j 时刻的累积故障数。

根据 Duane 模型，有：

$$\ln \theta_\Sigma(t_j) = -\ln a + m\ln t_j + \varepsilon_j \quad (j = 1, 2, \cdots, n) \tag{22-129}$$

式中：ε_j —残差。

残差平方和为：

$$\sum_{j=1}^{n} \varepsilon_j^2 = \sum_{j=1}^{n} \left[\ln \theta_\Sigma(t_j) + \ln a - m\ln t_j \right]^2 \tag{22-130}$$

在残差平方和最小的情况下可以得到 a 与 m 的最小二乘法估计：

$$\hat{m} = \frac{n\sum\limits_{j=1}^{n} \ln \theta_\Sigma(t_j)\ln t_j - \left[\sum\limits_{j=1}^{n} \ln \theta_\Sigma(t_j) \right]\left(\sum\limits_{j=1}^{n} \ln t_j \right)}{n\sum\limits_{j=1}^{n} (\ln t_j)^2 - \left(\sum\limits_{j=1}^{n} \ln t_j \right)^2} \tag{22-131}$$

$$\hat{a} = \exp\left\{ \frac{1}{n}\left[\hat{m}\sum_{j=1}^{n} \ln t_j - \sum_{j=1}^{n} \ln \theta_\Sigma(t_j) \right] \right\} \tag{22-132}$$

瞬时故障率 $\lambda(t)$ 最小二乘法估计：

$$\hat{\lambda}(t) = \hat{a}(1 - \hat{m})t^{-\hat{m}} \tag{22-133}$$

如果产品到时刻 t_n 后就不再修改，则其定型后的 MTBF 值的最小二乘法估计为：

$$\hat{\theta}(t_n) = \frac{t_n^{\hat{m}}}{\hat{a}(1 - \hat{m})} \tag{22-134}$$

[例 22-1]　某产品指标要求 MTBF 设计定型最低可接受值为 400 小时,现进行可靠性增长试验。试确定总试验时间。

a) 确定产品初始累积 MTBF,$M_i = 70\ \text{h}$;

b) 确定初始试验时间 t_i。

根据工程经验,认为产品有一个较低的可靠度,取 $R(t_i) = 0.3$,且产品服从指数分布,由 $R(t_i) = \mathrm{e}^{-\lambda t_i}$,得 $t_i = -\dfrac{1}{\lambda}\ln R(t_i) = -M_i \ln R(t_i)$,将 $R(t_i) = 0.3$,$M_i = 70$ 代入,得 $t_i = 84\ \text{h}$。

当 $m = 0.3$ 时,$T = t_i\left[(1 - m)\dfrac{M_{\text{obj}}}{M_i}\right]^{\frac{1}{m}} = 84 \times \left[(1 - 0.3) \times \dfrac{400}{70}\right]^{\frac{1}{0.3}}\ \text{h} = 8\,534\ \text{h}$;

当 $m = 0.4$ 时,$T = t_i\left[(1 - m)\dfrac{M_{\text{obj}}}{M_i}\right]^{\frac{1}{m}} = 84 \times \left[(1 - 0.4) \times \dfrac{400}{70}\right]^{\frac{1}{0.4}}\ \text{h} = 1\,828\ \text{h}$。

提高增长率 m,可以缩短总试验时间。

22.4.1.2　AMSAA 模型

1972 年,L. H. Crow 在 Duane 模型的基础上提出了可靠性增长的 AMSAA 模型。在有些文献中,AMSAA 模型也称为 Duane-Crow 模型或者 Crow 模型。

L. H. Crow 给出了模型参数的极大似然估计与无偏估计、产品 MTBF 的区间估计、模型拟合优度检验方法、分组数据的分析方法及丢失数据时的处理方法,系统地解决了 AMSAA 模型的统计推断问题。随后,AMSAA 模型在可靠性增长试验中得到了广泛的应用:1981 年,被手册 MIL-HDBK-189 采用;1984 年,被手册 MIL-HDBK-338 采用;1987 年,被手册 MIL-HDBK-781 采用;1995 年,被国际电工委员会标准 IEC 61164 采用;1992 年和 1995 年,也被标准 GJB 1407 和 GJB/Z 77 采用。

AMSAA 模型的优点包括:模型参数的物理意义容易理解,便于制定可靠性增长计划;表示形式简洁,可靠性增长过程的跟踪和评估非常简便;考虑了随机现象,MTBF 的点估计精度较高,并且可以给出当前 MTBF 的区间估计。与此同时,AMSAA 模型也同样具有如下缺点:在理论上,当 $t \to 0$ 和 $t \to \infty$ 时,产品的瞬时 MTBF 分别趋向于零和无穷大,与工程实际不符。尽管如此,实践表明,AMSAA 模型在理论上虽有不足,但在可靠性增长试验中仍有广泛的应用。

AMSAA 模型数学描述:

AMSAA 模型认为,在 $(0,t]$ 试验时间内,受试产品故障 $n(t)$ 是一个随机变量,随着 t 的变化,$n(t)$ 也在变化,这样就形成了一个随机过程,记为 $\{n(t), t \geqslant 0\}$。

AMSAA 模型的均值函数(数学期望)为:

$$E[n(t)] = N(t) = at^b \tag{22-135}$$

式中:$N(t)$—累积故障数;a—尺度参数($a > 0$);b—形状参数($b > 0$),与 Duane 模型的 m 之和等于 1,即 $b + m = 1$;t—试验时间。

a) 瞬时故障率表示的 AMSAA 模型

AMSAA 模型认为,增长过程中,累积故障率是一个非齐次泊松过程,其瞬时故障率为:

$$\lambda(t) = \frac{\mathrm{d}N(t)}{\mathrm{d}t} = abt^{b-1} \tag{22-136}$$

将 $b + m = 1$ 代入式(22-136),得到:

$$\lambda(t) = \frac{\mathrm{d}N(t)}{\mathrm{d}t} = a(1-m)t^{-m} \tag{22-137}$$

这就是 Duane 模型。

b) MTBF 表示的 AMSAA 模型

用 MTBF 表示,则 AMSAA 模型转化为:

$$\theta(t) = \frac{1}{\lambda(t)} = \frac{1}{abt^{b-1}} = \frac{t^{1-b}}{ab} \tag{22-138}$$

当 $0 < b < 1$ 时,$\lambda(t)$ 为减函数(单调下降),MTBF 为增函数,表明故障率降低,故障间隔时间增大,产品可靠性在增加。

同理,当 $b > 1$ 时,$\lambda(t)$ 为增函数(单调上升),MTBF 为减函数,表明故障率增高,故障间隔时间缩短,产品可靠性在降低,也称负增长。

当 $b = 1$ 时,$\lambda(t)$ 和 MTBF 均为常数,此时产品可靠性既不降低也不增加。

c) AMSAA 模型与 Duane 模型的关系

AMSAA 模型与 Duane 模型在描述累积故障数,MTBF 与累积试验时间的关系时是极其相似的,如代入上述的转化关系 $b + m = 1$,AMSAA 模型的数学期望与 Duane 模型是一致的。因此,通常说,AMSAA 模型是 Duane 模型的概率解释。

增长趋势统计分析:

增长趋势统计分析是统计假设检验,对产品在试验中可靠性有无变化作出概率判定。其方法包括 U 检验法、χ^2 检验法和参数检验法。

在增长趋势统计分析中,产品在试验过程中的故障时间序列应满足递增排列,即

$$t_1 < t_2 < t_3 < \cdots < T$$

其中 T 为试验截尾时间:

$$T = \begin{cases} t_0 & \text{定时截尾} \\ t_n & \text{定数截尾(第 } n \text{ 个故障截尾)} \end{cases}$$

1) U 检验法

检验的统计量为:

$$U = \left[\frac{\sum\limits_{j=1}^{M} t_j}{MT} - \frac{1}{2} \right] \sqrt{12M} \quad (j = 1, 2, \cdots, n) \tag{22-139}$$

式中:N—故障总数;$M = N$—定时截尾;$M = N-1$—定数截尾;U 检验法步骤如下:

a) 通过式(22-139)计算统计量 U;

b) 根据给定的显著水平 a 查表 22-14 可以得到临界值 U_0;

c) 将 U 与 U_0 进行比较：当 $U \leqslant U_0$ 时，以显著性水平 a 表示可靠性有明显的增长趋势；当 $U \geqslant U_0$ 时，以显著性水平 a 表示可靠性有明显的降低趋势；当 $-U_0 < U < U_0$ 时，以显著性水平 a 表示可靠性没有明显的变化趋势。

表 22 - 14　U 的临界值 U_0

$a\%$ ＼ M	1	2	3	4	5	6
0.2	1.73	2.34	2.64	2.78	2.86	3.09
1	1.72	2.21	2.38	2.45	2.47	2.58
2	1.70	2.10	2.22	2.25	2.27	2.33
5	1.65	1.90	1.94	1.94	1.94	1.96
10	1.56	1.68	1.66	1.65	1.65	1.65
20	1.39	1.35	1.31	1.31	1.30	1.28
30	1.21	1.11	1.07	1.06	1.06	1.04
40	1.04	0.90	0.87	0.87	0.86	0.84
50	0.87	0.72	0.70	0.70	0.69	0.67

2) χ^2 检验法

检验的统计量为：

$$\chi^2 = \frac{2(M-1)}{\bar{b}} \tag{22-140}$$

式中：N—故障总数；$M = N$—定时截尾；$M = N - 1$—定数截尾；$\bar{b}$—增长形状参数无偏估计。

χ^2 检验法步骤如下：

a) 通过式 (22 - 140) 计算统计量 χ^2；

b) 根据给定的显著水平 a 查 χ^2 表可以得到双侧临界值 $\chi^2_{\alpha/2}(2M)$ 和 $\chi^2_{1-\alpha/2}(2M)$；

c) 将 χ^2 与 $\chi^2_{\alpha/2}(2M)$ 和 $\chi^2_{1-\alpha/2}(2M)$ 进行比较：当 $\chi^2 \geqslant \chi^2_{1-\alpha/2}(2M)$ 时，以显著性水平 a 表示可靠性有明显的增长趋势；当 $\chi^2 \leqslant \chi^2_{1-\alpha/2}(2M)$ 时，以显著性水平 a 表示可靠性有明显的降低趋势；当 $\chi^2_{\alpha/2}(2M) < U < \chi^2_{1-\alpha/2}(2M)$ 时，以显著性水平 a 表示可靠性没有明显的变化趋势。

3) 参数检验法（尺度参数 a 和增长形状参数 b 的估计）

a 和 b 的极大似然估计为：

$$\hat{a} = \frac{N}{T^{\hat{b}}} \tag{22-141}$$

$$\hat{b} = \frac{N}{M\ln T - \sum_{j=1}^{M} \ln t_j} \tag{22-142}$$

a 和 b 的无偏估计为

$$\bar{a} = \frac{N}{T^{\bar{b}}} \tag{22-143}$$

$$\bar{b} = \frac{M-1}{\sum_{j=1}^{M} \ln \frac{T}{t_j}} \tag{22-144}$$

在置信水平 γ 下，b 的置信区间 $[b_\text{L}, b_\text{U}]$ 为：

$$b_\text{L} = \frac{\bar{b}_{\chi^2}\left(\frac{1-\gamma}{2}\right)(2M)}{2(M-1)} \tag{22-145}$$

$$b_\text{U} = \frac{\bar{b}_{\chi^2}\left(\frac{1+\gamma}{2}\right)(2M)}{2(M-1)} \tag{22-146}$$

式中：γ——置信度，通常取 0.8 或 0.9。

拟合优度检验：

产品可靠性增长试验的故障数据是否符合 AMSAA 模型，需要做统计推断，即拟合优度检验。拟合优度检验的方法有许多种，这里只介绍针对完全数据的 Cramer-Von Mises 方法。

Cramer-Von Mises 方法的检测统计量为：

$$C_M^2 = \frac{1}{12M} + \sum_{i=1}^{M} \left[\left(\frac{t_i}{T}\right)^{\bar{b}} - \frac{2i-1}{2M} \right]^2 \tag{22-147}$$

Cramer-Von Mises 方法步骤为：

a）通过式（22-147）计算统计量 C_M^2；

b）根据给定的显著水平 a 查表 22-15 可以得到 C_M^2 临界值 $C^2(M, \alpha)$；

c）将 C 与 $C^2(M, \alpha)$ 进行比较：若 $C_M^2 \leqslant C^2(M, \alpha)$ 时，以显著性水平 a 表示不能拒绝（接受）AMSAA 模型；若 $C_M^2 > C^2(M, \alpha)$，以显著性水平 a 表示拒绝 AMSAA 模型。

表 22-15　**Cramer-Von Mises 检测统计的临界值 $C^2(M, \alpha)$**

a ＼ M	0.2	0.15	0.10	0.05	0.01
2	0.138	0.149	0.162	0.175	0.186
3	0.121	0.135	0.154	0.184	0.231
4	0.121	0.136	0.155	0.191	0.279
5	0.121	0.137	0.160	0.199	0.295
6	0.123	0.139	0.162	0.204	0.307
7	0.124	0.140	0.165	0.209	0.316
8	0.124	0.141	0.165	0.210	0.319

（续表）

a \ M	0.2	0.15	0.10	0.05	0.01
9	0.125	0.142	0.167	0.212	0.323
10	0.125	0.142	0.167	0.212	0.324
15	0.126	0.144	0.169	0.215	0.327
20	0.128	0.146	0.172	0.217	0.333
30	0.128	0.146	0.172	0.218	0.333
60	0.128	0.1467	0.173	0.221	0.333
100	0.129	0.147	0.173	0.221	0.336

当前故障率 $\lambda(t)$ 和 MTBF 的估计：

a）$\lambda(t)$ 和 MTBF 的点估计

当 $N \le 20$ 时，用 a 和 b 的无偏估计 $\bar{a}$、$\bar{b}$ 来进行 $\lambda(t)$ 和 MTBF 的估计：

$$\lambda(\bar{T}) = \bar{a}\ \bar{b} T^{\bar{b}-1} \tag{22-148}$$

$$\theta(\bar{T}) = \frac{1}{\lambda(\bar{t})} = \left[\bar{a}\ \bar{b} T^{\bar{b}-1} \right]^{-1} \tag{22-149}$$

当 $N > 20$ 时，用 a 和 b 的极大似然估计 $\hat{a}$、$\hat{b}$ 来进行 $\lambda(t)$ 和 MTBF 的估计：

$$\lambda(\hat{T}) = \hat{a}\ \hat{b} T^{\hat{b}-1} \tag{22-150}$$

$$\theta(\hat{T}) = \frac{1}{\hat{\lambda}(t)} = \left[\hat{a}\ \hat{b} T^{\hat{b}-1} \right]^{-1} \tag{22-151}$$

b）MTBF 的区间估计

在置信度 γ 下的置信区间为 $[\theta_L, \theta_U]$。

对于定时截尾：

$$\theta_L = \pi_1 \cdot \theta(\bar{t}) \tag{22-152}$$

$$\theta_U = \pi_2 \cdot \theta(\bar{t}) \tag{22-153}$$

式中：π_1—定时截尾置信下限系数；π_2—定时截尾置信上限系数。

表 22-16　AMSAA 模型定时截尾 MTBF 区间估计系数表

γ	0.8		0.9		0.95		0.98	
n	π_1	π_2	π_1	π_2	π_1	π_2	π_1	π_2
2	0.131	9.325	0.100	19.33	0.079	39.33	0.062	99.35
3	0.222	4.217	0.175	6.491	0.145	9.700	0.116	16.07
4	0.289	3.182	0.234	4.460	0.197	6.070	0.161	8.858

（续表）

γ	0.8		0.9		0.95		0.98	
n	π_1	π_2	π_1	π_2	π_1	π_2	π_1	π_2
5	0.341	2.709	0.282	3.614	0.240	4.690	0.200	6.434
6	0.382	2.429	0.321	3.137	0.276	3.948	0.233	5.212
7	0.417	2.242	0.353	2.827	0.307	3.481	0.261	4.471
8	0.447	2.106	0.382	2.608	0.334	3.158	0.287	3.972
9	0.472	2.004	0.406	2.444	0.358	2.920	0.310	3.612
10	0.494	1.922	0.428	2.318	0.379	2.738	0.330	3.341
15	0.573	1.680	0.509	1.948	0.459	2.220	0.409	2.596
20	0.624	1.556	0.561	1.765	0.513	1.972	0.464	2.251
25	0.660	1.478	0.600	1.653	0.553	1.824	0.504	2.049
30	0.687	1.426	0.629	1.577	0.584	1.724	0.536	1.914
35	0.708	1.386	0.653	1.520	0.609	1.650	0.562	1.817
40	0.726	1.355	0.673	1.477	0.630	1.599	0.584	1.743
45	0.741	1.331	0.689	1.443	0.647	1.550	0.603	1.685
50	0.754	1.310	0.704	1.414	0.662	1.513	0.619	1.638
60	0.774	1.287	0.727	1.370	0.688	1.456	0.646	1.564
70	0.790	1.254	0.745	1.337	0.708	1.414	0.668	1.511
80	0.803	1.235	0.759	1.311	0.725	1.382	0.686	1.469
100	0.823	1.207	0.783	1.273	0.750	1.334	0.715	1.409

对于定数截尾：

$$\theta_L = \rho_1 \cdot \theta(\bar{t}) \qquad (22-154)$$

$$\theta_U = \rho_2 \cdot \theta(\bar{t}) \qquad (22-155)$$

式中：ρ_1—定数截尾置信下限系数；ρ_2—定数截尾置信上限系数。

表 22－17　AMSAA 模型定数截尾 MTBF 区间估计系数表

γ	0.8		0.9		0.95		0.98	
n	ρ_1	ρ_2	ρ_1	ρ_2	ρ_1	ρ_2	ρ_1	ρ_2
3	0.228	2.976	0.171	4.750	0.135	7.320	0.104	12.531
4	0.330	2.664	0.259	3.826	0.211	5.325	0.168	7.980
5	0.394	2.400	0.317	3.354	0.265	4.288	0.216	5.997
6	0.440	2.214	0.361	2.893	0.306	3.681	0.254	4.925
7	0.475	2.079	0.396	2.644	0.340	3.282	0.286	4.259
8	0.504	1.976	0.425	2.463	0.368	3.001	0.313	3.806
9	0.528	1.895	0.450	2.325	0.393	2.791	0.337	3.476
10	0.548	1.830	0.471	2.216	0.414	2.629	0.357	3.226
15	0.619	1.627	0.546	1.819	0.491	2.161	0.435	3.532
20	0.662	1.519	0.594	1.726	0.541	1.932	0.487	2.208
25	0.693	1.452	0.629	1.624	0.578	1.793	0.526	2.017
30	0.716	1.404	0.655	1.553	0.607	1.699	0.556	1.888
35	0.735	1.367	0.676	1.501	0.630	1.630	0.581	1.796
40	0.750	1.339	0.694	1.461	0.649	1.577	0.601	1.725
45	0.763	1.317	0.709	1.429	0.665	1.535	0.619	1.669
50	0.774	1.298	0.721	1.402	0.679	1.500	0.634	1.624
60	0.791	1.268	0.742	1.360	0.703	1.446	0.660	1.553
70	0.806	1.245	0.759	1.328	0.721	1.406	0.680	1.502
80	0.817	1.228	0.772	1.304	0.736	1.374	0.697	1.462
100	0.834	1.201	0.794	1.267	0.760	1.328	0.724	1.402

22.4.1.3　两种增长模型选用原则

两种可靠性增长模型比较如下：

表 22－18　两种可靠性增长模型比较

模型名称	类型	适用范围	优点	缺点
Duane 模型	连续型	适用于指数分布产品；可用于制定增长计划，跟踪增长趋势；对参数进行点估计	参数的物理意义直观，易于理解；表达形式简单，使用方便；适用面广；在双对数坐标上是一条直线，图解直观，简便	没有将 $N(t)$ 作为随机过程来考虑；估计精度不高；不能给出当前（瞬时）MTBF 的区间估计；模型拟合优度检验方法粗糙
AMSAA 模型	连续型	适用于指数分布产品；可用于跟踪增长趋势；对参数进行点估计和区间估计	将故障的发生看作随机过程，对数据进行统计处理，可为试验提供一定置信度下的统计分析结果	模型的前提是假设在产品改进过程中，故障服从非齐次泊松分布过程，因此只适用于故障为指数分布的情形，且不适用于试验过程中引入延缓改进措施的评估

两种可靠性增长模型各有特点,使用时根据需求选取适当的模型。Duane 模型来源于工程经验,参数的物理意义直观,但 Duane 模型给出的累积故障率和累积 MTBF,它描述的是历史,而可靠性增长试验关心的是将来发生故障的可能性,即瞬时故障率。Duane 模型中,瞬时故障率是通过累积故障率曲线平移得到的,精度低;AMSAA 模型可以给出瞬时故障率的精确的区间估计,但仅适用于指数分布。

22.4.2 可靠性增长试验特点

有计划地激发故障、分析故障原因和改进设计,并为验证改进措施有效性而进行的试验,称为可靠性增长试验。可靠性增长试验是在产品的研制阶段,为达到可靠性增长目标而采用的一种试验手段,它是实现可靠性增长的正规途径。产品可靠性的增长很大程度上依赖于通过试验来发现薄弱环节,为了实现产品有计划的可靠性增长,则必须实施可靠性增长试验。

总体而言,可靠性增长试验的目的是通过 TAAF 解决设计缺陷,提高产品可靠性,具有如下特点:

1）可靠性增长试验是工程研制阶段单独安排的可靠性工作项目（GJB 450A 工作项目403）,旨在通过试验及相应的分析改进,使产品的可靠性得到有计划的增长;

2）可靠性增长试验是一种工程试验;

3）可靠性增长试验本身不能提高产品的可靠性,只有进行设计、工艺改进,消除薄弱环节,才能提高产品固有可靠性;

4）可靠性增长试验条件通常模拟产品的实际使用条件;

5）可靠性增长试验时间通常取产品 MTBF 目标值的 5~25 倍（取决于可靠性增长模型、工程经验和产品规范）。

6）成功的可靠性增长试验可以代替可靠性鉴定试验。

通常情况下,安排可靠性增长试验的时机是在工程研制阶段后期、可靠性鉴定试验之前。因为在这个时期,产品的功能性能已基本达到设计要求,产品已接近或达到设计定型技术状态;同时,由于产品尚未定型并投入大批量生产,故障纠正还有时间,还来得及对产品设计和制造工艺进行改进。

此外,可靠性增长试验时间长,耗费资源大,所以不是所有产品都适合安排可靠性增长试验。因而在实际中,只有新研及重大技术更改后的复杂关键产品或者可靠性指标高且需分阶段增长的关键产品一般才安排进行可靠性增长试验。

可靠性增长试验与其他试验的区别见表 22-19。

表 22-19 可靠性增长试验与其他试验的区别

试验项目	环境应力筛选	可靠性增长	可靠性鉴定	可靠性验收
所属范围	工程试验	工程试验	统计试验	统计试验
适用标准	GJB 1032A	GJB 1407、GJB/Z 77	GJB 899A	GJB 899A

（续表）

试验项目	环境应力筛选	可靠性增长	可靠性鉴定	可靠性验收
试验目的	剔除早期故障	通过综合试验及相应TAAF消除设计、工艺的薄弱环节,提高产品固有可靠性	验证产品的设计是否达到规定可靠性要求	验证批生产产品的可靠性是否保持在规定的水平
样品数量	100%	1台或多台	一般至少2台	一般每批产品的10%,但最多不超过20台
试验时机	研制及批生产阶段	研制阶段	状态鉴定阶段	批生产阶段
试验环境条件	一般为加速应力条件,以达到最佳筛选效果为宜	一般模拟现场使用典型条件	模拟现场使用典型条件	
结果评估	通过/不通过	利用增长模型评估增长趋势及是否达到增长目标	根据产品寿命分布验证产品可靠性是否达到要求	

22.4.3　可靠性增长试验程序

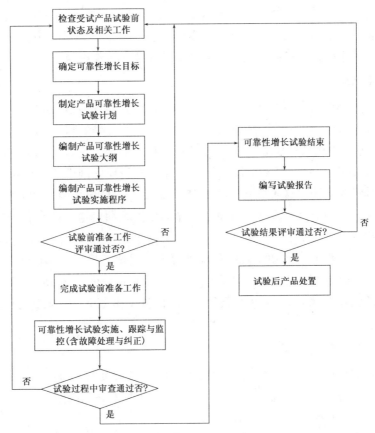

图 22-23　可靠性增长试验一般流程

可靠性增长试验是实现可靠性增长的途径,可靠性增长试验程序主要包括试验前准备、确定试验条件、确定试验时间、试验故障处理、绘制可靠性计划曲线、试验跟踪与监控、试验结束评审等。

22.4.3.1 试验前准备

可靠性增长试验之前,应完成以下几项准备工作:

1)确定试验起始点。根据任务书上的可靠性指标,进行可靠性预计,当预计值大于规定值时,才能开始可靠性增长试验;根据可靠性预计值确定产品的起始点,即新研设备的可靠性初始值,通常为可靠性预计值的10%~30%。起始点的估计值,可以从以往经验推断出来或者估算,较高的起始点可以减少总试验时间。

2)对受试产品进行FME(C)A和FTA分析,以便在试验前对可能发生的故障提前分析,对故障纠正措施或备件等有所准备,以缩短试验的停机时间。

3)受试产品中的寿命件应在试验前明确寿命时间,带有减振器的产品其减振器按寿命件进行管理。

4)试验开始前,按照规定对受试设备进行测试,并记录性能数据,以确定是否符合性能基准,并为试验期间和试验结束时的测试提供参考。然后将受试设备装入试验箱内进行试验前最后的性能测试,测试不合格的设备一律不能参加试验。

此外应先进行产品功能性能和环境试验。按照GJB 899A的5.2条规定进行热测定试验和振动测定试验。除非订购方有特殊规定,该项试验与增长试验不能用同一台试验设备。增长试验应尽量模拟受试设备的现场使用方式将其安装在试验箱内。

22.4.3.2 确定试验条件

可靠性增长试验期间采用的环境条件及其随时间变化情况应能反映受试设备现场使用和任务环境的特征,即应选用模拟现场的综合环境条件。如果条件不具备,可选择一项或几项环境条件,所选条件慎重考虑,应选择对设备可靠性影响最大或较大的环境条件。在应力种类和应力等级确定后,应确定一个试验环境剖面。试验环境剖面是将所选的环境应力及其变化按时间轴进行安排。这种安排应能反映受试设备现场使用时所遇到的工作模式、环境条件及其变化。各种应力的施加应按设备寿命周期内预期会遇到的在各种环境条件下任务持续时间的比例确定。

试验环境剖面一般由电、温度、振动和湿度等应力构成。根据设备的不同用途,还应考虑其他应力。GJB 1407附录C的图C给出了一个试验环境剖面示例,如图22-24所示。

可靠性增长试验的综合环境应力条件,可以依据GJB 899A的4.3条和附录B进行确定。

22.4.3.3 确定试验时间

可靠性增长试验需要的总试验时间取决于可靠性增长模型、工程经验及产品规范的可靠性指标要求。它是受试设备现阶段可靠性增长到要求值的最长时间,一般取要求MTBF的5~25倍就足以达到所要求的可靠性增长。

可靠性预计值、试验起始点、可靠性试验增长率等许多因素都影响试验时间的长短,它还与研制对象的复杂性及成熟度有关。可参考如下:

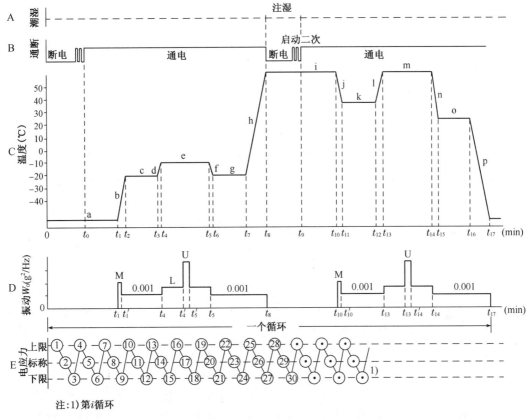

图 22-24 完整的可靠性增长试验循环示例

1）设备 MTBF 为 50～2 000 h 时，可靠性增长试验总试验时间为设备 MTBF 的 10～25 倍；

2）设备 MTBF 在 2 000 h 时以上，试验时间一般至少为其一倍；

3）一般设备，试验时间在 2 000～10 000 h 之间。

22.4.3.4 试验故障处理

试验故障处理如下：

1）故障分类

可靠性增长试验期间出现的所有故障应按 GJB 451A 分为关联故障和非关联故障。对于可靠性增长试验中诱发的关联故障，由于受到技术条件与研制经费等的限制，不一定所有都能纠正，而且在满足可靠性增长目标的前提下，也并不要求所有的关联故障都必须纠正。因此从可靠性增长的角度，可以将关联故障划分为系统性故障和残余性故障，进而将系统性故障再细分为 A 类故障和 B 类故障，只有 B 类故障才需纠正，也只有对 B 类故障采取了有效的纠正措施，产品的可靠性才能得到增长。

必须指出，A 类故障和 B 类故障的划分不是绝对的。首先，随着技术水平等的提高，在研制周期的某个阶段定义为 A 类的故障，在另一个阶段可能就会定义为 B 类；其次，在阶段增长过程中，由于增长目标的不同，也可能导致某些 A 类故障会转换成 B 类。

2）故障处置

可靠性增长的目的在于消除缺陷、减少系统性薄弱环节（残余性薄弱环节一般与制造有关,大部分可以通过筛选来排除）。如不通过改进,只进行修理和更换,无法消除系统性薄弱环节,可靠性不能得到增长,因此,可靠性增长的过程必须是改进的过程,只有通过改进才能达到增长的目的。但必须注意,用来消除系统性薄弱环节的改进措施本身也可能会引入新的系统性薄弱环节。

可靠性增长试验期间受试产品发生故障时应详细记录并报告,内容包括发生故障时的时间、环境条件、对应的试验剖面进程、产品工作状态、试验设备及人员操作状况以及故障现象等。然后将其撤出试验,撤出时应尽量不影响其他受试设备的连续试验,并不要妨碍数据的连续记录。

在试验过程中,对于产品发生的故障应立即进行故障分析,尽可能地采取纠正措施以提高产品可靠性水平和环境适应能力。对于短时间内不能采取纠正措施或不拟采取纠正措施的故障,可先更换失效的零部件,或仅进行简单的修复,以便在调查故障原因期间能继续进行试验。对发现的所有故障都应纳入 FRACAS,FRACAS 是保障故障信息完整性的关键,并为分析产品故障原因,采取纠正措施提供依据。因此,对于可靠性增长试验而言,建立完善的 FRACAS 对 TAAF 过程的顺利实施起到了很关键的作用。所有的纠正措施引入设备的设计环节之前,纠正措施至少应参与了最后两个循环试验,以验证其有效性。

对于可靠性增长验证试验,总循环数为 C,若关联故障发生在第 $C/2$ 个循环前,应修复后从故障发生时的循环数开始继续进行试验;若关联故障发生在第 $C/2 \sim C/2 - 1$ 个循环期间,应修复后从第 $C/2$ 个循环重新开始试验;若关联故障发生在最后一个循环期间,应修复后补做两个循环。对于可靠性增长摸底试验,若关联故障发生在第 14 个循环前,应修复后从故障发生时的循环数开始继续进行试验;若关联故障发生在第 14 ~ 15 个循环期间,应修复后从第 14 个循环重新开始试验。

22.4.3.5 绘制试验曲线

可靠性增长模型的另一重要用途是制定可靠性增长理想曲线。可靠性增长试验是一项有计划,有目标的工作项目,其中极为重要的是确定试验时间,它直接影响增长试验所需的资源。任何可靠性增长模型都含有未知参数。当为制定增长计划选用模型,而不仅仅是为了对变动可靠性作出评估时,模型的参数应当含有工程意义,即能根据产品特性、试验条件和承制方管理水平比较准确地选择这些参数值。否则增长曲线远离实际增长规律,可靠性增长过程控制不仅失去了意义而且还会将增长工作引入歧途。

在进行可靠性增长试验前,应确定可靠性增长模型,并根据增长试验模型绘制一条试验计划曲线,作为监控试验的依据。图 22 - 25 提供了一条试验计划曲线示例。试验计划曲线与要求的 MTBF 线的交点的横坐标代表要求的总试验时间的近似值。试验计划曲线起始点的确定参考 2.7.3.4 节。试验计划曲线绘制可参阅 GJB 1407 中 5.6.3 条。

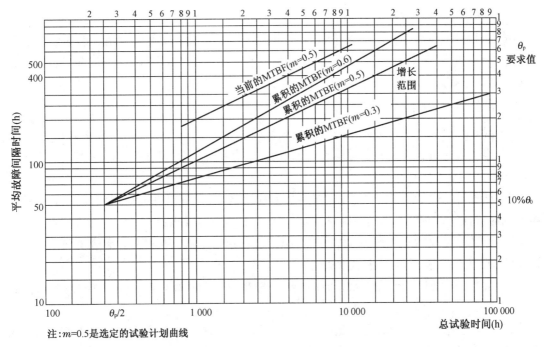

注：$m=0.5$是选定的试验计划曲线

图 22－25　可靠性增长曲线示例图

22.4.3.6　试验监控与跟踪

可靠性增长试验过程中应严格控制试验环境条件,按照确定的试验环境剖面施加环境应力,并记录实际的试验环境条件。试验过程中按规定的时间对受试设备进行测试,当发现故障时应纳入 FRACAS 进行处理。可靠性增长的监控贯穿整个试验过程,其方法是不断地将观测的 MTBF 值和计划的增长值进行比较,对增长率和资金进行再分配和控制。监控一般采用以下两种方法。

1)图分析法

参见 2.7.3.3 节。

应注意不要因为现在或将来的设计变更可以消除过去的故障而对曲线进行调整。

Duane 模型的缺陷是在综合试验数据时,因前面数据较多,临近试验结束的点有被埋没的趋势。平均故障率曲线可以弥补这个缺陷,可参阅 GJB 1407 附录 A。

跟踪增长曲线 Mc:绘制出的实际增长曲线各点如果能够构成一条较好的曲线,则说明 Duane 模型对于描述所观测的增长试验是可行的。除此之外,还需要将实际增长曲线与计划增长曲线相比较,必要时可对增长过程实施控制,或对增长模型进行修正。

2)统计分析法

利用 AMSAA 模型分定时截尾和定数截尾两种情况,可参阅 GJB 1407 附录 B。

Duane 方法和 AMSAA 方法互为补充。Duane 方法直观、简单明了,对增长趋势一目了然,一次拟合优度检验可能会拒绝 AMSAA 模型,却无法指出拒绝理由。而一条由相同数据绘成的杜安曲线却可能指出拒绝的某种原因,但 AMSAA 方法估计参数却比 Duane 方法要好。

22.4.3.7 试验过程中的审查

试验过程中,试验工作组应在增长计划要求的节点和试验发生重大情况时组织进行试验中审查,审查内容包括规定试验项目的完成及监督情况,对当前可靠性增长的估计、对故障分析和纠正措施的建议等,还应给出下一步试验工作的决策建议。

22.4.3.8 试验的结果

满足以下条件之一,可以结束可靠性增长试验:

1)当试验进行到规定的总试验时间,利用试验数据估计的 MTBF 值已达到试验大纲要求时;

2)试验虽未进行到规定的总试验时间,但利用试验数据估计的 MTBF 值已达到试验大纲要求时,订购方同意,可以提前结束试验,并认为试验符合要求;

3)当试验无故障进行到要求的 MTBF 值的 2.3 倍时,可以以 90% 的置信度确信产品的 MTBF 值已达到要求,提前结束试验;

4)最近一次故障后已经有很长时间(要求的 MTBF 值的 2.3 倍)没有发生故障时,经过订购方许可,可以提前结束试验;

5)当试验进行到规定的总试验时间,利用试验数据估计的 MTBF 值没有达到试验大纲要求时,应立即停止试验,承制方对纠正措施进行全面分析并确定纠正措施是否有效;组织专家对纠正措施进行评审;在征得订购方同意后,进行下一阶段工作。

试验结束后,承试方应编写试验报告和工作总结报告,并申请对试验结果进行评审。评审的重点是产品可靠性增长是否达到了预期目标,故障原因分析及纠正措施是否到位,以及遗留问题的处置等内容。

由于可靠性增长过程中产品结构可能有较大变化,且产品也可能留有较大的残余应力,原则上,可靠性增长试验后的产品一般不再用于其他试验,也不作为产品交付。

22.5 加速可靠性增长试验

加速可靠性增长试验一般采用较产品正常使用状态更加严酷的试验条件,通过在有限时间内搜集更多产品寿命与可靠性信息,通过设计改进,以提高产品可靠性的内场试验方法。与传统的模拟正常工作环境的可靠性试验相比,是一种激发性试验。

22.5.1 加速试验概述

根据试验中应力随时间的变化情况,应力施加方式分为恒定应力和变应力。

恒定应力是指试验中,$S = f(t) =$ 常数。即先选一组加速应力量值 $S_1 < S_2 < \cdots S_k$,它们都高于正常应力量值 S_0。然后将一定数量的样品分为 k 组,每组在一个加速应力量值下进行试验,直到各组均发生一定数量的故障,或直至试验截止时间为止,如图 22-26 所示。

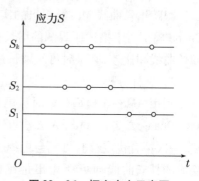

图 22-26 恒定应力示意图

变应力是指试验中,应力随时间变化,即 $S = f(t) \neq$ 常数。根据随时间的变化趋势不同又分为步进应力、序进应力和循环应力等。

变应力施加方法是先选一种应力施加函数 $f(t)$,其中 $f(t)$ 是时间的增函数。试验开始时将一定量的样品都置于应力初始量值 S_1 下进行试验, S_1 高于正常应力量值 S_0 ,随后应力随时间以 $f(t)$ 确定的趋势变化,如图 22 - 27 所示。

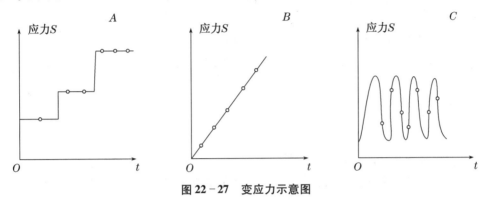

图 22 - 27　变应力示意图

加速因子是加速可靠性增长试验中一个重要参数,工程实践中常用到它。具体而言,其定义为:若令某产品在正常应力水平 S_0 的寿命分布函数为 $F_0(t)$, $t_{p,0}$ 为其 p 分位寿命,即 $F_0(t_{p,0}) = p$,且令该产品在加速应力水平 S_i 下的寿命分布函数为 $F_i(t)$, $t_{p,i}$ 为其 p 分位寿命,即 $F_i(t_{p,i}) = p$,则两个 p 分位寿命之比为:

$$AF_i = t_{p,0}/t_{p,i} \tag{22 - 156}$$

AF_i 称为加速应力水平 S_i 对正常应力水平 S_0 的加速因子,简称为加速因子或加速系数。由上式以及加速模型的定义可看出,加速因子与加速模型相关。当正常应力水平固定时,加速因子随着加速应力水平的增大而增大。为了达到"加速"的效果,加速因子通常都大于 1。

22.5.2　常用加速模型

1) Arrhenius 模型

在加速寿命试验中用温度作为加速应力是常见的,因为高温能使产品(如电子元器件、绝缘材料等)内部加快化学反应,促使产品提前失效,阿伦尼斯研究了这类化学反应,在大量数据的基础上,总结出了反应速率与激活能的指数成反比,与温度倒数的指数成反比,阿伦尼斯模型为:

$$\frac{\partial P}{\partial t} = rate(t) = A\exp\left(-\frac{E_a}{k_B T}\right) \tag{22 - 157}$$

式中: P —产品某特性值或退化量; $rate(t)$ —温度在 T (热力学温度)时的反应速率; A —常数,且 $A > 0$; k_B —玻尔兹曼常数,为 8.617×10^{-5} eV/K; T —绝对温度,等于摄氏度加 273.15; E_a —激活能,或称为活化能,单位为 eV。

2) Eyring 模型与 Peck 模型

亨利艾林最早将量子力学和统计力学用于化学,并发展了绝对速率理论和液体的有效结构理论,提出了 Eyring 模型。

$$rate(t) = \frac{k_B T}{h}\exp\left(-\frac{\Delta G}{RT}\right) = A'\frac{k_B T}{h}\exp\left(-\frac{E_a}{k_B T}\right) \qquad (22-158)$$

式中:$rate(t)$—温度在 T(热力学温度)时的反应速率;k_B—玻尔兹曼常数,为 8.617×10^{-5} eV/K;h—普朗克常数;R—气体常数;ΔG—吉布斯活化能,自由能;A'—常数;E_a—激活能,单位为 eV。

Peck 模型是 Eyring 模型的一种,用来对湿度加速条件进行寿命计算,此模型都是与温度加速的 Arrhenius 模型一同使用。下面是 Peck 模型湿度部分计算式:

$$L(H) = AH^{-n} \qquad (22-159)$$

式中:L—寿命,通常是时间;A—常数,未知模型参数之一;n—未知模型参数之一;H—相对湿度,%。

3)Coffin-Masson 模型

低周疲劳的应力循环频率较低,针对低周疲劳的寿命估算一般使用 Coffin-Manson 公式来估算,即

$$N = \frac{C}{(\Delta\varepsilon_p)^\alpha} \qquad (22-160)$$

式中:N—循环次数;$\Delta\varepsilon_p$—低周疲劳的应变幅,例如,温度循环上、下限温度分别为 80 ℃和 -40 ℃,则 $\Delta\varepsilon_p = 80$ ℃ $-(-40$ ℃$) = 120$ ℃;α—材料的塑性指数; C—常数。

为了更好地描述温度循环应力的加速效果,Norris 和 Landzberg 提出了修正的 Coffin-Manson 模型,即

$$N = A \cdot f^{-\alpha} \cdot \Delta T^{-\beta} \cdot G(T_{\max}) \qquad (22-161)$$

式中:N—失效循环数;f—循环频率;T—温度变化范围;$G(T_{\max})$—温度循环中最高温 $T_{\max}$ 时的 Arrhenius 形式,即

$$G(T_{\max}) = e^{\frac{E_a}{k_B T_{\max}}} \qquad (22-162)$$

式中:E_a—激活能,与材料有关;k_B—玻尔兹曼常数,值为 8.617×10^{-5} eV/℃。

4)Basquin 等式

振动应力属于循环型应力,其造成的失效主要为高周疲劳失效,疲劳失效类型属于耗损型失效,是指材料在低于其屈服强度的应力下,经过若干次循环之后发生损坏而丧失正常工作性能的现象。Basquin 等式常被用于描述振动损伤的加速模型,其数学形式如下:

$$NS^b = C \qquad (22-163)$$

式中:S—广义应力,如果是随机振动,对应的单位就是功率谱密度(PSD)或均方根值(rms),如果是正弦振动,对应单位用幅值表示;N—振动时间(随机)或循环至疲劳的循环数(正弦);C—常数。

5)逆幂率模型(Inverse Power Model)

对于电子产品,加大电压、电流等能促使产品提前失效,所以电应力(电压、电流、功率

等)也是常见的加速应力之一。产品的某些寿命特征与电应力符合逆幂率关系：

$$L = AV^{-C} \qquad (22-164)$$

式中：L—某寿命特征,如中位寿命、平均寿命等；A—大于 0 的常数；V—电应力,常为电压；C—正常数,只与产品类型有关,与产品规格无关。

根据上式可得寿命的对数与所施加电应力的对数之间的直线方程：

$$\ln L = \ln A - C \ln V \qquad (22-165)$$

22.5.3 加速增长试验流程

确定可靠性加速增长试验对象及其可靠性需提升比例后,开展可靠性加速增长试验。首先,根据典型系统的环境剖面,确定主要环境应力的加速模型,开展基于仿真分析和可靠性预计的加速因子计算；综合考虑产品功能特点、环境应力和可靠性指标,制定可靠性加速增长试验剖面,并开展可靠性加速增长试验,针对试验中暴露的产品故障,制定并采取设计改进措施,实现产品的可靠性增长。根据可靠性加速增长试验时间和故障数据,评估产品可靠性提升水平 $\delta_{3j(加速增长)}$,若 $\delta_{3j(加速增长)} \geq \delta_{3j}$,则满足可靠性提升要求。

可靠性加速增长试验主要包括：制定试验增长计划,确定初始环境条件,确定环境边界及加速因子(加速增长试验剖面),试验实施,故障分析、处理及回归验证等阶段,如图 22-28 所示。

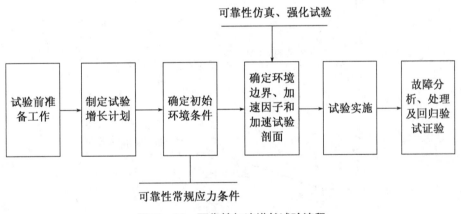

图 22-28 可靠性加速增长试验流程

试验增长计划确定方法如下：

1）确定增长计划的目的

为达到预期的增长目标,制定增长计划,确定增长模型,绘制增长曲线,并作为监控试验的依据。

2）增长目标

以电子系统的可靠性规定值为基准,将其分配至各单元及模块。根据该阶段产品可靠性水平提升的目标,按照上述方法将该增长目标分配至各关键单元或模块(即试验对象),根据各关键单元或模块的增长目标及分配的可靠性指标值,即可得到各试验对象的增长目

标 θ_F。

3）试验时间

可靠性加速增长试验时间 t_F 取试验对象的增长目标 θ_F 的 5 倍。

4）纵轴起始点确定

试验中,纵轴起始点可取该阶段试验对象可靠性预计值的 20%,记为 θ_I。

5）横轴起始点确定

横坐标起始点取该阶段试验对象可靠性预计值的 50%,记为 t_I。

6）增长率 m

结合增长起始点和总试验时间,利用式(22 – 166)可以得出增长率 m。

$$m \approx -1 - \ln\left(\frac{t_F}{t_I}\right) + \left\{\left[1 + \ln\left(\frac{t_F}{t_I}\right)\right]^2 + 2 \times \ln\left(\frac{\theta_F}{\theta_I}\right)\right\}^{1/2} \qquad (22-166)$$

增长率一般为 0.3 ~ 0.6。增长率在 0.1 ~ 0.3 之间,表明改正措施不太有力;增长率在 0.6 ~ 0.7 之间表明在实施增长试验过程中,采取了强有力的故障分析和纠正措施。

7）计划的可靠性增长曲线

根据上述参数,在双对数坐标纸上绘制计划的可靠性增长曲线。可靠性加速增长试验的计划的累积 MTBF 曲线的起始点为 (t_1,θ_I),增长率为 m;以累积 MTBF 曲线为基准线,向上平移 $-\ln(1-m)$ 得到计划的瞬时 MTBF 曲线,瞬时 MTBF 曲线与要求的 MTBF 线的交点的横坐标,代表要求的总试验时间的近似值。如图 22 – 29 所示。

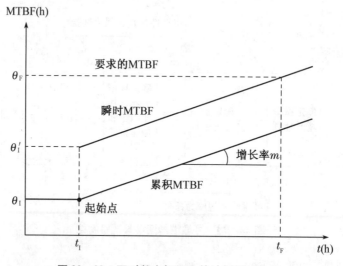

图 22 – 29 双对数坐标纸上的计划增长曲线

因此,在规定的试验时间内,只要实际达到的可靠性增长曲线与试验计划曲线之间呈现出下列三种特性之一时,就可以认为可靠性增长试验是有效果的。

a）所画出的观测的 MTBF 值处于试验计划曲线上或上方;

b）最佳拟合线与试验计划曲线吻合或在试验计划曲线的上方;

c）最佳拟合线前段低于试验计划曲线,但最佳拟合线从试验计划曲线与要求的 MTBF 水平线的交点左侧穿过要求的 MTBF 水平线。

否则,就可以认为试验不可能达到计划的可靠性增长,应制定一个改正措施方案。

22.5.4　加速增长试验剖面

1)确定原则

以产品常规可靠性试验剖面应力条件为基础设计加速增长试验剖面,加速增长试验剖面由温度应力、振动应力、湿度应力和电应力组成;采用加严温度循环的方式进行加速温度循环条件设计,计算加速因子,确定加速试验时间;振动应力根据累积损伤原理,将常规试验时间内的振动损伤等效到加速时间内,同时应保证最大振动应力不大于常规可靠性试验剖面中的最大振动应力条件;电应力按产品规范的要求进行施加。

2)确定流程

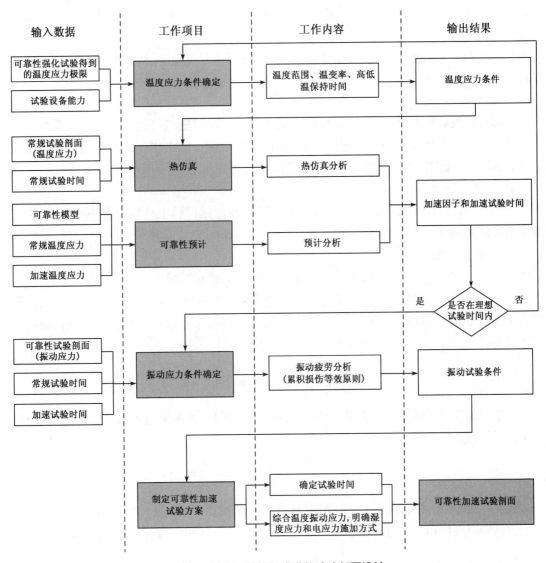

图 22‑30　可靠性加速增长试验剖面设计

在进行电子产品可靠性加速综合应力试验剖面设计时,应保证失效机理不发生变化,确定可靠性加速试验剖面中各应力的范围并计算各应力的加速因子,最终根据几类应力的匹配关系,得到加速试验剖面。

a) 加速应力选择

可靠性鉴定试验剖面的综合应力类型包含温度应力、振动应力、温度循环、湿度应力和电应力,等效后的加速可靠性试验剖面应与可靠性鉴定试验剖面的应力类型保持一致,一般选取温度应力和振动应力作为加速应力,湿度应力和电应力仍保留。

b) 温度应力确定

高温加速温度可依据可靠性强化试验和可靠性仿真分析的结果确定,一般在产品高温工作温度与产品高温工作极限温度 – 10 ℃之间,具体按可靠性仿真试验中的热分布情况确定高温加速温度。加速因子的确定可按基于应力分析预计法的电子产品高温加速因子求解方法。

由于低温没有加速效应,在加速可靠性试验中保留原试验剖面中的低温应力,以考核产品的低温工作能力。

c) 振动应力确定

为保证激发故障不引入新的失效机理,加速可靠性试验随机振动谱型应与可靠性鉴定试验的随机振动谱型保持一致。随机振动量值可自己选取,但考虑到可能会引入新的故障模式,随机振动最大量值不应超过原剖面中的最大量值。

d) 温变率确定

可靠性鉴定试验剖面中最大升降温速率≤可靠性加速试验中升降温速率≤温/湿度箱最大的升降温速率。

e) 剖面的匹配

加速试验剖面设计要与原鉴定试验剖面的各应力关系相匹配。

温循次数匹配。原鉴定试验剖面有 n 个温度循环,温变率为 v_{2i},温度跨度为 Δt_{2i},最高温度为 T;加速试验中的温变速率为 v_1,温度跨度为 Δt_1,则每个温度循环折合为加速剖面的加速因子为:

$$Acc_i = \left(\frac{\Delta t_1}{\Delta t_{2i}}\right)^{1.9} \left(\frac{v_1}{v_{2i}}\right)^{1/3} \exp[0.01(t_1 - t_{2i})] \qquad (22-167)$$

原鉴定试验的总循环数为 K,在加速试验中一个周期包含两个温度循环,则加速试验循环次数匹配值为:

$$\sum \frac{K}{2A_{cc_i}} \qquad (22-168)$$

温度时间匹配。原鉴定试验的剖面由 m 段温度组成(不计低温),每个温度段的时间为 t_i,加速试验温度值相对于每个温度段的加速系数为 τ_i,原总循环数 K,则加速试验的高温持续总时间 $T = \sum_{i}^{m} K \frac{t_i}{\tau_i}$。每个循环高温持续时间 = T/温循次数匹配值。

振动匹配。加速可靠性试验随机振动谱型与可靠性鉴定试验的随机振动谱型保持一致。随机振动的加速因子为：

$$\tau_2 = \frac{T_1}{T_2} = \left(\frac{v_2}{v_1} \right)^m \qquad (22-169)$$

式中：v_1——一般试验剖面下的振动功率谱密度（加权值）；v_2—加速试验剖面中的振动功率谱密度；m—振动应力加速率常数，一般取 $3 \sim 5$。

加速试验中产品的振动应力应与电应力同时施加，可将原鉴定试验剖面中振动时间按振动加速公式折合到加速试验剖面中。

其他应力匹配。为保证温度应力和湿度产生的复合应力激发产品故障的失效机理未变，在加速可靠性试验剖面中高温保持段设置 1h 控湿段（露点温度 ≥31 ℃），并安排在加速试验剖面每循环剖面点 $1\sim2$ h。在每一加速循环中，只在模拟地面冷浸的 0.5 h 内不通电，其他时间均通电。

22.5.5　基于仿真的加速试验剖面计算

试验剖面计算方法：

1）根据产品特点，结合可靠性强化试验结果，初步制定可靠性加速试验的温度应力条件。

2）以可靠性试验剖面的温度条件和试验增长计划的工作时间为输入，通过可靠性仿真试验得出的加速系数计算温度条件下的等效试验时间。

3）确认等效试验时间是否合理（$500\sim1\,000$ h），如果不合理，调整温度应力条件重新计算，直至得到合适的等效试验时间。

4）按等效损伤计算加速试验时间下的振动应力

$$\frac{T_0}{T_1} = \left(\frac{W_1}{W_0} \right)^b \qquad (22-170)$$

式中：T_0—传统可靠性试验剖面时间内的振动累积损伤时间；T_1—加速试验时间；W_0—可靠性试验剖面最大振动量值；W_1—加速试验时间下的振动量值。

如果振动量值 W_1 超过可靠性强化试验得出的振动应力工作极限的 50%，则调整温度应力条件重新计算，直至等效试验时间在 $500\sim1\,000$ h 内，且振动量值不大于功能振动量值。

5）综合最终确认的温度应力、电应力（在低温保持结束前进行通电，高温保持结束时断电）和振动应力[除低温不通电阶段外连续施加振动，在测试时施加高振动量值 W_1，其余时间施加按式（22-170）得出的振动]，即可靠性加速增长试验综合应力条件，得出等效试验时间，即可靠性加速增长试验时间。

加速系数计算方法：

1）通过可靠性仿真试验得到产品在正常条件下失效的前 $10\sim20$ 个薄弱环节（薄弱环节点不足时用潜在故障点补充），假定其首发故障循环数分别为 $N_{T1}, N_{T2}, \cdots, N_{T20}$。

2）在初步设定的加速条件下进行迭代，得到上面 $10\sim20$ 个点的首发故障循环数分别为 $N'_{T1}, N'_{T2}, \cdots, N'_{T20}$。

3）将第 i 个薄弱环节点在正常条件和加速条件下首发故障循环数相除，利用下式得到

第 i 个故障点的循环数均值比 τ_{Vi}:

$$\tau_{Vi} = \frac{N_{Ti}}{N'_{Ti}} \tag{22-171}$$

4) 将 10~20 个薄弱环节点的循环数均值比,进行算术平均,即产品循环数均值比:

$$\tau_V = \frac{1}{20} \sum_{i=1}^{20} \tau_{Vi} \tag{22-172}$$

加速系数 A_u = 产品循环数均值比 × 每个循环的时间比 = 产品循环数均值比 × (正常条件每循环时间/加速条件每循环时间)。

振动量值等效计算方法:

振动应力根据累积损伤原理,将计划试验时间内的损伤等效到加速试验时间内,同时应保证最大振动应力不大于可靠性摸底试验综合应力的最大应力条件。根据故障点的常数因子 b_i、最大振动量值、最小振动量值和持续时间,应用下式计算等效试验时间:

$$\frac{t'_{Vi}}{t_{Vi}} = \left(\frac{W_1}{W_0}\right)^{b_i} \tag{22-173}$$

式中:b_i—薄弱环节点常数因子的算术平均值,一般取 3.7。

22.6　综合应力下加速可靠性增长试验定量评估方法

综合应力一般为高低温、热循环、高湿、振动、电等应力共同作用。综合应力下加速可靠性增长试验定量评估方法的总体思路为首先针对单一试验剖面计算综合加速因子,通过加速因子对试验数据进行试验时间和故障时间折算,最终使用 Duane 模型或 AMSAA 模型计算正常应力水平下的平均故障时间间隔(MTBF)。

22.6.1　单一试验剖面内不同应力下加速因子的计算

利用 Arrheniu 模型、修正的 Coffin-Masson 模型、Peck 模型、Basquin 等式和逆幂率模型针对温度、湿度、振动、电应力计算它们各自在一个应力循环周期下的加速因子。

1) 高温应力加速因子计算

针对高温应力,使用 Arrhenius 模型,假设加速可靠性增长试验剖面下的高温为 t_1℃,则将 t_1℃等效到常规可靠性增长试验剖面高温段 t_0℃的加速因子为:

$$AF_{HT} = \exp\left[\frac{E_a}{k_B}\left(\frac{1}{273.15+t_0} - \frac{1}{273.15+t_1}\right)\right] \tag{22-174}$$

因此,在单一试验剖面内,高温应力的加速因子为:

$$AF_1 = \frac{AF_{HT} \cdot Time_{test\_HT}}{Time_{use\_HT}} \tag{22-175}$$

式中:$Time_{use\_HT}$—常规可靠性试验单一剖面内高温应力持续总时间;$Time_{test\_HT}$—加速试验单一剖面内高温应力持续总时间。

2）热循环应力加速因子计算

热循环加速模型主要基于改进的 Coffin-Masson 模型，具体加速因子的计算公式为：

$$AF_{\text{TC}} = \left(\frac{\Delta T_{\text{test}}}{\Delta T_{\text{use}}}\right)^{\beta} \left(\frac{f_{\text{test}}}{f_{\text{use}}}\right)^{\alpha} e^{\frac{E_a}{k_B}\left(\frac{1}{T_{\text{max,use}}} - \frac{1}{T_{\text{max,test}}}\right)} \tag{22-176}$$

式中：ΔT_{use}—常规可靠性试验上下限工作温度的温度差，单位为℃；ΔT_{test}—加速试验上下限工作温度的温度差，单位为℃；f_{use}—常规可靠性试验的温变率，单位为℃/min；f_{test}—加速试验的温变率，单位为℃/min；$T_{\text{max,test}}$—加速试验应力下的循环中的最高温度，单位为 K；$T_{\text{max,use}}$—正常应力下的循环中的最高温度，单位为 K；β—模型参数值，参考范围为 $1.9 \sim 2.5$；α—模型参数值，一般取值 1/3。

因此，在单一试验剖面内，热循环应力的加速因子为：

$$AF_2 = \frac{AF_{\text{TC}} \cdot NC_{\text{test\_TC}}}{NC_{\text{use\_TC}}} \tag{22-177}$$

式中：$NC_{\text{use\_TC}}$—常规可靠性试验单一剖面内热循环次数；$NC_{\text{test\_TC}}$—加速试验单一剖面内热循环次数。

3）高湿应力加速因子计算

湿度的加速因子采用 Peck 模型中的湿度模型。假设加速情况下湿度为 $S_1\%$，将 $S_1\%$（温度 T_1）等效到 $S_0\%$（温度 T_0）的湿度加速因子为：

$$AF_{\text{RH}} = \left(\frac{S_1}{S_0}\right)^{n} e^{\frac{E_a}{k_B}\left(\frac{1}{T_0} - \frac{1}{T_1}\right)} \tag{22-178}$$

式中：n—湿度模型参数，一般介于 $2 \sim 3$ 之间，由其腐蚀特性决定。

因此，在单一试验剖面内，高湿应力的加速因子为：

$$AF_3 = \frac{AF_{\text{RH}} \cdot Time_{\text{test\_RH}}}{Time_{\text{use\_RH}}} \tag{22-179}$$

式中：$Time_{\text{use\_RH}}$—常规可靠性试验单一剖面内高湿应力持续总时间；$Time_{\text{test\_RH}}$—加速试验单一剖面内高湿应力持续总时间。

4）振动加速因子计算

振动的加速因子采用 Basquin 等式，根据 GJB 150.16A 中的公式，将加速试验剖面下振动应力对应的时间，换算成正常试验剖面下振动应力所对应的时间：

$$T_0 = \left(\frac{W_1}{W_0}\right)^{b} T_1 \tag{22-180}$$

$$T_0 = \left(\frac{g_1}{g_0}\right)^{b} T_1 \tag{22-181}$$

式中：W_0—正常试验剖面的随机振动应力的功率谱密度，单位为 g^2/Hz；W_1—加速试验剖面的随机振动应力的功率谱密度，单位为 g^2/Hz；g_0—正常试验剖面的正弦振动应力的峰值加速度，单位为 g；g_1—加速试验剖面的正弦振动应力的峰值加速度，单位为 g；T_0—正常试验剖面的等效振动时间，单位为 h；T_1—加速试验剖面的实际振动时间，单位为 h；b—模型参数，

随机振动时 $b=4$，正弦振动时 $b=6$。

在计算加速因子时，如果试验剖面存在多个振动应力水平，则需要先计算将所有应力折算至同一水平下的等效时间，再计算加速因子。根据下式计算振动加速因子：

$$AF_4 = \frac{Time_{\text{test\_euqVar}}}{Time_{\text{use\_euqVar}}} \qquad (22-182)$$

式中：$Time_{\text{use\_euqVar}}$—常规可靠性试验单一剖面内换算后的振动总时间；$Time_{\text{test\_euqVar}}$—加速试验单一剖面内换算后的振动总时间。

5）电应力加速因子计算

电应力的加速因子的计算采用逆幂率模型。假设正常剖面电应力为 V_0，加速下的电应力为 V_1，则电应力的加速因子为：

$$AF_{\text{Vol}} = \left(\frac{V_1}{V_0} \right)^C \qquad (22-183)$$

式中：C—正常数，只与被试产品的类型有关，与其规格无关。

因此，在单一试验剖面内，电应力的加速因子为：

$$AF_5 = \frac{AF_{\text{Vol}} \cdot Time_{\text{test\_Vol}}}{Time_{\text{use\_Vol}}} \qquad (22-184)$$

式中：$Time_{\text{use\_Vol}}$—常规可靠性试验单一剖面内电应力持续总时间；$Time_{\text{test\_Vol}}$—加速试验单一剖面内电应力持续总时间。

22.6.2　综合加速因子计算

参考 GB/T 34986—2017《产品加速试验方法》附录 B.4.6，为了得到综合加速因子，做如下假设：热循环、振动应力和电应力会激发相同的失效模式，而高温和湿度应力会激发另一种失效模式。则综合应力下的加速因子为：

$$AF = \frac{AF_1 \cdot AF_3 + AF_2 \cdot AF_4 \cdot AF_5}{2} \qquad (22-185)$$

22.6.3　可靠性增长试验数据的处理

22.6.3.1　使用 Duane 模型处理可靠性增长试验数据

使用 Duane 模型如下：

$$\theta_\Sigma(t) = \frac{1}{\alpha} t^m \qquad (22-186)$$

$$\theta(t) = \frac{\theta_\Sigma(t)}{1-m} \qquad (22-187)$$

式中：α—尺度参数，$\alpha > 0$，与初始 MTBF 值和预处理有关；t—累积试验时间，单位为小时，当多台产品严格同步时，t 为多台的累积试验时间；m—增长系数，通常情况下，$m > 0$ 时，产品可靠性水平随累积试验的增加而增长，又称正增长，当 $m < 0$ 时，产品可靠性水平随累积

试验时间的增加而下降，称负增长；$\theta_{\Sigma}(t)$—累积 MTBF，考虑了母体变动下含有产品 MTBF 变动信息的统计量，从中可以提取产品的 MTBF 变动信息。

$\theta_{\Sigma}(t)$ 的定义如下：

$$\theta_{\Sigma}(t) = \frac{1}{\lambda_{\Sigma}(t)} \tag{22-188}$$

式中：$\lambda_{\Sigma}(t)$—到累积试验时间 t 时的累计故障数。如果试验过程中不对任何故障进行纠正而仅仅是排除故障，则由于母体未发生变化，$\theta_{\Sigma}(t)$ 就是下列的 $\theta(t)$。

$\theta(t)$—瞬时 MTBF，指在累积试验时间 t 时，产品实际达到的 MTBF，即如果试验在 t 时刻停止，今后生产的产品以 t 时刻的产品结构为准，则产品的 MTBF 即为 $\theta(t)$。

使用 Duane 模型处理可靠性增长试验数据的一般步骤如下：

1）数据准备

对于不同的评估对象，列出相关故障的故障时间序列，假设 n 个故障发生时间按序排列分别为 $t_1, t_2, \cdots, t_n$。对于单台试验，t_i 即为故障发生时的累积试验时间；对于多台同步试验，t_i 为发生故障的那台试验样机的累积试验时间与未发生故障的剩余试验样机为处理该故障而停止作业时的累积试验时间之和。

计算这些故障时间相对应的累积 MTBF 值，得：

$$\theta_{\Sigma}(t_i) = \frac{t_i}{N(i)} \quad (i = 1, 2, \cdots, n) \tag{22-189}$$

计算通过对数线性化后的两列数值 x_i, y_i：

$$x_i = \ln t_i \quad (i = 1, 2, \cdots, n) \tag{22-190}$$

$$y_i = \ln \theta_{\Sigma}(t_i) \quad (i = 1, 2, \cdots, n) \tag{22-191}$$

2）线性最小二乘法（线性拟合）

首先要计算数据序列 $(x_i, y_i)(i = 1, 2, \cdots, n)$ 的线性相关系数 ρ，计算公式如下：

$$\rho = \frac{n \sum_{i=1}^{n} x_i y_i - \sum_{i=1}^{n} x_i \sum_{i=1}^{n} y_i}{\sqrt{n \sum_{i=1}^{n} x_i^2 - \left(\sum_{i=1}^{n} x_i \right)^2} \sqrt{n \sum_{i=1}^{n} y_i^2 - \left(\sum_{i=1}^{n} y_i \right)^2}} \tag{20-192}$$

具体而言，$\rho > 0$ 时，正相关，即呈现正增长趋势，这是可靠性增长试验所期盼的；$\rho < 0$ 时，负相关，即呈现负增长趋势，判定试验失败。

随后，采用线性最小二乘法进一步计算 Duane 模型参数：

$$m = B = \frac{n \sum_{i=1}^{n} x_i y_i - \sum_{i=1}^{n} x_i \sum_{i=1}^{n} y_i}{n \sum_{i=1}^{n} x_i^2 - \left(\sum_{i=1}^{n} x_i \right)^2} \tag{22-193}$$

$$A = \frac{1}{n} \sum_{i=1}^{n} y_i - \frac{m}{n} \sum_{i=1}^{n} x_i \tag{22-194}$$

$$\alpha = e^{-A} \tag{22-195}$$

3）MTBF 评估

采用外推法评定试验结束后、今后按试验结束时的技术状态生产的产品的 MTBF,采用下式计算:

$$MTBF = \theta(t) = \frac{T^m}{\alpha(1-m)} \tag{22-196}$$

4）试验发生负增长情况下的评估与处置

这种情况通常是故障纠正不力或不当造成的,即该纠正的故障未纠正或原有的关联故障虽经"纠正",却仍然一再发生。所以应当对故障改进进行立项并认真运行故障报告、分析和纠正措施系统(即 FRACAS),提高故障纠正的效果。

此外为了防止在试验快要结束时发生这种负增长情况而导致试验失败,应采取试验跟踪评估方法。即试验过程中每隔 $1/8T \sim 1/5T$ 时间,做一次线性最小二乘法拟合,求出相关系数 ρ,看其是否是正增长。若发生负增长,要暂停试验,分析原因,采取对策。

22.6.3.2 使用 AMSAA 模型处理可靠性增长试验数据

AMSAA 模型假设在 $(0,t]$ 试验时间内,受试产品故障 $n(t)$ 是一个随机变量,随着 t 的变化,$n(t)$ 的均值函数满足为:

$$E[n(t)] = N(t) = at^b \tag{22-197}$$

式中:$N(t)$—累计故障数;a—尺度参数($a>0$);b—形状参数,与 Duane 模型的 m 之和等于 1,即 $b+m=1$;t—累积试验时间。

AMSAA 模型认为,增长过程中,累计故障数是一个非齐次泊松过程,其瞬时故障率和瞬时平均故障间隔时间为:

$$\lambda(t) = \frac{dN(t)}{dt} = abt^{b-1} \tag{22-198}$$

$$MTBF = \theta(t) = \frac{1}{\lambda(t)} = \frac{t^{1-b}}{ab} \tag{22-199}$$

具体而言,$1 > b > 0$ 时,呈现正增长趋势;$b > 1$ 时,呈现负增长趋势;$b = 1$ 时,无增长现象。

使用 AMSAA 模型处理可靠性增长试验数据的一般步骤如下:

1）数据准备

对于不同的评估对象,列出相关故障的故障时间序列,假设 n 个故障发生时间按序排列分别为 $t_1, t_2, \cdots, t_n$。对于单台试验,t_i 即为故障发生时的累积试验时间;对于多台同步试验,t_i 为发生故障的那台试验样机的累积试验时间与未发生故障的剩余试验样机为处理该故障而停止作业时的累积试验时间之和。

2）增长趋势统计分析

在增长趋势统计分析中,产品在试验过程中的故障时间序列应满足递增排列,即

$$t_1 < t_2 < \cdots < t_n < T \tag{22-200}$$

式中：T—试验截止时间。

采用 U 检验法进行增长趋势检验，相关 U 统计量的计算方法为：

$$U = \left(\frac{\sum\limits_{j=1}^{M} t_j}{MT} - \frac{1}{2} \right) \sqrt{12M} \tag{22-201}$$

式中：N—故障总数。当采用定时截尾试验时，$M=N$；当采用定数截尾试验时，$M=N-1$。

假定以显著性水平 α 查得临界值为 U_0，则：当 $U \leqslant -U_0$ 时，以显著性水平 α 表示可靠性有明显的增长趋势；当 $U \geqslant U_0$ 时，以显著性水平 α 表示可靠性有明显的降低趋势；当 $-U_0 < U < U_0$ 时，以显著性水平 α 表示可靠性没有明显的变化趋势。

3）模型参数估计

当 $N > 20$ 时，采用极大似然方式进行 AMSAA 模型参数估计：

$$\hat{b} = \frac{N}{M\ln T - \sum\limits_{j=1}^{M} \ln t_j} \tag{22-202}$$

$$\hat{a} = \frac{N}{T^{\hat{b}}} \tag{22-203}$$

当 $N \leqslant 20$ 时，采用无偏估计方式进行 AMSAA 模型参数估计：

$$\hat{b} = \frac{M-1}{\sum\limits_{j=1}^{M} \ln \frac{T}{t_j}} \tag{22-204}$$

$$\hat{a} = \frac{N}{T^{\hat{b}}} \tag{22-205}$$

4）拟合优度检验

产品可靠性增长试验的故障数据是否符合 AMSAA 模型，需要进行统计推断。使用 Cramer 方法的检测统计量为：

$$C_M^2 = \frac{1}{12M} + \sum\limits_{j=1}^{M} \left[\left(\frac{t_j}{T} \right)^{\hat{b}} - \frac{2j-1}{2M} \right]^2 \tag{22-206}$$

假定以显著性水平 α 查得临界值为 $C^2(M,\alpha)$，则：当 $C_M^2 \leqslant C^2(M,\alpha)$ 时，以显著性水平 α 表示不能拒绝（接受）AMSAA 模型；当 $C_M^2 > C^2(M,\alpha)$ 时，以显著性水平 α 表示拒绝 AMSAA 模型。

5）MTBF 的点估计和区间估计

MTBF 点估计值计算式如下：

$$\hat{\theta}(T) = \left[\hat{a}\hat{b}T^{\hat{b}-1} \right]^{-1} \tag{22-207}$$

在确定 MTBF 点估计值后，求故障数 r 和置信度为 c 的上下置信限方式为查 GJB/Z 77 标准的表可得上、下置信限值的系数，用它们与 $\hat{\theta}$ 相乘，得到 MTBF 的上下限值。从而求得在置信度为 c 时的 MTBF 上下限值。

22.6.4　综合应力下加速可靠性增长试验定量评估示例

电子产品的环境条件取决于任务剖面下的工作环境、使用环境、安装平台、安装位置,是多个环境因素的综合作用。由于这种环境条件是变化的,在可靠性试验中无法完全模拟实际使用环境条件。为了较好地反应电子产品在实际使用环境条件下的可靠性水平,在可靠性试验中尽可能真实地模拟产品较敏感的环境。理论分析结合工程实践表明,一般电子产品较为敏感的环境因素主要为温度、湿度、振动和电应力等。

22.6.4.1　一般可靠性增长试验应力

示例中可靠性增长试验的每个循环 8 h。

表 22 - 20　一般可靠性增长试验应力

应力类型	温度	湿度	振动	电气
应力	低温 0 ℃ 高温 60 ℃	(85 ± 5)%	振动 1:3.18 g 振动 2:6 g 振动 3:9 g	电流 38 A

其中,振动应力水平共有三类,分别是振动 1、振动 2 和振动 3,每个循环第 120 min 顺序施加振动 1、振动 2、振动 3,持续时间 31.17 min,第 232 min、360 min 也同样施加,共 3 次。具体见表 22 - 21。

表 22 - 21　不同振动类型的应力水平与持续时间

振动类型	振动水平(总均方根加速度)	施加时间
振动 1	3.18 g	1 620 s
振动 2	6 g	220 s
振动 3	9 g	30 s

22.6.4.2　加速可靠性增长试验应力

考虑到振动应力是示例中主要影响因素,因此,为了简化试验,选取振动应力为加速应力,通过提高振动应力量级以缩短增长试验的试验时间。而温度应力、温度循环应力、湿度应力、电应力则均与正常应力保持一致。

加速振动应力如图 22 - 31 所示,按照 *Y*、*Z*、*X* 三个轴向,先后进行加速可靠性增长试验。每个轴向各 6 个循环 48 h。

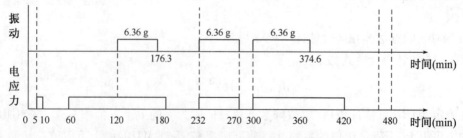

图 22 - 31　加速可靠性增长试验的加速应力(*X/Z* 向)

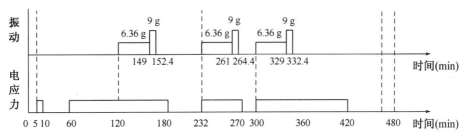

图 22-32 加速可靠性增长试验的加速应力(Y 向)

22.6.4.3 可靠性评估

1) 加速因子计算

由于示例在加速可靠性增长试验中,只针对振动应力进行了加速,所以单应力加速因子的计算只需考虑振动加速因子 AF_4,而其余应力(高温、温度循环、高湿、电应力)条件下对应的加速因子 $AF_1 = AF_2 = AF_3 = AF_5 = 1$。

首先进行单一剖面中振动施加时间的换算,由于振动为随机振动,在计算加速因子时应采用功率谱密度表示。所以需要转换为功率谱密度,换算公式如下:

$$g^2 = W \times (f_2 - f_1) \tag{22-208}$$

式中:(f_1, f_2)——频率带宽,为(20 Hz,2 000 Hz);W——功率谱密度;g——总均方根加速度。

通过计算可以得到不同振动加速度对应的功率谱密度,见表 22-22。

表 22-22 不同振动加速度对应的功率谱密度

振动类型	振动总均方根加速度(g)	功率谱密度(g^2/Hz)
振动 1	3.18	0.005 1
振动 2	6	0.018 2
	6.36	0.020 4
振动 3	9	0.040 9

由于在正常应力下的可靠性增长试验剖面中,振动应力有三种,分别是 3.18 g、6 g 和 9 g,且它们各自持续的时间不相同,难以直接进行计算。所以,先把正常应力水平下的三种振动应力的振动时间,根据式(22-180)进行归一化处理,统一换算为 3.18 g 振动的时间,其中 b 取 4。计算过程如下:

$$T'_{6g} = \left(\frac{0.018\ 2}{0.005\ 1}\right)^4 \times \frac{220}{3\ 600} = 9.91\ \text{h} \tag{22-209}$$

$$T'_{9g} = \left(\frac{0.040\ 9}{0.005\ 1}\right)^4 \times \frac{30}{3\ 600} = 34.50\ \text{h} \tag{22-210}$$

然后,把三个应力下换算后的结果相加,得到在正常应力水平下可靠性增长试验单一周期内随机振动的施加时间为:

$$T_0 = (T_{3.18g} + T'_{6g} + T'_{9g}) \times 3 = \left(\frac{1\ 620}{3\ 600} + 9.91 + 34.50\right) \times 3 = 134.58\ \text{h} \tag{22-211}$$

本试验先后对 Y、Z、X 三个轴向施加振动。所以,需要将加速因子的计算根据加速剖面的不同分为两个阶段,分别是 Y 轴阶段和 X/Z 轴阶段。

a)针对 Y 轴向的振动阶段进行计算

在加速可靠性增长试验 Y 方向上,振动应力有两种(分别是 6. 36 g 和 9 g),按照相同的方法,进行归一化处理:

$$T''_{9g} = \left(\frac{0.040\ 9}{0.005\ 1}\right)^4 \times \frac{3.4}{60} = 234.39\ \text{h} \qquad (22-212)$$

$$T''_{6.36g} = \left(\frac{0.020\ 4}{0.005\ 1}\right)^4 \times \frac{29}{60} = 123.73\ \text{h} \qquad (22-213)$$

然后,把这两个应力下换算后的结果相加,得到加速可靠性增长试验 Y 方向上对应的等效随机振动的施加时间为:

$$T_1 = (T''_{6.36g} + T''_{9g}) \times 3 = (234.39 + 123.73) \times 3 = 1\ 074.36\ \text{h} \qquad (22-214)$$

所以,依据式(22-182)该阶段的加速因子是:

$$AF_Y = \frac{T_1}{T_0} = \frac{1\ 074.36}{134.58} = 7.98 \qquad (22-215)$$

根据式(22-185),得到该阶段的综合加速因子为:

$$AF'_Y = \frac{1 \times 1 + 1 \times 7.98 \times 1}{2} = 4.49 \qquad (22-216)$$

b)针对 Z、X 轴向的振动阶段进行计算

在加速可靠性增长试验 Z、X 方向上,振动应力只有一种(6. 36 g),按照相同的方法,进行归一化处理:

$$T_2 = \left(\frac{0.020\ 4}{0.005\ 1}\right)^4 \times \frac{(56.3 + 38 + 74.6)}{60} = 720.64\ \text{h} \qquad (22-217)$$

所以,依据式(22-182)该阶段的加速因子是:

$$AF_{X/Z} = \frac{T_2}{T_0} = \frac{720.64}{134.58} = 5.35 \qquad (22-218)$$

同理,可以根据式(22-185),得到该阶段的综合加速因子为:

$$AF'_{X/Z} = \frac{1 \times 1 + 1 \times 5.35 \times 1}{2} = 3.18 \qquad (22-219)$$

2)故障数据的预处理

由于试验中振动分为三个轴向,按 Y、Z、X 轴先后进行加速可靠性增长试验,而三个阶段的加速因子各不相同,所以需要首先对试验时间进行预处理。把加速可靠性试验的数据换算成正常应力下的试验时间。

在第一阶段:加速因子为 AF_Y,假设在该阶段的某一时刻下加速试验时间为 T,换算成正常应力下的试验时间为 T',则:

$$T' = AF'_Y \times T \tag{22-220}$$

在第二、三阶段:加速因子为 $AF_{X/Z}$,假设在该阶段的某一时刻下加速试验时间为 T,换算成正常应力下的试验时间为 T',且第一阶段加速应力下总共的试验时间为 T_Y,则:

$$T' = T_Y \times AF'_Y + (T - T_Y) \times AF'_{X/Z} \tag{22-221}$$

加速可靠性增长试验中共有四个故障。根据以上式,对加速应力下的失效时间进行处理,见表 22-23。

表 22-23 加速下的故障时间与换算成正常应力下的失效时间

故障序号	加速下的故障时间	换算成正常应力下的故障时间	所处轴向
1	45.43 h	203.98 h	X 向
2	54.13 h	235.01 h	Z 向
3	70.13 h	285.89 h	Z 向
4	114.60 h	427.31 h	X 向

此外,总的加速试验时间为:164.47 h(Y、Z、X 向各进行了 6 个循环 48 h,共 144 h。由于在故障 4 采取纠正措施修复后,为了保证加速增长试验时间每向至少连续 48 h,又补充进行了 20.47 h 的 X 向加速试验),使用加速因子,换算成正常应力下的试验时间为:585.89 h。

对换算后的故障数据进行观察可以发现,四次故障时间间隔分别为 203.98 h、235.01 h、285.89 h、427.31 h。通过观察,发现第一次故障时间间隔相比于第二、三次故障时间间隔来说明显过长,直接计算会出现负增长,与工程经验不符,因而在试验数据处理时,把第一次故障的时间看作为试验的开始点,对第二、三、四次故障的时间进行等效处理,见表 22-24。

表 22-24 换算成正常应力下的失效时间与处理后的失效时间

故障序号	等效故障序号	换算成正常应力下的失效时间	处理后的失效时间
1	—	203.98 h	—
2	1	235.01 h	31.03 h
3	2	285.89 h	81.91 h
4	3	427.31 h	223.33 h

经过处理后的等效试验总时间为 381.91 h。

3) MTBF 计算

Duane 模型:

a) 根据式(22-189)计算每个故障时间相对应的累积 MTBF 值:

$$\theta_\Sigma(t_1) = \frac{t_1}{1} = \frac{31.03}{1} = 31.0300 \tag{22-222}$$

$$\theta_\Sigma(t_2) = \frac{t_2}{2} = \frac{81.91}{2} = 40.9550 \tag{22-223}$$

$$\theta_{\Sigma}(t_3) = \frac{t_3}{3} = \frac{223.33}{3} = 74.4433 \qquad (22-224)$$

b) 根据式(22-190)和(22-191)计算对数线性化后的两列数值 x_i, y_i:

$$x_1 = \ln t_1 = \ln 31.03 = 3.4350 \qquad (22-225)$$

$$y_1 = \ln\theta_{\Sigma}(t_1) = \ln 31.03 = 3.4350 \qquad (22-226)$$

$$x_2 = \ln t_2 = \ln 81.91 = 4.4056 \qquad (22-227)$$

$$y_2 = \ln\theta_{\Sigma}(t_2) = \ln 40.96 = 3.7125 \qquad (22-228)$$

$$x_3 = \ln t_3 = \ln 223.33 = 5.4087 \qquad (22-229)$$

$$y_3 = \ln\theta_{\Sigma}(t_3) = \ln 74.44 = 4.3100 \qquad (22-230)$$

c) 线性最小二乘法(线性拟合)

首先,根据式(22-192)计算数据序列(x_i, y_i)的线性相关系数ρ:

$$\rho = \frac{3\sum\limits_{i=1}^{3} x_i y_i - \sum\limits_{i=1}^{3} x_i \sum\limits_{i=1}^{3} y_i}{\sqrt{3\sum\limits_{i=1}^{3} x_i^2 - \left(\sum\limits_{i=1}^{3} x_i\right)^2}\sqrt{3\sum\limits_{i=1}^{3} y_i^2 - \left(\sum\limits_{i=1}^{3} y_i\right)^2}} = 0.9803 \qquad (22-231)$$

$\rho > 0$,即呈现正增长趋势。随后,根据式(22-193)、(22-194)、(22-195)计算 Duane 模型参数:

$$m = \frac{3\sum\limits_{i=1}^{3} x_i y_i - \sum\limits_{i=1}^{3} x_i \sum\limits_{i=1}^{3} y_i}{3\sum\limits_{i=1}^{3} x_i^2 - \left(\sum\limits_{i=1}^{3} x_i\right)^2} = 0.4442 \qquad (22-232)$$

$$A = \frac{1}{3}\sum\limits_{i=1}^{3} y_i - \frac{0.4442}{3}\sum\limits_{i=1}^{3} x_i = 1.8573 \qquad (22-233)$$

$$\alpha = e^{-A} = e^{-1.8573} = 0.1561 \qquad (22-234)$$

d) MTBF 评估

根据式(22-196)可得:

$$MTBF = \frac{T^m}{\alpha(1-m)} \qquad (22-235)$$

e) 计算程序设计

根据以上计算过程,设计了评估程序。运行如下:

- 首先,在命令行窗口输入故障发生的时间,分别是 $t_1 = 31.03$; $t_2 = 81.91$; $t_3 = 223.33$;
- 然后,运行 Duane 模型的程序,并绘制 Duane 增长曲线图如图 22-33 所示;
- 输出 MTBF 结果,增长系数 $m = 0.4442$。

f) 结果分析

在 GJB 1407 中,可靠性增长率 m 的可能范围为 $0.3 \sim 0.6$。m 在 $0.1 \sim 0.3$ 之间,表明改

正措施不太有力;而 m 在 $0.6 \sim 0.7$ 之间表明在实施增长试验过程中,采取了强有力的故障分析和纠正措施,是增长率的极限值。示例增长率 $m = 0.4442$,符合 m 值可能范围,纠正措施还可进一步加强。

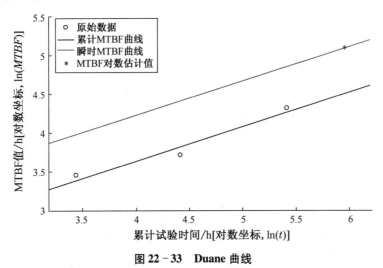

图 22-33　Duane 曲线

AMSAA 模型:

1)使用 U 检验法对试验的增长趋势进行统计分析

首先,根据式(22-201)计算统计量 U:

$$U = \left(\frac{\sum_{j=1}^{M} t_j}{MT} - \frac{1}{2} \right) \sqrt{12M} = \left(\frac{\sum_{j=1}^{3} t_j}{3 \times 381.91} - \frac{1}{2} \right) \sqrt{36} = -1.2390 \qquad (22-236)$$

根据给定的显著性水平 20%,查 GJB/Z 77A.1 可以得到临界值 $U_0 = 1.31$。由于 $-U_0 < U < U_0$,表示以该显著性水平可靠性没有明显的变化趋势,纠正措施还需进一步加强。

2)参数估计

试验中,样品个数为 1,故障次数为 $N = 3 (N \leqslant 20)$。因而,采用式(22-204)和式(22-205)所示的无偏估计进行 AMSAA 模型参数估计:

$$\hat{b} = \frac{M-1}{\sum_{j=1}^{M} \ln \frac{T}{t_j}} = \frac{3-1}{\sum_{j=1}^{3} \ln \frac{381.91}{t_j}} = 0.4361 \qquad (22-237)$$

$$\hat{a} = \frac{N}{T^{\hat{b}}} = \frac{3}{381.91^{0.4361}} = 0.2245 \qquad (22-238)$$

3)拟合优度检验

可靠性增长试验的故障数据是否符合 AMSAA 模型,需要进行统计推断。采用式(22-206)计算 Cramer 方法的检测统计量为:

$$C_M^2 = \frac{1}{12M} + \sum_{j=1}^{M} \left[\left(\frac{t_j}{T} \right)^{\hat{b}} - \frac{2j-1}{2M} \right]^2 = 0.058 \qquad (22-239)$$

以显著性水平 20% 查 GJB/Z 77 表 A.2 得临界值 $C^2(M,\alpha)=0.121$，所以 $C_M^2 < C^2(M,\alpha)$ 时，以显著性水平 α 表示接受 AMSAA 模型。

4）MTBF 的估计

根据式（22-207）计算 MTBF 的点估计值：

$$\hat{\theta}(T) = [\hat{a}\hat{b}T^{\hat{b}-1}]^{-1} \tag{22-240}$$

5）结果分析：

取置信水平 = 80%，计算 MTBF 的上下置信限：查 GJB/Z 77 表 A.3 可得上、下置信限值的系数分别为 4.217 和 0.222，用它们与 MTBF 相乘，即可得到置信区间：

$$\theta_U = 4.217 \times \hat{\theta}(T) \tag{22-241}$$

$$\theta_L = 0.222 \times \hat{\theta}(T) \tag{22-242}$$

6）程序设计

根据以上计算过程，设计了评估程序。运行如下：

a）首先，在命令行窗口输入故障发生的时间，分别是 $t_1 = 31.03, t_2 = 81.91, t_3 = 223.33$；

b）然后，运行 AMSAA 模型的程序；

c）输出 MTBF 结果，80% 置信度的置信区间。

图 22-34 为研究开发的加速可靠性增长试验定量评估工具的评估计算界面。

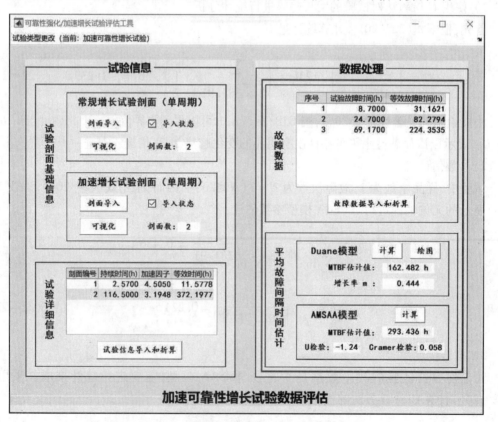

图 22-34　加速可靠性增长试验定量评估工具

第二十三章　可靠性验证试验和评价

可靠性验证试验包含可靠性鉴定试验和验收试验。

可靠性鉴定试验的目的是向订购方提供合格证明，即产品在批准投产之前已经符合合同规定的可靠性要求。可靠性鉴定试验必须对要求验证的可靠性参数值进行估计，并做出合格与否的判定。必须事先规定统计试验方案的合格判据，而统计试验方案应根据试验费用和进度权衡确定。可靠性鉴定试验是工程研制阶段结束时的试验，应按计划要求及时完成，以便为设计定型提供决策信息。订购方对可靠性鉴定试验的要求应纳入合同。对新设计的产品、经过重大改进的产品，一般应进行可靠性鉴定试验，必要时，还包括新系统选用的现成产品（关键的）。可靠性鉴定试验之前应具备下列文件：经批准的试验大纲、详细的鉴定试验程序、产品的可靠性预计报告、功能性能试验报告、环境合格试验报告、环境应力筛选报告等。可靠性鉴定试验是统计试验，用于验证研制产品的可靠性水平。要求试验条件要尽量真实，因此要采用能够提供综合环境应力的试验设备进行试验，或者在真实的使用条件下进行试验。试验时间主要取决于要验证的可靠性水平和选用的统计试验方案，统计试验方案的选择取决于选定的风险和鉴别比，风险和鉴别比的选择取决于可提供的经费和时间等资源。但在选择风险时，应尽可能使订购方和承制方的风险相同。可靠性鉴定试验应当在订购方确定的产品层次上进行，用于鉴定试验的产品的技术状态应能代表设计定型的技术状态。为了提高效费比，可靠性鉴定试验可与产品鉴定试验（产品定型试验）结合一起进行。

可靠性验收试验的目的是验证交付的批生产产品是否满足规定的可靠性要求。这种试验必须反映实际使用情况，并提供要求验证的可靠性参数的估计值。必须事先规定统计试验方案的合格判据。统计试验方案应根据费用和效益加以权衡确定。可靠性验收试验方案应经订购方认可。可靠性验收试验一般抽样进行。在建立了完善的生产管理制度后可以减少抽样的频度，但为保证产品的质量，不能放弃可靠性验收试验。

可靠性分析评价主要适应于可靠性要求高的复杂产品，尤其是像导弹、军用卫星、海军舰船这类研制周期较长、研制数量少的产品。可靠性分析评价通常可采用可靠性预计、FMECA、FTA、同类产品可靠性水平对比分析、低层次产品可靠性试验数据综合等方法，评价产品是否能达到规定的可靠性水平。可靠性分析评价主要是评价产品或分系统的可靠性。评估的方法、利用的数据和评估的结果均应经订购方认可。可靠性分析评价可为使用可靠性评估提供支持信息。

可靠性鉴定试验是定量验证产品的设计是否达到了规定的可靠性要求，为产品设计定型（鉴定）和投产提供决策依据。

可靠性鉴定试验主要工作要求为：

1）为保证可靠性鉴定试验的科学性和公正性，一般应在有一定资质水平的第三方进行可靠性鉴定试验。

2）可靠性鉴定试验过程中如发生故障，只能修复，不能进行设计改进，否则，试验应从头开始。

3）可靠性鉴定试验前后一般应进行评审。试验前评审，对样本的随机性、试验方案的合理性、检测项目的全面性、合格判据的科学性等进行评审，同时审查试验文件是否齐全、受试产品的安装是否满足要求、试验设备的能力是否能够满足试验要求、试验管理形式是否满足有关规定等；试验后评审，着重评审试验过程控制情况、故障发现及处理情况和实验室对此次试验结果的评估是否合理等内容。

4）针对产品的具体特点及可靠性验证工作的需求，由承试单位负责，研制单位参加制定可靠性鉴定试验大纲。

5）承试单位根据试验大纲的要求和试验设备情况等编写试验程序或实施细则，用于指导实施人员试验。

可靠性鉴定和验收试验及分析评价工作的目的、要点及注意事项见表 23 - 1。

表 23 - 1　可靠性鉴定和验收试验及分析评价

	工作项目说明
目的	可靠性鉴定试验：验证产品的设计是否达到了规定的可靠性要求，包括任务可靠性要求和基本可靠性要求。 可靠性验收试验：验证批生产产品的可靠性是否保持在规定的水平。 可靠性分析评价：通过综合利用与产品有关的各种信息，评价产品是否满足规定的可靠性要求。
要点	可靠性鉴定试验： a）有可靠性指标要求的产品，特别是任务关键的或新技术含量较高的产品应进行可靠性鉴定试验，应分别对任务可靠性和基本可靠性进行试验鉴定。可靠性鉴定试验一般应在第三方进行。 b）可靠性鉴定试验应尽可能在较高层次的产品上进行，以充分考核接口的情况，提高试验的真实性。可靠性鉴定试验可结合产品的性能鉴定试验或寿命试验进行。 c）可靠性鉴定试验的受试产品应代表定型产品的技术状态，并经订购方认定。 d）可靠性鉴定试验方案需通过评审并经订购方认可。 e）可靠性鉴定试验应在环境鉴定试验和 ESS 完成后进行。 f）可靠性鉴定试验前和试验后必须进行评审。 可靠性验收试验： a）可靠性验收试验的受试产品应从批生产产品中随机抽取，受试产品及数量由订购方确定。 b）可靠性验收试验大纲需通过评审并经订购方认可。 c）产品可靠性验收试验方案需经订购方认可。 d）可靠性验收试验应在 ESS 完成后进行。 e）可靠性验收试验前和试验后必须进行评审。 可靠性分析评价： a）可靠性分析评价一般适用于可靠性指标较高、样本量少的复杂产品。可靠性分析评价工作应在状态鉴定阶段开展，并于列装定型阶段完成。 b）可靠性分析评价应当充分利用相似产品信息、产品研制阶段各种试验信息、产品组成部分的各种试验数据和实际使用数据。 c）承制方应尽早制定可靠性分析评价方案，详细说明所利用的各种数据，采用的分析方法（包括可靠性仿真分析方法）和置信水平等。该方案应经订购方认可。 d）应对可靠性分析评价的方案和结果进行评审。

（续表）

	工作项目说明
注意事项	可靠性鉴定试验： 在合同工作说明中应明确： a）用于可靠性鉴定试验的样本量； b）可靠性鉴定试验应采用的统计试验方案； c）寿命剖面和任务剖面； d）故障判别准则； e）保障性分析所需的信息； f）需提交的资料项目。 其中“a)”“b)”“c)”“d)”是必须确定的事项。 可靠性验收试验： 在合同工作说明中应明确： a）用于可靠性验收试验的样本量及所属批次； b）可靠性验收试验应采用的统计试验方案； c）寿命剖面和任务剖面； d）故障判别准则； e）保障性分析所需的信息； f）需提交的资料项目。 其中“a)”“b)”“c)”“d)”是必须确定的事项。 可靠性分析评价： 在合同工作说明中应明确： a）可靠性分析评价的产品； b）对可靠性分析评价所采用的数据和方法的要求； c）保障性分析所需的信息； d）需提交的资料项目。 其中“a)”和“b)”是必须确定的事项。

术语如下：

a）平均故障间隔时间(MTBF)的验证区间(θ_L、θ_U)：在试验条件下 MTBF 真值的可能范围，即在所规定的置信度下 MTBF 区间估计值。

b）MTBF 观测值(点估计值)($\hat{\theta}$)：产品总试验时间除以责任故障数。

c）MTBF 检验下限(θ_1)：可接收的最低 MTBF 值。若设备的 MTBF 的真值不大于检验下限 θ_1，则设备被接收的概率至多为 100%β。产品的 MTBF 检验下限取值等于产品 MTBF 最低可接收值。

d）MTBF 检验上限(θ_0)：若产品的 MTBF 的真值不小于检验上限 θ_0，则产品被接收的概率至少为 $100(1-\alpha)\%$。

e）MTBF 预计值(θ_p)：用规定的可靠性预计方法确定的 MTBF 值。

f）生产方风险(α)：MTBF 真值不小于检验上限 θ_0时，判定 MTBF 真值小于检验上限 θ_0的最大概率。

g）使用方风险(β)：MTBF 真值小于检验下限 θ_1时，判定 MTBF 真值不小于检验上限 θ_0的最大概率。

h）鉴别比(d)：MTBF 的真值检验上限 θ_0与检验下限 θ_1的比值，$d=\dfrac{\theta_0}{\theta_1}$。

i) 抽样特性曲线(OC 曲线):接收概率 $L(\theta)$ 随 θ 变化的曲线称为抽样特性曲线(OC 曲线)。表示抽样方式的曲线,从 OC 曲线上可以很直观地看出抽样方式对检验产品质量的保证程度。

j) MTBF 验证区间 (θ_L, θ_U):试验条件下真实的 MTBF 的可能范围,即在所规定的置信度下对 MTBF 的区间估计。

k) 可靠性鉴定试验:验证产品的设计是否达到了规定的可靠性要求,它是一种统计试验。

l) 可靠性验收试验:验证批生产产品的可靠性是否保持在规定的水平,它是一种统计试验。

23.1 可靠性试验程序

23.1.1 可靠性鉴定试验程序

根据电子系统的可靠性指标要求选取统计试验方案,确定被试品技术状态、试验方法、故障统计原则、故障处理方法等要求;根据系统的功能、性能要求、确定可靠性试验的检测要求和故障判决等。可靠性试验实施流程如图 23 - 1 所示。

23.1.1.1 试验大纲

试验前承制方或承试方应根据产品特点,试验设备情况制定试验大纲并经订购方同意。试验大纲主要内容如下:

1) 受试产品的型号和用途;

2) 试验目的和类型;

3) 可靠性指标和选用的统计试验方案;

4) 试验样品的确定;

5) 需要的老炼预处理时间;

6) 试验地点、应力类型、试验周期图和应力施加方式;

7) 功能监视和参数测量项目及测试间隔;

8) 详细的故障判据和故障分类规定;

9) 数据处理方法;

10) 合格与否及有条件合格的规定;

11) 预防维修周期和内容;

12) 受试产品试验后复原的规定;

13) 试验报告格式、内容等;

14) 测量仪表、工具清单并注明计量认证单位;

15) 试验小组成员名单;

16) 试验日程安排(试验进度表和试验程序);

17) 试验的检查与监督;

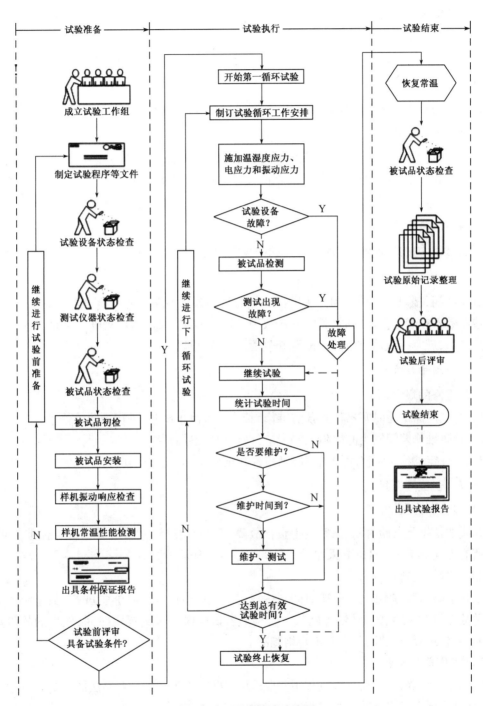

图 23-1　可靠性试验流程

18）试验中断处理规定；

19）经费预算；

20）安全等注意事项；

21）其他。

23.1.1.2 受试产品安装

在规定地点将受试产品按现场使用方式装进试验设备,将监测仪表与受试产品连接。

23.1.1.3 老炼预处理

老炼的目的是稳定故障率,如果承制方已进行过教练,可不进行；老炼时受试产品所加各种应力在整个生产批中应相同；老炼期间发生的故障不计入判决,但要做好记录,并进行故障分析。

23.1.1.4 试验实施

试验过程中按试验程序施加试验大纲中规定的综合环境应力。

23.1.1.5 试验监测

试验期间,按规定的项目和方法进行功能监视和参数测量。考核 MTBF 时,当出现任一功能或参数不在规定范围内时,就算一次故障；考核 MTBCF 时,当出现任一功能或参数影响任务执行时,就算一次严重故障。故障修复后即恢复试验。

23.1.1.6 预防维修

预防维修的规定如下：

1）受试产品试验时间累积到预防维修周期时,可停止试验,进行预防维修；

2）预防维修期间发生的故障也要记录分析,但不参加判决；

3）在规定的预防维修时间内不能结束预防维修时,应立即通知订购方。

23.1.1.7 合格与否判决

1）判决的依据

判决的依据是试验时间、试验发生责任故障数及所用统计试验方案的统计标准。MTBF采用所有责任故障数,MTBCF 采用导致任务失败的责任故障数。

2）定时试验判决

采用定时试验方案时,若试验时间到达规定的截尾时间,发生的责任故障数小于或等于允许的故障数时,则判为合格,否则判不合格。若试验时间未到规定时间,发生的故障数已超过允许值,可停止试验,并作出不合格判决。

3）序贯试验判决

采用序贯试验方案时,试验过程中参照 GJB 899A—2009 图 A.1 方法同步绘制试验判决图,并在判决图上标出反映试验过程的阶梯曲线,以便随时掌握试验趋势。在试验进行到接收判决界限时刻时,如果发生的累计责任故障数小于或等于允许的故障数,停止试验,判为合格。当累积的责任故障数发生的时间小于对应的拒收判决界限时间时,停止试验,判为不合格。

4）不合格处理

可靠性鉴定试验不合格处理：

a）纠正措施

在可靠性鉴定试验出现不合格时，承试方应立即通知订购方和承制方，由承制方提出相应的纠正措施，经订购方和承试方认可后实施，并重新进行可靠性鉴定试验。若重新进行可靠性鉴定试验，达到指标要求，则判为合格，否则判为不合格。

b）有条件合格

经承制方和订购方协商，可按有条件合格处理，这些条件是：改进设计和制造工艺、改进维修方式、改进操作方法。

可靠性验收试验不合格处理：

如果样品未通过可靠性验收试验检验，承制方应在采取纠正措施之后，重新提交检验；若检验仍不合格，则判定该批产品可靠性验收试验检验不合格，拒收。

5）受试产品复原

可靠性试验结束后，如试验样品需交付用户，则应对受试产品进行仔细地维护检查，故障件要更换，性能退化但尚未超出允许值的也要更换，直至产品恢复到规定的技术状态。

23.1.1.8 试验报告

1）总则

可靠性试验结束后，承试方要及时向订购方、承制方提供可靠性试验报告，在报告中列出全部试验数据和判决结果，并进行可靠性分析。

2）试验报告内容

试验报告应包含以下内容：

a）可靠性试验计划概要；

b）试验过程描述：包括试验时间、地点、环境、流程等；

c）试验结论：判决结果、MTBF/MTBCF估算过程及判决结论，受试产品在试验中暴露的问题；

d）试验数据汇集：试验记录，试验判决表；

e）故障分析：故障统计分析，试验过程出现故障的故障模式及危害性分析，故障分类说明；

f）可靠性预计和实现情况分析；

g）提高可靠性措施建议；

h）其他需要说明的问题。

23.1.2 可靠性验收试验程序

同可靠性鉴定试验程序。

23.2 可靠性统计试验方案和验证值估计

23.2.1 统计试验方案原理

23.2.1.1 定时截尾抽验

以定时截尾的指数分布统计试验方案为例介绍统计试验方案表(GJB 899A)基本原理。假设设备的平均故障间隔时间符合指数分布,即产品的故障经替换可认为更新,对于具有未知 MTBF 值的指数型产品 θ,在总试验时间 T 内,故障次数 x 服从参数为 T/θ 的泊松分布:

$$P(x=r) = \frac{(T/\theta)^r}{r!}\mathrm{e}^{-T/\theta}(r=0,1,1,2\cdots) \tag{23-1}$$

令 $L(\theta)$ 为产品的接收概率:

$$L(\theta) = P(r \le c \mid \theta) = \sum_{r=0}^{c} \frac{(T/\theta)^r}{r_!}\mathrm{e}^{-T/\theta} \tag{23-2}$$

可得到如下定理:

$$L(\theta) = \int_{2T/\theta}^{\infty} f(x,2c+2)\,\mathrm{d}x \tag{23-3}$$

式中: $f(x,2c+2)$—自由度 $(2c+2)$ 的 χ^2 分布密度函数。

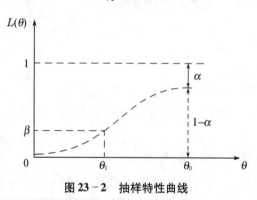

图 23-2 抽样特性曲线

令 θ_0 为检验上限, θ_1 为检验下限, α 为生产方风险, β 为使用方风险,则有:

$$\alpha = 1 - L(\theta_0)$$
$$\beta = L(\theta_1) \tag{23-4}$$

根据 χ^2 分布的上 α 分位点定义可得:

$$P(\chi^2 > \chi_\alpha^2(n)) = \int_{\chi_\alpha^2}^{\infty} f(x,n)\,\mathrm{d}x = \alpha \tag{23-5}$$

由式(23-3)、式(23-4)和式(23-5)可得:

$$\chi_{1-\alpha}^2(2c+2) = \frac{2T}{\theta_0} \tag{23-6}$$

$$\chi_\beta^2(2c+2) = \frac{2T}{\theta_1} \qquad (23-7)$$

根据式(23-7)和式(23-6)得到:

$$\frac{\theta_0}{\theta_1} = \frac{\chi_\beta^2(2c+2)}{\chi_{1-\alpha}^2(2c+2)} \qquad (23-8)$$

将 θ_0/θ_1 与给定的鉴别比 $d=1.5, 2.0, 3.0$ 比较,选取最接近的 c,并根据选取的 c 和使用方风险名义值 β 用式(23-7)计算 T,最后根据 T 分别用式(23-4)计算生产方风险实际值 α' 和使用方风险实际值 β',即可得到相应的标准型定时截尾试验方案,如表23-3中的方案号17。

[**例23-1**] 已知 $\alpha=\beta=20\%$,鉴别比 $d=3$,试确定定时截尾试验方案。

1) 求合格判据 c。可以采用尝试法来求 c。

因为 $d=\dfrac{\theta_0}{\theta_1}=3$,即 $\dfrac{\theta_1}{\theta_0}=\dfrac{1}{3}\approx0.333$;

设 $C=1$,则:$\dfrac{\theta_1}{\theta_0}=\dfrac{\chi_{1-\alpha}^2(2c+2)}{\chi_\beta^2(2c+2)}=\dfrac{\chi_{0.8}^2(4)}{\chi_{0.2}^2(4)}=\dfrac{1.649}{5.989}=0.275<0.333$;

设 $C=2$,则:$\dfrac{\theta_1}{\theta_0}=\dfrac{\chi_{1-\alpha}^2(2c+2)}{\chi_\beta^2(2c+2)}=\dfrac{\chi_{0.8}^2(6)}{\chi_{0.2}^2(6)}=\dfrac{3.07}{8.558}=0.358<0.333$;

设 $C=3$,则:$\dfrac{\theta_1}{\theta_0}=\dfrac{\chi_{1-\alpha}^2(2c+2)}{\chi_\beta^2(2c+2)}=\dfrac{\chi_{0.8}^2(8)}{\chi_{0.2}^2(8)}=\dfrac{4.594}{11.03}=0.417<0.333$。

2) 求试验时间 T

$$\frac{T}{\theta_1}=\frac{\chi_\beta^2(2c+2)}{2}=\frac{\chi_{0.2}^2(6)}{2}=\frac{8.558}{2}\approx4.3;$$

因此,$T=4.3\theta_1$(这就是 GJB 899A 中的方案17)。

3) 验算风险 α, β

因为 $T/\theta_1=4.3$,则 $T/\theta_0=1.43$;

则:
$$\begin{cases} L(\theta_0)=\displaystyle\sum_{r=0}^{c}\frac{\left(\dfrac{T}{\theta_0}\right)^r}{r!}e^{-\frac{T}{\theta_0}}=\sum_{r=0}^{2}\frac{(1.43)^r}{r!}e^{-1.43}=0.825=1-\alpha \\[4mm] L(\theta_1)=\displaystyle\sum_{r=0}^{C}\frac{\left(\dfrac{T}{\theta_1}\right)^r}{r!}e^{-\frac{T}{\theta_1}}=\sum_{r=0}^{2}\frac{(4.3)^r}{r!}e^{-4.3}=0.197=\beta \end{cases}$$

得 $\alpha=1-0.825=17.5\%$,$\beta=19.7\%$。

结论:$c=2$,$T=4.3\theta_1$,$\alpha=17.5\%$,$\beta=19.7\%$。

23.2.1.2 序贯抽验

1) 抽验规则

序贯抽验方案抽验规则为:从一批产品中随机抽取 n 个样品进行试验,对发生的每个故

障 $r(r=1,2,\cdots n)$ 都规定两个判别时间：

$T(A)$——合格的下限时间；

$T(R)$——不合格的上限时间。

计算每一次故障发生时的总试验时间 T，并进行判决：

若 $T \geq T(A)$，判定产品批合格，接收，停止试验；

若 $T \leq T(R)$，判定产品批不合格，拒收，停止试验；

若 $T(R) < T < T(A)$，不能作出判断，继续试验直到能够作出判断为止。

2）抽验方案[$T(R)$ 、$T(A)$ 两个判定线的求法]

n 台产品参加试验，若产品故障时间服从指数分布，且在总试验时间 $T = nt$ 内有 r 个故障

发生，则 MTBF 的概率服从泊松分布，即 $P(\theta) = \dfrac{\left(\dfrac{T}{\theta}\right)^r \cdot e^{-\frac{T}{\theta}}}{r!}$。

当 $\theta = \theta_0$ 时，$P(\theta) = \dfrac{\left(\dfrac{T}{\theta_0}\right)^r \cdot e^{-\frac{T}{\theta_0}}}{r!} = 1 - \alpha$，高概率接收；当 $\theta = \theta_1$ 时，$P(\theta_1) = \dfrac{\left(\dfrac{T}{\theta_1}\right)^r \cdot e^{-\frac{T}{\theta_1}}}{r!} = \beta$，高概率拒收。

概率比为：$\dfrac{P(\theta_1)}{P(\theta_0)} = \left(\dfrac{\theta_0}{\theta_1}\right)^r \cdot e^{-\left(\frac{1}{\theta_1} - \frac{1}{\theta_0}\right)T}$，这就是概率比序贯抽样试验方案。

如果 $P(\theta_0)$ 明显大于 $P(\theta_1)$，从接收角度来看，$\theta = \theta_0$ 的可能性大；如果 $P(\theta_0)$ 明显小于 $P(\theta_1)$，从拒收角度来看，$\theta = \theta_1$ 的可能性大。判断界限：

令 $A = \dfrac{1-\beta}{\alpha} > 1$，$B = \dfrac{\beta}{1-\alpha} < 1$；

$\dfrac{P(\theta_1)}{P(\theta_0)} \leq B$，则 $\theta = \theta_0$，接收[$P(\theta_0)$ 大，则大概率事件发生 $(1-\alpha)$，高概率接收]；

$\dfrac{P(\theta_1)}{P(\theta_0)} \geq A$，则 $\theta = \theta_1$，接收[$P(\theta_1)$ 大，则大概率事件发生 $(1-\beta)$，高概率拒收]；

$B < \dfrac{P(\theta_1)}{P(\theta_0)} < A$，则不能判断，继续试验。

即继续试验条件为：$B < \dfrac{P(\theta_1)}{P(\theta_0)} = \left(\dfrac{\theta_0}{\theta_1}\right)^r \cdot e^{-\left(\frac{1}{\theta_1} - \frac{1}{\theta_0}\right)T} < A$；

两边取自然对数，得：

$$\ln B < r\ln\frac{\theta_0}{\theta_1} - \left(\frac{1}{\theta_1} - \frac{1}{\theta_0}\right)T < \ln A$$

则总试验时间 T 为：

$$\frac{-\ln A + r\ln\dfrac{\theta_0}{\theta_1}}{\dfrac{1}{\theta_1} - \dfrac{1}{\theta_0}} < T < \frac{-\ln B + r\ln\dfrac{\theta_0}{\theta_1}}{\dfrac{1}{\theta_1} - \dfrac{1}{\theta_0}}$$

将 $A = \dfrac{1-\beta}{\alpha}$，$B = \dfrac{\beta}{1-\alpha}$ 代入上式并令：

$$h_1 = \frac{\ln \dfrac{1-\beta}{\alpha}}{\dfrac{1}{\theta_1} - \dfrac{1}{\theta_0}}, h_0 = \frac{-\ln \dfrac{\beta}{1-\alpha}}{\dfrac{1}{\theta_1} - \dfrac{1}{\theta_0}}, S = \frac{\ln \dfrac{\theta_0}{\theta_1}}{\dfrac{1}{\theta_1} - \dfrac{1}{\theta_0}}$$

则得到继续试验条件为：

$$-h_1 + Sr < T < h_0 + Sr$$

拒收线：$T(R) = Sr - h_1$

接收线：$T(A) = Sr + h_0$

由于实际试验工作的现实要求，GJB 899A 提供的序贯试验都是截尾试验。选取 r（最小整数）使得式成立：$\dfrac{\chi^2_{(1-\alpha),2\gamma}}{\chi^2_{\beta,2\gamma}} \geq \dfrac{\theta_1}{\theta_0}$。当找到这个点时，就确定了自由度 $2r_0$，根据该值，可以计算最大时间 T_0：$T_0 = \dfrac{\theta_0 \chi^2_{(1-\alpha),2\gamma_0}}{2}$。

3）序贯抽验方案判决图

从上式我们可以看到，只要给出 $\alpha, \beta, \theta_0, \theta_1$，就可以在 $T-r$ 坐标上绘出接收线、拒收线和继续试验区，如图 23-3 所示。

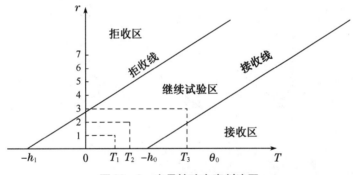

图 23-3　序贯抽验方案判决图

判决方法：抽取 n 个样品进行试验，当其中任何一个发生故障时，都记下发生故障的时间，则故障时间分别记为 $T_1, T_2 \cdots \cdots$，将点 (T_r, r) 标在图上，根据其落入的区域来作出判决。

接收线和拒收线可以无限延长，继续试验区可能会无限延长，特别是对于质量一般的产品，可能作出判决需要较长时间，因此，需要人为规定截尾时间和截尾故障数。选取适当的截止时间 T_0 和截尾故障数 r_0，在 $T-r$ 坐标上作 $r = r_0$，$T = T_0$，$T(R) = Sr - h_1$，$T(A) = Sr + h_0$，由这四条线围成一个继续试验区，可防止试验时间拖很长现象的发生。

由于试验截尾造成了实际和达到的使用方和生产方风险之间的差别，在 A 中加入了修正因子 $\dfrac{(d+1)}{2d}$，即 $A = \dfrac{(1-\beta)(d+1)}{2\alpha d}$。

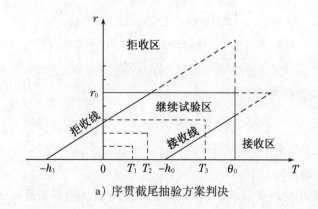

a）序贯截尾抽验方案判决

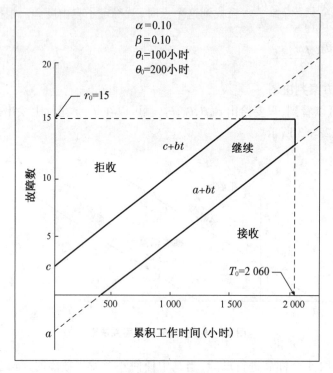

b）序贯试验（示例）

图 23-4　序贯截尾抽验方案判决图

[**例 23-2**]　已知 $\alpha = \beta = 10\%$，鉴别比为 2，试设计一个概率比序贯试验方案。

$$h_1 = \frac{\ln\dfrac{1-\beta}{\alpha}}{\dfrac{1}{\theta_1} - \dfrac{1}{\theta_0}} = \frac{\ln\dfrac{0.9}{0.1}}{\dfrac{1}{\theta_1} - \dfrac{1}{\theta_0}} = 2\theta_1\ln 9 = 4.3944\theta_1$$

$$h_0 = \frac{-\ln\dfrac{\beta}{1-\alpha}}{\dfrac{1}{\theta_1} - \dfrac{1}{\theta_0}} = \frac{\ln\dfrac{1-\alpha}{\beta}}{\dfrac{1}{\theta_1} - \dfrac{1}{\theta_0}} = \frac{\ln\dfrac{0.9}{0.1}}{\dfrac{1}{\theta_1} - \dfrac{1}{\theta_0}} = 2\theta_1\ln 9 = 4.3944\theta_1$$

$$S = \frac{\ln\dfrac{\theta_0}{\theta_1}}{\dfrac{1}{\theta_1} - \dfrac{1}{\theta_0}} = 2\theta_1 \ln 2 = 1.386\,3\theta_1$$

则得到继续试验条件为：

$$(1.386\,3r - 4.394\,4)\theta_1 < T < (1.383r + 4.394\,4)\theta_1$$

拒收线：$T(R) = (1.386\,3r - 4.394\,4)\theta_1$

接收线：$T(A) = (1.386\,3r - 4.394\,4)\theta_1$

当 $r = 4$ 时，计算总试验时间 T，若 $T \leqslant T(R)$，则拒收，停止试验；若 $T \geqslant T(A)$，则接收，停止试验；若 $T(R) < T < T(A)$，则继续试验至 $r = 5$ 并重复以上判断，直到作出接收或拒收判决为止。

23.2.1.3　定数截尾抽验

从一批产品中，随机抽取 n 个样品，当试验到事先规定的截尾故障数 r 时，停止试验。r 个故障的故障时间为：$t_1 \leqslant t_2 \leqslant t_3 \leqslant \cdots \leqslant t_r$。根据这些数据，可以求出 θ 的极大似然估计为：

$$\hat{\theta} = \begin{cases} \dfrac{mt_r}{r}，有替换 \\[2mm] \dfrac{1}{r}\Big[\displaystyle\sum_{i=1}^{r} t_i + (n - r)t_r\Big]，无替换 \end{cases}$$

则抽验规则为：

当 $\hat{\theta} \geqslant C$ 时，产品合格，接收产品批；

当 $\hat{\theta} < C$ 时，产品不合格，拒收产品批。

其中 C 为合格判据（判定时间一般取 MTBF 最低可接受值）。

23.2.2　统计试验方案

统计试验方案有概率比序贯试验方案（以下简称序贯试验方案），见表 23 - 2：试验方案 1 至试验方案 8；定时试验方案见表 23 - 3：试验方案 9 至试验方案 20，备用定时试验方案见表 23 - 4（使用方风险 $\beta = 10\%$ 的备用定时试验统计方案）、表 23 - 5（使用方风险 $\beta = 20\%$ 的备用定时试验统计方案）、表 23 - 6（使用方风险 $\beta = 30\%$ 的备用定时试验统计方案）。

表 23 - 2　序贯试验统计方案

方案号	决策风险（%）				鉴别比 $d = \theta_0/\theta_1$	作结论所需的时间（θ_1 的倍数）		
	标称值		实际值			最小值	期望值	最大值
	α	β	α'	β'				
1	10	10	11.1	12.0	1.5	6.95	25.93	49.50
2	20	20	22.7	23.2	1.5	4.19	11.35	21.90
3	10	10	12.8	12.8	2.0	4.40	10.24	20.60

（续表）

方案号	决策风险（%）				鉴别比 $d = \theta_0/\theta_1$	作结论所需的时间 （θ_1 的倍数）		
	标称值		实际值			最小值	期望值	最大值
	α	β	α'	β'				
4	20	20	22.3	22.5	2.0	2.80	4.82	9.74
5	10	10	11.1	10.9	3.0	3.75	6.13	10.35
6	20	20	18.2	19.2	3.0	2.67	3.43	4.50
7	30	30	31.9	32.2	1.5	3.15	5.08	6.80
8	30	30	29.3	29.9	2.0	1.72	2.53	4.50

注：期望值指 MTBF 的真值等于 θ_0 作结论所需的平均时间。判决标准和工作特性曲线参见 GJB 899A 附录 A。产品规定的鉴别比与上表推荐值不同时，可选取表中最接近推荐值的试验方案。

表 23-3 定时试验统计方案

方案号	决策风险（%）				鉴别比 $d = \theta_0/\theta_1$	截尾时间 （θ_1 的倍数）	允许故障数 $\leqslant$
	标称值		实际值				
	α	β	α'	β'			
9	10	10	12.0	9.9	1.5	45.0	36
10	10	20	10.9	21.4	1.5	29.9	25
11	20	20	19.7	19.6	1.5	21.5	17
12	10	10	9.6	10.6	2.0	18.8	13
13	10	20	9.8	20.9	2.0	12.4	9
14	20	20	19.9	21.0	2.0	7.8	5
15	10	10	9.4	9.9	3.0	9.3	5
16	10	20	10.9	21.3	3.0	5.4	3
17	20	20	17.5	19.7	3.0	4.3	2
19	30	30	29.8	30.1	1.5	8.1	6
20	30	30	28.3	28.5	2.0	3.7	2
21	30	30	30.7	33.3	3.0	1.1	0

表 23-4 使用方风险 $\beta = 10\%$ 的备用定时试验统计方案

方案号	判决故障数		总试验时间 （θ_1 的倍数）	MTBF（MTBCF） 的观测值 $\hat{\theta}$（θ_1 的倍数）	不同承制方风险率的 $d = \theta_0/\theta_1$		
	接收	拒收			$\alpha = 30\%$	$\alpha = 20\%$	$\alpha = 10\%$
10-1	0	1	2.30	2.31	6.46	10.32	21.85
10-2	1	2	3.89	1.95	3.54	4.72	7.32

（续表）

方案号	判决故障数		总试验时间（θ_1 的倍数）	MTBF（MTBCF）的观测值 $\hat{\theta}$（θ_1 的倍数）	不同承制方风险率的 $d = \theta_0/\theta_1$		
	接收	拒收			$\alpha = 30\%$	$\alpha = 20\%$	$\alpha = 10\%$
10 − 3	2	3	5.32	1.78	2.78	3.47	4.83
10 − 4	3	4	6.68	1.68	2.42	2.91	3.83
10 − 5	4	5	7.99	1.60	2.20	2.59	3.29
10 − 6	5	6	9.27	1.55	2.05	2.38	2.94
10 − 7	6	7	10.53	1.51	1.95	2.22	2.70
10 − 8	7	8	11.77	1.48	1.86	2.11	2.53
10 − 9	8	9	12.99	1.45	1.80	2.02	2.39
10 − 10	9	10	14.21	1.43	1.75	1.95	2.28
10 − 11	10	11	15.41	1.41	1.70	1.89	2.19
10 − 12	11	12	16.60	1.39	1.66	1.84	2.12
10 − 13	12	13	17.78	1.37	1.63	1.79	2.06
10 − 14	13	14	18.96	1.36	1.60	1.75	2.00
10 − 15	14	15	20.13	1.35	1.58	1.72	1.95
10 − 16	15	16	21.29	1.34	1.56	1.69	1.91
10 − 17	16	17	22.45	1.33	1.54	1.67	1.87
10 − 18	17	18	23.61	1.32	1.52	1.62	1.84
10 − 19	18	19	24.75	1.31	1.50	1.62	1.81
10 − 20	19	20	25.90	1.30	1.48	1.60	1.78
10 − 21	26	27	33.84	1.26	—	1.50	—
10 − 22	39	40	48.29	1.21	—	—	1.50
10 − 23	62	63	73.36	1.17	1.25	—	—
10 − 24	89	90	102.35	1.14	—	1.25	—
10 − 25	131	132	146.92	1.12	—	—	1.25

表 23 − 5　使用方风险 $\beta = 20\%$ 的备用定时试验统计方案

方案号	判决故障数		总试验时间（θ_1 的倍数）	MTBF（MTBCF）的观测值 $\hat{\theta}$（θ_1 的倍数）	不同承制方风险率的 $d = \theta_0/\theta_1$		
	接收	拒收			$\alpha = 30\%$	$\alpha = 20\%$	$\alpha = 10\%$
20 − 1	0	1	1.61	1.62	4.51	7.22	15.26
20 − 2	1	2	2.99	1.50	2.73	3.63	5.63
20 − 3	2	3	4.28	1.43	2.24	2.79	3.88

（续表）

方案号	判决故障数		总试验时间 （θ_1 的倍数）	MTBF（MTBCF） 的观测值 $\hat{\theta}$（θ_1 的倍数）	不同承制方风险率的 $d = \theta_0/\theta_1$		
	接收	拒收			$\alpha = 30\%$	$\alpha = 20\%$	$\alpha = 10\%$
20 - 4	3	4	5.51	1.38	1.99	2.40	3.16
20 - 5	4	5	6.72	1.35	1.85	2.17	2.76
20 - 6	5	6	7.91	1.32	1.75	2.03	2.51
20 - 7	6	7	9.07	1.30	1.68	1.92	2.33
20 - 8	7	8	10.23	1.28	1.62	1.83	2.20
20 - 9	8	9	11.38	1.27	1.57	1.77	2.09
20 - 10	9	10	12.52	1.26	1.54	1.72	2.01
20 - 11	10	11	13.65	1.25	1.51	1.67	1.94
20 - 12	11	12	14.78	1.24	1.48	1.64	1.89
20 - 13	12	13	15.90	1.23	1.46	1.60	1.84
20 - 14	13	14	17.01	1.22	1.44	1.58	1.80
20 - 15	14	15	18.12	1.21	1.42	1.55	1.76
20 - 16	15	16	19.23	1.21	1.40	1.53	1.73
20 - 17	16	17	20.34	1.20	1.39	1.51	1.70
20 - 18	17	18	21.44	1.20	1.38	1.49	1.67
20 - 19	18	19	22.54	1.19	1.37	1.48	1.65
20 - 20	19	20	23.63	1.19	1.35	1.46	1.63
20 - 21	27	28	33.41	1.19	—	—	1.50
20 - 22	36	37	41.99	1.14	1.25	—	—
20 - 23	56	57	63.23	1.11	—	1.25	—
20 - 24	91	92	99.96	1.09	—	—	1.25

表 23 - 6　使用方风险 $\beta = 30\%$ 的备用定时试验统计方案

方案号	判决故障数		总试验时间 （θ_1 的倍数）	MTBF（MTBCF） 的观测值 $\hat{\theta}$（θ_1 的倍数）	不同承制方风险率的 $d = \theta_0/\theta_1$		
	接收	拒收			$\alpha = 30\%$	$\alpha = 20\%$	$\alpha = 10\%$
30 - 1	0	1	1.20	1.21	3.37	5.39	11.43
30 - 2	1	2	2.44	1.23	2.22	2.96	4.59
30 - 3	2	3	3.62	1.21	1.89	2.35	3.28
30 - 4	3	4	4.76	1.20	1.72	2.07	2.73
30 - 5	4	5	5.89	1.18	1.62	1.91	2.43

（续表）

方案号	判决故障数		总试验时间（θ_1 的倍数）	MTBF（MTBCF）的观测值 $\hat{\theta}$（θ_1 的倍数）	不同承制方风险率的 $d = \theta_0/\theta_1$		
	接收	拒收			$\alpha = 30\%$	$\alpha = 20\%$	$\alpha = 10\%$
30 - 6	5	6	7.00	1.17	1.55	1.79	2.22
30 - 7	6	7	8.11	1.16	1.50	1.71	2.08
30 - 8	7	8	9.21	1.16	1.46	1.65	1.98
30 - 9	8	9	10.30	1.15	1.43	1.60	1.90
30 - 10	9	10	11.39	1.14	1.40	1.56	1.83
30 - 11	10	11	12.47	1.14	1.38	1.53	1.78
30 - 12	11	12	13.55	1.13	1.36	1.50	1.73
30 - 13	12	13	14.62	1.13	1.34	1.48	1.69
30 - 14	13	14	15.69	1.13	1.33	1.45	1.66
30 - 15	14	15	16.76	1.12	1.31	1.43	1.63
30 - 16	15	16	17.83	1.12	1.30	1.42	1.60
30 - 17	16	17	18.90	1.12	1.29	1.40	1.58
30 - 18	17	18	19.96	1.11	1.28	1.39	1.56
30 - 19	18	19	21.02	1.11	1.27	1.38	1.54
30 - 20	19	20	22.08	1.11	1.27	1.36	1.52
30 - 21	20	21	23.14	1.10	—	—	1.50
30 - 22	21	22	24.20	1.10	1.25	—	—
30 - 23	37	38	40.98	1.08	—	1.25	—
30 - 24	67	38	72.07	1.06	—	—	1.25

23.2.3　统计试验方案选择

选取可靠性试验方案的原则如下：

1）指数分布统计试验方案适用于可靠性指标用时间度量的电子产品、部分机电产品及复杂的功能系统。二项分布统计试验方案主要适用于其可靠性指标用可靠度或成功率度量的成败型产品，但采用该试验方案需要足够多的受试产品，只有当指数分布和二项分布统计试验方案都不适用的情况下（如多数的机械产品）才考虑采用其他统计试验方案，如威布尔分布统计试验方案。

2）如果事先必须知道精确的时间和试验费用，并且要通过试验对 MTBF 的真值进行估计，可选用定时截尾试验方案。可靠性鉴定试验一般采用此方案。

3）如果仅需以预定的双方风险对假设的 MTBF 进行判决，不需要事先确定总试验时间，可选用序贯试验方案。可靠性验收试验一般选用序贯试验方案。

4）如果受到试验时间和经费限制，且生产方和使用方都可接受较高的风险，则可采用高风险定时截尾或序贯截尾试验方案。

5）当必须对每台产品进行判决时，可采用全数试验方案。

6）对以可靠度或成功率为指标的产品，可采用成功率试验方案，该方案不受产品寿命分布的限制。

在具体选用试验方案时，建议考虑下列各点：

1）产品的重要性；

2）计划的费用；

3）交货时间和能用于试验的时间；

4）所希望的风险率和鉴别比；

5）相似设备的经验。

试验参数生产方风险 α、使用方风险 β、鉴别比 d 的选择：

1）生产方风险 α

α 越大，合格产品被拒收概率越大。对生产方来说 α 选的越小越有利。但是 α 越小，作出判定所需要的试验时间就要长，对生产方又是不利的。α 选的小，置信度高，能够比较真实地反映产品的可靠性水平。

2）使用方风险 β

β 越大，不合格产品被接收的概率就越大。作为使用方希望 β 取的小。但是，β 取的小了对生产方不利。β 越小，对试验作出判定所需要的试验总时间就越长，生产方付出的代价就越大。当然，试验时间越长，试验结果的置信度就越高。对统计抽样，风险率不可避免，因此，α、β 并不是越小越好，一般在 10% ~ 20% 中选取，高风险率的试验方案可以选 α、β 为 30%。

α、β 为试验技术参数，生产方和使用方在签订合同时，应根据各方面的因素，包括产品的重要性、使用条件、费用、合同周期等，确定各方都能够承担的风险，一般取 $\alpha = \beta$。

3）鉴别比 d

鉴别比 d 越小，说明 θ_0 和 θ_1 的差别就小，d 值小的试验方案要求产品 MTBF 水平的一致性好，试验的时间长，一般取 d 为 2 或 3。对于大型复杂电子系统，如果 d 选的小了，试验时间要加长；若 d 选的大了，相应的 θ_p 也越大，因此，需要综合权衡。

23.2.4 用观测数据估计 MTBF 验证值

为得到受试产品 MTBF 的真值在一定置信水平下的置信区间即验证值 θ_d，必须用观测数据进行估计。进行可靠性试验的单位，都应向订购方提供 MTBF 的验证值。

23.2.4.1 关于置信水平的选取

为获得 MTBF 真值的区间估计，订购方必须规定所要求的置信水平。如果订购方风险率为 β，应选取置信水平 $C = 1 - 2\beta$。

23.2.4.2　采用定时试验方案时估计 MTBF 的验证值

1）在拒收时估计 MTBF 的验证值

这种估计是在试验进行过程或试验作出拒收判决时进行的。

a）用最近一个责任故障发生时受试产品的累计试验时间除以累计责任故障数，得 $\hat{\theta}$；

b）据累计责任故障数及置信水平查表 21-7，得出对应的下限系数和上限系数；

c）用下、上限系数分别乘以 $\hat{\theta}$，得 θ_d；

d）将 θ_d 的下限值 θ_L 和上限值 θ_U 记在括号里，放在规定的置信水平后面即按 $\theta_d = xx\%$ (θ_L / θ_U) 的格式记录，例 $\theta_d = 80\%(21h/77h)$。

表 23-7 未列出的系数按式（23-9）、式（23-10）计算：

$$上限系数 = \frac{2r}{\chi^2_{\frac{1+c}{2},2r}} \tag{23-9}$$

$$下限系数 = \frac{2r}{\chi^2_{\frac{1-c}{2},2r}} \tag{23-10}$$

式中：r—故障数；χ^2—χ^2 分布（查 GJB 899A 表 A.1 的 χ^2 分布上侧分位数表）；c—置信度。

2）在接收时估计 MTBF 的验证值

这种估计是在试验作出接收判决时进行的。

a）用总试验时间除以总责任故障数得 $\hat{\theta}$；

b）据总责任故障数及规定的置信水平查表 21-8 得出对应的下、上限系数；

c）用下、上限系数分别乘 $\hat{\theta}$，得 θ_d；

d）将 θ_d 的下限值 θ_L 和上限值 θ_U 记在括号里，放在规定的置信水平后面即按 $\theta_d = \times\times\%$ (θ_L / θ_U) 的格式记录，例 $\theta_d = 80\%(78\ h/236\ h)$。

表 23-8 未列出的系数按式（23-11）、式（23-12）计算：

$$上限系数 = \frac{2r}{\chi^2_{\frac{1+c}{2},2r}} \tag{23-11}$$

$$下限系数 = \frac{2r}{\chi^2_{\frac{1-c}{2},2r+2}} \tag{23-12}$$

式中：r—责任故障数；χ^2—χ^2 分布（查 GJB 899A 表 A.1 的 χ^2 分布上侧分位数表）；c—置信度。

3）$r=0$ 时 MTBF 置信下限的估计

在确定的试验方案下，当试验完成总试验时间结束时未发生故障，即 $r=0$，这时一般只能估计 MTBF 的置信下限，此时，有一种更加简便的 MTBF 置信下限的估计方法：$\theta'_L = \dfrac{T}{-\ln\alpha}$。

23.2.4.3　采用序贯试验方案时估计 MTBF 的验证值

1）在拒收时估计 MTBF 的验证值

这种估计是在试验作出拒收判决时进行的。因为达到拒收判决的故障数可能在任意时

刻 t 发生,所以 t 值不可能在表中全部列出。表 21 - 9 序贯试验 MTBF 的验证区间的置信限系数(拒收时用),只列出有限 t 值的置信系数,其余用内插法求出。

下限系数的公式为:

$$\theta_L(C', t) = \theta_L(C', t_i) + [\theta_L(C', t_{i+1} - \theta_L(C', t_i)] \cdot \frac{(t - t_i)}{t_{i+1} - t_i} \qquad (23 - 13)$$

式中:t—标准化总试验时间;t_i, t_{i+1}—最靠近 t 的两个时刻,且 $t_i < t < t_{i+1}$;$C' = \dfrac{1+C}{2}$—单边置信限的置信度;

$\theta_L(C', t)$—t 时刻置信度为 C' 的拒收置信下限系数;

$\theta_L(C', t_i)$—标准化判决时间为 t_i 时,置信度为 C' 的拒收置信下限系数,可查 GJB 899A 表 A. 10 得到;

$\theta_L(C', t_{i+1})$—标准化判决时间为 t_{i+1} 时,置信度为 C' 的拒收置信下限系数,可查表得到。

上限系数的公式为:

$$\theta_U(C', t) = \theta_U(C', t_i) + [\theta_U(C', t_{i+1}) - \theta_U(C', t_i)] \cdot \frac{(t - t_i)}{t_{i+1} - t_i} \qquad (23 - 14)$$

式中:t—标准化总试验时间;t_i, t_{i+1}—最靠近 t 两个时刻,且 $t_i < t < t_{i+1}$;$C' = \dfrac{1+C}{2}$—单边置信限的置信度;

$\theta_U(C', t)$—t 时刻置信度为 C' 的拒收置信上限系数;

$\theta_U(C', t_i)$—标准化判决时间为 t_i 时,置信度为 C' 的拒收置信上限系数,可查 GJB 899A 表 A. 11 得到;

$\theta_U(C', t_{i+1})$—标准化判决时间为 t_{i+1} 时,置信度为 C' 的拒收置信上限系数,可查表得到。

如果 t 值比表所列的最小值还小,则下、上限系数按式(23 - 15)、式(23 - 16)计算:

$$\theta_L(C', t) = \frac{2r}{\chi^2\left(\dfrac{1-c}{2}, 2r\right)} \qquad (23 - 15)$$

$$\theta_L(C', t) = \frac{2r}{\chi^2\left(\dfrac{1+c}{2}, 2r\right)} \qquad (23 - 16)$$

式中:t—拒收时刻,用以 θ_1 为时间单位的归一化时间表示;r—故障数;c—置信水平;χ^2—χ^2 分布(查 GJB 899A 表 A. 1 的 χ^2 分布上侧分位数表)。

用下、上限系数分别乘以 θ_1 得 θ_d,并按 $\theta_d = \times \times \%(\theta_L / \theta_U)$ 的格式记录。

2)在接收时估计 MTBF 的验证值

这种估计是在试验作出接收判决时进行的。接收判决只能在几个规定的接收时间点上作出,只要在规定的接收时间内发生的故障数不大于允许的故障数便可判为接收。计算步骤如下:

据接收判决时发生的故障数,从表 23 - 10 序贯试验 MTBF(MTBCF)的验证区间的置信限系数(接收时用)相应试验方案号的表中查出下限系数和上限系数(表中的置信水平是保守的);用下、上限系数分别乘以 θ_1 得到 θ_d;按 $\theta_d = \times \times \%(\theta_L / \theta_U)$ 的格式记录。

表 23-7 定时试验 MTBF 验证区间的置信限系数(拒收时用)

故障数	置信水平(C)					
	40%		60%		80%	
	下限系数	上限系数	下限系数	上限系数	下限系数	上限系数
1	0.831	2.804	0.621	4.481	0.434	9.491
2	0.820	1.823	0.668	2.426	0.515	3.761
3	0.830	1.568	0.701	1.954	0.564	2.722
4	0.840	1.447	0.725	1.742	0.599	2.293
5	0.849	1.376	0.744	1.618	0.626	2.055
6	0.856	1.328	0.759	1.537	0.647	1.904
7	0.863	1.294	0.771	1.479	0.665	1.797
8	0.869	1.267	0.782	1.435	0.680	1.718
9	0.874	1.247	0.796	1.400	0.693	1.657
10	0.878	1.230	0.799	1.372	0.704	1.607
11	0.882	1.215	0.806	1.349	0.714	1.567
12	0.886	1.203	0.812	1.329	0.723	1.533
13	0.889	1.193	0.818	1.312	0.731	1.504
14	0.892	1.184	0.823	1.297	0.738	1.478
15	0.895	1.176	0.828	1.284	0.745	1.456
16	0.897	1.169	0.832	1.272	0.751	1.437
17	0.900	1.163	0.836	1.262	0.757	1.419
18	0.902	1.157	0.840	1.253	0.763	1.404
19	0.904	1.152	0.843	1.244	0.767	1.390
20	0.906	1.147	0.846	1.237	0.772	1.377
21	0.907	1.143	0.849	1.230	0.776	1.365
22	0.909	1.139	0.852	1.223	0.781	1.353
23	0.911	1.135	0.855	1.217	0.784	1.344
24	0.912	1132	0.857	1.211	0.788	1.335
25	0.914	1.128	0.860	1.206	0.792	1.327
26	0.915	1.125	0.862	1.201	0.795	1.319
27	0.916	1.123	0.864	1.197	0.798	1.311
28	0.918	1.120	0.866	1.193	0.801	1.304
29	0.919	1.117	0.868	1.189	0.804	1.298
30	0.920	1.115	0.870	1.185	0.806	1.291

（续表）

故障数	置信水平(C)					
	40%		60%		80%	
	下限系数	上限系数	下限系数	上限系数	下限系数	上限系数
31	0.921	1.113	0.872	1.181	0.809	1.286
32	0.922	1.111	0.873	1.178	0.812	1.280
33	0.923	1.109	0.875	1.175	0.814	1.275
34	0.924	1.107	0.877	1.172	0.816	1.270
35	0.925	1.105	0.878	1.169	0.818	1.265
36	0.926	1.103	0.880	1.166	0.821	1.261
37	0.927	1.102	0.881	1.163	0.823	1.256

表 23-8　定时试验 MTBF 验证区间的置信限系数（接收时用）

故障数	置信水平(C)					
	40%		60%		80%	
	下限系数	上限系数	下限系数	上限系数	下限系数	上限系数
1	0.410	2.804	0.334	4.481	0.257	9.491
2	0.553	1.823	0.467	2.426	0.376	3.761
3	0.630	1.568	0.544	1.954	0.449	2.722
4	0.679	1.447	0.595	1.742	0.500	2.293
5	0.714	1.376	0.632	1.618	0.539	2.055
6	0.740	1.328	0.661	1.537	0.570	1.904
7	0.760	1.294	0.684	1.479	0.595	1.797
8	0.777	1.267	0.703	1.435	0.616	1.718
9	0.790	1.247	0.719	1.400	0.634	1.657
10	0.802	1.230	0.733	1.372	0.649	1.607
11	0.812	1.215	0.744	1.349	0.663	1.567
12	0.821	1.203	0.755	1.329	0.675	1.533
13	0.828	1.193	0.764	1.312	0.686	1.504
14	0.835	1.184	0.772	1.297	0.696	1.478
15	0.841	1.176	0.780	1.284	0.705	1.456
16	0.847	1.169	0.787	1.272	0.713	1.437
17	0.852	1.163	0.793	1.262	0.720	1.419
18	0.856	1.157	0.799	1.253	0.727	1.404

（续表）

故障数	置信水平(C)					
	40%		60%		80%	
	下限系数	上限系数	下限系数	上限系数	下限系数	上限系数
19	0.861	1.152	0.804	1.244	0.734	1.390
20	0.864	1.147	0.809	1.237	0.740	1.377
21	0.868	1.143	0.813	1.230	0.745	1.365
22	0.871	1.139	0.818	1.223	0.750	1.353
23	0.874	1.135	0.822	1.217	0.755	1.344
24	0.877	1.132	0.825	1.211	0.760	1.335
25	0.880	1.128	0.829	1.206	0.764	1.327
26	0.882	1.125	0.832	1.201	0.768	1.319
27	0.885	1.123	0.835	1.197	0.772	1.311
28	0.887	1.120	0.838	1.193	0.776	1.304
29	0.889	1.117	0.841	1.189	0.780	1.298
30	0.891	1.115	0.844	1.185	0.783	1.291
31	0.893	1.113	0.846	1.181	0.786	1.286
32	0.985	1.111	0.849	1.178	0.789	1.280
33	0.897	1.109	0.851	1.175	0.792	1.275
34	0.898	1.107	0.853	1.172	0.795	1.270
35	0.900	1.105	0.855	1.169	0.798	1.265
36	0.902	1.103	0.857	1.166	0.800	1.261
37	0.903	1.102	0.859	1.163	0.803	1.256

表 23 - 9　序贯试验 MTBF 验证区间的置信限系数(拒收时用)

试验方案 1(拒收时用)$\alpha = \beta = 10\%$, $d = 1.5$

故障数	标准的判决时间(t_i)	置信水平(C)					
		40%		60%		80%	
		下限系数	上限系数	下限系数	上限系数	下限系数	上限系数
6	0.34	0.048 1	0.074 2	0.042 7	0.085 7	0.036 4	0.105 6
7	1.56	0.192 3	0.288 3	0.171 9	0.329 5	0.148 1	0.400 5
8	2.78	0.302 5	0.441 4	0.272 2	0.500 1	0.236 5	0.599 3
9	3.99	0.389 6	0.557 3	0.352 5	0.626 5	0.308 5	0.742 7
10	5.20	0.461 3	0.648 6	0.419 2	0.724 9	0.369 0	0.851 7

故障数	标准的判决时间(t_i)	置信水平(C)					
		40%		60%		80%	
		下限系数	上限系数	下限系数	上限系数	下限系数	上限系数
11	6.42	0.522 1	0.723 4	0.476 3	0.804 4	0.421 4	0.938 1
12	7.64	0.574 0	0.785 1	0.525 4	0.869 3	0.466 7	1.007 4
13	8.86	0.618 7	0.837 0	0.568 1	0.923 2	0.505 8	1.063 9
14	10.07	0.657 2	0.880 4	0.605 0	0.967 9	0.541 7	1.110 1
15	11.29	0.691 5	0.918 1	0.638 2	1.006 4	0.573 2	1.149 2
16	12.50	0.721 7	0.950 5	0.667 5	1.069 1	0.601 2	1.182 0
17	13.72	0.748 9	0.979 2	0.964 1	1.067 9	0.626 8	1.210 5
18	14.94	0.773 5	1.004 5	0.718 2	1.093 1	0.650 1	1.235 1
19	16.15	0.795 4	1.026 7	0.739 8	1.115 0	0.671 2	1.256 3
20	17.37	0.815 6	1.046 7	0.759 8	1.134 7	0.690 7	1.275 1
21	18.58	0.833 8	1.064 5	0.777 8	1.152 0	0.708 6	1.291 4
22	19.80	0.850 7	1.080 8	0.794 7	1.167 7	0.725 2	1.306 0
23	21.02	0.866 3	1.095 5	0.810 3	1.181 9	0.740 7	1.319 1
24	22.23	0.880 5	1.108 7	0.824 6	1.194 6	0.755 0	1.330 7
25	23.45	0.893 8	1.121 0	0.838 0	1.206 2	0.768 4	1.341 2
26	24.66	0.905 9	1.132 0	0.850 3	1.216 6	0.780 8	1.350 5
27	25.88	0.917 4	1.142 3	0.861 9	1.226 3	0.792 6	1.359 1a
28	27.07	0.927 7	1.151 3	0.872 4	1.234 7	0.803 1	1.366 5
29	28.31	0.937 9	1.160 3	0.882 8	1.243 0	0.813 7	1.373 7
30	29.53	0.947 4	1.168 4	0.892 5	1.250 6	0.823 5	1.380 2
31	30.74	0.956 1	1.175 8	0.901 4	1.257 4	0.832 6	1.386 0
32	31.96	0.964 3	1.182 8	0.909 9	1.263 8	0.841 3	1.391 5
33	33.18	0.972 1	1.189 3	0.917 9	1.269 7	0.849 5	1.396 4
34	34.39	0.979 3	1.195 3	0.925 3	1.275 1	0.857 2	1.400 9
35	35.61	0.986 2	1.200 9	0.932 5	1.280 2	0.864 5	1.405 1
36	36.82	0.992 7	1.206 1	0.939 1	1.284 9	0.871 4	1.409 0
37	38.04	0.998 8	1.211 1	0.945 5	1.289 3	0.878 0	1.412 5
38	39.26	1.004 6	1.215 7	0.951 5	1.293 4	0.884 2	1.415 7
39	40.47	1.010 1	1.200 0	0.957 2	1.297 4	0.890 1	1.418 9
40	41.69	1.015 3	1.224 1	0.962 6	1.300 8	0.895 7	1.421 7

（续表）

故障数	标准的判决时间(t_i)	置信水平(C)					
		40%		60%		80%	
		下限系数	上限系数	下限系数	上限系数	下限系数	上限系数
41	42.22	1.016 3	1.224 8	0.963 7	1.301 5	0.896 9	1.422 2
41	43.43	1.024 7	1.231 7	0.972 3	1.307 7	0.905 6	1.427 2
41	44.52	1.038 8	1.244 8	0.986 4	1.319 9	0.919 3	1.437 8
41	45.86	1.055 9	1.262 1	1.003 0	1.336 7	0.935 1	1.453 1
41	47.08	1.074 7	1.282 8	1.021 0	1.356 7	0.951 7	1.472 4
41	48.30	1.093 9	1.304 0	1.039 0	1.378 8	0.969 1	1.494 4
41	49.50	1.112 2	1.325 8	1.056 1	1.401 3	0.983 0	1.517 3

试验方案 2（拒收时用）$\alpha = \beta = 20\%$, $d = 1.5$

故障数	标准的判决时间(t_i)	置信水平(C)					
		40%		60%		80%	
		下限系数	上限系数	下限系数	上限系数	下限系数	上限系数
3	0.24	0.066 4	0.125 4	0.056 1	0.156 3	0.045 1	0.217 8
4	1.46	0.306 9	0.529 1	0.204 9	0.636 9	0.218 7	0.838 9
5	0.67	0.460 5	0.753 7	0.402 8	0.890 2	0.338 0	1.139 4
6	3.90	0.573 3	0.904 0	0.506 3	1.053 8	0.429 9	1.322 4
7	5.312	0.657 7	1.008 1	0.585 1	1.163 8	0.501 5	1.739 5
8	6.33	0.723 1	1.083 7	0.647 2	1.241 5	0.559 0	1.518 6
9	7.55	0.776 5	1.142 0	0.698 5	1.300 0	0.607 3	1.575 8
10	8.76	0.819 8	1.185 9	0.740 6	1.344 2	0.647 4	1.617 4
11	9.98	0.856 4	1.223 2	0.776 5	1.379 2	0.682 1	1.649 2
12	11.19	0.886 9	1.252 2	0.806 7	1.406 6	0.711 4	1.673 2
13	12.41	0.913 1	1.276 2	0.832 8	1.428 9	0.737 0	1.692 2
14	13.92	0.935 2	1.295 8	0.854 9	1.446 8	0.758 8	1.707 0
15	14.84	1.954 4	1.312 3	0.874 3	1.461 7	0.778 0	1.718 8
16	16.05	0.970 8	1.326 0	0.890 9	1.473 8	0.794 4	1.728 2
17	17.28	0.985 4	1.337 9	0.905 6	1.484 2	0.809 0	1.736 0
18	18.50	0.998 0	1.347 9	0.918 4	1.492 8	0.821 6	1.742 2
19	18.78	0.998 6	1.348 3	0.919 1	1.493 2	0.823 3	1.742 5
19	19.99	1.013 5	1.360 4	0.934 0	1.503 5	0.836 8	1.749 9
19	21.21	1.036 9	1.385 4	0.958 2	1.526 6	0.858 6	1.768 6
19	21.90	1.054 6	1.402 9	0.972 7	1.543 6	0.870 9	1.783 3

试验方案 3(拒收时用) $\alpha = \beta = 10\%$, $d = 2$

故障数	标准的判决时间(t_i)	置信水平(C)					
		40%		60%		80%	
		下限系数	上限系数	下限系数	上限系数	下限系数	上限系数
3	0.70	0.193 6	0.365 8	0.163 6	0.456 0	0.131 5	0.635 2
4	2.08	0.440 3	0.763 1	0.379 8	0.920 8	0.313 1	1.218 4
5	3.48	0.606 2	0.998 6	0.529 6	1.183 1	0.443 7	1.522 6
6	4.40	0.670 0	1.076 0	0.589 4	1.264 3	0.498 3	1.607 9
6	4.86	0.723 2	1.149 1	0.637 7	1.344 4	0.540 5	1.698 2
7	5.79	0.770 8	1.202 3	0.683 2	1.398 4	0.583 0	1.751 9
7	6.24	0.811 7	1.254 2	0.721 0	1.453 5	0.616 9	1.801 6
8	7.18	0.848 8	1.293 1	0.757 0	1.491 8	0.651 2	1.846 9
8	7.63	0.881 8	1.332 2	0.788 0	1.532 1	0.679 5	1.887 8
9	8.56	0.910 7	1.360 6	0.818 4	1.559 4	0.706 9	1.912 5
9	9.02	0.938 2	1.391 3	0.842 5	1.590 2	0.731 2	1.942 3
10	9.94	0.961 0	1.412 5	0.865 2	1.610 2	0.753 4	1.959 7
10	10.40	0.983 6	1.436 4	0.887 0	1.633 6	0.773 8	1.981 4
11	11.34	1.002 9	1.453 6	0.906 3	1.649 5	0.793 0	1.994 6
11	11.79	1.021 4	1.472 4	0.924 4	1.667 4	0.810 0	2.010 6
12	12.72	1.037 1	1.485 7	0.940 2	1.679 5	0.825 8	2.020 3
12	13.18	1.053 0	1.501 1	0.955 7	1.693 9	0.840 6	2.032 6
13	14.10	1.065 7	1.511 6	0.968 7	1.703 2	0.853 6	2.039 8
13	14.56	1.079 0	1.523 9	0.981 8	1.714 6	0.866 1	2.049 1
14	15.49	1.089 9	1.532 6	0.992 9	1.722 1	0.877 2	2.054 7
14	15.94	1.100 9	1.542 5	1.003 8	1.731 0	0.887 7	2.061 7
15	16.88	1.110 2	1.549 7	1.013 3	1.737 1	0.897 3	2.066 1
15	17.34	1.119 9	1.558 1	1.022 9	1.744 5	0.906 4	2.071 8
16	18.26	1.127 5	1.563 8	1.030 7	1.749 3	0.914 2	2.075 1
16	19.65	1.157 2	1.591 1	1.059 5	1.773 9	0.940 9	2.094 0
16	20.60	1.182 5	1.618 4	1.083 0	1.799 9	0.961 3	2.116 1

试验方案4(拒收时用)$\alpha=\beta=20\%$,$d=2$

故障数	标准的判决时间(t_i)	置信水平(C)					
		40%		60%		80%	
		下限系数	上限系数	下限系数	上限系数	下限系数	上限系数
2	0.70	0.287 0	0.637 9	0.233 8	0.849 1	0.180 0	1.316 3
3	2.08	0.594 4	1.154 9	0.499 7	1.460 6	0.399 6	2.091 6
4	2.80	0.664 3	1.241 8	0.564 6	1.551 7	0.457 8	2.186 3
4	3.46	0.776 7	1.408 4	0.664 4	1.737 9	0.542 8	2.399 8
5	4.18	0.819 3	1.454 1	0.705 2	1.783 0	0.580 9	2.441 8
5	4.86	0.897 7	1.555 1	0.776 8	1.889 1	0.643 8	2.550 6
6	5.58	0.925 1	1.581 6	0.803 6	1.913 9	0.669 3	2.571 6
6	6.24	0.976 7	1.641 3	0.851 5	1.973 3	0.712 0	2.626 7
7	6.96	0.994 8	1.657 3	0.869 4	1.987 6	0.729 1	2.637 7
7	7.62	1.030 1	1.694 8	0.902 6	2.023 2	0.758 6	2.667 7
8	8.34	1.042 3	1.704 9	0.914 6	2.031 8	0.770 0	2.673 7
8	9.74	1.098 6	1.766 4	0.966 2	2.089 5	0.813 3	2.720 3

试验方案5(拒收时用)$\alpha=\beta=10\%$,$d=3$

故障数	标准的判决时间(t_i)	置信水平(C)					
		40%		60%		80%	
		下限系数	上限系数	下限系数	上限系数	下限系数	上限系数
2	0.57	0.233 7	0.519 4	0.190 4	0.691 4	0.146 5	1.071 8
3	2.22	0.625 6	1.201 3	0.527 1	1.510 4	0.422 5	2.138 7
4	3.75	0.833 4	1.496 6	0.714 1	1.837 3	0.584 5	2.511 0
4	3.87	0.855 9	1.532 2	0.733 8	1.878 3	0.601 6	2.560 9
5	5.40	0.993 2	1.702 0	0.861 3	2.055 7	0.715 6	2.743 4
5	5.52	1.009 4	1.724 5	0.875 8	2.080 2	0.728 2	2.770 3
6	7.05	1.104 9	1.830 4	0.966 4	2.185 5	0.811 8	2.869 5
6	7.17	1.116 6	1.845 1	0.977 2	2.200 9	0.821 3	2.885 0
7	8.70	1.184 5	1.914 2	1.042 7	2.266 6	0.882 5	2.942 1
7	10.35	1.311 2	2.076 6	1.157 5	2.435 2	0.981 1	3.109 7

试验方案 6(拒收时用)α = β = 20%, d = 2

故障数	标准的判决时间(t_i)	置信水平(C)					
		40%		60%		80%	
		下限系数	上限系数	下限系数	上限系数	下限系数	上限系数
2	0.36	0.147 6	0.328 1	0.120 2	0.436 7	0.092 6	0.676 9
3	2.67	0.742 2	1.408 5	0.626 6	1.760 2	0.503 4	2.463 1
3	4.32	1.164 4	2.214 3	0.981 9	2.765 5	0.786 2	3.892 6
3	4.50	1.203 9	2.291 5	1.014 2	2.862 5	0.811 1	3.998 7

试验方案 7(拒收时用)α = β = 30%, d = 1.5

故障数	标准的判决时间(t_i)	置信水平(C)					
		40%		60%		80%	
		下限系数	上限系数	下限系数	上限系数	下限系数	上限系数
3	1.22	0.337 4	0.637 5	0.825 1	0.794 8	0.229 2	1.107 0
4	2.43	0.524 5	0.921 1	0.451 0	1.118 3	0.371 0	1.496 1
5	3.15	0.582 4	0.992 1	0.505 2	1.192 7	0.419 9	1.574 3
5	3.65	0.651 1	1.109 8	0.567 1	1.300 9	0.473 5	1.697 4
6	4.37	0.690 8	1.133 5	0.605 0	1.344 8	0.508 9	1.740 2
6	5.58	0.826 3	1.316 4	0.728 3	1.543 0	0.617 2	1.957 8
6	6.80	0.975 6	1.538 7	0.861 1	1.793 9	0.730 2	2.253 3

试验方案 8(拒收时用)α = β = 30%, d = 2

故障数	标准的判决时间(t_i)	置信水平(C)					
		40%		60%		80%	
		下限系数	上限系数	下限系数	上限系数	下限系数	上限系数
3	1.72	0.475 7	0.898 7	0.402 0	1.120 5	0.323 2	1.560 7
3	3.10	0.818 3	1.559 4	0.688 5	1.947 3	0.549 4	2.717 1
3	4.50	1.001 1	1.971 0	0.829 8	2.476 3	0.645 1	3.477 9

表 23 - 10 序贯试验 MTBF 验证区间的置信限系数(接收时用)

试验方案 1(接收时用)α = β = 10%, d = 1.5

故障数	标准的判决时间(t_i)	置信水平(C)					
		40%		60%		80%	
		下限系数	上限系数	下限系数	上限系数	下限系数	上限系数
0	6.95	5.771 9	—	4.318 7	—	3.018 8	—

（续表）

故障数	标准的判决时间(t_i)	置信水平(C)					
		40%		60%		80%	
		下限系数	上限系数	下限系数	上限系数	下限系数	上限系数
1	8.17	3.307 8	19.487 5	2.693 7	31.150 1	2.071 9	65.899 6
2	9.38	2.538 3	7.356 2	2.143 0	9.793 8	1.721 1	15.187 5
3	10.60	2.161 0	4.803 1	1.864 1	5.990 6	1.536 0	8.350 0
4	11.80	1.934 2	3.732 8	1.693 0	4.493 7	1.420 3	5.918 7
5	13.03	1.785 9	3.146 1	1.580 0	3.703 1	1.343 0	4.706 2
6	14.25	1.680 1	2.781 3	1.498 4	3.221 1	1.287 1	3.993 7
7	15.46	1.600 4	2.530 5	1.437 1	2.895 3	1.244 5	3.523 4
8	16.69	1.539 1	2.347 7	1.389 6	2.660 9	1.211 7	3.190 6
9	17.90	1.489 8	2.209 4	1.351 6	2.484 4	1.185 5	2.945 3
10	19.11	1.449 6	2.100 0	1.332 0	2.346 5	1.164 1	2.602 3
11	20.33	1.416 2	2.011 5	1.294 3	2.235 5	1.146 1	2.602 3
12	21.54	1.387 9	1.939 1	1.272 5	2.144 5	1.131 3	2.479 0
13	22.76	1.363 9	1.878 1	1.253 9	2.068 8	1.118 4	2.376 6
14	23.98	1.343 4	1.826 2	1.237 9	2.004 3	1.107 6	2.289 8
15	25.19	1.325 2	1.781 8	1.223 8	1.949 2	1.098 0	2.216 4
16	26.41	1.309 3	1.743 0	1.211 5	1.901 2	1.089 8	2.152 3
17	27.62	1.295 1	1.709 2	1.200 8	1.859 4	1.082 6	2.096 4
18	28.84	1.282 6	1.678 9	1.191 0	1.822 2	1.076 2	2.047 7
19	30.06	1.271 5	1.652 1	1.182 7	1.789 3	1.070 7	2.003 9
20	31.27	1.261 3	1.628 3	1.174 8	1.759 8	1.065 4	1.965 2
21	32.49	1.252 3	1.606 6	1.167 9	1.733 2	1.060 9	1.930 5
22	33.70	1.243 0	1.587 1	1.161 5	1.709 2	1.056 8	1.898 8
23	34.92	1.236 4	1.569 1	1.155 9	1.687 3	1.053 1	1.869 9
24	36.13	1.229 5	1.552 9	1.150 6	1.667 4	1.049 8	1.843 8
25	37.35	1.223 2	1.538 0	1.145 9	1.649 0	1.046 7	1.819 9
26	38.57	1.217 4	1.524 4	1.141 4	1.632 4	1.044 0	1.798 4
27	39.78	1.212 1	1.511 7	1.137 6	1.616 8	1.041 4	1.778 1
28	41.00	1.207 1	1.500 0	1.133 8	1.602 5	1.039 1	1.759 4
29	42.22	1.202 5	1.439 3	1.130 3	1.589 5	1.036 9	1.742 6
30	43.43	1.198 2	1.479 3	1.127 1	1.577 1	1.035 0	1.726 6

（续表）

故障数	标准的判决时间(t_i)	置信水平(C)					
		40%		60%		80%	
		下限系数	上限系数	下限系数	上限系数	下限系数	上限系数
31	44.65	1.194 3	1.469 9	1.124 2	1.565 6	1.033 2	1.711 7
32	45.86	1.190 6	1.461 1	1.121 5	1.555 1	1.031 6	1.698 0
33	47.08	1.187 2	1.453 1	1.119 0	1.545 1	1.030 1	1.685 2
34	48.30	1.184 0	1.445 5	1.116 6	1.535 9	1.028 5	1.673 0
35	49.50	1.181 1	1.438 3	1.114 5	1.527 1	1.027 3	1.662 1
36	49.50	1.173 2	1.431 6	1.108 4	1.518 9	1.023 4	1.651 4
37	49.50	1.161 2	1.416 8	1.098 6	1.501 8	1.016 6	0.630 5
38	49.50	1.146 3	1.396 7	1.085 9	1.478 7	1.007 0	1.603 5
39	49.50	1.129 6	1.373 4	1.071 5	1.453 0	0.995 7	1.574 2
40	49.50	1.112 2	1.349 4	1.056 1	1.426 8	0.983 0	1.544 9

试验方案 2（接收时用）$\alpha=\beta=20\%$，$d=1.5$

故障数	标准的判决时间(t_i)	置信水平(C)					
		40%		60%		80%	
		下限系数	上限系数	下限系数	上限系数	下限系数	上限系数
0	4.19	3.480 1	—	2.603 4	—	1.819 7	—
1	5.40	2.147 7	11.747 4	1.747 5	18.777 1	1.342 5	39.768 2
2	6.62	1.740 1	4.786 5	1.466 9	6.374 6	1.174 6	9.886 7
3	7.83	1.541 2	3.305 4	1.326 4	4.125 4	1.088 7	5.753 1
4	9.05	1.424 6	2.676 6	1.243 2	3.226 0	1.037 6	4.254 4
5	10.26	1.347 8	2.332 9	1.188 2	2.749 7	1.003 9	3.500 9
6	11.49	1.294 6	2.116 2	1.150 1	2.455 3	0.980 8	3.050 7
7	12.71	1.255 5	1.969 3	1.122 2	2.258 5	0.964 1	2.756 3
8	13.92	1.225 6	1.863 0	1.100 9	2.117 5	0.951 5	2.549 1
9	15.14	1.202 4	1.782 7	1.084 4	2.011 7	0.941 9	2.396 1
10	16.35	1.183 9	1.720 7	1.071 4	1.930 7	0.934 4	2.280 1
11	17.57	1.169 1	1.671 3	1.061 0	1.866 6	0.928 6	2.189 5
12	18.78	1.156 8	1.631 7	1.052 5	1.815 3	0.923 9	2.117 9
13	19.99	1.146 7	1.599 2	1.045 5	1.773 5	0.920 1	2.059 9
14	21.21	1.128 4	1.572 2	1.039 8	1.738 9	0.917 0	2.012 7

（续表）

故障数	标准的判决时间(t_i)	置信水平(C)					
		40%		60%		80%	
		下限系数	上限系数	下限系数	上限系数	下限系数	上限系数
15	21.90	1.127 3	1.549 8	1.032 0	1.710 3	0.912 7	1.973 9
16	21.90	1.105 9	1.523 3	1.015 5	1.677 6	0.902 3	1.931 6
17	21.90	1.079 9	1.481 9	0.994 3	1.629 3	0.887 4	1.874 3
18	21.90	1.054 6	1.439 1	0.972 7	1.581 8	0.870 9	1.821 9

试验方案 3（接收时用）$\alpha=\beta=10\%,d=2$

故障数	标准的判决时间(t_i)	置信水平(C)					
		40%		60%		80%	
		下限系数	上限系数	下限系数	上限系数	下限系数	上限系数
0	4.40	3.654 6	—	2.733 9	—	1.910 9	—
1	5.79	2.291 3	12.336 2	1.863 8	19.718 2	1.431 1	41.761 3
2	7.18	1.874 1	5.109 8	1.579 0	6.806 0	1.263 3	10.557 1
3	8.56	1.671 2	3.563 8	1.437 2	4.448 9	1.178 3	6.205 7
4	9.94	1.552 1	2.906 9	1.353 2	3.504 7	1.127 8	4.623 8
5	11.34	1.475 4	2.547 0	1.299 2	3.003 6	1.095 6	3.827 0
6	12.72	1.421 8	2.323 6	1.261 4	2.968 3	1.073 4	3.357 0
7	14.10	1.382 7	2.171 0	1.233 9	2.492 8	1.057 5	3.048 4
8	15.49	1.353 5	2.061 5	1.213 5	2.346 9	1.045 9	2.833 3
9	16.88	1.331 1	1.980 2	1.198 0	2.239 5	1.037 2	2.677 5
10	18.26	1.313 5	1.918 1	1.185 8	2.157 9	1.030 5	2.560 8
11	19.65	1.299 5	1.869 2	1.176 3	2.094 1	1.025 4	2.470 9
12	20.60	1.283 9	1.830 3	1.165 4	2.043 8	1.019 4	2.400 9
13	20.60	1.253 0	1.790 5	1.141 8	1.993 6	1.004 5	2.333 9
14	20.60	1.216 3	1.728 7	1.112 0	1.920 6	0.983 5	2.245 3
15	20.60	1.182 5	1.667 1	1.083 0	1.851 5	0.961 3	2.168 2

试验方案 4（接收时用）$\alpha=\beta=20\%,d=2$

故障数	标准的判决时间(t_i)	置信水平(C)					
		40%		60%		80%	
		下限系数	上限系数	下限系数	上限系数	下限系数	上限系数
0	2.80	2.325 6	—	1.739 7	—	1.216 0	—

故障数	标准的判决时间(t_i)	置信水平（C）					
		40%		60%		80%	
		下限系数	上限系数	下限系数	上限系数	下限系数	上限系数
1	4.18	1.593 3	7.850 3	1.292 7	12.548 0	0.988 0	26.575 4
2	5.58	1.382 2	3.573 2	1.158 1	4.764 0	0.918 1	7.397 5
3	6.96	1.286 5	2.668 1	1.096 8	3.345 3	0.886 9	4.698 5
4	8.34	1.235 1	2.297 8	1.064 3	2.796 3	0.871 0	3.749 6
5	9.74	1.205 4	2.107 3	1.045 9	2.522 5	0.862 6	3.303 3
6	9.74	1.150 2	1.998 3	1.006 6	2.369 3	0.840 3	3.065 2
7	9.74	1.098 6	1.861 3	0.966 2	2.197 1	0.813 3	2.838 7

试验方案 5（接收时用）$\alpha = \beta = 10\%, d = 3$

故障数	标准的判决时间(t_i)	置信水平（C）					
		40%		60%		80%	
		下限系数	上限系数	下限系数	上限系数	下限系数	上限系数
0	3.75	3.114 7	—	2.330 0	—	1.628 6	—
1	5.40	2.083 1	10.513 8	1.691 5	16.805 3	1.295 0	35.592 0
2	7.05	1.775 5	4.662 5	1.490 9	6.214 3	1.186 1	9.645 9
3	8.70	1.633 3	3.405 2	1.397 2	4.260 4	1.135 7	5.962 5
4	10.35	1.554 7	2.884 9	1.345 7	3.495 6	1.108 7	4.650 8
5	10.35	1.426 6	2.611 3	1.250 4	3.105 7	1.048 1	4.017 8
6	10.35	1.311 2	2.300 0	1.157 5	2.703 9	0.981 1	3.448 9

试验方案 6（接收时用）$\alpha = \beta = 20\%, d = 3$

故障数	标准的判决时间(t_i)	置信水平（C）					
		40%		60%		80%	
		下限系数	上限系数	下限系数	上限系数	下限系数	上限系数
0	2.67	2.217 7	—	1.659 0	—	1.159 6	—
1	4.32	1.598 0	7.485 8	1.293 2	11.965 4	0.984 2	25.341 5
2	4.50	1.203 9	3.602 7	1.014 2	4.808 0	0.811 1	7.473 0

试验方案 7(接收时用)$\alpha=\beta=30\%$,$d=1.5$

故障数	标准的判决时间(t_i)	置信水平(C)					
		40%		60%		80%	
		下限系数	上限系数	下限系数	上限系数	下限系数	上限系数
0	3.15	2.616 3	—	1.957 2	—	1.368 0	—
1	4.37	1.704 9	8.831 6	1.385 6	14.116 5	1.062 2	29.897 3
2	5.58	1.427 3	3.809 6	1.200 7	5.076 0	0.958 0	7.876 5
3	6.80	1.295 9	2.723 6	1.111 8	3.402 2	0.907 7	4.749 1
4	6.80	1.120 7	2.267 3	0.978 4	2.737 5	0.817 5	3.618 6
5	6.80	0.975 6	1.837 3	0.861 1	2.168 6	0.730 2	2.770 6

试验方案 8(接收时用)$\alpha=\beta=30\%$,$d=2$

故障数	标准的判决时间(t_i)	置信水平(C)					
		40%		60%		80%	
		下限系数	上限系数	下限系数	上限系数	下限系数	上限系数
0	1.72	1.428 6	—	1.068 7	—	0.747 0	—
1	3.10	1.093 9	4.822 3	0.881 4	7.708 0	0.665 6	16.324 9
2	4.50	1.001 1	2.489 4	0.829 8	3.327 7	0.645 1	5.181 1

23.2.5　试验统计方案应用示例

1) 表 23-7、表 23-8 应用举例

[**例 23-3**]　规定置信水平为 80%,在第 7 个故障发生时累计试验时间为 820 h,求 MTBF 的验证值 θ_d。

解:这是在故障发生时估计,应该用表 23-7,步骤如下:

$$\hat{\theta}=820\text{ h}\div7=117.4\text{ h}$$

在表 21-7 置信水平 80% 栏,查出对应故障数为 7 的下、上限系数分别为 0.665 和 1.797;

$$\theta_L=0.665\times117.14\text{ h}=77.9\text{ h}$$

$$\theta_U=1.797\times117.14\text{ h}=210.5\text{ h}$$

答:$\theta_d=80\%$(77.9 h/210.5 h)

[**例 23-4**]　规定置信水平为 80%,试验在 920 h 达到接收判决,试验中共发生 7 个故障,求 MTBF 的验证值 θ_d。

解:这是在接收时估计,应该用表 23-8,步骤如下:

$$\hat{\theta}=920\text{ h}\div7=131.43\text{ h}$$

在表 21-8 置信水平 80% 栏,查出对应故障数为 7 的下、上限系数分别为 0.595 和

1.797；

$$\theta_L = 0.595 \times 131.43\ h = 78.2\ h$$

$$\theta_U = 1.797 \times 131.43\ h = 236.2\ h$$

答：$\theta_d = 80\%(78.2\ h/236.2\ h)$

2）表 23 - 9、表 23 - 10 应用举例

[例 23 - 5] 设某电子产品做可靠性验收试验,选用试验方案 4,即 $\alpha = \beta = 20\%$, $d = 2$。规定 $\theta_1 = 50\ h$, $\theta_0 = 100\ h$。试验中共发生 4 次责任故障,发生时间依次在 50 h、90 h、120 h、150 h。求置信水平 $C = 60\%$ 时,MTBF 的验证值 θ_d。

解:先列出试验方案 4 的判决时间表:

表 23 - 11 试验方案 4 的判决时间表

故障数	拒收时间/h	接收时间/h	责任故障发生时间/h
0	—	$2.8 \times 50 = 140$	
1	—	$4.18 \times 50 = 209$	50
2	$0.7 \times 50 = 35$	$5.58 \times 50 = 279$	90
3	$2.08 \times 50 = 104$	$6.96 \times 50 = 348$	120
4	$3.46 \times 50 = 173$	$8.34 \times 50 = 417$	150(拒收)
5	$4.86 \times 50 = 243$	$9.74 \times 50 = 487$	
6	$6.24 \times 50 = 312$	$9.74 \times 50 = 487$	
7	$7.62 \times 50 = 381$	$9.74 \times 50 = 487$	

由表可见是拒收情况,应查表 23 - 9 试验方案 4(拒收时用),步骤如下:

先算出第 4 个故障发生时间 $t' = 150\ h$ 相当于 θ_1 的倍数,即归一化时间 $t = 150 \div 50 = 3$；

从表 23 - 9 试验方案 4(拒收时用)中查出两个相邻归一化时间 $t_1 = 2.8$, $t_2 = 3.46$；

再从该表上查出对应 t_1, t_2 的下、上限系数;

$$\alpha_{1,0.6,2.8} = 0.564\ 6; \alpha_{u,0.6,2.8} = 1.551\ 7$$

$$\alpha_{1,0.6,3.46} = 0.664\ 4; \alpha_{u,0.6,3.468} = 1.737\ 9$$

代入式(23 - 13),内插出 $\alpha_{1,0.6,3} = 0.595$

代入式(23 - 14),内插出 $\alpha_{u,0.6,3} = 1.608$

用下限系数乘 θ_1 得 $\theta_L = 0.595 \times 50\ h = 29.75\ h$

用上限系数乘 θ_1 得 $\theta_U = 1.608 \times 50\ h = 80.4\ h$

答:$\theta_d = 80\%(29.75\ h/80.4\ h)$

[例 23 - 6] 设某电子产品进行可靠性验收试验,选用试验方案 4,即 $\alpha = \beta = 20\%$, $d = 2$。规定 $\theta_1 = 50\ h$, $\theta_0 = 100\ h$。试验中共发生 5 次责任故障,发生时间依次在 50 h、90 h、120 h、250 h、390 h。在试验进行到第 487 h 时,因没有再发生责任故障,判为接收。求置信水平 $C = 60\%$ 时 MTBF 的验证值 θ_d。

解:这是接收情况,应查表 23 - 10,步骤如下:

从表 23 – 10 试验方案 4(接收时用)中查出对应的第 5 个故障的下、上限系数:

$$\alpha_{1,0.6,5} = 1.045\ 9 ; \alpha_{u,0.6,5} = 2.522\ 5$$

计算 $\theta_L = 1.045\ 9 \times 50\ \text{h} = 52.3\ \text{h}$

$\theta_U = 2.5225 \times 50\ \text{h} = 126.1\ \text{h}$

答:$\theta_d = 60\%$(52.3 h/126.1 h)

23.3 可靠性试验实施

23.3.1 故障处理

对试验中出现的不正常现象,应根据故障定义和故障判据进行判断,确认为故障后就立即开始修理并中止试验(轻微故障时可以不中止试验),故障修复后立即恢复试验。同时,还要对故障进行记录、分析,在分析基础上进行分类。

23.3.1.1 故障分类

所有故障都分为关联故障和非关联故障。关联故障是指预期会在现场使用中出现的故障;非关联故障指已经证实是未按规定的条件使用而引起的故障,或已证实仅属某项将不采用的设计所引起的故障。

关联故障再分为责任故障和非责任故障。故障分类如图 23 – 5 所示。

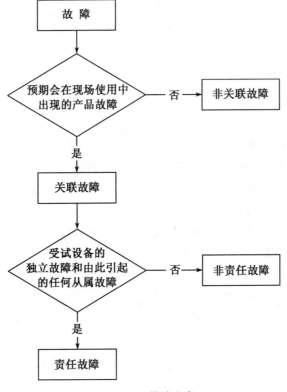

图 23 – 5 故障分类

1）责任故障

除可判定为非责任的故障外,其他所有故障均判定为责任故障,如:

a）由于设计缺陷或制造工艺不良而造成的故障;

b）由于元器件潜在缺陷致使元器件失效而造成的故障;

c）由于软件引起的故障;

d）间歇故障;

e）超出规范正常范围的调整;

f）试验期间所有非从属性故障原因引起的故障征兆(未超出性能极限)而引起的更换;

g）无法证实原因的异常。

2）非责任故障

试验过程中,下列情况可判为非责任故障:

a）误操作引起的受试产品故障;

b）试验设施及测试仪表故障引起的受试产品故障;

c）超出设备工作极限的环境条件和工作条件引起的受试产品故障;

d）修复过程中引入的故障;

e）将有寿器件超期使用,使得该器件产生故障及其引发的从属故障。

3）任务故障与非任务故障

从故障的严重性来说,故障分为任务故障(又叫严重故障或致命故障)和非任务故障,故障性质判定方法:

a）当性能下降不能完成规定任务时,判为任务故障;

b）产品或组成部分故障,产品性能有所降低,但不影响任务完成的故障记为非任务故障。

23.3.1.2 故障统计原则

试验中只有责任故障才能作为判定受试产品合格与否的根据。责任故障可按以下原则进行统计:

a）当可证实多种故障模式由同一原因引起时,整个事件计为一次故障;

b）有多个元器件在试验中同时失效时,在不能证明是一个元器件失效引起了另一些失效时,每个元器件的失效计为一次独立故障;若可证明是一个元器件的失效引起的另一些失效时,则所有元器件的失效合计为一次故障;

c）可证实是由于同一原因引起的间歇故障,若经过分析确认采取纠正措施经验证有效后将不再发生,则多次故障合计为一次故障;

d）多次发生在相同部位、相同性质、相同原因的故障,若经分析确认采取纠正措施经验证有效后将不再发生,则多次故障合计为一次故障;

e）已经报告过的由同一故障原因引起的故障,由于未能真正排除而再次出现时,应和原来报告过的故障合计为一次故障;

f）在故障检测和修理期间,若发现受试产品中还存在其他故障而不能确定为是由原有故障引起的,则应将其视为单独的责任故障进行统计。

23.3.1.3　故障处理其他要求

1）故障时刻判定

如果发生故障的时刻不能做出确切的判定,则判定此次故障发生在上一次观测检查时刻。

2）故障记录

试验中出现的故障应全部记录。

3）故障件修理

故障件修理仅限于按技术状态要求把产品恢复到原来状态。不允许对虽已恶化但尚未超出允许值的元器件及模块等进行预防性更换,但由于故障而引起的恶化元件除外。对于在试验期间达到预防性维修周期或达到使用寿命的寿命件,应在可靠性试验大纲中明确,试验过程中允许维护和更换。由于判断错误,恢复试验后发现故障没有排除,可以重新修理。

4）灾难故障处理

试验中如果发生对产品或人员可能造成伤害的灾难性故障,应立即停止试验。如故障已归零,经订购方同意,可恢复试验。如果在规定时间内无法归零,订购方有权按不合格判决。

23.3.2　试验应力

可靠性试验时,施加的试验应力类型有:

a）电应力,指交流供电电源和直流供电电源;

b）环境应力（自然环境应力或模拟环境应力）,主要有温度、湿热、振动和跑车等。

23.3.2.1　电应力

电应力施加如下:

a）输入电源电压范围和时间分配

下限电压,占通电时间的 25%;额定电压,占通电时间的 50%;上限电压,占通电时间的 25%。

b）工作循环周期

工作循环周期应为受试产品执行一次典型任务所需时间的一倍至几倍。通常分为 4 h、8 h、12 h 一班或 24 h 一班。24 h 连续工作时,可根据情况留出预防维护时间。

23.3.2.2　自然环境应力

a）整机调试现场自然环境应力

即在承制方的整机调试现场天然环境条件下进行可靠性试验。

b）使用现场自然环境应力

即在订购方指定的使用现场进行可靠性试验。

23.3.2.3　模拟环境应力

模拟环境应力分以下两种:

a）温度、湿度循环模拟应力;

b）组合应力模拟环境应力,一般为温度、湿度、振动综合应力。

23.3.2.4 选用环境应力优先顺序

一般可靠性鉴定试验优先选用模拟环境应力。在模拟环境应力条件不具备时,选用使用现场自然环境应力。可靠性验收试验优先选用整机调试现场自然环境应力,必要时选用模拟环境应力。

23.3.3 试验规则

23.3.3.1 试验前提条件

试验前应满足以下条件:

a）受试产品已通过规定的性能测试并证明已符合规定指标;

b）已向订购方提交有关可靠性设计分析、可靠性增长等方面的技术文件;

c）需要单独进行寿命试验的元器件和分机已做完试验;

d）已通过环境适应性试验;

e）与整机可靠性有关的所有分系统齐套并参加考核。

23.3.3.2 试验地点

一般应按下列次序选取试验地点:

a）与承制方无关的第三方试验室;

b）产品使用现场或试验场;

c）承制方整机调试现场。

23.3.3.3 试验样品数

试验样品数量按产品规范的规定。

23.3.3.4 试验时间

试验时间应满足下列要求:

a）试验到总试验时间及总责任故障数能按规定的试验方案进行合格与否判决时,即可停止;

b）每台受试产品的试验时间至少应等于所有受试产品平均试验时间的一半,如果小于一半,则这台产品不计入试验样本;

c）试验期间的故障修理时间和预防维修时间不计入试验时间。

23.3.3.5 试验设施

试验设施应满足下列要求:

a）试验前承试方应提供必要的试验设备和检测仪表,若不具备条件可由承制方提供,并经订购方同意;

b）所有试验设备和检测仪表需经过检定并在有效期内;

c）检测仪表的精度要优于被测参数允许误差的三分之一;

d）试验设施设备应有保护装置,以便必要时切断电源,防止事故发生;

e）订购方如认为必要,也可提供试验设备。

23.3.3.6　功能监视和性能测量

1）监测项目

最低限度的监测项目应满足下列要求：

a）能表征产品功能是否丧失；

b）能表征产品性能是否退化。

2）监测方式

监测可以是自动的，也可以是手动的。可以利用机内自检装置，也可以外接测量仪表，但监测时受试产品应处于试验状态。从外部接入仪表时，应考虑接入仪表的影响，并不得造成试验中断。

3）监测间隔

功能监视一般应实时进行。参数测量可以选在每班试验开始时或中间进行，为保证MTBF精度，测试间隔应小于或等于 $0.2\theta_1$。

23.3.3.7　预防维修

根据产品规范规定的维修性要求，产品在试验期间可以进行必要的预防维修，但维修的周期和内容必须在可靠性试验计划中详细列出。

23.3.3.8　检查与监督

对可靠性试验，订购方可进行检查与监督，包括派专人参加试验的全过程、派代表监督承试方进行或派人对某些环节进行检查。

一般的检查与监督内容包括：

a）试验地点、试验设备、仪表是否符合要求；

b）试验条件、操作和进程是否符合试验大纲规定。

23.3.3.9　试验偶然中断处理

1）模拟环境应力强度在规定范围内的中断

模拟环境应力强度在规定范围内的中断要求如下：

a）在工作时间中断，中断持续时间不计入试验时间，排除中断因素后，继续试验；

b）在贮存期中断，中断持续时间计入贮存时间。

2）模拟环境应力强度低于规定条件时试验中断

模拟环境应力强度低于规定条件时试验中断要求如下：

a）中断时该项应力施加等于或大于规定时间的一半，排除中断因素后，继续试验，并补上中断时间；

b）中断时该项应力施加时间小于规定时间的一半，排除中断因素后，重做该项应力试验。

3）模拟环境应力强度高于规定条件时试验中断

模拟环境应力强度高于规定条件时试验中断要求如下：

a）排除中断因素后，经承制方同意，继续试验，并补上中断时间；

b）由于应力过量造成产品损坏时，可以另抽产品重新试验。

4）其他情况中断

试验过程的预防性维修、性能监测与参数测量,属于计划中断,但中断时间不计入试验时间。

23.4 大型电子系统可靠性试验方法

随着电子系统越来越复杂,设备量庞大,且设备可能分布在多个不同的环境区域,由于综合环境应力试验设备的限制,大型电子系统可能无法在试验设备内安装,按照常规试验方案采用系统整机进行试验室可靠性验证试验将难以实现。

整体分步实施试验方案是将大型电子系统所有设备分为若干个部分,先后进入试验设备,均按照同一条件、同样时间先后完成试验,所有设备完成试验后再进行统一判决的试验方案。采用分步实施试验方案时,选取的统计试验方案与常规方案选取的统计试验方案一致。

紧缩系统试验方案是在大型电子系统中合理选择有代表性的设备组成能够实现基本功能的紧缩系统,建立可靠性模型,将系统 S 可靠性指标合理地转化为紧缩系统 C 的可靠性指标 $\theta_{1C} = \dfrac{MTBF_C}{MTBF_S}\theta_{1S}$,选取统计试验方案,从而开展试验室可靠性验证试验的试验方案。

紧缩分布实施试验方案是在大型电子系统中合理选择有代表性的设备组成能够实现基本功能的紧缩系统,根据不同设备的紧缩比例,确定不同设备的有效试验时间,分步实施试验,所有设备完成试验后再进行统一判决的试验方案。采用紧缩分布实施试验方案时,选取的统计试验方案与常规方案选取的统计试验方案一致。基于紧缩比的分布的紧缩试验方案,是在系统中各个组成设备彼此独立,并且各个设备在全系统和紧缩系统中具有相同的失效率的前提下,根据全系统的可靠性指标、统计试验方案和各个设备的紧缩比来确定紧缩系统中各个设备的试验时间,然后,根据紧缩系统各个组成设备的试验时间和故障数据来评估全系统可靠性的方法,其理论基础是紧缩系统试验方案的接受概率与全系统试验的接受概率相等,证明过程如下:

由于各个设备的紧缩比 $k_i = n_i/m_i$(n_i 为全系统中各个设备相应的数量,m_i 为紧缩系统中各个设备相应的数量),且各设备在全系统和紧缩系统中具有相同的失效率,即 $m_i\lambda_i t_i = k_i m_i \lambda_i t_s = n_i \lambda_i t_s$,电子产品服从指数分布,产品发生故障次数服从泊松分布,因此有:

$$
\begin{aligned}
P_C(r) &= \sum_{\substack{j \\ \sum_{i=1} r_i = r}} \frac{(m_1\lambda_1 t_1)^{r_1}}{r_1!} \mathrm{e}^{-m_1\lambda_1 t_1} \cdot \frac{(m_2\lambda_2 t_2)^{r_2}}{r_2!} \mathrm{e}^{-m_2\lambda_2 t_2} \cdots\cdots \frac{(m_j\lambda_j t_j)^{r_j}}{r_j!} \mathrm{e}^{-m_j\lambda_j t_j} \\
&= \sum_{\substack{j \\ \sum_{i=1} r_i = r}} \frac{(n_1\lambda_1 t_s)^{r_1}}{r_1!} \mathrm{e}^{-n_1\lambda_1 t_s} \cdot \frac{(n_2\lambda_2 t_s)^{r_2}}{r_2!} \mathrm{e}^{-n_2\lambda_2 t_s} \cdots\cdots \frac{(n_j\lambda_j t_s)^{r_j}}{r_j!} \mathrm{e}^{-n_j\lambda_j t_s} \\
&= \prod_{i=1}^{j} (n_i\lambda_i t_s)^{r_i} \cdot \sum_{\substack{\sum_{i=1} r_i = r}} \frac{r!}{r_1! r_2! \cdots\cdots r_j!} \cdot \frac{\mathrm{e}^{-\sum_{i=1}^{j} n_i\lambda_i t_s}}{r!}
\end{aligned}
\tag{23-17}
$$

故障数 r 为正整数，$n_i\lambda_i t_s$ 为实数，根据多项式定理：

$$\left(x_1 + x_2 + \cdots + x_n\right)^r = \prod_{i=1}^{j} x_i^{r_i} \cdot \sum_{\substack{\sum_{i=1}^{n} r_i = r}} \frac{r!}{r_1! r_2! \cdots \cdots r_n!} \tag{23-18}$$

前式可变换为：

$$P_C(r) = \frac{\left(\sum_{i=1}^{j} n_i \lambda_i t_s\right)^r}{r!} e^{-\sum_{i=1}^{j} n_i \lambda_i t_s} = \frac{(\lambda_s t_s)^r}{r!} e^{-\lambda_s t_s} = P_S(r) \tag{23-19}$$

该方案与全系统试验方案是等效的，MTBF 评估可直接采用 GJB 899A 中的方法。

表 23-12　各种可靠性试验方案的比较

试验方案	对试验箱要求	功能性能测试	试验结论真实性	实施难度	试验时间	建议选用范围
常规方案	高	全面	高	大	短	规模较小的电子系统可靠性验证试验。
紧缩系统方案	较低	基本的功能性能	较低	较小	较长	1. 各组成单元能够按照同一比例进行紧缩的大型电子系统的可靠性验证试验； 2. 大型电子系统的可靠性验收试验（经过可靠性鉴定试验和使用统计，紧缩部分的可靠性指标能够较准确的进行设定）。
整体分步实施方案	较低	全面	高	较大	较长	紧缩后功能性能难以实现的大型电子系统的可靠性验证试验。
紧缩分布实施方案	较低	基本的功能性能	高	较小	长	大型电子系统的可靠性鉴定试验。

23.5　电子产品可靠性点估计和区间估计

电子产品可靠性点估计和区间估计如下所述。

1）可靠性点估计

最小二乘法是确定因变量与其自变量之间经验关系的一种估计方法。n 个数据的观测值为 (x_i, y_i)，$i = 1, 2, \cdots, n$。如果变量 x, y 之间存在线性关系，则可用直线 $\hat{y} = bx + a$ 来拟合它们之间的变化关系。由最小二乘法，a, b 应使 $E = \sum_{I=1}^{n}(y_i - \hat{y}_i)^2 = \sum_{I=1}^{n}(y_i - a - bx_i)^2 =$ 最小值，即对 a, b 分别偏微分，并令其等于 0。

$$\frac{\partial E}{\partial a} = -2\sum_{i=1}^{n}(y_i - a - bx_i) = 0$$

$$\frac{\partial E}{\partial b} = -2\sum_{i=1}^{n}(y_i - a - bx_i)x_i = 0 \tag{23-20}$$

联立解上述方程得:

$$b = \frac{\sum\limits_{i=1}^{n} x_i y_i - n\,\bar{x}\,\bar{y}}{\sum\limits_{i=1}^{n} x_i^2 - n\,\bar{x}^2} = \frac{\sum\limits_{i=1}^{n} (x_i - \bar{x})(y_i - \bar{y})}{\sum\limits_{i=1}^{n} (x_i - \bar{x}^2)}$$

$$a = \bar{y} - b\,\bar{x}$$

(23 – 21)

式中: $\bar{x} = \dfrac{\sum\limits_{i=1}^{n} x_i}{n}, \bar{y} = \dfrac{\sum\limits_{i=1}^{n} y_i}{n}$。

a, b 为回归系数,拟合的直线方程为回归方程。表示两个变量线性相关密切程度的数量指标为相关系数,即

$$r = \frac{\sum\limits_{i=1}^{n} (x_i - \bar{x})(y_i - \bar{y})}{\sqrt{\sum\limits_{i=1}^{n} (x_i - \bar{x})^2 \sum\limits_{i=1}^{n} (y_i - \bar{y})^2}}$$

(23 – 22)

r 取值在 0 与 ±1 之间,r 接近于 ±1 说明变量的线性关系较密切。

采用极大似然法,设总体的分布密度函数为 $f(t, \theta)$,其中 θ 为待估参数,从总体中得到一组样本,其观测值为: $t_{(1)}, t_{(2)}, t_{(3)}, \cdots, t_{(n)}$,子样取这组观测值的概率为: $\prod\limits_{i=1}^{n} f(t, \theta) dt_i$。

使其概率最大,就能得到 θ 的估计值 $\hat{\theta}$,函数 $L(\theta) = \prod\limits_{i=1}^{n} f(t_i, \theta)$ 称为 θ 的似然函数,对其求极值,得到参数 θ 的估计值。

寿命服从指数分布的产品,其概率密度是 $f(\theta) = \dfrac{1}{\theta} e^{-t/\theta}$。

a) 非截尾试验情况

非截尾试验是一种只有当抽取 n 个子样全部失效,试验才结束的一种寿命试验,也称完全子样情况。由于 n 个样本都失效,似然函数为:

$$L(\lambda) = \prod_{i=1}^{n} \lambda e^{-\lambda t_i} = \lambda^n e^{-\lambda \sum\limits_{i=1}^{n} t_i}$$

(23 – 23)

两边取对数有:

$$\ln L(\lambda) = n\ln \lambda - \lambda \sum_{i=1}^{n} t_i$$

(23 – 24)

$$\frac{d\ln L(\lambda)}{d\lambda} = \frac{n}{\lambda} - \sum_{i=1}^{n} t_i = 0$$

(23 – 25)

$$\hat{\lambda} = n / \sum_{i=1}^{n} t_i$$

(23 – 26)

因此,得到点估计值为:

$$\hat{\theta} = \sum_{i=1}^{n} t_i / n \qquad (23-27)$$

b) 截尾试验情况

截尾试验可以分为定数截尾和定时截尾,每种情况又可分为有替换和无替换两种情况。以无替换定数截尾试验为例,设试样总数 n,第 r 个产品失效时刻为 t_r,则 r 个产品在单位时间内的失效概率为: $f(t_i, \theta)$,$(i = 1, 2, \cdots, t_r)$。对于指数分布来说,有: $f(t_i, \theta) = \frac{1}{\theta} \theta^{-\frac{t_i}{\theta}}$。不失效产品在 t_r 时不失效的概率应为 $R(t_r) = e^{-t_r/\theta}$。由于有 $n-r$ 个不失效,故总的不失效概率应为 $e^{-t_r(n-r)/\theta}$。因此,可以构造出似然函数为:

$$L(\theta) = \frac{n!}{(n-r)!} \Big[\prod_{i=1}^{r} f(t_i, \theta) \Big] \cdot \Big[1 - F(t_r) \Big]^{n-r} = \frac{n!}{(n-r)!} \prod_{i=1}^{r} \Big(\frac{1}{\theta} e^{-t_i/\theta} \Big) \cdot \big(e^{-t_r/\theta} \big)^{n-r}$$

$$= \frac{n!}{(n-r)!} \Big(\frac{1}{\theta} \Big)^{r} e^{-\big[\sum_{i=1}^{r} t_i + (n-r)t_r \big]/\theta} \qquad (23-28)$$

两边取对数有:

$$\ln L(\theta) = \ln \Big[\frac{n!}{(n-r)!} \Big] - r\ln\theta - \Big[\sum_{i=1}^{r} t_i + (n-r)t_r \Big]/\theta \qquad (23-29)$$

$$\frac{\partial \ln L(\theta)}{\partial \theta} = -\frac{r}{\theta} + \frac{1}{\theta^2} \Big[\sum_{i=1}^{r} t_i + (n-r)t_r \Big] = 0 \qquad (23-30)$$

$$\hat{\theta}_{r,n} = \frac{1}{r} \Big[\sum_{i=1}^{r} t_i + (n-r)t_r \Big] \qquad (23-31)$$

可以证明估计量 $\hat{\theta}_{r,n}$ 具有无偏性。失效率 λ 的极大似然估计量应为:

$$\hat{\lambda}_{r,n} = r / \Big[\sum_{i=1}^{r} t_i + (n-r)t_r \Big] \qquad (23-32)$$

可以证明估计量 $\hat{\lambda}_{r,n}$ 是有偏的,应而按 $\hat{\lambda}'_{r,n} = \frac{(r-1)}{r} \hat{\lambda}_{r,n}$ 进行修正后,其无偏式为:

$$\hat{\lambda}'_{r,n} = (r-1) / \Big[\sum_{i=1}^{r} t_i + (n-r)t_r \Big] \qquad (23-33)$$

无替换定时截尾试验、有替换定数截尾试验、有替换定时截尾试验等同无替换定数截尾试验的情况一样,也可以得到类似的点估计公式。在不同试验方案下产品验证值的评估见表23-13。

表 23-13 产品验证值评估

试验类型	平均寿命的点估计	总试验时间
无替换定时截尾	$\hat{\theta} = \dfrac{T}{r}$	$T = \sum_{i=1}^{r} t_{(i)} + (n-r)t_{(0)}$
有替换定时截尾		$T = nt_{(0)}$
无替换定数截尾		$T = \sum_{i=1}^{r} t_{(i)} + (n-r)t_{(r)}$
有替换定数截尾		$T = nt_{(r)}$

式中:n—投入试验的样本量;r—试验中出现的总故障数;$t_{(0)}$—定时截尾试验的截尾时间;$t_{(r)}$—定数截尾试验中出现第 r 个故障的故障时间。

2）可靠性区间估计

选择一个与待估参数有关的统计量 H,寻找它的分布,使得:

$$P(H_L \leqslant H \leqslant H_U) = 1 - \alpha \qquad (23-34)$$

通过 H 与待估参数的关系,得到待估参数的置信区间,即

$$P(\theta_L \leqslant \theta \leqslant \theta_U) = 1 - \alpha \qquad (23-35)$$

a）定数截尾试验子样的参数估计

设产品寿命服从指数,有密度函数 $f(t) = \dfrac{1}{\theta} e^{-t/\theta}$,现取 n 个样本进行定数截尾试验,得 r 个次序统计量为 $t_{(1)} \leqslant t_{(2)} \leqslant \cdots \leqslant t_{(r)}$,为寻求 θ 的区间估计,所找到的与 θ 有关的合适统计量为 $H = \dfrac{2T}{\theta}$,其中 T 为样本的总试验时间 $T = \sum\limits_{i=1}^{r} t_{(i)} + (n-r)t_{(r)}$,统计量 $H = \dfrac{2T}{\theta}$ 服从自由度为 $2r$ 的 χ^2 分布,由 H 的分布根据 χ^2 分布可有:

$$P\left(\chi^2_{2r,1-\frac{\alpha}{2}} \leqslant \frac{2T}{\theta} \leqslant \chi^2_{2r,\frac{\alpha}{2}}\right) = 1 - \alpha \qquad (23-36)$$

$$P\left(\frac{2T}{\chi^2_{2r,\frac{\alpha}{2}}} \leqslant \theta \leqslant \frac{2T}{\chi^2_{2r,1-\frac{\alpha}{2}}}\right) = 1 - \alpha \qquad (23-37)$$

由此得上限、下限估计为:

$$\theta_L = \frac{2T}{\chi^2_{2r,\frac{\alpha}{2}}}, \quad \theta_U = \frac{2T}{\chi^2_{2r,1-\frac{\alpha}{2}}} \qquad (23-38)$$

对于有替换截尾子样,上述论述同样成立,故上限、下限估计为:

$$\theta_L = \frac{2nt_r}{\chi^2_{2r,\frac{\alpha}{2}}}, \quad \theta_U = \frac{2nt_r}{\chi^2_{2r,1-\frac{\alpha}{2}}} \qquad (23-39)$$

有时对于参数的估计只需作出单边估计,同理 θ 的单边下限为:

$$\theta_L = \frac{2T}{\chi^2_{2r,\alpha}} \qquad (23-40)$$

b）定时截尾试验子样的参数估计

无替换时,总试验时间为 $T = \sum\limits_{i=1}^{r} t_i + (n-r)t_0$,$t_0$ 之前发生了 r 个故障,第 r 次故障发生的时间是 t_r,显然 $t_r \leqslant t_0$;如果试验继续,则第 $r+1$ 个故障发生的时间 t_{r+1} 满足 $r_0 \leqslant r_{r+1}$,则:

$$\sum_{i=1}^{r} t_i + (n-r)t_r \leqslant \sum_{i=1}^{r} t_i + (n-r)t_0 < \sum_{i=1}^{r} t_i + (n-r-1)t_{r+1} \qquad (23-41)$$

所以 $T \leqslant T < T_{r+1}$,即有 $2t \leqslant 2T < 2T_{r+1}$,$T_{r+1}$ 是发生 $r+1$ 次故障的无替换定数截尾的总试

验时间。所以 $2T_{r+1}/\theta$ 是自由度为 $2r+2$ 的 χ^2 分布的随机变量。由前述的说明 $P\left(\chi^2_{2r,1-\frac{\alpha}{2}}\leqslant\frac{2T}{\theta}\leqslant\chi^2_{2r+2,\frac{\alpha}{2}}\right)\geqslant 1-\alpha$。由此得到无替换定时截尾试验的平均寿命区间估计为：

$$\theta_L=\frac{2\left[\sum_{i=1}^{r}t_i+(n-r)t_0\right]}{\chi^2_{2r+2,\frac{\alpha}{2}}},\ \theta_U=\frac{2\left[\sum_{i=1}^{r}t_i+(n-r)t_0\right]}{\chi^2_{2r,1-\frac{\alpha}{2}}}\qquad(23-42)$$

对于有替换,利用泊松分布与 χ^2 分布的关系,然后求置信限,得上、下限,结果与无替换情况相同。

$$\theta_L=\frac{2nt_0}{\chi^2_{2r+2,\frac{\alpha}{2}}},\ \theta_U=\frac{2nt_0}{\chi^2_{2r,1-\frac{\alpha}{2}}}\qquad(23-43)$$

用总时间表示,则定时截尾试验子样的区间估计为：

$$\theta_L=\frac{2T}{\chi^2_{2r+2,\frac{\alpha}{2}}},\ \theta_U=\frac{2T}{\chi^2_{2r,1-\frac{\alpha}{2}}}\qquad(23-44)$$

单边估计时,置信度为 $1-\alpha$,则估计下限为：

$$\theta_L=\frac{2T}{\chi^2_{2r+2,\alpha}}\qquad(23-45)$$

c)定时截尾试验无故障

设从一批产品中任取 n 个进行定时截尾试验,到规定时间停止试验未出现故障,产品工作时间为 $t_1\leqslant t_2\cdots\leqslant t_n$,在 n 个产品无故障时似然函数为：

$$L(\theta)=\prod_{i=1}^{n}R(t_i,\theta)=\prod_{i=1}^{n}e^{-t_i/\theta}\qquad(23-46)$$

θ 最优置信下限为：

$$\theta_L=\inf\left\{\theta:\prod_{i=1}^{n}R(t_i,\theta)>\alpha\right\}\qquad(23-47)$$

即可得：

$$\prod_{i=1}^{n}R(t_i,\theta)=\alpha,\ \prod_{i=1}^{n}e^{-t_i/\theta}=\alpha\qquad(23-48)$$

则 θ 最优置信下限为：

$$\theta_L=\frac{\sum_{i=1}^{n}t_i}{-\ln\alpha}\qquad(23-49)$$

根据上述区间估计的方法得到在指数分布场合下各种试验方案的区间估计公式,见表 23-14。

表 23 - 14　指数分布的区间估计

/	T_{BF} 的区间估计	T_{BF} 单侧置信下限
定时截尾	$\theta_L = \dfrac{2T}{\chi^2_{2r+2, \frac{\alpha}{2}}}, \theta_U = \dfrac{2T}{\chi^2_{2r, 1-\frac{\alpha}{2}}}$	$\theta_L = \dfrac{2T}{\chi^2_{2r+2, \alpha}}$
定数截尾	$\theta_L = \dfrac{2T}{\chi^2_{2r, \frac{\alpha}{2}}}, \theta_U = \dfrac{2T}{\chi^2_{2r, 1-\frac{\alpha}{2}}}$	$\theta_L = \dfrac{2T}{\chi^2_{2r, \alpha}}$
无失效	—	$\theta_L = \dfrac{T}{-\ln \alpha}$

式中:α—显著性水平;T—总试验时间。查 GJB 899A 表 A.1 的 χ^2 分布上侧分位数表。

23.6　MTBCF 试验验证方案研究

在确定可靠性指标后,制定系统试验方案,验证可靠性是否满足指标要求。按 GJB 899A,可靠性验证试验方案制定需要考虑目标值 θ_1 和最低可接受值 θ_0,生产方风险 α 和使用方风险 β 及鉴别比。

研究设计了两种试验方案:

1) 基于贝叶斯统计的验证方案,采用从部件级评估到系统级综合的思路,通过评估各部件的失效率进而给出整机系统的可靠性评估结果,优点是可以充分利用分系统/部件失效信息(而不仅仅系统故障信息)和可能的先验信息;缺点是流程和计算复杂,难以优化确定验证试验参数。

2) 基于分布拟合的简化验证方案,参照 GJB 899A 验证试验的思路,将整机系统视为一个整体,用常用的随机分布拟合可靠性预计结果,并作简化处理,优点是简单易行,方案可事先确定;缺点是可能存在简化导致误差较大的问题。

23.6.1　基于贝叶斯统计试验验证方案

GJB 899A 可靠性验证试验方案仅涉及服从指数分布的序贯/定时/全数试验等,核心是计算接收概率,提出接收/拒收的检验策略,最后根据生产方和使用方风险确定策略参数。然而直接应用于 MTBCF 的验证并不严谨,因为 GJB 899A 中的策略利用了指数分布特点,在一定试验总时间下,比较失效样本个数和接收/拒收阈值大小,最后根据两类风险确定策略参数。

采用 Bayes 统计评估方法,从部件到系统,通过试验失效情况评估各部件的失效率水平,进而给出系统 MTBCF 估计结果,并将评估结果与生产方和使用方风险相比较,最后给出验证结果。

23.6.1.1　后验分布

对所有类型部件做无替换定时截尾试验。假设第 $i(i=1,2,\cdots,m)$ 类部件共有 n_i 个投入试验,试验进行到 s_i 截止,失效时间样本为 $t_{ij}, j = 1, 2, \cdots, r_i, r_i$ 为失效样本总数,未失效样本数为 $n_i - r_i$。

指数分布的共轭先验分布 $\pi_i(\lambda) \propto \lambda^{b_i-1}\exp(-\eta_i\lambda)$,其中 b_i, η_i 分别为 Gamma 分布的形状和速率参数。这两个先验参数可根据同类产品/相似产品的历史数据确定。如果缺乏必要的先验信息,可选取无信息先验分布 $\pi_i(\lambda) \propto 1$。合适的先验分布可帮助减少验证试验数或时间。特别地,无信息先验分布属于 Gamma 共轭先验 $b_i = 1, \eta_i = 0$ 的特殊情况,因此,以 Gamma 共轭先验进行阐述。

根据失效数据,失效率 λ_i 的后验分布密度为:

$$p_i(\lambda \mid t_{i1}, t_{i2}, \cdots, t_{ir_i}, s_i) \propto \pi_i(\lambda)p_i(t_{i1}, t_{i2}, \cdots, t_{ir_t}, s_i \mid \lambda)$$

$$\propto \lambda^{b_i+r_i-1}\exp\{-[\eta_i + \sum_{j=1}^{r_i} t_{ij} + (n_i - r_i)s_i]\lambda\}$$

$$(23-50)$$

即后验分布为形状参数 $b_i + r_i$、速率参数 $\eta_i + \sum_{j=1}^{r_i} t_{ij} + (n_i - r_i)s_i$ 的 Gamma 分布。

23.6.1.2 验证方案

系统 MTBCF 和可靠寿命 t_R 均为各分机或部件失效率的函数,分别记为 $\text{MTBCF}(\lambda_1, \cdots, \lambda_m)$ 和 $t_R(\lambda_1, \cdots, \lambda_m)$。

$$\text{MTBCF}(\lambda_1, \cdots, \lambda_m) = \int_0^{+\infty} R(t)\,\mathrm{d}t \qquad (23-51)$$

$$t_R(\lambda_1, \cdots, \lambda_m) = R^{-1}(R) \qquad (23-52)$$

式中:λ_i—第 i 类部件的失效率 $i = 1, 2, \cdots, m$;m—系统部件类型数;$R^{-1}(R)$—系统可靠度函数的反函数。

给定最低可接受值 θ_0 和目标值 θ_1,可直接计算拒收概率 p_0 和合格概率 p_1:

$$p_0 = P(\text{指标} < \theta_0) = \int_0^{\theta_0} p(\theta \mid s_i, t_{ij}, j = 1, \cdots, r_i, i = 1, \cdots, m)\,\mathrm{d}\theta$$

$$\int_{\lambda_1 \cdots \lambda_m} I\{g(\lambda_1, \cdots, \lambda_m) < \theta_0\} \prod_{i=1}^{m} p(\lambda_i \mid t_{il}, \cdots, t_{ir_i}, s_i)\,\mathrm{d}\lambda_1 \cdots \mathrm{d}\lambda_m$$

$$(23-53)$$

$$p_1 = P(\text{指标} < \theta_1) = \int_{\theta_1}^{+\infty} p(\theta \mid s_i, t_{ij}, j = 1, \cdots, r_i, i = 1, \cdots, m)\,\mathrm{d}\theta$$

$$\int_{\lambda_1 \cdots \lambda_m} I\{g(\lambda_1, \cdots, \lambda_m) \geq \theta_1\} \prod_{i=1}^{m} p(\lambda_i \mid t_{il}, \cdots, t_{ir_i}, s_i)\,\mathrm{d}\lambda_1 \cdots \mathrm{d}\lambda_m$$

$$(23-54)$$

式中:$I\{A\}$—示性函数,如果条件 A 满足,$I\{A\} = 1$;反之 $I\{A\} = 0$。由于上式计算涉及高维积分,可采用 Monte-Carlo 法计算。

对于给定的生产方风险 α 和使用方风险 β,如果 $p_1 \geq 1 - \alpha$,则认为指标高于目标值 θ_1;如果 $p_0 \geq 1 - \beta$,则认为指标低于最低可接受值 θ_0。因此,根据 p_0, p_1 和 α, β 的大小关系,有如下

结果。

表 23 – 15　检验概率比较情况和 MTBCF 判定结果

比较结果	MTBCF 判定结果	说明
$p_1 \geq 1-\alpha, p_0 \geq 1-\beta$	无	对于 $\forall \alpha, \beta \leq 0.5$,该情况不可能出现
$p_1 \geq 1-\alpha, p_0 < 1-\beta$	$MTBCF \geq \theta_0$	达到目标值概率较大,接收
$p_1 < 1-\alpha, p_0 \geq 1-\beta$	$MTBCF \leq \theta_1$	低于最低可接受值概率较大,拒收
$p_1 < 1-\alpha, p_0 < 1-\beta$	无法判定	信息不足,继续试验

注:$p_1 \geq 1-\alpha, p_0 \geq 1-\beta$ 不可能出现,因此仅考虑 $p_1 \geq 1-\alpha$ 或 $p_0 \geq 1-\beta$ 即可,只要其中一个出现就不必计算另一个。

综上所述,可对整机系统进行序贯定时截尾试验。为缩短试验时间,假设 M 台产品一起进行试验,每次试验 t_0 时间截止,依据各类部件的失效情况判断试验结果。流程如下:

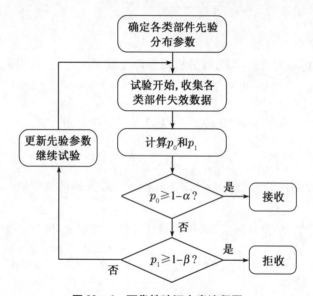

图 23 – 6　可靠性验证方案流程图

a) 确定各类部件失效率的先验 Gamma 分布参数,$b_i, \eta_i, \forall i = 1, 2, \cdots, m$;对于无先验信息情况,$b_i = 1, \eta_i = 0$。

b) 试验开始并运行 T_0 时间结束,统计各类部件失效情况。计算合格概率 p_1 和拒收概率 p_0,对于给定的生产方风险 α 和使用方风险 β,如果 $p_1 \geq 1-\alpha$ 则接收产品,试验结束;如果 $p_0 \geq 1-\beta$ 则拒收产品,试验结束;如果 $p_1 < 1-\alpha$ 且 $p_0 < 1-\beta$,则继续试验。

c) 如果判断为"继续试验",首先更新先验参数:假设该段试验期内,第 k 台产品的第 i 类部件共发生 r_i^k 次失效,失效时间为 $t_{ij}^k, j = 1, 2, \cdots, r_i^k$,则先验参数更新为:

$$b'_i = b_i + \sum_{k=1}^{M} r_i^k$$

$$\eta'_i = \eta_i + \sum_{k=1}^{M} \left[\sum_{j=1}^{r_i^k} t_{ij}^k + (n_i - r_i^k) T_0 \right] \tag{23-55}$$

式中：n_i—第 i 类部件在一个产品中的个数。更换所有失效部件，进行下一阶段试验，重复步骤 b）。

T_0 的选取可参考无失效情形所要求的最短试验时间，具体如下：假设第 i 类部件的两个先验参数分别为 b_i，η_i，共有 η_i 个部件进行定时截尾试验，T_i 为截尾时间。若无失效发生，则第 i 类部件的失效率的后验分布为：

$$p(\lambda \mid 0) \propto \lambda^{b_i-1}\exp[-(\eta_i + n_iT_0)\lambda] \tag{23-56}$$

令其置信度为 γ 的置信下限等于失效率预计值 λ_i，可确定 T_i，表示要想以置信度 γ 确认失效率达到预计值所要求的最短试验时间。具体地：

$$\int_0^\lambda p(\lambda \mid 0)\mathrm{d}\lambda = \gamma$$

$$\Rightarrow \int_0^{\lambda_i} \frac{(\eta_i + n_iT_i)^{b_i}}{\Gamma(b_i)}\lambda^{b_i-1}\exp[-(\eta_i + n_iT_i)\lambda]\mathrm{d}\lambda = \gamma$$

$$\Rightarrow \int_0^{(\eta_i+n_iT_i)\lambda_i} \frac{1}{\Gamma(\alpha_i)}\lambda^{b_i-1}\exp(-\lambda)\mathrm{d}\lambda = \gamma$$

$$\Rightarrow T_i = \frac{1}{n_i}\left[\frac{1}{\lambda_i}F_{\text{gam}}^{-1}(\gamma;b_i,1) - \mu_i\right] \tag{23-57}$$

式中：$F_{\text{gam}}^{-1}(x;a,b)$—形状参数 a、速率参数 b 的 Gamma 分布函数的反函数。因此，T_0 应不低于所有 T_i 中的最大值，即

$$T_0 \geqslant \max(T_i, i = 1,2,\cdots,m) \tag{23-58}$$

先验参数的选取对 T_0 有影响，参数应当根据历史数据/相似产品数据确定。如果参数的选择使失效率过小，则可能出现无失效最短试验时间取负数的情况，意味着仅先验分布已经足够判定失效率达到预计值。过于乐观的先验分布可能导致验证试验更容易通过，实际的使用方风险比估计的更大。另一方面，如果过于保守的失效率先验分布会使试验时间过长，也可能导致产品更容易拒收，使得实际的生产方风险更大。

23.6.2 基于分布拟合试验验证方案

基于贝叶斯统计的验证方案缺点较明显：方案流程复杂、计算量大，由于采取序贯试验方式无法事先确定方案参数和试验总时间，因此，依据 GJB 899A 设计一种简化验证方案，以方便工程使用。方案采用定时截尾试验方式。对单台整机进行定时截尾试验，假设总试验时间为 τ，如果试验过程中样机出现故障，则立即修复/更换所有失效部件。如果试验停止前样机故障次数达到 r 次，则拒收产品；否则接收产品。记验证试验方案为 (τ, r)。

23.6.2.1 分布拟合

将整机作为一个整体，根据可靠性预计结果，用常用随机分布拟合分布。常用随机分布包括指数分布、威布尔分布、正态分布和 Gamma 分布等。由于不同随机分布的可靠度曲线形状可能非常相似，并不敏感，但是它们的失效率曲线通常差异较大，可以反映各自分布的特点。因此观察失效率曲线，通过选择失效率曲线拟合效果最好的分布作为拟合分布。图 23-7 和图 23-8 分别为可靠度和失效率曲线图（预计值）。

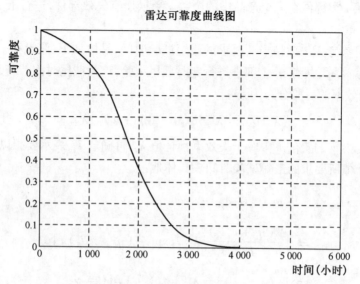

图 23-7 整机可靠度曲线(预计值)

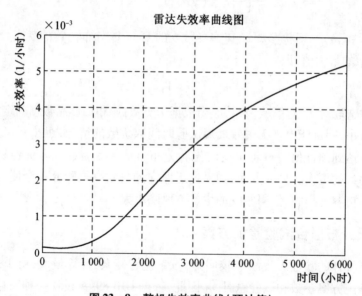

图 23-8 整机失效率曲线(预计值)

由图 23-8 可知,失效率预计得到整机失效率为增函数,且失效率在后期增长逐渐放缓,因此选择 Gamma 分布作为拟合分布最合适。考虑到预计值和实际值可能存在偏差,为增强分布选择的稳健性,选取 2 倍、4 倍、6 倍和 10 倍的部件失效率预计值分别计算整机失效率,结果如图 23-9 所示。

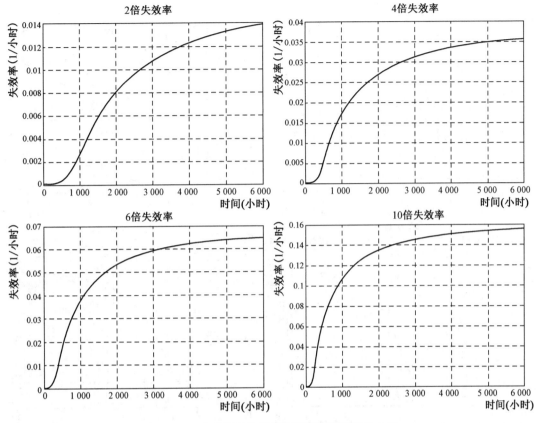

图 23 - 9 多倍部件失效率预计值下的整机失效率

由图 23 - 9 可知,多倍部件失效率下的整机失效率曲线形状和单倍情况没有显著差别,均为开始加速上升后增速放缓趋于平稳,常用的随机分布中形状参数小于 1 的威布尔分布和 Gamma 分布有这样的特点。考虑到威布尔失效率为幂函数 $\lambda(t) = at^b, b < 1$,为了验证威布尔是否合适,可以观察失效率的双对数曲线图。如果幂函数拟合效果好,则双对数曲线应为线性;否则代表幂函数拟合效果不好。整机失效率双对数曲线结果如图 23 - 10 所示,该结果表明整机失效率不适合用威布尔分布拟合,因此选用 Gamma 分布。注意到 Gamma 分布当形状参数大于 1 时,失效率斜率先增后减,最后趋于平稳,这和产品整机失效率趋势吻合。

Gamma 分布的概率密度函数为:

$$f(t;m,\eta) = \frac{1}{\eta\Gamma(m)}\left(\frac{t}{\eta}\right)^{m-1}\exp\left(-\frac{t}{\eta}\right) \quad (t>0, m,\eta>0) \qquad (23-59)$$

式中:m—形状参数,η—尺度参数。

考虑到 Gamma 分布含有两个参数(m 和 η),因此仅通过指标值无法完全确定分布。为此,希望固定一个参数,而用另一个待定参数来反映分布变化,从而将指标值转化为待定参数值确定分布的具体形式,用于后续制定验证方案。一般地,Gamma 分布形状参数反映失效机理,尺度参数反映失效时间量级,因此可以固定形状参数 m。

首先进行失效率拟合。设 Gamma 分布的失效率函数为 $\lambda_{Ga}(t;m,\eta)$,整机失效率为

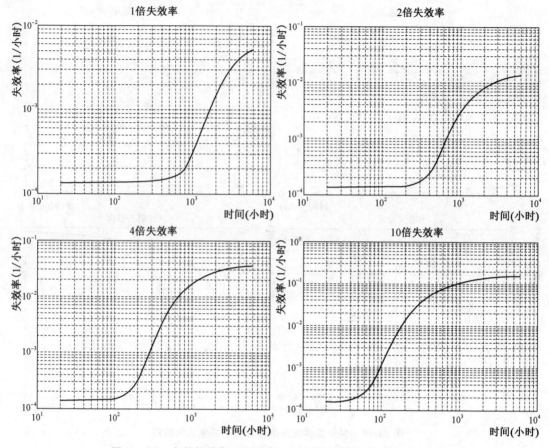

图 23 - 10 多倍部件失效率预计值下的整机失效率双对数曲线图

$\lambda_0(t)$，根据可靠性预计方法得到多个时间点的失效率预计值 $\lambda_0(t_i)$，$i=1,2,\cdots,N$，通过最小化误差平方和确定拟合参数 m 和 η，即

$$m^*,\eta^* = \arg\min_{m,\eta>0}\sum_{i=1}^{N}\left[\lambda_{Ga}(t_i;m,\eta)-\lambda_0(t_i)\right]^2 \qquad(23-60)$$

同样地，考虑到失效率预计值和实际值之间存在偏差，分别计算多倍部件失效率下的整机失效率，对每种情况进行参数拟合，结果见表 23 - 16 和图 23 - 11。

表 23 - 16 多倍部件失效率下整机失效率 Gamma 分布参数拟合结果

失效率倍数	形状参数 m	尺度参数 η	截止时间（$R<10^{-4}$）（小时）
1	14.32	141.21	4 620
2	15.47	67.56	2 360
4	17.36	30.87	1 180
6	19.56	18.62	800
10	24.74	9.14	480

注：考虑截止时间是因为过大的时间取值导致可靠度值过低，使得失效率计算误差过大甚至无法计算，因此仅在截止时间范围内进行拟合。

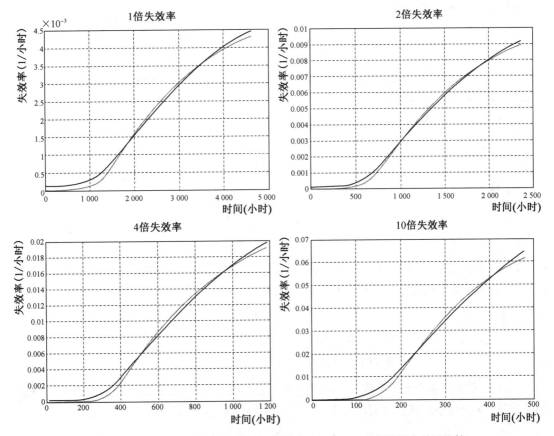

图 23‑11　多倍部件失效率下整机失效率 Gamma 分布参数拟合效果比较

（实线表示失效率预计值曲线,虚线表示拟合曲线）

可以看出,形状参数对部件失效率的变化相对不敏感,而尺度参数可以很好地反映失效率量级的变化。因此,可以将 Gamma 分布形状参数作为固定参数,其大小由整机失效率预计值拟合结果确定。本方案中取 $m=14$,Gamma 分布待定参数只有 η,从而指标目标值或最低可接受值可以直接转化为待定参数取值,从而确定分布。

23.6.2.2　验证方案

方案采用定时截尾试验的方式。对(单台)整机进行定时截尾试验,总试验时间为 τ,如果试验过程中样机出现故障,则立即修复/更换所有失效部件(电子各部件失效时间服从指数分布,系统修复如新)。如果试验停止前样机故障次数达到 r 次,则拒收产品;否则接收产品。记验证试验方案为 (τ,r)。

根据上节所述,整机拟合分布为固定形状参数的 Gamma 分布,分布函数记为 $f_{Ga}(t|m,\eta)$,m 和 η 分别为形状和尺度参数,$m=14$。因此,在试验期间发生的整机故障总数 $N(\tau)$ 的概率分布为:

$$P[N(\tau)=n]=F_n(\tau)-F_{n+1}(\tau)=F_{Ga}(\tau|nm,\eta)-F_{Ga}[\tau|(n+1)m,\eta],n\geqslant 0$$

$$(23-61)$$

因此,当给定 η 时,产品的接收概率为:

$$P[N(\tau) \leqslant r-1] = \sum_{k=1}^{r-1} P[N(\tau) = k] = 1 - F_{Ga}(\tau \mid rm, \eta) \qquad (23-62)$$

进一步,需要把指标的目标值 θ_1 和最低可接受值 θ_0 分别转换为尺度参数值。下面给出 MTBCF 和可靠寿命指标的转换。

1)任务可靠性 MTBCF

$$\eta_0 = \frac{\theta_0}{m}, \quad \eta_1 = \frac{\theta_1}{m} \qquad (23-63)$$

2)可靠寿命 t_R

$$1 - F_{Ga}(\theta_0 \mid m, \eta_0) = R \Rightarrow \eta_0$$
$$1 - F_{Ga}(\theta_1 \mid m, \eta_1) = R \Rightarrow \eta_1 \qquad (23-64)$$

最后,为满足生产方和使用方风险要求,当指标达到目标值 θ_1 时,拒收产品的概率不超过 α,当低于最低可接受值 θ_0 时,接收产品的概率不超过 β。因此可列方程确定验证方案参数 (τ, r):

$$\begin{cases} \alpha = P[N(\tau) \geqslant r] = F_{Ga}(\tau \mid rm, \eta_1) \\ \beta = P[N(\tau) \leqslant r-1] = 1 - F_{Ga}(\tau \mid rm, \eta_0) \end{cases} \qquad (23-65)$$

由于故障次数阈值 r 是整数,(τ, r) 通过依次选取整数 r,在不超过生产方和使用方风险的条件下,寻找最小的试验总时间,即转化为以下优化问题:

$$\min \quad \tau$$
$$s.t. \begin{cases} \alpha \geqslant F_{Ga}(\tau \mid rm, \eta_1) \\ \beta \geqslant 1 - F_{Ga}(\tau \mid rm, \eta_0) \\ \tau > 0, \ r \in \mathbb{N} \end{cases} \qquad (23-66)$$

根据该优化问题的特点,方案最优解 (τ^*, r^*) 可用如图 23-12 所示算法求解。

---

1. 令 $r = 1$;
2. 计算 $\tau_\alpha = F_{Ga}^{-1}(\alpha \mid rm, \eta_1)$ 和 $\tau_\beta = F_{Ga}^{-1}(1-\beta \mid rm, \eta_0)$;
3. 如果 $\tau_\beta > \tau_\alpha$,则 $r = r+1$,返回第 2 步;否则取 $\tau^* = \tau_\beta, r^* = r$,算法终止。

图 23-12　定时截尾验证试验方案参数确定流程

根据图 23-12 所示算法,对于不同的双方风险 α 和 β、目标值 θ_1 和最低可接受值 θ_0,给出算例,结果见表 23-17。

表 23-17　验证方案 (τ, r) 算例

$\alpha\%$	$\beta\%$	θ_0	θ_1	指标	η_0	η_1	τ^*	r^*
5	5	100	200	MTBCF	7.1	14.3	266.0	2
				99%可靠寿命	14.7	29.5	549.0	2
			300	MTBCF	7.1	21.4	147.6	1
				99%可靠寿命	14.7	44.2	304.7	1
		200	400	MTBCF	14.3	28.6	531.9	2
				99%可靠寿命	29.5	59.0	1098.0	2
			600	MTBCF	14.3	42.9	295.3	1
				99%可靠寿命	29.5	88.5	609.5	1
10	10	100	200	MTBCF			249.7	2
				99%可靠寿命			515.4	2
			300	MTBCF	同上		135.4	1
				99%可靠寿命			279.5	1
		200	400	MTBCF			499.4	2
				99%可靠寿命			1030.9	2
			600	MTBCF	同上		270.8	1
				99%可靠寿命			559.0	1
10	20	100	200	MTBCF			121.5	1
				99%可靠寿命			250.8	1
			300	MTBCF	同上		121.5	1
				99%可靠寿命			250.8	1
		200	400	MTBCF			243.0	1
				99%可靠寿命			501.7	1
			600	MTBCF	同上		243.0	1
				99%可靠寿命			501.7	1

从表中可以看出：

a）同样双方风险下，鉴别比 (θ_1/θ_0) 越大，总试验时间越少，对应的拒收阈值相应地呈减少趋势。原因是鉴别比越大代表指标值上限和下限差距越大，统计误差对检验准确性的影响越小，不需要过长的试验时间；

b）当双方风险阈值增大时，试验时间缩短，验证方案严苛程度降低；

c）同样的指标值，MTBCF 指标对应的试验时间总是比其他指标更短。原因是后种指标代表"寿命中的保守值"，因此相同指标值意味着分布均值水平更高，因此需要更长的试验时间。

23.6.2.3 Gamma 与指数验证方案比较

1）指数验证方案

GJB 899A 中包含了指数分布验证方案相关内容,指数分布定时截尾验证方案相当于 $m=1$ 情况。若指数分布下可靠性指标和分布参数(平均寿命 η)的转换关系也不同。

a）MTBCF

$$\eta_0 = \theta_0, \quad \eta_1 = \theta_1 \tag{23-67}$$

b）可靠寿命 t_R

$$\exp(-\theta_0/\eta_0) = R \Rightarrow \eta_0 = -\frac{\theta_0}{\ln R}$$

$$\exp(-\theta_1/\eta_1) = R \Rightarrow \eta_1 = -\frac{\theta_1}{\ln R} \tag{23-68}$$

参照图 23-12 所示的算法流程,对不同的双方风险 α 和 β、目标值 θ_1 和最低可接受值 θ_0,分别给出指数方案算例,结果见表 23-18。

表 23-18 指数验证方案算例

$\alpha\%$	$\beta\%$	θ_0	θ_1	指标	η_0	η_1	τ^*	r^*
5	5	100	200	MTBCF	100	200	3 142	23
				99% 可靠寿命	9 950	19 900	312 575	23
			300	MTBCF	100	300	1 571	10
				99% 可靠寿命	9 950	29 850	156 266	10
10	10	100	200	MTBCF			2 013	15
				99% 可靠寿命	同上		200 272	15
			300	MTBCF			927	6
				99% 可靠寿命			92 282	6
10	20	100	200	MTBCF			1 365	11
				99% 可靠寿命	同上		135 824	11
			300	MTBCF			672	5
				99% 可靠寿命			66 873	5

2）两种方案比较

针对系统可靠性指标,对基于分布拟合的验证方案和指数验证方案进行对比,见表 23-19。

假设 $\theta_0(\theta_1)$ 转化为 Gamma 分布尺度参数 $\eta_0^{Ga}(\eta_1^{Ga})$,指数方案的总试验时间为 τ_{exp},拒收失效数阈值为 r_{exp},则实际的双方风险为:

$$\alpha' = F_{Ga}(\tau_{exp} | r_{exp}m, \eta_1^{Ga})$$

$$\beta' = 1 - F_{Ga}(\tau_{exp} | r_{exp}m, \eta_2^{Ga}) \tag{23-69}$$

表 23 - 19　基于 Gamma 分布拟合验证方案与指数方案的对比

$\alpha\%$	$\beta\%$	θ_0	θ_1	指标	Gamma 拟合		指数	
					τ^*	r^*	τ^*	r^*
5	5	100	200	MTBCF	266	2	3 142	23
				99% 可靠寿命	549	2	312 575	23
			300	MTBCF	148	1	1 571	10
				99% 可靠寿命	305	1	156 266	10
10	10	100	200	MTBCF	250	2	2 013	15
				99% 可靠寿命	515	2	200 272	15
			300	MTBCF	135	1	927	6
				99% 可靠寿命	280	1	92 282	6
10	20	100	200	MTBCF	122	1	1 365	11
				99% 可靠寿命	251	1	135 824	11
			300	MTBCF	122	1	672	5
				99% 可靠寿命	251	1	66 873	5

从上表可以看出：

a）总试验时间：基于 Gamma 拟合的验证方案试验时间远小于指数方案。

b）拒收阈值：基于 Gamma 拟合的验证方案拒收阈值小于指数方案，原因是总试验时间远比后者短。同一种方案，二种指标下的拒收阈值相同，表明拒收阈值对指标选取不敏感。

c）实际的使用方风险极低而生产方风险极高，表明指数方案对使用方有利，但对生产方不利。

上述现象的原因是指数分布和 Gamma 分布的特征有较大差异。指数失效率在开始时比 Gamma 失效率要大，可靠度下降更快。对于分位数，它们都代表寿命中较小的部分，因此如果指数和 Gamma 指标值相同，则指数均值远比 Gamma 均值大（以可靠寿命指标为例，如图 23 - 13 所示），导致指数验证方案过于严苛，且试验时间很长，对生产方不利。

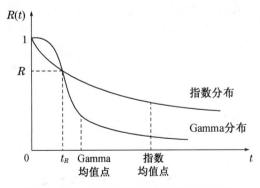

图 23 - 13　相同可靠寿命下分布均值比较

23.6.2.4 Gamma 分布

Gamma 分布概率密度函数为:

$$f(t;m,\eta) = \frac{1}{\eta\Gamma(m)}\left(\frac{t}{\eta}\right)^{m-1}\exp\left(-\frac{t}{\eta}\right) \quad (t>0, m, \eta>0) \qquad (23-70)$$

式中:m—形状参数;η—尺度参数;$\Gamma(x) = \int_0^{+\infty} \chi^{m-1}\exp(-x)\,\mathrm{d}x$ —Gamma 函数。由于密度函数形式特殊,分布函数没有显式表达式。Gamma 概率密度函数和分布函数分别如图 23-14 和图 23-15 所示。

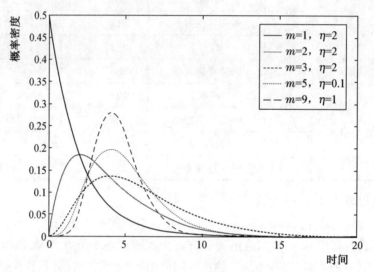

图 23-14　Gamma 概率密度函数曲线

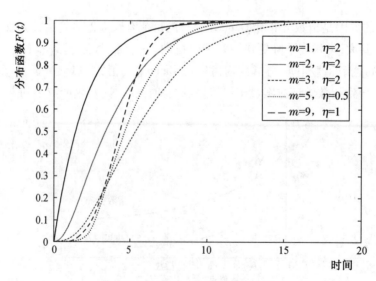

图 23-15　Gamma 分布函数曲线

Gamma 分布期望和方差分别为:

$$E(T) = m\eta$$
$$\mathrm{Var}(T) = m\eta^2 \qquad (23-71)$$

失效率为:

$$\lambda(t) = \frac{f(t)}{R(t)} = \frac{\dfrac{1}{\eta}\left(\dfrac{t}{\eta}\right)^{m-1}\exp\left(-\dfrac{t}{\eta}\right)}{\displaystyle\int_t^{+\infty}\dfrac{1}{\eta}\left(\dfrac{u}{\eta}\right)^{m-1}\exp\left(-\dfrac{u}{\eta}\right)\mathrm{d}u} = \frac{\dfrac{1}{\eta}\left(\dfrac{t}{\eta}\right)^{m-1}\exp\left(-\dfrac{t}{\eta}\right)}{\displaystyle\int_{\frac{t}{\eta}}^{+\infty}u^{m-1}\exp(-u)\mathrm{d}u} \qquad (23-72)$$

Gamma 失效率没有简易的显式表达式,但可以证明它有如下性质(如图 23-16 所示):

a) $\displaystyle\lim_{t\to+\infty}\lambda(t) = \frac{1}{\eta}$;

b) 当 $m<1$ 时,$\lambda(t)$ 为减函数;

c) 当 $m=1$ 时,$\lambda(t)$ 为常数,此时 Gamma 分别退化为指数分布;

d) 当 $m>1$ 时,$\lambda(t)$ 为减、增函数。

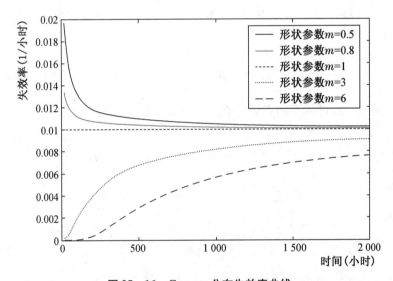

图 25-16 Gamma 分布失效率曲线

与威布尔分布相似的是,它们的形状参数大小决定了失效率曲线的增减性;不同的是,当 $m>1$ 时,威布尔失效率趋于无穷,当 $m<1$ 威布尔失效率趋于 0,而 Gamma 分布无论 m 取值失效率均趋于恒定,为尺度参数的倒数,剩余寿命分布趋近于指数分布。

进一步,Gamma 是一种与指数分布关系密切的分布,具有如下性质:

a) 自可加性:如果 $X_1 \sim \mathrm{Ga}(m_1,\eta)$,$X_2 \sim \mathrm{Ga}(m_2,\eta)$,$X_1$ 和 X_2 相互独立,则 $X_1+X_2 \sim \mathrm{Ga}(m_1+m_2,\eta)$;

b) 与指数分布的关系:如果 $X_i, i=1,2,\cdots,m$ 相互独立,且均服从均值为 η 的指数分布,则 $\displaystyle\sum_{i=1}^{m}X_i \sim \mathrm{Ga}(m,\eta)$;

c) 与卡方分布的关系:当 $\eta=2$ 时,$\mathrm{Ga}(m,2)$ 为 $\chi^2(2m)$ 分布,即自由度为 $2m$ 的卡方分

布。特别地,如果 $X \sim \mathrm{Ga}(m,\eta)$,则 $(2/\eta)X \sim \mathrm{Ga}(m,2) = \chi^2(2m)$。

23.7　成败型试验方案

对于以可靠度或成功率为指标的重复使用或一次性使用的产品,可用二项分布试验方案,该方案不受产品寿命分布的限制。成功率试验方案是基于假设每次试验在统计意义上是独立的。

成功率试验方案有序贯截尾和定数截尾试验。成功率试验方案有五个参数:

a) 可接收的成功率 R_0,当产品的成功率真值等于 R_0 时,以高概率接收;

b) 不可接收的成功率 R_1,当产品的成功率真值等于 R_1 时,以高概率拒收;

c) 鉴别比 d_R。$d_R = (1 - R_1)/(1 - R_0)$,一般为 1.5,2,3;

d) 生产方风险 α,一般为 10% ~ 30%;

e) 使用方风险 β,一般为 10% ~ 30%。

典型的定数截尾成功率试验方案表参见 GB 5080.5《设备可靠性试验成功率的验证试验方案》。表中 n_f 为试验次数,r_{RE} 为拒收的失败次数。截尾序贯试验方案表也可参见该标准。

1) 点估计

$$\hat{R} = \frac{n_f - r}{n_f} \tag{23-73}$$

式中:$\hat{R}$—成功率或可靠度的点估计值;n_f—试验次数;r—失败次数。

2) 区间估计

R 的置信水平为 $1-\alpha$ 的置信区间 $(R_\mathrm{L}, R_\mathrm{U})$,由式(23-74)确定

$$\begin{cases} \sum_{x=0}^{r} \binom{n_f}{x} R_\mathrm{L}^{n_f-x} (1 - R_\mathrm{L})^x = \alpha/2 \\ \sum_{x=0}^{n_f-r} \binom{n_f}{x} R_\mathrm{U}^{x} (1 - R_\mathrm{U})^{n_f-x} = \alpha/2 \end{cases} \tag{23-74}$$

R 的置信水平为 $1-\alpha$ 的单侧置信下限,由(23-75)式确定:

$$\sum_{x=0}^{r} \left(\frac{n_f}{x}\right) R_\mathrm{L}^{n_f-x} (1 - R_\mathrm{L})^x = \alpha \tag{23-75}$$

式中:R_L—成功率或可靠度的单侧置信下限值;n_f—试验次数;r—失败次数;α—显著性水平;C—置信水平,$C = 1 - \alpha$。

$$\begin{cases} r = 0, R_\mathrm{L} = \sqrt[n_f]{a} \\ r = n_{f-1}, R_\mathrm{L} = 1 - \sqrt[n_f]{C} \\ r = n_f, R_\mathrm{L} = 0 \end{cases} \tag{23-76}$$

当 $r > 0$ 时,可靠度单侧置信下限按式(23-75)确定,工程中可用 GB/T 4087—2009《数据的统计处理和解释　二项分布可靠度单侧置信下限》表 A.1 查得,也可按下述的近似公式

计算。

a）当 $r=1$、2、3 时，按对数伽马近似式计算

$$C = \frac{\ln\left(\dfrac{n+1}{n-r}\right)}{\ln\left(\dfrac{n+2}{n-r+1}\right)} \tag{23-77}$$

$$\eta = \frac{3-c}{2(c-1)-0.355(c-1)^3} \tag{23-78}$$

$$Z = \frac{\ln\left(\dfrac{n+1}{n-r}\right)}{\ln\left(\dfrac{\eta+1}{\eta}\right)} \tag{23-79}$$

查 χ^2 分布表确定参数为 $2Z$ 的 χ^2 分布的 γ 分位数 $\chi^2_\gamma(2Z)$。

计算 R_L 的对数伽马近似。

$$R_L = \exp\left[-\frac{\chi^2_\gamma(2Z)}{2\eta}\right] \tag{23-80}$$

b）其他场合用 Peizer-Pratt 近似计算

R_L 的 Peizer-Pratt 近似由式（23-81）迭代求解。

$$h(R_L) + U_\gamma = 0 \tag{23-81}$$

式中：

$$h(R) = \frac{d}{|r+0.5-n(1-R)|}\left\{\frac{2}{1+\dfrac{1}{6n}}\left[(r+0.5)\ln\frac{r+0.5}{n(1-R)}+(n-r-0.5)\ln\frac{n-r-0.5}{nr}\right]\right\}^{\frac{1}{2}} \tag{23-82}$$

$$d = r+0.5+\frac{1}{6}-\left(n+\frac{1}{3}\right)(1-R)+0.02\left(\frac{R}{r+1}-\frac{1-R}{n-r}+\frac{R-0.5}{n+1}\right) \tag{23-83}$$

式中：U_γ—标准正态分布的 γ 分位数；n—试验次数；r—失败次数。

通过寿命试验可以评价长期的预期使用环境对产品的影响,通过这些试验,确保产品不会由于长期处于使用环境而产生金属疲劳,部件到寿或其他问题。寿命试验非常耗时且费用昂贵,因此,必须对寿命特性和寿命试验要求进行仔细的分析,必须尽早收集类似产品的磨损、腐蚀、疲劳、断裂等故障数据并在整个试验期间进行分析,否则可能会导致重新设计、项目延误。

明确寿命试验要求,当可行时可采用加速寿命试验方法。加速寿命试验一般在零件级进行,也可在部件级进行。寿命试验工作的目的、要点及注意事项见表 24 - 1。

表 24 - 1　寿命试验

	工作项目说明
目的	验证产品在规定条件下的使用寿命、贮存寿命。
要点	a) 对有寿命要求的产品应进行寿命试验,对产品的首翻期、翻修间隔期和总寿命指标进行回答。 b) 为缩短试验时间,在不改变失效机理的条件下可采用加速寿命试验方法,仅通过提高试验频率缩短试验时间的不属于加速寿命试验。 c) 可以利用同类产品的贮存数据和产品组成部分的贮存寿命试验数据来评价产品的贮存寿命。 d) 承制方应当尽早制定寿命试验方案,说明受试样品的技术状态和样件数量、试验剖面应力水平、测试周期等。寿命方案应经订购方认可。 e) 产品寿命试验应尽可能模拟产品实际使用时安装位置、安装方式和载荷条件。 f) 进行工作寿命指标考核时,要考虑产品使用特点,根据运行比,确定试验考核所用的寿命单位和试验时间。 g) 试验过程中发生故障,应仔细分析故障类型和原因,其中因设计引起的耗损故障应进行故障归零。 h) 日历寿命试验应考虑产品工作时环境条件和非工作时环境条件,确定日历寿命试验剖面;对采用加速试验获得的试验数据,利用累积损伤原理并结合数据统计分析方法,评估产品日历寿命。 i) 寿命试验前和试验后应进行评审。
注意事项	在合同工作说明中应明确: a) 寿命试验的方法和程序要求; b) 保障性分析所需的信息; c) 需要提交的资料项目。 其中"a)"是必须确定的事项。

术语如下:

a) 首次大修期限:在规定条件下,产品从开始使用到首次大修的寿命单位数,也称首次翻修期限。

b) 使用寿命:产品使用到无论从技术上考虑还是从经济上考虑都不宜再使用而必须大修或报废时的寿命单位数。

c）大修间隔期限：在规定条件下，产品两次相继大修间的寿命单位数，也称翻修间隔期。

d）总寿命：在规定条件下，产品从开始使用到报废的寿命单位数。

e）储存寿命：产品在规定的储存条件下，能够满足规定要求的储存期限。

f）可靠寿命：给定的可靠度所对应的寿命单位数。

g）加速寿命试验：加速寿命试验是在失效机理不变的基础上，通过寻找产品寿命与应力之间的物理化学关系—加速模型，利用高（加速）应力水平下的寿命特征去外推评估正常应力水平下的寿命特征的试验技术。

h）加速退化试验：加速退化试验（Accelerated Degradation Testing，ADT）是在失效机理不变的基础上，通过寻找产品寿命与应力之间的物理化学关系——加速模型，利用产品在高（加速）应力水平下的性能退化数据去外推预测正常应力水平下的寿命特征的试验。

24.1　寿命试验

寿命试验主要用于评价产品的寿命特征，通过寿命试验可以了解产品寿命分布统计规律。寿命试验的主要工作要点如下：

a）在进行寿命试验设计时，需要确定试验条件及失效判据标准、试验样品及试样数、试验的测试项目及试验设备、试验的测试周期及截止时间；

b）寿命试验的样品必须从经筛选合格的产品中抽取，所选取的样品必须具有代表性，样品数量既要能保证统计分析的正确性，又要考虑试验代价不能太大，并为实际试验条件所允许；

c）根据实际情况合理选择定时截尾试验和定数截尾试验作为试验停止的依据；

d）通常以产品技术指标是否超出最大允许偏差范围作为失效判据，也可用是否出现致命失效作为判据，需要在试验前根据使用要求确定；

e）选择得当的方法和模型处理寿命试验数据，按产品失效的数量、时间列出累积失效概率表，以给出失效分布类型及可靠性指标的合理估计。

24.1.1　寿命试验方案

整机试验大多采用截尾试验。受试样品一定要在同一批中随机地抽取。样品数不少于表 24－2 所示推荐数。

如果采用定数截尾寿命试验，失效数量为总数的 50%～60%，最低不要低于 30%。

表 24－2　试验样本数

批量大小	1～3	4～16	17～52	53～96	97～200	200 以上
推荐样品数	全数	5	5	8	13	20

24.1.2　寿命试验测试时间

在进行寿命试验中，为了使样品在各个测试周期内失效分布大体均匀，通常采取对数方法来选取测试时间。

如设 τ 是测试时间，$\lg\tau$ 是其对数，可按 $\lg\tau$ 每隔 1/3 或 1/2 测试一次，这时，$\lg\tau$ 及其对应的时间 τ 分别为：

$$[\lg\tau,\tau]:(0,1),(0.33,2),(0.67,5),(1,10),(1.33,20),(1.67,50)$$

或 $[\lg\tau,\tau]:(0,1),(0.5,3),(1.5,30),(2,100),(2.5,300),(3,1\,000)$

通常，一次寿命试验的测试点不应少于 5 点。当然，也可采用等间隔方式进行周期性测试。此时，失效数过于集中在少数几个测试周期内，随着试验时间的延长，失效数会逐渐减少。

24.1.3 寿命试验数据处理

按规定的 t_0 或 r 做完截尾试验后，根据子样统计分析总体分布中的参数和各种可靠性指标，即寿命试验的数据处理。在工程上常用图估法和数值分析法。前者借助于各种概率纸进行图解分析，求出失效分布类型及其参数，此法可以避免繁琐运算，直观易懂，但精度较差，后者是用数理统计的方法计算，此法又可分为点估计和区间估计。

点估计的主要方法：

a) 矩估计法；

b) 最小二乘法、极大似然法；

c) 最佳线性无偏估计 BLUE；

d) 简单线性无偏估计 GLUE、最佳线性不变估计 BLIE。

点估计方法（根据寿命分布的特点）的选择：

a) 在分布类型未知的场合，可选用计算简单、适应性强的矩估计法；

b) 在指数分布和正态分布场合，最好选用极大似然估计；

c) 在威布尔分布与对数正态分布场合，最好选用最佳线性无偏估计或简单线性无偏估计。

24.1.4 寿命试验评估

对于可修复产品，凡发生在耗损期内的并导致产品翻修的耗损性故障为关联故障。

对于不可修复产品，凡发生在耗损期内的并导致产品翻修的耗损性故障和偶然故障均为关联故障。

a) 如果受试产品寿命试验到 T 截止时，全部产品均未发生关联故障，则按如下公式评估产品的首次大修期限或使用寿命 T_0。

$$T_0 = \frac{T}{K} \tag{24-1}$$

式中：T—每台受试产品的试验时间；K—经验修正系数，一般为 1.5。

b) 如果受试产品寿命试验到 t_0 截止时，有 r 个关联故障发生，则应按如下公式评估产品的首次大修期限或使用寿命 T_{0r}。

$$T_{0r} = \frac{\sum_{i=1}^{r} t_i + (n-r)t_0}{nK_0} \qquad (24-2)$$

式中，t_i—第 i 个受试产品发生关联故障的时间；n—受试产品数量；r—发生的关联故障数；K_0—经验修正系数，一般为 1.5。

c）如果受试产品寿命试验到 t_n 截止时，全部受试产品先后发生关联故障，则应按如下公式评估产品的首次大修期限或使用寿命 T_{0n}。

$$T_{0n} = \frac{\sum_{i=1}^{n} t_i}{nK_1} \qquad (24-3)$$

式中；K_1—经验修正系数，一般大于 1.5。

24.2　加速寿命试验

由于试验时间过长，无法采用常规寿命试验完成验证的，应考虑加速寿命试验方法进行验证。加速寿命试验的截尾方式有三种：定时截尾、定数截尾、随机截尾。定时截尾寿命试验是指试验到指定时间就立刻停止，这时样本中的失效个数是随机的。定时截尾寿命试验又分为有替换和无替换试验。定数截尾寿命试验是指试验到指定失效个数就立刻停止，这时的试验时间是随机的。定数截尾寿命试验又分为有替换和无替换试验。随机截尾寿命试验中，每个样本的试验结束时间是随机的。既可以是样本出现失效后结束该样本的试验，也可以是样本处于完好时结束该样本的试验。此时，试验的停止时间和样本的失效个数都是随机的。

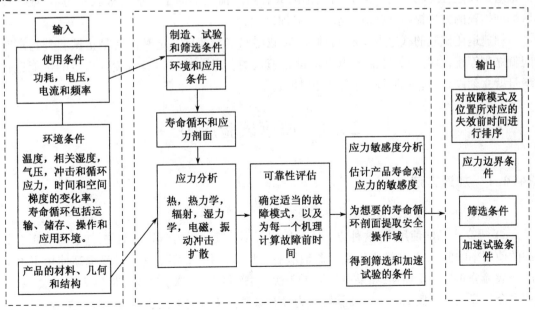

图 24-1　失效物理方法流程

失效物理从微观角度观察应力、时间对产品材料的退化和失效所造成的影响,从而把所获得的信息应用于设计、制造、试验、使用和维修等各个阶段,是开展加速试验技术研究的基础。

可靠性加速试验理论依据是失效物理学(Physics of Failure),把失效当作研究的主要对象,通过发现、研究和纠正失效达到提高产品可靠性的目的。可靠性加速试验是基于产品的失效物理分析结果,来确定产品的加速试验条件和加速因子,通过对产品施加高于正常水平的应力,在较短的时间内评估产品可靠性水平的试验。目前,该方法在欧美等国家发展十分迅速,积累了大量的数据,建立了较完整的试验数据库,为开展产品的失效物理分析奠定了良好的基础。在试验方法和评估技术方面,不论是在应力/损伤模型、失效时间模型和加速模型理论方面,还是统计评估技术,开始得到应用,可靠性试验方法和评估技术正由传统的基于环境模拟的试验方法向基于失效物理的可靠性加速试验方法转变。由于单应力加速的局限性,综合应力加速试验成了研究的热点。将环境应力进行加速等效,通过环境应力对产品作用的故障物理的数学模型确定加速因子,进而评价加速效果,是当前高可靠长寿命产品可靠性实物加速试验的总体趋势。

加速寿命试验需注意产品在加速条件下的失效机理应与实际工作条件一致,并且不能引入额外的失效机理。

24.3　加速退化试验

加速退化试验是一种测试产品性能退化特性的方法,该退化特性是时间或应力循环数的函数。连续记录这种退化趋势,直至外推到产品性能参数达到不可接受的程度,即产品发生失效为止。这种方法对那些性能参数慢慢变差的失效是非常有用的。在试验中施加的应力量值可以是在外场使用中遇到的正常的或者最坏情况下的工作应力极限应力值,或者按照标准推荐的方法提高试验应力水平开展加速试验。

加速退化试验的截尾方式有两种:定时截尾和定数截尾。定时截尾是指试验到指定时间就立刻停止,这时产品性能的退化增量是随机的。定数截尾是指试验到指定的性能退化增量就立刻停止,这时的试验时间是随机的。

24.4　加速试验应力

24.4.1　加速方法

可靠性加速试验方法主要有以下几种:

a) 提高产品的使用率,这种方法一般适用于不连续使用的产品。例如,基于每周 8 次负载的使用率的假设,某一洗衣机搅拌器轴承的平均寿命是 12 年。基于假设提高使用率不会改变故障分布的使用周期,如果以每周 112 次负载(每天 16 次)对这台机器进行试验,则平均寿命就降到了大概 10 个月。同样,因为没有必要使所有的单元在寿命试验中失效,可以在几周内而不是几个月内获得有用的可靠性信息。

b）增加暴露辐射的强度。各种类型的辐射可能导致材料的退化和产品的失效,例如,有机材料当暴露在紫外线辐射下性能将会发生退化。绝缘体暴露在核电站中的伽马射线中会比相似的绝缘体在没有辐射的类似环境中退化的更快。通常的做法是通过增加辐射强度来加速退化过程和建立退化模型,这种方法与提高使用率来加速是类似的。

c）提高产品的老化率。提高试验变量如温度或湿度的量级,可以加快某些失效机理的化学过程。

d）提高试验应力量值（如温度或温变范围/电压或压力值）。当试验件经受的试验应力超过试验件的强度时,该试验件将会发生故障。因此处于高应力下的试验件比它在本可以出现故障的处于低应力量值下的试验件,更易产生故障。

这些加速方法也可以综合使用,如电压和温度循环这些因素既可以增加电化学反应率（从而加快老化速率）又可以提高相对强度应力。当某个加速变量的影响很复杂时,在这种情况下,可能没有足够的物理知识来为加速（和推算）提供令人信服物理模型。经验模型或许对推测使用条件有用。

24.4.2　典型应力选取

产品在使用中,由于受不同应力的作用,对产品可靠性的影响也不尽相间。因此,有必要对产品在使用环境下的各种应力进行分析,并寻找对其影响较大的应力,以便进行试验条件设计。

确定试验环境条件,首先要选取试验中所施加的环境应力类型。应对受试产品预期将经受的环境条件进行全面的分析,并判断产品的可靠性对哪些环境应力最为敏感。对于大多数电子、机电产品而言,GJB 899A—2009 推荐试验中施加的环境应力主要有温度（高温、低温、温变率）、振动、湿度等,这是因为上述环境应力对产品的可靠性影响最大。据统计分析,由环境因素引起的故障占总故障的52%,其中由温度引起的故障占40%,由振动引起的故障占27%,由湿度引起的故障占19%。可见,这3个环境因素引起的故障占环境因素引起的总故障的86%,因此,在制定可靠性试验条件时主要考虑这3种环境应力。对于一些特殊的产品还应加上其他应力,如对高度敏感时应加上低气压（真空度）应力。试验时还应对产品通电,即施加电应力。温度、振动、湿度及电应力是产品可靠性试验的典型应力。电子产品大多数故障可以通过这些应力的不同施加形式得到激发。

24.4.2.1　温度应力

温度应力直接按产品所使用的气候区域、平台环境等使用情况确定,应考虑起始温度、工作温度、温度变化情况等因素。

1）温度驻留

温度驻留的量化参数为周围环境温度 $T(℃)$。

假若使用传统不变的温度定义进行建模将不可避免地导致保守的估计,因此模型要求输出的温度为元器件/组件的周围环境温度。一般来说,是指被分析的元器件/组件所处位置的环境温度,应包含周围环境引起的温度升高现象,可以采用热仿真分析软件如 Flotherm,获得产品的温度分布情况,获得各元器件较准确的周围环境温度。

对于一些阶段开始温度变化然后稳定的情况,一般认为在整个阶段处于稳定状态;对于温度一直变化的阶段,代表性的温度将比平均温度高。

周围环境温度 T 的计算原则为:若温度从起始温度一直变化到稳定的温度,那么将稳定的温度作为 T;若温度围绕平均温度波动的阶段,则 T 等于平均温度。

2)温度循环

各个阶段需要考虑温度循环幅值、规定时间内循环数、周期持续时间等。温度循环剖面应从起始环境的参考温度开始制定。量化过程中应遵守以下四个准则:

a)一个循环对应温度的变化, T 是相对于起始的温度; θ_{cy} 是指回到起始温度的时间。

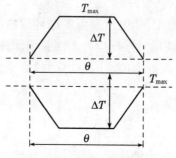

图 24-2 温度循环剖面 a

b)其他循环有可能叠加到一个循环中,子循环次数将反映到主循环中。

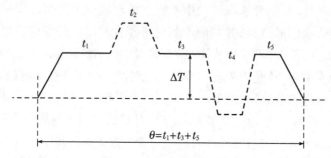

图 24-3 温度循环剖面 b

c)在温度幅度不大的情况下,循环可被考虑为温度围绕一个平均温度波动变化。

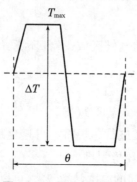

图 24-4 温度循环剖面 c

d) 一个温度循环必须对应于一个产生应力的事件,必须考虑为整体的状态,而且不可能分为若干个任意的与实际不符的子循环。其量化过程要注意通断电引起的变化、工作状态、环境温度、使用环境的变化,将温度剖面看成是时间的函数,确定整体的温度循环,包括温度变化的阶段以及回到起始温度的阶段。

24.4.2.2　振动应力

振动应力应按产品的现场使用类别、产品的安装位置和预期使用情况确定,考虑振动类型(正弦、随机、随机加正弦等)、频率范围、振动量值、施加振动的方向和方式、持续时间等因素,使受试产品所受到的振动激励,在振动特性、量值大小、频率范围和持续时间等方面,均类似于现场使用环境和任务剖面条件下的振动激励。确定每项试验的振动应力量值时,应考虑机械阻抗效应(受试产品、安装架、辅助机构和振动台的交互作用),因为这种效应可能会影响实验室内模拟振动环境的效果。

振动量级的大小与以下几个因数有关:

a) 加载到电路板上的振动;

b) 元器件的位置;

c) 振动的频率(引起共振);

d) 固有频率。

24.4.2.3　湿度应力

湿度主要考虑产品各元器件实际所处的相对湿度。每个阶段需要考虑的参数有:

a) 相对湿度 RH;

b) 周围环境温度 T;

c) 状态(工作/贮存)(一般来说,工作时不考虑湿度应力)。

环境载荷中湿度主要是考虑气候的影响,对于密封器件,防潮措施就会减小元器件的相对湿度。干燥剂通常被用来减小相对湿度。当干燥剂的吸收量达到饱和时,应重新计算相对湿度。另外,还需要考虑周围环境的相对湿度可控。

湿度的变化可以看成是一个温度的函数。对于大气成分不变的情形,湿度的表达式为:

$$RH_{最后} = RH_{开始} \times e^{17.2694 \times \left(\frac{T_{开始}}{238.3 + T_{开始}} - \frac{T_{最后}}{238.3 + T_{最后}} \right)} \tag{24-4}$$

相对湿度随温度的变化也可以从湿度图得到:

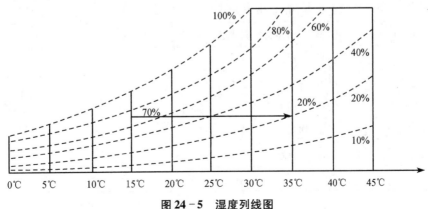

图 24-5　湿度列线图

相对湿度随海拔的变化:一般来说,海拔越高,相对湿度越小,对流层以上的接近于0。然后这个变化是不规则的,因而很难进行量化。一般都是假定在一个高度下就一个平均湿度。

24.4.3 应力水平确定准则

可靠性加速验证试验应在综合环境条件下进行,施加的应力类型及水平尽可能模拟产品实际使用环境,应按照实测应力→估计应力→参考应力的顺序选取,即有充足的实测数据时,应优先选取实测应力,其次是估计应力,最后是参考应力。

a) 实测应力

根据产品在实际使用中执行典型任务时,在受试产品安装位置附近测得的应力数据,经过分析处理后确定的应力。

b) 估计应力

根据处于相似位置,具有相似用途的产品在执行相似任务时测得的应力数据,经过分析处理后确定的应力。只有在无法得到实测应力的情况下方可使用估计应力。

c) 参考应力

在无法得到实测应力或估计应力的情况下方可使用 GJB 899A 给出的参考应力。加速应力应根据产品的 FMECA、仿真分析、研制试验等信息来确定。

24.4.4 加速机理分析

24.4.4.1 温度

温度相关的失效模式分为:机械失效,即由热膨胀造成在机械结构中内应力变化而导致疲劳和断裂等;电失效,如电介质失效、电迁移等;腐蚀失效,温度升高加速反应速率造成损伤增加。产品在温度驻留下的加速作用主要体现在温度可以加快某些失效机理的化学过程,提高化学反应速率从而达到产品快速失效的目的;在温度循环应力下的加速主要体现在低周疲劳,如机械疲劳和焊点热疲劳等。疲劳寿命随着应力的增大而减少,短时间内便可以造成较多的累积损伤。在机电产品和电子产品中,常见的温度相关失效模式及应用范围见表 24 - 3。

表 24 - 3　温度失效模式与应用范围

失效模式	产品应用
腐蚀/氧化/生锈	金属表面的氧化,电接点等
蠕变/蠕变断裂	塑料,焊接点,键,其他连接件
扩散	塑料,润滑油等
电迁移	电子电路
褪色	涂料,完成的表面,塑料的老化掉色
疲劳(温循)	金属,塑料,复合材料
裂纹萌生和蔓延(温循)	各种材料疲劳裂纹
磨损	物体接触表面(塑料–金属),轮胎,涂料

1）温度驻留

提高温度是在实验室中对产品进行加速的常用方法之一。例如电迁移是电子器件主要的失效模式，是产品在电场的作用下导电离子运动造成元器件或者电路失效的现象。随着温度的上升，原子扩散速率加快，导致电迁移现象成指数变化。另外连接线路中产生的温度梯度也会产生离子通量辐散，在高温区域迁移率较大，在低温区域迁移率较小。离子将会从高温区域移动到低温区域形成一个小丘从而导致活跃金属器件失效。

具体而言，高温环境对产品的主要影响有：

a）促使相关化学反应的发生，从而造成电子产品表面的绝缘层、防护层迅速老化，使得产品更容易发生失效。

b）改变相关部件的性能（如电阻器的阻值等）。

c）导致产品相关部位发生膨胀变形，改变产品所用材料的物理性能或尺寸，导致机械应力增大，从而使得零件磨损增大或造成结构损坏，暂时或永久性地降低产品的性能。

d）使产品中的有些部分软化、融化，导致外罩和密封条损坏，有机材料褪色、裂解或龟裂等造成外观变化和性能退化。

e）增强水汽的穿透能力和破坏能力，放大了其他环境因素对产品的损害。

f）导致润滑剂蒸发、外流或性能降低，从而使润滑能力降低而导致相关失效的发生。

g）高温环境会导致发热功率大的产品的温度快速上升，造成电子元器件快速损坏，加速老化从而大大缩短产品的使用寿命。

h）相关失效模式影响的加剧，等等。

2）温度循环

温度循环是温度以一定的温变速率从低温到高温，再从高温到低温的循环过程。导致的失效多为热疲劳所致。温变时，高温度应力与热疲劳的共同作用会导致产品的其机械性能、电气性能和物理化学性能发生变化。机械方面，由于不同材料之间的热膨胀不匹配，其会造成在温度变化过程中发生材料与材料的反复压紧、松脱，引起循环内应力，使材料发生低周疲劳、接触材料的脱离等。电气性能方面，高温加速绝缘体老化，影响相关电子器件固有参数改变，从而造成失效。在物理化学方面，某些材料如橡胶与塑料，高低温循环作用会导致机械性能和抗减振特性降低等。增大温循中高低温差，加快温变速率便加速了产品机械、性能和物理化学性能的变化从而导致失效快速发生。

具体的由温循对产品的影响的例子有：

a）导致电子器件封装和焊点的损坏；

b）元器件连接松动，接触不良，引脚或内部引线断开；

c）紧固件缺陷，胶合松脱，密封失效；

d）启动/停止的循环会导致核动力装置散热导管及其涡轮发动机部件产生裂纹；

e）焊盘松脱，材料疲劳损伤，等等。

24.4.4.2　振动

电子设备广泛应用于商业、工业、军事等领域。电子设备受到由外界因素引起的振动时，内部的电路板也会随整机设备振动。由于大多数电子元器件都是通过焊料将其引脚焊接在电路板上,所以振动应力将会引起电路板上元器件焊点、引脚、镀通孔以及电路板本身的疲劳问题。振动应力属于循环型应力,其造成的失效主要为高周疲劳失效。焊料在经受强度远小于材料静态强度的交变应力时会产生微小的裂纹。随着应力的不断累积,小裂纹逐渐扩展成可见的裂纹,最终使得材料发生断裂。

疲劳失效属于耗损型失效,是材料在低于其屈服强度的应力下,经过若干次循环之后会发生损坏而丧失正常工作性能的现象。在不工作状态下,振动造成的系统耗损型失效模式主要体现为元器件引脚或内部引线断开、焊盘松脱、胶合松脱、结构材料疲劳断裂等。在一定的范围内,高周疲劳的破坏程度与振动的能量及频率有关。对于随机振动,振动量值是指功率谱密度(PSD)的均方根值(rms);对于正弦振动,振动量值是指峰值加速度。振动量值提高会加快系统失效发生。因此,在试验中可以通过增大输入的振动量值的方式缩短试验时间。在振动应力下发生的失效主要分为三种:

a) 造成产品性能退化:在振动应力的作用下,各元器件、部件之间的相对关系可能发生变化,导致结合部的相对位置改变,从而造成产品失效;另外,在振动时产生的干扰波也可能会影响电路的工作性能。

b) 振动应力的反复作用造成产品的相关结构(如引线等)连接松动,接触不良。

c) 振动造成裂纹的萌生及扩展,当裂纹扩展到一定程度时造成产品的机械、电气性能退化以致结构破坏。

在具体的产品中,由振动诱发的主要失效模式有:

a) 电路板开路、短路,引线接触不良或造成相邻器件间短路,裂纹导致绝缘材料破损。

b) 机械缺陷,结构部件、引线或器件连接处产生疲劳。元器件装配不当或松脱,管脚断裂,导致黏接不牢以及紧固件或护垫松动。

c) 焊接缺陷,高应力会使汇流条及其连到电路板上的钎焊接头引起的钎接头薄弱点失效。

d) 振动引入外来物,如使得砂砾等进入结构造成器件卡死,磨损,等等。

24.4.4.3　湿度

潮湿环境的影响是指产品或材料在潮湿条件下发生外观变化或物理、化学和电性能方面的劣化并导致设备功能性失效的综合作用。潮湿空气可以由相对湿度(RH)来表示它的特征。

相对湿度通常定义为:

$$RH = \frac{e}{E} \tag{24-5}$$

式中:e—水汽分压强,是大气中所含水汽的分压力;E—饱和水汽压。在某一特定温度下,大气中所含水汽压有一定极限值,这时的空气称为饱和空气极限水汽压。

湿度环境造成的常见材料失效模式有以下几种:

a) 有机材料的外观劣化,如表面肿胀、变形、起泡、变粗,还能使活动处摩擦增加、机械卡死。

b) 物理性能的劣化,如材料的强度、硬度、弹性等物理特性的改变使机械强度和性能破坏。

　　c）化学性能的劣化,如金属腐蚀、涂层变形、密封材料的失效等。

　　d）有机材料的电性能劣化,如电阻降低等。

24.4.5　加速试验前提条件

　　并不是所有产品都具有可加速性。产品存在可加速性是产品进行加速寿命试验的必要条件。只有确认了产品具有可加速性,才能满足可评估指标的加速寿命试验的假设前提,才能找到产品的应力寿命模型(加速模型),进一步确定加速因子,并利用加速应力条件下的寿命数据外推和评估产品在正常应力水平下的寿命和可靠性。

　　试验是否可加速,首先要判断是否存在加速性,其存在的前提条件是:用来进行加速的应力强度范围要满足下面几个假设:

　　a）产品在各加速应力水平下,其失效机理和失效模式不变。

　　b）产品存在有规律的加速过程。

　　c）在各加速应力水平下,产品的退化过程服从同族的随机过程。即应力水平变化,产品退化随机过程类型不变,而仅改变过程的参数。

24.5　加速模型

　　为了能够利用产品寿命信息,实现外推产品在正常应力条件下的退化特征的目的,必须建立产品退化特征与加速应力水平之间的物理化学关系,即加速模型也称加速方程。

　　加速模型按其提出时基于的方法可以分为三类,即物理加速模型、经验加速模型和统计加速模型。

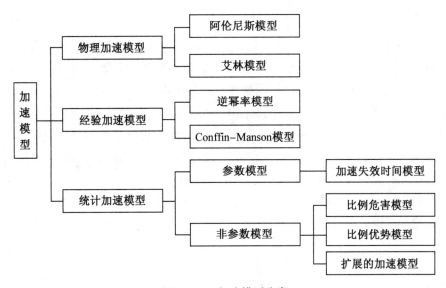

图 24-6　加速模型分类

物理加速模型是基于对产品失效过程的物理化学解释而提出的。阿伦尼斯(Arrhenius)模型就属于典型的物理加速模型,该模型描述了产品寿命和温度应力之间的关系。另一个典型的物理加速模型是艾琳(Eyring)模型,它是基于量子力学理论提出的。该模型也描述了产品寿命和温度应力之间的关系。Glasstene 等扩展了艾琳模型,给出了描述产品寿命和温度应力、电压应力的关系。

经验加速模型是基于工程师对产品性能长期观察的总结而提出的。典型的经验加速模型如逆幂律模型,Coffin-Manson 模型等。逆幂律模型描述了诸如电压或压力这样的应力与产品寿命之间的关系。Coffin-Manson 模型给出了温度循环应力与产品寿命之间的关系。

统计加速模型常用于分析难以对其失效过程用物理化学方法解释的产品的失效数据。它是基于统计分析方法给出的。统计加速模型又可以分为参数模型和非参数模型。参数模型需要一个预先确定的寿命分布来进行分析,而非参数模型是一种无分布假设的模型,因此,也受到研究者的青睐。

24.5.1　物理加速模型

常见的失效物理模型可以分为三类:应力-强度模型、时间-应力模型、冲击模型。针对产品组成或材料在温度、振动、腐蚀等失效机理而引起的失效,主要采用的是应力-时间模型。这些失效机理的根本原因是元器件或材料中产生了分子或原子量级的微观物理化学变化,导致电子产品的性能参数随时间的推移逐渐退化,当参数的退化量超过某一界限时便会导致产品失效。产品失效的寿命与元器件内部的反应速率有关,所以又把这种失效模型称作反应速率模型。阿伦尼斯与艾琳等人研究了失效物理中反应速率与应力之间的关系,最终推导出了组件与温度、电压、湿度等应力参数的关系退化模型,分别称为阿伦尼斯模型和艾琳模型。

25.5.1.1　阿伦尼斯模型

电子产品的元器件特性退化甚至失效,主要是由于构成物质的原子或者分子因为化学或物理原因随时间发生了不良的反应变化,当反应的结果使变化累积到一定程度时就会产生失效。因此反应速率越快,电子产品元器件的寿命则越短。

阿伦尼斯模型适用于暴露在长时间高温的环境;在这种环境下,长时间高温会引起材料发生累积损伤从而改变其物理特性,材料物理特性的改变有可能又会导致电学特性或者其他特性发生变化。该模型不适用于由于低温引起的破坏。对于低温引起的破坏,建议进行失效试验来建立特定的模型。

阿伦尼斯模型中,反应速率是器件类型、失效模式和绝对温度 T 的函数。这一模型假设反应速率是绝对温度的指数函数关系,可用下式表示:

$$\rho(T) = A \times e^{-\frac{E_a}{k_B \times T}} \qquad (24-6)$$

式中:A—常量(与温度无关);E_a—激活能(eV);k_B—玻尔兹曼常数(8.617×10^{-5} eV/K);T—绝对温度(K);ρ_t—反应速率,是绝对温度的函数。

可靠寿命可表示为温度的一个函数,即

$$L(T) = A \times e^{\frac{D}{T}} \tag{24-7}$$

将上式两边取对数：

$$\ln[L(T)] = \frac{D}{T} + \ln(A) \tag{24-8}$$

式中：T—绝对温度，单位为 K；D—直线的斜率（E_a/k_B）；$\ln(A)$—直线在 Y 轴上的截距。

加速因子是两种不同试验环境下的反应速率之比：

$$AF = \frac{\rho(T)}{\rho(T_0)} = \frac{A \times e^{-\frac{E_a}{k_B \times T}}}{A \times e^{-\frac{E_a}{k_B \times T_0}}} = e^{\frac{E_a}{k_B}\left(\frac{1}{T_0} - \frac{1}{T}\right)} \tag{24-9}$$

根据加速因子的定义，加速因子也可以用下式表示（失效率是绝对温度 T 的函数）：

$$AF = \frac{\lambda(T_1)}{\lambda(T_0)} \tag{24-10}$$

失效率为可靠寿命的关系为：

$$\lambda = \frac{1}{L(T)} \tag{24-11}$$

结合式（24-9）、式（24-10）和式（24-11）可以得到以下关系：

$$\lambda(T) = \lambda_0(T_0) \times e^{\frac{E_a}{k_B}\left(\frac{1}{T_0} - \frac{1}{T}\right)} \tag{24-12}$$

式中：T_0、T—分别是使用条件下的绝对温度和试验环境中的绝对温度。

一个使用阿伦尼斯模型的例子：用 25 ℃时的失效率为 1×10^{-8}/h，确定试验中的失效率 $\lambda(T)$，该失效率是绝对温度 T 的函数，如图 24-7 所示。

在运用阿伦尼斯模型时必须获得参数 E_a（激活能）的值。可对激活能进行估计，但是非常耗时。对于一项新的需要进行验证的产品技术，器件生产商应根据其相应的失效模式对激活能进行估计。所做的预测，通常以试验结果为基础，而不是以功能部件为基础。可将预测的激活能应用于经认证的技术所生产的器件。因此，器件供应商一般能够给出某些器件主要失效模式对应的激活能。

可通过求解下列方程式来确定激活能 E_a，如下：

$$E_a = k_B \times \frac{\ln[\lambda(T)] - \ln(\lambda_0)}{\frac{1}{T_0} - \frac{1}{T}}$$

$$E_a = k_B \times SLOPE \tag{24-13}$$

式中：λ_0—1×10^{-8}/h；$\ln(\lambda_0)$— -18.421；T_0—25 ℃ =（25+273）K = 298 K；$\ln(\lambda_F)$— -7.7645；T_F—180 ℃ =（180+273）K = 453 K；E_a—0.8 eV；$SLOPE = \frac{\ln[\lambda(T)] - \ln(\lambda_0)}{\frac{1}{T_0} - \frac{1}{T}}$。

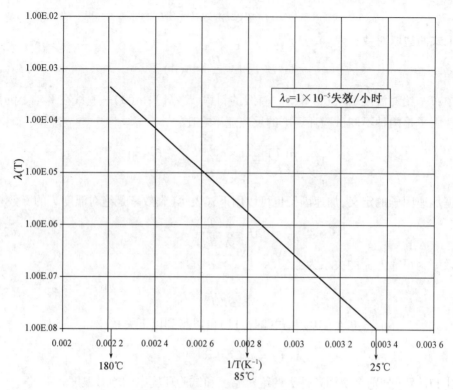

图 24-7 阿伦尼斯反应模型的线形图

图 24-8 表示的是有关激活能的确定方法。

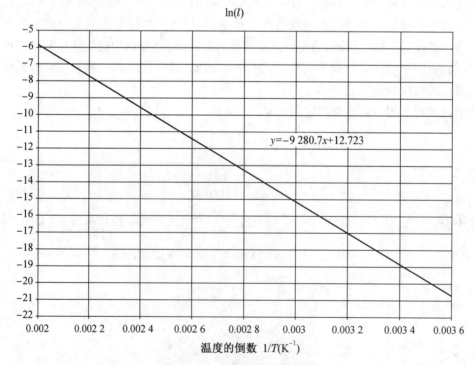

图 24-8 激活能的测定线形图

阿伦尼斯方法适用于在可靠性分析中使用的大多数统计分布。参数的置信限、寿命函数、各分布的可靠性,可用适当的统计方法来确定。

阿伦尼斯模型的优点:阿伦尼斯模型仅与温度有关,因此其使用较为简单。当失效模式仅取决于绝对温度时,可使用阿伦尼斯模型来获得实际的试验加速。在工程应用上,根据器件的激活能和加速温度下的失效数据,计算得到加速温度下的失效率,然后利用式(24-12)即可得到正常使用条件下的器件失效率。

阿伦尼斯模型的缺点:本模型对于单一的部件比较简单,只要其失效率实际上只取决于温度且由温度激活的。对于不同的电子部件及机械部件的装配,由于不同材料和元器件的失效模式和失效机理不同(参见 JESD85 和 IEC 61649—2008),如何评估一个由不同材料组成的产品的激活能,目前还没有合理可行的方法,因此本模型的使用将比较困难。有关半导体器件不同失效模式与机理的激活能数据见表24-4。

表 24-4 失效模式、失效机理与激活能

失效模式	失效机理	激活能(eV)
阈值电压漂移	离子型(SiO_2 中钠离子漂移)	$1.0 \sim 1.4$
阈值电压漂移	离子型(Si-SiO_2 界面的慢俘获)	1.0
漏电流增加	形成反型层(MOS 器件)	$0.8 \sim 1.4$
漏电流增加	隧道效应(二极管)	0.5
电流增益下降	因水分加速离子移动	0.8
开路	铝的腐蚀	$0.6 \sim 0.9$
开路	铝的电迁移	0.6
短路	氧化膜击穿	0.3

24.5.1.2 艾琳模型

与阿伦尼斯模型类似,当温度应力成为加速过程的一个因数时,也可以使用艾琳模型。但与阿伦尼斯模型不同点的是,艾琳模型还可以用于除温度之外的其他应力,如:湿度、电应力等。艾琳模型可分为单应力艾琳模型和广义艾琳模型,单应力的艾琳模型是根据量子力学原理推导出来的,它表示某些产品的寿命特性是绝对温度的函数:

$$L(S_E) = \frac{1}{S_E} \times e^{-\left(A - \frac{B}{S_E}\right)} \qquad (24-14)$$

式中:待定的函数参数,可通过试验或文献的数值进行确定,比如,A 和 B 可通过 IEC 61709进行确定。参数 B 有可能是一个常数,但更多时候它是某些应力的函数,通常是温度;S_E——指模型中使用的应力(如温度、电应力等);$L(S_E)$——指寿命的计量,如,MTTF、特征寿命、半衰期等。

该模型的加速因子是:

$$A_{S\_E} = \frac{L(S_{E\_Use})}{L(S_{E\_Test})} = \frac{\dfrac{1}{S_{E\_Use}} \times e^{-\left(A - \frac{B}{S_{E\_Use}}\right)}}{\dfrac{1}{S_{E\_Test}} \times e^{-\left(A - \frac{B}{S_{E\_Test}}\right)}} = \frac{S_{E\_Test}}{S_{E\_Use}} \times e^{B\left(\frac{1}{S_{E\_Use}} - \frac{1}{S_{E\_Test}}\right)} \qquad (24-15)$$

式中:S_{E_Use}、S_{E_Test}——分别指使用或试验中的应力;B——待定的常数,可通过试验或文献的数值进行确定。

艾琳模型可适用于在可靠性分析中使用的所有分布。各种分布中参数的置信限、寿命函数及可靠性,可用适当的统计方法进行确定。

艾琳模型的优点:本模型相对来说比较简单;除温度应力外,该模型还可用于电应力、湿度等其他应力。若已知的参数 B,则可以获得较精确的加速试验。工程上与应用于阿伦尼斯模型类似,待定常数 B 的值可以由供应商提供或者根据多组试验拟合得到,利用式(24-15)得到的加速因子及加速应力下的可靠性参数,即可获得正常使用条件下的可靠性参数值。

艾琳模型的缺点:与阿伦尼斯模型类似,参数 B 的确定对于正确的试验加速至关重要。由于不同器件及材料具有不同的参数 B 值,故对于相对较复杂的产品,其精确的试验加速可能较难获得。

24.5.1.3　广义艾琳模型

广义艾琳模型是艾琳模型的一个或多个非热能的加速参数的扩展(例如湿度、电压等其他环境应力)。艾琳模型同时考虑了包括温度在内的多种应力和失效寿命之间的关系。对于一个非热能的加速参数 X,反应速率模型可写作:

$$R(T,X) = \gamma_0 \times T^m \times \exp\left(\frac{-E_a}{k_B \times T}\right) \times \exp\left(\gamma_1 X + \frac{\gamma_2 X}{k_B \times T}\right) \qquad (24-16)$$

式中:X——非热应力的函数,包括湿度($X = \ln RH$)、电压($X = \ln V$)以及工作频率等应力;$\gamma_0, \gamma_1, \gamma_2$——物理或化学过程的典型特征值。其他非热应力因子可以按照式子右边的方法添加。

特别的,相对于使用条件(T_U, X_U)的加速因子为:

$$AF(T,X) = \frac{R(T,X)}{R(T_U, X_U)} \qquad (24-17)$$

假设 T_U 服从参数为(μ_U, σ)的。那么,T 会服从参数为(μ_U, σ)的对数位置尺度,并且:

$$\mu = \mu_U - \log[AF(T,X)] = \beta_0 + \beta_1 x_1 + \beta_2 x_2 + \beta_3 x_1 x_2 \qquad (24-18)$$

其中,

$$\beta_1 = E_a, \ \beta_2 = -\gamma_2, \ \beta_3 = -\gamma_3, \ x_1 = 11\,605/T, \ x_2 = X$$

$$\beta_0 = \mu_U - \beta_1 x_{1U} + \beta_2 x_{2U} + \beta_3 x_{1U} x_{2U} \qquad (24-19)$$

a)温度-电压加速模型

有很多模型用于描述温度和电压对加速的共同影响。例如 Meeker 和 Escobar 分析了一项关于玻璃电容器在电压和温度的作用下失效的研究数据。他们用($temp, volt$)的简单线性函数来模拟对数寿命的位置参数。Boyko 和 Gerlach 研究表明广义艾琳模型也可以用于 $X =$

$\log(volt)$。Klinger 模拟了包含第二顺序时期的 Boyko 和 Gerlach 的关于两个加速变量的数据。

将 $X = \log(volt)$ 代入 $(24-16)$，即

$$R(temp,volt) = \gamma_0 \times \exp\left(\frac{-E_a}{k_B \times temp}\right) \times \exp\left[\gamma_2 \log(volt) + \frac{\gamma_3 \log(volt)}{k_B \times temp}\right] \quad (24-20)$$

此外，失效发生在电介质强度和实际电压应力交叉的时候，即 $D(t) = volt$。这发生在时间

$$T(temp,volt) = \frac{1}{R(temp,volt)}\left(\frac{volt}{\delta}\right)^{\gamma_1} \quad (24-21)$$

由此可计算出：

$$AF(temp,X) = \frac{R(temp,X)}{R(temp,X_U)}$$

$$= \exp\left[E_a(x_{1U} - x_1)\right] \times \left(\frac{volt}{volt_U}\right)^{\gamma_2 - \gamma_1} \times \left\{\exp\left[x_1 \log(volt) - x_{1U}\log(volt_U)\right]\right\}^{\gamma_3}$$

$$= \exp\left[E_a(x_{1U} - x_1)\right] \times \left(\frac{volt}{volt_U}\right)^{\gamma_2 - \gamma_1} \times \exp\left\{\gamma_3\left[x_1 \log(volt) - x_{1U}\log(volt_U)\right]\right\}$$

$$(24-22)$$

其中 $X_{1U} = 11\,605/temp_U$，$x_1 = 11\,605/temp$）。当 $\gamma_3 = 0$ 时，没有温度和电压的相互作用。在这种情况下，$AF(temp,X)$ 可以因子分解成两个部分，一个仅与温度相关，另一个仅与电压相关。因此，如果没有相互作用，同一电压（温度）水平下温度（电压）对于加速的贡献是一样的。

　　b）温度-湿度加速模型

　　另一个可用于加速腐蚀或其他化学变化的与温度关联的环境变量是相对湿度。例如油漆和涂层、电子设备和电子半导体部件、电路板、高磁导部件、食物以及药物等的加速失效。虽然大部分包含湿度的加速寿命试验模型都涉及经验推导出来的，但还是有一些湿度模型有其物理基础。例如 Gillen 和 Mead（1980）和 Klinger（1991）研究了湿度影响的老化的动力学模型。Lu Valle，Welsher 和 Mitchell（1986）提供了温度湿度和电压对电路板失效研究的物理基础。Boccaletti et al.（1989）、Nelson（1990）、Joyce et al.（1986）、Peck（1986）以及 Peck 和 Zierdt（1974）在加速寿命试验的应用中涉及温度和湿度。

　　对于温度和湿度的加速寿命试验的广义阿伦尼斯模型式（24-16）有：

$$x_1 = 11\,605/temp, \quad x_2 = \log RH, \quad x_3 = x_1 x_2 \quad (24-23)$$

　　式中：RH——相对湿度。当 $\beta_3 = 0$（无温度和湿度的相互作用）时，该模型被称为 Peck 模型，这是 Peck（1986）在研究环氧基树脂封装的失效时使用的。Klinger 提出用 $x_2 = \log\left[RH/(1-RH)\right]$ 代替 $x_2 = \log RH$。这两种模型都是基于老化的动力学模型。

24.5.1.4　电迁移模型（Black）模型

　　可以用电迁移平均失效时间（MTTF）来描述电迁移引起的失效发生的时间。平均失效

时间指同样的直流电流试验条件下,50% 的互连引线失效所用的时间,失效判据为引线电阻增加 100% 。该方程建立了电路元器件的电迁移与流过金属的电流密度以及金属的几何尺寸、材料性能和温度分布的关系。Black 给出了直流模型下描述电迁移失效中值时间的经典公式:

$$MTTF = \frac{Wd}{Cj^n}\exp\left(\frac{E_a}{k_B T}\right) \tag{24-24}$$

式中:W、d——金属的形状参数,一般认为二者的乘积为金属导线的截面积;T——绝对温度;j——电流密度;n——电流密度因子,在低电流密度时,$n=1$,在高电流密度时,$n=3$;C——与金属的几何尺寸和温度有关的参数;E_a——材料的电迁移激活能;k_B——玻尔兹曼常数($k_B = 1.381 \times 10^{-23}$ J/K)。将电迁移失效数据在威布尔坐标上描出累积失效分布,就可以推算工作应力条件下电迁移寿命。

Black 方程仅在低温大电流密度下适用,当焦耳热效应不能忽略时,常常要根据焦耳热效应引起的自温升与环境温度的变化值对温度 T 进行修正。随着电流密度的变化,有时还要对电流密度因子 n 进行修正,常数 C 通常要通过大量的实验数据进行近似拟合确定,使得 Black 方程在使用上具有很大的局限性。

文献《基于故障物理的热光效应器件可靠性分析与建模》给出了互联线样品在不同温度和电流条件下的基于 Black 模型的寿命预测。首先选择电阻变化率定义了失效准则,根据电迁移失效的发生往往伴随着导体电阻的增加,当电阻变为原来电阻的 2 倍时可认为发生了电迁移失效。同时在试验过程中通过可以直接测量的电流和电压来得到电阻的变化。试验中环境温度为 110 ~ 150 ℃,载荷电流为 60 ~ 100 mA,步长分别为 10 ℃ 和 10 mA。根据单一变量原则,分别使用不同温度和电流同时对多个样品进行试验,得到在各个应力下的样品寿命。但文中并没有给出利用样品寿命拟合 Black 模型中待定参数从而得到加速因子的方法。实际上,根据加速试验数据,不仅可以得到加速因子,还能根据加速试验寿命以及加速因子确定元器件在正常使用时的寿命。

24.5.1.5　负栅压温度不稳定性(NBTI)模型

NBTI 效应是对 MOSFET 施加负栅压和温度应力的条件下所产生的一系列现象。随着栅极上偏压作用时间的增加,器件的电性能参数会持续衰退,主要有两种模型来解释 NBTI 的衰退机理。一种是反应-扩散模型(Reaction-Diffusion Model),当加上垂直电场时,产生的空穴和 Si-H 键进行反应,使氢原子脱离,留下一个电荷,而后氢原子会通过扩散远离硅氧化层界面,由于氢在氧化层中的扩散速度很慢,因而成为 NBTI 衰退速度的瓶颈;另一种是电荷俘获—脱离模型(Charge Trapping/De-trapping Model),在加上电场时,在 Si/SiO₂ 界面上的电荷被氧化层中的缺陷所俘获,增加了氧化层固定电荷,在撤去电场时,部分被俘获的电荷又可以脱离氧化层。其中,反应-扩散模型是最为广泛接受的 NBTI 退化机理模型,它能有效地解释阈值电压漂移随时间逐渐饱和以及应力去除后 NBTI 效应部分恢复的退火现象。影响NBTI 效应的主要因素有:应力作用时间、栅氧电场和温度应力等。

一个关于 ΔV_{th} 经验—逻辑推理的完整表达式如下:

$$\Delta V_{th} = At^m \exp(\beta_E E_{ox}) \exp(E_a / k_B T) \tag{24-25}$$

式中:A—常数;ΔV_{th}—阈值电压;E_{ox}—栅氧电场,可以从实验测量值中得到。因此,以阈值电压 ΔV_{th} 漂移量作为 NBTI 寿命的衡量标准,提取表达式中的各个参数,就可以在不需要施加应力的条件下得到器件的工作寿命。

在 NBTI 退化过程中,MOSFET 的阈值电压 V_{th} 表现出了最大的退化,因此,在关键参数的研究上应该将重点主要放在阈值电压随时间的漂移 $\Delta V_t(t)$ 的研究上,并且采用阈值电压漂移 $\Delta V_t(t)$ 作为器件寿命评价的标准。$\Delta V_t(t)$ 与应力时间的关系无论是从数学上导出还是从实验中观察都呈现出 t^n 的小数幂指数关系,即 $\Delta V_t(t) \propto t^n$,这里指数 $n \approx 0.15 \sim 0.3$,其典型值为 0.25。在 NBTI 效应的实验研究中观察到小数值 n 预示着器件参数的退化并不会无限的持续下去,经过很长的一段时间后最终将达到一个稳定的饱和状态。$\Delta V_t(t)$ 与栅电压的关系可以模拟为指数规律 $\Delta V_t(t) \propto \exp(\beta V_T)$。$\Delta V_t(t)$ 与温度的关系可模拟为众所周知的阿伦尼斯规律 $\Delta V_t(t) \propto \exp(-E_a/KT)$。把上面所有的关系都考虑进来,得出 $\Delta V_t(t)$ 与时间,栅压和温度的关系式为:

$$\Delta V_t(t) \propto \exp(\beta V_G)\exp(-E_a/k_B T)t^n \qquad (24-26)$$

NBTI 寿命 t_f 定义为达到某个确定的 $\Delta V_t(t)$ 的时间,因此经过重新整理方程式我们得出一个常用的 NBTI 寿命模型:

$$t_f = A_0\exp(-\beta' V_G)\exp(E_a'/k_B T)t^n \qquad (24-27)$$

式中:$\beta' = \beta/n$;$E_a' = E_a/n$;A_0—工艺常数。

由于 NBTI 测试和分析技术的快速发展,人们又发现了包括动态恢复效应和 $\Delta V_t(t)$ 饱和效应在内的一些新的 NBTI 现象。这些新现象需要新的基于器件物理的寿命模型来预测和考虑 NBTI 效应对电路性能和功能的影响。在 Zafar 提出的模型的基础上,提出一种新的 NBTI 寿命模型。这个新的模型给出了动态恢复效应的物理解释。

$$t_f = A_{NBTI}V_{gs}^{-\frac{1}{\beta}}\left[\frac{1}{1+2\exp\left(-\dfrac{E_1}{k_B T}\right)} + \frac{1}{1+2\exp\left(-\dfrac{E_2}{k_B T}\right)}\right] \qquad (24-28)$$

式中:A_{NBTI}—模型前因子;V_{gs}—栅电压;β—氢扩散的离差的量度,其典型值为 0.3;E_1——一个由工艺决定的参数,相关文献给出了 E_1 的值为 0.1 eV;E_2——一个与电路工作情况有关的参数,参考值是 0.14 eV。此寿命模型考虑了 NBTI 的动态恢复以及 AC 效应,还考虑了 NBTI 的 $\Delta V_t(t)$ 幂指数和饱和特性。

24.5.1.6 TDDB 模型

栅氧化层质量直接关系到器件的电性能和可靠性,当有电荷注入时,会造成共价键断裂,产生缺陷,这些缺陷通过陷阱(包括界面态)体现出来。通常 MOS 器件栅氧化层的击穿,是指在加高压以致电场强度达到或超过介质材料所能承受的临界击穿电场的情况下所发生的瞬间击穿。在 MOS 器件及其集成电路中,栅极下面存在薄层 SiO_2,即通称的栅氧化层。栅氧的漏电与栅氧质量关系极大,漏电增加到一定程度即构成击穿,导致器件失效。栅氧击穿分为瞬时绝缘击穿(Time-zero Dielectric Breakdown, TZDB)和与时间相关的介质击穿(Time Dependent Dielectric Breakdown, TDDB),后者指施加的电场低于栅氧的本征击穿场强,并未引起本征击穿,但经历一定时间后仍发生了击穿。这是由于施加电应力过程中,氧化层内产生并积聚了缺陷(陷阱)的缘故。

栅氧化层击穿与加在氧化层上的外加电场有关,与激活能、温度有关,通常认为氧化层击穿是热应力和电应力共同作用的结果,击穿时间还与栅极电容面积、栅极电压等有关。下面是两种常用的 TDDB 模型。

a)热化学退化模型(E 模型)

E 模型也叫热化学击穿模型(Thermochemical Breakdown Model),最早是通过大量实验观察到的经验模型,后来 MePhreson 和 Baglee 又用热化学的知识证明了这个模型。该模型的数学表达式如下:

$$TTF = A\exp(\gamma E)\exp\left(\frac{E_{a1}}{k_B T}\right) \tag{24-29}$$

式中:A—比例常数;E—加在栅氧化层上的电场强度;γ—电场加速常数,取值约为 2.66 cm/mV;E_{a1}—激活能;k_B—玻尔兹曼常数;T—绝对温度。

b)与空穴注入相关击穿模型(1/E 模型)

1/E 模型又被称为空穴击穿模型(Hole Induced Breakdown Model),最早由 Chen 等提出。其基本原理是当电子在高电场下穿越氧化层,到达阳极后,另一部分电子将能量传给阳极价带的电子并使其激发进入导带,从而生成电子-空穴对。产生的空穴又隧穿回氧化层,形成空穴隧穿电流。由于空穴很容易被陷阱俘获,这些被俘获的空穴又在氧化层中产生电场,使缺陷处局部电流不断增加,形成了正反馈,陷阱不断增多,当陷阱互相重叠并连成了一个导电通道时,氧化层被击穿。其表达式如下:

$$TTF = \tau\exp\left(\frac{G}{E}\right)\exp\left(\frac{E_{a2}}{k_B T}\right) \tag{24-30}$$

式中:τ—比例常数;G—常数,取值约为 350 MV/cm;E—加在栅氧化层上的电场强度;E_{a2}—激活能;k_B—玻尔兹曼常数;T—绝对温度。

到目前为止,那一种模型较正确还未有定论,不过 E 模型推算出来的寿命要比 $\frac{1}{E}$ 模型的要小,故工业界一般采用 E 模型。整合温度与电场的加速模型可以得到 TDDB 的加速模型:

$$\tau = 10^{-\gamma E} C\exp\left(-\frac{E_a}{k_B T}\right) \tag{24-31}$$

在实际预计时,通常将两个模型综合起来,形成一个 E 模型与 1/E 模型相统一的模型:

$$\frac{1}{TTF} = \frac{1}{t_E} + \frac{1}{t_{\frac{1}{E}}} \tag{24-32}$$

另外,有资料显示,在栅氧厚度小于 4 nm 时,E 模型和 1/E 模型的预测结果与实际值有明显偏差,因此,当器件尺寸进入纳米级,对器件 TDDB 击穿失效的机制进行深入的研究,并发展出正确且适当的模型对栅氧化层进行评估和预测具有重要意义。

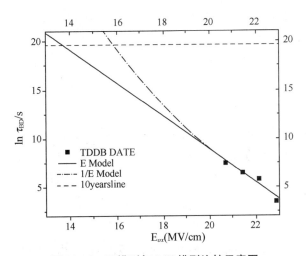

图 24－9 E 模型与 1/E 模型比较示意图

图 24－9 清楚地表明 E 模型与 1/E 模型在高场时与实际值符合比较好,但是随着电场强度的降低,二者出现明显差异,且对于相同的电场强度,1/E 模型的寿命预测比 E 模型长。

然而,1/E 模型的问题在于当 E＝0 的特性会变得较为复杂。这个特性表示在没有电场的情况下介质将不会退化,这显然是严重错误的。1/E 模型忽略了热/扩散工艺的重要性,热/扩散工艺指出即便在缺少电场的情况下,所有的材料随着时间的流逝都会退化。忽略了这个介质层中热/熵驱动退化机制意味着严重的忽略第二热动能法则对退化的影响。因此,在低电场(<9 MV/cm)情况下,1/E 模型的预测要比实际的情况明显偏高。

考虑到上述情况,有学者经过实验研究得到修正的 TDDB 模型如下:

$$\tau_{BD} = B\exp\left(\frac{E_a - q\lambda E\,\dfrac{\xi}{L}}{k_B T}\right) \tag{24－33}$$

式中:q—例子电荷;λ—两个可能位置之间的间距;L—铜互连线之间的距离;ξ—修正因子,其值为 2.3×10^{-6};B—一个与 λ 相关的成比例的常数,约为 5×10^{-10}。铜离子的扩散激活能 E_a 是同介质的材料特性有关的。如果想得到较长的 TDDB 寿命,有着高激活能 E_a 的材料是必不可少的。τ_{BD} 和电场 E 以及温度 T 的关系也许能够对多层金属化设计提供更好的建议。

通常情况下,为了得到栅极氧化膜在器件使用温度下的 TDDB 寿命,必须得到三个在一定温度下的不同电压下的 TDDB 寿命。然后使用 E 模型或者 1/E 模型和这个三个寿命推算出氧化膜在器件使用温度下的寿命。比较常用的是 E 模型。但是为了保证使用 E 模型推得的寿命的准确性,必须尽量使用较低电压下的寿命来推算想要的寿命。

24.5.1.7 腐蚀模型

对于塑封器件,腐蚀物理模型为:

$$MTTF_{non-h} = \left(\frac{-4L_d^2}{\pi^2 D}\right) \times \ln\left(1 - \frac{P_{in}}{P_{out}}\right)/3\,600 + k_1 k_2 k_3 t_c/(k_4 \times 3\,600) \tag{24－34}$$

式中:L_d—导体长度;D—渗透常数;P_{in}—封装内部压;P_{out}—封装外部压力;k_1,k_2,k_3,k_4—待定常数;t_c—腐蚀时间。

对于气密性封装,腐蚀物理模型为:

$$MTTF_h = k_1 k_2 k_3 T_c / (k_4 \times 3\,600) + C_{in} \tag{24-35}$$

式中:k_1,k_2,k_3,k_4—待定常数。

对于掺杂小部分铜和硅的铝合金的特大规模集成器件而言,腐蚀造成的失效概率很大。腐蚀出现在存在湿气和杂质的金属化处,通常将腐蚀失效分为两大类:焊盘腐蚀和内部腐蚀。焊盘腐蚀更普遍,因为煤盘位置处的导体部分没有充分钝化。内部腐蚀是由于芯片钝化时被损伤,使得湿气可以到达金属化的部分。

24.5.1.8 热疲劳模型

电子产品热疲劳失效的主要原因是:在温度循环过程中,由于产品中不同材料的热膨胀系数(Coefficient of Thermal Expansion,CTE)不同,从而导致在热膨胀或收缩时,各种材料产生的热应变不匹配,并在应变不协调处产生应力集中,导致裂纹的萌生和扩展。

热疲劳模型有很多种,如基于应力的疲劳模型、基于应变的疲劳模型、基于能量的疲劳模型等,其中应用最广泛的是基于应变的 Coffin-Mason 模型和 Engelmaier 模型。其中,Coffin-Mason 模型是最广为使用的一种低周疲劳寿命模型,它给出了疲劳寿命与一个循环内的应变范围的关系,由式(24-36)确定。

$$N = \frac{\delta}{(\Delta T)^{\beta_1}} \frac{1}{f^{\beta_2}} \exp\left(\frac{E_a}{k_B T_{max}}\right) \tag{24-36}$$

式中:N—循环周次;ΔT—温度变化范围;f—为循环频率;T_{max}为最高温度;E_a—激活能;$k_B = 8.617 \times 10^{-5}$ eV/K;δ、β_1、β_2—待定系数。Coffin-Mason 模型考虑了温度范围、循环频率(与温度变化速率有关)、最高温度等多种因素,可以充分秒数据温度循环加速寿命试验的寿命与环境剖面的关系。但是,该模型待定参数较多,如果对温度范围、循环频率和最高温度都进行加速,就需要大量的样本量。因此需要根据产品的使用特点,对影响参数进行取舍,以提高试验效率。文献《星上产品温度循环加速寿命试验模型及试验设计方法研究》给出了星上产品基于 Coffin-Mason 模型的温度循环加速试验方法,通过提高温变率加速温度循环频率,保证温度变化范围和最高温度不变,对产品实施温度循环加速试验,并给出试验剖面的实际原则和方法。

Engelmaire 模型也称作修正的 Coffin-Manson 模型,由式(24-37)确定:

$$N_f = \frac{1}{2}\left(\frac{\Delta\gamma}{2\varepsilon_f}\right)^{\frac{1}{c}} \tag{24-37}$$

式中:N_f—疲劳寿命;ε_f—材料常数,对于广泛采用的共晶焊料,$\varepsilon_f = 0.325$;c—与温度循环剖面相关的参数,由式(24-38)确定。

$$c = -0.442 - 0.000\,6T_{sj} + 0.014\,7\ln\left(1 + \frac{360}{t_H}\right) \tag{24-38}$$

式中:T_{sj}—温度循环的平均温度(单位为℃);t_H—温度循环中高温保持时间(单位为

min），$\Delta\gamma$—总剪切应变范围，它由三部分组成，即

$$\Delta\gamma = \gamma_e + \gamma_p + \gamma_c \tag{24-39}$$

式中：γ_e—弹性应变分量；γ_p—塑性应变分量；γ_c—蠕变应变分量。$\Delta\gamma$ 的确定有多种方法，对于简化的一阶疲劳模型，针对无引脚封装和有引脚封装，$\Delta\gamma$ 分别由式（24-40）和式（24-41）确定：

$$\Delta\gamma = F\frac{L_D}{h}\Delta\alpha\Delta T \tag{24-40}$$

$$\Delta\gamma = 0.5F\frac{K_D}{200Ah}(\Delta\alpha_c L\Delta T - \Delta\alpha_s L\Delta T)^2 \tag{24-41}$$

式（24-40）适用于无引脚封装（例如，LCC）焊点。式中：h—焊点高度；L_D—特征尺寸；$\Delta\alpha$—器件封装材料与电路板材料的 CTE 的差值；ΔT—热循环剖面中最高温度与最低温度的差值；F—修正系数，一般在 0.5~1.5 范围内取值。

式（24-41）适用于有引脚封装（例如，SOP 和 QFP）焊点。式中：K_D—引脚材料的刚度（单位为 1 b/in）；A—焊点面积（单位为 in^2）；h—焊点高度（单位为 in）；α_c—器件封装材料的 CTE；α_s—印制电路板材料的 CTE；L—引脚对角线长度的一半（单位为 in）；ΔT—热循环剖面中最高温度与最低温度的差值；F—修正系数，一般在 0.5~1.5 范围内取值。

24.5.1.9 随机振动

在实际工作条件下，电子设备会受到由于外界因素而引起的振动，而设备内部的电路板也会随整机设备振动而振动。由于振动产生的不稳定应力，将会引起板上的元器件焊点可靠性、镀通孔可靠性以及电路板本身的疲劳问题。

虽然外界因素本身非常复杂，但绝大多数情况外界因素是具有稳定的统计特性的，可以视为随机振动来建模，通过研究电路板本身的振动特性，可以得到具有稳定统计特性的外界激励而产生整块电路板不同位置的响应统计特性，而这些统计特性可以反映整块电路板不同位置的振动强度，从而确定不同位置上元器件的振动疲劳寿命。随机振动疲劳模型如下式所示：

$$N_f = C\left[\frac{z_1}{z_2\sin(\pi x)\sin(\pi y)}\right]^{\frac{1}{b}} \tag{24-42}$$

式中：N_f—器件的疲劳寿命；x、y—该器件在电路板上的位置坐标；C—根据标准试验确定的常数，对于随机振动，$C = 2\times10^6$；b—疲劳强度指数，取值范围为 3~6，通常取 3.2；z_1、z_2—分别由式（24-43）和式（24-44）确定。

$$z_1 = \frac{0.00022B}{ct\sqrt{L}} \tag{24-43}$$

$$z_2 = \frac{36.85\sqrt{PSD_{max}}}{f_n^{1.25}} \tag{24-44}$$

式中：PSD_{max}—随机振动的最大功率普密度；f_n—随机振动的最小自然频率；B—器件 4

条边到电路板 4 条边的距离中的最大值(单位英寸);L—器件长度(单位英寸);t—电路板厚度(单位英寸);c—系数,对于两列引脚器件(如 DIP,SIP,SOJ,SOP,SOT),$c=1.0$,对于四边引脚器件(如 QFP,PGA,BGA),$c=1.26$,对于无引脚器件(如片式电阻电容),$c=2.25$。

此外,对产品进行振动疲劳寿命分析常常采用疲劳损伤理论和米勒定理。对于随机振动,根据疲劳损伤理论可以得到下述振动加速的逆幂率模型:

$$\left(\frac{W_1}{W_2}\right)^{\frac{b}{n}} = \frac{T_2}{T_1} \tag{24-45}$$

式中:W_1、W_2—功率谱密度;T_1、T_2—上述功率谱密度下的试验时间。对于航空电子设备,$b=8.8$,$n=2.4$,因此,式(24-45)可以表示为:

$$\left(\frac{W_1}{W_2}\right)^{3.667} = \frac{T_2}{T_1} \tag{24-46}$$

文献《产品振动疲劳寿命分析与验证》给出了基于疲劳损伤和米勒定理的产品振动疲劳加速试验方法以及试验条件的确定原则,详细给出了产品疲劳寿命加速试验条件。从而对产品进行 30 h 的加速试验即可验证产品在 98% 置信度下,其振动疲劳寿命将达到 1 000 h,大大缩短了试验时间,节省了试验费用。

24.5.1.10 镀通孔(PTH)热疲劳模型

镀通孔(Plated Through Hole, PTH)是指多层电路板中贯穿的通孔,用导电材料如铜、镍或焊料等进行电镀,用于为不同板层的导电金属提供电连接,是印制电路板重要的结构组成部分。

PTH 失效主要是由于镀层材料和基板材料的 CTE(热膨胀系数)不匹配而引起的。这种不匹配主要表现在最外侧的焊盘以及 PWB 的厚度方向,这是由于多层板最外层焊盘的 CTE 通常是镀层的 3 到 4 倍。由于 CTE 不匹配,当 PWB 在其整个寿命周期内经历复杂的温度环境条件时,在 PTH 中产生的热应力将导致金属镀层的损伤,并最终导致 PTH 的热机械过应力失效或疲劳失效。PTH 的疲劳失效将导致 PTH 的电气性能和机械性能不好,如 PTH 失效将导致电阻增加,甚至使电路完全开路,最终导致周向断裂而使电路丧失规定功能等。PTH 热疲劳失效机理模型见式(24-47)。

$$N_f^{-0.6} D_f^{0.75} + 0.9 \times \frac{S_u}{E_p}\left[\frac{\exp(D_f)}{0.36}\right]^{-0.178\,51\lg\frac{105}{N_f}} - \Delta E = 0 \tag{24-47}$$

式中:N_f—预计平均疲劳寿命(失效前周期数);D_f—PTH 镀层材料的疲劳耐久系数;S_u—PTH 镀层材料的断裂强度;E_p—PTH 镀层材料的弹性模量;$\Delta\varepsilon$—总应变。

24.5.1.11 电容介质击穿模型

$$MTTF_{cdb} = N_t \left(\frac{V_t}{V_0}\right)^n \exp\left[\frac{E_a}{k_B}\left(\frac{1}{T_0} - \frac{1}{T_t}\right)\right] \tag{24-48}$$

式中:N_t—击穿试验寿命;V_t—击穿试验中的电压;V_0—实际工作电压;T_0—实际工作温度;T_t—击穿试验温度;n—为击穿试验电压指数,对于中等 K 值陶瓷电容,取 2.7,对于高 K

值陶瓷电容,取 2.46 ± 0.23;E_a—击穿试验伪激活能,单位为 eV,对于中等 K 值陶瓷电容,取 0.9 eV,对于高 K 值陶瓷电容,取 1.19 ± 0.05 eV;k_B—玻尔兹曼常数。

24.5.2 经验加速模型

24.5.2.1 Peck 模型

高温会增大潮气的浸透率,会增大潮气的一般影响,使产品变质。湿度通常与温度同时作为加速变量进行加速。Peck 汇总了众多稳态实验结果,并以 85 ℃/85% RH 的结果为基准进行了比较和分析,于 1986 年提出的 Peck 模型,描述温湿度同时作用的加速模型,其实质上是一种广义 Eyring 模型:

$$L = A(RH)^{-h} \times \exp\left(\frac{E_a}{k_B T}\right) \qquad (24-49)$$

式中:RH—相对湿度;T—绝对温度;k_B—玻尔兹曼常数;E_a—激活能(eV);h、A—常数。

湿度试验是通过增大相对湿度以及试验温度的方式达到加速的,RH_{use} 和 RH_{test} 分别是正常和加速条件下的相对湿度,T_{H_use} 和 T_{H_test} 分别是正常工作温度和湿度试验中试验温度,加速因子为:

$$A_H = \left(\frac{RH_{test}}{RH_{use}}\right)^h \times \exp\left[\frac{E_a}{k_B}\left(\frac{1}{T_{H\_use}} - \frac{1}{T_{H\_test}}\right)\right] \qquad (24-50)$$

24.5.2.2 逆幂律模型

逆幂律模型定义为产品寿命与主要应力的幂成反比关系,利用逆幂率模型可以得到产品相关的可靠性特征参数(如特征寿命、平均寿命、平均故障前时间等),其一般公式如式所示:

$$L(S) = C^{-1} \times S^{-m} \qquad (24-51)$$

式中:S—应力;C—需要确定的常数(>0);m—与应力相关的参数;$L(S)$—寿命或预先确定的持续时间(该时间为应力的函数)。

逆幂律模型很容易理解和使用,对各种失效分布具有很好的适应性。图解法(最直观)是最常用的解算方法。其参数也可使用极大似然估计的方法来确定。逆幂律模型适用于:

a) 动力学应力,例如,冲击(脉冲型)和振动(正弦及随机)、机械磨损、机械疲劳。

b) 气候应力,例如,热循环、温度变化(温度冲击及热循环)、湿度、太阳辐射,及其他存在累积损伤的气候应力。

c) 其他应力,如电应力(电压击穿、绝缘击穿)等。

当用对数形式表示或者画图时,逆幂律模型将变得比较简单。它变成了一条直线,其中斜率由 m 值进行确定,且与 y 轴的截距为常数 C 的函数,即

$$\ln[L(S)] = -m \times \ln(S) - \ln(C) \qquad (24-52)$$

逆幂律模型适用于在可靠性中常用的所有分布类型。试验加速因子为:

$$A_{S\_IPL} = \frac{L(S_{use})}{L(S_{test})} = \frac{C^{-1} \times S_{use}^{-m}}{C^{-1} \times S_{test}^{-m}} = \left(\frac{S_{test}}{S_{use}}\right)^m \qquad (24-53)$$

式中:A_{S_IPL}—指逆幂律中的加速应力;$L(S_{use})$—指实际使用中与应力相关的寿命;$L(S_{test})$—指试验中与施加的应力相关的寿命。

在上述方程式中,下标"test"和"use"分别表示加速试验的条件和非加速的使用条件。

式(24-53)中约掉了加速试验中的参数 C,但是需要根据产品及应力类型确定参数 m 值。如该值不容易得到,则可以通过在不同应力水平下的相似样品进行试验来确定参数 m 的数值。通过对试验数据进行分析,以确定分布类型及分布参数。将与寿命相对应的分布参数绘制在对数坐标图中,直线的斜率即为参数 m 的数值,而截距的负值则为常数 C 的值。

对于由多个不同组件构成的复杂产品而言,上述推导可能是一个非常繁杂的过程,需要很长的试验时间和巨大的样本量。

使用特定应力加速部件的寿命试验时,应对失效进行充分的理解,并把相同的失效模式进行分组归类,以确保施加的应力能够产生同一失效机理。例如,对于以镍为电极的铁片陶瓷电容器的加速试验,随着电压的增加,可能会导致两种不同的失效机理,即:电介质击穿和氧空位迁移(Movement of Oxygen Vacancies)。这两种失效机理都会缩短陶瓷电容器的寿命且可能会导致同一种失效模式的发生,如果没有对此失效进行分析,就无法区分这两种失效机理。以上两种失效机理可以用双参数威布尔分布来表示。

各种分布参数的置信度、寿命函数及可靠性可采用适宜的统计方法进行确定。可按 IEC 61649 中的示例。需要特别注意的是,由于样本量较小,在运用应力-寿命曲线进行统计分析时可能会导致外推的应力-寿命曲线不正确。

逆幂律模型的优点:假定各种失效模式容易区分,逆幂律模型最大的优点在于简化的模型,其参数也易于从试验中确定。逆幂律模型的另一优点是它在工程中已经得到广泛的应用,其特征参数的值很容易在各种文献中找到。

逆幂律模型的缺点:但是,该模型也存在一些不利因素,如:

a) 模型过于简单,从不同分布中拟合与寿命有关的参数时容易出现错误。

b) 由于时间及成本的限制,一般很难确定逆幂律模型参数,实际使用中常会选用通用的平均值,这也会造成试验的误差。

c) 对于寿命试验,在各个应力水平下需要较大数量的样品以确定其失效情况。较低应力作用下的部件通常需要较长的试验时间,同时也要求高的可靠度。所以逆幂律模型需要的样品量可能比较大,耗费的时间也比较长。

d) 从相似产品中获得参数 m 的假定值时需要特别谨慎。

24.5.2.3　Coffin-Manson 模型

在一定范围内,低周疲劳的破坏程度与高低温的温差有关。高低温差增大会加快产品失效的发生。因此,在试验中可通过升高高温和降低低温的方式增大温差,从而缩短试验所需时间。对于由温度循环造成的焊点热疲劳失效机理,可利用 Coffin-Manson 失效模型来进行损伤分析。失效循环数(或失效时间)为:

$$N = A/(\Delta T)^B \tag{24-54}$$

式中:ΔT——一个循环周期内温度变化范围(温差);A、B—与材料属性、试验方法相关的常系数。此幂率关系解释了温循温差对于热疲劳循环寿命数的影响。关于 B 的取值,Nelson

认为对于金属材料 $B \approx 2$,对于集成电路的塑封封装 $B \approx 5$。Coffin-Manson 模型最初是作为经验模型以描述温度循环对喷气机引擎受热部分部件失效的影响。经验试验数据显示温度循环的影响主要依赖于 ΔT。同样,失效循环数也取决于循环速率。Coffin-Manson 模型的试验结果可以由如下方程描述:

$$N = \frac{A}{(\Delta T)^B} \times \frac{1}{(f)^C} \times \exp\left(\frac{E_a}{k_B \times T_{max}}\right) \quad (24-55)$$

式中:f—循环频率;C—其指数,通常约为 $1/3$;T_{max}—循环中的最高温度。

其加速因子为:

$$A_{cc} = \left(\frac{\Delta T_1}{\Delta t_2}\right)^B \left(\frac{f_1}{f_2}\right)^C \exp\left[\frac{E_a}{k_B}\left(\frac{1}{T_2} - \frac{1}{T_1}\right)\right] \quad (24-56)$$

在标准 JESD 94A 给出了温度循环的加速因子符合 Norris-Landzberg Modification of the Coffin-Manson 公式,其加速因子计算如下:

$$A_{cc} = \left(\frac{\Delta T_1}{\Delta T_2}\right)^{1.9} \left(\frac{\nu_1}{\nu_2}\right)^{1/3} \exp[0.01(T_1 - T_2)] \quad (24-57)$$

式中:ΔT_1、ΔT_2—分别为不同的两个循环的温度变化范围;ν_1、ν_2—循环频率,T_1、T_2—两个循环的最高温度值。

24.5.3 统计加速模型

24.5.3.1 比例危害模型

比例危险模型假设同一类型的部件的故障率互成比例,对于常失效率模型,协变量模型可以为:

$$\lambda(X) = \sum_{i=0}^{k} a_i x_i \quad (24-58)$$

此处 a_i 为有待确定的未知参数,约定 $x_0 = 1$。x_i 可以是转换变量(例如平方或倒数),允许用多项式表示。失效率与时间无关,但取决于特定的协变量值。例如,电路的失效率可能与设备工作温度和周围的相对湿度线性相关。也可以假设成其他的函数形式。一个通常的模型是协变量以乘积的关系影响参数(失效率)。这与观测到的数据有良好的一致性。

例如,Ploe 和 Skewis 的预测滚珠轴承失效率的模型为:

$$\lambda = \lambda_b \left(\frac{L_a}{L_s}\right)^y \left(\frac{A_e}{0.006}\right)^{2.36} \left(\frac{\nu_0}{\nu_1}\right)^{0.54} \left(\frac{C_1}{60}\right)^{0.67} \left(\frac{M_b}{M_f}\right) C_w \quad (24-59)$$

式中:λ_b—轴承每 10^6 小时工作的基本失效率;L_a—实际径向载荷;L_s—规定的径向载荷;y—代表轴承类型的系数,对于滚柱轴承为 3.33,滚珠轴承为 3.0;A_e—对准误差;ν_0—规定的润滑油黏度;ν_1—工作润滑油黏度;C_1—实际污染水平;M_b—基底材料的材料因子;M_f—实际材料的材料因子;C_w—水污染因子。

由此模型可见,滚珠轴承的失效率是由基本失效率和影响其失效率的各因子决定的,包括载荷因子、类型因子、材料因子等,各因子之间是相乘的关系。

这种协变量模型在电子产品可靠性预计手册中是常见的,例如,在 GJB/Z 299C 中非常常见,例如可变电容器的工作失效率预计模型为:

$$\lambda_p = \lambda_b \pi_E \pi_Q \tag{24-60}$$

式中:λ_b—基本失效率;π_E—环境系数;π_Q—质量系数。

24.5.3.2 位置-尺度模型

位置-尺度模型中,影响可靠性的因素不是简单的相乘关系,这些因素以一定的比例,在模型的某一位置出现,设:

$$\mu(X) = \sum_{i=0}^{k} a_i x_i \tag{24-61}$$

并令:

$$Y = \mu(X) + \sigma z \tag{24-62}$$

式中:$\sigma > 0$,z 服从特定的概率分布,不取决于相关向量 X。

在位置-尺度模型中,当失效呈正态分布时,协变量与(平均)失效时间呈线性关系,当失效为对数正态分布时,协变量与(平均)失效时间成乘法关系。

例如,电连接器的失效时间服从形状参数为 0.73 的对数正态分布。通过观测可知,以工作小时数为量度的失效与连接器的工作温度和电连接数有关,可以得到以下的协变量方程:

$$\mu(X) = -3.86 + 0.121\,3x_1 + 0.288\,6x_2 \tag{24-63}$$

式中:x_1—工作温度,单位为℃;x_2—接触数目。

24.5.4 加速模型选用

加速试验的基本原则是:在不改变产品失效机理的前提下,通过提高试验应力的方法来缩短产品试验时间,取得与常规应力试验相同的效果。选取适合的加速模型是进行加速试验数据统计分析的基础。因此在选用加速模型对加速条件下的试验数据进行外推时必须注意以下几点:

1）失效机理的符合性

总体来说,加速模型与产品具体的失效机理有关,在外推寿命时也与使用、运输、贮存条件有关。因此为了保证能够对产品的寿命进行较为准确的估计。在选择加速模型时,必须综合考虑各种有关的失效机理。通过产品寿命剖面历经环境条件下的物理化学反应特性研究加速模型的适用性,如果验证某加速模型的失效机理与某模型较为相符,则可利用该模型制定加速试验方案,对试验结果数据进行统计分析,之后外推寿命。若失效机理较多且复杂,则需用数学方法建立加速模型。只有得到适用的加速模型才能进行后续的数据统计分析和薄弱环节寿命推算。

2）外推环境的相似性

用加速试验的方法得到的产品寿命,与试验条件密切相关。为了外推实际环境条件下的寿命,应采用某种数学方法将试验条件与产品实际条件间建立某种映射关系。若这种映射关系难于找到,则不容易进行实际环境条件下寿命的外推。例如:若实际环境的温度变化极小,可以认为是恒温,则用阿伦尼斯模型进行外推是非常容易的;但若实际环境的温度变化范围较宽但变化速率较小,虽仍可利用阿伦尼斯模型进行外推,则需进行某种数学处理,对模型进行修正后方可使用该模型;若实际环境温度变化不仅有幅度大,也有对于零摄氏度的穿越,则用阿伦尼斯模型在处理快速温变时将力不从心。应考虑采用复合应力模型进行寿命的外推。

3)寿命特征指标的可测性

研究加速模型的目的是能采用试验的方法对产品的寿命进行快速评判。在加速试验过程中,定期对产品外部数据的频率特征、功率特征进行测量,依据测量结果来推断产品的寿命指标。由于样本数少、样品昂贵,试验结束之前最好不要对器件进行破坏性试验。因此表征产品寿命的特征指标应具有可测试性。

表 24－5 加速模型选择及适用范围

敏感应力	适用的加速模型	相关失效模式	适合的元器件类型
温度	阿伦尼斯模型	与温度相关的失效模式	所有元器件
湿度	艾琳模型	阿伦尼斯模型的扩展,适合单应力作用下的失效模式	所有元器件
电应力	艾琳模型		所有元器件
机械应力	逆幂率模型	普适模型,主要用于单应力造成的失效,在单应力引起的失效机理不是很清晰时可以考虑该模型。但在样本量小时计算结果误差偏大	所有元器件
气候应力			所有元器件
温度、电应力	Black 模型	金属离子迁移导致的开路或短路、高阻、漏电	MOS 器件、集成电路、半导体微波器件
温度、电应力	NBTI 模型	参数退化	MOS 器件、集成电路、半导体微波器件
温度、湿度	腐蚀模型	腐蚀造成的开路、参数漂移	分立器件、集成电路、半导体微波器件
温度、湿度	Peck 模型	腐蚀造成的开路、参数漂移	分立器件、集成电路、半导体微波器件
温度、电场	TDDB	阈值电压增大、开关电阻增大、效率降低	MOS 器件、集成电路、半导体微波器件
温度循环	热疲劳模型	由于热膨胀系数不匹配导致的开路	所有器件,特别是焊点
振动、冲击	振动疲劳模型	开路、机械断开等	所有器件,特别是焊点
温度	镀通孔热疲劳模型	热机械过应力失效或疲劳失效	电路板

24.6　加速退化模型

在使用过程中,产品内部发生物理化学变化,随着物理化学变化程度的增大,产品的性能会呈现出退化,当退化到一定程度时,产品就会发生失效,这种性能退化符合布朗漂移运动规律。电子产品性能参数的布朗漂移运动模型为:

$$Y(t + \Delta t) = Y(t) + \mu \cdot \Delta t + \sigma B(t) \tag{24-64}$$

式中:$Y(t)$——在 t(初始)时刻时产品的性能(初始)值;$Y(t + \Delta t)$——在 $t + \Delta t$ 时刻时产品的性能值;μ——漂移系数,$\mu > 0$;σ——扩散系数,$\sigma > 0$,在整个加速退化试验中,σ 不随应力而改变;$B(t)$——标准布朗运动,$B(t) \sim N(0, t)$。

布朗漂移运动属于马尔科夫过程,具有独立增量性。而布朗运动本身属于正态过程,因此退化增量 $Y_i - Y_{i-1}$ 服从均值为 $\mu \cdot \Delta t$、方差为 $\sigma^2 \cdot \Delta t$ 的正态分布,故得到性能参数退化模型为:

$$Y(t + \Delta t) = Y(t) + \mu \cdot \Delta t + \sigma \cdot \sqrt{\Delta t} \cdot N(0, t) \tag{24-65}$$

调节因子性能退化模型如下:

$$P_l = A_l \mathrm{e}^{-K_l t_l^f} \tag{24-66}$$

式中:t_l——在第 l 个应力水平下的老化时间;P_l——在 t 时刻时,第 l 个应力水平下样品的性能参数值;K_l——在第 l 个应力水平下的性能变化速度常数;A_l——在第 l 个应力水平下的退化模型的频数因子,为常数;f——模型修正因子,为常数。

24.7　电子产品整机加速试验

目前器件级、材料级的加速试验方法和评估理论已经较为成熟,并广泛应用于工程。但对于整机级电子产品,由于其构成复杂、失效机理和失效模式多样,如果任选一种失效机理进行加速,其结果难以反映实际情况。且整机产品研制费用昂贵,研制周期长等原因,难以用多套产品降低试验时间的传统可靠性试验方式对其指标进行评估。因此,需要研究针对高可靠长寿命电子产品的可靠性加速试验方法,解决高可靠长寿命电子产品可靠性指标的快速评估问题。

目前整机加速试验方法主要有以下几种:

a)基于薄弱环节的电子产品加速试验方法,又称"转换法",即将整机产品的加速寿命试验转化为薄弱环节(一般为器件级或材料级)的加速寿命试验。

b)基于应力分析的加速寿命试验方法,即依靠各类预计手册计算产品不同应力条件下的失效率来获取加速因子。

c)基于激活能预估(一般采用固有失效率最大的元器件激活能)的加速试验方法等。但由于都是基于某个器件或手册数据,得到的加速因子都偏保守。

加速试验技术的一个重要应用领域是产品的贮存延寿试验。国外从一开始便非常重视加速贮存试验技术的发展和应用,在 20 世纪 80 年代,投入大量经费进行相关产品的现场贮存试验和加速贮存试验,得到了许多产品的贮存寿命数据,延长了产品的贮存期。因此整机加速试验可以借鉴加速贮存试验中的理论和成功经验。

24.7.1 指数分布加速因子

对于服从指数分布的电子产品,失效率为常数,其失效概率函数可表示为:

$$F(t) = 1 - e^{-\lambda t} \tag{24-67}$$

则达到相同的累积失效概率 F_0 时,对应式(24-68),即加速系数 AF:

$$AF = \frac{t_{su}}{t_{sa}} = \frac{-\dfrac{\ln(1-F_0)}{\lambda_{su}}}{-\dfrac{\ln(1-F_0)}{\lambda_{sa}}} = \frac{\lambda_{sa}}{\lambda_{su}} \tag{24-68}$$

式中:λ_{su}——在正常应力水平下产品的失效率;λ_{sa}——在加速应力水平下产品的失效率;F_0——事先约定的目标积累失效概率值;t_{su}——在正常应力水平下,累积失效概率达到 F_0 时,对应的正常试验时间;t_{sa}——在加速应力水平下,累积失效概率达到 F_0 时,对应的加速试验时间。

24.7.2 基于应力分析预计法的高温加速因子求解

基本可靠性为串联模型,对于服从指数分布的电子产品,产品失效率等于 n 单元失效率之和,即

$$\lambda_s = \sum_{i=1}^{n} \lambda_i \tag{24-69}$$

由式(24-68)可得:

$$AF = \frac{\lambda_s'}{\lambda_s} \tag{24-70}$$

式中:λ_s——在正常应力水平下产品的失效率;λ_s'——在加速应力水平下产品的失效率。

采用应力分析法分别预计产品在高温和正常温度下的产品失效率后相除,即可得到高温加速因子。

也可利用阿伦尼斯模型推导加速高温条件 T_a 相对常温条件 T_u 下的加速因子。

$$AF = e^{\frac{E_a}{k_B}\left(\frac{1}{273.15+T_u} - \frac{1}{273.15+T_a}\right)} \tag{24-71}$$

24.7.3 基于可靠性仿真的加速因子求解

基于可靠性仿真的温度交变和振动应力加速因子的计算可采用如下方法:

a) 通过可靠性仿真试验得到产品在正常条件下热疲劳或振动疲劳失效的前 10 个潜在薄弱点,假定其首发故障循环数分别为 $t_{u1}, t_{u2}, t_{u3}, \cdots, t_{u10}$;

b) 在初步设定的加速条件下再次进行可靠性仿真试验,得到上面 10 个潜在薄弱点的首发故障循环数分别为 $t_{a1}, t_{a2}, t_{a3}, \cdots, t_{a10}$;

c）将第 i 个潜在故障点在正常条件下和加速条件下的首发故障循环数相除,得到第 i 个故障点的加速因子 AF_i,即 $AF_i = t_{ui}/t_{ai}$;

d）将 10 个潜在薄弱点的加速因子算术平均,得到产品的温度循环或振动加速因子 AF

$$= \frac{\sum_{i=1}^{10} AF_i}{10}。$$

24.7.4　常见寿命分布加速因子

若产品在额定应力 S_0 下的寿命分布函数为 $F_0(t)$,t_{p0} 为其 p 分位寿命;在加速应力 S_i 下的寿命分布函数为 $F_i(t)$,t_{pi} 为其 p 分位寿命,有 $F_0(t) = F_i(t) = p$,则加速应力 S_i 对额定应力 S_0 的加速因子为:

$$AF_{i0} = \frac{t_{p0}}{t_{pi}} \tag{24-72}$$

服从指数分布的电子产品,加速因子的推导见 22.6.1 节。对于服从威布尔分布的产品,设在正常应力水平 S_0 和加速应力水平 S_i 下产品的寿命都服从威布尔分布,其失效分布函数为:

$$F_i(t) = 1 - e^{-(t/\eta_i)^{m_i}}, t > 0, i = 0, 1, \cdots \tag{24-73}$$

式中:m_i—形状参数,$mi > 0$;η_i—特征寿命,$\eta_i > 0$。在威布尔分布场合,特征寿命 η_i 即 $p = 1 - e^{-1} = 0.632$ 的分位寿命,因此,在威布尔分布场合,用两个特征寿命之比来确定加速系数,即将上式变换为:

$$\ln \eta = a^0 = \phi(S) \tag{24-74}$$

假设在正常应力水平下产品的特征寿命为 η_0,加速应力水平下产品的特征寿命为 η_i。则:

$$\ln \eta_0 = a^0 + b\phi(S_0)$$
$$\ln \eta_i = a^0 + b\phi(S_i) \tag{24-75}$$
$$\ln \eta_0 - \ln \eta_i = b[\phi(S_0) - \phi(S_i)]$$
$$\ln\left(\frac{\eta_0}{\eta_i}\right) = b[\phi(S_0) - \phi(S_i)] \tag{24-76}$$

威布尔分布加速因子为:

$$AF = \frac{\eta_0}{\eta_i} = e^{b[\phi(S_0) - \phi(S_i)]} \tag{24-77}$$

根据加速因子的定义,在产品失效机理保持不变的前提下,常见寿命分布模型的加速因子见表 24-6。

表 24-6　常见寿命分布的加速因子

寿命分布	分布函数	加速因子	分布参数约束
指数分布	$F(t) = 1 - \exp(-\lambda t)$	$AF_{ij} = \lambda_i / \lambda_j$	—
双参数指数分布	$F(t) = 1 - \exp[-\lambda(t-\gamma)]$	$AF_{ij} = \lambda_i / \lambda_j = \gamma_j / \gamma_i$	$\gamma_i \lambda_i = \gamma_j \lambda_j$
正态分布	$F(t) = \Phi[(t-u)/\sigma]$	$AF_{ij} = \mu_j / \mu_i = \sigma_j / \sigma_i$	$\mu_j \mu_i = \sigma_j \sigma_i$
对数正态分布	$F(t) = \Phi[(\ln t - u)/\sigma]$	$AF_{ij} = \exp(\mu_j - \mu_i)$	$\sigma_i = \sigma_j$
双参数威布尔分布	$F(t) = 1 - \exp[-(t/\eta)^m]$	$AF_{ij} = \eta_j / \eta_i = e^{b[\phi(s_j) - \phi(s_i)]}$	$m_i = m_j$
三参数威布尔分布	$F(t) = 1 - \exp\{-[(t-\gamma)/\eta]^m\}$	$AF_{ij} = \gamma_j / \gamma_i = \eta_j / \eta_i$	$m_i = m_j$ 且 $\gamma_j / \gamma_i = \eta_j / \eta_i$
极值分布	$F(t) = 1 - \exp\{-\exp[(t-\mu)/\sigma]\}$	$AF_{ij} = \mu_j / \mu_i = \sigma_j / \sigma_i$	$\mu_j / \mu_i = \sigma_j / \sigma_i$

24.7.5　电子产品加速试验的可靠性评估

1）可靠性点估计

采用极大似然法,设总体的分布密度函数为 $f(t, \theta)$,其中 θ 为待估参数,从总体中得到一组样本,观测值为 $(t_{(1)}, t_{(2)}, t_{(3)}, \cdots, t_{(n)})$,取这组观测值的概率为: $\prod_{i=1}^{n} f(t_i, \theta)\,\mathrm{d}t$。

寿命服从指数分布的产品,其概率密度为: $f(\theta) = \dfrac{1}{\theta} e^{-t/\theta}$。

在不同试验方案下产品验证值的评估见表 24-6。

表 24-7　产品验证值评估

试验类型	平均寿命的点估计	总试验时间
无替换定时截尾	$\hat{\theta} = \dfrac{T}{r} \cdot AF$	$T = \sum_{i=1}^{r} t_{(i)} + (n-r)t_{(0)}$
有替换定时截尾		$T = nt_{(0)}$
无替换定数截尾		$T = \sum_{i=1}^{r} t_{(i)} + (n-r)t_{(r)}$
有替换定数截尾		$T = nt_{(r)}$

表中: n—投入试验的样本量; r—试验中出现的总故障数; $t_{(0)}$—定时截尾试验的截尾时间; $t_{(r)}$—定数截尾试验中出现第 r 个故障的故障时间; AF—产品的加速因子。

2）可靠性区间估计

选择一个与待估参数有关的统计量 H,寻找它的分布,使得:

$$P(H_L \leqslant H \leqslant H_U) = 1 - \alpha \qquad (24-78)$$

通过 H 与待估参数的关系,得到待估参数的置信区间,即:

$$P(\theta_L \leqslant \theta \leqslant \theta_U) = 1 - \alpha \qquad (24-79)$$

根据上述区间估计的方法得到在指数分布场合下各种试验方案的区间估计公式,见表 24-8。

表 24-8　指数分布的区间估计

/	T_{FB}的区间估计	T_{BF}单侧置信下限
定时截尾	$\theta_{\mathrm{L}} = \dfrac{2TAF}{\chi^2_{2r+2,\frac{\alpha}{2}}}, \theta_{\mathrm{U}} = \dfrac{2TAF}{\chi^2_{2r,1-\frac{\alpha}{2}}}$	$\theta_{\mathrm{L}} = \dfrac{2TAF}{\chi^2_{2r+2,\alpha}}$
定数截尾	$\theta_{\mathrm{L}} = \dfrac{2TAF}{\chi^2_{2r,\frac{\alpha}{2}}}, \theta_{\mathrm{U}} = \dfrac{2TAF}{\chi^2_{2r,1-\frac{\alpha}{2}}}$	$\theta_{\mathrm{L}} = \dfrac{2TAF}{\chi^2_{2r,\alpha}}$
无失效	—	$\theta_{\mathrm{L}} = \dfrac{TAF}{-\ln\alpha}$

表中:α—显著性水平;T—总试验时间;A—产品的加速因子。

24.7.6　加速寿命试验数据处理

加速寿命试验数据处理方法除了图估法外,还有最小二乘法、极大似然法和线性无偏估计等。综合温度加速和电压加速两种情况,加速寿命试验可用下式表示:$\ln \eta = A + B\varphi$,式中:当加速变量为温度且服从阿列尼斯定律 $\varphi = 1/T$;当加速变量如电压服从逆幂律关系时 $\varphi = \ln V$。

对于威布尔分布而言,设第 j 组($j = 1,2,\cdots,l$)应力条件 φ_j 下,投试 n_j 个样品,观察到 r_j 个失效样品,则在 $\varphi_1,\varphi_2,\cdots,\varphi_l$ 作用下,分别得到形状参数 $m_1,m_2,\cdots,m_l$ 及位置参数 $\mu_1,\mu_2,\cdots,\mu_l$(式中 $\mu_j = \ln \eta_j$),利用数值分析法就可以分别求出 l 组应力时 $\hat{m}_j$ 的加权平均值 m 和加速方程的系数 A,B。表 24-9 将各种方法的计算公式列于表中。

表 24-9　威布尔分布加速寿命试验数据处理

	最小二乘法	极大似然法	线性无偏估计法
$\overline{m}$	$\sum\limits_{i=1}^{t} n_j \hat{m}_j / n$	$\sum\limits_{i=1}^{t} r_j \hat{m}_j / r$	$(L-1)/Q$
$\hat{B}$	$\dfrac{\overline{\hat{\mu}\varphi} - \overline{\hat{\mu}}\;\overline{\varphi}}{\overline{\varphi^2} - \overline{\varphi}^2}$	$\dfrac{\overline{\hat{\mu}\varphi} - \overline{\hat{\mu}}\;\overline{\varphi}}{\overline{\varphi^2} - \overline{\varphi}^2}$	$\dfrac{BM - IH}{BG - I^2}$
$\overline{A}$	$\hat{\mu} - \hat{B}\overline{\varphi}$	$\hat{\mu} - \hat{B}\overline{\varphi}$	$\dfrac{BM - IM}{BG - I^2}$
备注	$n = \sum\limits_{j=1}^{t} n_j$ $\overline{\varphi} = \dfrac{1}{t}\sum\limits^{t} \varphi_j$ $\overline{\varphi}^2 = \left[\dfrac{1}{t}\sum\limits^{t}\varphi_j\right]^2$ $\overline{\hat{\mu}} = \dfrac{1}{t}\sum\limits^{t}\hat{\mu}_j$ $\overline{\hat{\mu}\varphi} = \dfrac{1}{t}\sum\limits^{t}\mu_j\varphi_j$ $\overline{\varphi^2} = \dfrac{1}{t}\sum\limits^{t}\varphi_j^2$	$r = \sum\limits_{j=1}^{t} r_j$ $\overline{\varphi} = \dfrac{1}{t}\sum\limits^{t} \varphi_{j \cdot r_j}$ $\overline{\varphi}^2 = \left[\dfrac{1}{t}\sum\limits^{t}\varphi_{j \cdot r_j}\right]^2$ $\overline{\hat{\mu}} = \dfrac{1}{t}\sum\limits^{t}\mu_j r_j$ $\overline{\hat{\mu}\varphi} = \dfrac{1}{t}\sum\limits^{t}\mu_j\varphi_j r_j$ $\overline{\varphi^2} = \dfrac{1}{t}\sum\limits^{t}\varphi_j^2 r_j$	$L = \sum\limits_{j}^{t} t_{r_j^n j}^{-1}, \ Q = \sum\limits_{j=1}^{t} t_{r_j^n j}^{-1}\sigma_j$ $B = \sum\limits_{j}^{t} A_{r_j^n j}^{-1}, \ I = \sum\limits_{j=1}^{t} A_{r_j^n j}^{-1}\varphi_j$ $G = \sum\limits_{j}^{t} A_{r_j^n j}^{-1}\varphi_j^2, \ H = \sum\limits_{j}^{t} A_{r_j^n j}^{-1}\hat{\mu}_j$ $M = \sum\limits_{j=1}^{t} A_{r_j^n j}^{-1}\varphi_j \hat{\mu}_j$ $A_{r_j^n j}^{-1} \cdot C_{r_j^n j}^{-1}$ 查专用数表

由加速方程 $\ln \eta = A + B\varphi$，可以得到：

$$\tau = \frac{\eta_0}{\eta_j} = e^{\hat{B}(\varphi_0 - \varphi_j)} \tag{24-80}$$

在温度加速寿命试验中 $\tau = e^{\hat{B}\left(\frac{1}{T_0} - \frac{1}{T_j}\right)}$；在加速变量服从逆幂律关系时 $\tau = \left(\frac{V_0}{V_j}\right)^{\hat{B}}$。

失效率加速系数 $\tau(\lambda) = \dfrac{\lambda_j(t)}{\lambda_0(t)}$。对于威布尔分布情况则有：

$$\tau(\lambda) = \frac{mt^{m-1}/\eta_j^m}{mt^{m-1}/\eta_0^m}\left(\frac{\eta_0}{\eta_j}\right)^m = \tau^{\hat{m}} \tag{24-81}$$

因此温度加速和电压加速威布尔分布失效率加速系数分别为：

$$\tau(\lambda) = e^{\hat{m}\hat{B}\left(\frac{1}{T_0} - \frac{1}{T_j}\right)}\text{和}\ \tau(\lambda) = \left(\frac{V_0}{V_j}\right)^{\hat{B}\hat{m}} \tag{24-82}$$

在对数正态分布情况下，设第 j 组（$j = 1, 2, \cdots, l$）应力条件 φ_j 下，投试 n_j 个样品，观察到 r_j 个失效样品，则在 $\varphi_1, \varphi_2, \cdots, \varphi_1$ 作用下，分别得到对数方差 $\sigma_1, \sigma_2, \cdots, \sigma_1$ 及对数均值 μ_1，$\mu_2, \cdots, \mu_l$，利用数值分析法就可以分别求出 l 组应力时 $\hat{\sigma}_j$ 的加权平均值 $\bar{\sigma}$ 和加速方程的系数 A, B。表 24-10 将各种方法的计算公式列于表中。

表 24-10　对数正态分布加速方程估计

	极大似然法	简单线性无偏估计
$\bar{\sigma}$	$\dfrac{\sum\limits^{l} n_j \sigma_{22j}^{-1}\hat{\sigma}_j}{\sum\limits^{l} n_j \sigma_{22J}^{-1}}$	$\dfrac{\sum\limits^{l} l_{r_j^n j}^{-1}\sigma_j}{\sum\limits^{l} l_{r_j^n j}^{-1}}$
$\hat{B}$	$\dfrac{EM - IH}{EG - I^2}$	$\dfrac{EM - IH}{EG - I^2}$
$\hat{A}$	$\dfrac{GH - IM}{EG - I^2}$	$\dfrac{GH - IM}{EG - I^2}$
备注	$E = \sum\limits^{l} n_j \sigma_{11j}^{-1}$ $G = \sum\limits^{l} n_j \sigma_{11j}^{-1}\varphi_j^2$ $I = \sum\limits^{l} n_j \sigma_{12j}^{-1}\varphi_j$ $H = \sum\limits^{l} n_j \sigma_{11j}^{-1}\hat{\mu}_j$ $M = \sum\limits^{l} n_j \sigma_{11j}^{-1}\hat{\varphi}_j\hat{\mu}_j$ σ_{11j}^{-1} 与 σ_{22j}^{-1} 可根据 $n_j r_j$ 查表 $\sigma_{11/n}$ 为 $\dfrac{\hat{\mu}}{\sigma}$ 的方差 $\sigma_{22/n}$ 为 $\dfrac{\hat{\sigma}}{\sigma}$ 的方差	$E = \sum\limits^{l} Ar_j^{-1} n_j$ $G = \sum\limits^{l} Ar_j^{-1} n_j \varphi^2$ $I = \sum\limits^{l} Ar_j^{-1} n_j \varphi_j$ $H = \sum\limits^{l} Ar_j^{-1} n_j \hat{\mu}_j$ $M = \sum\limits^{l} Ar_j^{-1} n_j \hat{\mu}_j \hat{\varphi}_j$ $l_{r_j^n j}^{-1}$ 与 $A_{r_j^n j}^{-1}$ 可查表 $l_{r_j f j}^{-1}$ 为 $\dfrac{\hat{\sigma}_j}{\sigma}$ 的方差的倒数

24.7.7 步进应力加速寿命试验数据处理

在试验过程中,应力随时间分阶段逐步增强的试验称为步进应力加速寿命试验。采用步进应力加速寿命试验,能进一步缩短试验时间,且所需的试验样品量较少,可在较短时间内获得产品的可靠性寿命特征信息。产品进行步进应力加速寿命试验后,可以利用时间折算或应力折算的方法,将步进应力试验结果转化为恒定应力试验结果,然后按恒定应力加速寿命试验数据处理方法进行处理。

1) 步进应力试验时间折算

假定产品在不同应力水平 $S_j (i=1,2,\cdots,k)$ 下,产品的失效机理不变,且寿命 t 与应力之间服从 $\ln t = a + b\varphi(S)$,又假定产品的残余寿命仅依赖于当时已积累失效部分和当时的应力条件,而与积累方式无关。利用这一假定,可以知道产品在应力 S_i 下工作 t_i 时间的积累失效概率 $F_{S_i}(t_i)$,相当于在应力 S_j 下工作 τ_{ij} 时间的累积失效概率。即 $F_{S_i}(t_i) = F_{S_j}(\tau_{ij})$, $i(\neq j)=1,2,\cdots,k$,而且在各应力下产品所受应力的影响,可以累加起来计算。因此,对于威步尔而言,则有:

$$1 - \exp\left[-\left(\frac{t_i}{\eta_i}\right)^m \right] = 1 - \exp\left[-\left(\frac{\tau_{ij}}{\eta_i}\right)^m \right] \tag{24-83}$$

用 $\ln \eta_i = a + b\varphi(S_i)$ 代入上式得:

$$\tau_{ij} = t_i \exp\{ -b[\varphi(S_i) - \varphi(S_j)] \} \tag{24-84}$$

由于步进应力试验是若干步进下的累积作用结果,有必要将前一步进应力的时间,利用上式分别折算到后一步进应力时间上。

设产品在第 i 步进应力下工作了 t_i 时间,这样每一步折算后的时间为:

第一步:t_1;

第二步:$t_1 e^{-b[\varphi(S_1) - \varphi(S_2)]} + t_2$;

第三步:$t_1 e^{-b[\varphi(S_1) - \varphi(S_2)]} + t_2 e^{-b[\varphi(S_2) - \varphi(S_3)]} + t_3$;

……;

第 j 步:$\sum_{i=1}^{j-1} t_i e^{-b[\varphi(S_i) - \varphi(S_j)]} + t_i = \sum_{i=1}^{j} t_i e^{-b[\varphi(S_i) - \varphi(S_j)]}$

将第 j 步进时间记为 τ_j,则有:

$$\tau_j = \sum_{i=1}^{j} t_i e^{-b[\varphi(S_i) - \varphi(S_j)]} \quad (j = 1,2,\cdots,k) \tag{24-85}$$

2) 步进应力试验应力折算

步进应力试验时,除了用时间折算法转化为恒定应力之外,还可以用应力折算法将步进应力转化为恒定应力来进行数据处理。在应力 S_j 下工作 τ_j 时间,相当在 S'_j 下工作 t_j 时间 $(S'_j > S_j)$,即由 $\tau_j = t_j e^{-b[\varphi(S_{j'}) - \varphi(S_j)]}$,可以得到:

$$\varphi(S'_j) = \varphi(S_j) - \frac{1}{b}\ln\frac{\tau_j}{t_j}$$

$$= \varphi(S_j) - \frac{1}{b}\ln\left\{1 + \sum_{i=1}^{j-1}\frac{t_i}{t_j}\exp[-b(\varphi(S_i) - \varphi(S_j))]\right\} \qquad (24-86)$$

24.7.8 电子产品综合应力下的加速试验

电子产品整机特别是机载电子设备,其承受的典型应力,除了温度应力,还有温度循环、湿度、振动应力。在进行电子产品综合应力加速可靠性试验时,应保证受试样机的失效机理不发生变化,且施加的总应力与可靠性鉴定试验等效,应确定可靠性加速试验剖面中各应力的范围并计算各应力的加速因子,最终根据几类应力的匹配关系,得到加速试验剖面。

1)加速应力的选择

可靠性鉴定试验剖面的综合应力类型包含温度应力、振动应力、温度循环、湿度应力和电应力,等效后的加速可靠性试验剖面应与可靠性鉴定试验剖面的应力类型保持一致,一般选取温度应力和振动应力作为加速应力,湿度应力和电应力仍保留。

2)温度应力确定

高温加速温度可依据可靠性强化试验和可靠性仿真分析的结果确定,一般在产品高温工作温度与产品高温工作极限温度 -100 ℃之间,具体按可靠性仿真试验中的热分布情况确定高温加速温度。加速因子的确定可按 24.7.3 节的方法。

由于低温没有加速效应,在加速可靠性试验中保留原试验剖面中的低温应力,以考核产品的低温工作能力。

3)振动应力确定

为保证激发故障不引入新的失效机理,加速可靠性试验随机振动谱型应与可靠性鉴定试验的随机振动谱型保持一致。随机振动量值可自己选取,但考虑到可能会引入新的故障模式,随机振动最大量值不应超过原剖面中的最大量值。

如耐久振动加速模型为:

$$\frac{W_0}{W_1} = \left(\frac{T_1}{T_0}\right)^{1/4} \text{或} \frac{g_0}{g_1} = \left(\frac{T_1}{T_0}\right)^{1/6} \qquad (24-87)$$

式中:W—为随机振动量级(加速度谱密度,单位为 g^2/Hz);g—正弦振动量级(峰值加速度,单位为 g);T—振动时间。

4)温变率确定

可靠性鉴定试验剖面中最大升降温速率≤可靠性加速试验中升降温速率≤温/湿度箱最大的升降温速率。

5)剖面的匹配

加速试验剖面设计要与原鉴定试验剖面的各应力关系相匹配。

a)温循次数匹配。原鉴定试验剖面有 n 个温度循环,温变率为 ν_{2i},温度跨度为 Δt_{2i},最高温度为 T;加速试验中的温变率为 ν_1,温度跨度为 Δt_1,则每个温度循环折合为加速剖面的加速因子为:

$$Acc_i = \left(\frac{\Delta t_1}{\Delta t_{2i}}\right)^{1.9}\left(\frac{\nu_1}{\nu_{2i}}\right)^{1/3}\exp[0.01(t_1 - t_{2i})] \qquad (24-88)$$

原鉴定试验的总循环数为 K，在加速试验中一个周期包含两个温度循环，则加速试验循环次数匹配值为：

$$\sum \frac{K}{2A_{CC_i}} \qquad (24-89)$$

b）温度时间匹配。原鉴定试验的剖面由 m 段温度组成（不计低温），每个温度段的时间为 t_i，加速试验温度值相对于每个温度段的加速系数为 τ_i，原总循环数为 K，则加速试验的高温持续总时间 $T = \sum\limits_{i}^{m} K \dfrac{t_i}{\tau_i}$。每个循环高温持续时间 = T/温循次数匹配值。

c）振动匹配。加速可靠性试验随机振动谱型与可靠性鉴定试验的随机振动谱型保持一致。随机振动的加速因子为：

$$\tau_2 = \frac{T_1}{T_2} = \left(\frac{\nu_2}{\nu_1}\right)^m \qquad (24-90)$$

式中：ν_1——一般试验剖面下的振动功率谱密度（加权值）；ν_2—加速试验剖面中的振动功率谱密度；m—振动应力加速率常数，一般取 3 ~ 5。

加速试验中产品的振动应力应与电应力同时施加，可将原鉴定试验剖面中振动时间按振动加速公式折合到加速试验剖面中。

d）其他应力匹配。为保证温度应力和湿度产生的复合应力激发产品故障的失效机理未变，在加速可靠性试验剖面中高温保持段设置 1 h 控湿段（露点温度≫31 ℃），并安排在加速试验剖面每循环剖面点 1 ~ 2 h。在每一加速循环中，只在模拟地面冷浸的 0.5 h 内不通电，其他时间均通电。

24.8　加速寿命试验示例

某器件为长寿命高可靠器件，对于此类器件的可靠性评估，采用加速寿命实验。根据器件摸底试验结果，本器件的失效与温度密切相关。

令器件初始状态的退化量为 M_0，对应时间为 t_0，器件失效时的退化量为 M_P，对应时间为 t_P。则当温度 T 为常数时，从 t_0 到 t_P 的累积退化量为：

$$
\begin{aligned}
M_P - M_0 &= \int_{t_0}^{t_P} \mathrm{d}M \\
&= \int_{t_0}^{t_P} A_0 \exp\left(-\frac{\Delta E}{k_B T}\right) \mathrm{d}t \\
&= A_0 \exp\left(-\frac{\Delta E}{k_B T}\right)(t_P - t_0) \qquad (24-91)
\end{aligned}
$$

令 $L = t_P - t_0$，表示器件从 t_0 时刻开始延续的寿命 L，根据式（24-91）有：

$$\ln L = \ln \frac{M_P - M_0}{A_0} + \left(\frac{\Delta E}{k_B}\right) \Big/ T \qquad (24-92)$$

器件寿命特征的对数是温度倒数的线性函数。

加速因子 τ 定义为加大应力下器件寿命 L_1 与正常应力下器件寿命 L_0 之比。即

$$\tau = L_1 / L_0 \tag{24-93}$$

结合式(24-92),可得到加速因子与温度的关系为:

$$\tau = \exp\left[\frac{\Delta E}{k_B}\left(\frac{1}{T_1}\frac{1}{T_0}\right)\right] \tag{24-94}$$

器件平均寿命 MTTF 计算公式为:

$$MTTF = \frac{1}{\lambda} \tag{24-95}$$

依据 GB 5080.4 中对可靠性测定试验的点估计所规定的方法,置信度为 60% 时器件失效率计算公式如下:

$$\lambda < \frac{\chi_{0.6}^2(2\gamma+2)}{2T^*} \tag{24-96}$$

式中:γ——失效器件数;T^*——试验累计元件小时数。当器件零失效时,不等式(24-96)中分子为 $\chi_{0.6}^2(2\gamma+2) = 1.83$。加速寿命试验的实际小时数 T 满足:

$$T = \frac{T^*}{\tau} \tag{24-97}$$

由式(24-97)、式(24-98)联立得到置信度为 60% 下加速寿命试验实际小时数为:

$$T > \frac{1.83 MTTF}{2\exp\left[\frac{\Delta E}{k_B}\left(\frac{1}{T_1} - \frac{1}{T_0}\right)\right]} \tag{24-98}$$

从式(24-98)中看出,该器件加速寿命试验条件选择主要由以下几个参数决定。分别是激活能 ΔE,正常寿命试验状态下的管芯温度 T_0 以及进行加速寿命试验时的管芯温度 T_1。根据应用需求,首先在额定工作条件下(85 ℃)对该器件进行管芯温度测试。测试值见表 24-11。

表 24-11 管芯温度测试结果

底温 85 ℃	01#	02#
脉宽 > 500 μs	管芯温度	管芯温度
占空比 > 20%	126 ℃	123 ℃

通过表 24-10 测试结果,取 $T_0 = 125$ ℃。当载板温度不变时,管芯温度会随着占空比的加大而迅速升高。保持载板温度为 85 ℃,将占空比加大至接近连续波工作状态。利用红外热像仪分别测定管壳、载体及管芯结温,测得加速寿命试验时,管芯的结温为 $T_1 = 210$ ℃。取激活能为 $\Delta E = 1.4$ eV,代入式(24-94)可得加速因子为 1 300。若要求 $MTTF \geqslant 2 \times 10^6$ h,利用式(24-98)计算得到加速寿命试验的实际小时数为 $T > 1\,388$ h。如果选取 8 个功率管同时加电试验,需要至少进行 173 小时。考虑到频繁拆卸对器件的影响,中间测试确定在 170 h。

试验中功率管参数失效判据为:在规定的试验条件下,如功率管恢复常温条件下输出功

率相对常温初始值下降超过 1 dB,则判断试验管失效。

根据计算,在 170 h 后监测八个功率管输出功率并与原输出功率比较,变化情况见表 24 - 12。

表 24 - 12　器件加速寿命试验前后输出功率变化情况

样本#	1	2	3	4	5	6	7	8
功率衰减(dB)	-0.789	-0.812	-0.66	-0.627	-0.691	-0.593	-0.634	-0.568

从表 24 - 12 可见,试验的功率管零失效,由此充分说明,通过加速寿命试验测试,该器件在额定工作条件下 $MTTF$ 达到 2×10^6 h。

第二十五章　多源数据融合可靠性综合评估

产品可靠性信息是多源的，其多源主要体现在两个方面：一是在产品全生命周期的不同阶段均存在着可靠性信息；二是产品各阶段的可靠性信息通常来自不同的信息源，如各个可靠性试验、历史数据等。对于复杂系统的可靠性评估，由于受试样品、试验设备、时间等限制，导致开展大样本试验较为困难。小子样可靠性评估在产品研制过程中具有重要意义。

产品研制过程划分为方案、初样、正样等研制阶段，在不同研制阶段对产品做的各种试验，如筛选试验、环境试验、可靠性仿真、可靠性强化试验、可靠性摸底试验、可靠性加速增长试验、联试和检飞等，其环境条件不同，产生的可靠性信息呈现变环境的特性。此外，复杂系统的研制具有继承性特征，相似部分的可靠性信息也可为目标产品可靠性评估提供有用信息，设计不断优化改进，呈现变母体的特性。综合产品在不同试验、各研制阶段的规范数据可为评估产品可靠性提供有效信息，一定程度上可解决小样本的问题。

基于多源数据融合，利用产品研制各阶段、各试验的可靠性数据评估产品的可靠性水平。

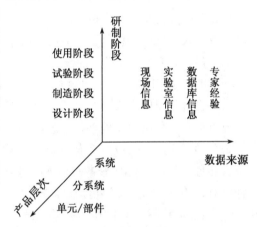

图 25 - 1　可靠性综合评估信息来源

25.1　多源信息融合概述

25.1.1　多源信息融合来源

多源信息融合是人类和其他生物系统进行观察的一种基本功能。自然界中人和动物感知客观对象，不是单纯依靠一种信息源，而是多个信息源的综合。人类的视觉、听觉、触觉、嗅觉和味觉，实际上是通过不同信息源获取客观对象不同质的信息，或通过同类信息源（如双目）获取同质而又不同量的信息，然后由大脑对这些信息进行交融，得到一种综合的信息处理结果。也就是说，人本身就是一个高级的多源信息融合系统，大脑这个融合中心协同眼（视觉）、耳（听觉）、口（味觉）、鼻（嗅觉）、手（触觉）等多类信息源去感觉被观察物体各个侧面的信息，并根据人脑的经验与知识进行相关分析、去粗取精，再经过融合中心的综合判决，获得对周围事物性质和本质的全面认识，最终做出相应决策。这种把多个信息源进行交融的过程称之为多源信息融合，有时人们把信息融合也称为数据融合。

人类对于一个对象的观察判断是相当复杂和自适应的一个处理过程,需要综合人的不同感官对于在不同空间范围内发生的不同物理现象采集不同的测量特征,并将这些特征汇集到大脑进行综合分析。因此,不同的人由于观察的角度和观点不同,对于同一个事物也会有不同的判断。但当汇集的信息源愈加丰富,最终形成的判断也会更加客观。这使得人们对于这种多信息/数据融合的形式产生了兴趣,并进行了研究应用。

起初,技术还不足以满足对多源信息的自动融合分析,采取的更多的是各类分析处理单一信息源、再由人进行决策或简单机器辅助决策的模式。近年来,人类的许多功能已经被科学家们采用自动化系统进行了模拟,并将其应用于生产生活中。同样,人工智能的研究,特别是知识表示技术,推动了高级计算机技术的发展,也改善了人们执行自动信息融合的能力,这就使得人类信息融合功能也可以用自动信息融合系统来进行模拟。

25.1.2 多源信息融合定义

早在 20 世纪 70 年代末期,在一些文献中就开始出现有关信息综合的概念或相关名词。在其后的较长一段时期,人们普遍使用“数据融合”这一名词。直到 21 世纪,考虑到传感器信息的多样性,“信息融合”一词被广泛采用。目前,要给出信息融合这门学科的一般概念是非常困难的,这种困难是由信息融合所研究内容的广泛性和多样性带来的。

信息融合较早的定义都是和军事上的应用紧密结合的,以定义为基础的理论模型及方法研究也都没有脱离信息处理的概念。JDL 从军事应用的角度给出了信息融合的最初定义:信息融合是一个从单个或多个信息源获得数据和信息,进行关联、相关和综合,以获得精确的位置和身份估计以及对态势和威胁及其重要程度进行全面及时评估的信息处理过程。该过程是对其估计、评估和额外信息需求评价的一个持续精炼过程,同时也是信息处理过程不断自我修正的一个过程,以获得结果的改善。后来,JDL 又根据实际情况修正了信息融合的定义:信息融合指对来自单个或多个传感器的信息和数据进行多层次、多方面的处理,包括自动检测、关联、相关、估计和组合。目前,国际上普遍接受的对信息融合的定义为:信息融合是一个组合数据和信息以用来估计或预测实体状态的过程。

信息融合的研究对象不仅仅局限在数据数量的多寡,而是信息源的丰富,甚至是不同种信息的融合,这才是广义的、完整的多源信息融合含义。从广泛的意义上说,融合就是将来自多信息源的信息和数据进行综合处理,从而得出更为准确可靠的结论。融合是一种形式框架,其过程是用数学方法和技术工具综合不同来源信息,目的是得到高品质的有用信息。“高品质”的精确定义依赖于应用。这样,存在各种不同种类、不同等级的融合,如数据融合、图像融合、特征融合、决策融合、传感器融合、分类器融合等。对不同来源、不同模式、不同时间、不同地点、不同表示形式的信息进行综合,最后可以得到对被感知对象更加精确的描述。

25.1.3 多源信息融合层次

多源信息融合可以在不同的层次上进行融合,目前多源信息融合可分为数据层融合、特征层融合、决策层融合等,如图 25 – 2 所示。

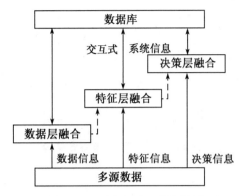

图 25-2　融合系统层次化模型

1) 数据层信息融合

数据层融合,顾名思义,是直接对不同来源数据进行融合处理,然后基于数据融合的结果进行进一步的特征提取和判断决策。这是最低层次的融合,其优点是:由于其直接对不同来源的信息进行处理,只有较少数据的损失。它能提供其他融合层次所不能提供的其他细微信息,所以精度最高。总体而言,数据层信息融合的局限性主要包括:

a) 所要处理的多源数据量大,故处理代价高,处理时间长,实时性差;

b) 这种融合是在信息的最低层进行的,来源数据的不确定性、不完整性和不稳定性要求在融合时有较高的纠错处理能力;

c) 数据融合处理要求多组同类数据的数据背景一致,例如数据精度、采样方式方法等。

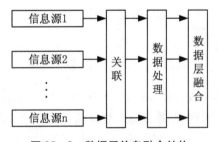

图 25-3　数据层信息融合结构

2) 特征层信息融合

特征层融合属于中间层次的融合。特征层信息融合是对信息源收集到的数据进行初步预处理后,通过基本的特征提取,综合分析和处理各项信息。其优点是经过压缩、稀释等方式降低了数据的维度后,在仍能反映数据提供的大部分信息的情况下,有效降低了信息融合的处理时间,提升了处理效率和实时性。实际上,特征提取是模式识别、图像处理、遥感等高新技术的基础。提取的特征可以给出决策结果所需的主要特征信息。其缺点是无法规避信息损失问题的产生,因此需要严格要求特征提取或预处理的方式方法。

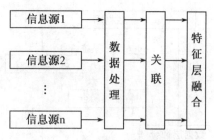

图 25 - 4   特征层信息融合结构

3）决策层信息融合

决策层信息融合是针对来源与不同渠道的结果或决策信息进行融合,从决策问题的需求出发。在各低层信息融合中心对各项信息已经完成初步决策的情况下,根据一定的融合规则,综合分析各个低层信息融合中心的决策结果,由此得到融合后的最终结果。决策层信息融合是一种高级别的信息融合。

决策层信息融合对信息源的种类和类型要求不高,因此表现出较高的灵活性。当一个信息源出现故障或者收集的数据有误的时候,通过适当的改进方法或者融合规则,可以保证决策结果不会出现偏差。其防干扰能力和容错性较强。

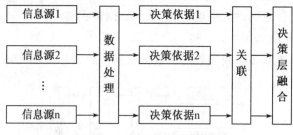

图 25 - 5   决策层信息融合结构

进一步来说,按照信息融合过程的输入输出数据之间存在的差异关系来分,可以把这三个融合层次细分为五种融合过程:数据输入-数据输出融合、数据输入-特征输出融合、特征输入-特征输出融合、特征输入-决策输出融合、决策输入-决策输出融合。

25.1.4   多源信息融合优势

信息融合是一门综合性、交叉性的学科,涉及很多相关技术。信息融合得以成为目前研究的热点,一方面是实际需要和巨大的应用前景所决定的,另一个重要原因在于其自身的优势。信息融合技术作为一种多源信息综合处理技术,它的优势主要体现在以下几个方面:

1）信息冗余性:不同来源的信息是冗余的,并且具有不同的可靠性。通过融合处理,可以从中提取出更加准确和可靠的信息。此外,信息的冗余性可以提高系统的稳定性,从而能够避免因某一来源的数据不准确而对整个系统造成影响。

2）信息互补性:不同信息源提供不同性质的信息,这些信息所描述的对象是不同的环境特征,它们彼此之间具有互补性。如果定义一个由所有特征构成的坐标空间,那么每个信息源所提供的信息只属于整个空间的一个子空间,和其他信息源形成的空间相互独立。因为进行了多个独立测量,所以总的可信度提高,不确定性、模糊性降低。

3)信息处理及时性:各信息源的处理过程相互独立,整个处理过程可以采用并行处理机制,从而使系统具有更快处理速度,提供更加及时的处理结果。

4)信息处理低成本性:多个信息源可以花费更少的代价来得到相当于单个信息源所能得到的信息量。

25.1.5　多源信息融合实现方法

信息融合是一门跨学科跨领域的综合理论与方法,目前仍然是一个急待发展的研究方向,尚处在不断变化和发展过程中。尽管信息融合理论和应用的研究已经在国内外广泛展开,但由于其研究领域覆盖范围的多样性和广泛性,信息融合问题本身至今未形成基本的理论框架和有效的广义融合模型及算法。目前,信息融合的绝大部分工作都是针对特定应用领域内的问题开展研究。

尽管如此,融合方法的研究一直受到人们的重视,不少应用领域的专家学者还是根据各自的具体应用背景,提出了许多比较成熟且有效的多源信息融合方法。目前,已有的融合方法大致可以分为三大类:概率统计方法、逻辑推理方法和学习方法。

1)概率统计方法

概率论已有漫长的发展历史,它成功地处理了许多与不确定性有关的问题,有丰富的理论和系统的方法。它所研究的现象是具有随机性的,用随机变量来表示研究对象的不确定信息,并将概率统计方法作为不确定信息处理的手段。在多源信息融合中,概率统计方法可以在系统的各个层次上使用。常用方法包括:估计理论、卡尔曼滤波、假设检验、贝叶斯方法、统计决策理论以及其他变形的方法。

2)逻辑推理方法

从某种意义上说,信息融合处理也可以看作是运用逻辑推理方法得到结论的过程。由于从单个信息源获得的数据可能不完全或不精确,所以通常的逻辑推理方法不再适用,此时用到的是模糊逻辑、证据推理以及产生式规则、框架和语义网络工具等。

3)学习方法

与上面两类方法相比,学习方法在信息融合研究中还没有引起人们的足够重视。这主要是因为学习方法本身还有待完善,存在许多需要改进的地方。随着相关理论技术的不断研究与日趋完善,学习方法一定可以在信息融合问题中发挥巨大作用。

本处主要聚焦于产品可靠性评估领域的多源信息融合问题,特别是旨在解决多源数据具有变母体变环境特征下的可靠性评估问题。考虑到高可靠水平的产品可靠性试验数据小样本特点,确定采用数据层信息融合结构和概率统计方法,以最大程度利用数据信息。对于产品可靠性评估技术而言,本处的研究具有实际工程意义,将有助于解决小样本试验数据下研制阶段的可靠性评估问题。

25.2 可靠性综合评估

25.2.1 可靠性综合评估方法分类

按照评估所采用评估对象数据情况,可靠性综合评估可分为单元设备级和系统级可靠性评估两类。其中,单元设备级可靠性评估是将单元设备作为一个整体,利用自身的研制试验和使用数据及其相关的信息对其可靠性进行评估;系统级可靠性综合评估是根据系统的可靠性模型,利用组成系统的不同层次、不同类型单元设备的试验数据和使用数据,对系统的可靠性进行综合评估。

25.2.1.1 单元设备级可靠性综合评估

选取原则一般如下:

1）信息充分时,即当产品在试验和使用过程中无故障发生,而其试验和使用时间是其可靠性要求值的 2 倍以上,或当产品在试验和使用过程中有故障发生,而其试验和使用时间是其可靠性要求值的 10 倍以上,一般可采用经典法计算分布参数的点估计和区间估计,进而得到可靠性点估计和区间估计。

2）信息不充分时,可以采用单元设备整个研制阶段不同试验时的数据进行可靠性综合评价,引入时间环境折合系数,并利用可靠性增长评估的方法进行评估,如 VE-Duane 模型和 VE-AMSAA 模型。

25.2.1.2 系统级可靠性综合评估

对于系统级可靠性评估,由于各种类型的系统其试验和使用数据存在很大的差异,故需要根据不同数据的特点,选取相应的可靠性评估方法。

1）信息充分时,即当系统在试验和使用过程中无故障发生,而其试验和使用时间为其可靠性要求值的 2 倍以上,或当系统级产品在试验和使用过程中有故障发生,而其试验和使用时间为其可靠性要求值的 10 倍以上,一般可根据系统寿命分布(指数分布、威布尔分布、正态分布、对数正态分布等),采用经典可靠性评估方法,给出系统的可靠性点估计和区间估计。

2）当系统级产品的可靠性要求值接近或大于其进行评估所需的试验或使用时间,但系统在研制阶段进行了大量其他试验,且可以利用系统的不同试验或使用数据进行可靠性综合评估,如引入时间环境折合系数的评估方法。

3）当系统级产品的可靠性要求值接近或大于该系统整个研制阶段的总试验(工作)时间、总任务时间,而组成系统的设备有大量的试验数据或使用数据,可采用系统和组成系统设备的“金字塔”综合评估方法。

25.2.2 系统级可靠性综合评估

系统级可靠性综合评估的数据主要来源于检飞试验和外场使用的可靠性数据,通过将单元设备级鉴定试验中的数据由金字塔模型转换为系统的可靠性数据,再结合科研、定型检飞和外场使用等各阶段数据,基于变母体评估技术,给出系统可靠性综合评价。

25.2.2.1 近似最优置信下限法

在收集系统各单元设备分机可靠性试验数据的基础上,采用金字塔方法,如近似最优置信下限法和 LM 法对系统进行可靠性评估。系统评估所需的数据收集格式如表 25-1 所示。

表 25-1 系统可靠性信息收集格式表

分机名称	分机数量	试验名称	试验时间	故障截尾时间	故障数	首次故障时间

1) 数据要求

利用近似最优置信下限法应满足以下 a) ~ d) 的必要条件,违反任一条都会影响近似最优置信下限法的最优性。

a) 各部件应满足串联关系;

b) 各部件均应服从指数分布;

c) 各部件在统计上是独立的,即一个部件的失效均不会诱发另一个部件的失效;

d) 各部件必须单独做过试验,且至少观察到一次失效。所有这些试验必须是在某次失效时间截止。如果这些试验是在某一给定时间截止的,则舍弃各部件在最后一次失效后的所有工作时间。

2) 近似最优置信下限法

计算受试部件总数、各部件的失效总数,以及各部件总试验时间。用下式计算参数 m 和 v:

$$m = \sum_{j=1}^{k} \left[(r_j - 1)/Z_j \right] + Z_{(1)}^{-1} \tag{25-1}$$

$$m = \sum_{j=1}^{k} \left[(r_j - 1)/Z_j^2 \right] + Z_{(1)}^{-2} \tag{25-2}$$

式中:r_j—观测到的子部件 j 的失效数;Z_j—子系统 j 的总试验时间;$Z_{(1)}$—k 个子系统中最小的总试验时间;k—部件总数。

系统可靠度可用下式进行评估:

$$R(t_m) = \exp\left[-t_m \times m \left(1 - \frac{v}{9m^2} + \frac{n_{(1-C)}\sqrt{v}}{3m} \right)^3 \right] \tag{25-3}$$

式中:$R(t_m)$—系统的可靠度置信下限;t_m—任务时间;C—置信度;$n_{(1-C)}$—标准正态分布的下分位数。

25.2.2.2 LM 法

LM 方法直观简单,计算简便,适用于串联系统。可以将系统看成若干二级设备组成的串联系统。

系统数据:样本量 n_s,成功次数 s_s,系统由 l 个成败型设备串联;

设备数据:样本量 n_i,成功次数 s_i。

已知组成系统的各设备的数据为 (n_i, s_i)，其中 n_i 为第 i 个设备的样本量，s_i 为第 i 个设备的成功次数，f_i 为第 i 个设备的失败次数。则系统可靠度点估计 $\hat{R} = \prod_{i=1}^{l} \dfrac{s_i}{n_i}$。

系统等效样本量：

$$n^* = \min\{n_1, n_2, \cdots, n_l\} \qquad (25-4)$$

系统等效失败次数：

$$f^* = n^* \left(1 - \prod_{i=1}^{l} \frac{s_i}{n_i}\right) \qquad (25-5)$$

有了系统等效样本量和成功次数就可以利用二项分布求得系统的可靠度单侧置信下限（在给定置信度 C 的情况下，根据 n、s、C 查 GB/T 4087—2009《数据的统计处理和解释　二项分布可靠度单侧置信下限》的表，即可得 l 个单元串联系统的可靠性置信下限）。也可用 R_L

$> \left\{1 + \dfrac{n^* - s^* + 1}{s^*} F_{1-\alpha}[2(n^* - s^*) + 2, 2s^*]\right\}^{-1}$ 直接计算。

双边置信区间：

$$\frac{n^* - f^*}{n^* - f^* + (f^* + 1) F_{1-\alpha/2}(2(f^* + 1), 2(n^* - f^*))} < R$$

$$< \frac{(n^* - f^* + 1) F_{1-\alpha/2}(2(n^* - f^* + 1), 2f^*)}{f^* + (n^* - f^* + 1) F_{1-\alpha/2}(2(n^* - f^* + 1), 2f^*)}$$

对于系统组成单元有非成败型单元时，可以通过转换方法，将非成败型单元的数据转化成成败型数据。

根据设备的数据得到设备的可靠性点估计值 $\hat{R}_i$ 和可靠度置信下限 $R_{L,C,i}$，根据这两个值，可将设备的数据转换为成败型数据 (n^*, f^*)，转换如下：

$$\begin{cases} \hat{R}_i = \dfrac{s_i^*}{n_i^*} \\ I_{R_{L,C,i}}(s_i^*, n_i^* - s_i^* + 1) = 1 - C \end{cases} \qquad (25-6)$$

25.2.2.3　基于增长模型可靠性综合评估

考虑到系统研制各个阶段可靠性的增长趋势，在开展系统可靠性综合评价前对各阶段数据进行增长趋势检验和模型符合检验，最后利用 AMSAA 模型进行可靠性评估。

系统可靠性综合评估方法如下：

1）首先对系统的外场试验和用户试验可靠性信息进行相容性检验，若通过检验则表明数据来自同一母体，按同母体数据融合方法进行系统可靠性综合评价。

2）若系统的外场试验和用户试验可靠性信息没有通过相容性检验，则检查是否满足故障数大于 15，分组区间大于 3 的要求，若满足，则利用分组数据时的 AMSAA-BISE 评估系统可靠性。否则利用 AMSAA 模型的拟合优度检验对其进行增长趋势检验，若通过检验，则利用 AMSAA 模型评估系统的可靠性。分为以下两种情况：

a）利用分组数据时的可靠性综合评估

参试台数 k；区间数 L；第 j 个区间 $(t_{j-1}, t_j]$，$j = 1, \cdots, L$，$t_0 = 0$；落入第 j 个区间 $(t_{j-1}, t_j]$ 的故障数 N_j，$N = \sum\limits_{i=1}^{L} N_j$；预定的置信水平 C。

将相邻区间及其中的故障数合并，使得每个区间中的故障数均不小于 5。

记 $p_j = t_j / t_L$，$\rho_j = p_j - p_{j-1}$，$j = 1, \cdots, L$，计算趋势检验统计量：

$$\chi^2 = \sum_{j=1}^{L} \frac{(N_j - \rho_j N)^2}{\rho_j N} \tag{25-7}$$

显著性水平 α 下的双侧检验的临界值为 $\chi^2_{1-\alpha}(L-1)$。若 $\chi^2 \geqslant \chi^2_{1-\alpha}(L-1)$，则有显著的可靠性增长趋势；反之，则认为产品的故障间隔服从指数分布，终止增长分析。

在第 j 个区间 (t_{j-1}, t_j) 的预期故障数为 $e_j = k\hat{a}(t_j^{\hat{b}} - t_{j-1}^{\hat{b}}) = N(t_j^{\hat{b}} - t_{j-1}^{\hat{b}})$（应不小于 5，否则将相邻区间合并），计算拟合优度检验统计量 $\chi^2 = \sum\limits_{j=1}^{t} \frac{(N_j - e_j)^2}{e_j}$，若 $\chi^2 \leqslant \chi^2_{1-\alpha}(L-2)$，则不能拒绝故障数据可用 AMSAA-BISE 模型拟合的假设；反之，拒绝此假设。

在此刻 t_L，MTBF 置信度为 C 的近似置信区间为：

$$\theta_L = \hat{\theta}(t)\left(1 - \frac{\mu_{(1+C)/2}}{\sqrt{N}}\right)\sqrt{1 + \frac{1}{A}} \; ; \; \theta_U = \hat{\theta}(t)\left(1 + \frac{\mu_{(1+C)/2}}{\sqrt{N}}\right)\sqrt{1 + \frac{1}{A}} \tag{25-8}$$

MTBF 置信度为 $(1+C)/2$ 的近似置信下（上）限为 $\theta_L(\theta_U)$。

b 的极大似然估计由式（25-9）确定：

$$\sum_{j=1}^{L} N_j\left(\frac{p_j^{\hat{b}}\ln p_j - p_{j-1}^{\hat{b}}\ln p_{j-1}}{p_j^{\hat{b}} - p_{j-1}^{\hat{b}}}\right) = 0 \tag{25-9}$$

上式在计算中规定 $p_0^{\hat{b}}\ln p_0 = 0$；b 的置信度为 C 的近似置信区间为 $b_L = \hat{b}\left[1 - \frac{\mu_{(1+C)/2}}{\sqrt{AN}}\right]$，$b_U = \hat{b}\left[1 + \frac{\mu_{(1+C)/2}}{\sqrt{AN}}\right]$；$b$ 的置信度为 $(1+C)/2$ 的近似置信下（上）限为 $b_L(b_U)$。

而 a 的极大似然估计为：

$$\hat{a} = N/(Kt_L^{\hat{b}}) \tag{25-10}$$

因此有：

$$\hat{\theta}(t_L) = (\hat{a}\hat{b}t_L^{\hat{b}-1})^{-1} \tag{25-11}$$

其中：

$$A = \sum_{j=1}^{L} \frac{(p_j^{\hat{b}}\ln p_j^{\hat{b}} - p_{j-1}^{\hat{b}}\ln p_{j-1}^{\hat{b}})^2}{p_j^{\hat{b}} - p_{j-1}^{\hat{b}}} \tag{25-12}$$

b）基于 AMSAA 模型的可靠性评估

先对可靠性数据进行 AMSAA 模型的趋势和拟合优度检验，当各阶段数据以给定的显著性水平表明有明显的可靠性增长趋势且符合 AMSAA 模型时，可利用 AMSAA 模型评估系统的可靠性。

瞬时失效率的点估计值计算公式为:

$$\lambda(t) = abT^{b-1} \qquad (25-13)$$

MTBF 的点估计值为:

$$\theta = 1/\lambda(t) \qquad (25-14)$$

a 和 b 为:

$$b = \frac{N}{N\ln T - \sum_{i=1}^{N} \ln t_i} \qquad (25-15)$$

$$a = \frac{N}{T^b} \qquad (25-16)$$

评估结束时,MTBF 的下、上限为:

$$\theta_L = \theta K_L(N,\gamma) ; \ \theta_U = \theta K_U(N,\gamma) \qquad (25-17)$$

式中:$K_L(N,\gamma)$,$K_U(N,\gamma)$——置信水平 γ 的置信下、上限系数,可由 GJB/Z 77 中的表 A3 查到;T——累积时间;N——累积故障总数,N——故障相继发生时的累积试验时间记为 $t_1,t_2,\cdots,$ t_N。$\theta(t)$ 的置信水平为 $(1+\gamma)/2$ 的单侧置信下(上)限为 $\theta_L(\theta_U)$。

25.2.2.4 基于经典法的系统可靠性评估

基于经典法系统可靠性评估方法如下:

1)指数分布单元串联系统的可靠性评估

K 个指数分布单元串联系统的可靠性极大似然估计及方差为:

$$\hat{R} = \prod_{i=1}^{K} e^{-x_i/\eta_i} \qquad (25-18)$$

$$D(\hat{R}) = \prod_{i=1}^{K} \overline{R}^2 Z_i/\eta_i^2 \qquad (25-19)$$

式中:η_i——第 i 个单元试验的等效任务数,等于该单元试验时间 T_i 对该单元任务时间 t_i 之比;z_i——第 i 个单元试验的等效数,对于定数截尾试验,z_i 等于实际失效数 r_i,对于非定数试验,若 $r_i = 0$,则 $z_i = 1$,否则 $z_i = r_i$。

$$T_i = \sum_{j=1}^{r_i} t_{ji} + (n_i - r_i)t_{ri} \qquad (25-20)$$

式中:t_{ji}——单元 i 的第 j 个样本失效时的试验时间;n_i——单元 i 的试验样本总数;t_{ri}——定数截尾时,单元 i 的最后一个失效样本失效时的试验时间;当非定数截尾时,为单元 i 的试验截止时间。

串联系统的等效试验数据为:

$$
\begin{cases}
\eta = \dfrac{\displaystyle\sum_{i=1}^{K} z_i/\eta_i}{\displaystyle\sum_{i=1}^{K} z_i/\eta_i^2} \\[2em]
z = \eta \displaystyle\sum_{i=1}^{K} z_i/\eta_i
\end{cases}
\tag{25-21}
$$

如系统也有试验数据 (η_0, r_0)，则先进行 (η, z) 与 (η_0, r_0) 的相容性检验，如果相容可综合数据为 $(\eta + \eta_0, z + r_0)$。若不相容则应分析收集的数据准确性和真实性，必要时应舍弃 (η, z)，由 (η_0, r_0) 直接进行系统可靠性评估。置信度为 C 的系统可靠性置信下限为：

$$
R_{\mathrm{L}} = \exp\left[\frac{\chi_{1-C}^2(2r_0 + 2z)}{2(\eta_0 + \eta)}\right]
\tag{25-22}
$$

如果没有系统试验数据 (η_0, γ_0)，则按 (η, z) 进行评估。式中：χ^2——为分布分位数，可由 GB/T 4086.2 中查得。

设检验的显著性水平为 α，要判别 (η, z) 与 (η_0, z_0) 的相容性，如果 z/η 落在如下区间之内：

$$
\left[\frac{\chi_{1-\alpha/2}^2(2z_0)}{2\eta_0}, \frac{\chi_{\alpha/2}^2(2z_0 + 2)}{2\eta_0}\right]
\tag{25-23}
$$

则可判断为 (η, z) 与 (η_0, z_0) 相容，可以进行数据综合；否则为 (η, z) 与 (η_0, z_0) 不相容。

2）指数分布单元并联系统的可靠性评估

k 个指数分布单元并联系统的可靠性极大似然估计及方差为：

$$
\hat{R} = 1 - \prod_{i=1}^{k}(1 - \hat{R}_i)
\tag{25-24}
$$

$$
D(\hat{R}) = \prod_{i=1}^{k}\left[\sum_{j=1}^{k}(1 - \hat{R}_j)\right]^2 D(\hat{R}_i)
\tag{25-25}
$$

$$
\begin{cases}
\hat{R}_i = \exp(-z_i/\eta_i) \\
D(\hat{R}_i) = \hat{R}_i^2 z_i/\eta_i^2
\end{cases}
\tag{25-26}
$$

单元 i 的试验数据为 (η_i, z_i)，η_i, z_i 的定义如上面 1）中的描述。

系统等效试验数据为：

$$
\left.
\begin{aligned}
\eta &= \frac{-\left\{\dfrac{1}{\displaystyle\prod_{i=1}^{k}[1 - \exp(-z_i/\eta_i)]} - 1\right\}^2 \ln\left\{1 - \displaystyle\prod_{i=1}^{k}[1 - \exp(-z_i/\eta_i)]\right\}}{\displaystyle\prod_{i=1}^{k}\left[\exp(-z_i/\eta_i)/(1 - \exp(-z_i/\eta_i))\right]^2 z_i/\eta_i^2} \\[1.5em]
z &= -\eta\ln\left\{1 - \prod_{i=1}^{k}[1 - \exp(-z_i/\eta_i)]\right\}
\end{aligned}
\right\}
\tag{25-27}
$$

系统可靠性下限可由式（25-22）计算得出。

25.2.3 单元设备级可靠性综合评估

由于单元设备级一般拥有较丰富的研制试验数据和完整的鉴定试验数据,可靠性综合评价的数据来源较广,包括功能性能试验、环境应力筛选、环境和可靠性摸底试验、可靠性强化试验、环境鉴定试验、可靠性鉴定试验、检飞和用户使用等。这些可靠性信息来源于不同的环境应力条件,可利用环境折合因子把所有阶段的数据折合到同一环境应力水平。由于这些可靠性数据来源于产品研制的各个阶段,可引入可靠性增长的评估方法确定最终技术状态的可靠性水平。

25.2.3.1 数据收集

1)试验室数据

收集产品单元设备级各个研制阶段的功能性能试验、环境应力筛选、环境和可靠性摸底试验、可靠性强化试验、环境鉴定试验、可靠性鉴定试验的可靠性数据。包括试验剖面、试验时间、有效试验(通电)时间、故障现象、故障发生时刻、故障原因等。信息收集形式见表25-2。

表25-2 单元设备级试验室试验可靠性数据收集

技术状态	试验项目	试验时间	故障数目	故障发生时刻	故障现象	故障原因	纠正情况

2)外场数据

收集单元设备级外场试验和使用阶段的可靠性数据,数据收集格式见表25-3。

表25-3 单元设备级外场试验和用户使用可靠性数据收集

平台编号	试验包线	任务	试验时间	开机时间	故障数目	故障现象	故障原因	纠正情况

25.2.3.2 数据的环境折合因子

为获得相同的试验效果,基准环境条件下的试验时间与某试验环境条件下的试验时间之比,称为该试验环境条件的环境折合因子。引入环境折合因子的可靠性综合评估方法为利用环境折合系数,取折合试验时间(或使用时间)和故障时间,然后将折合后的时间用经典法进行处理。以使用条件为基准(应力可由可靠性试验剖面为代表),利用基于应力分析的方法得到各研制试验的环境折合因子。

1)温度因子

对于服从指数分布的电子产品而言,失效率为常数,其失效概率函数为 $F(t) = 1 - e^{-\lambda t}$。因此,加速应力 S_1 对基准应力 S_0 下的加速系数为:

$$\tau = \frac{t_{p,0}}{t_{p,1}} = \frac{\lambda_1}{\lambda_0} \qquad (25-28)$$

2）振动因子

振动因子利用逆幂率模型可得：

$$\tau_2 = \frac{T_1}{T_2} = \left(\frac{\nu_2}{\nu_1}\right)^m \tag{25-29}$$

式中：ν_2—研制试验的振动功率谱密度；ν_1—传统试验剖面下的振动功率谱密度（加权值）；m—振动应力加速率常数，不同的失效类型对应不同的值，一般介于 3～5 之间。

与温度折合因子类似，以可靠性试验中一个循环经历的振动应力作为一个损伤量，利用上式可对研制试验的振动损伤量进行折合，从而获得研制试验的振动折合因子。

25.2.3.3　多源数据融合可靠性综合评估

可靠性评估在产品研制过程中始终发挥着重要作用，利用可靠性评估技术对产品数据进行定性与定量分析，估计其可靠性水平，以此指导制定产品研制、生产及使用策略。

1）评估方法和数据量的要求

单元设备级产品可靠性综合评价的数据来源贯穿于研制全过程，某一阶段的可靠性信息只能反映当前状态的可靠性水平，为了利用不同研制阶段的数据，可引入变母体方法，包括顺序约束模型，可靠性增长管理评估和 AMSAA 模型评估。原则上，利用变母体方法进行可靠性评估，数据总量最少为评估值的 5 倍，但由于 AMSAA 模型增长率高，可放宽到 MTBF 的 3 倍。

2）基于顺序约束模型的可靠性评估

对各研制试验阶段和用户使用各阶段试验数据进行相容性检验，若通过检验表明数据为同一母体，可以直接合并，并与下一阶段进行相容性检验，直到数据被分割为不同母体的区间，然后再运用顺序约束的 MTBF 增长模型进行可靠性评估，基于顺序约束模型的可靠性评估方法见 25.4.2.3 节。

25.3　基于变母体变环境数据的可靠性综合评估

在工程上，通常需要利用产品的可靠性数据，包括产品的可靠性结构（系统与单元间的可靠性关系）、寿命模型及试验信息（故障数据），对产品的可靠性水平（如 MTBF、故障率等）进行评估。一般来说，可靠性评估可在产品研制的任一阶段进行，以便第一时间了解并掌握产品的最新情况，为后续改进提供支持。但是，在实际产品研制过程中，受制于产品研制投入大、样机少、试验时间长，产品性能要求高等多方面因素，基本无法对研制中的产品进行大样本试验。工程上进行可靠性评估的根本目标，是要给出尽可能接近产品真实值、反映产品研制水平的可靠性统计值。因此，在工程上解决小子样可靠性评估，根本途径是扩大信息量，充分运用复杂系统全寿命周期与可靠性相关的信息，以及相似产品研制、使用及维护等过程中丰富的多源历史数据，利用合理的可靠性增长评估模型，进行较为精确的可靠性评估。

针对扩大信息量这一需求，可通过两方面来获取：其一，产品研制阶段具有明显的阶段性，整个研制或试验过程会因工程需求被划分为多个阶段（如 F、C、S、D 阶段），在不同阶段产品会进行不断优化改进，同时各类试验项目也会根据工程进展而分阶段进行。这一多阶段过程使得被评估的对象具有变母体特征,同时各阶段的试验数据也具有变环境特征,这种变母体变环境数据给可靠性评估带来了数据量及内涵上的丰富。其二,产品研制往往具有继承性,相似的产品在可靠性变化规律上也具有相似性,因此,相似产品的历史可靠性数据可为待估产品的可靠性评估提供丰富可用的多源信息。

综上所述,为了解决产品研制过程中小子样可靠性评估问题,从产品研制各阶段多源试验数据及相似产品多源历史数据出发,考虑相关多源数据的变母体变环境特征,基于可靠性增长与变母体变环境的数据处理,研究提出多源数据融合可靠性综合评价方法,以得到较精确的产品可靠性评估结果。

电子产品在整个研制过程中所获取到的可靠性试验数据呈现明显的多样性特征,例如在不同试验时期都会产生一定的故障数据,并且这些数据在母体、适用条件、改进措施等诸多方面均表现出显著不同。然而,因为在不同试验时期的产品样本量通常很小,故为了更全面且准确地对产品可靠性水平进行评估,需尽可能综合利用产品在研制阶段的所有可靠性试验数据,以如实反映产品的预期性能。

对于研制阶段多源可靠性试验数据的综合利用,使得待估数据具有典型的变母体变环境特征,这给传统的可靠性评估带来了新的挑战。

1)对变母体同环境故障数据的可靠性评估

对于常规的数理统计问题,正常情况下,需保证被评测的样本及数据产生于相同母体,而针对来源于不同母体的故障数据进行可靠性评估时,可以采用随机过程理论对其进行分析与处理。在可靠性范畴里,此类情况在可靠性增长试验数据的处理中较为常见。可靠性增长数据的综合评估即为典型的对变母体数据进行可靠性综合评估的问题,专家学者们围绕此课题展开了深入探索与研究,一些经典模型被提了出来。

可靠性增长领域最为经典的 Duane 模型是于 1962 年被首次提出,它是集多重优势于一身的模型,不仅适用范围广,并且成熟、稳定。不过 Duane 模型虽然设定了可靠性增长的均值形式,但并没有考虑数据相应的散布特征,即并没有考虑失效的随机过程。针对这一问题,在 Duane 模型的基础上研究提出了 AMSAA(Army Materiel System Analysis Activity)模型。尽管 AMSAA 模型的故障数均值公式与 Duane 模型的完全相同,但适用于多母体特征的随机过程理论被引入到 AMSAA 模型中,这进一步解释了 Duane 模型的概率。目前 AMSAA 模型在工程上的应用也越来越普遍。然而,AMSAA 模型仍然存在着一些缺点,主要体现在该模型对数据要求非常高,在评估产品可靠性时一般要获得准确的故障时间数据。

无论应用 Duane 模型还是 AMSAA 模型都有一个重要的前提,即需要所有的被评估数据来自同一环境。考虑现实产品研制过程中,单一试验应力下的可靠性试验结果并不一定拥有充足的数据,要得到准确的可靠性评估结果,需要考虑融合不同环境应力下的可靠性试验数据来进行可靠性评估。

2)对同母体变环境故障数据的可靠性评估

在不同的环境应力条件下,同一母体的产品所呈现出来的故障规律是有差异的。理论上讲,使用某种环境应力条件下产生的故障数据,所评估出来的仅仅是产品在该种环境应力条件下的可靠性水平。因此,为了利用产品在各种应力条件下生成的故障数据进行可靠性评估,解决问题的关键是对故障数据进行折合,即将不同环境应力条件下的试验故障数据折合为同一种环境应力条件下(通常为实际工作或者使用条件)的试验故障数据。针对这类问题的研究基本遵循两种思路:一种是使用环境折合系数的方法,即根据相关试验环境应力水平的差别给各自应力下的数据赋权重,将数据折合成实际工作或者使用条件下的试验数据;另一种是借用可靠性预测和加速寿命试验中的寿命参数和环境应力的关系模型,寻找环境应力与参数间的关系。

两种思路各有其利弊,有其不同的适用条件:对于使用环境折合系数的方法,工程利用上更加便利与直观,但其需要较多的数据;而使用关系模型的方法,则不能够有效应对复杂应力环境,但方法的结果则更为准确可靠。换言之,使用环境折合系数的方法适用于工程领域复杂试验环境应力下的数据处理,特别是多种应力条件同时发生变化的情况;而使用关系模型的方法,则更适用于单应力环境变化,且变化规律模型已知的情况下。

两种思路对应于不同的适用条件,为同母体变环境数据处理提供了不同的研究方向。但就解决的问题而言,即同母体变环境数据本身,在工程领域出现的可能也是相对理想化的。同母体变环境数据意味着在研制过程中的各试验阶段,对于试验样品不做处理,即使在上一阶段试验中出现故障,也不采取相应改进措施,这显然有悖于绝大多数研制过程。实际上,在绝大多数产品研制过程中,可靠性试验与改进同步进行,因此数据也就呈现出变母体变环境特征,这也就要求在可靠性评估技术中考虑变母体变环境特征数据的处理方法,以使理论方法更加贴近于产品的研制过程。

3) 对变母体变环境故障数据的可靠性综合评估

为了解决用于可靠性评估的相关试验数据具有的变母体变环境特征,众多专家学者进行了相关研究。研究主要集中在基于现有成熟模型的优化,如 VE-Duane 模型和 VE-AMSAA 模型,使模型适用于变母体变环境数据,同时也对模型的数据来源进行了探索扩充,帮助可靠性评估工作能够更加便利的在工程上开展。主要的研究方向与进展有:

适用模型的构建。基于在产品的研制阶段所产生的试验故障数据具有变母体变环境特性的思想,对于不同的可靠性增长模型,引入了时间环境折合系数,由此提出了基于变母体变环境数据的可靠性评估模型:VE-Duane 模型和 VE-AMSAA 模型。其中新引入的时间环境折合系数是变母体变环境特征的最主要体现,系数引入的目的是为了能建立在母体变化规律与不同环境应力变化下的数据折合,以此反映不同试验环境应力与标准环境应力之间的关系。

a) VE-Duane 模型的应用

基于 VE-Duane 模型,经过大量试验研究提出了一种可有效评估研发过程中的变母体变环境试验数据的可靠性模型,其考虑了不同环境应力试验对产品的影响,引入时间环境折合系数且利用相近产品的故障数据,通过寻优方法确定出时间环境折合系数,并使用折合后的故障数据进行可靠综合评估。

b) VE-AMSAA 模型的应用

基于目前工程上较多使用的 AMSAA 模型,充分利用产品及同类或者相似产品研制阶段的故障数据,在很大程度上保证了信息规模。除此之外,还对涉及多个试验项目的产品的环境应力进行了类别划分与整理,利用寻优法求解最佳系数,有效克服了人工求解系数不足之处,同时为确定出科学、合理的 MTBF 置信区间奠定了基础。

25.3.1 基于 VE-Duane 模型可靠性综合评估

产品在整个研制阶段通过试验测试暴露出缺陷与不足之后还需再进行调整与改进,所以产品的可靠性增长过程带有明显的变母体特征。又因为产品在不同试验阶段面临的环境应力存在明显差异,其同时带有明显的变环境特征。因此,根据各试验段生成的故障数据进行可靠性评估,本质上就是利用变母体变环境数据进行综合评估。

为了适应于变母体变环境特征,在传统 Duane 模型中引入时间环境折合系数,得到 VE-Duane 模型。模型将不同母体不同环境下的试验数据模型进行标准化处理,以此提高数据统一利用的适用性。

为针对产品研制不同试验阶段的可靠性数据进行综合评估,对 VE-Duane 模型做如下假设:

a)产品经历了带有明显变母体特征的可靠性增长过程。

b)产品经历了带有明显变环境特征的过程,可采用时间环境折合系数 k_{ij} 来表示该变化(i 代表产品编号,j 代表产品 i 所经历的试验阶段),并可根据试验项目的目的与类型对每个时间环境折合系数 k_{ij} 进行归类。

c)该假设可由假设 b)推出,可用时间环境折合系数 k_{ij} 对产品 i 在各个试验项目的实际试验情况进行折合,若阶段 j 的总试验为 τ_{ij},其对应发生的故障总数为 n_{ij},则经过时间环境折合系数折算,可以等效为产品 i 在试验时间为 $k_{ij} \cdot \tau_{ij}$ 中发生了 n_{ij} 次故障。特别地,如果产品的故障数为 0,对其进行折合处理,使其成为 0.7 个故障(置信度为 0.5 时,MTBF 的单边置信下限所对应的折合故障数)。

d)经 k_{ij} 折合之后,产品 i 的可靠性增长过程与 Duane 模型规则相吻合。

基于上述假设,可以得到 VE-Duane 模型。使用 VE-Duane 模型时已确定条件包含:

a)n 个产品均经历了研制过程中的所有试验项目。设产品 i 经历了 p_i 个试验阶段,则共有 $\sum_{i=1}^{n} p_i$ 个 k_{ij} 系数,$i = 1, 2, \cdots, n, j = 1, 2, \cdots, p_i$。

b)已知各试验项目的环境应力,并可明确其归属于某种试验类型,并且于同类或者相似产品而言,相同试验类型的时间环境折合系数也相同。

c)已知产品 i 在每个试验项目中的试验总时间 τ_{ij} 和故障数 n_{ij}。

1)可靠性综合评估

如果第 i 个产品在研制过程中经历了 n_i 个试验阶段,第 i 个产品在 j 个试验阶段的环境折合系数为 k_{ij},对应的试验时间为 τ_{ij},对应的故障数为 r_{ij}($i = 1, 2, \cdots, M; j = 1, 2, \cdots, M_i$)。

在双对数坐标中有线性关系:

$$\ln \theta_{ij} = \alpha_i + \delta_i \ln t_{ij}$$

$$MTBF_{ij} = \frac{t_{ij}}{\sum_{l=1}^{j} r_{il}} \tag{25-30}$$

$$t_{ij} = \sum_{l=1}^{j} k_{il} \cdot \tau_{il}$$

式中：α_i—第 i 个产品的可靠性增长曲线在对数坐标纵轴上的截距；δ_i—第 i 个产品的可靠性增长率；θ_{ij}—第 i 个产品在第 j 个试验阶段结束时的累积 MTBF 观察值；t_{ij}—第 i 个产品在第 j 个试验阶段结束时的累积试验时间。

运用上述模型来确定各试验项目的时间环境折合系数 K，才能估计出产品的 MTBF。VE-Duane 模型中时间环境折合系数 K 的求法为：n 个相似产品在各试验项目结束时，该试验项目的 MTBF 值与试验时间在双对数坐标系中拟合直线，各个拟合直线的相关系数满足某个优化准则（如各直线的相关系数均值最小等）的 K 值即为 K 的解。

则第 i 个产品在整个试验阶段结束时刻 t_{in_i} 的瞬时 MTBF，即产品的 MTBF 综合评估值 $\hat{\theta}_i$ 为：

$$\hat{\theta}_i = \frac{e^{a_i} \cdot t_{iM_i}^{\delta_i}}{1 - \delta_i} \tag{25-31}$$

2）参数估计

Duane 模型表示为累积故障数数学表达式：

$$N_{ij} = a_i \cdot t_{ij}^{b_i}$$
$$b_i = 1 - \delta_i \tag{25-32}$$

a_i, b_i 的最小二乘估计为：

$$\hat{\alpha}_i = \exp\left[\frac{1}{M} \left(\sum_{j=1}^{M} \ln N_{ij} - \hat{b}_i \sum_{j=1}^{M} \ln t_{ij} \right) \right]$$
$$\hat{b}_i = l_i^{xy} / l_i^{xx} \tag{25-33}$$

3）环境折合系数优化函数

环境折合系数可表示为一个多约束极小形式的最优化过程：

$$\min\left[\frac{1}{M} \sum_{j=1}^{M} (\bar{\rho} - \rho_1)^2 \right]$$
$$s.t \begin{cases} U_i \leqslant \hat{U}(M_m, \alpha_i/2) \\ |\rho_i| \geqslant \hat{\rho}(M_i, \alpha_i) \end{cases} \tag{25-34}$$

式中：ρ_i—第 i 个产品的经验相关系数；$\bar{\rho}$—所有产品的经验相关系数平均值；U_i—第 i 个产品增长趋势检验统计量；$\hat{\rho}(M_i, \alpha_i)$—第 i 个产品在显著性水平为 α_i 下的 Duane 模型拟合优度检验的统计量的临界值；$\hat{U}(M_i, \alpha_i/2)$ 为第 i 个产品在显著性水平为 α_i 下增长趋势检验的统计量的临界值。

采用寻优法，使经验相关系数的方差最小，在给定环境折合系数的取值范围和计算步长后，可计算每组 k 值所对应的产品的经验相关系数的方差，求出一组最优 k，即为所求产品的环境折合系数。

4）增长趋势检验约束

应对各阶段试验数据进行增长趋势检验，以检验产品的可靠性在整个试验过程中是否呈现增长趋势；然后对增长模型进行拟合优度检验，以检验产品是否符合 Duane 模型的一般过程。

第 i 个产品的增长趋势检验统计量为:

$$U_i = \left[\frac{\sum\limits_{j=1}^{M_i} t_{ij}}{(M_i - 1) t_{iM_i}} - \frac{1}{2} \right] \sqrt{12(M_i - 1)} \tag{25-35}$$

式中:M_i—第 i 个产品的试验总阶段数;t_{iM_i}—第 i 个产品在 M_i 个试验阶段结束时的累积试验时间。

当 $U \leqslant \hat{U}(\alpha/2)$ 时,表明在显著性水平 α 下产品有明显增长趋势;当 $U \geqslant \hat{U}(1 - \alpha/2)$ 时,表明在显著性水平 α 下产品有明显下降趋势;当 $\hat{U}(\alpha/2) \leqslant U \leqslant \hat{U}(1 - \alpha/2)$ 时,表明在显著性水平 α 下产品没有明显增长或下降趋势。可查显著性水平 α 下趋势检验统计量的临界值 $\hat{U}$ 表。

5)拟合优度检验约束

进行拟合优度检验时,可将 $\ln N(t)$,$\ln t$ 之间的经验相关系数 ρ 作为检验统计量,第 i 个产品的经验相关系数为:

$$\rho_i = \frac{l_i^{xy}}{\sqrt{l_i^{xx} \cdot l_i^{yy}}} \tag{25-36}$$

其中:

$$l_i^{xy} = \sum_{j=1}^{M_i} \ln N_{ij} \ln t_{ij} - \left(\sum_{j=1}^{M_i} \ln N_{ij} \right)\left(\sum_{j=1}^{M_i} \ln t_{ij} \right) \bigg/ n_i$$

$$l_i^{xx} = \sum_{j=1}^{M_i} (\ln t_{ij})^2 - \left(\sum_{j=1}^{M_i} \ln t_{ij} \right)^2 \bigg/ M_i$$

$$l_i^{yy} = \sum_{j=1}^{M_i} (\ln N_{ij})^2 - \left(\sum_{j=1}^{M_i} \ln N_{ij} \right)^2 \bigg/ M_i \tag{25-37}$$

若 $|\rho| \geqslant \hat{\rho}$,则认为试验数据符合 Duane 模型;否则,则不符合。可查显著性水平 α 下的经验相关系数的临界值 $\hat{\rho}$ 表。

25.3.2　基于 VE-AMSAA 模型可靠性综合评估

25.3.2.1　VE-AMSAA 模型

VE-Duane 模型只能获取到主要参数的点估计值,所以为了基于变母体变环境数据进行系统可靠性综合评估,还需研究基于变母体变环境数据的区间估计方法。基于 AMSAA 模型的相关改进就提供了一条恰当的研究思路,即 VE-AMSAA 模型。

VE-AMSAA 模型基于以下假设:

a)产品经历的是一个同时带有显著变母体和变环境特征的可靠性增长过程;

b)产品的可靠性增长过程为第一种 TAAF 规划方式,且所有故障间隔时间数据均被如实记录;

c)通过引进时间环境折合系数的方式来解决变环境问题,产品 i 在某试验项目中的故

障时间为 t_i，可用时间环境折合系数 k_j 进行折合，折合值 $k_j \cdot t_i$ 可被看作是产品在标准应用环境下产生的故障试验时间；

d）产品 i 在研制过程中所表现出的可靠性增长规律与 AMSAA 模型相吻合。

基于以上假设，可以得到 VE-AMSAA 模型。使用 VE-AMSAA 模型时已确定条件包含：

a）有 p 个（$p \geq 2$）同类或相似产品在研制阶段共经历了 m_i 个（$m_i \geq 2$）试验项目；

b）产品 i 在研制阶段发生的总故障数为 n_i；

c）产品 i 的第 j 个试验项目的起止时间点分别用 $T_{i(j-1)}$、T_{ij} 表示；

d）产品 i 落在某个试验项目内的第 q 次故障的累计试验时间为 t_{ijq}（$i = 1, 2, \cdots, p; j = 1, 2, \cdots, m_i; q = 1, 2, \cdots, n_i$）；

e）在 $[0, t_{ijq}]$ 内产品所生成的故障数 $N(t_{ijq})$ 为随机变量，服从均值为 $E[N(t_{ijq})] = a t_{ijq}^b$，强度函数为 $\lambda(t_{ijq}) = abt_{ijq}^{b-1}$ 的非齐次泊松过程（又称为威布尔过程），即满足：

$$P\{N(t_{ijq}) = n\} = \frac{(a\,t_{ijq}^b)^n}{n!}\exp(-a\,t_{ijq}^b) \tag{25-38}$$

对于一组假设时间环境折合系数 $k_{i1}, k_{i2}, \cdots, k_{im_i}$，利用式（25-39）便可求出产品 i 在研制阶段在第 j 个试验阶段中发生第 q 次故障的折合后的累计试验时间，用 tt_{ijq} 表示：

$$\begin{cases} TT_{i0} = T_{i0} \\ TT_{ij} = TT_{i(j-1)} + k_{ij}[T_{ij} - T_{i(j-1)}] \\ tt_{ijq} = TT_{i(j-1)} + k_{ij}[t_{ijq} - T_{i(j-1)}] \end{cases} \tag{25-39}$$

式中：$T_{i(j-1)} \leq t_{ijq} \leq T_{ij}$；$TT_{i0}$—产品 i 在整个研制阶段折合后的起始节点；$TT_{i(j-1)}$、TT_{ij}—产品 i 的第 j 个试验折合后的试验起止时间点。

一组可应用于同类或相近产品的时间环境折合系数能对所有试验时间进行折合，并且折合后的这些产品所表现出的可靠性增长过程与 AMSAA 模型规则相吻合。也就说明，经折合后的这些产品在整个研制过程中所表现出的可靠性变化符合增长合理的趋势，并且增长规律可用 AMSAA 模型拟合。对此，可对折合后的产品数据进行多项操作，比如增长趋势验证、参数估计、可靠性评估等。各个产品在进行模型拟合时，拟合优度检验统计量 C_{i,n_i}^2 和增长趋势统计量 U_i 中均含有待确定的时间环境折合系数 k_{ij}，因而可以借助离散系数指标来衡量不同产品评估结果间的差异性，同时各产品也需满足增长趋势检验要求与拟合优度检验要求两类约束条件。因而，可由式（25-40）求得寻优后的时间环境折合系数：

$$\begin{cases} E = \min\left\{ \dfrac{\sqrt{\dfrac{\sum_{i=1}^{p}\left(C_{i,n_i}^2 - \dfrac{\sum_{i=1}^{p}C_{i,n_i}^2}{p}\right)^2}{p-1}}}{\left|\dfrac{\sum_{i=1}^{p}C_{i,n_i}^2}{p}\right|} + \dfrac{\sqrt{\dfrac{\sum_{i=1}^{p}\left(U_i - \dfrac{\sum_{i=1}^{p}U_i}{p}\right)^2}{p-1}}}{\left|\dfrac{\sum_{i=1}^{p}U_i}{p}\right|} \right\} \\[4pt] s.t \begin{cases} U_i \leq U_{i,(1-\frac{\alpha_i}{2})} \\ C_{i,n_i}^2 \leq C_{i,n_i,\alpha_i}^2 \end{cases} \end{cases} \tag{25-40}$$

式中：U_i——产品 i 的增长趋势检验统计量的值；C^2_{i,n_i}——产品 i 的 AMSAA 模型拟合优度检验统计量的值；$U_{i,(1-\alpha_i/2)}$——产品 i 在显著性水平为 α_i 下的增长趋势检验统计量的临界值；C^2_{i,n_i,α_i}——产品 i 在显著性水平为 α_i 下的拟合优度统计量的临界值。

25.3.2.2　基于变母体变环境数据的可靠性评估方法框架

1. 数据获取与初步处理

基于变母体变环境数据进行可靠性评估，其本质是对于多源数据的综合性利用，以期提高可靠性评估的准确性。那么获取准确的数据内容，并做好初步处理就是为了保障评估过程的准确与便利。

根据上述可靠性增长模型，对于变母体变环境数据的选取，需要明确以下内容：

1）明确试验数据记录内容应包括产品情况、研制阶段试验项目内容、试验项目顺序、各试验项目试验时间、试验中故障点次序，及故障发生时的试验时间等。

2）产品情况要求明确是否为同类或相似产品。利用 AMSAA 模型进行可靠性增长评估时，不同产品保持相同或相似的可靠性变化规律是保证结果准确的重要条件。

3）试验项目及试验顺序要保证在多组产品数据上的统一。利用多组数据进行模型拟合，要保证对于不同产品在试验阶段的试验内容及顺序的统一，其目的也是为了保证一致的可靠性变化规律。

4）试验时间与故障数据要保证准确全面记录。时间数据是表征可靠性变化的最主要手段，也是可靠性评估的依据，只有准确的试验数据才能最大限度地保证结果的准确。

5）要保证来源数据的背景一致。为了满足多源数据融合处理时的一致性，也是为了保证结果的准确性，需要保证数据的背景保持一致，即数据采样的方式方法、采样精度等一致。

对于试验数据，可以进行初步归纳整理，依照产品编号、试验项目序号、试验时间、故障次序与故障点时间，形成表 25-4。

表 25-4　产品 i 研制阶段试验故障数据表

产品	试验项目序号	试验时间	故障次序	故障点时间
i	$i1$	T_{i1}	1	t_{i11}
			2	t_{i12}
			…	…
			q	t_{i1q}
			…	…
	…	…	…	…
	ij	$T_{ij} - T_{i(j-1)}$	1	$t_{ij1} - T_{i(j-1)}$
			2	$t_{ij2} - T_{i(j-1)}$
			…	…
			q	$t_{ijq} - T_{i(j-1)}$
			…	…

（续表）

产品	试验项目序号	试验时间	故障次序	故障点时间
	...	...	...	...
i	im_i	$T_{im_i} - T_{i(m_i-1)}$	1	$t_{im_i1} - T_{i(m_i-1)}$
			2	$t_{im_i2} - T_{i(m_i-1)}$
			...	...
			q	$t_{im_iq} - T_{i(m_i-1)}$
			...	...

2. VE-AMSAA 模型的构建

利用初步处理后的数据进行可靠性评估,核心在于构建可靠性增长模型。同时,为了解决变母体变环境数据特征,引入时间环境折合系数,将不同环境的试验数据转变为与实际使用环境或标准环境一致的时间数据。考虑到 VE-AMSAA 模型可以有效给出 MTBF 的区间估计值,故采用 VE-AMSAA 模型。

VE-AMSAA 模型将失效次数作为随机过程来处理,大幅提高了 MTBF 的点估计精确性,同时还提供了相对理想的拟合优度检验方法。同时引入时间环境折合系数,满足变母体变环境数据要求,使得利用历史数据或相似产品试验数据得到的可靠性评估结果更加准确。

试验数据中有 p 个($p \geq 2$)同类或相似产品,其在研制阶段共经历了 m_i 个($m_i \geq 2$)试验项目,同时与各试验项目相对应有一组假设的时间环境折合系数 $k_{i1}, k_{i2}, \cdots, k_{im_i}$;产品 i 在研制阶段发生的总故障数为 n_i;$T_{i(j-1)}$、T_{ij} 分别表示产品 i 的第 j 个试验项目的真实起止时间点,$TT_{i(j-1)}$、TT_{ij} 为产品 i 的第 j 个试验折合后的试验起止时间点;产品 i 落在第 j 个试验项目内的第 q 次故障的累计试验时间为 t_{ijq}($i = 1, 2, \cdots, p; j = 1, 2, \cdots, m_i; q = 1, 2, \cdots, n_i$),折合后的累计试验时间为 tt_{ijq};在 $[0, tt_{ijq}]$ 内产品所生成的故障数 $N(tt_{ijq})$ 为随机变量,服从均值为 $E[N(tt_{ijq})] = att_{ijq}^b$,强度函数为 $\lambda(tt_{ijq}) = ab\, tt_{ijq}^{b-1}$ 的非齐次泊松过程,即满足:

$$P\{N(tt_{ijq}) = n\} = \frac{(a\, tt_{ijq}^b)^n}{n!} \exp(-a\, tt_{ijq}^b) \qquad (25-41)$$

式中:tt_{ijq}—产品 i 的第 j 个试验中第 q 次经过折合计算后的累计试验时间;a—模型尺度参数;b—模型形状参数。

利用式(25-41)便可求出产品 i 在研制阶段在第 j 个试验中发生第 q 次故障的折合后的累计试验时间,用 tt_{ijq} 表示:

$$\begin{cases} TT_{i0} = T_{i0} \\ TT_{ij} = TT_{i(j-1)} + k_{ij}[T_{ij} - T_{i(j-1)}] \\ tt_{ijq} = TT_{i(j-1)} + k_{ij}[t_{ijq} - T_{i(j-1)}] \end{cases} \qquad (25-42)$$

式中:$T_{i(j-1)}$、T_{ij}—产品 i 的第 j 个试验项目的起止时间点;t_{ijq}—产品 i 的第 j 个试验中发生第 q 次故障的累计试验时间;$T_{i(j-1)} \leq t_{ijq} \leq T_{ij}$;$tt_{ijq}$—产品 i 的第 j 个试验中发生第 q 次故障经过折合计算后的累计试验时间;TT_{i0}—产品 i 在整个研制阶段折合后的起始节点;k_{ij}—产品

i 的第 j 个试验的时间环境折合系数。

加入时间环境折合系数后得到的经过折合的研制阶段试验故障数据如表 25-5 所示。

表 25-5　折合后的产品 i 研制阶段试验故障数据表

产品	试验项目序号	试验时间	故障次序	故障点时间
i	$i1$	$k_{i1}T_{i1}$	1	$k_{i1}t_{i11}$
			2	$k_{i1}t_{i12}$
			…	…
			q	$k_{i1}t_{i1q}$
			…	
	…	…		
	ij	$k_{ij}[T_{ij}-T_{i(j-1)}]$	1	$k_{ij}(t_{ij1}-T_{i(j-1)})$
			2	$k_{ij}(t_{ij2}-T_{i(j-1)})$
			…	…
			q	$k_{ij}(t_{ijq}-T_{i(j-1)})$
	…	…		…
	im_i	$k_{im_i}[T_{im_i}-T_{i(m_i-1)}]$	1	$k_{im_i}(t_{im_i1}-T_{i(m_i-1)})$
			2	$k_{im_i}(t_{im_i2}-T_{i(m_i-1)})$
			…	…
			q	$k_{im_i}(t_{im_iq}-T_{i(m_i-1)})$
			…	…

上述模型是通过引入时间环境折合系数到 AMSAA 模型后生成的。实际上,它适用于变母体变环境数据的同时,也仍然兼具了 AMSAA 模型的大多数优点。但截至目前步骤,模型因引入的时间环境折合系数的未知,还不能得出可靠性评估结论。使用 VE-AMSAA 模型的关键是确定时间环境折合系数。后续所提方法得到的时间环境折合系数,需要再计算确定折合后的时间数据,并将折合后的试验数据继续带入后续计算,最终完成可靠性评估。

3. 时间环境折合系数的确定

确定时间环境折合系数,有如下假设前提:

假设 1:同类或相似产品的相同试验应有相同(或相近的)时间环境折合系数。这个假设主要是建立在认为对于相同或相似产品而言,它们的可靠性变化规律相同或相似。

假设 2:对于同类产品,具有相同环境应力的不同试验阶段的时间环境折合系数相同。这一假设建立在对于时间环境折合系数而言,环境应力的不同会影响可靠性的变化规律。

模型中的时间环境折合系数表示的是可靠性试验环境与实际使用环境之间的相对值。通常将产品外场实际使用环境定义为标准环境,其对应的时间环境折合系数取为 1。对于其他环境,时间环境折合系数越大,表示试验环境相对于实际使用环境要更恶劣,反之要宽松。

在进行时间环境折合系数的工程计算之前,应对时间环境折合系数进行必要的工程分析。这种分析的目的是为了了解产品在各个试验阶段的不同环境条件下的具体情况,由相应的工程经验确定产品各试验阶段的各个时间环境折合系数大致范围,为下一步的计算做好准备。

根据能够获取的可靠性试验数据量,时间环境折合系数的确定在工程上有两种方法:

1)优化法

优化法主要是利用多组同类或相似产品的试验数据或历史数据进行模型拟合。在检测拟合结果满足要求的情况下,寻找使得拟合优度和增长趋势离散系数指标最小的时间环境折合系数。

为全面了解并掌握产品在整个研制过程中的可靠性变化情况,以及可靠性是稳定提高还是急剧下降,需结合现有故障数据对产品的可靠性增长趋势进行综合评估与检验。正常情况下,可通过趋势检验对产品研发过程中所实施的改良方案是否发挥预期效用进行综合评判。

为此,所求的一组时间环境折合系数应满足以下要求:

a)能把所有同类或者相似产品在研制阶段试验时间转换成正式投入使用后的试验时间;

b)经折合处理后的产品研制阶段所表现出的可靠性增长规律符合 AMSAA 模型。

由以上两点要求,可以得到优化法求解时间环境折合系数的约束条件。

a)针对产品数据需要检验是否具有合理的可靠性增长趋势,采用可靠性增长趋势检验法进行趋势检验,即使用 U 检验;

b)针对需要满足 AMSAA 模型增长趋势,采用对数据进行 AMSAA 模型拟合效果进行检验,即利用拟合优度检验(Cramer-Von Mises 检验);

c)针对约束得到一组最优时间环境折合系数,采用离散系数指标最小判定。

由以上三项可得约束条件如式(25-43)所示:

$$
\left\{
\begin{array}{l}
E = \min \left\{
\dfrac{\sqrt{\dfrac{\sum_{i=1}^{p}\left(C_{i,n_i}^2 - \dfrac{\sum_{i=1}^{p} C_{i,n_i}^2}{p}\right)^2}{p-1}}}{\left|\dfrac{\sum_{i=1}^{p} C_{i,n_i}^2}{p}\right|}
+
\dfrac{\sqrt{\dfrac{\sum_{i=1}^{p}\left(U_i - \dfrac{\sum_{i=1}^{p} U_i}{p}\right)^2}{p-1}}}{\left|\dfrac{\sum_{i=1}^{p} U_i}{p}\right|}
\right\} \\[4ex]
s.t \left\{
\begin{array}{l}
U_i \leqslant U_{i,\left(1-\frac{\alpha_i}{2}\right)} \\
C_{i,n_i}^2 \leqslant C_{i,n_i,\alpha_i}^2
\end{array}
\right.
\end{array}
\right.
\tag{25-43}
$$

式中:U_i—产品 i 的增长趋势检验统计量的值;C_{i,n_i}^2—产品 i 的 AMSAA 模型拟合优度检验统计量的值;$U_{i,(1-\alpha_i/2)}$—产品 i 在显著性水平为 α_i 下的增长趋势检验统计量的临界值;C_{i,n_i,α_i}^2—产品 i 在显著性水平为 α_i 下的拟合优度统计量的临界值。

a)U 检验

产品 i 的 U 检验的增长趋势检验统计量 U_i 由下式计算得出:

$$U_i = \frac{\sum_{j=1,q=1}^{m_i,n_i} tt_{ijq} - \dfrac{n_i TT_{im_i}}{2}}{TT_{im_i}\sqrt{\dfrac{n_i}{12}}} \qquad (25-44)$$

式中：TT_{im_i}—产品 i 经折合后整个研制阶段的试验截止时间；tt_{ijq}—产品 i 的第 j 个试验中第 q 次经过折合计算后的累计试验时间；n_i—产品 i 在研制阶段发生的总故障数。

对数据进行时间环境折合后，这一组时间环境折合系数要保证所有同类或相似产品在研制期间有可靠性增长趋势。对于产品 i 的增长趋势检验统计量 U_i 利用拉普拉斯判定准则进行判断，如下式：

$$\begin{cases} U_i < -U_{i,\left(1-\frac{\alpha_i}{2}\right)} & \text{有显著的正的可靠性增长} \\ U_i > U_{i,\left(1-\frac{\alpha_i}{2}\right)} & \text{有显著的负的可靠性增长} \\ -U_{i,\left(1-\frac{\alpha_i}{2}\right)} < U_i < U_{i,\left(1-\frac{\alpha_i}{2}\right)} & \text{无正的或负的可靠性增长} \end{cases} \qquad (25-45)$$

b）Cramer-Von Mises 检验

Cramer-Von Mises 检验是用来检验产品 i 的可靠性增长趋势与 AMSAA 模型是否高度一致的一种有效方式，即拟合优度检验。C_{i,n_i}^2 为产品 i 的 Cramer-Von Mises 检验的统计量的值，由下式可得：

$$C_{i,n_i}^2 = \frac{1}{12n_i} + \sum_{j=1,q=1}^{m_i,n_i} \left[\left(\frac{tt_{ijq}}{TT_{im_i}} \right)^{b_i} - \frac{2q-1}{2n_i} \right]^2 \qquad (25-46)$$

式中：TT_{im_i}—产品 i 经折合后整个研制阶段的试验截止时间；tt_{ijq}—产品 i 的第 j 个试验中第 q 次经过折合计算后的累计试验时间；n_i—产品 i 在研制阶段发生的总故障数；b_i—产品 i 的 VE-AMSAA 模型的形状参数。

对于产品 i，计算得到的拟合优度值与临界值进行比较，使用以下判定规则进行判定：

$$\begin{cases} C_{i,n_i}^2 \leqslant C_{i,n_i,\alpha_i}^2 & \text{符合 AMSAA 模型} \\ C_{i,n_i}^2 > C_{i,n_i,\alpha_i}^2 & \text{不符合 AMSAA 模型} \end{cases} \qquad (25-47)$$

基于 VE-AMSAA 模型，以及式（25-43）的约束条件，利用穷举搜索法即可得出一组时间环境折合系数，并经过增长趋势检验和拟合优度检验确定时间环境折合系数的恰当性。

2）工程法

在实际项目中，考虑因不存在同类或相似产品导致的无数据，或因试验项目或过程不一致导致的数据不足而采取工程法，即利用工程经验，参考以往项目中相同环境应力试验的折合系数为待评估产品确定时间环境折合系数。

利用优化法确定时间环境折合系数，所需要的试验数据及历史数据相对更多，但对于一些先进的新研产品来说，往往不存在历史数据，或试验数据较少，这就导致优化法往往不适用于一些实际的项目。针对这种情况，需要采用工程法来确定时间环境折合系数。

利用工程法确定时间环境折合系数，是基于对相似产品在相同环境应力下的历史工程经验，针对待评估产品进行的各试验项目确定时间环境折合系数取值。取得的时间环境折合系数值同样需要进行增长趋势检验与拟合优度检验。只有在满足增长趋势检验与拟合优度检验条件下,才可以确定所取的时间环境系数满足可靠性增长规律,才可以获得较为准确的可靠性评估值。

为了使评估结果更加准确,也可以采取收缩区间的方法。首先根据工程经验选取一段系数取值区间,再计算区间两端取值时的增长趋势检验值与拟合优度值,并根据计算结果有计划地缩短区间范围,通过多次迭代计算,最终得到一个更为合适的时间环境折合系数。

4. 参数估计与可靠性评估

具体计算如下:

1) 尺度参数与形状参数估计

在利用 VE-AMSAA 模型拟合和进行拟合优度检验中,都涉及要进行尺度参数 a 与形状参数 b 估计,可见式(25 - 41)与式(25 - 46)。

尺度参数 a 与形状参数 b 的计算,可由下式计算得到:

$$\begin{cases} b_i = \dfrac{n_i - 1}{\sum\limits_{j=1,q=1}^{m_i,n_i} \ln \dfrac{TT_{im_i}}{tt_{ijq}}} & n_i \leq 20 \\[3mm] a_i = \dfrac{n_i}{TT_{m_i}^{b_i}} \end{cases} \qquad (25 - 48)$$

$$\begin{cases} b_i = \dfrac{n_i}{\sum\limits_{j=1,q=1}^{m_i,n_i} \ln \dfrac{TT_{im_i}}{tt_{ijq}}} & n_i > 20 \\[3mm] a_i = \dfrac{n_i}{TT_{m_i}^{b_i}} \end{cases} \qquad (25 - 49)$$

式中:TT_{im_i}—产品 i 经折合后整个研制阶段的试验截止时间;tt_{ijq}—产品 i 的第 j 个试验中第 q 次经过折合计算后的累计试验时间;n_i—产品 i 在研制阶段发生的总故障数;a_i—产品 i 的 VE-AMSAA 模型的尺度参数;b_i—产品 i 的 VE-AMSAA 模型的形状参数。

由此可以得到对于产品 i,其 VE-AMSAA 模型的尺度参数与形状参数的估计值。

2) 可靠性评估

在计算得到以上时间环境折合系数、模型尺度参数与形状参数估计值后,对于产品 i,其可靠性评估结果,即 MTBF 估计值 θ_i,可以由下式计算得到:

$$\theta_i = (a_i b_i TT_{im_i}^{b_i-1})^{-1} \qquad (25 - 50)$$

式中:TT_{im_i}—示产品 i 经折合后整个研制阶段的试验截止时间;a_i—产品 i 的 VE-AMSAA 模型的尺度参数;b_i—产品 i 的 VE-AMSAA 模型的形状参数。

5. 基于变母体变环境数据的可靠性评估步骤

综上所述,基于以上对 VE-AMSAA 模型的理论研究,以及基于 VE-AMSAA 模型对变母体变环境数据进行可靠性评估技术方法的研究,本小节给出基于变母体变环境数据的可靠性评估步骤:

1）输入试验及故障数据,假设一组时间环境折合系数 k,并利用时间环境折合系数对原数据进行折合计算,折合方法见式(25-42)。时间环境折合系数将保持未知形式,待下一步进行时间环境折合系数计算。

2）基于折合后的试验数据,利用工程法或优化法计算时间环境折合系数 k,约束条件可见式(25-43),即要求在满足拟合优度和增长趋势离散系数指标最小的情况下,同时满足可靠性增长趋势检验与拟合优度检验。

3）利用式(25-44)计算可靠性增长趋势检验统计量,对折合后的数据进行增长趋势检验。要求增长趋势检验统计量要小于增长趋势检验统计量临界值,表示数据不呈现负增长趋势。

4）VE-AMSAA 模型尺度参数与形状参数,利用式(25-48)与式(25-49)进行计算。

5）拟合优度检验,确定数据符合 VE-AMSAA 模型,拟合优度检验统计量计算可见式(25-46)。要求拟合优度检验统计量要小于拟合优度检验统计量临界值,表示拟合数据符合模型。

6）可靠性评估,利用式(25-50)得到 MTBF 估计值。

基于以上步骤可得如右图所示的基于变母体变环境数据的可靠性评估流程图:

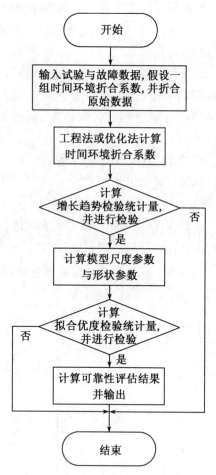

图 25-6　基于变母体变环境数据的可靠性评估流程

25.3.3　基于 VE-AMSAA 模型多源融合可靠性评估示例

25.3.3.1　数据初步处理

电子设备相继开展了加速可靠性增长与可靠性强化试验,试验中共出现 6 次故障,其中加速可靠性增长试验中出现 3 次,可靠性强化试验中出现 3 次。在进行各项可靠性试验时,已完整记录具体试验内容及相应的故障数据。根据试验剖面以及试验中故障出现位置,可得到设备试验数据初步处理结果如下表所示(待评估设备为设备 1,相似设备为设备 2)。

表 25‑6 设备 1 试验故障数据

设备	试验项目序号	试验时间/h	故障次序	故障点时间/h
1	11	119.04	1	8.70
			2	24.70
			3	69.17
	12	115.6	1	22.08
			2	73.83
			3	73.98

表 25‑7 设备 2 试验故障数据

设备	试验项目序号	试验时间/h	故障次序	故障点时间/h
2	21	128	1	15.70
			2	34.80
			3	79.45
			4	99.96
	22	96	1	23.19
			2	56.79

25.3.3.2 基于优化法可靠性评估

基于优化法可靠性评估如下：

1）利用仿真计算确定时间环境折合系数等参数

研制阶段开展了两大类试验项目（加速可靠性增长试验与可靠性强化试验），因此可以确定时间环境系数有 k_1、k_2。其中，在加速可靠性增长试验中为了缩短试验时间施加了加速应力，时间环境折合系数 k_1 的初选范围根据总体的加速效果来确定，根据对加速可靠性增长试验加速效果的分析，本例设定初选范围为 $2 < k_1 < 6$；同样，根据可靠性强化试验施加应力水平特征，其应力类型复杂，且应力水平比常规使用环境加严，结合实际应力施加效果，本例初步设定 $3 < k_2 < 9$。

如 25.3.2.2 节所述，对于任意组合 (k_1, k_2)，根据式（25‑42）可以得到两组数据经过折合之后的标准试验环境下的数据，故而直接选用式（25‑44）可以求出组合 (k_1, k_2) 对应的增长趋势检验统计量 U_i。此外，由于本例各阶段试验样品数 $k_i = 1$，在拟合优度检验统计量 C_{i,n_i}^2 的计算中，首先选用式（25‑48）计算模型形状参数 b 的估计值，再利用式（25‑46）计算得到 C_{i,n_i}^2。

在设定参数范围和明确各统计量的计算方式后，可使用 25.3.2.2 节中的优化法，利用仿真遍历的方式求解式（25‑43）所示优化问题的最优解，以确定时间环境折合系数等参数。将遍历步长设为 0.1，利用 MATLAB 进行问题求解。图 25‑7 显示了在设定范围内，目标函数 E 与 k_1、k_2 取值的仿真结果。

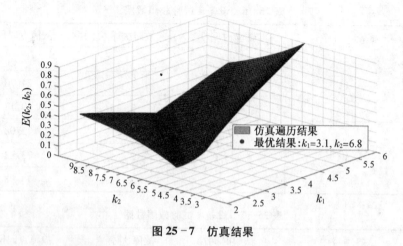

图 25-7 仿真结果

通过寻优,最终求得的最优时间环境折合系数组合为 $k_1 = 3.1, k_2 = 6.8$。相应地,在最优时间环境折合系数下,其余参数的计算结果如表 25-8 所示。

表 25-8 仿真计算所得部分参数值

设备编号	拟合优度检验统计量 C_{i,n_i}^2	增长趋势检验统计量 U_i	形状参数 b_i
1	0.038 0	−1.083 6	0.525 3
2	0.038 0	−1.480 3	0.558 8

2) 可靠性评估

由上述过程,可以得到寻优后的两项检验统计量计算值。首先进行检验判定,以确定折合之后的数据满足可靠性增长趋势,且 VE-AMSAA 模型拟合结果满足拟合优度要求。

经查表可得,U 检验在置信度为 90% 下的检验统计量临界值为 $U_{1,0.95} = 1.282$,而产品 1(待估电子设备)的检验统计量 $-U_{1,0.95} < U_1 = -1.083\ 6 < U_{1,0.95}$,根据判定准则式(25-45),折合后的数据显示可靠性有增长趋势。

经查表可得,拟合优度检验在置信度为 90% 下的检验统计量临界值为 $C_{1,6,0.1}^2 = 0.165$,而设备 1 的检验统计量 $C_{1,6}^2 = 0.038\ 0 \leqslant C_{1,6,0.1}^2$,根据判定准则式(25-47),折合后的数据拟合符合 VE-AMSAA 模型。

由已知时间环境折合系数 $k_1 = 3.1$、$k_2 = 6.8$ 以及形状参数 $b_1 = 0.525\ 3$,利用式(25-42)与式(25-48)可以解出,经过折合后的整个试验项目截止时间 $TT_{1,2} = 1\ 155.127$ h,尺度参数 $a_1 = 0.147\ 7$。

最后利用式(25-50),既解得设备 1 的 MTBF。

25.3.3.3 基于工程法可靠性评估

基于工程法的可靠性评估,主要考虑到相似产品或历史数据的缺失导致时间环境折合系数的获取无法采用优化拟合方法。面对这种情况,就需要工程经验与相同应力水平试验的历史数据,综合专家意见得到适当的折合系数值。也可以在工程经验指导下,选取合适取值范围,并用迭代计算来不断缩小取值范围,直到获得合适的时间环境折合系数值。

同样地,参考优化法设定的取值范围($2 < k_1 < 6, 3 < k_2 < 9$),选定研制过程中两项试验的时间环境折合系数为 $k_1 = 4$ 与 $k_2 = 6$。

基于时间环境折合系数,将数据进行折合计算得到如表 25-9 所示结果。

表 25-9　设备 1 折合计算后的研制阶段试验故障数据

设备	试验项目序号	折合后试验时间/h	故障次序	折合后故障点时间/h
1	11	476.16	1	34.80
			2	98.80
			3	276.68
	12	693.62	1	132.45
			2	443.00
			3	443.90

基于折合后的数据,利用式(25-42)与式(25-44),计算得到可靠性增长趋势检验统计量 $U_1 = -0.7873$。查表可得,U 检验在置信度为 90% 下的检验统计量临界值为 $-U_{1,0.95} = -1.65$,根据判定准则式(25-45)可知,折合后的数据显示可靠性有增长趋势。

基于折合后的数据,利用式(25-42)与式(25-48),计算得到对于设备 1,VE-AMSAA 模型的尺度参数 $a = 0.0970$,形状参数 $b = 0.5839$。

基于折合后的数据以及计算得到的形状参数,利用式(25-42)与式(25-46),计算得到拟合优度检验统计量 $C_{1,6}^2 = 0.0426$。查表可得,拟合优度检验在置信度为 90% 下的检验统计量临界值为 $C_{1,6,0.1}^2 = 0.162$,根据判定准则式(25-47),折合后的数据拟合符合 VE-AMSAA 模型。

基于折合后的数据以及计算得到的模型参数,最后利用式(25-42)与式(25-50),即可计算得到设备 1 的可靠性评估值。

研究开发的可靠性综合评估工具,能够支持利用产品研制阶段的多源可靠性试验数据计算产品 MTBF 的估计值。

当导入产品总数 $p \geq 2$ 时,利用优化法进行求解,寻优得到的时间环境折合系数也可同时展示;当导入产品总数 $p = 1$ 时,直接利用工程法进行求解,选用的时间环境折合系数为所设定值的均值。

研究开发的可靠性综合评估工具的运行计算界面如图 25-8 所示。

利用多源数据进行可靠性综合评估,解决了工程中可靠性信息不足所面临的可靠性评估准确性问题。多源数据引入在一定程度上扩充了数据量,使得数据呈现多样性,通过改进可靠性增长模型,明确 VE-AMSAA 模型作为多源数据融合可靠性评估核心模型。VE-AMSAA 模型既拥有传统模型的优点,也弥补了传统模型解决随机性问题不足的缺陷,对于变母体变环境特征的数据具有更好的适用性。

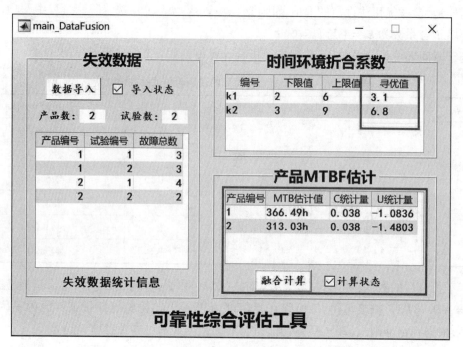

图 25-8 多源数据融合可靠性综合评估工具

25.4 多源可靠性数据融合方法

内外场试验相结合的数据融合可靠性评价方法也可采用加权平均综合法,利用研制过程中信息的可靠性综合评价方法可采用 Bayes 统计分析法及顺序约束的 MTBF 增长模型。

25.4.1 加权平均综合评价

产品信息源个数为 m,对每个信息源进行可靠性数据预处理,计算产品的寿命分布密度函数 $f_i(t)$,然后确定信息源的权重 $w_i,w_i \in (0,1)$,且 $\sum_{i=1}^{m} w_i = 1$,则融合模型为:

$$f(t) = \sum_{i=1}^{m} w_i f_i(t) \tag{25-51}$$

对设备级产品,其信息源一般有可靠性仿真试验数据、可靠性加速增长试验数据、可靠性摸底试验数据、系统可靠性鉴定试验数据及外场试验数据等。对系统级产品,其信息源一般有各组成部分的可靠性综合评价结果、系统可靠性鉴定试验数据及外场试验数据等。

信息源权重的确定如下:

假定不同信息源给出的产品寿命分布两两相交,根据不同信息源之间的支持程度确定信息源的权重。设两概率分布密度函数为 f 和 g,则两概率分布之间的距离为:

$$D(f \| g) = \int f \ln\left(\frac{f}{g}\right) dx \tag{25-52}$$

其中,定义 $0\ln(0/0) = 0$。

两个分布相交的程度越大,两者之间相互支持程度就越高,因此将分布 $f_i(t)$ 和 $f_j(t)$ 之间的相互支持程度定义为 $D(f_i \| f_j)$。对于 m 个寿命分布进行融合,首先计算不同信息源的相互支持程度,则建立如下支持向量,即

$$S = (S_{11}S_{12}\cdots S_{1m}) \tag{25-53}$$

式中, $S_{1i} = D[f_1(t) \| f_i(t)] = \int f_1(t)\ln\left[\dfrac{f_1(t)}{f_i(t)}\right]\mathrm{d}t\,(i = 2,3,\cdots,m)$, $f_1(t)$ 表示根据外场试验信息得到的产品寿命分布, $f_i(t)\,(i = 2,3,\cdots,m)$ 表示根据可靠性仿真试验、可靠性加速增长试验、可靠性摸底试验、系统可靠性鉴定试验等信息得到的产品寿命分布。记:

$$A_i = \frac{S_{1i}}{\sum\limits_{i=1}^{m} S_{1i}} \tag{25-54}$$

由于支持向量 S 中的元素分别表示分布 $f_i(t)$ 对 $f_1(t)$ 的支持程度,支持程度越高, S_{1i} 越小,为使权重反映不同信息源之间的支持程度,可令:

$$w_i = \frac{1/A_i}{\sum\limits_{i=2}^{m} 1/A_i} = \frac{1}{\sum\limits_{j=2,j\neq i}^{m} A_i/A_j} \tag{25-55}$$

由于根据外场信息确定的系统的寿命分布与真实的产品寿命分布还有一定距离,因此采用分布 $f_1(t)$ 相对于真实分布的可信程度 ρ 作为它的权重,即

$$w_1 = \rho \tag{25-56}$$

式中: $\rho = \dfrac{L_{\gamma 2}}{L_{\gamma 1}}$, $0 < \rho < 1$。

$L_{\gamma 1}$ 和 $L_{\gamma 2}$ 分别表示由外场信息确定的寿命分布参数两个不同置信度下的置信区间长度,置信度 $\gamma_1 < \gamma_2$,一般取 $\gamma_1 = 50\%$, $\gamma_2 = 80\%$。

根据外场试验量的大小选取置信度,试验量越小,则选取差别更大的 γ_1 和 γ_2,因为他们的差别越大, ρ 就越小,分布 $f_1(t)$ 的权重也越小,即外场数据确定的寿命分布在融合中占的比重也越小,从而能够更好地利用不同源的可靠性信息进行综合评价。随着外场数据量的逐渐增大,由它所确定的寿命分布也越来越真实,即可信程度越来越高, ρ 也越来越大,考虑极限情况,当样本量足够大时,确定的寿命分布基本能够反映真实情况,这时 ρ 也接近于 1。以设备的寿命分布类型为指数分布为基础,对于指数分布可直接由其参数的置信区间长度确定 ρ。得到权重 w_i 后,可以求得其他信息源的权重为:

$$w_1 = (1 - \rho) \times \frac{1/A_i}{\sum\limits_{i=2}^{m} 1/A_i} \tag{25-57}$$

产品的 MTBF 估计为:

$$\hat{t}_{BF} = \int_0^\infty tf(t)\,\mathrm{d}t \tag{25-58}$$

25.4.2 基于研制过程信息的综合评价

25.4.2.1 Bayes 综合评价原理

1）评价步骤

a）收集和整理相关的先验可靠性信息，在必要情况下，需对先验信息进行可信度检验和折合处理；

b）根据先验可靠性信息采用适当的方法确定未知参数的一个先验分布；

c）将试验数据表示为似然函数的形式，有时需要首先确定产品的寿命分布类型；

d）根据 Bayes 公式融合先验可靠性信息和试验信息，得到一个后验分布；

e）根据后验分布进行参数的 Bayes 推断；

f）此时 θ 的 Bayes 估计恰好为 θ 的后验分布均值，为：

$$E(\theta \mid x) = \int \theta g(\theta \mid x)\mathrm{d}\theta \tag{25-59}$$

2）基于完全样本的 Bayes 融合

完全样本 $X = (X_1, X_2, \cdots, X_n)$ 的产生分两步进行，首先设从先验分布 $H(\theta)$ 产生一个观察值 θ，然后从条件分布 $p(x|\theta)$ 产生样本观察值 $x = (x_1, x_2, \cdots, x_n)$，这时样本的联合概率密度为：

$$q(x \mid \theta) = \prod_{i=1}^{n} p(x_i \mid \theta) \tag{25-60}$$

X 与 θ 的联合概率分布为：

$$f(x,\theta) = H(\theta)q(x|\theta) \tag{25-61}$$

θ 的后验分布为：

$$g(x \mid \theta) = \frac{H(\theta)q(x \mid \theta)}{\int H(\theta)q(x \mid \theta)\mathrm{d}\theta} \tag{25-62}$$

3）基于定时截尾数据的 Bayes 融合

样本量为 n 的定时截尾样本 $X_1 < X_2 < \cdots < X_r < \tau$ 的产生要分两步进行，首先设从先验分布 $H(\theta)$ 产生一个观察值 θ，然后从条件分布 $p(x|\theta)$ 产生样本观察值 $x_1 < x_2 < \cdots < x_n < \tau$，这时样本的联合条件密度为：

$$q(x \mid \theta) = C_n^r \Big[\int_{\tau}^{+\infty} p(x \mid \theta)\mathrm{d}x \Big]^{n-r} \prod_{i=1}^{r} p(x_i \mid \theta) \tag{25-63}$$

X 与 θ 的联合概率分布为：

$$f(x,\theta) = H(\theta)q(x|\theta) \tag{25-64}$$

θ 的后验分布为：

$$g(x \mid \theta) = \frac{H(\theta)q(x \mid \theta)}{\int H(\theta)q(x \mid \theta)\mathrm{d}\theta} \tag{25-65}$$

25.4.2.2 确定先验分布

根据 Bayes 统计理论,利用可靠性鉴定试验前产品的可靠性信息确定先验分布,当产品寿命分布为指数分布时,选用倒伽马分布 $IG_a(a,b)$ 作为 θ 的共轭型先验分布,令 $\pi(\theta)$ 为 $IG_a(a,b)$ 的密度函数,即

$$\pi(\theta) = \frac{b^a}{\Gamma(a)}\left(\frac{1}{\theta}\right)^{a+1}\mathrm{e}^{-b/\theta} \tag{25-66}$$

根据收集信息的特点选择相应的模型,计算超参数 a、b 以确定先验分布。

25.4.2.3 顺序约束的 MTBF 增长模型

研制中产品第 i 个阶段($i=1,\cdots,m$)的 MTBF 的 M_i 满足顺序约束条件 $M_1 < M_2 < \cdots < M_m$。设阶段 i 的失效次数为 n_i,试验时间为 t_i,定时截尾情况下计算检验统计量 $F_i^* = t_{i+1}(2n_i+1)/[t_i(2n_{i+1}+1)]$,若 $F_i^* \geqslant F_{2n_{i+1}+1,2n_i+1,1-\alpha}$,则表示从阶段 i 到阶段 $i+1$ 有 MTBF 的增长,否则将两段数据进行合并,与下段进行增长检验,直到各阶段数据满足顺序约束条件,可按如下方法计算超参数 a、b。

首先,分别令 $n_i' = n_i + 1$ 和 $n_i' = n_i$,$(i=1,\cdots,m)$,计算 M_i^{-1} 的一阶矩 μ 和二阶矩 ν,即

$$\mu = A^{-1}\sum_{k_1=0}^{q_1}\cdots\sum_{k_{m-1}=0}^{q_{m-1}}\omega(k_1,\cdots,k_m)\frac{n_m'+k_{m-1}}{t_m} \tag{25-67}$$

$$\nu = A^{-1}\sum_{k_1=0}^{q_1}\cdots\sum_{k_{m-1}=0}^{q_{m-1}}\omega(k_1,\cdots,k_m)\frac{(n_m'+k_{m-1})(n_m'+k_{m-1}+1)}{t_m^2} \tag{25-68}$$

式中:

$$A = \sum_{k_1=0}^{q_1}\cdots\sum_{k_{m-1}=0}^{q_{m-1}}\omega(k_1,\cdots,k_m) \tag{25-69}$$

$$\omega(k_1,\cdots,k_m) = \prod_{i=1}^{m-1}\frac{\Gamma(k_i+n_{i+1}')}{k_i!}\left(\frac{t_i}{t_{i+1}}\right)^{k_i} \tag{25-70}$$

$$t_i' = t_i,\ (i=1,\cdots,m) \tag{25-71}$$

$$t_i = \sum_{k=1}^{i}t_k',\ (i=1,\cdots,m) \tag{25-72}$$

$$q_i = k_{i-1}+n_i'-1,\ (i=1,\cdots,m,k_0=0) \tag{25-73}$$

计算得到 (μ_1,ν_1),(μ_2,ν_2) 后,代入 $t_m = \mu/(\nu-\mu^2)$ 和 $n_m = t_m\mu$ 求阶段 m 的 n_m 和 t_m 平均值。

利用 $IG_a(a,b)$ 的数学期望 $E(\theta)$ 和 10% 分位数 $\theta_{0.1}$,求解:

$$E(\theta) = \int_0^{\infty}\theta\pi(\theta)\mathrm{d}\theta = \frac{b}{a-1} \tag{25-74}$$

$$\int_0^{\theta_{0.1}}\pi(\theta)\mathrm{d}\theta = 0.1 \tag{25-75}$$

令 $E(\theta)$ 取先验均值,$\theta_{0.1}$ 取置信度 90% 下的置信下限,则有:

$$E(\theta) = t_m / n_m \tag{25-76}$$

$$\theta_{0.1} = \frac{2t_m}{\chi^2_{0.9}(2n_m + 2)} \tag{25-77}$$

将式(25-76)和式(25-77)代入式(25-74)和式(25-75)求解,即可计算超参数 a、b。

25.4.2.4　失效率恒定模型

如果过程数据不满足顺序约束条件,假设失效率恒定,已知统计研制阶段的样机累积工作时间 T^* 及期间的残余性故障 n^*,则 $E(\theta)$ 和 $\theta_{0.1}$ 取值为:

$$E(\theta) = T^* / n^* \tag{25-78}$$

$$\theta_{0.1} = \frac{2T^*}{\chi^2_{0.9}(2n^* + 2)} \tag{25-79}$$

将式(25-78)和式(25-79)代入式(25-74)和式(25-75)求解,即可计算超参数 a、b。

25.4.2.5　试验方案

指定相同的生产方风险名义值 α 及使用方风险名义值 β 为 10%、20% 和 30%,将研制总要求中规定的可靠性最低可接受值作为检验下限 θ_0,根据下式统计试验方案的试验时间 T。

$$\alpha = p(\theta \geqslant \theta_0 \mid \gamma > c) = \frac{p(\theta \geqslant \theta_0, \gamma > c)}{p(\gamma > c)} = \frac{\int_{\theta_0}^{\infty} [1 - p(\gamma \leqslant c \mid \theta)] \pi(\theta) d\theta}{1 - p(\gamma \leqslant c)}$$

$$\frac{\Gamma\left(a + \dfrac{b}{\theta_1}\right) - \left(\dfrac{b}{b+T}\right) \sum_{\gamma=0}^{c} \dfrac{1}{\gamma!} \left(\dfrac{T}{b+T}\right)^{\gamma} \Gamma\left(\alpha + \gamma, \dfrac{b+T}{\theta_0}\right)}{\Gamma(a) - \left(\dfrac{b}{b+T}\right)^a \sum_{\gamma=0}^{c} \dfrac{\Gamma(a+\gamma)}{\gamma!} \left(\dfrac{T}{b+T}\right)^{\gamma}} \tag{25-80}$$

进一步根据下式计算检验上限 θ_1:

$$\beta = p(\theta \leqslant \theta_1 \mid \gamma \leqslant c) = \frac{p(\theta \leqslant \theta_1, \gamma \leqslant c)}{p(\gamma \leqslant c)} = \frac{\int_0^{\theta_1} p(\gamma \leqslant c \mid \theta) \pi(\theta) d\theta}{p(\gamma \leqslant c)}$$

$$= \frac{\displaystyle\sum_{\gamma=0}^{c} \dfrac{1}{\gamma!} \left(\dfrac{T}{b+T}\right)^{\gamma} \left[\Gamma(a+\gamma) - \Gamma\left((a+\gamma), \dfrac{b+T}{\theta_1}\right)\right]}{\displaystyle\sum_{\gamma=0}^{c} \dfrac{\Gamma(a+\gamma)}{\gamma!} \left(\dfrac{T}{b+T}\right)^{\gamma}} \tag{25-81}$$

令允许发生的最大故障数 c 分别取 0,1,2,……,可以得到一系列试验方案,根据 $d = \theta_0 / \theta_1$ 得到每个试验方案的鉴别比,Bayes 鉴定试验方案设计完成,根据需要从中选取试验方案。

第二十六章

使用可靠性信息收集、评估和改进

使用可靠性评估与改进包括使用可靠性信息收集、使用可靠性评估和使用可靠性改进，是产品保障工作的重要内容。通过该系列的工作，以尽快达到使用可靠性的目标值，并达到以下目的：

1）利用收集的可靠性信息，评估产品的使用可靠性水平，验证是否满足规定的使用可靠性要求，当不能满足时，提出改进建议和要求；

2）发现使用中的可靠性缺陷，组织进行可靠性改进，提高产品的使用可靠性水平；

3）为产品使用、维修提供管理信息，为产品的改型和提出新研产品的可靠性要求提供依据等。

它们之间是密切相关的，使用可靠性信息收集是使用可靠性评估和使用可靠性改进的基础和前提。使用可靠性信息收集的内容、分析的方法等应充分考虑使用可靠性评估与改进对信息的需求。使用可靠性评估的结果和在评估中发现的问题也是进行使用可靠性改进的重要依据。应注意三项工作的信息传递、信息共享，减少不必要的重复，使可靠性信息的收集、评估和改进工作协调有效地进行。

使用可靠性信息收集、评估和改进是产品使用阶段产品管理的重要内容，必须与产品的其他管理工作相协调，统一管理。使用可靠性信息的收集是产品信息管理的重要组成部分，必须统一纳入产品的信息管理系统。使用可靠性评估是战备完好性评估的一部分，应协调进行。使用可靠性改进也是产品改进的一部分，必须协调权衡。使用可靠性信息收集、使用可靠性评估和使用可靠性改进工作的目的、实施要点及注意事项见表 26-1 ~ 表 26-3。

表 26-1　使用可靠性信息收集

	工作项目说明
目的	应通过有计划地收集产品使用期间的各项有关数据，为产品的使用可靠性评估与改进、完善与改进使用与维修工作以及新研产品的论证与研制等提供信息。
实施要点	1）使用可靠性信息包括产品在使用、维修、贮存和运输等过程中产生的信息，主要有工作小时数、故障和维修信息、监测数据、使用环境信息等。 2）订购方应组织制定使用可靠性信息收集计划，计划中应规定的主要内容包括： a）信息收集和分析的部门单位及人员的职责； b）信息收集工作的管理与监督要求； c）信息收集的范围、方法和程序； d）信息分析、处理、传递的要求和方法； e）信息分类与故障判别准则； f）定期进行信息审核、汇总的安排等。 3）使用单位应按规定的要求和程序完整、准确地收集使用可靠性信息。按规定的方法、方式、内容和时限，分析、传递和贮存使用可靠性信息。对产品的重大故障或隐患应及时报告。

（续表）

	工作项目说明
注意 事项	4）使用可靠性信息应按照 GJB 1775 及有关标准进行分类和编码。 5）使用可靠性信息应纳入用户现有的产品信息系统。 主要包括： a）使用可靠性信息收集工作应规范化； b）各级使用可靠性信息收集单位及人员的职责必须明确等。

表 26-2　使用可靠性评估

	工作项目说明
目的	评估产品在实际使用条件下达到的可靠性水平，验证产品是否满足规定的使用可靠性要求。
实施 要点	1）使用可靠性评估包括初始使用可靠性评估和后续使用可靠性评估。使用可靠性评估应以用户实际的使用条件下收集的各种数据为基础，必要时也可组织专门的试验，以获得所需的信息。 2）订购方应组织制定使用可靠性评估计划，计划中应明确规定评估的对象，评估的参数和模型、评估准则、样本量、统计的时间长度、置信水平以及所需的资源等。 3）使用可靠性评估一般在产品部署后，人员经过培训，保障资源按要求配备到位的条件下进行。 4）使用可靠性评估应综合利用用户使用期间的各种信息。 5）应编制使用可靠性评估报告。
注意 事项	主要包括： a）使用可靠性评估应与系统战备完好性评估同时进行； b）要求承制方参与的事项应用合同明确。

表 26-3　使用可靠性改进

	工作项目说明
目的	对产品使用中暴露的可靠性问题采用改进措施，以提高产品的使用可靠性水平。
实施 要点	1）根据产品在使用中发现的问题和技术的发展，通过必要的权衡分析或试验，确定需要采取改进的项目，应提交原项目的专项可靠性评估报告。 2）购方应组织制定使用可靠性改进计划，主要内容包括： a）改进的项目、改进方案、达到的目标； b）负责改进的单位、人员及职责； c）经费和进度安排； d）验证要求和方法等。 3）改进产品使用可靠性的途径主要包括： a）设计更改； b）制造工艺的更改； c）使用与维修方法的改进； d）保障系统及保障资源的改进等。 4）全面跟踪、评价改进措施的有效性。
注意 事项	承制方参加使用可靠性改进的要求应通过合同予以明确。

26.1　使用可靠性信息收集

26.1.1　使用可靠性信息收集管理

使用单位按规定的要求和程序完整、准确地收集使用可靠性信息。按规定的方法、方式、内容和时限,分析、传递和贮存使用可靠性信息。

1）严格信息管理和责任制度

明确规定信息收集与核实、信息分析与处理、信息传递与反馈的部门、单位及其人员的职责,保证在信息收集、处理、贮存、传递中,信息的及时性、准确性、完整性、规范性、安全性和可追溯性。

2）使用可靠性信息需求分析

对使用可靠性评估及其他可靠性工作的信息需求进行分析,确定可靠性信息收集的范围、内容和程序等。

3）规范使用可靠性信息收集

按 GJB 1686A、GJB 1775 等标准的规定统一信息分类、信息单元、信息编码,并建立通用的数据库等。

4）专门机构信息收集

定期对使用可靠性信息的收集、分析、贮存、传递等工作进行评审,确保信息收集、分析、传递的有效性。

5）使用可靠性信息收集内容

a）产品的使用情况;

b）故障报告、分析、纠正措施及其效果;

c）可靠性维修性增长情况;

d）维修时间、间隔、次数、维修等级、类别、维修方式、修理部位的难易程度、修理后使用的效果等;

e）产品的储存信息;

f）产品的检测信息;

g）产品的使用寿命信息;

h）严重异常和一般异常可靠性维修性的问题、分析、处理及其效果;

i）产品的改装及其效果;

j）产品在退役、报废时的可靠性维修性保障性情况;

k）综合保障情况、存在问题及分析,诸如:保障设备及设施、人员技能、训练器材、运输系统、各类技术资料保障资源和综合保障工作的有关情况及存在问题;

l）产品质量与使用可靠性的综合分析报告;

m）研制单位售后服务情况;

n）其他有关信息。

6）使用质量信息传递

包括正常质量信息的传递和故障信息的传递。对于故障信息,应该在各级质量信息组织和各级使用单位、工业主管部门以及承制方之间进行及时的传递和按 GJB 3870 进行反馈管理。

7)使用质量信息处理

用户应制定产品质量问题信息反馈单,用户代表接到反馈单后,应及时与承制方分析研究,按 GJB 5711 和 GJB 5707 的要求进行处理并对处理情况跟踪了解。对于重大质量问题的信息,用户代表应及时上报上级主管部门以及时得到改进。

8)使用质量信息贮存

应按分级集中管理的原则进行,并应做好标识、编目、归档、保存,以保证质量信息的可追溯性。

26.1.2 故障信息大数据聚类分析

聚类分析是将物理或抽象对象的集合分组为由类似的对象组成的多个类的分析过程,其目标就是在相似的基础上收集数据来分类。聚类分析方法被用作描述数据,衡量不同数据源间的相似性,以及把数据源分类到不同的族中。故障分类是开展故障分析的基础,可采用聚类分析方法进行故障的分类。

聚类算法是知识发现中的一种最常用的数据挖掘方法之一,它是一个根据最大的类内相似和最小的类间相似的原则,将一组数据对象划分为几个聚类的过程。聚类算法一种是常规的静态聚类,即将数据对象划分为给定聚类数目的聚类,并同时达到特定目标函数值的最小化(或最大化),这样的算法包括 K-means、K-medoids、K-modes 以及模糊聚类等。另一种是根据聚类问题的实际意义,设计一种目标函数,为一组给定的数据对象寻找合适的、事先未知的聚类数目,分裂式层次聚类算法和合并式层次聚类算法是目前寻找聚类数目的有效方法,并且得到了广泛的应用。

26.1.2.1 聚类统计量

聚类统计量有距离和相似系数。

1)Q 型聚类统计量——距离

设有容量为 n 的样本观测数据 $(x_{i1}, x_{i2}, \cdots, x_{ip})(i = 1, 2, \cdots, n)$,用矩阵表示为:

$$X = \begin{bmatrix} x_{11} & x & \cdots & x \\ x & x & \cdots & x \\ & & & \\ x & x & & x \end{bmatrix} \tag{26-1}$$

对 n 个样本进行聚类的方法称为 Q 型聚类,常用的度量样本之间的相似程度的统计量为距离。

对样本进行聚类时,用样本之间的距离来表示样本之间的相似程度。两个样本之间的距离越小,表示两个样本之间的共同点越多,相似程度越大;反之,距离越大,共同点越少,相似程度越小。

定义1:设 Ω 是 P 维空间点的集合, x,y 是 Ω 中的任意两点。实值函数 $d(\cdot,\cdot)$ 如果满足条件:

（1） $d(x,y)\geqslant 0,\forall x,y\in\Omega$;

（2） $d(x,y)=0$,当且仅当 $x=y$;

（3） $d(x,y)=d(y,x),\forall x,y\in\Omega$;

（4） $d(x,y)\leqslant d(x,z)+d(z,y),\forall x,y\in\Omega$。

称 $d(x,y)$ 是点 x 和 y 之间的距离,如果只满足（1）（2）（3）,而（4）不满足,则称为广义距离。

P 维空间中聚类分析常用的广义距离如下:

a）Minkowski 距离

$$d_{ij}(q)=\left(\sum_{k=1}^{p}|x_{ik}-x_{jk}|^{q}\right)^{\frac{1}{q}} \tag{26-2}$$

当 $q=1$ 时, $d_{ij}(1)=\sum_{k=1}^{p}|x_{ik}-x_{jk}|$,称为绝对距离;

当 $q=2$ 时, $d_{ij}(2)=\left(\sum_{k=1}^{p}|x_{ik}-x_{jk}|^{2}\right)^{\frac{1}{2}}$,称为欧式距离;

当 $q=\infty$ 时, $d_{ij}(\infty)=\max_{1\leqslant k\leqslant p}|k_{ik}-x_{jk}|$,称为切比雪夫距离。

当各变量的单位不同或测量值的范围相差很大时,直接采用 Minkowski 距离是不合适的,应该对各变量的数据做标准化处理后进行计算。

Minkowski 距离的缺点:没有考虑各个变量的量纲;没有考虑各个变量的分布(期望、方差)可能不同;没有考虑各个变量之间的相关性。

b）Mahalanobis 距离

$$d_{ij}(M)=\sqrt{(x_{(i)}-x_{(j)})^{T}s^{-1}(x_{(i)}-x_{(j)})} \tag{26-3}$$

其中 S 是样本观测数据矩阵的协方差矩阵。Mahalanobis 距离的好处是排除了各变量间的相关性干扰,又消除了各变量的单位影响。缺点是 S 难以确定。

c）Lance 距离

$$d_{ij}(L)=\sum_{k=1}^{p}\frac{|x_{ij}-x_{jk}|}{x_{ik}-x_{jk}} \tag{26-4}$$

Lance 距离是一个无量纲的量,受奇异值的影响较小,适用于具有高度偏倚的数据,但 Lance 距离没有考虑变量间的相关性。

2）R 型聚类统计量——相似系数

考虑对变量进行聚类时,常用相似系数来描述变量之间的相似程度。两个变量之间的相似系数绝对值接近于1,表明两个变量的关系越密切;绝对值越接近于0,二者关系越疏远。

定义2:对任意两点 $x_i=(x_{1i},x_{2i},\cdots,x_{ni})^{T}$, $x_j=(x_{1j},x_{2j},\cdots,x_{nj})^{T}(i,j=1,2,\cdots,p)$,实值函数 $C_{ij}=C_{ij}(x_i,x_j)$ 如果满足条件:

（1） $|C_{ij}|\leqslant 1(i,j=1,2,\cdots,p)$;

（2） $C_{ij}=1(i,j=1,2,\cdots,p)$;

（3）$C_{ij} = C_{ji}(i,j = 1,2,\cdots,p;i \neq j)$。

称 C_{ij} 为变量 x_i,x_j 的相似系数。

常用的相似系数有夹角余弦和相似系数。

$x_i = (x_{1i},x_{2i},\cdots,x_{ni})^{\mathrm{T}}, x_j = (x_{1j},x_{2j},\cdots,x_{nj})^{\mathrm{T}}(i,j = 1,2,\cdots,p)$。

夹角余弦为：

$$q_{ij} = \frac{\sum_{k=1}^{n} x_{ki} \cdot x_{kj}}{\sqrt{\sum_{k=1}^{n} x_{ki}^2 \cdot \sum_{k=1}^{n} x_{kj}^2}} \tag{26-5}$$

相似系数为：

$$q_{ij} = \frac{\sum_{k=1}^{n} (x_{ki} - \bar{x}_i) \cdot (x_{kj} - \bar{x}_j)}{\sqrt{\sum_{k=1}^{n} (x_{ki} - \bar{x}_i)^2 \sum_{k=1}^{n} (x_{kj} - \bar{x}_j)^2}} \tag{26-6}$$

变量之间也可以用距离来度量相似程度，样本之间也可以用相似系数来度量相似程度，距离和相似程度也可以相互转化，常用的公式如下：

$$\mathrm{d}_{ij}^2 = 1 - C_{ij}^2$$

$$C_{ij} = \frac{1}{1 + d_{ij}}$$

$$\mathrm{d}_{ij} = \sqrt{2(1 - C_{ij})} \tag{26-7}$$

26.1.2.2 故障信息聚类分析示例

1）数据预处理

数据预处理的目的是把从传感器采集到的数据中包含的噪音、空值以及与故障类型无关的属性去掉。故障诊断中的预处理由信号的预处理、数据变换和维数约减三个主要部分组成。维数约减的目的是将故障诊断中对故障的决策影响不大或没有影响的属性去掉，以缩减数据集，提高故障诊断算法的效率。数据预处理要确保以下几个方面：

a）数据的完整性；

b）数据的准确性；

c）数据的一致性；

d）减小数据的冗余度；

e）为数据挖掘算法提供高质量的数据。

2）故障对象的聚类分析

a）样本预处理

以故障点检测的历史数据作为聚类分析数据样本，将样本数据分成两部分：聚类分析源数据和结果验证数据。其中聚类分析源数据是聚类分析的基础数据，以这部分数据对象全体构成聚类对象论域 $\{X\} = \{x_1,x_2,\cdots,x_{NK}\}$；结果验证数据用来验证聚类分析结果的准确率，并以此作为故障特征模式提取的依据。

b）确定故障诊断的参数类

以状态检测设备检测的参数作为设备故障模式识别的参数。设有 NS 个参数,则参数向量 ND 表示为 $ND = \{sd_1, sd_2, \cdots, sd_{NS}\}$。

c）样本实例表达

将每个实例 x_{nk}（nk 为实例编号）以 NS 维表达 $\{x_{nk}\} = \{x_{nk1}, x_{nk2}, \cdots\}$。

d）计算实例样本间的相似度并构造相似矩阵

选定一种标定方法,在 X 上建立一个相似模糊关系。为了进一步构造相似关系矩阵,采用相似度来刻画各个样本之间的关系,由此得到相似矩阵 $D = (d_{ij})_{NK}$。用皮式积矩相关系数法对 X 进行标定如下:

$$d_{ij} = \frac{\sum_{k=1}^{NS} |x_{ik} - \bar{x}_1| \times |x_k - \bar{x}|}{\sqrt{\sum_{k=1}^{NS} (x_{ik} - \bar{x}_1)^2 \times (x_k - \bar{x}_1)^2}} \tag{26-8}$$

e）求等价关系矩阵 D

在上一步得到关系矩阵 D 一般只满足自反性和对称性,不具有传递性。通过需要进一步求矩阵 D 的传递闭包 D^*,使矩阵满足传递性,将其改造为等价模糊矩阵,可以用平方法求出矩阵 D 的传递闭包 D^*。

f）采用 γ 截矩阵法进行聚类计算

进行精确聚类分析,使用 K-means 算法计算聚类中心 ν。

定义1:两个数据对象间的欧几里得距离为:

$$d(x_i s_j) = \sqrt{(x,x)^T (x_i x_j)} \tag{26-9}$$

定义2:属于同一类别的数据对象的算术平均为:

$$z_j = \frac{1}{N} \sum_{x \in w_j} x \tag{26-10}$$

定义3:目标函数:

$$J = \sum_{i=1}^{k} \sum_{j=1}^{n_j} d(x_i, z_i) \tag{26-11}$$

计算流程:

a. 从 C 个聚类中各取一个数据作为初始聚类中心,循环下述流程 b 和 c,直到目标函数取值不在变化;

b. 根据每个聚类对象的均值（中心对象）,计算每个对象与这些中心对象的距离,并且根据最小距离重新对相应对象进行划分;

c. 重新计算每个聚类的均值（中心对象）。

由此得到聚类中心可看作是一些标准样本。

3）基于故障描述信息的文本聚类分析

文本聚类分析一般流程为:文本原文—预处理—分词—特征项表示—模式或知识的提取—模式或知识的运用。

a）选取待处理和分析的文本；

b）对得到的文本进行预处理：利用切分标记（标点、数字等）和隐式切分标记（出现在停用词表中的那些频率高、构词能力差的词,如的、了）将文本切分成短串序列；

c）对预处理后的文本进行分词处理；

d）把文本切分成特征词条,建立挖掘对象的特征表示,一般采用文本特征向量,若维数过大还需进行降维处理；

e）利用聚类分析相关技术提取潜在的模式或知识；

f）运用提取的模式或知识。

26.2　使用可靠性评估

使用可靠性评估的主要目的是对产品的使用可靠性水平进行评价,验证产品是否达到了规定的可靠性使用要求,尽可能地发现和改进产品的使用可靠性缺陷,以及为产品的改进、改型和新产品的研制提供支持信息。

使用可靠性评估应尽可能在典型的实际使用条件下进行,这些条件必须能代表实际的使用和训练条件。被评估的产品应具有规定的技术状态,使用与维修人员必须经过正规的训练,各类保障资源按规定配备到位。

使用可靠性评估应在产品部署后进行,一般可分为初始使用可靠性评估和后续使用可靠性评估。初始使用可靠性评估在产品初始部署一个基本单元后开始进行,后续使用可靠性评估在产品全面部署后进行。使用可靠性评估应结合产品的战备完好性评估一起进行。

应制定使用可靠性评估计划,也可包含在现场使用评估计划中。计划中应明确参与评估各方的职责及要评估的内容、方法和程序等。

在整个评估过程中应不断地对收集、分析、处理的数据进行评价,确保获得可信的评估结果及其他有用信息。

1）使用可靠性评估要求

a）初始使用可靠性评估在产品初始部署一个基本单元后开始进行,在规定评估时间内（一般2年左右）,通过收集、分析,计算使用、维修、故障等数据来评价产品的使用可靠性水平。当没有达到要求的门限值时,应进行分析并提出可行的改进建议。

b）后续使用可靠性评估在产品全面部署后进行,在全面部署大约5～10年内,在用户实际使用条件、利用更多的部署产品、利用更长的时间间隔进行评价,评估的结果具有较高的精度和置信水平。

c）使用可靠性评估计划,也可包含在现场使用评估计划中。

d）使用可靠性评估应尽可能在典型的实际使用条件下进行,这些条件必须能代表实际的使用条件。被评估的产品应具有规定的技术状态,使用与维修人员必须经过正规的训练,各类保障资源按规定配备到位。

e）使用可靠性评估应综合利用用户使用期间的各种信息。在整个评估过程中应不断地对收集、分析、处理的数据进行评价,确保获得可信的评估结果及其他有用信息。

2）使用可靠性评估内容

电子系统在使用和维修期间也会受到损坏并使性能下降，因此应对使用中的系统不断进行评估，以保证这些系统能够按照预期的要求工作并确定是否需要改进，而达到减少退化、提高可靠性和维修性并且降低寿命周期费用的目的。评估内容如下：

a）根据工作数据或故障数据的分析，估计可靠性与维修性性能，确定使用和维修劣化的因素，并把实际的可靠性及维修性与预计和验证的值进行比较。

b）确定可靠性差，需要大量维修并且是提高经济效益的主要因素的那些系统、设备及其他硬件。

c）评定因在使用中发生故障而进行的系统更改和采取的改正措施对可靠性和维修性的影响。

d）设备和系统一旦投入使用，就应对所收集的现场工作数据以及从其他来源得来的信息进行分析，定期对其可靠性进行评估。目前，已建立一些评估可靠性的数据库。按照这些数据库规定的方式可以得出一致的和准确的数据，这些数据可以反馈到产品的改进过程，并作为以后订购项目的"经验教训"信息库。通常可提供如下信息：

- 暴露有问题的区域，及时采取纠正措施，为系统可靠性改进计划提供可靠性依据；
- 确定系统订购期间所采取的设计和试验大纲的有效性；
- 跟踪现场系统的性能，特别是它的可靠性。

3）使用可靠性评估流程

a）获得需要的数据：利用数据收集和报告系统获得基本的工作——使用经验数据。

b）估计可靠性：分析报告的经验数据，以便导出系统、分系统、设备、主要部件及更低的产品等级，相应于研制阶段分配、规定和验证可靠性参数的度量（如故障率、MTBF）。常采用点估计。

c）确定问题：对可能主要缺陷和在上项分析中发现的缺陷的基本问题加以确定、研究和描述，以便采取纠正措施。

d）确定纠正措施的任务：确定纠正措施的责任及采取纠正措施目标的判据。

4）使用可靠性评估管理

使用可靠性评估领导小组职责：

a）审查批准使用可靠性评估计划并监督实施情况；

b）批准成立工作组并规定其职责；

c）协调解决评估过程中的重大问题；

d）审查并批准评估报告。

使用可靠性评估组职责：

a）组织制定并实施使用可靠性评估计划；

b）建立判别准则；

c）规定可靠性评估的数据要求，包括数据类型、数据量、数据来源、数据收集及分析等；

d）规定可靠性评估的方法；

e）对可靠性评估结果进行分析并编制评估报告；

f）提出并安排可靠性评估的资源；

g）组织安排评估过程中的评审工作等。

使用可靠性评估计划：

a）评估任务和要求,工作进度安排；

b）机构及职责；

c）评估的参数及度量模型；

d）参与试验的产品、使用环境及统计的时间长度；

e）故障判据；

f）可靠性评估的数据要求及规定；

g）可靠性评估结果及分析等。

5）使用可靠性评估

平均故障间隔时间（MTBF）点估计值：

假设每次记录的系统运行时间为:$t_1,t_2,t_3\cdots t_n$,则总试验时间 T:

$$T = \sum_{i=1}^{n} t_i \qquad (26-12)$$

采用同样的方法计算出总责任故障数 r,根据总试验时间 T 和总责任故障数 r,计算系统的 MTBF 点估计值。

$$\hat{T}_{BF} = \sum_{i-1}^{n} t_i \bigg/ \sum_{i=1}^{n} \gamma_i \qquad (26-13)$$

平均故障间隔时间 MTBF 区间估计：

a）单边置信下限

在评估的总试验时间 T 内,当系统的责任故障数为 r 时,采用如下数学模型评估系统单侧置信下限值（θ_L）:

$$\theta_L = \frac{2T}{\chi^2_{2r+2,\alpha}} \qquad (26-14)$$

式中：θ_L—MTBF 的单边置信下限；T—累积工作时间；r—累积责任故障数；α—选定的显著性水平,取 0.1（或按产品实际情况选取）,$1-\alpha$ 为置信度。查 GJB 899A 表 A.1 的 χ^2 分布上侧分位数表。

b）置信区间估计

在评估的总试验时间 T 内,当系统的责任故障数为 r 时,采用如下数学模型评估系统 MTBF 的置信下限值（θ_L）和置信上限值（θ_U）:

$$\theta_U = \frac{2T}{\chi^2_{2r,1-\frac{\alpha}{2}}} \qquad (26-15)$$

$$\theta_L = \frac{2T}{\chi^2_{2r+2,\frac{\alpha}{2}}} \qquad (26-16)$$

式中：θ_L—MTBF 的置信下限；θ_U—MTBF 的置信上限；T—累积工作时间；r—累积责任故

障数;α—选定的显著性水平,取 0.1(或按产品实际情况选取),1 − α 为置信度。查 GJB 899A 表 A.1 的 χ^2 分布上侧分位数表。

零故障时置信下限值(θ_L):

$$\theta_L = \frac{T}{-\ln \alpha} \tag{26-17}$$

6) 故障统计和分析

用户使用期间出现的所有故障,分为关联故障和非关联故障。关联故障应进一步分为责任故障和非责任故障。出现的故障,只有责任故障才是用于可靠性统计的故障。

使用过程中,只有下列情况可判为非责任故障:

a) 误操作引起的受试产品故障;

b) 试验装置及测试仪表故障引起的受试产品故障;

c) 超出产品工作极限的环境条件和工作条件引起的受试产品故障;

d) 修复过程中引入的故障。

除可判定为非责任的故障外,其他所有故障均判定为责任故障,如:

a) 由于设计缺陷或制造工艺不良而造成的故障;

b) 由于元器件潜在缺陷致使元器件失效而造成的故障;

c) 软件故障;

d) 间隙故障;

e) 超出技术规范正常范围的调整;

f) 使用期间所有非从属性故障原因引起的出现故障征兆(未超出性能极限)而引起的更换;

g) 无法证实的异常情况。

使用过程中,只有责任故障才作为可靠性评估的输入。责任故障应按以下原则进行统计:

a) 当可证实多种故障模式由同一原因引起时,整个事件计为一次故障;

b) 有多个元器件在试验过程中同时失效时,当不能证明是一个元器件失效引起另一些元器件失效时,每个元器件的失效均计为一次独立的故障;若可证明是一个元器件的失效引起的另一些元器件失效时,则所有元器件的失效合计为一次故障;

c) 可证实是由于同一原因引起的间歇故障,若经分析确认采取纠正措施经验证有效后将不再发生,则多次故障合计为一次故障;

d) 多次发生在相同部位、相同性质、相同原因的故障,若经分析确认采取纠正措施经验证有效后将不再发生,则多次故障合计为一次故障;

e) 已经报告过的由同一原因引起的故障,由于未能真正排除而再次出现时,应和原来报告过的故障合计为一次故障;

f) 在故障检测和修理期间,若发现受试样机还存在其他故障而不能确定为是由原有故障引起的,则应将其视为单独的责任故障进行统计。

26.3 使用可靠性改进

确定的可靠性改进项目,应该是那些对提高战备完好性和任务成功性、减少维修工作量和降低寿命周期费用有重要影响和效果的项目。

可靠性改进是产品改进的重要内容,必须与产品的其他改进项目进行充分的协调和权衡,以保证总体的改进效益。

1) 使用可靠性改进计划

a) 改进的项目、改进方案和达到的目标;

b) 验证要求和方法;

c) 负责改进的单位、人员及职责;

d) 经费预算及进度安排等。

2) 使用可靠性改进

a) 根据产品在使用中发现的问题和技术的发展,通过必要的权衡分析或试验,确定需要采取改进的项目,亦即是那些对提高战备完好性和任务成功性、解决危及安全的故障、减少维修工作量和降低寿命周期费用有重要影响和效果的项目;

b) 可靠性改进是产品改进的重要内容,必须与产品的其他改进项目进行充分的协调和权衡,以保证总体的改进效益;

c) 改进的途径主要有:

- 保障系统的优化与改进:合理配置保障资源,为保持可靠性水平创造条件;
- 使用与维修方法的更改:调整使用与维修方法,使产品得到恰当的维护修理;
- 产品制造工艺的更改:提高生产工艺的稳定性,保证设计可靠性的实现;
- 产品设计更改:通过设计技术的改进提高固有可靠性和环境适应性。

3) 使用可靠性改进专门机构

使用可靠性改进由专门机构负责管理。该机构职责为:

a) 组织论证并确定可靠性改进项目;

b) 制定使用可靠性改进计划;

c) 组织对改进项目、改进方案的评审;

d) 对改进的过程进行跟踪和控制;

e) 组织改进项目的验证;编制可靠性改进项目报告等。

FRACAS 和故障归零中收集统计的质量案例进入案例库,并提炼总结故障模式,为后续新研产品设计和六性设计的 FMECA 分析提供了完整准确的故障案例数据,用以提高产品通用质量特性设计水平,改进产品质量。

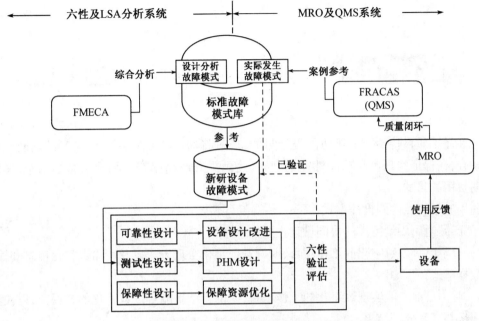

图 26 – 1 可靠性信息收集与产品改进

第二十七章 通用质量特性数字化协同设计

开展通用质量特性数字化协同设计目的:通过将通用质量特性设计与产品功能性能设计相融合,在保证实现产品功能性能的同时,达到提升产品固有通用质量特性水平,降低寿命周期费用的目的。

通用质量特性协同设计方式如下:

1)产品通用质量特性的协同设计主要以数字化方式开展;

2)对于已具备数字化的工作项目,明确其数字化实现方式以及所需数字化信息和输入、输出数据格式;

3)对于目前未能实现数字化的工作项目,明确其结果能否以数字化形式提交,以便其他工作项目共享其分析结果;

4)以产品功能性能设计为主线,通用质量特性设计分析工作及时有效,以指导和改进产品的设计;

5)在确定设计方案前,应完成通用质量特性建模预计工作,为方案对比和改进提供信息;

6)在数字样机确定后,及时进行有限元分析、可靠性仿真等工作,尽快反馈分析结果,在数字样机上实现方便、快捷、经济的设计改进;

7)在实物样机完成生产,及时开展各项试验工作,并有效运行 FRACAS,使产品通用质量特性水平得到有效增长,为产品顺利定型奠定基础。

通用质量特性协同设计数据要求:

1)数据准确性:通用质量特性分析工作是不断迭代过程,产品任何一个改动都可能影响通用质量特性分析结果,因此应将设计改动信息及时反馈到通用质量特性分析工作中,保证分析结果准确性;

2)数据同源:以可靠性为中心,通用质量特性协同设计数据同源;

3)数据规范化:规范数据单位、格式,以便各项协同设计工作的顺利开展。

系统通用质量特性综合参数为系统可用度,分为三种:固有可用度、可达可用度和使用可用度。它们与可靠性、维修性、测试性及保障资源等参数密切相关。

$$固有可用度 = \frac{系统工作时间}{系统工作时间 + 系统修复性维修时间} \tag{27-1}$$

$$可达可用度 = \frac{系统工作时间}{系统工作时间 + 修复性维修时间 + 预防性维修时间} \tag{27-2}$$

$$使用可用度 = \frac{系统能工作时间}{系统能工作时间 + 系统不能工作时间} \tag{27-3}$$

根据固有可用度、可达可用度和使用可用度的基本定义，以及它们与可靠性、维修性和保障资源等参数关系，建立如下可用度模型：

1）固有可用度

$$A_i = \frac{T_{BF}}{T_{BF} + T_{CF}} \tag{27-4}$$

式中：T_{BF}—系统平均故障间隔时间（MTBF）；T_{CF}—系统的平均修复时间（MTTR）。

2）可达可用度

$$A_a = \frac{T_{BM}}{T_{BM} + \overline{M}} \tag{27-5}$$

式中：T_{BM}—系统的平均维修间隔时间（MTBM）；$\overline{M}$—系统的平均维修时间（包括修复性维修和预防性维修时间间隔）。

3）使用可用度

$$A_0 = \frac{T_{BM}}{T_{BM} + T_{MDT}} \tag{27-6}$$

式中：T_{BM}—系统的平均维修间隔时间（MTBM）；T_{MDT}—系统的平均不能工作时间（MDT），包括修复性维修、预防性维修以及保障与管理造成的不能工作时间。

27.1 通用质量特性数字化协同设计

通用质量特性是设计出来的，任何一性均不是独立存在的，它们之间存在着密切的关系。

具体而言，在可靠性设计分析中，FMECA 是最核心最基础的工作项目，不仅提供了产品的关重件信息、为 FTA 提供顶事件及原因事件等信息，还为测试性建模、分配及预计、测试性试验、维修性的建模、维修性试验、RCMA、修复性维修分析等提供输入；同时，FMECA 又受到可靠性建模、预计结果的影响，在产品研制阶段的不同时期进行反复迭代完成。根据 FMECA 得到的故障原因、影响及改进措施等信息，可以为制定通用质量特性设计准则提供依据，使得制定的设计准则着重关注影响严酷的故障。

在维修性设计与分析中，维修性模型是维修性预计、分配、分析和评价的基础和工具，而维修性建模除了受产品功能层次及其框图、结构特性约束外，还应当考虑影响下列因素（参数）的设计特征：故障隔离率、故障检测率、维修频率、所需的维修时间和工时、单位工作小时所需的维修工时或维修时间、可能发生的故障模式等。建立维修性模型时，必须明确所建模型是针对哪一个维修级别的？其保障条件是什么？针对维修级别不同，保障条件不同，所建模型是有差异的。在进行维修性分配、预计的过程中，要以维修频率为基础，而确定维修频率需要根据可靠性分配或预计的结果以及维修方案或大纲，一般而言，故障率高的分配的维修时间短；同时，维修还需要考虑测试点的设置以及产品测试性水平，并明确维修性指标的分配和预计是在产品的哪一个维修级别上进行的、备件是否充足等。维修性设计流程如图 27-1 所示，在进行维修性分配前，要进行相关信息的搜集，并按照维修级别及各级别上的维

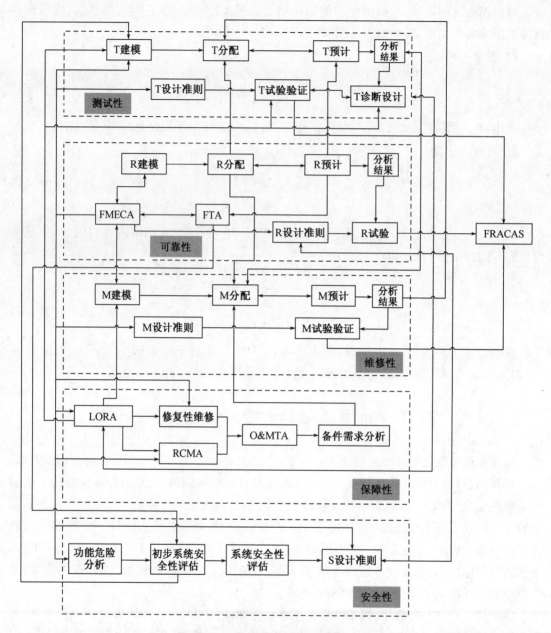

图 27-1　通用质量特性之间相互关系

修工作类型建立维修性模型。确定各层次及各部分的维修频率,包括修复性维修频率及预防性维修频率。根据系统的维修性指标、维修性模型及选定的分配方法将指标由高到低分配到各个部分,并根据技术、经费、进度等因素分析分配方案的可行性,并与维修性预计结果相互迭代,以达到在满足系统维修性指标的前提下使各部分维修性指标达到最优。

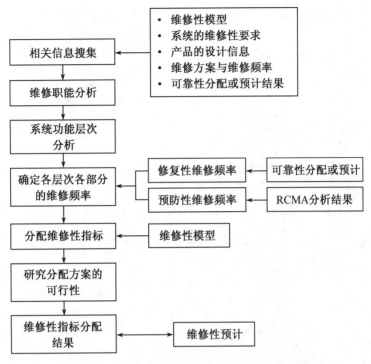

图 27－2　维修性设计及其与通用质量特性协同需求

　　对测试性而言,测试性模型的建立不仅需要产品的组成、信号流图、测试性要求等信息,还需要将可靠性分析结果如 FMECA、故障率等信息作为其输入,并考虑与测试性模型有关的维修项目清单(如规定的可更换单元)。测试性分配中,最常用的是按故障率分配法,必须事先进行可靠性分配和预计,获得产品的故障率信息;测试性预计中,不仅需要产品的故障率,还需要获得产品各级别上的故障模式及其发生的概率,需要进行 FMECA 分析。同时安全性通过初步危险分析确定危及产品使用安全的致命性项目,为确定产品的诊断要求提供输入,确保产品具有完善的监测致命性故障的诊断能力。诊断方案是保障方案的重要内容,保障方案的评价与权衡分析、维修作业分析、修理级别分析等保障性设计分析结果,为确定诊断资源配置、测试性与保障系统接口关系提供设计输入。测试性设计流程主要包括以下基本程序:根据产品的相关信息建立测试性模型,并明确需要进行分配的测试性指标,主要有故障检测率 FDR、故障隔离率 FIR,系统虚警率 FAR。确定各层次产品的故障率,并标在功能层次框图的相应位置。针对需要分配的指标及测试性模型,选择合适的方法进行分配。对分配的结果进行可行性分析和权衡,并与测试性预计结果相互迭代,以达到在满足系统测试性指标的前提下使各部分测试性指标达到最优。

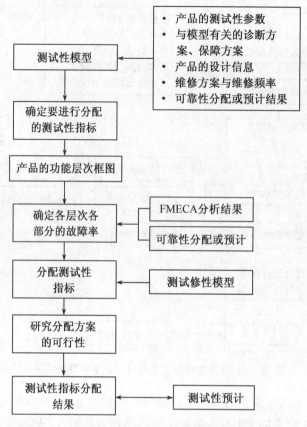

图 27-3　测试性设计及其与通用质量特性协同需求

　　对于保障性而言,以可靠性为中心的维修分析(RCMA)是以 FMEA 分析结果为基础,确定重要功能产品的故障模式,对重要功能产品或设备的维修工作类型、维修间隔等预防性维修进行分析的过程,并通过对故障特性和故障后果的分析,合理判断各类型的预防性维修工作对预防某一故障模式的适用性和有效性,同时需要参照修理级别分析的结果对预防性维修级别提供建议。修理级别分析为修复性维修工作确定了维修级别和维修保障费用。而使用和维修任务分析(O&MTA)以 RCMA 和修复性维修分析结果为基础,对成品的使用和维修任务进行详细分析。根据 LORA 及 O&MTA 分析结果对成品进行备件需求分析,确定备件品种和数量。以 RCMA 为例,其实施流程如图 27-4 所示。在进行 RCMA 之前,首先要进行相关信息的搜集,包括:产品的设计方案,如产品的构成、功能(含隐蔽功能)和冗余措施等;产品的设计对维修保障的要求信息,如故障检测隔离方法、保养需求等;各类保障资源在不同维修级别上的配件限制条件;产品的故障信息;产品的费用信息。然后对产品进行功能FMECA,分析所有功能所有可能的故障模式。根据 FMECA 分析结果,对重要功能的故障模式按照 GJB 1378A-2007 中的逻辑决断图确定预防性维修工作类型,预防性维修间隔是针对有寿件及有退化特征的故障进行的,需要根据故障的后果、故障规律、检测点及检测方法等信息确定,此外还要注意,对于不同的工作类型,确定间隔期的原则有所不同。参照修理级别分析的结果及经济性、技术条件提出预防性维修级别建议。将 RCMA 得到的产品所有的预防性维修工作类型及其工作间隔进行详细的分解,为使用和维修任务分析(O&MTA)提供输入。

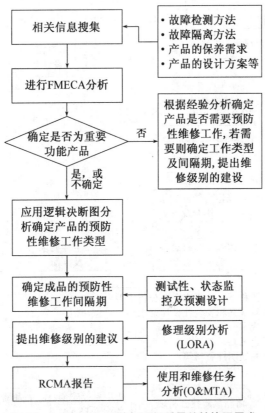

图 27－4　RCMA 及其与通用质量特性协同需求

　　对于安全性而言,功能危险分析 FHA 的目的是通过对系统或分系统级(包括软件)可能出现的功能状态的分析,识别并评价系统中潜在危险的一种分析方法,它是一种自上而下的识别功能失效状态和评估其影响的方法,以产品的功能 FMEA 分析为基础,并根据分析分配安全性要求,提出安全性要求符合性验证方法。初步系统安全性分析(PSSA)对所提出的系统构架进行系统性核查,以确定失效如何导致由功能危险性分析(FHA)所识别的功能危险性,以及如何能够满足 FHA 的要求,其目的是确定哪些失效或失效的组合导致产品的功能故障,需要以 FHA 的功能危险及其安全性要求为输入,以故障树为分析手段确定设计是否满足安全性要求,同时,为系统安全性分析 SSA 提供输入。图 27－5 所示是产品功能危险分析实施流程。

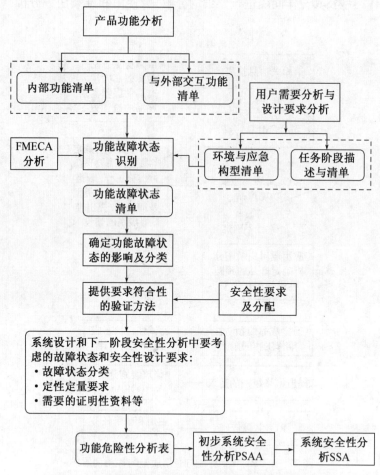

图 27 - 5   功能危险性分析及其与通用质量特性协同需求

所有的通用质量特性设计分析结果都可以用试验来发现设计中的薄弱环节、验证设计的合理性和有效性,并在试验的过程中,指导故障的定位、分析,建立 FRACAS 管理系统。通用质量特性之间的关系错综复杂,但通用质量特性设计有着共同的目标:提高产品效能。因此,在开展通用质量特性设计时必须考虑其中的相互关系,才能真正提高产品的质量可靠性水平。

27.1.1   可靠性工作协同设计

27.1.1.1   建立可靠性模型(工作项目 301)

a) 数字化:如 CARMES-RBD;

b) 数字化信息输入内容:产品的组成、规定任务的时间、产品工作模式、RBD 节点类型、各模块的可靠性预计值等;

c) 数字化信息输出形式:产品的 RBD 模型、基本可靠度、任务可靠度、MTBCF 等;

d) 与其他工作项目的接口关系。

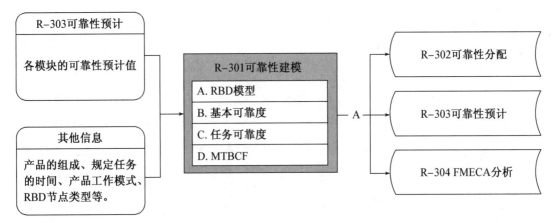

图 27 - 6　可靠性建模与其他工作项目的接口关系

CARMES 的可靠性建模（RBD）模块完成系统可靠性框图（Reliability Block Diagram，RBD）的定义及其可靠度、固有可用度、系统 MTBCF 的计算功能。其可靠性模型包括如下：

a）串联模型；

b）并联模型；

c）n 中取 k（表决）模型；

d）储备模型（含冷储备、温储备、热储备）；

e）权联模型。

CARMES 的 RBD 分析可以处理"不维修""有限维修"和"完全维修"三种情况，同时考虑了指数分布、威布尔分布、正态分布、对数正态分布、二项（成败型）分布和超几何分布几种可靠性统计分布函数。

27.1.1.2　可靠性分配（工作项目 302）

a）数字化：如 CARMES-RALOC；

b）数字化信息输入内容：产品的组成、分配方案数量、分配方法、资源/因素数量、分配指标、分配余度等；

c）数字化信息输出形式：分配结果、方案比较报表；

d）与其他工作项目的接口关系。

可靠性分配是一种从系统/子系统到组件、部件的自上而下的分配方法，在 CARMES 系统中提供了 8 种可靠性分配和优化方法：等分配法、AGREE 分配法、ARINC 分配法、评分分配法（目标可行性法）、最少工作量法、动态规划法、直接寻查法、四因素评分法，根据目前已获得的信息、分配的要求和目的、系统组成结构等选取合适的分配方法。

27.1.1.3　可靠性预计（工作项目 303）

a）数字化：如 CARMES-RPRED；

b）数字化信息输入内容：产品组成清单、预计依据、环境类别、质量等级、电应力、工作温度、工作状态、降额数据等；

c）数字化信息输出形式：产品任务/基本可靠性预计结果、温度曲线、电应力曲线；

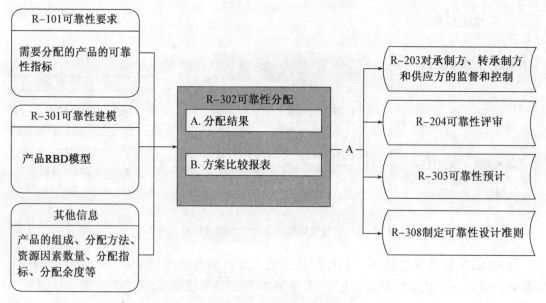

图 27 - 7   可靠性分配与其他工作项目的接口关系

d）与其他工作项目的接口关系。

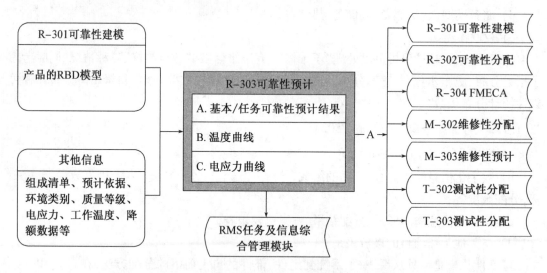

图 27 - 8   可靠性预计与其他工作项目的接口关系

对所用元器件根据产品的环境条件、质量等级、电应力、降额数据等对元器件的可靠性预计参数进行设置,可靠性参数的设置有三种方式:直接录入参数、查找预计参数库/产品库、应用缺省值。以微电路(集成电路)为例,如果设置的工作状态数据:"预计依据"/"子类别"/"环境"为"299C 应力法"/"半导体单片数字电路"/"GB 地面良好";非工作状态数据为:"预计依据"/"子类别"/"环境"为"GJB 108A 详细法"/"半导体单片数字电路"/"GB 地面良好",降额数据为:"降额类别"为"双极型数字电路",则需要输入的参数如图 27 - 9 所示;参数输入完整后计算该元器件的工作失效率,并保存预计参数和结果;依次将所用元器件进行上述参数设置及计算后,软件自动利用可靠性模型(串联、并联等)对组件、分系统、系统进行可靠性预计,并显示计算结果。

图 27 - 9 微电路(集成电路)可靠性预计参数设置示例

27.1.1.4 故障模式、影响及危害性分析(工作项目 304)

a) 数字化:如 CARMES-FMECA;

b) 数字化信息输入内容:产品组成清单、任务阶段、约定层次、故障模式编码、系统树节点、故障模式代码、故障模式名称、故障原因、故障影响、单点故障、危害性分析、故障检测方法、设计改进措施、使用补偿措施等;

c) 数字化信息输出形式:故障模式影响及危害性分析报表(定量)、故障模式影响及危害性分析报表(定性)、Ⅰ、Ⅱ类故障模式清单、单点故障模式清单、危害性矩阵等;

d) 与其他工作项目的接口关系。

根据 FMECA 分析阶段选择合适的分析方法,如图 27 - 11 所示:论证/方案阶段用功能 FMECA、工程研制与定型阶段用功能 FMECA、硬件 FMECA、软件 FMECA 等,也可以自定义分析方法。

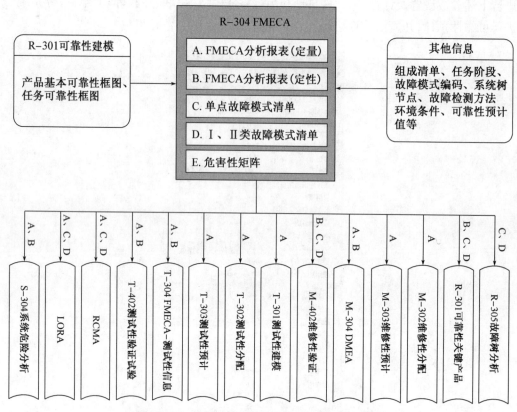

图 27 - 10　FMECA 与其他工作项目的接口关系

图 27 - 11　FMECA 分析类型自定义界面

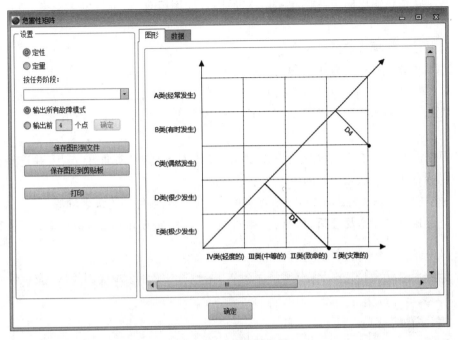

图 27－12　危害性矩阵

27.1.1.5　故障树分析(工作项目 305)

a) 数字化:如 CARMES;

b) 数字化信息输入内容:产品的组成框图及使用环境条件、可靠性框图、可靠性预计值、分配值、FMECA 得到的 I、II 类故障模式清单;

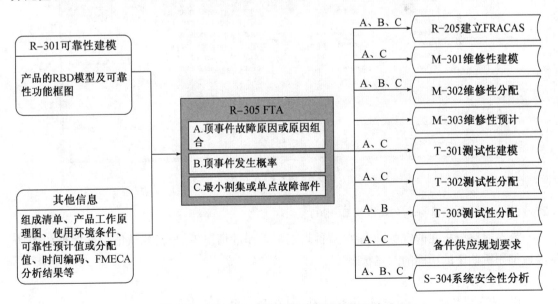

图 27－13　FTA 与其他工作项目的接口关系

c）数字化信息输出形式：顶事件的故障原因或原因组合、顶事件发生概率、单点故障部件等；

d）与其他工作项目的接口关系。

基于 CARMES 的 FTA 分析流程如下：

a）在 CARMES 软件中选取 FTA 模块，在系统树中选择需要进行故障树分析的节点，打开故障树图形，自动产生一个节点类型为或门的顶事件。根据分析的需求修改顶事件的逻辑门类型；

b）根据需要追加子节点：选定故障树节点，单击右键选择"添加子节点"并选择相应子菜单，用鼠标在相应节点处单击即可增加子节点；

c）对添加的节点属性编辑，包括节点名称、节点类型、事件编码级名称等；

d）进行相应的计算及分析，包括：顶事件发生概率、重要度、最小割集等，如图 27 - 14 所示。

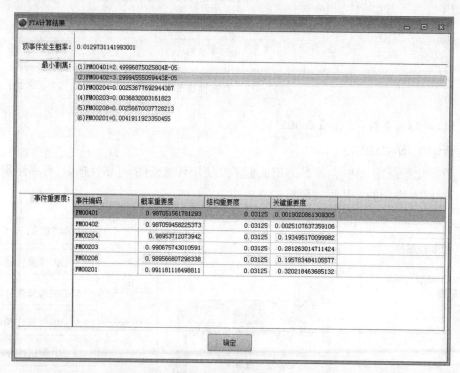

图 27 - 14　FTA 结果

27.1.1.6　潜在通路分析（工作项目 306）

潜在通路分析在假定所有元件、器件均正常工作的情况下，分析确认能引起非期望的功能或抑制所期望的功能的潜在状态。

a）数字化：如 SCAS；

b）数字化信息输入内容：可直接从 Protel 中导入电路图；

c）数字化信息输出形式：网络树图，网络森林节点集等；

d）与其他工作项目的接口关系：可将其发现的问题反馈到产品电路设计中。

27.1.1.7　电路容差分析(工作项目307)

电路容差分析主要分析电路的组成部分在规定的使用温度范围内其参数偏差和寄生参数对电路性能容差的影响,并根据分析结果提出相应的改进措施。

a)数字化:如Pspice;

b)数字化信息输入内容:产品电路原理框图、元器件清单、容差范围、额定参数、工作环境温度等信息;

c)数字化信息输出形式:产品敏感参数、输出参数范围及分布;

d)与其他工作项目的接口关系:可将其发现的问题反馈到产品电路设计以及元器件选型中。

27.1.1.8　可靠性仿真分析(工作项目312)

a)数字化:如Flotherm、ANSYS、Calce PWA;

b)数字化信息输入内容:产品的组成及功能框图、CAD模型、产品各印制电路板的装焊图、各元器件型号及其在电路板上的位号、坐标位置、产品安装位置及安装方式、重量、功耗、材料性能参数、通风散热形式和散热量、可靠性要求值、预期的使用环境条件及剖面、FMECA分析结果;

c)数字化信息输出形式:产品热设计薄弱环节、振动设计薄弱环节、热/振动敏感器件、重要元器件故障前时间、产品可靠性预计值。

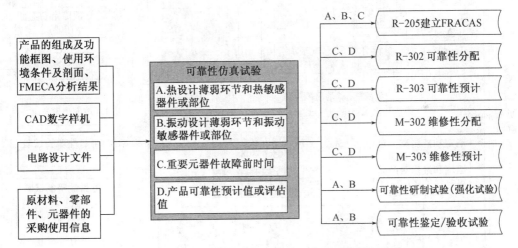

图27-15　可靠性仿真试验与其他工作项目的接口关系

可靠性仿真试验一般包括5个步骤,如图27-16所示。

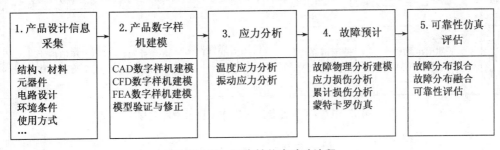

图27-16　可靠性仿真试验流程

可靠性各阶段工作项目及设计流程如图 27 - 17 所示。

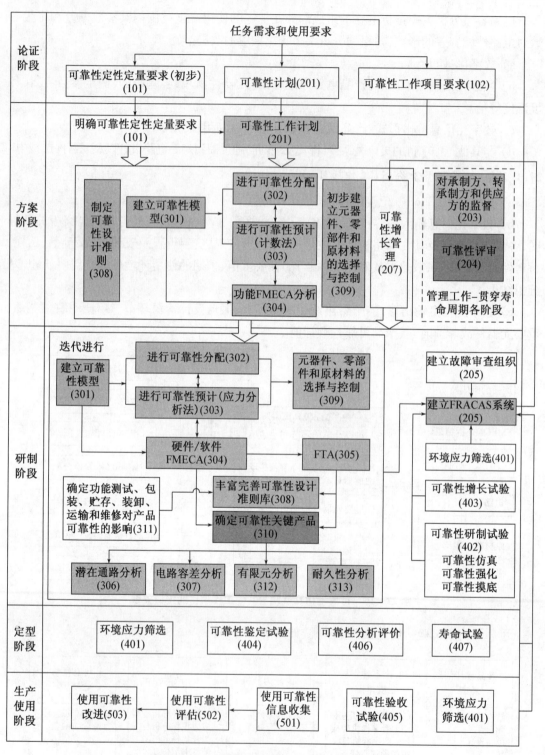

图 27 - 17　可靠性各阶段工作项目及设计流程

27.1.2　维修性工作协同设计

维修性是由产品设计赋予的使其维修简便、迅速、经济的固有质量特性。为使产品具有良好的维修性,须从论证阶段开始,通过一系列设计、分析、制造、试验、评价等工程活动,赋予所要求的维修性。维修性工作的重点是在研制阶段,即产品的维修性设计、分析与试验,同时,也应包括维修性要求的论证与确定,以及使用阶段维修性数据收集、分析与反馈等工作。

维修性指标主要如下:

1）修复性维修

a）平均修复时间(MTTR)

在规定的条件下和规定的时间内,产品在规定的维修级别上,修复性维修总时间与该级别上被修复产品的故障总数之比。

当有 n 个可修复项目时,平均修复时间:

$$T_{CT} = \frac{\sum_{i=1}^{n} \lambda_i T_{cti}}{\sum_{i=1}^{n} \lambda_i} \tag{27-7}$$

式中:λ_i—第 i 个项目的故障率;T_{cti}—第 i 个项目的平均修复时间。

b）百分位最大修复时间

给定百分位或维修度的最大维修时间。通常给定维修度 $M(t) = p$ 为 95% 或 90% 。

2）预防性维修

a）平均预防性维修时间

每项或某个维修级别一次预防性维修所需时间的平均值。平均预防性维修时间:

$$T_{PM} = \frac{\sum_{i=1}^{n} f_{pi} T_{pti}}{\sum_{i=1}^{n} f_{pi}} \tag{27-8}$$

式中:f_{pi}—第 i 项预防性维修的频率;T_{pi}—第 i 项预防性维修的平均时间;n—产品中需要进行的预防性维修的总数。

b）日/周/年预防性维修时间

也可使用日预防性维修时间、周预防性维修时间、年预防性维修时间作为预防性维修参数。

27.1.2.1　制定维修性工作计划(工作项目 202)

维修性工作计划的制定在 CARMES-RMS 综合模块中可以实现与可靠性工作计划同步制定。

对于工作项目 203"对承制方、转承制方和供应方的监督和控制"也可以利用 CARMES-RMS 综合管理模块按照上述方法进行管理、监督和控制。

27.1.2.2 建立维修性模型(工作项目301)

建立产品的维修性模型,主要用于定量分配、预计和初步评定产品的维修性,一般与维修性预计结合在一起。其数字化也融合在了维修性预计中,如 CARMES-MPRED。

27.1.2.3 维修性分配(工作项目302)

对于新设计的产品,可采用故障率加权分配法、对于相似产品及有数据借鉴,则可采用相似产品维修性数据分配法。

1)故障率分配法

适用于研制初期,已分配了可靠性指标或已有可靠性预计值的系统,它以各分系统的相对复杂程度为依据进行分配;该分配方法是按故障率高的维修时间应当短的原则进行分配,其模型如下:

$$\overline{M}_{cti} = \frac{\overline{\lambda}}{\lambda_i}\overline{M}_{ct} \tag{27-9}$$

式中:$\overline{\lambda}$—各单元平均故障率;$\overline{M}_{ct}$—总体分配到系统的平均修复时间;$\overline{M}_{cti}$—系统分配到单元 i 的平均修复时间。

$$\overline{\lambda} = \frac{\sum\limits_{i=1}^{n}\lambda_i}{n} \tag{27-10}$$

当同一产品数量大于 1 时,其 $\lambda_i = Q_i\lambda_u$。

式中:Q_i—相同产品的个数,即单元 i 的数量;λ_i—单元 i 的故障率;n—单元个数;λ_u—单个产品的故障率。

2)相似产品维修性数据分配法

适用于有相似产品维修性数据的情况,分配模型如下:

$$\overline{M}_{cti} = \frac{\overline{M}'_{cti}}{\overline{M}'_{ct}}\overline{M}_{ct} \tag{27-11}$$

式中:$\overline{M}_{cti}$—分配到单元 i 的平均修复时间;$\overline{M}_{ct}$—分配到系统的平均修复时间;$\overline{M}'_{cti}$—相似产品已知的单元 i 平均修复时间;$\overline{M}'_{ct}$—相似产品已知的系统平均修复时间。

3)MTTR 验算

对平均修复时间(MTTR)的验算是为了验证调整后得到的 MTTR 值是否满足系统 MTTR 的要求,如不满足则需要重新分配调整,直到验算通过为止,一般采用功能层次法。

用下式对 MTTR 的调整值进行系统或分系统 MTTR 的验证,其验算模型如下:

$$\overline{M}_{ct验算} = \frac{\sum\limits_{i=1}^{n}\lambda_i Q_i \overline{M}_{cti}}{\sum\limits_{i=1}^{n}\lambda_i Q_i} \tag{27-12}$$

式中:$M_{ct验算}$—验算得出系统/分系统的平均修复时间;λ_i—单元 i 的失效(故障)率;Q_i—

单元 i 的数量；$\overline{M}_{cti}$—分配到单元 i 的平均修复时间。

该工作项目数字化协同设计如下：

a) 数字化：如 CARMES-MALOC；

b) 数字化信息输入内容：产品的组成、维修性模型、维修级别、维修类别、分配方案及分配方法、资源/因素数量、系统维修性要求、可靠性分配或预计值、FMECA 等；

c) 数字化信息输出形式：分配结果、方案比较报表；

d) 与其他工作项目的接口关系：

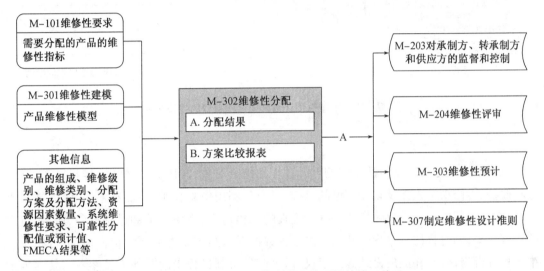

图 27-18　维修性分配与其他工作项目的接口关系

27.1.2.4　维修性预计（工作项目 303）

系统（分系统）维修性预计采用功能层次预计法，计算如下：

$$MTTR_{SY} = \frac{\sum_{i=1}^{n} \lambda_1 \cdot MTTR_i}{\sum_{i=1}^{n} \lambda_i} \qquad (27-13)$$

式中：$MTTR_{SY}$—系统平均修复时间；λ_i—第 i 个产品故障率（预计值）。

该工作项目数字化协同设计如下：

a) 数字化：如 CARMES-MPRED；

b) 数字化信息输入内容：产品组成清单、维修性模型、维修保障方案、维修资源、系统各部分的故障率数据即可靠性预计或分配值、维修工作的流程及各维修活动需要的时间等；

c) 数字化信息输出形式：产品维修性预计结果；

d) 与其他工作项目的接口关系，如图 27-19 所示。

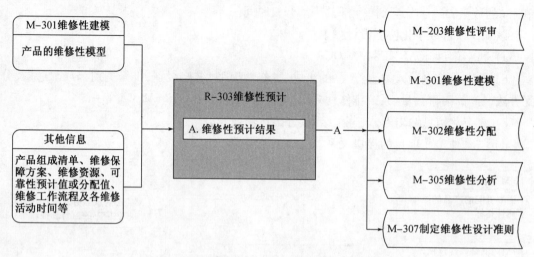

图 27-19　维修性预计与其他工作项目的接口关系

27.1.2.5　维修性仿真分析

维修性仿真分析以维修活动中的拆卸过程为仿真对象,在建立产品数字样机模型、维修过程模型、维修人员人体及动作模型的基础上,充分利用仿真技术、检测技术、多媒体技术等前沿技术,进行针对某种故障模式的拆卸过程的工程仿真,将整个拆卸过程形象、逼真、直观的再现出来,同时将仿真过程中获取到的各种数据提供给维修性分析评价人员,进行相关的维修性分析与评价,并提出设计修改建议,以供产品研制过程中的其他人员参考。其虚拟维修平台如图 27-20 所示。

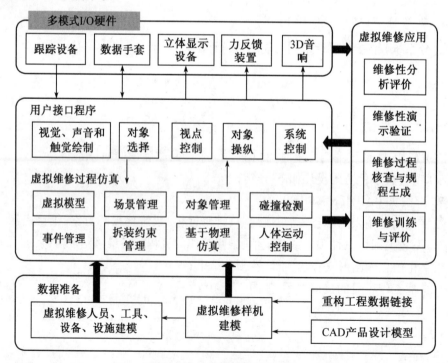

图 27-20　虚拟维修平台示例

维修性工作需要考虑四类要素:维修对象、维修人员、维修工具(含设备及设施)、维修作业过程信息。维修性仿真分析主要包括以下步骤:

a) 利用 CAD 模型生成虚拟维修样机

基于 CAD 数据建模软件构建出具有和物理样机相似的几何形状并满足仿真要求的几何模型,经过数据简化导入到仿真环境中,通过重建模型的外形、装配约束关系、质量、材质、粗糙度等主要属性,使虚拟维修样机具有支持产品维修活动过程的空间、时间和自由度约束的运动特性和物理特性。同时通过对维修拆卸过程的分解和仿真,人机交互操作以及维修性分析,生成完整的包含维修性信息的虚拟模型。

b) 在虚拟环境中结合虚拟人体模型和维修过程模型进行维修仿真

在建立虚拟人体模型时需要考虑几何外观、功能、基于时序的控制、自主性和个体特征五个方面。几何外观应尽量反映真实人体,但也要考虑图形显示的速度;同时运动关节的建模要考虑对运动控制的响应速度,以便准确、实时地仿真维修人员的动作。

将构建的虚拟维修样机和虚拟人体模型导入虚拟仿真环境中,通过调用动作模型库驱动虚拟人体模型完成维修动作。采用碰撞检测方法对虚拟环境中发生的碰撞行为进行检测,由碰撞处理形成触觉和声音信号输出,对虚拟人的姿势和虚拟物体的运动路径进行调整,使之不发生相互间的穿越行为,从而完成人机间的交互;在进行维修仿真时需要将维修过程分解成相互独立的工序序列;然后对每个工序进行分析,对于不需要更换工具即可完成的简单工序无须进一步分解,对于设计多种工具的复杂工序进一步细分到维修动作层次。

c) 运用仿真产生的数据进行维修相关的分析评价

对于维修时间的数据采集,虚拟仿真有别于物理样机。因为在虚拟环境中,虚拟维修人员维修动作的速度是可以人为操控的,所以不能按照传统的记录维修时间的方法来统计虚拟维修作业时间,需要根据分解的维修动作,通过统计、整理每个维修动作所需要的时间建立一套产品基本维修数据库,包含基本维修动作模型和预期相对应的标准时间库,如走一步、抓取工具、旋转一圈螺钉和开门等动作各需要多长时间等。

通过准备工作,在构建的虚拟维修仿真环境里,维修性评价人员根据 FMECA、FTA 分析结果确定的关键故障模式制定初步维修工卡,确定维修工作内容和步骤,以及每个步骤所使用的设备、工具。维修操作内容可以分解为:设备工具、操作对象和维修动作,操作动作应该分解到基本操作单元。例如某步维修操作内容为"用 5×75 十字改锥打开测试口盖"。设备工具为"5×75 十字改锥",操作对象为"测试口盖及其紧固螺钉",维修动作为"打开口盖"。实现的操作动作步骤为:选取 5×75 十字改锥→松开紧固螺钉 1→……→松开紧固螺钉 N→拆下口盖→放置口盖。通过虚拟环境的交互操作就能实现基本动作,进而一步一步地完成维修操作。

d) 反馈分析评价结果、改进设计

维修评价人员在进行模拟拆装的过程中,系统自动记录其所有信息,包括设备工具的运动轨迹、操作对象的运行轨迹,这些信息模型可以采用 <对象,起点,轨迹> 的形式进行表达。对象包括:视点、设备工具和操作对象三种类型,这些信息是生成可视化维修工艺的基础。

设计人员和维修分析人员根据记录的信息及虚拟维修过程进行维修性核查、维修性分析和交互维修操作,采用专门的设备和工具模拟拆装操作,通过反复拆装操作,发现维修性问题,对不满足维修性要求的设计进行迭代改进,全面考虑和优化产品的维修性设计以及保障资源。

通过这种"设计→仿真→分析评估→反馈改进"的迭代过程,达到优化产品维修性设计的目的。

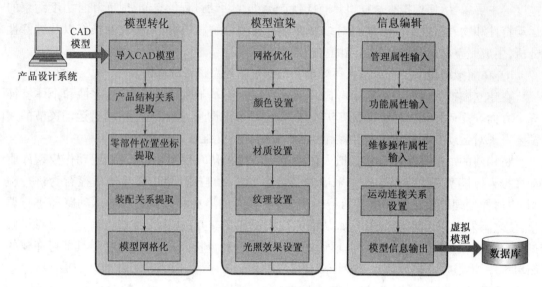

图 27-21 虚拟模型建立

维修性各阶段工作项目及设计流程如图 27-22 所示。

27.1.3 测试性工作协同设计

测试性设计的目标是使产品具有及时、准确判定其状态并检测、隔离故障的一种能力。在产品研制的不同阶段中应分别开展测试性要求论证、测试性设计、分析和测试性试验与评价等工作,以保证产品具有所要求的测试性,但其重点是研制阶段的测试性设计、分析、试验与评价。

27.1.3.1 制定测试性工作计划(工作项目 202)

测试性工作计划的制定在 CARMES-RMS 综合模块中可以实现与可靠性工作计划同步制定。

对于工作项目 203"对承制方、转承制方和供应方的监督和控制"也可以利用如 CARMES-RMS 综合管理模块按照上述方法进行管理、监督和控制。

27.1.3.2 建立测试性模型(工作项目 301)

a)数字化:如 CARMES-Tmod;

b)数字化信息输入内容:产品的设计资料;测试性要求;产品的性能数据、维修性数据和可靠性数据等;

c)数字化信息输出形式:测试性模型报表、测试性分析结果报表、测试性模块端口测试

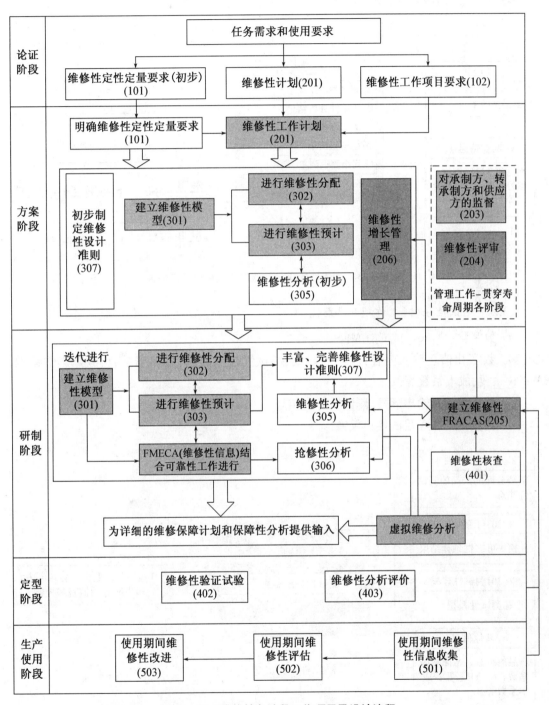

图 27-22　维修性各阶段工作项目及设计流程

相关描述报表、故障模式测试描述报表、模糊组清单、冗余测试清单、相关性矩阵等；

d）与其他工作项目的接口关系：

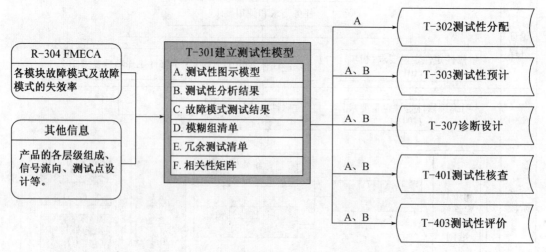

图 27-23 测试性建模与其他工作项目的接口关系

27.1.3.3 测试性分配（工作项目302）

a）数字化：eXpress 或 CARMES-Taloc；

b）数字化信息输入内容：产品的组成、测试性指标要求、故障率系数、故障影响系数、MTTR 系数、成本系数等；

c）数字化信息输出形式：测试性分配结果；

d）与其他工作项目的接口关系。

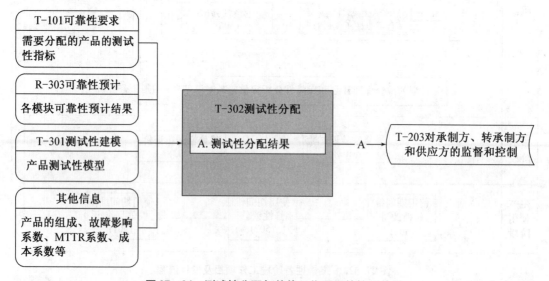

图 27-24 测试性分配与其他工作项目的接口关系

27.1.3.4　测试性预计(工作项目 303)

a）数字化:如 CARMES-Tprid;

b）数字化信息输入内容:测试性模型;产品功能描述、功能划分;产品测试性设计、诊断方案;FMECA 结果和可靠性预计数据等;

c）数字化信息输出形式:产品测试性预计结果;

d）与其他工作项目的接口关系。

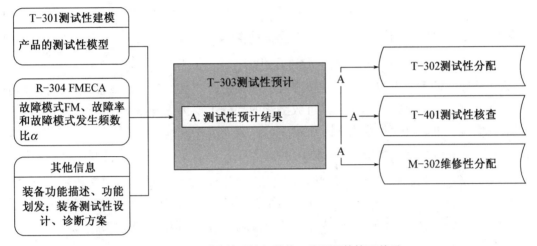

图 27－25　测试性预计与其他工作项目的接口关系

27.1.3.5　制定测试性设计准则(工作项目 305)

a）数字化:如 CARMES-Tcrit;

b）数字化信息输入内容:测试性定性要求、诊断方案、相似产品设计经验、有关标准和文件等;

c）数字化信息输出形式:测试性设计准则及符合性检查结果;

d）与其他工作项目的接口关系。

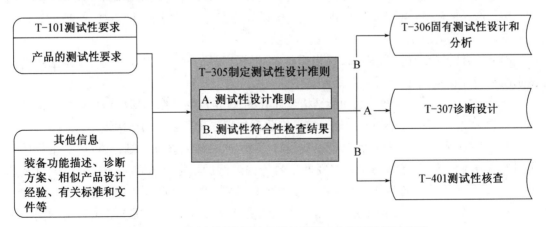

图 27－26　制定测试性设计准则与其他工作项目的接口关系

CARMES-Tcrit 内集成了 28 类共 307 条测试性设计准则,可以根据产品自身的特点制定适用的设计准则,指导和约束设计师进行测试性设计,并在产品设计各阶段实施有效的准则符合性检查,以确定设计符合准则要求,并说明符合或不符合的判定理由。其实施步骤如下:

a) 打开测试性设计准则制定与符合性检查模块;

b) 在系统树窗口中选择需要添加表单的节点,设置表单属性添加表单;

c) 打开添加表单,设置测试性设计准则,定型检查和加权评分检查的操作界面有点区别;

d) 根据总体/订购方下发的要求及产品特点选择合适的测试性设计准则,并完成表单属性;完成后保存,报表菜单可打印准则及符合性检查结果。

27.1.3.6 固有测试性设计和分析(工作项目 306)

本工作项目的主要内容一部分是按照设计准则进行产品的固有测试性设计,另一部分是进行固有测试性的分析与评价。其可数字化的部分主要为固有测试性的评价,可结合工作项目 305 制定测试性设计准则一同开展。

27.1.3.7 测试性验证试验(工作项目 402)

整个测试性验证试验需要在实物样机上注入故障,测试性验证试验前期的制定测试性试验方案,目前根据 GJB 2072 方法,可利用开放的试验方案设计与指标评估软件如 ample。

a) 数字化信息输入内容:FMECA 中的故障模式编码、故障模式、检测方法、故障率、故障模式数等信息;

b) 数字化信息输出形式:试验样本分配结果;也可通过录入试验样本的注入结果,评估产品的测试性指标(故障覆盖率、故障检测率和故障隔离率)。

27.1.3.8 测试性仿真分析流程

测试性建模仿真实施流程如图 27 - 27 所示,将整个过程分为 3 个阶段:建模准备阶段、建模过程阶段和审查阶段。

建模准备阶段是确保模型正确性的关键环节,其主要内容包括:

a) 获取产品的设计资料:产品的设计资料是进行产品详细分析的基础,应该收集的资料主要包括产品测试性设计要求、产品功能结构设计方案、产品详细设计图纸、产品可靠性设计分析报告、产品测试资料等。

b) 测试性要求分析:明确测试性指标要求,根据产品的测试性设计要求,确定采用的测试手段类型、故障隔离的产品层次级别。

c) 结构层次分析:根据产品功能结构设计方案,确定产品的结构层次划分与各层次的具体结构单元组成。其中,结构层次划分应该细化到故障隔离所要求的层次级别。

d) 传递关系分析:根据产品功能结构设计方案、产品详细设计图纸,进行产品结构单元之间的信号流分析,确定结构单元之间的信号流向。然后根据结构单元的故障模式以及产品工作原理,在信号流向的基础上确定出故障在不同结构单元之间的传递关系。

e) 测试分析:根据产品测试资料以及测试性要求分析结果,确定需要建模分析的测试手段类型。然后分析测试的具体组成,确定各项测试的测试位置、测试参数、费用与时间。结合产品详细设计图纸,以及可靠性分析中的故障模式,确定出各项测试结果正常与故障的判

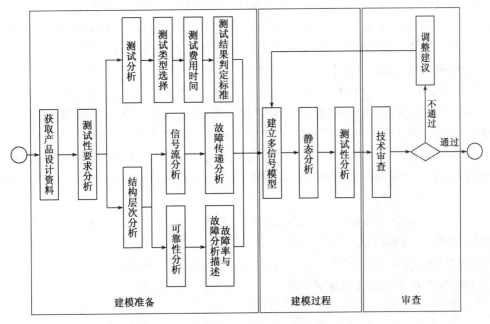

图 27 - 27　测试性建模仿真工程化操作流程

定标准。

　　f) 建立多信号模型:根据建模准备阶段确定的产品的结构组成、故障模式、故障率、故障传递关系、测试配置信息,建立产品的多信号模型。建模中应遵循先上层后下层、先结构单元与连接关系后添加故障与测试的原则。

　　利用软件工具进行测试性建模过程具体又分为如下 4 个步骤,如图 27 - 28 所示。

　　a) 根据系统的原理图、功能框图构建测试性框图。利用软件的图形化界面,添加模块和测试点,建立模块间、模块与测试点之间的连线。

　　b) 建立模块和测试点的功能关系。以系统的功能传递和故障影响为基础,设置模块和测试点的功能属性,从而建立能反映系统真实情况下的模块间、模块与测试点之间的关联关系。

　　c) 调整模型以适应特定情形。下列情况下,需要对模型进行必要的修正:如果系统有一些组件能够阻断一个功能或完全故障,则应对这些组件定义一个被阻断的功

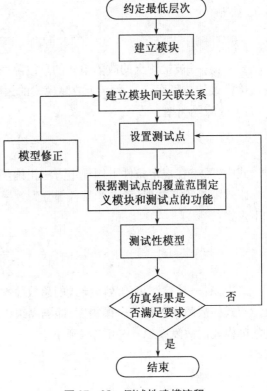

图 27 - 28　测试性建模流程

能;如果系统存在冗余,则使用"AND(与)"节点对冗余部分建模;如果系统有不同的运行模式,则使用"SWITCH(开关)"节点建模;如果系统中的某些成品具有 BIT 功能,则在模型中选择相关的组件属性;在个别情况下,系统的某些相关性略去。这相当于数字电路中的"无须考虑"条件,这些相关性必须加以识别和去除。

d)模型有效性验证。利用软件的故障相关性报告,查看故障传播关系,包括某个故障源能够被哪些测试检测,某个测试能够检测哪些故障源的信息,从而检验模型的有效性。

静态分析与测试性分析:完成测试点优选,针对建立的产品测试性模型,进行静态分析,主要包括:模糊组、不可检测故障、冗余测试、隐藏故障、掩盖故障等;然后进行产品的测试性指标预计,包括故障检测率和故障隔离率,并分析各个模块的检测隔离情况,在开展分析时,可以分以下两步来完成:

a)将故障隔离到故障模式级,分析最底层单元的故障模式检测、隔离情况,可以输出不可检测故障模式、模块的检测隔离情况统计;

b)将故障隔离到 LRU/SRU 级,可以输出测试性指标的预计结果。

故障检测率和隔离率计算如下:

1)故障检测率

$$\gamma_{FD} = \frac{N_D}{N_T} \times 100\% \tag{27-14}$$

产品的各组成部分故障率不同,故障率高的单元发生故障的概率也较高,因此故障检测率的概念与产品各组成部分的故障率息息相关。可以将故障检测率的预计公式等价为如下形式:

$$\gamma_{FD} = \frac{\lambda_D}{\lambda} = \frac{\sum \lambda_{Di}}{\sum \lambda_i} \times 100\% \tag{27-15}$$

式中:λ_D—被检测出的故障模式的总故障率;λ—产品总的故障率;λ_{Di}—第 i 个被检测出的故障模式的故障率;λ_i—第 i 个故障模式的故障率。

2)故障隔离率

$$\gamma_{FI} = \frac{N_L}{N_D} \times 100\% \tag{27-16}$$

式中:N_L—在规定条件下用规定方法正确隔离到不大于 L 个可更换单元数的故障数。

跟故障检测率类似,考虑产品各部分失效率不同,可以将故障隔离率的预计公式等价为如下形式:

$$\gamma_{FI} = \frac{\lambda_L}{\lambda_D} = \frac{\sum \lambda_{Li}}{\sum \lambda_{Di}} \times 100\% \tag{27-17}$$

式中:λ_D—被检测出的故障模式的总故障率;λ_L—可隔离到小于等于 L 个可更换单元的故障模式的故障率之和;L—模糊度,即隔离组内允许的可更换单元数;λ_{Di}—第 i 个被检测出的故障模式的故障率;λ_{Li}—可隔离到小于等于 L 个可更换单元的故障中第 i 个故障模式的故障率。

3)虚警率

虚警率是指在规定的工作时间内,发生的虚警数 N_{FA} 与同一时间内的故障指示总数 N

之比：

$$FIR = \frac{N_{FA}}{N} \times 100\% \qquad (27-18)$$

4）故障检测和隔离时间

a）故障检测时间 FDT：指对规定的故障诊断方法，从开始故障检测到给出故障指示所经历的时间。

b）故障隔离时间 FIT：指对规定的故障诊断方法，从开始隔离故障到完成故障隔离所经历的时间。

最终应给出测试性仿真评价结论，包括测试性指标的预计结果和是否满足测试性指标要求的判定。

测试性各阶段工作项目及设计流程如图 27-29 所示。

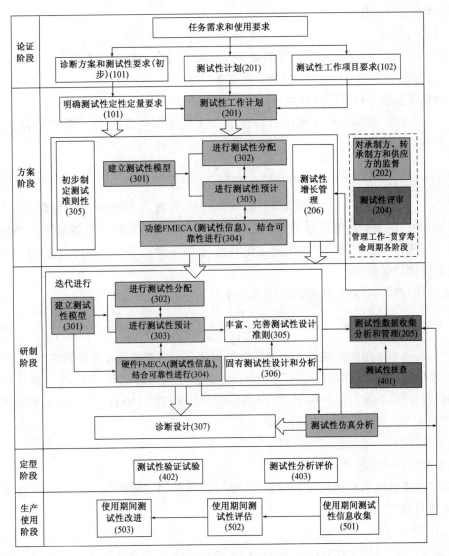

图 27-29 测试性各阶段工作项目及设计流程

27.1.4　保障性工作协同设计

GJB 1371 中保障性的定义是:产品的设计特性和计划的保障资源满足平时战备和战时使用要求的能力。从保障性的定义可以看出,它一方面取决于产品本身的保障性设计水平,另一方面取决于保障系统的能力。产品的保障性设计主要是指可靠性、维修性、测试性、运输性等的设计,还包括将其他有关保障考虑纳入产品的设计,因此产品的保障性设计融入了其他质量特性设计中;保障系统的设计则覆盖了确定保障方案、规划保障资源、制定保障计划、研制保障资源、提供保障系统等多个方面,也是综合保障的主要工作。因此,在规划保障性各阶段工作项目时,同时包括了综合保障(GJB 3872—1999)和保障性分析(GJB 1371—1992)的相关内容,以及与综合保障有关的产品以可靠性为中心的维修分析 RCMA(GJB 1378A—2007)、修理级别分析(GJB 2961—1997)等内容。

保障性主要指标如下:

1) 使用可用度

主要为可用度(A)参数—使用可用度 Ao,反映了与能工作时间和不能工作时间有关的一种可用性参数。使用可用度 Ao 的数学模型有:

a) 忽略预防性维修时间的使用可用度模型。

对于某些系统,特别是持续使用的系统,由于大量采用视情维修,预防性维修工作忽略。则使用可用度:

$$Ao = \frac{T_{BF}}{T_{BF} + T_{CT} + T_{MLD}} \qquad (27 - 19)$$

式中:T_{BF}—系统的平均故障间隔时间(MTBF)(h);T_{CT}—系统的平均修复时间(MTTR)(h);T_{MLD}—系统的平均故障延误时间(MLDT)(h),包括等待保障设备等外部援助的平均不能工作时间、等待文件资料的平均不能工作时间、获取零件和备件的平均供应反应时间等。

b) 备件供应敏感模型

当备件供应成为影响系统使用可用度的主导因素时,则使用可用度:

$$Ao = Ao_P \cdot Ao_C; \ Ao_P = \frac{T_{MAX} - T_{PM}}{T_{MAX}}; \ Ao_C = \frac{T_{BF}}{T_{BF} + T_{CT} + (1 - P) \cdot T_{SR}} \qquad (27 - 20)$$

式中:Ao_P—考虑预防性维修影响的使用可用度;Ao_C—考虑修复性维修影响的使用可用度;T_{MAX}—系统最大可能工作时间(h);T_{PM}—系统总的预防性维修时间(h);T_{BF}—系统的平均故障间隔时间(MTBF)(h);T_{CT}—系统的平均修复时间(MTTR)(h);T_{SR}为系统的平均供应反应时间(MSRT)(h);P 为备件供应满足率。

2) 保障资源

a) 保障设备满足率 R_{SEF}

在规定的维修级别上和规定的时间内,能够提供使用的保障设备数与需要该级别提供的保障设备总数之比。

b) 备件满足率 R_{SF}

在规定的维修级别上和规定的时间内,能够提供使用的备件数与需要该级别提供的备件总数之比。

27.1.4.1 费用-效能分析(GJB 1364)

费用-效能分析的目的是给决策者提供有关费用效能方面的信息,使决策者可以根据费用-效能分析的结果及其他需要考虑的因素进行决策,以提高费用效能。目前数字化实现为寿命周期费用分析(LCC)。

a) 数字化:如 CARMES-LCC;

b) 数字化信息输入内容:各种 LCC 方案、硬件费用、管理费用、备件费用、保障管理费用、制造费用、原材料费用、人员工资、设计费用、效能等;

c) 数字化信息输出形式:费用报表、费用分解结构树报表。

27.1.4.2 产品以可靠性为中心的维修分析(GJB 1378A)

以可靠性为中心的维修分析(RCMA)是按照以最少的维修资源消耗保持产品固有可靠性和安全性的原则,应用逻辑决断的方法确定产品预防性维修要求的过程。

a) 数字化:如 CARMES-RCMA;

b) 数字化信息输入内容:产品的故障模式、故障原因、维修间隔期、修理级别、费用信息等;

c) 数字化信息输出形式:预防性维修记录表、预防性维修计划表、预防性维修要求汇总表;

d) 与其他工作项目的接口关系。

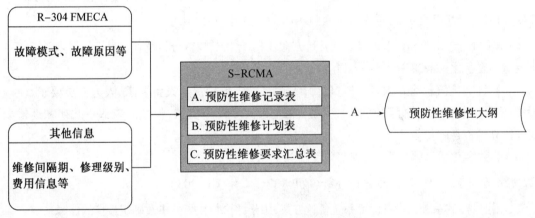

图 27-30 RCMA 与其他工作项目的接口关系

27.1.4.3 修理级别分析(GJB 2961)

修理级别分析(LORA)是在研制、生产和使用阶段,对预计有故障的产品,进行非经济性或经济性的分析以确定可行的修理或报废的维修级别的过程。

a) 数字化:如 CARMES-LORA;

b) 数字化信息输入内容:部件可靠性预计结果、费用、维修人员及材料费用、备件费用、保障设备费用等;

c) 数字化信息输出形式:修理级别分析汇总表、非经济性分析报表、修理与报废对比分析报表、经济性分析报表;

d) 与其他工作项目的接口关系:可作为维修规划、供应保障规划、保障设备配套级别的确定。

27.1.4.4 备件供应规划要求(GJB 4355)

备件供应规划要求的目的是根据系统战备完好性要求和费用约束条件,按寿命周期内使用与维修需要确定备件和消耗品的品种和数量,并按供应要求交付初始备件和消耗品,提出后续备件供应建议和停产后备件供应保障方法建议。

服从指数分布的备件计算模型为:

$$P = \sum_{j=0}^{S} \frac{(N\lambda t)^j}{j!} \exp(-N\lambda t) \qquad (27-21)$$

式中:P—备件保障概率;S—满足 P 的预定目标值的初始备件数量;N—单机装机数量;λ—失效率;t—周转期内累计工作时间;j—备件计数,j 从 0 开始逐一增加进行迭代运算,直至 S 值,使得 $P \geq$ 规定的保障概率,该 S 值即为备件需求量。

a) 数字化:如 CARMES-备件量优化;

b) 数字化信息输入内容:初始备件信息(名称、编码、生产单位、单机用量、初始保障时间、修理周转期、MTBF、可修复性、配置级别、保障概率、单价、数量等)、消耗品信息(名称、型号、生产单位、单机用量、供应时间间隔、配置级别、单价、数量等);

c) 数字化信息输出形式:初始备件供应清单、消耗品供应清单、模型法分析报表、经济订货量计算分析报表、战时修理分析报表、工程经验公式法分析报表、备件量优化分析报表。

27.1.4.5 确定保障系统的备选方案(GJB 1371 工作项目 302)

制定可行的系统和设备保障系统备选方案,用于评价与权衡分析及确定最佳的保障系统。

a) 数字化:如 CARMES-保障方案管理;

b) 数字化信息输入内容:备选的保障方案信息,包括保障设备要求、人力人员要求、供应保障要求、训练与训练保障要求、技术资料要求、保障设施要求、包装—装卸—贮存和运输要求、计算机资源保障要求等;

c) 数字化信息输出形式:保障方案分析报表。

27.1.4.6 备选方案评价与权衡分析(GJB 1371 工作项目 303)

制定可行的系统和设备保障系统备选方案,用于评价与权衡分析及确定最佳的保障系统。

a) 数字:如 CARMES-保障方案管理;

b) 数字化信息输入内容:备选的保障方案信息,包括保障设备要求、人力人员要求、供应保障要求、训练与训练保障要求、技术资料要求、保障设施要求、包装—装卸—贮存和运输要求、计算机资源保障要求等;

c) 数字化信息输出形式:保障方案分析报表。

27.1.4.7 使用与维修工作分析(GJB 1371 工作项目 401)

开展使用与维修工作分析,主要为确定每项工作的保障资源要求、新的或关键的保障资源要求、运输性要求、超过规定值或约束的保障要求,为制定综合保障文件提供原始资料。

a) 数字化:如 CARMES-O&MTA;

b) 数字化信息输入内容:项目资源,主要包括备件与消耗品、保障设备、工具、软件资源、硬件资源、技术文档资源,以及资源费用等;

c）数字化信息输出形式：O&MTA 使用资源报表、O&MTA 维修工作报表、O&MTA 维修资源报表。

保障性各阶段工作项目及设计流程如图 27－31 所示。

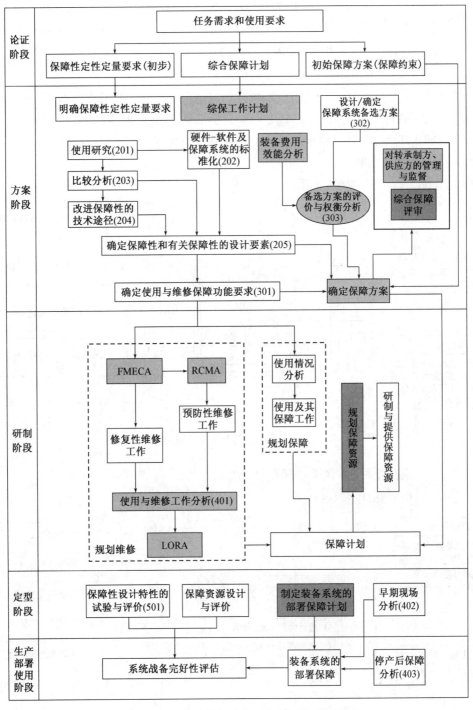

图 27－31　保障性各阶段工作项目及设计流程

27.1.5 安全性工作协同设计

安全性工作是应用工程化的方法、技术和专业知识,通过策划与实施一系列管理、设计与分析、验证与评价等方面的工作,识别、消除危险或降低其风险。产品开展安全性工作的目标:在产品寿命周期内,综合权衡性能、进度和费用,将产品的风险控制到可接受水平。

27.1.5.1 初步危险分析(工作项目302)

a)数字化:如 CARMES-HA;

b)数字化信息输入内容:产品组成清单及约定层次、功能框图、可靠性框图、使用环境及危险源(危险能源、危险物源)、FMECA 及 FTA 分析结果、任务阶段等;

c)数字化信息输出形式:初步危险分析表、已识别的所有危险清单、危险原因、事故可能造成的影响、安全性关键因素;

d)与其他工作项目的接口关系。

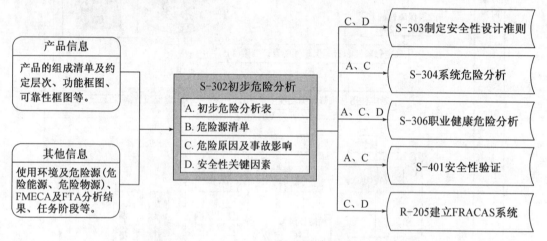

图 27-32 初步危险分析与其他工作项目的接口关系

27.1.5.2 系统危险分析(工作项目304)

a)数字化:如 CARMES-PSSA;

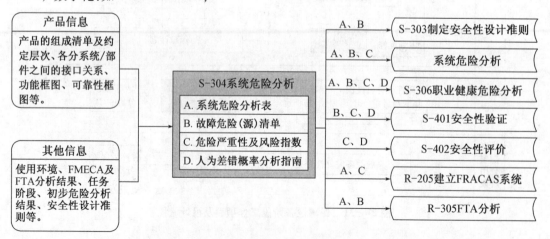

图 27-33 系统危险分析与其他工作项目的接口关系

b）数字化信息输入内容：产品组成清单及约定层次、各分系统/部件间的接口关系、功能框图、可靠性框图、使用环境、FMECA 及 FTA 分析结果、任务阶段、初步危险分析、安全性设计准则等；

c）数字化信息输出形式：系统危险分析表、故障危险（源）清单、危险严重性及风险指数、人为差错概率分析值等；

d）与其他工作项目的接口关系：安全性设计准则、故障树分析、FRACAS、安全性评价、职业健康危险分析、安全性验证、功能危险分析等。

安全性各阶段工作项目及设计流程如图 27-34 所示。

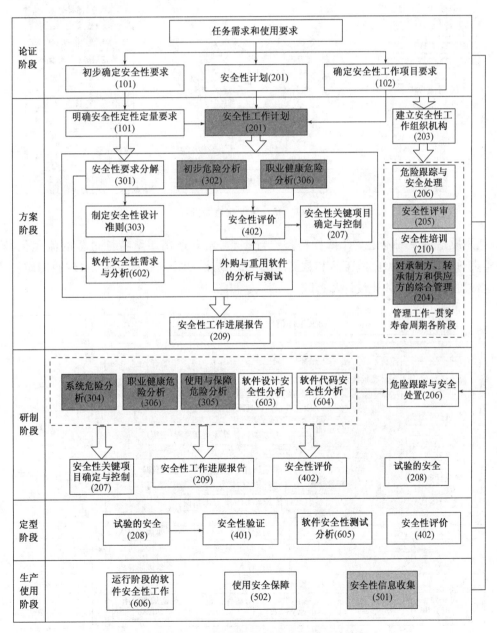

图 27-34　安全性各阶段工作项目及设计流程

27.1.6 通用质量特性协同设计

产品数字化设计和数字化保障构成了智能信息化的产品研发过程,实现了通用质量特性正向设计和服务保障逆向反馈的持续优化。

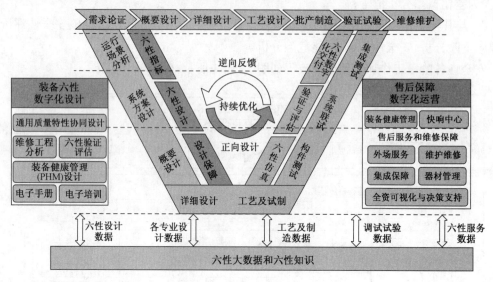

图 27 - 35 智能化协同设计

通用质量特性一体化设计依托精益设计平台,实现通用质量特性过程的流程化、规范化、实现通用质量特性任务、工具和数据的集成,并与设计管理系统互通,实现通用质量特性设计全过程的协同一体化设计和追踪。

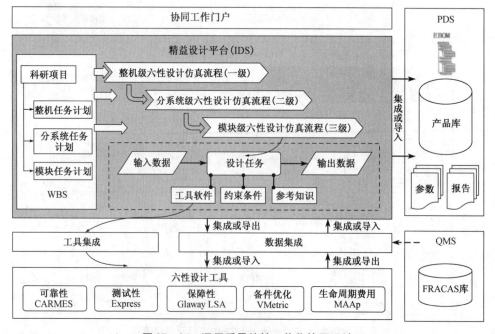

图 27 - 36 通用质量特性一体化协同设计

　　数字化样机设计仿真工具的统型与流程管理将单个工具应用进行封装,结合具体的仿真业务,完成多工具流程的集成,实现不同学科专业之间的联合仿真;通过仿真模板管理,提供向导式的仿真设计流程,并绑定相关的仿真知识,实现对仿真过程的规范化控制和参数化设计;仿真数据管理将离散的过程数据和结果数据进行统一管理,与试验数据进行对比分析,不断优化完善仿真模型,从而提高了仿真置信度。

图 27 - 37　通用质量特性协同设计工具

　　建立通用质量特性协同设计环境、健康管理设计工具、交互式电子手册开发系统等与产品功能设计紧密融合的平台,健全产品数字化设计体系。基于流程化、规范化的六性设计过程,实现设计任务与六性工具和数据的集成,并与产品研发过程贯通,实现设计全过程中的六性指标追踪。例如,保障性分析平台通过保障资源管理、维修保障分析、统计分析等过程,科学地设计保障方案并规划保障资源,积累标准故障模式。保障性分析在建立产品设计 BOM 的基础上,应用 FMECA/RCMA/MTA/LORA 等保障分析技术,输出包含保障分析报告、维修资源需求、备件需求等在内的综合保障规划。

　　产品故障数据管理系统统一管理贯穿产品全寿命周期的各类故障数据,在明确故障模式编码规则、故障模式层级架构组成以及故障数据来源的前提下,构建故障数据检索、查询数据下载分析、排故经验库维护扩充等功能,实现各故障数据与产品研发过程的快速对接,提升故障数据采集和知识服务效率,最终为产品设计与验证、测试与试验、试制、保障等业务流程各环节提供故障知识共享服务。

27.1.6.1　方案阶段通用质量特性一体化设计

　　在方案阶段,开展的通用质量特性工作主要包括:

　　a) 根据确定的指标要求和通用质量特性计划,组建通用质量特性组织机构,并制定详细的通用质量特性工作计划；

b）初步建立 FRACAS 系统，规范需要搜集的哪些信息、数据形式等内容；

c）对于形成的通用质量特性技术方案，按照相应的标准开展通用质量特性指标分配和预计，分析能否满足产品规定的通用质量特性指标要求，并采取必要的改进措施；

d）利用以往产品设计累积经验及产品的特点制定初步的通用质量特性设计准则，并在后续的研制过程中不断完善；初步实施通用质量特性增长管理工作；

e）进行保障资源的需求和约束分析，确定初步的保障方案；

f）进行初步的安全性分析工作，识别危险源，对风险进行初步评估；同时尽早对相关人员进行安全性培训，提高其对安全性工作的认识及重视程度，依据安全性分析方法对产品进行设计；

g）明确配套产品的通用质量特性要求，对转承制方和供应方进行监督和控制；

h）根据型号进度要求及通用质量特性工作项目需求，设置相关的通用质量特性工作评审节点，以便对通用质量特性工作进行审查，及时发现研制过程中的问题。

方案阶段通用质量特性协同设计的具体实施流程如图 27-38 所示。

27.1.6.2 研制阶段通用质量特性一体化设计

在研制阶段，主要根据制定的通用质量特性设计准则，按照通用质量特性工作计划及有关标准和规范，开展通用质量特性设计工作；同时对通用质量特性设计水平进行分析，评估其是否可达到规定的通用质量特性要求，对存在问题的产品进行迭代设计与分析；开展各项通用质量特性研制试验，按照 FRACAS 的要求对试验中发现的问题进行纠正。最终确认研制的产品可达到规定的通用质量特性要求，进入定型阶段接受考核。具体实施流程如图 27-39 所示。

27.1.6.3 定型及使用阶段通用质量特性一体化设计

产品的鉴定/定型及使用阶段，主要是对试验过程中及使用过程中产品出现故障信息进行搜集和分析，一方面可以为产品的研制、改进提供依据，另一方面丰富产品的通用质量特性设计准则、完善产品的通用质量特性工作组织管理，更好地指导产品的设计。该过程的重点在于利用 FRACAS 系统对故障信息进行搜集、分析和利用。鉴定/定型及使用阶段通用质量特性一体化设计流程如图 27-40 所示。

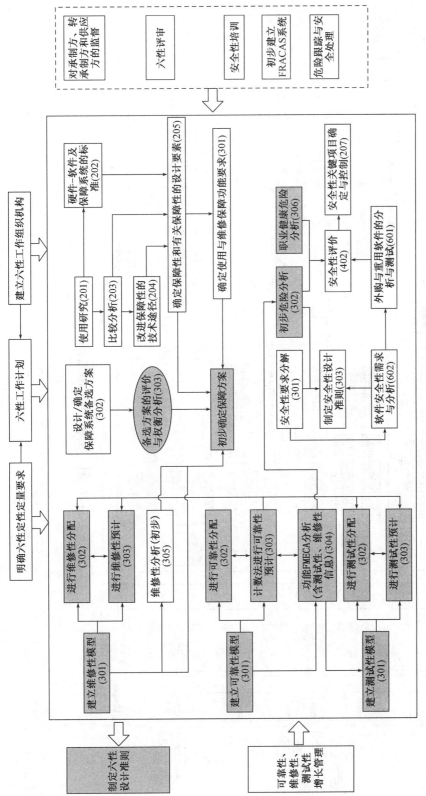

图 27-38　方案阶段通用质量特性协同设计

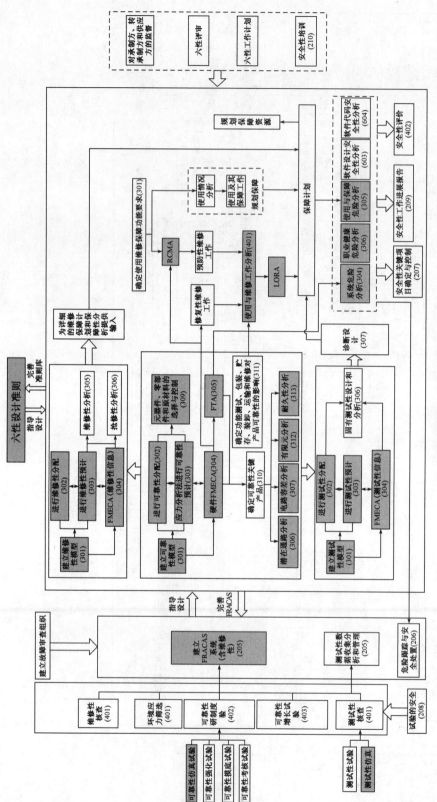

图 27-39 研制阶段通用质量特性协同设计

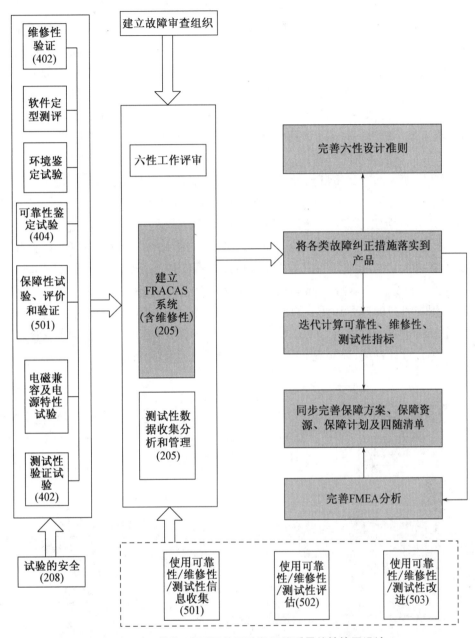

图 27-40 鉴定/定型及使用阶段通用质量特性协同设计

27.2 基于数字孪生的通用质量特性协同设计

基于数字孪生技术的系统通用质量特性协同首先为借助六性协同设计平台（IDS），按"计划—流程—任务"一体化的思路通过六性工作项目与功能性能设计项目的业务集成、方法集成、工具集成和知识集成，保证六性设计的过程是规范、可控与正确的。通过综合保障分析（LSA）形成系统保障方案、维修程序、保障资源等综合分析。为提升数字孪生系统的自主保障能力,在六性设计阶段同步开展故障预测与健康管理(PHM)设计,以实现系统使用和维护时发挥出自主保障能力的效果。基于数字孪生的产品设计,用虚拟孪生数字模型来模拟真实产品的设计过程,通过对虚拟数字模型进行设计、评估、测试等可以反映物理产品的全生命周期,研制阶段通过与研发平台(PDS)进行 BOM 信息的交互传递,实现数字孪生技术的系统保障设计一体化,通过对比虚拟数字模型与物理实体之间的误差,可以发现设计和实际系统之间的误差,帮助快速验证系统原型设计。系统交付使用后,通过 PHM 实时监测设备状态,通过数字孪生模型,进行故障隔离、健康评估和性能预测。使用阶段通过故障案例向前端设计的闭环迭代,实现系统设计的持续优化。

在基于数字孪生的产品质量分析过程中,可以准确定位产品加工制造的各环节;在虚拟数字模型的仿真运行下,可以实时地分析产品的质量。虚拟数字模型对产品加工过程的相应数据进行分析,对加工质量进行预测,对质量问题进行追溯。

在服务保障阶段,通过数字孪生技术的系统服务与维修保障系统(MRO)对所有数字孪生技术的设备技术状态、维修任务(包括计划修理、预防性维修、应急维修、任务保障、返修件、日常巡检等任务)和维修资源等进行全过程、全要素管理。通过企业资源管理系统(ERP)进行保障资源的调配和任务的计划管控;借助质量管理系统(QMS)对数字孪生技术的系统使用和维护中的故障进行 FRACAS 和归零闭环,并将处理结果借助知识管理系统推送至六性一体化设计系统,以实现数字孪生技术的系统质量的持续优化。

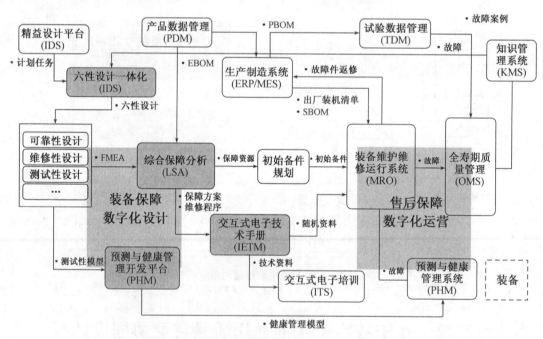

图 27-41　基于数字孪生的全寿命周期通用质量特性协同设计

27.3　基于 MBSE 可靠性设计

国际系统工程学会在系统工程 2020 年愿景中提出"基于模型的系统工程(Model Based System Engineering，MBSE)"概念,基于模型的系统工程是对系统工程活动中建模方法应用的正式认可,以使建模方法支持系统要求、设计、分析、验证和确认活动。

相对于传统系统工程,基于模型的系统工程的优势在于:

1) 保证设计信息表达的无二义性。用面向对象的图形化、可视化的系统建模语言描述系统需求和架构模型,提高系统描述的全面性、准确性和一致性。

2) 提高对复杂需求的管理。利用模型实现需求的识别、定义、分析、确认和分配,利用数字化实现需求的追溯关联,并分析设计变更对需求的影响。

3) 促进沟通效率的提高。不同专业、不同学科、不同角色的工程设计人员基于同一模型进行交流,更加便利直观、无歧义。

4) 提升早期验证能力。通过模型多角度的分析系统,并支持在早期进行系统的验证和确认,从而降低风险,减少设计更改的周期和费用。

5) 增强知识获取和重用。模型具有结构化、模块化特点,使得信息的获取、转换以及再利用都更加方便和有效。

MBSE 仍然还是系统工程,层层分解、综合集成的思路并没有变化,核心就是采用形式化、图形化和关联化的建模语言及相应的建模工具,改造了系统工程的技术过程(即系统建模过程、V 型图的左半边),充分利用了计算机、信息技术的优势,开展建模(含分析、优化和仿真)工作,为右侧的系统实现、实地验证奠定了更为坚实的基础,从而提升了整个研制过程的效率。

MBSE 用面向对象的、图形化和可视化的系统建模语言描述系统的底层元素,进而逐层向上组成集成化、具体化和可视化的系统架构模型。相对于传统的系统工程的自然语言和文本形式的描述,这种方法增加了对系统架构描述的全面性、准确性和一致性。运用这种方法,系统工程过程的三个阶段分别产生三种图形:在需求分析阶段,产生需求图、用例图和包图;在功能分析与分配阶段,产生顺序图、活动图和状态机图;在设计综合阶段,产生模块定义图、内部块图和参数图等。这些图形由系统建模语言的语法和语义来定义,既便于人的阅读,也便于计算机理解和处理。其益处是自上而下地在系统的不同层次反复应用这一过程,可以深入到系统最底层,把描述最底层元素的图形语言集成起来,形成一个完整的系统架构模型。

目前应用较广泛的 MBSE 是 IBM 提出的 Rational Harmony 系统开发流程,它是 MBSE 方法的一种典型实践。该流程由系统设计阶段、详细设计及集成验证阶段两大部分组成。系统设计阶段包括需求分析、系统功能分析、设计综合三个阶段;详细设计及集成验证阶段包括模块设计、模块实现与验证、模块集成与验证、系统集成与验证等阶段。

ARCADIA(ARChitecture Analysis and Design Integrated Approach)是 Thales 开发的 MBSE 方法,在 Thales 有着广泛而深入的应用,它采用视点驱动的分析方式,支持将所有与系统设计相关的分析内容都以视点的形式应用到系统模型之上,成为系统描述的一部分。SMEX

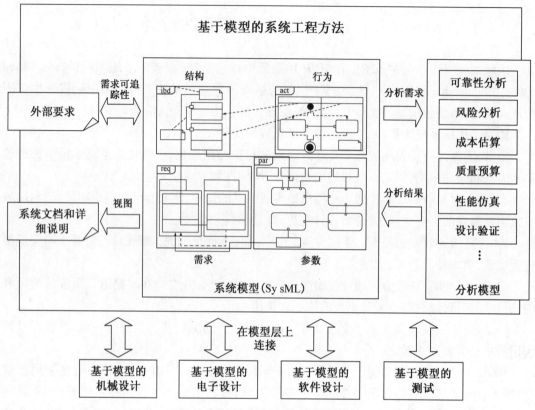

图 27－42　基于模型的系统工程方法

（System Modeling EXperience）是自主开发的系统架构设计工具,针对电子系统的论证和方案与设计进行了定制。

基于模型的系统工程与传统系统工程在总体工作原则、技术过程中并没有太大的差异。但通过在系统工程中引入建模、仿真等数字化方法,对提升系统工程工作效率,促进系统工程活动作用明显。对于可靠性工作,由于 MBSE 的发展,系统功能建模技术得到应用,为开展可靠性建模和设计分析提供了有利条件。以系统 MBSE 架构设计形成的功能模型为基础,通过定义故障逻辑建立系统故障逻辑和仿真模型,根据故障逻辑模型自动生成 FMEA、FTA、有限状态机模型,支持可靠性分析、评估与指标分配。在系统物理域模型基础上,可以定义单元的故障模型,支持可靠性仿真。同时,在系统功能模型、物理域模型基础上,可以建立针对系统的半实物仿真环境,通过故障模拟和测试,支持可靠性物理试验。

在 MBSE 研发模式下,产品设计人员按照 MBSE 的相关规范,建立了功能模型,可靠性技术人员可在功能模型基础上定义故障逻辑,开展可靠性设计与分析,在保证系统设计、可靠性数据同源的基础上,大幅提高工作效率。

构建模型驱动和数字化样机全贯穿的产品研发数字化协同设计,如图 27－43（a）所示。通过在可视化场景中进行系统论证和需求分析,实现在各个层级之间的可追溯性;通过电子系统架构设计系统开展正向设计,实现需求、功能、逻辑、物理模型的逐层分解和迭代映射;以协同仿真系统为载体开展统一数字化样机仿真,充分释放设计风险。产品研发数字化能力构建,促进了产品研发方式由经验设计向仿真设计、由分散设计向协同设计、由实物验证向虚拟验证、由知识封闭向知识共享转变,提高了产品研发数字化和一体化协同水平,提升了产品研发的效率和质量。

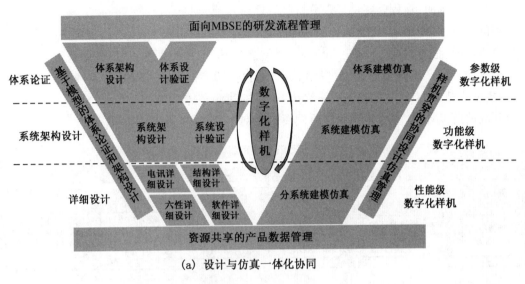

(a) 设计与仿真一体化协同

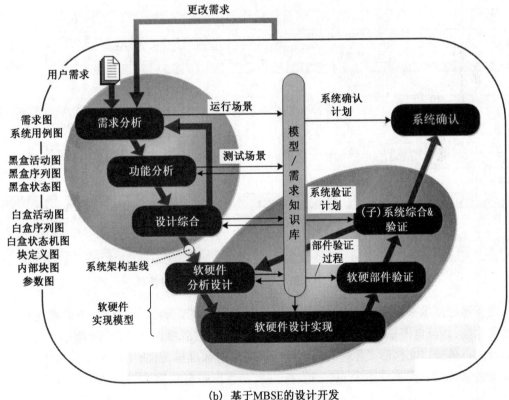

(b) 基于MBSE的设计开发

图 27-43 基于 MBSE 的系统开发流程

图 27－43 用经典"V"模式显示了集成的基于模型的系统/嵌入式软件开发流程。"V"行左侧描述了自顶向下的设计流程,而右侧显示了自底而上地从单元测试到最终系统验收测试的集成过程。利用状态图表示法,工作流中变更请求的影响可以用"高层中断"来表示。当发生变更请求时,流程就要从需求分析阶段重新开始。

智能研发、智能制造、智能保障和智能管理构成了智慧研制生产,它们在同一平台集成,模型全程传递,最终实现"全数字、全互联、全智能",达到"所想即所见,所见即所得",提升从产品概念输入到产品能力形成全过程的研制能力。智能研发以 MBSE 为主线,以知识为驱动,以模型为载体,以统一的信息化平台为基础,构建涵盖体系级、系统级与分系统级设计与仿真活动的研发环境,支撑电子系统研发模式转型。

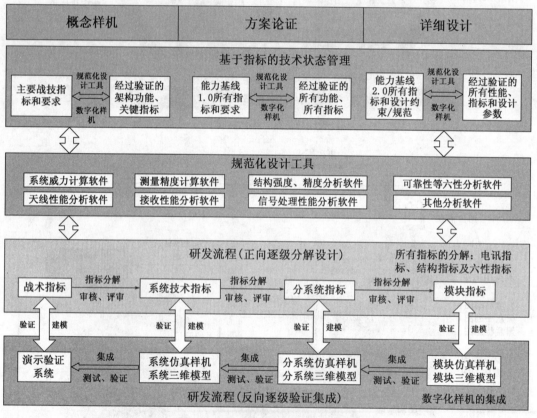

图 27－44　基于数字化样机一体化协同研发流程

电子系统需求来源多、难以早期快速冻结,且对需求的正确性、完整性、可追溯性和可验证性要求高,而且电子系统所跨专业多,现实交付周期短,需要大量工程师协同工作,沟通交流难度大。传统以文档形式传递的需求难以共同理解和准确传递、指标和设备描述多,真正的功能需求和接口需求描述少、缺乏追踪追溯,变更影响分析困难、在方案阶段难以对系统架构、功能、接口进行验证和确认,加大了后期设计、开发和集成的成本和风险。而基于模型的研发模式能够解决以上存在的问题,首先,模型表达直观形象,阅读理解容易,模型信息一致,易于追踪追溯,能够减少沟通误解。而且设计师能够通过早期探索和研究,将创新引入正向设计指导,更早明确创新可行性。设计过程中也能通过模型设计发现潜在需求,减少遗漏需求,更早验证确认,减少设计差错。模型驱动的方式保证设计的充分性,提前识别释放项目风险,能够减少后期返工费用。

模型支持概念设计、方案论证、详细设计、工程实现和试验保障等全生命周期阶段的系统需求,设计,分析,验证和确认等活动。以模型为载体支撑产品研制过程中不同层面、不同专业人员之间的深度协作,实现设计与仿真工作的有效衔接与深入融合,由实物验证转向以数字化样机为主的虚实结合验证,并通过产品全生命周期管理实现知识重用。

MBSE 是实现智能研发的重要手段,推进 MBSE 发展,首先通过梳理业务流程,建立 MBSE 信息化平台,确定 MBSE 工具链,以系统架构设计 SMEX 为核心,实现模型全贯通;然后深入试点应用,通过在典型产品上协同建模,以发现模式驱动研发模式存在的不足,并迭代改进;最后通过论证总结,形成包括体系建模规范,体系仿真规范,系统建模规范和系统仿真规范、通用质量特性协同建模设计规范等,以达到研发领域的数字化和智慧化。

MBSE 作为技术基础,支撑数字孪生、软件工厂、智能工厂等先进技术发展,提高工程效率,加快系统研发和产品迭代的周期。

27.3.1 基于 MBSE 可靠性正向设计概述

MBSE 研制模式下可靠性正向设计与传统可靠性设计区别如下:

a) 设计目标:任务可靠性为牵引,基本可靠性为约束;

b) 设计流程和活动:与系统工程、MBSE 技术过程高度耦合,以故障识别与控制为目标驱动设计活动;

c) 设计手段:设计模型驱动,在产品设计模型基础上开展可靠性分析;

d) 验证手段:强调考虑使用场景、操作环境的验证,强调基于需求的白盒验证。

基于 MBSE 可靠性正向设计特征:

a) 需求牵引:从可靠性使用需求至能力需求,再至技术需求逐级分解;

b) 故障控制:从系统功能故障识别与控制至子功能故障识别与控制,再至软硬件故障识别与控制,实现技术要求的细化;

c) 模型驱动:从使用活动模型至功能架构模型,至物理架构模型,至软硬件模型,驱动正向设计。

基于 MBSE 可靠性设计流程见表 27-1。

表 27-1 基于 MBSE 可靠性设计流程

系统工程技术过程	可靠性设计目的	可靠性设计活动
使用分析	由作战需求导出产品能力需求。	可靠性能力需求分析
需求分析	识别影响任务的关键功能故障模式, 将能力需求转化为技术要求。	FFA 可靠性技术要求分析
功能分析	识别子功能故障模式, 提出功能架构级故障控制措施。	功能 FMEA FTA 可靠性方案设计

(续表)

系统工程技术过程	可靠性设计目的	可靠性设计活动
设计综合	继续识别子功能故障模式,提出物理架构级故障控制措施,将系统可靠性要求分解到下一层级。	功能 FMEA FTA 可靠性初步预计 可靠性方案设计 可靠性指标分配

基于 MBSE 的可靠性分析方法如图 27-45 所示。

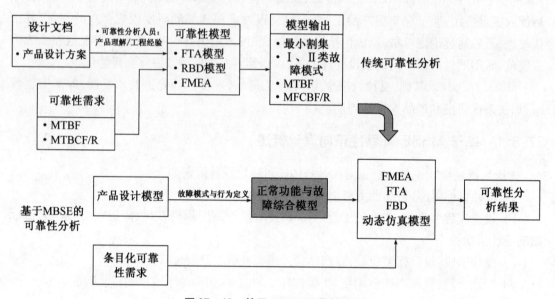

图 27-45　基于 MBSE 可靠性分析

27.3.2　基于模型的系统可靠性正向设计

基于模型的系统可靠性设计流程如图 27-46 所示。

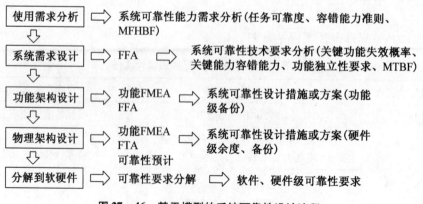

图 27-46　基于模型的系统可靠性设计流程

基于功能模型的可靠性分析方法如图 27 - 47 所示。

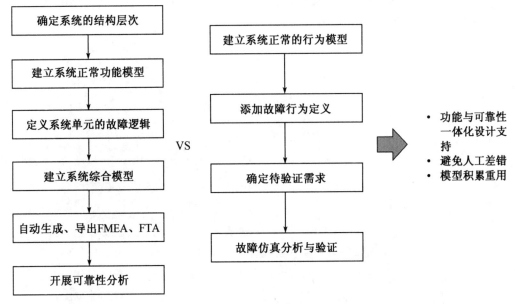

图 27 - 47 基于功能模型的可靠性分析

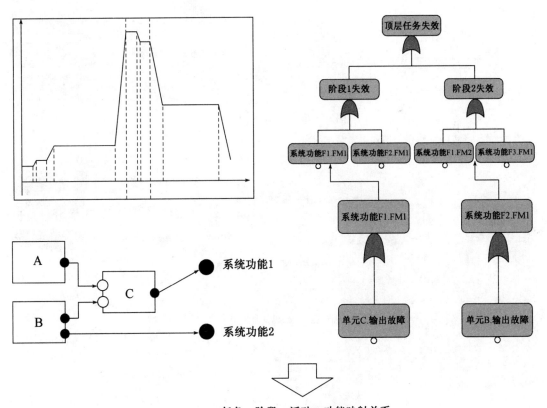

图 27 - 48 基于模型的功能失效分析 FFA

1）基于系统结构模型的可靠性分析方法

采用布尔逻辑（与或非门）表达模块输出端口功能失效状态与输入端口功能状态、模块内部故障模式之间的故障逻辑关系。

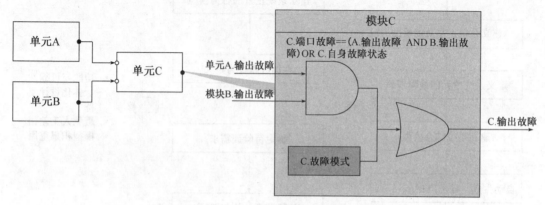

图 27-49　基于系统结构模型的可靠性分析

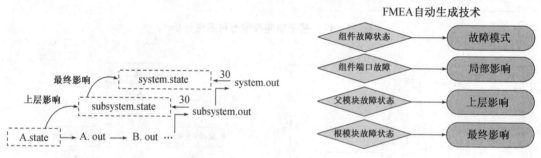

图 27-50　FMEA 自动生成

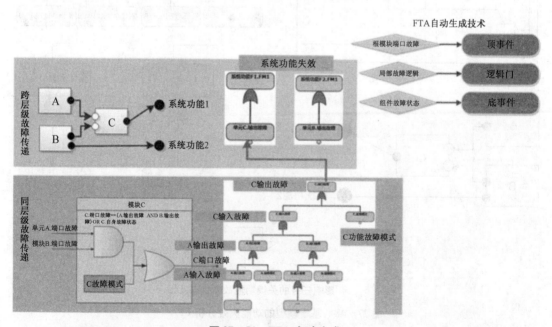

图 27-51　FTA 自动生成

2）基于系统行为模型的可靠性分析方法

使用状态机或性能模型描述组件单元的故障行为和影响。

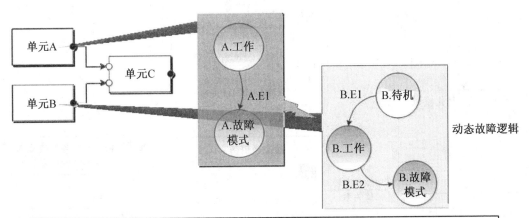

分布类型	类型说明
Exponential(λ)	指数分布,当事件满足触发条件时,按照指数分布进行抽样。
Weibull(α,β,γ)	威布尔分布,当事件满足触发条件时,按照威布尔分布进行抽样。
Lognormal(μ,σ)	对数分布,当事件满足触发条件时,按照对数分布进行抽样。
Constant(c)	常数分布,当事件满足触发条件时,将 c 作为因子乘以起始状态的可达概率得到当前事件的发生概率。
Dirac(d)	延迟分布,以事件满足触发事件为 0 时刻开始计时,在 $t=d$ 时刻完成事件触发

图 27-52　基于系统行为模型的可靠性分析

有多种软件具备可视化模型的编辑与定义功能,通过该形式化语言,自动完成基于端口交互的故障状态传递,实现各层级故障影响关系的自动构建。

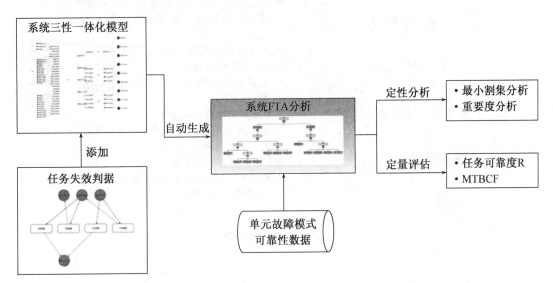

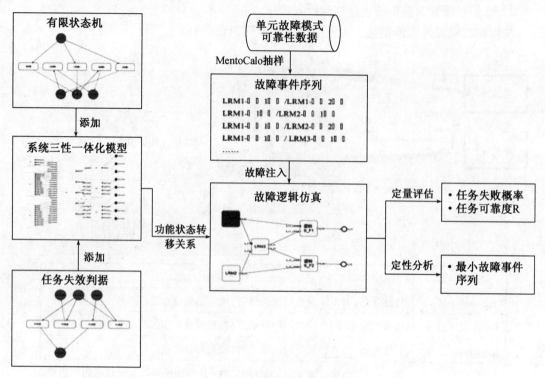

图 27－53　基于功能模型的可靠性分析示例

3）任务可靠性指标分配

将顶层任务可靠性参数指标要求,结合系统故障逻辑架构向下分解,形成下级产品功能失效概率要求。分配参数有任务可靠度、功能失效概率。分配方法有如下两种:

a）工无数据情况下:采用基于割集的等分配方法;

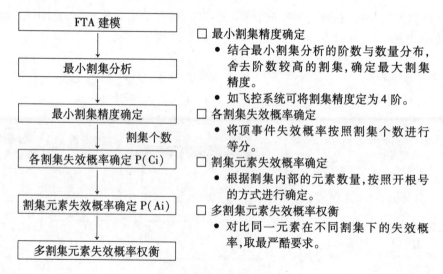

图 27－54　割集分配法

b）有数据情况下：采用基于比例因子的分配方法。

- 确定各底事件的失效率比例因子 K_i；
- 代入故障逻辑函数 $P = f(K_i, \lambda_0)$，求解基础失效率值 λ_0；
- 通过 $P_i = K_i * \lambda_0 * t_i$，求解各底事件失效概率；
- K_i 的确定：历史数据和相似产品数据。

27.3.3　基于模型的电子产品硬件可靠性分析

电路功能可靠性仿真分析：在功能验证与质量特性分析类 EDA 软件环境下，以产品性能模型为基础，开展功能可靠性建模，仿真计算在元器件容差与退化、工作温度变化、激励和负载波动等因素影响下产品电路的性能以及能否长时间稳定地工作，发现潜在的功能故障及造成故障的设计因素。主要如下：

a）功能可靠性建模：添加参数容差、电应力、退化曲线和温漂曲线等可靠性属性；

b）容差分析：仿真元器件参数容差对设备输出性能参数的影响，评估超差概率；

c）电应力降额分析：仿真元器件电应力水平，优化元器件降额设计；

d）性能退化分析：仿真长时间应力作用下的产品性能退化轨迹；

e）硬件 FMEA：基于已建 EDA 模型，进行自动故障注入与故障影响仿真，分析底层元器件故障对功能单元、模块和设备三个层级功能的影响，通过细化的故障模式，自动、量化的故障仿真与故障判定，全面识别底层故障及其影响。

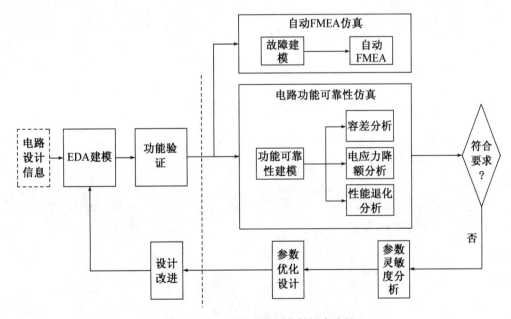

图 27 - 55　电路功能可靠性仿真分析

1）电路功能可靠性仿真分析

a）参数容差属性建模

元器件参数的容差信息主要包括参数的标称值、容差范围和分布类型，常见的分布类型如正态分布、均匀分布和三角分布等。

b）电应力属性建模

电应力包括电流、电压、功耗和结温等，其模型包括：电应力解算、电应力提取和过应力判断。

c）退化和温度漂移属性建模

元器件参数在长期应力作用下的退化曲线或温漂曲线，主要以轨迹曲线或者描述方程形式注入元器件 EDA 模型中。

某模拟量采集电路容差分析

分析结果包括输出参数的最坏情况极限值、均值、标准差、性能可靠度和健壮性水平等统计信息。

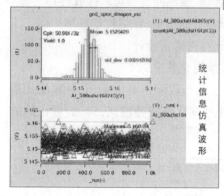

统计信息仿真波形

Sensitivity of At 15u of result in pfile tr_currsens					
Nominal Value = 14. 969					
Instauce	Part Type	Parameter Naue	Nominal Value	Sencitisity	Bastchart
rjk52100x39			100	0.995	……
ad1674u24	under	viteout	10	−0.91	……
rjk5212350x60	re	mon	12.3k	−0.727	……
rmk1608mb4021fmtr47	resistor	mon	4.02k	−0.00326	

容差分析结果

采集模拟量	待采集量	理论结果	相对测量误差最小值	相对测量误差最大值	健壮性水平	性能可靠度	备注
电压	8 V	8	−1.251 5%	0.702 08%	0.266 88	73%	优化前
			−0.366 3%	−0.183 15%	2.096 6	100%	优化后
电流	15 mA	15	−1.375 7%	1.001 2%	0.340 26	78.1%	优化前
			−0.398 86%	0.000 732 6%	1.544 3	100%	优化后
电阻	1 500 Ω	1 500	−1.402 7%	1.013 1%	0.314 37	82.7%	优化前
			−0.379 08%	−0.000 515%	1.631	100%	优化后

图 27-56 电路功能容差仿真分析示例

针对测量精度达不到要求，对灵敏度分析中的关键器件 D/A 转换器，将其 10V 参考源精度由 1% 提高到 1‰后，容差分析的结果达到了设计使用要求。

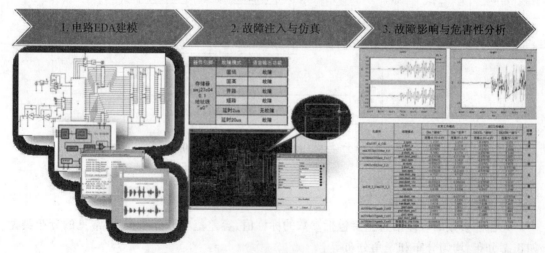

图 27-57 电路功能 FMECA 仿真分析示例

2）结构可靠性仿真分析

结构可靠性仿真分析流程如图 27-58 所示。

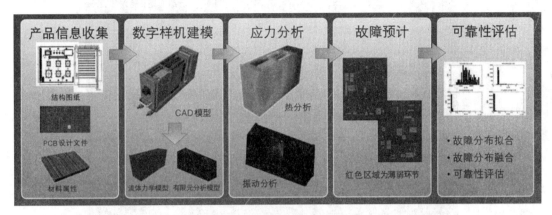

图 27-58 结构可靠性仿真分析

a）主要包括产品设计信息采集、产品数字样机建模、应力分析、故障预计和可靠性仿真评估等 5 项主要内容；

b）信息采集、数字样机建模、应力分析可用于定性分析和优化；

c）故障预计和可靠性仿真评估，用于可靠性定量分析和发现薄弱环节；

d）通过迭代解决设计薄弱环节，提高可靠性水平。

27.3.4 基于模型的软件可靠性分析

采用基于模型的系统工程方法（MBSE），建立体系层、系统层、分系统层和详细设计层需求、指标和模型库，分别建立对应层级数字化样机，开展基于典型需求和风险控制的系统和软件安全性、可靠性分析设计，预防故障引入。针对工程实践中采集的软件典型问题，运用软件失效模式和影响分析（SFMEA）方法，深入分析问题原因和产生机理，借助数字化样机，加强软件和硬件的失效容错设计，形成软件设计准则，引入系统设计中，有效进行故障预防，防止典型问题重复出现。针对软件需求分析和软件设计的输出文件进行文档审查，严格把控功能基线。在需求分析和设计阶段全面考虑各个因素，充分验证需求和设计的正确性、合理性，降低软件研制后期因需求理解不到位、软件设计不准确等问题引起软件缺陷的风险，大幅提升软件实现的效率和质量，为提升软件质量提供保障。

a）结合软件需求和架构建模语言，抽取静态结构和动态行为图核心元素；

b）自下而上或自上而下列举故障模式，分析故障传递影响关系；

c）根据影响的严重程度，提出控制措施。

基于模型的软件需求安全性、可靠性分析：

a）建立软件的外部交联接口模型、功能层次模型、功能处理逻辑模型、状态转移模型等，规范描述软件外部接口信息、工作状态迁移、功能层次关系、功能控制逻辑等信息，为软件安全性、可靠性分析工作提供必要输入。

b）针对各类软件需求模型，采用 FMEA 等技术，识别可能存在的软件失效模式；建立软

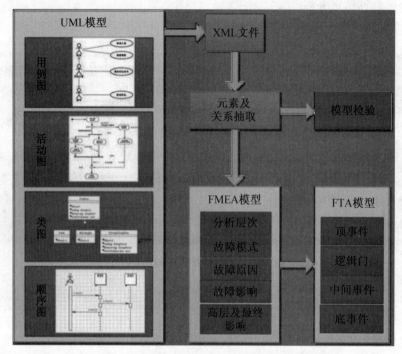

图 27 – 59　基于模型的软件可靠性和安全性分析手段

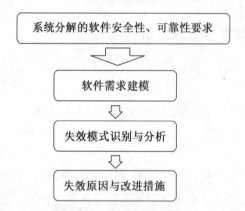

图 27 – 60　基于模型的软件可靠性和安全性分析过程

件失效模式与软件功能之间的联系;分析软件失效模式对系统的影响,明确失效模式影响程度;并与系统及软件研制人员对分析结果的准确性进行确认。

　　c）依据辅助控制器系统软件失效模式原因数据,制定失效模式控制措施。可根据失效模式的控制措施,形成软件安全性需求,并落实于需求文档。

第二十八章　电子系统健康管理

　　系统健康管理综合利用信息技术、人工智能技术的研究成果,是一种全新的管理系统健康状态的解决方案。其目标是提高系统的可用性、可靠性和效能,减少维修人力和保障费用,使大型系统能够更好、安全、可靠、高效益地运转。复杂系统健康管理由在线智能检测、系统级评估、控制和管理功能所构成,目的是为任务执行者提供信息和辅助决策,降低寿命周期成本,避免一些不可预料的危险事故,可靠地完成系统预期任务。

　　复杂系统健康管理负责收集、处理和综合整个系统的健康信息,并以健康信息为依据做出决策,确保系统任务成功。系统健康管理以故障检测、故障隔离和系统重构技术为基础,将管理功能扩充到系统自主重构以及为安全及最有效地实现任务目标而分配系统资源。也就是说,复杂系统健康管理能够提供更高程度的自主性、更好的在线检测方法、更加完善的决策能力以及更高的可靠性。

　　复杂系统健康管理主要由在线故障诊断和故障预测组成,其总体架构一般如图28-1所示。

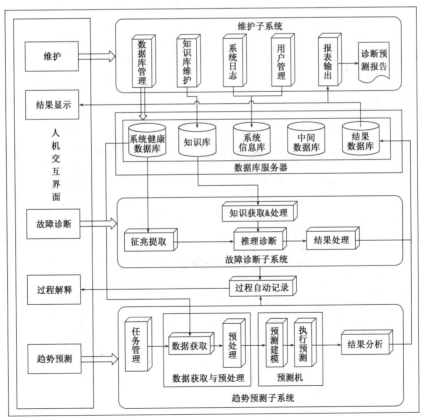

图28-1　复杂系统健康管理子系统总体架构

电子系统的健康管理主要通过健康数据采集及智能诊断、健康状态评估、预防性维护预测等技术途径,及时准确地掌握系统的工作状态及性能变化趋势,评估系统的健康状态,及时进行维修决策,提前调配维修资源,实现基于状态的维修。通过系统重构,进一步提高系统任务可靠性,降低意外停机风险。

28.1　电子系统健康管理

电子系统健康管理子系统的主要功能如图 28 - 2 所示。

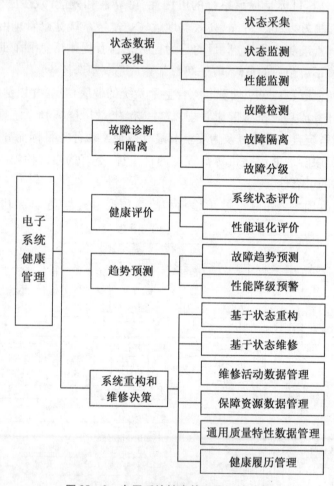

图 28 - 2　电子系统健康管理子系统功能

电子系统健康管理支持系统智能重构,提高了系统的任务可靠性;支持维修保障决策,实现了系统保障的智能化。电子系统健康管理的实现途径见表 28 - 1。

表 28-1 电子系统健康管理实现途径

序号	项目	实现途径
1	状态数据实时采集	测试参数及检测点优化设计;
		采用在线或者自启动测试。
2	智能故障诊断	基于 FMECA 和测试性模型的诊断策略制定;
		融合专家经验的故障诊断推理算法。
3	健康评估与预测	系统状态智能评估;
		系统功能性能自动测试评估;
		分系统功能性能自动测试评估;
		建立历史和专家知识数据库,采用大数据和人工智能推理技术,进行系统级典型功能性能的趋势预测;
		建立历史和专家知识数据库,采用大数据和人工智能推理技术,进行分系统级典型功能性能的趋势预测。
4	决策系统重构、决策预防性维修	基于状态、性能评估和性能趋势的预测,决策系统重构和预防维修;
		自动系统重构,确保任务的成功性;
		推送预防性维修方案;
		保障资源动态优化。
5	定期维护保养	采用软件设计,维护项目到期前自动提醒,并自动向用户推送定期维护预案。

健康管理工作项目要求如下:

a)健康管理工作项目在测试性设计基础上进行。

b)健康管理工作内容包括:状态信息采集、故障综合诊断、健康状态评估、故障预测、维修保障决策支持等。

健康管理设计一般要求:

a)健康管理主要包括状态监测、故障诊断、状态预测、健康评估和保障决策等功能。

b)构建系统健康状态评估指标体系,包括保障能力和主要技术指标等。

c)状态监测覆盖全系统,对涉及产品性能和安全的关键部位、关重件全覆盖,对反映产品健康状况的主要参数进行监测,状态监测应反映产品工作技术状态。

d)故障按照对产品性能影响程度,可分为致命故障、临界故障、次要故障、警报故障等。诊断知识库覆盖主要故障(模式);知识库可修改、可扩充,具备自学习能力。

e)对具有渐变规律的组件或性能参数应进行状态预测,根据具体参数建立预测模型,模型应反映产品的实际运行趋势。

f)具有保障方案生成、保障活动监控功能。保障方案包括维修内容、维修级别、维修方式、维修时机、作业方法、维修人员、设备、器材和相关技术资料等。

健康管理设计原则:

a)健康管理是测试性设计的继承和发展,测试性设计特别是性能参数的精确测量是产品健康管理的基础,健康管理系统应与产品同步设计。

b）健康管理系统应比产品其他设备具有更高的可靠性,对于危害性高的故障类型应有保证设备安全运行的防范措施。

c）产品不同类型的元器件、零部件、结构件及设备应采用相应的失效模型进行失效分析,便于产品故障预测。

d）具有状态数据、故障数据记录能力,并建立产品健康状态管理数据库,具有数据导入导出功能。

e）健康管理系统应具备自诊断能力。

f）健康管理系统显示界面应分类、分层设计,预报和警示内容准确及时,系统操作方便、界面友好。

28.1.1　健康管理系统功能

健康管理系统功能一般包括以下项目：

a）状态监测能力；

b）故障诊断能力；

c）状态预测能力；

d）健康评估能力；

e）支持系统重构；

f）保障决策能力。

28.1.2　健康管理系统性能

健康管理系统性能一般包括以下项目：

a）故障预测准确率；

b）健康状态评估准确率；

c）维修决策正确率等。

28.2　电子系统健康管理设计

28.2.1　基于数字孪生的健康管理系统

数字孪生指在信息空间内对一个结构、流程或者系统进行完全的虚拟映射,使得使用者可以在信息空间内对物理实体的各方面进行评估,对产品或系统的设计进行优化。在物理实体运行过程中,数字孪生也可以通过传感器等数据源在虚拟空间里实时映射,通过异常数据实现故障精确快速诊断和预测。

数字孪生的 5 个维度分别为物理实体、虚拟实体、孪生数据、服务和各部分的连接。物理实体是数字孪生模型的基础,为客观实体；虚拟实体为物理实体的镜像,模拟物理实体的真实状态；服务系统为物理实体和虚拟模型系统的运行通过可靠保障；孪生数据中包含数字孪生系统运行时的实时数据,并不断地更新和驱动数字孪生系统的运行。将以上各部分相互连接,以保证数据的实时传输和系统稳定运行。

数字孪生主要分为数据采集传输层、建模层、功能实现层和人机交互层。数据采集传输层为整个数字孪生的支撑,整个系统运行所需数据都是通过该层的传感器采集传输,系统运行后产生的历史数据也在该层实现存储。建模层分为建模和运算部分,建模部分对数据采集传输层传输来的数据进行特征提取,完成物理系统抽象和建模,该模型能够实现对物理系统的实时映射或预测,对物理系统的故障进行检测和预防,对寿命进行预测,并结合物理系统实时和未来的状态评估任务完成率;运算部分主要有嵌入式计算和云计算,嵌入式计算完成实时数据的处理,云计算完成复杂的建模计算和历史数据分析,以减少现场进行复杂运算的压力,提升效率。功能实现层利用建模层的模型和数据分析结果来实现预期的功能,包括为物理系统从设计到后勤保障整个寿命周期提供相应功能,该层能准确实时地反映物理系统的详细情况,并实现辅助决策(如维修保障决策)等功能。人机交互层主要是为用户与数字孪生系统之间提供清晰准确的交流通道,让使用者迅速掌握物理系统的特性和实时性能,获得分析决策的数据支持,也能向数字孪生系统下达指令。

基于数字孪生技术的故障预测和健康管理,通过物理实体和虚拟数字模型的结合,以及信息物理数据的融合可以极大地增强故障预测和健康管理使用效果,可靠性和有效性得到大幅增强。对于物理电子和机电设备建立虚拟数字模型来仿真其真实运行状况,通过物理实体的数据采集,以及物理实体和虚拟数字模型之间的数据实时传递来对比两者参数的一致性,从而对电子和机电设备进行故障定位、故障预测,同时评估设备状态,并对维修和综合保障作出相应决策。基于数字孪生技术的故障预测和健康管理,首先需要建立电子、机械数字化三维模型,其次根据外场数据分析,梳理典型高发故障模式,建立产品典型的故障库,再综合建立电子、机械多物理多应力下的仿真模型,并根据各类试验结果,对设备的关键特征参数、应力及机理模型进行修正,最终形成数字孪生基准模型,使用中通过传感器不断进行虚实数据交换,并基于数据修正模型,实现对物理实体的精确描述,同时,通过对物理实体的使用数据、故障数据和维修数据的更新,可得到其损耗,预测其剩余寿命和任务成功率,并可指导维修决策。

故障预测与健康管理系统(PHM)利用传感器全面采集设备信息,借助各种智能算法和推理模型,监测、评估和管理系统设备的健康状态并预测未来趋势,提供一系列的维护保障决策及任务规划建议,从而实现系统设备对象的智能运维。其核心为数据和知识双驱动的数字化建模,即对物理实体建立"数字孪生",构造虚拟空间与物理空间的实时映射和闭环交互,实现数据到信息的快速有效转换。

PHM 系统以数字孪生作为纽带,跟踪物理实体状态变化,通过对数字模型虚拟体的智能分析来准确预测实体行为,完成快速优化决策,达成数字系统与物理系统的有机融合。在数据流通上,PHM 系统基于设备对象的数字化模型,形成状态感知、实时分析、科学决策、精准执行的数据闭环。在应用层次上,PHM 系统与单元级、系统级的标准层级架构相契合。

系统健康管理设计结合基于状态的维修、预防性维修需求,提供系统综合诊断、性能评估及退化趋势分析、健康评估和维修决策支持功能。

1)综合诊断

健康管理实现的前提是系统自身良好的测试性及综合诊断设计,包括测试点设置、状态参数采集、诊断逻辑树构建等。

面向健康管理设计的系统综合诊断要求如下：

a）状态监控用测试点设置，至少能覆盖产品模块级及以上 FMECA 数据中的Ⅰ、Ⅱ类故障以及失效率较高的故障模式；

b）性能检测用测试点设置，至少覆盖反映设备性能退化的故障；

c）系统综合诊断能采集、汇总各分系统设备状态及性能参数、系统链路状态信息；

d）系统设计有故障诊断逻辑树/模型，对汇总后的状态参数信息进行综合处理，能够提供确定的故障检测和隔离结果。

2）性能评估及退化趋势分析

随着使用环境、工况、时间的不同，不同个体的系统性能指标都被实时更新，系统性能评估及退化趋势分析有助于掌控个体的详细性能状态以及退化趋势。

对系统性能评估及退化趋势分析功能的要求如下：

a）系统性能评估参数覆盖全面；

b）系统性能评估根据参数构建详细性能评估参数体系，并提供性能参数计算的数学模型；

c）系统性能退化趋势分析，依据历史性能参数评估数据，进行时间轴统计分析，能够拟合出性能参数随时间退化的曲线。

例如，电子系统冷却设备状态监控测试点的设置一般覆盖（但不限于）以下参数：

a）冷却设备机组流量、温度、压力；

b）过滤器滤芯前后压差监测；

c）风机转速；

d）流量和温度监测；

e）水箱液位；

f）故障数据参考 FMECA 分析和历史数据。

3）系统健康评估

根据综合诊断结果、系统性能评估结果，同时定义系统健康状态等级，对系统健康等级进一步评估。一般情况下，电子系统健康等级划分为（但不限于）4 个等级：

a）完好。系统所有设备均处于能正常工作状态，没有出现性能退化或性能退化不影响功能。

b）良好。系统出现了潜在故障，或者冗余设备故障，性能出现部分降级，但仍能正常使用。

c）可用。系统的性能已经接近功能性失效，或者个别设备故障，需要尽快维修。

d）不可用。系统已经发生功能性失效，丧失完成任务的能力。

系统健康状态评估时，一般考虑以下（但不限于）3 种情况：

a）根据综合诊断结果，结合系统任务可靠性设计模型，考虑单点故障对系统状态的影响，一般单点故障时，系统健康度为不可用。

b）根据综合诊断结果，结合系统任务可靠性设计模型，考虑冗余设备故障时对系统状态影响，一般冗余设备故障时，系统健康度为基本可用。

c）根据系统性能评估及趋势分析结果，考虑系统出现设备性能退化时对系统健康状态影响。一般系统性能出现轻微降级但仍能正常使用时，系统健康度为良好。当系统性能出现一定降级时,系统健康度为基本可用。

4) 维修决策支持

面向健康管理的维修决策支持,包括基于状态维修建议,同时根据产品保障性设计规定的维修保养要求,自动推送定期维护提醒。基于状态维修建议,综合考虑系统综合诊断结果、系统性能评估及趋势分析结果。

维修决策内容如下:

a) 根据综合诊断出的设备故障信息,推送故障维修时机、维修方法、维修工具、备件需求等建议内容。

b) 根据性能评估和趋势分析信息,推送维护保养时机、保养方法、维护工具、消耗品需求等建议内容。

c) 根据产品保障性设计规定的定期维修要求,推送产品定期维护时机、维护方法、维护工具、备件及消耗品需求等建议内容。

电子系统健康管理设计示例如下所述。

28.2.2 状态数据采集

系统健康状态数据采集采用基于分布式状态参数的采集和集中式数据处理的架构,利用各层级的状态数据采集传感器、BIT 数据采集和处理、分系统相关参数信息的采集,以及数据采集总线,构建系统健康状态数据采集网络,为电子系统健康管理提供数据基础。采用内注入波形测试方法,完成关键节点的参数测试;以分系统指标参数测试为基础,完成系统级性能指标的测试。

电子设备健康监测的主要内容为工作信息(参数与状态)和环境信息(主要为环境应力)。

1) 工作信息(参数与状态)

参数与状态的监测由电子设备的内部测试可实现,主要监测功能电路的特性,监测的物理量根据被测对象的健康模型和失效模式选定。常用电子部件监测内容见表 28-2。

表 28-2 常用电子部件监测内容

序号	电子部件	监测的参数与状态
1	电源	输出电压,输出电流,纹波(有效值和峰—峰值),稳定度,温度等
2	电缆和连接器	通断,阻抗,绝缘
3	时基电路	频率,周期
4	中央处理器	总线操作(地址线或数据线死锁故障),总线时钟,取指信号,地址锁存信号
5	CMOS 集成电路	静态电流,电流变化范围,逻辑电平,工作特性
6	存储器	全地址范围数据存取的正确性
7	通信接口	输出信号幅度,收发功能,通信协议,无效数据,误码率
8	放大器	增益,频率响应
9	RF 功率放大器	功耗
10	可编程逻辑电路	逻辑功能,逻辑电平,工作特性

2）环境信息

环境应力的监测由内嵌传感器实现。温度、振动、湿度等环境应力是电子设备故障的主要原因,对其加以监测。

28.2.3　故障诊断和隔离

通过 FMECA 得到影响系统性能的主要故障模式及失效判据(参数化)。这些参数化的失效判据可作为故障判定的依据。故障诊断软件在确定故障判据时,可通过有效的设计手段,避免虚警的产生。

1）合理确定测试容差

对于较大瞬态变化(如电源的电压、电流等),可以通过延时,多次测量结果取平均,与测试门限值比较等措施来减少虚警。对于具有不同工作模式的被测对象,可以设计对应于不同模式的测试门限值,以实现自适应。

2）合理确定故障指示和报警条件

采用重复测试,不通过时才报警、n 次测试中有 m 次测试不通过时才报警、测试结果不正常时延迟一定时间才报警等方法来降低虚警率。

3）提高 BIT 工作可靠性

采用给 BIT 运行加上联锁条件,使得不满足规定条件时禁止 BIT 运行;为 BIT 设计自检程序;采用 BIT 硬件冗余等方法。

4）人工辅助判定,提高故障自动判定结果可信性

对于影响到任务完成的故障模式,在发出告警的同时,提醒人工对状态监测结果执行进一步确认,避免误告警。

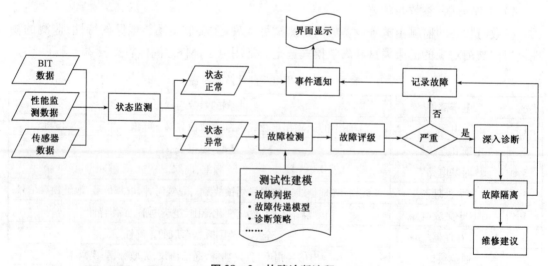

图 28 - 3　故障诊断流程

故障诊断过程是基于采集的健康数据、数据流依赖关系以及故障树、故障字典,对发生的故障现象进行去相关,并定位到故障源的过程。故障诊断主要采用通用的故障字典和故障树方法,可以保证诊断正确性与诊断效率。基于 FMECA 建立测试性模型,基于测试相关

性矩阵制定诊断策略,即故障检测和隔离时的顺序。故障隔离一般在故障检测结束后,对故障的种类和发生部位进行确定。故障隔离主要目的是去除设备之间的关联故障,诊断结果依赖于诊断知识库及诊断逻辑。系统利用分系统 BIT 结果并结合历史故障数据等信息,综合融合专家经验、故障树等多源知识的算法模型进行故障推理诊断,以达到准确隔离故障的目的。

　　基于故障树的故障诊断过程是将故障原因从整体到局部逐步细化的过程。在故障检测中最开始得到的信息是故障模式信息,故障诊断即利用已发生的故障模式信息和测试性建模得到的故障树模型,经过推理解算得到可能发生故障的位置。

　　例如,基于故障树的推理是利用故障现象信息和故障树节点间的逻辑关系进行推理,利用异常节点作为推理的起始点,利用辅助信息进行假设排除,最终确定故障原因。

　　基于故障树推理解算故障原因的流程如图 28-4 所示。

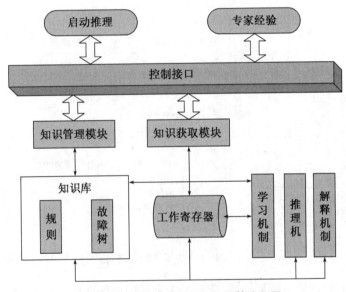

图 28-4　基于故障树的推理解算流程图

　　在进行故障诊断之前,系统有构造故障树步骤,故障树的作用主要用于诊断过程的剪枝,即缩小状态空间的搜索范围,以提高系统工作效率。

　　得到故障树模型以后,按层次进行分解,整理出故障诊断的规则,规则的设计采用前提、结论、表达式、可信度的形式。其中,前提表示故障现象或者一些辅助判断的知识,结论表示故障原因,表达式表示原因和现象之间的关系,可信度表征规则前提和结论之间的某些不确定性。以电源故障为例,有如下规则:

　　规则 1:if (A) AND (B) AND (C) AND (D), then (E), CF(0.9)。

　　规则 2:if (A) AND (B) OR (C), then (D), CF(0.8)。

　　其中规则 1 的前提是 A、B、C、D 四个条件同时满足,结论是 E,取置信度为 0.9;规则 2 的前提是 A、B 同时满足或者 C 满足,结论是 D,取置信度为 0.8。

　　每条规则都应该包括前提、结论、表达式、措施、解释文本等信息。解释文本用来详细描述产生故障的原理知识,需要使用图形或者表格方式进行说明。规则都使用"与"或者"或"

的方式进行表达。

故障规则的设计应满足如下 2 条基本原则:

a) 尽可能用最小一组充分条件来定义一条产生式规则,避免不必要的冗余;

b) 避免任何 2 条产生式规则发生冲突。

经过故障推理解算后,可以得到发生故障的根结点。

28.2.4　诊断知识库

故障诊断隔离主要依赖于诊断知识库实现。诊断知识库需要充分考虑知识库的可修改、可扩充以及可配置的需求,采用 XML 文件进行故障知识库的管理维护。

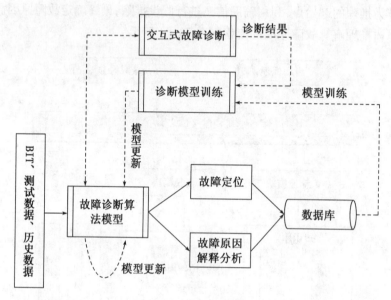

图 28 - 5　故障诊断方法

XML 文件具有良好的自解释功能,依据各个字段即可明确该部分的含义以及作用,具有较好的维护性。同时开发编辑 XML 配置文件的软面板,通过界面简单编辑/直接修改配置文件均可实现知识库的可修改、可扩充的目的。

考虑到诊断知识库可划分为系统级和分系统级知识,因此在知识库管理过程中可进行分类存储,便于诊断过程中减少匹配数量,提高诊断效率。

诊断知识采用故障字典形式,具备可编辑功能。配置文件包含的字段信息包括所属层级(系统/分系统)、故障模式编码、故障关联节点 ID 编号、故障模式依赖测试项、故障原因、故障危害等级、维护建议等。各个字段含义如表 28 - 3 所示。

表 28 - 3　XML 文件字段定义

序号	字段名称	字段功能
1	层级	系统/分系统,便于故障匹配过程优先查找,提高诊断效率
2	故障模式编码	故障模式编码区分不同故障模式

(续表)

序号	字段名称	字段功能
3	故障关联节点 ID	故障源在结构树中具体节点位置
4	依赖测试项	与故障字典对应,形式如 T1[0],T2[1]等
5	故障原因	描述故障发生原因
6	故障危害等级	由故障对系统危害决定危害等级,包括警报故障、次要故障、临界故障、致命故障四类
7	维护建议	排除故障的措施

28.2.5　健康评估

系统健康状态评估以评估系统指标为基础,提取反映系统健康状态的参数和指标,综合评判系统当前的健康状态。其核心是构建系统健康模型,包括健康评估指标体系、健康等级划分、健康评估流程等。

系统健康状态评估从状态评估、性能评估和保障能力评估三个维度,评价系统的健康度。系统健康状态是系统或设备在执行其规定功能时所表现出的能力。健康状态可以划分为健康、亚健康、危险、失效四个等级。在健康退化过程中,系统或设备的健康等级可采用健康指数度量,定义如下:

a) 完好:评估结果 =1,代表系统处于绝对可靠的状态;

b) 良好:评估结果 =[0.8,1),代表系统处于相对比较可靠的状态;

c) 可用:评估结果 =[0.5,0.8),代表系统处于满足基本使用条件的状态;

d) 不可用:评估结果 <0.5,代表系统处于不满足基本使用条件的状态。

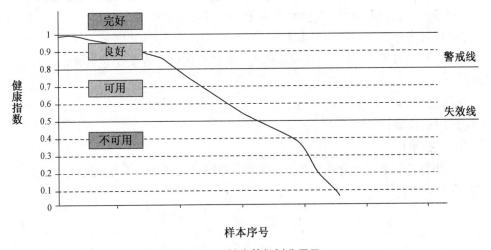

图 28-6　健康等级划分显示

系统级状态健康值由分系统级状态健康值,结合任务可靠性 MTBCF 加权计算获得。分系统级健康值由 LRU/LRM 级健康值,结合 MTBCF 加权计算获得,以此类推。下面以分系统级基于设备故障状态的健康值计算为例,说明相邻层级健康值的传递方法。

分系统级的健康值由 LRU/LRM 层次的健康值通过下式计算获得。

$$HF_i = a_{i1}H_{i1} + a_{i2}H_{i2} + \cdots + a_{in}H_{in} \qquad (28-1)$$

其中，$H_{i1} \sim H_{in}$——分系统 i 中序号 $1 \sim n$ 的 LRU/LRM 的健康值，取值范围为 $0 \sim 1$；$a_{i1} \sim a_{in}$——分系统 i 中序号 $1 \sim n$ 的 LRU/LRM 的健康值的权重，取值范围为 $0 \sim 1$，且满足 $a_{i1} + a_{i2} + \cdots + a_{in} = 1$。其中，采用任务失效率来表征各设备的健康权重，计算如下：

$$a_{ij} = \cfrac{\cfrac{1}{MTBCF_{ij}}}{\cfrac{1}{MTBCF_{i1}} + \cfrac{1}{MTBCF_{i2}} + \cdots + \cfrac{1}{MTBCF_{ij}} + \cdots + \cfrac{1}{MTBCF_{in}}} \qquad (28-2)$$

式中：a_{ij}——分系统 i 中序号为 j 的 LRU/LRM 的健康值的权重；$MTBCF_{ij}$ 为分系统 i 中序号为 j 的 LRU/LRM 的当前状态 MTBCF 的预计值。

根据系统健康等级划分，系统健康状态分为 4 个等级：

a）完好：健康值 $H = 1$，代表系统处于绝对可靠的状态；

b）良好：健康值 $H = [0.8, 0.999]$，代表系统处于相对比较可靠的状态；

c）可用：健康值 $H = [0.5, 0.799]$，代表系统处于满足基本使用条件的状态，无冗余；

d）不可用：健康值 $H < 0.5$，代表产品不满足基本使用条件的状态。

有冗余设计的模块的健康值确定方法是当此模块出现故障后，根据其故障后的任务可靠性相对于初始任务可靠性的变化，来确定剩余能工作设备的健康值，进而确定分系统的健康值以及系统的健康值。

对于 N 取 K 的冗余设计模型，可根据要求，通过设定 MTBCF 值划分设备的良好与可用状态。若没有明确要求，可将无冗余状态作为设备的可用状态，当模块组合至少存在 1 个冗余，即 $K/N-1, K/N-2, \cdots, K/K+1$ 等情况均属于良好等级。确定健康值的方法是首先计算出上述每种情况下对应的 MTBCF，然后再采用曲线拟合方法在 $[0.8, 1)$ 与 $[0.5, 0.8)$ 内采用映射确定每种故障状况下对应的健康值。

采用分层评估方法，对由于设备故障模式引起的系统健康度变化进行评估。一般分为 3 个层级：

a）第 1 层：模块；

b）第 2 层：设备；

c）第 3 层：系统。

由于有些设备属于多个分系统共用，所以应按照功能树进行分层健康评估。评价流程如图 28-7 所示。

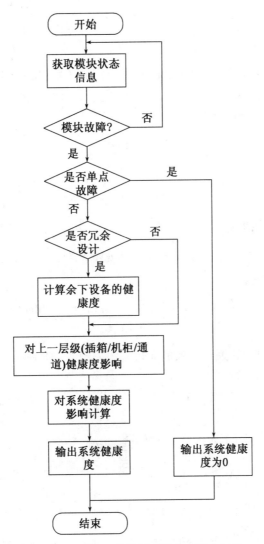

图 28-7　基于可靠性的系统健康状态评估

28.2.6　状态趋势预测

电子系统健康状态管理状态趋势预测如下所述：

1）天线健康状态管理

基于可测试性设计，实现对天线状态进行故障检测与隔离，并判断状态，通过实时在线测试和仿真模型，计算天线参数的变化，实现天线健康状态趋势预测。

例如，电子系统使用过程中，组件通道的故障会致系统作用距离、副瓣电平等的变化。天线健康状态的可测试性设计，实现对组件通道的状态进行故障检测与隔离，判断出每个组件通道的状态，通过天线的仿真模型，评估天线的健康状态。

a）作用距离的评估

有方程如下：

$$R^4 = \frac{P_{AV} \cdot G_t \cdot G_r \cdot \lambda^2 \cdot \sigma \dfrac{n}{L_i(n)}}{(4\pi)^2 \cdot K \cdot T_S \cdot F_n \cdot \Delta f \cdot L \cdot D_1(n)} \tag{28-3}$$

根据该方程可知,作用距离的下降会随着平均发射功率 P_{AV}、发射天线增益 G_t、接收天线增益 G_r 的变化相关。设在系统工作一段时间后,发射通道失效比例为 α,接收通道失效比例为 β,因此,有失效后的发射功率为:

$$P_{AV失效} = (1-\alpha)P_{AV} \tag{28-4}$$

有失效后的发射天线增益:

$$G_{t失效} = G_t + 10\log(1-\alpha) \tag{28-5}$$

有失效后的接收天线增益:

$$G_{r失效} = G_r + 10\log(1-\beta) \tag{28-6}$$

有失效后的作用距离:

$$\frac{R^4_{失效}}{R^4_{正常}} = \frac{(1-\alpha)[G_t + 10\log(1-\alpha)][G_r + 10\log(1-\beta)]}{G_r G_t} \tag{28-7}$$

由此可得作用距离随 TR 通道失效的变化趋势如图 28-8 所示。

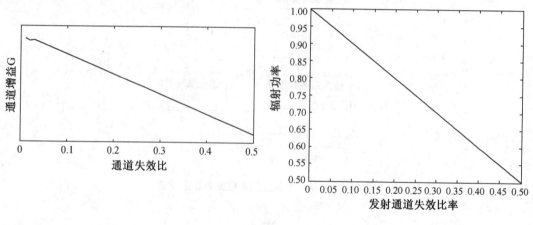

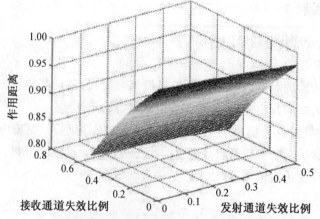

图 28-8 增益、辐射功率及作用距离的变化趋势

b) 副瓣电平评估

天线的波瓣形式体现了电子系统能量在空间的分布情况,副瓣电平为天线波瓣的一个重要指标。副瓣电平尤其是空域平均副瓣电平直接影响电子系统的抗干扰能力、干扰能力和杂波抑制处理能力,从而影响电子系统目标观测性能。天线发射或接收通道的部分失效除了对天线增益有较大影响以外,对天线的副瓣电平也有不可忽视的影响。

工作一段时间后,发射通道失效比例为 α,接收通道失效比例为 β。天线在发射情况下采用均匀加权,由于天线单元数量较多,发射时最大副瓣电平受通道失效的影响较小,平均副瓣电平的变化如图 28 - 9 所示。

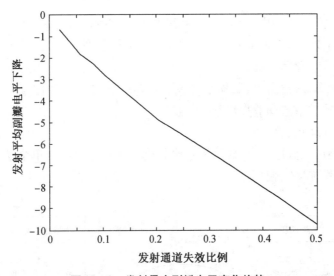

图 28 - 9　发射最大副瓣电平变化趋势

天线在接收时采用低副瓣加权,接收通道失效对天线的最大副瓣和平均副瓣有较大的影响,其变化趋势如图 28 - 10 所示。

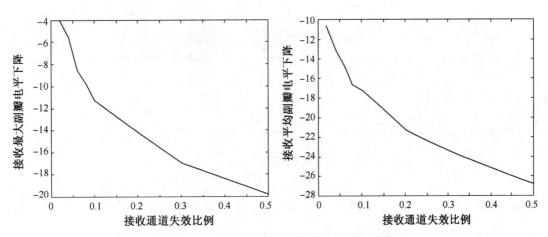

图 28 - 10　接收最大和平均副瓣电平变化趋势

电子系统使用过程中,可以根据作用距离、副瓣电平的变化给出天线的健康评估以及系统性能指标的健康状况,并可划定天线健康、亚健康、危险、失效等各种健康状况的报警线,对天线健康状况进行评估。

可建立多元非线性回归模型,根据选取的有效衍生变量集 $X_m(t)$ 作为多元非线性回归模型的协变量,建立前 $n+k$ 天的历史单元故障数量 $P(t)$ 与表征前 n 天的单元运行状态的协变量 $X_m(t)$ 之间的相关关系式,如下式所示:

$$P(t_{n+k}) = \beta_0 + \beta_1 \cdot x_1(t_n) + \beta_2 \cdot x_2(t_n) + \cdots + \beta_{m+k} \cdot x_1(t_n) + \cdots + \beta_{2m+C_m^2} \cdot x_m^2(t_n)$$

$$(28-8)$$

基于上述相关关系式,用极大似然估计法对模型参数 $(\beta_0, \beta_1, \cdots, \beta_{2m+C_m^2})$ 进行估计。利用多元非线性回归模型对未来第 k 天故障单元数量进行预测。

2) 电源健康状态管理

获取电源的状态,对输出电压、输出电流、负载状况等进行实时监测,为系统性能评估、工作方式决策、工作参数选择等提供基础信息。

3) 放大接收处理状态管理

获取各模块测试点数据,应用故障综合诊断技术将故障隔离至单个模块,并可进行系统快速重构,使系统性能影响较小。

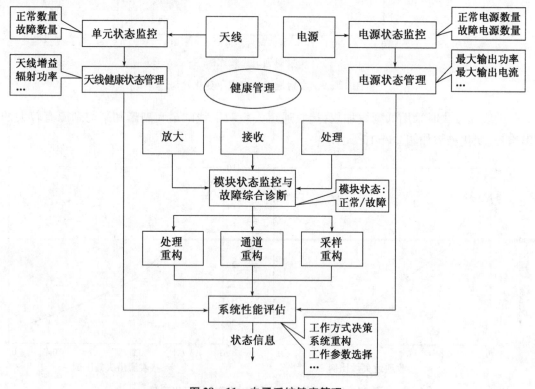

图 28-11 电子系统健康管理

28.2.7 性能退化趋势预测

通过长期监视测量系统性能指标,统计并分析性能随时间的变化,提取系统级特征参数的退化过程。根据长期积累的系统级性能指标评估值,预测未来一段时间内的系统健康状态变化趋势,以支持健康管理系统开展系统重构和维修决策。

相关设备的状态预测技术途径为基于数据驱动的方法,即基于设备历史状态信息、性能参数实时测试数据,以及历史维修保障信息建立预测模型,及时发现系统或设备性能的变化趋势,并依据预测结果实施系统重构和给出维修保障决策建议。

围绕性能退化对系统整体健康指标的影响程度,对系统及分系统典型性能参数退化后的健康情况采用串联模型,进行串联表决取小运算,以最小值表示当前系统性能健康值,如下式所示。

$$HP_S = \text{Min}\{HP_1, \cdots, HP_5\} \qquad (28-9)$$

其中:HP_S—基于整机性能参数退化的系统健康度,取值范围为 $0 \sim 1$;$HP_1 \sim HP_5$—典型性能参数退化健康度,取值范围为 $0 \sim 1$。

28.2.8 维修保障决策

基于状态的维修模式分为三种处理流程:

1)若有单点故障,系统健康等级为"不可用",提示用户应立刻开展故障维修工作。

2)若为冗余设备故障,系统处于"亚健康"状态,对系统进行健康等级评估。"亚健康"状态又可分为两种健康等级"良好"和"可用",根据健康等级分别进行处理:

a)可用

若设备的健康等级为"可用",表明系统当前仍可正常工作,但需要提示用户应尽快对故障件修复,避免剩余的可工作设备继续出现故障导致系统停机。

b)良好

若设备的健康等级为"良好",表明该设备当前仍然存在冗余,虽然存在个别设备故障,由于仍然有冗余,不需要立刻开展维修,后续可根据任务情况酌情开展维修。由于冗余数量的减少,系统的健康度降低,此时可结合历史数据,对设备的典型性能变化趋势进行预测,根据变化趋势,提前做出维修决策,为后续的维修工作提前做好准备。若系统没有设备故障,对系统的性能进行评估,并基于历史数据,预测典型性能变化趋势,并提前做出维修决策,为后续的维修工作提前做好准备。

面向健康管理的维修决策支持,包括系统基于状态维修建议,同时根据产品保障性设计规定的维修保养要求,自动推送定期维护提醒。基于状态维修建议综合考虑系统综合诊断结果、系统性能评估及趋势分析结果。维修决策内容主要如下:

a)根据综合诊断出的设备故障信息,推送故障维修时机、维修方法、维修工具、备件需求等建议内容;

b)根据性能评估和趋势分析信息,推送维护保养时机、保养方法、维护工具、消耗品需求等建议内容;

c）根据产品保障性设计规定的定期维修要求，推送定期维护时机、维护方法、维护工具、备件及消耗品需求等建议内容。

28.2.9 健康履历管理

健康履历管理主要内容如下：

a）组成结构管理；

b）开机时间等的统计；

c）维修保障数量统计；

d）故障分布统计；

e）备件短缺数量统计；

f）系统 MTBF、MTBCF、检测率、隔离率等的计算；

g）设备 MTBF、MTTR、检测率、隔离率等的计算；

h）故障库管理，包括故障模式、维修方法、维修指导等信息；

i）预防性维修项目管理，包括间隔期、维修维护方法/步骤等；

j）资源库存管理，包括备件的库存、消耗品、仪表工具、技术资料等。

28.2.10 软件健康管理

软件健康管理可实时动态显示硬件状态、工作状态和性能，实现故障快速隔离；记录系统全工作周期的关键参数与状态日志，实现软件运行状态的大数据统计；基于故障模式与故障库实现模块故障分析、定位和辅助决策，为系统重构和软件设计迭代提供数据支撑，提高软件可靠性、可维护性。通过建立故障模式库和辅助诊断策略，实现软件可靠性容错设计，实现故障原因诊断，推送故障解决方案，提升系统自主保障能力。如图 28－12 所示，结合在线及离线指标测试数据，支持系统健康大数据分析挖掘，从历史数据中提取失效模型，为预测故障发展趋势提供数据支撑，旨在决策外场故障定位、系统重构，保障系统的软件可靠性和可维护性。

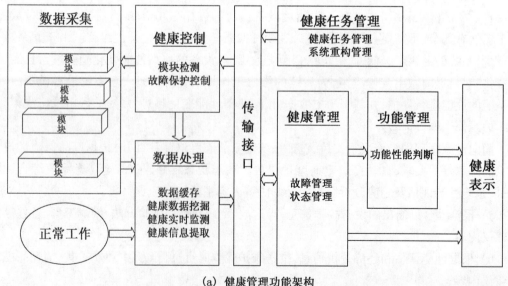

(a) 健康管理功能架构

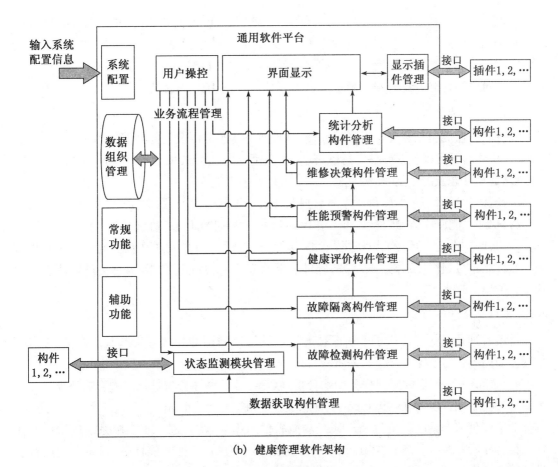

(b) 健康管理软件架构

图 28-12　电子系统健康管理软件架构

系统软件健康管理通过状态监测总线采集系统各应用软件、基础软件、信息网络等实时运行状态,并基于故障模式库、诊断知识库等完成软件运行时的故障诊断、评估及故障处理。

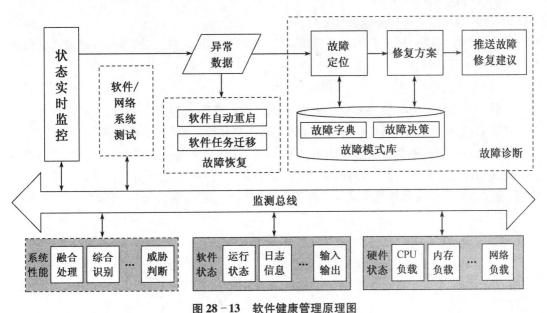

图 28-13　软件健康管理原理图

通过系统工作状态实时监控获取全面量化的软件运行工况和状态参数,具体包括软件运行状态、软件运行环境、软件算法功能性能参数,并构建软件状态评估准则/模型,实施健康状态评估。当健康管理系统检测到状态异常,触发故障自修复功能模块,即采用软件模块重启、任务迁移防护的方法,对故障进行自动恢复,保障系统正常运行。

28.2.10.1 状态监测

软件状态监测包括软件运行环境监测、软件运行状态监测及功能性能监测:

a)软件运行环境包括硬件运行状态,硬件温度,硬盘状态,硬盘负载,内存状态,内存负载,网络通信状态及通信速率,处理器状态、温度及使用情况等。

b)软件运行状态包括软件版本号,进程状态,数据接收次数,数据发送次数等。

c)软件功能性能监测包括软件工作模式状态,软件功能状态,功能性能参数等。

d)其中软件运行环境、软件进程状态,数据接收次数,数据发送次数由健康管理软件采集。软件版本号、软件工作模式状态,软件功能状态,功能性能参数等信息由被监测软件模块上报健康管理系统。

28.2.10.2 状态评估

健康管理系统状态评估子模块根据对系统状态监测预处理结果实施状态评估,重点评估两方面内容:

a)故障评级,依据故障对任务影响分析、软件任务迁移性分析进行故障影响评级;

b)性能评估,依据软件运行状态、日志统计结果进行综合评定。

健康管理综合诊断模块诊断出系统功能软件工作异常时,进一步实施系统健康状态评估。结合故障对系统任务影响分析、软件任务迁移性判断、软件性能评估,对系统健康状态进行综合评估:

a)故障对系统的任务影响权重分析

根据功能软件对系统任务的映射关系以及系统任务优先级排序,确定特定功能软件故障相应的任务权重。

b)故障后功能软件任务迁移性分析

结合软件运行平台硬件资源的可重构设计、软件资源冗余备份设计等,判断软件故障时是否具备任务可迁移性。

c)软件性能评估

软件和网络状态评估主要对处于异常状态的软件性能进行定量评价,即此时软件尚未发生严重故障,但有影响软件运行性能、可能导致未来软件故障的"不良事件"发生。

评估包括根据监测结果从通信性能、运行环境、软件自身运行状态等三个方面对系统软件性能进行综合评定与预测,并给出定量的综合健康评分;对日志等历史记录数据进行统计分析,提取软件性能变化趋势。系统软件健康状态评估流程如图28-14所示。

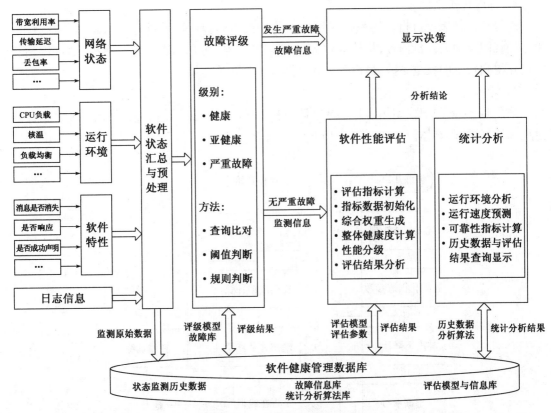

图 28－14　软件状态评估流程

d）软件状态汇总与预处理

对输入的监测数据进行解包、分类、汇总及预处理,并依据监测参数计算对应指标。

e）故障评级

从监测数据中获取故障信息,通过在故障知识库中进行查询比对、对关键参数进行阈值判断、利用预设故障影响规则等判决方法对故障进行评级,当该故障等级为严重故障等级时,判定系统为"不能工作"状态直接送显,否则判定系统为"亚健康"状态,进行接下来的性能评估。

f）软件性能评估

基于评估模型,结合运行状态(故障评级结果),对系统综合性能进行评估,计算健康指数。为了计算健康指数,首先选择能表征系统健康状态的一组变量,并根据各变量对健康状态的影响程度确定各变量的影响权重系数,结合运行状态结果、日志统计结果计算系统健康指数。

g）统计分析

基于历史数据对软件运行环境与状态、软件运行速度等进行预测,对软件可靠性、测试性等相关指标进行计算,为调度决策提供依据。

28.2.10.3　健康等级评价

系统软件健康评价包括构建性能评价指标体系和评价算法模型两部分。

1）性能评价指标

态势软件健康评价指标体系构成包括通信功能、运行环境、软件运行状态、日志统计结果。围绕四方面的评价内容,具体细化为包括 CPU 负载、可用内存等评价指标,通过评估算法优化得到较优的权重系数,最后得到软件健康等级评价结果。

2）评价算法

采用 Logistic 回归模型作为状态等级评估算法的核心模型。状态评估算法主要包括训练过程和评估过程,具体流程如图 28−15 所示。

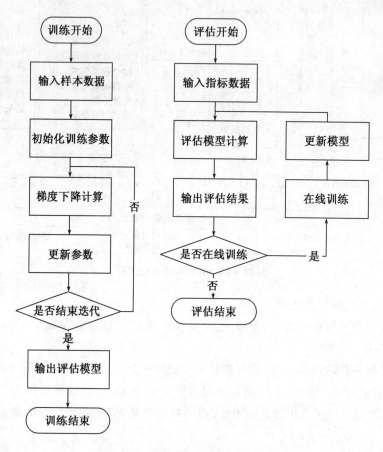

图 28−15 软件健康等级评价算法流程

首先根据专家经验,给出各种故障危害评估数据和性能技术指标数据下的系统健康等级及分数,作为算法的样本数据。

样本数据为(x,y)的形式,其中 x 为输入数据,即故障发生情况、指标评估结果等组成的列向量,y 为标签数据,即由专家根据输入数据判定的系统当前健康状态。

将输入数据代入状态评估算法的假设函数,可以得到算法推算的健康状态:

$$\hat{y} = \sigma(wX + b),\text{其中}\ \sigma(z) = \frac{1}{1 + e^{-z}} \tag{28-10}$$

式中:w—权系数;x—输入数据;$\hat{y}$—计算所得的系统健康状态。

模型采用以下代价函数计算真实值和计算值之间的误差：

$$J(w,b) = -\frac{1}{m}\Big[\sum_{i=1}^{m} y^{(i)} \log \hat{y}^{(i)} + (1 - y^{(i)}) \log(1 - \hat{y}^{(i)}) \Big] \qquad (28-11)$$

为使模型推算的系统健康状态与实际保持一致，即误差最小，采用梯度下降法对模型进行训练，从而选出最优参数 w 和 b，使得算法推算的系统健康状态与实际保持一致。

28.2.10.4　软件故障诊断与自动恢复

故障诊断与恢复流程如图 28-16 所示，健康管理系统检测到异常数据后，立即采用软件模块重启或软件任务迁移的方法，对故障进行自动恢复，保障系统正常运行。然后，基于异常数据以及故障知识库，诊断故障原因，推送故障修复建议。

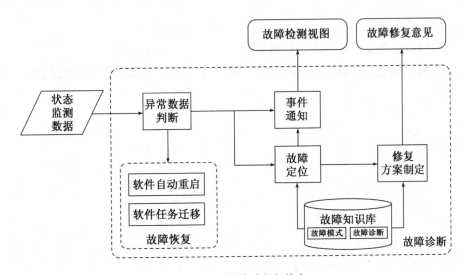

图 28-16　故障诊断与恢复

1）故障自动诊断

软件功能诊断内容包含软件运行平台及环境故障诊断、软件通信接口故障诊断和软件执行故障诊断。

a）运行平台及环境故障诊断

应用软件所运行的平台环境为软件正常运行提供基础。平台响应及环境发生故障或处于故障区间时，自动给出平台运行告警提示。

b）通信接口故障诊断

系统以网络交互为中心，网络通信正常是软件功能实现的前提条件。通信接口判断的主要方法是对数据信息输入进行分析。

c）软件执行部件故障诊断

软件在计算运行过程中，出现的功能失效或计算结果错误，称为软件执行故障。软件执行故障的主要原因是软件出现逻辑性故障或运算问题。

2）故障自动恢复

故障自动恢复的手段包括：

a）软件自动重启

系统运行过程中,软件健康管理系统监测到某软件模块异常,可立即重启该软件模块,保障软件系统正常运行。

b）任务迁移防护

软件运行过程中,软件健康管理系统监测到某模块上的软件模块异常,可立即将模块上的软件任务迁移到备份模块上,保障软件系统正常运行。

自动恢复后,健康管理系统启用故障诊断功能,基于异常数据分析、故障模式库完成故障定位与诊断,上报故障信息,支持故障自动告警,具有在线或非在线故障诊断与隔离功能,分析故障告警信息的原因,自动推送故障修复意见,提升了系统自主保障能力。

28.2.10.5 软件接口要求

电子系统健康管理软件接口包括对内、对外接口,要求如下:

a）对内接口是基于系统 BIT 接口的扩展;

b）对外接口满足人机交互的使用和保障需求,并具备可扩展的保障信息化系统接口。

参考文献

[1] 沈祖培,郑涛.复杂系统可靠性的 GO 法精确算法[J].清华大学学报,2002,42(5):569-572.

[2] 吴志良,郭晨.基于马尔可夫过程的船舶电力系统可靠性和维修性分析[J].武汉理工大学学报,2007,31(2):191-194.

[3] Prescott D R,Remenyte-Prescott R, Reed S, et al. A reliability analysis method using binary decision diagrams in phased mission planning[J]. Proceedings of the Institution of Mechanical Engineers, Part O: Journal of Risk and Reliability, 2009, 223(2): 133-143.

[4] Remenyte R, Andrews J D. An enhanced component connection method for conversion of fault trees to binary decision diagrams[J]. Reliability Engineering and System Safety, 2008, 93(10): 1543-1550.

[5] XING L D. An efficient binary-decision-diagram based approach for network reliability and sensitivity analysis[J]. IEEE Transactions on System Man and Cybernetics, 2008, 38(1): 105-115.

[6] LIU D, XING W Y, ZHANG C Y, et al. Cut sequence set generation for fault tree analysis [J]. Embedded Software and Systems, Proceedings, 2007: 592-603.

[7] LIU D, ZHANG C Y, XING W Y, et al. Quantification of cut sequence set for fault tree analysis[C]. High Performance Computing and Communications, 2007: 755-765.

[8] SHEN Z P, GAO J, HUANG X R. A new quantification algorithm for the GO methodology [J]. Reliability Engineering and System Safety, 2000, 67(3): 241-247.

[9] FANG L B, CAI J D. Reliability Assessment of micro-grid using sequential Monte Carlo Simulation[J]. Journal of Electronic Science and Technology, 2011, 1(9): 31-34.

[10] LIANG Q, LI J, LU X, LIU G, et al. Monte-Carlo simulation and experiment research on compton electron spectra of BC501A Detector [J]. Annual Report of China Institute of Atomic Energy, 2008: 232-233.

[11] ZHANG Z D. Monte Carlo simulation of an antiproton annihilation detector system[J]. Chinese Science Bulletin, 2009: 3493-3499.

[12] ZHU H, ZHANG C. Expanding a complex networked system for enhancing its reliability evaluated by a new efficient approach[J]. Reliability Engineering & System Safety, 2019, 188: 205-220.

[13] Dhople S V, Dominguez-Garcia A D. A parametric uncertainty analysis method for Markov reliability and reward models[J]. IEEE Transactions on Reliability, 2012, 61(3): 634-648.

［14］ Boudali H, Crouzen P, Stoelinga M. A rigorous, compositional, and extensible framework for dynamic fault tree analysis［J］. IEEE Transactions on Dependable and Secure Computing, 2009, 7(2)：128 – 143.

［15］ Robidoux R, Xu H, Xing L, et al. Automated modeling of dynamic reliability block diagrams using colored Petri nets［J］. IEEE Transactions on Systems, Man, and Cybernetics-Part A：Systems and Humans, 2009, 40(2)：337 – 351.

［16］ 苗祚雨. 基于确定随机 Petri 网和蒙特卡洛仿真的动态故障树定量可靠性分析方法研究［D］. 北京：北京交通大学, 2014.

［17］ 钟小军, 陈辰, 杨建军. 基于 GO 法的多阶段共因失效任务系统可靠性评估［J］. 海军工程大学学报, 2012, 24(04)：86 – 90.

［18］ Kim M C. Reliability block diagram with general gates and its application to system reliabilityanalysis［J］. Annals of Nuclear Energy, 2011, 38(11)：2456 – 2461.

［19］ 伊枭剑. 基于 GO 法的复杂系统可靠性关键技术研究［D］. 北京：北京理工大学, 2016.

［20］ 沈祖培, 黄祥瑞. GO 法原理及应用：一种系统可靠性分析方法［M］. 北京：清华大学出版社, 2004.

［21］ WU X Y, WU X Y. Extended object-oriented Petri net model for mission reliability simulation of repairable PMS with common cause failures［J］. Reliability Engineering & System Safety, 2015, 136：109 – 119.

［22］ WU X, YAN H, LI L, Numerical method for reliability analysis of phased-mission system using Markov chains［J］. Communications in Statistics-Theory and Methods, 2012. 41 (21)：3960 – 3973.

［23］ Ding S H, Kamaruddin S. Maintenance policy optimization—literature review and directions ［J］. The International Journal of Advanced Manufacturing Technology, 2015, 76(5 – 8)：1263 – 1283.

［24］ Ge H, Tomasevicz C L, Asgarpoor S. Optimum maintenance policy with inspection by semi-Markov decision processes［C］//2007 39th North American Power Symposium IEEE, 2007：541 – 546.

［25］ HU J, ZHANG L. Risk based opportunistic maintenance model for complex mechanical systems［J］. Expert Systems with Applications, 2014, 41(6)：3105 – 3115.

［26］ LU K Y, SY C C. A real-time decision-making of maintenance using fuzzy agent［J］. Expert Systems with Applications, 2009, 36(2)：2691 – 2698.

［27］ 胡宁, 张三娣, 黄进永. 定期检修系统的可靠性建模与仿真［J］. 电子产品可靠性与环境试验, 2014, 32(2)：17 – 21.

［28］ 陈云霞, 谢汶姝等. 功能分析与失效物理结合的可靠性预计方法［J］. 航空学报, 2009, 29 (5)：1133 – 1138.

［29］ Schroder D. K., Babcock J. A. Negative bias temperature instability：Road to in deep submicron silicon semiconductor manufacturing［J］. Journal of App；ied Physics, 2003, 94 (1)：1 – 18.

［30］ WANGW, Reddy V, Krishnan A T, et al. Compact Modeling and Simulation of Circuit Reliability for 65-nm CMOS Technology［J］. IEEE Trans Device & Materials Reliability, 2007, 7(4):509 −517.

［31］ Huard V, Denais M, Hole trapping effect on methodology for DC and AC negative bias［R］. 2004 IEEE International Reliability Physics Symposium Proceedings 42nd Annual, 2004, 204:40 −45.

［32］ 凯耶斯. 加速可靠性和耐久性试验技术［M］. 宋太亮, 方颖, 丁利平, 译. 北京:国防工业出版社, 2015.

［33］ 梅文辉. T/R 组件中芯片制造和使用的可靠性分析与控制［J］. 现代雷达, 2011, 33(4): 71 −75.

［34］ 姜同敏, 王晓红, 袁宏杰, 等. 可靠性试验技术［M］. 北京:北京航空航天大学出版社, 2012.

［35］ 吴和成, 胡琳. 基于 AMSAA 模型的成型产品可靠性综合评估方法研究［J］. 产品环境工程, 2019, 16(5):106 −110.

［36］ 马跃进, 汪凯蔚, 沈峥嵘, 等. 大型复杂电子系统的紧缩可靠性试验解决方案［J］. 电子产品可靠性与环境试验, 2019, 37(8):6 −10.

［37］ 梅文华. 可靠性增长试验［M］. 北京:国防工业出版社, 2003.

［38］ 蔡忠义, 陈云翔, 项华春, 等. 多种应力试验下航空产品可靠性评估方法［M］. 北京:国防工业出版社, 2019.

［39］ 赵宇. 可靠性数据分析教程［M］. 北京:北京航空航天大学出版社, 2009.

［40］ 胡湘洪, 高军, 李劲. 可靠性试验［M］. 北京:电子工业出版社, 2015.

［41］ 周源泉. 质量可靠性增长与评定方法［M］. 北京:北京航空航天大学出版社, 1997.

［42］ 常文兵, 周晟瀚, 肖依永. 可靠性工程中的大数据分析［M］. 北京:国防工业出版社, 2019.

［43］ 王宏. 健康管理在机载雷达中的应用研究［J］. 现代雷达, 2011, 33(6):20 −24.

［44］ 贡金鑫, 魏巍巍. 工程结构可靠性设计原理［M］. 北京:机械工业出版社, 2016.

［45］ 张可, 杨恒占, 钱富才. 基于动态故障树的卫星电源系统可靠性分析［J］. 计算机与数字工程, 2016, 44(03):400 −404, 457.

［46］ 王畏寒, 程刚, 张德坤, 等. 基于 BDD 方法的电牵引采煤机液压调高系统故障树研究［J］. 液压与气动, 2011, (06):78 −80.

［47］ 项雯静. 基于故障物理的热光效应器件可靠性分析与建模［D］. 武汉:湖北工业大学. 2015.

［48］ 朱炜, 王伟, 张晓军. 星上产品温度循环加速寿命试验模型及试验设计方法研究［J］. 质量与可靠性, 2012, 6.

［49］ ENGELMAIER W. Fatigue Life of Leadless Chip Carriers Solder Joints during PowerCycling ［J］. IEEE Trans CPMT, 1983, 6(3):232 −237.

［50］ STEINBERG D. S. Vibration Analysis for ElectronicEquipment［M］. New York:John Wiley and Sons, 1991.

[51] 孙建勇.产品振动疲劳寿命分析与验证[C]//首届全国航空航天领域中力学问题学术研讨会.

[52] 王宏,王宇歆.可靠性仿真试验及其在雷达研制中的应用[J].现代雷达,2017,39(01):40-45.

[53] 中国人民解放军原总装备部.装备可靠性工作通用要求:GJB 450A-2004[S].2004.

[54] 中国人民解放军原总装备部.可靠性鉴定和验收试验:GJB 899A-2009[S].2009.

[55] 中国人民解放军原总装备部.可靠性增长试验:GJB 1407-1992 [S].1992.

[56] 中国人民解放军原总装备部.电子设备可靠性预计手册:GJB/Z 299C-2006 [S].2006.

[57] International Electro technical Commission. Electric components Reliability Reference conditions for failure rates and stress models for conversion:IEC 61709[S].2011.6.

[58] Joint Electron Device Engineering Council. Application Specific Qualification Using Knowledge Based Test Methodology:JESD94A[S].2007.5.

[59] 蔡远利,高鑫,张渊.数字孪生技术的概念、方法及应用[J].第二十届中国系统仿真技术及其应用学术年会论文集,2019:129-133.

[60] 腾飞,王浩伟,腾克难.面向导弹延寿的冲压发动机加速贮存试验方法[J].产品环境工程,2019,16(03):37-42.

[61] 周勇,张光斌.无失效试验数据的可靠性评估方法研究[J].电子质量,2017(07):31-35.

[62] 茆诗松等.可靠性统计[M].北京:高等教育出版社,2008.

[63] GB/T 34986-2017.产品加速试验方法[S].2017.

[64] 高洪青.有源相控阵雷达状态监测与健康管理技术[J].计算机测量与控制,2016.24(9):146-148.

[65] 郑军奇.EMC 设计分析方法与风险评估技术[M].北京:电子工业出版社,2020.

[66] 任羿,王自力,杨得真,等.基于模型的可靠性系统工程[M].北京:国防工业出版社,2021.

[67] 王威,张伟.高可靠性电子产品工艺设计及案例分析[M].北京:电子工业出版社,2019.

[68] 邢留冬,汪超男,格雷戈里·列维廷,等.动态系统可靠性理论[M].北京:国防工业出版社,2019.

[69] 中国人民解放军原总装备部.可靠增长管理手册:GJB/Z 77-1995[S].1995.

[70] 国家质量监督检验检疫总局,中国国家标准化管理委员会.数据的统计处理和解释　二项分布可靠度单侧置信下限:GB/T 4087—2009[S].2009.

后 记

本书得到了中国工程院贲德院士、中国工程院王自力院士、中国电子科技集团公司林幼权首席科学家的支持,得到了中国电子科技集团公司第十四研究所同仁的协助,在此表示衷心的感谢。

本书写作中,王宇歆老师收集整理资料,撰写了部分内容,整理了部分图表,并对全书进行了校对,做了大量基础性工作,在此表示诚挚的感谢。

本书作者很荣幸能与南京大学出版社的编辑人员合作,感谢他们对本书出版付出的辛勤努力。

最后,在本书写作过程中,家人左莉始终给予我极大的支持和帮助,在此表示真挚的谢意。